TMS320F2802x
DSC 原理及源码解读
——基于 TI Piccolo 系列

任润柏　姜建民　姚　钢　周荔丹　编著

北京航空航天大学出版社

内 容 简 介

TI 2012 年 7 月颁布的 LaunchPad 28027(32 位 DSC)实验板是继 LaunchPad MSP430(16 位 MCU)之后 TI 官方力推的 C2000 系列口袋实验室。本书以 CCSv5 为调试平台,通过 LaunchPad 28027 实验板对 28027 v129 版本大部分源代码进行调试解读。受篇幅限制,本书只对直接与源码有关的原理进行译述。

尽管本书是围绕 28027 展开的,但由于 Piccolo 28027 是 Delfino 28335 的一个裁剪版,故 28027 与 28335、Piccolo 28069(浮点)及 Concerto F28M35x(双核浮点)的同名项目主文件从结构到程序指令完全相同,因此可以说,本书是 28335、28069 及 F28M35x 的入门书。

本书可作为电气、自动控制和电子类专业本科生和研究生学习 C2000 系列的教科书或参考书,也可作为相关领域工程技术人员的参考书。

图书在版编目(CIP)数据

TMS320F2802x DSC 原理及源码解读:基于 TI Piccolo 系列 / 任润柏等编著. --北京:北京航空航天大学出版社,2013.11
 ISBN 978 - 7 - 5124 - 1276 - 7

Ⅰ. ①T… Ⅱ. ①任… Ⅲ. ①数字信号处理②数字信号—微处理器 Ⅳ. ①TN911.72②TP332

中国版本图书馆 CIP 数据核字(2013)第 236494 号

版权所有,侵权必究。

TMS320F2802x DSC 原理及源码解读
—— 基于 TI Piccolo 系列

任润柏 姜建民 姚 钢 周荔丹 编著
责任编辑 卫晓娜

*

北京航空航天大学出版社出版发行
北京市海淀区学院路 37 号(邮编 100191) http://www.buaapress.com.cn
发行部电话:(010)82317024 传真:(010)82328026
读者信箱:emsbook@gmail.com 邮购电话:(010)82316936
涿州市新华印刷有限公司印装 各地书店经销

*

开本:710×1 000 1/16 印张:40 字数:852 千字
2013 年 11 月第 1 版 2013 年 11 月第 1 次印刷 印数:4 000 册
ISBN 978 - 7 - 5124 - 1276 - 7 定价:89.00 元

若本书有倒页、脱页、缺页等印装质量问题,请与本社发行部联系调换。联系电话:(010)82317024

前 言

以开源软件 Eclipse 为架构的 CCSv5 平台是一个多系统的集成开发环境。TI 的不同系列：MSP430、controlSUITE C2000、ARM 及 C6000 等均可在这一平台下进行调试与开发。

controlSUITE 目前包含了 C2000 的 3 个系列，按出品的顺序它们是 Delfino F2833x、Piccolo F2802x 及 Concerto F28M35x（双核浮点）。具有里程碑意义的 2407 及其增强版 2812 均未列入，被屏蔽在 CCSv5 平台之外。那么，浮点 2833x 相比于它的前身定点 2812 具备哪些更新或增强、它们还有交集吗？

正像 2812 脱胎于 2407 被称为 2407 的增强版一样，2833x 是 2812 的增强版。就可知的外设和系统功能模块而言，2833x 沿用了 2812 下列模块：ADC、CPU 定时器、eCAN、McBSP 、SCI、SPI、看门狗（Watchdog）及外部接口（XINTF）。这 8 个模块控制寄存器完全相同，同名项目中主程序（包括中断）指令也完全相同。其中，由于 28335 摒弃了 2812 通过 EV（事件管理器）来控制 ePWM 的方法，因此，在 adc_soc 项目中涉及用 ePWM 来触发 ADC 的指令有所不同。另外，由于在 GPIO 复用控制方法上，28335 较 2812 作了根本的改变，因此，外设复用指令会不同，这些指令分布在对应外设的 GPIO 共享文件中。

除上述之外，2833x 与 2812 同名的 3 个项目：低功耗暂停唤醒（lpm_haltwake）、空闲唤醒（lpm_idlewake）及待机唤醒（lpm_standbywake），它们的架构一致且寄存器同名，程序指令大同小异；2833x 沿用了 2812 的 PIE 模块，只是 28335 的外设较多因此在 PIE 向量表中安排了 58 个中断向量，而 2812 只安排了 45 个中断向量，并且基于这一架构的用软件区分中断优先权（sw_prioritized_interrupts）的同名项目设置也相同。另外，2833x 的引导 ROM（Boot ROM）模块也沿用 2812，各引导向量及地址完全对应，这说明两者的基本架构一致，只是 2833x 对引导方式选择进行了重新定义，用于引导的 4 个端口与 2812 完全不同，并且将引导方式扩展为 16 种（2812 只有种）。

以下讨论 2833x 与 2812 不同的部分。

前言

ePWM：2833x 对传统的通过事件管理器（EV）方式控制 PWM 作了明晰的划分和更新。将 PWM 分成 6 个独立的模块 ePWM1～ePWM6，每个模块各自包含功能完全相同的 7 个子模块。它们是：时基（TB）、比较计数器（CC）、动作限定器（AQ）、死区（DB）、PWM 斩波（PC）、触发区（TZ）以及事件触发（ET）共 7 个子模块。经过这种划分和更新后，定义明晰，访问路径清楚，易于操作。

HRPWM：高分辨脉宽调制模块是 2812 没有的新模块，用于 PWM 频率高于 250 kHz 要求占空比分辨率更高的场合。

eCAP：增强捕获模块。2812 的捕获功能包含在事件管理器（EV）之中，无专门的模块。28335 这个模块设有专门控制寄存器，它有两个功能：该模块直接采用系统时钟 SYSCLKOUT，提供单通道的辅助脉宽调制信号或者用于单信道的信号采集。

eQEP：增强正交编码脉冲模块。2812 的正交编码脉冲（QEP）电路控制包含在定时器 2 控制寄存器（T2CON）相应字段之中，不是一个独立的模块；28335 有一个独立的增强正交编码脉冲（eQEP）模块，设有专用控制寄存器。就操作指令而言，直观明了易写。

I2C：内部集成电路模块是 2812 没有的新模块，用于板上 I2C 器件通信。

DMA：直接内存存取模块，2812 没有。该模块提供了一种不需 CPU 干预的外设与内存之间数据传送的硬件方法。

或许 2812 没有被 CCSv5 纳入不完全是上述模块的更新和添加。

Piccolo 定点 28027 是在 2833x 之后推出的。在 2833x 外设模块基础上裁减了 DMA，eCAN，eQEP 及 McBSP 共 4 个模块。并将 28335（512 KB Flash，68 KB RAM）的 88 个 GPIO 端口缩减为 22 个（除掉 4 个用于 JTAG，只有 18 个 GPIO 可用），除此之外，还缩减了存储空间（64 KB Flash，12 KB RAM）。但 28027 的 ADC 模块作了根本的更新，这一更新也应用在随后的 Piccolo 浮点 28069 及 Concerto 浮点 F28M35x（双核）系统中。此外，在 2833x ePWM 基础上，28027 增加了一个数字比较（DC）子模块。从附表 1 可以看出：28027 与 28335 同名或同类项目其程序指令几乎完全相同。因此，28027 是 28335 一个 ADC 模块增强的子集。由于裁减了 GPIO 接口和外设模块以及缩减了存储空间，28027 的售价远比 28335 低廉，非常适合于初学阶段设计和摸索。损坏 28335 很无奈，损坏 28027 再重来。

TI 于 2012 年 7 月继推出 LaunchPad MSP430（16 位 MCU）之后推出的 LaunchPad 28027（32 位 DSC）调试板（售价仅 100 元人民币左右），是一款自带 XDS100v2 的仿真器，直接采用 PC 机 USB 电源的廉价调试板。在安装了 controlSUITE 的 CCSv5 环境下可以进行 28027 v129 版本大部分源码的调试，是从零进入 C2000 领域的口袋实验室。

本书从第 3 章开始，各章的末尾一节对取自 v129 版本相关源码进行解读。所源码的调试都在 CCSv5 环境下，通过 LaunchPad 28027 调试板进行。各章源码解前的内容则介绍相应的外设原理，它们基本是对应 TI 英文文档的译文，由于时间篇幅的关系,不直接跟源码主文件有联系的外设如 BOOT ROM 等未编入本书,有关这些内容请参阅相关文档。

从事 C2000 研发的同仁似乎都有这种体会,近十年来掌握 C2000 一款芯片的速度跟不上 TI 更新的速度。2407 被业界认知了,2812 来了,之后 28335 又跟上了,再是 Piccolo 及 Concerto 系列。28335 的 ePWM 等模块颠覆了 2812,所谓颠覆是指摒弃原来的一套控制方法,之后 Piccolo 28027 的 ADC 又颠覆了 28335 的 ADC。这种颠覆反映了 TI 的前沿理念,是技术进步的结果。其过程告示了 32 位的 C2000 较 8 位单片机 8031 的艰难!

在推出 Piccolo 及 Concerto 系列之后,根本性的颠覆估计不多,将会进入一个相对稳定的时期。即 Piccolo 28027 有较 2407、2812 更长的生命周期。从附表 1 可知,28027 的多数源码可以无缝对接到 28335,当然,同名源码程序也可以轻易对接到 Piccolo 28069 以及 Concerto F28M35x。这种对接不用嫁接或移植,在 control-SUITE 的 28335、28069 及 F28M35x 相关目录中找到同名项目就行了。在这个基础上,从 28027 升级到浮点 28335 或双核 F28M35 就不是想象中那么困难了。

上海交通大学在 TI 大学计划部的支持下于 2012 年初推出 28027 实验箱并用于教学,之后再推出三合一实验板(可插入 28027、28069 控制卡以及 LaunchPad 28027 实验板)。从着手进入 28027 至今近两年,一开始,TI 大学计划部黄争就希望有一本介绍 28027 的书面世。

这本书最后能够完成是上海交通大学学子共同努力的结果。参加 TI 文档翻译工作的同学有:

周挺辉(研三):第 9 章(ePWM)翻译校对,前期所有文档整理。

李帅波(研三):第 7 章(I2C)翻译校对,第 6 章(SPI)校对,第 9 章(ePWM)寄存器校对。

王伊晓(研二):第 5 章(SCI)、第 10 章(HRPWM)翻译校对,第 8 章(ADC)翻译。

张逸飞(研一):第 11 章(eCAP)翻译校对,第 8 章(ADC)校对。

闵哲卿(大四):第 3 章 系统时钟与定时器,第 4 章(GPIO)及第 12 章(PIE)翻译校对。

姚梦琪(大四):第 7 章(I2C)及第 10 章(HRPWM)前期翻译。

参加绘图工作的同学有:

陈曲(研二):第 9 章(ePWM),第 8 章(ADC)。

王澹(大四):第 3 章 系统时钟与定时器,第 4 章(GPIO),第 12 章(PIE),第 5 章(SCI),第 6 章(SPI)。

陈静鹏(大四):第 7 章(I2C),第 10 章(HRPWM),第 11 章(eCAP)。

在此对以上参与此书翻译与绘图的同学表示深深致谢!

本书从蕴酿到成书始终得到 TI 大学计划部的指导和支持,在此表示由衷的

前言

感谢!

由于笔者功力有限,统稿及解读难免有不准确之处,只是祈望不要出现太多的概念错误,以致太对不起购得此书的读者!并对可能给读者造成的困惑深深致歉。请不吝赐教。

联系方式:renrunbai@hotmail.com。

任润柏

2013 年 8 月 12 日于上海交通大学

目 录

第 1 章 CCSv5.2 简介 1
1.1 新建工作目录 1
1.2 构建项目 1
1.3 导入已有的项目 6
1.3.1 进入"导入 CCS Eclipse 项目"界面 7
1.3.2 导入已有的 CCS Eclipse 项目 8
1.3.3 项目属性设置 8
1.4 CCS 常用按钮 10
1.4.1 编译界面常用按钮 10
1.4.2 调试界面常用按钮 10
1.5 新项目变量的设置 12
1.5.1 确定工作平台的链接资源(Linked Resources) 12
1.5.2 确定链接资源中的新变量路径 13
1.5.3 构建变量(Build Variables) 15
1.6 为新项目添加共享源文件及命令(CMD)文件 16
1.6.1 增加共享源文件 16
1.6.2 增加 DSP2802x_GlobalVariableDefs.c 文件 18
1.6.3 增加 CMD 文件 18
1.7 新建项目的属性(Properties)配置 18
1.7.1 打开属性配置窗口 19
1.7.2 CpuTimer 项目属性设置步骤 20
1.7.3 直接路径法 22
1.8 构建新项目的简单方法 23
1.9 CCS3.3 项目的导入 24
1.9.1 导入遗留的 CCSv3.3 项目(Import Legacy CCSv3.3 Project) 25

目 录

  1.9.2 CCSv3.3 导入项目的属性设置 …………………………… 27
 1.10 实时模式的设置 ……………………………………………………… 29
  1.10.1 将变量添加到表达式窗口 ………………………………… 29
  1.10.2 实时模式的设置 …………………………………………… 29
  1.10.3 调试断点的设置 …………………………………………… 31
  1.10.4 实时时钟的设置 …………………………………………… 33
 1.11 在片 Flash 的烧录 …………………………………………………… 34
  1.11.1 改变链接器命令文件(Linker Command File,CMD) …… 34
  1.11.2 当前项目中增加两个文件 ………………………………… 34
  1.11.3 主文件头部增加 3 条指令 ………………………………… 35
  1.11.4 在主函数中嵌入两个函数 ………………………………… 35

第 2 章 28027 微型控制器及实验平台 ………………………………… 36
 2.1 TMS320F28027 硬件资源简介 ……………………………………… 36
  2.1.1 资源概览 …………………………………………………… 36
  2.1.2 TMS320F2802x 引脚图 …………………………………… 37
  2.1.3 信号说明 …………………………………………………… 37
 2.2 功能概述 ……………………………………………………………… 47
 2.3 简要说明 ……………………………………………………………… 50
 2.4 寄存器映射 …………………………………………………………… 58
 2.5 器件仿真寄存器 ……………………………………………………… 59
 2.6 28027 LAUNCHXL－F28027 概述 …………………………………… 60
  2.6.1 下载和安装 ………………………………………………… 62
  2.6.2 C2000 LaunchPad 的调试 ………………………………… 62
  2.6.4 硬件配置 …………………………………………………… 64
  2.6.4 LaunchPad 引脚定义 ……………………………………… 65
  2.6.5 LaunchPad 引脚使用标识 ………………………………… 66

第 3 章 系统时钟与定时器 ……………………………………………… 67
 3.1 系统时钟控制电路 …………………………………………………… 67
  3.1.1 启动/禁止外设模块时钟 ………………………………… 68
  3.1.2 低速外设时钟预分频的配置 ……………………………… 71
 3.2 振荡器(OSC)和锁相环(PLL)模块 ………………………………… 72
 3.3 低功耗模块 …………………………………………………………… 91
 3.4 CPU 看门狗模块 ……………………………………………………… 94
 3.5 32 位 CPU 位定时器 ………………………………………………… 100
 3.6 定时器时钟及时钟源概念小结 ……………………………………… 104
 3.7 示例源码 ……………………………………………………………… 106

目 录

   3.7.1　CPU 定时器及动态正弦曲线（CpuTimer_SinCurve） …………… 106
   3.7.2　看门狗及操作要领（zWatchdog） ……………………………… 117
   3.7.3　低功耗模式的 3 个示例 ………………………………………… 121
   3.7.4　内部振荡器补偿示例（zOSC_Comp） ………………………… 124

第 4 章　通用输入/输出口（GPIO） …………………………………………… 128
4.1　GPIO 模块概述 ………………………………………………………… 128
4.2　配置概述 ………………………………………………………………… 132
4.3　数字通用 I/O 的控制 …………………………………………………… 133
4.4　输入限定器 ……………………………………………………………… 135
4.5　GPIO 和外设引脚复用 ………………………………………………… 138
4.6　寄存器位定义 …………………………………………………………… 143
4.7　GPIO 多路复用设置步骤 ……………………………………………… 161
4.8　GPIO 多路复用设置实例 ……………………………………………… 163

第 5 章　串行通信接口（SCI） ………………………………………………… 165
5.1　增强型 SCI 模块概述 …………………………………………………… 165
   5.1.1　SCI 模块信号汇总 ………………………………………………… 169
   5.1.2　多处理器及异步通信模式 ………………………………………… 169
   5.1.3　SCI 可编程数格式 ………………………………………………… 169
   5.1.4　SCI 多处理器通信 ………………………………………………… 170
   5.1.5　空闲线多处理器模式 ……………………………………………… 171
   5.1.6　地址位多处理器模式 ……………………………………………… 173
   5.1.7　SCI 通信格式 ……………………………………………………… 173
   5.1.8　SCI 中断 …………………………………………………………… 176
   5.1.9　SCI 的波特率计算 ………………………………………………… 176
   5.1.10　SCI 增强的功能 …………………………………………………… 177
5.2　SCI 时钟及波特率的计算 ……………………………………………… 180
5.3　SCI 相关的寄存器 ……………………………………………………… 181
5.4　SCI 示例源码 …………………………………………………………… 195
   5.4.1　Piccolo 与 PC 的通信（zSci_SendPc） …………………………… 195
   5.4.2　Piccolo 与 PC 的双向通信（zSci_Echoback） …………………… 201
   5.4.3　通过中断进行 SCI FIFO 回送测试（zSci_FFDLB_int） ………… 203

第 6 章　串行外设接口（SPI） ………………………………………………… 207
6.1　增强的 SPI 模块概述 …………………………………………………… 207
   6.1.1　SPI 模块框图 ……………………………………………………… 208
   6.1.2　SPI 信号汇总 ……………………………………………………… 209
   6.1.3　SPI 模块寄存器概述 ……………………………………………… 210

目 录

- 6.1.4 SPI 操作 …… 211
- 6.1.5 SPI 中断 …… 213
- 6.1.6 SPI 的 FIFO 介绍 …… 218
- 6.1.7 SPI 3 线模式 …… 220
- 6.1.8 音频传输中的 SPI STEINV 位 …… 222
- 6.2 SPI 时钟及波特率计算归纳 …… 223
- 6.3 SPI 寄存器及波形 …… 224
- 6.4 SPI 示例源码 …… 238
  - 6.4.1 SPI FIFO 数字回送程序(zSpi_FFDLB) …… 239
  - 6.4.2 采用中断进行 SPI FIFO 数字回送程序(zSpi_FFDLB_int) …… 242
  - 6.4.3 LED 数码管显示程序(zSpi_LedNumber) …… 245

第 7 章 内部集成电路(I2C) …… 247

- 7.1 I2C 模块概述 …… 247
- 7.2 I2C 模块工作细节 …… 250
- 7.3 I2C 模块产生的中断请求 …… 256
- 7.4 复位/禁止 I2C 模块 …… 258
- 7.5 I2C 模块寄存器 …… 259
- 7.6 I2C 软件模拟示例 zI2C_eepromMN …… 278

第 8 章 模/数转换器(ADC) …… 288

- 8.1 特征 …… 288
- 8.2 ADC 内核总成(ADC 模块框图) …… 289
- 8.3 SOC 的操作原则 …… 291
- 8.4 A/D 转换的优先级 …… 295
- 8.5 同步采样模式 …… 298
- 8.6 EOC 及中断操作 …… 298
- 8.7 上电序列 …… 299
- 8.8 ADC 校准 …… 300
- 8.9 内/外部参考电压选择 …… 302
- 8.10 ADC 寄存器 …… 302
- 8.11 ADC 时序图 …… 322
- 8.12 内置温度传感器 …… 328
- 8.13 比较器模块 …… 329
- 8.14 比较器寄存器 …… 331
- 8.15 示例源码 …… 333
  - 8.15.1 通过 EPWMx 触发 ADC 模块转换(zAdcSoc_TripEpwmx.c) …… 333
  - 8.15.2 通过定时器 0 中断触发模数转换(zAdcSoc_TripTINTx.c) …… 339

8.15.3	通过外部中断 2 触发模数转换(zAdcSOC_TripXINT.c)	341
8.15.4	温度传感器示例(zAdc_TempSensor.c)	345
8.15.5	软件强制温度传感器转换示例(zAdc_TempSensorConv.c)	347

第 9 章　Piccolo 增强型脉宽调制器(ePWM)模块 ⋯⋯⋯ 350

- 9.1　概　述 ⋯⋯⋯ 351
  - 9.1.1　子模块概述 ⋯⋯⋯ 351
  - 9.1.2　寄存器映射 ⋯⋯⋯ 354
  - 9.1.3　子模块总体概览 ⋯⋯⋯ 357
- 9.2　时基模块(TB) ⋯⋯⋯ 359
  - 9.2.1　时基模块的作用 ⋯⋯⋯ 359
  - 9.2.2　时基模块的控制与观察 ⋯⋯⋯ 359
  - 9.2.3　PWM 周期和频率的计算 ⋯⋯⋯ 361
  - 9.2.4　多个 ePWM 模块时的时钟锁相 ⋯⋯⋯ 366
  - 9.2.5　时基计数器模式和计时波形 ⋯⋯⋯ 366
- 9.3　比较器模块(CC) ⋯⋯⋯ 368
  - 9.3.1　比较计数器模块的作用 ⋯⋯⋯ 369
  - 9.3.2　比较计数器模块的控制和观察 ⋯⋯⋯ 369
  - 9.3.3　比较计数器子模块的操作要点 ⋯⋯⋯ 370
  - 9.3.4　计数模式的波形 ⋯⋯⋯ 370
- 9.4　动作限定模块(AQ) ⋯⋯⋯ 372
  - 9.4.1　动作限定模块的作用 ⋯⋯⋯ 373
  - 9.4.2　动作限定子模块的控制和观察 ⋯⋯⋯ 373
  - 9.4.3　动作限定器事件优先级 ⋯⋯⋯ 375
  - 9.4.4　一般配置下的波形 ⋯⋯⋯ 377
- 9.5　死区子模块(DB) ⋯⋯⋯ 385
  - 9.5.1　死区子模块的作用 ⋯⋯⋯ 385
  - 9.5.2　死区子模块的控制和观察 ⋯⋯⋯ 386
  - 9.5.3　死区子模块操作要点 ⋯⋯⋯ 386
- 9.6　PWM 斩波子模块(PC) ⋯⋯⋯ 389
  - 9.6.1　PWM 斩波子模块的作用 ⋯⋯⋯ 390
  - 9.6.2　PWM 斩波模块的控制和观察 ⋯⋯⋯ 390
  - 9.6.3　PWM 斩波子模块操作要点 ⋯⋯⋯ 390
  - 9.6.4　PWM 斩波子模块波形 ⋯⋯⋯ 391
- 9.7　触发区子模块(TZ) ⋯⋯⋯ 393
  - 9.7.1　触发区子模块的作用 ⋯⋯⋯ 393
  - 9.7.2　故障捕获模块的控制和观察 ⋯⋯⋯ 394

目 录

9.7.3 触发区子模块的操作要点 ………………………………… 395
9.7.4 产生捕获事件中断 …………………………………………… 397
9.8 事件触发子模块（ET） ……………………………………………… 398
  9.8.1 事件触发子模块操作纵览 …………………………………… 400
9.9 数字比较器子模块（DC） …………………………………………… 403
  9.9.1 数字比较子模块的作用 ……………………………………… 404
  9.9.2 数字比较子模块的控制和观察 ……………………………… 404
  9.9.3 数字比较器子模块的操作要点 ……………………………… 405
9.10 应用电源拓扑 ……………………………………………………… 409
  9.10.1 多模块概览 ………………………………………………… 409
  9.10.2 关键的配置 ………………………………………………… 409
  9.10.3 使用独立的频率控制多个降压变换器 …………………… 410
  9.10.4 使用相同的频率控制多个降压变换器 …………………… 412
  9.10.5 控制多个半 H 桥变换器 …………………………………… 415
  9.10.6 控制电机（ACI 和 PMSM）的两个三相逆变器 ………… 418
  9.10.7 在 ePWM 之间相位控制的应用 …………………………… 421
  9.10.8 控制三相交错的 DC/DC 变换器 …………………………… 421
  9.10.9 控制零电压开关全桥（ZVSFB）变换器 ………………… 424
  9.10.10 通过控制一个峰值电流模式来控制降压模块 ………… 427
  9.10.11 控制 H 桥 LLC 谐振变换器 ……………………………… 428
9.11 ePWM 模块寄存器 ………………………………………………… 430
  9.11.1 时基子模块寄存器 ………………………………………… 430
  9.11.2 计数器-比较器子模块寄存器 …………………………… 437
  9.11.3 动作限定器子模块寄存器 ………………………………… 442
  9.11.4 死区子模块寄存器 ………………………………………… 447
  9.11.5 PWM-斩波子模块寄存器 ………………………………… 449
  9.11.6 触发区子模块控制和状态寄存器 ………………………… 450
  9.11.7 数字比较子模块寄存器 …………………………………… 459
  9.11.8 事件触发器子模块寄存器 ………………………………… 465
  9.11.9 正常的中断启动步骤 ……………………………………… 470
9.12 ePWM 示例源码 …………………………………………………… 471
  9.12.1 ePWM 时基时钟的计算 …………………………………… 471
  9.12.2 ePWM 初始化指令顺序 …………………………………… 471
  9.12.3 ePWM_增模式下的动作控制（zEPwm_UpAQ） ………… 472
  9.12.4 ePWM_增减模式下的动作控制（zEPwmUpDownAQ） …… 477
  9.12.5 EPWM 死区的建立（zEpwm_DeadBand） ……………… 480

9.12.6	PWM 故障捕获(zEpwm_TripZone.c)	484
9.12.7	PWM 数字比较器故障捕获事件(zEpwm_DCEventTrip.c)	487
9.12.8	PWM 滤波(zEPwm_Blanking.c)	490
9.12.9	通过动作限定器建立步进电机的 4 拍方式控制	495
9.12.10	EPWM 模块的定时器中断(zEPwm_TimerInt.c)	496

第 10 章 高分辨率脉宽调制(HRPWM) ... 502

- 10.1 概 述 ... 502
- 10.2 HRPWM 的操作说明 ... 503
- 10.3 HRPWM 的功能控制 ... 505
- 10.4 HRPWM 的配置 ... 507
- 10.5 工作原理 ... 508
  - 10.5.1 边沿定位 ... 509
  - 10.5.2 CMPA:CMPAHR 的计算 ... 510
  - 10.5.3 占空比的范围限制 ... 512
  - 10.5.4 高分辨率周期 ... 514
  - 10.5.5 高分辨率周期配置 ... 515
- 10.6 比例因子优化软件(SFO) ... 516
- 10.7 使用优化汇编代码的 HRPWM 示例 ... 517
  - 10.7.1 实现一个简单的降压变换器 ... 517
  - 10.7.2 利用 R+C 滤波器实现简单 DAC 功能 ... 519
- 10.8 HRPWM 寄存器 ... 522
- 10.9 SFO 函数库软件—SFO_TI_Build_V6.lib ... 528
  - 10.9.1 比例因子优化函数- int SFO() ... 528
  - 10.9.2 软件的使用 ... 530
  - 10.9.3 SFO 库软件各版本的不同之处 ... 532
- 10.10 HRPWM 示例源码 ... 532
  - 10.10.1 微边沿定位(MEP)概念的进一步说明 ... 532
  - 10.10.2 采用 Q15 及 Q0 格式计算 CMPA:CMPAHR ... 534
  - 10.10.3 zHRPWM_Duty_SFO_V6 项目 ... 537

第 11 章 增强型捕获模块(eCAP) ... 543

- 11.1 概 述 ... 543
  - 11.1.1 eCAP 的使用和特性 ... 543
  - 11.1.2 运行机制框图说明 ... 544
- 11.2 捕获和 APWM 工作模式 ... 545
  - 11.2.1 捕获模式的描述 ... 545
  - 11.2.2 APWM 工作模式 ... 550

目 录

11.3 寄存器 …… 551
11.4 eCAP 示例源码 …… 561
 11.4.1 APWM 测试(zECap_apwm.c) …… 561
 11.4.2 捕获模式测试(zECap_CapturePwm.c) …… 564
 11.4.3 绝对时戳上升沿触发示例(zECap_CaptureRePwm.c) …… 570
 11.4.4 绝对时戳双边沿触发示例(zECap_CaptureReFePwm.c) …… 574
 11.4.5 上升沿分时触发示例(zECap_CaptureReDifPwm.c) …… 575
 11.4.6 上升沿和下降沿分时触发示例(zECap_CaptureReFeDifPwm.c) …… 576

第 12 章 外设中断扩展 …… 579
12.1 PIE 控制器概述 …… 579
12.2 向量表映射 …… 582
12.3 中断源 …… 583
 12.3.1 处理复用中断的流程 …… 584
 12.3.2 使能和禁止多路复用外设中断的步骤 …… 585
 12.3.3 从外设到 CPU 的多路复用中断请求流程 …… 586
 12.3.4 PIE 向量表 …… 588
12.4 PIE 寄存器 …… 594
12.5 外部中断控制寄存器 …… 604
12.6 用软件区分中断优先权示例(zSWPrioritizedInterrupts) …… 606
12.7 外部中断示例(zExternalInterrupt) …… 610

附录 …… 619

参考文献 …… 622

第1章 CCSv5.2 简介

1.1 新建工作目录

启动 CCSv5 后,会弹出如图 1.1 所示的工作区启动(Workspace Launcher)界面,若已经建立了多个工作区,可单击下拉按钮 选择需要的工作区;若需要新建一个工作区,可单击浏览按钮 Browse... 进行。图 1.1 所示是在 f28027 的 v129 版本目录下建立了一个 Myproject 区,之后有关 f28027 的项目都放在这个区(或目录)中。实验板采用的是 TI 在 2012 年 7 月发布的 LAUNCHXL-F28027 C2000 Piccolo LaunchPad v1.0 版本。

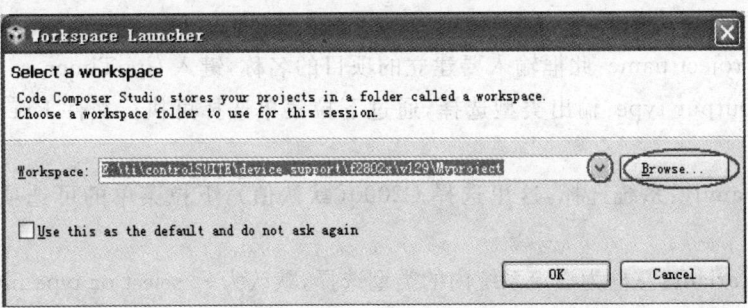

图 1.1 工作平台搜索界面

1.2 构建项目

单击图 1.1 中的"OK"按钮,便会弹出如图 1.2 所示的 TI 资源管理器界面。这里介绍几个常用的选项:
- New Project　在上级目录下建立一个新项目。
- Examples　打开已加载的示例。
- Import Project　导入已有的项目。

第1章 CCSv5.2 简介

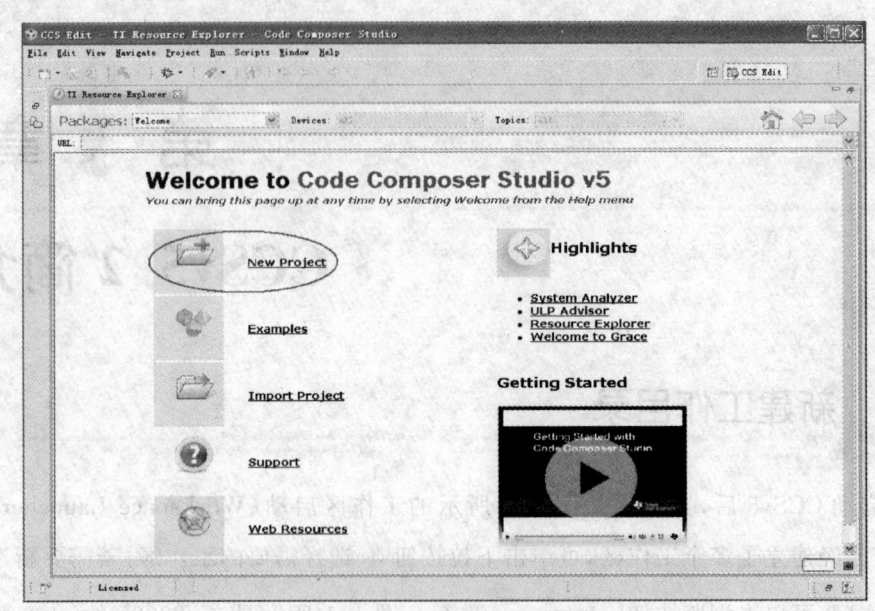

图1.2 TI资源管理器界面

● Getting Started 打开在线视频介绍。

单击 New Project 选项,出现如图1.3所示的 CCS 新项目构建窗口(1),在图中键入或选择如下参数:

(1) Project name:此框输入要建立的项目的名称,键入 CpuTimer。

(2) Output type:输出类型选择,通过下拉菜单选择可执行文件 Executable(默认值)。

(3) Family:系统选择,这里选择 C2000(默认值),下拉菜单的可选项通过安装 CCS 确定。

(4) Variant:左框为设定系统内的类型选择,默认为 <select or type filter text>,这里选择 2802x Piccolo;右框为芯片选择,这里选择 TMS320F28027。

(5) Connection:仿真器选择,这里选择 Texs Instruments XDS100v2 USB Emulater。

(6) Compiler version:编译器版本选择,采用默认值 TI v6.1.0。

(7) Linker command file:链接器命令文件,选择 28027_RAM_lnk.cmd。

(8) Runtime support library:运行时需支持的库文件,可选择 rts2800_ml.lib。

需要说明的是:将项目名称取为 CpuTimer(Cpu 定时器),是准备仿照 f2802x 中 v129 版本的 cpu_time 项目建立一个仅名字不相同的新项目。因此,稍后构建 CpuTimer 项目时将仿照 cpu_time 项目进行。

单击图1.3中的项目模块及示例栏目"Project template and examples",切换到图1.4,可以看见 Empty Project 阴影条,这说明刚才建立的项目是一个如图1.5所

第 1 章 CCSv5.2 简介

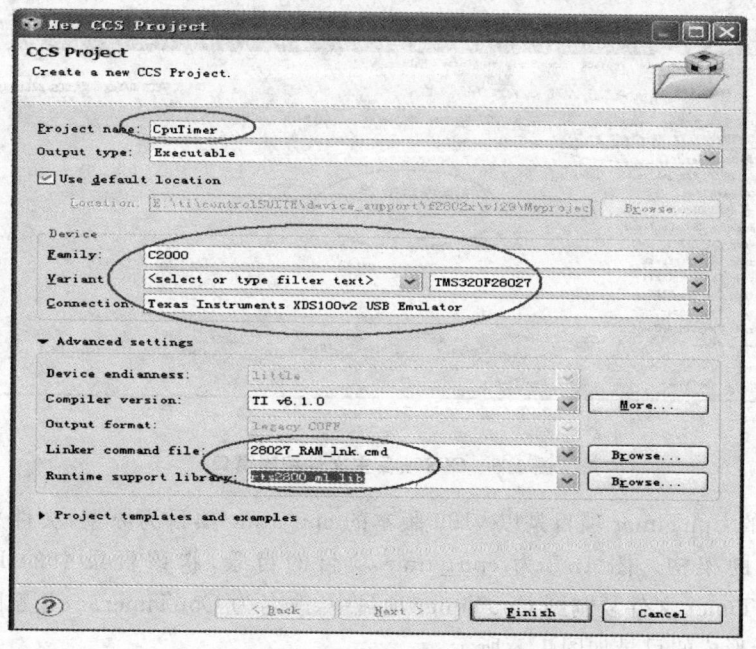

图 1.3 CCS 新项目构建窗口(1)

示的 main 文件为空的项目。此时,在 Myproject 目录中新添了一个 CpuTimer 项目,打开这个项目,可以看见编译器对这个新建项目的基本配置,参见图 1.6。

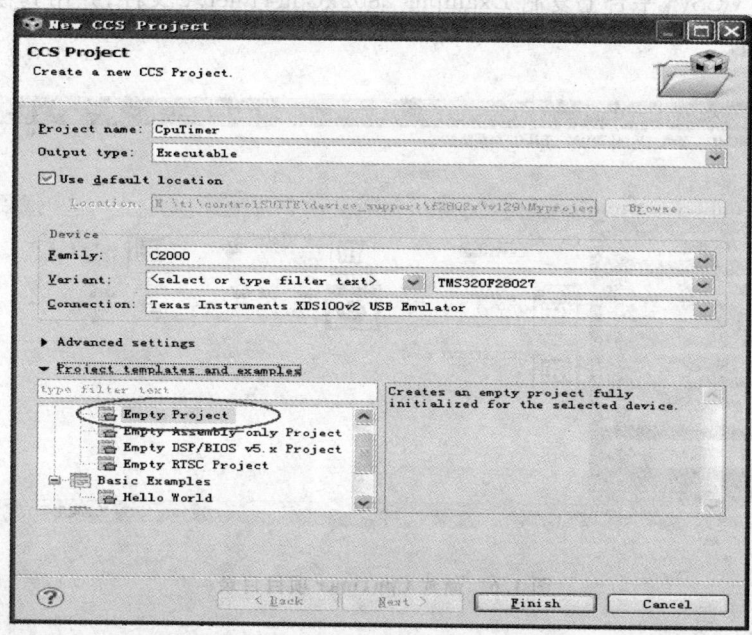

图 1.4 CCS 新项目构建窗口(2)

第1章 CCSv5.2 简介

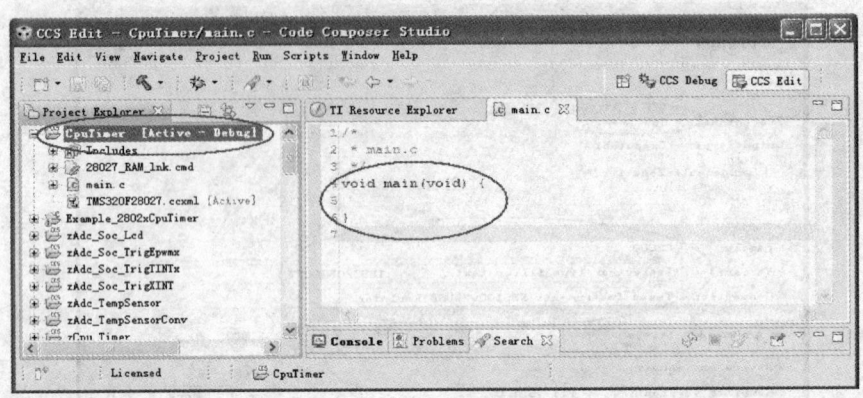

图1.5 CCS 项目主文件编辑窗口

新建的 CpuTimer 项目是以 v129 版本的 cpu_time 项目为原型,文件采用 cpu_time 项目的架构。图 1.7 为 cpu_time 项目的目录,将该目录中的 Example_2802xCpuTimer 文件复制到 CpuTimer 项目中,改名为 CpuTimer.c,并删除 main.c 文件,之后形成的目录如图 1.8 所示。

以上操作可用以下方法达到同样效果:

(1) 右击 CpuTimer 项目中的 main.c 文件名,选择 Rename 选项,然后按照提示操作,将 main.c 改名为 CpuTimer.c;

(2) 在 CCSv5 平台上复制 Example_2802xCpuTimer.c 文件,并用其覆盖 CpuTimer.c 文件。

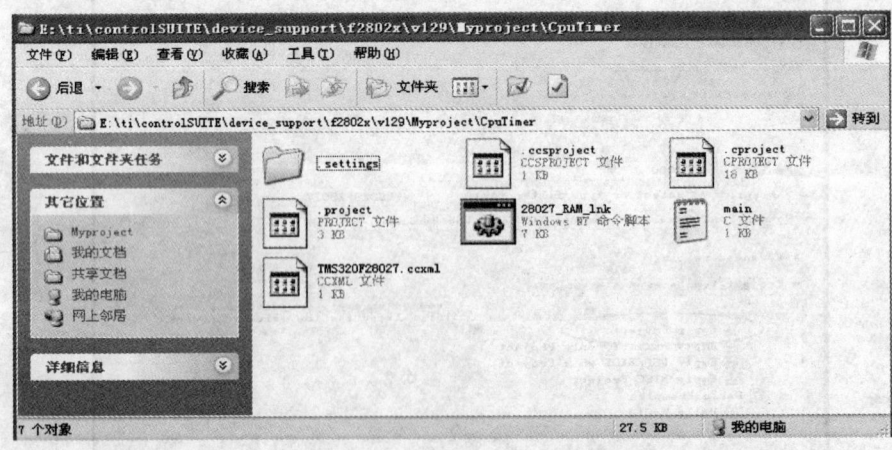

图1.6 新建 CpuTimer 项目目录

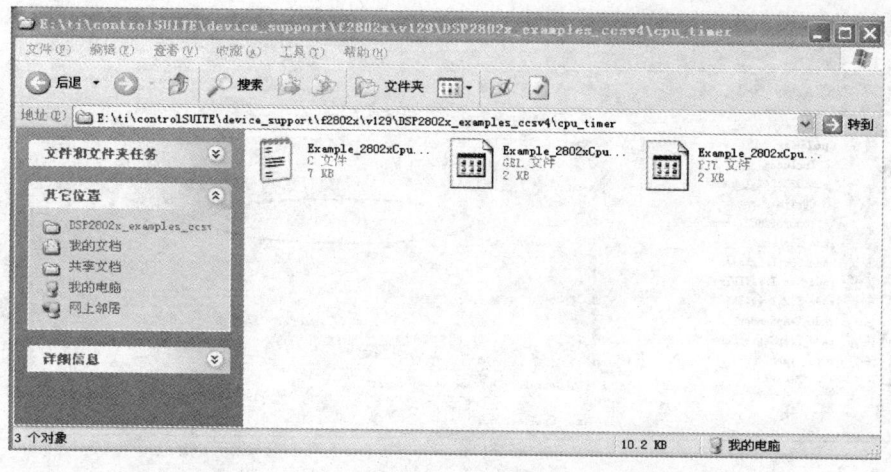

图1.7 未编译过的 cpu_timer 项目目录

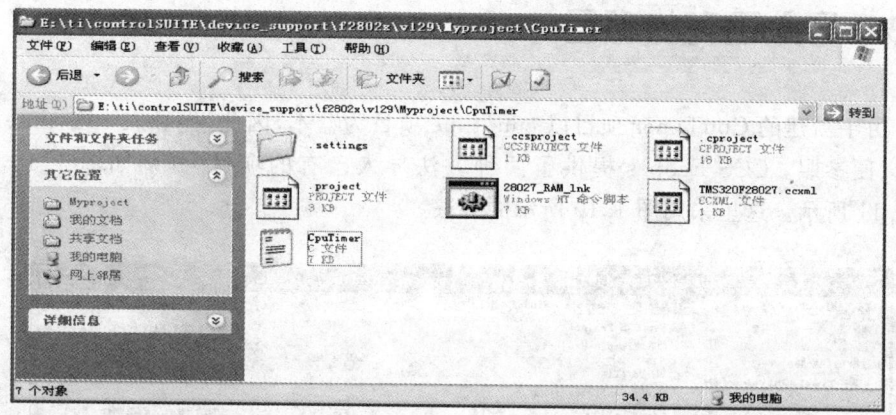

图1.8 修改过的 CpuTimer 项目目录

项目目录修改后,图1.5所示的CCS项目主文件编辑窗口也做如图1.9所示的相应修改。编译器会将目录中的源文件、头文件或其他相关文件加载到CCS编辑窗口相应的项目中,这样省去了链接的麻烦,可直接编译下载。对单一的项目而言这种方法还是可行的,倘若要构建很多项目,把许多可共享的相同的头文件和源文件塞入每一个项目中,显然这种做法不便于对文件进行管理,同时太多且低效地占用了存储空间。TI提倡的做法是:设置链接变量通过编译器将所需的头文件、共享源文件及库文件实现编译器层面的链接。这种方法在通过1.3节和1.4节必要的铺垫之后将在1.5节进行讨论。

第1章 CCSv5.2 简介

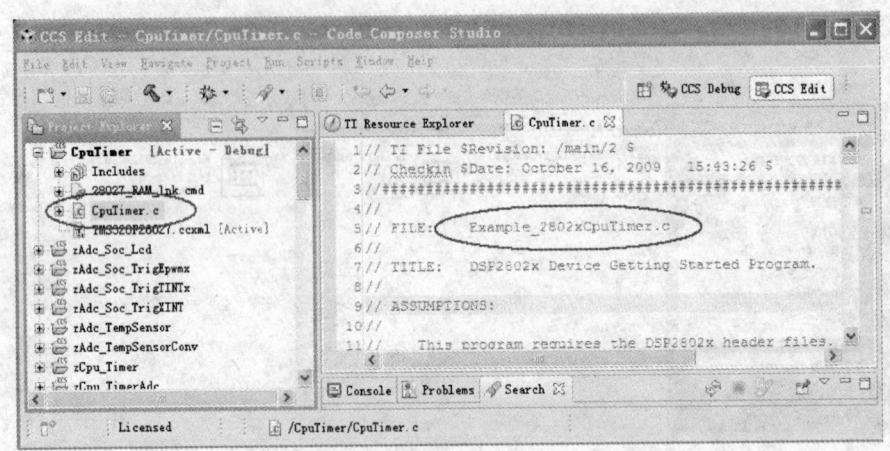

图 1.9　项目目录修改后的 CCS 编辑窗口

1.3　导入已有的项目

由于新建的 CpuTimer 项目以 cpu_time 项目为蓝本，因此，先导入 cpu_time 项目，以便参照。CCS Eclipes 提供了两种方法导入已有的项目，分别如图 1.10 及图 1.11 所示。这里采用图 1.10 所示的方法。

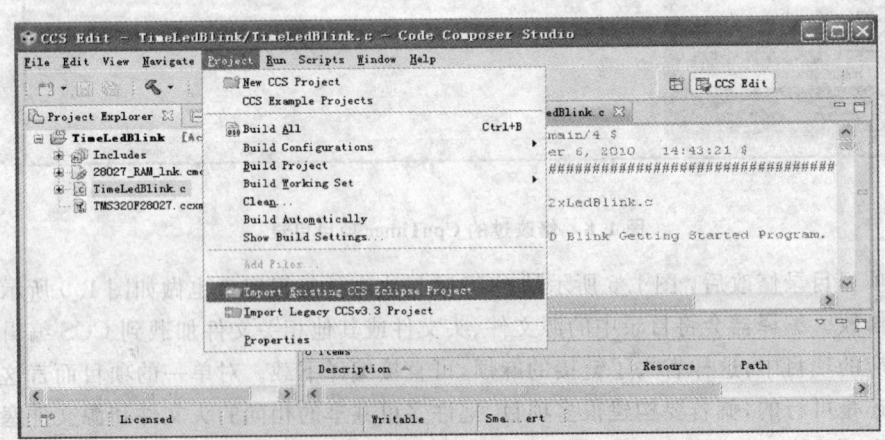

图 1.10　导入已有的项目方法一

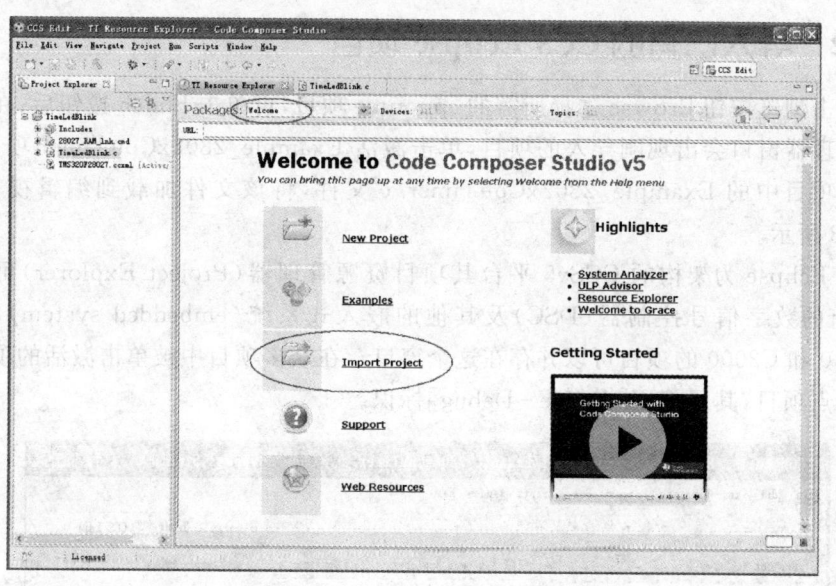

图 1.11　导入已有的项目方法二

1.3.1　进入"导入 CCS Eclipse 项目"界面

如图 1.10 所示，选择 Project→Import Existing CCS Eclipes Project，导入已有的 CCS Eclipes 项目，出现图 1.12 的界面：

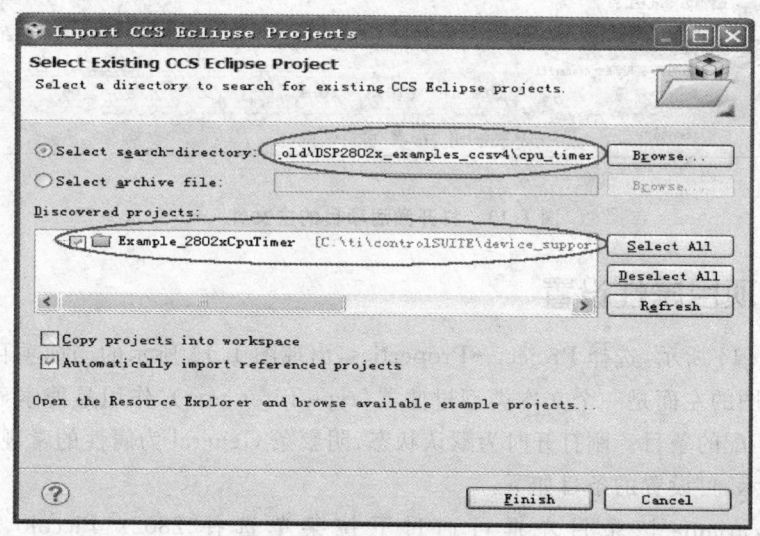

图 1.12　选择已有的项目界面

1.3.2 导入已有的 CCS Eclipse 项目

单击浏览按钮 Browse 选择所需的 cpu_time 项目,再单击 Finish 按钮后,在项目资源管理器窗口会出现刚导入的项目,单击激活 Example_2802xCpuTimer 项目,并双击该项目中的 Example_2802xCpuTimer.c 文件,将该文件加载到编辑视窗,如图 1.13 所示。

以 Eclipse 为架构的 CCSv5 平台其项目资源管理器(Project Explorer)可涵盖 TI 现有的数字信号控制器(DSC)及其他的嵌入式系统(embedded system),比如 MSP430 和 C2000 的项目可以并存在这个窗口。在众多项目中被单击激活的项目称之为焦点项目,其尾部用[Active-Debug]标识。

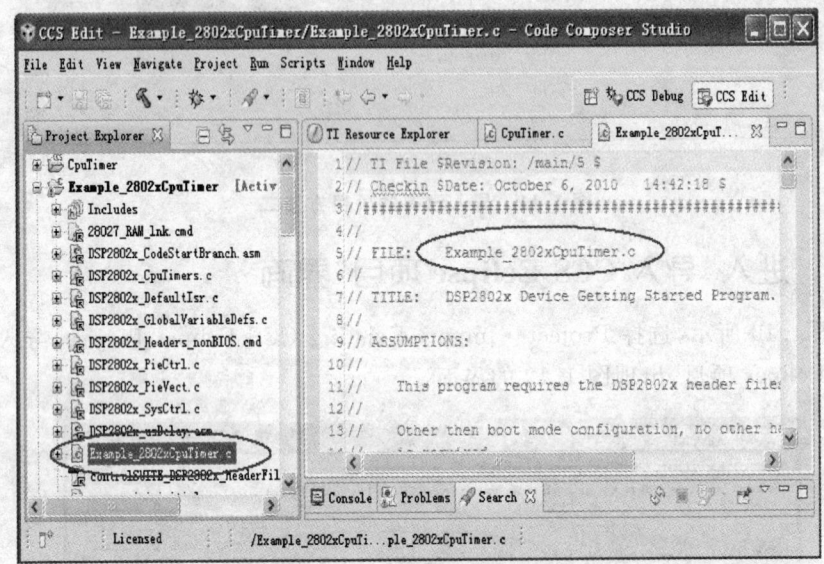

图 1.13 打开激活项目的主文件

1.3.3 项目属性设置

如图 1.14 所示,选择 Project→Properties,出现图 1.15 所示的当前项目属性设置界面,该图的左面是一个文本类型过滤器(type filter text),作用是搜索显示与输入的文本匹配的条目。刚打开时为默认状态,阴影条 General 为属性的常规设置,如图 1.15 所示,可设置的条目如下:

(1) Variant:该条目左框可通过下拉菜单选择 2802x Piccolo,右框选择 TMS320F28027;

(2) Connection:选择连接的仿真器,通过下拉菜单选择,这里选择 Texas Instruments XDS100v2 USB Emulator,使用板上的 XDS100v2 仿真机;

第1章　CCSv5.2简介

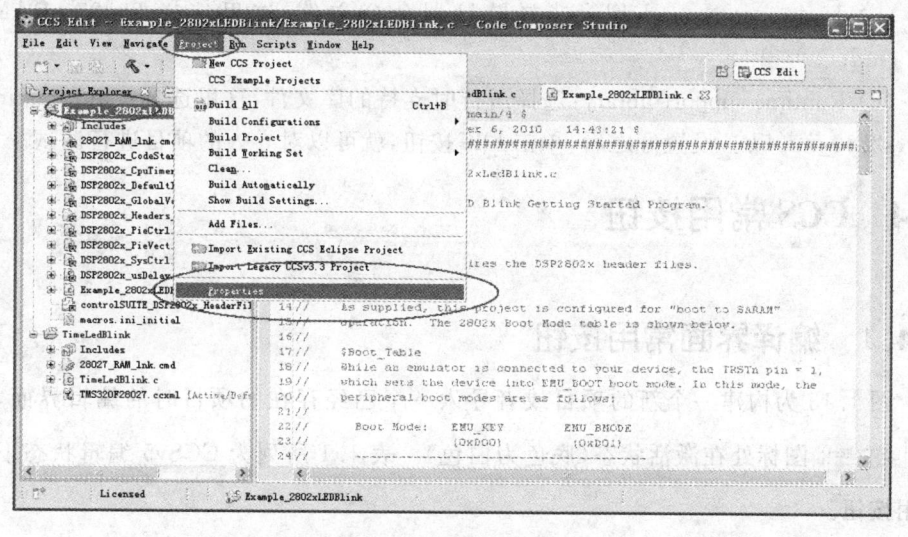

图1.14　激活项目的属性设置

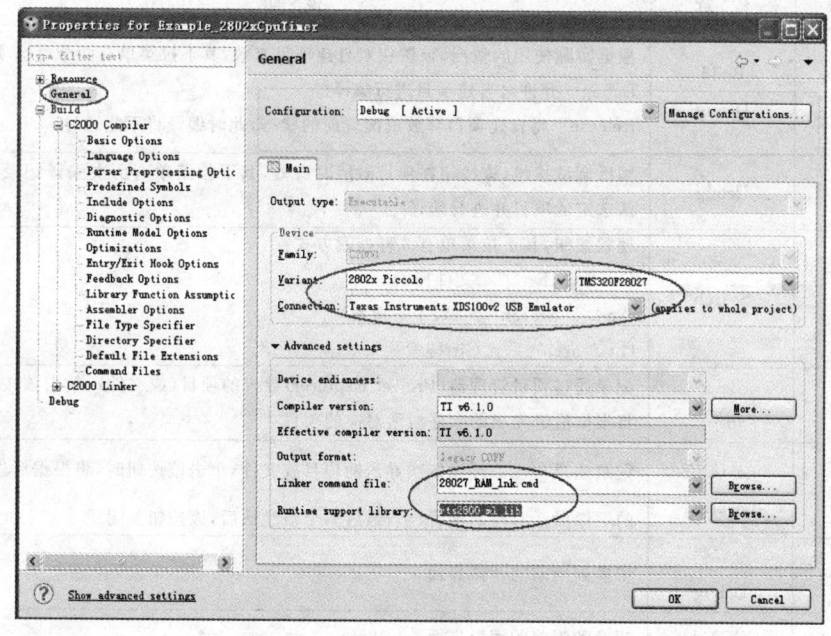

图1.15　当前项目的属性设置

(3) Compiler version：选择编译器版本。该框与下面的有效编译器推荐版本联合使用，根据推荐选择编译器版本，本例选择 TI v6.1.0；

(4) Effective compiler version：推荐有效的编译器版本，以便上面选择合适的编译器版本；

第1章 CCSv5.2 简介

(5) Linker command file：选择链接器命令文件，这里选择 28027_RAM_lnk.cmd；

(6) Runtime support library：选择运行时支持的库文件，这里选择＜automatic＞或 rts2800_ml.lib。设置好之后，单击 OK 按钮，就可以对导入的项目进行调试。

1.4 CCS 常用按钮

1.4.1 编译界面常用按钮

图 1.13 为构建一个新的项目或者导入一个已经存在的项目时的编辑界面，此时，CCS Edit 图标处在激活状态（底色为白色）。表 1.1 所列为 CCSv5 编辑状态下的常用按钮。

表 1.1 CCSv5 编译状态下的常用按钮

图标	名称	说明
	Build 'Debug'	根据实际使用的情况，该按钮对自建项目有效，其下拉菜单有两个可选项： Debug　允许对自建项目进行编译 Release　将自建项目释放成配置前的状态，此时编译将不能通过
	Debug	编译调试按钮，该按钮在项目激活时有效，其下拉菜单有历次编译记录，可激活选定的项目并进行编译
	Search	搜索按钮，其下拉菜单有 3 种搜索方式： File Search　　文件搜索 c\c++ Search　　c\c++搜索 Git Search　　Git 搜索
	Back to …	记录通过项目管理器（Project Explorer）导入的项目（或文件），单击该按钮时，将根据后进先出的顺序激活对应的项目
	LastEdit Location	记录通过 ← 按钮依次导入的项目或文件，单击该按钮时，将根据后进先出的顺序激活对应的项目。当最后一个被激活后，该按钮关闭
CCS Debug	CCS Debug	切换到当前的调试界面
CCS Edit	CCS Edit	切换到当前的编辑界面

1.4.2 调试界面常用按钮

在编译状态下，单击调试按钮 ，当编译链接全部通过后，可进入图 1.16 所示的 cpu_time 项目调试界面。中上部椭圆形框内为调试状态下的常用按钮，中下部椭圆形框标注的阴影条左端的箭头表示程序将从这一行开始运行。该项目的运行将在其仿建项目 CpuTimer 中讨论。

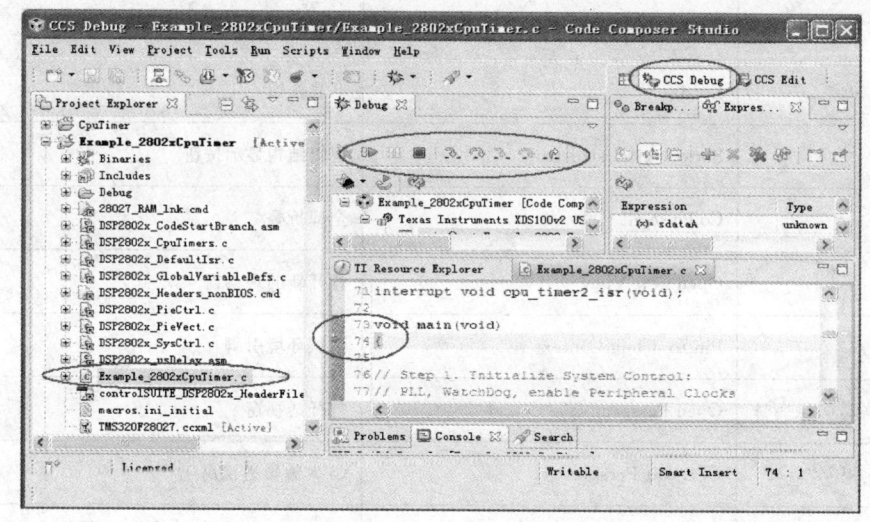

图 1.16 cpu_time 项目的调试界面

表 1.2 为调试界面的常用按钮。

表 1.2 CCSv5 调试界面的常用按钮

图　标	名　　称	说　　明
	Resume	运行按钮
	Suspend	暂停按钮
	Terminate	结束按钮
	Step Into	步入按钮
	Step Over	步出按钮
	Assembly Step Into	汇编步入按钮
	Assembly Step Over	汇编步出按钮
	Step Return	单步返回按钮
	Reset CPU or Reset Emulatort	复位 CPU 或者复位仿真机按钮
	Restart	重新开始
	Refresh	刷新按钮
	Real Time Mode	实时模式按钮

续表 1.2

图标	名称	说明
	Continuous Reflash	连续刷新按钮
	Load	下载按钮
	Show logical structrue	逻辑结构显示按钮
	Collapse all	全部折叠
	Open new View	打开新的观察窗
	Pin to debug Context	调试环境引脚
	Open Perspective	打开透视窗
	CCS edit Perspective	CCS 编辑透视窗
	disconnect hardware	断开硬件

1.5 新项目变量的设置

以 Eclipse 为架构的 CCSv5 平台必须为新建的目录建立一个相应的大环境变量,用来确定该目录下所有项目所需的资源,诸如共享头文件、源文件、编译器及库文件等。比如,1.1 小节在 E:\ti\controlSUITE\device_support\f2802x\v129 路径下建立了一个 MyProject 目录,以后会在 MyProject 目录中建立很多项目,CCSv5 建议 MyProject 目录中的所有项目都采用 controlSUITE 这个统一的变量名。本小节将介绍建立 controlSUITE 变量的步骤如下。

1.5.1 确定工作平台的链接资源(Linked Resources)

(1) 在如图 1.17 所示的编译界面中,打开参数选择设置窗口:选择 Window→Preferences,打开如图 1.18 所示的参数选择界面。

(2) 在左面的文本过滤器框(type filter text)中输入过滤字 link,窗口会显示过滤后的相关条目。单击链接资源选项 Linked Resoucese 后,便会出现如图 1.18 所示的参数选择界面。

第 1 章 CCSv5.2 简介

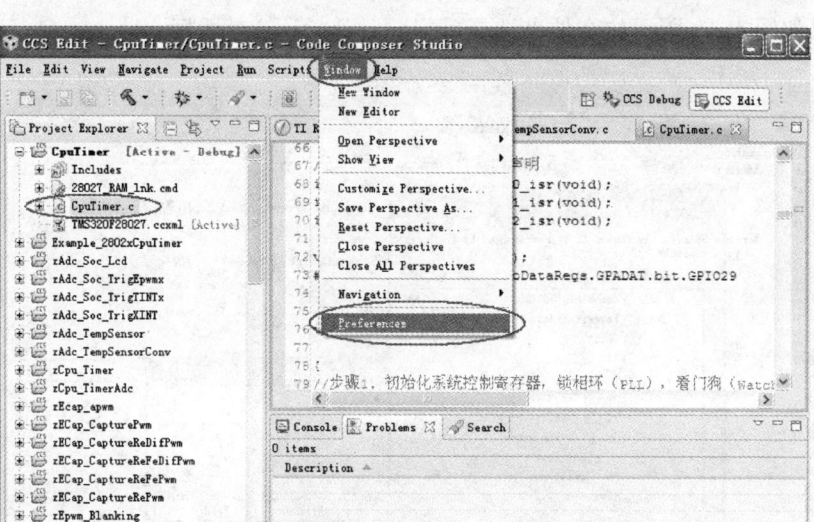

图 1.17 为新构建的目录建立一个相应大环境下的变量

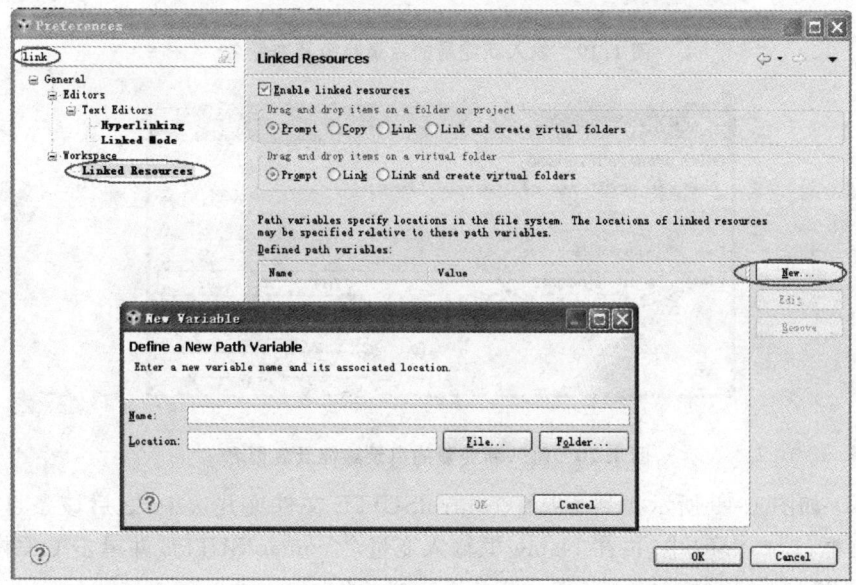

图 1.18 新变量设置界面

1.5.2 确定链接资源中的新变量路径

(1) 单击图 1.18 右面的 New 按钮,弹出参数选择输入框单击文件夹(Folder)按

第1章 CCSv5.2 简介

钮,弹出如图 1.19 所示的文件夹选择(Folder selection)对话框;

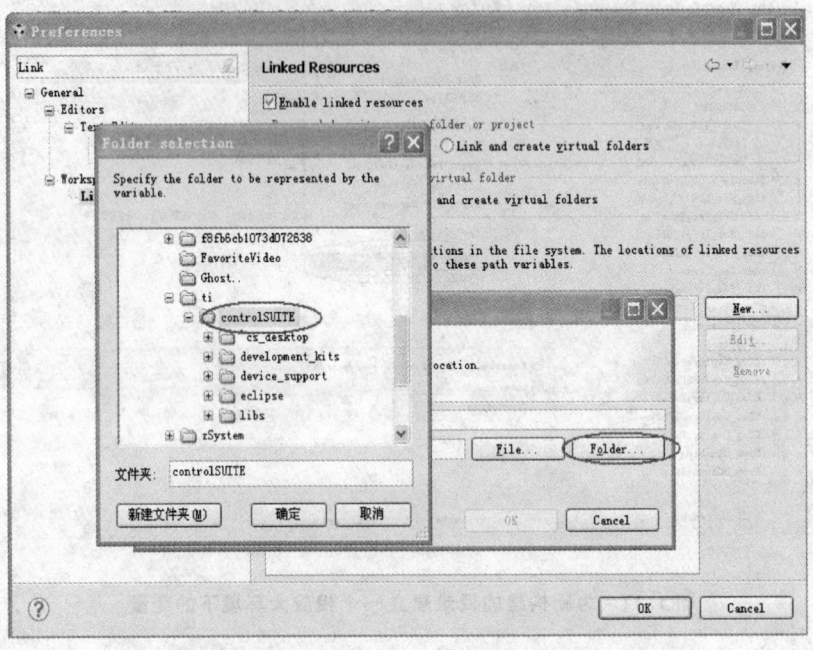

图 1.19 输入新变量的目录路径及变量名

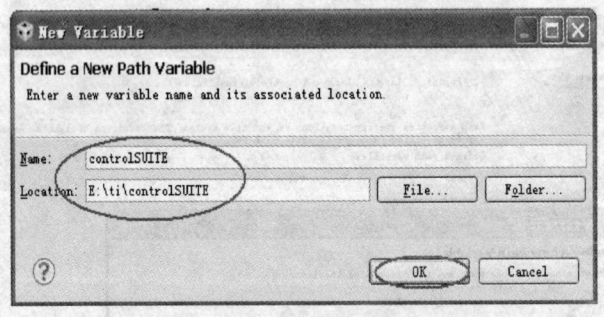

图 1.20 输入新变量的目录路径及变量名

(2) 如图 1.19 所示找到 E:\ti\controlSUITE 文件夹并选中,之后该条目出现在位置框(Location)中,再在 Name 框输入变量名 controlSUITE 并单击 OK 按钮,如图 1.20 所示;

(3) 完成以上两步后,就会在定义路径变量(Defined path variables)框内出现如图 1.21 所示的刚输入的路径及路径名,单击 OK 按钮,即完成了变量路径的设定。

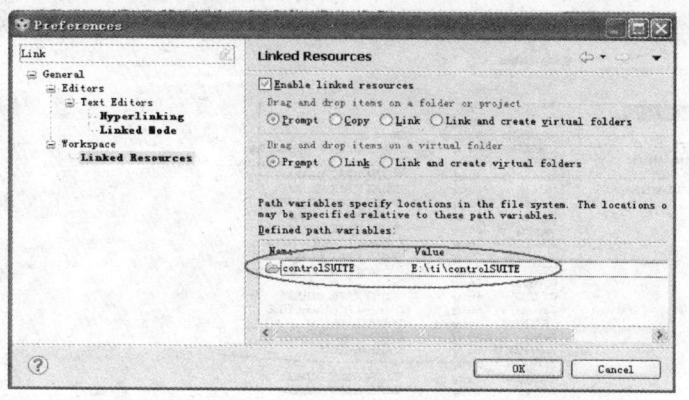

图 1.21　链接变量 controlSUITE 建立后的界面

1.5.3　构建变量(Build Variables)

(1) 再打开参数选择窗口(Windows→Preferences),在文本过滤器框(type filter text)中输入过滤字 var,选中(Build Variables),如图 1.22 所示;

(2) 单击图 1.22 中的 Add 按钮,弹出(Define a New Build Variable)对话框。首先在 Value 框中输入路径 E:\ti\controlSUITE,再在变量名(Variable name)框中输入变量名 controlSUITE;

(3) 完成以上两步后,选中观察系统变量(show system variable)前面的复选框,可见在系统变量中增加了 controlSUITE 变量,如图 1.23 所示。

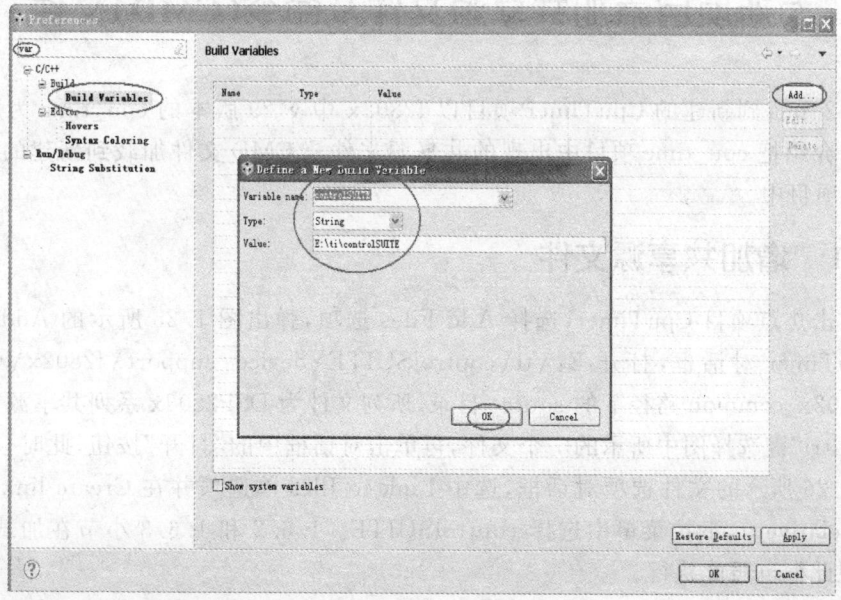

图 1.22　构建变量

第1章　CCSv5.2 简介

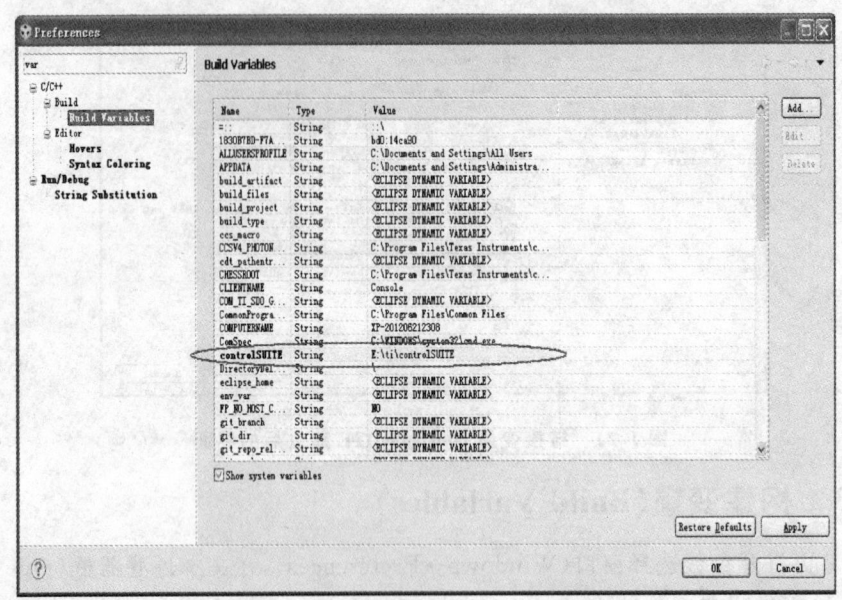

图 1.23　controlSUITE 为系统新增的变量

通过以上设置系统新增了一个 controlSUITE 变量,尽管该变量只是针对 Myproject 目录下的 CpuTimer 项目建立的,但它适合于 Myproject 目录下其他待建的项目,即一旦建立了这个变量,其他待建的项目就不必通过上述步骤再建立变量。

1.6　为新项目添加共享源文件及命令(CMD)文件

1.2 节提到新建的 CpuTimer 项目以 f2802x 中 v129 版本的 cpu_time 为原型,本节将介绍把 cpu_time 项目中出现的共享源文件及 CMD 文件加载到新建的 CpuTimer 项目中。

1.6.1　增加共享源文件

右击焦点项目 CpuTimer,选择 Add Files 选项,弹出图 1.25 所示的 Add Files to CpuTimer 对话框,打开 E:\ti\controlSUITE\device_support\f2802x\v129\DSP2802x_common 路径下的 source 目录,所列文件为 DSP2802x 系列共享源文件,按住"Ctrl"键选择图中所示的 7 个文件,再单击对话框中的"打开"按钮,此时会弹出如图 1.26 所示的文件选项对话框,选中 Link to files 单选项并在 Create link locations relative to 下拉菜单中选择 controlSUITE。1.6.2 和 1.6.3 小节在加载文件时出现此框也照此执行。

第1章 CCSv5.2简介

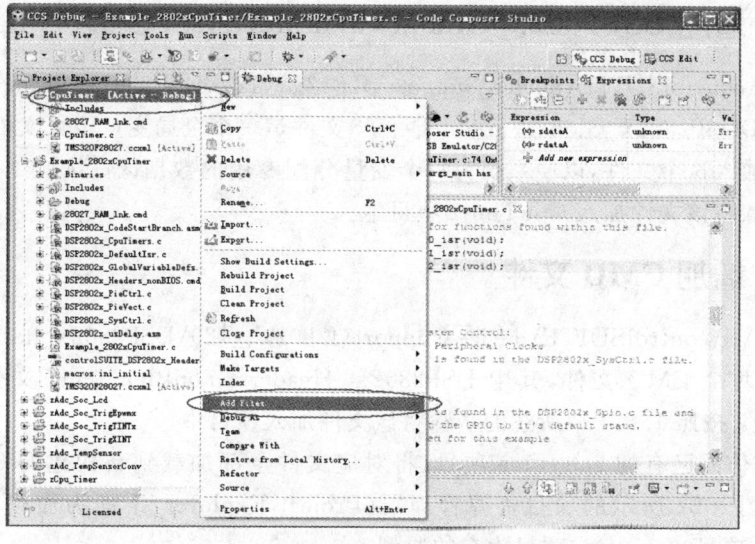

图1.24 增加共享源文件步骤1

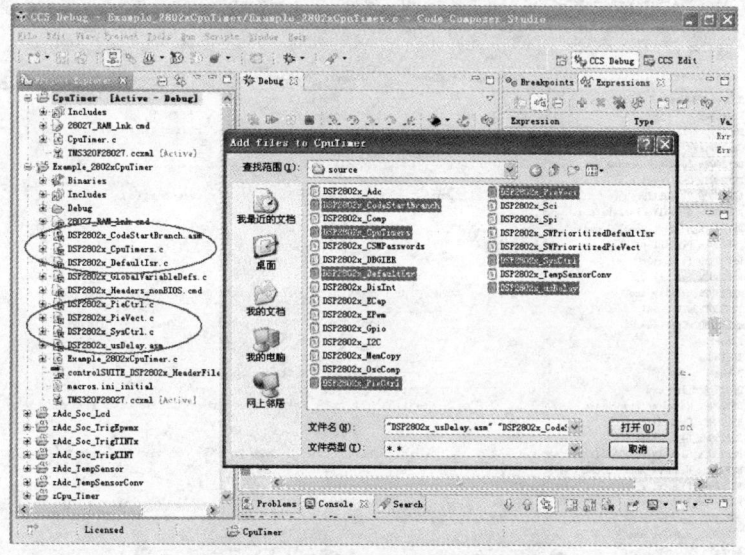

图1.25 增加共享源文件步骤2

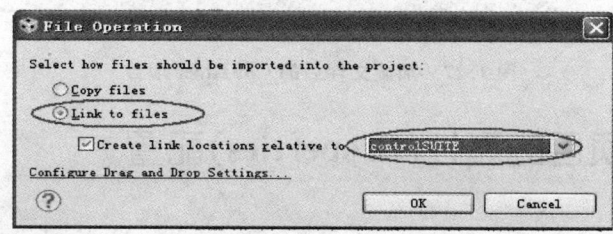

图1.26 文件选项对话框

1.6.2　增加 DSP2802x_GlobalVariableDefs.c 文件

E:\ti\controlSUITE\device_support\f2802x\v129\DSP2802x_headers\source 目录中的 DDSP2802x_GlobalVariableDefs.c 文件是一个全局变量定义文件,每个项目都必须加入这个文件,以便系统为每个变量分配专用的数据区。按照 1.6.1 小节介绍的步骤将该文件加入 CpuTimer 项目中。

1.6.3　增加 CMD 文件

在 E:\ti\controlSUITE\device_support\f2802x\v129\DSP2802x_headers\cmd 目录中有两个 CMD 文件,其中 DSP2802x_Headers_nonBIOS.cmd 文件用于非 BOIS 系统,按照 1.6.1 节所述的步骤将该文件加入项目中。

至此,仿照已有的 cpu_time 项目,将对应文件全部加载到新构建的 CpuTimer 项目中。图 1.27 所示的项目资源管理器(Project Explorer)下面为加载文件后的 CpuTimer 项目,cpu_time 项目为它的原型。

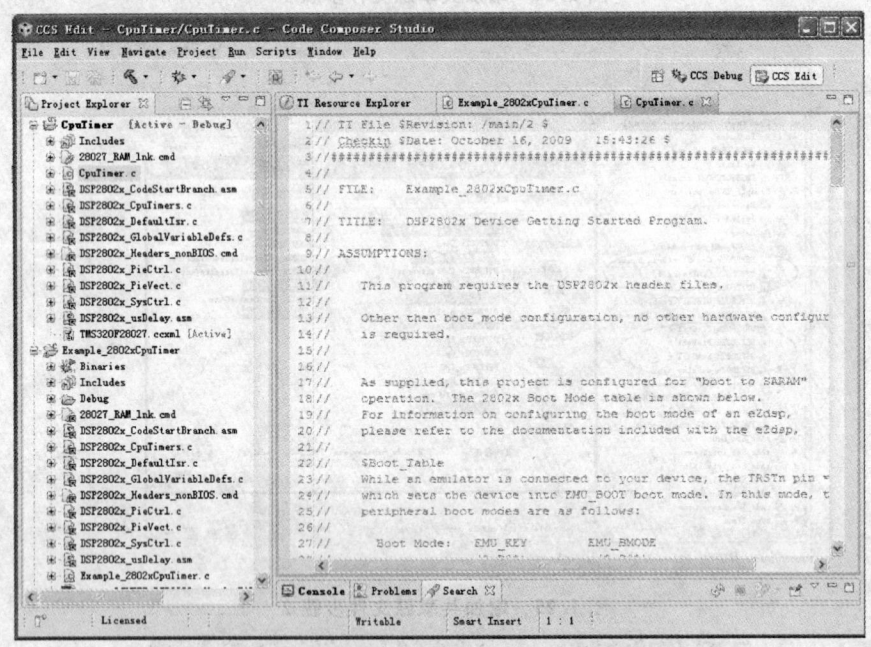

图 1.27　加载文件后的 CpuTimer 项目

1.7　新建项目的属性(Properties)配置

本节将介绍如何对新建项目的属性进行配置。

1.7.1 打开属性配置窗口

右击焦点项目名 CpuTimer,出现图 1.28 所示的功能对话框,选择 Properties 选项,打开图 1.29 所示的 Properties for CpuTimer 对话框(CpuTimer 属性配置)。

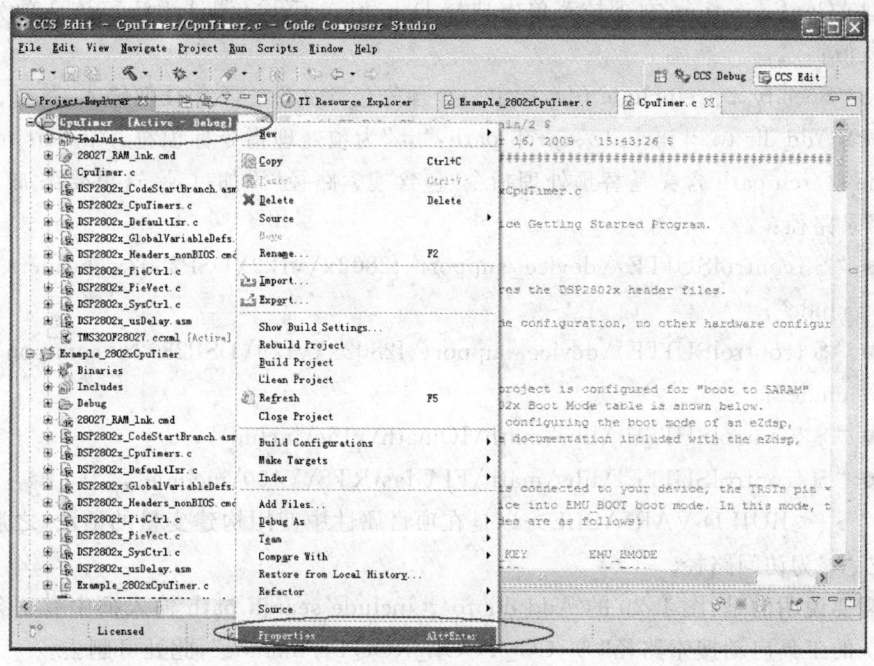

图 1.28 功能对话框

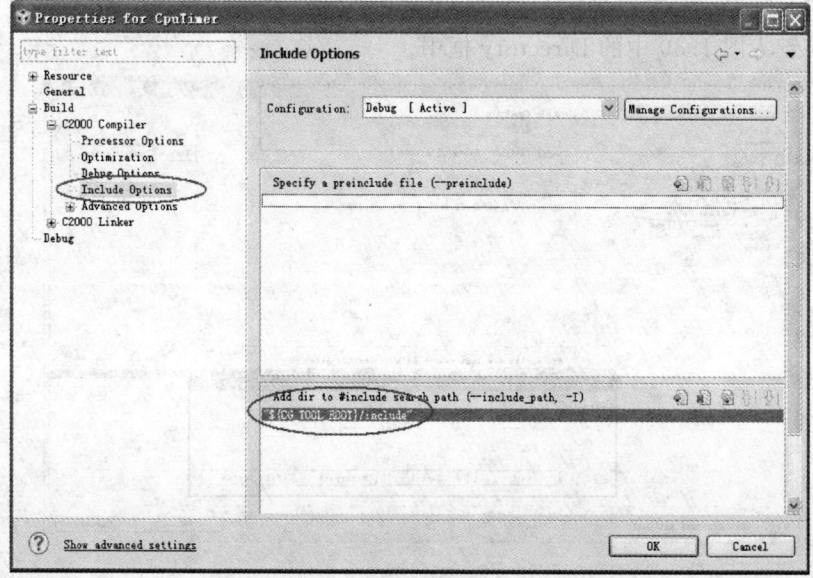

图 1.29 CpuTimer 项目的属性配置

1.7.2 CpuTimer 项目属性设置步骤

单击图 1.29 过滤器框中的 Include Options(包含选项),右面出现 Include Options 对话框,下面对 3 个输入框进行说明:

(1) Configuration:在下拉菜单中选择 Debug(Active)(调试激活),该选项为开窗默认值;

(2) Specify a preinclude file:指定一个预先包含文件。不作任何输入,跳过。

(3) Add dir to #include search path:"#"为预处理指令标识符,Add dir to #include search path 含义是替预处理指令"包含搜索路径"添加目录,这里要添加下面 4 条目录路径:

- " ${controlSUITE}\device_support\f2802x\v129\DSP2802x_headers\include";
- " ${controlSUITE}\device_support\f2802x\v129\DSP2802x_common\include";
- " ${controlSUITE}\libs\math\IQmath\v15c\include";
- " ${controlSUITE}\libs\math\FPUfastRTS\V100\include"。

其中,'${<BUILD VARIABLE>}'是在项目属性中使用构建变量的语法,之后的反斜杠'\'为访问路径。

需要说明的是:图 1.29 的 Add dir to #include search path 输入框中有一条系统默认的工具启动搜索路径"${CG_TOOL_ROOT}/include",此处可删去。

通过右边的 按钮删去系统默认的目录,再通过 按钮将上面 4 条目录路径的文字键入图 1.30 中的 Directory 框中。

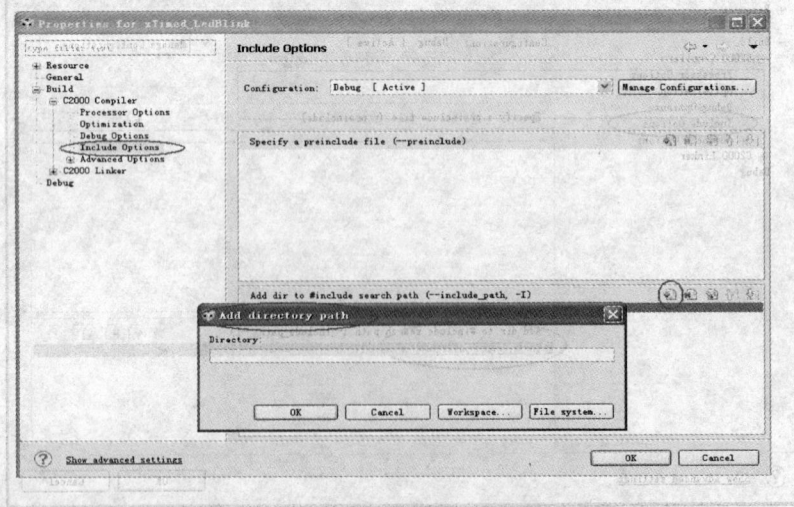

图 1.30 通过 按钮添加目录路径

为避免文字输入错误,可通过图 1.31、图 1.32、图 1.33 所示的访问路径获得以上 4 条目录路径的文字,只要经过简单修改即可。

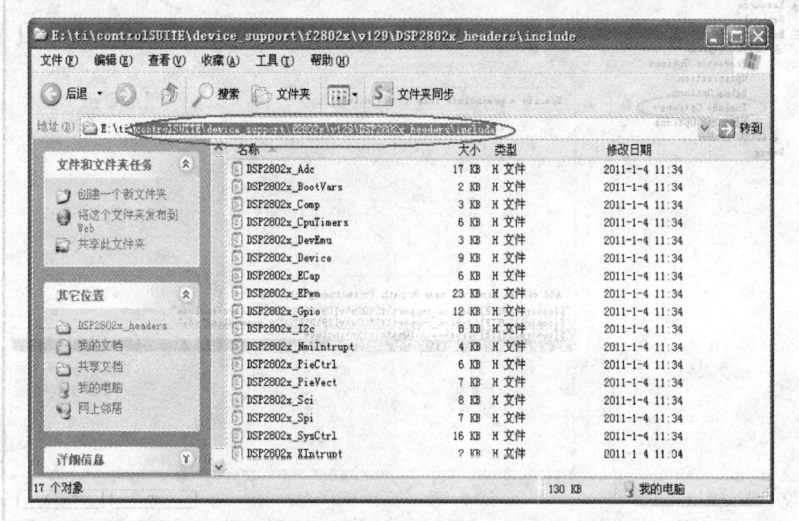

图 1.31　通过访问路径获得头文件和共享源文件目录路径的文字

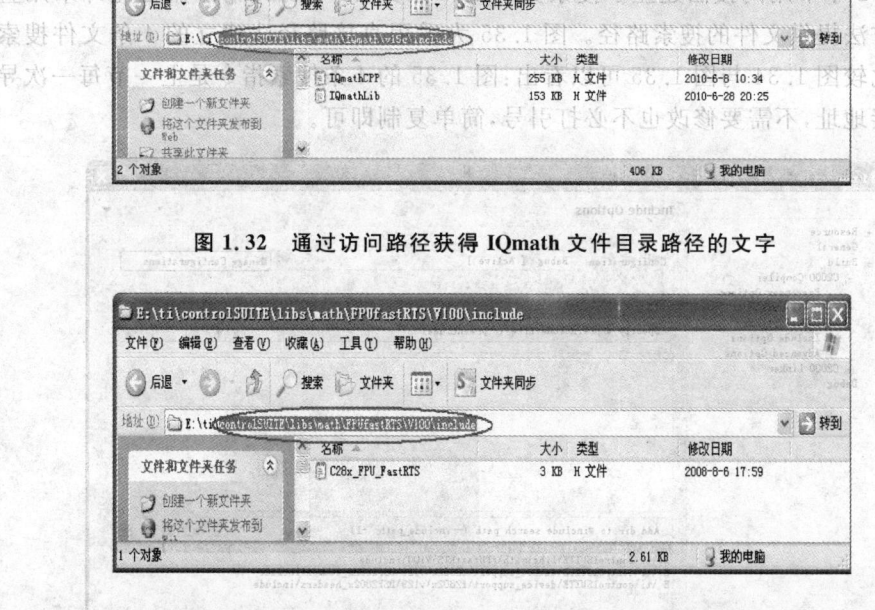

图 1.32　通过访问路径获得 IQmath 文件目录路径的文字

图 1.33　通过访问路径获得 FPUfastRTS 文件目录路径的文字

图 1.34 为 4 条路径输入完毕后的界面。通过以上步骤完成了对新项目的必备设置。单击"OK"按钮,可对新构建的项目进行调试。

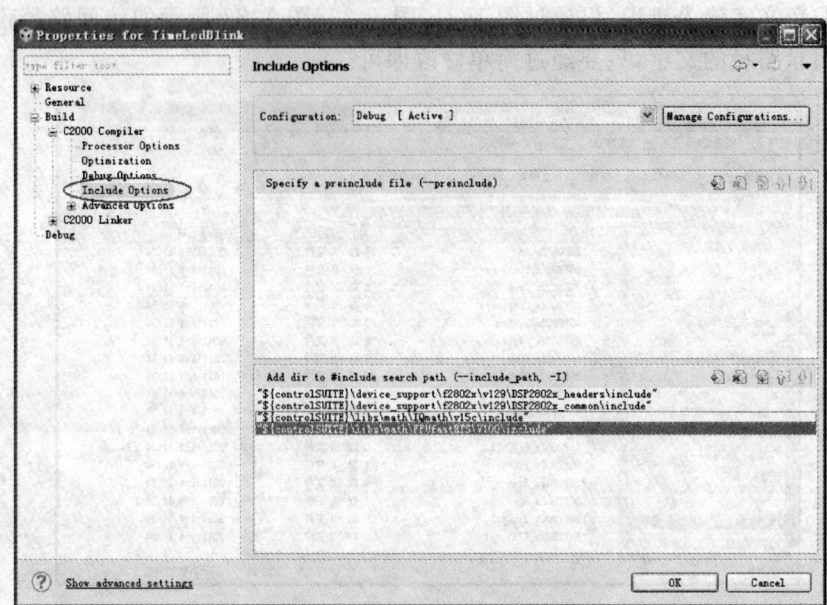

图 1.34　4 条路径输入完毕后的界面

1.7.3　直接路径法

　　1.7.2 小节用间接法建立了搜索文件的 4 条路径。然而，编译器也允许采用直接路径方法提供文件的搜索路径。图 1.35 为采用直接路径法建立的 4 条文件搜索指令。比较图 1.34 与图 1.35 可以看出：图 1.35 的 4 条搜索指令是上一节每一次导出的直接地址，不需要修改也不必打引号，简单复制即可。

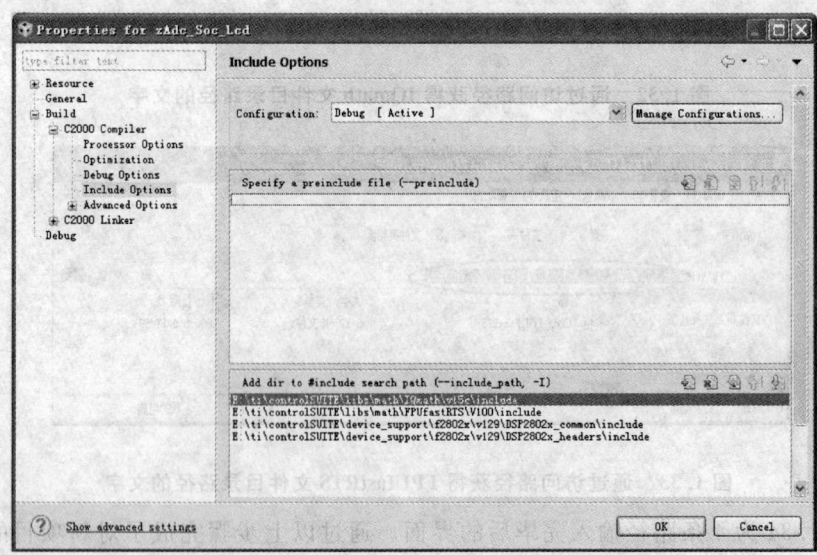

图 1.35　4 条直接路径输入完毕后的界面

1.8 构建新项目的简单方法

前面介绍的构建新项目的方法显得有点繁琐。这里根据编译器首先搜索当前项目中的文件的特性，可直接把相关文件，诸如头文件、源文件及链接命令等，统统放在一个项目内，由编译器直接从项目文件中获取相关文件，如此，免去设置变量、建立搜索路径等过程，只是显得不够规范且较多地占用了存储空间。

这里，仍然仿照 cpu_time 项目，用简单方法构建一个新项目，取名 CpuTimer_，以便与 CpuTimer 有所区别。

构建项目简单步骤如下：

(1) 右击 CpuTimer，选择 Delete 选项删去该项目；
(2) 仿照前面构建一个新项目的步骤，构建新项目 CpuTimer_；
(3) 在 CpuTimer_目录中删去 main 文件，复制 CpuTimer.c 文件；
(4) 参照 cpu_time 项目，复制 E:\ti\controlSUITE\device_support\f2802x\v129\DSP2802x_common\source 目录中的以下 7 个文件：

- DSP2802x_CodeStartBranch.asm；
- DSP2802x_CpuTimers.c；
- DSP2802x_DefaultIsr.c；
- DSP2802x_PieCtrl.c；
- DSP2802x_PieVect.c；
- DSP2802x_SysCtrl.c；
- DSP2802x_usDelay.c。

(5) 复制 E:\ti\controlSUITE\device_support\f2802x\v129\DSP2802x_headers\cmd 目录中的 DSP2802x_Headers_nonBIOS.cmd 文件；
(6) 复制 E:\ti\controlSUITE\device_support\f2802x\v129\DSP2802x_headers\source 目录中的 DSP2802x_GlobalVariableDefs.c 文件；
(7) 复制 E:\ti\controlSUITE\device_support\f2802x\v129\DSP2802x_headers\include 目录中的所有头文件；
(8) 复制 E:\ti\controlSUITE\device_support\f2802x\v129\DSP2802x_common\include 目录中的所有头文件；
(9) 复制 E:\ti\controlSUITE\libs\math\IQmath\v15c\include 目录中的 IQmathLib.h 头文件；
(10) 复制 E:\ti\controlSUITE\libs\math\FPUfastRTS\V100\include 目录中的 C28x_FPU_FastRTS.h 头文件。

将上面所有文件复制到 CpuTimer_目录之后，新项目的建立就算完成了。
图 1.36 项目资源管理器(Project Explorer)中的 CpuTimer_列出了未全部截取的相

第1章 CCSv5.2 简介

关的文件,从下面的 Build Finished 及主文件旁的箭头可以看出,该文件编译通过并进入调试状态。对少量项目而言,这种方法简单可行。

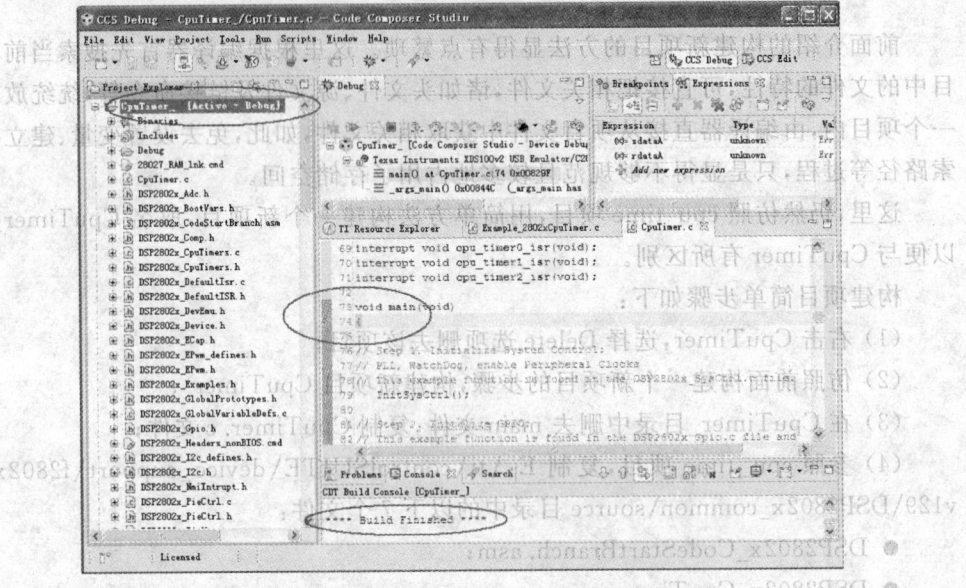

图 1.36 用简单方法构建的 **CpuTimer_项目**

1.9 CCS3.3 项目的导入

在 CCS3.3 环境下建立的项目可通过以下步骤导入 CCSv5.2 平台,如图 1.37 所示,选择 Project→Import Legacy CCSv3.3 Project,打开图 1.38 所示的对话框。

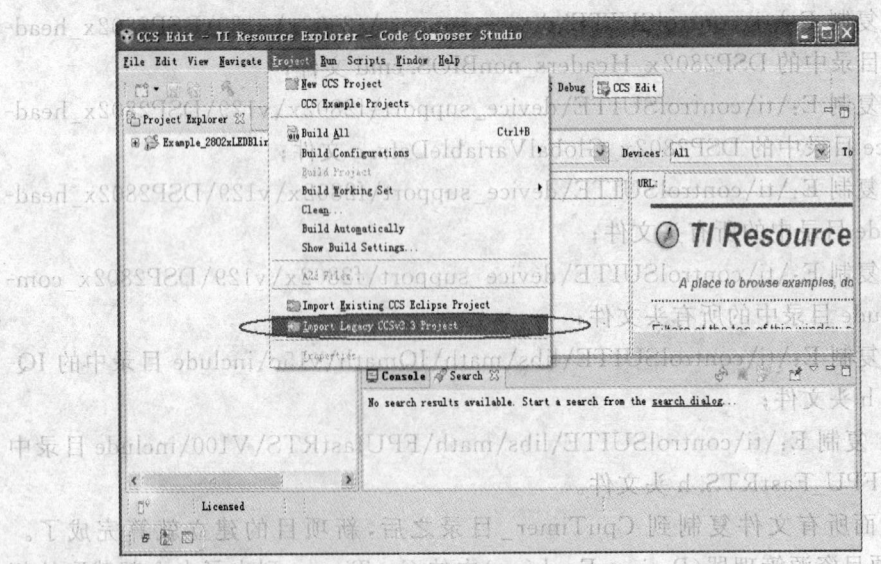

图 1.37 CCSv3.3 项目的导入

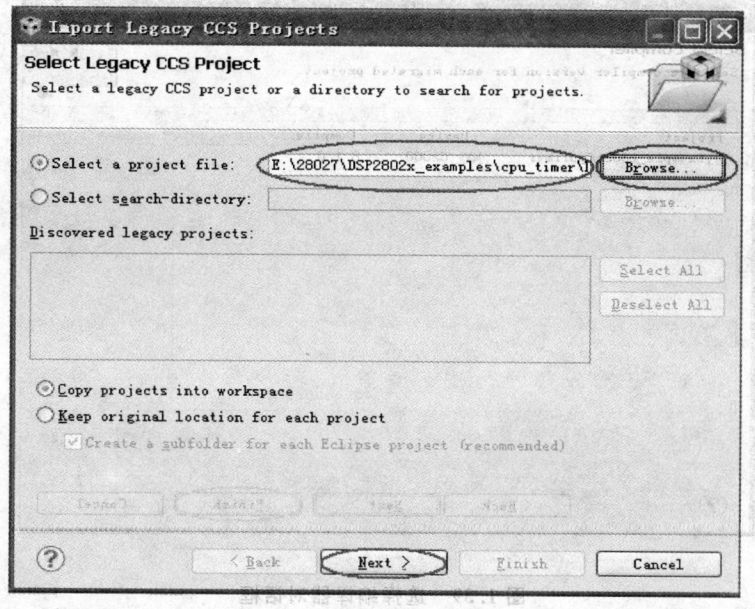

图 1.38 浏览输入 CCSv3.3 的一个已运行的项目

1.9.1 导入遗留的 CCSv3.3 项目(Import Legacy CCSv3.3 Project)

(1) 如图 1.38 所示选择 Select a Project file 单选项,通过浏览器(Browse)按钮,输入一个在 CCSv3.3 环境下运行过的项目,这里选择 E:\28027\DSP2802x_examples\cpu_timer\Example_2802xCpuTimer.pjt;

(2) 忽略 Select search-directory 单选项;

(3) 选中 Copy projects into workspace 单选项;

(4) 忽略 Keep original location for each project 单选项;

(5) 单击 Next 按钮,出现图 1.39 所示的选择编译器对话框,采用图中的默认值,单击 Finish 按钮,弹出图 1.40 所示的界面,该界面为编辑状态下从 CCSv3.3 环境导入的一个项目。

第1章 CCSv5.2 简介

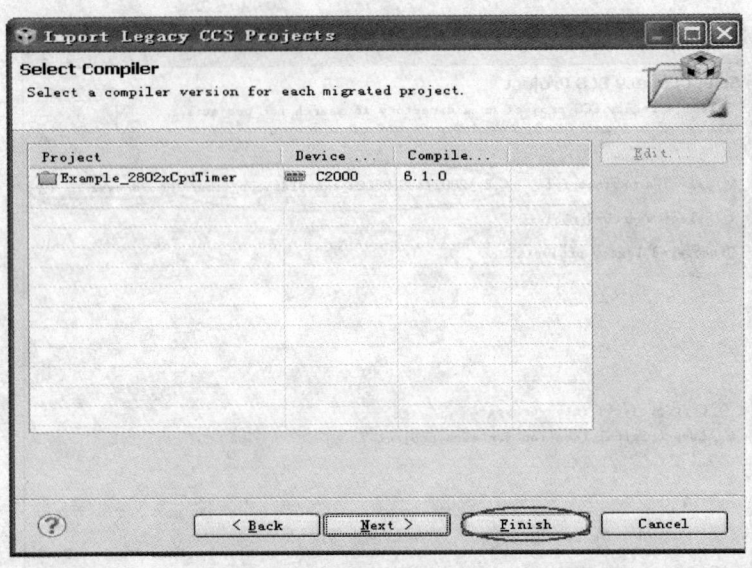

图1.39 选择编译器对话框

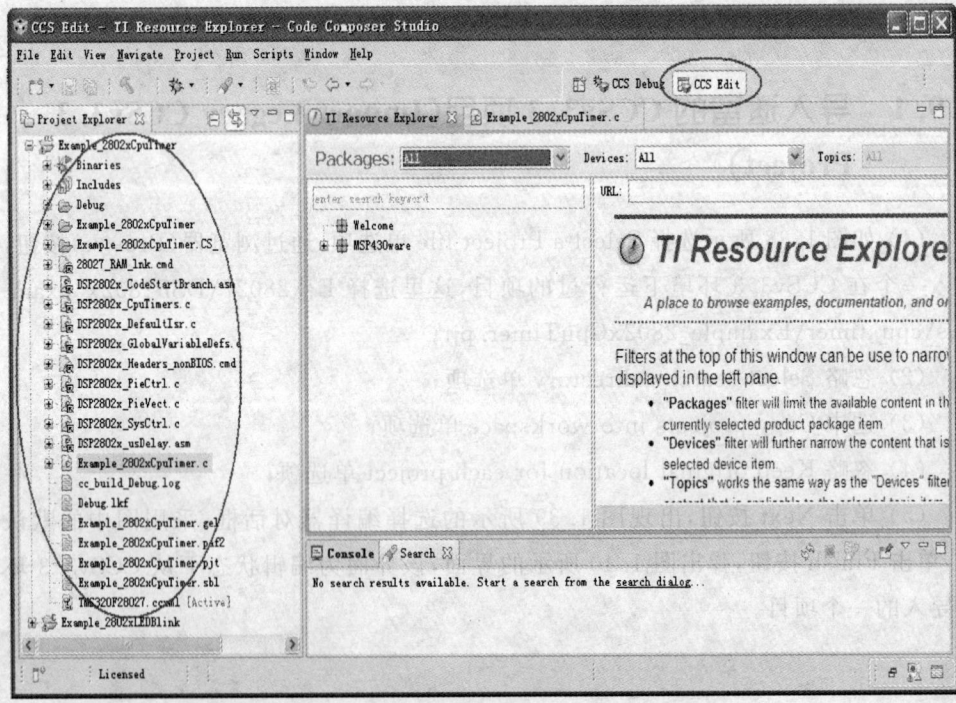

图1.40 编译状态下导入的 CCSv3.3 项目

1.9.2 CCSv3.3 导入项目的属性设置

如图 1.41 所示,选择 Project→Properties,出现图 1.42 所示的 CCSv3.3 导入项目的属性设置界面,该图与图 1.15 相同,图中各项参数的设置参照图 1.42,这里不再赘述。

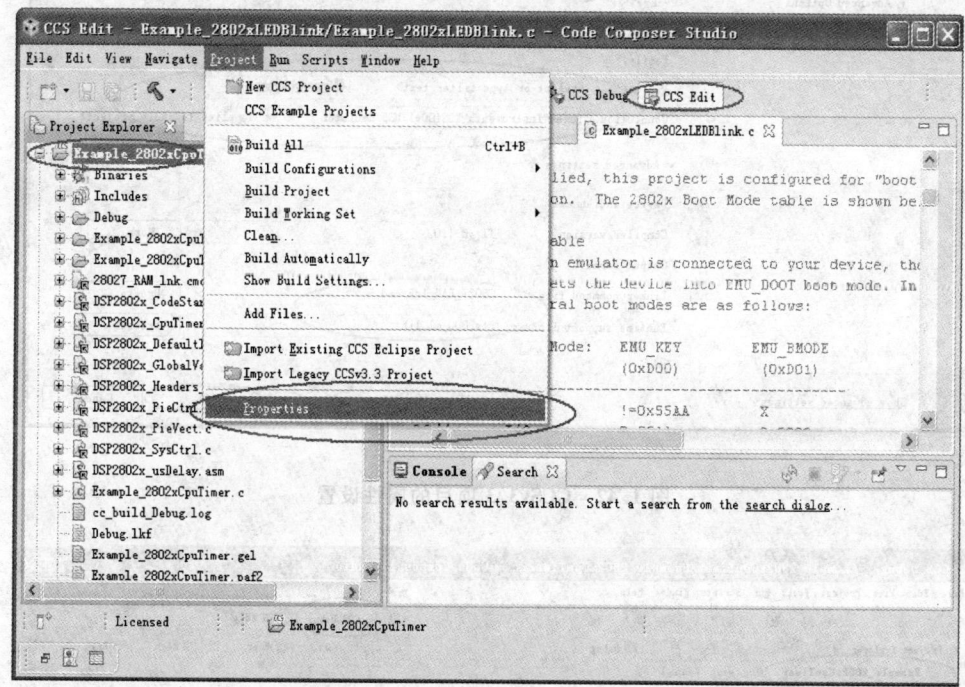

图 1.41 激活 CCSv3.3 项目的属性设置

做完如图 1.42 所示的设置后,单击 OK 按钮将出现 CCSv3.3 导入项目的编辑界面,单击编译按钮,则出现图 1.43 所示的调试状态下导入 CCSv3.3 项目的界面。

第1章 CCSv5.2 简介

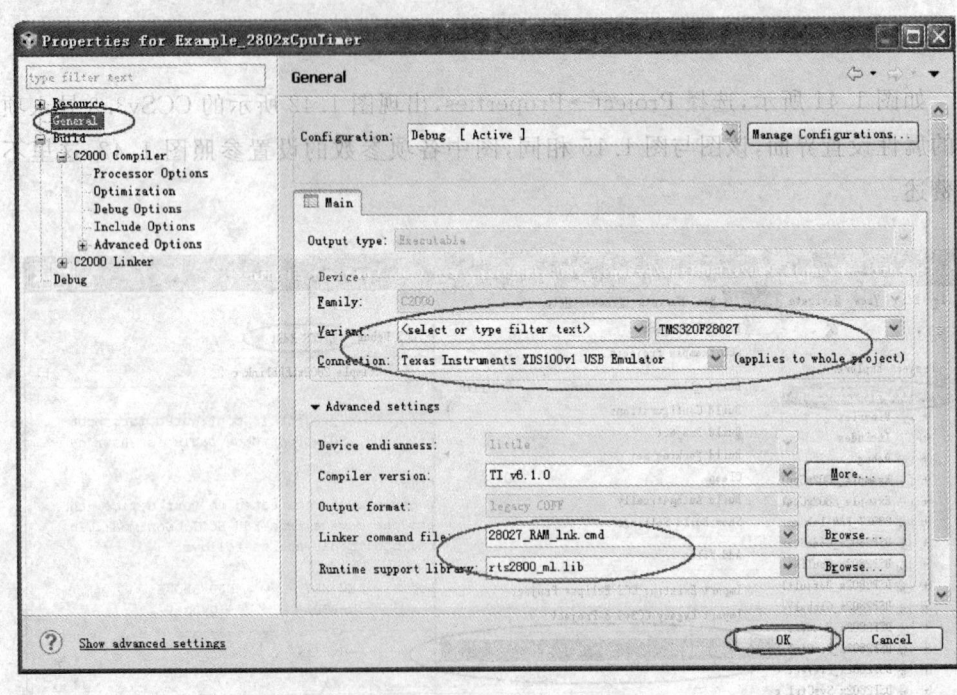

图 1.42　CCSv3.3 项目的属性设置

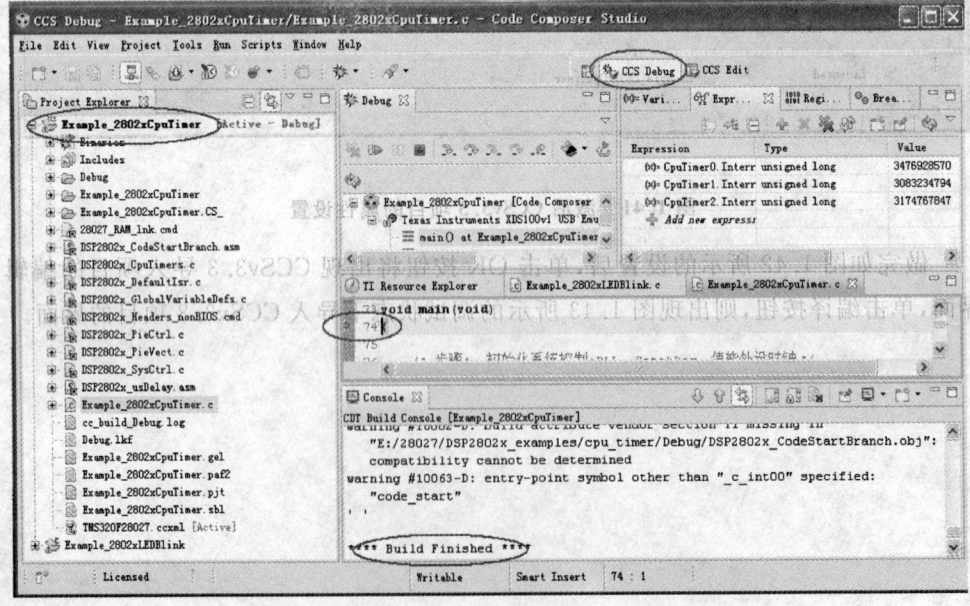

图 1.43　调试状态下导入 CCSv3.3 项目的界面

1.10 实时模式的设置

1.10.1 将变量添加到表达式窗口

在编辑状态下,按图 1.44 所示的步骤删除项目资源管理器中的 CpuTimer_项目,并删除导入的 CCS3.3 项目,之后打开前面建立的 CpuTimer 项目,通过对该项目的调试运行说明几个最基本的操作。

CpuTimer 项目有 3 个可加入表达式窗口的变量,它们位于主文件的头部,如图 1.45 所示。选择第一个变量 CpuTimer0.InterruptCount 后,右键单击该变量,便在其下方出现一个选项单,选择 Add Watch Expression 选项并按提示将该变量加入到表达式窗口。采取相同的方法将变量 CpuTimer1.InterruptCount 及变量 CpuTimer2.InterruptCount 加入到表达式视窗。

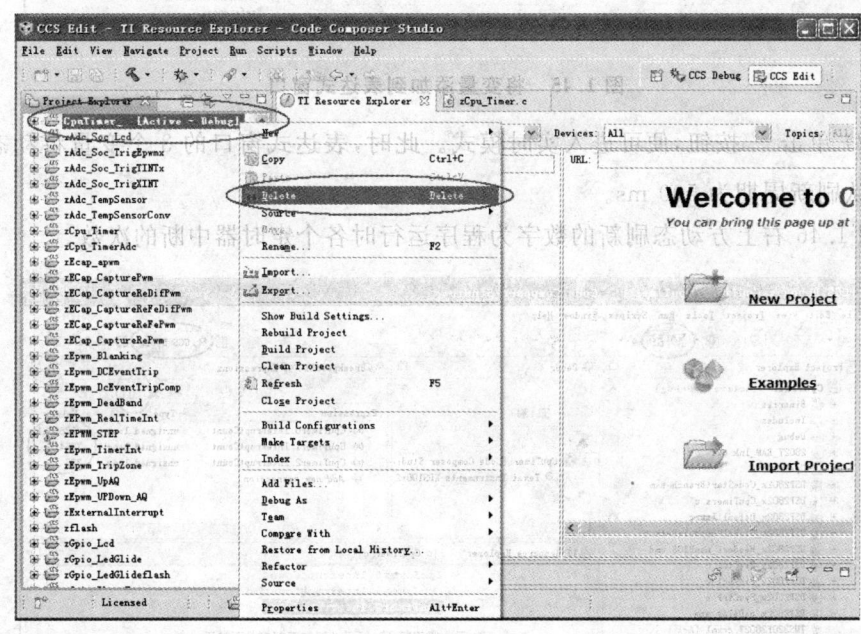

图 1.44　删除一个项目

1.10.2 实时模式的设置

实时模式可在运行前或运行中设置,下面参照图 1.46 说明设置步骤。

(1) 在明暗的两个时钟中,单击左面一个明亮的时钟标志 ,切换到实时模式,此时右面一个暗时钟变亮,如图 ；

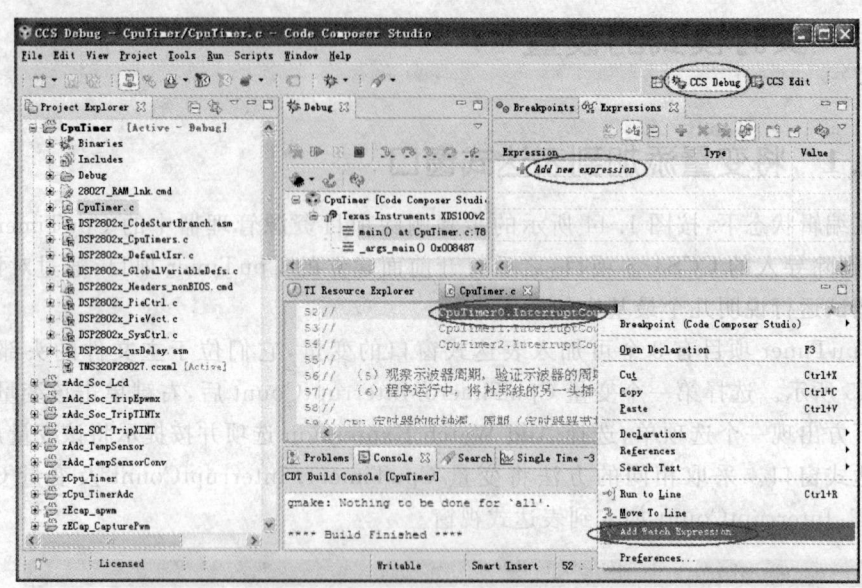

图 1.45 将变量添加到表达式窗口

(2) 单击 按钮,便可进入实时模式。此时,表达式窗口的 3 个变量将动态变化,默认刷新周期为 500 ms。

图 1.46 右上方动态刷新的数字为程序运行时各个定时器中断的次数。

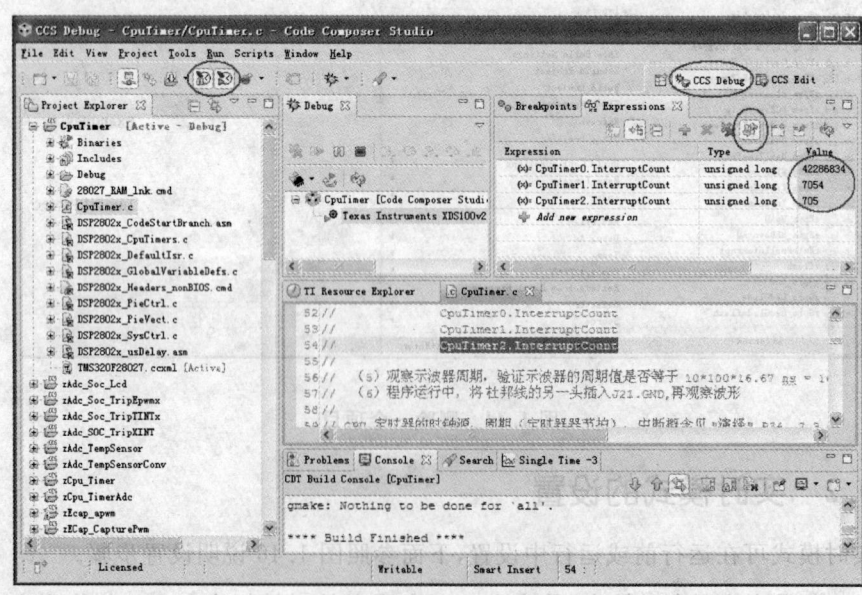

图 1.46 实时模式的设置

1.10.3　调试断点的设置

调试断点的设置步骤如下：
（1）单击需要设置断点的指令，出现阴影条；
（2）右击 TI 资源管理器视窗的任何位置，在出现的选项栏中选择 Breakpoint (Code Composer Studio)选项，并出现分栏目，如图 1.47 所示。

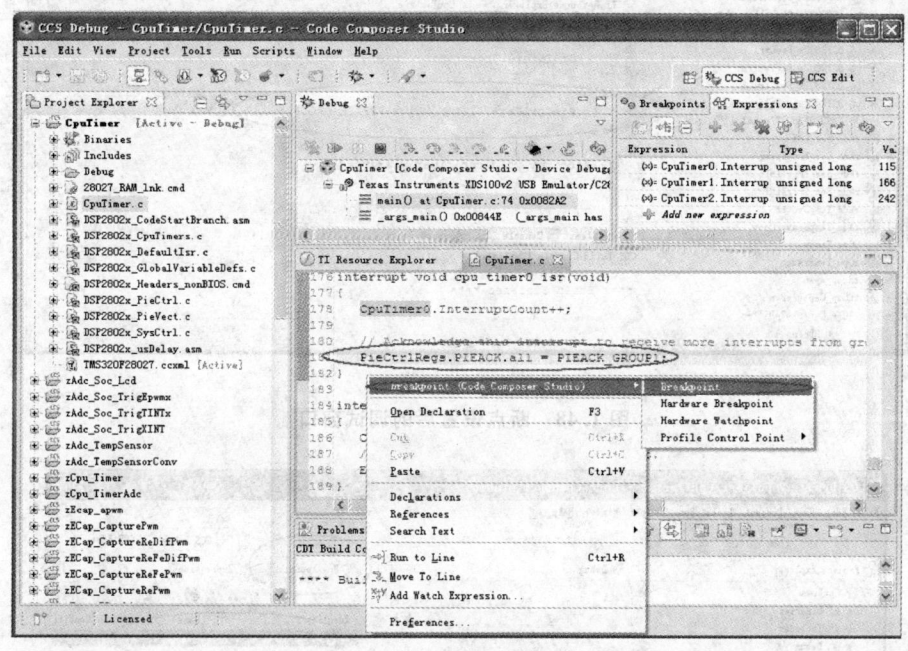

图 1.47　设置调试断点

（3）选择分栏目的 Breakpoint 选项，在该栏目变蓝后单击，即可在断点视窗中 (Breakpoint)设置断点，并在指令序号前出现断点符号，如图 1.48 所示。

采用以上步骤可进行多断点的设置。若要删除断点，可右击断点视窗待删除的某个断点，在出现的选项窗中选择 Remove 选项，即可删除该断点；当选择 Remove All 时，则删除全部断点，参见图 1.49。

也可采用类似删除断点的方法删除变量表达式视窗（Expressions）中的变量。

第1章 CCSv5.2 简介

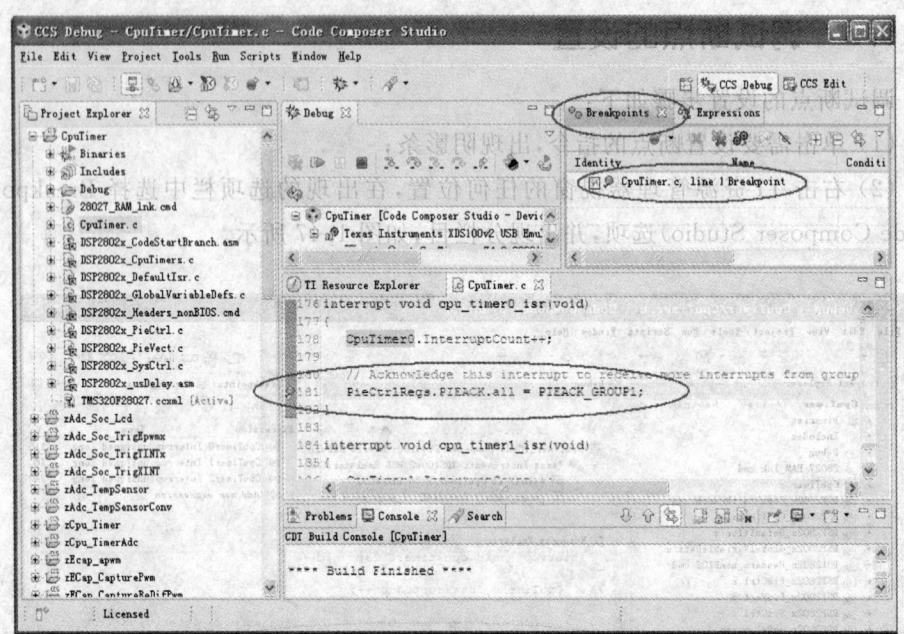

图1.48 断点设置后的调试窗口

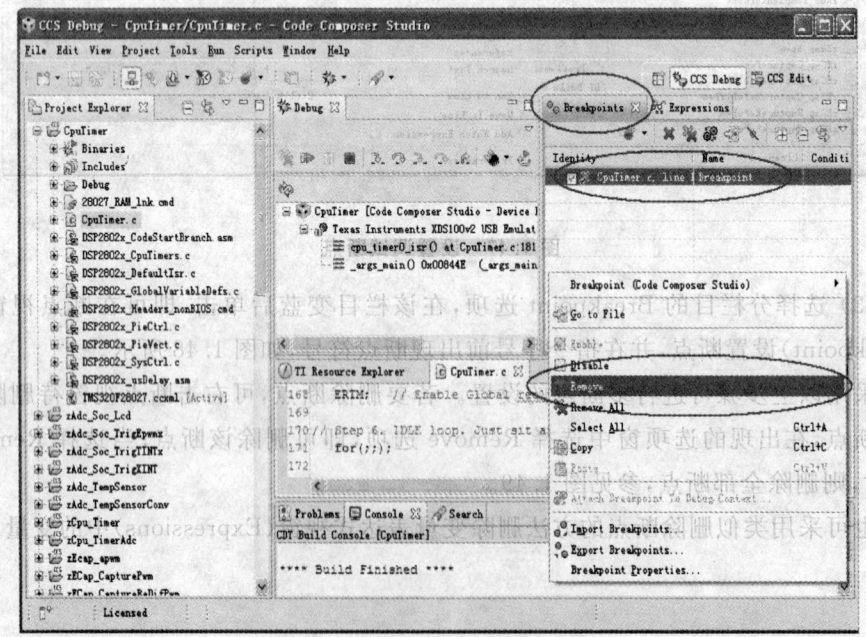

图1.49 在断点视窗中删除断点

1.10.4 实时时钟的设置

实时时钟可以通过断点读取,以观察程序运行的时间。这里仍以 CpuTimer 项目为例,介绍实时时钟的设置步骤:

(1) 选择 Run→Clock→Enable 菜单项单击 Run 菜单,此时,在 CCSv5 平台的下方会出现一个黄颜色的圆形时钟,参见图 1.50;

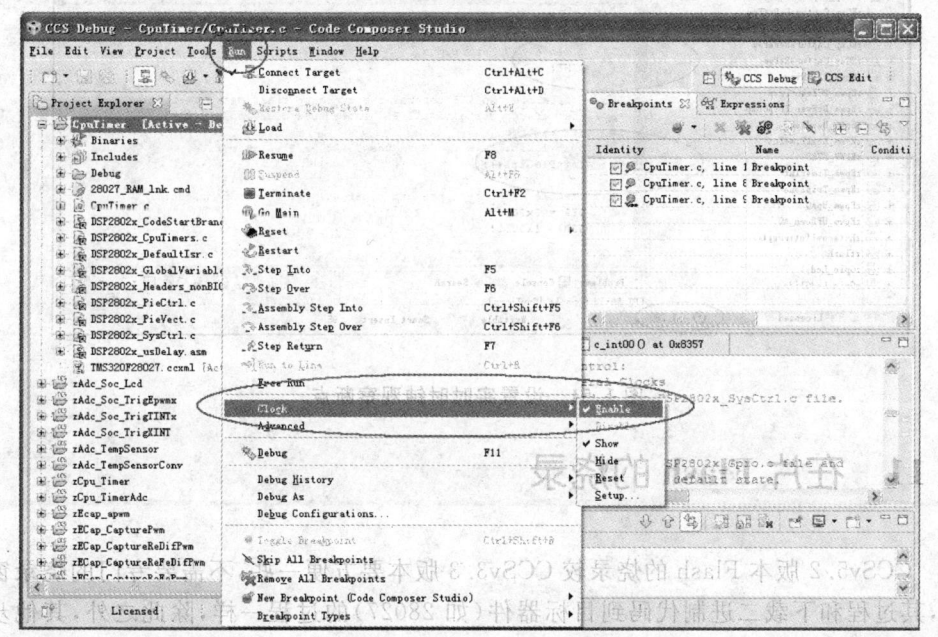

图 1.50 实时时钟的设置

(2) 在主程序中按照图 1.51 所示设置两个实时时钟观察断点,单击程序复位按钮,使程序运行指针指向主程序起始处,并参照图 1.50 将实时时钟复位为 0;

(3) 单击程序运行按钮,程序在指令"DINT;"处中断,在时钟旁边标示的运行周期为 1 029,这说明系统初始化的时间为:1 029 * 16.67=17 149 ns,其中,16.67 ns 为系统时钟周期 SYSCLKOUT。

(4) 再单击程序运行按钮,程序在下一条指令"InitPieCtrl();"处中断,标示运行周期为 1 030,这说明"DINT;"指令运行的时间为 16.67 ns,即一个系统时钟周期。

第 1 章 CCSv5.2 简介

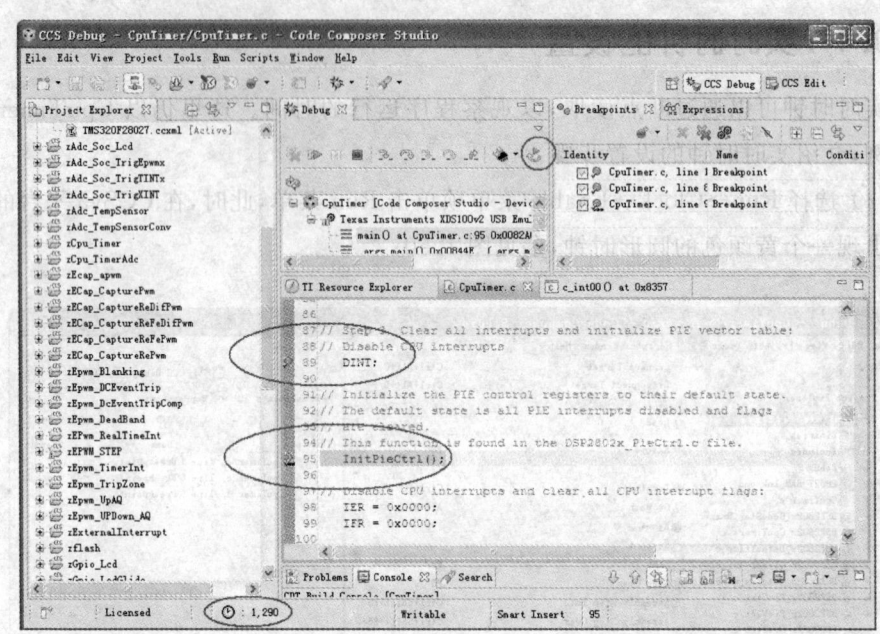

图 1.51 设置实时时钟观察断点

1.11 在片 Flash 的烧录

CCSv5.2 版本 Flash 的烧录较 CCSv3.3 版本要方便一些,不需要专门的烧录窗口,其过程和下载二进制代码到目标器件(如 28027)的过程一样,除此之外,其他步骤相同。

本节将介绍如何把一个在 RAM 中运行的程序改成脱机运行,即在 Flash 中运行的步骤。

1.11.1 改变链接器命令文件(Linker Command File,CMD)

用 F28027.cmd 文件取代原项目中的 28027_RAM_lnk.cmd 文件,该文件位于 E:\ti\controlSUITE\device_support\f2802x\v129\DSP2802x_common\cmd 目录中,是一个适用于 Flash 的链接器命令文件。

操作说明:按 1.6 节的方法,将上述目录中的 F28027.cmd 文件加入项目中,再右击待删除的 28027_RAM_lnk.cmd 文件,在出现的选项栏中选择 Delete 选项,即可删去该文件。

1.11.2 当前项目中增加两个文件

按 1.6 节的方法,将下面两个文件加入项目中:

(1) DSP2802x_CSMPasswords.asm：该文件用于加密；

(2) DSP2802x_MemCopy.c：为了加快代码的运行速度，可以通过该文件将加载在 Flash 中的代码转移到 RAM 中运行。这两个文件都位于：

E:\ti\controlSUITE\device_support\f2802x\v129\DSP2802x_common\source 目录中。

1.11.3 主文件头部增加 3 条指令

在 F2812.cmd 文件中定义的用于存储器复制的 3 个外部变量：
- RamfuncsLoadStart；
- RamfuncsLoadEnd；
- RamfuncsRunStart。

必须在 main 函数头部通过下面 3 条指令进行外部变量声明：
- extern Uint16 RamfuncsLoadStart； // 对 MemCopy 函数中用到的 3 个变量进行声明
- extern Uint16 RamfuncsLoadEnd；
- extern Uint16 RamfuncsRunStart。

1.11.4 在主函数中嵌入两个函数

"MemCopy()；"和"InitFlash()；"为在主函数中嵌入的两个函数。

详细的可参考：E:\ti\controlSUITE\device_support\f2802x\v129\DSP2802x_examples_ccsv4 目录下的 flash_f28027 项目或...\Myproject\zFlash.c 项目。

之后就可以像操作引导到 RAM 中运行的代码一样操作，不同的是二进制代码将下载到 Flash 中，程序可脱机运行。

第 2 章

28027 微型控制器及实验平台

2.1 TMS320F28027 硬件资源简介

2.1.1 资源概览

1. 高效率 32 位 CPU(TMS320F2802X)
   - 60 MHz 时钟频率,单周期指令 16.67 ns;
   - 16×16 和 32×32 乘法运算;
   - 16×16 双乘法器;
   - 哈佛总线结构;
   - 原子操作;
   - 快速中断响应和处理;
   - 统一的存储器编程模式;
   - 高代码效率(C/C++和汇编)。
2. 低设备和系统成本
   - 单一 3.3 V 供电、无电源排序要求;
   - 上电复位和掉电复位;
   - 低功耗。
3. 时钟系统
   - 两路内部零引脚锁相环;
   - 片上晶体振荡器/外部时钟输入;
   - 看门狗时钟模块;
   - 时钟丢失检测电路。
4. 22 个可编程,带输入滤波的多路复用 GPIO 引脚
5. 外设中断扩展 PIE 模块,支持所有外设中断
6. 3 个 32 位 CPU 定时器
7. 每个 ePWM 模块具有 16 位独立定时器
8. 片上存储器

Flash(16 位 32 K),SARAM(16 位 6 K),OTP(16 位 1 K)和 BOOTROM。

9. 128 位安全密钥
- 保护存储器模块的安全;
- 防止固件的逆向操作。

10. 通信接口
- 一路 UART 模块;
- 一路 SPI 模块;
- 一路 IIC 模块。

11. 增强的控制外设
- 两组共 8 路增强型脉宽调制器(ePWM);
- 高精度 PWM(HRPWM);
- 增强型捕获模块(eCAP);
- 13 路 12 位模拟数字转换器(ADC),转换时间 216.67 ns;
- 片上温度传感器;
- 比较器。

2.1.2 TMS320F2802x 引脚图

图 2.1 为 48 引脚 PT 四方塑料扁平封装(PQFP)引脚分配图。图 2.2 为 38 引脚 DA 塑料小外形封装(PSOP)引脚分配图。

2.1.3 信号说明

引脚信号说明参见表 2.2。除 JTAG 引脚外,GPIO 功能为引脚复位默认值,除非另有说明,表中列举的外设信号均有替换功能。有些外设功能在某些器件中不能使用,参见表 2.1。禁止 5 V 输入。所有 GPIO 引脚均为 I/O/Z,并且都有内部上拉,对每一个引脚而言,可选择使能或禁止内部上拉。这一特征仅应用于 GPIO 引脚。复位时,禁止 PWM 引脚上拉,但使能 GPIO 引脚上拉,AIO 引脚无内部上拉。

注意:当使用片上 VREG 时,GPIO19、GPIO34、GPIO35、GPIO36、GPIO37 及 GPIO38 引脚在上电期间可能会出现波形干扰。在应用中要避免这一现象,可从外部提供 1.8 V 电压。然而,如果 3.3 V 三极管在电平转换过程中,I/O 引脚输出缓冲器在三极管到达 1.9 V 前上电,就有可能开通输出缓冲器,导致上电期间出现引脚波形干扰。为了避免这一现象,需要对 V_{DD} 引脚首先上电,或者对 V_{DD} 及 V_{DDIO} 两个引脚同时上电,确保 V_{DD} 引脚先于 V_{DDIO} 引脚到达 0.7 V。

第 2 章 28027 微型控制器及实验平台

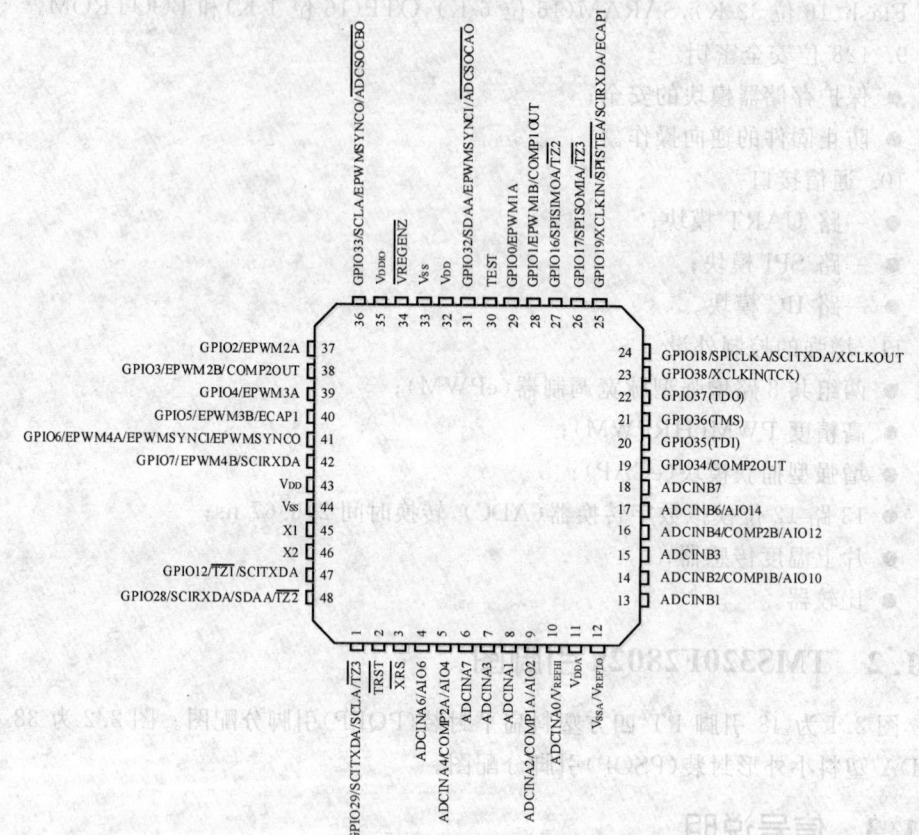

图 2.1 2802x 48 引脚 PT PQFP 封装顶视图

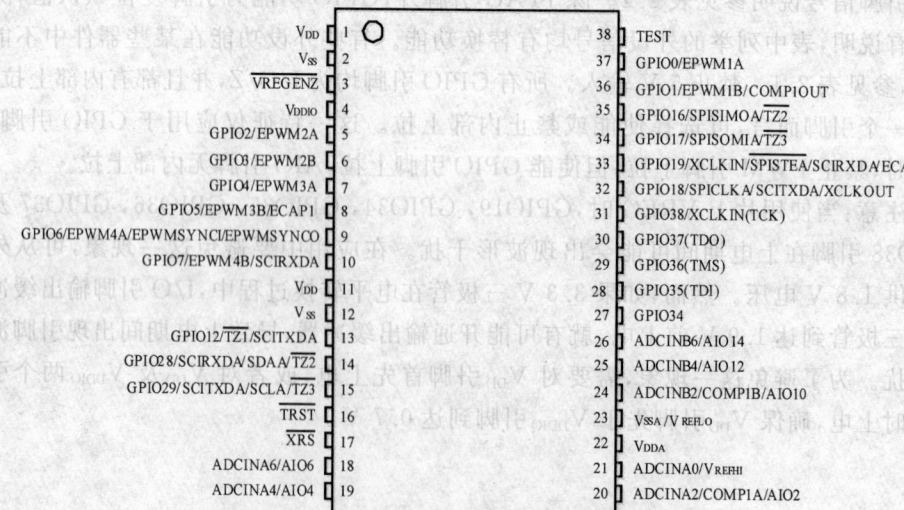

图 2.2 2802x 38 引脚 DA PSOP 封装顶视图

表 2.1 硬件特征

特征	类型[1]	28027 (60 MHz) 38-Pin DA PSOP	28027 (60 MHz) 48-Pin PT PQFP	28026 (60 MHz) 38-Pin DA PSOP	28026 (60 MHz) 48-Pin PT PQFP	28023 (50 MHz) 38-Pin DA PSOP	28023 (50 MHz) 48-Pin PT PQFP	28022 (50 MHz) 38-Pin DA PSOP	28022 (50 MHz) 48-Pin PT PQFP	28021 (40 MHz) 38-Pin DA PSOP	28021 (40 MHz) 48-Pin PT PQFP	28020 (40 MHz) 38-Pin DA PSOP	28020 (40 MHz) 48-Pin PT PQFP	280200 (40 MHz) 38-Pin DA PSOP	280200 (40 MHz) 48-Pin PT PQFP
封装形式	-	16.67 ns		16.67 ns		20 ns		20 ns		25 ns		25 ns		25 ns	
指令周期	-	16.67 ns		16.67 ns		20 ns		20 ns		25 ns		25 ns		25 ns	
片上 Flash (16-位字)	-	32 K		16 K		32 K		16 K		32 K		16 K		8 K	
片上 SARAM (16-位字)	-	6 K		6 K		6 K		6 K		5 K		3 K		3 K	
片上 Flash/SARAM/OTP 块代码的安全性	-	Yes		Yes		Yes		Yes		Yes		Yes		Yes	
引导 ROM(8 Kx16)	-	Yes		Yes		Yes		Yes		Yes		Yes		Yes	
一次可编程(OTP) ROM (16-位字)	-	1 K		1 K		1 K		1 K		1 K		1 K		1 K	
ePWM 输出	1	8(ePWM1/2/3/4)		8(ePWM1/2/3/4)		8(ePWM1/2/3/4)		8(ePWM1/2/3/4)		8(ePWM1/2/3/4)		8(ePWM1/2/3/4)		8(ePWM1/2/3/4)	
eCAP 输入	0	1		1		1		1		1		1		-	
看门狗定时器	-	Yes		Yes		Yes		Yes		Yes		Yes		Yes	
12-位 ADC —— MSPS	3	4.6		4.6		3		3		2		2		2	
12-位 ADC —— 转换时间		216.67 ns		216.67 ns		325 ns		325 ns		500 ns		500 ns		500 ns	
12-位 ADC —— 通道数		7	13	7	13	7	13	7	13	7	13	7	13	7	13
12-位 ADC —— 温度传感器		Yes		Yes		Yes		Yes		Yes		Yes		Yes	
12-位 ADC —— 双采样/保持		3		3		3		3		3		3		3	
32-位 CPU 定时器	-	3		3		3		3		3		3		3	
高分辨率 ePWM 通道	1	4(ePWM1A/2A/3A/4A)		4(ePWM1A/2A/3A/4A)		4(ePWM1A/2A/3A/4A)		4(ePWM1A/2A/3A/4A)		-		-		-	
比较器/集成数模转换 (DACs)	0	1	2	1	*2	1	2	1	2	1	2	1	2	1	2
内部集成电路 (I2C)	0	1		1		1		1		1		1		1	

续表 2.1

特征[1]		28027 (60 MHz)		28026 (60 MHz)		28023 (50 MHz)		28022 (50 MHz)		28021 (40 MHz)		28020 (40 MHz)		280200 (40 MHz)	
		38-Pin DA PSOP	48-Pin PT PQFP	38-Pin DA PSOP	48-Pin PT PQFP	38-Pin DA PSOP	48-Pin PT PQFP	38-Pin DA PSOP	48-Pin PT PQFP	38-Pin DA PSOP	48-Pin PT PQFP	38-Pin DA PSOP	48-Pin PT PQFP	38-Pin DA PSOP	48-Pin PT PQFP
封装形式															
串行外设接口 (SPI)		1	1	1	1	1	1	1	1	1	1	1	1	1	1
串行通信接口 (SCI)		1	1	1	1	1	1	1	1	1	1	1	1	1	1
I/O 引脚	数字 (GPIO)	20	22	20	22	20	22	20	22	20	22	20	22	20	22
(共享)	模拟 (AIO)	-	-	-	-	-	-	-	-	-	-	-	-	-	-
外部中断		3	3	3	3	3	3	3	3	3	3	3	3	3	3
电源电压 (标称)		3.3 V	3.3 V	3.3 V	3.3 V	3.3 V	3.3 V	3.3 V	3.3 V	3.3 V	3.3 V	3.3 V	3.3 V	3.3 V	3.3 V
温度选择	T: -40℃~105℃	Yes	Yes	Yes	Yes	Yes	Yes	Yes	Yes	Yes	Yes	Yes	Yes	Yes	Yes
	S: -40℃~125℃	Yes	Yes	Yes	Yes	Yes	Yes	Yes	Yes	Yes	Yes	Yes	Yes	Yes	Yes
	Q: -40℃~125℃[2]	Yes	Yes	Yes	Yes	Yes	Yes	-	-	-	-	-	-	-	-
产品状态[3]		TMS	TMS	TMS	TMS	TMS	TMS	TMS	TMS	TMS	TMS	TMS	TMS	TMS	TMS

(1) 外设模块类型的变更表示一种主要功能特征改变。同一类型的外设，器件之间可能会有些差异，但不影响该模块的基本功能。有关器件的具体差异，请参阅 TMS320x28xx, 28xxx DSP Peripheral Reference Guid (文件号 SPRU566)。
(2) "Q"指的是用于汽车应用的 Q100 资格。
(3) 对器件及开发工具产品状态的一种命名法，"TMS"表示一个完全合格的生产器件。

续表 2.2

表 2.2 引脚功能[1]

名称	引脚 PT 引脚号	引脚 DA 引脚号	I/O/Z	说明
				JTAG
$\overline{TRST}$	2	16	I	具有内部下拉的 JTAG 测试复位。当 $\overline{TRST}$ 为高电平时,扫描系统控制期间的操作。如果该信号悬空或为低电平,则器件操作于自功能模式,并且测试复位信号被忽略。 注意:$\overline{TRST}$ 是一个有效的高电平测试引脚,必须在器件整个常规操作期间保持低电平,因此,需要在该引脚上外接一个下拉电阻。其电阻值根据调试器的驱动能力确定,通常一个 2.2 kΩ 电阻可以提供足够的保护。由于这一运用特性,建议每块目标板都必须经过验证以便调试器和运用的正确操作。(↓)
TCK	参见 GPIO38		I	参见 GPIO38。具有内部上拉的 JTAG 测试时钟(↑)
TMS	参见 GPIO36		I	参见 GPIO36。具有内部上拉的 JTAG 测试模式选择端口,在 TCK 上升沿时,TMS 这个连续的控制输入信号输入到 TAP 控制器(↑)
TDI	参见 GPIO35		I	参见 GPIO35。具有内部上拉的 JTAG 测试数据输入(TDI)端口,在 TCK 上升沿时,TDI 信号输入到被选寄存器(指令或数据)(↑)
TDO	参见 GPIO37		O/Z	参见 GPIO37。JTAG 扫描输出,测试数据输出(TDO)端口。被选寄存器(指令或数据)的内容在 TCK 的下降沿移出 TDO(8 mA 驱动)
				Flash
TEST	30	38	I/O	测试引脚。TI 测试用,必须悬空
				CLOCK
XCLKOUT	参见 GPIO18		O/Z	参见 GPIO18,源自 SYSCLKOUT 的输出时钟。XCLKOUT 与 SYSCLKOUT 频率或者相等,或为其频率的一半,或 1/4。它受 XCLK 寄存器位 1:0 (XCLKOUTDIV)的控制。复位时,XCLKOUT = SYSCLKOUT/4。通过设置 XCLKOUTDIV = 3 可以关闭 XCLKOUT 信号。为使该信号到达端口引脚,GPIO18 复用控制器必须设置成 XCLKOUT
XCLKIN	参见 GPIO19 及 GPIO38			参见 GPIO19 及 GPIO38,外部振荡器输入。时钟源引脚受 XCLK 寄存器 XCLKINSEL 位的控制。GPIO38 为默认选择。这个引脚由外部 3.3 V 振荡器提供时钟。此时若要有效的话,X1 引脚必须接地,并且通过 CLKCTL 寄存器的第 14 位禁止片上晶体振荡器。若使用晶体或谐振的话,则必须通过 CLKCTL 寄存器的第 13 位禁止 XCLKIN 通道。 注意:采用 GPIO38/TCK/XCLKIN 引脚提供外部时钟用于对常规器件进行操作的设计,在调试使用 JTAG 连接器期间,需要禁止这个通道。这是为了防止与 TCK 信号发生冲突,该信号在 JTAG 调试期间会被激活。零引脚内部振荡器可在这段时间用作器件时钟

续表 2.2

名称	引脚 PT 引脚号	引脚 DA 引脚号	I/O/Z	说明
X1	45	—	I	片上晶体-振荡器输入。若要使用这个振荡器，须将一个石英晶体或一个陶瓷谐振器跨接到 X1 及 X2 引脚。此时，必须通过 CLKCTL 寄存器的第 13 位禁止 XCLKIN 通道。如果不使用这个引脚，则必须接 GND(I)
X2	46	—	O	片上晶体-振荡器输出。须将一个石英晶体或一个陶瓷谐振器跨接到 X1 及 X2 引脚。如果不使用 X2 引脚，则必须悬空
RESET				
$\overline{XRS}$	3	17	I/OD	器件复位（输入）和看门狗复位（输出）。Piccolo 器件有一个内置的电源上电复位(POR)和掉电复位(BOR)电路，因此，不需要外部电路产生一个复位脉冲。在上电复位或掉电复位的条件下，该引脚被器件拉低。当发生一个看门狗复位时，引脚也会被 MCU 拉低。在看门狗复位期间，$\overline{XRS}$ 引脚被持续拉低 512 个 OSCCLK 周期。如果需要，外部电路也可以驱动该引脚使器件复位。此时，建议用一个开漏装置驱动此引脚。为避免噪声，必须将一个 R-C 电路连接到这个引脚。不论什么原因，一个器件复位将导致器件终止运行。程序计数器指向的地址为 0x3fffc0。当复位无效时，程序在程序计数器指定的位置开始运行。此引脚的输出缓冲器是具有内部上拉的一个开漏装置(I/OD)
ADC, COMPARATOR, ANALOG I/O				
ADCINA7	6	—	I	ADC A 组，通道 7 输入
ADCINA6 AIO6	4	18	I I/O	ADC A 组，通道 6 输入 数字 AIO 6
ADCINA4 COMP2A AIO4	5	19	I I I/O	ADC A 组，通道 4 输入 比较器输入 2A（仅 48 引脚器件有效） 数字 AIO 4
ADCINA3	7	—	I	ADC A 组，通道 3 输入
ADCINA2 COMP1A AIO 2	9	20	I I I/O	ADC A 组，通道 2 输入 比较器输入 1A 数字 AIO2
ADCINA1	8	—	I	ADC A 组，通道 1 输入
ADCINA0 V_{REFHI}	10	21	I I	ADC A 组，通道 0 输入 ADC 外部参考，仅在 ADC 采用外部参考方式使用
ADCINB7	18	—	I	ADC B 组，通道 7 输入
ADCINB6 AIO14	17	26	I I/O	ADC B 组，通道 6 输入 数字 AIO 14

续表 2.2

引脚名称	PT引脚号	DA引脚号	I/O/Z	说明
ADCINB4 COMP2B AIO12	16	25	I I I/O	ADC B组，通道 4 输入 比较器输入 2B（仅 48 引脚器件有效） 数字 AIO12
ADCINB3	15	-	I	ADC B组，通道 3 输入
ADCINB2 COMP1B AIO10	14	24	I I I/O	ADC B组，通道 2 输入 比较器输入 1B 数字 AIO 10
ADCINB1	13	-	I	ADC B组，通道 1 输入
CPU AND I/O POWER				
V_{DDA}	11	22		模拟电源引脚，在靠近引脚处接入 2.2 μF 电容（典型值）
V_{SSA} V_{REFLO}	12	23	I	模拟地引脚 ADC 低电平参考（总是接地）
V_{DD}	32	1		CPU 及数字逻辑电源引脚，当采用内部 VREG 时不需提供电源，并且在 V_{DD} 与 GND 之间跨接 1.2 μF（最小）陶瓷电容器（10% 误差）。可以使用高值电容，但可能会影响供电轨的斜坡上升时间
V_{DD}	43	11		
V_{DDIO}	35	4		数字 I/O 及 Flash 电源引脚，当连接 VREG 时提供信号源。在靠近引脚处接入 2.2 μF 电容（典型值）
V_{SS}	33	2		数字地引脚
V_{SS}	44	12		
VOLTAGE REGULATOR CONTROL SIGNAL				
VREGENZ	34	3	I	内部 VREG 使能/禁止。拉低使能内部电压调节器（VREG），拉高禁止 VREG
GPIO AND PERIPHERAL SIGNALS[2]				
GPIO0 EPWM1A -	29	37	I/O/Z O -	通用输入/输出端口 0 增强 PWM1 输出 A 及 HRPWM 通道 -
GPIO1 EPWM1B - COMP1OUT	28	36	I/O/Z O - O	通用输入/输出端口 1 增强 PWM1 输出 B - 比较器 1 直接输出
GPIO2 EPWM2A	37	5	I/O/Z O	通用输入/输出端口 2 增强 PWM2 输出 A 及 HRPWM 通道

续表 2.2

名称	引脚 PT 引脚号	DA 引脚号	I/O/Z	说明
GPIO3 EPWM2B	38	6	I/O/Z O	通用输入/输出端口 3 增强 PWM2 输出 B
COMP2OUT			O	比较器 2 直接输出（仅 48 引脚器件有效）
GPIO4 EPWM3A	39	7	I/O/Z O	通用输入/输出端口 4 增强 PWM3 输出 A 及 HRPWM 通道
GPIO5 EPWM3B	40	8	I/O/Z O	通用输入/输出端口 5 增强 PWM3 输出 B
ECAP1				增强捕获输入/输出 1
GPIO6 EPWM4A EPWMSYNCI EPWMSYNCO	41	9	I/O/Z O I O	通用输入/输出端口 6 增强 PWM4 输出 A 及 HRPWM 通道 外部 ePWM 同步脉冲输入 外部 ePWM 同步脉冲输出
GPIO7 EPWM4B SCIRXDA	42	10	I/O/Z O I	通用输入/输出端口 7 增强 PWM4 输出 B SCI-A 接收数据
GPIO12 TZ1 SCITXDA	47	13	I/O/Z I O	通用输入/输出端口 12 故障捕获输入 1 SCI-A transmit data
GPIO16 SPISIMOA - TZ2	27	35	I/O/Z I/O I	通用输入/输出端口 16 SPI-A 从入，主出 故障捕获输入 2
GPIO17 SPISOMIA - TZ3	26	34	I/O/Z I/O I	通用输入/输出端口 17 SPI-A 从出，主入 故障捕获输入 3

续表 2.2

名称	PT 引脚号	DA 引脚号	I/O/Z	说明
GPIO18	24	32	I/O/Z	通用输入/输出端口 18
SPICLKA			I/O	SPI-A 时钟输入/输出故障捕获输入 2
SCITXDA			O	SCI-A 发送
XCLKOUT			O/Z	输出时钟来自 SYSCLKOUT。XCLKOUT 与 SYSCLKOUT 频率或者相等,或为其频率的一半,或 1/4。它受 XCLK 寄存器位 1:0 (XCLKOUTDIV)的控制。复位时,XCLKOUT = SYSCLKOUT/4。通过设置 XCLKOUTDIV=3 可以关闭 XCLKOUT 信号。为使该信号到达端口引脚,GPIO18 的复用控制器必须设置成 XCLKOUT
GPIO19	25	33	I/O/Z	通用输入/输出端口 19
XCLKIN			I	外部振荡器输入。从这个引脚到时钟模块的路径不能被该引脚的复用功能选通,必须注意:如果要用到其他外设功能时,不要使能这条时钟路径。
SPISTEA			I/O	SPI-A 从发送使能输入/输出
SCIRXDA			I	SCI-A 接收
ECAP1			I/O	增强捕获输入/输出 1
GPIO28	48	14	I/O/Z	通用输入/输出端口 28
SCIRXDA			I	SCI 接收数据
SDAA			I/OD	I2C 数据开漏双向端口
TZ2			I	故障捕获输入 2
GPIO29	1	15	I/O/Z	通用输入/输出端口 29
SCITXDA			O	SCI 发送数据
SCLA			I/OD	I2C 时钟开漏双向端口
TZ3			I	故障捕获输入 3
GPIO32	31	—	I/O/Z	通用输入/输出端口 32
SDAA			I/OD	I2C 数据开漏双向端口
EPWMSYNCI			I	增强 PWM 外部同步脉冲输入
ADCSOCAO			O	ADC 启动转换(SOC) A
GPIO33	36	—	I/O/Z	通用输入/输出端口 33
SCLA			I/OD	I2C 时钟开漏双向端口
EPWMSYNCO			O	增强 PWM 外部同步脉冲输出
ADCSOCBO			O	ADC 启动转换(SOC) B

续表 2.2

引脚名称	PT 引脚号	DA 引脚号	I/O/Z	说明
GPIO34 COMP2OUT	19	27	I/O/Z O	通用输入/输出端口 34 比较器 2 直接输出。在 DA 封装中 COMP2OUT 信号无效
GPIO35 TDI	20	28	I/O/Z I	通用输入/输出端口 35 具有内部上拉的 JTAG 测试数据输入（TDI）端口，在 TCK 上升沿时，TDI 信号输入到被选寄存器(指令或数据)
GPIO36 TMS	21	29	I/O/Z I	通用输入/输出端口 36 具有内部上拉的 JTAG 测试模式选择（TMS）端口，在 TCK 上升沿时，TMS-这个连续的控制输入信号输入到 TAP 控制器
GPIO37 TDO	22	30	I/O/Z O/Z	通用输入/输出端口 37 JTAG 扫描输出，测试数据输出（TDO）端口。被选寄存器(指令或数据）的内容在 TCK 的下降沿移出 TDO（8-mA 驱动）
GPIO38 TCK XCLKIN	23	31	I/O/Z I I	通用输入/输出端口 38 具有内部上拉的 JTAG 测试时钟（TCK）端口，外部振荡器输入。从这个引脚到时钟模块的路径不能被该引脚的复用功能选通，必须注意：如果要用到另外功能时，不要使能这条时钟路径

(1) I = 输入，O = 输出，Z = 高阻抗，OD = 开漏，↑ = 上拉，↓ = 下拉。

(2) GPIO 功能为复位默认状态，列在它们下面的外设信号为备用功能。JTAG 引脚具有 GPIO 复用功能，输入到 GPIO 模块的路径总是有效的。根据 TRST 信号的条件，GPIO 模块的输出路径以及从一个引脚进入 JTAG 模块路径是被使能还是禁止基于 TRST 信号的条件。有关详情，请参见 *TMS320x2802x/ TMS320F2802xx Piccolo System Control and Interrupts Reference Guide* 中的相关章节（文档号 SPRUFN3）。

2.2 功能概述

图 2.3 为功能模块框图。

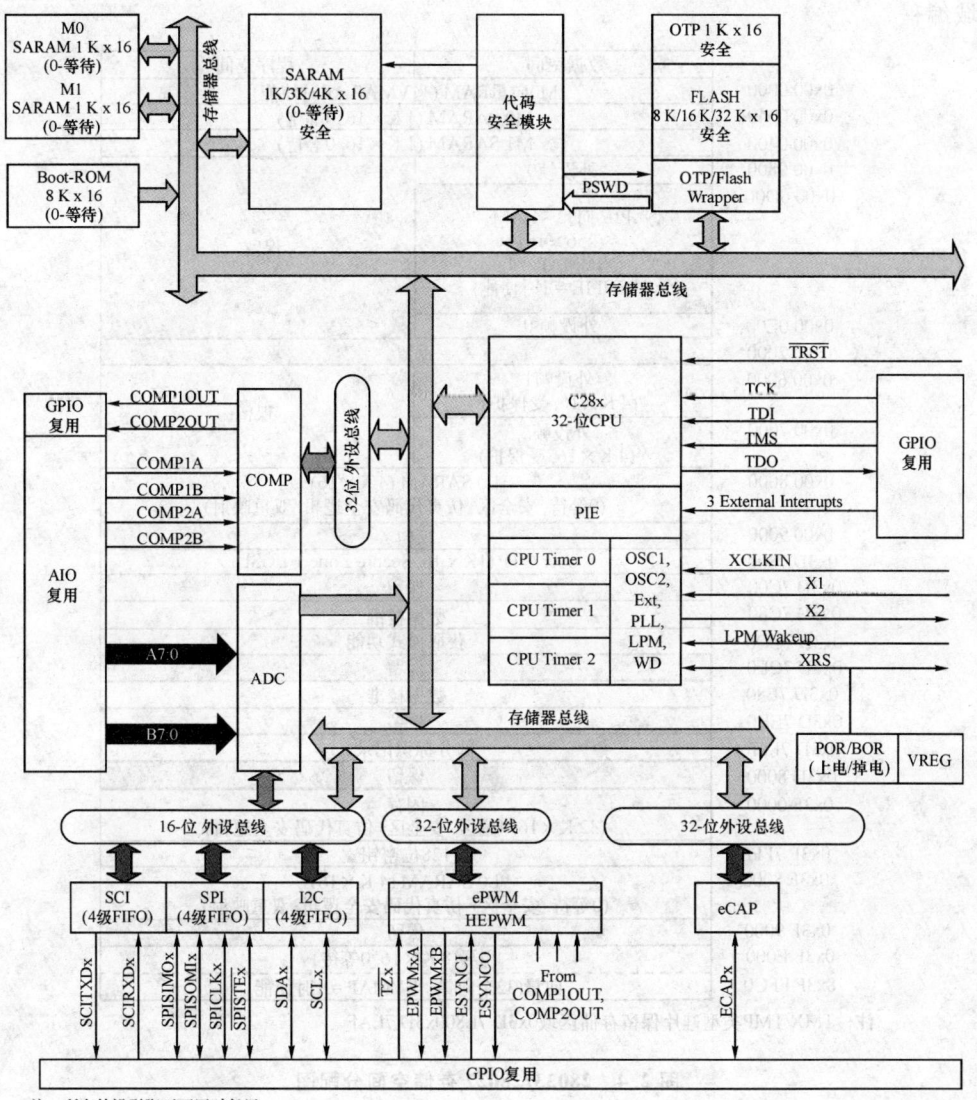

图 2.3 功能模块框图

图 2.4 为 28023/28027 存储空间分配图，说明如下：

- 外设帧 0，外设帧 1 和外设帧 2 内存映射只限数据存储。用户程序不能访问这些存储器映射程序空间。

- 表中 Protected(保护)是指：写之后再读(Write - followed - by - Read)的操作次序,而不是流水线次序。
- 某些内存区域被 EALLOW 保护用以防止配置后的假写。

区域 0x3d7c80 - 0x3d7cc0 包含内部振荡器和 ADC 校准例程,用户不可对该区域编程。

地址	数据空间	程序空间
0x00 0000	M0向量RAM(当VMAP=0时使能)	
0x00 0040	M0 SARAM(1 K×16,0等待)	
0x00 0400	M1 SARAM(1 K×16,0等待)	
0x00 0800	外设帧0	
0x00 0D00		
	PIE 向量 - RAM (256×16) (当VMAP=1, 且ENPIE=1时使能)	保留
0x00 0E00	外设帧 0	
0x00 2000	保留	
0x00 6000	外设帧1 (4 K×16,受保护)	保留
0x00 7000	外设帧2 (4 K×16,受保护)	
0x00 8000	L0 SARAM(4 K×16) (0等待,安全区+仿真代码安全逻辑,双重映射)	
0x00 9000	保留	
0x3D 7800	User OTP(1K x 16, Secure Zone + ECSL)	
0x3D 7C00	保留	
0x3D 7C80	数据校准	
0x3D 7CC0	获取模式功能	
0x3D 7CE0	保留	
0x3D 7E80	数据校准	
0x3D 7EB0	保留	
0x3D 7FFF	部分标识记录	
0x3D 8000	保留	
0x3F 0000	闪存 (32 K×16,4扇区,安全区+仿真代码安全逻辑)	
0x3F 7FF8	128位密钥	
0x3F 8000	L0 SARAM(4 K×16) (0等待,安全区+仿真代码安全逻辑,双重映射)	
0x3F 9000	保留	
0x3F E000	引导(8 K×16,0等待)	
8x3F FFC0	向量(32个向量,当VMAP=1时使能)	

注:TMX/TMP类型硅片保留存储区域0x3D 7E800x3D 7EAF

图 2.4 28023/28027 存储空间分配图

图 2.4 中 Flash 区域中的 0x3F 0000 - 0x3F 7FFF 扇区分配参见表 2.3。

表 2.3 F28021/28023/28027 Flash 扇区地址

地址范围	编程及数据空间
0x3F 0000 - 0x3F 1FFF	扇区 D(8 K×16)
0x3F 2000 - 0x3F 3FFF	扇区 C(8 K×16)

续表 2.3

地址范围	编程及数据空间
0x3F 4000 - 0x3F 5FFF	扇区 B（8 K×16）
0x3F 6000 - 0x3F 7F7F	扇区 A（8 K×16）
0x3F 7F80 - 0x3F 7FF5	如果采用代码安全模式编程为 0x0000
0x3F 7FF6 - 0x3F 7FF7	引导到 Flash（Boot – to – Flash）入口（此处安排编程分支指令）
0x3F 7FF8 - 0x3F 7FFF	128 位密钥（不可全部编程为 0）

注意：
- 当对代码安全密钥进行编程时，0x3F 7F80 及 0x3F 7FF5 之间的区域不能用作程序代码或数据，必须将这些区域编程为 0。
- 如果未使用代码安全特性，则可将 0x3F 7F80—0x3F 7FF5 的区域用于代码或数据。

0x3F 7FF0 - 0x3F 7FF5 的区域保留给数据不能包含程序代码。表 2.4 表示了如何处理这些内存区域。

表 2.4 使用代码安全模块的影响

地址	FLASH	
	使能代码安全	禁止代码安全
0x3F 7F80 - 0x3F 7FEF	用 0x0000 填充	应用程序代码及数据
0x3F 7FF0 - 0x3F 7FF5		仅保留给数据

外设帧 1 及外设帧 2 被组合在一起，这块区域可对读/写外设模块提供保护。当写入时，保护模式确保所有的访问都针对这些模块发生。由于流水线的作用，对不同的存储位置一个写紧接一个读，将以相反的顺序出现在 CPU 内存总线上。这可能会在某些外设应用程序中造成麻烦，而此时用户期望写首先发生。CPU 支持块保护模式，该模式下在发生写操作时将保护存储区域（缺点是为了对齐操作增加了额外的周期）。该模式为复位默认状态，可编程以便保护选定的区域。

表 2.5 列出了内存映射区各个空间的等待状态。

表 2.5 等待状态

区 域	CPU 等待状态	注 释
M0 and M1 SARAMs	0-等待	固定
外设帧 0	0-等待	
外设帧 1	0-等待（写） 2-等待（读）	周期可以通过即将发生的外设扩展 对外设帧 1 寄存器的回写操作将引起 1 个周期的延迟

续表 2.5

区 域	CPU 等待状态	注 释
外设帧 2	0-等待（写） 2-等待（读）	固定。周期不能通过外设扩展
L0 SARAM	0-等待 数据及程序	无 CPU 冲突
OTP	可编程 1-等待 最少	通过 Flash 寄存器可编程 1-等待是允许的最小数量的等待状态
FLASH	可编程 0-等待 分页 1-等待 随机 随机≥分页	通过 Flash 寄存器可编程
FLASH Password	16-等待 固定	密码区域的等待状态是固定的
引导 ROM(Boot-ROM)	0-等待	

2.3 简要说明

2.3.1 CPU

2802x(c28x)系列是 TMS320C2000™ 微控制器平台中的一个成员。基于 C28x 的控制器具有相同的 32 位定点结构。这是一个非常有效的 C/C++引擎，用户不仅可以采用高级语言开发它们的系统控制软件，而且可以使用 C/C++进行数学算法的开发。该器件在 MCU 数学算法，以及通常要使用微控制器操纵的系统控制两个方面很有效。这一特性免除了在许多系统中对第二个处理器的需要。32×32 位 MAC(Mode Algonthm Control，模型算法控制)64 位处理能力，使控制器有效地处理更高的数值分辨率的问题。增加了具有关键寄存器自动环境保存的快速中断响应，从而能够以最小的延迟处理众多的异步事件。该器件具有一个 8 级深度(8-level-deep)保护流水线，对存储器进行流水线访问。这使它能够执行流水线的高速度而不必采用昂贵的高速存储器。未来的特别分支硬件(Special branch-look-ahead hardware)将最大限度地减少条件中断的延迟。特殊条件的存储操作将进一步提高性能。

2.3.2 存储器总线(哈佛总线结构)

与许多单片机一样，在存储器和外设以及和 CPU 之间 C28x 也采用多总线传送数据。内存总线架构包含一个程序读取总线，数据读取总线，以及写数据总线。程序读取总线由 22 位地址线和 32 位数据线组成；数据读取和写入总线由 32 位地址线和 32 数据线组成；32 位宽的数据总线使能 32 位的单周期操作。多总线结构，通常被称为哈佛总线,使得 C28x 在一个单周期内完成取指令,读数据值和写数据值的操作。所有外设以及连接到存储总线的存储器均以优先顺序访问内存。一般来说,内存总线访问的优先顺序可以概括如下:

- 最高优先级:写入数据(在内存总线上不能同时写入数据和程序)。
- 写入程序(在内存总线上不能同时写入数据和程序)。
- 读取数据和程序(在内存总线上不能同时读取程序和取指令)。
- 最低优先级:读取(在内存总线上不能同时读取程序和取指令)。

2.3.3 外设总线

为了使外设在 TI 各种单片机系列器件之间可以迁移,器件采用外设总线标准将外设互连。外设总线桥多路复用各个总线构成处理器内存总线,该总线可进入由 16 位地址线和 16 位或 32 位数据线及相关控制信号组成的单总线。外设总线的第 3 版支持这一架构,第 1 版仅支持 16 位访问(调用外设帧 2),另一个版本支持 16 位及 32 位访问(调用外设帧 1)。

2.3.4 实时 JTAG 及概况

该装置实施基于电路调试的 IEEE 1149.1 JTAG (1)接口标准。此外,该装置在处理器正在运行和执行代码以及中断服务时支持实时模式操作,允许修改存储器,外设及寄存器的内容。在使能时间关键(time-critical)中断期间,用户还可以无干扰地单步通过非时间关键(non-time-critical)代码。该装置在 CPU 之内的硬件中实现了实时模式。这是 28x 系列器件一个独有的特征,无需软件监控。此外,所提供的专用分析硬件允许设置硬件断点或数据/地址观察点,当一个匹配发生时,产生各种用户选定的中断事件。这些设备不支持边界扫描;然而,如果考虑到以下因素,可使用标识代码(IDCODE)和旁路(BYPASS)特性。默认的标识代码没有到来,用户需要通过连续地位移 IR(SHIFT IR)和位移 DR(SHIFT DR)得到标识代码,这里的 IR 和 DR 表示了 JTAG 状态。对于旁路指令,DR 的第一个移位值会是 1。

2.3.5 Flash

F28021/23/27 器件包含 32 K×16 嵌入式闪存(Flash Memory),分成 4 个 8 K×16 的扇区。另外,还包含一个 1 K×16 的 OTP 存储器,地址范围 0x3d 7800 - 0x3d 7bff。用户可以分别擦除,编程,并且在不离开其他扇区的情况下,验证一个闪存扇区。然而,不可能使用闪存的一个扇区或 OTP 去执行闪存算法,去擦除或对其他扇区进行编程。特殊存储器流水线使 Flash 模块可以获得更高的性能。Flash/OTP 被映射到程序空间和数据空间,因此,它可以被用来执行代码或存储数据信息。地址 0x3F 7FF0 - 0x3F 7FF5 区域保留用作数据变量不要存放程序代码。

注意:

- Flash 和 OTP 等待状态可由应用程序配置。这允许应用程序运行在较低频率下时对 Flash 进行配置以获得较少的等待状态。
- 在 Flash 选项寄存器中,通过使能 Flash 流水线模式,Flash 的有效性能可以得到改善。随着这一模式的使用,线性代码执行的有效性将比通过单独配置等待状态反映的原始性能快得多。采用 Flash 流水线模式之后准确的性能增益取决于应用程序。有关 Flash 选项,Flash 等待状态,以及 OTP 等待状态寄存器更多的信息,请参阅 TMS320x2802x/TMS320F2802xx Piccolo System Control and Interrupts Reference Guide 中的相关章节(文档号:SPRUFN3)。

2.3.6 M0,M1 SARAMs

所有的器件均包含两个单独存取的内存块,每个 1 K×16 大小。复位时,堆栈指针指向 M1 块。M0 及 M1 模块像所有 C28x 器件其他内存模块一样,它们都映射到程序空间和数据空间。因此,用户可以使用 M0 和 M1 执行代码或数据变量,分区则由连接器内完成。C28x 器件为程序员提出了一个统一的内存映射,这使得用高级语言更容易编程。

2.3.7 L0 SARAM

该器件包含了一个 4 K×16 单独存取的存储器。请参阅图 2.4 所示的 28023/28027 存储空间分配图。该模块可以映射到程序空间和数据空间。

2.3.8 Boot ROM

引导模式选择参见表 2.6。

表 2.6 引导模式选择

模式	GPIO34/COMP2OUT	GPIO37/TDO	TRST	说明
3	1	1	0	获取模式(GetMode)
2	0	1	0	等待(参见 2.3.9 节的说明)
1	1	0	0	SCI
0	0	0	0	并口(Parallel) IO
仿真	x	x	1	仿真启动

引导 ROM(Boot ROM)是工厂编程引导加载的软件。引导模式信号提供给引导装入(BootLoader)软件所使用的上电启动模式。用户可以选择正常开机,或者从外部连接下载新的软件,或者选择采用内部 Flash/ROM 进行编程的启动软件。引导 ROM 还包含标准表,诸如正弦/余弦波形,以便在数学相关算法中使用。

2.3.8.1 仿真启动(Emulation Boot)

当连接仿真器时,GPIO37/TDO 引脚不能用于启动模式选择。在这种情况下,引导 ROM 检测到仿真器已经连接,并根据两个在 PIE 向量表中保留的 SARAM 地址的内容来确定引导模式。如果任一地址的内容无效,则采用等待启动选项;所有的引导模式选项都可以在仿真启动中访问。

2.3.8.2 获取模式(GetMode)

GetMode 选项的默认行为是引导到 Flash。通过对 OTP 中两个地址编程,这种行为可以改变为另一个引导选项。如果任一 OTP 地址中的内容无效,则采用引导到 Flash。可以指定以下装载机之一进行引导加载:SCI、SPI、I2C 或 OTP。

2.3.8.3 用于启动加载(bootloader)的外设引脚

表 2.7 列出用于每个外设启动加载的 GPIO 引脚。请查阅 GPIO 复用表,检查一下作为启动加载的 GPIO 引脚是否与用户应用程序要使用到的外设引脚相互冲突。

表 2.7 外设启动加载引脚

BOOTLOADER	PERIPHERAL LOADER PINS
SCI	SCIRXDA (GPIO28) SCITXDA (GPIO29)
Parallel Boot	Data (GPIO[7:0]) 28x Control (GPIO16) Host Control (GPIO12)
SPI	SPISIMOA (GPIO16) SPISOMIA (GPIO17) SPICLKA (GPIO18) SPISTEA (GPIO19)
I2C	SDAA (GPIO32)[1] SCLA (GPIO33)[1]

(1) 在用户器件封装中,也许不能使用 GPIO32 和 GPIO33 引脚,因此,不能使用这些器件的这一引导选项。

2.3.9 安全性(Security)

该设备支持高水平的安全性,以保护用户固件避免逆向工程。器件拥有安全功能的 128 位密码(硬编码为 16 等待状态),用户可将其编程到 Flash。一次代码安全模块(CSM,One Code Security Module)用来保护 Flash/ OTP,以及 L0/L1 SARAM 模块。安全功能可以阻止下列事件的发生:

- 未经授权的用户通过 JTAG 端口检查内存内容;

- 来自外部存储器的执行代码,该代码试图引导加载一些不良软件,输出安全存储器的内容。

为了访问安全模块,用户须正确写入 128 位密钥值,并且该值必须与保存在 flash 区域内的 128 位密钥值相匹配。

此外,对于 CSM 而言,系统会实施仿真代码的安全逻辑(ECSL),以防止未经授权的用户一步一步地通过安全代码。在仿真器接入时,对 Flash 及用户 OTP 以及 L0 存储器进行访问的任何代码或数据将跌入 ECSL 陷阱并中断仿真连接。要仿真安全代码,同时保护 CSM 防止安全存储器被读取,用户必须写入密钥寄存器低 64 位的正确值,并且该值必须与存储在 Flash 内的低 64 位密码值相匹配。请注意,虚拟读取在 Flash 中的所有 128 位密码仍须进行。如果密码区域低 64 位全是同一个字(即未被编程),那么密钥值不需要匹配。

当最初调试在 Flash 编程密码区带有密码的器件时,CPU 将开始运行并且会执行一条指令,该指令将对被保护的 ECSL 区域进行访问。如果发生这种情况,将跌入 ECSL 陷阱并造成仿真器连接断开。解决的办法是使用等待启动选项。这将处在一个软件断点循环之中,以允许仿真器不跌入安全陷阱进行连接。一旦仿真器通过使用一个仿真启动选项完成了连接,之后,用户便可退出该模式,有关仿真启动选项的详细说明,请参阅 $TMS320x2802x\ Piccolo\ Boot\ ROM\ Reference\ Guide$(文档号:SPRUFN6)。Piccolo 器件不支持硬件等待复位(wait-in-reset)模式。

注意:

- 当对代码安全密码编程时,在 0x3F 7F80 与 0x3F 7FF5 之间的所有地址均不可用作程序代码或数据。这些区域必须编程为 0x0000。
- 如果不使用代码安全功能,从 0x3F 7F80 到 0x3F 7FEF 的区域可用作代码和数据。地址 0x3F 7FF0-0x3F 7FF5 保留作数据用,不可含程序代码。
- 128 位密码(以 0x3F 7FF8-0x3F 7FFF)不能被编程零,这样做将永久锁定器件。

器件中的代码安全模块(CSM)用于加密保护存储在 ROM 或 Flash 中的数据,并且依照德克萨斯仪器(TI)标准条款得到担保。保修期间凡符合 TI 公布的技术说明,可适用于本装置。

但是,TI 不担保 CSM 不被损害或破坏或存储在存储器的数据不会通过其他方式被访问。此外,除上述规定外,涉及到该设备的 CSM 或操作,包括批发商任何暗示的保证或者针对特定用途的适用性,TI 不作任何保证或陈述。

用户以任何方式使用 CSM 或者该器件所引起的任何间接的、特殊的、附带的责任或者惩罚性赔偿,TI 概不承担任何责任,不管造成这一后果的原因是什么,也无论是否将这种损害的可能性告知了 TI。这其中还包括数据丢失,商誉损失,使用或者交易中断损失或者其他经济损失。

2.3.10 外设中断扩展模块(PIE)

PIE 模块将许多中断源多路复用成较小的中断输入集。PIE 模块可以支持最多 96 个外设中断。对 F2802x 而言,96 个可能中断中的 33 个可以被外设使用。96 个中断按每 8 个一组,共分成 12 组,每组中断都汇集到 CPU 内核 12 条中断线(INT1~INT12)中的某一条。96 个中断中的每一个中断均得到存储于一个专用内存模块中的其自身向量的支持,用户可以覆盖该向量。通过 CPU 的中断服务可自动获取向量。它需要 8 个 CPU 时钟周期来获取向量并保存到相关的 CPU 寄存器中。因此,CPU 可以快速响应中断事件。可通过硬件和软件对中断的优先级进行控制。在 PIE 模块内可以使能或禁止每一个中断。

2.3.11 外部中断(XINT1 - XINT3)

该器件支持 3 个屏蔽的外部中断(XINT1 - XINT3)。每个中断可以选择负、正单边沿触发或负/正双边沿触发,也可以使能/禁止。这些中断还包含一个 16 位的自由运行增计数器,当检测到一个有效的中断边缘时复位为零。此计数器可作为中断的准确时戳。外部中断没有专用引脚。XINT1,XINT2,和 XINT3 中断可以接收来自 GPIO0~GPIO31 引脚的输入。

2.3.12 内部零引脚振荡器,振荡器,锁相环

该器件可以通过两个内部零引脚(zero - pin)振荡器中的一个提供时钟,或通过一个外部的振荡器,或连接到片上振荡器电路的晶体(仅限于 48 引脚器件)提供时钟。锁相环(PLL)提供支持多达 12 个输入时钟扫描(input - clock - scaling)比率。可以在软件传送过程中改变 PLL 的比率,用户如果需要低功耗运行,可以相应缩减工作频率。更为详细的说明,请参阅"第 3 章 系统时钟与定时器"。

2.3.13 看门狗

每器件包含两个看门狗:用来监控内核的 CPU 看门狗,以及丢失时钟检测(clock-detect)电路的 NMI(Nonmaskable Interrupt,非屏蔽中断)—看门狗。用户软件必须在某一个时限内定期复位 CPU 看门狗计数器;否则,CPU 看门狗会对处理器产生一个复位。如果有必要的话,可以禁止 CPU 看门狗。NMI 看门狗用来防备时钟故障,可以产生一个中断或器件复位。

2.3.14 外设时钟

当不需要使用外设时,可以使能或禁止每个外设时钟以降低功耗。此外,系统时钟的串行端口(除 I2C 之外)可以相对于 CPU 时钟进行缩放。

2.3.15 低功耗模式

该设备是全静态 CMOS 器件。提供 3 个低功耗模式：

- 空闲模式(IDLE)：将 CPU 置于低功耗模式。可以选择性地关闭外设时钟，只有那些起作用的外设在空闲(IDLE)模式下留下来运行。来自工作外设的一个被使能的中断或看门狗定时器将处理器从空闲模式中唤醒。
- 待机模式(STANDBY)：关闭 CPU 及外设时钟，这种模式脱离振荡器及 PLL 功能。一个外部中断事件将唤醒处理器和外围设备；在检测到中断事件后的下一个有效周期开始执行。
- 暂停模式(HALT)：这种模式基本上关闭器件，并且将其置于可能最低的功耗模式。如果将内部零引脚振荡器作为时钟源，则在默认情况下，暂停模式会将其关闭。要保持这些振荡器的关闭状态，可以采用 CLKCTL 寄存器中的 INTOSCnHALTI 位进行控制。因此，零引脚振荡器可用作这个模式下的 CPU 看门狗时钟。如果时钟源采用片上晶体振荡器，则关闭这个模式。复位或通过 GPIO 引脚的外部信号或 CPU 看门狗均可以唤醒处于该模式下的器件。在试图把器件置于暂停或待机状态之前，CPU 时钟(OSCCLK)和看门狗时钟(WDCLK)应该取自同一时钟源。

2.3.16 外设帧 0,1,2(PFn)

该器件将外设分为 3 个扇区。外设映射如下：

PF0： PIE：PIE 中断使能及控制寄存器还有 PIE 向量表；
Flash：Flash 等待状态寄存器；
Timers：CPU—定时器 0，1，2 寄存器；
CSM：代码安全模块密钥寄存器；
ADC：ADC 结果寄存器。

PF1： GPIO：GPIO 复用配置及控制寄存器；
ePWM：增强脉宽调制器模块及寄存器；
eCAP：增强捕获模块及寄存器；
Comparators：比较器模块。

PF2： SYS：系统控制寄存器；
SCI：串行通信接口(SCI)控制和 RX/TX 寄存器；
SPI：串行外设接口 (SPI) 控制和 RX/TX 寄存器；
ADC：ADC 状态，控制，和配置寄存器；
I2C：内部集成电路模块和寄存器；
XINT：外部中断寄存器。

2.3.17 通用输入/输出(GPIO)多路复用器

大部分外设信号和通用输入/输出(GPIO)信号被复用。如果不用外设信号和功能的话,则用户可用一个引脚作为GPIO。复位时,GPIO引脚配置为输入。用户可以对GPIO方式的每个引脚或外设信号模式单独编程。对于特定的输入,用户也可以选择输入限定周期数,以便过滤不必要的噪声。GPIO信号还可以用于使器件脱离特定的低功耗模式。

2.3.18 32位CPU定时器(0,1,2)

CPU定时器0,1,及2是相同的32位定时器,可预置周期及16位时钟预分频。定时器有一个32位的减计数寄存器,当计数器到达零时将产生一个中断请求。在CPU时钟速度除以预定标设定值时,计数器递减计数。当计数器到达零时,自动重新加载32位周期值。CPU定时器0可作常规使用,它连接到PIE模块。CPU定时器1也可作常规应用,它连接到CPU的INT13。CPU定时器2保留给DSP/BIOS,连接到CPU的INT14;如果不使用DSP/BIOS,CPU定时器2也可作常规定时器使用。

CPU定时器2可以通过以下任何一个提供时钟:
- 系统时钟(SYSCLKOUT)(默认);
- 内部零引脚振荡器1(INTOSC1);
- 内部零引脚振荡器2(INTSOC2);
- 外部时钟源。

2.3.19 控制外设(Control Peripherals)

该器件支持以下外设,它们用于嵌入式控制和通信:

ePWM:增强型PWM外设支持独立/互补PWM生成,调整前/后边沿死区的生成,锁定/循环脱扣机构。一些PWM引脚支持HRPWM高分辨率占空比和周期特征。基于2802x器件的1型模块也支持增加死区的分辨率,支持增强SOC和中断产生,以及先进的触发机制,包括基于比较器输出的跳闸功能。

eCAP:增强捕获外设采用32位的时基及寄存器,该寄存器采用连续/单次捕获模式,具有4个可编程事件。该外设也可以配置为产生辅助PWM信号。

ADC:ADC模块是一个12位的转换器。根据不同的器件,它有直到13个单端通道输出引脚。它包含两个采样/保持单元用于同时发生的采样。

Comparator:每个比较器模块由一个模拟比较器和一个内部用于提供比较器输入的10位参考组成。

2.3.20 串行端口外设

该器件支持以下的串口通信外设：

SPI：SPI 是一个高速，同步串行 I/O 端口，允许编程长度 1 到 16 位的串行位流以一个可编程的位传送速率移入和移出器件。通常，SPI 是用于单片机和外围设备或另一个处理器之间的通信。典型的应用包括外部 I/O 或通过一些器件的外设扩展，诸如移位寄存器，显示驱动，及 ADC 等。SPI 的主/从操作支持多设备通信。SPI 包含一个 4 级接收和发送 FIFO，以便减少中断服务的开销。

SCI：串行通信接口是一个双线异步串行端口，俗称 UART。SCI 包含一个 4 级接收和发送 FIFO，以便减少中断服务的开销。

I2C：I2C 总线协议（Inter - Integrated Circuit，I2C）模块提供了一个 MCU 和其他器件的接口，符合飞利浦半导体内置集成电路总线（I2C 总线）V2.1 版本规范，并通过 I2C 总线进行连接。外部连接的 2 线式串行总线通过 I2C 模块每次可以发送/接收最多 8 位数据，这些数据或送达 MCU 或来自 MCU。I2C 包含一个 4 级接收和发送 FIFO，以便减少中断服务的开销。

2.4 寄存器映射

该器件包含 3 个外设寄存器空间。空间分类如下：

外设帧（Peripheral Frame）0：这些外设直接映射到 CPU 存储器总线。见表 2.8。

外设帧（Peripheral Frame）1：这些外设映射到 32 位的外设总线。见表 2.9。

外设帧（Peripheral Frame）2：这些外设映射到 16 位外设总线。见表 2.10。

表 2.8 外设帧 0 寄存器 [1]

名称	地址范围	大小（×16）	是否受 EALLOW 保护[2]
器件仿真寄存器	0x00 0880 - 0x00 0984	261	是
系统电源控制寄存器	0x00 0985 - 0x00 0987	3	是
Flash 寄存器[3]	0x00 0A80 - 0x00 0ADF	96	是
代码安全模块寄存器	0x00 0AE0 - 0x00 0AEF	16	是
ADC 寄存器（0 等待 仅读）	0x00 0B00 - 0x00 0B0F	16	否
CPU - TIMER0/1/2 Registers CPU -定时器 0/1/2 寄存器	0x00 0C00 - 0x00 0C3F	64	否
PIE 寄存器	0x00 0CE0 - 0x00 0CFF	32	否
PIE 向量表	0x00 0D00 - 0x00 0DFF	256	否

(1) 0 帧寄存器支持 16 位和 32 位访问。

(2) 如果寄存器受 EALLOW 保护,则不能写入,除非执行 EALLOW 指令。EDIS 指令禁止写,用以阻止意外的代码或指针,它们来自损坏寄存器内容。

(3) Flash 寄存器也由代码安全模块(CSM)保护。

表 2.9 外设帧 1 寄存器

名称	地址范围	大小(×16)	是否受 EALLOW 保护
比较器 1 寄存器	0x00 6400 – 0x00 641F	32	(1)
比较器 2 寄存器	0x00 6420 – 0x00 643F	32	(1)
ePWM1 + HRPWM1 寄存器	0x00 6800 – 0x00 683F	64	(1)
ePWM2 + HRPWM2 寄存器	0x00 6840 – 0x00 687F	64	(1)
ePWM3 + HRPWM3 寄存器	0x00 6880 – 0x00 68BF	64	(1)
ePWM4 + HRPWM4 寄存器	0x00 68C0 – 0x00 68FF	64	(1)
eCAP1 寄存器	0x00 6A00 – 0x00 6A1F	32	No
GPIO 寄存器	0x00 6F80 – 0x00 6FFF	128	(1)

(1) 有些寄存器受 EALLOW 保护。更多信息请参见模块参考指南。

表 2.10 外设帧 2 寄存器

名称	地址范围	大小(×16)	是否受 EALLOW 保护
系统控制寄存器	0x00 7010 – 0x00 702F	32	是
SPI – A 寄存器	0x00 7040 – 0x00 704F	16	否
SCI – A 寄存器	0x00 7050 – 0x00 705F	16	否
NMI 看门狗中断寄存器	0x00 7060 – 0x00 706F	16	是
外部中断寄存器	0x00 7070 – 0x00 707F	16	是
ADC 寄存器	0x00 7100 – 0x00 717F	128	(1)
I2C – A 寄存器	0x00 7900 – 0x00 793F	64	(1)

(1) 有些寄存器受 EALLOW 保护。更多信息请参见模块参考指南。

2.5 器件仿真寄存器

这些寄存器用来控制 C28X CPU 保护模式和监测一些关键器件的信号。这些寄存器由表 2.11 定义。

第 2 章 28027 微型控制器及实验平台

表 2.11 器件仿真寄存器

名称	地址范围	大小 (×16)	说明		EALLOW 保护
DEVICECNF	0x0880—0x0881	2	器件配置寄存器		是
PARTID	0x3D 7FFF	1	部分标识记录	MS320F280200PT	0x00C1
				TMS320F280200DA	0x00C0
				TMS320F28027PT	0x00CF
				TMS320F28027DA	0x00CE
				TMS320F28026PT	0x00C7
				TMS320F28026DA	0x00C6
				TMS320F28023PT	0x00CD
				TMS320F28023DA	0x00CC
				TMS320F28022PT	0x00C5
				TMS320F28022DA	0x00C4
				TMS320F28021PT	0x00CB
				TMS320F28021DA	0x00CA
				TMS320F28020PT	0x00C3
				TMS320F28020DA	0x00C2
CLASSID	0x0882	1	类别标识记录	TMS320F280200PT/DA	0x00C7
				TMS320F28027PT/DA	0x00CF
				TMS320F28026PT/DA	0x00C7
				TMS320F28023PT/DA	0x00CF
				TMS320F28022PT/DA	0x00C7
				TMS320F28021PT/DA	0x00CF
				TMS320F28020PT/DA	0x00C7
REVID	0x0883	1	修订标识记录	0x0001 - Silicon Rev. A - TMS	否

2.6 28027 LAUNCHXL－F28027 概述

1. 概述

C2000 Piccolo LaunchPad，LAUNCHXL－F28027 是 TI Piccolo F2802x 器件的一个齐全的低成本实验板。LAUNCHXL－F28027 套件的特点在于：所有的硬件和软件都基于 F2802x 微处理器应用程序的开发。LaunchPad 是基于 F28027 器件的超集，用户一旦知道设计需求，就很容易将应用程序移植到低成本的 F2802x 器件中去。它提供了一种车载 JTAG 仿真工具，允许直接连接到 PC，易于编程、调试和评估。除了 JTAG 仿真之外，USB 接口提供了一个从 F2802x 器件到主机的 UART 串口连接。

用户可以下载一个不受限制的 Code Composer Studio™ 集成开发环境(IDE)v5 版本,用以在 LAUNCHXL-F28027 板上调试应用程序。调试器允许用户全速运行一个带有硬件断点的应用程序,并且可采用单步而不需要消耗额外的硬件资源。

如图 2.5 所示,LAUNCHXL-F28027 C2000 LAUNCHPAD 功能包括:
- 通过一个高速具有 USB/UART 连接特性的电隔离 XDS100V2 模拟器,USB 可作为调试或编程接口。
- 在超集 F28027 器件调试的应用程序可以很容易地移植到低成本的器件中。
- 半字节(4位)宽度 LED 显示。
- 两个便于用户反馈和器件复位的按钮。
- 双排共 40 针引脚便于调试时信号的输入和输出,或者作为插座以便增加定做的附加板。
- 启动选择开关及 USB 和 UART 选择开关。

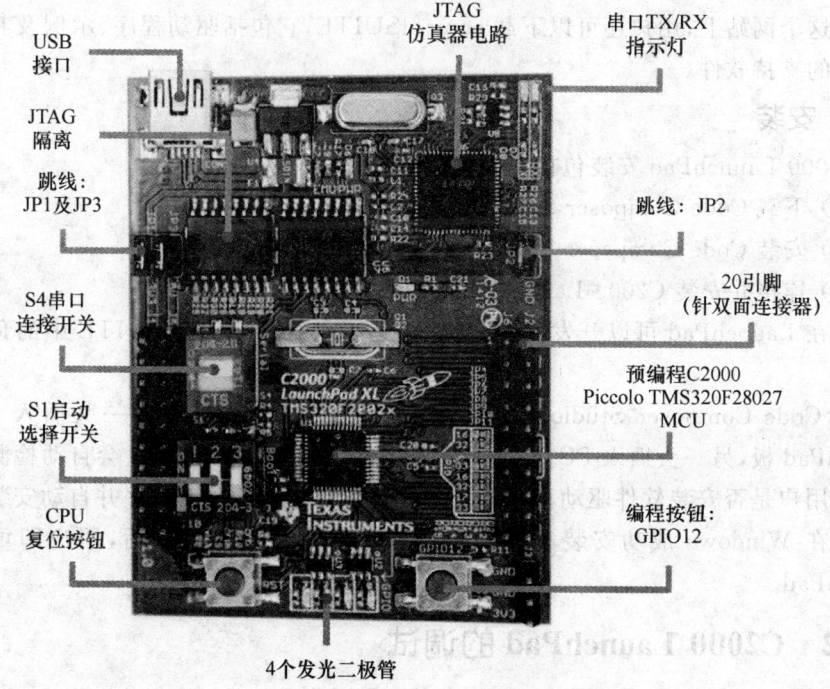

图 2.5　LAUNCHXL-F28027 板概览

本节原文取自"*LAUNCHXL-F28027 C2000 Piccolo LaunchPad Experimenter Kit User's Guide*"(文档名 SPRUHH2),PCB 图纸不予摘录,需要的话请参照原文。

2. 套件内容

LAUNCHXL-F28027 C2000 LaunchPad 实验者套件包括以下内容:

第 2 章　28027 微型控制器及实验平台

- C2000 LaunchPad 板（LAUNCHXL - F28027）。
- 迷你 USB - B 电缆，0.5 m。
- 快速启动指南。

3. 版本

LAUNCHXL - F28027 C2000 Piccolo LaunchPad 第一次生产的版本为 v1.0 版本，于 2012 年 7 月发布，是目前唯一可用的版本。

2.6.1　下载和安装

1. 下载所需要的软件

Code Composer Studio IDE 是免费提供的，当采用 C2000 LaunchPad 板上 XDS100 仿真器时没有任何限制。该软件可以从 C2000 LaunchPad 网站下载：www.ti.com/c2000 - launchpad。

在这个网站上，用户还可以下载 controlSUITE，它包括驱动程序、示例及其他开始所需的支持软件。

2. 安装

C2000 LaunchPad 安装包括 4 个简单的步骤：

(1) 下载 Code Composer Studio 及 controlSUITE 软件；
(2) 安装 Code Composer Studio 及 controlSUITE；
(3) 连接并安装 C2000 LaunchPad 到 PC。

现在 LaunchPad 可以开发应用程序，或运行包含在 controlSUITE 中的预编程示例。

在 Code Composer Studio 安装后，将附带的迷你 USB 电缆一头插入 C2000 LaunchPad 板，另一头插入 PC 上一个可用的 USB 端口。Windows 会自动检测硬件并询问用户是否安装软件驱动程序，让 Windows 自行搜索驱动程序并自动安装这个程序。在 Windows 成功安装集成 XDS100V2 仿真器驱动程序后，用户即可使用 LaunchPad。

2.6.2　C2000 LaunchPad 的调试

1. 开始

首次使用 LAUNCHXL - F28027 时，一旦通过主机 USB 端口上电，板上一个流水灯演示程序将自动开始运行。如果主板不能启动演示程序，分以下步骤进行检查：

- 电源连接：USB 电源通过 JP1，JP2，及 JP3 跳线短路器接入系统，如果电源正常，PWR 指示灯点亮，否则 3 个断路器未正确插入。
- 启动选择：S1 的 3 个拨动开关与本章"表 2.6 引导模式选择"中从左到右的顺序对应。当 S1 的 1 - 2 - 3 处在 ON - ON - OFF 位置时，系统采用常规从

Flash 启动的模式，检查一下 1-2-3 是否处在这个位置。

注意：以上操作都必须在拔掉板上的迷你电缆之后进行。

2. 演示程序，内部温度的测量

LAUNCHXL-F28027 包括一个预编程的 TMS320F28027 器件。当 LaunchPad 通过 USB 连接时，半字节 4 个发光二极管（LED）向着 S3 的方向顺序闪烁。按 S3 则启动温度测量模式。

参考温度采用这一模式开始时的温度，LaunchPad 的 LEDs 则用来显示当前温度和参考温度之间的任何差异。最初，连接到 GPIO3（最左面一个）发光二极管亮表示二进制数 8，它对应于当前温度等于参考温度。当温度偏离参考，差异用半个字节的发光二极管所表征的两进制的增或减来显示。例如，如果参考温度为 30℃ 和当前温度 33℃，LED（从左至右）亮，不亮，亮，亮（1011），它表示十进制的 11（33－30＝3 和 11－8＝3，30 与 8 对应表示参考温度）。在任何时候通过再次按下 S3 均可以设置一个新的参考温度。

除 LED 显示之外，通过 USB/UART 的连接开关，温度信息也可以显示在用户的 PC 上。若要在 PC 上观察到 UART 的信息，首先要解决 COM 端口与 LaunchPad 的连接问题。在 Windows 平台按如下操作：

- 右键单击我的电脑（My Computer），选择属性（Properties）选项。
- 在弹出的对话框中，单击"硬件"标签页，打开设备管理器（Device Manager）。
- 寻找在（COM 和 LPT）端口下标题为"USB Serial Port（COMX）"的入口，其中 X 是一个数字。记住这个号码以便在 5.4.1.3 节中打开一个串行终端时使用。
- 编写 UART 演示程序并采用 PuTTY 调试，为了获得最佳的体验，TI 推荐用户使用 PuTTY 用以查看 UART 的数据。注意：由于尚未获取 PuTTY 调试平台，因此采用 Windows 自带的超级终端作为最初的串口调试平台，参见 5.4.1.3 节。
- 打开串行终端程序并打开 COM 端口，可看到设备管理器先前有以下设置：115 200 Baud, 8 data bits, no parity, 1 stop bit。
- 在打开串行终端的串行端口后，用复位按钮复位 Launchpad 并观察串行终端，会有一个惊喜。

3. 温度测量演示应用程序的编程和调试

C2000 Piccolo LaunchPad 演示项目和相关的源代码包含在 controlSUITE 软件包中，并且可通过 CCSv5 中的 TI 资源浏览器自动找到。在资源浏览器中，打开 controlSUITE 文件夹后再打开套件表，可以看到 C2000 LaunchPad 排列项目。扩大这个项目并选择 LaunchPad 演示程序。在资源浏览器主窗格按以下步骤：导入，编译，调试，及运行这个应用程序。

2.6.4 硬件配置

C2000 LaunchPad 提供给用户多种选择以便如何对板进行配置。

1. 电源域

C2000 LaunchPad 有两个独立的电源域用于隔离 JTAG。当将跳线插入 JP1, JP2, 及 JP3 插座时, 表 2.12 列示的电源将接入到板上器件。

表 2.12 跳线电源域

跳线	电源域
JP1	3.3 V
JP2	Ground
JP3	5 V

2. 串口连接

该 LAUNCHXL-F28027 具有 USB 转 UART 内置适配器。即使在孤立的环境中, 这一功能也易于将调试信息返回到到主机进行显示。然而, 在某些情况下, 用户可能希望将 Piccolo SCI 外设(C2000 UART 外设)通过头销连接到音频电容式触摸器(BoosterPack)或其他硬件。如果 SCI 引脚连接到两个头销, 将存在 XDS100 的 UART 通道竞争, 并且引脚不被驱动到正确的电压水平。为了解决这个问题, 板上的一个 S4 开关允许用户断开 Piccolo 串行引脚与 XDS100 UART 的连接。

- 当 S4 开关处在下方位置, 系统为调试状态: CCSv5 开发平台通过 XDS100 仿真器与 Piccolo 器件的 SCI 连接, 此时, 可在 CCSv5 平台下进行编译、下载及调试等工作。
- 当 S4 开关处在上方位置, 系统处在与 PC 终端通信的状态: Piccolo 器件的 SCI 与 XDS100 断开, 此时, 系统与 PC 串行通信终端可以进行双向数据通信。具体操作可参见 5.4.1.1 小节。

3. 引导方式选择

LaunchPad's F28027 器件包括一个 Boot ROM, 它执行一些基本的启动检查, 并允许器件以多个不同的方式启动。大多数用户既要执行仿真启动又要执行 Flash 启动(如果他们的应用程序需要脱机运行的话)。用户通过 S1 可轻松地对引脚进行配置, Boot ROM 会检查这个设置。S1 相应的开关见表 2.13。

表 2.13　S1 开关装及作用

S1 开关编号	开关状态	作用
1	ON（上位）	将 GPIO34 置为高电平
1	OFF（下位）	将 GPIO34 置为低电平
2	ON（上位）	将 GPIO37 置为高电平
2	OFF（下位）	将 GPIO37 置为低电平
3	ON（上位）	将 $TRST_n$ 置为高电平
3	OFF（下位）	将 $TRST_n$ 置为低电平

记住，如果器件没有仿真启动模式，则不能连接调试器（TRST 开关处在 ON 的位置）。

关于 S1 开关组合的各种启动模式，请参见本章"表 2.6　引导模式选择"或 *TMS320x2802x Piccolo Boot ROM Reference Guide*（SPRUFN6）。

4. 晶振的连接

尽管 LAUNCHXL-F28027 Piccolo 器件有一个内部振荡器，对于大多数应用程序这已经足够了，但是 LaunchPad 仍然提供了表面贴装或 HC-49 晶体的通孔，以便需要更精确时钟的用户使用。用户如果希望使用外部晶振，则需要将晶振焊到 Q1/Q2 处并将适当的负荷电容焊到 C3 及 C4 的位置。为使用外部振荡器，用户还需要对器件进行配置。

5. 外接板的连接

C2000 LaunchPad 是一款进行 F2802x 设备硬件开发的完美的实验板。连接器 J1,J2,J5,J6 及与 J6 在一条直线上的电源 J3 均采用 0.1 mile（2.54 mm）网格，允许接入一个简易和廉价的面包板扩展开发平台。这些外接板可以访问所有的 GPIO 及模拟信号。J1,J2,J5,J6 引脚定义参见图 12.18 或表 2.14。

2.6.4　LaunchPad 引脚定义

表 2.14 为 C2000 LaunchPad 引脚输出及引脚复用选项列表。

表 2.14 LaunchPad 引脚输出及引脚复用引脚选项

Mux Value				J1 Pin	J5 Pin	Mux Value			
3	2	1	0			0	1	2	3
			+3.3 V	1	1	+5 V			
			ADCINA6	2	2	GND			
TZ2	SDAA	SCIRXDA	GPIO28	3	3	ADCINA7			
TZ3	SCLA	SCITXDA	GPIO29	4	4	ADCINA3			
Rsvd	Rsvd	COMP2OUT	GPIO34	5	5	ADCINA1			
			ADCINA4	6	6	ADCINA0			
	SCITXDA	SPICLK	GPIO18	7	7	ADCINB1			
			ADCINA2	8	8	ADCINB3			
			ADCINB2	9	9	ADCINB7			
			ADCINB4	10	10	NC			

3	2	1	0	J6 Pin	J2 Pin	0	1	2	3
Rsvd	Rsvd	EPWM1A	GPIO0	1	1	GND			
COMP1OUT	Rsvd	EPWM1B	GPIO1	2	2	GPIO19	SPISTEA	SCIRXDA	ECAP1
Rsvd	Rsvd	EPWM2A	GPIO2	3	3	GPIO12	TZ1	SCITXDA	Rsvd
COMP2OUT	Rsvd	EPWM2B	GPIO3	4	4	NC			
Rsvd	Rsvd	EPWM3A	GPIO4	5	5	RESET#			
ECAP1	Rsvd	EPWM3B	GPIO5	6	6	GPIO16/32	SPISIMOA/SDAA	Rsvd/EPWMSYNCI	TZ2/ADCSOCA
TZ2/ADCSOCA	Rsvd/EPWMSYNCI	SPISIMOA/SDAA	GPIO16/32	7	7	GPIO17/33	SPISOMIA/SCLA	Rsvd/EPWMSYNCO	TZ3/ADCSOCB
TZ3/ADCSOCB	Rsvd/EPWMSYNCO	SPISOMIA/SCLA	GPIO17/33	8	8	GPIO6	EPWM4A	EPWMSYNCI	EPWMSYNCO
			NC	9	9	GPIO7	EPWM4B	SCIRXDA	Rsvd
			NC	10	10	ADCINB6			

2.6.5 LaunchPad 引脚使用标识

本书所有源码的调试都针对 C2000 LaunchPad 进行。在需要将 C2000 Launch-Pad 的引脚接入示波器或施加引脚高低电平的场合,均采用"LaunchPad."示意取自 C2000 LaunchPad 实验板。例如当使用 GPIO28 引脚时,采用 LaunchPad.J1.GPIO28 表示,以区分其他调试板。

第 3 章

系统时钟与定时器

本章主要介绍振荡器、锁相环、定时器件以及看门狗、低功耗模式模块等内容。

3.1 系统时钟控制电路

图 3.1 所示为系统时钟控制电路。

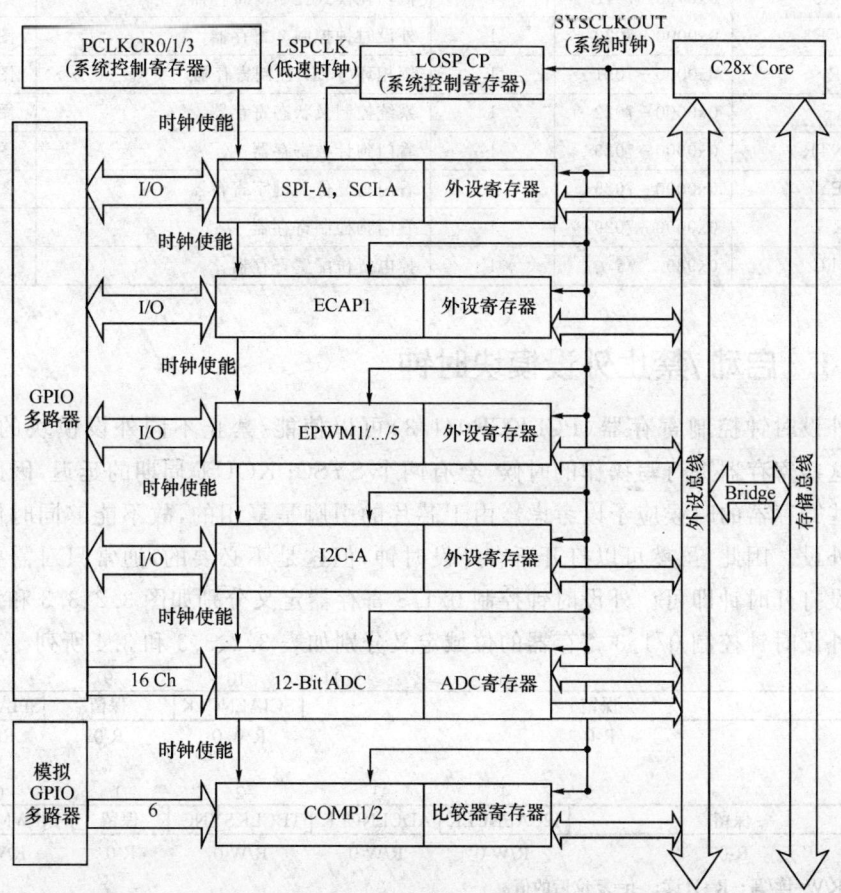

图 3.1 系统时钟控制电路

第 3 章 系统时钟与定时器

锁相环、定时器以及看门狗、低功耗模式受到如表 3.1 所列寄存器的控制。

表 3.1 锁相环、定时器以及看门狗、低功耗模式相关寄存器

名 称	地 址	大小(16 位)	描 述	位定义
XCLK	0x0000 - 7010	1	XCLKOUT/XCLKIN 外部时钟输出/外部时钟输入控制	图 3.8
PLLSTS	0x0000 - 7011	1	锁相环(PLL)状态控制寄存器	图 3.16
CLKCTL	0x0000 - 7012	1	时钟控制寄存器	图 3.9
PLLLOCKPRD	0x0000 - 7013	1	锁相环锁相周期寄存器	图 3.17
INTOSC1TRIM	0x0000 - 7014	1	内部振荡器 1 调整(Trim)寄存器	图 3.7
INTOSC2TRIM	0x0000 - 7016	1	内部振荡器 2 调整(Trim)寄存器	图 3.7
LOSPCP	0x0000 - 701B	1	低速外设时钟预定标寄存器	图 3.5
PCLKCR0	0x0000 - 701C	1	外设时钟控制 0 寄存器	图 3.2
PCLKCR1	0x0000 - 701D	1	外设时钟控制 1 寄存器	图 3.3
LPMCR0	0x0000 - 701E	1	低功耗模式控制 0 寄存器	图 3.18
PCLKCR3	0x0000 - 7020	1	外设时钟控制 3 寄存器	图 3.4
PLLCR	0x0000 - 7021	1	锁相环(PLL)控制寄存器	图 3.15
SCSR	0x0000 - 7022	1	系统控制及状态寄存器	图 3.20
WDCNTR	0x0000 - 7023	1	看门狗计数寄存器	图 3.21
WDKEY	0x0000 - 7025	1	看门狗复位关键字寄存器	图 3.22
WDCR	0x0000 - 7029	1	看门狗控制寄存器	图 3.23
BORCFG	0x985	1	掉电复位配置寄存器	

3.1.1 启动/禁止外设模块时钟

外设时钟控制寄存器(PCLKCR0/1/3)可以使能/禁止不同外设模块的时钟。在对这些寄存器进行写操作的时候,会有两个 SYSCLKOUT 周期的延迟,因此在配置这些寄存器的时候应予以考虑。由于芯片的引脚是复用的,故不能够同时使用所有的外设。因此,虽然可以打开所有外设时钟,但这是不必要的,通常只对需要使用的外设打开时钟即可。外设时钟控制 0/1/3 寄存器定义分别如图 3.2、3.3 和 3.4 所示。外设时钟控制 0/1/3 寄存器的位域定义分别如表 3.2、3.3 和 3.4 所列。

15					11	10	9	8
保留						SCIAENCLK	保留	SPIAENCLK
R-0						R/W-0	R-0	R/W-0

7		5	4	3	2	1	0
保留			I2CAENCLK	ADCENCLK	TBCLKSYNC	保留	HRPWMENCLK
R-0			R/W-0	R/W-0	R/W-0	R-0	R/W-0

说明:R/W=读/写; R=只读; -n=复位后的值。

图 3.2 外设时钟控制 0(PCLKCR0)寄存器

表 3.2 外设控制 0(PCLKCR0)寄存器位域定义

位	位域名称	数值	说明
15-11	保留		
10	SCIAENCLK	0 1	SCI-A 时钟使能控制位 SCI-A 模块不使用系统时钟(默认值) SCI-A 模块使用系统低速时钟(LSPCLK)
9	保留		
8	SPIAENCLK	0 1	SPI-A 时钟使能控制位 SPI-A 模块不使用系统时钟(默认值) SPI-A 模块使用系统低速时钟(LSPCLK)
7-5	保留		
4	I2CAENCLK	0 1	I²C 时钟使能控制位 I²C 模块不使用系统时钟(默认值) I²C 模块使用系统时钟
3	ADCENCLK	0 1	ADC 时钟使能控制位 ADC 模块不使用系统时钟(默认值) ADC 模块使用系统时钟
2	TBCLKSYNC	0 1	ePWM 模块时基(TBCLK)同步控制位。允许用户全局同步所有使能的 ePWM 模块到 TBCLK 时基。 停止每个使能的 ePWM 模块内的时钟(默认情况) 但当 PCLKCR1 的系统时钟使能位为 1 时,尽管 TBCLKSYNC 为 0,但 ePWM 模块仍由 SYSCLKOUT 计时。 当 TBCLK 第一个上升沿到来时,所有使能的 ePWM 模块开始计时。为了能够精确同步,每个 TBCLK 内的预分频位应该设置为一致。 正确的步骤为: ● 在 PCLKCR1 寄存器中使能 ePWM 时钟 ● 设置 TBCLKSYNC 为 0 ● 配置预分频位的数值和 ePWM 其他相关参数 ● 设置 TBCLKSYNC 为 1
1	保留		
0	HRPWMENCLK	0 1	HRPWM 时钟使能控制位 HRPWM 模块不使用系统时钟(默认值) HRPWM 模块使用系统时钟

第3章 系统时钟与定时器

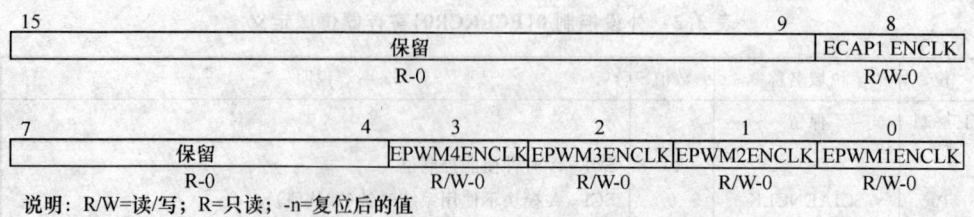

图 3.3 外设时钟控制 1 寄存器（PCLKCR1）

表 3.3 外设时钟控制 1 寄存器（PCLKCR1）位域定义

位	位域名称	数值	说明[1]
15-9	保留		
8	ECAP1ENCLK	0 1	eCAP1 时钟使能控制位 禁止 eCAP1 模块时钟（默认值）[2] 使能 eCAP1 模块采用系统时钟（SYSCLKOUT）
7-4	保留		
3	EPWM4ENCLK	0 1	ePWM4 时钟使能控制位[3] 禁止 ePWM4 模块时钟（默认值）[2] 使能 ePWM4 模块采用系统时钟（SYSCLKOUT）
2	EPWM3ENCLK	0 1	ePWM3 时钟使能控制位[3] 禁止 ePWM3 模块时钟（默认值）[2] 使能 ePWM3 模块采用系统时钟（SYSCLKOUT）
1	EPWM2ENCLK	0 1	ePWM2 时钟使能控制位[3] 禁止 ePWM2 模块时钟（默认值）[2] 使能 ePWM2 模块采用系统时钟（SYSCLKOUT）
0	EPWM1ENCLK	0 1	ePWM1 时钟使能控制位[3] 禁止 ePWM1 模块时钟（默认值）[2] 使能 ePWM1 模块采用系统时钟（SYSCLKOUT）

(1) 这个寄存器受 EALLOW 的保护。
(2) 如果一个外设模块未被使用，可以关掉这个外设，以节省功耗。
(3) 为了启动 ePWM 模块中的时基时钟（TBCLK），PCLKCR0 中的 TBCLKSYNC 位也必须被置位。

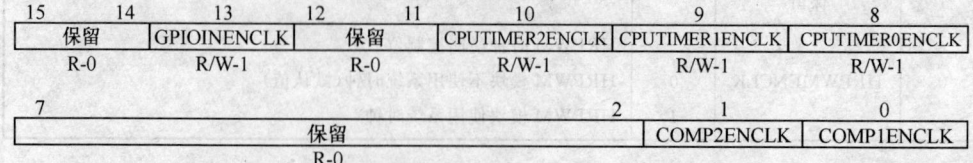

图 3.4 外设时钟控制 3 寄存器（PCLKCR3）

表 3.4 外设时钟控制 3 寄存器(PCLKCR3)位域定义

位	位域名称	值	说明
15-14	保留		保留
13	GPIOINENCLK	0 1	GPIO 输入时钟使能控制位 禁止 GPIO 模块时钟 使能 GPIO 模块时钟
12-11	保留		保留
10	CPUTIMER2ENCLK	0 1	CPU Timer 2 时钟使能控制位 禁止 CPU Timer 2 时钟 使能 CPU Timer 2 时钟
9	CPUTIMER1ENCLK	0 1	CPU Timer 1 时钟使能控制位 禁止 CPU Timer 1 时钟 使能 CPU Timer 1 时钟
8	CPUTIMER0ENCLK	0 1	CPU Timer 0 时钟使能控制位 禁止 CPU Timer 0 时钟 使能 CPU Timer 0 时钟
7-2	保留		保留
1	COMP2ENCLK	0 1	比较器 2 时钟使能控制位 禁止比较器 2 时钟 使能比较器 2 时钟
0	COMP1ENCLK	0 1	比较器 1 时钟使能控制位 禁止比较器 1 时钟 使能比较器 1 时钟

3.1.2 低速外设时钟预分频的配置

低速外设时钟预分频寄存器(LOSPCP)用于配置低速外设的时钟,如图 3.5 所示。其位域定义如表 3.5 所列。

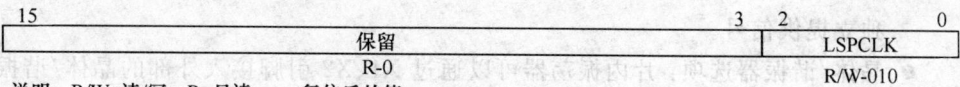

说明: R/W=读/写; R=只读; -n=复位后的值

图 3.5 低速外设时钟预分频寄存器(LOSPCP)

第 3 章 系统时钟与定时器

表 3.5 低速外设时钟预分频寄存器(LOSPCP)位域定义

位	位域名称	数值	说明[1]
15 – 3	保留		
2 – 0	LSPCLK		这些位用来配置低速外设时钟(LSPCLK)对系统时钟(SYSCLK-OUT)的分频比率: 若 LOSPCP[2] = 0,则 LSPCLK = SYSCLKOUT;否则将按以下公式分频: LSPCLK = SYSCLKOUT/(LOSPCP×2)
		000	低速时钟 = SYSCLKOUT/1
		001	低速时钟 = SYSCLKOUT/2
		010	低速时钟 = SYSCLKOUT/4(复位后默认值)
		011	低速时钟 = SYSCLKOUT/6
		100	低速时钟 = SYSCLKOUT/8
		101	低速时钟 = SYSCLKOUT/10
		110	低速时钟 = SYSCLKOUT/12
		111	低速时钟 = SYSCLKOUT/14

(1) 这个寄存器受到 EALLOW 的保护。
(2) LOSPCP 代表寄存器 LOSPCP 中 2:0 位的值。

3.2 振荡器(OSC)和锁相环(PLL)模块

芯片内部振荡器和锁相环(PLL)模块为器件以及低功耗模式模块的控制提供时钟信号,如图 3.6 所示。

3.2.1 输入时钟选择

2802x 内部有两个振荡器(INTOSC1 和 INTOSC2)和锁相环,因此不需要外部提供振荡信号。图 3.6 给出了可以使用的不同的输入选择。

- INTOSC1(内部 0 引脚振荡器 1):这是片内振荡器 1,可以为看门狗、CPU 核以及定时器 2 提供时钟信号。
- INTOSC2(内部 0 引脚振荡器 2):这是片内振荡器 2,可以为看门狗、CPU 核以及定时器 2 提供时钟信号。这些模块可选择由 INTOSC1 和 INTOSC2 独立提供信号。
- 晶体/谐振器选项:片内振荡器可以通过 X1、X2 引脚接入外部的晶体/谐振器来提供时钟。
- 外部时钟源选项:如果不使用片内振荡器,此模块可以被旁路。时钟信号可由外部信号源通过 XCLKIN 引脚输入。通过 XCLK 寄存器的 SCLKINSEL 位选择由 GPIO19 或 GPIO38 引脚复用。当不采用外部信号源时,用户应在系统启动时进行禁止,此时 GPIO19 和 GPIO38 将作为通用输入输出口。

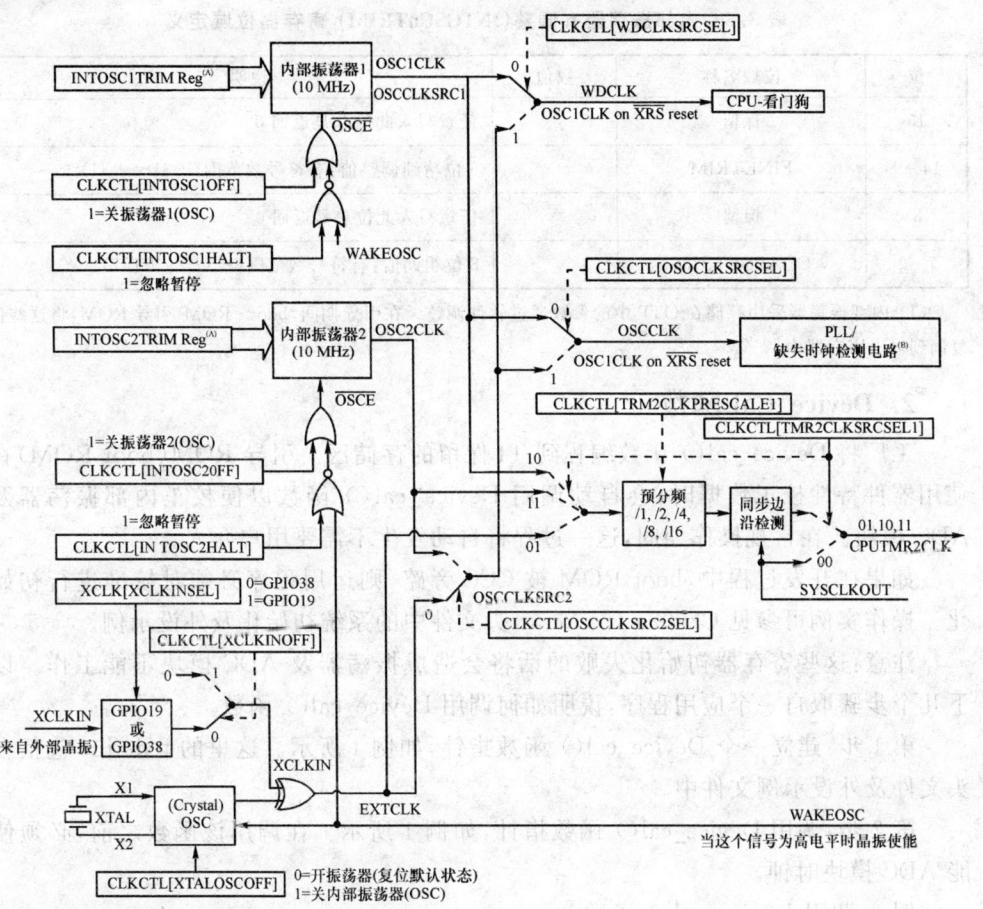

A 寄存器载入取自TI 基于OTP的校准功能。
B 有关丢失时钟检测的细节,可参阅器件特性手册。

图 3.6 计时信号选择

INTOSC1 和 INTOSC2 的特征频率为 10 MHz。在出厂时将有两个寄存器对其进行校正,用户一般不需要关心具体的实现细节。

1. 内部振荡器(INTOSCn)频率的调整

INTOSC1 及 INTOSC2 的标称频率为 10 MHz。出厂时,两个 16 位寄存器对每个振荡器频率作了粗调,用户也可采用软件进行细调。这两个寄存器相同,其中的 n 表示 1 或 2,如图 3.7 所示。其位域定义如表 3.6 所列。

15	14		9	8	7		0
保留	FINETRIM			保留	COARSETRIM		
R-0	R/W-0			R-0	R/W-0		

说明:R/W=读/写;R=只读;-n=复位后的值。

图 3.7 内部振荡器 n 调整 (INTOSCnTRIM) 寄存器

表 3.6 内部振荡器 n 调整(INTOSCnTRIM) 寄存器位域定义

位	位域名称	数值	说明[1]
15	保留		任意写入此位总是返回 0
14-9	FINETRIM		6 位精细调整值:有符号数范围(-31~+31)
8	保留		任意写入此位总是返回 0
7-0	COARSETRIM		8 位粗调值:有符号数范围(-127~+127)

(1) 内部振荡器采用存储在 OTP 中的参数通过软件调整。在引导期间,boot-ROM(引导 ROM)将这些值复制到以上寄存器中。

2. Device_Cal 函数

工厂将 Device_cal() 函数编程到 TI 保留的存储区。引导 ROM(boot ROM)在使用器件特性校正数据时,会自动调用 Device_cal() 函数以便校正内部振荡器及 ADC 模块。在常规操作期间,这一过程将自动发生不需要用户介入。

如果在开发过程中,boot ROM 被 CCS 旁路,则运用程序必须对校准进行初始化。操作实例可参见 C2802x C/C++ 头文件中的系统初始化及外设示例。

注意:这些寄存器初始化失败的话将会造成振荡器及 ADC 模块不能工作。以下几个步骤取自一个应用程序,说明如何调用 Device_cal() 函数。

第 1 步:建立一个 Device_cal() 函数指针,如例 1 所示。这里的 #define 包括在头文件及外设示例文件中。

第 2 步:调用 Device_cal() 函数指针,如例 1 所示。在调用该函数之前,必须使能 ADC 模块时钟。

例 1:调用 Device_cal() 函数

```
// Device_cal 是一个指针函数,它从如下所示的地址开始。
#define Device_cal (void(*)(void)) 0x3D7C80
...
EALLOW;
SysCtrlRegs.PCLKCR0.bit.ADCENCLK = 1;
(*Device_cal)();
SysCtrlRegs.PCLKCR0.bit.ADCENCLK = 0;
EDIS;
...
```

3.2.2 配置输入时钟源及 XCLKOUT 选项

XCLK 寄存器用于选择 GPIO 口作为 XCLKIN 输入,以及配置 XCLKOUT 引脚的频率,如图 3.8 所示其位域定义如表 3.7 所列。

15		7	6	5		2	1	0
保留			XCLKINSEL	保留			XCLKOUTDIV	
R-0			R/W-1	R-0			R/W-0	

说明：R/W=读/写；R=只读；-n=复位后的值。

图 3.8　时钟(XCLK)寄存器

表 3.7　时钟(XCLK)寄存器位域定义

位	位域名称	数值	说明[1]
15-7	保留		
6	XCLKINSEL	0	XCLKIN 信号源选择位： GPIO38 作为 XCLKIN 输入源（该引脚也可作为 JTAG 端口的 TCK 源)
		1	GPIO19 作为 XCLKIN 输入源
5-2	保留		
1-0	XCLKOUTDIV[2]	00	XCLKOUT 分频比例。这两位是对系统时钟 SYSCLKOUT 的分频因子，其比例是： XCLKOUT = SYSCLKOUT/4
		01	XCLKOUT = SYSCLKOUT/2
		10	XCLKOUT = SYSCLKOUT/1
		11	XCLKOUT = OFF

(1) XCLK 寄存器的 XCLKINSEL 位通过 $\overline{\text{XRS}}$ 输入信号复位。
(2) 有关 XCLKOUT 的最大许可频率，请查阅器件数据表。

3.2.3　配置芯片时钟域

CLKCTL 寄存器被用于选择可用的时钟源以及在时钟失效时配置芯片,如图 3.9 所示。其位域定义如表 3.8 所列。

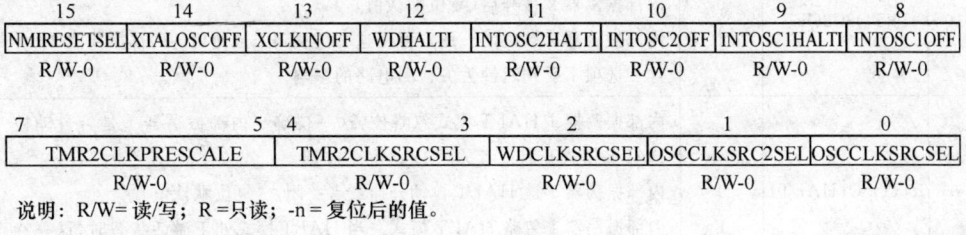

15	14	13	12	11	10	9	8
NMIRESETSEL	XTALOSCOFF	XCLKINOFF	WDHALTI	INTOSC2HALTI	INTOSC2OFF	INTOSC1HALTI	INTOSC1OFF
R/W-0	R/W-0	R/W-0	R/W-0	R/W-0	R/W-0	R/W-0	R/W-0

7		5	4	3	2	1	0
TMR2CLKPRESCALE			TMR2CLKSRCSEL		WDCLKSRCSEL	OSCCLKSRC2SEL	OSCCLKSRCSEL
R/W-0			R/W-0		R/W-0	R/W-0	R/W-0

说明：R/W= 读/写；R =只读；-n = 复位后的值。

图 3.9　时钟控制(CLKCTL)寄存器

第3章 系统时钟与定时器

表3.8 时钟控制寄存器(CLKCTL)位域说明

位	域	值	说明[1]
15	NMIRESETSEL	0 1	NMI复位选择位：当探测到时钟丢失或者采用NMIRS复位时，此位用于在直接产生MCLKRS信号期间进行选择 不带任何延迟驱动MCLKRS(复位默认值) NMI看门狗复位(NMIRS)初始化MCLKRS 注意：CLOCKFAIL信号根据这一模式选项来产生
14	XTALOSCOFF	0 1	晶振关闭位：这一位在不使用晶振时也能用来关闭晶振 开启晶振(复位默认值) 关闭晶振
13	XCLKINOFF	0 1	XCLKINOFF位：关闭外部XCLKIN振荡器 开启XCLKIN振荡器输入(复位默认值) 关闭XCLKIN振荡器输入 注意：用户需要通过XCLK寄存器的XCLKINSEL引脚来选择XCLKIN GPIO引脚时钟源，详细说明参见XCLK寄存器 如果使用XCLKIN，XTALOSCOFF位必须被设置为1
12	WDHALTI	0 1	看门狗HALT模式忽略位：这一位确定看门狗是否自动被HALT模式开或者关。当HALT模式处于激活状态时，这一特性允许被选中的WDCLK时钟源可继续给看门狗计时。这将使能看门狗周期性地唤醒器件 看门狗自动被HALT开启或者关闭(复位默认值) 看门狗忽略HALT模式
11	INTOSC2HALT1	0 1	内部振荡器2 HALT模式忽略位：这一位确定内部晶振2是否自动被HALT模式开或者关。当HALT模式处于激活状态时，这一特性允许内部振荡器继续计时。这将使能一个更快的HALT唤醒 内部振荡器2自动被HALT开启或者关闭(复位默认值) 内部振荡器2忽略HALT模式
10	INTOSC2OFF	0 1	内部振荡器2关闭位：这一位关闭振荡器2 内部振荡器2被开启(复位默认值) 内部振荡器2被关闭。用户可用这一位关闭未被使用的内部振荡器2 这一选项不受到时钟丢失检测电路的影响
9	INTOSC1HALT1	0 1	内部振荡器1 HALT模式忽略位：这一位确定内部振荡器1是否自动被HALT模式开启或者关闭 内部振荡器1被HALT自动开启或者关闭。(复位默认值) 内部振荡器1忽略HALT模式。当HALT模式处于激活状态时，这一特性允许内部振荡器继续计时。这将使能一个更快的HALT唤醒
8	INTOSC1OFF	0 1	内部振荡器1关闭位：这一位关闭振荡器1 内部振荡器1开启(复位默认值) 内部振荡器1关闭。用户可使用这一位关闭未被使用的内部振荡器1 这一选项不受到时钟丢失检测电路的影响

续表 3.8

位	域	值	说明(1)
7-5	TMR2CLKP RESCALE		CPU Timer2 时钟预定标值:这些位为选定的 CPU Timer2 时钟源选择预定标值。这一选项不受到时钟丢失检测电路的影响
		000	/1(复位默认值)
		001	/2
		010	/4
		011	/8
		100	/16
		101	保留
		110	保留
		111	保留
4-3	TIMR2CLK SRCSEL		CPU Timer2 时钟源选择位:这一位为 CPU Timer2 选择时钟源
		00	选择 SYSCLKOUT(复位默认值,预定标的值被忽略)
		01	选择外部振荡器(在 XOR 输出)
		10	选择内部振荡器 1
		11	选择内部振荡器 2。这一选项不受时钟丢失检测电路的影响
2	WDCLKSRCSEL		看门狗时钟源选择位:这一位用于选择 WDCLK 时钟源。在 $\overline{XRS}$ 在低电平变成高电平时,选中内部振荡器 1(默认值)。用户需要在初始化阶段选择外部振荡器或者内部振荡器 2。如果时钟丢失检测电路检测到时钟丢失,那么,这一位被强制置 0,同时选择内部振荡器 1。用户改变这一位不会影响 PLLCR 的值
		0	内部振荡器 1 被选中(复位默认值)
		1	外部振荡器或者内部振荡器 2 被选中
1	OSCCLK SRC2SEL		振荡器 2 时钟源选择位:这一位选择内部振荡器 2 或者外部振荡器。这一选项不受时钟丢失检测电路的影响
		0	选择外部振荡器(复位默认值)
		1	选择内部振荡器 2
0	OSCCLKSRCSEL		振荡器时钟源选择位:这一位为 OSCCLK 选择时钟源。在 $\overline{XRS}$ 从低电平变成高电平时,内部振荡器 1 被选中(默认值)。用户需要在初始化阶段选择外部振荡器或者内部振荡器 2。用户可使用这些位改变时钟源,此时,PLLCR 寄存器将自动被强制设为 0,这可以防止锁相环潜在的超量调节。然后用户可以写 PLLCR 寄存器配置适当的分频比例,如果需要,也可以通过使用 PLLLOCKPRD 寄存器配置锁相环锁相周期以减少锁相时间。如果时钟丢失检测电路检测到丢失的时钟,则此位将被强制为 0 并且选择内部振荡器 1,同时 PLLCR 寄存器也被自动强制为 0 以防止任何潜在的超量调节
		0	内部振荡器 1 被选中(复位默认值)
		1	外部振荡器或者内部振荡器 2 被选中。注意:如果用户想要使用振荡器 2 或者外部振荡器来为 CPU 计时,用户必须首先配置这一位,然后写 OSC-CLKSRCSEL 位

1. 切换输入时钟源

下列步骤用于切换时钟源：

(1) 使用 CPU Timer 2 检测时钟源具备的功能。

(2) 如果任何时钟源不具备应有的功能，关闭这一个时钟源（使用对应的 CLKCTL 位）。

(3) 切换到一个新的时钟源。

(4) 如果时钟源切换发生在采用软件(Limp Mode)模式时，那么，将产生一个 MCLKCLR 以退出软件模式。

如果选中外部振荡器或者 XCLKIN 或者内部振荡器 2(OSCCLKSRC2)并且检测到一个时钟丢失，则时钟丢失检测电路将会自动切换到内部振荡器 1(OSCCLKSRC1)同时产生一个 CLOCKFAIL 信号。另外，PLLCR 寄存器被强制置为 0(PLL 被旁路)以防止 PLL 任何的超量调节(overshoot)。用户可以写 PLLCR 寄存器来重新锁住 PLL。在这一情况下，时钟丢失检测电路将会重新自动使能（PLLSTS[MCLKSTS]位将自动被清除）。如果内部振荡器 1(OSCCLKSRC1)也不能使用，那么在这个情况下，时钟丢失检测电路将保持在软件模式。用户必须通过 PLLSTS[MCLKCLR]位重新使能这一逻辑过程。

2. 在没有外部时钟时切换到 INTOSC2

为了使芯片在外部时钟丢失的情况下能够顺利从 INTOSC1 切换到 INTOSC2，用户的应用代码必须首先向 CLKCTL.XTALOSCOFF 和 CLKCTL.XCLKINOFF 位写入 1。这是向时钟切换电路说明外部时钟不存在，只有在上述操作完成之后，才能写 OSCCLKSRCSEL 和 OSCCLKSRC2SEL 位。注意这一过程必须分成以下两步：

第一步写操作：CLKCTL.XTALOSCOFF=1 和 CLKCTL.XCLKINOFF=1。

第二步写操作：CLKCTL.OSCCLKSRCSEL = 1 和 CLKCTL.OSCCLKSRC2SEL=1。

第二步写操作不会改变 XTALOSCOFF 和 XCLKINOFF 位的值。如果使用到 TI 公司提供的 DSP28 头文件(SPRC823)，时钟切换可以通过以下代码完成：

```
SysCtrlRegs.CLKCTL.all = 0x6000;    // 设置 XTALOSCOFF = 1 & XCLKINOFF = 1
SysCtrlRegs.CLKCTL.all = 0x6003;    // 设置 OSCCLKLSRCSEL = 1 & OSCCLKSRC2SEL = 1
```

系统初始化文件(DSP2802x_SysCtrl.c)作为头文件的一部分同样包括切换不同时钟源的功能。如果 XTALOSCOFF 和 XCLKINOFF 位没有被写入，而试图从 INTOSC1 切换到 INTOSC2，那么，由于外部时钟源的丢失（甚至在合理选择时钟源之后），将检测到时钟丢失。这时，PLLCR 会被清 0，芯片会自动清除 MCLKSTS 位并切换回 INTOSC1。

3.2.4 锁相环模块

图 3.10 为 OSC 及 PLL 模块框图。

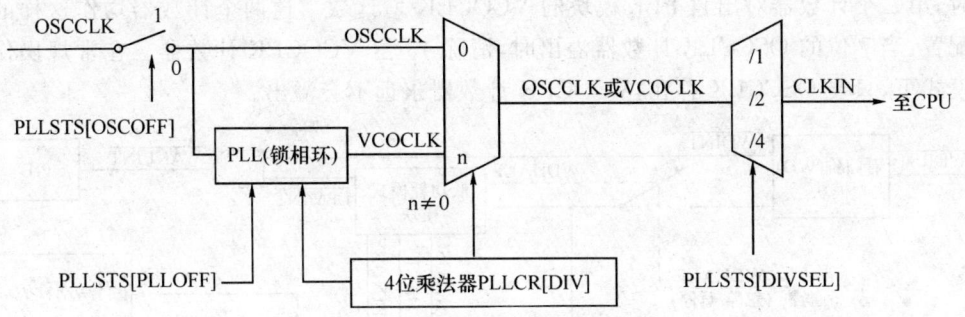

图 3.10 振荡器和锁相环模块

以下说明适用于具有 X1 和 X2 引脚的芯片：当使用 XCLKIN 作为外部时钟源时，用户必须使 X1 为低电平同时使 X2 断开。

表 3.9 可能的 PLL 配置模式

PLL 模式	注意	PLLSTS [DIVSEL][1]	CLKIN 和 SYSCLKOUT[2]
PLL 关闭	通过用户设置 PLLSTS 寄存器中的 SPLLOFF 位，PLL 模块在这一模式中被禁止，以下任何一种时钟源均可直接驱动 CPU 时钟（CLKIN）：INTOSC1，INTOSC2，XCLKIN 引脚，X1 引脚或者 X1/X2 引脚。这能够减少系统噪声，便于进行低功耗操作。在进入该模式之前，必须首先将 PLLCR 寄存器设置为 0x0000(PLL 旁路)。CPU 时钟(CLKIN)可被 X1/X2，X1 或者 XCLKIN 某个输入时钟直接驱动。	0,1 2 3	OSCCLK/4 OSCCLK/2 OSCCLK/1
PLL 旁路	PLL 旁路是上电或者一个外部复位后默认的 PLL 设置。这一模式在寄存器 PLLCR 被设置为 0x0000 或者当 PLL 锁定到一个新的频率时被选中。在这一模式中，PLL 本身被旁路但是 PLL 没有被关闭。	0,1 2 3	OSCCLK/4 OSCCLK/2 OSCCLK/1
PLL 使能	通过向 PLLCR 寄存器写一个非 0 值来完成。当写入 PLLCR 时，芯片会切换到 PLL 旁路模式直到 PLL 锁定。	0,1 2 3	OSCCLK * n/4 OSCCLK * n/2 OSCCLK * n/1

(1) PLLSTS[DIVSEL]在写 PLLCR 之前必须为 0，并且只有在 PLLSTS[PLLLOCKS]=1 之后才能改变。参见图 3.14。

(2) 输入时钟和 PLLCR[DIV]位必须选择这样一种方式：PLL(VCOCLK)的输出频率最低为 50 MHz。

3.2.5 时钟信号失效检测

DSP 的内部或者外部时钟源都可能失效。当 PLL 未被禁止，主振荡器失效逻辑允许芯片检测这一情况并默认切换到一个明确的状态(参见这一部分的说明)。

如图 3.11 所示,两个计数器被用于检测 OSCCLK 信号的状态。第一个计数器对 OSCCLK 信号增计数,可以是 X1/X2 或者是 XCLKIN 输入。当 PLL 未被关闭时,第二个计数器对出自 PLL 模块的 VCOCLK 增计数。这两个计数器均作这样的配置:当 7 位的 OSCCLK 计数器溢出时,清除 13 位 VCOCLK 计数器。在常规操作模式下,只要 OSCCLK 存在,VCOCLK 计数器永远不会溢出。

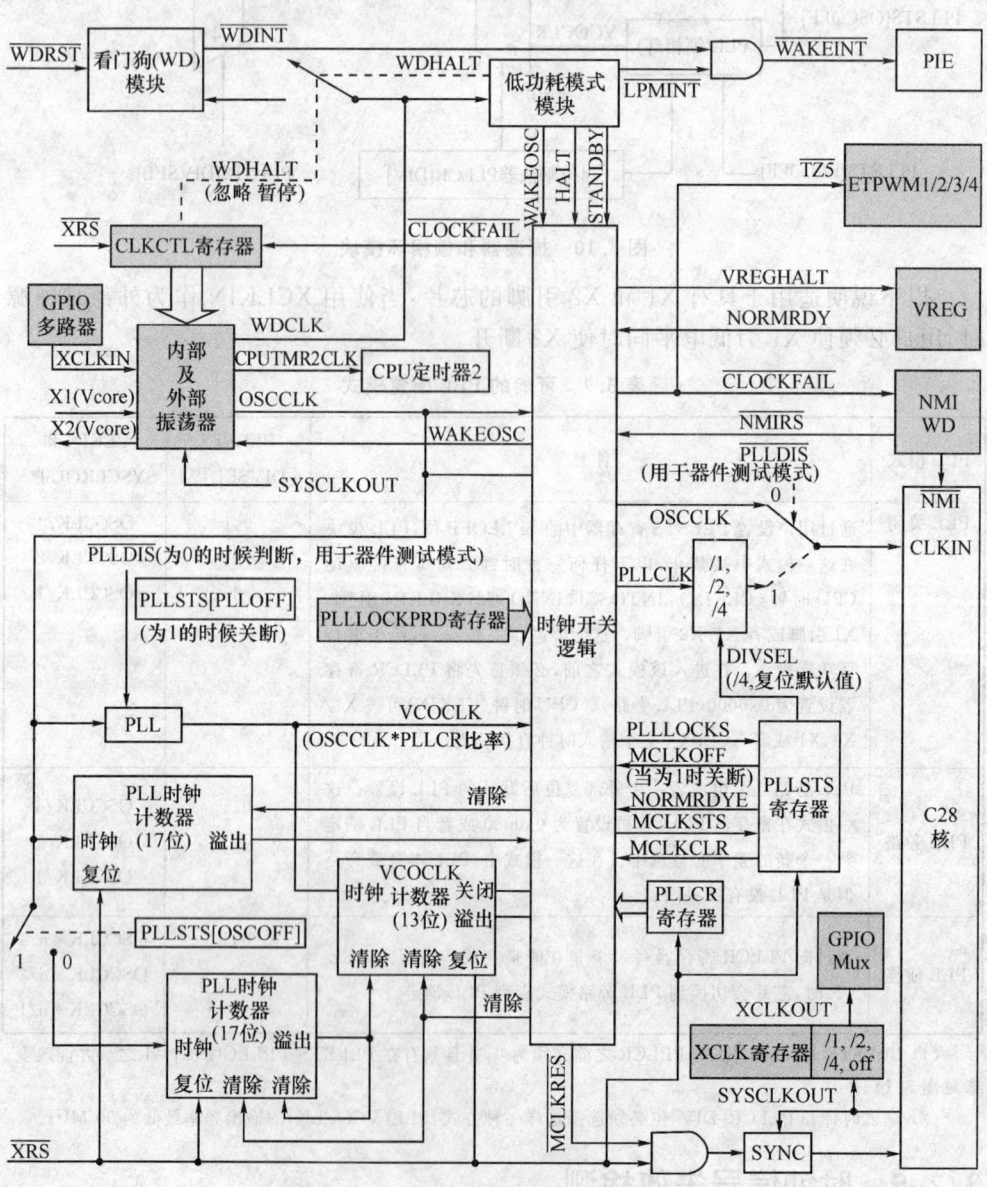

图 3.11 振荡器逻辑框图

如果 OSCCLK 输入信号丢失,那么 PLL 将会输出一个默认的软件模式频率,并且 VCOCLK 计数器将会继续增计数。由于 OSCCLK 信号丢失,OSCCLK 计数器将不再增加,因此,VCOCLK 计数器不会周期性清零。最终,VCOCLK 计数器将会溢出,如果需要,芯片将 CLKIN 输入切换到 CPU,进行 PLL 频率的软件模式输出。

当 VCOCLK 计数器溢出时,时钟丢失检测逻辑将复位 CPU、外设和其他芯片逻辑。复位将被视为一次时钟丢失检测逻辑复位($\overline{MCLKRS}$)。$\overline{MCLKRS}$ 仅仅是一个内部复位,芯片外部 $\overline{XRS}$ 引脚不会被 $\overline{MCLKRS}$ 拉低,PLLCR 和 PLLSTS 寄存器不会被复位。

除了复位芯片之外,振荡器丢失逻辑设置 PLLSTS[MCLKSTS]寄存器位。当 MCLKCSTS 位为 1 时,这表明振荡器丢失检测逻辑复位这一部分,此时,CPU 在以软件模式频率运行。

复位之后,软件必须检测 PLLSTS[MCLKSTS]位以查看芯片是否由于时钟丢失而被 $\overline{MCLKRS}$ 复位。如果 MCLKSTS 被置位,那么固件(firmware)必须对系统采取适当的操作,比如关闭系统。可以通过向 PLLSTS[MCLKCLR]位写入 1 来清除时钟丢失状态,这将复位时钟丢失检测电路和计数器。如果在 MCLKCLR 位被写入之后 OSCCLK 仍然丢失,那么 VCOCLK 计数器将会再一次溢出,这一过程将会被重复。

注意:绝对符合 CPU 运行频率的应用程序必须实现一个机制,通过这个机制保持复位状态的 DSP 必须总是在失效时(ever fail.)输入时钟。比如,用来触发 DSP $\overline{XRS}$ 引脚的 R-C 电路,其电容器必须总是被完全充电,可以用一个 I/O 引脚给电容周期性放电以防充满。这样的一个电路同样有利于检测 Flash 存储的失效。

必须记住以下注意事项和限制:
- 使用适当的步骤改变 PLL 控制寄存器。始终要按照图 3.14 所述的步骤来修改 PLLCR 寄存器。
- 当芯片在软件模式下运行时,不要写 PLLCR 寄存器。在写入 PLLCR 寄存器时,芯片将 CPU 的 CLKIN 输入切换到 OSCCLK/2。当检测到软件模式后的操作时,OSCCLK 不会出现,系统的时钟也会停止。如图 3.14 所述,在写入 PLLCR 寄存器之前,总是要检查 PLLSTS[MCLKSTS]位是否为 0。
- 如果没有一个外部时钟,看门狗不起作用。当 OSCCLK 不存在时,看门狗不起作用,也不能产生一次复位。没有用以将看门狗切换到软件模式时钟的增添的专用硬件,该硬件可造成 OSCCLK 时钟丢失。
- 当芯片运行在软件模式下,不要进入暂停(HALT)低功耗模式。如果芯片已经运行在软件模式下还尝试进入暂停模式,那么芯片将不能正确进入暂停。此时,芯片反而会进入待机(STANDBY)模式或者被挂起,并且不能退出暂停模式。由于这个原因,在进入 HALT 模式之前,总是要检测 PLLSTS[MCLKSTS]位是否等于 0。

下列几项说明在多种操作模式下时钟丢失检测逻辑的行为：
- PLL 旁路模式：当 PLL 控制寄存器被设置为 0x0000，PLL 被旁路。根据 PLLSTS[DIVSEL]位的状态，OSCCLK、OSCCLK/2 或者 OSCCLK/4 会被直接连接到 CPU 的输入时钟 CLKIN。如果检测到 OSCCLK 丢失，那么芯片会自动切换到 PLL，设置时钟丢失检测状态位，产生一个时钟丢失复位。芯片将会以 PLL 的软件模式频率或一半频率运行。
- PLL 使能模式：当 PLL 控制寄存器不为 0(PLLCR＝n，且 n≠0x0000)，PLL 将被使能。在这一模式下，OSCCLK * n，OSCCLK * n/2，OSCCLK * n/4 将会被连接到 CPU 的 CLKIN。如果检测到 OSCCLK 丢失，时钟丢失检测状态位将会被置位同时芯片产生一个时钟丢失复位。芯片将会以 PLL 软件模式频率的一半运行。
- 待机(STANDBY)低功耗模式：在这一模式下，进入 CPU 的 CLKIN 被停止。如果检测到一个输入时钟丢失，则时钟丢失状态位被置位，同时芯片产生一个时钟丢失复位。如果 PLL 处于旁路模式，那么 PLL 软件频率的一半将会自动发送到 CPU。根据 PLLSTS[DIVSEL]位值的不同状态，芯片将运行在 PLL 软件模式频率或者这个频率的一半，或者这个频率的 1/4。
- 暂停(HALT)低功耗模式：在暂停低功耗模式下，所有连接到芯片的时钟被关闭。当芯片从暂停模式出来，振荡器和 PLL 将会上电。用于检测输入时钟丢失的计数器(VCOCLK 和 OSCCLK)只有在上电完成之后被使能。如果 VCOCLK 计数器溢出，那么时钟丢失检测状态位将被置位，并且芯片将会产生一个时钟丢失复位。如果当溢出发生时，PLL 处于旁路模式，那么 PLL 的软件模式频率的一半将自动被发送到 CPU。根据 PLLSTS[DIVSEL]位的值，芯片将以 PLL 软件模式频率或者这个频率的一半，或者这个频率的 1/4 运行。

3.2.6 非屏蔽(NMI)中断和看门狗

NMI 看门狗(NMIWD)被用于检测和帮助时钟失效时的恢复。NMI 中断使能对系统错误 CLOCKFAIL 条件的监测。在 280x、2833x/2823x 芯片中，当检测到一个时钟丢失，则立即产生一个时钟丢失复位。但是在 Piccolo 芯片中，首先产生一个 CLOCKFAIL 信号，模块将这个信号提供给非屏蔽看门狗电路，并且在一个程序设定的延迟之后，产生一个复位。但是，这一特点不适用于上电操作。换句话说，当 Piccolo 首次上电时，立即产生 MCLKRS 信号，犹如 28xx 芯片时钟丢失。用户必须通过 CLKCTL[NMIRESETSEL]位使能 CLOCKFAIL 信号的产生。注意 NMI 看门狗和 3.4 节所描述的 CPU 看门狗是不同的。

当 OSCCLK 丢失，CLOCKFAIL 信号触发 NMI 同时使 NMIWD 计数器计数。在 NMI ISR 中，要求应用程序采取正确的措施(诸如切换到一个可代替的时钟源)，同时清除 CLOCKFAIL 和 NMIINT 标志位。如果这些未被完成,则 NMIWDCTR 溢出并且在一个程序预设的 SYSCLKOUT 周期数后产生一个 NMI($\overline{\text{NMIRS}}$)复位。$\overline{\text{NMIRS}}$ 被提供给 MCLKRS 用以产生一个返回内核的系统复位。其目的在于:允许软件在正常关闭系统之前,产生一个复位。注意 NMI 复位不会被反应到 $\overline{\text{XRS}}$ 引脚上,只是在芯片内部。

CLOCKFAIL 信号也被用来激活 TZ5 信号,用以驱动 PWM 引脚到一个高阻抗状态。如果时钟丢失发生的话,则允许 PWM 输出进行捕获。图 3.12 表示 CLOCKFAIL 中断机制。

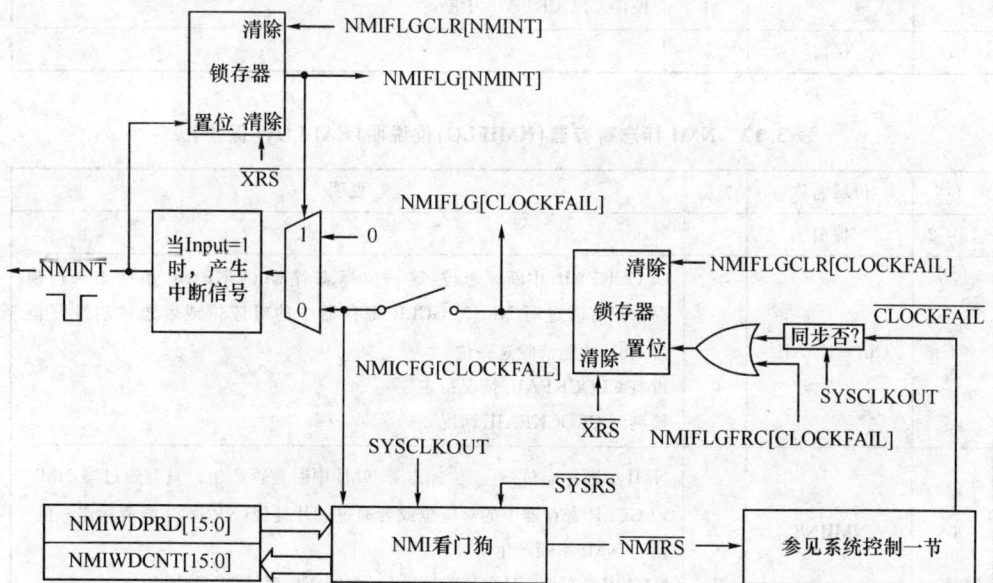

注释:NMI 看门狗模块时钟采用系统时钟 SYSCLKOUT,由于 PLL 的软件模式功能,即使 OSCCLK 源时钟失效,SYSCLKOUT 时钟依旧存在。

图 3.12 时钟失效中断

NMI 中断支持寄存器如表 3.10 所示。NMI 配置寄存器、标志寄存器、标志清除寄存器、标志强制寄存器、看门狗计数寄存器和看门狗周期寄存器的位域定义分别如表 3.11、表 3.12、表 3.13、表 3.14、表 3.15 和表 3.16 所列。

表 3.10 NMI 中断寄存器

名称	地址范围	大小(x16)	EALLOW	描述
NMICFG	0x7060	1	是	NMI 配置寄存器
NMIFLG	0x7061	1	是	NMI 标志寄存器
NMIFLGCLR	0x7062	1	是	NMI 标志清零寄存器
NMIFLGFRC	0x7063	1	是	NMI 标志强制寄存器
NMIWDCNT	0x7063	1	—	NMI 看门计数器寄存器
NMIWDPRD	0x7063	1	是	NMI 看门周期寄存器

第3章 系统时钟与定时器

表 3.11 NMI 配置寄存器(NMICFG)位说明(EALLOW)

位	位域名称	类型	说明
15:2	保留		
1	CLOCKFAIL		时钟失效中断使能位；当这一位为 1 时，它使 CLOCKFAIL 产生一个 NMI 中断。一旦使能中断，中断标志无法被用户清除。只有一次芯片的复位能够清除这个标志。写 0 无效。读这一位可知道标志位被使能还是被禁止。
		0	禁止 CLOCKFAIL 中断
		1	使能 CLOCKFAIL 中断
0	保留		

表 3.12 NMI 标志寄存器(NMIFLG)位说明(EALLOW 保护)

位	位域名称	类型	说明
15:2	保留		
1	CLOCKFAIL		CLOCKFAIL 中断标志位：这一位标志着 CLOCKFAIL 条件是否被锁存。只有通过写 NMIFLGCLR 寄存器中的对应位或者通过芯片复位($\overline{XRS}$)，才能清除这一位
		0	没有 CLOCKFAIL 情况待定
		1	检测到 CLOCKFAIL 情况
0	NMIINT		NMI 中断标志位：这一位标志着 NMI 中断是否产生。只有通过写 NMI-FLGCLR 寄存器中的对应位或者通过芯片复位($\overline{XRS}$)，才能清除这一位
		0	没有 NMI 中断产生
		1	NMI 中断产生。只有清除这一位，才能产生后续 NMI 中断

表 3.13 NMI 标志清除寄存器(NMIFLGCLR)位说明(EALLOW 保护)

位	位域名称	类型	说明
15:2	保留		
1	CLOCKFAIL[1]		CLOCKFAIL 标志清除
		0	写 0 被忽略，读该位总是返回 0
		1	写 1 将清除 NMIFLG 寄存器中对应的位
0	NMIINT[1]		NMI 标志清除
		0	写 0 被忽略，读该位总是返回 0
		1	写 1 将清除 NMIFLG 寄存器中对应的位

(1) 同一时钟周期内，在软件试图清零硬件却试图置位时，硬件拥有优先权。必须首先清除待定的 CLOCKFAIL 标志然后清除 NMIINT 标志。

第3章 系统时钟与定时器

表3.14 NMI标志强制寄存器(NMIFLGFRC)位说明(EALLOW保护)

位	位域名称	类型	说明
15：2	保留		
1	CLOCKFAIL	0 1	CLOCKFAIL标志强制控制位 写0被忽略,读该位总是返回0。这是一种测试NMI机制的方法 写1将对CLOCKFAIL标志置位
0	保留		

表3.15 NMI看门狗计数寄存器(NMIWDCNT)位说明

位	位域名称	类型	说明
15：0	NMIWDCNT		NMI看门狗计数器:只要任何一个FAIL标志被置位,这个16位增计数器将开始增计数。当计数器达到周期值,将发出一个NMIRS信号,复位系统。当计数器到达周期值,它将复位到0,当任何一个FAIL标志被置位,它将重新启动开始计数 如果没有FAIL标志被置位,计数器将复位到0,并且一直保留到FAIL标志位置位 正常情况下,软件会对NMI中断的产生作出响应,并在NMI看门狗触发复位之前清除标志位。在某些情况下,软件允许看门狗以任何方式复位芯片。计数器时钟采用系统时钟SYSCLKOUT速率

这16位增量计数器将开始增加的时候,任何一个使能的失败标志设置。

表3.16 NMI看门狗周期寄存器(NMIWDPRD)位说明(EALLOW保护)

位	位域名称	类型	说明
15：0	NMIWDPRD	R/W	NMI看门狗周期:当看门狗计数器匹配时,这16位包含产生复位的周期值。复位时该值被设置为最小值。软件能够在初始化时减少这个周期值 写入一个小于计数器当前值的周期值将自动产生一个NMIRS并复位看门狗计数器

NMI看门狗仿真注意事项:当需要调试目标器件时(诸如断点处的仿真暂停),NMI看门狗模块会停止工作。NMI看门狗模块受到以下几种条件的约束:

- CPU暂停:当CPU暂停时,NMI看门狗计数器也跟着暂停。
- 自由运行:当CPU处于自由运行模式时,NMI看门狗计数器恢复正常运行。
- 实时单步模式:当CPU实时单步模式时,NMI看门狗计数器暂停;即使在内部实时中断期间,NMI看门狗计数器也保持暂停状态。
- 实时自由运行模式:当CPU处于实时自由运行模式时,NMI看门狗计数器可正常工作。

3.2.7 XCLKOUT 的产生

XCLKOUT 信号直接来自系统时钟 SYSCLKOUT,如图 3.13 所示。XCLKOUT 可以等于 SYSCLKOUT、它的一半或四分之一,具体情况由 XCLK 寄存器中的 XCLKOUTDIV 位确定。默认情况下,在上电复位时,

XCLKOUT = SYSCLKOUT/4　或　XCLKOUT = OSCCLK/16。

当复位信号有效时,XCLKOUT 信号有效。由于当复位信号为低电平时,XCLKOUT 应为 SYSCLKOUT/4,因此可以在调试期间监控此信号以检测器件是否被正确计时。

XCLKOUT 引脚上没有内部上拉或下拉电路。

如果不使用 XCLKOUT,可以通过将 XCLK 寄存器中的 XCLKOUTDIV 位设置为"1,1"来关闭它。

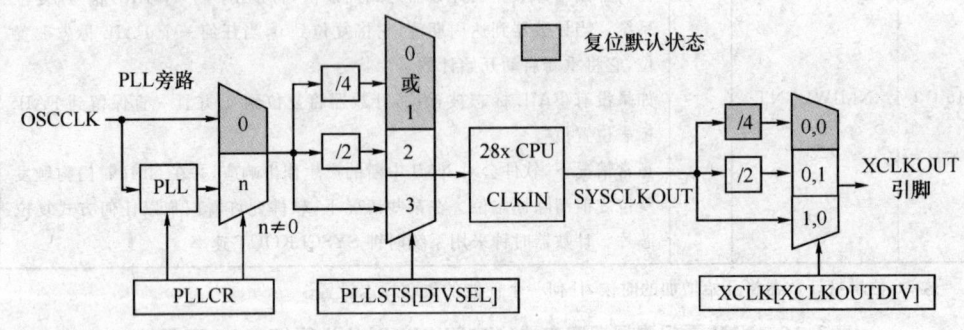

图 3.13　XCLKOUT 的产生

3.2.8 PLL 控制寄存器(PLLCR)

PLLCR 寄存器用于更改器件的 PLL 倍频器。在写入 PLLCR 寄存器之前,必须满足以下要求:必须将 PLLSTS[DIVSEL] 清 0(CLKIN 除以 4 使能)。只有在锁相环(PLL)已经锁定,即 PLLSTS[PLLOCKS] = 1 时,才能改变 PLLSTS[DIVSEL]。

当 CPU 写入 PLLCR[DIV]位时,PLL 逻辑将 CPU 时钟(CLKIN)切换到 OSCCLK/2。一旦 PLL 稳定且已锁定在新指定的频率,PLL 就将 CLKIN 切换到新值,如表 3.17 所示。当这种情况发生时,PLLSTS 寄存器的 PLLOCKS 位被置位,表明 PLL 已完成锁定并且器件现在在新的频率下运行。用户软件可以监控 PLLOCKS 位以确定锁相环何时完成锁定,一旦 PLLSTS[PLLOCKS] = 1,就可以改变 DIVSEL 的值。

按照图 3.14 中的流程,用户任何时候都可写入 PLLCR 寄存器。

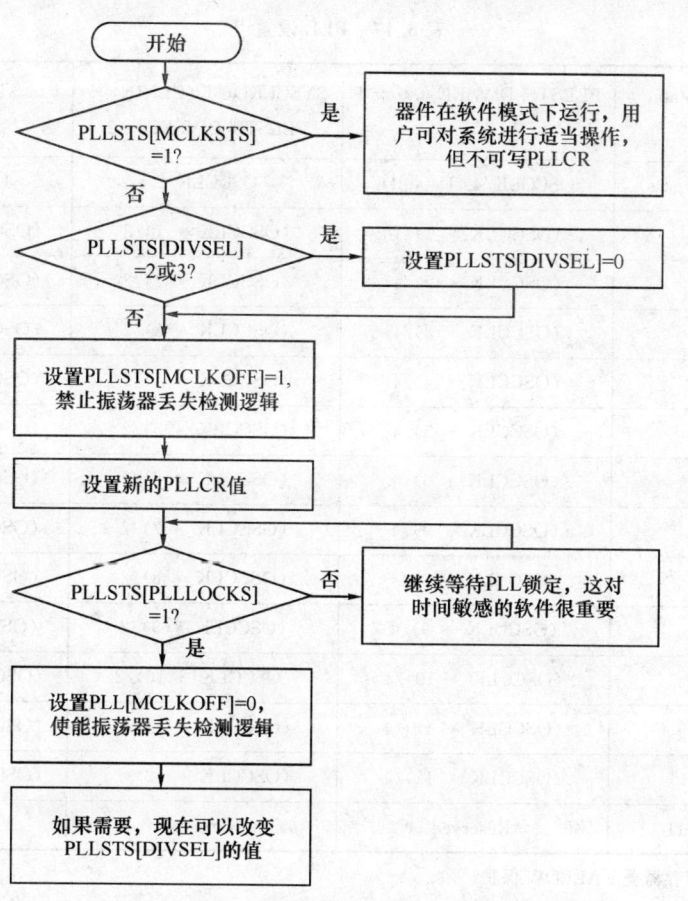

图 3.14 PLLCR 更改流程图

3.2.9 PLL 控制、状态及 XCLKOUT 寄存器说明

PLLCR 寄存器中的 DIV 字段控制 PLL 是否被旁路且在它未被旁路时设置 PLL 时钟比率，PLL 旁路是复位之后的默认模式，如图 3.15 所示。以下两种情况禁止写入 DIV 字段：(1)PLLSTS[MCLKSTS] 位等于 10 或 11；(2)PLL 正以 PLL-STS[MCLKSTS] 置位所设定的软件模式运行，请参阅图 3.14 描述的 PLLCR 更改流程图。PLL 状态寄存器和 PLL 锁相周期寄存器定义分别如图 3.15 和图 3.16 所示。PLL 状态寄存器和 PLL 锁相周期寄存器的位域定义如表 3.18 和表 3.19 所列。

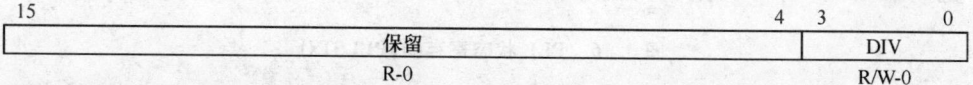

说明：R/W= 读/写；R = 只读；-n = 复位后的值。

图 3.15 PLLCR 寄存器

表 3.17 PLL 设置[1]

PLLCR[DIV] Value[3]	PLLSTS[DIVSEL]=0 or 1	SYSCLKOUT (CLKIN)[2] PLLSTS[DIVSEL]=2	PLLSTS[DIVSEL]=3
0000 (PLL bypass)	OSCCLK/4 (Default)	OSCCLK/2	OSCCLK/1
0001	(OSCCLK * 1)/4	(OSCCLK * 1)/2	(OSCCLK * 1)/1
0010	(OSCCLK * 2)/4	(OSCCLK * 2)/2	(OSCCLK * 2)/1
0011	(OSCCLK * 3)/4	(OSCCLK * 3)/2	(OSCCLK * 3)/1
0100	(OSCCLK * 4)/4	(OSCCLK * 4)/2	(OSCCLK * 4)/1
0101	(OSCCLK * 5)/4	(OSCCLK * 5)/2	(OSCCLK * 5)/1
0110	(OSCCLK * 6)/4	(OSCCLK * 6)/2	(OSCCLK * 6)/1
0111	(OSCCLK * 7)/4	(OSCCLK * 7)/2	(OSCCLK * 7)/1
1000	(OSCCLK * 8)/4	(OSCCLK * 8)/2	(OSCCLK * 8)/1
1001	(OSCCLK * 9)/4	(OSCCLK * 9)/2	(OSCCLK * 9)/1
1010	(OSCCLK * 10)/4	(OSCCLK * 10)/2	(OSCCLK * 10)/1
1011	(OSCCLK * 11)/4	(OSCCLK * 11)/2	(OSCCLK * 11)/1
1100	(OSCCLK * 12)/4	(OSCCLK * 12)/2	(OSCCLK * 12)/1
1101 - 1111	Reserved	Reserved	Reserved

(1) 这个寄存器受 EALLOW 保护。

(2) 在写入 PLLCR 之前，PLLSTS[DIVSEL] 必须为 0 或 1，并且仅在 PLLSTS[PLLLOCKS] = 1 之后更改，参见图 3.14。

(3) 只有通过 $\overline{XRS}$ 信号或看门狗复位，PLL 控制寄存器(PLLCR)及 PLL 状态寄存器(PLLSTS) 可复位到其默认状态。通过调试器或时钟丢失检测逻辑发出的复位没有影响。

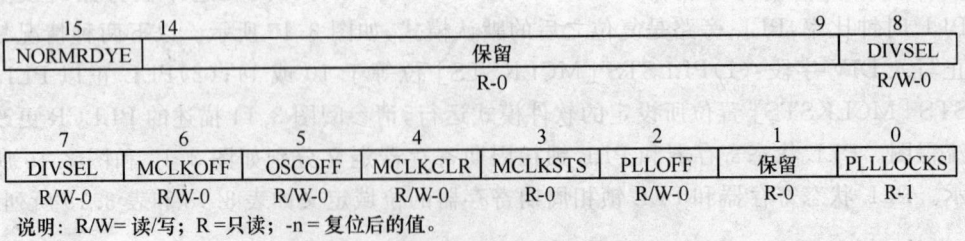

说明：R/W= 读/写；R =只读；-n = 复位后的值。

图 3.16 PLL 状态寄存器(PLLSTS)

表 3.18 PLL 状态寄存器(PLLSTS)位域定义

位	位域名称	数值	说明[1][2]
15	NORMRDYE		NORMRDY 使能位。当 VREG 失去控制时,该位可选择来自 VREG 的用来开通 PLL 锁相环的 NORMRDY 信号。它要求在暂停模式期间保持锁相环的进出,此信号可以被用于这一目的: 来自 VREG 的 NORMRDY 信号不能开启 PLL(PLL 忽略 NORMRDY) 来自 VREG 的 NORMRDY 信号可以开启 PLL(当 NORMRDY 低电平时,关 PLL) 当 VREG 失去控制时,来自 VREG 的 NORMRDY 信号为低电平;而当 VREG 可控制时,该信号则为高电平
14-9	保留		保留
8:7	DIVSEL		分频选择:此位对 CPU 的 CLKIN 在 /4, /2, 及 /1 之间进行选择。DIVSEL 位的配置如下:
		00,01	选择 CLKIN 的 4 分频
		10	选择 CLKIN 的 2 分频
		11	选择 CLKIN 的 2 分频(该模式仅用于 PLL 关闭或旁路)
6	MCLKOFF		丢失时钟检测关闭位
		0	使能主振荡器失败检测逻辑(默认值)
		1	禁止主振荡器失败检测逻辑,不想受检测电路影响的用户可以使用此模式。例如,关闭外部时钟
5	OSCOFF		振荡器时钟关闭位
		0	来自 X1/X2 或 XCLKIN 的 OSCCLK 信号提供给 PLL 模块(默认值)
		1	来自 X1/X2 或 XCLKIN 的 OSCCLK 信号不提供给 PLL 模块。此模式不关闭内部振荡器。该 OSCOFF 位用于测试时钟丢失检测逻辑 当 OSCOFF 置位时,不能进入暂停或待机模式或者写入 PLLCR,这些操作均会导致不可预知的行为 当 OSCOFF 置位时,看门狗的运转状况取决于正在使用的不同的输入时钟源(X1,X2 X1 /或 XCLKIN) ● X1 或 X1/X2:无看门狗功能 ● XCLKIN:有看门狗功能并且在设置 OSCOFF 之前被禁止
4	MCLKCLR		丢失时钟清除位:
		0	写 0 无效,读总是返回 0
		1	强制时钟丢失检测电路被清除,清零。如果 OSCCLK 仍然丢失,则检测电路将再次产生一个系统复位,将时钟丢失状态位(MCLKSTS)置位,并且由 PLL 以软件模式频率驱动 CPU

续表 3.18

位	位域名称	数值	说明[1][2]
3	MCLKSTS		丢失时钟状态位。复位后检查此位的状态,以确定丢失振荡器的情况是否被检测到。在正常情况下,此位为 0 对此位的写入将被忽略。通过写入 MCLKCLR 位或强制实施外部复位,可以清除此位
		0	表示正常操作。未检测到丢失时钟的情况
		1	表示检测到丢失 OSCCLK。主振荡器失败检测逻辑已重置此器件,并且 CPU 通过 PLL 在软件模式下的运行提供当前时钟
2	PLLOFF		PLL 关闭位,此位关闭 PLL,它有助于系统噪声测试。此模式仅在 PLLCR 寄存器设置为 0x0000 时使用
		0	PLL 打开(默认值)
		1	PLL 关闭。当 PLLOFF 被置位时,PLL 模块应保持断电。器件必须处于 PLL 旁路模式(PLLCR = 0x0000),然后才能将 1 写入 PLLOFF。当 PLL 关闭(PLLOFF = 1)时,不要对 PLLCR 写入非零值。当 PLLOFF = 1 时,STANDBY 和 HALT 低功耗模式将如预期正常工作。PLL 关闭设置了 PLLOFF 位时,PLL 模块应保持断电。器件必须处于 PLL 旁路模式(PLLCR = 0x0000),在从 HALT 或 STANDBY 唤醒之后,PLL 模块将继续断电
1	保留		保留
0	PLLLOCKS		PLL 锁定状态位
		0	指示已写入 PLLCR 寄存器且 PLL 当前已锁定。由 OSCCLK/2 为 CPU 计时,直至 PLL 锁定
		1	指示 PLL 已锁定且现在已稳定

(1) 只能由 $\overline{\text{XRS}}$ 信号或看门狗复位信号使此寄存器复位到它的默认状态。丢失时钟或调试器复位信号不能使它复位。

(2) 此寄存器受 EALLOW 保护。

15	0
PLLLOCKPRD	
R/W-FFFFh	

说明:R/W= 读/写; R=只读; -n = 复位后的值。

图 3.17 PLL 锁相周期寄存器(PLLLOCKPRD)

表 3.19 PLL 锁相周期寄存器(PLLLOCKPRD)位域定义

位	位域名称	数值	说明[1][2]
15:0	PLLLOCKPRD		PLL 锁定计数器周期值。该 16 位用来选择 PLL 锁定计数器周期值，该值可编程，因此，可以对较短的 PLL 锁定时间进行编程。用户只需要通过计算 OSCCLK 周期数（基于设计时使用的 OSCCLK 值）并且更新寄存器
			PLL 锁定周期
		FFFFh	65 535 个 OSCLK 周期（复位默认值）
		FFFEh	65 534 个 OSCLK 周期
		…	…
		0001h	1 个 OSCLK 周期
		0000h	0 个 OSCLK 周期（无 PLL 锁定周期）

(1) PLLLOCKPRD 只接收 XRSn 信号。
(2) 该寄存器受 EALLOW 保护。

3.2.10 外部参考振荡器时钟选项

TI 建议用户让晶体/谐振器供应商提供他们的器件与 DSP 芯片一起工作的信息。晶体/谐振器供应商具有调试谐振电路的设备和专业技术。供应商也可以建议客户注意选择正确的振谐组件值以在整个操作范围内提供正确的启动和稳定性。

3.3 低功耗模块

表 3.20 总结了各种模式。各种低功耗模式的操作如表 3.21 所列。低功耗模式控制寄存器如图 3.18 所示，其位域定义如表 3.22 所列。

有关进入和退出低功率模式的准确时序，请参阅 *TMS320F2802x Microcontrollers（MCUs）Data Manual*（文献编号 SPRS523）

表 3.20 低功耗模式概述

Mode	LPMCR0[1:0]	OSCCLK	CLKIN	SYSCLKOUT	Exit[1]
空闲模式 (IDLE)	00	打开	打开	打开	$\overline{XRS}$ 看门狗中断，任何使能的中断
待机模式 (STANDBY)	01	打开 (看门狗仍在运行)	关闭	关闭	$\overline{XRS}$， 看门狗中断 GPIOA 端口信号，调试器[2]
暂停模式 (HALT)	1X	关闭 (振荡器及 PLL 关闭， 看门狗无作用)	关闭	关闭	$\overline{XRS}$ GPIOA 端口信号，调试器[2]

(1) Exit 列列出哪些信号或在哪些情况下会退出低功率模式。此信号必须保持低电平足够长时间以便器件识别中断。否则，不会退出空闲模式且器件回到指示的低功耗模式。
(2) 对于 28x 器件，即使 CPU 的时钟（CLKIN）关闭，JTAG 端口仍然可以工作。

表 3.21 低功耗模式

模式	说明
空闲模式	任何使能的中断或 NMI 可以导致退出此模式。在此模式期间，LPM 模块本身不执行任何任务
待机模式	如果 LPMCR0 寄存器中的 LPM 位设置为 01，则当执行空闲指令时，器件进入待机模式。在待机模式中，CPU 的时钟输入（CLKIN）被禁止，这会禁止从 SYSCLKOUT 派生的所有时钟。振荡器、PLL 和看门狗仍将工作。在进入待机模式之前，应执行以下任务： • 在 PIE 模块中使能 WAKEINT 中断。此中断同时连接至看门狗和低功耗模式模块中断 • 如有需要，请在 GPIOLPMSEL 寄存器中指定其中一个 GPIO 端口 A 信号来唤醒器件。GPIOLPMSEL 寄存器是 GPIO 模块的一部分。除了所选的 GPIO 信号之外，如果在 LPM-CR0 寄存器中使能了 $\overline{XRS}$ 输入和看门狗中断，则它们也可以将器件从待机模式唤醒 • 在 LPMCR0 寄存器中为将唤醒器件的信号选择输入限定 当所选的外部信号变低时，它必须保持低电平如 LPMCR0 寄存器中的限定期所指定的若干 OSCCLK 周期。如果在此期间采样到信号为高电平，则限定将重新启动。在限定期结束时，PLL 使能 CPU 的 CLKIN，且在 PIE 块中锁定 WAKEINT 中断。CPU 然后响应 WAKEINT 中断（如果已使能该中断）
暂停模式	如果 LPMCR0 寄存器中的 LPM 位设置为 1x，则当执行空闲指令时，器件进入暂停模式。在暂停模式中，所有器件时钟以及 PLL 和振荡器关闭。在进入暂停模式之前，应执行以下任务： • 在 PIE 模块中使能 WAKEINT 中断（PIEIER1.8 = 1）。此中断同时接至看门狗和低功耗模式模块中断 • 在 GPIOLPMSEL 寄存器中，指定其中一个 GPIOA 端口信号来唤醒器件。GPIOLPMSEL 寄存器是 GPIO 模块的一部分。除了所选的 GPIO 信号之外，$\overline{XRS}$ 输入也会将器件从暂停模式唤醒 • 除了暂停模式唤醒中断外，禁止所有可能的中断。在器件脱离暂停模式之后，中断可以被重新使能 为使器件适当地脱离暂停模式，必须满足以下条件： 将 PIEIER1 寄存器的第 7 位（INT1.8）置 1 将 IER 寄存器的第 0 位（INT1）置 1 如果满足了上述条件，那么 (a) WAKE_INT ISR 将被首先执行，若 INTM = 0，则在 IDLE 之后，跟随的是指令 (b) WAKE_INT ISR 将不会被首先执行，若 INTM = 1，则在 IDLE 执行之后，跟随的是指令 当器件以软件模式（PLLSTS[MCLKSTS]=1）操作时，不要进入暂停低功耗模式。如果在器件以软件模式操作时尝试进入暂停模式，则系统可能挂起，并且可能无法退出暂停模式。因此，在进入暂停模式之前，请始终检查 PLLSTS[MCLKSTS] 位是否为 0 当所选的外部信号变低时，它被以异步方式提供给 LPM 模块。振荡器打开并开始上电。用户必须保持该信号为低电平足够长时间以便振荡器完成上电。当信号再次驱动回高电平时，此信号将异步释放 PLL，并且它将开始锁定。一旦 PLL 已锁定，它会在 CPU 响应 WAKEINT 中断（如果已使能）时将 CLKIN 提供给 CPU

低功耗模式由 LPMCR0 寄存器控制,如图 3.18 所示。

15	14		8	7		2	1	0
WDINTER		保留			QUALSTDBY		LPM	
R/W-0		R-0			R/W-1		R/W-0	

说明: R/W= 读/写; R =只读; -n = 复位后的值。

图 3.18 低功耗模式控制寄存器 0 (LPMCR0)

表 3.22 低功耗模式控制寄存器 0 (LPMCR0)位域定义

位	位域名称	数值	说明[1]
15	WDINTE		使能看门狗中断
		0	禁止看门狗中断,将器件从待机模式中唤醒。(默认值)
		1	使能看门狗,将器件从待机唤醒。还必须在 SCSR 寄存器中使能看门狗中断
14:8	保留		保留
7:2	QUALSTDBY		QUALSTDBY 选择 OSCCLK 时钟周期数,限制选择的 GPIO 输入以便唤醒器件待机模式,该限制仅用于待机模式。可将器件从待机唤醒的 GPIO 信号通过 GPIOLPMSEL 寄存器确定
		000000	2 个 OSCCLK 周期(默认值)
		000001	3 个 OSCCLK 周期
		...	...
		111111	65 个 OSCCLK 周期
1-0	LPM[2]		这些位用来设置器件的低功耗模式
		00	设置低功耗模式为空闲模式(IDLE)(默认值)
		01	设置低功耗模式为待机模式(STANDBY)
		10	设置低功耗模式为暂停模式(HALT)[3]
		11	设置低功耗模式为暂停模式(HALT)[3]

(1) 此寄存器受 EALLOW 保护。

(2) 仅当执行 IDLE 指令时,低功率模式位(LPM)才生效。因此在执行 IDLE 指令之前,必须将 LPM 位设置为合适的模式。

(3) 如果在器件正以软件模式操作时进入暂停模式,则系统可能挂起且可能无法退出暂停模式。因此,在进入暂停模式之前,请始终检查 PLLSTS[MCLKSTS]位是否为 0。

器件提供两种从暂停及待机模式下自动唤醒的操作,而不需要外部激励。

- 从暂停模式唤醒:将 CLKCTL 寄存器中的 WDHALTI 位设置为 1,当器件从暂停中被唤醒时,它将通过一个 CPU 看门狗复位。WDCR 寄存器中的 WDFLAG 位用来区分是 CPU 看门狗复位还是器件复位。
- 从待机模式唤醒:将 LPMCR0 寄存器中的 WDINTE 位设置为 1,当器件从待机中被唤醒时,它将产生一个 WAKEINT 中断请求(PIE 向量表中的 1.8 中断)。

3.4 CPU 看门狗模块

280x 上的看门狗模块与 240x 和 281x 器件上使用的看门狗模块类似。每当 8 位的看门狗增计数器到达其最大值时，看门狗模块会生成一个 512 个振荡器时钟（OSCCLK）宽的输出脉冲。要防止这种情况，用户可以禁止该计数器，或者必须通过编写软件定期将一个 0x55 + 0xAA 序列写入至看门狗密钥寄存器中，从而使看门狗计数器复位。图 3.19 显示了看门狗模块内的各种功能块。

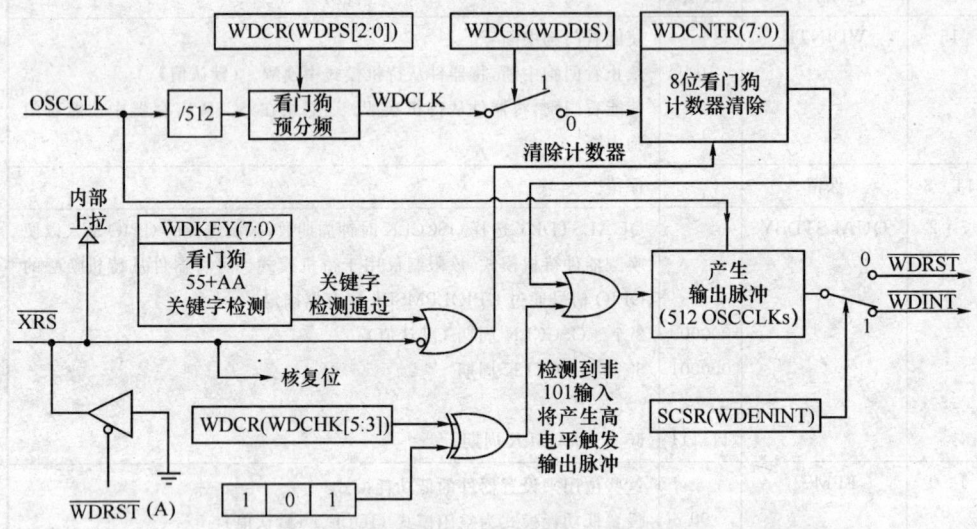

A 当发生一个看门狗复位时，$\overline{WDRST}$和$\overline{XRS}$信号将被持续拉低512个OSCCLK周期。类似的，在使能看门狗中断的情况下，当中断发生时，$\overline{WDINT}$信号也将被持续拉低512个OSCCLK周期。

图 3.19 看门狗电路逻辑

3.4.1 看门狗定时器的操作

在 8 位看门狗计数器（WDCNTR）溢出前把一个正确的序列字写入 WDKEY 寄存器时将复位 WDCNTR。把 0x55 值写入 WDKEY 时，将使能 WDCNTR 复位，而当下一个写入 WDKEY 寄存器的值为 0xAA 时，则导致 WDCNTR 复位。非 0x55 或 0xAA 的任何值写入 WDKEY 无效。将 0x55 及 0xAA 值的其他任意序列写入 WDKEY 寄存器时也不会引起系统复位；只有在写入一个 0x55 后再写 0xAA 到 WDKEY 寄存器时，才能使 WDCNTR 复位。

表 3.23 的步骤 3 最初的作用为使能 WDCNTR 复位，但直到第 6 步写入 0xAA 后 WDCNTR 才能实际复位。第 8 步再次使能 WDCNTR 复位，并且第 9 步写入 0xAA 复位 WDCNTR。第 10 步再次使能 WDCNTR 复位，第 11 步将一个错误的关键值写入 WDKEY，导致无效，之后不管如何都不再会引起 WDCNTR 复位使能，即

使第12步写入 0xAA 也无效。

表 3.23 看门狗关键字序列示例

步骤	写入 WDKEY 的值	结果
1	0xAA	无效
2	0xAA	无效
3	0x55	如果下一个值为 0xAA 的话,则 WDCNTR 复位使能
4	0x55	如果下一个值为 0xAA 的话,则 WDCNTR 复位使能
5	0x55	如果下一个值为 0xAA 的话,则 WDCNTR 复位使能
6	0xAA	WDCNTR 复位
7	0xAA	无效
8	0x55	如果下一个值为 0xAA 的话,则 WDCNTR 复位使能
9	0xAA	WDCNTR 复位
10	0x55	如果下一个值为 0xAA 的话,则 WDCNTR 复位使能
11	0x32	写入 WDKEY 的不合法的值 无效,即使下一个写入值为 0xAA 也不能引起 WDCNTR 复位使能
12	0xAA	无效,它由前面的无效值引起
13	0x55	如果下一个值为 0xAA 的话,则 WDCNTR 复位使能
14	0xAA	WDCNTR 复位

如果将看门狗配置为对器件复位,那么一个 WDCR 溢出或者将一个错误值写入 WDCR[WDCHK]字段,都将引起器件复位并且将 WDCR 寄存器的看门狗标志位(WDFLAG)置位。在一个复位之后,程序可读出这个标志位的状态以确定复位源。复位后,应该通过软件清除 WDFLAG 标志,以便允许确定后续复位源。当标志置位时,不阻止看门狗的复位。

3.4.2 看门狗复位或看门狗中断模式

可以在 SCSR 寄存器中将看门狗配置为在看门狗计数器达到其最大值时使器件复位($\overline{\text{WDRST}}$)或发出一个中断请求($\overline{\text{WDINT}}$)。每种情况的行为描述如下:

● 复位模式:如果看门狗配置为使器件复位,则当看门狗计数器达到其最大值时,$\overline{\text{WDRST}}$信号将把器件复位($\overline{\text{XRS}}$)引脚拉低 512 个 OSCCLK 周期。如果在$\overline{\text{WDINT}}$低电平有效时将看门狗重新配置为复位模式,则立即使器件复位。这一点在看门狗从中断模式切换到复位模式时非常重要。在将看门狗重新配置为复位模式之前,可以读取 SCSR 寄存器中的$\overline{\text{WDRST}}$位以确定$\overline{\text{WDINT}}$信号的当前状态。

● 中断模式:如果看门狗配置为触发中断,则将使$\overline{\text{WDINT}}$信号驱动为低电平

512 个 OSCCLK 周期,从而采用 PIE 中的 WAKEINT 中断(如果已在 PIE 模块中使能该中断)。在 $\overline{\text{WDINT}}$ 下降沿的边缘触发看门狗中断。因此,如果在 $\overline{\text{WDINT}}$ 变为无效之前重新使能 WAKEINT 中断,将不能立即获得另一个中断。下一个 WAKEINT 中断将出现在下一次看门狗超时的时候。

在 $\overline{\text{WDINT}}$ 仍然保持低电平的条件下,如果将看门狗从中断模式重新配置为复位模式,则器件立即复位。在重新配置看门狗复位模式之前,可以读出 SCSR 寄存器中的 WDINTS 位以确定 $\overline{\text{WDINT}}$ 信号当前的状态。

3.4.3 低功耗模式下看门狗的操作

在待机模式下,器件所有的外设时钟全部关闭。唯一保持功能的外设是看门狗,这是因为看门狗模块可在振荡器时钟(OSCCLK)下运行。因此,$\overline{\text{WDINT}}$ 信号被提供给低功耗模块(LPM),以便使用该信号唤醒采用低功耗模式待机(STANDBY)的器件(如果使能)。有关详细信息,请参阅器件数据手册中的"低功耗模式模块"一节。

在空闲模式中,看门狗中断($\overline{\text{WDINT}}$)信号可以产生一个送至 CPU 的中断请求以使 CPU 退出空闲模式。看门狗中断连接到 PIE 表中的 WAKEINT 中断向量。

注意:如果看门狗中断用于从空闲或待机低功耗模式情况下唤醒器件,则在试图返回空闲或待机模式之前,请确保 $\overline{\text{WDINT}}$ 信号再次回到高电平。当产生看门狗中断请求时,$\overline{\text{WDINT}}$ 信号将保持低电平 512 个 OSCCLK 周期。用户可以通过读取 SCSR 寄存器中的看门狗中断状态位 (WDINTS) 来确定 $\overline{\text{WDINT}}$ 的当前状态。WDINTS 采用 2 个 SYSCLKOUT 周期来跟随 $\overline{\text{WDINT}}$ 的状态。

此功能在暂停模式中不能使用,因为振荡器(和 PLL)被关闭,因此只有看门狗有效。

3.4.4 仿真注意事项

看门狗模块遵循以下各种调试条件:
- CPU 暂停:当 CPU 暂停时,看门狗时钟(WDCLK)也被暂停。
- 自由运行模式:当 CPU 处在自由运行模式时,看门狗模块维持正常操作。
- 单步实时模式:当 CPU 处在单步实时模式时,看门狗时钟(WDCLK) 被暂停,即使是实时中断期间,看门狗依然暂停。
- 实时自由运行模式:当 CPU 处在实时自由运行模式时,看门狗正常运行。

3.4.5 看门狗寄存器

系统控制及状态寄存器(SCSR)包含看门狗重载位及看门狗中断使能/禁止位。图 3.20 及表 3.24 描述了 SCSR 寄存器的位功能。看门狗计数寄存器位功能见图 3.21 和表 3.25。看门狗复位关键字寄存器位功能见图 3.22 和表 3.26 看门狗控制寄存器位功能见图 3.23 和表 3.27。

15		3	2	1	0
	保留		WDINTS	WDENINT	WDOVERRIDE
	R-0		R-1	R/W-0	R/W1C-1

说明：R/W = 读/写；R = 只读；-n = 复位后的值。

图 3.20　系统控制及状态寄存器(SCSR)

表 3.24　系统控制及状态寄存器(SCSR)位域定义

位	位域名称	数值	说明[1]
15:3	保留		
2	WDINTS		看门狗中断状态位。WDINTS 表示看门狗模块的 $\overline{WDINT}$ 信号当前的状态。WDINTS 通过两个 SYSCLKOUT 周期跟随 $\overline{WDINT}$ 的状态 如果采用看门狗中断从空闲或待机低功耗方式唤醒器件，则在试图返回到空闲或待机模式之前，此位可确保 $\overline{WDINT}$ 不被激活
		0	看门狗中断信号 $\overline{WDINT}$ 已被激活
		1	看门狗中断信号 $\overline{WDINT}$ 未被激活
1	WDENINT		看门狗中断使能控制位
		0	使能看门狗复位($\overline{WDRST}$)输出信号并且禁止看门狗中断($\overline{WDINT}$)输出信号，这是($\overline{XRS}$)复位时的默认状态。当发生看门狗中断时，$\overline{WDRST}$ 信号将保持 512 个 OSCCLK 周期的低电平 在 $\overline{WDINT}$ 为低电平时如果清除 WDENINT 位，将立即发生一个复位。可以读出 WDINTS 位以确定 $\overline{WDINT}$ 信号的状态
		1	禁止 $\overline{WDRST}$ 输出信号并且使能 $\overline{WDINT}$ 输出信号。当发生看门狗中断时，$\overline{WDINT}$ 信号将保持 512 个 OSCCLK 周期的低电平 如果采用看门狗中断将器件从空闲或待机低功耗模式中唤醒，则在试图返回到空闲或待机模式之前，此位可确保 $\overline{WDINT}$ 不被激活
0	WDOVERRIDE		撤销看门狗
		0	写 0 无效。如果清除此位，其状态将保持到发生一个复位。用户可以读取此位当前的状态
		1	用户可以改变看门狗控制寄存器(WDCR)中看门狗禁止(WDDIS)位的状态。如果通过写 1 将 WDOVERRIDE 清除，则用户不能修改 WD-DIS 位

(1) 该寄存器受 EALLOW 保护。

15	8	7	0
保留		WDCNTR	
R-0		R-0	

说明：R/W = 读/写；R = 只读；-n = 复位后的值。

图 3.21　看门狗计数寄存器(WDCNTR)

第3章 系统时钟与定时器

表 3.25 看门狗计数寄存器（WDCNTR）位域定义

位	位域名称	说明
15：8	保留	保留
7：0	WDCNTR	这些位包含 看门狗(WD)计数器的当前值。此 8 位计数器按看门狗时钟（WDCLK）速率持续递增。如果计数器溢出，则看门狗启动复位。如果用有效组合写入 WDKEY 寄存器，则该计数器复位为零。可以在 WDCR 寄存器中配置看门狗时钟速率

15		8	7		0
	保留			WDKEY	
	R-0			R/W-0	

说明：R/W= 读/写；R =只读；-n =复位后的值。

图 3.22 看门狗复位关键字寄存器（WDKEY）

表 3.26 看门狗复位关键字寄存器（WDKEY）位域定义

位	位域名称	数值	说明[1]
15：3	保留		保留
7：0	WDKEY	0x55 + 0xAA	有关采用不同的关键字序列写入 WDKEY，请参阅表 3.19 写 0x55 之后紧接着写入 0xAA 到 WDKEY 将导致 WDCNTR 字段清 0
		其他的值	写入任何其他不同于 0x55 或 0xAA 的值无效。如果在 0x55 之后，写入一个非 0xAA 的值，那么，序列字必须重新以 0x55 开始 读 WDKEY 将返回 WDCR 寄存器的值

15		8	7	6	5	4	3	2	0
	保留		WDFLAG	WDDIS		WDCHK			WDPS
	R-0		R/W1C-0	R/W-0		R/W-0			R/W-0

说明：R/W= 读/写；R =只读；-n =复位后的值。

图 3.23 看门狗控制寄存器（WDCR）

表 3.27 看门狗控制寄存器（WDCR）位域定义

位	位域名称	数值	说明[1]
15：8	保留		保留
7	WDFLAG		看门狗复位状态标志位
		0	通过 $\overline{XRS}$ 引脚或者由于上电均会引起复位。该位保持被锁定状态，直到写入 1 清除该条件。写 0 被忽略
		1	表示一个看门狗复位（$\overline{WDRST}$）产生了复位条件

续表 3.27

位	位域名称	数值	说明(1)
6	WDDIS		禁止看门狗。复位时使能看门狗模块
		0	使能看门狗模块。仅当 SCSR 寄存器中的 WDOVERRIDE 位设置为 1 时,才可以修改 WDDIS 字段(默认值)
		1	禁止看门狗模块
5:3	WDCHK		看门狗检测
		0,0,0	每当对此寄存器执行写入时,必须始终向这些位写入 1,0,1,除非通过软件来复位器件
		其他	如果使能看门狗,那么写入任意其他的值将立即导致器件复位或者产生一个看门狗中断请求。读取这 3 个位总是返回(0,0,0)。这一特性可用来产生一个 DSP 的软件复位
2:0	WDPS		看门狗预定标。这些位用来配置看门狗计数器时钟(WDCLK)对于 OSCCLK/512 的比率:
		000	WDCLK = OSCCLK/512/1 (默认值)
		001	WDCLK = OSCCLK/512/1
		010	WDCLK = OSCCLK/512/2
		011	WDCLK = OSCCLK/512/4
		100	WDCLK = OSCCLK/512/8
		101	WDCLK = OSCCLK/512/16
		110	WDCLK = OSCCLK/512/32
		111	WDCLK = OSCCLK/512/64

当 $\overline{\text{XRS}}$ 线为低电平时,WDFLAG 位被强制为低电平。只有在检测到 $\overline{\text{WDRST}}$ 信号处在上升沿(同步之后 8 192 个 SYSCLKOUT 周期延迟)并且 $\overline{\text{XRS}}$ 信号为高电平时,WDFLAG 位才被置位。当 $\overline{\text{WDRST}}$ 运行在高电平时,如果 $\overline{\text{XRS}}$ 信号为低电平,那么 WDFLAG 位将保持为 0。在典型的应用中,$\overline{\text{WDRST}}$ 信号连接到 $\overline{\text{XRS}}$ 输入,因此要区分看门狗和外部器件两者之间的复位,则必须使外部复位持续比较长的时间,之后才是看门狗脉冲信号。

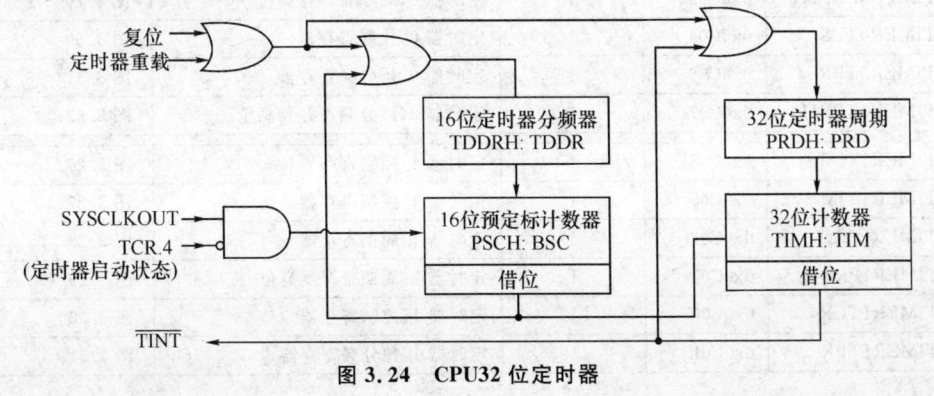

图 3.24 CPU32 位定时器

3.5 32位CPU位定时器

32位定时器如图3.24所示。其中,定时器0和定时器1可供用户使用,定时器2为DSP/BIOS保留。但如果应用程序不需要使用DSP/BIOS,则定时器2可以供用户使用。CPU定时器的中断信号(TINT0、TINT1、TINT2)连接如图3.25所示。

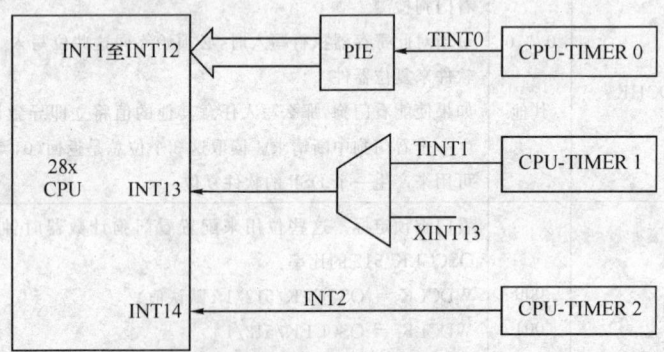

A 定时器寄存器被连接到28x处理器的存储总线上。
B 定时器的计时与处理器时钟的SYSCLKOUT同步。

图3.25 CPU定时器中断信号和输出信号

定时器的一般操作流程如下:32位计数器寄存器TIMH:TIM从周期寄存器PRDH:PRD中载入。计数器寄存器按照系统时钟频率减少。当计数器为0时,定时器的输出产生一个中断脉冲。定时器相关的寄存器如表3.28所示。

表3.28 定时器0、1、2配置和控制寄存器

名称	地址	大小(16位)	说明	位定义
TIMER0TIM	0x0C00	1	定时器0,计数寄存器	图3.26
TIMER0TIMH	0x0C01	1	定时器0,计数寄存器高位	图3.27
TIMER0PRD	0x0C02	1	定时器0,周期寄存器	图3.28
TIMER0PRDH	0x0C03	1	定时器0,周期寄存器高位	图3.29
TIMER0TCR	0x0C04	1	定时器0,控制寄存器	图3.30
TIMER0TPR	0x0C06	1	定时器0,预分频寄存器	图3.31
TIMER0TPRH	0x0C07	1	定时器0,预分频寄存器高位	图3.32
TIMER1TIM	0x0C08	1	定时器1,控制寄存器	图3.26
TIMER1TIMH	0x0C09	1	定时器1,控制寄存器高位	图3.27
TIMER1PRD	0x0C0A	1	定时器1,周期寄存器	图3.28
TIMER1PRDH	0x0C0B	1	定时器1,周期寄存器高位	图3.29
TIMER1TCR	0x0C0C	1	定时器1,控制寄存器	图3.30
TIMER1TPR	0x0C0E	1	定时器1,预分频寄存器	图3.31

续表 3.28

名称	地址	大小(16 位)	说明	位定义
TIMER1TPRH	0x0C0F	1	定时器 1,预分频寄存器高位	图 3.32
TIMER2TIM	0x0C10	1	定时器 2,控制寄存器	图 3.26
TIMER2TIMH	0x0C11	1	定时器 2,控制寄存器高位	图 3.27
TIMER2PRD	0x0C12	1	定时器 2,周期寄存器	图 3.28
TIMER2PRDH	0x0C13	1	定时器 2,周期寄存器高位	图 3.29
TIMER2TCR	0x0C14	1	定时器 2,控制寄存器	图 3.30
TIMER2TPR	0x0C16	1	定时器 2,预分频寄存器	图 3.31
TIMER2TPRH	0x0C17	1	定时器 2,预分频寄存器高位	图 3.32

定时器 x 计数寄存器 TIMERxTIM(x=1,2,3) 及其位域定义见图 3.26 和表 3.29。

```
 15                                                                    0
|                              TIM                                      |
                              R/W-0
```

说明：R/W=读/写；R=只读；-n=复位后的初始值。

图 3.26　定时器 x 计数寄存器 TIMERxTIM(x = 1, 2, 3)

表 3.29　定时器 x 计数寄存器 TIMERxTIM 位域定义

位	位域名称	说明
15-0	TIM	定时器计数寄存器(TIMH:TIM)：TIM 寄存器是当前 32 位计数器的低 16 位，而 TIMH 则是高 16 位。对于每一个(TDDRH:TDDR+1)时钟周期，TIMH:TIM 减 1。这里，TDDRH:TDDR 是定时器预分频值。当 TIMH:TIM 减到 0 时，TIMH:TIM 寄存器会重新载入保存在 PRDH:PRD 寄存器中的周期值,同时产生一个定时器中断(TINT)信号

定时器 x 计数寄存器高位 TIMERxTIMH(x=1,2,3) 及其位域定义见图 3.27 和表 3.30。

```
 15                                                                    0
|                              TIMH                                     |
                              R/W-0
```

说明：R/W=读/写；R=只读；-n=复位后的初始值。

图 3.27　定时器 x 计数寄存器高位 TIMERxTIMH(x=1, 2, 3)

表 3.30　定时器 x 计数寄存器高位 TIMERxTIMH 位域定义

位	位域名称	说明
15-0	TIMH	参见 TIMERxTIM 寄存器的说明

第 3 章 系统时钟与定时器

图 3.28 和表 3.31 是定时器周期寄存器 TIMERxPRD(x=1,2,3)的位功能介绍。

15	0
PRD	
R/W-0	

说明：R/W=读/写；R=只读；-n=复位后的初始值。

图 3.28　定时器周期寄存器 TIMERxPRD(x = 1, 2, 3)

表 3.31　定时器周期寄存器 TIMERxPRD 位域定义

位	位域名称	说明
15 – 0	PRD	定时器周期寄存器(PRDH:PRD)：PRD 寄存器是 32 位周期寄存器的低 16 位，而 PRDH 则是高 16 位。当 TIMH:TIM 减到 0 时，TIMH:TIM 寄存器会重新载入保存在 PRDH:PRD 寄存器中的周期值，这一载入发生在下一个定时器输入时钟脉冲起始处。如果将定时器控制寄存器 TCR 中的定时器重载位 TRB 置 1，也会使 PRDH:PRD 寄存器中的数值载入到 TIMH:TIM 寄存器中

定时器周期寄存器高位 TIMERxPRDH 的位功能见图 3.29 和表 3.32。

15	0
PRDH	
R/W-0	

说明：R/W=读/写；R=只读；-n=复位后的初始值。

图 3.29　定时器周期寄存器高位 TIMERxPRDH(x = 1, 2, 3)

表 3.32　定时器周期寄存器高位 TIMERxPRDH 位域定义

位	位域名称	说明
15 – 0	PRDH	参见 TIMERxTIM 寄存器的说明

定时器 x 控制寄存器位功能见图 3.30 和表 3.33。

15	14	13	12	11	10	9	8
TIF	TIE	保留		FREE	SOFT	保留	
R/W-0	R/W-0	R-0		R/W-0	R/W-0	R-0	

7	6	5	4	3	0
保留		TRB	TSS	保留	
R-0		R/W-0	R/W-0	R-0	

说明：R/W=读/写；R=只读；-n=复位后的初始值。

图 3.30　定时器 x 控制寄存器 TIMERxTCR(x = 1, 2, 3)

表 3.33　定时器 x 控制寄存器 TIMERxTCR 位域定义

位	位域名称	数值	说明
15	TIF		CPU 定时器中断标志
		0	CPU 定时器计数器未减到 0，对此位写 0 忽略
		1	当计数器减到 0 时，此位被置位，对此位写 1 清除标志位

续表 3.33

位	位域名称	数值	说明
14	TIE		CPU 定时器中断使能控制位
		0	禁止 CPU 定时器中断
		1	使能 CPU 定时器中断。当定时器减到 0,且此位为 1,则定时器发出一个中断请求
13-12	保留		
11-10	FREE;SOFT		CPU 定时器仿真模式:这些位专用于仿真,在采用高级语言调试时,确定了定时器在遇到断点时软件的状态。当 FREE 位设置为 1,遇到断点时定时器继续运行;此时 SOFT 位无作用。但当 FREE 位为 0 时,SOFT 位有效。此时,若 SOFT 为 0,则定时器在 TIMH:TIM 减计数的下一次停止计数;若 SOFT 为 1,则在 TIMH:TIM 减到 0 时才停止计数
		00	在 TIMH:TIM 下一次减计数后停止仿真
		01	在 TIMH:TIM 减到 0 之后停止仿真
		10	自由运行
		11	自由运行
			在软件停止模式下,定时器在产生中断前关闭(定时器到达 0 为中断产生的条件)
9-6	保留		
5	TRB		CPU 定时器重载位
		0	读取 TRB 位总为 0,对此位写 0 无影响
		1	写 1 时,PRDH:PRD 会载入到 TIMH:TIM,并且定时器分频器 TDDRH:TDDR 的值会载入到预定标计数器 PSCH:PSC 之中
4	TSS		CPU 定时器停止状态位。TSS 是一个 CPU 定时器开始或停止的标志位
		0	读为 0 时,则意味着定时器在运行;对此位写 0 能够启动定时器;系统复位时,TSS 会被清 0 且定时器马上开始计时
		1	读为 1 时,则意味着 CPU 定时器停止。将此位置 1,可以停止 CPU 定时器
3-0	保留		

定时器 x 预分频寄存器 TIMERxTPR(x=1,2,3) 的位功能见图 3.31 和表 3.34。

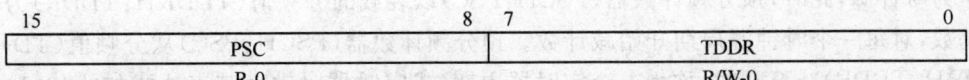

说明: R/W=读/写; R=只读; -n=复位后的初始值

图 3.31 定时器 x 预分频寄存器 TIMERxTPR(x = 1, 2, 3)

表 3.34　定时器 x 预分频寄存器 TIMERxTPR 位域定义

位	位域名称	说明
15-8	PSC	CPU 定时器预分频计数器,这些位保持当前定时器预分频计数器的值。对于每一个定时器时钟源周期,若 PSCH:PSC 值大于 0,则减 1 计数。在 PSCH:PSC 减到 0 后的一个定时器时钟周期,TDDRH:TDDR 寄存器的值会载入到 PSCH:PSC 寄存器中,同时定时器计数寄存器(TIMH:TIM)减 1 计数。当定时器重载位 TRB 被软件置 1 时,PSCH:PSC 也会被重载。可通过读寄存器检测 PSCH:PSC,但不可直接置位。该寄存器的值必须从分频器 TDDRH:TDDR 获得。复位时,PSCH:PSC 被置 0
7-0	TDDR	CPU 定时器分频因子。对于每个(TDDRH:TDDR + 1)定时器时钟源周期,定时器计数寄存器 TIMH:TIM 减 1 计数。系统复位时,TDDRH:TDDR 被清 0。可以用一个整数值改变定时器计数,将这个整数值减 1 写入 TDDRH:TDDR 寄存器。当 PSCH:PSH 到达 0 时,一个定时器时钟源周期延迟后,TDDRH:TDDR 的值重载到 PSCH:PSC,并且 TIMH:TIM 减 1 计数。当 TRB 被软件置 1 时,TDDRH:TDDR 也会重新载入 PSCH:PSC

15	8	7	0
PSCH		TDDRH	
R-0		R/W-0	

说明: R/W＝读/写; R＝只读; -n＝复位后的初始值

图 3.32　定时器 x 预分频寄存器高位 TIMERxTPRH(x = 1, 2, 3)

表 3.35　定时器 x 预分频寄存器高位 TIMERxTPR 位域定义

位	位域名称	说明
15-8	PSCH	参见 TIMERxTPR 寄存器的说明
7-0	TDDRH	参见 TIMERxTPR 寄存器的说明

3.6　定时器时钟及时钟源概念小结

1. 定时器时钟

从图 3.24 可以看出,当 TCR.4＝0 时,CPU 定时器以系统时钟 SYSCLKOUT 作为时钟源,此时,预分频计数器(PSCH:PSC)以装载的分频值(TDDRH:TDDR)为基数,对每一个时钟源周期开始减计数。预分频计数器(PSCH:PSC)从分频值(TDDRH:TDDR)减至 0 时,称为一个定时器周期(或定时器时钟),其表达式如式(3.1)所示。

$$定时器周期 = (TDDRH:TDDR+1) \times \frac{1}{SYSCLKOUT} \quad (3.1)$$

定时器周期的倒数为定时器时钟频率,其表达式如式(3.2)所示。

$$\text{定时器时钟频率} = \frac{\text{SYSCLKOUT}}{\text{TDDRH:TDDR}+1} \quad (3.2)$$

其中:$0 \leqslant (\text{TDDRH:TDDR}) \leqslant 65\ 535$

预分频计数器(PSCH:PSC)减至 0 时,重新装入定时器分频值(TDDRH:TDDR),且计数器(TIMH:TIM)以装载的周期值(PRDH:PRD)为基数,对每一个定时器时钟周期减 1 计数;当计数器(TIMH:TIM)减至 0 时,定时器周期值(PRDH:PRD)重新装入计数器(TIMH:TIM)并发出一个 TINT 中断请求。

2. 定时器时钟源

系统时钟(SYSCLKOUT)与内、外部振荡器(OSCCLK)之间的关系受锁相环控制寄存器 DIV(PLLCR[3:0])及锁相环状态寄存器分频系数选择位域 DIVSEL(PLLSTS[8:7])的控制,式(3.3)是根据表 3.17 归纳出来的系统时钟 SYSCLKOUT 的计算公式。

$$\text{SYSCLKOUT} = \begin{cases} \dfrac{\text{OSCCLK}}{4} & \text{DIV}=0,\text{PLL 旁路};\text{DIVSEL}=0 \\[6pt] \dfrac{\text{OSCCLK}}{2^{3-\text{DIVSEL}}} & \text{DIV}=0,\text{PLL 旁路};\text{DIVSEL}=1,2,3 \\[6pt] \dfrac{\text{OSCCLK} \times \text{DIV}}{2^{3-\text{DIVSEL}}}, & \text{DIV} \neq 0;\text{DIVSEL}=1,2,3 \\[6pt] \dfrac{\text{OSCCLK} \times \text{DIV}}{4}, & \text{DIV} \neq 0;\text{DIVSEL}=0 \end{cases} \quad (3.3)$$

图 3.10 为振荡器和锁相环模块框图。通过该图对相关概念作如下说明:

(1) 外部振荡器时钟的开通与关闭:当 PLLSTS[OSCOFF]=0 时,来自外部 X1/X2 或 XCLKIN 引脚的 OSCCLK 信号送至 PLL 模块(默认值);而当 PLLSTS[OSCOFF]=1 时,关闭外部时钟信号进入 PLL 的通道。此模式不关闭内部振荡器。

(2) 锁相环的开通与关闭:锁相环 PLL 的开通与关闭受 PLLSTS[PLLOFF]的控制,当 PLLOFF=0 时(默认值),PLL 打开;而当 PLLOFF=1 时,PLL 关闭。此时,PLL 模块应保持断电,器件必须处在 PLL 旁路模式(PLLCR = 0x0000),然后才能将 1 写入 PLLOFF。当 PLL 关闭(PLLOFF = 1)时,不要对 PLLCR 写入非零值。

(3) 倍频系数 DIV(PLLCR[3:0])的作用:当 DIV=0 时,锁相环 PLL 旁路,当 DIV≠0 时,锁相环 PLL 被使能并用作 PLL 倍频系数。

(4) 在写 DIV 之前,DIVSEL(PLLSTS[8:7])必须为 0 或 1,并且仅在 PLLLOCKS(PLLSTS[0])= 1 之后才发生变化,参见图 3.14 PLLCR 更改流程图。PLLCR 的指令编写参见 DSP2802x_SysCtrl.c 文件中的 InitPll(DSP28_PLLCR, DSP28_DIVSEL) 函数。

(5) 只能通过$\overline{XRS}$信号或看门狗复位，PLLCR 及 PLLSTS 才能复位成默认状态；它们不能通过调试器或者时钟丢失检测逻辑进行有效复位。

(6) PLLCR 及 PLLSTS 两个寄存器受 EALLOW 保护。

(7) DIV 的有效值为二进制 0000～1100，即十进制 0～12，高 3 位值 13～15 保留。

(8) 在 TI 提供的 DSP2802x_Examples.h 头文件中定义：DSP28_PLLCR=12 及 DSP28_DIVSEL=2，根据式(3.3)，系统时钟为：

SYSCLKOUT =（OSCCLK×12)/2 =10×12/2=60 MHz(周期 16.67 ns)。

3.7 示例源码

3.7.1 CPU 定时器及动态正弦曲线(CpuTimer_SinCurve)

zCpuTimer 的原形为 Example_2802xCpuTimer，但作了以下几点变异：

(1) 设置了一个正弦变量的动态数组，用以在 CCSv5 平台上观察动态正弦曲线；

(2) 将 GPIO0 引脚设置为 GPIO 输出，并且在定时器 0 中断程序中对 GPIO0 电平进行切换，用以观察定时器 0 中断的周期；

(3) 改变定时器中断的周期，用以正弦曲线数组数据刷新。

注意：这之后对取自 TI 的用前缀"Example_2802x"表示的源码文件均改成前缀"z"，如 zCpuTimer 等，本书少数自建项目也采用这一前缀命名。一方面表示来源有序，另一方面当与 TI 的原始项目共处一个目录时总是列在最后便于寻找，也容易与源码文件进行对比和引用。

3.7.1.1 CPU 定时器中断设置步骤

1. 确定中断向量的入口地址

```
EALLOW;                                  // 允许访问受保护的寄存器

PieVectTable.TINT0 = &cpu_timer0_isr;    // cpu_timer0_isr 为 TINT0(定时器 0)中断
                                         // 的入口地址

PieVectTable.TINT1 = &cpu_timer1_isr;    // cpu_timer1_isr 为 TINT1(定时器 1)中断
                                         // 的入口地址

PieVectTable.TINT2 = &cpu_timer2_isr;    // cpu_timer2_isr 为 TINT2(定时器 2)中断
                                         // 的入口地址

EDIS;                                    // 禁止访问受保护的寄存器
```

其中，cpu_timer0_isr 函数是针对 TINT0 中断向量的一个中断服务函数，&cpu_timer0_is()是该函数的入口地址。

2. 使能 PIE 级及 CPU 级中断向量

这个步骤由下面 4 类指令完成：

(1) 先找出 TINT0 中断向量在 PIE 向量表中所在的组，及在这组中所处的优先级。在 PIE 中断优先级向量表中，查得 TINT0 向量位于 PIE 向量表第 1 组第 7 个中断，见表 3.36。该组 8 个中断汇集到 CPU 的 INT1 中断线上。而中断向量 TINT1 及 TINT2 直接挂在 CPU 的 INT13 及 INT14 中断线上(参见图 3.25)。

对于安排在 PIE 向量表 12 组中某一组的中断，需要通过下面指令使能这一个中断：

```
PieCtrlRegs.PIEIER1.bit.INTx7 = 1;        // 使能 PIE 中的 TINT0,第 1 组第 7 个中断
```

上面指令的含义为：使能位于 PIE 向量表第 1 组 中的第 7 个 TINT0 定时器 0 中断。其中，PIEIER1 为第 1 组，INTx7 表示该组中第 7 个向量。

表 3.36　TINT0 向量在 PIE 中断向量表中的位置

	INTx.8	INTx.7	INTx.6	INTx.5	INTx.4	INTx.3	INTx.2	INTx.1
INT1.y	WAKEINT (LPM/WD) 0xD4E	TINT0 (TIMER 0) 0xD4C	ADCINT9 (ADC) Ext. 0xD4A	XINT2 int. 2 Ext. 0xD48	XINT1 int. 1 0xD46	Reserved — 0xD44	ADCINT2 (ADC) 0xD42	ADCINT1 (ADC) 0xD40

(2) 通过 CPU 级的赋值指令使能第 1 组 INT1,及 INT13 和 INT14 中断

```
IER |= M_INT1;         // 使能 CPU 级 INT1  中断,CPU-Timer 0 连接到 INT1 中断线上
IER |= M_INT13;        // 使能 CPU 级 INT13 中断,CPU-Timer 1 连接到 INT13 中断线上
IER |= M_INT14;        // 使能 CPU 级 INT14 中断,CPU-Timer 2 连接到 INT14 中断线上
```

在 DSP2802x_Device.h 头文件中，定义掩码(屏蔽码) M_INT1= 0x0001, M_INT13= 0x1000(表示二进制第 13 位有效，以便使能 IER 寄存器的第 13 位), M_INT14= 0x2000。注意：这里用了按位或复合运算符"|="而不是直接赋值，其用意是不破坏中断使能寄存器(IER)的原有结构。

(3) 通过以下指令

```
EINT;                  // 使能全局中断 INTM
ERTM;                  // 使能全局实时中断 DBGM
```

使能全局中断。在一个源码程序中，可以通过注销这两条指令来屏蔽中断，检查代码最初运行的情况。本书累次采用这种方法对源码进行最初的分析。

(4) 使能 PIE 向量表，由下面一条指令完成。

```
PieCtrlRegs.PIECRTL.bit.ENPIE = 1;
```

实际上这条指令已经包含在初始化 PIE 向量表 InitPieVectTable()函数中,主程序对这个函数已经调用,因此可省略。

第3章 系统时钟与定时器

3. 中断服务函数中的必须指令

中断服务函数是以关键字 interrupt 开头的一个函数。通常在中断服务函数中有两条必须的指令:一条是中断应答,另一条是将中断标志位清 0。TINT0 中断应答指令为:

```
PieCtrlRegs.PIEACK.all = PIEACK_GROUP1;      // PIEACK_GROUP1 = 0x0001
```

PIE 响应寄存器 PIEACK 是中断从 PIE 级进入 CPU 级的门禁(参见图 12.1)。一个中断在进入 CPU 级之前,其对应的 PIEACK.x 必须通过软件清 0,打开 PIE 级到 CPU 的通道。而当这个中断进入 CPU 级 INTx 中断线时,硬件将 PIEACK.x 位置 1,关闭 PIE 级到 CPU 的通道。这条指令通过向 PIEACK.1 写 1,将 PIEACK.1 位清 0。从而打开后续的 PIE 级到 CPU 级的中断。这里的 PIEACK_GROUP1 被头文件定义为 0x0001,意为应答 PIE 第 1 组中断,以便持续接收之后的中断。C2000 外设如 SCI,SPI,ePWM 等的中断均设有中断标志位,而 CPU 定时器不属于常规意义上的外设,无中断标志位。常规外设在进入中断时,其中断标志位由硬件置位但必须通过软件清 0,将中断标志位清 0 这一操作,是在中断服务程序中通过指令完成的。CPU 定时器的中断服务程序不需要这样的操作。

4. 中断服务函数及中断初始化函数声明

如果中断服务函数及中断初始化函数放在主函数的下面,则在主函数头部要对中断服务函数及中断初始化函数进行声明:

```
interrupt void cpu_timer0_isr(void);
```

如果中断服务函数放在在主函数的上面,则可忽略。

3.7.1.2 DSP2802x_CpuTimers.c 文件中的关键函数

由 TI 提供的 DSP2802x_CpuTimers.c 文件中有两个关键函数,要看懂主文件必须先读懂这两个函数。CPU 定时器初始化函数 InitCpuTimers() 参见表 3.37,该函数对 CPU 定时器周期和定时器时钟节拍等作了初始化配置。CPU 定时器配置函数 ConfigCpuTimer() 参见表 3.38,用户通过该函数可以配置定时器周期,建立定时器时钟与系统时钟(SYSCLKOUT)的关系并进行其他的常规设置。表 3.39 对于初识 C 语言的读者是很有用的,它对基于结构体和共用体的指针变量进行了较为详细的解读,有助于读懂采用指针运算符"*"及成员选择指针"→"的指令。

表 3.37 CPU 定时器初始化函数 InitCpuTimers( )

```
void InitCpuTimers(void)
{
    // CPU Timer 0
    CpuTimer0.RegsAddr = &CpuTimer0Regs;    //初始化定时器 0 寄存器的地址指针,取 CpuTimer0Regs 地址。
    // 将定时器周期初始化成最大值。定时器周期寄存器(PRD)在头文件中用以下方式定义:首先定义一个
    //无符号 32 位的结构体类型 PRD_REG, 它由低 16 位及高 16 位组成(见本注释后的有关定义), 低位放在
    //前面;为了方便访问再定义一个 32 位的共用体 PRD_GROUP, 它由两个成员构成, 一个是无符号 32 位整
    //数 all, 一个是具有已定义的结构体类型的变量 half, 它们共用同一内存单元。最后通过"union PRD_
    //GROUP PRD;"指令定义 PRD 是具有 PRD_GROUP 共用体属性的一个共用体。这样,可对 PRD 整个 32 位进
    //行访问,也可对其中的 16 位进行访问,见下面指令。
//  CpuTimer0Regs.PRD.all      = 0xFFFFFFFF;       // 这条指令与下面两条指令等价
    CpuTimer0Regs.PRD.half.LSW = 0xFFFF;
    CpuTimer0Regs.PRD.half.MSW = 0xFFFF;
            // 结构体及共用体定义
            // struct PRD_REG { Uint16  LSW; Uint16   MSW; };
            // union PRD_GROUP { Uint32 all;  struct PRD_REG  half; };
            // union PRD_GROUP PRD;        // 摘自"struct CPUTIMER_REGS{}"
    // 定时器预分频寄存器低位 TPR  由高 8 位和低 8 位组成:  PSC : TDDR
    // 定时器预分频寄存器高位 TPRH 由高 8 位和低 8 位组成: PSCH : TDDRH
    // 其中 PSCH:PSC 构成 16 位分频计数器;TDDRH:TDDR 构成 16 位定时器分频器,以下两条指令
    //执行之后,定时器分频器值为 0,根据式(3.1),则定时器时钟节拍(周期)等于时钟源的周期,即
    //(1/SYSCLKOUT)
    CpuTimer0Regs.TPR.all  = 0;         // 初始化预定标计数器为 1 个时钟源周期,即(1/SYSCLKOUT)
    CpuTimer0Regs.TPRH.all = 0;
    CpuTimer0Regs.TCR.bit.TSS = 1;      // TSS(TCR[4]) = 0, 启动或重新启动定时器; TSS(TCR[4]) = 1,
                                        //停止定时器。
    CpuTimer0Regs.TCR.bit.TRB = 1;      // TRB(TCR[5]) = 1, 用周期值(PRDH:PRD)装入计数器(TIMH:TIM),
                                        //并把分频器的值(TDDRH:TDDR)装入预分频计数器(PSCH:PSC)
    CpuTimer0.InterruptCount = 0;       // 复位中断计数器
    // 注意:定时器 1 及定时器 2 设置与定时器 0 的设置相同。定时器 2 可用作 BIOS 及其他实时操作系统。
}
```

表 3.38 CPU 定时器配置函数 ConfigCpuTimer( )

```
void ConfigCpuTimer(struct CPUTIMER_VARS * Timer, float Freq, float Period)
{
    Uint32   temp;
    // 定时器周期初始化。将后两个实参的乘积作为定时器的周期值存入定时器周期寄存器
    Timer->CPUFreqInMHz = Freq;
    Timer->PeriodInUSec = Period;
    temp = (long) (Freq * Period);
    Timer->RegsAddr->PRD.all = temp;
        // 定时器周期 PRD = Freq * Period。当定时器计数器(TIMH:TIM)减到 0 时的下一个定时器
        // 周期, PRD 值重新装入(TIMH:TIM)。
```

第3章 系统时钟与定时器

续表 3.38

```
// 设置预定标计数器为1个系统时钟源节拍,即 16.667 ns(1/SYSCLKOUT)为定时器的一个时钟节拍。
// 定时器的时钟节拍与系统时钟源节拍同步
    Timer→RegsAddr→TPR.all    = 0;
    Timer→RegsAddr→TPRH.all   = 0;
//****************************************************************
// 以下3条指令可代替上面两条指令访问 TPR
//****************************************************************
//  CpuTimer0.RegsAddr = &CpuTimer0Regs;      // 取 CpuTimer0Regs 地址
//  CpuTimer0Regs.TPR.all   = 0x00;           // TDDR  = 0x 0080
//  CpuTimer0Regs.TPRH.all  = 0x00;           // TDDRH = 0x 0000
        // 分频器值 TDDRH:TDDR = 0x0080。该值决定定时器时钟周期。计数器 TIM 以此为周期进行减1
        // 计数。减到0时的下一个定时器周期,PRD 值重新装入(TIMH:TIM)。
        // 初始化定时器控制寄存器。   "."是成员(分量)运算符,在所有运算符中优先级最高
    Timer→RegsAddr→TCR.bit.TSS  = 1;    // 0/1:启动或复位重启定时器/停止定时器
    Timer→RegsAddr→TCR.bit.TRB  = 1;    // 重装定时器
    Timer→RegsAddr→TCR.bit.SOFT = 0;
    Timer→RegsAddr→TCR.bit.FREE = 0;    // 禁止定时器自由运行
    Timer→RegsAddr→TCR.bit.TIE  = 1;    // 0/1:禁止定时器中断/使能禁止定时器中断
    Timer→InterruptCount = 0;           // 复位中断计数器
}
```

表 3.39 "Timer→RegsAddr→TCR.bit.TRB = 1"指令注解

在 "struct CPUTIMER_VARS * Timer" 指令中,* 为指针运算符,Timer(可用其他字母替代)是一个具有 CPUTIMER_VARS 结构体类型的指针变量,它指向结构体 CPUTIMER_VARS。通过 (* Timer).xxx 可以访问 CPUTIMER_VARS 结构体中的 xxx 成员。在 C 语言中,为了使用方便,可以把 (* Timer).xxx 改用 Timer→xxx 来代替。"→" 是成员选择(指针)。

现在来分析指令:Timer→RegsAddr→TCR.bit.TRB = 1;为了弄清前面两个指针的含义,先引入结构体 CPUTIMER_VARS 定义。

```
struct CPUTIMER_VARS                        //该函数由 DSP281x_CpuTimers.h 文件建立
{
    volatile struct   CPUTIMER_REGS  * RegsAddr;
    Uint32   InterruptCount;
    float    CPUFreqInMHz;
    float    PeriodInUSec;
};
```

这个结构体列出了 CPU 定时器所支持的变量。其第一个成员是一个包含 CPU 定时器所有寄存器的寄存器类型的结构体(CPUTIMER_REGS),RegsAddr 是一个具有 CPUTIMER_REGS 结构体类型的指针变量。其他3个成员与定时器寄存器有联系,但不属于定时器寄存器类型。InterruptCount 是定时器中断计数器,另外两个的乘积构成定时器的周期。这里把与一个结构体类型相关的变量归入一个结构体内,这种程序方法是值得借鉴的,在 9.12.2 节 zEPwm_UpAQ.c 源码中也有类似的用法。

这里,关键字 volatile 在变量声明中十分重要。它告诉编译器,对访问该变量的代码不要进行优化,以便提供对特殊地址的稳定访问。现在再引入 CPU 定时器寄存器结构体 CPUTIMER_REGS 有关定义:

续表 3.39

```
struct CPUTIMER_REGS  {        // 该函数由 DSP281x_CpuTimers.h 文件建立
{
    union   TIM_GROUP TIM;     // 定时器计数寄存器
    union   PRD_GROUP PRD;     // 定时器周期寄存器
    union   TCR_REG   TCR;     // 定时器控制寄存器
    Uint16  rsvd1;             // 保留
    union   TPR_REG   TPR;     // 定时器预定标计数低位
    union   TPRH_REG  TPRH;    // 定时器预定标计数高位
};
```

这个结构体声明有 6 个成员,除第 4 个成员保留外,其余 5 个均属 CPU 定时器特殊寄存器类型的共用体。其中,union TCR_REG TCR;声明 TCR_REG 是一种共用体类型,同时定义相应的共用体变量 TCR,以便引用(注意:不可直接引用一个类型)。下面列出 TCR_REG 共用体类型定义及 TCR 控制寄存器位结构(TCR_BITS)定义,它包含 2 个成员,一个是 16 位无符号整数 all,一个是 16 位 TCR_BITS 结构体,它们共用同一个内存单元。

```
union TCR_REG {                //该函数由 DSP281x_CpuTimers.h 文件建立
{
    Uint16         all;
    struct TCR_BITS bit;
};
```

TCR 控制寄存器位结构(TCR_BITS)定义。它是此类数据结构的底层定义。

```
struct  TCR_BITS               //该函数由 DSP281x_CpuTimers.h 文件建立
{              // 位描述
    Uint16   rsvd1:4;    // 3:0    reserved
    Uint16   TSS:1;      // 4      Timer Start/Stop
    Uint16   TRB:1;      // 5      Timer reload
    Uint16   rsvd2:4;    // 9:6    reserved
    Uint16   SOFT:1;     // 10     Emulation modes
    Uint16   FREE:1;     // 11
    Uint16   rsvd3:2;    // 12:13  reserved
    Uint16   TIE:1;      // 14     Output enable
    Uint16   TIF:1;      // 15     Interrupt flag
};
```

现在再来看指令:Timer→RegsAddr→TCR.bit.TRB = 1;这条指令最终访问的是 TCR 寄存器的 TRB 位。其中 Timer 指向 CPU 定时器变量(CPUTIMER_VARS),RegsAddr 指向 CPU 定时器的寄存器(CPUTIMER_REGS),后面的关系就比较清楚了。这种访问方法从外层入手,一层一层地最后进入最内层。

3.7.1.3 主文件 CpuTimer_SinCurve.c 中的关键指令

主文件 CpuTimer_SinCurve.c 中的关键指令参见表 3.40。这里对 3 个定时器的周期作了更改,以便在表达式视窗中对 3 个中断变量进行比较。其中对定时器 0 设置成 16.67 ns 产生一个中断请求,用于快速动态更新正弦曲线数组的值,以便在

第3章 系统时钟与定时器

CCSv5 平台上观察动态的正弦曲线。

表 3.40 CpuTimer_SinCurve.c 文件的关键指令

```
ConfigCpuTimer(&CpuTimer0, 10, 100);
      // 后两个数的乘积为周期数 PRD,由于定时器时钟节拍设置为 16.67 ns(参见"DSP281x_CpuTimers.c"文
      // 件中的 ConfigCpuTimer()函数中的两条指令 "Timer→RegsAddr→TPR.all = 0x00;" "Timer→
      // RegsAddr→TPRH.all = 0x00;")  因此,定时器的周期为:16 670 ns,即 16.67 us 有一个中断
      // 请求。
      //
      // 注意:后两个实参的乘积需大于 100
      //
      // 将示波器接入 IO00 (LaunchPad.J6.1) 及 GND (LaunchPad.J3.1),示波器量程 2 V 10 us。可观察到
      // 以下设置的中断周期
      // 设置:10, 100            中断请求的周期为      16.67 us       以下均同示波器观察值
      //      10, 10 000         中断请求的周期为      1.667 ms
      //      60, 1 000 000      中断请求的周期为      1      s       (16.67 * 60 000 000 = 1s)

ConfigCpuTimer(&CpuTimer1, 10, 10000);           // 60     1000000
ConfigCpuTimer(&CpuTimer2, 10, 1000000);         // 60     1000000

// TCR 定时器控制寄存器定义
// CpuTimer0Regs.TCR.all = 0x4000;       // 下面 6 条位域定义指令与上面一条指令等价
CpuTimer0Regs.TCR.bit.TIF = 0;           // TIF:CPU 定时器中断标志位, 0/1:写 0 忽略/写 1 清除
                                         // 标志位
CpuTimer0Regs.TCR.bit.TIE = 1;           // TIE:CPU 定时器中断使能位, 0/1:禁止 CPU 定时器中断/
                                         // 使能 cpu 定时器中断
                                         // 如果定时器计数器减至 0 并且 TIE 已置 1,则定时器发出一个
                                         // 中断请求

CpuTimer0Regs.TCR.bit.FREE = 0;
CpuTimer0Regs.TCR.bit.SOFT = 0;          // FREE  SOFT 定时器仿真方式设置,00:在 TIMH:TIM 下一个减
                                         // 计数后停止(硬中断)

CpuTimer0Regs.TCR.bit.TRB = 0;           // TRB:CPU 定时器重装位, 0/1:读 TRB 位总为 0,写 0 忽略/向该
                                         // 位写 1 则 PRDH:PRD 的值装入 TIMH:TIM,并且把定时器分频寄
                                         // 存器(TDDRH:TDDR)中的值装入预定标计数器(PSCH:PSC)

CpuTimer0Regs.TCR.bit.TSS = 0;           // TSS:cpu 定时器停止状态位,是停止或启动定时器的一个标
                                         // 志位。
                                         // 0/1:启动或重启定时器/停止定时器
                                         //
                                         // TCR 定时器控制寄存器其余位保留
```

3.7.1.4 动态正弦曲线形成机制

任何一个显示器相对于 CPU 的运行速度而言都是一个慢速器件。

在默认状态下,CCSv5 平台的图形视窗为每 0.5 s 刷屏一次。如果正弦曲线数组 SinCurve[ ]在 0.5 s 内能够更新数据,则反映在 CCSv5 图形视窗中的就是动态的正弦曲线。对 C2000 而言,这是轻而易举的。若正弦曲线数组由 200 个 16 位字组成,则在定时器以 16.67 μs 产生一个中断的条件下(使用正弦查表法可在一个中断周期内完成正弦数组中一个数据的更新),200 个数据全部更新的时间为 3.33 ms,这远小于 500 ms 的刷屏速度。因此,可观察到动态正弦曲线在图形视窗将作快速变化。

3.7.1.5 构成动态正弦数组 SinCurve[ ]的 3 种方法

构成动态正弦数组的 3 种方法包含在定时器 0 中断服务函数 cpu_timer0_isr (void)中,参见表 3.41。

表 3.41 定时器 0 中断服务函数 cpu_timer0_isr( )

```
interrupt void cpu_timer0_isr(void)
{
    // IQMATH 方法中断实际用时:      16.67 * 1019 = 16.98 μs(略长于设置的中断周期)
    // 正旋函数计算法中断实际用时:    16.67 * 2482 = 41.37 μs(明显长于设置的中断周期)
    // 正旋查表计算法中断实际用时:    16.67 * 1000 = 16.66 μs(等于设置的中断周期)
    CpuTimer0.InterruptCount ++ ;
//-------------------------------------------------------------------
// 用 IQMATH 方法建立正弦动态数据, Q = 24, 该段程序运行时间为 16.67 * 973 = 16.2 μs
    if( temp < = 90)                      // 第一象限
    {
        V1 = _IQ(temp);               // V1 = temp * 2^24, 即将原值放大 2^24 倍,Q 值由头文件
                                       // IQmathLib.h 定义为 24
        V2 = _IQ(deta);               // V2 = deta * 2^24,    deta = 2 * pi/360 = 0.017453292
        input = _IQmpy(V1,V2);        // input = (temp * 2^24 * deta * 2^24)/(2^24)
        sin_out = _IQsin(input);      // IQMATH 调用正弦
        result = _IQtoF(sin_out);     // IQMATH 调用转化成浮点数
    }
    if(( temp > 90) && ( temp < = 180))   // 第二象限
    {
        V1 = _IQ(180 - temp);
        V2 = _IQ(deta);
        input = _IQmpy(V1,V2);
        sin_out = _IQsin(input);
        result = _IQtoF(sin_out);
    }if(( temp > 180) && ( temp < = 270))// 第三象限
    {
        V1 = _IQ(temp - 180);
        V2 = _IQ(deta);
        input = _IQmpy(V1,V2);
        sin_out = _IQsin(input);
        result = - _IQtoF(sin_out);
```

续表 3.41

```
        }
        if( temp > 270)                          // 第四象限
        {
            V1 = _IQ(360 - temp);
            V2 = _IQ(deta);
            input = _IQmpy(V1,V2);
            sin_out = _IQsin(input);
            result = - _IQtoF(sin_out);
        }
        SinCurve[trace + + ] = 100 + 100 * result;
        if(trace>360)    trace = 0;
        temp + + ;
        if(temp = = 360)    temp = 0;
//-------------------------------------------------------------------
//++++++++++++++++++++++++++++++++++++++++++++++++++++++++++++++++++
// 直接用正弦函数计算方法建立动态数据。该段程序运行时间为 16.67 * 2435 = 40.58 μs
/*
        SinCurve[trace ++ ] = 100 + 100 * sin(1.8 * temp * deta);
        if(trace>200)    trace = 0;                // 用于正弦函数查表或正弦函数
        temp ++ ;
        if(temp == 200)    temp = 0;
*/
//++++++++++++++++++++++++++++++++++++++++++++++++++++++++++++++++++
//bbbbbbbbbbbbbbbbbbbbbbbbbbbbbbbbbbbbbbbbbbbbbbbbbbbbbbbbbbbbbbbbbbbb
// 用正弦函数表方法建立动态数据。该段程序运行时间为 16.67 * 344 = 5.73 μs
/*
        SinCurve[trace ++ ] = 100 + 100 * sin_tab[temp];
        if(trace>200)    trace = 0;                // 用于正弦函数查表或正弦函数
        temp ++ ;
        if(temp == 200)    temp = 0;
*/
//bbbbbbbbbbbbbbbbbbbbbbbbbbbbbbbbbbbbbbbbbbbbbbbbbbbbbbbbbbbbbbbbbbbb
        GpioDataRegs.GPATOGGLE.bit.GPIO0 = 1;      // 切换 GPIO0 电平,一个脉冲为一个周期
        // 将示波器接入 J19 的 IO0 及 GND 引脚,根据对 ConfigCpuTimer() 函数后两个形参的设置,从
        // GPIO0 的脉冲波型可观察到对应的中断周期
        PieCtrlRegs.PIEACK.all = PIEACK_GROUP1;
            // 这里的 PIEACK_GROUP1 被头文件定义为 0x0001,意为应答 PIE 第 1 组中断,以便接收后续中断
}
```

3.7.1.6　3 种方法的说明及图形视窗的常规设置

表 3.42 对表 3.41 列出的 3 种方法进行了说明,并列出图形视窗的常规设置步骤。建议在做 CpuTimer_SinCurve 项目调试时,从"//＋＋＋…"之间的即通过调用正弦函数建立动态曲线数组做起,并通过示波器观察中断所需的周期。

表 3.42 3 种方法的说明及图形视窗的常规设置

1. 3 种方法介绍

　　这里使用 CCSv5.2 平台动态曲线的显示功能。在 cpu_timer0_isr 中断函数中,通过 3 种方法之一动态改变正弦函数值构成一个动态数组,以便在 CCSv5.2 图形视窗形成动态正弦曲线。数组由 360 或 200 个单元(字)组成,前者用于 IQMATH 方法(每 90°对应一个象限),后者用于正弦函数或正弦函数表。每个字对应正弦曲线上的一个点。

　　将 GPIO0 引脚设置成 GPIO 输出,通过在定时器 0 中断程序中对 GPIO0 电平进行切换(每次切换为一个周期),用以观察定时器 0 中断的周期,从而比较 3 种方法所需的时间。

　　"//++++++++" 之间的程序为通过调用正弦函数建立动态曲线数组。通过实时时钟可以测得该段程序独立运行的时间为 40.58 μs,大于定时器 0 中断的周期。从示波器可观察到 GPIO0 切换的周期近 41 μs,它证明了中断服务函数中最后一条指令的作用,尽管将定时器 0 的中断周期设置为 16.67 μs,但是,只要门禁 PIEACK.x 不开,后续中断就不会发生。

　　"//bbbbbbbb" 之间的程序为通过使用正弦函数表建立动态曲线数组。该段程序独立运行的时间为 5.73 μs,整个中断运行时间小于定时器 0 的中断周期 16.67 μs,故 GPIO0 切换的周期为 16.67 μs。

　　"//--------" 之间的程序为通过 IQMATH 方法建立动态曲线数组。该段程序直接独立运行的时间为 16.2 μs,整个中断运行时间与定时器 0 的中断周期相当,故 GPIO0 切换的周期大致为 16.67 μs。

2. 打开图形视窗的常规方法

　　在编译下载程序之后,运行之前,作如下设置:

　　(1) 单击 View→Graph→Single Time,可打开 "Graph Properties" 对话框。

　　(2) 在 " Graph Properties " 对话框中:在"Start Address" 栏中输入数组起始地址 SinCurve。

　　(3) 在"Acquisition Buffer Size"栏中输入 200(或 360),在"Display Data Size"栏中输入 200(或 360)。

　　(4) 在"DSP Data Type"栏中选择 16 位无符号整数"16-bit unsigned integer"。其它选项暂取默认值,点击 Ok。

　　(5) 通常情况下图形视窗将出现一条静止的正弦曲线,单击右下角的曲线连续刷新按钮,正弦曲线开始动态变化。

3. 说明

　　3 种方法中正弦查表法最快,这种方法通常用于工程实践中,正弦函数表可事先建立。这里采用的正弦函数表是通过函数计算在程序初始化时建立的。

　　IQMATH 方法根基于 c2000 强大的乘加运算,将浮点运算变换为定点运算。从本例的正弦运算可知:IQMATH 方法较正弦函数法快一倍以上。由于 IQMATH 正弦运算的有效范围在 0°~90°。若要使其 360°度有效,需要分成 4 个象限讨论。

4. 程序设置要领:

　　(1) 在文件头部须添加编译指令 #include "math.h";

　　(2) 在文件头部须添加编译指令 #include "IQmathLib.h",以便编译器建立 IQmath 环境

　　(3) 在 CCSv5 环境下,须增加一条搜索路径并在项目文件夹中添加 IQmath 库文件。具体的请查阅 CpuTimer_SinCurve 项目。

3.7.1.7　建立图形视窗的简易操作步骤

　　在按照以下步骤操作之前,参照 1.10.1 节将以下变量加入变量视窗,如图 3.33 所示。

　　　　CpuTimer0.InterruptCount　　　　　　定时器 0 中断计数器
　　　　CpuTimer1.InterruptCount　　　　　　定时器 1 中断计数器

第3章 系统时钟与定时器

CpuTimer2.InterruptCount   定时器2中断计数器
SinCurve   正弦曲线数组

（1）运行之前先单击实时模式按钮 ![icon]，将CCSv5设置成实时模式；

（2）单击运行按钮 ![icon]，使程序进入运行状态；

（3）单击右上角的变量连续刷新按钮 ![icon]，变量视窗中的变量开始动态刷新；

（4）右击变量视窗的SinCurve栏，在下拉选项中选择"Graph"项，此时出现白底深蓝色的静止正弦曲线；

（5）单击右下角的曲线连续刷新按钮 ![icon]，静止正弦曲线随之转入动态，以上如图3.33所示。

（6）右击图形视窗，出现图形选项窗，如图3.34所示。选择"Display Properties"可进行显示属性的设置，这里把背景设置成黄颜色。

除了这种方法之外，也可以打开Tools菜单的选项窗选择"Graph"项，按提示进行显示参数设置（参见表3.42），刚上手时这种方法容易出错，没有上面介绍的方法简洁。

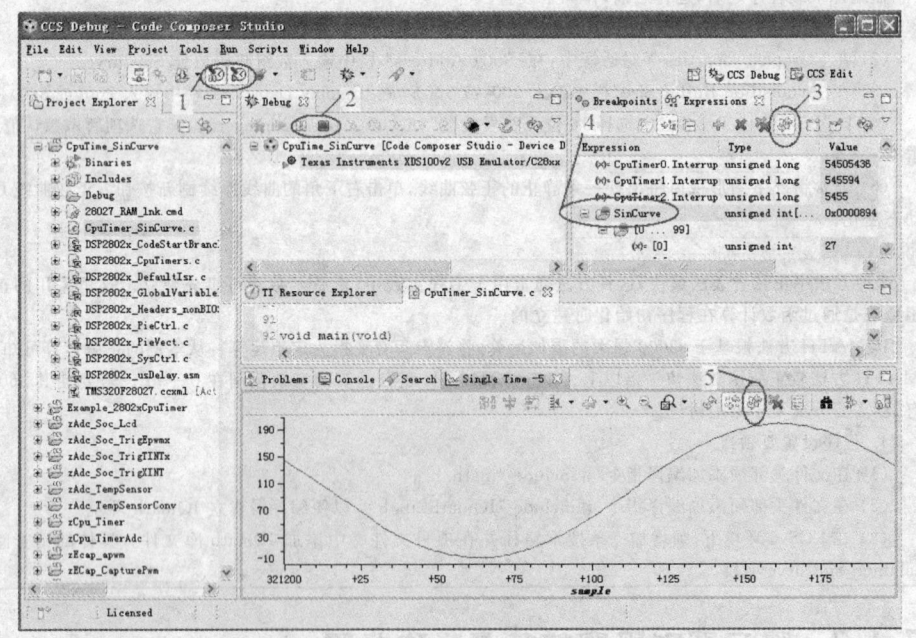

图3.33 建立图形视窗的简易操作步骤

注意：

这个项目开始是在CCSv3.3调试的，分别采用直接正弦函数计算法，IQMATH

第3章 系统时钟与定时器

方法及正弦函数查表法(正弦表在程序进入无限循环之前,通过计算程序存入正弦数据表中)共 3 种方法,计算正弦曲线数组的动态刷新数据。该项目作为 CCSv3.3 导入到 CCSv5.2 的案例,能够在 CCSv5.2 平台上正常运行。如果直接在 CCSv5.2 平台上直接建立类似的项目,如本例的 CpuTimer_SinCurve,则除了参照 1.7.3 节建立 4 条搜索路径之外,还需要增加下面一条路径:

"＄{CG_TOOL_ROOT}/include"

以保证系统对数学运算的支持。另外,还需要在 CpuTimer_SinCurve 项目文件夹中增加 Iqmath 库文件,如此才能正常使用 IQMATH。CpuTimer_SinCurve 项目已经做了这些工作。

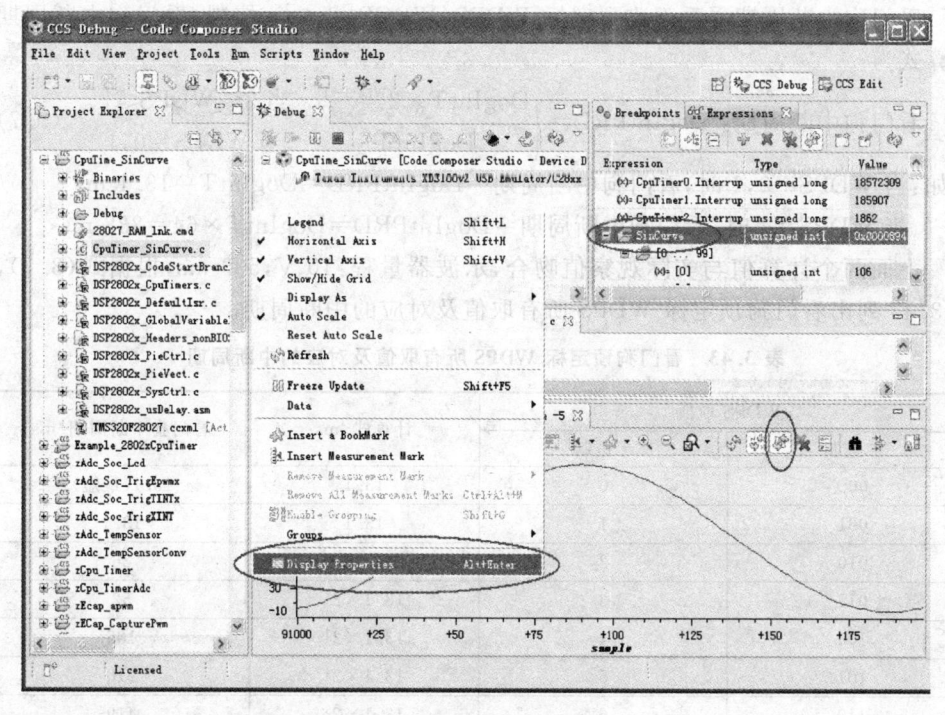

图 3.34 图形曲线选项窗

3.7.2 看门狗及操作要领(zWatchdog)

以下前 3 节对隐含在 TI 看门狗文档中的看门狗时钟、看门狗中断时基以及看门狗中断周期进行归纳。

3.7.2.1 看门狗时时钟(DogCLK)

看门狗时钟是内部晶振振荡器 OSCCLK 频率的 512 分频。

看门狗时钟(频率):$DogCLK = \dfrac{OSCCLK}{512} = \dfrac{10\ 000\ 000}{512} = 19\ 531\ Hz$ (3.4)

第3章 系统时钟与定时器

其中，OSCCLK = 10 MHz

看门狗时钟周期：$\text{DogCLK} = \dfrac{512}{\text{OSCCLK}} = \dfrac{512}{10\,000\,000} = 51\,200$ ns (3.5)

3.7.2.2 看门狗中断时基（DogIntT）

看门狗模块有一个8位的看门狗计数器寄存器 WDCNTR，当 WDCNTR 计数到 0x00FF 时未被清 0，称为一个看门狗中断的时基，看门狗中断时基为：

$$\text{DogIntT} = 256 * \text{DogCLK} = 256 * 51\,200 = 13.1 \text{ ms} \quad (3.6)$$

3.7.2.3 看门狗中断周期（DogIntPRD）

看门狗中断周期受看门狗预定标 WDPS（WDCR[2:0]）控制，看门狗中断周期计算式为：

$$\text{看门狗中断周期：DogIntPRD} = \begin{cases} \text{DogIntT} \times 2^{\text{WDPS}-1} & \text{当 } 2 \leqslant \text{WDPS} \leqslant 7 \\ \text{DogIntT} & \text{当 WDPS} = 0,1 \end{cases} \quad (3.7)$$

例如：当 WDPS=0,1 时，看门狗中断周期=DogIntPRD=DogIntT=13.1 ms

当 WDPS=7 时，看门狗中断周期=DogIntPRD=DogIntT×64=838 ms

上面两个计算值与实际观察值吻合，示波器量程：10 V，500 ms，根据式（3.7），表 3.43 列出看门狗预定标 WDPS 所有取值及对应的中断周期。

表 3.43 看门狗预定标 WDPS 所有取值及对应的中断周期

WDPS 取值		计算式/ms	看门狗中断周期/ms
二进制	十进制		
000	0	13.1	13.1（最短）
001	1	13.1	13.1
010	2	13.1×2	26
011	3	13.1×2^2	52
100	4	13.1×2^3	105
101	5	13.1×2^4	210
110	6	13.1×2^5	419
111	7	13.1×2^6	838（最长）

3.7.2.4 看门狗工作条件

图 3.19 看门狗电路逻辑框图非常简明地概括了看门狗操作的要领，这里将根据这个框图进行解读。

- 当看门狗使能控制位 WDDIS（WDCR[6]）=0 时，看门狗时钟有效同时使能看门狗。
- 当看门狗中断使能控制位 WDENINT（SCSR[1]）=0 时，使能看门狗复位（$\overline{\text{WDRST}}$）输出信号，并禁止看门狗中断（$\overline{\text{WDINT}}$）输出信号；

当看门狗中断使能控制位 WDENINT(SCSR[1])=1 时,使能看门狗中断($\overline{\text{WDINT}}$)输出信号,并禁止看门狗复位($\overline{\text{WDRST}}$)输出信号。

- 当检测到来自 WDKEY[7:0]的连续两个字符 0x55 及 0xAA 时,会产生一个高电平,该电平通过图 3.19 中间的或门,用来清除 8 位看门狗计数器 WDCNTR[7:0],进行喂狗。否则,WDCNTR 计数器将产生溢出,输出一个高电平信号,该信号将触发一个 512 个振荡器时钟(OSCCLKs)宽的输出脉冲,视中断使能控制位 WDENINT(SCSR[1])的状态,或看门狗复位($\overline{\text{WDRST}}$)输出有效,或看门狗中断($\overline{\text{WDINT}}$)输出有效。
- 图 3.19 底部的一个异或门,下端口固定输入为 1 0 1,上端口 WDCHK(WDCR[5:3])的恒定输入也为 1 0 1,用以看门狗检测。当 WDCHK(WDCR[5:3])的输入不是 1 0 1 时,异或门将输出一个高电平,该电平将触发一个 512 个振荡器时钟(OSCCLKs)宽的输出脉冲,视中断使能控制位 WDENINT(SCSR[1])的状态,或使能复位($\overline{\text{WDRST}}$)输出,或使能看狗中断($\overline{\text{WDINT}}$)输出。该特性可用来产生一个软件复位($\overline{\text{WDRST}}$)。

$\overline{\text{WDRST}}$为 图 3.19 左下部三态门的门控信号,低有效。此时该信号通过中间或门下端口的反相器输出高电平,用来复位 8 位看门狗计数器 WDCNTR[7:0]。

3.7.2.5 看门狗中断

要使看门狗有效必须使能看门狗中断,其中断设置与定时器 0 中断设置框架相同,可比照定时器 0 中断的相应指令进行阅读。

3.7.2.6 看门狗两个关键寄存器的设置

系统控制及状态寄存器 SCSR 的设置请参见表 3.44。将 WDENINT(SCSR[1])置 1,从而使能看门狗中断($\overline{\text{WDINT}}$)的输出。

看门狗控制寄存器 WDCR 的设置请参见表 3.45。将 WDDIS(WDCR[6])置 0,使能看门狗;初始化时,必须设置 WDCHK(WDCR[5:3])=101b,应用软件可将这个字段设置成非 1 0 1b(二进制)值,以使系统复位;设置 WDPS(WDCR[2:0])=011b,则看门狗中断周期=52 ms。

表 3.44 系统控制及状态寄存器 SCSR 的设置

```
EALLOW;
SysCtrlRegs.SCSR = BIT1(1);         // SCSR:系统控制及状态寄存器
EDIS;
```

(1) 这里的 BIT1 是一个位掩码。通过 DSP281x_Device.h 文件中的宏定义指令:"#define BIT1 0x0002"定义。这里不用位域方式而是采用位掩码的形式写整个 SCSR 寄存器,是为了避免位域方式可能会清 WDOVERRIDE 位。这条指令通过置 WDENINT=1,使能看门狗中断($\overline{\text{WDINT}}$)输出而禁止看门狗复位($\overline{\text{WDRST}}$)输出。请参照表 3.24 的 SCSR 位域定义进行分析。

第3章 系统时钟与定时器

表 3.45 看门狗控制寄存器 WDCR 的设置

```
EALLOW;
SysCtrlRegs.WDCR = 0x002B(2);        // WDCR：看门狗控制寄存器
EDIS;
```

(2) WDCR[15:8]=Reserved，高8位保留，WDCR 相应的位域设置及作用如下：

WDFLAG(WDCR[7])=0，看门狗复位状态标志位。该位为1，表示一个看门狗复位(WDRST)产生了复位条件。该位为0，则表示一个外部器件或者上电复位条件。此位锁存状态一直保持到用户写1清除此条件。写0无效。

WDDIS(WDCR[6])=0，看门狗使能；对此位写1，禁止看门狗模块。写0，则使能看门狗模块。该位仅当 SCSR 寄存器的 WDOVERRIDE 位为1时可以修改。系统复位时，看门狗模块被使能。

WDCHK(WDCR[5:3])=101b，看门狗检测位。不论何时对这个寄存器执行写操作，总是要将这几位写成101。写任何其他值将立即造成核复位（如果看门狗使能的话）。读这几位总是为 000。

WDPS(WDCR[2:0])=011b，这些位以看门狗中断时基 DogIntT(13.1 ms)来配置看门狗中断周期。看门狗中断周期：

$$DogIntPRD = DogIntT \times 2^{(WDPS-1)}$$

此例：WDPS=3，故看门狗中断周期=52 ms

当 WDPS(WDCR[2:0])=0,1 时，看门狗中断周期为 13.1 ms

当 WDPS(WDCR[2:0])=7 时，看门狗中断周期为 838 ms

3.7.2.7 喂狗及操作注意事项

喂狗通过 ServiceDog()函数完成，该函数只有以下几条简单的指令：

```
EALLOW;
SysCtrlRegs.WDKEY = 0x0055;
SysCtrlRegs.WDKEY = 0x00AA;
EDIS;
```

即在看门狗中断溢出周期之内，向看门狗关键字寄存器 WDKEY 前后连续写入两个关键字 0x55 及 0xAA，用以复位看门狗计数器 WDCNTR。激活看门狗后，这个函数可以放在应用程序中，但必须在看门狗中断溢出周期之内喂狗，否则，将造成系统复位。zWatchdog.c 文件将 ServiceDog()函数放在无限循环中。若屏蔽这条指令，程序无休止地进入看门狗中断循环，可以观察到放在变量视窗中的唤醒计数器 WakeCount 将一直累加计数；若释放这条指令，则看门狗计数器在没有溢出之前就被清0从头计数，没有产生看门狗中断的条件，WakeCount 将一直保持为0。

做这个实验时，需要将以下两个变量：

LoopCount   无限循环次数
WakeCount   唤醒计数（记录 WAKEINT 中断次数）

加入 CCSv5 变量视窗并设置成动态变量。另外将 GPIO0(LaunchPad.J6.1) 及 GND

(LaunchPad.J3.1)接入示波器,量程:10V,50ms。以便调试观察看门狗中断周期。

3.7.3 低功耗模式的3个示例

表3.20,表3.21以及表3.22对低功耗模式做了详尽的说明,以下通过源码解读说明3种模式的用法。

在对低功耗模式3个源码调试运行之前,请做如下连接:用杜邦线的一个头连接GPIO0(LaunchPad.J6.1),另一个头悬空或视调试情况直接插入GND(LaunchPad.J2.1)作为看门狗中断或定时器0中断的触发源;将GPIO1(LaunchPad.J6.2)及GND(LaunchPad.J3.1)接入示波器,量程:10V, 50ms或酌情而定。

将以下两个变量加入CCSv5变量视窗并在编译后运行前设置成动态变量。

  WakeCount   唤醒计数器
  TimeCount   定时器计数器

3.7.3.1 低功耗空闲模式唤醒(zlpm_IdleWake)

1. 空闲模式初始化指令

空闲模式初始化指令见表3.46。

表3.46 空闲模式初始化指令

```
EALLOW;                                      // 允许访问受保护的寄存器
GpioCtrlRegs.GPAPUD.all = 0;                 // 以下两条指令使能所有引脚内部上拉(默认)
GpioCtrlRegs.GPBPUD.all = 0;
GpioIntRegs.GPIOXINT1SEL.bit.GPIOSEL(1) = 0; // 选择 GPIO0 引脚为外部中断 1(XINT1)的触发
                                             // 引源

GpioCtrlRegs.GPADIR.all = 0xFFFFFFFE;        // 除 GPIO0 之外,将所有引脚设置成输出
GpioDataRegs.GPADAT.all = 0x00000000;        // 所有 GPIO 引脚设置成低电平
GpioCtrlRegs.GPAMUX1.bit.GPIO1(2) = 0;       // 以下两条指令将 GPIO1 设置成输出,
GpioCtrlRegs.GPADIR.bit.GPIO1 = 1;
EDIS;                                        // 禁止访问受保护的寄存器

XIntruptRegs.XINT1CR.bit.ENABLE(3) = 1;      // 使能外部中断 1(XINT1)引脚
XIntruptRegs.XINT1CR.bit.POLARITY = 0;       // 下降沿触发中断(电平从高到低的变化)
...
EALLOW;                                      // 允许访问受保护的寄存器
if (SysCtrlRegs.PLLSTS.bit.MCLKSTS ! = 1)(4) // 仅在锁相环不是以软件方式进入低功耗(LPM)模
                                             // 式时,条件成立
{ SysCtrlRegs.LPMCR0.bit.LPM = 0x0000; }     // 设置 LPM 为空闲模式(默认)
EDIS;                                        // 禁止访问受保护的寄存器
...
asm(" IDLE")(5);                             // 强制器件进入空闲状态,直到在 XINT1 中断
```

空闲模式初始化指令说明如下:

(1) 所有有效中断及器件复位信号$\overline{XRS}$均可以使器件退出空闲模式。这里采用 GPIO0 引脚下降沿跳变触发外部中断 1 (XINT1) 来唤醒器件。引脚 GPIO0~GPIO31 中的每一个引脚均可以设置成外部中断 1 的触发源,这里选择 GPIO0。

(2) 为了观察器件退出空闲模式的效果,将 GPIO1 引脚配置成 GPIO 输出,并在中断服务函数 XINT_1_ISR() 中加入一条 GPIO1 电平切换的指令。这样,每一次 GPIO0 电平切换事件的发生,都能从示波器中观察到 GPIO1 波形的改变。具体操作为将连接 GPIO0 引脚杜邦线的另一头插入再拔出 GND 引脚,未插入为高电平插入为低电平,作为一次 GPIO0 下降沿跳变事件,产生一个中断由此切换 GPIO1 电平。

(3) 这条指令与注释的第 1 条指令对应,前面的指令选择 XINT1 中断并设置触发源,该指令的作用是使能外部中断 1 (XINT1)。

(4) MCLKSTS 为丢失时钟状态位。该指令在系统复位后检查此位的状态,以检测振荡器是否丢失。在正常情况下,此位为 0,此时设置 LPM 为空闲模式。

(5) 用这条指令可以强制进入 3 种低功耗模式:空闲(IDLE),待机(STANDBY)及暂停(HALT))中的任何一种模式,而上面对 LPM 字段的配置则用来具体选择何种低功耗模式。根据实际调试的结果,在空闲模式中,对 GPIO0 的每一次下降沿,GPIO1 电平就会产生变化,加入变量视窗的 WakeCount 计数器开始累加增计数,即该模式可重入。但是在待机或暂停模式中,GPIO1 除第 1 次由 GPIO0 下降沿引起变化外,之后的 GPIO0 触发均不会引起 GPIO1 的变化。

2. 外部中断 1 的设置

表 3.47 是程序中对外部中断 1 的设置指令汇总。

表 3.47　外部中断 1 的设置

```
EALLOW;                                    // 允许访问受保护的寄存器
PieVectTable.XINT1 = &XINT_1_ISR;          // 将 XINT_1_ISR() 中断服务函数的地址赋值给 XINT1 向量
EDIS;                                      // 禁止访问受保护的寄存器

PieCtrlRegs.PIEIER1.bit.INTx4 = 1;         // 使能 PIE 向量表第 1 组第 4 个外部中断 1 (XINT1) 中断
IER |= M_INT1;                             // 使能 XINT1 中断所在的 PIE 向量表第 1 组 INT1 中断线
EINT;                                      // 使能 CPU 全局中断

interrupt void XINT_1_ISR(void){…};        // 在主文件头部的中断服务函数(ISR)原型声明
```

注释:有关上面指令更详细的说明请参阅 3.7.1.1 节 CPU 定时器中断设置步骤。

3. 通过看门狗唤醒低功耗空闲模式

在 zlpm_IdleWake.c 文件中,夹在"//ttttttttt…"之间的代码是看门狗中断设置的基本指令,它取自上一节的看门狗中断程序,其作用是通过看门狗中断使器件退出空闲模式。与外部中断1不同的是,器件一旦被看门狗中断唤醒,将彻底退出空闲模式,处于常规运行状态。该实验操作为:激活 XINT_1_ISR()函数中的下面一条指令:

$$\text{PieCtrlRegs.PIEIER1.bit.INTx8} = 1;$$

这条指令一般放在用户代码处,用以使能 PIE 第1组第8个 WAKEINT 看门狗中断,为了验证看门狗中断可以产生一个送至 CPU 的中断请求以使 CPU 退出低功耗空闲模式,特意将这条指令放在 XINT_1_ISR()中断函数中。

当 GPIO0 引脚不接入低电平,即外部中断1未发生时,看门狗不产生中断,而当 GPIO0 引脚接入低电平,即外部中断发生时,程序将执行 XINT_1_ISR()函数中的这条指令,从而激活看门狗中断。此时,GPIO1 引脚输出脉冲信号,加入变量视窗的 WakeCount 计数器开始连续增计数。相关指令请参见 zlpm_IdleWake.c 文件,这里不再列出。

注意:这条指令不能直接放在前面,如此,只要发生看门狗中断,CPU 就会退出低功耗空闲模式。

3.7.3.2 低功耗待机模式唤醒(zlpm_StandbyWake)

待机模式指令框架与空闲模式大同小异,其唤醒方式请参照表 3.20。在 zlpm_StandbyWake.c 文件中,作了如同空闲模式第3点类似的添加。不同的是这里引入定时器0中断,原因是:在待机模式中,系统时钟 SYSCLKOUT 及 CLKIN 关闭,而看门狗运行,其时钟由内部振荡器提供。定时器0中断设置完全采用常规方法,不必像空闲模式那样把下面的指令

PieCtrlRegs.PIEIER1.bit.INTx7 = 1; // 使能 PIE 中的第1组第7个定时器0中断 TINT0

放在看门狗中断服务函数中。一旦通过 GPIO0 引脚触发看门狗中断,器件将退出待机模式;倘若屏蔽这条指令,则除第1次 GPIO0 下降沿可触发看门狗中断之外,之后的 GPIO0 下降沿均不能触发看门狗中断。即,在源代码设置情况下待机模式不可重复。

尝试在无限循环中添加强制进入待机模式指令"asm(" IDLE");"并配以适当的延时,程序编译运行后,GPIO0 下降沿可连续触发看门狗中断。

3.7.3.3 低功耗暂停模式唤醒(zlpm_HaltWake)

暂停模式指令框架与待机模式基本类似,所添加的定时器0中断也与待机模式相同,可参照待机模式调试运行。要注意的是:暂停模式除系统时钟 SYSCLKOUT 及 CLKIN 关闭之外,振荡器与 PLL 也处于关闭状态,看门狗无作用。

注意:如果将连接 GPIO0 杜邦线的另一头插入 GND(LaunchPad.J2.1)过程中,产生干扰造成 CCSv5 不能稳定工作时,不妨采用先将 GPIO0 直接连接 GND 再拔出的方法进行调试。

3.7.4 内部振荡器补偿示例(zOSC_Comp)

本例介绍如何使用 zOSC_Comp 项目中的内部振荡器补偿函数,这个函数根据温度传感器采样值,通过公式算出振荡器补偿值,最后得到过温漂移的补偿并赋值给内部振荡器 1 调整寄存器(INTOSC1TRIM)。

3.7.4.1 zOSC_Comp.c 函数关键指令及步骤

1. 模数转换的配置见表 3.48,该段代码摘自 zOscComp.c 主文件

表 3.48 中除对 OTPWAIT 的设置指令外,其余指令均与 zAdc_TempSensor-Conv.c 文件中 AD 配置指令相同。

表 3.48 zOSC_Comp.c 函数中的模数转换配置

```
...
InitAdc();                              // 配置 ADC 模块,ADC 初始化
EALLOW;
AdcRegs.ADCCTL1.bit.TEMPCONV   = 1;     // 在内部将 A5 通道连接到温度传感器
AdcRegs.ADCSOC0CTL.bit.CHSEL   = 5;     // 设置 SOC0 通道选择 ADCINA5
AdcRegs.ADCSOC1CTL.bit.CHSEL   = 5;     // 设置 SOC1 通道选择 ADCINA5
AdcRegs.ADCSOC0CTL.bit.ACQPS   = 6(1);
AdcRegs.ADCSOC1CTL.bit.ACQPS   = 6(1);
AdcRegs.INTSEL1N2.bit.INT1SEL  = 1;     // ADCINTy EOC 源选择,EOC1 触发 ADCINT1
AdcRegs.INTSEL1N2.bit.INT1E    = 1(2);  // 使能 ADCINT1 中断
FlashRegs.FOTPWAIT.bit.OTPWAIT = 1(3);  // 每次对 OTP 的访问为两个 SYSCLKOUT 周期
EDIS;
...
```

(1) 设置 SOC0 或 SCO1 的采样/保持(S/H)窗的大小为 7 个 ADC 时钟周期(7 = ACQPS + 1)。此处两个通道都连接到温度传感器,因此,第 1 次采样被丢弃不予采纳。

(2) ADCINT1 中断是 ADC 模块的硬件功能。可以通过查询来判断中断是否发生并作相应处理,如本例;也可以像 zAdcSoc_TripEpwmx 项目一样建立一个中断函数进行中断响应。从该例可知,查询也是响应中断的一种方法。

(3) 设置 Flash OTP 等待状态最小值,这对于补偿函数而言很重要。

2. 主程序循环指令见表 3.49,该段代码为 zOscComp.c 主文件中无限循环指令

表 3.49 主程序循环指令

```
for(;;)
{
    AdcRegs.ADCSOCFRC1.all = 0x03;                    // 强制 SOC0 及 SOC1 开始转换
    while(AdcRegs.ADCINTFLG.bit.ADCINT1 == 0){}       // 用查询的方法对 ADC 中断标志位进行判断,等
                                                      // 待转换结束。
```

第3章 系统时钟与定时器

续表 3.49

```
                                        // 0：未发生 ADC 中断脉冲，即 ADC 转换未完成
                                        // 1：已发生 ADC 中断脉冲，即 ADC 转换已经完成
                                        // 等待 ADCINT1 由硬件置1，此时 ADC 转换已经完成
    AdcRegs.ADCINTFLGCLR.bit.ADCINT1 = 1;(1)    // 清 ADCINT1 标志位，以便 ADC 模块继续后面的转换
    temp = AdcResult.ADCRESULT1;        // 将通过 SOC1 获得的转换值保存到 temp
    Osc1Comp(temp);(2)       // 振荡器1调整。在温度变化时，采用温度传感器的值进行振荡器1的补偿。
    Osc2Comp(temp);          // 振荡器2调整。在温度变化时，采用温度传感器的值进行振荡器2的补偿。
    // 以下可安排其他应用程序指令
}
```

(1) 通常情况下清除中断标志位指令放在中断服务函数中，但对较为简单的单一任务程序，可以通过查询中断标志位的方法来判断是否发生了中断。中断发生后要通过这条指令将中断标志位清0，以便后续中断产生。因为查询方式不使用 PIE 向量表，不需要打开 PIEACK.1 门禁进入 INT1 中断线，因此不需要对 PIEACK.1 清0。

(2) 该指令将温度传感器的采样值作为参考值，借助保存在 OTP 中的参数计算出振荡器1的过温漂移的补偿值，并存入内部振荡器1调整寄存器(INTOSC1TRIM)中。

3. 指针函数(宏指令)注解，该指针函数在主文件头部定义

在对 OTP 地址进行访问时用到指针函数，这里通过表3.50给出注解。由于变量视窗只能显示在主文件头部定义的全局变量，为了操作方便，这里将项目中的共享文件 DSP2802x_OscComp.c 移入主文件中。有关定义及指针函数放在主文件头部，而函数放在主文件尾部。并且定义了8个32位全局变量以接收指针函数的赋值，这样，指针函数所表示的 OTP 寄存器某一个地址的数值就能够在变量视窗中显示出来

表3.50 指针函数(宏指令)注解

```
...
#define getOsc1FineTrimSlope()(1)       (*(int16 (*)(void))0x3D7E90)()      // getOsc1FineTrimSlope：振荡器
                                                                            // 1 细调斜率
#define getOsc1FineTrimSlope()(2)       *(volatile Uint16 *)0x3D7E90
...
```

(1) (int16 (*)(void))0x3D7E90 可理解为地址指针，指向 OTP 的 0x3D7E90 地址空间。关键字 void 为无定义的类型。在函数原形定义中，Void 用来表示没有返回值和形参。在指针创建操作中，它要求编译器忽略指针所指向的数据类型的所有信息。

*(int16 (*)(void))0x3D7E90 为取出 0x3D7E90 地址空间的数据。而

(*(int16(*)(void))0x3D7E90)() 为指针型函数,其作用是取 OTP 地址 0x3D7E90 中的数值,这里,关键字 void 不可省略。而 getOsc1FineTrimSlope() 可理解为(*(int16(*)(void))0x3D7E90)() 类型的一个指针函数(宏)。

(2) 这条指令相对简单一些,可取代上面一条指令。取自针对 Flash 芯片 E28F128 进行访问的 Intel 底层宏命令。关键字 volatile 的用意是:编译器对访问该变量的代码不要进行优化,以便提供对特殊地址的稳定访问。

4. 振荡器 1 补偿函数参见表 3.51

表 3.51 振荡器 1 补偿函数 Osc1Comp ()

```
void Osc1Comp (int16 sensorSample)(1)      // sensorSample 为对温度传感器的采样值
{
    int16 compOscFineTrim;                 // 振荡器补偿细调值
    EALLOW
    k = sensorSample;                      // 传感器采样值
    k1 = getRefTempOffset();               // 参考温度偏移(0x3D7EA2) = getRefTempOffset() = 2 415
    k2 = getOsc1FineTrimSlope();           // 振荡器 1 细调斜率(0x3D7E90) = getRefTempOffset() =
                                           // -1 574 = -1 574/2^15 = -0.05,
                                           // -1 574 为 Q15 格式斜率,-0.05 为十进制斜率
    k3 = OSC_POSTRIM_OFF;                  // OSC_POSTRIM_OFF = FP_SCALE * OSC_POSTRIM = 32 768
                                           // * 32 = 1 048 576
    k4 = FP_ROUND;                         // Q15 格式的舍去误差补偿 FP_ROUND = 16 384,十进制为
                                           // 0.5 = 16 384/2^15
    k5 = getOsc1FineTrimOffset();          // 振荡器 1 细调偏移(0x3D7E93) = getOsc1FineTrimOffset
                                           // () = -24
    k6 = OSC_POSTRIM;                      // OSC_POSTRIM = 32
    k7 = getOsc1CoarseTrim();              // 振荡器 1 粗调(0x3D7E96) = 20
    compOscFineTrim(2) = ((sensorSample - getRefTempOffset()) * (int32)getOsc1FineTrimSlope()
            + OSC_POSTRIM_OFF + FP_ROUND )/FP_SCALE + getOsc1FineTrimOffset() - OSC_POSTRIM;
    compOscFineTrim(3) = ((k - k1) * k2 + 1048576 + 16384)/32768 + k5 - k6;
                                           // 该式与上式运算结果一致
    if(compOscFineTrim > 31)        { compOscFineTrim = 31; }
    else if(compOscFineTrim < -31)  { compOscFineTrim = -31; }
    SysCtrlRegs.INTOSC1TRIM.all = GetOscTrimValue(getOsc1CoarseTrim(), compOscFineTrim);
    EDIS;
}
```

(1) 该函数根据温度传感器采样值计算内部振荡器的温飘补偿值,计算式中的参数保存在 OTP 寄存器中,由指针函数读取。

(2) 振荡器补偿参数采用 Q15 格式固化在 0x3D7E90~0x3D7EA4 的 OTP 区域,因此,下面的计算采用 Q15 格式。运算式中的(int32)的作用为强制两个数乘积的数域为无符号 32 位数。事实上乘积已经大于无符号 16 位数,倘若不强制为无符号 32 位数,其乘积将作为 16 位数处理,导致运算错误。运算表达式可作如下简化:

振荡器补偿细调值＝((传感器采样值－温度参考偏移量)＊ 振荡器1细调斜率)/2^15＋0.5－24

这个简化的表达式与保存在 …\v129\doc\ *Internal_Oscillator_Compensation_Functions* 文件中的计算振荡器补偿细调值的线性方程：

$$Y1 = m(X1 - X0) + Y0$$

吻合。其中：Y1为振荡器补偿细调值，X1为传感器采样值，X0为温度参考偏移量，m为振荡器细调斜率，Y0为振荡器细调偏移量，这个线性方程式表示了内部振荡器温飘的特性。在简化表达式中，由于下划线乘积运算是Q15格式即放大了 2^{15} 倍，因此，转化成十进制数时须除以 2^{15}，而简化表达式中的0.5为前面乘积运算的舍去误差补偿，(－24)为振荡器1细调偏移量。图3.35为内部振荡器补偿斜率示图。

（3）这里将表意的指针函数值赋值给无符号32位全局变量 k 及 kn，其目的是将一个长表达式缩短，以便在变量视窗中观察各个指针函数值及运算结果。下面表达式计算结果与上面一个表达式相同

compOscFineTrim ＝ ((k － k1) ＊ k2＋1 048 576＋16 384)/32 768＋k5－k6；

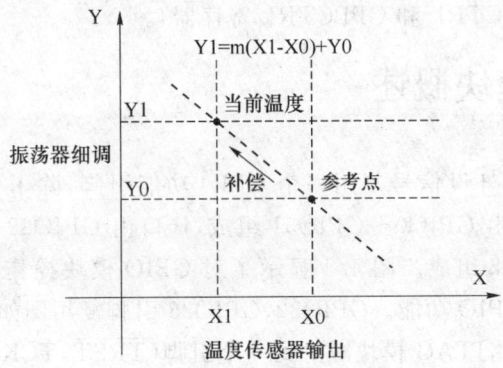

图3.35　内部振荡器补偿斜率示图

第4章

通用输入/输出口(GPIO)

GPIO 的多路复用寄存器(MUX)用来选择对共享 I/O 引脚的操作,这些引脚以通用规则命名(如 GPIO0~GPIO38)。同时,这些引脚可以被分别设置成数字 I/O 引脚,即 GPIO,也可以被用来连接到至多 3 个外围的 I/O 信号中的一个(设置成哪种引脚由 GPxMUXn 寄存器决定)。如果设置成数字 I/O 脚,则还要设置改引脚的方向(通过 GPxDIR 寄存器)。另外,也可以限定输入信号,以消除不必要的噪声(通过 GPxQSELn,GPACTRL 和 GPBCTRL 寄存器)。

4.1 GPIO 模块概述

至多 3 个独立的外设信号复用一个 GPIO 功能引脚,除了个别位的 I/O 功能。有 3 个 I/O 口,A 口由 GPIO0~GPIO31 组成,B 口由 GPIO32~GPIO38 组成。模拟口由 AIO0~AIO15 组成。图 4.1 显示了对 GPIO 模块操作的基本模式。注意,JTAG 引脚也提供 GPIO 功能。GPIO32、GPIO33 引脚复用图如图 4.2 所示。

在 2802x 设备上,JTAG 模块减少到 5 个引脚($\overline{TRST}$,TCK,TDI,TMS,TDO),它们也可作为 GPIO 引脚。如图 4.3 所示,$\overline{TRST}$ 信号用来选择 JTAG 或者 GPIO 操作模式。模拟/GPIO 多路复用器如图 4.4 所示。

注意:在 2802x 器件中,JTAG 引脚也可被用作 GPIO 引脚。在电路板的设计中务必小心,以确保连接到这些引脚的电路不会影响 JTAG 引脚的仿真功能。任何连接到这些引脚的电路都不能阻碍仿真器驱动(或被驱动)JTAG 引脚的成功调试。

A在相同的内存地址中，GPxDAT被读取和锁存。

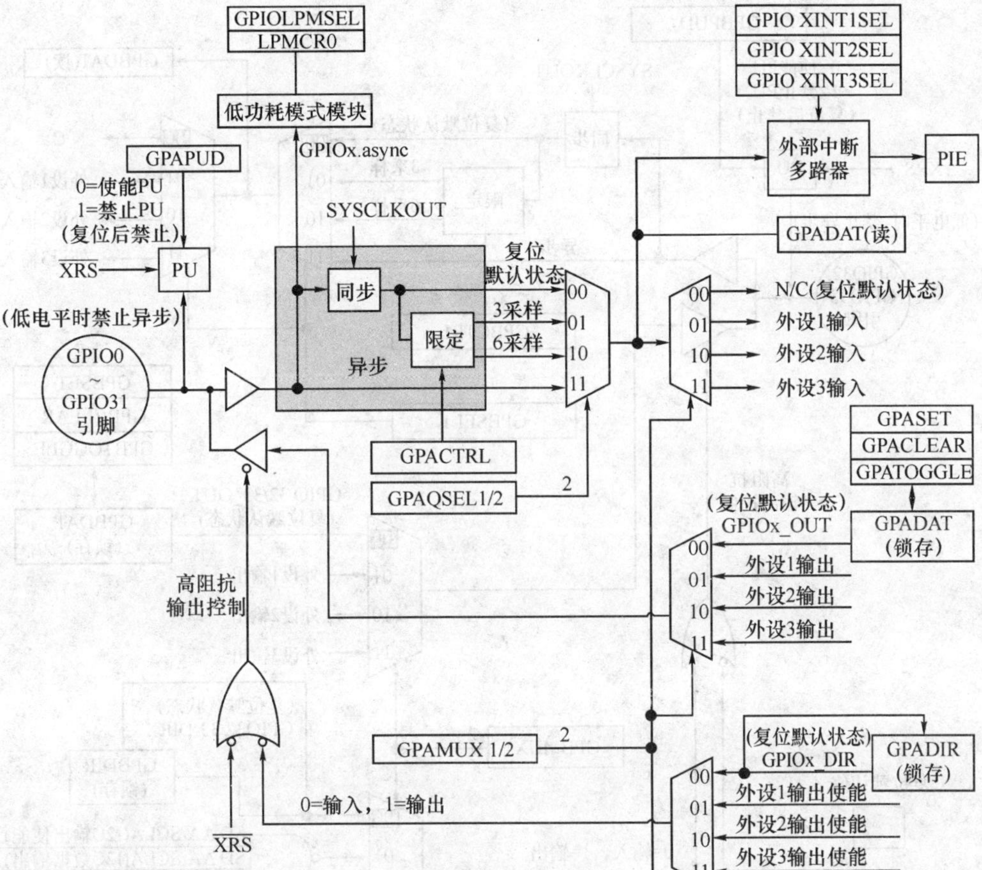

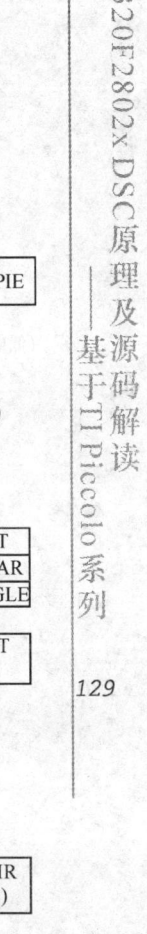

图 4.1　GPIO0～GPIO31 引脚复用图

第4章 通用输入/输出口(GPIO)

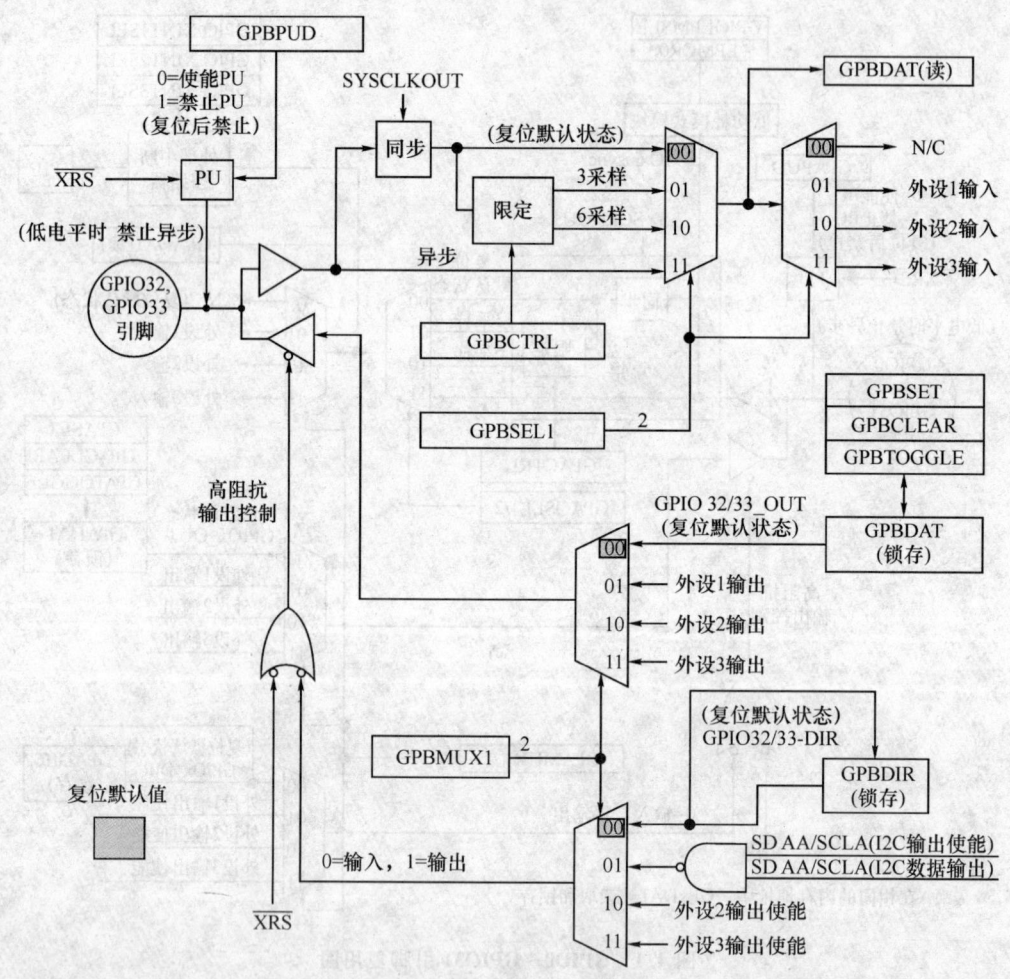

A 在引脚被设置成双向以后，PCLKCR3寄存器中的GPIONENCLK位不影响以上GPIO（I2C脚）。
B 当模式改变的时候输入检查电路不会被重置（如从输出模式改为输入模式）。任何状态会最终被电路刷新。

图4.2 GPIO32、GPIO33引脚复用图

第 4 章 通用输入/输出口(GPIO)

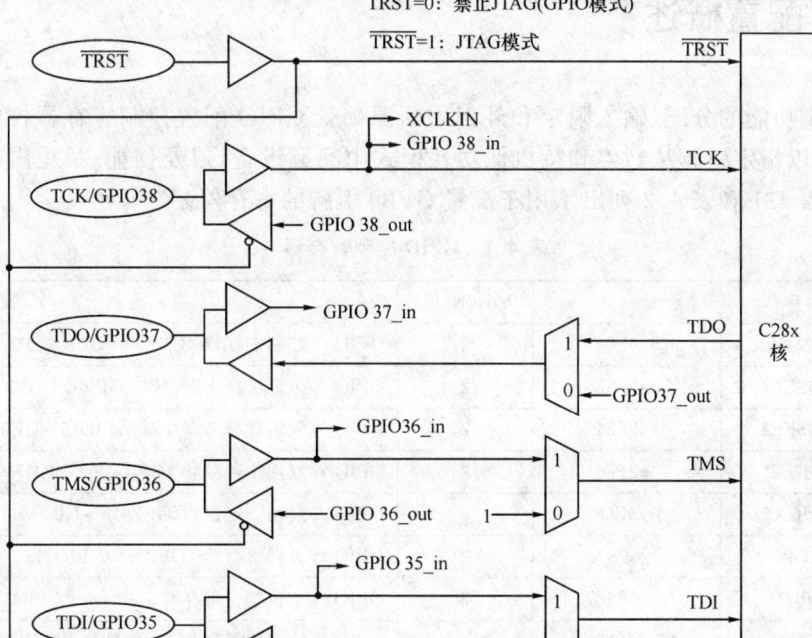

图 4.3 JTAG 端口/GPIO 多路复用

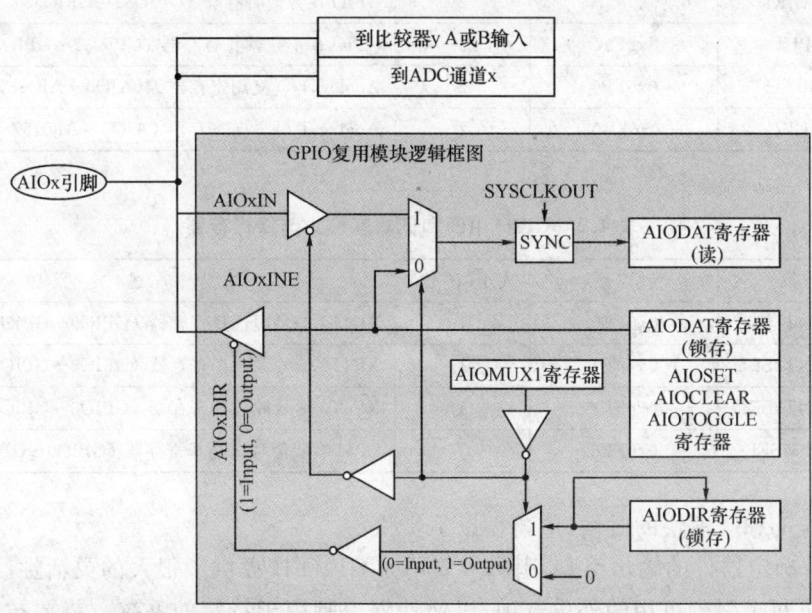

A ADC/比较器的路径始终处于使能状态,不论AIOMUX1值为多少。
B 当相应AIOMUX1位为1时AIO部分被封锁。

图 4.4 模拟/GPIO 多路复用器

第4章 通用输入/输出口(GPIO)

4.2 配置概述

引脚功能的分配、输入限定和外部中断源都受 GPIO 配置控制寄存器控制。此外,也可以指定引脚从暂停和待机低功耗模式中唤醒设备,以及使能/禁止内部上拉电阻。表 4.1 和表 4.2 列出了用于配置 GPIO 引脚的寄存器。

表 4.1 GPIO 控制寄存器

名 称	地 址	大小(16 位)	描 述
GPACTRL	0x6F80	2	GPIO A 控制寄存器(GPIO0~GPIO31)
GPAQSEL1	0x6F82	2	GPIO A 限定选择 1 寄存器(GPIO0~GPIO15)
GPAQSEL2	0x6F84	2	GPIO A 限定选择 2 寄存器(GPIO16~GPIO31)
GPAMUX1	0x6F86	2	GPIO A 复用 1 寄存器(GPIO0~GPIO15)
GPAMUX2	0x6F88	2	GPIO A 复用 2 寄存器(GPIO16~GPIO31)
GPADIR	0x6F8A	2	GPIO A 方向寄存器(GPIO0~GPIO31)
GPAPUD	0x6F8C	2	GPIO A 上拉禁止寄存器(GPIO0~GPIO31)
GPBCTRL	0x6F90	2	GPIO B 控制就寄存器(GPIO32~GPIO38)
GPBQSEL1	0x6F92	2	GPIO B 限定选择 1 寄存器(GPIO32~GPIO38)
GPBMUX1	0x6F96	2	GPIO B 复用 1 寄存器(GPIO32~GPIO38)
GPBDIR	0x6F9A	2	GPIO B 方向寄存器(GPIO32~GPIO38)
GPBPUD	0x6F9C	2	GPIO B 上拉禁止寄存器(GPIO32~GPIO38)
AIOMUX1	0x6FB6	2	Analog,I/O 复用寄存器 1(AIO0~AIO15)
AIODIR	0x6FBA	2	Analog,I/O 方向寄存器(AIO0~AIO15)

表 4.2 GPIO 中断和低功耗模式选择寄存器

名 称	地 址	大小(16 位)	描 述
GPIOXINT1SEL	0x6FE0	1	XINT1 信号源选择寄存器(GPIO0~GPIO31)
GPIOXINT2SEL	0x6FE1	1	XINT2 信号源选择寄存器(GPIO0~GPIO31)
GPIOXINT3SEL	0x6FE2	1	XINT3 信号源选择寄存器(GPIO0~GPIO31)
GPIOLPMSEL	0x6FE8	1	LPM 唤醒信号源选择寄存器(GPIO0~GPIO31)

配置 GPIO 模块的时候,应遵循以下步骤:

(1) 确定器件的输出引脚:引脚的复用为 GPIO 口提供了很大的灵活性。首先,审视一下每个引脚可用的外设选项,以便计划引脚用于特定的系统。将要被使用的引脚是用作通用输入/输出还是用作 3 种可用外设功能中的一种?了解这些信息将有助于确定如何进一步配置引脚。

(2) 使能或禁止内部上拉电阻：要使能或禁止内部上拉电阻，可在 GPIO 上拉禁止（GPAPUD 和 GPBPUD）寄存器的各自的位上写值。对于可以作为 ePWM 输出的引脚，内部上拉电阻默认被禁止。所有其他功能的 GPIO 引脚上拉电阻默认使能。AIOx 引脚没有内部上拉电阻。

(3) 选择输入限定：如果引脚将被用作输入，则要指定所需的输入限定。在 GPACTRL、GPBCTRL、GPAQSEL1、GPAQSEL2、GPBQSEL1 和 GPBQSEL2 寄存器中可以进行设置。默认情况下，所有的输入信号仅与 SYSCLKOUT 同步。

(4) 选择引脚功能：配置 GPxMUXn 或 AIOMUXn 寄存器，诸如将引脚配置成 GPIO，或者 3 个可用外设功能的一种。默认情况下，复位后所有 GPIO 引脚都配置为通用输入引脚。

(5) 对于数字通用 I/O，选择引脚的方向：如果将引脚配置成 GPIO，则需要通过 GPADIR、GPBDIR 或 AIODIR 寄存器将该引脚配置成输入或是输出引脚，默认情况下，所有 GPIO 引脚为输入。如要从输入改为输出，首先加载输出锁存器，给 GPx-CLEAR、GPxSET 或 GPxTOGGLE（模拟端口为为 AIOCLEAR、AIOSET 或 AIOTOGGLE）寄存器写入适当的值。一旦输出锁存器被加载，就可以通过 GPxDIR 寄存器把引脚的方向从输入改为输出。所有引脚的输出锁存器在复位时被清零。

(6) 选择低功耗模式唤醒源：若需要的话，可指定某些引脚用来从暂停或待机低功耗模式唤醒设备。在 GPIOLPMSEL 寄存器中可对这些引脚进行设置。

(7) 选择外部中断源：指定 INT1～INT3 中断源。可为每个中断指定一个 A 口引脚作为信号源，该操作通过配置 GPIOXINTnSEL 寄存器完成。中断的极性通过 XINTnCR 寄存器配置，参见 12.5 节。

注意：当对配置寄存器（GPxMUXn 和 GPxQSELn）执行一个写操作，如果操作有效，则会产生两个 SYSCLKOUT 周期延时。

4.3 数字通用 I/O 的控制

对于那些被配置成 GPIO 的引脚，用户可以通过表 4.3 所列的寄存器来改变引脚的值。

表 4.3 GPIO 数据寄存器

名称	地址	大小（16 位）	描述
GPADAT	0x6FC0	2	GPIO A 数据寄存器（GPIO0～GPIO31）
GPASET	0x6FC2	2	GPIO A 置位寄存器（GPIO0～GPIO31）
GPACLEAR	0x6FC4	2	GPIO A 清零寄存器（GPIO0～GPIO31）
GPATOGGLE	0x6FC6	2	GPIO A 切换寄存器（GPIO0～GPIO31）

续表 4.3

名称	地址	大小(16 位)	描述
GPBDAT	0x6FC8	2	GPIO B 数据寄存器（GPIO32～GPIO38）
GPBSET	0x6FCA	2	GPIO B 置位寄存器（GPIO32～GPIO38）
GPBCLEAR	0x6FCC	2	GPIO B 清零寄存器（GPIO32～GPIO38）
GPBTOGGLE	0x6FCE	2	GPIO B 切换寄存器（GPIO32～GPIO38）
AIODAT	0x6FD8	2	Analog I/O 数据寄存器（AIO0～AIO15）
AIOSET	0x6FDA	2	Analog I/O 置位寄存器（AIO0～AIO15）
AIOCLEAR	0x6FDC	2	Analog I/O 清零寄存器（AIO0～AIO15）
AIOTOGGLE	0x6FDE	2	Analog I/O 切换寄存器（AIO0～AIO15）

1. GPxDAT / AIODAT 寄存器

每个 I/O 端口都有一个数据寄存器。数据寄存器的每一位对应一个 GPIO 引脚。无论怎样配置引脚（GPIO 或外设功能），数据寄存器的相应位反映了当前引脚限定后的状态（但这并不适用于 AIOx 引脚）。写 GPxDAT/ AIODAT 寄存器会清除或者置位相应的输出锁存器。如果引脚被配置为 GPIO 输出引脚，则可被驱动为高电平或低电平。倘若引脚没有被配置成 GPIO 输出，则引脚的值将被锁存，但引脚不会被驱动。只有稍后将引脚配置成 GPIO 输出时，引脚才能被锁存值驱动。

当使用 GPxDAT 寄存器来改变输出引脚的电平时，用户应该小心避免意外地更改另一引脚的电平。例如，试图通过向 GPADAT 寄存器 0 位使用"读-修改-写"指令改变 GPIOA1 的输出锁存器电平时，就可能在读写指令期间出现问题：造成 A 端口另一个引脚信号电平发生变化。

以下为发生这种情况的原因：GPxDAT 寄存器反映了不锁存的引脚状态，为引脚的实际值。但是，在写入寄存器与新引脚值反映到寄存器之间有个标志，当这个寄存器被用在随后的程序语句中改变 GPIO 引脚状态时，该标志可能造成问题。下面示例表明：两个程序语句试图驱动两个不同 GPIO 引脚，将当前的低电平转化到高电平状态。

如果"读-修改-写"操作用在 GPxDAT 寄存器，由于在第 1 个指令(l1)及第 2 个指令(l2)输出与输入之间的延时将读到一个旧值并将其回写。

```
GpioDataRegs.GPADAT.bit.GPIO1 = 1;      // I1 执行 GPADAT 的读-修改-写
GpioDataRegs.GPADAT.bit.GPIO2 = 1;      // I2 也执行 GPADAT 的读-修改-写,由于延
                                        // 时得到 GPIO1 的旧值
```

由于这个外设帧写之后读（write-followed-by-read）保护，第 2 条指令将等待第 1 条指令完成其写操作。但是，在写(I1) 及 GPxDAT 位在引脚上反映新值(1)之间只有同一个标志位。在这个标志期间，第 2 条指令读出的是 GPIO1 (0)的旧值，并且随

着 GPIO2（1）的新值返回。所以，GPIO1 引脚依旧为低电平。

解决的方法是在指令之间放置 NOP 指令。更好的解决方法是采用 GPxSET / GPxCLEAR /GPxTOGGLE 寄存器替代 GPxDAT 寄存器。这些寄存器读始终总是返回 0，而写 0 没有任何效果。这种特性用于那些需要被改变的位，不要涉及其他无关的位。

一般来说，不要直接对 GPxDAT 寄存器进行写操作。

2. GPxSET / AIOSET 寄存器

置位寄存器用来将指定的 GPIO 引脚设置为高电平而不干扰其他引脚。每个 I/O 口都有一个置位寄存器，它的每一位都对应一个 GPIO 引脚。读置位寄存器总是返回 0。如果相应的引脚被配置成输出，那么写 1 到置位寄存器的此位，将把输出锁存器置 1，并且对应引脚被驱动为高电平。如果引脚未被配置成 GPIO 输出，那么这个值将被锁存但是不驱动引脚。稍后只在引脚配置为 GPIO 输出时，锁存值才驱动引脚。写 0 到置位寄存器的任意位无效。

3. GPxCLEAR /AIOCLEAR 寄存器

清除寄存器用来将指定的 GPIO 引脚设置为低电平而不干扰其他引脚。每个 I/O 口都有一个清零寄存器，读清除寄存器总是返回 0。如果将相应的引脚配置成 GPIO 输出，那么对清除寄存器的相应位写 1 将清除输出锁存器，并且该引脚将被驱动为低电平。如果未被配置为 GPIO 输出，那么，该值将被锁存，但引脚不会被驱动。稍后，只在引脚配置为 GPIO 输出时，锁存值才驱动引脚。写 0 到清除寄存器的任意位无效。

4. GPxTOGGLE / AIOTOGGLE 寄存器

切换寄存器用来使指定的 GPIO 引脚变为相反的电平（高到低/低到高）而不干扰到其他引脚。每个 I/O 口都有一个切换寄存器，读切换寄存器总是返回 0。如果相应的引脚被配置为输出，那么对切换寄存器中的此位写 1，则翻转输出锁存器，并且将相应引脚变为相反的电平。即如果输出引脚为低电平，那么写 1 到切换寄存器的相应位将把引脚拉成高电平。同样，如果输出引脚为高电平，那么写 1 到切换寄存器的相应位将把引脚拉成低电平。如果未被配置为 GPIO 输出，那么该值将被锁存，但不驱动引脚。稍后只在引脚配置为 GPIO 输出时，锁存值才驱动引脚。写 0 到切换寄存器的任意位无效。

4.4 输入限定器

输入限定器的方案已被设计得非常灵活。用户可以通过配置 GPAQSEL1、GPAQSEL2、GPBQSEL1 和 GPBQSEL2 寄存器来为每个 GPIO 引脚选择输入限定的类型。在一个 GPIO 输入引脚的情况下，限定可以被指定为只与 SYSCLKOUT

第 4 章 通用输入/输出口(GPIO)

同步或者由采样窗口进行限制。若被配置为外设输入引脚,除了与 SYSCLKOUT 同步或者由采样窗口进行限制外,输入还可以是异步的。本节以下部分说明可用的选项。

4.4.1 不同步(异步输入)

此模式用于不需要输入同步的外设或者是外设本身执行了同步,例如,包括通信端口 SCI、SPI 和 I2C。此外,不依赖 SYSCLKOUT 的 ePWM 的故障捕获($\overline{TZn}$)信号可能需要这种功能。如果引脚用作通用数字输入引脚(GPIO),则异步选项是无效的。如果引脚配置为 GPIO 输入且异步选项被选中,则为限定的默认模式,与 SYSCLKOUT 同步,如下面一节描述。

4.4.2 只与 SYSCLKOUT 同步

这是对所有引脚复位后默认的限定模式。在这种模式下,输入信号只同步于系统时钟(SYSCLKOUT)。由于输入信号是异步的,它能接收一个周期的 SYSCLKOUT 信号延时使 DSP 的输入改变。此外,不对信号进行进一步的限定。

4.4.3 使用采样窗口进行限定

在这种模式下,信号首先被同步到系统时钟(SYSCLKOUT),然后在输入之前允许具有一定周期数量的限定被改变。图 4.5 和图 4.6 显示了如何用输入限定以消除不必要的信号噪声。这种限定类型有两个参数:采样周期和采样数量。

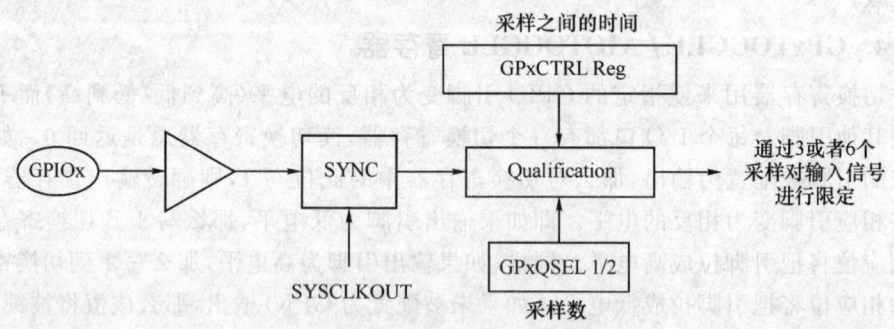

图 4.5 使用采样窗口进行限定

1. 采样之间的时间间隔(采样周期)

为了获得信号的状态,将在规定的周期对输入信号进行采样。采样的周期以及两次采样之间的时间间隔由用户决定。或者相对于 CPU 时钟(SYSCLKOUT),要持续多少信号的采样。采样周期由 GPxCTRL 寄存器的限定周期位(QUALPRDn)来决定。采样周期每 8 个信号配置成一组,比如 GPIO0~GPIO7 使用 GPACTRL[QUALPRD0]设置,而 GPIO8~GPIO15 使用 GPACTRL[QUALPRD1]设置。

表 4.4 指出了采样周期和采样频率与 GPxCTRL[QUALPRDn] 设置之间的关系。

表 4.4 采样周期和频率

条 件	采样周期	频 率
若 GPxCTRL[QUALPRDn]=0	$1 \times T_{SYSCLKOUT}$	$f_{SYSCLKOUT}$
若 GPxCTRL[QUALPRDn]≠0	$2 \times$ GPxCTRL[QUALPRDn]$\times T_{SYSCLKOUT}$	$f_{SYSCLKOUT} \times 1 \div (2 \times$ GPxCTRL[QUALPRDn]$)$

注释：$T_{SYSCLKOUT}$ 为 SYSCLKOUT 的周期；$f_{SYSCLKOUT}$ 为 SYSCLKOUT 的频率

从这些等式中可以看出，相邻两次采样之间的最大/最小时间间隔可以由一个已知的 SYSCLKOUT 频率算出来。

例：最大采样频率：

如果 GPxCTRL[QUALPRDn]=0，那么采样频率就是 $f_{SYSCLKOUT}$。

假设 $f_{SYSCLKOUT}=60$ MHz，则采样频率=60 MHz，或者说，每个采样周期是 16.67 ns。

例：最小采样频率：

如果 GPxCTRL[QUALPRDn]=0xFF，

那么采样频率就是 $f_{SYSCLKOUT} \times 1 \div (2 \times$ GPxCTRL[QUALPRDn]$)$

假设 $f_{SYSCLKOUT}=60$ MHz，则采样频率=60 MHz$\times 1 \div (2 \times 255)$ MHz，或者说，每个采样周期是 8.5 μs。

2. 采样次数

采样次数可以通过限定选择寄存器（GPAQSEL1、GPAQSEL2、GPBQSEL1 和 GPBQSEL2）来设置成 3 次或者 6 次。如果在 3 个或者 6 个连续的周期里面输入信号保持一致，那么这个输入改变可以进入 DSP。

3. 总采样窗口宽度

如图 4.6 所示，采样窗口就是输入信号被采样的时间长度。通过采样周期方程式及发生的采样数，可以确定采样窗口的宽度。

为了让输入限定能够检测到输入的变化，信号电平必须在采样窗口或者更长的时间内保持稳定。

窗口内采样的周期数总是比采样的次数少 1 次。对于一个采样 3 次的窗口，窗口的宽度就是 2 个采样周期的宽度。采样周期由表 4.4 定义。同样的，对于一个 6 次采样的窗口，窗口宽度就是 5 个采样周期的宽度。表 4.5 表示了在已知 GPxCTRL[QUALPRDn] 和采样次数的基础上，怎样计算总采样窗口长度的方法。

表 4.5　3 次和 6 次采样的窗口宽度

条件	3 次采样窗口宽度	6 次采样窗口宽度
若 GPxCTRL[QUALPRDn]=0	$2 \times T_{SYSCLKOUT}$	$5 \times T_{SYSCLKOUT}$
若 GPxCTRL[QUALPRDn]≠0	$2 \times 2 \times$ GPxCTRL[QUALPRDn]$\times T_{SYSCLKOUT}$	$5 \times 2 \times$ GPxCTRL[QUALPRDn]$\times T_{SYSCLKOUT}$

注意：外部信号的变化与采样周期和系统时钟（SYSCLKOUT）异步。由于这一特性，输入信号在一个长于采样窗口宽度的时间内必须保持稳定，以保证逻辑检测到信号的变化。所需的延长时间须大于 附加的采样周期＋$T_{SYSCLKOUT}$。输入信号必须在所需的持续期内保持稳定，以便限定逻辑检测到变化，器件特性数据手册对这个变化进行了说明。

窗口宽度计算示例：

此例如图 4.6 所示，输入限定已配置如下：

GPxQSEL1/2=1,0；这表明 6 个采样限定。

GPxCTRL[QUALPRDn] = 1；采样周期是 $t_w(SP) = 2 \times$ GPxCTRL[QUAL-PRDn]$\times T_{SYSCLKOUT}$。

配置结果如下：

采样窗口的宽度是：

$t_w(IQSW) = 5 \times t_w(SP) = 5 \times 2 \times$ GPxCTRL[QUALPRDn]$\times T_{SYSCLKOUT}$ 或者 $5 \times 2 \times T_{SYSCLKOUT}$

假设 $T_{SYSCLKOUT} = 16.67$ ns，那么采样窗口的时间是：$t_w(IQSW) = 5 \times 2 \times 16.67$ ns＝166.7 ns

考虑到输入信号相对于采样周期和系统时钟 SYSCLKOUT 异步的特性，必须附加一个采样周期，即：

$t_w(SP) + T_{SYSCLKOUT}$，以确保可以检测到输入信号的变化。如下例：

$t_w(SP) + T_{SYSCLKOUT} = 333.4$ ns ＋ 166.67 ns ＝ 500.1 ns

在图 4.6 中，由于毛刺 A 短于限定窗，因此被输入限定器忽略。

4.5　GPIO 和外设引脚复用

每个引脚除了可以作为 GPIO 外，还可以至多被 3 个不同的外设功能复用，以便用户选择对应用最有利的功能。

表 4.7 和表 4.8 展示了按 GPIO 引脚分类的一个可以实现的复用组合概览。第二列表示器件引脚的 I/O 名称。I/O 名称是唯一的，它是识别一个特定引脚的最好方法。因此，本节对寄存器的描述仅与特定引脚的 GPIO 名称有关。第一列表示复用寄存器以及特定的位，它们用于控制选择每个引脚。模拟复用如表 4.9 所示。

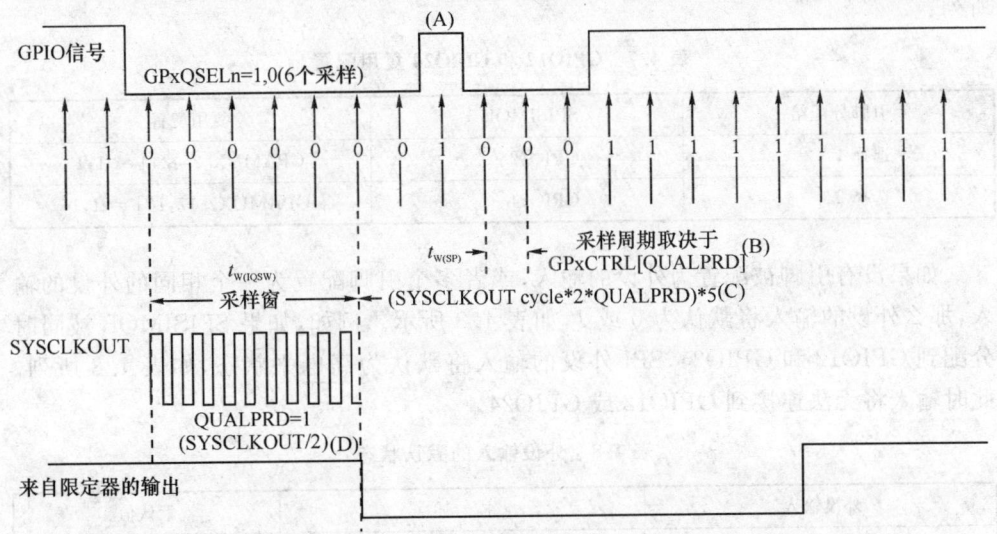

图 4.6 输入限定时钟周期图

A 这个毛刺将被输入限定器忽略。QUALPRD 位字段指定了限定采样周期,它可以从00 0xFF变化。如果QUALPRD = 00,那么采样周期为一个SYSCLKOUT周期。对于任意的其他值"n"限定采样周期为2n个SYSCLKOUT周期（即每2n个SYSCLKOUT周期,GPIO引脚将被采样）。
B 限定周期通过GPxCTRL寄存器来选择,该寄存器应用到一组8个GPIO引脚上。
C 限定模块可以采用3次或6次采样。通过GPxQSELn寄存器选择用哪种采样模式。
D 在给出的例子中,要使限定器检测到变化,输入信号必须在10个SYSCLKOUT周期或者更长的时间内保持稳定。换句话说,输入信号必须在 (5*QUALPRD*2)个SYSCLKOUT周期内保持稳定。它可以保证检测所需的5个采样周期。因为外部信号是异步的,一个13个SYSCLKOUT周期宽的脉冲保证了可靠的识别。

例如,对 GPIO6 引脚的控制是通过对 GPAMUX[13：12]的写值来实现的。通过对这两位的写值,引脚被配置为通用输入输出,或 3 个外设功能之一。参见表 4.6：

表 4.6　GPAMUX1[13,12]的设置

GPAMUX1[13：12]	0,0	0,1	1,0	1,1
引脚配置为	GPIO6	EPWM4A (O)	EPWMSYNCI (I)	EPWMSYNCO (O)

2802x 和 2803x 器件具有不同的复用方案。如果特定器件的一个外设不可用,那么,复用选择会对这个外设进行保留以避使用。

注意:如果用户选择一个保留的 GPIO 复用配置,则不会映射到一个外设,引脚的状态将没有定义并且该引脚可能被驱动。保留配置作进一步扩展用,不要进行选择。

一些外设可以通过 MUX 寄存器分配到多个引脚。例如 2803x 器件,可将 GPIO12 引脚或 GPIO24 引脚分配给 SPISIMOB,这些随所需的系统而定,如表 4.7

所列：

表 4.7 GPIO12 和 GPIO24 复用配置

引脚分配给	SPISIMOB	复用配置
选择 1	GPIO12	GPAMUX[25:24] = 1,1
选择 2	GPIO24	GPAMUX2[17:16] = 1,1

如果没有引脚被配置为外设的输入，或者多个引脚配置为一个相同的外设的输入，那么外设的输入将默认为 0 或 1，如表 4.8 所示。例如，如果 SPISIMOB 被同时分配到 GPIO12 和 GPIO24，SPI 外设的输入将默认为高电平状态，如表 4.8 所列。此时输入将无法连接到 GPIO12 或 GPIO24。

表 4.8 外设输入的默认状态

外设输入	描 述	默认值
$\overline{TZ1} - \overline{TZ3}$	故障捕获 1~3	1
EPWMSYNCI	ePWM 同步输入	0
ECAP1	eCAP1 输入	1
SPICLKA	SPI-A 时钟	1
$\overline{SPISTEA}$	SPI-A 发送使能	0
SPISIMOA	SPI-A 从输入主输出	1
SPISOMIA	SPI-A 从输出主输入	1
SCIRXDA - SCIRXDB	SCI-A SCI-B 接收	1
SDAA	I²C 数据	1
SCLA1	I²C 时钟	1

2802x 的 GPIOA，GPIOB 及模拟复用方案如表 4.9、表 4.10 和表 4.11 所列。

表 4.9 2802x GPIOA 复用

GPAMUX1 寄存器位	复位默认状态 主要 I/O 功能 (GPAMUX1 位 = 00)	外设选择 1 (GPAMUX1 位 = 01)	外设选择 2 (GPAMUX1 位 = 10)	外设选择 3 (GPAMUX1 位 = 11)
1-0	GPIO0	EPWM1A (O)	Reserved(1)	Reserved(1)
3-2	GPIO1	EPWM1B (O)	Reserved	COMP1OUT (O)
5-4	GPIO2	EPWM2A (O)	Reserved	Reserved(1)
7-6	GPIO3	EPWM2B (O)	Reserved	COMP2OUT (O)
9-8	GPIO4	EPWM3A (O)	Reserved	Reserved(1)
11-10	GPIO5	EPWM3B (O)	Reserved	ECAP1 (I/O)

续表 4.9

GPAMUX1 寄存器位	复位默认状态 主要 I/O 功能	外设选择	外设选择 2	外设选择 3
	(GPAMUX1 位 = 00)	(GPAMUX1 位 = 01)	(GPAMUX1 位 = 10)	(GPAMUX1 位 = 11)
13 - 12	GPIO6	EPWM4A (O)	EPWMSYNCI (I)	EPWMSYNCO (O)
15 - 14	GPIO7	EPWM4B (O)	SCIRXDA (I)	Reserved
17 - 16	Reserved	Reserved	Reserved	Reserved
19 - 18	Reserved	Reserved	Reserved	Reserved
21 - 20	Reserved	Reserved	Reserved	Reserved
23 - 22	Reserved	Reserved	Reserved	Reserved
23 - 22	Reserved	Reserved	Reserved	Reserved
25 - 24	GPIO12	TZ1 (I)	SCITXDA (O)	Reserved
27 - 26	Reserved	Reserved	Reserved	Reserved
29 - 28	Reserved	Reserved	Reserved	Reserved
31 - 30	Reserved	Reserved	Reserved	Reserved
GPAMUX2 寄存器位	复位默认状态 主要 I/O 功能	外设选择	外设选择 2	外设选择 3
	(GPAMUX2 位 = 00)	(GPAMUX2 位 = 01)	(GPAMUX2 位 = 10)	(GPAMUX2 位 = 11)
1 - 0	GPIO16	SPISIMOA (I/O)	Reserved	TZ2 (I)
3 - 2	GPIO17	SPISOMIA (I/O)	Reserved	TZ3 (I)
5 - 4	GPIO18	SPICLKA (I/O)	SCITXDA (O)	XCLKOUT (O)
7 - 6	GPIO19/XCLKIN	SPISTEA (I/O)	SCIRXDA (I)	ECAP1 (I/O)
9 - 8	Reserved	Reserved	Reserved	Reserved
11 - 10	Reserved	Reserved	Reserved	Reserved
13 - 12	Reserved	Reserved	Reserved	Reserved
15 - 14	Reserved	Reserved	Reserved	Reserved
17 - 16	Reserved	Reserved	Reserved	Reserved
19 - 18	Reserved	Reserved	Reserved	Reserved
21 - 20	Reserved	Reserved	Reserved	Reserved
23 - 22	Reserved	Reserved	Reserved	Reserved
23 - 22	Reserved	Reserved	Reserved	Reserved
25 - 24	GPIO28	SCIRXDA (I)	SDAA (I/OC)	TZ2 (O)
27 - 26	GPIO29	SCITXDA (O)	SCLA (I/OC)	TZ3 (O)
29 - 28	Reserved	Reserved	Reserved	Reserved
31 - 30	Reserved	Reserved	Reserved	Reserved

(1) 保留字的意思是所在的位域无外设分配给 GPxMUX1/2 寄存器进行设置,若选择这些位,引脚的状态将没有定义并且引脚可能被驱动。本节列出的保留配置可作以后扩展用。

表 4.10 2802x GPIOB 复用

GPBMUX1 寄存器位	复位默认状态 主要 I/O 功能 (GPBMUX1 位 = 00)	外设选择 (GPBMUX1 位 = 01)	外设选择 2 (GPBMUX1 位 = 10)	外设选择 3 (GPBMUX1 位 = 11)
1～0	GPIO32	SDAA (I/OC)	EPWMSYNCI (I)	ADCSOCAO (O)
3～2	GPIO33	SCLA (I/OC)	EPWMSYNCO (O)	ADCSOCBO (O)
5～4	GPIO34	COMP2OUT (O)	Reserved	Reserved
7～6	GPIO35 (TDI)	Reserved	Reserved	Reserved
9～8	GPIO36 (TMS)	Reserved	Reserved	Reserved
11～10	GPIO37 (TDO)	Reserved	Reserved	Reserved
13～12	GPIO38/ XCLKIN(TCK)	Reserved	Reserved	Reserved
15～14	Reserved	Reserved	Reserved	Reserved
17～16	Reserved	Reserved	Reserved	Reserved
19～18	Reserved	Reserved	Reserved	Reserved
21～20	Reserved	Reserved	Reserved	Reserved
23～22	Reserved	Reserved	Reserved	Reserved
23～22	Reserved	Reserved	Reserved	Reserved
25～24	Reserved	Reserved	Reserved	Reserved
27～26	Reserved	Reserved	Reserved	Reserved
29～28	Reserved	Reserved	Reserved	Reserved
31～30	Reserved	Reserved	Reserved	Reserved

表 4.11 模拟复用

AIOMUX1 寄存器位	AIOx 和外设选择 1 (AIOMUX1 位 = 0, x)	复位默认状态 外设选择 2 和外设选择 3 (AIOMUX1 位 = 1, x)
1～0	ADCINA0 (I)	ADCINA0 (I)
3～2	ADCINA1 (I)	ADCINA1 (I)
5～4	AIO2 (I/O)	ADCINA2 (I), COMP1A (I)
7～6	ADCINA3 (I)	ADCINA3 (I)
9～8	AIO4 (I/O)	ADCINA4 (I), COMP2A (I)
11～10	ADCINA5 (I)	ADCINA5 (I)
13～12	AIO6 (I/O)	ADCINA6 (I)
15～14	ADCINA7 (I)	ADCINA7 (I)

续表 4.11

AIOMUX1 寄存器位	AIOx 和外设选择 1	复位默认状态 外设选择 2 和外设选择 3
	AIOMUX1 位 = 0, x	AIOMUX1 位 = 1, x
17～16	ADCINB0 (I)	ADCINB0 (I)
19～18	ADCINB1 (I)	ADCINB1 (I)
21～20	AIO10 (I/O)	ADCINB2 (I), COMP1B (I)
23～22	ADCINB3 (I)	ADCINB3 (I)
25～24	AIO12 (I/O)	ADCINB4 (I), COMP2B (I)
27～26	ADCINB5 (I)	ADCINB5 (I)
29～28	AIO14 (I/O)	ADCINB6 (I)
31～30	ADCINB7 (I)	ADCINB7 (I)

4.6 寄存器位定义

GPIO 端口复用器 1 寄存器位功能介绍见图 4.7 和表 4.12。

31				26	25		24	23					16
保留					GPIO12			保留					
R-0					R/W-0			R-0					

15	14	13	12	11	10	9	8	7	6	5	4	3	2	1	0
GPIO7		GPIO6		GPIO5		GPIO4		GPIO3		GPIO2		GPIO1		GPIO0	
R/W-0		R/W-0		R/W-0		R/W-0		R/W-0		R/W-0		R/W-0		R/W-0	

说明：R/W= 读/写；R = 只读；-n = 复位后的初始值。

图 4.7 GPIO 端口 A 复用器 1(GPAMUX1)寄存器

表 4.12 GPIO 端口 A 复用器 1 (GPAMUX1)寄存器 Field 位域定义

位	字 段	值	说明(1)
31～26	保留		保留
25～24	GPIO12		将 GPIO12 引脚配置为：
		00	GPIO12 -通用 I/O 12（默认）(I/O)
		01	$\overline{TZ1}$-故障捕获 1 (I)
		10	SCITXDA - SCI - A 发送 (O)
		11	保留
23～16	保留		
15～14	GPIO7		将 GPIO7 引脚配置为：
		00	GPIO7 -通用 I/O 7（默认）(I/O)
		01	EPWM4B - ePWM4 输出 B (O)
		10	SCIRXDA (I)- SCI - A 接收(I)
		11	保留

续表 4.12

位	字段	值	说明(1)
13~12	GPIO6		将 GPIO6 引脚配置为:
		00	GPIO6 –通用 I/O 6（默认）(I/O)
		01	EPWM4A – ePWM4 输出 A (O)
		10	EPWMSYNCI – ePWM 同步输入 (I)
		11	EPWMSYNCO – ePWM 同步输出 (O)
11~10	GPIO5		将 GPIO5 引脚配置为:
		00	GPIO5 –通用 I/O 5（默认）(I/O)
		01	EPWM3B – ePWM3 输出 B
		10	保留
		11	ECAP1 – eCAP1 (I/O)
9~8	GPIO4		将 GPIO4 引脚配置为:
		00	GPIO4 –通用 I/O 4（默认）(I/O)
		01	EPWM3A – ePWM3 输出 A (O)
		10	保留(2)
		11	保留(2)
7~6	GPIO3		将 GPIO3 引脚配置为:
		00	GPIO3 –通用 I/O 3（默认）(I/O)
		01	EPWM2B – ePWM2 输出 B (O)
		10	保留
		11	COMP2OUT (O)
5~4	GPIO2		将 GPIO2 引脚配置为:
		00	GPIO2 (I/O) 通用 I/O 2（默认）(I/O)
		01	EPWM2A – ePWM2 输出 A (O)
		10	保留(2)
		11	保留(2)
3~2	GPIO1		将 GPIO1 引脚配置为:
		00	GPIO1 –通用 I/O 1（默认）(I/O)
		01	EPWM1B – ePWM1 输出 B (O)
		10	保留
		11	COMP1OUT (O)-比较器 1 输出
1~0	GPIO0		将 GPIO0 引脚配置为:
		00	GPIO0 –通用 I/O 0（默认）(I/O)
		01	EPWM1A – ePWM1 输出 A (O)
		10	保留(2)
		11	保留(2)

(1) 该寄存器受 EALLOW 保护；

(2) 如果选择保留配置，则引脚的状态没有定义并且引脚可能被驱动。这些选择保留作以后扩展使用,目前不要用。

GPIO 端口 A 复用器 2 寄存器位功能见图 4.8 和表 4.13。

31		28	27	26	25	24	23		16
	保留		GPIO29		GPIO28			保留	
	R-0		R/W-0		R/W-0			R-0	

15		8	7	6	5	4	3	2	1	0
	保留		GPIO19		GPIO18		GPIO17		GPIO16	
	R-0		R/W-0		R/W-0		R/W-0		R/W-0	

说明：R/W=读/写；R=只读；-n=复位后的初始值

图 4.8　GPIO 端口 A 复用器 2(GPAMUX2)寄存器

表 4.13　GPIO 端口 A 复用器 2(GPAMUX2) 寄存器位域定义

位	字　段	值	说　明[1]
31~28	保留		保留
27~26	GPIO29		将 GPIO29 引脚配置为：
		00	GPIO29 (I/O) 通用 I/O 29 (保留) (I/O)
		01	SCITXDA - SCI - A 发送 (O)
		10	SCLA (I/OC)
		11	$\overline{TZ3}$-故障捕获 3 (I)
25~24	GPIO28		将 GPIO28 引脚配置为：
		00	GPIO28 (I/O) 通用 I/O 28 (保留) (I/O)
		01	SCIRXDA - SCI - A 接收 (I)
		10	SDAA (I/OC)
		11	$\overline{TZ2}$-故障捕获 2 (I)
23~8	保留		保留
7~6	GPIO19/XCLKIN		将 GPIO19 引脚配置为：
		00	GPIO19 -通用 I/O 19 (保留 t) (I/O)
		01	$\overline{SPISTEA}$ - SPI - A 从发送使能 (I/O)
		10	SCIRXDA (I)
		11	ECAP1 (I/O)
5~4	GPIO18		将 GPIO18 引脚配置为：
		00	GPIO18 -通用 I/O 18 (默认) (I/O)
		01	SPICLKA - SPI - A 时钟 (I/O)
		10	SCITXDA (O)
		11	XCLKOUT (O)-外部时钟输出
3~2	GPIO17		将 GPIO17 引脚配置为：
		00	GPIO17 -通用 I/O 17 (保留) (I/O)
		01	SPISOMIA - SPI - A 从-输出,主-输入 (I/O)
		10	保留
		11	$\overline{TZ3}$-故障捕获 3 (I)

第 4 章 通用输入/输出口(GPIO)

续表 4.13

位	字段	值	说明(1)
1～0	GPIO16		将 GPIO16 引脚配置为：
		00	GPIO16 -通用 I/O 16（保留）(I/O)
		01	SPISIMOA - SPI - A 从-输入,主-输出 (I/O),
		10	保留
		11	$\overline{TZ2}$-故障捕获 2 (I)

(1) 该寄存器受 EALLOW 保护

图 4.9 和表 4.14 为 GPIO 端口 B 复用 1 寄存器位功能介绍。

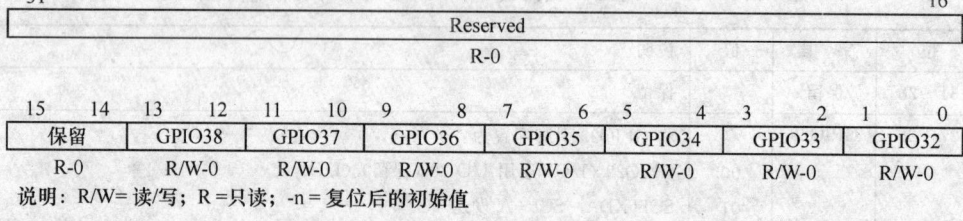

说明：R/W= 读/写；R =只读；-n = 复位后的初始值

图 4.9 GPIO 端口 B 复用器 1(GPBMUX1)寄存器

表 4.14 GPIO 端口 B 复用器 1 (GPBMUX1)寄存器位域定义

位	字段	值	说明(1)
31～14	保留		保留
13～12	GPIO38/ XCLKIN/ TCK	00	该引脚配置为： GPIO 38 -通用 I/O 38（默认）(I/O)。如果$\overline{TRST}=1$，该引脚用作 JTAG 的 TCK 功能；这个引脚也可用来提供从外部振荡器到核的时钟
		01	保留
		10 或 11	保留
11～10	GPIO37/ TDO	00	该引脚配置为： GPIO 37 -通用 I/O 37（默认）。如果$\overline{TRST}=1$，该引脚用作 JTAG 的 TDO 功能；
		01	保留
		10 或 11	保留
9～8	GPIO36/ TMS	00	该引脚配置为： GPIO 36 -通用 I/O 36（默认）。如果$\overline{TRST}=1$，该引脚用作 JTAG 的 TMS 功能；
		01	保留
		10 或 11	保留

续表 4.14

位	字段	值	说明(1)
7～6	GPIO35/TDI	00	该引脚配置为： GPIO 35 -通用 I/O 35（默认）. 如果$\overline{TRST}$= 1,该引脚用作 JTAG 的 TDI 功能；
		01	保留
		10 或 11	保留
5～4	GPIO34	00	该引脚配置为： GPIO 34 -通用 I/O 34（默认）
		01	COMP2OUT (O)
		10	保留
		11	保留
3～2	GPIO33	00	该引脚配置为： GPIO 33 -通用 I/O 33（默认）
		01	SCLA - I2C 时钟 开漏双向端口(I/O)
		10	EPWMSYNCO -外部 EPWM 同步脉冲输出(O)
		11	$\overline{ADCSOCBO}$- ADC 开始转换 B (O)
1～0	GPIO32	00	该引脚配置为： GPIO 32 -通用 I/O 32（默认）
		01	SDAA - I2C 数据 开漏双向端口(I/O)
		10	EPWMSYNCI -外部 EPWM 同步脉冲输入(I)
		11	$\overline{ADCSOCAO}$- ADC 开始转换 A (O)

(1) 该寄存器受 EALLOW 保护。

图 4.10 和表 4.15 为模拟 I/O 复用（AIOMOX1）寄存器位功能介绍。

31	30	29	28	27	26	25	24	23	22	21	20	19	16
保留		AIO14		保留		AIO12		保留		AIO10		保留	
R-0		R/W-1, x		R-0		R/W-1,x		R-0		R/W-1,x		R-0	

15	14	13	12	11	10	9	8	7	6	5	4	3	0
保留		AIO6		保留		AIO4		保留		AIO2		保留	
R-0		R/W-1, x		R-0		R/W-1,x		R-0		R/W-1,x		R-0	

说明：R/W＝读/写；R＝只读；-n＝复位后的初始值。

图 4.10 模拟 I/O 复用（AIOMUX1）寄存器

表 4.15 模拟 I/O 复用（AIOMUX1）寄存器位域定义

位	字段	值	说明
31～30	保留		任何写入这些位总是返回 0 值
29～28	AIO14	00 或 01	AIO14 使能
		10 或 11	AIO14 禁止（默认）
27～26	保留		任何写入这些位总是返回 0 值

第4章 通用输入/输出口(GPIO)

续表 4.15

位	字段	值	说明
25~24	AIO12	00 或 01 10 或 11	AIO12 使能 AIO12 禁止（默认）
23~22	保留		任何写入这些位总是返回 0 值
21~20	AIO10	00 或 01 10 或 11	AIO10 使能 AIO10 禁止（默认）
19~14	保留		任何写入这些位总是返回 0 值
13~12	AIO6	00 或 01 10 或 11	AIO6 使能 AIO6 禁止（默认）
11~10	保留		任何写入这些位总是返回 0 值
9~8	AIO4	00 或 01 10 或 11	AIO4 使能 AIO4 禁止（默认）
7~6	保留		任何写入这些位总是返回 0 值
5~4	AIO2	00 或 01 10 或 11	AIO2 使能 AIO2 禁止（默认）
3~0	保留		任何写入这些位总是返回 0 值

当配置输入限定采用 3 或者 6 个采样窗时，GPxCTRL 寄存器规定输入引脚采样周期。采样周期是相邻两个限定采样之间的时间量，它与 SYSCLKOUT 周期有关。由 GPxQSELn 寄存器确定采样数。GPIO 端口 A 限定控制（GPACTRL）寄存器位功能介绍见图 4.11 和表 4.16。GPIO 端口 B 限定控制（GPBCTRL）寄存器位功能介绍见图 4.12 和表 4.17。

31 24	23 16	15 8	7 0
QUALPRD3	QUALPRD2	QUALPRD1	QUALPRD0
R/W-0	R/W-0	R/W-0	R/W-0

说明：R/W= 读/写；R =只读；-n =复位后的初始值。

图 4.11 GPIO 端口 A 限定控制（GPACTRL）寄存器

表 4.16 GPIO 端口 A 限定控制（GPACTRL）寄存器位域定义

位	字段	值	说明[1]
31-24	QUALPRD3		规定 GPIO24~GPIO31 引脚的采样周期
		00	采样周期 $= T_{\text{SYSCLKOUT}}$[2]
		01	采样周期 $= 2 \times T_{\text{SYSCLKOUT}}$
		02	采样周期 $= 4 \times T_{\text{SYSCLKOUT}}$
		…	……
		0xFF	采样周期 $= 510 \times T_{\text{SYSCLKOUT}}$

续表 4.16

位	字段	值	说明[1]
23-16	QUALPRD2		规定 GPIO16~GPIO23 引脚的采样周期
		00	采样周期 = $T_{SYSCLKOUT}$
		01	采样周期 = $2 \times T_{SYSCLKOUT}$
		02	采样周期 = $4 \times T_{SYSCLKOUT}$
		...	......
		0xFF	采样周期 = $510 \times T_{SYSCLKOUT}$
15-8	QUALPRD1		规定 GPIO8~GPIO15 引脚的采样周期
		00	采样周期 = $T_{SYSCLKOUT}$
		01	采样周期 = $2 \times T_{SYSCLKOUT}$
		02	采样周期 = $4 \times T_{SYSCLKOUT}$
		...	......
		0xFF	采样周期 = $510 \times T_{SYSCLKOUT}$
7-0	QUALPRD0		规定 GPIO0~GPIO7 引脚的采样周期
		00	采样周期 = $T_{SYSCLKOUT}$
		01	采样周期 = $2 \times T_{SYSCLKOUT}$
		02	采样周期 = $4 \times T_{SYSCLKOUT}$
		...	......
		0xFF	采样周期 = $510 \times T_{SYSCLKOUT}$

(1) 该寄存器受 EALLOW 保护；
(2) $T_{SYSCLKOUT}$ 为 SYSCLKOUT 周期。

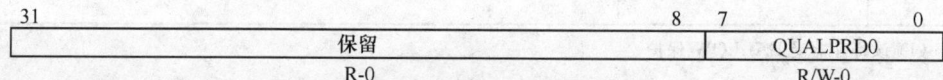

31	8	7	0
保留		QUALPRD0	
R-0		R/W-0	

说明：R/W=读/写；R=只读；-n=复位后的初始值。

图 4.12 GPIO 端口 B 限定控制(GPBCTRL)寄存器

表 4.17 GPIO 端口 B 限定控制(GPBCTRL)寄存器位域定义

位	字段	值	说明[1]
31-8	保留		保留
7-0	QUALPRD0		规定 GPIO32~GPIO38 引脚的采样周期
		00	采样周期 = $T_{SYSCLKOUT}$[2]
		01	采样周期 = $2 \times T_{SYSCLKOUT}$
		02	采样周期 = $4 \times T_{SYSCLKOUT}$
		...	......
		0xFF	采样周期 = $510 \times T_{SYSCLKOUT}$

(1) 该寄存器受 EALLOW 保护；
(2) $T_{SYSCLKOUT}$ 为 SYSCLKOUT 周期。

第4章 通用输入/输出口(GPIO)

GPIO 端口 A 限定选择 1(GPAQSEL1)寄存器位功能介绍见图 4.13 和表 4.18，GPIO 端口 A 限定选择 2(GPAQSEL2)寄存器位功能介绍见图 4.14 和表 4.19，GPIO 端口 B 限定选择 1(GPBQSEL1)寄存器位功能介绍见图 4.15 和表 4.20。

31	30	29	28	27	26	25	24	23	22	21	20	19	18	17	16
GPIO15		GPIO14		GPIO13		GPIO12		GPIO11		GPIO10		GPIO9		GPIO8	
R/W-0		R/W-0		R/W-0		R/W-0		R/W-0		R/W-0		R/W-0		R/W-0	
15	14	13	12	11	10	9	8	7	6	5	4	3	2	1	0
GPIO7		GPIO6		GPIO5		GPIO4		GPIO3		GPIO2		GPIO1		GPIO0	
R/W-0		R/W-0		R/W-0		R/W-0		R/W-0		R/W-0		R/W-0		R/W-0	

说明：R/W=读/写；R=只读；-n=复位后的初始值。

图 4.13 GPIO 端口 A 限定选择 1 (GPAQSEL1) 寄存器

表 4.18 GPIO 端口 A 限定选择 1 (GPAQSEL1) 寄存器位域定义

位	字段	值	说明[1]
31~0	GPIO15~GPIO0		选择 GPIO0~GPIO15 的输入限定类型。每一个 GPIO 的输入限定由图 4.13 的两位进行控制
		00	仅与 SYSCLKOUT 同步，外设和 GPIO 引脚两者均有效
		01	限定 3 个采样，配置为 GPIO 或外设功能的引脚有效。采样之间的时间由 GPACTRL 寄存器规定
		10	限定 6 个采样，配置为 GPIO 或外设功能的引脚有效。采样之间的时间由 GPACTRL 寄存器规定
		11	异步(非同步或限定)，该操作仅用于配置成外设的引脚。如果引脚被配置成 GPIO 输入，那么这一操作与 00 设置相同，或同步于系统时钟 SYSCLKOUT

(1) 该寄存器受 EALLOW 保护。

31	30	29	28	27	26	25	24	23	22	21	20	19	18	17	16
GPIO31		GPIO30		GPIO29		GPIO28		GPIO27		GPIO26		GPIO25		GPIO24	
R/W-0		R/W-0		R/W-0		R/W-0		R/W-0		R/W-0		R/W-0		R/W-0	
15	14	13	12	11	10	9	8	7	6	5	4	3	2	1	0
GPIO23		GPIO22		GPIO21		GPIO20		GPIO19		GPIO18		GPIO17		GPIO16	
R/W-0		R/W-0		R/W-0		R/W-0		R/W-0		R/W-0		R/W-0		R/W-0	

说明：R/W=读/写；R=只读；-n=复位后的初始值。

图 4.14 GPIO 端口 A 限定选择 2 (GPAQSEL2)寄存器

表 4.19　GPIO 端口 A 限定选择 2(GPAQSEL2)寄存器位域定义

位	字段	值	说明[1]
31~0	GPIO31~GPIO16		选择 GPIO16~GPIO31 的输入限定类型。每一个 GPIO 的输入限定由图 4.14 的两位进行控制
		00	仅与 SYSCLKOUT 同步,外设和 GPIO 引脚两者均有效
		01	限定 3 个采样,配置为 GPIO 或外设功能的引脚有效。采样之间的时间由 GPACTRL 寄存器规定
		10	限定 6 个采样,配置为 GPIO 或外设功能的引脚有效。采样之间的时间由 GPACTRL 寄存器规定
		11	异步(非同步或限定),该操作仅用于配置成外设的引脚。如果引脚被配置成 GPIO 输入,那么,这一操作与 00 设置相同,或同步于系统时钟 SYSCLKOUT

(1) 该寄存器受 EALLOW 保护。

31	14	13	12	11	10	9	8	7	6	5	4	3	2	1	0
保留		GPIO38		GPIO37		GPIO36		GPIO35		GPIO34		GPIO33		GPIO32	
R-0		R/W-0		R/W-0		R/W-0		R/W-0		R/W-0		R/W-0		R/W-0	

说明:R/W=读/写; R=只读; -n=复位后的初始。

图 4.15　GPIO 端口 B 限定选择 1 (GPBQSEL1)寄存器

表 4.20　GPIO 端口 B 限定选择 1(GPBQSEL1)寄存器位域定义

位	字段	值	说明[1]
31~14	保留		
13~0	GPIO38~GPIO32		选择 GPIO32~GPIO38 的输入限定类型。每一个 GPIO 输入的输入限定由图 4.15 的两位进行控制
		00	仅与 SYSCLKOUT 同步,外设和 GPIO 引脚两者均有效
		01	限定 3 个采样,配置为 GPIO 或外设功能的引脚有效。采样之间的时间由 GPACTRL 寄存器规定
		10	限定 6 个采样,配置为 GPIO 或外设功能的引脚有效。采样之间的时间由 GPACTRL 寄存器规定
		11	异步(非同步或限定),该操作仅用于配置成外设的引脚。如果引脚被配置成 GPIO 输入,那么,这一操作与 00 设置相同,或同步于系统时钟 SYSCLKOUT

(1) 该寄存器受 EALLOW 保护。

31	30	29	28	27	26	25	24
GPIO31	GPIO30	GPIO29	GPIO28	GPIO27	GPIO26	GPIO25	GPIO24
R/W-0	R/W-0	R/W-0	R/W-0	R/W-0	R/W-0	R/W-0	R/W-0
23	22	21	20	19	18	17	16
GPIO23	GPIO22	GPIO21	GPIO20	GPIO19	GPIO18	GPIO17	GPIO16
R/W-0	R/W-0	R/W-0	R/W-0	R/W-0	R/W-0	R/W-0	R/W-0
15	14	13	12	11	10	9	8
GPIO15	GPIO14	GPIO13	GPIO12	GPIO11	GPIO10	GPIO9	GPIO8
R/W-0	R/W-0	R/W-0	R/W-0	R/W-0	R/W-0	R/W-0	R/W-0
7	6	5	4	3	2	1	0
GPIO7	GPIO6	GPIO5	GPIO4	GPIO3	GPIO2	GPIO1	GPIO0
R/W-0	R/W-0	R/W-0	R/W-0	R/W-0	R/W-0	R/W-0	R/W-0

说明：R/W= 读/写；R = 只读；-n = 复位后的初始值。

图 4.16　GPIO 端口 A 方向(GPADIR)寄存器

表 4.21　GPIO 端口 A 方向(GPADIR)寄存器位域定义

位	字段	值	说明[1]
31～0	GPIO31～GPIO0		在使用 GPAMUX1 或 GPAMUX2 寄存器将引脚配置成 GPIO 功能时，用来控制 GPIO 端口 A 引脚的方向
		0	将 GPIO 引脚配置成输入(默认)
		1	将 GPIO 引脚配置成输出 GPADAT 输出锁存寄存器的当前值可以驱动引脚。初始化 GPA-DAT 锁存器，采用 GPASET, GPACLEAR, 及 GPATOGGLE 寄存器将引脚从输入改变成输出

(1) 该寄存器受 EALLOW 保护。

31	7	6	5	4	3	2	1	0
保留		GPIO38	GPIO37	GPIO36	GPIO35	GPIO34	GPIO33	GPIO32
R-0		R/W-0	R/W-0	R/W-0	R/W-0	R/W-0	R/W-0	R/W-0

说明：R/W= 读/写；R = 只读；-n = 复位后的初始值。

图 4.17　GPIO 端口 B 方向(GPBDIR)寄存器

表 4.22　GPIO 端口 B 方向(GPBDIR)寄存器位域定义

位	字段	值	说明[1]
31～7	保留		保留
6～0	GPIO38 - GPIO32		当选择了 GPIO 方式时，用来控制 GPIO 引脚的方向。读寄存器返回寄存器设置的当前值
		0	将 GPIO 引脚配置成输入(默认)
		1	将 GPIO 引脚配置成输出

(1) 该寄存器受 EALLOW 保护。

第 4 章　通用输入/输出口(GPIO)

31		15	14	13	12	11	10	9	7
保留			AIO14	保留	AIO12	保留	AIO10	保留	
R-0			R/W-x	R-0	R/W-x	R-0	R/W-x	R-0	
6	5		4	3		2	1		0
AIO6	保留		AIO4	保留		AIO2	保留		
R/W-x	R-0		R/W-x	R-0		R/W-x	R-0		

说明：R/W = 读/写；R = 只读；-n = 复位后的初始值。

图 4.18　模拟 I/O 方向(AIODIR)寄存器

表 4.23　模拟 I/O 方向(AIODIR)寄存器位域定义

位	字段	值	说明
31~15	保留		保留
14~0	AIOn		当选择 AIO 方式时，控制有效的 AIO 引脚的方向。读寄存器返回寄存器设置的当前值
		0	配置 AIO 引脚为输入引脚（默认）
		1	配置 AIO 引脚为输出引脚

用户可以通过上拉禁止寄存器(GPxPUD)指定某个引脚为内部上拉。可以将内部上拉引脚配置成 ePWM（GPIO0~GPIO11）输出引脚；当外部复位信号($\overline{XRS}$)为低电平时，禁止所有内部上拉引脚同步。复位时，使能所有其他引脚（GPIO12~GPIO31）的内部上拉，复位后，上拉引脚将保持其默认状态，直到用户用软件有选择地写这个寄存器使能或禁止这些引脚。上拉配置既可用以配置 GPIO 引脚也可用以配置外设功能引脚。

31	30	29	28	27	26	25	24
GPIO31	GPIO30	GPIO29	GPIO28	GPIO27	GPIO26	GPIO25	GPIO24
R/W-0	R/W-0	R/W-0	R/W-0	R/W-0	R/W-0	R/W-0	R/W-0
23	22	21	20	19	18	17	16
GPIO23	GPIO22	GPIO21	GPIO20	GPIO19	GPIO18	GPIO17	GPIO16
R/W-0	R/W-0	R/W-0	R/W-0	R/W-0	R/W-0	R/W-0	R/W-0
15	14	13	12	11	10	9	8
GPIO15	GPIO14	GPIO13	GPIO12	GPIO11	GPIO10	GPIO9	GPIO8
R/W-0	R/W-0	R/W-0	R/W-0	R/W-1	R/W-1	R/W-1	R/W-1
7	6	5	4	3	2	1	0
GPIO7	GPIO6	GPIO5	GPIO4	GPIO3	GPIO2	GPIO1	GPIO0
R/W-1	R/W-1	R/W-1	R/W-1	R/W-1	R/W-1	R/W-1	R/W-1

说明：R/W = 读/写；R = 只读；-n = 复位后的初始值。

图 4.19　GPIO 端口 A 上拉禁止(GPAPUD)寄存器

第4章 通用输入/输出口(GPIO)

表 4.24 GPIO 端口 A 内部上拉禁止(GPAPUD)寄存器位域定义

位	字 段	值	说明(1)
31～0	GPIO31～GPIO0		针对选定的 GPIO 端口 A 引脚,配置内部上拉寄存器。每个 GPIO 引脚相当于寄存器的一个位
		0	使能指定引脚的内部上拉(默认 GPIO12～GPIO31)
		1	禁止指定引脚的内部上拉(默认 GPIO0～GPIO11)

(1) 该寄存器受 EALLOW 保护。

31	7	6	5	4	3	2	1	0
保留		GPIO38	GPIO37	GPIO36	GPIO35	GPIO34	GPIO33	GPIO32
R-0		R/W-0	R/W-0	R/W-0	R/W-0	R/W-0	R/W-0	R/W-0

说明:R/W=读/写;R=只读;-n=复位后的初始值。

图 4.20 GPIO 端口 B 上拉禁止(GPBPUD)寄存器

表 4.25 GPIO 端口 B 内部上拉禁止(GPBPUD)寄存器位域定义

位	字 段	值	说明(1)
31～7	保留		
6～0	GPIO38～GPIO32		针对选定的 GPIO 端口 B 引脚,配置内部上拉寄存器。每个 GPIO 引脚相当于寄存器的一个位
		0	使能指定引脚的内部上拉(默认状态)
		1	禁止指定引脚的内部上拉

(1) 该寄存器受 EALLOW 保护。

GPIO 数据寄存器表示 GPIO 引脚的当前状态,它与引脚所处的模式无关。如果将一个引脚使能为 GPIO 输出的话,写这个寄存器将设置各自的引脚为高电平或低电平,否则写入的值被锁存但被忽略。输出寄存器锁存的状态将保持当前状态,直到下一次写操作为止。复位将清除所有位并且锁存值为零。从 GPxDAT 寄存器读取的值,反映该引脚的状态(限定之后),它不是 GPxDAT 寄存器输出锁存器的状态。

通常情况下,数据寄存器用于读取引脚当前的状态。查阅一下 SET、CLEAR 及 TOGGLE 寄存器,就很容易修改引脚的输出电平。

第 4 章 通用输入/输出口(GPIO)

31	30	29	28	27	26	25	24
GPIO31	GPIO30	GPIO29	GPIO28	GPIO27	GPIO26	GPIO25	GPIO24
R/W-x	R/W-x	R/W-x	R/W-x	R/W-x	R/W-x	R/W-x	R/W-x
23	22	21	20	19	18	17	16
GPIO23	GPIO22	GPIO21	GPIO20	GPIO19	GPIO18	GPIO17	GPIO16
R/W-x	R/W-x	R/W-x	R/W-x	R/W-x	R/W-x	R/W-x	R/W-x
15	14	13	12	11	10	9	8
GPIO15	GPIO14	GPIO13	GPIO12	GPIO11	GPIO10	GPIO9	GPIO8
R/W-x	R/W-x	R/W-x	R/W-x	R/W-x	R/W-x	R/W-x	R/W-x
7	6	5	4	3	2	1	0
GPIO7	GPIO6	GPIO5	GPIO4	GPIO3	GPIO2	GPIO1	GPIO0
R/W-x	R/W-x	R/W-x	R/W-x	R/W-x	R/W-x	R/W-x	R/W-x

说明：R/W=读/写；R=只读；-n=复位后的初始值。
(1) x = 复位后，GPADAT寄存器的状态是一个未知值，它取决于复位后引脚的电平。

图 4.21 GPIO 端口 A 数据(GPADAT)寄存器

表 4.26 GPIO 端口 A 数据(GPADAT)寄存器位域定义

位	字段	值	说明
31~0	GPIO31~GPIO0		每一位相当于 GPIO 端口 A (GPIO0 - GPIO31)的一个引脚，如图 4.21 所示
		0	读为 0 表示引脚当前的状态为低电平，它与引脚配置的方式无关。如果通过 GPAMUX1/2 和 GPADIR 寄存器将引脚配置为 GPIO 输出的话，写 0 则强制输出为 0。否则该值将被锁存但不能驱动引脚
		1	读为 1 表示引脚当前的状态为高电平，它与引脚配置的方式无关。如果通过 GPAMUX1/2 和 GPADIR 寄存器将引脚配置为 GPIO 输出的话，写 1 则强制输出为 1。否则该值将被锁存但不能驱动引脚

31	7	6	5	4	3	2	1	0
保留		GPIO38	GPIO37	GPIO36	GPIO35	GPIO34	GPIO33	GPIO32
R-0		R/W-x	R/W-x	R/W-x	R/W-x	R/W-x	R/W-x	R/W-x

说明：R/W=读/写；R=只读；-n=复位后的初始值。
(1) x = 复位后，GPADAT寄存器的状态是一个未知值，它取决于复位后引脚的电平。

图 4.22 GPIO 端口 B 数据寄存器(GPBDAT)

第4章 通用输入/输出口(GPIO)

表 4.27 GPIO 端口 B 数据寄存器(GPBDAT)位域定义

位	字段	值	说明
31~7	保留		
6~0	GPIO38~GPIO32		每一位相当于 GPIO 端口 B (GPIO32－GPIO38)的一个引脚,如图 4.22 所示
		0	读为 0 表示引脚当前的状态为低电平,它与引脚配置的方式无关。如果通过 GPAMUX1/2 和 GPADIR 寄存器将引脚配置为 GPIO 输出的话,写 0 则强制输出为 0。否则该值将被锁存但不能驱动引脚
		1	读为 1 表示引脚当前的状态为高电平,它与引脚配置的方式无关。如果通过 GPAMUX1/2 和 GPADIR 寄存器将引脚配置为 GPIO 输出的话,写 1 则强制输出为 1。否则该值将被锁存但不能驱动引脚

31	15	14	13	12	11	10	9	7
保留		AIO14	保留	AIO12	保留	AIO10	保留	
R-0		R/W-x	R-0	R/W-x	R-0	R/W-x	R-0	

6	5	4	3	2	1	0
AIO6	保留	AIO4	保留	AIO2	保留	
R/W-x	R-0	R/W-x	R-0	R/W-x	R-0	

说明:R/W= 读/写;R=只读;-n = 复位后的初始值。

图 4.23 模拟 I/O 数据(AIODAT)寄存器

表 4.28 模拟 I/O 数据(AIODAT)寄存器位域定义

位	字段	值	说明
31~15	保留		
14~0	AIOn		每一位相当于 AIO 端口 AIO 的一个引脚
		0	读为 0 表示引脚当前的状态为低电平,它与引脚配置的方式无关。如果通过适当的寄存器将引脚配置为 AIO 输出的话,写 0 则强制输出为 0。否则该值将被锁存但不能驱动引脚
		1	读为 1 表示引脚当前的状态为高电平,它与引脚配置的方式无关。如果通过适当的寄存器将引脚配置为 AIO 输出的话,写 1 则强制输出为 1。否则该值将被锁存但不能驱动引脚

31	30	29	28	27	26	25	24
GPIO31	GPIO30	GPIO29	GPIO28	GPIO27	GPIO26	GPIO25	GPIO24
R/W-0	R/W-0	R/W-0	R/W-0	R/W-0	R/W-0	R/W-0	R/W-0
23	22	21	20	19	18	17	16
GPIO23	GPIO22	GPIO21	GPIO20	GPIO19	GPIO18	GPIO17	GPIO16
R/W-0	R/W-0	R/W-0	R/W-0	R/W-0	R/W-0	R/W-0	R/W-0
15	14	13	12	11	10	9	8
GPIO15	GPIO14	GPIO13	GPIO12	GPIO11	GPIO10	GPIO9	GPIO8
R/W-0	R/W-0	R/W-0	R/W-0	R/W-0	R/W-0	R/W-0	R/W-0
7	6	5	4	3	2	1	0
GPIO7	GPIO6	GPIO5	GPIO4	GPIO3	GPIO2	GPIO1	GPIO0
R/W-0	R/W-0	R/W-0	R/W-0	R/W-0	R/W-0	R/W-0	R/W-0

说明：R/W＝读/写；R＝只读；-n＝复位后的初始值。

图 4.24　GPIO 端口 A 设置，清零及切换（GPASET，GPACLEAR，GPATOGGLE）寄存器

表 4.29　GPIO 端口 A 设置（GPASET）寄存器位域定义

位	字　段	值	说　明
31～0	GPIO31～GPIO0		每一个 GPIO 端口 A 引脚（GPIO0～GPIO31）相当于图 4.24 所示的该寄存器的一位
		0	写 0 被忽略，读这个寄存器总是返回 0
		1	写 1 将强制各自的引脚输出为高电平。如果将引脚配置为 GPIO 输出的话，则被驱动为高电平。倘若引脚未被配置成 GPIO 输出，则置 1 被锁存但不能驱动引脚

表 4.30　GPIO 端口 A 清零（GPACLEAR）寄存器位域定义

位	字　段	值	说　明
31～0	GPIO31～GPIO0		每一个 GPIO 端口 A 引脚（GPIO0～GPIO31）相当于图 4.24 所示的该寄存器的一位
		0	写 0 被忽略，读这个寄存器总是返回 0
		1	写 1 将强制各自的引脚输出为低电平。如果将引脚配置为 GPIO 输出的话，则被驱动为低电平。倘若引脚未被配置成 GPIO 输出，则清除锁存但不能驱动引脚

表 4.31 GPIO 端口 A 切换(GPATOGGLE)寄存器位域定义

位	字段	值	说明
	GPIO31~GPIO0		每一个 GPIO 端口 A 引脚(GPIO0~GPIO31)相当于图 4.24 所示的寄存器的一位
		0	写 0 被忽略,读这个寄存器总是返回 0
		1	写 1 强制各自的输出数据锁存器切换其当前的状态。如果将引脚配置为 GPIO 输出的话,则驱动引脚当前的电平状态反向变化。倘若引脚未被配置成 GPIO 输出,则切换被锁存但不能驱动引脚

31	7	6	5	4	3	2	1	0
保留		GPIO38	GPIO37	GPIO36	GPIO35	GPIO34	GPIO33	GPIO32
R-0		R/W-x	R/W-x	R/W-x	R/W-x	R/W-x	R/W-x	R/W-x

说明:R/W=读/写;R=只读;-n=复位后的初始值。

图 4.25 GPIO 端口 B 设置,清零及切换(GPBSET, GPBCLEAR, GPBTOGGLE)寄存器

表 4.32 GPIO 端口 B 设置(GPBSET)寄存器位域定

位	字段	值	说明
31~7	保留		
6~0	GPIO38~GPIO32		每一个 GPIO 端口 B 引脚(GPIO38~GPIO32)相当于图 4.25 所示的寄存器的一位
		0	写 0 被忽略,读这个寄存器总是返回 0
		1	写 1 将强制引脚输出高电平。如果将引脚配置为 GPIO 输出的话,则被驱动为高电平。倘若引脚未被配置成 GPIO 输出,则置 1 被锁存但不能驱动引脚

表 4.33 GPIO 端口 B 清零(GPBCLEAR)寄存器位域定义

位	字段	值	说明
31~7	保留		
6~0	GPIO38~GPIO32		每一个 GPIO 端口 B 引脚(GPIO38~GPIO32)相当于图 4.25 所示的寄存器的一位
		0	写 0 被忽略,读这个寄存器总是返回 0
		1	写 1 将强制引脚输出低电平。如果将引脚配置为 GPIO 输出的话,则被驱动为低电平。倘若引脚未被配置成 GPIO 输出,则清除被锁存但不能驱动引脚

第4章 通用输入/输出口(GPIO)

表 4.34　GPIO 端口 B 切换(GPBTOGGLE)寄存器位域定义

位	字段	值	说明
31～7	保留		
6～0	GPIO38～GPIO32		每一个 GPIO 端口 B 引脚(GPIO38～GPIO32)相当于图 4.26 所示的该寄存器的一位
		0	写 0 被忽略,读这个寄存器总是返回 0
		1	写 1 强制各自的输出数据锁存器切换其当前的状态。如果将引脚配置为 GPIO 输出的话,则驱动引脚当前的电平状态反向变化,倘若引脚未被配置成 GPIO 输出,则清除被锁存但不能驱动引脚

31	15	14	13	12	11	10	9	7
保留		AIO14	保留	AIO12	保留	AIO10	保留	
R-0		R/W-x	R-0	R/W-x	R-0	R/W-x	R-0	

6	5	4	3	2	1	0
AIO6	保留	AIO4	保留	AIO2	保留	
R/W-x	R-0	R/W-x	R-0	R/W-x	R-0	

说明:R/W=读/写;R=只读;-n=复位后的初始值。

图 4.26　模拟 I/O 设置,清零及切换(AIOSET,AIOCLEAR,AIOTOGGLE)寄存器

表 4.35　模拟 I/O 设置(AIOSET)寄存器位域定义

位	字段	值	说明
31～15	保留		
14～0	AIOn		每一个 AIO 引脚相当于图 4.26 所示的寄存器对应的一位
		0	写 0 被忽略,读这个寄存器总是返回 0
		1	写 1 将强制各自的输出数据锁存为 1。如果将引脚配置为 AIO 输出的话,则被驱动为高电平。倘若引脚未被配置成 AIO 输出,则置 1 被锁存但不能驱动引脚

表 4.36　模拟 I/O 清零(AIOCLEAR)寄存器位域定义

位	字段	值	说明
31～15	保留		
14～0	AIOn		每一个 AIO 引脚相当于图 4.26 所示的寄存器对应的一位
		0	写 0 被忽略,读这个寄存器总是返回 0
		1	写 1 将强制各自的输出数据锁存为 0。如果将引脚配置为 AIO 输出的话,则被驱动为低电平。倘若引脚未被配置成 AIO 输出,则清除被锁存但不能驱动引脚

第 4 章 通用输入/输出口(GPIO)

表 4.37 模拟 I/O 切换(AIOTOGGLE)寄存器位域定义

位	字段	值	说明
31～15	保留		
14～0	AIOn		每一个 AIO 引脚相当于图 4.26 所示的寄存器对应的一位
		0	写 0 被忽略,读这个寄存器总是返回 0
		1	写 1 强制各自的输出数据锁存器切换其当前的状态。如果将引脚配置为 AIO 输出的话,则驱动引脚当前的电平状态反向变化,倘若引脚未被配置成 AIO 输出,则切换被锁存但不能驱动引脚

```
15                                    5 4              0
┌─────────────────────────────────────┬─────────────────┐
│              保留                    │  GPIOXINTnSEL   │
│              R-0                     │      R/W-0      │
└─────────────────────────────────────┴─────────────────┘
```

说明: R/W=读/写; R=只读; -n=复位后的初始值。

图 4.27 GPIO XINTn 中断选择(GPIOXINTnSEL)寄存器

表 4.38 GPIO XINTn 中断选择(GPIOXINTnSEL)[1] 寄存器位域定义

位	字段	值	说明[2]
15～5	保留		保留
4～0	GPIOXINTnSEL		选择 GPIO 端口 A 信号(GPIO0～GPIO31),这些信号将作为 XINT1、XINT2 或 XINT3 的中断源。另外,用户可通过 12.5 节描述的 XINT1CR、XINT2CR 或 XINT3CR 寄存器配置中断 若采用 XINT2 启动 ADC 转换,可通过 ADCSOCxCTL 寄存器使能 $\overline{ADCSOC}$ 信号总是在上升沿时有效
		00000	选择 GPIO0 引脚作为 XINTn 中断源(默认)
		00001	选择 GPIO1 引脚作为 XINTn 中断源
		...	...
		11110	选择 GPIO30 引脚作为 XINTn 中断源
		11111	选择 GPIO31 引脚作为 XINTn 中断源

(1) n=1,2,3;
(2) 该寄存器受 EALLOW 保护。

表 4.39 XINT1/XINT2/XINT3 中断选择及配置寄存器

n	中断	中断选择寄存器	配置寄存器
1	XINT1	GPIOXINT1SEL	XINT1CR
2	XINT2	GPIOXINT2SEL	XINT2CR
3	XINT3	GPIOXINT3SEL	XINT3CR

第 4 章 通用输入/输出口(GPIO)

31	30	29	28	27	26	25	24
GPIO31	GPIO30	GPIO29	GPIO28	GPIO27	GPIO26	GPIO25	GPIO24
R/W-0	R/W-0	R/W-0	R/W-0	R/W-0	R/W-0	R/W-0	R/W-0
23	22	21	20	19	18	17	16
GPIO23	GPIO22	GPIO21	GPIO20	GPIO19	GPIO18	GPIO17	GPIO16
R/W-0	R/W-0	R/W-0	R/W-0	R/W-0	R/W-0	R/W-0	R/W-0
15	14	13	12	11	10	9	8
GPIO15	GPIO14	GPIO13	GPIO12	GPIO11	GPIO10	GPIO9	GPIO8
R/W-0	R/W-0	R/W-0	R/W-0	R/W-0	R/W-0	R/W-0	R/W-0
7	6	5	4	3	2	1	0
GPIO7	GPIO6	GPIO5	GPIO4	GPIO3	GPIO2	GPIO1	GPIO0
R/W-0	R/W-0	R/W-0	R/W-0	R/W-0	R/W-0	R/W-0	R/W-0

说明: R/W=读/写; R=读; -n=复位后的初始值。

图 4.28 GPIO 低功耗方式唤醒选择(GPIOLPMSEL)寄存器

表 4.40 GPIO 低功耗方式唤醒选择(GPIOLPMSEL)寄存器位域定义

位	字段	值	说明[1]
31~0	GPIO31~GPIO0		低功耗方式唤醒选择控制位。寄存器中的每一位相当于图 4.28 所示的 GPIO 端口 A 的一个引脚
		0	若将此位清 0,对应引脚的信号对暂停无效并且设备处在待机低功耗方式
		1	若将此位置 1,对应引脚的信号将从设备暂停及待机低功耗两种方式中唤醒设备

(1) 该寄存器受 EALLOW 保护。

4.7 GPIO 多路复用设置步骤

图 4.1 阐述了 GPIO0~GPIO31 引脚的复用条件及流程通道。每一个 GPIO 引脚通过多路控制寄存器 1 或 2(GPAMUX1 或 GPAMUX2)可设置成 GPIO、外设 1、外设 2 及外设 3 功能。这里根据图 4.1 以 GPIO28 及 GPIO29 为例说明设置过程。

4.7.1 GPIO 功能的设置及流程

图 4.1 右下边 GPAMUX 1/2 控制 3 个多路 3 态门,当 GPAMUX 1/2 = 0x00 时,GPIOx 被设置为 GPIO 功能,此时下边一个 3 态门的方向控制寄存器 GPIOx_DIR 有效。

1. GPIO29 用作输出

当 GPIOx_DIR=1 时为输出,其信号通过左下部非或门作为两个单通道 3 态门的门控信号,并打开下面一个三态门。此时,中间一个多路 3 态门的 GPIOx_OUT 输出有效,其右边框内列出用来控制 GPIOx 输出的寄存器。下边是将 GPIO29 设置为输出的指令:

```
EALLOW;                                      // 允许访问受保护的寄存器
GpioCtrlRegs.GPAMUX2.bit.GPIO29 = 0;         // 设置 GPIO29 为 GPIO
GpioCtrlRegs.GPADIR.bit.GPIO29 = 1;          // 设置 GPIO29 为输出
EDIS;                                        // 禁止访问受保护的寄存器
```

之后,就可通过以下指令在 GPIO29 引脚上输出高低电平。

```
GpioDataRegs.GPASET.bit.GPIO29 = 1;          // 设置 GPIO029 为高电平
GpioDataRegs.GPACLEAR.bit.GPIO29 = 1;        // 设置 GPIO029 为低电平
GpioDataRegs.GPATOGGLE.bit.GPIO29 = 1;       // 切换 GPIO29 电平
GpioDataRegs.GPADAT.bit.GPIO29 = 1;          // 设置 GPIO029 为高电平
```

注意:上面 3 条指令设置 0 无效,下面一条指令通常用作引脚信号的采集。

2. GPIO29 用作输入

当 GPIOx_DIR=0 时为输入,此时,两个单通道 3 态门中的上面一个开通。从 GPIOx 引脚采集到的信号进入由 GPAQSEL 1/2 输入限定选择寄存器控制的多路 3 态门。GPAQSEL 1/2 是一个 32 位的限定选择寄存器,分别管理 GPIO0—GPIO15 及 GPIO16—GPIO31 引脚,从最低位开始每两位对应一个引脚,可作 4 种输入限定选择。当 GPAQSEL 1/2 的设置为 00 或 11 时,对应引脚的信号以同步或异步的方式输入供 GPADAT 读取;当设置为 01 或 10 时,分别以连续 3 个采样或 6 个采用的方式输入供 GPADAT 读取,其中每个采样包含的系统时钟周期 $T_{SYSCLKOUT}$ 由 GPIO 限定控制寄存器 GPACTRL 进行控制,一个采样最大可设置为 510 个 $T_{SYSCLKOUT}$,采集信号由 GPADAT 完成。下边是将 GPIO29 设置为输入的指令:

```
EALLOW;                                      // 允许访问受保护的寄存器
GpioCtrlRegs.GPAMUX1.bit.GPIO7 = 0;          // 设置 GPIO7 为 GPIO
GpioCtrlRegs.GPADIR.bit.GPIO7 = 1;           // 设置 GPIO7 为输出
GpioCtrlRegs.GPAMUX2.bit.GPIO29 = 0;         // 设置 GPIO29 为 GPIO
GpioCtrlRegs.GPADIR.bit.GPIO29 = 0;          // 设置 GPIO29 为输入。
EDIS;                                        // 禁止访问受保护的寄存器
```

之后,就可通过以下指令采集 GPIO29 的信号:

```
#define Col_GPIO29    GpioDataRegs.GPADAT.bit.GPIO29   // 在文件头部定义
...
if(Col_GPIO29 = = 0)
GpioDataRegs.GPATOGGLE.bit.GPIO7 = 1;    // 若 GPIO29 为低则切换 GPIO7 的电平
```

注意:此例的输入限定与系统时钟同步(默认状态)。

4.7.2 外设 1 功能的设置及流程

当 GPAMUX 1/2 = 0x01 时,GPIOx 将被设置成外设 1 功能。下面以 GPIO29

及 GPIO28 外设 1 功能进行说明。

1. 将 GPIO29 设置成外设 1 SCITXDA 串口输出

下面是取自 DSP2802x_Sci.c 文件中 InitSciaGpio() 函数的指令：

```
EALLOW;                                    // 允许访问受保护的寄存器
GpioCtrlRegs.GPAMUX2.bit.GPIO29 = 1;       // 将 GPIO29 配置成 SCITXDA 输出功能
GpioCtrlRegs.GPAPUD.bit.GPIO29 = 1;        // 禁止 GPIO29（SCITXDA）上拉
EDIS;                                      // 禁止访问受保护的寄存器
```

上面第 1 条指令对 GPAMUX2 控制的三个多路 3 态门有效，其中下面两个多路 3 态门联动。当将一个 GPIO 配置成输出引脚时，底下一个多路 3 态门输出高电平经非或门选通下面一个三态门打开信号输出通道，中间一个多路 3 态门的外设 1 信号 SCITXDA 通过 GPIO29 输出。

2. 将 GPIO28 设置成外设 1 SCIRXDA 串口输入

下面对取自 InitSciaGpio() 函数的指令进行分析。

```
EALLOW;                                    // 允许访问受保护的寄存器
GpioCtrlRegs.GPAMUX2.bit.GPIO28 = 1;       // 将 GPIO28 配置成 SCIRXDA 功能
GpioCtrlRegs.GPAPUD.bit.GPIO28 = 0;        // 使能 GPIO28（SCIRXDA）上拉
GpioCtrlRegs.GPAQSEL2.bit.GPIO28 = 3;      // GPIO28（SCIRXDA）异步输入
EDIS;                                      // 禁止访问受保护的寄存器
```

当上面的第 1 条指令把 GPIO28 引脚设置成外设 1 SCIRXDA 功能时，SCIA 模块的硬件特性就将该引脚定义成输入。此时，底下一个多路 3 态门输出低电平经非或门选通上面一个三态门打开信号输入通道，中间一个多路三态门被屏蔽，而上面一个多路三态门有效，用以接收 GPIO28 端口的 SCIRXDA 信号，其中输入限定选择寄存器 GPAQSEL 1/2 及限定控制寄存器 GPACTRL 的作用请参见 4.7.1 小节。

GPIO32 及 GPIO33 多路复用请参阅图 4.2，该图类似于图 4.1，此处不再赘述。

4.8 GPIO 多路复用设置实例

本例取自外部中断示例（zExternalInterrupt）中对 GPIO 设置的部分指令。分别将 GPIO0 及 GPIO1 设置为 GPIO 输入，其中 GPIO0 同步于 SYSCLKOUT 时钟，而 GPIO1 采用 6 个采样限定周期，每个限定周期（或采样窗的宽度）为 510×SYSCLKOUT 系统周期。

```
EALLOW;
GpioCtrlRegs.GPAMUX1.bit.GPIO0 = 0;        // GPIO0 为 GPIO 功能
GpioCtrlRegs.GPADIR.bit.GPIO0 = 0;         // GPIO0 为输入
GpioCtrlRegs.GPAQSEL1.bit.GPIO0 = 0;       // GPIO0 采样与系统时钟 SYSCLKOUT 同步
```

```
    GpioCtrlRegs.GPAMUX1.bit.GPIO1 = 0;          // GPIO1 为 GPIO 功能
    GpioCtrlRegs.GPADIR.bit.GPIO1 = 0;           // GPIO1 为输入
    GpioCtrlRegs.GPAQSEL1.bit.GPIO1 = 2;         // GPIO1 采样为 6 个采样限定周期,每个
                                                 // 限定
    GpioCtrlRegs.GPACTRL.bit.QUALPRD0 = 0xFF;    // 周期为 510 * SYSCLKOUT 系统周期
    EDIS
```

设置 GPIO0 和 GPIO1 分别作为外部中断 1(XINT1)及外部中断 2(XINT2)的中断源。

```
    EALLOW;
    GpioIntRegs.GPIOXINT1SEL.bit.GPIOSEL = 0;    // 选择 GPIO0 引脚作为 XINT1 中断(defaul)
    GpioIntRegs.GPIOXINT2SEL.bit.GPIOSEL = 1;    // 选择 GPIO1 引脚作为 XINT2 中断源
    EDIS;
```

以上设置的具体用法请参阅 12.7 节"外部中断示例"。

正如在前言述及的,28335 的 GPIO 模块较之前 2812 的 GPIO 模块作了根本的改变(28027 与 28335 相同),因此,将 2812 诸如 SCI 模块源码移植到 Piccolo 28027 时,须将如下 2812 的 GPIO 端口设置指令作相应更改。

● 2812 串口 SCIA 通信的端口配置:

```
    EALLOW;                                      // 允许访问受保护的寄存器。
    GpioMuxRegs.GPFMUX.all = 0x0030;             // F 端口设置为:x000 0000 0011 0000,选
                                                 // 择 GPIO 的 SCIA 引脚。
    EDIS;                                        // 禁止访问受保护的寄存器
```

● 28027 串口 SCIA 通信的端口配置:

```
    EALLOW;
    GpioCtrlRegs.GPAPUD.bit.GPIO28 = 0;          // 使能 GPIO28 (SCIRXDA 输入)上拉
    GpioCtrlRegs.GPAPUD.bit.GPIO29 = 1;          // 禁止 GPIO29 (SCITXDA 输出)上拉
    GpioCtrlRegs.GPAQSEL2.bit.GPIO28 = 3;        // 配置 GPIO28 (SCIRXDA)为异步输入
    GpioCtrlRegs.GPAMUX2.bit.GPIO28 = 1;         // 配置 GPIO28 为 SCIRXDA 功能
    GpioCtrlRegs.GPAMUX2.bit.GPIO29 = 1;         // 配置 GPIO29 为 SCITXDA 功能
    EDIS;
```

除此之外,2812 的 SCIA 模块指令可以原封不动地复制到 28027。要注意的是:由于 2812 的主频为 150 MHz,28027 主频为 60 MHz,并且 2812 具有 16 级深度的 FIFO 而 28027 只有 4 级,因此,波特率及 FIFO 参数需要作一点变更。

第 5 章

串行通信接口(SCI)

串行通信接口(Serial Communication Interface,SCI)是一个两线异步串口,可以看成通用异步接收器和发送器(UART)。SCI 模块支持 CPU 和其他异步外设之间进行数字通信,采用标准的非归零(NRZ non-return-to-zero)格式。SCI 接收和发射器均有一个 4 级深度的 FIFO 来降低服务开销,并且每个都有自己独立的使能和中断位。两者均能使用半双工通信模式各自独立的操作,或者使用全双工通信模式同时操作。

为保证数据的完整性,SCI 利用断线检测,校验,溢出,帧错误来核对接收到的信息。可以通过一个 16 位的波特率选择寄存器来设置不同的比特率。

注意:有关 28x SCI 与 240xA SCI 相比的增强功能参见 5.1.10 小节。

5.1 增强型 SCI 模块概述

SCI 接口如图 5.1 所示。

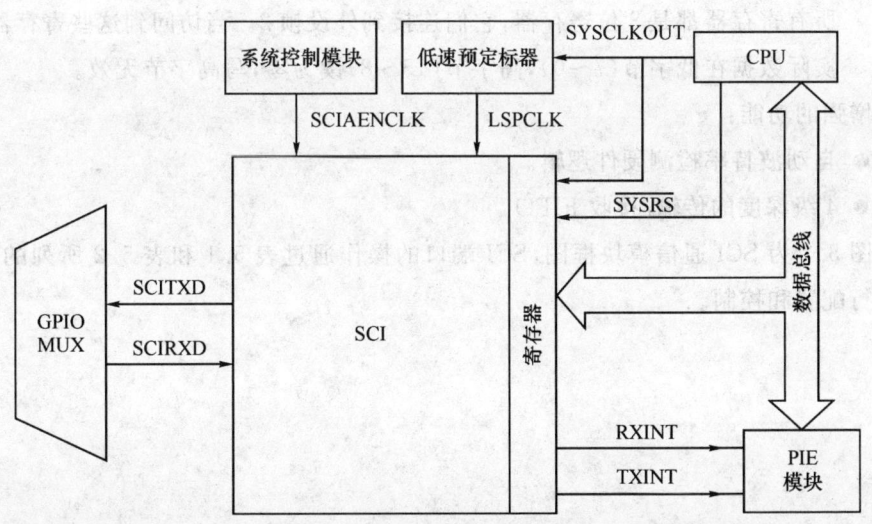

图 5.1 SCI 的 CPU 接口

第5章 串行通信接口(SCI)

SCI模块的功能包括：
- 两个外部引脚：
  - SCITXD：SCI发送输出引脚。
  - SCIRXD：SCI接收输入引脚。

  在不使用SCI功能时，这两个引脚可以用作GPIO。
- 波特率可编程为64 K不同的速率。
- 数据格式：
  - 一个起始位；
  - 数据长度从1~8位字长可编程；
  - 可选的奇/偶/无校验位；
  - 一个或两个停止位。
- 4个错误检测标志：奇偶，溢出，帧，并断点检测。
- 两个唤醒多处理器模式：空闲线和地址位。
- 半或全双工操作。
- 双缓冲的接收和发送功能。
- 发射器和接收器的操作可以通过中断或查询算法实现。
- 独立的发射器和接收器中断使能位(除BRKDT)。
- 非归零(NRZ non-return-to-zero)格式。
- SCI模块的13个控制寄存器位于控制寄存器帧，起始地址为7050h，此模块所有寄存器都是8位寄存器，它们连接到外设帧2。当访问到这些寄存器时，实际数据在低字节(7~0)，高字节(15~8)读为零，写高字节无效。

增强的功能：
- 自动波特率检测硬件逻辑。
- 4级深度的传输/接收FIFO。

图5.2为SCI通信模块框图，SCI端口的操作通过表5.1和表5.2所列的寄存器进行配置和控制。

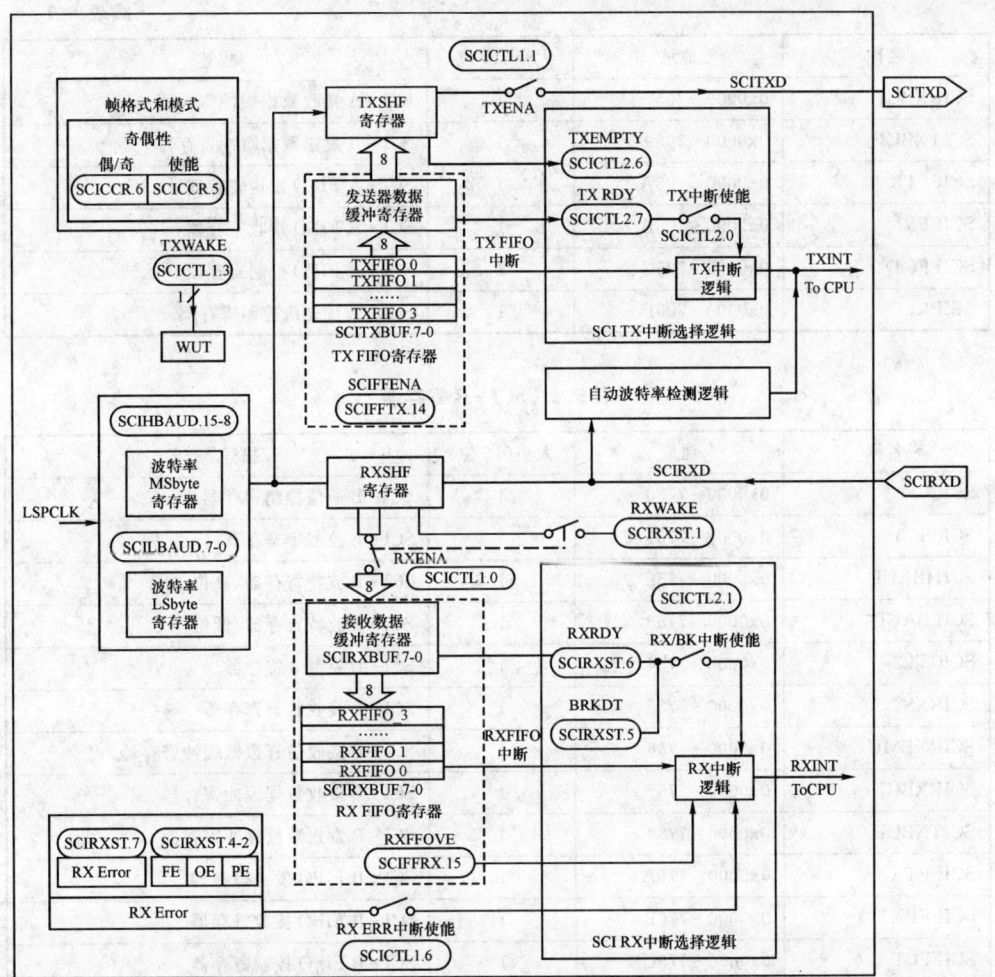

图 5.2 SCI 串行通信接口模块框图

表 5.1 SCI-A 寄存器

名称	地址	大小（16 位）	描述
SCICCR	0x0000-7050	1	SCI-A 通信控制寄存器
SCICTL1	0x0000-7051	1	SCI-A 控制 1 寄存器
SCIHBAUD	0x0000-7052	1	SCI-A 波特寄存器，高位
SCILBAUD	0x0000-7053	1	SCI-A 波特寄存器，低位
SCICTL2	0x0000-7054	1	SCI-A 控制 2 寄存器
SCIRXST	0x0000-7055	1	SCI-A 接收状态寄存器
SCIRXEMU	0x0000-7056	1	SCI-A 接收仿真数据缓冲寄存器

续表 5.1

名称	地址	大小(16 位)	描述
SCIRXBUF	0x0000-7057	1	SCI-A 接收数据缓冲寄存器
SCITXBUF	0x0000-7059	1	SCI-A 发送数据缓冲寄存器
SCIFFTX	0x0000-705A	1	SCI-A FIFO 发送寄存器
SCIFFRX	0x0000-705B	1	SCI-A FIFO 接收寄存器
SCIFFCT	0x0000-705C	1	SCI-A FIFO 控制寄存器
SCIPRI	0x0000-705F	1	SCI-A 优先级控制寄存器

表 5.2 SCI-B 寄存器

名称	地址	大小(16 位)	描述[1][2]
SCICCR	0x0000-7750	1	SCI-B 通信控制寄存器
SCICTL1	0x0000-7751	1	SCI-B 控制 1 寄存器
SCIHBAUD	0x0000-7752	1	SCI-B 波特寄存器,高位
SCILBAUD	0x0000-7753	1	SCI-B 波特寄存器,低位
SCICTL2	0x0000-7754	1	SCI-B 控制 2 寄存器
SCIRXST	0x0000-7755	1	SCI-B 接收状态寄存器
SCIRXEMU	0x0000-7756	1	SCI-B 接收仿真数据缓冲寄存器
SCIRXBUF	0x0000-7757	1	SCI-B 接收数据缓冲寄存器
SCITXBUF	0x0000-7759	1	SCI-B 发送数据缓冲寄存器
SCIFFTX	0x0000-775A	1	SCI-B FIFO 发送寄存器
SCIFFRX	0x0000-775B	1	SCI-B FIFO 接收寄存器
SCIFFCT	0x0000-775C	1	SCI-B FIFO 控制寄存器
SCIPRI	0x0000-775F	1	SCI-B 优先级控制寄存器

(1) 寄存器映射到外设帧 2,该帧只允许 16 位访问。采用 32 位访问将造成无定义的结果。
(2) SCIB 是一个可选外设,有些器件可能没有。有关外设的用法请参见器件特性手册。

全双工操作中使用的主要元素如图 5.2 所示,其中包括:
- 一个发送器(TX)和其主要寄存器(图 5.2 中上半部分):
  - SCITXBUF:发送数据缓冲寄存器。包含要发送的数据(由 CPU 装载)。
  - TXSHF 寄存器:发送移位寄存器。接收从寄存器 SCITXBUF 到来的数据并且将数据移位到 SCITXD 引脚,一次一位。
- 一个接收器(RX)和其主要寄存器(5.2 图中下半部分):
  - RXSHF 寄存器:接收移位寄存器。从 SCIRXD 引脚移入数据,一次一位。
  - SCIRXBUF:接收数据缓冲寄存器。包含将由 CPU 读取的数据。来自其他处理器的数据先装入 RXSHF 寄存器,然后进入 SCIRX-

第 5 章 串行通信接口(SCI)

BUF 及 SCIRXEMU 寄存器。
- 可编程的波特率发生器。
- 数据存储映射控制和状态寄存器。

SCI 接收器和发送器可单独或同时操作。

5.1.1 SCI 模块信号汇总

SCI 模块信号汇总如表 5.3 所列。

表 5.3 SCI 模块信号汇总

种类	信号名称	说明
外部信号	SCIRXD	SCI 异步端口,接收数据
	SCITXD	SCI 异步端口,发送数据
时钟(控制)	Baud clock	时钟信号为低速外设时钟信号:LSPCLK
中断信号	TXINT	发送中断
	RXINT	接收中断

5.1.2 多处理器及异步通信模式

SCI 有两种协议:空闲线(idle - line)多处理器模式和地址位(address - bit)多处理器模式。这些协议允许多个处理器之间高效的数据传输。

SCI 提供通用异步接收器/发送器(universal asynchronous receiver/transmitter UART)的通信模式,与许多主流的外设接口进行通信。异步模式需要两条数据线和许多标准的设备进行通信,如使用 RS-232-C 接口的终端或打印机。数据传输特性包括:
- 一个起始位;
- 1~8 个数据位;
- 一个奇/偶校验位或无校验位;
- 一个或两个停止位。

5.1.3 SCI 可编程数格式

SCI 发送和接收数据采用非归零数据格式。非归零数据格式如图 5.3 所示,包括:一个起始位,1~8 个数据位,1~2 个停止位,一个可选的奇偶校验位,一个或两个停止位及一个仅用于地址位模式的区别数据地址的附加位。基本的数据单元被称为一个字符,其长度为 1~8 位。每一个字符数据格式为一个起始位,一或两个停止位以及可选的校验位和地址位。具有这种格式信息的数据字符称为一帧,如图 5.3 所示。将若干连续帧组合在一起称作数据组。

第 5 章 串行通信接口(SCI)

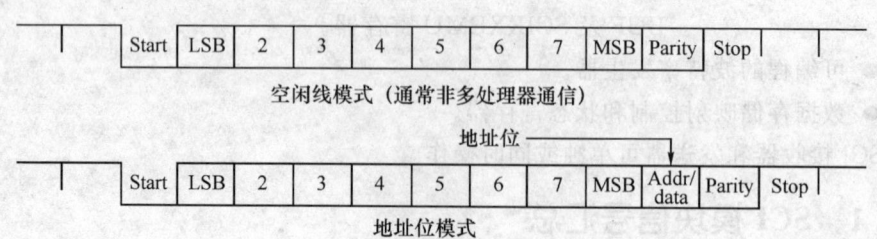

图 5.3 典型的 SCI 数据帧格式

SCICCR 寄存器可用来对数据格式进行编程,如表 5.4 所示。

表 5.4 使用 SCICCR 寄存器对数据格式进行编程

位	位域名称	地址	功能
2:0	SCI CHAR2-0	SCICCR.2:0	选择字符(数据)长度,1~8 位
5	PARITY ENABLE	SCICCR.5	置 1 则使能校验,清零则禁止校验
6	EVEN/ODD PARITY	SCICCR.6	当校验使能时,置 1 则采用偶校验,清零则采用奇校验
7	STOP BITS	SCICCR.7	确定发送停止位的个数,置 1 有两个停止位,清零则只有一个停止位

5.1.4 SCI 多处理器通信

多处理通信模式允许一个处理器有效地通过同一个串行链路将数据块发送到另外的处理器。在同一时间内的一条串行线上只允许一个发送器,即在同一时间内只能有一个播讲器。

● 地址字节。

由发送器传送的信息组中第一个字节包含了一个地址,这个地址被所有接收器读取,但只有符合这个地址的设备会被后续数据中断,而不符合这个地址的设备不被中断,直到下个地址的到来。

● 睡眠位

在串行链路上的所有处理器都会把 SCI 睡眠位 SCI SLEEP(SCICTL1[2])置 1,从而只有检测到这个地址字节的时候才会产生中断。当一个处理器读到的地址与 CPU 器件地址(该地址由用户应用软件设置)相符时,用户的程序必须清除睡眠位以使 SCI 每接收到一个数据都产生一个中断。

尽管 SCI SLEEP=1 时接收器仍在运行,但不会将 RXRDY,RXINT 或者任何接收错误状态位置 1,除非检测到地址字节并且接收帧的地址位为 1(适用于地址位模式)。SCI 不会改变 SLEEP 位,此位必须由用户软件改变。

5.1.4.1 地址的识别

一个处理器可分别识别地址字节,这取决于采用的多处理器模式。比如:

- 空闲线模式在地址字节前留下了一个静止空间。这种模式没有一个附加的地址/数据位,在处理多于 10 个字节的数组时,较地址位模式更有效。对于典型的非多处理器的 SCI 通信必须采用空闲线模式。
- 地址位模式增加了一个附加位(地址位)到每个字节中,用以从数据中识别地址。这种模式在处理众多小数据块时更有效,因为它不同于空闲线模式,不需要在两数据块间等待。

但是在高传送速率下,程序不能快速避免传送数据流中一个 10 位的空闲。

5.1.4.2 SCI 发送与接收的控制

通过 ADDR/IDLE MODE (SCICCR[3])位可以用软件选择多处理器模式。两种模式的发送与接收由标志位 TXWAKE (SCICTL1[3]),RXWAKE(SCIRXST[1])和 SLEEP (SCICTL1[2])进行控制。

5.1.4.3 接收顺序

在两种多处理器模式中,接收顺序如下:

(1) 在接收数据块地址时,唤醒 SCI 端口并请求一个中断(RX/BK INT ENA (SCICTL2[1])位必须被置 1,使能接收中断)。可读取数据块中的第 1 帧,该帧包含了目的地址。

(2) 一个软件程序进入中断并检查传入的地址。

(3) 将这个地址与内存中的器件地址进行核对。如果数组地址与器件 CPU 地址相同,则 CPU 清除 SLEEP 位并且读余下的数据块,否则软件程序退出,SLEEP 位仍然为 1 并且不发生接收中断直到下一个数据块开始。

5.1.5 空闲线多处理器模式

在空闲线多处理器协议下(ADDR/IDLE MODE(SCICCR[3])=0),由于数组之间较数据帧之间的空闲时间更长,因此数组被分离。数据帧后 10 位或更长位空闲时间表示新数组的开始。单独一位的时间可直接从波特率值计算出来(位/每秒)。空闲线多处理器通信格式如图 5.4 所示。

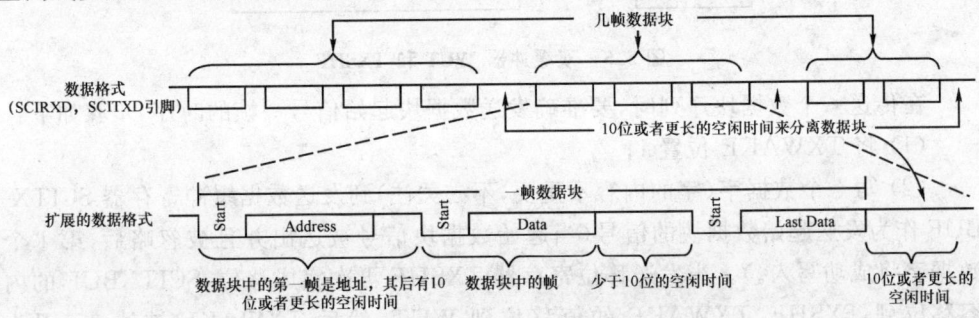

图 5.4 空闲线模式的多处理器通信数据格式

5.1.5.1 空闲线模式步骤

空闲线模式步骤如下:
(1) 接收到数据块的启动信号后,SCI 被唤醒;
(2) 处理器辨识下一个 SCI 中断;
(3) 中断服务程序将接收到的地址(由远程发送器传送)与自身地址进行对比,看看是否和自己的吻合;
(4) 如果两个地址相同,则中断服务清除睡眠位,接收数据块的后续内容;
(5) 如果两个地址不相同,则保持睡眠位原有设置;CPU 继续执行其主程序不受 SCI 端口干扰,直到检测到下一个数据块开始。

5.1.5.2 数据块的启动信号

发送数据块的开始信号有两种方式:
(1) 方式 1:要避免 10 位或更长的空闲时间,可在先前数据块最后一帧数据与新数据块地址帧之间进行延时;
(2) 方式 2:在对 SCITXBUF 寄存器写之前,首先把 SCI 端口的 TXWAKE (SCICTL1[3])位置 1。这个操作会发送 11 个位的空闲时间。在这种方式下,串行通信线的空闲时间都不会长于必须的空闲时间。(在设置 TXWAK 之后,将一个无关的字节写到 SCITXBUF,所以在发送地址之前要发送空闲时间。)

5.1.5.3 唤醒临时标志(WUT)

唤醒临时标志位(WUT)与 TXWAK 位有联系。WUT 是个内部标志位,是和 TXWAK 一起的双缓冲器。当 SCITXBUF 装载到 TXSHF 的时候,TXWAKE 装载到 WUT,同时 TXWAKE 被清 0。这一安排如图 5.5 所示。

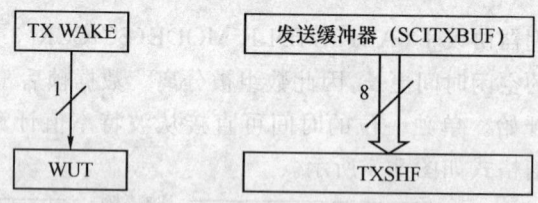

图 5.5 双缓冲器 WUT 和 TXSHF

在传送一个数据块序列时,要准确发送数据块起始信号一帧的时序,步骤如下:
(1) 将 TXWAKE 位置 1;
(2) 写一个数据字(字的内容不重要,不必关注)到发送数据缓冲寄存器 SCITX-BUF 作为发送起始数据块的信号(当起始数据块信号被送出并且被忽略后,第 1 个数据字将成功写入。)当发送移位寄存器 TXSHF 再次完成移位,SCITXBUF 的内容移位到 TXSHF,TXWAKE 的值移位到 WUT,然后 TXWAKE 被清 0。因为

TXWAKE已经被置1,起始位,数据位和校验位均已被11位的空闲周期代替,随后传送的是前面一帧最后的停止位。

(3) 写一个新地址到SCITXBUF:不必关注的数据字必须首先写到SCITXBUF寄存器,以便TXWAKE位的值可以移位到WUT。在不必关注的数据字移位到TXSHF寄存器之后,SCITXBUF(和TXWAKE,如必要)能够重新被写入,因为TXSHF和WUT都是双缓冲的。

5.1.5.4 接收器操作

接收器的操作不考虑SLEEP位的影响。另外,接收器不必设置RXRDY位和错误状态标志位,也不要求一个接收中断直到地址帧被检测到为止。

5.1.6 地址位多处理器模式

在地址位协议下(ADDR/IDLE MODE =1),数据块有一个附加的地址位,它紧跟着最后一个数据位。在数据块第一帧中,这个地址位置1,而在所有其他帧中则置0。这跟空闲周期的时间是不相关的,如图5.6所示。

TXWAKE位值放入地址位。在传送期间,当SCITXBUF寄存器及TXWAKE分别被载入到TXSHF寄存器和WUT时,TXWAKE复位到0,同时WUT变成当前帧地址位的值,因此,发送一个地址的步骤为:

(1) 置TXWAKE位为1,并且将适当的地址值写入SCITXBUF寄存器。当这个地址值传送到TXSHF寄存器并且移出时,其地址位送出1。这标志位于串行链路的其他处理器在读地址。

(2) 在TXSHF和WUT被加载后,写入SCITXBUF和TXWAKE(由于TXSHF和WUT是双缓冲的,因此可立即写入。)。

(3) 保留TXWAKE为0的设置,发送数据块中的非地址帧。

注意:一般来说,地址位格式最典型的是用在少于11个字节(含11个字节)数据帧的传送。这一格式针对所有数据的传送增加了一个位值(1表示地址帧,0表示数据帧)。空闲线格式最典型的是用在多于12个字节(含12个字节)数据帧的传送。

5.1.7 SCI通信格式

SCI异步通信可使用单线(单向)或者双线(双向)。在这个通信模式中,每帧由一个起始位,1~8个数据位,一个可选的偶/奇校验位及1~2个结束位组成。每个数据位为8个SCICLK周期,如图5.7所示。

接收器在接收到有效的起始位后开始工作。连续4个SCICLK周期的0位(低电平)为一个有效的开始位,如图5.7所示。如果任何一位不为低电平,则需要重新开始寻找另一个起始位。

对于起始位之后的位,处理器通过连续采集位中间的3个样本来决定这个位的数值。这些样本分别在第4、5、6个SCICLK周期进行采样,位值根据"三盘两胜"的

第5章 串行通信接口(SCI)

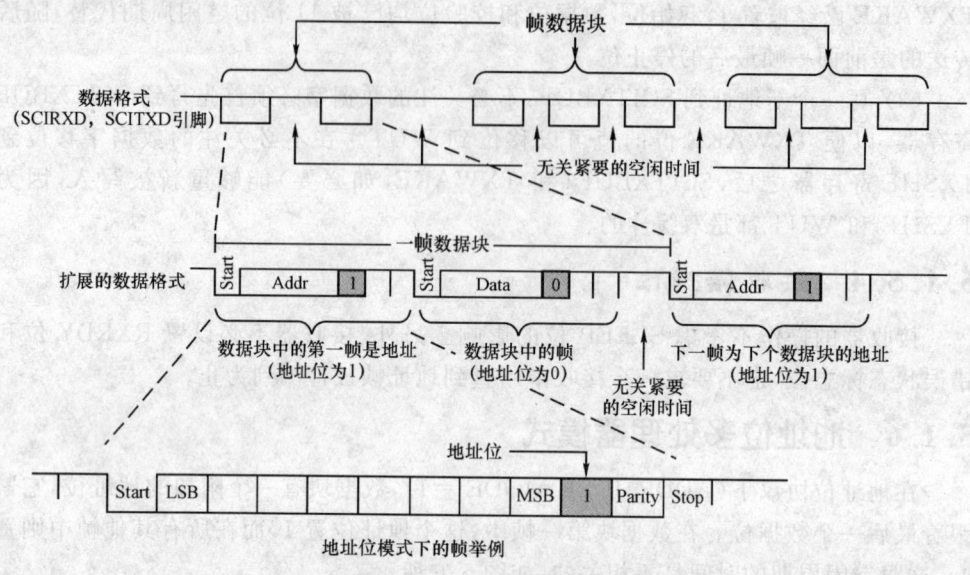

图 5.6 地址位模式的多处理器通信数据格式

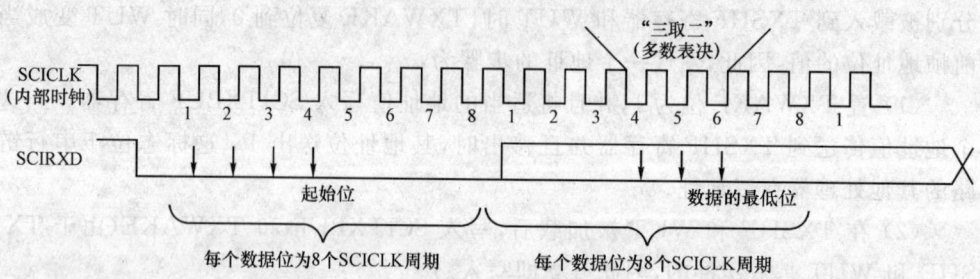

图 5.7 SCI 异步通信格式

多数表决来确定,参见图 5.7。

由于接收器同步于自身的数据帧,因此外部的传送和接收设备不需要采用同步时钟,时钟可由自身的 SCI 信号产生。

5.1.7.1 在通信模式下的接收器信号

图 5.8 列举了一个接收器信号时序,它是在以下条件中获得的:
- 地址位唤醒模式(在空闲线模式下,无地址位);
- 每个字符 6 个数据位。

注意:

(1) 标志位 RXENA (SCICTL1[0]) 置 1,使能接收器;

(2) 数据到达 SCIRXD 引脚后,检测起始位;

(3) 数据从 RXSHF 转移到接收器的缓冲寄存器 SCIRXBUF 中,产生一个中断请求;标志位 RXRDY(SCIRXST[6]) 置 1,表示已经接收到一个新的字符;

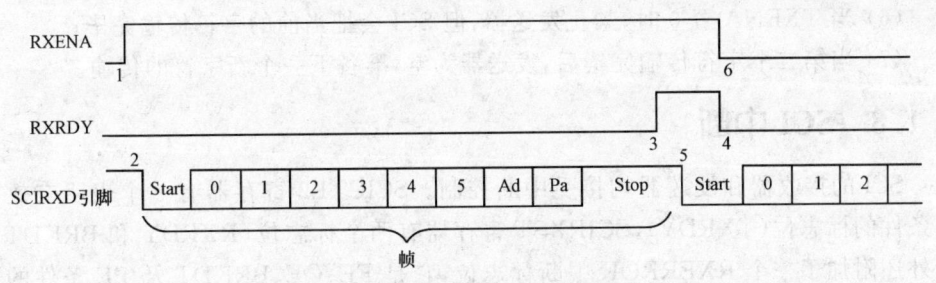

图 5.8　通信模式下 SCI 接收信号

(4) 程序读取 SCIRXBUF 中的数值,同时自动清除标志位 RXRDY;

(5) 下一字节的数据到达 SCIRXD 引脚,检测到起始位;

(6) 当 RXENA 被拉低时,禁止接收器。数据继续汇集到达 RXSHF,但不会传送到接收器缓冲寄存器。

5.1.7.2　在通信模式下的发送器信号

图 5.9 列举了一个发送器信号的时序,它是在以下条件中获得的:

- 地址位唤醒模式(在空闲线模式下,无地址位);
- 每个字符 3 个数据位。

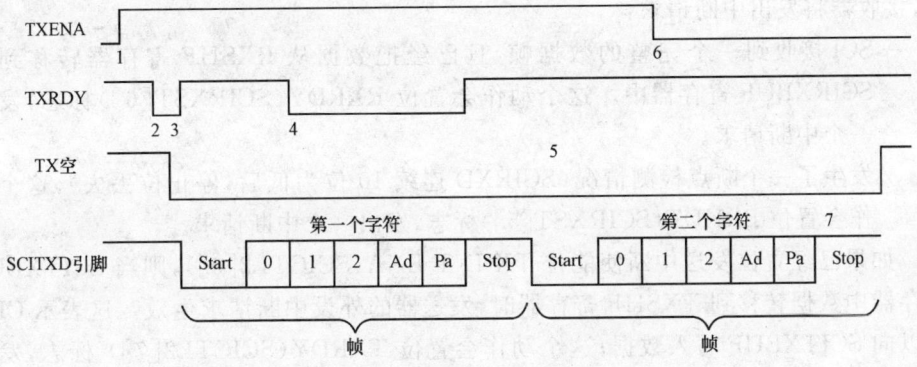

图 5.9　通信模式下 SCI 的发送信号

注意:

(1) 标志位 TXENA (SCICTL1[1])置 1,使能发送器发送数据;

(2) 写入缓冲寄存器 SCITXBUF,此时发送器不再为空,同时 TXRDY 被拉低;

(3) SCI 发送器数据移位到 TXSHF 寄存器,发送器准备第二个字符(TXRDY 置 1),同时产生一个中断请求(必须将 TX INT ENA(SCICTL2[0]置 1,使能中断);

(4) 在 TXRDY 置 1 后,程序将第二个字符写入 SCITXBUF(TXRDY 再次置 0 后第二个字符写入 SCITXBUF);

(5) 当第一个字符传输完毕后,第二个字符开始进入移位寄存器 TXSHF;

(6) 当 TXENA 置 0 时，禁止发送器，但 SCI 会把当前的字符传输完毕；

(7) 当第二个字符传输完毕后，发送器为空，准备下一个新字符的传输。

5.1.8　SCI 中断

SCI 的接收器和发送器均接受中断控制。SCICTL2 寄存器有一个表明有效中断条件的标志位(TXRDY)，SCIRXST 寄存器有两个标志位(RXRDY 和 BRKDT)，另外还附加了一个 RXERROR 中断标志位，它是 FE、OE、BRKDT 及 PE 条件的逻辑或。发送器和接收器具有独立的中断使能位。当一个中断被禁止时，该中断不会产生；但是，反映传送和接收状态的条件标志依然有效。

SCI 的接收器和发送器都具有独立的外设中断向量，外设中断请求可以设置为高优先级，也可以设置为低优先级，优先级次序通过 PIE 外设控制器的优先级控制位来确定。当接收和发送的中断请求优先级相同时，接收优先级总是高于发送，以免接收超过时限。

有关外设中断操作的描述请参阅"外设中断扩展控制器一章"摘自 *TMS320x2802x System Control and Interrupts Peripheral Reference Guide*（文档号 SPRUFN3）。

如果将接收中断使能位 RX/BK(SCICTL2[1])置位，则当下列事件有一个发生时，接收器将发出中断请求：

- SCI 接收到一个完整的数据帧，且已经把数据从 RXSHF 寄存器转移到了 SCIRXBUF 寄存器中。这个动作会置位 RXRDY(SCIRXST[6])标志，发出一个中断请求。
- 发生了一个断点检测情况(SCIRXD 连续 10 位为低后，停止位丢失)，这个动作会置位 BRKDT(SCIRXST[5])标志，发出一个中断请求。

如果已经置位发送中断使能位 TX INT ENA(SCICTL2[0])，则当 SCITXBUF 寄存器中数据转移到 TXSHF 寄存器时，发送器的外设中断请求生效。这表示 CPU 可以向 SCITXBUF 写入数据；这个动作会置位 TXRDY(SCICTL2[7])标志，发出一个中断请求。

注意：由 RXRDY 和 BRKDT 位产生的中断请求受 RX/BK INTENA (SCICTL2[1])的控制。由 RX ERROR 位产生的中断请求受 RX ERR INT ENA (SCICTL1[6])的控制。

5.1.9　SCI 的波特率计算

内部产生的串行时钟由低速外设时钟(LSPCLK)和波特率选择寄存器确定。SCI 用一个 16 位的波特率选择寄存器(SCIHBAUD：SCILBAUD)的值来确定波特率，对于确定的低速外设时钟 LSPCLK，SCIHBAUD：SCILBAUD 可以产生 64K 个不同的波特率选择。表 5.5 列出了一些常用的 SCI 位速率。

表 5.5 异步模式下常见的波特率

理想波特率	BRR 数值	实际波特率	误差百分比
2 400	780(30Ch)	2 401	0.03
4 800	390(186h)	4 795	−0.1
9 600	194(C2h)	9 615	0.16
19 200	97(61h)	19 133	−0.35
38 400	48(30h)	38 265	−0.35

注：LSPCLK 频率为 15 MHz； BRR= SCIHBAUD:SCILBAUD(十进制)

5.1.10　SCI 增强的功能

28x 系列的 SCI 具有自动波特率检测及发送/接收 FIFO 等特征。下面一节讲述 FIFO 的操作。

5.1.10.1　SCI 的 FIFO 介绍

下列步骤说明 FIFO 的特征，有助于对 SCI 编程时采用 FIFO。

(1) 复位。上电复位后，SCI 为标准模式，禁止 FIFO 功能，FIFO 寄存器 SCIFF-TX、SCIFFRX 和 SCIFFCT 无效。

(2) 标准 SCI。标准 F24x SCI 方式，采用通常的 TXINT/RXINT 中断作为模块的中断源。

(3) 使能 FIFO。通过置位 SCIFFEN(SCIFFTX[14])使能 FIFO 增强功能。在该模式操作的任何阶段，SCIRST 可以复位 FIFO 模式。

(4) 有效的寄存器。所有的 SCI 寄存器和 SCI 的 FIFO 寄存器(SCIFFTX、SCIFFRX、SCIFFCT)有效。

(5) 中断。FIFO 模式有两个中断，一个是发送 FIFO 的 TXINT 中断，一个是接收 FIFO 的 RXINT 中断。RXINT 是一个常用中断，用于 SCI FIFO 接收，接收错误，接收 FIFO 溢出。在标准 SCI 模式下禁止 TXINT 中断，该中断仅用于 FIFO 的发送中断。

(6) 缓冲。发送和接收缓冲各有一个 4 级深度的 FIFO，发送 FIFO 寄存器有 8 位的宽度，接收 FIFO 有 10 位的宽度。标准 SCI 模式下的一个字的发送缓冲器作为发送 FIFO 与移位寄存器之间的转移缓冲器。在移位寄存器最后一位移出之后，一个字的发送缓冲器仅装载来自发送 FIFO 数据。当 FIFO 使能时，TXSHF 在一个可选的延迟后直接载入数值，TXBUF 停止使用。

(7) 延迟传输。可对 FIFO 传输到移位寄存器的速率进行编程，SCIFFCT 寄存器的 7~0 位(FFTXDLY7 - FFTXDLY0)可以定义一个发送字之间的延迟，延迟时间由 SCI 波特时钟周期确定。这个 8 位寄存器可以定义一个 0~256 个波特周期的延迟。当零延迟时，SCI 模块通过采用 FIFO 字背靠背的移出，可以连续方式发送数据;当 256 个波特周期延迟时,SCI 模块能够以最大的延迟方式传送数据,此时,FIFO 移出字之间都有 256 个波特周期的延迟。可编程延迟有利于与慢速 SCI/UART 的通信,减少了 CPU 的干预。

(8) FIFO 状态位。发送和接收 FIFO 都有独立的状态位 TXFFST(SCIFFTX[12:8])和 RXFFST(SCIFFRX[12:8]),它们定义了在任何时候 FIFO 中有效数据的个数。当发送 FIFO 复位控制位 TXFIFO Reset 或者接收 FIFO 复位控制位 RXFIFO Reset 指针为 0 时,对应的发送状态位 TXFFST 或者接收状态位 RXFFST 被清 0。一旦这些被置 1,FIFO 将恢复运行。

(9) 可编程的中断级别。发送和接收的 FIFO 都可以产生 CPU 中断。当发送 FIFO 的状态位 TXFFST(位 12~8)与发送 FIFO 中断级位 TXFFIL(位 4~0)匹配(少于或等于)时,将触发一个中断请求。这为 SCI 的发送和接收提供了一个可编程的中断触发。默认状态下,接收 FIFO 的状态位为 0x11111,发送 FIFO 的状态位为 0x00000。

图 5.10 和表 5.6 说明了在 FIFO 模式及非 FIFO 模式下 SCI 中断的配置和操作。

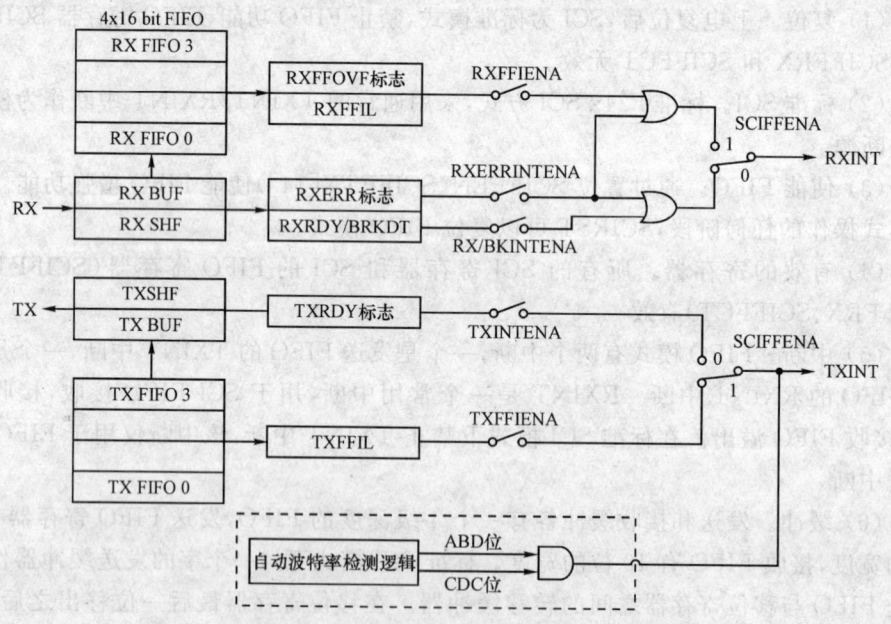

图 5.10 SCI 的 FIFO 中断标志和使能逻辑

5.1.10.2 SCI 自动波特率

大多数 SCI 模块都不提供由硬件建立的自动波特率检测逻辑。这些 SCI 模块都集成在嵌入式的控制器中,其时钟速率都依赖于 PLL 复位后的数值。通常来说,嵌入式控制器时钟在完成设计后会有所改变。在增强的功能中,用硬件方法配置了这一模块以支持自动波特率检测逻辑。5.1.10.3 小节将讨论如何启用自动波特率检测序列。

表 5.6 SCI 中断标志

FIFO 选项[1]	SCI 中断源	中断标志	中断使能	FIFO 使能 SCIFFENA	中断线
不带 FIFO 的 SCI	接收错误	RXERR[2]	RXERRINTENA	0	RXINT
	接收中止	BRKDT	RX/BKINTENA	0	RXINT
	数据接收完毕	RXRDY	RX/BKINTENA	0	RXINT
	发送数据为空	TXRDY	TXINTENA	0	TXINT
带 FIFO 的 SCI	接收错误/接收中止	RXERR	RXERRINTENA	1	RXINT
	FIFO 接收完毕	RXFFIL	RXFFIENA	1	RXINT
	发送数据为空	TXFFIL	TXFFIENA	1	TXINT
自动波特	自动波特检测	ABD	不适用	不适用	TXINT

(1) 在 FIFO 模式下 TXSHF 在延迟后直接加载，TXBUF 不使用。

(2) RXERR 可以被 BRKDT、FE、OE、PE 标志置位。在 FIFO 模式中，RXERR 中断只能通过 RXERR 标志触发。

SCIFFCT 的 ABD 和 CDC 位控制了自动波特率的逻辑。SCIRST 位使能时，自动波特率电路有效。如果 ABD 被置位，同时指示自动波特调整的 CDC 为 1，SCI 的发送 FIFO 中断(TXINT)会产生。中断服务以后，CDC 位必须软件清零。如果 CDC 没有被清零，则以后不会产生中断。

5.1.10.3 自动波特率检测序列

SCIFFCT 寄存器的 ABD 和 CDC 位控制自动波特率逻辑，置位 SCIRST (SCIFFTX[15])将使自动波特率逻辑处在工作状态。

当 CDC=1 时，置位 ABD，此时为自动波特率校准，将发生 SCI 发送 FIFO 中断(TXINT)。在中断服务之后，CDC 位已被软件清 0。如果 CDC 在中断服务之后仍然为 1，说明没有发生重复中断，步骤如下：

(1) 置位 CDC(SCIFFCT[13])使能自动波特率检测；置位 ABDCLR(SCIFFCT[14])清除 ABD(ABDCLR[15])位。

(2) 初始化波特寄存器为 1，或者是少于上限的 500 Kbps。

(3) 允许 SCI 从主机中以期望的波特率接收字母 A 或 a。如果接收到的是 A 或 a，则自动波特率检测硬件会检测进入的波特率，并置位 ABD 位。

(4) 自动波特率硬件会以十六进制的换算值更新波特率寄存器，且对 CPU 产生一个中断。

(5) 逻辑通过置位 ABDCLR(SCIFFCT[14])清除 ABD 位来响应中断，并且通过写 0 清除 CDC 位，禁止进一步的自动波特率锁存。

(6) 读取接收缓冲器中的 A 或 a 字符，清空缓冲器和缓冲状态。

(7) 如果在 CDC=1 时置位 ABD,此时为自动波特率校准,会发生 SCI 的发送 FIFO 中断(TXINT)。中断服务以后,CDC 位必须由软件清零。

注意:在较高波特率的情况下,数据位的转换率会受到发送器和接收器的影响。而正常的串口通信时可以很好的工作,这种转换率可能会限制更高波特率下的自动波特率检测(通常超过 100 K 的波特率),导致自动波特率锁定特征的失败。为了避免这一情况,建议采用下述步骤:

- 在主机和 28x SCI 引导加载器(boot loader)之间使用较低的波特率获取一个波特率锁定值(baud-lock)。
- 设置 SCI 波特率寄存器以获得较高的波特率,然后让主机和加载的 28x 应用程序握手。

5.2 SCI 时钟及波特率的计算

5.2.1 SCI 时钟与系统时钟的关系

SCI 时钟采用的是系统低速外设时钟(LSPCLK),是系统时钟(SYSCLKOUT)经过低速外设时钟预定标寄存器 LOSPCP[2:0]分频得到的,其关系式为:

$$\text{LSPCLK} = \begin{cases} \dfrac{\text{SYSCLKOUT}}{\text{LOSPCP}[2:0] \times 2}, & \text{当 LOSPCP}[2:0] \neq 0 \\ \text{SYSCLKOUT}, & \text{当 LOSPCP}[2:0] = 0 \end{cases} \quad (5.1)$$

LOSPCP[2:0]复位默认值为 010 b,默认状态下低速外设时钟为:

$$\text{LSPCLK} = \frac{\text{SYSCLKOUT}}{4} \quad (5.2)$$

系统时钟(SYSCLKOUT)的计算公式参见式(3.3)。
由于

    SysCtrlRegs. LOSPCP. bit. LSPCLK = 0x0002; // 取默认值

这条指令取自被 InitSysCtrl() 调用的初始化外设时钟函数 InitPeripheralClocks()。

因此低速外设时钟:$\text{LSPCLK} = \dfrac{60}{4} = 15 \text{ MHz}$

5.2.2 波特率的配置

SCI 波特率受波特率高字节寄存器 SCIHBAUD 及 SCI 波特率低字节寄存器 SCILBAUD 共同组成的一个 16 位的波特值 BRR 的控制,其计算公式为:

$$\text{SCI 异步波特率} = \begin{cases} \dfrac{\text{LSPCLK}}{(\text{BRR}+1) \times 8}, & 1 \leqslant \text{BRR} \leqslant 65\,535 \\ \dfrac{\text{LSPCLK}}{16}, & \text{当 BRR}=0 \text{ 时} \end{cases} \quad (5.3)$$

或者 $$BRR = \frac{LSPCLK}{SCI 异步波特率 \times 8} - 1 \qquad (5.4)$$

例如：在低速外设时钟为 15 MHz 的情况下，要获得 9 600 波特率，
$BRR = \frac{15\ 000\ 000}{9\ 600 \times 8} - 1 = 194 = 0x0C2$。相应指令为：

```
ScibRegs.SCIHBAUD    =   0x0000;
ScibRegs.SCILBAUD    =   0x00C2;
```

5.3 SCI 相关的寄存器

SCI 的功能可以通过软件进行配置。诸如控制位的设置、转用字节的组成都可以进行编程，以便对要求的 SCI 通信格式初始化。对 SCI 的配置主要包括：操作模式及通信协议，波特率，字符长度，奇偶校验，停止位，中断优先级及使能等。

5.3.1 SCI 模块寄存器一览表

通过表 5.7 和表 5.8 列出了可以控制和访问 SCI 的寄存器，表中的寄存器将在 5.3.2 节进行叙述。

表 5.7　SCIA 寄存器

名称	地址	位数	说明
SCICCR	0x0000 - 7050	1	SCI-A 通信控制寄存器
SCICTL1	0x0000 - 7051	1	SCI-A 控制 1 寄存器
SCIHBAUD	0x0000 - 7052	1	SCI-A 波特率寄存器高位
SCILBAUD	0x0000 - 7053	1	SCI-A 波特率寄存器低位
SCICTL2	0x0000 - 7054	1	SCI-A 控制 2 寄存器
SCIRXST	0x0000 - 7055	1	SCI-A 接收状态寄存器
SCIRXEMU	0x0000 - 7056	1	SCI-A 接收仿真数据缓冲寄存器
SCIRXBUF	0x0000 - 7057	1	SCI-A 接收数据缓冲寄存器
SCITXBUF	0x0000 - 7059	1	SCI-A 发送数据缓冲寄存器
SCIFFTX (1)	0x0000 - 705A	1	SCI-A FIFO 发送寄存器
SCIFFRX(1)	0x0000 - 705B	1	SCI-A FIFO 接收寄存器
SCIFFCT (1)	0x0000 - 705C	1	SCI-A FIFO 控制寄存器
SCIPRI	0x0000 - 705F	1	SCI-A 优先级控制寄存器

(1) 这些寄存器在增强模式下运行

第5章 串行通信接口(SCI)

表 5.8 SCIB 寄存器

名称	地址	位数	说明
SCICCR	0x0000-7750	1	SCI-B 通信控制寄存器
SCICTL1	0x0000-7751	1	SCI-B 控制1寄存器
SCIHBAUD	0x0000-7752	1	SCI-B 波特率寄存器高位
SCILBAUD	0x0000-7753	1	SCI-B 波特率寄存器低位
SCICTL2	0x0000-7754	1	SCI-B 控制2寄存器
SCIRXST	0x0000-7755	1	SCI-B 接收状态寄存器
SCIRXEMU	0x0000-7756	1	SCI-B 接收仿真数据缓冲寄存器
SCIRXBUF	0x0000-7757	1	SCI-B 接收数据缓冲寄存器
SCITXBUF	0x0000-7759	1	SCI-B 发送数据缓冲寄存器
SCIFFTX (1)	0x0000-775A	1	SCI-B FIFO 发送寄存器
SCIFFRX(1)	0x0000-775B	1	SCI-B FIFO 接收寄存器
SCIFFCT (1)	0x0000-775C	1	SCI-B FIFO 控制寄存器
SCIPRI	0x0000-775F	1	SCI-B 优先级控制寄存器

(1) 这些寄存器在增强模式下运行

5.3.2 SCI 通信控制寄存器 (SCICCR)

SCICCR 定义了 SCI 使用的字符格式、协议和通信模式,其位功能如图 5.11 和表 5.9 所示。

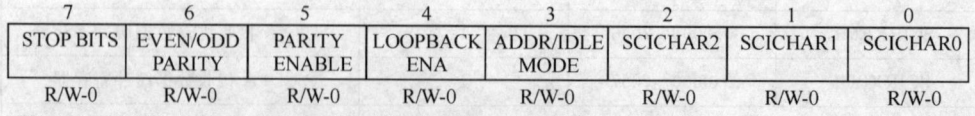

7	6	5	4	3	2	1	0
STOP BITS	EVEN/ODD PARITY	PARITY ENABLE	LOOPBACK ENA	ADDR/IDLE MODE	SCICHAR2	SCICHAR1	SCICHAR0
R/W-0	R/W-0	R/W-0	R/W-0	R/W-0	R/W-0	R/W-0	R/W-0

说明：R/W = 读/写；R = 只读；-n = 复位后的初始值。

图 5.11 SCI 通信控制(SCICCR)寄存器—地址 7050h

第 5 章 串行通信接口(SCI)

表 5.9 SCI 通信控制(SCICCR)寄存器位域定义

位	位域名称	值	说明
7	STOP BITS		SCI 停止位数。此位规定发送停止位数,接收检查只有一个停止位
		0	一个停止位
		1	两个停止位
6	EVEN/ODD PARITY		SCI 奇偶校验 odd/even 选择。如果 PARITY ENABLE（SCICCR[5]）=1,此位可确定奇偶校验(在发送和接收字符中值为 1 的奇数位或偶数位)
		0	奇校验
		1	偶校验
5	PARITY ENABLE		SCI 奇偶校验使能。此位使能或禁止奇偶校验功能。如果 SCI 设置为地址位多处理器通信模式（采用本寄存器位 3 设置）,则地址位包括在奇偶校验的计算之中（如果奇偶校验被使能）。如果字符少于 8 位,则剩余未使用的位被屏蔽不参与奇偶校验计算
		0	禁止奇偶校验,在传送或预期的接收期间不产生奇偶校验
		1	使能奇偶校验
4	LOOP BACK ENA		回送测试模式使能。当 Tx 引脚从内部连接到 Rx 引脚时,此位使能回送测试模式
		0	禁止回送测试模式
		1	使能回送测试模式
3	ADDR/IDLE MODE		SCI 多处理器模式控制位,此位选择一个多处理器协议。多处理器通信不同于其他的通信方式,原因是:它采用睡眠及唤醒功能（分别为 SCICTL1 位 2 及 SCICTL1 位 3）。由于地址位模式需要对帧数据块增加一个附加的位,因而空闲线模式通常用于一般的通信。空闲线模式不增加附加的位并且与 RS-232 通信类型兼容
		0	选择空闲线模式协议
		1	选择地址位模式协议
2:0	SCI CHAR2-0		字符长度控制位,这些位选择 SCI 从 1～8 位的字符长度。当字符少于 8 位时,SCIRXBUF 及 SCIRXEMU 寄存器采用右对齐并且用 SCIRXBUF 寄存器的引导 0 填充,SCITXBUF 寄存器不需要引导 0 填充。SCI CHAR2-0 的位值及字符长度如下所示:

SCI CHAR2-0 位值（二进制）

SCI CHAR2	SCI CHAR1	SCI CHAR0	字符长度（位）
0	0	0	1
0	0	1	2
0	1	0	3
0	1	1	4
1	0	0	5
1	0	1	6
1	1	0	7
1	1	1	8

5.3.3 SCI 控制 1 寄存器(SCICTL1)

SCICTL1 控制接收/发送使能、唤醒及睡眠功能以及 SCI 软件复位,其位功能介绍如图 5.12 和表 5.10 所示。

7	6	5	4	3	2	1	0
保留	RX ERR INT ENA	SW RESET	保留	TXWAKE	SLEEP	TXENA	RXENA
R-0	R/W-0	R/W-0	R-0	R/W-0	R/W-0	R/W-0	R/W-0

说明:R/W= 读/写; R =只读; -n= 复位后的初始值。

图 5.12 SCI 控制 1(SC1CTL1)寄存器—地址 7051h

表 5.10 SCI 控制 1 (SCICTL1)寄存器位域定义

位	位域名称	值	说明
7	保留		读返回 0,写无效
6	RX ERR INT ENA		SCI 接收错误中断使能。在发生错误导致 ERROR(SCIRXST[7])变为 1 的情况下,若设置了此位则会使能中断
		0	禁止接收错误中断
		1	使能接收错误中断
5	SW RESET		SCI 软件复位(低有效)。写 0 将对 SCI 状态机进行初始化并且将 SCICTL2 及 SCIRXST 寄存器标志位复原。SW RESET 位不影响任何配置位。在 SW RESET 字段被写入 1 之前,所有受影响逻辑都保持规定的复位状态。本节相关寄存器的标志位在 SW RESET 复位后的位值如下所示。因此,在系统复位后,通过写 1 到此位重新使能 SCI。在检测到接收中断(BRKDT(SCIRXST[5]))之后,清除此位。SW RESET 会影响 SCI 的操作标志位,但不影响配置位也不影响复位值复原。一旦 SW RESET 生效,所有标志被锁存直到此位无效为止。受到影响的标志位如下:
			<table><tr><td>Value After SW RESET</td><td>SW SCI Flag</td><td>Register Bit</td></tr><tr><td>1</td><td>TXRDY</td><td>SCICTL2, bit 7</td></tr><tr><td>1</td><td>TX EMPTY</td><td>SCICTL2, bit 6</td></tr><tr><td>0</td><td>RXWAKE</td><td>SCIRXST, bit 1</td></tr><tr><td>0</td><td>PE</td><td>SCIRXST, bit 2</td></tr><tr><td>0</td><td>OE</td><td>SCIRXST, bit 3</td></tr><tr><td>0</td><td>FE</td><td>SCIRXST, bit 4</td></tr><tr><td>0</td><td>BRKDT</td><td>SCIRXST, bit 5</td></tr><tr><td>0</td><td>RXRDY</td><td>SCIRXST, bit 6</td></tr><tr><td>0</td><td>RX ERROR</td><td>SCIRXST, bit 7</td></tr></table>
		0	写 0 初始化 SCI 状态机并且将 SCICTL2 及 SCIRXST 寄存器标志位复原在
		1	系统复位后,写 1 重新使能 SCI
4	保留		读返回 0,写无效

续表 5.10

位	位域名称	值	说明
3	TXWAKE		SCI 发送唤醒方式选择。TXWAKE 位控制数据传送特征的选择,这取决于由 ADDR/IDLE MODE(SCICCR[3])位确定的传输模式(空闲线或地址位模式)
		0	禁止选择传送特征。在空闲线模式中,写 1 到 TXWAKE 字段,则写数据到 SCITXBUF 寄存器时会产生 11 个数据位的空闲周期;在地址位模式中,写 1 到 TXWAKE 字段,则对 SCITXBUF 寄存器写入数据时将引发这个帧的地址位置 1
		1	传送特征选择取决于空闲线或地址位模式;TXWAKE 不会通过 SW RESET(SCICTL1[5])清除;它通过系统复位或者 TXWAKE 转移到 WUT 标志位来清除
2	SLEEP		SCI 睡眠。TXWAKE 位控制数据传送特征的选择,这取决于由 ADDR/IDLE MODE(SCICCR[3])位确定的传输模式(空闲线或地址位模式)。在多处理器配置中,此位控制接收睡眠功能。清除此位将导致 SCI 中止睡眠模式。当 SLEEP 被置 1 时,接收仍旧运行;但是不会更新接收缓冲器就绪位(RXRDY(SCIRXST[6]))或者错误状态位(BRKDT、FE、OE、及 PE(SCIRXST[5:2])),除非检测到地址字节。当检测到地址字节时,不能清除睡眠
		0	禁止睡眠模式
		1	使能睡眠模式
1	TXENA		SCI 传送使能。当 TXENA 置 1 时,数据通过 SCITXD 引脚传送。如果复位,仅当在前面写入 SCITXBUF 寄存器的数据被发送之后,传送中止
		0	禁止传送
		1	使能传送
0	RXENA		SCI 接收使能。数据在 SCIRXD 引脚接收并且送到移位寄存器然后进入接收缓冲器。该位使能或禁止接收器。清除 RXENA 位将中止接收字符传送到接收缓冲器并且停止产生接收中断。但是,接收移位寄存器仍继续收集字符。因此,在字符接收期间,如果将 RXENA 置 1 的话,完整的字符将被传送到接收缓冲寄存器 SCIRXEMU 和 SCIRXBUF
		0	阻止接收到的字符传送到 SCIRXEMU 和 SCIRXBUF 接收缓冲器
		1	将接收到的字符发送到 SCIRXEMU 和 SCIRXBUF 接收缓冲器

5.3.4 SCI 波特率选择寄存器(SCIHBAUD, SCILBAUD)

SCIHBAUD 和 SCILBAUD 的值规定 SCI 的波特率,其位功能介绍如图 5.13、图 5.14 和表 5.11 所示。

15	14	13	12	11	10	9	8
BAUD15 (MSB)	BAUD14	BAUD13	BAUD12	BAUD11	BAUD10	BAUD9	BAUD8
R/W-0	R/W-0	R/W-0	R/W-0	R/W-0	R/W-0	R/W-0	R/W-0

说明: R/W= 读/写; R =只读; -n =复位后的初始值。

图 5.13 波特率选择高字节(SCIHBAUD)寄存器— 地址 7052h

第 5 章 串行通信接口（SCI）

7	6	5	4	3	2	1	0
BAUD7	BAUD6	BAUD5	BAUD4	BAUD3	BAUD2	BAUD1	BAUD0 (LSB)
R/W-0	R/W-0	R/W-0	R/W-0	R/W-0	R/W-0	R/W-0	R/W-0

说明：R/W＝读/写；R＝只读；-n＝复位后的初始值。

图 5.14 波特率选择低字节（SCIHBAUD）寄存器— 地址 7053h

表 5.11 波特率选择（SCIxBAUD）寄存器位域定义

位	位域名称	值	说明
15~0	BAUD15~BAUD0		SCI 16 位波特率选择寄存器 SCIHBAUD（高字节）及 SCILBAUD（低字节）将 16 位波特率值 BRR 联系在一起 内部产生的串行时钟由低速外设时钟（LSPCLK）信号及两个波特率选择寄存器决定。SCI 采用这两个寄存器的 16 位值用以选择通信方式的 64K 串行时钟速率 SCI 波特率采用下列公式进行计算： $$\text{SCI 异步波特率} = \frac{\text{LSPCLK}}{(\text{BRR}+1) \times 8} \quad (1)$$ 或者： $$\text{BRR} = \frac{\text{LSPCLK}}{\text{SCI 异步波特率} \times 8} - 1 \quad (2)$$ 注意：以上公式仅适用于：1≤BRR≤65 535。如果 BRR＝0，则有 $$\text{SCI 异步波特率} = \frac{\text{LSPCLK}}{16} \quad (3)$$ 此处，BRR＝波特率选择寄存器的 16 位值（十进制）

5.3.5 SCI 控制寄存器 2 (SCICTL2)

SCICTL2 使能接收就绪、中断检测和发送就绪中断，此外还有发送就绪和终止标志位，其位功能介绍如图 5.15 和表 5.12。

7	6	5			2	1	0
TXRDY TX	EMPTY	保留				RX/BK INT ENA	TX INT ENA
R-1	R-1	R-0				R/W-0	R/W-0

说明：R/W＝读/写；R＝只读；-n＝复位后的初始值。

图 5.15 SCI 控制（SCICTL2）寄存器 2 — 地址 7054h

表 5.12 SCI 控制(SCICTL2)寄存器 2 位域定义

位	位域名称	值	说明
7	TXRDY		发送缓冲寄存器就绪标志位。置 1 时,此位表示发送数据缓冲寄存器 SCITXBUF 就绪,可以接收下一个字符。数据写入 SCITXBUF 时,将自动清除此位。如果中断使能位 TX INT ENA (SCICTL2[0])已经置 1,则此位置 1 时,该标志位将产生一个中断请求。TXRDY 可通过使能 SWRESET (SCICTL1[5])或通过系统复位置 1
		0	SCITXBUF 已满
		1	SCITXBUF 就绪,可以接收下一个字符
6	TX EMPTY		发送终止标志位。该标志的值表示发送缓冲寄存器(SCITXBUF)及移位寄存器(TXSHF)的内容。一个工作的 SW RESET (SCICTL1[5])或者一个系统复位都可将此位置 1。此位不能导致一个中断请求
		0	发送缓冲寄存器或移位寄存器或者两者正在加载数据
		1	发送缓冲寄存器和移位寄存器两者就绪
5:2	保留		
1	RX/BK INT ENA		接收器-缓冲/中断 中断使能。此位控制由标志位 RXRDY 或 BRKDT (SCIRXST[6:5])置 1 产生的中断请求。但是,RX/BK INT ENA 位不影响这些位的设置
		0	禁止 RXRDY/BRKDT 中断
		1	使能 RXRDY/BRKDT 中断
0	TX INT ENA		SCITXBUF 寄存器中断使能。此位控制由 TXRDY (SCICTL2[7])置 1 产生的中断请求。但是此位不影响 TXRDY 标志位的设置(TXRDY 置 1 表示 SCITXBUF 寄存器就绪可以接收下一个字符)
		0	禁止 TXRDY 中断
		1	使能 TXRDY 中断

5.3.6 SCI 接收状态寄存器(SCIRXST)

SCIRXST 包含 7 个接收状态标志位(其中两个可以产生中断请求)。每次一个完整的字符被传送到接收缓冲器(SCIRXEMU 及 SCIRXBUF)时,状态标志位就会被更新。图 5.16 显示了寄存器 7 个位之间的关系,其位域介绍如表 5.13 所列。

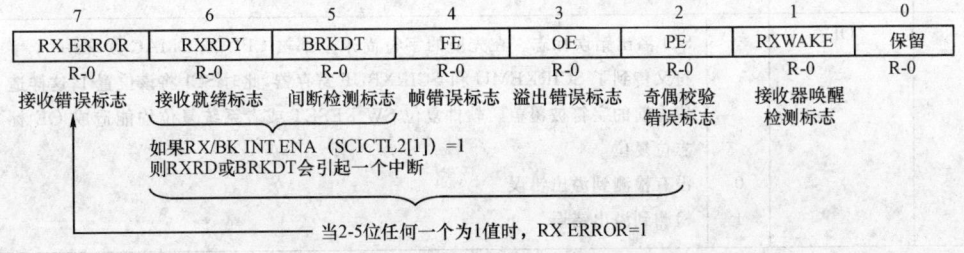

图 5.16 SCI 接收状态(SCIRXST)寄存器—地址 7055h

第 5 章　串行通信接口(SCI)

表 5.13　SCI 接收状态(SCIRXST)寄存器位域定义

位	位域名称	值	说明
7	RX ERROR		SCI 接收错误标志。RX ERROR 是表示接收状态寄存器置 1 的一个错误标志。RX ERROR 是中断检测,帧错误,溢出及奇偶校验错误使能标志(位 5-2：BRKDT, FE, OE, 及 PE) 的一个逻辑或 在 RX ERR INT ENA (SCICTL1[6])=1 时,此位若置 1 将产生一个中断请求。此位可在中断程序中快速检测错误条件。该错误标志不能被直接清除,可通过软件复位 SW RESET 或者系统复位来清除
		0	无错误标志置 1
		1	错误标志置 1
6	RXRDY		SCI 接收就绪标志。当一个新的字符就绪,可从 SCIRXBUF 寄存器读出,此时接收器将此位置 1; 如果 RX/BK INT ENA(SCICTL2[1])=1,则产生一个接收中断请求。 RXRDY 标志位通过以下几种方式清除:读 SCIRXBUF 寄存器,软件复位 SW RESET 或者系统复位
		0	SCIRXBUF 寄存器中无新字符
		1	字符就绪从 SCIRXBUF 寄存器读出
5	BRKDT		SCI 中断检测标志。当发生一个中断条件时 SCI 将此位置 1。当 SCI 数据传送线(SCIRXD)连续保持至少 10 位(从第一个停止位之后开始)低电平时,一个中断条件发生。如果 RX/BK INT ENA 位已经置 1 的话,发生一个中断会导致产生一个接收中断,但是它不会引起接收缓冲器被加载。即使接收睡眠位已被置 1,一个 BRKDT 中断仍然会发生。BRKDT 标志位通过软件复位 SWRESET 或者系统复位来清除。它不能通过在检测到中断后接收一个字符来清除。为了接收更多的字符,SCI 必须通过以下两种方式复位:切换 SW RESET 位或者系统复位
		0	无中断条件
		1	中断条件发生
4	FE		SCI 帧错误标志。当一个预期的停止位未被发现时,SCI 将此位置 1。仅检测第 1 个停止位。停止位丢失表示起始位同步遗失并且字符构成出现问题。FE 位可通过清除 SW RESET 位或者系统复位来完成复位
		0	没有检测到帧错误
		1	检测到了帧错误
3	OE		SCI 溢出错误标志。在先前的字符尚未全部被 CPU 或 DMAC 读取,一个字符又传到了 SCIRXEMU 和 SCIRXBUF 寄存器,此时 SCI 将该位置 1;这样造成先前的字符被覆盖。软件复位 SW RESET 或者系统复位均能造成 OE 标志位复位
		0	没有检测到溢出错误
		1	检测到溢出错误

续表 5.13

位	位域名称	值	说明
2	PE		SCI 奇偶校验错误标志。当接收到的一个字符在第 1 个数与其奇偶校验位之间存在失配，此标志位将被置 1。地址位被包括在计算中。如果发生奇偶校验但没有使能检测，则禁止 PE 标志并且读为 0。软件复位 SW RESET 或者系统复位均能造成 PE 标志位复位
		0	无奇偶校验错或禁止奇偶校验
		1	检测到奇偶校验错
1	RXWAKE		接收唤醒检测标志
		0	不检测接收唤醒条件
		1	此位值为 1 表示检测到一个接收唤醒条件。在地址位多处理器模式中(SCIC-CR.3 = 1)，RXWAKE 表达了包含在 SCIRXBUF 寄存器中字符的地址位的值。在空闲线多处理器模式中，如果检测到 SCIRXD 数据传送线处于空闲状态，则 RXWAKE 将被置 1。RXWAKE 是一个只读标志位，可通过下列之一来清除标志位： ● 在地址字节到达 SCIRXBUF 之后，第 1 个字节转移时(仅适用于非 FIFO 模式) ● 读 SCIRXBUF 寄存器 ● 一个 SW RESET 软件复位 ● 一个系统复位
0	保留		读返回 0，写无效

5.3.7 接收数据缓冲寄存器 (SCIRXEMU，SCIRXBUF)

接收数据从 RXSHF 寄存器转移到 SCIRXEMU 及 SCIRXBUF 寄存器，当转移完成时，RXRDY(SCIRXST[6])位被置 1，表示接收数据就绪可以读取。这两个寄存器包含同一个数据，它们通过地址区分，不属于可物理分离的缓冲器。仅有的差异是读 SCIRXEMU 不清除 RXRDY 标志位；但是读 SCIRXBUF 会清除标志位。

5.3.7.1 仿真数据缓冲器 (SCIRXEMU)

一般情况下，SCI 数据接收操作总是从 SCIRXBUF 寄存器读取数据。SCIRXE-MU 寄存器主要用于仿真，因为它可以连续读取接收的数据，用于屏幕更新而不清除 RXRDY 标志。SCIRXEMU 标志位由系统复位清除。这个寄存器用于仿真视窗以便观察 SCIRXBUF 寄存器的内容。SCIRXEMU 不是一个可物理实施的寄存器，不会清除 RXRDY 标志；这点正好不同于有地址入口的 SCIRXBUF 寄存器，如图 5.17 所示。

第 5 章 串行通信接口(SCI)

7	6	5	4	3	2	1	0
ERXDT7	ERXDT6	ERXDT5	ERXDT4	ERXDT3	ERXDT2	ERXDT1	ERXDT0
R-0	R-0	R-0	R-0	R-0	R-0	R-0	R-0

说明：R/W=读/写；R=只读；-n=复位后的初始值。

图 5.17 仿真数据缓冲(SCIRXEMU)寄存器—地址 7056h

5.3.7.2 接收数据缓冲器(SCIRXBUF)

当最新接收的数据从 RXSHF 移位到接收缓冲器时，RXRDY 标志位置 1 并且数据就绪可以读取。如果 RX/BK INT ENA(SCICTL2[1])=1，这一移位将导致一个中断请求。当 SCIRXBUF 被读取时，RXRDY 标志位将复位，SCIRXBUF 由系统复位清除，其位域及其功能介绍见图 5.18 和表 5.14。

15	14	13					8
SCIFFFE[1]	SCIFFPE[1]	保留					
R-0	R-0	R-0					
7	6	5	4	3	2	1	0
RXDT7	RXDT6	RXDT5	RXDT4	RXDT3	RXDT2	RXDT1	RXDT0
R-0	R-0	R-0	R-0	R-0	R-0	R-0	R-0

说明：R/W=读/写；R=只读；-n=复位后的初始值。
(1) 仅在 FIFO 使能时使用。

图 5.18 SCI 接收数据缓冲(SCIRXBUF)寄存器—地址 7057h

表 5.14 SCI 接收数据缓冲(SCIRXBUF)寄存器位域定义

位	位域名称	值	说明
15	SCIFFFE		SCIFFFE. SCI FIFO 帧错误标志位(仅在 FIFO 使能时使用)
		0	在接收字符(7～0 位)期间没有发生帧错误，此位与 FIFO 最顶端的字符有联系
		1	在接收字符(7～0 位)期间发生帧错误，此位与 FIFO 最顶端的字符有联系
14	SCIFFPE		SCIFFPE. SCI FIFO 奇偶检验错误标志位(仅在 FIFO 使能时使用)
		0	在接收字符(7～0 位)期间没有发生奇偶检验错误，此位与 FIFO 最顶端的字符有联系
		1	在接收字符(7～0 位)期间发生奇偶检验错误，此位与 FIFO 最顶端的字符有联系
13：8	保留		
7：0	RXDT7-0		接收字符位

5.3.8 SCI 发送数据缓冲寄存器(SCITXBUF)

要传送的数据位被写入 SCITXBUF，这些位须右对齐，因为字符长度少于 8 位时最左面的位被忽略。从这个寄存器到发送移位寄存器 TXSHF 数据的转移会将 TXRDY(SCICTL2[7])标志置 1，这表示 SCITXBUF 就绪可以接收另一组数据。如果 TX INT ENA (SCICTL2[0])=1,这个数据转移将导致一个中断请求,发送数据缓冲寄存器位域如图 5.19 所示。

7	6	5	4	3	2	1	0
TXDT7	TXDT6	TXDT5	TXDT4	TXDT3	TXDT2	TXDT1	TXDT0
R/W-0	R/W-0	R/W-0	R/W-0	R/W-0	R/W-0	R/W-0	R/W-0

说明:R/W=读/写; R=只读; -n=复位后的初始值。

图 5.19 发送数据缓冲寄存器 (SCITXBUF) — 地址 7059h

5.3.9 SCI FIFO 寄存器 (SCIFFTX, SCIFFRX, SCIFFCT)

SCI FIFO 发送寄存器位域及其功能见图 5.20 和表 5.15,接收寄存器位域及功能见图 5.21 和表 5.16。SCI FIFO 控制(SCIFFCT)寄存器位域及其功能如图 5.22 和表 5.17 所示。

15	14	13	12	11	10	9	8
SCIRST	SCIFFENA	TXFIFO Reset	TXFFST4	TXFFST3	TXFFST2	TXFFST1	TXFFST0
R/W-1	R/W-1	R/W-1	R-0	R-0	R-0	R-0	R-0

7	6	5	4	3	2	1	0
TXFFINT Flag	TXFFINT CLR	TXFFIENA	TXFFIL4	TXFFIL3	TXFFIL2	TXFFIL1	TXFFIL0
R-0	W-0	R/W-0	R/W-0	R/W-0	R/W-0	R/W-0	R/W-0

说明:R/W=读/写; R=只读; -n=复位后的初始值。

图 5.20 SCI FIFO 发送(SCIFFTX)寄存器 — 地址 705Ah

表 5.15 SCI FIFO 发送(SCIFFTX)寄存器位域定义

位	位域名称	值	说明
15	SCIRST		SCI 复位
		0	写 0 复位 SCI 发送和接收通道,SCI FIFO 寄存器配置位将保持原样
		1	SCI FIFO 继续发送和接收,即使自动波特率逻辑处在工作状态,SCIRST 仍被置 1
14	SCIFFENA		SCI FIFO 使能
		0	禁止 SCI FIFO 增强功能
		1	使能 SCI FIFO 增强功能
13	TXFIFO Reset		发送 FIFO 复位
		0	复位 FIFO 指针为 0 并且在复位中保持
		1	重新使能发送 FIFO 的操作
12:8	TXFFST4-0	00000	发送 FIFO 为空
		00001	发送 FIFO 有 1 个字
		00010	发送 FIFO 有 2 个字
		00011	发送 FIFO 有 3 个字
		00100	发送 FIFO 有 4 个字

续表 5.15

位	位域名称	值	说明
7	TXFFINT Flag		发送 FIFO 中断标志
		0	TXFIFO 中断没有发生,只读位
		1	TXFIFO 中断已经发生,只读位
6	TXFFINT CLR		清除发送 FIFO 中断标志位
		0	写 0 对 TXFIFINT flag 位无效,读此位返回 0
		1	写 1 清除第 7 位发送 FIFO 中断标志 TXFFINT flag
5	TXFFIENA		发送 FIFO 中断使能
		0	禁止基于 TXFFIVL 匹配(少于或者等于)的 TX FIFO 中断
		1	使能基于 TXFFIVL 匹配(少于或者等于)的 TX FIFO 中断
4:0	TXFFIL4-0		TXFFIL4-0 发送 FIFO 中断级位
			当 FIFO 状态位(TXFFST4-0)与 FIFO 中断级位(TXFFIL4-0)匹配时,发送 FIFO 将产生一个中断请求。因为 2802x 只有 4 级发送 FIFO,因此这些位不能配置成多于 4 级的中断。其默认值为 0x00000

15	14	13	12	11	10	9	8
RXFFOVF	RXFFOVR CLR	RXFIFO Reset	RXFIFST4	RXFFST3	RXFFST2	RXFFST1	RXFFST0
R-0	W-0	R/W-1	R-0	R-0	R-0	R-0	R-0

7	6	5	4	3	2	1	0
RXFFINT Flag	RXFFINT CLR	RXFFIENA	RXFFIL4	RXFFIL3	RXFFIL2	RXFFIL1	RXFFIL0
R-0	W-0	R-0	R/W-1	R/W-1	R/W-1	R/W-1	R/W-1

说明: R/W=读/写; R=只读; -n=复位后的初始值。

图 5.21 SCI FIFO 接收(SCIFFRX)寄存器—地址 705Bh

表 5.16 SCI FIFO 接收(SCIFFRX)寄存器位域定义

位	位域名称	值	说明
15	RXFFOVF		接收 FIFO 溢出。此位作标志位使用,但自身不能产生中断请求。这一条件发生在使能接收中断期间,接收中断将用到这个标志条件 接收 FIFO 没有溢出,只读位
		0	
		1	接收 FIFO 产生溢出,只读位。接收 FIFO 多于 16 个字时,第 1 个字接收字将丢失
14	RXFFOVF CLR		清除 RXFFOVF
		0	写 0 到 RXFFOVF flag 无效,读返回 0
		1	写 1 清除第 15 位 RXFFOVF 标志位
13	RXFIFO Reset		接收 FIFO 复位
		0	写 0 复位 FIFO 指针为 0,并且在复位中保持
		1	写 1 重新使能发送 FIFO 的操作

续表 5.16

位	位域名称	值	说明
12:8	RXFFST4-0	00000	接收 FIFO 为空
		00001	接收 FIFO 有 1 个字
		00010	接收 FIFO 有 2 个字
		00011	接收 FIFO 有 3 个字
		00100	接收 FIFO 有 4 个字,允许的最大值
7	RXFFINT		接收 FIFO 中断标志位
		0	RXFIFO 中断没有发生,只读位
		1	RXFIFO 中断已经发生,只读位
6	RXFFINT CLR		清除接收 FIFO 中断标志位
		0	写 0 对 RXFIFINT 接收中断标志位 无效,读此位返回 0
		1	写 1 清除第 7 位接收 FIFO 中断标志 RXFFINT flag
5	RXFFIENA		接收 FIFO 中断使能
		0	禁止基于 RXFFIVL 匹配(少于或者等于)的 RX FIFO 中断
		1	使能基于 RXFFIVL 匹配(少于或者等于)的 RX FIFO 中断
4:0	RXFFIL4-0		RXFFIL4-0 接收 FIFO 中断级位
		11111	当 FIFO 状态位(RXFFST4-0)与 FIFO 中断级位(RXFFIL4-0)匹配时,接收 FIFO 将产生一个中断请求。其复位默认值为 0x11111,这避免了复位后频繁地中断,尽管多数时间接收 FIFO 为空。因为 2802x 只有 4 级接收 FIFO,因此,这些位不能配置成多于 4 级的中断

15	14	13	11					8
ABD	ABD CLR	CDC	保留					
R-0	W-0	R/W-0	R-0					

7	6	5	4	3	2	1	0
FFTXDLY7	FFTXDLY6	FFTXDLY5	FFTXDLY4	FFTXDLY3	FFTXDLY2	FFTXDLY1	FFTXDLY0
R/W-0	R/W-0	R/W-0	R/W-0	R/W-0	R/W-0	R/W-0	R/W-0

说明: R/W=读/写; R=只读; -n=复位后的初始值。

图 5.22 SCI FIFO 控制(SCIFFCT)寄存器—地址 705Ch

表 5.17 SCI FIFO 控制(SCIFFCT)寄存器位域定义

位	位域名称	值	说明
15	ABD		自动波特率检测(ABD)位
		0	自动波特率检测未完成。"A","a"字符没有被顺利的接收
		1	在 SCI 接收寄存器中,自动波特率已经检测到"A"或"a"字符,自动检测完成
14	ABD CLR		ABD 清除位
		0	写 0 对 ABD 标志为无影响,读此位返回 0
		1	写 1 清除第 15 位的 ABD 标志位

续表 5.17

位	位域名称	值	说明
13	CDC		CDC 校准 A-检测位
		0	禁止自动波特率调整
		1	使能自动波特率调整
12:8	保留		保留
7:0	FFTXDLY7-0		FIFO 传送延迟。这些位规定了每一次从 FIFO 发送缓冲器传送到发送移位寄存器之间的延时。延时用 SCI 串行波特率时钟数来定义。8 位寄存器可以定义最小 0 波特率时钟周期及最大 256 波特率时钟周期的延时 在 FIFO 模式中,移位寄存器与和 FIFO 之间的 TXBUF 缓冲器仅在移位寄存器完整的移出最后一位之后被填满。这就需要在数据流的传送之间延时传递。在 FIFO 模式中,发送缓冲器 TXBUF 不应被视为一个额外的缓冲器。延时发送的特征将有助于生成一个不需要 RTS/CTS 按 UARTS 标准控制的自动流程 当 SCI 被配置为 1 个停止位时,通过 FFTXDLY 字段 在一帧与下一帧之间引入的延时等于由 FFTXDLY 设置的波特率时钟周期数;当 SCI 被配置为 2 个停止位时,通过 FFTXDLY 字段在一帧与下一帧之间引入的延时等于由 FFTXDLY 设置的波特率时钟周期数减 1

5.3.10 SCI 优先级控制寄存器 (SCIPRI)

SCI 优先的控制寄存器(SCIPRI)位域及其功能介绍见图 5.23 和表 5.18。

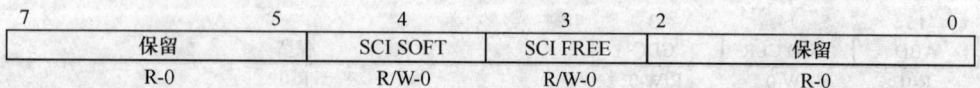

说明:R/W=读/写;R=只读;-n=复位后的初始值。

图 5.23 SCI 优先级控制(SCIPRI)寄存器— 地址 705Fh

表 5.18 SCI 优先级控制(SCIPRI)寄存器位域定义

位	位域名称	值	说明
7:5	保留		读返回 0,写无效
4:3	SOFT 及 FREE		当一个仿真暂停事件发生时(比如,当调试器遇到断点),这些位确定如何响应。外设可以继续运行于自由运行模式,或者如果在停止模式下,它既可以立即停止也可以在当前操作(当前接收/发送序列)完成后停止
		00	暂停时立即停止
		10	停止之前完成当前接收/发送序列
		x1	自由运行。不管暂停,SCI 继续操作
2:0	保留		读返回 0,写无效

5.4 SCI 示例源码

5.4.1 Piccolo 与 PC 的通信(zSci_SendPc)

TI 的 scia_loopback 项目文件是一个采用 SCI 模块内部回送特性进行片内 SCI 通信的文件。SCIRXDA(GPIO28)与 SCITXDA(GPIO29)两引脚通过使能内部回送在片内连接；SCITXDA 轮番发送从 0x00 到 0xFF 的字符数据流，SCIRXDA 逐个接收每一个字符并检验是否与发出的字符相符，不等即停止仿真。

zSci_SendPc.c 文件的原型是 scia_loopback.c 文件，只是数据流采用了汉字数组，文件框架完全相同。

5.4.1.1 28027 Piccolo 与 PC 串行通信端口的连接

28027 Piccolo 系统通过 S4 开关可以很方便地实现与 PC 串行通信端口的连接。方法如下：

- 在上电之前将 S4 拨到下方位置，CCSv5 开发平台通过 XDS100 仿真器与 Piccolo 器件的 SCI 连接，此时，可在 CCSv5 平台下进行 zSci_SendPc 项目源码的编译、下载及调试等工作。
- 在 zSci_SendPc 源码下载、运行后，将 S4 开关拨到上方位置，系统可与 PC 终端进行双向数据通信。

注意：按照这个顺序进入串行通信之后，不必回拨 S4 也能进行其他项目的编译调试。

5.4.1.2 28027 与 PC 机常规串口通信的硬件连接

图 5.24 为 SCI 与 PL2303 的 USB 方式接口图，可供无 RS-232 九针接口的 PC 使用。

图 5.25 是 SCI 与 MAX3232 的接线图。通过 MAX3232 提供 28027 与 PC 的 RS-232C(RS-232)进行串行通信。

第 5 章 串行通信接口（SCI）

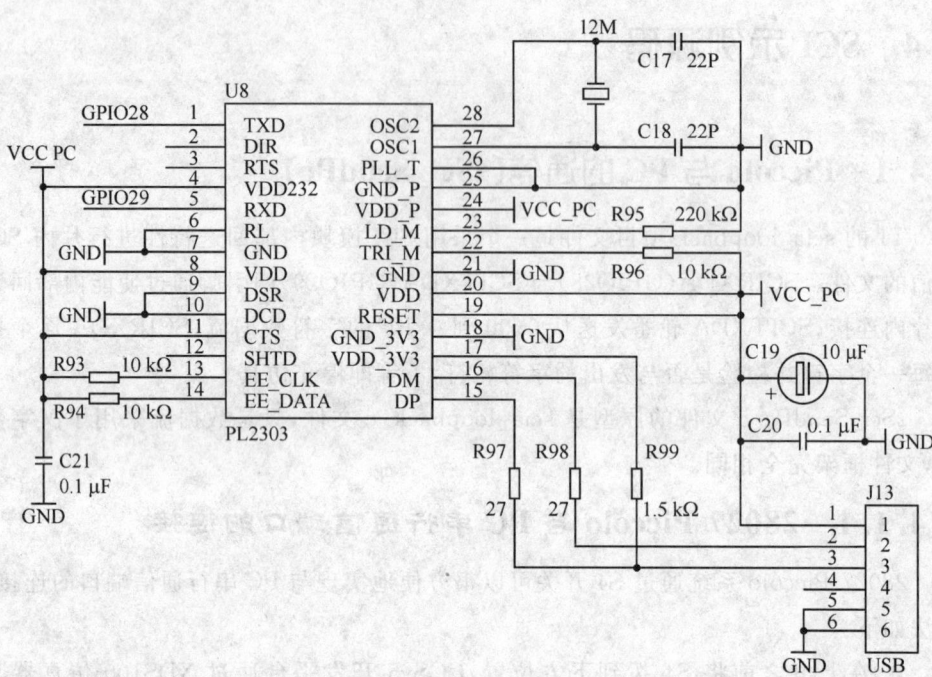

注：GPIO28复用SCIRXDA；GPIO29复用SCITXDA。

图 5.24　SCI 与 PL2303 的 USB 方式接口图

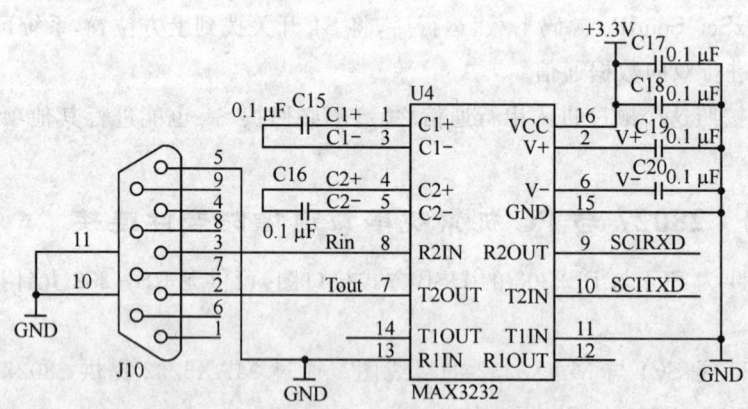

图 5.25　SCI 与 MAX3232 的 RS-232 接口图

5.4.1.3　超级终端设置

打开 RS-232 超级终端的步骤：单击开始→所有程序→附件→通信→超级终端，打开如图 5.26 所示的超级终端设置 1 界面。根据提示进行如下设置：在图 5.26 中的名称栏内输入 RS-232 并选择第一个默认图标，单击"确定"按钮后在随之出现的图 5.27 中选择 COM4，该 COM4 与打开设备管理器（COM 和 LPT）端口中的

USB Serial Port（COM4）项对应，参见 2.6.2(2)小节。

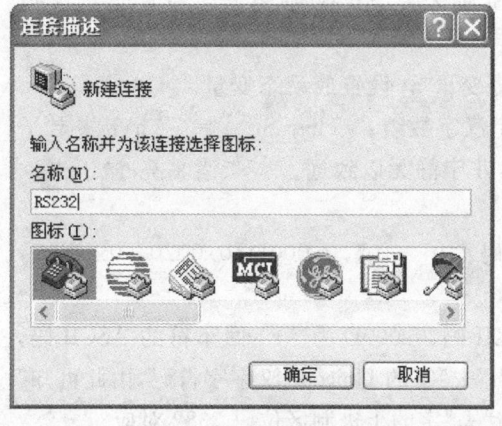

图 5.26　超级终端设置 1

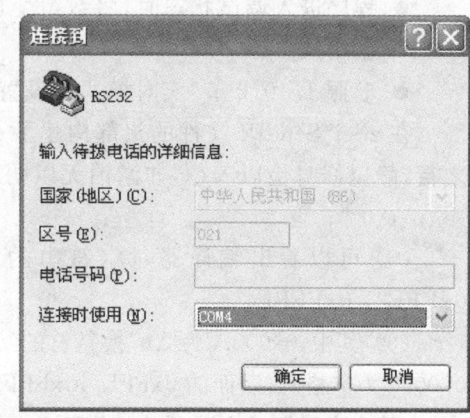

图 5.27　超级终端设置 2

5.4.1.4　zSci_SendPc 文件要点

(1) 该测试程序采用 SCI 模块回送测试方式发送一组中文字符串，通过 SCI 的回送功能，将发送的字符与接收到的字符进行比较，不相等终止仿真。SCI 的回送功能不妨碍双机通信。

(2) 本例采用 5.4.1.1 节讲述的方法与 PC 通信。波特率为 9 600，如图 5.28 所示。若通信正常，PC 的超级终端会不断地刷新显示，如图 5.29 所示。

(3) PC 之所以能够显示 28027 发送的汉字，其实质是 28027 发送的汉字属 ASCII 字符集的 16 位扩展码，即统一字符编码(Unicode)，该编码包含来自众多语言的约 35 000 个字符。PC 只是把接收到的汉字扩展码翻译成汉字而已。这说明了 CCS 编译器有汉字编码能力。

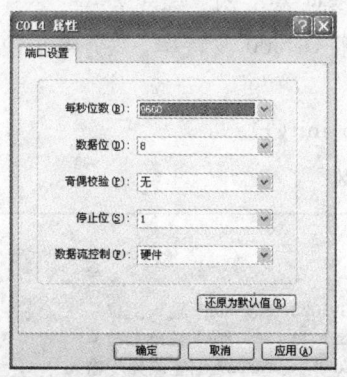

图 5.28　超级终端设置 3

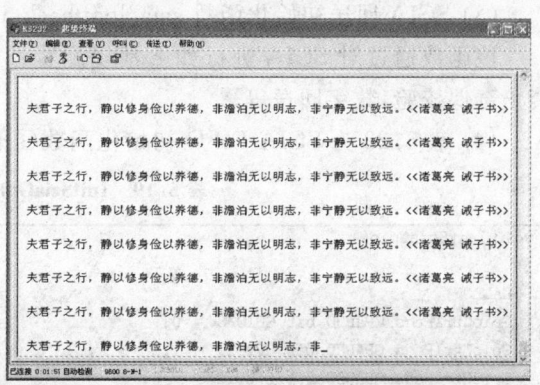

图 5.29　超级终端动态汉字显示

(4) 设置观察动态传送数据的步骤：
- 程序进入调试状态时，将数组变量 St 加入表达式视窗，并将其设置成 Hex 数据格式。
- 参照 1.10.2 节"实时模式的设置"将变量 St 设置成动态变量。

在 zSci_SendPc 文件的头部构建了一个汉字数组： char St[] = "\n\r 夫君子之行，静以修身俭以养德，非澹泊无以明志，非宁静无以致远。＜＜诸葛亮 诫子书＞＞\n\r\0 ";

(5) 可以看出编译器对字符串的编码："0x000A,0x000D,0x0020,0xFFB7,0xFFF2,0xFFBE,...

(6) 其中,0x000A 为"\n"换行符的 ASCII 码,0x000D 为"\r"回车符的 ASCII 码,0x0020 为空格码,后面的 0xFFB7,0xFFF2 为"夫"字的 Unicode 汉字字符码,由此可知"夫"字的十六进制 ASCII 码为 0xB7F2。这与"夫"字的十进制区位码 2382 对应。

(7) 由十进制区位码转换成十六进制 ASCII 码的方法为:将 4 位十进制区位码分成前两位 23 及后两位 82,均加上转换偏移量 160。得到前面的和为 183,后面的和为 242,再分别化成十六进制数为 0xB7 及 0x0xF2,组合起来为 0xB7F2。

(8) 下面罗列需要用到的转义字符:"\n"为换行符,"\0"为字符串结束符,"\r"为回车符,"\t"为横向跳格符,相当于 Tab 键,"\v"为竖向跳格符,"\b"为退格符,"\f"为走纸换页符。

5.4.1.5　zSci_SendPc 文件中的关键函数和指令

(1) SCIA 的 RXD 及 TXD 引脚与 GPIO28 及 GPIO29 引脚复用。表 5.19 的 InitSciaGpio()函数将 GPIO28 及 GPIO29 配置成 SCIA 的 RXD 及 TXD 引脚,该函数由 DSP2802x_Sci.c 文件建立。

(2) 主程序中的无限循环参见表 5.20。

(3) SCIA 回送初始化函数 scia_loopback_init()参见表 5.21。

该函数通过对 SCIA 进行如下常规配置:8 位字符,9 600 波特率,一个停止位,禁止奇偶校验,数字回送等。

(4) 表 5.22 为 SCIA FIFO 初始化函数(scia_fifo_init())。

表 5.19　InitSciaGpio()函数

```
void InitSciaGpio()
{
  EALLOW;
  GpioCtrlRegs.GPAPUD.bit.GPIO28 = 0;        // 使能 GPIO28 (SCIRXDA) 输入上拉
  GpioCtrlRegs.GPAPUD.bit.GPIO29 = 1;        // 禁止 GPIO29 (SCITXDA) 输出上拉
  GpioCtrlRegs.GPAQSEL2.bit.GPIO28 = 3;      // 将 GPIO28 (SCIRXDA) 配置成异步输入
  GpioCtrlRegs.GPAMUX2.bit.GPIO28 = 1;       // 将 GPIO28 配置成 SCIRXDA 功能
  GpioCtrlRegs.GPAMUX2.bit.GPIO29 = 1;       // 将 GPIO29 配置成 SCITXDA 功能
  EDIS;
}
```

第 5 章 串行通信接口（SCI）

表 5.20　zSci_SendPc 主文件中的无限循环

```
for(;;)                                  // 无限循环,相当于 while(1)语句。
{
    for(i=0;St[i]! ='\0';i++)            // 取出字符串 St[]中的第 i 个元素,若该元素不等于
                                         // '\0',表示字符串元素未发送完,则继续发送,若等于'\0',
                                         // 表示字符串元素发送完毕。再从头开始
    {
        scia_xmit(St[i]);                // 发送字符串 St[]中的第 i 个字符。
        while(SciaRegs.SCIFFRX.bit.RXFFST !=1) { }  // 等待接收 FIFO 从内部回送的一个字符。
        ReceivedChar = SciaRegs.SCIRXBUF.all;       // 将本机接收到的字符存入接收缓冲器。
        if(ReceivedChar ! = (St[i]&0x00ff))         // St[i]&0x00ff:屏蔽高 8 位。检查收到的字
                                                    // 符与发送的字符是否相等
            error();                                // 若发送的字符与回送的字符不等则停止
                                                    // 仿真
    }
}
```

关于 RXFFST 寄存器的进一步说明：SCI FIFO 接收寄存器 SCIFFRX[12:8]为接收字符个数状态位 RXFIFST，它是一个 5 位值，表示已接收字符的个数，与 2812 系列 16 级深度的 FIFO 不同，28027 只有 4 个 FIFO，因此这个 5 位值只有 0x00000～0x00100 有效，0x00000 表示未接收到字符。由于采用了内部回送方式，因此，当发送 FIFO 中有 1 个字符（本例每次只发一个字符）时，接收 FIFO 也为一个字符。这条指令用于判断 RXFIFST 的位值是否为 1，不为 1 等待，为 1 表示已接收到一个字符，程序跳转执行。

表 5.21　SCIA 回送初始化函数 scia_loopback_init( )

```
void scia_loopback_init()
{
    /* 对 SCI 通信控制寄存器(SCICCR)进行配置 */
//  SciaRegs.SCICCR.all = 0x0007;              // 这条指令与下面 6 条指令等价
    SciaRegs.SCICCR.bit.SCICHAR = 7;           // 8 位字符
    SciaRegs.SCICCR.bit.ADDRIDLE_MODE = 0;     // 选择空闲线模式
    SciaRegs.SCICCR.bit.LOOPBKENA = 0;         // 禁止回送测试功能
    SciaRegs.SCICCR.bit.PARITYENA = 0;         // 禁止奇偶校验
    SciaRegs.SCICCR.bit.PARITY = 0;            // 奇校验
    SciaRegs.SCICCR.bit.STOPBITS = 0;          // 一个停止位
    /* 对 SCI 控制 1 寄存器 (SCICTL1)进行配置 */
//  SciaRegs.SCICTL1.all = 0x0003;             // 这条指令与下面 6 条指令等价
    SciaRegs.SCICTL1.bit.RXENA = 1;            // 使能接收
    SciaRegs.SCICTL1.bit.TXENA = 1;            // 使能发送
    SciaRegs.SCICTL1.bit.SLEEP = 0;            // 禁止睡眠
    SciaRegs.SCICTL1.bit.TXWAKE = 0;           // 禁止发送唤醒(TXWAKE)
    SciaRegs.SCICTL1.bit.SWRESET = 0;
    // SCI 软件复位。仅将状态寄存器的 7 个标志位及 TXRDY(SCICTR2[7])、TX EMPTY
    // (SCICTR2[6])复位到默认状态。对其他控制寄存器配置没有影响。此时,TXRDY
    // (SCICTR2[7]) = 1,即 SCITXBUF 准备接收下一个字符;TX EMPTY(SCICTR2[6]) = 1,发
    // 送缓冲器和移位寄存器都空。
    SciaRegs.SCICTL1.bit.RXERRINTENA = 0;      // 禁止接收错误中断
```

续表 5.21

```
//   SciaRegs.SCICTL2.all = 0x0003;              // 这条指令与下面 4 条指令等价
     SciaRegs.SCICTL2.bit.TXINTENA = 1;          // 使能 SCITXBUF 中断。该位对 TXRDY 位置 1 引起的发送
                                                 // 中断请求进行控制。
     SciaRegs.SCICTL2.bit.RXBKINTENA = 1;        // 启动接收器缓冲/中断。该位对接收就绪标志位 RXRDY
                                                 //（SCIRXST[6]）和中断检测标志位 BRKDT(SCIRXST[5])
                                                 // 置 1 引起的中断请求进行控制。
     SciaRegs.SCICTL2.bit.TXEMPTY = 0;
          // 设置发送缓冲寄存器(SCITXBUF)或者移位寄存器(TXSHF)或者两者加载数据。当 SWRESET
          //（SCITL1[2]）= 1,或者一个系统复位,可将该位置 1。但不产生中断请求。
     SciaRegs.SCICTL2.bit.TXRDY = 0;
          // 设置 SCITXBUF 为满,初始化时不准备接收下一个字符。向 SCITXBUF 写入数据,该位自动清 0。
          // 若 TXINTENA = 1,该位置 1 时,则产生一个发送缓冲器中断请求。
     SciaRegs.SCIHBAUD    = 0x0000;              //关于波特率的详细计算步骤,请参见 5.2.1 节及 5.2.2 节
     SciaRegs.SCILBAUD    = 0x00C2;
     SciaRegs.SCICCR.bit.LOOPBKENA = 1;          // 启动回送测试功能
//   ScibRegs.SCICTL1.all = 0x0023;              // 这条指令较前面的"SciaRegs.SCICTL1.all =
                                                 // 0x0003;" 指令只多出下面一条指令
     SciaRegs.SCICTL1.bit.SWRESET = 1;           // 在前面对 SCI 软件复位(.SWRESET = 0),即对相
                                                 // 应的标志位复位之后,这条指令
                                                 // 的含义为不再对相应的标志位复位
}
```

表 5.22　SCIA FIFO 初始化函数 — scia_fifo_init( )

```
void scia_fifo_init()
{
         /* 配置 SCI FIFO 发送寄存器(SCIFFTX)    */
//   SciaRegs.SCIFFTX.all = 0xE040;              // 这条指令与下面 8 条指令等价
     SciaRegs.SCIFFTX.bit.TXFFIL = 0;            // TXFFIL(SCIFFTX[4:0]):发送 FIFO 中断级位。
          // 由 TXFFIL(SCIFFTX[4:0]) = 0,设置发送 FIFO 中断级位为 0
     SciaRegs.SCIFFTX.bit.TXFFIENA = 0;          // TXFFIENA(SCIFFTX[5]):发送 FIFO 中断使能。
          // 由 TXFFIENA(SCIFFTX[5]) = 0,禁止发送 FIFO 的匹配中断
     SciaRegs.SCIFFTX.bit.TXFFINTCLR = 1;        // TXFFINTCLR(SCIFFTX[6]):清除发送
                                                 // FIFO 中断标志位
          // 由 TXFFINTCLR(SCIFFTX[6]) = 1,清除第 7 位标志位 TXFFINT 不产生发送 FIFO 中断
     SciaRegs.SCIFFTX.bit.TXFFINT = 0;           // TXFFINT(SCIFFTX[7]):发送 FIFO 中断标志位
          // 由 TXFFINT(SCIFFTX[7]) = 0,不产生发送 FIFO 中断
     SciaRegs.SCIFFTX.bit.TXFFST = 0;            // TXFFST(SCIFFTX[12:8]):发送 FIFO
                                                 // 状态位
```

续表 5.22

```
        // 由 TXFFST(SCIFFTX[12:8])=0,设置发送 FIFO 状态位为 0
    SciaRegs.SCIFFTX.bit.TXFIFOXRESET = 1;     // TXFIFOXRESET(SCIFFTX[13]):发送 FIFO 复位
        // 由 TXFIFOXRESET(SCIFFTX[13])=1,重新使能发送 FIFO 的操作
    SciaRegs.SCIFFTX.bit.SCIFFENA = 1;         // SCIFFENA(SCIFFTX[14]):SCI FIFO 使能控制位
        // 由 SCIFFENA(SCIFFTX[14])=1,使能 SCI FIFO 的增强型功能
    SciaRegs.SCIFFTX.bit.SCIRST = 1;           // SCIRST(SCIFFTX[15]):SCI 复位
        // 由 SCIRST(SCIFFTX[15])=1,SCI FIFO 重新开始发送和接收
    /* 配置 SCI FIFO 接收寄存器(SCIFFRX)    */
//  SciaRegs.SCIFFRX.all = 0x2044;             // 这条指令与下面 8 条指令等价
    SciaRegs.SCIFFRX.bit.RXFFIL = 1;           // RXFFIL(SCIFFRX[4:0]):接收 FIFO 中断级位
        // 由 RXFFIL(SCIFFRX[4:0])=1,设置接收 FIFO 中断级位为 1
    SciaRegs.SCIFFRX.bit.RXFFIENA = 0;         // RXFFIENA(SCIFFRX[5]):接收 FIFO 匹配中断使能位
        // 由 RXFFIENA(SCIFFRX[5])=0,禁止接收 FIFO 的匹配中断
    SciaRegs.SCIFFRX.bit.RXFFINTCLR = 1;       // RXFFINTCLR(SCIFFRX[6]):清除接收 FIFO 中断标志位
        // 由 RXFFINTCLR(SCIFFRX[6])=1,清除第 7 位标志位 RXFFINT 不产生接收 FIFO 中断
    SciaRegs.SCIFFRX.bit.RXFFINT = 0;          // RXFFINT(SCIFFRX[7]):接收 FIFO 中断标志位
        // 由 RXFFINT(SCIFFRX[7])=0,不产生接收 FIFO 中断
    SciaRegs.SCIFFRX.bit.RXFFST = 0;           // RXFFST(SCIFFRX[12:8]):接收 FIFO 状态位
        // 由 RXFFST(SCIFFRX[12:8])=0,设置接收 FIFO 状态位为 0
    SciaRegs.SCIFFRX.bit.RXFIFORESET = 1;      // RXFIFORESET(SCIFFRX[13]):接收 FIFO 复位
        // 由 RXFIFORESET(SCIFFRX[13])=1,重新使能接收 FIFO 的操作
    SciaRegs.SCIFFRX.bit.RXFFOVRCLR = 0;       // RXFFOVRCLR(SCIFFRX[13]):清除 RXFFOVF 标志位
        // 由 RXFFOVRCLR(SCIFFRX[13])=0,   无影响
    SciaRegs.SCIFFRX.bit.RXFFOVF = 0;          // RXFFOVF(SCIFFRX[13]):接收 FIFO 溢出标志位
        // 由 RXFFOVF(SCIFFRX[13])=0,接收 FIFO 没有溢出
    SciaRegs.SCIFFCT.all = 0x0;                // 禁止自动波特率校验,0 延迟
}
```

5.4.2 Piccolo 与 PC 的双向通信(zSci_Echoback)

5.4.2.1 注意事项

zSci_Echoback 项目完成以下功能:首先由 Piccolo 向 PC 的超级终端发送一串汉字字符:"您好!请输入一个字符,之后 28027 Piccolo 将返回这个字符。",随之再输出第 2 串字符"请输入一个字符_"后,等待超级终端的回应。此时,调试者可以从键盘中输入任何一个有效字符,超级终端均会将这个字符显示出来,再等待下一个字符的输入,如图 5.30 所示。调试该项目时请注意以下几点:

(1) 如果首先调试的是上一个 zSci_SendPc 项目,则不要关闭超级终端,让它一直处在连接状态。然后激活 zSci_Echoback 项目,编译下载再按运行键。28027 Piccolo 即可与超级终端正常通信;

(2) 如果直接从 zSci_Echoback 项目开机调试,则参照 5.4.1.1 节介绍的次序。不过在运行之前须先打开超级终端。

(3) 在超级终端已经连接的情况下,需要单击超级终端上的光标,光标呈闪烁状态才能输入字符。

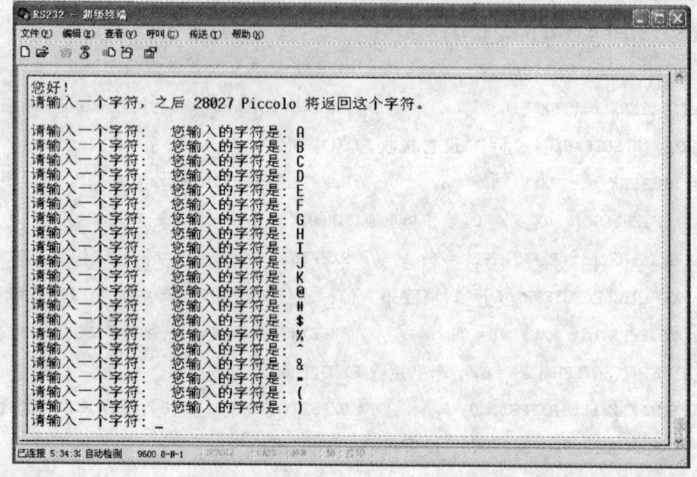

图 5.30 超级终端的回送显示

5.4.2.2 zSci_Echoback.c 文件中的主要指令

zSci_Echoback.c 文件架构与 zSci_SendPc 相同,这里不再赘述,下面仅列出不同之处。表 5.23 为主函数中的无限循环指令。

表 5.23 主函数中的无限循环指令

```
for(;;)
{
    msg = "\r\n 请输入一个字符:\0";           // 建立待发送的字符串
    scia_msg(msg);                              // 发送上面一串字符
    while(SciaRegs.SCIFFRX.bit.RXFFST != 1){ }  // 等待超级终端输入的一个字符
    ReceivedChar = SciaRegs.SCIRXBUF.all;       // 将收到的来自超级终端的一个字符存入接收缓
                                                // 冲器
    msg = "  您输入的字符是:\0";                // 建立到发送的应答字符串
    scia_msg(msg);                              // 先发送上面一串应答字符
    scia_xmit(ReceivedChar);                    // 再发送紧跟应答字符串后面的接收到的一个字符
}
```

5.4.2.3 zSci_Echoback.c 文件中主要函数

(1) scia_echoback_init()函数:该函数与 zSci_SendPc 项目中的 scia_loopback_init()函数基本相同。唯一不同的是 scia_echoback_init() 不采用回送功能,而 scia_loopback_init() 使用了回送功能。

(2) scia_fifo_init()函数:该函数与 zSci_SendPc 项目中的 scia_fifo_init()函数完全相同。

5.4.3 通过中断进行 SCI FIFO 回送测试(zSci_FFDLB_int)

5.4.3.1 中断设置步骤

中断设置步骤在第 3 章及在 9.1.2.2 节中作了较为详细的说明,读者可比对这两处的说明进行分析,此处不再说明。

5.4.3.2 zSci_FFDLB_int 文件中的主要函数

表 5.24 为 SCI FIFO 初始化函数,表 5.25 为 SCIA 发送 FIFO 中断服务函数。表 5.26 为 SCIA 接收 FIFO 中断服务函数。

表 5.24 zSci_FFDLB_int 文件中的 scia_fifo_init( )函数

```
void scia_fifo_init()
{
// 以下 6 条指令再加上下面的"SciaRegs.SCICTL1.all = 0x0023;"指令与 zSci_SendPc.c 文件
// 中 scia_loopback_init()函数指令基本相同,仅波特率设置不同,属于 SCI 常规设置,注释请
// 参见表 5.21。
    SciaRegs.SCICCR.all = 0x0007;
    SciaRegs.SCICTL1.all = 0x0003;
    SciaRegs.SCICTL2.all = 0x0003;
    SciaRegs.SCIHBAUD = 0x0000;
    SciaRegs.SCILBAUD = 15;                    // SCI_PRD;   115 200 波特率
    SciaRegs.SCICCR.bit.LOOPBKENA = 1;         // 使能回送


// 下面指令中除"SciaRegs.SCICTL1.all = 0x0023;"指令外,是对 SCI FIFO 的初始化指令。
// SciaRegs.SCIFFTX.all = 0xC022;              // 这条指令与下面 8 条指令等价
    SciaRegs.SCIFFTX.bit.TXFFIL = 2;           // 设置发送 FIFO 中断级位为 2[@]
    SciaRegs.SCIFFTX.bit.TXFFIENA = 1;         // 使能发送 FIFO 的匹配中断[※]
    SciaRegs.SCIFFTX.bit.TXFFINTCLR = 0;       // 发送 FIFO 中断标志清除位。初始值对中
                                               // 断标志位无影响
    SciaRegs.SCIFFTX.bit.TXFFINT = 0;          // 发送 FIFO 中断标志位。初始值,无发送 FIFO 匹配
中断[#]
    SciaRegs.SCIFFTX.bit.TXFFST = 0;           // 设置发送 FIFO 状态位初始值为 0(空)[(1)]
```

续表 5.24

```
    SciaRegs.SCIFFTX.bit.TXFIFOXRESET = 0;      // 复位 FIFO 指针为 0 并且在复位中保持
    SciaRegs.SCIFFTX.bit.SCIFFENA = 1;          // 使能 SCI FIFO 的增强型功能(2)
    SciaRegs.SCIFFTX.bit.SCIRST = 1;            // SCI FIFO 重新开始发送和接收
//  SciaRegs.SCIFFRX.all = 0x0022;              // 这条指令与下面 8 条指令等价
    SciaRegs.SCIFFRX.bit.RXFFIL = 2;            // 设置接收 FIFO 中断级位为 2@
    SciaRegs.SCIFFRX.bit.RXFFIENA = 1;          // 使能接收 FIFO 的匹配中断*
    SciaRegs.SCIFFRX.bit.RXFFINTCLR = 0;        // 接收 FIFO 中断标志清除位。初始值,
                                                // 对中断标志位无影响
    SciaRegs.SCIFFRX.bit.RXFFINT = 0;           // 接收 FIFO 中断标志位。初始值,无接
                                                // 收 FIFO 匹配中断#
    SciaRegs.SCIFFRX.bit.RXFFST = 0;            // 设置接收 FIFO 状态位初始值为 0(空)(3)
    SciaRegs.SCIFFRX.bit.RXFIFORESET = 0;       // 复位 FIFO 指针为 0 并且在复位中保持
    SciaRegs.SCIFFRX.bit.RXFFOVRCLR = 0;        // 接收 FIFO 溢出标志清除位。初始值,
                                                // 写 0 无效
    SciaRegs.SCIFFRX.bit.RXFFOVF = 0;           // 接收 FIFO 溢出标志位。初始值,接收
                                                // FIFO 无溢出

    SciaRegs.SCIFFCT.all = 0x00;                // 禁止自动波特率校验,0 延迟
//  SciaRegs.SCICTL1.all = 0x0023;              // 这条指令较前面的"SciaRegs.SCICTL1.all =
                                                // 0x0003;"指令只多出下面一条指令
    SciaRegs.SCICTL1.bit.SWRESET = 1;
        // 前面对 SCI 软件复位(.SWRESET = 0),即对相应的标志位复位之后,该指令的含义为不再对相应
        // 的标志位复位
    SciaRegs.SCIFFTX.bit.TXFIFOXRESET = 1;      // 重新使能发送 FIFO 的操作
    SciaRegs.SCIFFRX.bit.RXFIFORESET = 1;       // 重新使能接收 FIFO 的操作
    // 这两条指令对建立在 FIFO 中断是必须的,屏蔽这两条指令将不能进入 FIFO 匹配中断。
}
```

(1) 发送 FIFO 状态位初始值为 0,运行时该值表示已发送的字节数。由于 28027 只有 4 级深度的 FIFO,因此该状态位可能的最大数值为 4。当状态位与事先设置的中断级位匹配时(见@),硬件将中断标志位置 1(见#),在使能发送 FIFO 匹配中断的条件下(见%),将产生一个发送 FIFO 匹配中断。标示(3)参照(1)。

(2) 这条指令用来设置 SCI FIFO 的增强功能。初始化默认值为 0,为 SCI 的标准模式,此时,禁止 SCI FIFO。

表 5.24 中的指令由两部分组成,前面 6 条指令与后面倒数第 3 条指令属于 SCI 常规设置指令,它们与 zSci_SendPc.c 文件中 scia_loopback_init()函数指令除波特率设置不同外均相同。此处不再讨论。第 6 条之后的指令主要用于对 FIFO 的设置。由于前面指令使能内部回送,因此接收 FIFO 中断级位的设置与发送 FIFO 中断级位的设置相同均为 2(两个字的发送和接收。28027 SCI FIFO 中断级位最高为 4,即只有 4 级深度的 FIFO),并且使能发送 FIFO 及接收 FIFO 的匹配中断。

在源码文件中,将下面两条指令:

```
    SciaRegs.SCIFFTX.bit.TXFIFOXRESET = 1;      // 重新使能发送 FIFO 的操作
    SciaRegs.SCIFFRX.bit.RXFIFORESET = 1;       // 重新使能接收 FIFO 的操作
```

从对 SCIFFTX 及 SCIFFRX 设置的指令中分离出来，只是强调而已。如果屏蔽这两条或者是其中的一条指令，程序将不能正常运行。倘若把这两条指令包含在前面对 SCIFFTX 及 SCIFFRX 设置中而屏蔽后面的这两条，程序仍然正常运行。因此，SCI 模块对重新使能 FIFO 的发送和接收操作没有顺序要求。

表 5.25　zSci_FFDLB_int 文件中的 sciaTxFifoIsr( ) 函数

```
interrupt void sciaTxFifoIsr(void)            // SCIA 发送 FIFO 中断服务函数
{
    Uint16 i;
    for(i = 0; i< 2; i++)
    { SciaRegs.SCITXBUF = sdataA[i]; }        // 初始时发送 0,1 两个数据
    for(i = 0; i< 2; i++)                     // 之后，待发送的两个数据取前面发
                                              // 送数据的增量，构成发送数据流：
    { sdataA[i] = (sdataA[i]+1) & 0x00FF; }   //   0,1; 1,2; 2,3; …, n,n+1; …
    SciaRegs.SCIFFTX.bit.TXFFINTCLR = 1;      // 清 SCI 中断标志位 #
    PieCtrlRegs.PIEACK.all |= 0x100;
            // PIE 响应寄存器 PIEACK 是中断从 PIE 级进入 CPU 级的门禁(参见图 10.3)。一个中断在进入
            // CPU 级之前，其对应的 PIEACK.x 必须通讨软件清 0，打开 PIE 级到 CPU 的通道。而当这个
            // 中断
            // 进入 CPU 级 INTx 中断线时，硬件将 PIEACK.x 位置 1，关闭 PIE 级到 CPU 的通道。这条指令通
            // 过向 PIEACK.9 写 1，将 PIEACK.9 位清 0。从而打开后续的 PIE 级到 CPU 级的 INT9 中断通道。
}
```

\# 在产生外设级发送 FIFO 匹配中断事件时，硬件将 TXFFINT 标志位置位。此时，PIE 级对应的中断标志位被置位(是一个硬件特性，不需人工干预)，若与之相应的 PIE 级中断使能位已被置位，如主程序中指令："PieCtrlRegs.PIEIER9.bit.INTx2=1;" 则外设就会向 PIE 控制器发出一个中断请求。此时，CPU 级对应的中断标志位被置位(也不需人工干预)，若与之相应的 CPU 级中断使能位已被置位，如主程序中指令："IER |= M_INT9;"，并且 PIE 级进入 CPU 级的门禁 PIEACK.9 已被清 0，即打开了 PIE 级进入 CPU 级中断的通道，则该中断请求将通过 INT9 中断线进入 CPU 级，如果已经使能 CPU 级全局中断，如主程序中指令："EINT;"，则 CPU 将根据优先权次序处理这个中断。在这个过程中，SCI 中断标志位 TXFFINT 一直处在置位状态，必须用这条指令将其清 0 以备后续中断的到来。

表 5.26　zSci_FFDLB_int 文件中的 sciaRxFifoIsr( ) 函数

```
interrupt void sciaRxFifoIsr(void)
{
    Uint16 i;
    for(i = 0;i<2;i++)
    { rdataA[i] = SciaRegs.SCIRXBUF.all; }              // 读取两个数据
    for(i = 0;i<2;i++)                                  // 检查接收到的数据是否与发送的数据
                                                        // 相等，
                                                        // 若不等跳转
    { if(rdataA[i] != ((rdata_pointA + i) & 0x00FF)) error(); }  // 出错处理
    rdata_pointA = (rdata_pointA + 1) & 0x00FF;         // 接收指针指向下一个待接收的数据
    SciaRegs.SCIFFRX.bit.RXFFOVRCLR = 1;                // 清接收 FIFO 溢出标志位
    SciaRegs.SCIFFRX.bit.RXFFINTCLR = 1;                // 清接收 FIFO 中断标志位
    PieCtrlRegs.PIEACK.all| = 0x100;                    // 参见 sciaTxFifoIsr()的注释
}
```

5.4.3.3　CCSv5 变量视窗发送及接收的数据偏差

由表 5.25 及表 5.26 的两个函数可知：通过内部回送功能，SCI 接收的数据即为 SCI 发送的数据。在 CCSv5 变量视窗出现的 sdataA 及 rdataA 数据偏差，是显示造成的。这说明变量的动态显示存在一个显示时差。不可当作动态实时显示，只能作为一个参考。

第 6 章

串行外设接口(SPI)

串行外设接口(Serial Peripheral Interface,SPI)是一个高速同步串行 I/O 端口,它在 C28x 与其他外围设备之间通过移位寄存器传送一个可变长度和数据率的串行位流。SPI 通常用于 DSP 控制器与板上外扩设备或者其他控制器之间的通信。典型的应用包括外部 I/O 接口或者是扩展的设备,如移位寄存器,显示驱动和模数转换器等。在 SPI 的主从操作中,支持了多设备之间的通信。而在 28x 系列中,端口支持 4 级深度的接收和发送 FIFO,从而减少了 CPU 的开销。

6.1 增强的 SPI 模块概述

图 6.1 展示了 CPU 的 SPI 接口。

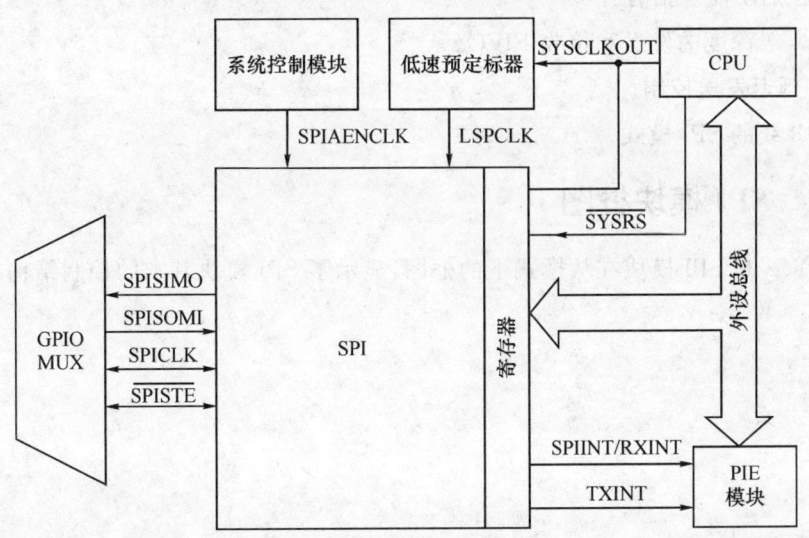

图 6.1 SPI 的 CPU 接口

SPI 模块的功能包括：
- 4 个外部引脚。
  - SPISOMI：SPI 从模式输出/主模式输入引脚。
  - SPISIMO：SPI 从模式输入/主模式输出引脚。
  - $\overline{\text{SPISTE}}$：SPI 从模式发送使能引脚。
  - SPICLK：SPI 串行时钟引脚。

注意：在不使用 SPI 模块时，这 4 个引脚可作为 GPIO。
- 两种工作模式：主工作模式和从工作模式。
- 波特率：126 种不同的可编程速率。最大波特率受到使用在 SPI 引脚上的 I/O 缓冲器最大速率的限制。
- 数据字长度：1～16 数据位。
- 4 种时钟配置方法，由时钟极性及时钟相位控制。
- 接收和发送操作同步（发送功能可通过软件禁止）。
- 发送器和接收器可通过中断驱动或者查询算法完成。
- 12 个 SPI 模块控制寄存器：位于起始地址为 7040h 的控制寄存器帧中。

注意：模块中所有寄存器均为 16 位寄存器，它们位于外设帧 2。当访问一个寄存器时，是寄存器的低字节(7～0)，高字节(15～8)读为 0，写高字节无效。

增强的功能包括有：
- 4 级深度的发送和接收 FIFO。
- 延迟发送控制。
- 3 线的 SPI 模式

6.1.1 SPI 模块框图

图 6.2 是 SPI 模块在从模式下的框图，显示了 SPI 模块基本的控制结构。

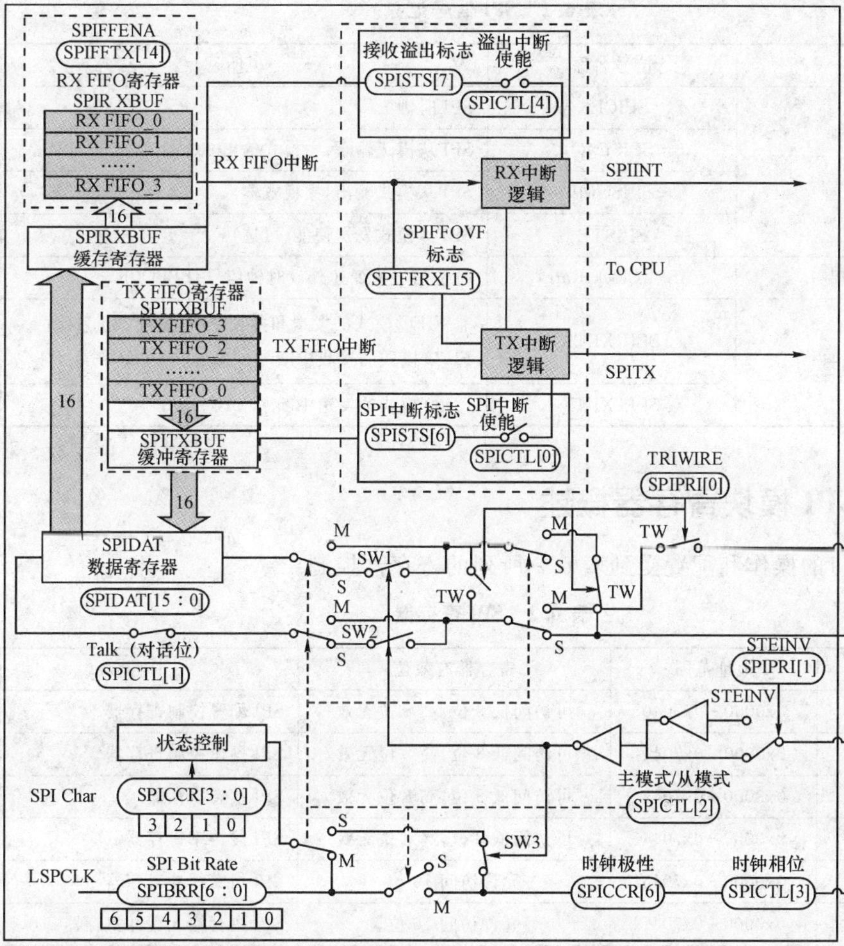

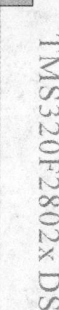

图 6.2 SPI 模块框图

A：从机设备的 SPISTE 被主机拉低。
B：在 TMS320x2802x 系列器件上没有 STEINV 特性。

6.1.2 SPI 信号汇总

SPI 信号汇总如表 6.1 所列。

第 6 章 串行外设接口(SPI)

表 6.1 SPI 信号汇总

种类	信号名称	说明
外部信号	SPICLK	SPI 时钟
	SPISIMO	SPI 从模式输入,主模式输出
	SPISOMI	SPI 从模式输出,主模式输入
	$\overline{\text{SPISTE}}$	SPI 从模式发送使能(可选)
时钟(控制)	SPI Clock Rate	时钟信号为低速外设时钟信号:LSPCLK
中断信号	SPIRXINT	非 FIFO 模式的发送和接收中断(参考 SPI INT) FIFO 模式的接收中断
	SPITXINT	FIFO 模式的发送中断

6.1.3 SPI 模块寄存器概述

SPI 端口的操作和配置受到表 6.2 所列的寄存器控制。

表 6.2 SPI 寄存器

位域名称	地址范围	寄存器有效位	说明
SPICCR	0x0000 – 0x7040	可访问低 8 位,高 8 位无效	SPI 配置控制寄存器
SPICTL	0x0000 – 0x7041	可访问低 8 位,高 8 位无效	SPI 操作控制寄存器
SPISTS	0x0000 – 0x7042	可访问低 8 位,高 8 位无效	SPI 状态寄存器
SPIBRR	0x0000 – 0x7044	可访问低 8 位,高 8 位无效	SPI 波特率寄存器
SPIEMU	0x0000 – 0x7046	允许访问 16 位	SPI 仿真缓冲寄存器
SPIRXBUF	0x0000 – 0x7047	允许访问 16 位	SPI 串行输入缓冲寄存器
SPITXBUF	0x0000 – 0x7048	允许访问 16 位	SPI 串行输出缓冲寄存器
SPIDAT	0x0000 – 0x7049	允许访问 16 位	SPI 串行数据寄存器
SPIFFTX	0x0000 – 0x704A	允许访问 16 位	SPI FIFO 发送寄存器
SPIFFRX	0x0000 – 0x704B	允许访问 16 位	SPI FIFO 接收寄存器
SPIFFCT	0x0000 – 0x704C	可访问低 8 位,高 8 位无效	SPI FIFO 控制寄存器
SPIPRI	0x0000 – 0x704F	可访问低 8 位,高 8 位无效	SPI 优先级控制寄存器

SPI 能够发送和接收 16 位数据,有双缓冲的发送和接收寄存器。所有的数据寄存器都是 16 位宽的。SPI 从模式不再受到 LSPCLK/8 最大传输速率限制,现在无论主模式还是从模式的最大速率均为 LSPCLK/4。将发送数据写入串行数据寄存器 SPIDAT(及新的发送缓冲器 SPITXBUF)时,必须在这个 16 位寄存器内左对齐。除相关寄存器 SPIPC1 与 SPIPC2 之外,通用位 I/O 复用的控制位和数据位已从这个外设中移出。这些位目前归入通用 I/O 寄存器中。SPI 模块内的 12 个寄存器控

制 SPI 操作。
- **SPICCR**：SPI 配置控制寄存器，包含用于配置 SPI 的控制位。
  - SPI 模块软件复位。
  - SPICLK 极性选择。
  - 4 个 SPI 数据长度的控制位。
- **SPICTL**：SPI 运行控制寄存器，包含数据发送的控制位。
  - 两个 SPI 中断使能位。
  - SPICLK 相位选择。
  - 运行模式（主模式/从模式）。
  - 数据发送使能。
- **SPISTS**：SPI 状态寄存器，包含两个接收缓冲状态位和一个发送缓冲状态位。
  - RECEIVER OVERRUN：接收溢出。
  - SPI INT FLAG：SPI 中断标志。
  - TX BUF FULL FLAG：发送缓冲满标志。
- **SPIBRR**：SPI 波特率寄存器，包含决定传输速率的 7 个位。
- **SPIRXEMU**：SPI 接收仿真缓冲寄存器，包含接收到的数据，这个寄存器仅用于仿真，正常情况下应该用 SPIRXBUF 寄存器。
- **SPIRXBUF**：SPI 串行接收缓冲寄存器，包含接收到的数据。
- **SPITXBUF**：SPI 串行发送缓冲寄存器，包含下一个待发送的数据。
- **SPIDAT**：SPI 数据寄存器，包含将要被发送的数据，作为发送/接收的移位寄存器。写入 SPIDAT 的数据依照 SPICLK 周期顺序移出。SPI 每移出一位，接收位流中的一位将移入移位寄存器另一边的末尾。
- **SPIPRI**：SPI 优先级寄存器，含有确定中断优先级的位，以及在 XDS™仿真器上程序停止时决定 SPI 的操作位。

此寄存器中同时包含了 3 线模式的使能位以及 $\overline{\text{SPISTE}}$ 反向指示位。

6.1.4　SPI 操作

这个部分描述了 SPI 的操作，包括了运行模式的解释、中断、数据格式、时钟源以及初始化等，同时给出了数据传输中典型的时序图。

6.1.4.1　基本介绍

图 6.3 显示了两个控制器之间 SPI 通信的典型连接：一个为主模式，另一个为从模式。

第 6 章 串行外设接口(SPI)

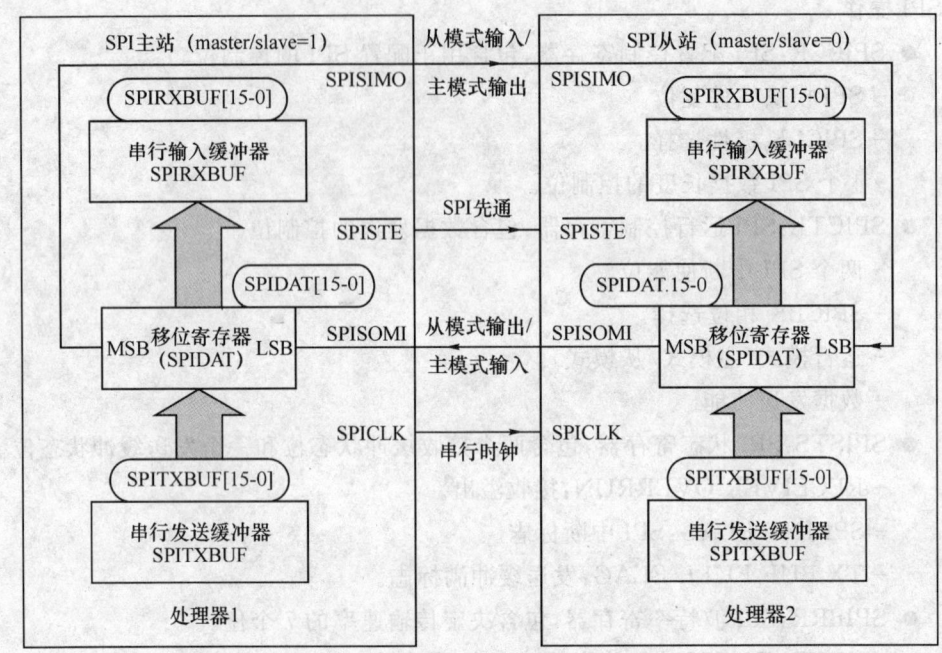

图 6.3 SPI 主从连接

主站通过发送一个 SPICLK 信号来初始化信号传输。此时,主站和从站都在 SPICLK 的一个边沿将数据移出移位寄存器,并且在 SPICLK 的另一时钟边沿将数据锁存到移位寄存器中。如果置位 CLOCK PHASE(SPICTL[3]),则在 SPICLK 转变前的半个周期前进行数据的发送和接收(参见 6.1.4.2 节)。结果是,控制器发送和接收数据几乎是同时的,然后,由应用软件确定是有效数据还是虚拟数据。数据传输有 3 种可能方法:

- 主站发送数据,从站发送虚拟数据;
- 主站发送数据,从站发送数据;
- 主站发送虚拟数据,从站发送数据。

主站可在任何时候开始数据传输,因为它控制了 SPICLK 信号。然而,当从站准备广播数据时,则决定主站如何进行检测。

6.1.4.2 SPI 主从运行模式

SPI 能够运行在主模式或者从模式,MASTER/SLAVE(SPICTL[2])用来选择运行模式以及 SPICLK 的信号源。

1. 主模式

在主模式下(MASTER/SLAVE = 1),SPI 在 SPICLK 引脚上为整个通信网络提供了串行的时钟信号。此时,SPISIMO 引脚移出数据而 SPISOMI 移入数据。

SPIBRR 寄存器确定了发送和接收的位传送速率,SPIBRR 可以选择 126 种不同的数据传送速率。

数据写到 SPIDAT 或者 SPITXBUF 开始从 SPISIMO 引脚发送数据,MSB(最高移出位)首先发送;同时,接收到的数据通过 SPISOMI 引脚移入 SPIDAT 的 LSB(最低移出位)。当选定的数据位发送完毕,接收到的数据传送到 SPIRXBUF 缓冲寄存器中以便 CPU 读取,此时,数据右对齐存储在 SPIRXBUF 寄存器中。当指定的数据位移入 SPIDAT 时,下列事件发生:
- SPIDAT 中的内容转移到 SPIRXBUF。
- 置位 SPI INT FLAG(SPISTS[6])。
- 如果 SPITXBUF 中有有效数据(这由 TX BUF FULL(SPIST[5])位确定),则数据移入到 SPIDAT 中,然后发送出去;否则,SPICLK 在所有的数据位移出 SPIDAT 后停止。
- 如果置位 SPI INT ENA(SPICTL[0]),则产生一个中断请求。

在一些典型的应用上,$\overline{\text{SPISTE}}$ 引脚作为 SPI 从设备的使能引脚。在数据传输到从站以前,这个引脚被主站拉低;传输完毕后再拉高。

2. 从模式

在从模式下(MASTER/SLAVE = 0),SPISOMI 引脚移出数据而 SPISIMO 移入数据。SPICLK 引脚用作串行移位时钟的输入引脚,它由外部网络主站提供。传送速率由这个时钟确定,SPICLK 的输入频率应不高于 LSPCLK/4 频率。

在从主站接收到的 SPICLK 信号的适当边沿时写入到 SPIDAT 或 SPITXBUF 的数据会传送到网络。当数据的所有位已经移位到 SPIDAT 寄存器时,写入到 SPITXBUF 寄存器的数据就转移到了 SPIDAT 寄存器。如果 SPIDAT 中没有数据,则当 SPITXBUF 写入时,数据会马上转移到 SPIDAT 中。接收数据时,SPI 会等待主站发送 SPICLK 信号,然后由 SPISIMO 引脚移入数据到 SPIDTA 中。如果数据已被从站同时传送,并且 SPITXBUF 未事先载入,则必须在 SPICLK 信号开始之前将数据写到 SPITXBUF 或 SPIDAT 寄存器中。

当 TALK(SPICTL[1])位被清 0 时,禁止数据传输,输出线(SPISOMI)强制进入高阻状态。当这个发生在传输过程中时,虽然 SPISOMI 被强制进入高阻状态,但当前的数据仍旧被完全传输。这确保了 SPI 依旧能够正确接收传入的数据。TALK 位允许多个从站设备挂在网上,但只允许依次一个从站驱动 SPISOMI 线。

$\overline{\text{SPISTE}}$ 引脚作为从站选择引脚。$\overline{\text{SPISTE}}$ 上的低有效信号允许从站的 SPI 将数据传送到串行数据线;而无效的高电平信号则会使从站的 SPI 串行移位寄存器停止工作,并且串行输出引脚进入高阻状态。这允许多个从站一起挂在网上,但一次只有一个从机有效。

6.1.5 SPI 中断

本节包括中断控制位初始化,数据格式,时钟初始化以及数据传送等内容。

6.1.5.1 SPI 中断控制位

以下控制位用来初始化 SPI 中断：

(1) SPI INT ENA (SPICTL[0])：SPI 中断使能位。

当置位 SPI INT ENA，即使能中断时，如果发生了一个中断触发，则会产生一个中断请求。0：禁止 SPI 中断；1：使能 SPI 中断。

(2) SPI INT FLAG (SPISTS[6])：SPI 中断标志位。

这个标志位指示已经将一个数据放入 SPIRXBUF 供 CPU 读取。当一个完整的数据已经被移入或移出 SPIDAT 时，将置位 SPI INT FLAG 标志，如果已经通过置位 SPI INT ENA 使能中断，则产生一个中断请求。这个中断标志保留置位，直到以下某一事件发生才会被清除：

- 公认的中断（这点与 C240 不同）。
- CPU 读取了 SPIRXBUF（读取 SPIRXBUF 不能清除 SPI INT FLAG 标志）。
- 设备采用空闲(IDLE)指令进入空闲或暂停(HALT)模式。
- 通过清除 SPI SW RESET (SPICCR[7])位，进行一个软件复位。
- 发生系统复位。

当 SPI INT FLAG 置位时，一个数据已经放入 SPIRXBUF 供 CPU 读取。如果 CPU 在接下来的时间没有读取这个已经被接收的数据，而新的数据又写入 SPIRXBUF，则接收溢出标志位 RECEIVER OVERRUN(SPISTS[7])被置位。

(3) OVERRUN INT ENA (SPICTL[4])：溢出中断使能位。

对此位置位时，若接收溢出标志位置位时，则产生一个中断请求。由 SPISTS.7 和 SPI 中断标志(SPISTS.6)产生的中断共享同一个中断向量。

将 OVERRUN INT ENA 置位，当硬件将接收溢出标志位 RECEIVER OVERRUN Flag (SPISTS[7])置位时，会产生一个中断请求。通过 SPISTS[7] 及 SPI INT FLAG (SPISTS[6])产生的中断共享同一个中断向量。0：禁止 RECEIVER OVERRUN Flag 中断标志；1：使能 RECEIVER OVERRUN Flag 中断标志。

(4) RECEIVER OVERRUN FLAG (SPISTS[7])：接收溢出标志位。

在从 SPIRXBUF 寄存器读取先前接收的数据之前，又接收到一个新的数据并且被载入 SPIRXBUF 寄存器时，RECEIVER OVERRUN Flag 被置位。这个标志位必须由软件清除。

6.1.5.2 数据格式

SPICCR.3-0 这 4 个数据位确定数据所含的位数(1～16)。这个信息指示控制逻辑的状态，当处理一个完整数据时，用来计算接收和发送的位数。下面的描述针对少于 16 位的数据：

- 数据在写入 SPIDAT 和 SPITXBUF 时必须左对齐；
- 从 SPIRXBUF 中读取的数据是右对齐的；
- SPIRXBUF 包含最近接收到的数据，右对齐，再加上已被移到左边的先前传送遗留的任何一位,如例 1 所示。
例 1:SPIRXBUF 的位传送
条件:
(1) 发送数据长度=1 位(确定 SPICCR.3-0 中的位);
(2) 当前值 SPIDAT=0x737B,参见图 6.4。

(1) 假设为主站模式,如果 SPISOMI 的数据为高电平的话,x = 1;如果 SPISOMI 的数据为低电平的话,x = 0。

图 6.4 SPI 数据格式

在这个例子中,数据的有效数据位为 1 位,SPIDAT 当前数据为 737Bh。

6.1.5.3 波特率和时钟

SPI 模块支持 126 种不同的波特率和 4 个不同的时钟周期。这取决于 SPI 的时钟是从站或是主站模式,SPICLK 引脚可以分别接收外部 SPI 的时钟信号或提供 SPI 的时钟信号。

- 从模式下,SPI 时钟是从 SPICLK 引脚接收到的来自外部信号源的时钟,是一个不大于 LSPCLK 频率 1/4 的时钟信号。
- 主模式下,SPI 时钟由 SPI 产生,并且在 SPICLK 引脚输出,该时钟可以产生一个不大于 LSPCLK 频率 1/4 的时钟信号。

下面演示了如何确定 SPI 的波特率。

例 2:如何确定 SPI 波特率

若 SPIBRR=3~127,则: $\quad$ SPI 波特率 $= \dfrac{LSPCLK}{(SPIBRR+1)}$ $\quad\quad\quad\quad$ (1)

若 SPIBRR=0,1,2,则: $\quad$ SPI 波特率 $= \dfrac{LSPCLK}{4}$ $\quad\quad\quad\quad$ (2)

这里,LSPCLK 是器件的外设低速时钟频率;SPIBRR 是主机 SPI 模块中 SPIBRR 寄存器的数值。要确定将什么值写入 SPIBRR,用户必须知道低速外设时钟 LSPCLK(低速外设时钟的计算请参见 6.2 节),以及运行所需的波特率。例 1 及例 2 确定的是一个在 240xA 也能通信的最大波特率。

假定 LSPCLK=40 MHz,

$\quad\quad\quad\quad$ 则最高 SPI 波特率 $= \dfrac{LSPCLK}{4} = \dfrac{40 \times 10^6}{4} = 10 \times 10^6$ bps $\quad\quad\quad\quad$ (3)

第 6 章 串行外设接口(SPI)

时钟极性 CLOCK POLARITY（SPICCR[6]）和时钟相位 CLOCK PHASE (SPICTL[3])控制了 SPICLK 引脚上 4 种不同的时钟方案。其中,时钟极性选择有效的边沿:时钟的上升沿或者时钟的下降沿。而时钟相位选择是否需要半个时钟周期的延迟。4 种不同的时钟方案如下：

- 无相位延迟的下降沿：SPI 在 SPICLK 信号的下降沿发送数据,而在 SPI-CLK 信号的上升沿接收数据；
- 有相位延迟的下降沿：SPI 在 SPICLK 信号下降沿前半个周期发送数据,而在 SPICLK 信号的下降沿时接收数据；
- 无相位延迟的上升沿：SPI 在 SPICLK 信号的上升沿发送数据,而在 SPI-CLK 信号的下降沿接收数据；
- 有相位延迟的上升沿：SPI 在 SPICLK 信号上升沿前半个周期发送数据,而在 SPICLK 信号的上升沿时接收数据。

具体的对应关系如表 6.3 所列,图 6.5 展示了 SPICLK 信号选择方案。

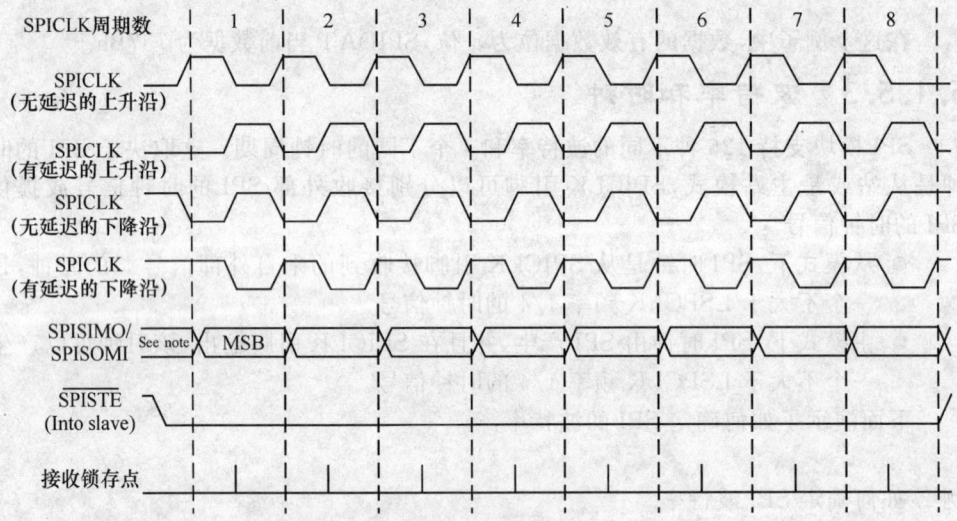

图 6.5 SPICLK 信号选择

表 6.3 SPI 时钟方案

SPICLK 方案	极性位(SPICCR.6)	相位延迟位(SPICTL.3)
无延迟上升沿	0	0
有延迟上升沿	0	1
无延迟下降沿	1	0
有延迟下降沿	1	1

对于 SPI,只有当 SPIBRR+1 为偶数时,SPICLK 信号才是对称的。当 SPIBRR

+1 为大于 3 的奇数时,SPICLK 是不对称的。当时钟极性位 CLOCK POLARITY 被清 0 时,SPICLK 的低电平比高电平长一个 CLKOUT 周期;而当置位 CLOCK POLARITY 时,SPICLK 高电平比低电平长一个周期,如图 6.6 所示。

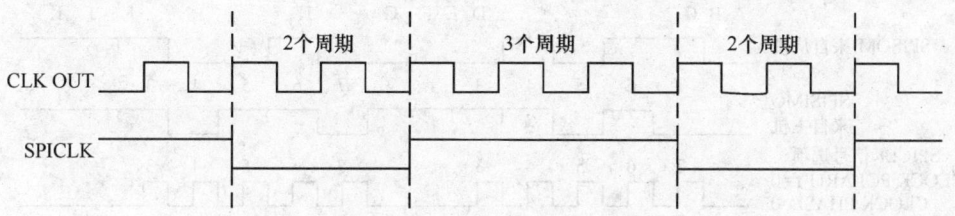

图 6.6　SPIBRR+1 为大于 3 奇数,且极性位为 1

1. 复位后的初始化

系统复位将导致 SPI 模块进入默认的配置:
- 模块处于从模式(MASTER/SLAVE = 0);
- 发送功能处于禁止状态(TALK = 0);
- 在 SPICLK 信号下降沿时,输入引脚的数据被锁存;
- 有效数据位为 1;
- 禁止 SPI 中断;
- SPIDAT 中的数据复位为 0x0000;
- SPI 模块的引脚被配置为通用输入引脚(用于 I/O 复用控制寄存器 B[MCRB])。

若要改变配置,则需要遵循以下步骤:

(1) 将 SPI SW RESET (SPICCR[7])位清 0,强制 SPI 复位;
(2) 初始化 SPI 的配置、数据格式,波特率以及要求的引脚功能;
(3) 对 SPI SW RESET 置位,从复位状态中恢复;
(4) 写入 SPIDAT 或 SPITXBUF,主站开始通信;
(5) 当数据传输完毕后(SPI INT KLAG(SPISTS[6]) = 1),读取 SPIRXBUF;

为了防止无法预料的事件改变配置,需要在改变配置之前将 SPI SW RESET (SPICCR[7])位清 0,而在改变配置完成后置位 SPI SW RESET (SPICCR[7])。

注意:在通信过程中禁止更改 SPI 配置。

2. 数据传输示例

图 6.7 中所示的时序图是两个设备之间的一个 SPI 数据传输,采用与 SPICLK 对称的 5 位数据长度。除了 SPICLK 信号低脉冲(CLOCK POLARITY = 0)或高脉冲(CLOCK POLARITY = 1)期间数据传输每位有一个周期较长的 CLKOUT 信号之外,事实上,图 6.7 与 SPICLK 不对称的时序图 6.6 具有类似的特性。

图 6.7 仅适用于 8 位 SPI 不适合 16 位数据的 24x 器件。图中所示仅作为说明。

第6章 串行外设接口(SPI)

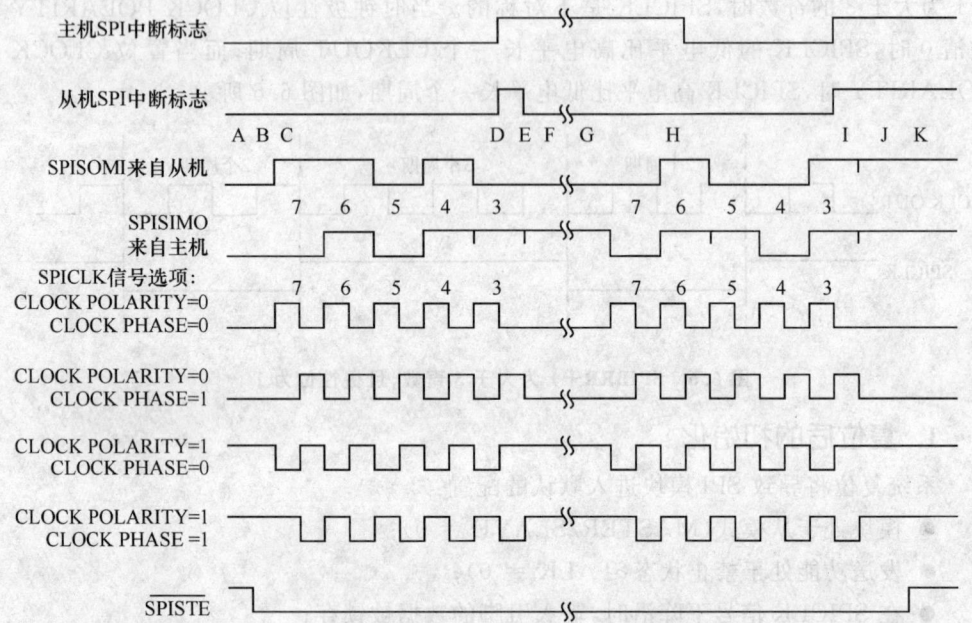

图 6.7 每个数据 5 位传输示例

6.1.6 SPI 的 FIFO 介绍

下面的步骤说明了 FIFO 功能以及如何进行 SPI FIFO 编程：

（1）初始化。初始化时，SPI 为标准模式，此时禁止 FIFO，FIFO 相关寄存器 SPIFFTX、SPIFFRX 和 SPIFFCT 无效。

（2）标准的 SPI 模式是标准的 240x SPI 模式，使用 SPIINT/SPIRXINT 作为中断源。

（3）模式更改。通过置位 SPIFFEN（SPIFFTX[14]），使能 FIFO 模式。SPIRST(SPIFFTX[15])能在任何时候复位 FIFO 模式。

（4）有效的寄存器。使能 FIFO 模式后，所有 SPI 寄存器及 SPIFFTX、SPIFFRX 和 SPIFFCT 有效。

（5）中断。FIFO 模式有两个中断，一个发送 FIFO 中断 SPITXINT 和一个用于接收 FIFO 的中断 SPIINT / SPIRXINT。其中，SPIINT / SPIRXINT 是常规中断，它用于 SPI FIFO 接收，接收错误和接收 FIFO 溢出条件。用于标准 SPI 发送和接收的 SPIINT 中断被禁止，该中断只作为 SPI 接收 FIFO 中断。

(6) 缓冲。发送和接收缓冲区添加了两个 FIFO。具有标准 SPI 功能的一个字发送缓冲区(TXBUF)将作为发送 FIFO 和移位寄存器之间的一个转移缓冲区。只有在移位寄存器的最后一位移出之后,发送 FIFO 的数据将加载到一个字的发送缓冲区之中。

(7) 延迟传输。传输速率是可编程控制的,模块采用这个速率将 FIFO 中的数据传送到发送移位寄存器中。SPIFFCT 寄存器(FFTXDLY7~FFTXDLY0)确定了传送数据之间的延迟,这个延迟用 SPI 的时钟周期来确定。8 位的寄存器定义了 0~255 个时钟周期的延迟。当 0 延迟时,SPI 模块采用 FIFO 数据背靠背移出方式连续地发送数据;当 255 个时钟延迟时,SPI 模块能够以最大的延迟方式传送数据,此时,FIFO 移出字之间都有 255 个 SPI 周期的延迟。可编程的延迟能够适应于各种低速 SPI 外设,如 EEPROMs、ADC 和 DAC 等。

(8) FIFO 状态位。发送和接收 FIFO 各自都有状态位 TXFFST 或 RXFFST,用来定义在任何时候 FIFO 中有效数据的个数。当将这两个状态位置位时,发送 FIFO 复位控制位 TXFIFO Reset(SPIFFTX[13]) 以及接收 FIFO 复位控制位 RXFIFO Reset(SPIFFRX[13])被清 0。一旦 FIFO 这些状态位被清 0,FIFO 将恢复开始时的操作。

(9) 可编程的中断级数。发送和接收 FIFO 都能产生 CPU 中断;当 SPI FIFO 的状态位 TXFFST(SPIFFTX[12:8])与发送中断触发级位 TXFFIL(SPIFFTX[4:0])匹配(少于或等于)时,就会触发一个中断请求,这为 SPI 的发送和接收提供了一个可编程的中断触发。默认状态下,接收 FIFO 的触发级为 0x11111,而发送 FIFO 的触发级为 0x00000。

图 6.8 和表 6.4 演示了 FIFO 功能下的中断。

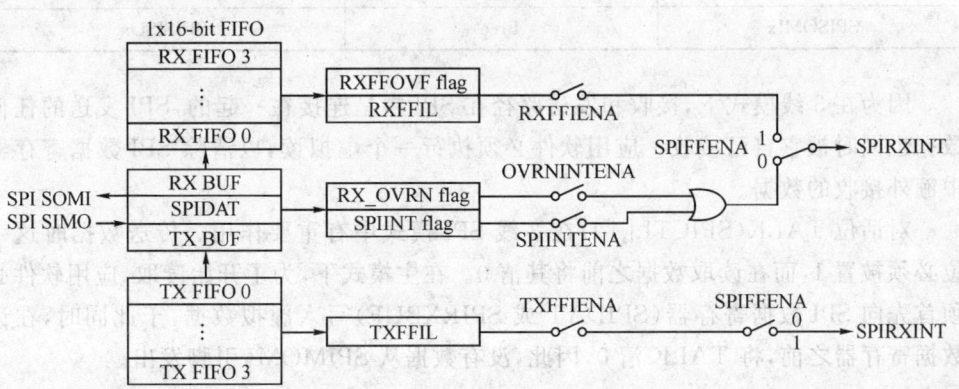

图 6.8 SPI 的 FIFO 中断标志和使能逻辑电路

第6章 串行外设接口(SPI)

表6.4 SPI中断标志模式

FIFO选择	SPI中断源	中断标志	中断使能	FIFO使能 SPIFFENA	中断线
不带FIFO的SCI	接收溢出	RXOVRN	OVRNINTENA	0	SPIRXINT
	数据接收完毕	SPIINT	SPIINTENA	0	SPIRXINT
	发送数据为空	SPIINT	SPIINTENA	0	SPIRXINT
带FIFO的SCI	FIFO接收完毕	RXFFIL	RXFFIENA	1	SPIRXINT
	发送数据为空	TXFFIL	TXFFIENA	1	SPITXINT

(1) 在非FIFO模式下,240x器件的SPIRXINT与SPIINT为同一个中断。

6.1.7 SPI 3线模式

3线的SPI模式允许通过3个引脚,而不是通常的4引脚进行SPI通信。

在主模式下,如果置位TRIWIRE(SPIPRI[0]),则使能三线SPI模式,SPISIMOx成为双向SPIMOMIx(SPI主输出,主输入)引脚,SPISOMIx不再用于SPI。在从模式下,如果TRIWIRE位1,则SPISOMIx成为双向SPISISOx(SPI从输入,从输出)引脚,SPISIMOx不再使用于SPI。如图6.9所示。

表6.5显示了在3线和4线之间作为主/从SPI模式引脚功能的区别。

表6.5 3线和4线SPI模式下不同引脚功能

4线SPI	3线SPI主机	3线SPI从机
SPICLKx	SPICLKx	SPICLKx
SPISTEx	SPISTEx	SPISTEx
SPISIMOx	SPIMOMIx	Free
SPISOMIx	Free	SPISISOx

因为在3线模式下,接收和发送路径在SPI内是连接在一起的,SPI发送的任何数据也同时被它自己接收。应用软件必须执行一个虚拟读,以清除SPI数据寄存器中额外接收的数据。

对话位TALK(SPICTL[1])在3线SPI模式中有重要作用。传送数据时这一位必须被置1,而在读取数据之前将其清0。在主模式下,为了开始读取,应用软件必须首先向SPI数据寄存器(SPIDAT或SPIRXBUF)写入虚拟数据,于此同时,在读数据寄存器之前,将TALK清0,因此,没有数据从SPIMOMI引脚发出。

第 6 章 串行外设接口(SPI)

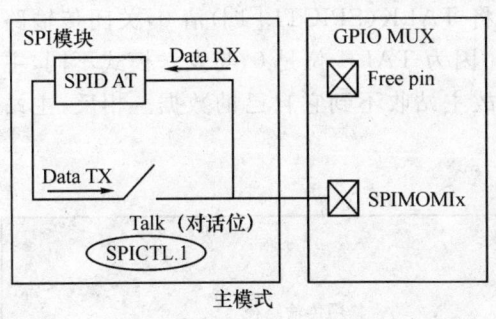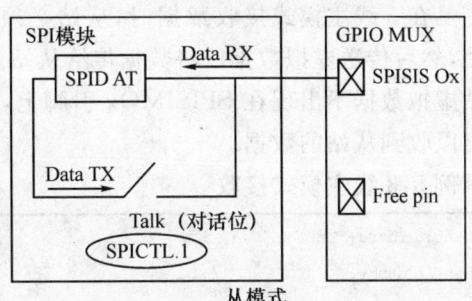

图 6.9 SPI 3 线模式

表 6.6 说明了在 TALK 置位或清零时,不同的 SPI 模式是如何发送和接收数据的。

表 6.6 3 线模式 SPI 引脚配置

主从模式	引脚模式	SPIPRI[TRIWIRE]	SPICTL[TALK]	SPISIMO	SPISOMI
主模式	4 线模式	0	X	TX	RX
	3 线模式	1	0	RX	从 SPI 分离
			1	TX/RX	
从模式	4 线模式	0	X	RX	TX
	3 线模式	1	0	从 SPI 分离	RX
			1		TX/RX

SPI 3 线模式代码示例如下:

除了通常的 SPI 初始化,还需要将 TRIWIRE(SPIPRI[0])置位把 SPI 模块配置为 3 线模式。初始化之后,当采用 3 线主/从模式发送和接收数据时,有些因素需要考虑。

下面示例说明需要考虑的因素。

在 3 线主模式中,必须将 SPICLKx,SPISTEx,及 SPISIMOx 引脚配置成 SPI 引脚(可以将 SPISOMIx 引脚配置为非 SPI 引脚)。当主站发送时,主站收到本身发送的数据(因为在 3 线模式中 SPISIMOx 和 SPISOMIx 内部已连接)。因此,在每一次数据发送时,必须清除接收缓冲器收到的垃圾数据。

示例 4:3 线主模式发送

```
Uint16 data;
Uint16 dummy;
    SpiaRegs.SPICTL.bit.TALK = 1;              // 使能传输路径
    SpiaRegs.SPITXBUF = data;                  // 主站发送数据
    while(SpiaRegs.SPISTS.bit.INT_FLAG ! =1) {}  // 等待数据接收完毕
    dummy = SpiaRegs.SPIRXBUF;                 // 清除自身虚拟的数据
```

在 3 线主模式接收数据时,从站必须将 TALK(SPICTL[1])清 0,关闭传输路径,然后传送虚拟数据以将数据传给从站。因为 TALK 位是 0,与发送模式不同,主站虚拟数据不出现在 SPISIMOx 引脚上,故主站收不到它自己的数据。相反,主站可以收到从站的数据。

示例 5:3 线主模式接收

```
Uint16 rdata;
Uint16 dummy;
    SpiaRegs.SPICTL.bit.TALK = 0;              // 禁用传输路径
    SpiaRegs.SPITXBUF = dummy;                 // 发送虚拟数据,开始发送
    // 注意:因为 TALK = 0, 数据不能发送到 spisimoa 引脚
    while(SpiaRegs.SPISTS.bit.INT_FLAG ! = 1){}   // 等待数据接收完毕
    rdata = SpiaRegs.SPIRXBUF;                 // 主站读取数据
```

在 3 线从模式中,SPICLKx、SPISTEx 和 SPISOMIx 引脚必须配置为 SPI 引脚(可以将 SPISIMOx 引脚配置为非 SPI 引脚)。和主模式一样,当传送时,从站接收到它自己传送的数据,必须清除自身接收缓冲器中的垃圾数据。

示例 6:3 线从模式发送

```
Uint16 data;
Uint16 dummy;
    SpiaRegs.SPICTL.bit.TALK = 1;              //使能传输路径
    SpiaRegs.SPITXBUF = data;                  //从机发送数据
    while(SpiaRegs.SPISTS.bit.INT_FLAG ! = 1){}   //等待数据接收完毕
    dummy = SpiaRegs.SPIRXBUF;                 //清除自身冗余的数据
```

在 3 线从模式中,必须将 TALK 位清零,否则从站将按通常方式接收数据。

示例 7:3 线从模式接收

```
Uint16 rdata;
    SpiaRegs.SPICTL.bit.TALK = 0;              //禁用传输路径
    while(SpiaRegs.SPISTS.bit.INT_FLAG ! = 1){}   //等待数据接收完毕
    rdata = SpiaRegs.SPIRXBUF;                 //从机读取数据
```

6.1.8　音频传输中的 SPI STEINV 位

2803x 系列中有两个 SPI 模块,通过使能其中一个的 STEINV(SPIPRI[1]),可以使这一对 SPI 在从模式下接收左右声道的数字音频数据。接收常规的低有效 SPISTE 信号的 SPI 模块存储右声道数据,而接收反向的高有效 SPISTE 信号的 SPI 模块存储左声道数据。为了能够从一个数字音频接收器中接收音频数据,SPI 模块可以如图 6.10 所示进行连接。

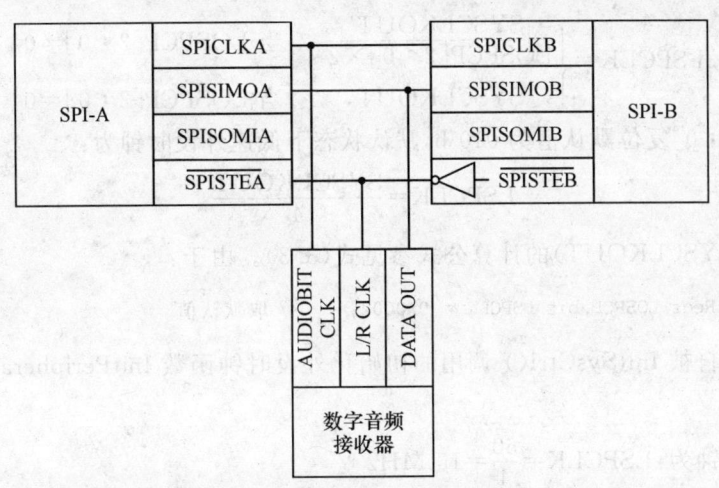

图 6.10 SPI 数字音频接收器配置(采用两个 SPI 模块)

标准 28x SPI 的时序要求会限制数字音频接口的格式数,该音频接口支持具有 STEINV 位,使用 2-SPI 配置的设备。详情参见有关 SPI 时序要求的设备电气特性数据表。在对 SPI 时钟相位配置时,将时钟极性控制位 CLOCK POLARITY (SPICCR[6])清 0,并将时钟相位控制位 CLOCK PHASE (SPICTL[3])置位(在时钟上升沿锁存数据),这一配置支持标准的右对齐数字音频接口数据格式,如图 6.11 所示。

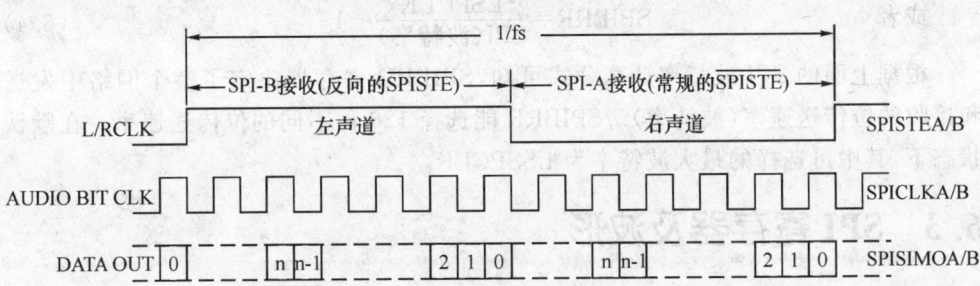

图 6.11 标准的右对齐数字音频格式

6.2 SPI 时钟及波特率计算归纳

1. SPI 时钟

SPI 时钟采用的是系统低速外设时钟(LSPCLK)作为时基,是系统时钟(SYSCLKOUT)经过低速外设时钟预定标寄存器 LOSPCP[2:0]分频得到的,其关系式为:

$$\text{LSPCLK} = \begin{cases} \dfrac{\text{SYSCLKOUT}}{\text{LOSPCP}[2:0] \times 2}, & \text{当 LOSPCP}[2:0] \neq 0 \\ \text{SYSCLKOUT}, & \text{当 LOSPCP}[2:0] = 0 \end{cases} \qquad (6.1)$$

LOSPCP[2:0]复位默认值为 010 b,默认状态下低速外设时钟为:

$$\text{LSPCLK} = \dfrac{\text{SYSCLKOUT}}{4} \qquad (6.2)$$

系统时钟(SYSCLKOUT)的计算公式参见式(3.3)。由于:

```
SysCtrlRegs.LOSPCP.bit.LSPCLK = 0x0002;    // 取默认值
```

这条指令取自被 InitSysCtrl() 调用的初始化外设时钟函数 InitPeripheralClocks()。因此

低速外设时钟为:$\text{LSPCLK} = \dfrac{60}{4} = 15 \text{ MHz}$

2. 波特率的计算

SPI 波特率由 SPI 波特率寄存器(SPIBRR)的低 7 位 SPIBRR[6:0]进行配置,计算公式为:

$$\text{SPI 波特率} = \begin{cases} \dfrac{\text{LSPCLK}}{(\text{SPIBRR}+1)} & 3 \leqslant \text{SPIBRR} \leqslant 127 \\ \dfrac{\text{LSPCLK}}{4} & \text{SPIBRR} = 0,1,2 \end{cases} \qquad (6.3)$$

或者

$$\text{SPIBRR} = \dfrac{\text{LSPCLK}}{\text{SPI(波特率)}} - 1 \qquad (6.4)$$

根据上面的 SPI 波特率计算公式可知,SPIBRR 寄存器决定了整个网络中发送和接收的位传送速率(波特率)。SPIBRR 能选择 126 种不同的位传送速率。在默认状态下,其中可选择的最大波特率为 LSSPCLK/4。

6.3 SPI 寄存器及波形

本节包含寄存器,位域定义及波形。

6.3.1 SPI 控制寄存器

SPI 通过控制寄存器文件中的寄存器进行控制及使用。

1. SPI 配置控制寄存器 (SPICCR)

SPICCR 控制 SPI 运行时的动作,其位功能介绍见图 6.12 和表 6.7。

第 6 章 串行外设接口(SPI)

7	6	5	4	3	2	1	0
SPI SW Reset	CLOCK POLARITY	Reserved	SPILBK	SPI CHAR3	SPI CHAR2	SPI CHAR1	SPI CHAR0
R/W-0	R/W-0	R-0	R-0	R/W-0	R/W-0	R/W-0	R/W-0

说明：R/W＝读/写；R＝只读；-n＝复位后的值。

图 6.12　SPI 配置控制(SPICCR)寄存器—地址 7040h

表 6.7　SPI 配置控制(SPICCR)寄存器位域定义

位	位域名称	值	说明
7	SPI SW Reset		SPI 软件复位。在恢复操作前改变配置时，用户要在改变和设置此位之前清除此位
		0	初始化 SPI 操作标志位到复位状态。特别地，要清除以下标志位：OVERRUN (SPISTS[7])，SPI INT FLAG (SPISTS[6])，及 TXBUF FULL Flag (SPISTS[5])。SPI 配置保持原值。如果模块在主模式下运行，则 SPICLK 信号输出返回到其静止水平
		1	SPI 准备发送和接收下一个数据。当 SPI SW RESET=0 时，写入到发送器的一个数据在此位置 1 时不会移出。一个新的字符必须被写到移位数据寄存器
6	CLOCK POLARITY		移位时钟极性。该位控制 SPICLK 信号的极性。时钟极性和时钟相位(SPICTL.3)控制 SPICLK 引脚上的 4 个时钟方案
		0	上升沿时输出数据，下降沿时输入数据。没有 SPI 数据发送时，SPICLK 处于低电平。数据输入和输出沿取决于如下所示时钟相位位(SPICTL.3)： ● 时钟相位＝0：SPICLK 信号上升沿时输出数据，SPICLK 信号下降沿时输入数据被锁存 ● 时钟相位＝1：SPICLK 信号第一个上升沿到来半周期前并在随后的下降沿输出数据，SPICLK 信号上升沿时输入数据被锁存
		1	下降沿时输出数据，上升沿时输入数据。没有 SPI 数据发送时，SPICLK 处于高电平。数据输入和输出沿取决于如下所示时钟相位位(SPICTL.3)： ● 时钟相位＝0：SPICLK 信号的下降沿时输出数据，SPICLK 信号上升沿时输入数据被锁存 ● 时钟相位＝1：SPICLK 信号第一个下降沿到来半周期前并在随后的上升沿输出数据，SPICLK 信号下降沿时输入数据被锁存
	Reserved		读取返回 0；写有没有效果
4	SPILBK		SPI 回送。回送模式允许模块在设备测试时验证。这种模式只适用于 SPI 的主模式
		0	禁止 SPI 回送模式–默认复位后的值
		1	使能 SPI 回送模式，SIMO/SOMI 线内部连接。用于模块自检

续表 6.7

位	位域名称	值	说明
3:0	SPI CHAR3—SPI CHAR0		数据长度控制位 3:0。这 4 位确定移位序列中作为单一数据移入或移出的位个数。下表列出了通过位值选择的数据长度

数据长度控制位值

SPI CHAR3	SPI CHAR2	SPI CHAR1	SPI CHAR0	数据长度
0	0	0	0	1
0	0	0	1	2
0	0	1	0	3
0	1	0	0	4
0	1	0	0	5
0	1	0	1	6
0	1	1	0	7
0	1	1	1	8
1	0	0	0	9
1	0	0	1	10
1	0	1	0	11
1	0	1	1	12
1	1	0	0	13
1	1	0	1	14
1	1	1	0	15
1	1	1	1	16

2. SPI 操作控制寄存器 (SPICTL)

SPICTL 控制数据传输,SPI 产生中断的能力,SPICLK 相位及运行模式(从模式或主模式),其位功能介绍见图 6.13 和表 6.8。

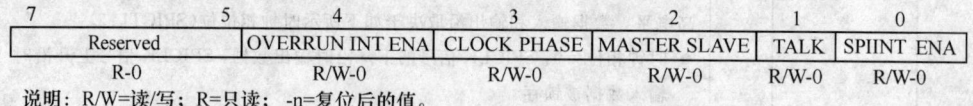

7		5	4	3	2	1	0
	Reserved		OVERRUN INT ENA	CLOCK PHASE	MASTER SLAVE	TALK	SPIINT ENA
	R-0		R/W-0	R/W-0	R/W-0	R/W-0	R/W-0

说明: R/W=读/写; R=只读; -n=复位后的值。

图 6.13 SPI 操作控制(SPICTL)寄存器—地址 7041h

表 6.8 SPI 操作控制(SPICTL)寄存器位域定义

位	位域名称	值	说明
7:5	Reserved		读返回 0,写无效
4	OVERRUN INT ENA		使能溢出中断。置位该位将导致硬件置位接收器溢出标志位(SPISTS.7)时产生一个中断。接收器溢出标志位和 SPI INT 标志位(SPISTS.6)共享同一个中断向量产生的中断
		0	禁止接收器溢出标志位(SPISTS.7)中断
		1	使能接收器溢出标志位(SPISTS.7)中断

续表 6.8

位	位域名称	值	说明
3	CLOCK PHASE		SPI 时钟相位选择。该位控制 SPICLK 信号的相位 时钟相位和极性(SPICCR.6)形成 4 个不同的时钟方案(见图 6.5)。当时钟相位为高时操作,无论正在使用何种 SPI 模式,在写入 SPIDAT 后,SPICLK 信号第一个边沿之前,SPI(主或从)使得数据的第一位有效
		0	通用 SPI 时钟方案,取决于时钟极性位(SPICCR.6)
		1	SPICLK 信号延迟一个半周期;极性由时钟极性位决定
2	MASTER/ SLAVE		SPI 网络模式控制。该位决定 SPI 是网络主站或从站。在初始化复位时,SPI 自动配置为网络从站
		0	SPI 配置为从站
		1	SPI 配置为主站
1	TALK		使能主站/从站发送。TALK 位可以通过放置串行数据输出在高阻抗状态禁止数据传输(主或从)。如果该位在传输过程中被禁止,发送移位寄存器继续工作直到前一个字符被移出。当 TALK 位被禁止,SPI 仍然能够接收数据并更新状态标志。TALK 由系统复位清除(禁止)
		0	禁止传输: ● 从模式操作:如果以前没有配置作为通用 I/O 引脚,SPISOMI 引脚将被置于高阻抗状态 ● 主模式操作:如果以前没有配置作为通用 I/O 引脚,SPISIMO 引脚将被置于高阻抗状态
		1	使能 4 引脚发送,确保使能接收器的 $\overline{\text{SPISTE}}$ 输入引脚
0	SPI INT ENA		SPI 中断使能。此位控制 SPI 产生发送/接收中断的能力。SPI INT 标志位(SPISTS.6)不受该位的影响
		0	禁止中断
		1	使能中断

3. SPI 状态寄存器 (SPIST)

SPI 状态寄存器位功能介绍见图 6.14 和表 6.9。

7	6	5	4	0
RECEIVER OVERRUN FLAG[(1)(2)]	SPI INT FLAG[(1)(2)]	TX BUF FULL FLAG[(2)]	Reserved	
R/C-0	R/C-0	R/C-0	R-0	

说明:R/W=读/写; R=只读, -n=复位后的值。
(1) 接收溢出标志位和 SPI 中断标志位共享同一个中断向量。
(2) 写 0 至第 5、6 及 7 位无效。

图 6.14 SPI 状态(SPIST)寄存器—地址 7042h

第 6 章 串行外设接口(SPI)

表 6.9 SPI 状态(SPIST)寄存器位域定义

位	位域名称	值	说明
7	RECEIVER OVERRUN FLAG		SPI 接收溢出标志。此位只是一个读/清除标志。在从缓存器中读取数据之前若接收或发送操作完成,SPI 硬件设置该位。该位表示最后收到的数据被覆盖并因此丢失(当 SPIRXBUF 由 SPI 模块覆盖,发生在前一个数据被用户应用程序读取之前。每次该位被置位时如果溢出 INT ENA 位(SPICTL.4)设置为高,SPI 请求一个中断序列。3 种方式之一可以清除该位: ● 给该位写 1 ● 给 SPI SW RESET (SPICCR.7)写 0 ● 系统复位 如果溢出 INT ENA 位(SPICTL.4)置位,SPI 在第一次设置接收器溢出标志位时需要一个中断请求。如果这个标志位已经置位,其后不要求额外的中断。这意味着为了使能新的溢出中断请求,每次溢出情况发生时,用户必须通过对 SPISTS.7 写 1 以清除该标志位。换句话说,如果中断服务程序接收器溢出标志位保持置位状态(不清零),中断服务例程退出时另一个溢出中断不会立即重新进入
		0	写 0 无效
		1	清除此位。接收器溢出标志位应该在中断服务程序中被清零,因为接收器溢出标志位和 SPI INT 标志位(SPISTS.6)共享同一个中断向量。这将减轻接收到下一个字节时中断源可能产生的问题
6	SPI INT FLAG		SPI 中断标志。SPI INT 标志是一个只读标志。SPI 硬件设置此位以表明它已经完成发送或接收最后一位且准备好进行服务。接收到的数据被放置在接收缓冲器的同时该位被置位。如果 SPI INT ENA 位(SPICTL.0)置位,此标志将导致中断请求
		0	写 0 无效
		1	下列 3 种方式可以清除该位: ● 读取 SPIRXBUF ● SPI SW RESET (SPICCR.7)写 0 ● 系统复位
5	TX BUF FULL FLAG		SPI 发送缓冲器满标志。当一个数据写入到 SPI 发送缓冲区 SPITXBUF 时,该只读位置位。当数据被自动加载到 SPIDAT 且前一个数据移位完成,该位被清零
		0	写 0 无效
		1	复位时该位被清零
4:0	Reserved		读返回 0;写无效

4. SPI 波特率寄存器(SPIBRR)

SPIBRR 包含了用于波特率选择的字段(位域),其位域及功能介绍见图 6.15 和表 6.10。

7	6	5	4	3	2	1	0
Reserved	SPI BIT RATE 6	SPI BIT RATE 5	SPI BIT RATE 4	SPI BIT RATE 3	SPI BIT RATE 2	SPI BIT RATE 1	SPI BIT RATE 0
R-0	R/W-0	R/W-0	R/W-0	R/W-0	R/W-0	R/W-0	R/W-0

说明：R/W=读/写；R=只读；-n=复位后的值。

图 6.15　SPI 波特率(SPIBRR)寄存器—地址 7044h

表 6.10　SPI 波特率(SPIBRR)寄存器位域定义

位	位域名称	值	说明
7	Reserved		读取返回 0；写无效
6:0	SPI BIT RATE 6~ SPI BIT RATE 0		SPI 比特率(波特)控制。如果 SPI 为网络主机，这些位确定位传输速率，共有 126 个数据传输速率(每个都是 CPU 时钟的功能，LSPCLK)可以供选择。每个 SPICLK 周期移位一个数据位(SPICLK 是 SPICLK 引脚上的波特率时钟输出。) 如果 SPI 是网络从站，模块通过网络主站从 SPICLK 引脚上接收时钟。因此，这些位不会影响 SPICLK 信号。从主站的输入时钟频率不应超过从站 SPI SPICLK 信号除以 4。主模式下，SPI 时钟由 SPI 产生，SPICLK 引脚输出。 SPI 波特率由下列公式确定： 对于 SPIBRR=3~127,　　SPI 波特率=$\dfrac{LSPCLK}{(SPIBRR+1)}$ 对于 SPIBRR=0,1,2,　　SPI 波特率=$\dfrac{LSPCLK}{4}$ 其中：LSPCLK= CPU 时钟频率 * 低速外设时钟频率 SPIBRR=主 SPI 设备中包含的 SPIBRR

5. SPI 仿真缓冲寄存器 (SPIRXEMU)

SPIRXEMU 包含接收到的数据。读取 SPIRXEMU 不清除 SPI INT 标志位(SPISTS.6)。这不是一个真实的寄存器，但实际的地址可以通过仿真器从 SPIRX-BUF 读取，且不需要清除 SPI INT 标志，其位域及功能介绍见图 6.16 和表 6.11。

15	14	13	12	11	10	9	8
ERXB15	ERXB14	ERXB13	ERXB12	ERXB11	ERXB10	ERXB9	ERXB8
R-0	R-0	R-0	R-0	R-0	R-0	R-0	R-0
7	6	5	4	3	2	1	0
ERXB7	ERXB6	ERXB5	ERXB4	ERXB3	ERXB2	ERXB1	ERXB0
R-0	R-0	R-0	R-0	R-0	R-0	R-0	R-0

说明：R/W=读/写；R=只读；-n=复位后的值。

图 6.16　SPI 仿真缓冲(SPIRXEMU)寄存器—地址 7046h

表 6.11　SPI 仿真缓冲(SPIRXEMU)寄存器位域定义

位	位域名称	值	说明
15:0	ERXB15 - ERXB0		模拟缓冲区接收数据。除了读取 SPIRXEMU 不清除 SPI INT 标志位(SPISTS.6),SPIRXEMU 几乎与 SPIRXBUF 功能相同)。SPIDAT 收到完整的数据后,数据被传输到 SPIRXEMU 和 SPIRXBUF,此处它可以被读取。与此同时,SPI INT 标志位被置位。该映像寄存器用于仿真。读取 SPIRXBUF 清除 SPI INT 标志位(SPISTS.6)。在正常运行中的仿真器,读取控制寄存器以持续更新这些寄存器在显示屏幕上的内容。创建 SPIRXEMU 以使仿真器可以读取这些寄存器,并更新显示屏幕上的内容。读取 SPIRXEMU 并不清除 SPI INT 标志位,但读取 SPIRXBUF 清除该标志。换句话说,SPIRXEMU 使能仿真器以更精确地模拟真实运行的 SPI 建议用户查看在正常仿真运行模式中的 SPIRXEMU

6. SPI 串行接收缓冲寄存器(SPIRXBUF)

SPIRXBUF 包含接收到的数据。读取 SPIRXBUF 清除 SPI INT 标志位(SPISTS.6),位域及功能介绍见图 6.17 和表 6.12。

15	14	13	12	11	10	9	8
RXB15	RXB14	RXB13	RXB12	RXB11	RXB10	RXB9	RXB8
R-0	R-0	R-0	R-0	R-0	R-0	R-0	R-0
7	6	5	4	3	2	1	0
RXB7	RXB6	RXB5	RXB4	RXB3	RXB2	RXB1	RXB0
R-0	R-0	R-0	R-0	R-0	R-0	R-0	R-0

说明:R/W=读/写; R=只读; -n=复位后的值。

图 6.17　SPI 串行接收缓冲(SPIRXBUF)寄存器—地址 7047h

表 6.12　SPI 串行接收缓冲(SPIRXBUF)寄存器位域定义

位	位域名称	值	说明
15:0	RXB15～RXB0		接收到的数据。SPIDAT 接收到完整的数据后,数据被传输到 SPIRXBUF,这里它可以被读取。与此同时,SPI INT 标志位(SPISTS.6)被置位。由于数据首先被移入 SPI 最重要的位,在这个寄存器中右对齐存储

7. SPI 串行发送缓冲寄存器(SPITXBUF)

SPITXBUF 存储下一个要发送的数据。写入该寄存器置位 TX BUF 满标志位(SPISTS.5)。在当前数据传输完成时,该寄存器的内容自动加载到 SPIDAT 且 TX BUF 满标志被清除。如果当前没有有效的传输,则数据写入该寄存器再加载到 SPI-DAT 寄存器的操作失败,TX BUF 满标志不被设置。

主模式下,如果目前没有传输,则写入该寄存器启动传送和写入 SPIDAT 寄存器启动传送方式一样。SPITXBUF 寄存器的位域及功能介绍见图 6.18 和表 6.13。

15	14	13	12	11	10	9	8
TXB15	TXB14	TXB13	TXB12	TXB11	TXB10	TXB9	TXB8
R-0	R-0	R-0	R-0	R-0	R-0	R-0	R-0
7	6	5	4	3	2	1	0
TXB7	TXB6	TXB5	TXB4	TXB3	TXB2	TXB1	TXB0
R-0	R-0	R-0	R-0	R-0	R-0	R-0	R-0

说明：R/W=读/写；R=只读； -n=复位后的值。

图 6.18 SPI 串行发送缓冲(SPITXBUF)寄存器—地址 7048h

表 6.13 SPI 串行发送缓冲(SPITXBUF)寄存器位域定义

位	位域名称	值	说明
15:0	TXB15~TXB0		数据发送缓冲器。这是下一个要发送的数据存储的地方。当完成当前数据传输后，如果 TX BUF 满标志位被置位，该寄存器的内容会自动转移到 SPIDAT，且 TX BUF 满标志被清除 写入 SPITXBUF 必须是左对齐

8. SPI 串行数据寄存器(SPIDAT)

SPIDAT 为发送/接收移位寄存器。随后的 SPICLK 周期数据写入 SPIDAT 被移出(MSB)。每一个移出 SPI 的位(MSB)都被移入移位寄存器的 LSB 端。其位域及定义见图 6.19 和表 6.14。

15	14	13	12	11	10	9	8
SDAT15	SDAT 14	SDAT 13	SDAT 12	SDAT 11	SDAT 10	SDAT 9	SDAT 8
R-0	R-0	R-0	R-0	R-0	R-0	R-0	R-0
7	6	5	4	3	2	1	0
SDAT 7	SDAT 6	SDAT 5	SDAT 4	SDAT 3	SDAT 2	SDAT 1	SDAT 0
R-0	R-0	R-0	R-0	R-0	R-0	R-0	R-0

说明：R/W=读/写；R=只读； -n=复位后的值。

图 6.19 SPI 串行数据(SPIDAT)寄存器—地址 7049h

表 6.14 SPI 串行数据(SPIDAT)寄存器位域定义

位	位域名称	值	说明
15:0	SDAT15~SDAT 0		串行数据。写入 SPIDAT 执行两个功能： ● 如果 TALK 位(SPICTL.1)被置位，提供数据在引脚上串行输出。 ● 当 SPI 作为主站，数据传输启动。当启动传输，见 SPI 配置控制寄存器中描述的时钟极性位(SPICCR.6)和 SPI 操作控制寄存器中描述的时钟相位位(SPICTL.3)。 主模式下，虚拟数据写入 SPIDAT 启动接收序列。由于硬件不能对齐少于 16 位的数据，传输数据必须是左对齐格式，读取接收到的数据为右对齐格式。

9. SPI FIFO 发送,接收和控制寄存器

SPI FIFO 发送寄存器的位域及功能介绍见图 6.20 和表 6.15,接收寄存器的位域及功能介绍见图 6.21 和表 6.16,控制寄存器的位域及功能介绍见图 6.22 和表 6.17。

15	14	13	12	11	10	9	8
SPIRST	SPIFFENA	TXFIFO	TXFFST4	TXFFST3	TXFFST2	TXFFST1	TXFFST0
R/W-1	R/W-0	R/W-1	R-0	R-0	R-0	R-0	R-0
7	6	5	4	3	2	1	0
TXFFINT Flag	TXFFINT CLR	TXFFIENA	TXFFIL4	TXFFIL3	TXFFIL2	TXFFIL1	TXFFIL0
R/W-0	W-0	R/W-0	R/W-0	R/W-0	R/W-0	R/W-0	R/W-0

说明: R/W=读/写; R=只读; -n=复位后的值。

图 6.20 SPI FIFO 发送(SPIFFTX)寄存器—地址 704Ah

表 6.15 SPI FIFO 发送(SPIFFTX)寄存器位域定义

位	位域名称	值	说明
15	SPIRST		SPI 复位
		0	写 0 复位 SPI 发送和接收通道。SPI FIFO 寄存器配置位将保持原样
		1	SPI FIFO 重新开始发送或接收。对 SPI 寄存器位无影响
14	SPIFFENA		SPI FIFO 增强使能
		0	禁止 SPI FIFO 增强功能
		1	使能 SPI FIFO 增强功能
13	TXFIFO Reset		发送 FIFO 复位
		0	写零复位 FIFO 指针到零且保持复位状态
		1	重新使能发送 FIFO 操作
12:8	TXFFST4-0		发送 FIFO 状态
		00000	发送 FIFO 空
		00001	发送 FIFO 有 1 个字
		00010	发送 FIFO 有 2 个字
		00011	发送 FIFO 有 3 个字
		00100	发送 FIFO 有 4 个字,也是最大字数
7	TXFFINT		TXFIFO 中断
		0	没有发生 TXFIFO 中断,为只读位
		1	发生了 TXFIFO 中断,为只读位
6	TXFFINT CLR		TXFIFO 清除
		0	写 0 对 TXFFINT 标志位无效,读取返回零
		1	写 1 清除位 7 上的 TXFFINT 标志
5	TXFFIENA		TX FIFO 中断使能
		0	禁止基于 TXFFIVL 匹配(小于或等于)的 TX FIFO 中断
		1	使能基于 TXFFIVL 匹配(小于或等于)的 TX FIFO 中断

续表 6.15

位	位域名称	值	说明
4:0	TXFFIL4~0		TXFFIL4~0 发送 FIFO 中断级位。当 FIFO 状态位(TXFFST4~0)和 FIFO 级位(TXFFIL4~0)匹配时(小于或等于)发送 FIFO 将产生中断
		00000	默认值为 0x00000

15	14	13	12	11	10	9	8
RXFFOVF Flag	RXFFOVF CLR	RXFIFO Reset	RXFFST4	RXFFST3	RXFFST2	RXFFST1	RXFFST0
R-0	W-0	R/W-1	R-0	R-0	R-0	R-0	R-0

7	6	5	4	3	2	1	0
RXFFINT Flag	RXFFINT CLR	RXFFIENA	RXFFIL4	RXFFIL3	RXFFIL2	RXFFIL1	RXFFIL0
R-0	W-0	R/W-0	R/W-1	R/W-1	R/W-1	R/W-1	R/W-1

说明：R/W=读/写；R=只读；-n=复位后的值。

图 6.21　SPI FIFO 接收(SPIFFRX)寄存器—地址 704Bh

表 6.16　SPI FIFO 接收(SPIFFRX)寄存器位域定义

位	位域名称	值	说明
15	RXFFOVF		接收 FIFO 溢出标志
		0	接收 FIFO 没有溢出。该位为只读位
		1	接收 FIFO 溢出。该位为只读位。FIFO 中接收到了超过 4 个字,且第一个接收到的字已经丢失
14	RXFFOVF CLR		接收 FIFO 溢出清除
		0	写 0 不影响 RXFFOVF 标志位,读取返回 0
		1	写 1 清除位 15 上的 RXFFOVF 标志
13	RXFIFO Reset		接收 FIFO 复位
		0	写 0 复位 FIFO 指针到零且保持复位状态
		1	重新使能接收 FIFO 操作
12:8	RXFFST4-0		接收 FIFO 状态
		00000	接收 FIFO 空
		00001	接收 FIFO 有 1 个字
		00010	接收 FIFO 有 2 个字
		00011	接收 FIFO 有 3 个字
		00100	接收 FIFO 有 4 个字,也是最大字数
7	RXFFINT		接收 FIFO 中断
		0	没有发生 RXFIFO 中断,只读位
		1	发生了 RXFIFO 中断,只读位
6	RXFFINT CLR		接收 FIFO 中断清除
		0	写 0 对 RXFFINT 标志位无效,读取返回零
		1	写 1 清除位 7 上的 RXFFINT 标志

第6章 串行外设接口(SPI)

续表 6.16

位	位域名称	值	说明
5	RXFFIENA		RX FIFO 中断使能
		0	禁止基于 RXFFIVL 匹配(大于或等于)的 RX FIFO 中断
		1	使能基于 RXFFIVL 匹配(大于或等于)的 RX FIFO 中断
4:0	RXFFIL4~0		接收 FIFO 中断等级位
		11111	当 FIFO 状态位(RXFFST4~0)大于或等于 FIFO 中断级位(RXFFIL4~0)时,接收 FIFO 将产生中断。复位后默认值为 11111。这避免了复位后的频繁中断,在大部分时间内接收 FIFO 为空

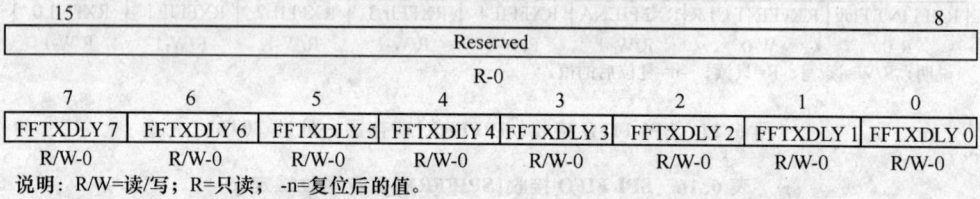

说明：R/W=读/写；R=只读； -n=复位后的值。

图 6.22 SPI FIFO 控制(SPIFFCT)寄存器—地址 704Ch

表 6.17 SPI FIFO 控制(SPIFFCT)寄存器位域定义

位	位域名称	值	说明
15:8	Reserved		
7:0	FFTXDLY 7-0		FIFO 发送延迟位
		0	这些位定义了从发送 FIFO 缓冲区到发送移位寄存器间每次发送的延迟。延迟定义为 SPI 串行时钟周期个数。8 位寄存器可以定义 0 串行时钟周期的最小延迟,最大延迟为 255 个串行时钟周期
		1	在 FIFO 模式中,移位寄存器和 FIFO 之间的缓冲器(TXBUF)必须在移位寄存器完成最后一位移位后载入。这个延迟在数据流传送之间是必要的。在 FIFO 模式下 TXBUF 不应该被视为一个额外的缓冲器

10. SPI 优先级控制寄存器(SPIPRI)

SPI 优先的控制寄存器的位域及定义见图 6.23 和表 6.18。

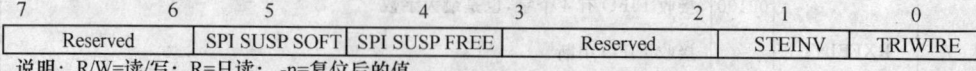

说明：R/W=读/写；R=只读； -n=复位后的值。

图 6.23 SPI 优先级控制(SPIPRI)寄存器—地址 704Fh

表 6.18　SPI 优先级控制(SPIPRI)寄存器位域定义

位	位域名称	值	说明
7:6			读取返回 0,写无效
5:4	SPI SUSP SOFT SPI SUSP FREE		这些位确定仿真暂停时会发生什么情况(例如,当 SPI SUSP FREE 调试器遇到断点)。外设可以继续任何当前在做的事(自由运行模式),如果在停止模式下,它可以立即停止或当前操作(当前接收/发送序列)完成时停止。
		0 0	当 TSUSPEND 有效时,位流将在传送途中停止。一旦 TSUSPEND 在没有系统复位下被解除,则 DATBUF 中剩余的位将被移出。例如:如果 SPIDAT 已经转移出 8 位中 3 位,通信立即锁存。但是如果没有复位 SPI 就解除 TSUSPEND,SPI 从停止处开始发送(这种情况下为第 4 位),且将从该点开始发送 8 位。SCI 模块运行则不同
		1 0	如果发送开始前仿真挂起(即第一个 SPICLK 脉冲前),则发送将不会发生。如果发送开始后仿真挂起,则数据将被移出直到完成。传输开始时依赖于所使用的波特率 标准 SPI 模式:移位寄存器和缓冲器在数据发送后停止,即 TXBUF 和 SPIDAT 为空之后 FIFO 模式:移位寄存器和缓冲器在数据发送后停止。即在 TX FIFO 和 SPIDAT 为空之后
		x1	自由运行,无论暂停或继续 SPI 都持续运行
3:2	Reserved		
1	STEINV		$\overline{\text{SPISTE}}$反转位(TMS320x2802x 设备上不可用) 在有两个 SPI 模块的设备上,在其中一个模块上反转$\overline{\text{SPISTE}}$信号使能设备接收左声道和右声道的数字音频数据
		0	$\overline{\text{SPISTE}}$低电平有效(正常)
		1	$\overline{\text{SPISTE}}$高电平有效(反转)
0	TRIWIRE		3 线 SPI 模式启用 正常 4 线 SPI 模式
		0	正常 4 线 SPI 模式
		1	3 线 SPI 模式启用。未使用的引脚成为一个 GPIO 引脚。在主模式下,SPISIMO 引脚变为 SPIMOMI(主接收和发送)引脚,SPISOMI 可由非 SPI 自由使用。在从模式下,SPISOMI 引脚变为 SPISISO(从接收和发送)引脚且 SPISIMO 可由非 SPI 自由使用

6.3.2　SPI 示例波形

SPI 各种时钟方案的示例波形如图 6.24~图 6.29 所示。

第6章 串行外设接口(SPI)

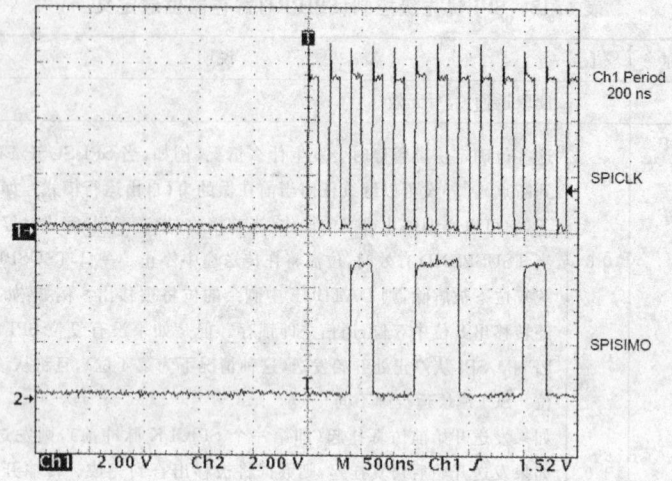

图 6.24 CLOCK POLARITY = 0, CLOCK PHASE = 0
（所有数据在上升沿期间传送，无延迟，低电平无效。）

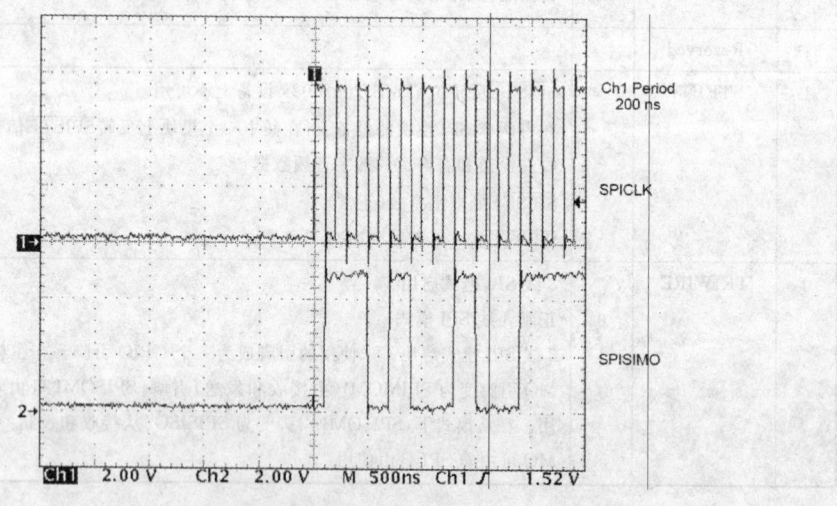

图 6.25 CLOCK POLARITY = 0, CLOCK PHASE = 1
（所有数据在上升沿期间传送，但是采用半个时钟周期延迟，低电平无效。）

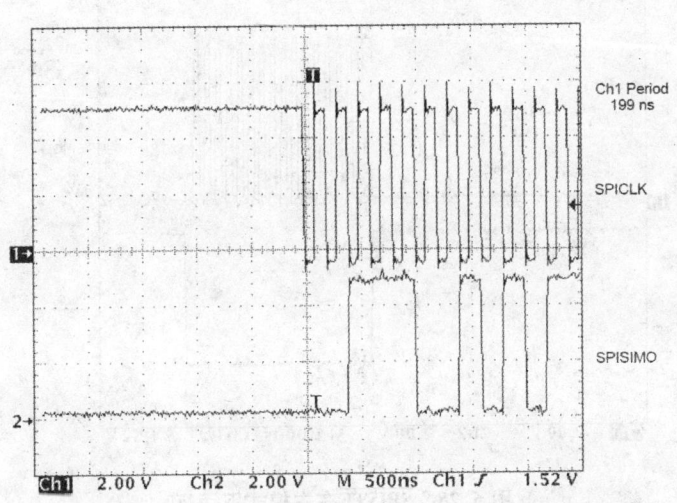

图 6.26　CLOCK POLARITY = 1, CLOCK PHASE = 0
（所有数据在下降沿期间传送，高电平无效。）

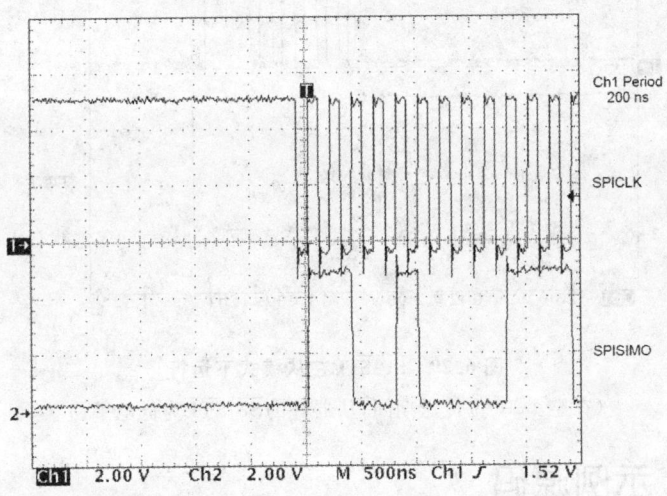

图 6.27　CLOCK POLARITY = 1, CLOCK PHASE = 1
（所有数据在下降沿期间传送，但是采用半个时钟周期延迟，高电平无效。）

第 6 章 串行外设接口(SPI)

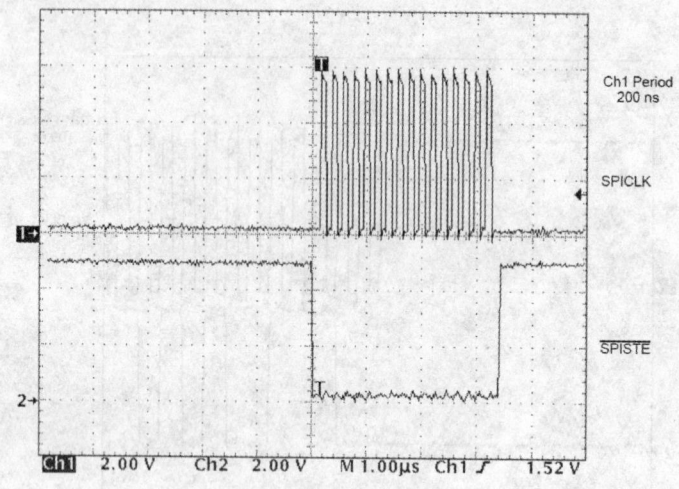

图 6.28 $\overline{\text{SPISTE}}$ 在主模式下运行

(在整个 16 位传送期间,主器件的 $\overline{\text{SPISTE}}$ 为低电平。)

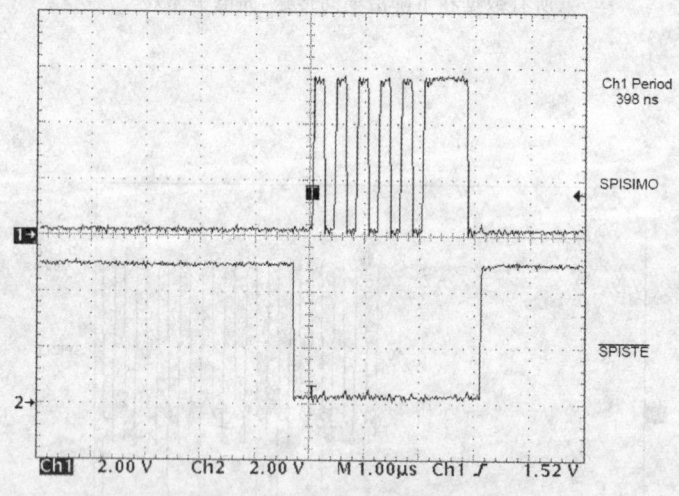

图 6.29 $\overline{\text{SPISTE}}$ 在从模式下运行

(在整个 16 位传送期间,从器件的 $\overline{\text{SPISTE}}$ 为低电平。)

6.4 SPI 示例源码

以下 3 个源码文件中前两个是 TI 对应源码文档的解读。由于 C2000 Launch-Pad 调试板没有提供板上 SPI 接口的设备,因此,在第 3 个示例中通过引入 8 位移位寄存器驱动数码管的原理及基本操作,建立 SPI 模块与外部设备之间的通信;其程序主文件取自下面第 1 个案例,只需要做不多的改动即可。

6.4.1　SPI FIFO 数字回送程序(zSpi_FFDLB)

zSpi_FFDLB 项目文件是一个采用 SPI 模块内部回送特征进行片内 SPI 通信的文件。SIMO(主出从入)与 SOMI(主入从出)两引脚通过使能内部回送在片内连接;SIMO 轮番发送 0x0000～0xFFFF 的数据流,SOMI 逐个接收每一个字并检验是否与发出数据相符,不等即停止仿真。

测试前的准备:

(1) 为了检测无限循环程序段每一个运行周期所需的时间,放置了一条切换 GPIO0 引脚电平的指令,因此可将 GPIO0(LaunchPad.J6.1)及 GND(LaunchPad.J3.1)接入示波器,量程:10 V,5 μs。

(2) 将变量 sdata 及 rdata 加入 CCSv5 表达式视窗,并设置成动态变量。注意:从程序本身分析,SPI 接收数据 rdata 应该与发送数据 sdata 相等,但窗口显示不等,这是因为显示延迟造成的。

6.4.1.1　SPIA GPIO 初始化函数 InitSpiaGpio( ) 函数

在主程序的 GPIO 初始化区,调用了 SPIA GPIO 初始化函数 InitSpiaGpio( )。该函数根据 GPIO16 - GPIO19 的复用特点,将这些引脚配置成 SPI 引脚,参见表 6.19。

表 6.19　SPIA GPIO 初始化函数 InitSpiaGpio( )

```
void InitSpiaGpio()
{
    EALLOW;
    GpioCtrlRegs.GPAPUD.bit.GPIO16 = 0;      // 使能 GPIO16 (SPISIMOA) 内部上拉
    GpioCtrlRegs.GPAPUD.bit.GPIO17 = 0;      // 使能 GPIO17 (SPISOMIA) 内部上拉
    GpioCtrlRegs.GPAPUD.bit.GPIO18 = 0;      // 使能 GPIO18 (SPICLKA) 内部上拉
    GpioCtrlRegs.GPAPUD.bit.GPIO19 = 0;      // 使能 GPIO19 (SPISTEA) 内部上拉
    GpioCtrlRegs.GPAQSEL2.bit.GPIO16 = 3;    // 将 GPIO16 (SPISIMOA) 配置为异步(非限定)输入,
    GpioCtrlRegs.GPAQSEL2.bit.GPIO17 = 3;    // 将 GPIO17 (SPISOMIA) 配置为异步(非限定)输入
    GpioCtrlRegs.GPAQSEL2.bit.GPIO18 = 3;    // 将 GPIO18 (SPICLKA) 配置为异步(非限定)输入
    GpioCtrlRegs.GPAQSEL2.bit.GPIO19 = 3;    // 将 GPIO19 (SPISTEA) 配置为异步(非限定)输入
    GpioCtrlRegs.GPAMUX2.bit.GPIO16 = 1;     // 将 GPIO16 配置为 SPISIMOA 引脚
    GpioCtrlRegs.GPAMUX2.bit.GPIO17 = 1;     // 将 GPIO17 配置为 SPISOMIA 引脚
    GpioCtrlRegs.GPAMUX2.bit.GPIO18 = 1;     // 将 GPIO18 配置为 SPICLKA 引脚
    GpioCtrlRegs.GPAMUX2.bit.GPIO19 = 1;     // 将 GPIO19 配置为 SPISTEA 引脚
    EDIS;
}
```

6.4.1.2 SPI 外设初始化函数 spi_init() 函数

表 6.20 为 SPI 常规初始化指令。这里采用位域定义的方式将一条对全寄存器的设置指令转化成多条对具体位域配置的指令,以便理解并且方便操作。

表 6.20 SPI 外设初始化函数 spi_init()

```
void spi_init()
{
    // SPI 软件复位控制位。用户必须在改变 SPI 控制寄存器的配置之前将 SPISWRESET 清 0,而在设置完
    // 成之后将 SPISWRESET 置 1。0:用以对 SPI 标志位进行初始化,清除 SPI 标志位;1:用以 SPI 准备发
    // 送和接收下一个数据
    SpiaRegs.SPICCR.bit.SPISWRESET = 0;
    // 对 SPI 配置控制寄存器(SPICCR)进行配置
//  SpiaRegs.SPICCR.all = 0x000F;                    // 这条指令与下面 4 条指令等价
    SpiaRegs.SPICCR.bit.SPICHAR = 0x0F;              // 数据移送的长度为 16 位,数据长度 = SPICHAR + 1
    SpiaRegs.SPICCR.bit.SPILBK = 0;                  // 禁止回送模式
    SpiaRegs.SPICCR.bit.CLKPOLARITY = 0;             // 上升沿发送数据
    SpiaRegs.SPICCR.bit.SPISWRESET = 0;              // 对 SPI 标志位进行初始化,清除 SPI 标志位
    // 对 SPI 控制寄存器(SPICTL)进行配置
//  SpiaRegs.SPICTL.all = 0x0006;                    // 这条指令与下面 5 条指令等价
    SpiaRegs.SPICTL.bit.SPIINTENA = 0;               // 禁止 SPI 中断
    SpiaRegs.SPICTL.bit.TALK = 1;                    // 使能发送
    SpiaRegs.SPICTL.bit.MASTER_SLAVE = 1;            // 设置当前为主机模式:SPISIMO 引脚输出,SPISOMI
                                                     // 引脚输入
    SpiaRegs.SPICTL.bit.CLK_PHASE = 0;               // 常规 SPI 时钟方案
    SpiaRegs.SPICTL.bit.OVERRUNINTENA = 0;           // 禁止 OVERRUN_FLAG(SPISTS[7])标志位引发的中断
    SpiaRegs.SPIBRR = 0;         // 设置 SPIBRR = 0,1,2,3 时,可获得最大波特率 LSPCLK/4 = 3.75 MHz,参
                                 // 见式(6.1)

    // 对 SPI 配置控制寄存器(SPICCR)再进行配置
//  SpiaRegs.SPICCR.all = 0x009F;                    // 较之在该函数中出现的"SpiaRegs.SPICCR.all
                                                     // = 0x000F;"指令,改变了下面两条指令:
    SpiaRegs.SPICCR.bit.SPISWRESET = 1;
        // 用户必须在改变 SPI 控制寄存器的配置之前将 SPISWRESET 清 0,而在设置完成之后将
        // SPISWRESET 置 1,以便 SPI 准备发送和接收下一个数据
    SpiaRegs.SPICCR.bit.SPILBK = 1;                  // 使能 SPI 回送模式。SIMO/SOMI 线在内部连接,用
                                                     // 于模块自行测试。

    // 对 SPI 优先权控制寄存器(SPIPRI)的仿真控制位进行设置
    SpiaRegs.SPIPRI.bit.FREE = 1;                    // 自由运行。忽视中断挂起,SPI 继续工作。
}
```

6.4.1.3 SPI FIFO 初始化函数 spi_fifo_init() 函数

该项目用到 SPI FIFO 增强功能,接收 FIFO 用作接收缓冲器,不使用中断,SPI FIFO 初始化函数见表 6.21。在主程序的无限循环中,查询接收 FIFO 的状态标志位 RXFFST 是否与接收 FIFO 中断级位相等(指令将中断级位设置为 1),若相等则顺序执行否则等待。参见表 6.22。

表 6.21 SPI FIFO 初始化函数 spi_fifo_init( )

```
void spi_fifo_init()
{
// 初始化 SPI FIFO 寄存器
//      SpiaRegs.SPIFFTX.all = 0xE040;             // 这条指令与下面 8 条指令等价
        SpiaRegs.SPIFFTX.bit.TXFFIL = 0;           // 发送 FIFO 中断级位为 0
        SpiaRegs.SPIFFTX.bit.TXFFIENA = 0;         // 禁止发送 FIFO 匹配中断
        SpiaRegs.SPIFFTX.bit.TXFFINTCLR = 1;       // 清除 TXFFINT 中断标志位
        SpiaRegs.SPIFFTX.bit.TXFFINT = 0;          // 中断标志位。默认值,没有发生发送 FIFO 中断
        SpiaRegs.SPIFFTX.bit.TXFFST = 0;           // 发送 FIFO 状态位默认值。运行时,该值表示发送
                                                   // FIFO 发送的字节数
        SpiaRegs.SPIFFTX.bit.TXFIFO = 1;           // 发送 FIFO 复位 控制位。重新使能发送 FIFO 操作
        SpiaRegs.SPIFFTX.bit.SPIFFENA = 1;         // 使能 SPI FIFO 增强模式
        SpiaRegs.SPIFFTX.bit.SPIRST = 1;           // SPI FIFO 重新发送接收

//      SpiaRegs.SPIFFRX.all = 0x2041;             // 这条指令与下面 8 条指令等价
        SpiaRegs.SPIFFRX.bit.RXFFIL = 1;           // 接收 FIFO 中断级位为 1(原文档为 4)
        SpiaRegs.SPIFFRX.bit.RXFFIENA = 0;         // 禁止接收 FIFO 匹配中断
        SpiaRegs.SPIFFRX.bit.RXFFINTCLR = 1;       // 清除 RXFFINT 中断标志位
        SpiaRegs.SPIFFRX.bit.RXFFINT = 0;          // 接收 FIFO 中断标志位。默认值,没有发生接收
                                                   // FIFO 中断
        SpiaRegs.SPIFFRX.bit.RXFFST = 0;           // 接收 FIFO 状态位默认值。运行时,该值表示接收
                                                   // FIFO 发送的字节数
        SpiaRegs.SPIFFRX.bit.RXFIFORESET = 1;      // 接收 FIFO  复位  控制位。重新使能接收送 FIFO
                                                   // 操作
        SpiaRegs.SPIFFRX.bit.RXFFOVFCLR = 0;       // 接收 FIFO 溢出标志清除控制位。对 RXFFOVF 无
                                                   // 影响
        SpiaRegs.SPIFFRX.bit.RXFFOVF = 0;          // 接收 FIFO 溢出标志位。默认值,无溢出

        SpiaRegs.SPIFFCT.all = 0x0;                // SPI FIFO 发送 0 延迟
}
```

6.4.1.4 主文件中的无限循环指令

表 6.22 主文件中的无限循环指令

```
for(;;)
{
    GpioDataRegs.GPATOGGLE.bit.GPIO0 = 1;(1)      // 切换 GPIO0 电平
    spi_xmit(sdata);                              // 发送一个 16 位字
    while(SpiaRegs.SPIFFRX.bit.RXFFST != 1) { }(2)
    rdata = SpiaRegs.SPIRXBUF;                    // 将接收到的数据与发送的数据进行核对,如
                                                  // 出错停止仿真
    if(rdata != sdata) error();
    sdata ++;                                     // 发送数据加 1,准备下一次发送
}
```

(1) 在主程序的 GPIO 设置区,将 GPIO0 设置成 GPIO 输出。这里通过切换 GPIO 电平观察一次 SPI 内部回送(SPI 自发自收)在查询方式下所需的周期,并借以计算理论波特率与实际波特率的差别。

(2) 查询方式,等待接收 FIFO 接收到一个 16 位字。由于每次只发送一个 16 位字(见上面一条指令),因此接收 FIFO 中断级位可配置为 1(源文档为 4)。本例设置 SPIBRR = 0,根据式(6.1),理论波特率为 15/4 = 3.75

MHz。实际运行时,从示波器读出的程序执行周期为 5.45 μs,在这个时间段内,SPI 传送 16 位,波特率仅为 2.94 MHz,与理论计算的 3.75 MHz 差距甚远,而通过中断方式两者差距较小,参见 zSpi_FFDLB_int 的有关说明。

6.4.2 采用中断进行 SPI FIFO 数字回送程序(zSpi_FFDLB_int)

zSpi_FFDLB_int 项目采用中断进行片内 SPI FIFO 数字回送,SIMO(主出从入)与 SOMI(主入从出)两引脚在片内连接;SIMO 轮番发送一组两个数据的数据流:0x0000,0x0001;0x0001,0x0002;…;0xFFFF,0x0000;0x0000,0x0001;…,SOMI 逐组接收每次两个字的数据,并且检验是否与发出的数组相符,不符即停止仿真。测试前的准备参见 6.4.1 节。

6.4.2.1 SPI FIFO 初始化函数 spi_fifo_init( )

zSpi_FFDLB_int 项目将 SPI 的常规初始化指令及 SPI FIFO 初始化指令合并成一个函数:spi_fifo_init(),见表 6.23。

表 6.23 SPI FIFO 初始化函数 spi_fifo_init( )

```
void spi_fifo_init()         // Initialize SPI FIFO registers
{
    // SPI 软件复位控制位。必须在改变 SPI 控制寄存器的配置之前将 SPISWRESET 清 0,而在设置完成之
    // 后将 SPISWRESET 置 1。0:用以对 SPI 标志位进行初始化,清除 SPI 标志位;1:用以 SPI 准备发送和
    // 接收下一个数据
    SpiaRegs.SPICCR.bit.SPISWRESET = 0;
//  SpiaRegs.SPICCR.all = 0x001F;            // 这条指令与下面 4 条指令等价
    SpiaRegs.SPICCR.bit.SPICHAR = 0x0F;      // 数据移送的长度为 16 位,数据长度 = SPICHAR + 1
    SpiaRegs.SPICCR.bit.SPILBK = 1;          // 使能回送模式
    SpiaRegs.SPICCR.bit.CLKPOLARITY = 0;     // 上升沿传送出数据
    SpiaRegs.SPICCR.bit.SPISWRESET = 0;      // 对 SPI 标志位进行初始化,清除 SPI 标志位
    // 对 SPI 控制寄存器(SPICTL)进行配置
//  SpiaRegs.SPICTL.all  = 0x0017;           // 这条指令与下面 5 条指令等价
    SpiaRegs.SPICTL.bit.SPIINTENA = 1;       // 使能 SPI 中断
    SpiaRegs.SPICTL.bit.TALK = 1;            // 使能发送
    SpiaRegs.SPICTL.bit.MASTER_SLAVE = 1;    // 设置当前机为主机模式:SPISIMO 引脚输出,
                                             // SPISOMI 引脚输入
    SpiaRegs.SPICTL.bit.CLK_PHASE = 0;       // 常规 SPI 时钟方案
    SpiaRegs.SPICTL.bit.OVERRUNINTENA = 1;   // 使能 OVERRUN_FLAG(SPISTS[7])标志位引发的中断
    SpiaRegs.SPISTS.all = 0x0000;            // 设置 SPI 状态寄存器标志位为默认状态,不影响标
                                             // 志位
    SpiaRegs.SPIBRR = 0x0063;                // SPI(波特率) = LSPCLK/(SPIBRR + 1) = 15 000 000/
                                             // 100 = 150 k
                 // 以上程序是 SPI 初始化的常规设置,可参照见比对前面的 spi_init()函数。以下是 SPI  FIFO
                 // 初始化程序可参照比对前面的 spi_fifo_init()函数。
//  SpiaRegs.SPIFFTX.all = 0xC022;           // 这条指令与下面 8 条指令等价
    SpiaRegs.SPIFFTX.bit.TXFFIL = 2;①        // 发送 FIFO 中断级位为 2
    SpiaRegs.SPIFFTX.bit.TXFFIENA = 1;②      // 使能发送 FIFO 匹配中断
```

续表 6.23

```
    SpiaRegs.SPIFFTX.bit.TXFFINTCLR = 0;        // 发送 FIFO 中断标志清除位。默认值,不影响发送
                                                // 中断标志位 TXFFINT
    SpiaRegs.SPIFFTX.bit.TXFFINT = 0;           // 中断标志位。默认值,没有发生发送 FIFO 中断
    SpiaRegs.SPIFFTX.bit.TXFFST = 0;            // 发送 FIFO 状态位默认值。运行时,该值表示发送
                                                // FIFO 发送的字节数
    SpiaRegs.SPIFFTX.bit.TXFIFO = 0;            // 发送 FIFO 复位 控制位。写 0 复位 FIFO 指针到
                                                // 0,且保持复位状态
    SpiaRegs.SPIFFTX.bit.SPIFFENA = 1;%         // 使能 SPI FIFO 增强模式
    SpiaRegs.SPIFFTX.bit.SPIRST = 1;            // SPI FIFO 重新发送接收
//  SpiaRegs.SPIFFRX.all = 0x0022;              // 这条指令与下面 8 条指令等价
    SpiaRegs.SPIFFRX.bit.RXFFIL = 2;@2          // 接收 FIFO 中断级位为 2
    SpiaRegs.SPIFFRX.bit.RXFFIENA = 1;#2        // 使能接收 FIFO 匹配中断
    SpiaRegs.SPIFFRX.bit.RXFFINTCLR = 0;        // 接收 FIFO 中断标志清除位。默认值,不影响接收
                                                // 中断标志位 RXFFINT
    SpiaRegs.SPIFFRX.bit.RXFFINT = 0;           // 接收 FIFO 中断标志位。默认值,没有发生接收
                                                // FIFO 中断
    SpiaRegs.SPIFFRX.bit.RXFFST = 0;            // 接收 FIFO 状态位默认值。运行时,该值表示接收
                                                // FIFO 发送的字节数
    SpiaRegs.SPIFFRX.bit.RXFIFORESET = 0;       // 接收 FIFO 复位 控制位。写 0 复位 FIFO 指针到
                                                // 0 且保持复位状态
    SpiaRegs.SPIFFRX.bit.RXFFOVFCLR = 0;        // 接收 FIFO 溢出标志清除控制位。对 RXFFOVF 无
                                                // 影响
    SpiaRegs.SPIFFRX.bit.RXFFOVF = 0;           // 接收 FIFO 溢出标志位。默认值,无溢出
    SpiaRegs.SPIFFCT.all = 0x0;                 // SPI FIFO 发送 0 延迟
//  SpiaRegs.SPIPRI.all = 0x0010;               // 这条指令与下面两条指令等价
    SpiaRegs.SPIPRI.bit.TRIWIRE = 0;            // 常规 4 线 SPI 模式
    SpiaRegs.SPIPRI.bit.FREE = 1;               // 无论暂停或继续 SPI 都自由运行
    SpiaRegs.SPICCR.bit.SPISWRESET = 1;
        // 用户必须在改变 SPI 控制寄存器的配置之前将 SPISWRESET 清 0,而在设置完成之后将
        // SPISWRESET 置 1,以便 SPI 准备发送和接收下一个数据
    SpiaRegs.SPIFFTX.bit.TXFIFO = 1;            // 重新使能发送 FIFO 操作
    SpiaRegs.SPIFFRX.bit.RXFIFORESET = 1;       // 重新使能接收 FIFO 操作
}
```

@1 这条指令与发送每组两个 16 位字对应。运行中,SPI 模块根据常规指令的设置每次自行发送 16 位字数据,发送 FIFO 状态位记录发送的次数,当该位与发送 FIFO 中断级位(2)匹配时,将产生一个发送 FIFO 匹配中断请求。

#1 这条指令与@1 指令对应,否则不回产生发送 FIFO 匹配中断。

% 从 2812 开始增加了先进先出 FIFO 缓冲器,属增强功能之一。该例发送和接收用到增强功能,此处使能增强模式。

@2 由于使能内部回送,接收 FIFO 状态位记录发送 FIFO 发送的次数,当该数与接收 FIFO 中断级位(2)匹配时,将产生一个接收 FIFO 匹配中断请求。#2 可参考 #1 注释。

6.4.2.2 SPI发送FIFO中断服务函数spiTxFifoIsr(void)

SPI发送FIFO中断服务函数见表6.24。

表6.24 SPI发送FIFO中断服务函数spiTxFifoIsr()

```
interrupt void spiTxFifoIsr(void)@
{
    Uint16 i;
    GpioDataRegs.GPATOGGLE.bit.GPIO0 = 1;  #    // 切换 GPIO0 电平
    for(i = 0;i<2;i++)
    { SpiaRegs.SPITXBUF = sdata[i]; }           // 主出从入(SIMO)引脚开始时内部发送 0x0000,
                                                // 0x0001 两个 16 位数据
    for(i = 0;i<2;i++)                          // 对上一次发送的一组两个数据取增量作为下一次待
                                                // 发送的数据,如此构成
    { sdata[i]++; }                             // 一个发送数据流:0x0000,0x0001;...;0xFFFF,
                                                // 0x0000; 0x0000,0x0001; ...
    SpiaRegs.SPIFFTX.bit.TXFFINTCLR = 1;        // 清除发送 FIFO 中断标志位 TXFFINT。在进入发送
                                                // FIFO 中断时,该中断标
                                                // 志位由硬件置1,但必须通过软件清0以接收后续中断
    PieCtrlRegs.PIEACK.all| = 0x20;             // 这条指令通过向 PIEACK.6 写1,将 PIEACK.6 位清 0,
                                                // 从而打开后续的 PIE 级
                                                // 到 CPU 级的 INT6 中断通道。
}
```

@ 影响发送 FIFO 中断周期的几个因素:1、系统时钟 SYSCLKOUT;2、低速外设时钟 LSPCLK;3、SPI 波特率 SPI-BRR。

\# 当系统时钟 SYSCLKOUT = 60MHz;LSPCLK = 2,低速外设时钟 = 15MHz;波特率寄存器 SPIBRR = 99 的条件下,中断周期为 210.5 us,这期间传送 32 位数据,实际波特率为 (32 * 1000 000)/210.5 = 152 019,理论计算波特率 = LSPCLK /(SPIBRR + 1) = 15 000 000 /(99 + 1) = 150 000,实际波特率略快于理论波特率。

6.4.2.3 SPI接收FIFO中断服务函数spiRxFifoIsr(void)

SPI接收FIFO中断服务函数见表6.25。

表6.25 SPI接收FIFO中断服务函数spiTxFifoIsr()

```
interrupt void spiRxFifoIsr(void)
{
    Uint16 i;
    for(i = 0;i<2;i++)
    { rdata[i] = SpiaRegs.SPIRXBUF; }           // 读出 SIMO 引脚发送的一组两个 16 位字数据:
                                                // n,(n+1)
    for(i = 0;i<2;i++)                          // 检查接收到的一组数据是否与发送的数据相等,不
                                                // 等则中止仿真
    {if(rdata[i] != rdata_point + i) error();}
    rdata_point ++ ;                            // 接收指针加1,用以跟踪发送数组中的第 1 个数据

    SpiaRegs.SPIFFRX.bit.RXFFOVFCLR = 1;        // 清除接收 FIFO 溢出中断标志位 RXFFOVF。在进入接
                                                // 收 FIFO 溢出中断时,
                                                // 该中断标志位由硬件置1,但必须通过软件清 0 以接
                                                // 收后续中断
}
```

续表 6.25

```
SpiaRegs.SPIFFRX.bit.RXFFINTCLR = 1;    // 清除接收 FIFO 中断标志位 RXFFINT。在进入接收
                                        // FIFO 中断时，该中断标志位由硬件置 1，但必须通
                                        // 过软件清 0 以接收后续中断
PieCtrlRegs.PIEACK.all| = 0x20;         // 这条指令通过向 PIEACK.6 写 1，将 PIEACK.6 位清 0，
                                        // 从而打开后续的 PIE 级到 CPU 级的 INT6 中断通道
}
```

6.4.3 LED 数码管显示程序(zSpi_LedNumber)

SCI 通信用于两机之间的通信，比如前面述及的 LaunchPad 与 PC 机之间的通信。SPI 则用于板上通信，比如 28027 的 SPI 与板上其他具有 SPI 接口芯片之间的通信。TI 提供了众多具有 SPI 接口的各类芯片，诸如 ADC、DAC 芯片等。

在板上数码管显示的多种方式中，最简单、快速的莫过于采用 SPI 移位寄存器通信方式。图 6.30 是采用 74HC595 移位寄存器驱动数码管的原理图。说明如下：

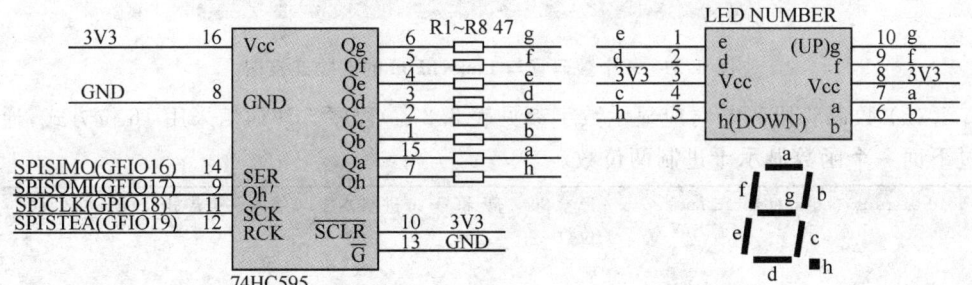

图 6.30　数码管 SPI 移位寄存器方式驱动原理图

(1) 数码管 8 段 LED 与 595 对应连接。595 一个字节输入顺序从高位到低位为：g,f,e,d,c,b,a,h。

(2) 数码管共阳极，当 595 输出 1(高电平)时，不点亮 LED；输出 0(低电平)时，点亮 LED。

(3) 根据这一规则，如果要让数码管输出数字"7"，则参照图 6.30 右下方的数码管 LED 段排列图，应选择 a,b,c 段为 0 其余为 1，由此构成 8 位字符 0xF1，如表 6.26。当 SPI 外设传送一个 0xF1 时，数码管就会显示一个"7"字。SPI 一次最多可传送 16 位字，也按照这一顺序。

表 6.26　数码管数字"7"显示的构成

g	f	e	d	c	b	a	h	16 进制
1	1	1	1	0	0	0	1	0xF1

第6章 串行外设接口(SPI)

(4) 图 6.30 可以级联,方法是前一模块的第 9 脚接入次一模块的第 14 脚;而最后一个模块的第 9 脚接 SPI 外设的 SPISOMI,如果不需回送可不接 SPISOMI。图 6.31 为 4 个数码管与 LaunchPad 的实物连接图。

图 6.31 4 个数码管与 LaunchPad 的实物连接图

(5) 数码管段码与对应显示数字参见表 6.27。程序 SPI 通信采用 16 位方式,通过下面一个函数显示十进制两位数。

```
void Display_LedNum(Uint16 Num)     // 形参 Num 为无符号 16 进制整数,实参是一个待显示的十进制两
                                    // 位数
{
    Uint16   sw,gw,temp;            // 定义十位、个位及暂存器为无符号 16 整数
    if(Num < 100)                   // 超过 100 不作处理,不予显示
    {
        sw = Num/10;                // 取十位
        gw = Num - sw * 10;         // 取个位
        temp = LedNum[sw]<<8 | LedNum[gw];  // 将数码管十位及个位组合成 16 位显示码,LedNum 是
                                    // 根据下表构成的数组
        spi_xmit(temp);             // SPI 发送一个 16 位数,以便在两个数码管显示
    }
}
```

注:程序主文件取自 zSpi_FFDLB.c 文件,只是将传送的数据改成数码管显示数据。直接传送不采用回送方式。

表 6.27 数码管段码与对应显示数字表

数码管段码	0x81	0xf3	0x49	0x61	0x33	0x25	0x05	0xf1	0x01	0x21
对应显示数字	0	1	2	3	4	5	6	7	8	9

第 7 章

内部集成电路(I2C)

本章描述内部集成电路(I2C)模块的特征及操作,适用于 TMS320X2802x/2803x 系列控制器。I2C 模块提供上述器件之一与符合 NXP(原 Philips)半导体内部集成总线(I2C 总线)规范版本 2.1 的器件之间的接口,并且通过 I2C 总线连接。外部器件可以挂靠在两线制的串行总线上,通过 I2C 模块发送/接收 1~8 位的数据。本章假设读者熟悉 I2C 总线规范。

注意:通过 I2C 模块发送或接收的一个数据单元可以少于 8 位;然而,为方便起见,本章将一个数据单元称为一个字节数据(字节数据的位数可通过模式寄存器 I2CMDR 的 BC 位确定)。

7.1 I2C 模块概述

I2C 模块支持任何主/从或者 I2C 兼容的设备。图 7.1 是多个 I2C 模块连接的、实现从一个设备到其他设备双向传输的范例。

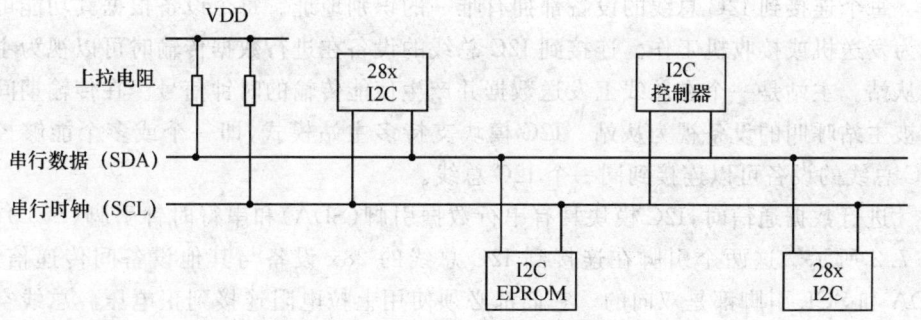

图 7.1 多重 I2C 模块连接

7.1.1 支持的功能

I2C 模块有如下功能:
- 符合 NXP(原 Philips)半导体 I2C 总线规范(2.1 版)。
  - 支持 8 位的格式传输;

- 7 位和 10 位寻址模式；
- 常规调用；
- START 字节模式；
- 支持多个主发送机和从接收机；
- 支持多个从发送机和主接收机；
- 联合主发送/接收和接收/发送模式；
- 数据传输速率从 10～400 kbps(NXP(原 Philips)快速模式速率)。
- 一个 4 级接收 FIFO 和一个 4 级发送 FIFO。
- 一个可以通过 CPU 使用的中断。下列情况之一可以触发中断：发送数据就绪，接收数据就绪，寄存器访问就绪，接收无应答，仲裁丢失，检测到停止条件，呼叫从站。
- 在 FIFO 模式 CPU 可使用额外的中断。
  - 模块使能/禁止功能；
  - 自由数据格式模式。

7.1.2 不支持的功能

I2C 模块不支持：
- 高速模式(Hs-mode)；
- CBUS 兼容模式。

7.1.3 功能概述

每个连接到 I2C 总线的设备都拥有唯一的识别地址。每个设备根据其功能可以作为发送机或接收机工作。连接到 I2C 总线的设备在进行数据传输时可以视为主站或从站。主站是一个在总线上发送数据并产生使能传输的时钟信号。在传输期间任何被主站呼叫的设备视为从站。I2C 模块支持多主站模式，即一个或多个能够控制 I2C 总线的设备可以连接到同一个 I2C 总线。

进行数据通信时，I2C 模块具有串行数据引脚(SDA)和串行时钟引脚(SCL)，如图 7.2 所示。这两个引脚在连接到 I2C 总线的 28x 设备与其他设备间传递信息。SDA 和 SCL 引脚都是双向的。它们都必须使用上拉电阻连接到正电压。总线空闲时，这两个引脚都是高电平。两引脚的驱动含有漏极开路结构以执行所需的"线与"功能。

主要有两种传输方法：
- 标准模式：发送确定的 n 个数据值，n 是 I2C 模块寄存器中程序设置的值，参见表 7.5。
- 重复模式：持续发送数据值至到使用软件启动一个 STOP 条件或一个新的 START 条件，参见表 7.5 中的 RM (I2CMDR[7])。

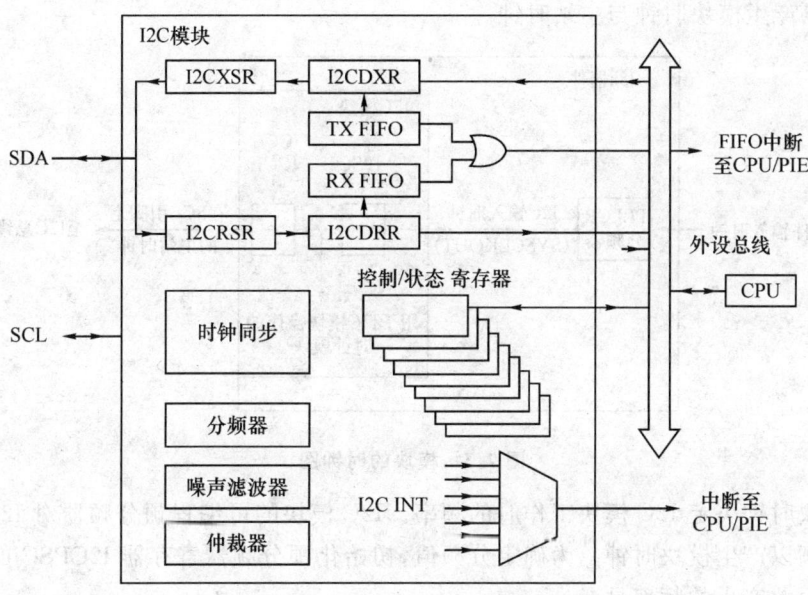

图 7.2　模块概念框图

I2C 模块包含如下主要部分：
- 一个串行接口：一个数据引脚（SDA）和一个时钟引脚（SCL）。
- 数据寄存器和 FIFO：临时保存 SDA 引脚和 CPU 之间的收/发数据。
- 控制和状态寄存器。
- 一个外设总线接口：用于使能 CPU 访问 I2C 模块寄存器及 FIFO。
- 一个时钟同步装置：用于同步 I2C 输入时钟（来自设备时钟发生器）和 SCL 引脚上的时钟，并以主站不同的时钟速率同步数据传送。
- 一个由 I2C 模块驱动的降低输入时钟的预分频器。
- SDA 和 SCL 两个引脚各有一个噪声滤波器。
- 一个仲裁装置：处理 I2C 模块（当其为主站时）和另一个主站之间的仲裁。
- 中断产生逻辑，因此中断可以被送到 CPU。
- FIFO 中断产生逻辑，使 FIFO 同步访问 I2C 模块中的数据接收和数据传送。

在非 FIFO 模式下，用于传输和接收的 4 个寄存器如图 7.2 所示。CPU 将传输数据写入到 I2CDXR，从 I2CDRR 读取收到的数据。当 I2C 模块配置为发送器时，写入 I2CDXR 的数据复制到 I2CXSR 并从 SDA 引脚一次移出一位。当 I2C 模块配置为接收器时，接收到的数据转移入到 I2CRSR 中，然后复制到 I2CDRR。

7.1.4　时钟的产生

如图 7.3 所示，设备时钟发生器接收来自外部时钟源的信号并产生一个具有编程频率的 I2C 输入时钟。I2C 输入时钟相当于 CPU 时钟，然后在 I2C 模块内分频多于两次以产生模块时钟与主站时钟。

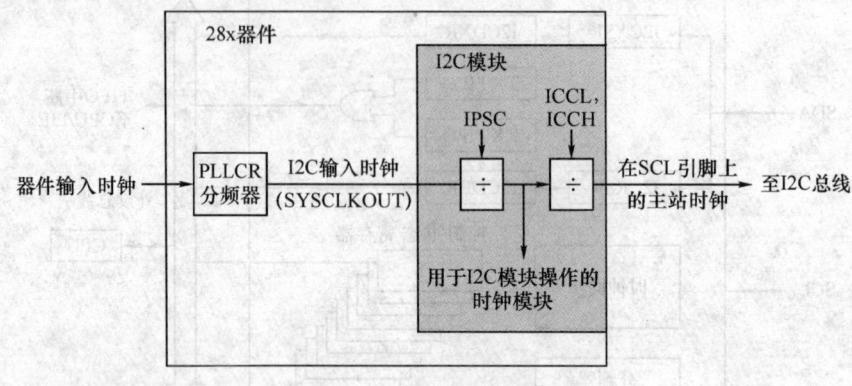

图 7.3　模块的时钟图

模块时钟决定 I2C 模块工作时的频率。I2C 模块的可编程预分频器对 I2C 输入时钟分频以产生模块时钟。为确定分频值，初始化预分频器寄存器 I2CPSC 的 IPSC 字段。由此产生的频率是：

$$模块时钟频率 = \frac{I2C 输入时钟频率}{(IPSC+1)}$$

注意：为满足所有 I2C 协议的时序规范，模块时钟必须配置在 7～12 MHz 之间。预分频器必须只有当 I2C 模块在复位状态(I2CMDR 寄存器中 IRS=0)时初始化。预分频的频率只有当 IRS 改为 1 时生效。IRS=1 时改变 IPSC 的值没有效果。

当 I2C 模块配置为 I2C 总线上的主站时，主站时钟出现在 SCL 引脚上。这个时钟控制 I2C 模块和从站之间的通信时序。如图 7.3 所示，I2C 分频器模块的第二个时钟分频器产生主站时钟。时钟分频器使用 I2CCLKL 的 ICCL 值为模块时钟信号的低部分分频，并采用 I2CCLKH 的 ICCH 值为模块时钟信号高部分分频。

7.2　I2C 模块工作细节

本节给出 I2C 总线协议概述以及如何实施。

7.2.1　输入输出电压等级

主站每传送一个数据位便产生一个时钟脉冲。各种可以连接到 I2C 总线的不同设备，逻辑 0(低)和逻辑 1(高)电平不确定，它取决于 VDD 相关电平。详细内容请参阅器件特性数据手册。

7.2.2　有效数据

SDA 上的数据在时钟高电平时(见图 7.4)必须是稳定的。只有当 SCL 时钟信号为低时，SDA 数据线的高或低状态才可以改变。

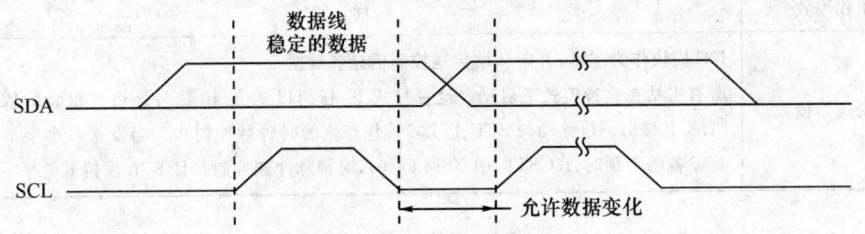

图 7.4　I2C 总线上的位传输

7.2.3　工作模式

I2C 模块有 4 个基本的工作模式，支持作为主站或从站传送数据。模式的名称及说明参见表 7.1。

如果 I2C 模块为主站，它将作为主发送器，通常发送一个特定的从站地址。当传送数据给从站时，I2C 模块必须保持为一个主发送器。当从站接收数据时，I2C 模块必须转换到主发送器模式。

如果 I2C 模块是从站，它将作为从接收机启动，通常，当它从主站识别从站的地址时发送应答信息。如果主站将数据发送到 I2C 模块，模块必须保持为从站接收器。如果主站从 I2C 模块请求数据，该模块必须转换为从发送器模式。

表 7.1　I2C 模块工作模式

工作模式	描　　述
从接收器模式	I2C 模块作为一个从站，并接收主站数据 所有的从站以这种模式启动。这种模式下，在 SDA 上接收到的串行数据位根据主机产生的时钟脉冲进行移位。作为一个从设备，I2C 模块不产生时钟信号，但当收到一个字节后需要设备的干预时(I2CSTR 中 RSFULL＝1)，它可以保持 SCL 低电平。详细信息参见 7.2.7 小节
从发送器模式	I2C 模块作为一个从站，并向主设站发送数据 这种模式只能从从接收器模式进入，I2C 模块必须先从主站接收命令。当正在使用 7 位/10 位寻址格式时，如果从地址和自身地址(在 I2COAR 中)一致并且主站发送了 R/W＝1，则 I2C 模块进入从发送器模式。作为从发送器，I2C 模块根据主站产生的时钟脉冲在 SDA 上将串行数据移出。而作为从设备，I2C 模块不产生时钟信号，但当发送一个字节后需要设备的干预时(I2CSTR 中 XSMT＝0)，它可以保持 SCL 低电平
主接收器模式	I2C 模块作为主站，并接收从站数据 这种模式只能从主发送器模式进入。I2C 模块必须首先发送一个命令给从站。当正在使用 7 位/10 位寻址格式，在传送从地址和 R/W＝1 后，I2C 模块进入主接收器模式。采用 SCL 上的 I2C 模块产生的时钟脉冲，SDA 上的串行数据位移位到 I2C 模块。当接收一个字节后需要设备的干预时(I2CSTR 中 RSFULL＝1)，时钟脉冲被抑制并且 SCL 保持低电平

续表 7.1

工作模式	描 述
主发送器模式	I2C 模块作为主站,并向从站传送控制信息和数据 所有主站在这种模式下启动。这种模式下,任何以 7 位/10 位寻址格式组装的数据在 SDA 上移出。位移动与 SCL 上 I2C 模块产生的时钟脉冲同步。当发送一个字节后需要设备的干预时(I2CSTR 中 XSMT=0),时钟脉冲被抑制并且 SCL 保持低电平

7.2.4 I2C 模块启动及停止条件

当模块被配置成 I2C 总线上的主站时,启动(START)和停止(STOP)条件可以由 I2C 模块产生。如图 7.5 所示:

- 启动条件定义为:当 SCL 为高时,SDA 线上从高到低的转换。主设备驱动该条件以指示数据传输开始。
- 停止条件定义为:当 SCL 为高时,SDA 线上从低到高的转换。主设备驱动该条件以指示数据传输结束。

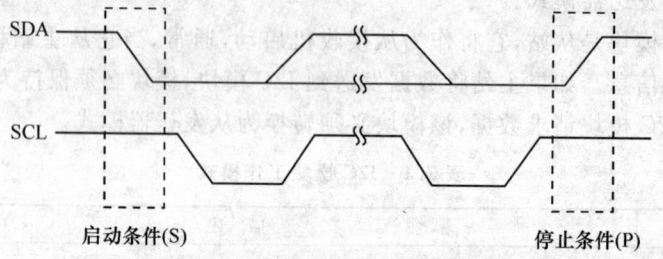

图 7.5 I2C 模块 START 和 STOP 条件

启动条件之后和随后的停止条件之前,I2C 总线忙碌状态,I2CSTR 的总线忙碌位(BB)为 1。在一个停止条件和接下来的启动条件之间,总线空闲,BB 位为 0。

以启动条件开始数据传输的 I2C 模块,I2CMDR 中的主模式位(MST)和启动条件位(STT)都必须是 1。对使用停止条件终止数据传输的 I2C 模块,停止条件位(STP)必须设置为 1。当 BB 位设置为 1 且 STT 位也置为 1 时,产生一个重复的 START 条件。

7.2.5 串行数据格式

图 7.6 给出了 I2C 总线上数据传送的例子。I2C 模块支持 1~8 位的数据值。图 7.6 中传输 8 位数据。SDA 线上每位等于 SCL 线上一个脉冲,值总是从最高有效位(MSB)优先开始传送。可发送或接收的数据数量不受限制。图 7.6 中使用的串行数据格式是 7 位寻址格式。I2C 模块支持通过图 7.7~图 7.9 所示的格式,并在图后的段落进行说明。

注意:图7.6～图7.9中n等于由I2CMDR的位计数(BC)字段指定的1～8的数据位数。

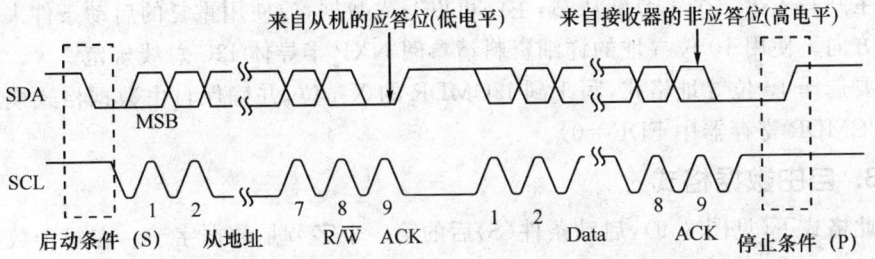

图7.6 I2C模块数据传输(8位数据配置下7位寻址)

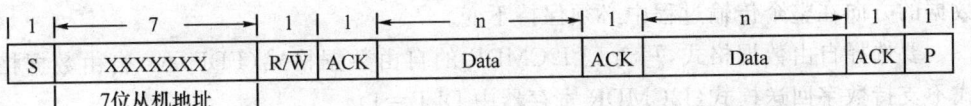

图7.7 I2C模块7位寻址格式(I2CMDR中FDF=0,XA=0)

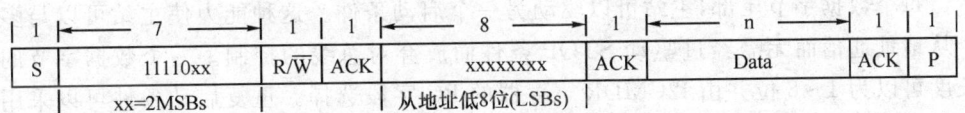

图7.8 I2C模块10位寻址格式(I2CMDR中FDF=0,XA=1)

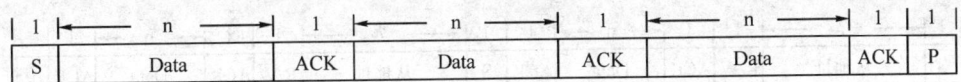

图7.9 I2C模块自由数据格式(I2CMDR中FDF=1)

1. 7位寻址格式

在7位寻址格式中(见图7.7),启动条件(S)后的第一个字节包含7位从地址,R/$\overline{W}$位跟随。R/$\overline{W}$决定数据的方向:

- R/$\overline{W}$=0:主设备将数据写入(发送)从设备。
- R/$\overline{W}$=1:主设备读取从设备(接收)的数据。

每个字节后插入一个额外的时钟周期用于应答(ACK)。如果ACK位由从设备插入主设备第一个字节后,其后是发送器的n位数据(主站或从站,根据R/$\overline{W}$位确定)。n是I2CMDR的位计数(BC)字段指定的数据位(1～8)。数据位发送后,接收器插入一个ACK位。如要选择7位寻址格式,则写0到I2CMDR的扩展地址使能位(XA),并确保自由数据格式模式关闭(I2CMDR寄存器中FDF=0)。

2. 10位寻址格式

10位寻址格式(见图7.8)类似于7位寻址格式,但主站以两个分开的字节传送从站地址。第一个字节包括 11110b，10 位从地址的两个 MSB 及 R/$\overline{W}$=0(写)。第二个字节是 10 位从地址的剩余 8 位。每两个字节传输后从站必须发出应答位。一旦主站写入第二个字节到从站，主站可以写入数据，或使用重复的启动条件来改变数据方向。使用 10 位寻址的详细资料请参阅 NXP 半导体 I2C 总线规范。

要选择 10 位寻址格式，写 1 到 I2CMDR 的 XA 位，并确保自由数据格式模式关闭(I2CMDR 寄存器中 FDF=0)。

3. 自由数据格式

此格式下(见图 7.9)，启动条件(S)后的第一个字节是数据字节。在每个数据字节后插入一个应答位 ACK，可以是 1～8 位，根据 I2CMDR 寄存器的 BC 字段来确定。不要发送地址或数据方向位。因此发送器和接收器都必须支持自由数据格式，数据的方向在整个传输过程中必须保持不变。

要选择自由数据格式，写 1 到 I2CMDR 的自由数据格式(FDF)位，自由数据格式不支持数字回送模式(I2CMDR 寄存器中 DLB=1)。

4. 使用重复启动条件

每个数据字节尾部，主站可以驱动另一个启动条件。这种能力使主站可以与多个从地址通信而无需经过驱动 STOP 条件而放弃对总线的控制。一个数据字节的长度可以为 1～8 位并由 I2CMDR 寄存器的 BC 字段选择。重复启动条件可以采用 7 位寻址、10 位寻址或自由数据格式。图 7.10 给出了 7 位寻址格式下的重复启动条件。

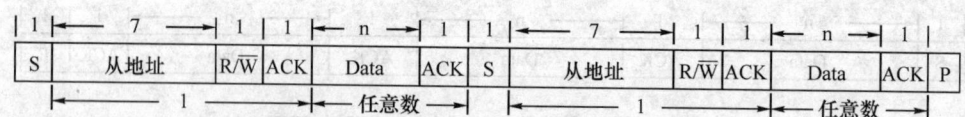

图 7.10　重复的 START 条件(7 位寻址格式)

7.2.6　无应答位生成

当 I2C 模块作为接收器时(主站或从站)，它可以通过发送器发送应答位(ACK)或忽略位。要忽略任何新的位，I2C 模块必须在总线的应答周期发送无应答(NACK)位。表 7.2 总结了 I2C 模块发送 NACK 位的各种方式。

表 7.2　产生 NACK 位的方式

I2C 模块状态	NACK 位生成选项
从接收器模式	● 使能溢出条件(I2CSTR 寄存器中的 RSFULL=1) ● 模块复位(I2CMDR 寄存器中 IRS=0) ● 在打算接收的最后一个数据位上升沿之前将 I2CMDR 寄存器的 NACKMOD 位置位

续表 7.2

I2C 模块状态	NACK 位生成选项
主接收器模式 且为重复模式 （I2CMDR 寄存器中的 RM=1）	● 产生一个停止条件（I2CMDR 寄存器中 STP 的=1） ● 模块复位（I2CMDR 寄存器中 IRS=0） ● 在打算接收的最后一个数据位上升沿之前将 I2CMDR 寄存器的 NACKMOD 位置位
主接收器模式 且为非重复模式 （I2CMDR 寄存器中的 RM=0）	● 如果 I2CMDR 寄存器中 STP=1，使能内部数据计数器向下计数到 0，从而强制一个停止条件 ● 如果 STP=0，使 STP=1 产生一个停止条件 ● 模块复位（I2CMDR 寄存器中 IRS=1）。复位 I2C 模块 ● 在打算接收的最后一个数据位上升沿之前将 I2CMDR 寄存器的 NACKMOD 位置位

7.2.7 时钟同步

正常情况下，只有一个主站产生时钟信号 SCL。然而，在仲裁程序中，有两个或两个以上的主站，并且需要同步时钟比较数据的输出。图 7.11 显示了时钟同步。SCL 的"线与"特性表明：在 SCL 上首先产生低电平的设备对其他设备产生的影响。在从高向低的转变过程中，强制其他设备的时钟发生器启动自己的低电平。SCL 被最长低电平设备作用而保持低电平。结束了低电平的其他设备在启动其高电平之前必须等待 SCL 被释放。在 SCL 上获得一个同步信号时，最慢的设备决定低电平的长度，而最快的设备决定高电平的长度。如果一个设备下拉时钟线为更长的时间，其结果是所有的时钟发生器必须进入等待状态。在这种方式中，一个从站将减慢快速的主站，并且慢速设备会产生足够的时间去存储一个接收的字节或准备要发送的字节。

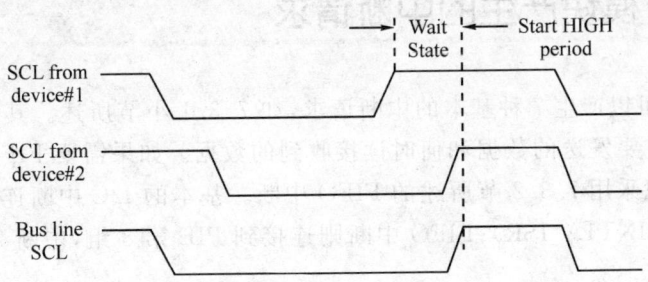

图 7.11 同步在仲裁期间的两个 I2C 时钟发生器

7.2.8 仲裁

如果两个或两个以上的主发送器试图在同一时间同一总线上启动传输，则仲裁程序将会被调用。仲裁程序在串行数据总线（SDA）上竞争发送器发送数据。

第 7 章　内部集成电路(I2C)

图 7.12 说明了两个设备之间的仲裁程序。第一个释放 SDA 线高电平的主发送器，被另一个驱动 SDA 为低电平的主发送器代替。仲裁程序给予以最低二进制值传输串行数据流的设备以优先级。当两个或多个设备发送相同的第一个字节，则对后续字节进行仲裁。

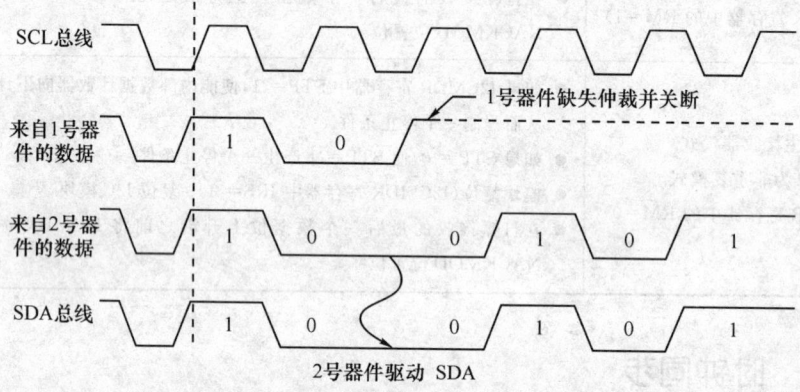

图 7.12　两个主发送器时的仲裁程序

如果 I2C 模块丢失了主站，则切换到从接收器模式，置位仲裁丢失标志 AL，并产生一个仲裁丢失中断请求。如果在串行传送期间，当一个重复的启动条件或者一个停止条件发送到 SDA 时，仲裁程序依然在运行，则主发送器必须发送重复的启动条件或者停止条件，以下情况是不允许仲裁的：

- 一个重复的启动条件及一个数据位；
- 一个停止条件及一个数据位；
- 一个重复的启动条件及停止条件。

7.3　I2C 模块产生的中断请求

I2C 模块可以产生 7 种基本的中断请求，如 7.3.1 小节所述。其中的两个通知 CPU 何时写将要发送的数据和何时读接收到的数据。如果需要 FIFO 来发送和接收数据，则可以采用 7.3.2 节所述的 FIFO 中断。基本的 I2C 中断连接到 PIE 第 8 组，中断 1(I2CINT1A_ISR)；FIFO 中断则连接到 PIE 第 8 组，中断 2(I2CINT2A_ISR)。

7.3.1　基本的 I2C 中断请求

I2C 模块产生如表 7.3 所示的中断。从图 7.13 中可以看到，所有的中断请求通过一个仲裁器复用成单一进入 CPU 的 I2C 中断请求。每个中断请求在状态寄存器 I2CSTR 中都有一个标志位，并在中断使能寄存器 I2CIER 中有一个使能位。当指定的事件之一发生时,其标志位置1。如果对应的使能位为0,则中断被禁止;否则,中断请求进入CPU作为一个I2C中断。

I2C中断是CPU的可屏蔽中断之一。正如任何可屏蔽中断请求,如果在CPU中正确地使能该中断,CPU将执行相应的中断服务程序(I2CINT1A_ISR)。在I2C中断服务程序(I2CINT1A_ISR)中,可通过读取中断源寄存器I2CISRC的值来判定中断源。然后,I2C中断服务程序可分支成适当的子程序。

在读取I2CISRC寄存器之后,将发生以下事件:
- 当读取I2CISRC寄存器时,I2CSTR寄存器中除ARDY,RRDY,及XRDY之外的中断源标志位被清零。如果需要将这些位之一清零,可对其写1。
- 仲裁器确定哪个中断请求具有最高优先级,并将其中断代码写入中断源寄存器I2CISRC,然后把中断请求传给CPU。

表7.3 基本的I2C中断请求说明

I2C中断请求	中断源
XRDYINT	发送就绪条件:数据发送寄存器I2CDXR准备接收新的数据,之前的数据已经从I2CDXR转移到移位寄存器I2CXCR中 另外一个使用XRDYINT的情形是,CPU可以查询状态寄存器I2CSTR的XRDY位 在FIFO模式下,不要使用XRDYINT中断,应采用FIFO中断代替
RRDYINT	接收就绪条件:数据接收寄存器I2CDRR准备被读取,数据已经从移位寄存器I2CRSR转移到I2CDRR寄存器中 另外一个使用RRDYINT的情形是,CPU可以查询状态寄存器的RRDY位 在FIFO模式下,此中断不应被使用,应采用FIFO中断代替
ARDYINT	寄存器访问就绪条件:I2C模块寄存器就绪可以被访问,之前的地址、数据和命令数值已经被使用。产生ARDYINT的事件与把I2CSTR的ARDY位置1是同一事件 另外一个使用ARDYINT的情形是,CPU可以查询状态寄存器的ARDY位
NACKINT	无应答条件:I2C模块被配置为主发送器,但没有接收到来自接收器的应答 另外一个使用NACKINT的情形是,CPU可以查询状态寄存器I2CSTR的NACK位
ALINT	仲裁丢失条件:I2C模块丢失了与另一个主发送器的仲裁内容 另外一个使用ALINT的情形是,CPU可以查询状态寄存器I2CSTR的AL位
SCDINT	检测到停止条件:在I2C总线上检测到STOP条件 另外一个使用SCDINT的情形是,CPU可以查询状态寄存器I2CSTR的SCD位
AASINT	检测到从站条件:I2C模块被另一主站确定为从站 另外一个使用AASINT的情形是,CPU可以查询状态寄存器I2CSTR的AAS位

第 7 章 内部集成电路(I2C)

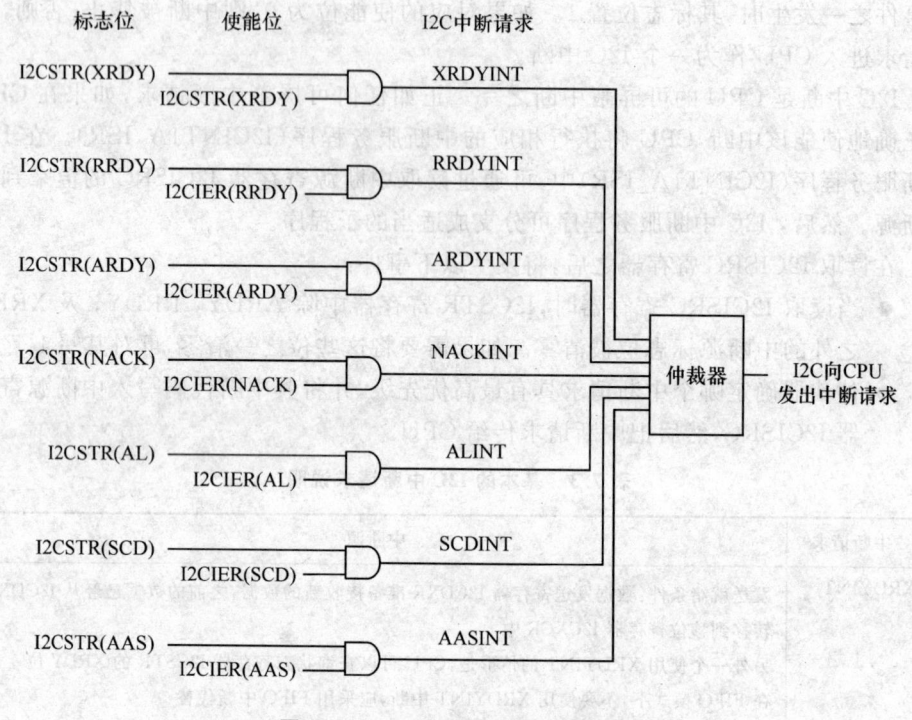

图 7.13 I2C 中断请求的使能路径

7.3.2 I2C FIFO 中断

除了 7 个基本的 I2C 中断外,发送和接收 FIFO 各包含一个中断(I2CINT2A)。发送 FIFO 在发送规定数目(最多 4 个)字节的数据后,可配置产生一个中断;接收 FIFO 在接收规定数目(最多 4 个)字节的数据后,可配置产生一个中断。这两个中断源组合成一个可屏蔽的 CPU 中断。中断服务程序可以通过读取 FIFO 中断状态标志来确定中断的来源。此部分相关内容可参阅 I2C FIFO 发送寄存器(I2CFFTX)和 I2C FIFO 接收寄存器(I2CFFRX)的说明。

7.4 复位/禁止 I2C 模块

可通过以下两种方式来复位/禁止 I2C 模块:

- 对 I2C 模式寄存器 I2CMDR 中的复位位(IRS)写 0,将 I2CSTR 中所有状态位强制为默认值,I2C 保持禁止状态,直到 IRS 变为 1。此时 SDA 和 SCL 引脚处于高阻态。
- 通过拉低 $\overline{XRS}$ 初始化整个设备的复位。除非将引脚置高,否则设备将一直处于复位状态。当释放 $\overline{XRS}$ 时,I2C 模块寄存器复位到默认状态。IRS 被强制为 0,从而复位 I2C 模块。I2C 模块将保持复位状态,直到写 1 到 IRS 位。

第 7 章 内部集成电路(I2C)

当配置或重新配置 I2C 模块时,IRS 必须为 0。强制 IRS 为 0 可以用来节省电力以及避免错误条件。这样可以避免一些额外的错误情况。

7.5 I2C 模块寄存器

表 7.4 列出了 I2C 模块寄存器。除了接收和发送移位寄存器(I2CRSR 和 I2CXSR)之外,其他所有寄存器都可以通过 CPU 访问。

表 7.4　I2C 模块寄存器

名称	地址	说明
I2COAR	0x7900	I2C 自身地址寄存器
I2CIER	0x7901	I2C 中断使能寄存器
I2CSTR	0x7902	I2C 状态寄存器
I2CCLKL	0x7903	I2C 时钟低时段分频寄存器
I2CCLKH	0x7904	I2C 时钟高时段分频寄存器
I2CCNT	0x7905	I2C 数据计数寄存器
I2CDRR	0x7906	I2C 数据接收寄存器
I2CSAR	0x7907	I2C 从地址寄存器
I2CDXR	0x7908	I2C 数据发送寄存器
I2CMDR	0x7909	I2C 模式寄存器
I2CISRC	0x790A	I2C 中断源寄存器
I2CEMDR	0x790B	I2C 扩展模式寄存器
I2CPSC	0x790C	I2C 预分频寄存器
I2CFFTX	0x7920	I2C FIFO 发送寄存器
I2CFFRX	0x7921	I2C FIFO 接收寄存器
I2CRSR	—	I2C 接收移位寄存器(不能访问 CPU)
I2CXSR	—	I2C 发送移位寄存器(不能访问 CPU)

注意:为使用 I2C 模块,可通过设置 PCLKR0 寄存器相应位使能模块的系统时钟。参见 *TMS320x2802x Piccolo MCU System Control and Interrupts Reference Guide*(文献编号 SPRUFN3)或 *TMS320x2803x Piccolo System Control and Interrupts Reference Guide*(文献编号 SPRUGL8)中的相关章节

7.5.1 I2C 模式寄存器(I2CMDR)

I2C 模式寄存器(I2CMDR)是一个 16 位寄存器,其包含 I2C 模块的控制位。I2CMDR 的位字段见图 7.14 并在表 7.5 中说明。

第 7 章 内部集成电路(I2C)

15	14	13	12	11	10	9	8
NACKMOD	FREE	STT	Reserved	STP	MST	TRX	XA
R/W-0	R/W-0	R/W-0	R/W-0	R/W-0	R/W-0	R/W-0	R/W-0
7	6	5	4	3	2		0
RM	DLB	IRS	STB	FDF	BC		
R/W-0	R/W-0	R/W-0	R/W-0	R/W-0	R/W-0		

说明：R/W=读/写；R=只读；-n=复位后的值。

图 7.14 I2C 模式(I2CMDR)寄存器

表 7.5 I2C 模式(I2CMDR)寄存器位域定义

位	位域名称	数值	说明
15	NACKMOD		NACK 模式位。该位只有当 I2C 模块作为接收器时有效
		0	在从接收模式下：在总线的每个应答周期，I2C 模块发送一个应答(ACK)位给发送器
			若将 NACKMOD 位置 1,I2C 模块仅发送无应答(NACK)位
			在主接收模式下：在每个应答周期，I2C 模块发送一个应答(ACK)位，直到内部数据计数器减计数到 0。此时，I2C 模块发送一个 NACK 位给发送器。使 NACK 位更早发送，必须将 NACKMOD 位置位
		1	无论是从接收器或主接收器模式：在总线的下一个应答周期，I2C 模块发送一个 NACK 位给发送器。一旦发送了 NACK 位，NACKMOD 位将被清除
			重要：在下一个应答周期发送一个 NACK 位，必须在最后数据位的上升沿之前将 NACKMOD 位置位
14	FREE		当遇到调试断点时这个位控制 I2C 模块的动作
		0	I2C 模块是主站时，如果发生断点时 SCL 为低，I2C 模块立即停止并保持 SCL 为低，不管 I2C 模块是发送器或是接收器。如果 SCL 为高，I2C 模块等待直到 SCL 变低，然后停止
			当 I2C 模块是从站时，当目前传送/接收完成时，一个断点将强制 I2C 模块停止
		1	I2C 模块自由运行，也就是说，当断点出现时它继续工作
13	STT		START 条件位(只适用于当 I2C 模块是主站时)。RM,STT 和 STP 位决定 I2C 模块何时启动和停止数据传输(见表 7.6)。注意：STT 和 STP 位可用于终止重复模式，当 IRS = 0 时该位不可写
		0	在主模式下，在产生 START 条件后 STT 自动清零
		1	在主模式下，置位 STT 将造成 I2C 模块在 I2C 总线上产生一个启动条件
12	Reserved		保留位读总为 0，写无效
11	STP		STOP 条件位(只适用于当 I2C 模块是主站时)。在主模式下，RM,STT 和 STP 位决定 I2C 模块何时启动和停止数据传输(见表 7.6)。注意 STT 和 STP 位可用于终止重复模式，并且当 IRS = 0 时该位不可写。当在非重复模式时，至少一个字节必须在一个停止条件产生之前转移
		0	在产生 STOP 条件后 STP 自动清零
		1	当 I2C 模块的内部数据计数器计数减到 0 时，通过设备产生的停止条件将 STP 置位

续表 7.5

位	位域名称	数值	说明
10	MST		主模式位。MST 决定 I2C 模块是从模式或者主模式。当 I2C 主站产生 STOP 条件时,MST 自动由 1 变为 0
		0	从模式。I2C 模块为从站并从主站接收串行时钟
		1	主模式。I2C 模块是主站并在 SCL 引脚产生串行时钟
9	TRX		发送器模式位。当有关时,TRX 选择 I2C 是发送模式或接收模式。表 7.7 说明了 TRX 何时使用以及何时无效
		0	接收器模式。I2C 模块是一个接收器并从 SDA 引脚接收数据
		1	发送器模式。I2C 模块是一个发送器并在 SDA 引脚发送数据
8	XA		扩展地址使能位。
		0	7 位寻址模式(正常寻址模式)。I2C 模块传输 7 位从地址(I2CSAR 的 6:0 位),其自身的从地址有 7 位(I2COAR 的 6:0 位)
		1	10 位寻址模式(扩展寻址模式)。I2C 模块传输 10 位从地址(I2CSAR 的 9:0 位),其自身的从地址有 10 位(I2COAR 的 9:0 位)
7	RM		重复模式位(只适用于当 I2C 模块是一个主发送器)。RM,STT 及 STP 位决定 I2C 模块何时启动和停止数据传送(见表 7.6)
		0	非重复模式。数据计数寄存器(I2CCNT)的值确定 I2C 模块接收/发送了多少字节
		1	重复模式。每次 I2CDXR 寄存器写入,传输一个字节数据,直到手动将 STP 位置位(或者当 FIFO 模式时直到发送 FIFO 为空)。忽略 I2CCNT 的值 ARDY 位/中断可以用来确定何时 I2CDXR(或 FIFO)有更多数据就绪,或何时数据已全部发送并且允许 CPU 写 STP 位
6	DLB		数字回送模式位。此位的作用如图 7.15 所示
		0	禁止数字回送模式
		1	使能数字回送模式。为了在该模式下可正确操作,必须将 MST 位置 1 在数字回送模式下,I2CDXR 传出的数据在通过内部路径 n 个设备周期后被 I2CDXR 接收 这里:n=((I2C 输入时钟频率/模块时钟频率)*8) 发送时钟也是接收时钟。SDA 引脚发送的地址是 I2COAR 的地址 注意:数字回环模式并不支持自由数据模式(FDF=1)
5	IRS		I2C 模块复位位
		0	禁止 I2C 模块复位。当该位清零时,所有状态位(I2CSTR 中)设置为其默认值
		1	使能 I2C 模块。如 I2C 外设将此位保持为 1,则释放 I2C 总线

第7章 内部集成电路(I2C)

续表 7.5

位	位域名称	数 值	说 明
4	STB		START(启动)字节模式位。该位仅适用于 I2C 模块是主站。正如飞利浦半导体 I2C 总线规范 2.1 版本描述,START 字节有助于一个从站,该从站需要额外时间来检测 START 条件。当 I2C 模块是一个从站时,它忽略了主站的一个起始字节,而不管 STB 位的值
		0	I2C 模块不采用 START 字节模式
		1	I2C 模块采用 START 字节模式。当设置 START 条件位(STT)时,I2C 以多于一个 START 条件开始发送。特别地,它产生: (1) 一个 START 条件 (2) 一个 START 字节(0000 0001b) (3) 一个虚拟的应答时钟脉冲 (4) 一个重复的 START 条件 然后,在正常情况下,I2C 模块在 I2CSAR 中发送从站地址
3	FDF		自由数据格式模式位
		0	禁止自由数据格式模式。通过 XA 位的选择,发送采用 7/10 位寻址格式传输
		1	使能自由数据格式模式。传输自由数据(无地址)格式,参见 7.2.5 节说明 自由数据格式不支持在数字回送模式(DLB=1)
2:0	BC		位计数位。BC 定义了下列数据所示的 1~8 的字节位数,用于确定 I2C 模块接收或发送的数据字节的位数。BC 选择的位数必须与其他设备的数据大小匹配。注意当 BC=000B 时,一个数据字节有 8 位。BC 并不影响总是有 8 位的地址字节 注意:如果 BC 小于 8,接收数据在 I2CDRR(7:0)右对齐,I2CDRR(7:0)的其他位未定义。写入 I2CDXR 的发送数据也必须右对齐
		000	每数据字节 8 位
		001	每数据字节 1 位
		010	每数据字节 2 位
		011	每数据字节 3 位
		100	每数据字节 4 位
		101	每数据字节 5 位
		110	每数据字节 6 位
		111	每数据字节 7 位

表 7.6 I2CMDR 中 RM,STT 和 STP 位定义的主发送器/接收器总线活动

RM	STT	STP	总线活动	说 明
0	0	0	无	无活动
0	0	1	P	停止条件
0	1	0	S-A-D..(n)..D	启动条件,从地址,n 数据字节(n=I2CCNT 中的值)

第 7 章 内部集成电路(I2C)

续表 7.6

0	1	1	S-A-D..(n)..D-P	启动条件,从地址,n 数据字节,停止条件(n=I2CCNT 中的值)
1	0	0	无	无活动
1	0	1	P	停止条件
1	1	0	S-A-D-D-D	重复模式发送:启动条件,从地址,连续数据发送直到停止条件或下一个启动条件
1	1	1	无	保留位组合(无活动)

S=START 条件;A=地址;D=数据字节;P=STOP 条件;

表 7.7 MST 和 FDF 位如何影响 I2CMDR 的 TRX 位

MST	FDF	I2C 模块状态	TRX 功能
0	0	从模式但非自由数据格式模式	不必关注 TXR。根据主站的命令,I2C 模块作为接收器或发送器响应
0	1	从模式且自由数据格式模式	自由数据格式模式需要 I2C 在整个发送过程中保持为发送器或接收器。TRX 确定 I2C 模块的作用 TRX=1:I2C 模块是发送器 TRX=0:I2C 模块是接收器
1	0	主模式但非自由数据格式模式	TRX=1:I2C 模块是发送器 TRX=0:I2C 模块是接收器
1	1	主模式且自由数据格式模式	TRX=0:I2C 模块是接收器 TRX=1:I2C 模块是发送器

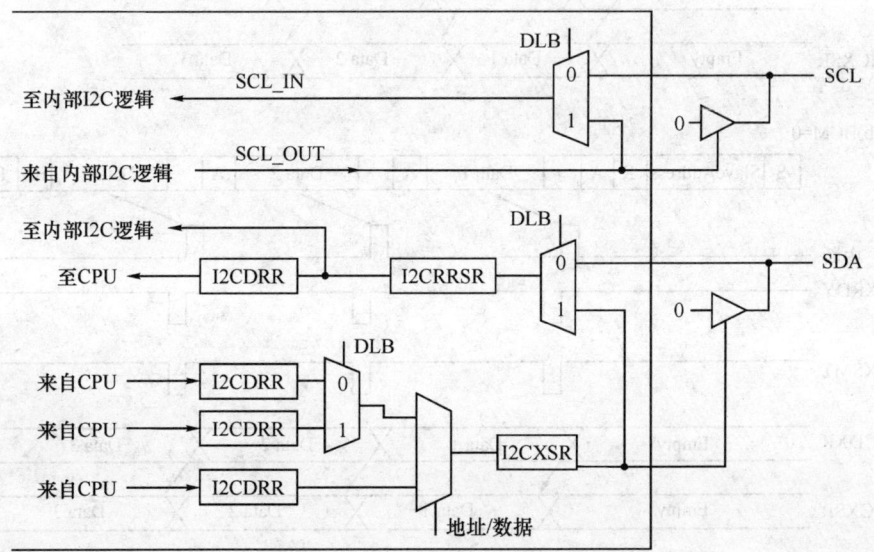

图 7.15 数字回环模式(DLB)位效果引脚示意图

7.5.2 I2C扩展模块(I2CEMDR)寄存器

I2C扩展模块寄存器见图7.16,表7.8为位域定义。

15		1	0
Reserved			BCM
R-0			R/W-1

说明：R/W=读/写；R=只读；-n=复位后的。

图 7.16 I2C扩展模式寄存器(I2CEMDR)

表 7.8 I2C扩展模式(I2CEMDR)寄存器位域定义

位	位域名称	数 值	说 明
15:1	Reserved		任何对该位的写入必须为0
0	BCM		向后兼容性模式。在从发送器模式下,此位影响I2CSTR寄存器发送状态位(XRDY和XSMT)的时序,详情见图7.17

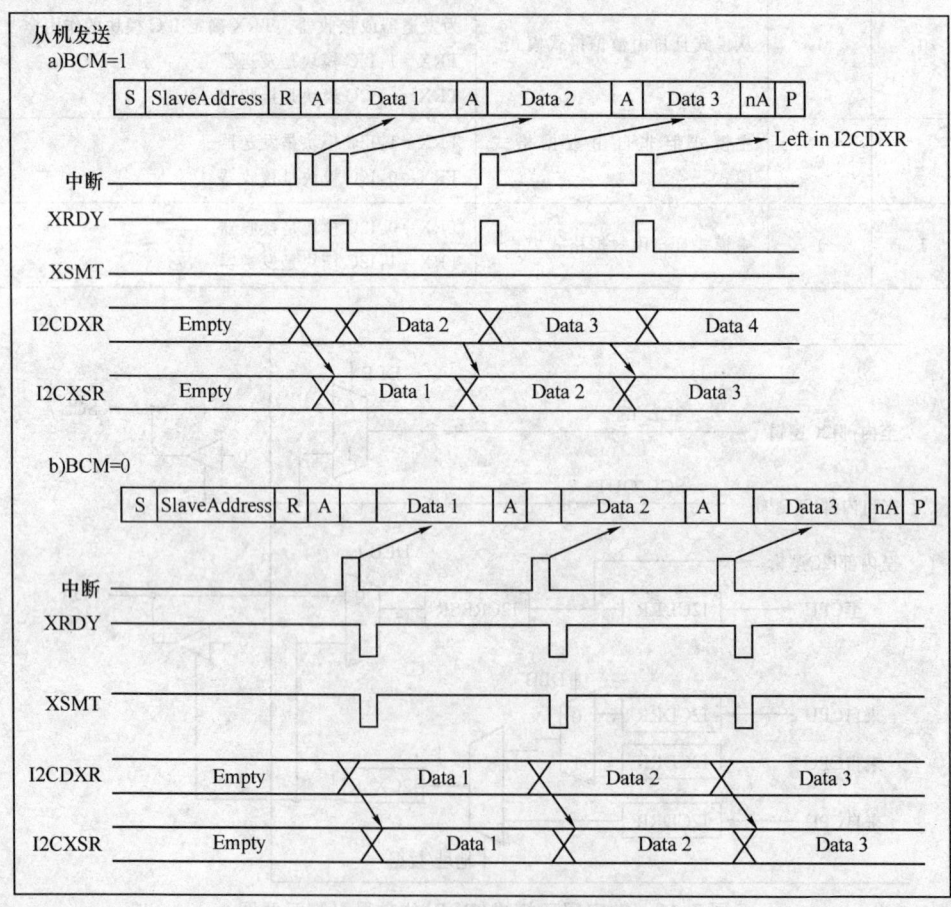

图 7.17 BCM位,从发送机模式

7.5.3 I2C 中断使能(I2CIER)寄存器

CPU 使用 I2CIER 分别使能或禁止 I2C 中断请求。有关 I2CIER 位域定义在图 7.18 和表 7.9 中说明。

15								8
Reserved								
R-0								
7	6	5	4	3	2	1		0
Reserved	AAS	SCD	XRDY	RRDY	ARDY	NACK		AL
R-0	R/W-0	R/W-0	R/W-0	R/W-0	R/W-0	R/W-0		R/W-0

说明：R/W=读/写；R=只读；-n=复位后的值。

图 7.18 I2C 中断使能(I2CIER)寄存器

表 7.9 I2C 中断使能(I2CIER)寄存器位域定义

位	位域名称	数值	说明
15:7	Reserved		该保留位总是读为 0。给该字段写值无效
6	AAS		作为从中断使能位寻址位
		0	禁止中断请求
		1	使能中断请求
5	SCD		停止条件检测中断使能位
		0	禁止中断请求
		1	使能中断请求
4	XRDY		发送数据就绪中断使能位。使用 FIFO 模式时该位不应被置位
		0	禁止中断请求
		1	使能中断请求
3	RRDY		接收数据就绪中断使能位。使用 FIFO 模式时该位不应被置位
		0	禁止中断请求
		1	使能中断请求
2	ARDY		寄存器访问就绪中断使能位
		0	禁止中断请求
		1	使能中断请求
1	NACK		无应答中断使能位
		0	禁止中断请求
		1	使能中断请求
0	AL		仲裁丢失中断使能位
		0	禁止中断请求
		1	使能中断请求

7.5.4 I2C 状态(I2CSTR)寄存器

I2C 状态寄存器(I2CSTR)是一个 16 位寄存器,用来确定发生的中断,读取状态信息。I2CSTR 检测器的位域定义参见图 7.19 和表 7.10。

15	14	13	12	11	10	9	8
Reserved	SDIR	NACKSNT	BB	RSFULL	XSMT	AAS	AD0
R/W-0	R/W-0	R/W-0	R/W-0	R/W-0	R/W-0	R/W-0	R/W-0
7	6	5	4	3	2	1	0
Reserved		SCD	XRDY	RRDY	ARDY	NACK	AL
R/W-0		R/W-0	R/W-0	R/W-0	R/W-0	R/W-0	R/W-0

说明: R/W=读/写; R=只读; -n=复位后的值。

图 7.19 I2C 状态(I2CSTR)寄存器

表 7.10 I2C 状态(I2CSTR)寄存器位域定义

位	位域名称	数值	说明
15	Reserved	0	该保留位总是读 0,给该位写值无效
14	SDIR	0	从站方向位 I2C 不作为一个从发送器编址。SDIR 被下列事件之一清除: ● 手动清除。要清除此位,可对此位写 1 ● 使能数字回送模式 ● 启动或停止条件出现在 I2C 总线上
		1	I2C 作为一个从发送器编址
13	NACKSNT		NACK 发送位。此位当 I2C 模块为接收模式时使用。NACKSNT 受影响的一个实例是使用 NACK 模式(见 7.5.1 节 NACKMOD 的说明)
		0	不发送 NACK。NACKSNT 位被任何下列事件之一清除: ● 手动清除。要清除此位,可对此位写 1 ● I2C 模块复位(向 I2CMDR 寄存器的 IRS 位写 0,或当整个器件复位两者均可)
		1	NACK 已发送:在 I2C 总线上的应答周期发送一个无应答位
12	BB	0	总线忙位。BB 表示在准备另一个数据传输时 I2C 总线是否忙或空闲 总线空闲。任何下列事件之一清除 BB: ● I2C 模块接收或发送一个停止位(总线空闲) ● I2C 模块复位
		1	总线忙:总线上 I2C 模块已收到或发送一个启动位
11	RSFULL	0	接收移位寄存器满位。RSFULL 表示接收期间的一个溢出条件。当将新数据接收到移位寄存器(I2CRSR)并且旧数据尚未从接收寄存器(I2CDRR)读取时发生溢出。随着来自 SDA 引脚新位的到达,它们覆盖 I2CRSR 中的位。在前面的数据未被读取之前,新数据将不会被复制到 ICDRR 未检测到溢出。任何下列事件之一时 RSFULL 被清除: ● I2CDRR 由 CPU 读取。仿真器读取的 I2CDRR 不影响该位 ● I2C 模块复位
		1	检测到溢出

续表 7.10

位	位域名称	数值	说明
10	XSMT		发送移位寄存器为空位。XSMT=0 表示发送器经历下溢。当发送移位寄存器(I2CXSR)为空,而数据传送寄存器(I2CDXR)尚未自上次 I2CDXR 转移到 I2CXSR 时发生下溢。下一个 I2CDXR 转移到 I2CXSR 在新数据到 I2CDXR 之前时不会发生。如果新数据不及时发送,之前的数据可能重新在 SDA 引脚上传输
		0	检测到下溢(空)
		1	没有检测到下溢(不为空)。XSMT 由下列事件之一进行设置: ● 数据写入 I2CDXR 寄存器 ● I2C 模块复位
9	AAS		作为从站寻址位
		0	在 7 位寻址模式中,当收到一个 NACK,一个停止条件或一个重复启动条件时,AAS 位将被清 0。在 10 位寻址模式中,当收到一个 NACK,一个停止条件,或者从站地址不同于 I2C 外设自身的从站地址时,AAS 将被清 0
		1	I2C 模块已经识别了自身的从站地址或者一个全为零的地址(常规呼叫)。如果在自由数据格式(I2CMDR 中的 FDF=1)中已经收到第一个字节,则 AAS 位也将置位
8	AD0		编址 0 位
		0	AD0 已经被启动或停止条件清除
		1	检测到一个全零(常规呼叫)的地址
7:6	Reserved	0	保留位,读总为 0,写无效
5	SCD		停止条件检测位。当 I2C 发送或接收到一个停止条件时,SCD 置位
		0	SCD 上一次被清除后未检出停止条件。通过任何下列事件之一清除 SCD 位: ● I2CISRC 被 CPU 读取,当它包含 110B(检测到 STOP 条件)时。仿真器读取 I2CISRC 不影响该位 ● SCD 手动清除。要清除此位,可对此位写 1 ● I2C 模块复位
		1	I2C 总线上检测到停止条件
4	XRDY		发送数据就绪中断标志位。不在 FIFO 模式时,XRDY 表示数据发送寄存器(I2CDXR)准备接收新数据,因为之前的数据已经从 I2CDXR 复制到发送移位寄存器(I2CXSR)。CPU 可以查询 XRDY 或使用 XRDY 的中断请求(见 7.3.1 节)。在 FIFO 模式时,采用 TXFFINT 代替
		0	I2CDXR 尚未准备就绪。当数据被写入到 I2CDXR 时,XRDY 被清零
		1	I2CDXR 已经准备就绪。数据已从 I2CDXR 复制到 I2CXSR 当 I2C 模块复位时,XRDY 也被强制为 1

续表 7.10

位	位域名称	数 值	说 明
3	RRDY		接收数据就绪中断标志位。当不在 FIFO 模式时，RRDY 表示数据接收寄存器(I2CDRR)准备好被读取，因为数据已经从接收移位寄存器(I2CRSR)复制到 I2CDRR。CPU 可以查询 RRDY 或使用 RRDY 中断请求(见 7.3.1 节)。在 FIFO 模式时，使用 RXFFINT 代替
		0	I2CDRR 没有准备好。通过任何下列事件之一清除 RRDY 位： ● I2CDRR 被 CPU 读取。仿真器读取的 I2CDRR 不影响该位 ● 手动清零 RRDY。要清除此位，可对此位写 1 ● I2C 模块复位
		1	I2CDRR 准备就绪：数据已从 I2CRSR 复制到 I2CDRR
2	ARDY		寄存器访问就绪中断标志位(只适用于当 I2C 模块为主模式时)。ARDY 表明 I2C 模块寄存器准备接收访问，因为以前的编址，数据和命令值已使用。CPU 可以查询 ARDY 或使用 ARDY 中断请求(见 7.3.1 节)
		0	寄存器还没有准备好接收访问。通过任何下列事件之一清除 ARDY 位： ● I2C 模块开始使用当前寄存器的内容 ● ARDY 手动清除。要清除此位，可对此位写 1 ● I2C 模块复位
		1	要访问的寄存器准备就绪。在非重复模式(I2CMDR 中 RM=0)，如果 I2CMDR 中的 STP=0，则当内部数据计数器减计数到 0 时，ARDY 位置位。如果 STP=1，ARDY 不受影响(相反，当计数器达到 0 时 I2C 模块产生一个停止条件) 在重复模式(RM=1)：在 I2CDXR 传送的每个字节结束时 ARDY 被置位
1	NACK		无应答中断标志位。NACK 用于 I2C 模块是一个发送器(主站或从站时)的情况。NACK 表明 I2C 模块已经检测到一个应答位(ACK)，或从接收器中检测到无应答位(NACK)。CPU 可以查询 NACK 或采用 NACK 的中断请求(见 7.3.1 节)
		0	ACK 收到/ NACK 未收到。通过任何下列事件之一清除该位： ● 接收器已发送一个应答位(ACK) ● NACK 手动清除。要清除此位，可对此位写 1 ● CPU 读取中断源寄存器(I2CISRC)且寄存器包含一个 NACK 中断的代码。仿真器读取 I2CISRC 不影响此位 ● I2C 模块复位
		1	收到 NACK 位。硬件检测到无应答(NACK)位已被收到 注：当 I2C 模块进行常规呼叫转移时，NACK 为 1，即使一个或多个从站发送应答
0	AL		仲裁丢失中断标志位(只适用于当 I2C 模块是一个主发送器)。AL 主要指示 I2C 模块何时丢失了与另一个主发送器的仲裁竞争。CPU 可以查询 AL 或使用 AL 中断请求(见 7.2.1 节)
		0	仲裁未丢失。通过任何下列事件之一清除 AL 位： ● AL 手动清除。要清除此位，可对此位写 1 ● CPU 读取中断源寄存器(I2CISRC)，且寄存器包含 AL 中断的代码。仿真器读取 I2CISRC 不影响该位

续表 7.10

位	位域名称	数值	说明
0	AL	1	● I2C 模块复位 仲裁丢失。通过任何以下事件之一置位 AL： ● I2C 模块检测到具有两个或两个以上几乎同时开始传送的相互竞争的发送器，其仲裁丢失 ● I2C 模块试图开始传输，而 BB（总线忙）位设置为 1 当 AL 变为 1 时，I2CMDR 的 MST 和 STP 位被清除，I2C 模块变为从接收器

复位时，I2C 外设无法检测到启动或停止条件，即 IRS 位设置为 0。因此，BB 位将保持将外设为复位时的状态。BB 位将保留状态直到 I2C 外设进行复位，即 IRS 位设置为 1，在 I2C 总线上检测到启动或停止条件。

启动 I2C 第 1 个数据传输之前，请遵循这些步骤：

（1）通过设置 IRS 位为 1 使 I2C 外设进行复位之后，在第一个数据传输前等待一段时间以检测实际总线状态。设置的时间要大于在应用程序中采取最长数据传输的总时间。I2C 复位等待一段时间后，可以确保至少有一个启动或停止条件已经发生在 I2C 总线上，并已被 BB 位捕获。在此之后，BB 位将正确反映 I2C 总线的状态。

（2）继续进行之前需检查 BB 位并确认 BB= 0（总线不忙）。

（3）开始传送数据。传输间不复位 I2C 外设以确保 BB 位反映实际的总线状态。如果用户必须复位传输间的 I2C 外设，每次 I2C 外设复位时重复步骤（1）至（3）。

7.5.5 I2C 中断源寄存器(I2CISRC)

I2C 中断源寄存器(I2CISRC)是 CPU 使用的 16 位寄存器，用来确定哪些事件产生 I2C 中断其位域定义及功能介绍见图 7.20 和表 7.11。有关这些事件的详细信息参见表 7.3 基本 I2C 中断请求说明。

15	12	11	8	7	3	2	0
Reserved		Reserved		Reserved		INTCODE	
R-0		R/W-0		R-0		R-0	

说明：R/W=读/写；R=只读；-n=复位后的值。

图 7.20 I2C 中断源(I2CISRC)寄存器

表 7.11 I2C 中断源(I2CISRC)寄存器位域定义

位	位域名称	数值	说明
15：12	Reserved		保留位，读总为 0，写无效
11：8	Reserved		保留位，读总为 0，写无效
7：3	Reserved		保留位，读总为 0，写无效

续表 7.11

位	位域名称	数值	说明
2:0	INTCODE		中断代码位。INTCODE 中二进制代码表示产生 I2C 中断的事件
		000	无
		001	仲裁丢失
		010	检测到无应答条件检测
		011	寄存器访问准备就绪
		100	接收数据就绪
		101	发送数据准备就绪
		110	检测到停止条件检测
		111	作为从站寻址
			读取 CPU 将清除这一字段。如果另一个低优先级的中断挂起并使能，该中断对应的值将被加载。否则该值将保持清零
			在仲裁丢失的事件中，检测到无应答条件，或检测到停止条件，读 CPU 也将清除 I2CSTR 寄存器中相关的中断标志位
			仿真器读不会影响这个字段的状态或者 I2CSTR 寄存器中状态位

7.5.6 I2C 预分频器寄存器(I2CPSC)

I2C 预分频寄存器(I2CPSC)是一个 16 位寄存器(见图 7.21)，用来分频 I2C 输入时钟以得到 I2C 模块运行所需的模块时钟。请参阅器件特性数据手册以获得模块时钟频率的支持值的范围。表 7.12 列出了位说明。有关模块时钟的更多细节，请参见 7.1.3 节。

I2C 模块复位(I2CMDR 中 IRS=0)时 IPSC 必须初始化。只有当 IRS 改变为 1 时预分频频率生效。改变 IPSC 的值而 IRS=1 时没有效果。

15	8	7	0
Reserved		IPSC	
R-0		R/W-0	

说明：R/W=读/写；R=只读；-n=复位后的值。

图 7.21 I2C 预分频器寄存器(I2CPSC)

表 7.12 I2C 预分频器(I2CPSC)寄存器位域定义

位	位域名称	值	说明
15:8	Reserved		保留位，读总为 0，写无效
7:0	IPSC		I2C 预分频值
			IPSC 确定多少 CPU 时钟分频以产生 I2C 模块的模块时钟
			$f_{mod}(模块时钟频率) = \dfrac{I2C 输入时钟频率}{IPSC+1}$
			注：I2C 模块复位(I2CMDR 中 IRS=0)时 IPSC 必须初始化

注意：为满足所有的 I2C 协议的时序规范，模块的时钟必须配置在 7~12 MHz 之间。

7.5.7　I2C 时钟分频器寄存器(I2CCLKL 和 I2CCLKH)

正如 7.1.3 节描述,当 I2C 模块是主站时,模块时钟分频后作为 SCL 引脚上的主时钟。如图 7.22 所示,主时钟的形状取决于两个分频值:

- I2CCLKL 中的 ICCL(图 7.23 和表 7.13)。对于每一个主时钟周期,ICCL 决定信号为低的时间量。
- I2CCLKH 中的 ICCH(图 7.24 和表 7.14)。对于每一个主时钟周期,ICCH 决定信号为高的时间量。

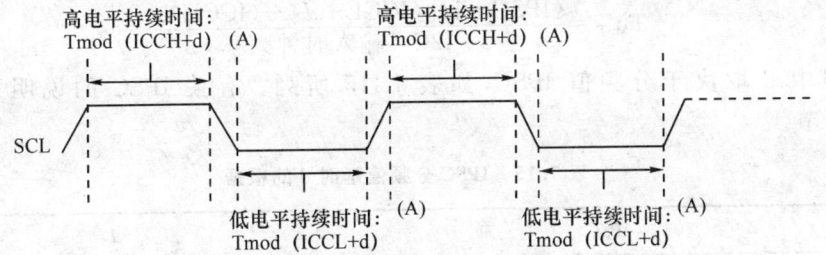

A 如在 7.5.7 小节中描述,Tmod 是模块时钟周期,d 的值是 5,6 或 7。

图 7.22　时钟分频值(ICCL 和 ICCH)的作用

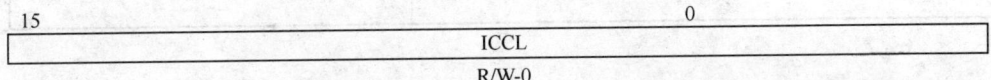

说明:R/W=读/写; R=只读; -n=复位后的值。

图 7.23　I2C 时钟低电平时段分频(I2CCLKL)寄存器

表 7.13　I2C 时钟低时段分频(I2CCLKL)寄存器位域定义

位	位域名称	数值	说明
15~0	ICCL		时钟低时段分频值。为了产生主站时钟低时段的持续时间,模块时钟周期乘以(ICCL+ d)。d 是 5,6 或 7,如本节后面所述 注意:为适当的 I2C 时钟运行这些位必须设置一个非零值

```
 15                                   0
|              ICCH                    |
                R/W-0
```

说明:R/W=读/写; R=只读; -n=复位后的值。

图 7.24　I2C 时钟高时段分频(I2CCLKH)寄存器

表 7.14 I2C 时钟高时段分频(I2CCLKH)寄存器位域定义

位	位域名称	数值	说明
15:0	ICCH		时钟高时段分频值。为了产生主站时钟高时段持续时间,模块时钟周期乘以(ICCH+ d)。d 是 5,6 或 7,如本节后面所述 注意:为适当的 I2C 时钟运行这些位必须设置一个非零值

如下式所示,主站时钟(T_{mst})周期为模块时钟周期的倍数(T_{MOD}):

$$T_{MST} = T_{MOD} * [(ICCL+d)+(ICCH+d)]$$

$$T_{MST} = \frac{(IPSC+1)[(ICCL+d)+(ICCH+d)]}{I2C\ 输入时钟频率}$$

其中 d 取决于分频值 IPSC,如表 7.15 所列。有关 IPSC 的说明可参见 7.5.6 节。

表 7.15 IPSC 分频值延时 d 的根据

IPSC	d
0	7
1	6
大于 1	5

7.5.8 I2C 从地址寄存器(I2CSAR)

I2C 从地址寄存器(I2CSAR)用于存储下一个从地址,当 I2C 模块作为主站时将发送这个从地址。它是一个 16 位寄存器,格式如图 7.25 所示。如表 7.16 所述,I2CSAR 的 SAR 字段包含 7 位或 10 位从地址。当 I2C 模块不采用自由数据格式(I2CMDR 中 FDF= 0),I2C 模块将采用这个地址初始化一个或多个从站的数据传送。当地址非零时,该地址用于特定的从站。当地址为 0 时,该地址是对所有从站的常规呼叫(general call)。如果选中 7 位寻址模式(I2CMDR 中 XA = 0),只有 I2CSAR 的 6:0 位有用,对 9:7 位写 0。

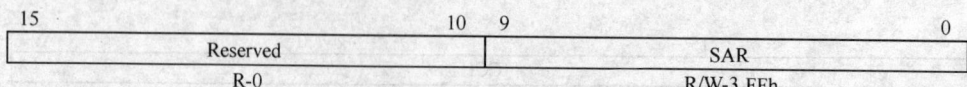

说明: R/W=读/写; R=只读; -n=复位后的值。

图 7.25 I2C 从地址(I2CSAR)寄存器

表 7.16　I2C 从地址(I2CSAR)寄存器位域定义

位	位域名称	数值	说明
15:10	Reserved		保留位，读总为 0，写无效
9:0	SAR		在 7 位寻址模式(I2CMDR 中 XA＝0)下：
		00h~7Fh	位 6:0 提供 7 位从地址,当为主发送器模式时 I2C 模块传输传送这个地址。写 0 给 9:7 位
			在 10 位寻址模式(I2CMDR 中 XA＝1)下：
		000h~3FFh	位 9:0 提供 10 位从地址,当为主发送器模式时 I2C 模块传送这个地址

7.5.9　I2C 自身地址寄存器(I2COAR)

I2C 自身地址寄存器(I2COAR)是一个 16 位寄存器。图 7.26 给出了 I2COAR 格式，表 7.17 说明了它的位字段。I2C 模块使用该寄存器来指定自身的从地址,它有别于其他连接到 I2C 总线的从站。如果选择 7 位寻址模式(I2CMDR 中 XA＝0),只有 6:0 位有用,位 9:7 写 0。

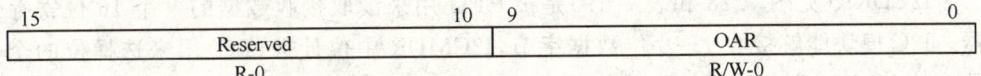

说明: R/W=读/写; R=只读; -n=复位后的值。

图 7.26　I2C 自身地址(I2COAR)寄存器

表 7.17　I2C 自身地址(I2COAR)寄存器位域定义

位	位域名称	数值	说明
15:10	Reserved		保留位，读总为 0，写无效
9:0	OAR		在 7 位寻址模式(I2CMDR 中 XA＝0)下：
		00h~7Fh	位 6:0 提供 I2C 模块的 7 位从地址,写 0 给 9:7 位
			在 10 位寻址模式(I2CMDR 中 XA＝1)下：
		000h~3FFh	位 9:0 提供 I2C 模块的 10 位从地址

7.5.10　I2C 数据计数寄存器(I2CCNT)

I2CCNT 是一个 16 位寄存器,用来指示 I2C 模块作为发送器配置或作为主接收器配置时需要发送或接收多少个数据字节。在重复模式(RM＝1)下,不使用 I2CCNT。I2CCNT 位格式和位域定义分别见图 7.27 和表 7.18。

写入 I2CCNT 的值复制到内部数据计数器。每传输一个字节(I2CCNT 不变),内部数据计数器减 1 计数。如果在主模式(I2CMDR 中 STP＝1)下请求停止条件,则当倒计时结束时(也即最后一个字节已被发送),I2C 模块以一个停止条件终止传输。

15	0
ICDC	
R/W-0	

说明：R/W=读/写；R=只读；-n=复位后的值。

图 7.27　I2C 数据计数(I2CCNT)寄存器

表 7.18　I2C 数据计数(I2CCNT)寄存器位域定义

位	位域名称	数　值	说　明
15:0	ICDC		数据计数值。ICDC 表示传送或接收的数据字节数。当 I2CMDR 中 RM 置为 1 时 I2CCNT 中的值无影响
		0000h	加载到内部数据计数器的开始值为 65 536
		0001h~FFFFh	加载到内部数据计数器的起始值为 1~65 535

7.5.11　I2C 数据接收寄存器(I2CDRR)

I2CDRR(见图 7.28 和表 7.19)是被 CPU 用来读取接收数据的一个 16 位寄存器。I2C 模块能够接收 1~8 位数据字节，I2CMDR 中位计数(BC)用来选择位的个数。从 SDA 引脚移位到接收移位寄存器(I2CRSR)一次转移一位。当已收到一个完整的数据字节，I2C 模块将数据字节从 I2CRSR 复制到 I2CDRR。CPU 不能直接访问 I2CRSR。

如果 I2CDRR 中数据字节少于 8 位，数据值右对齐，I2CDRR(7:0)的其他位不确定。例如，如果 BC= 011(3 位数据大小)，接收到的数据在 I2CDRR(2:0)中，I2CDRR(7:3)的内容是不确定的。在接收 FIFO 模式时，I2CDRR 寄存器作为接收 FIFO 缓冲区。

15	8	7	0
Reserved		DATA	
R-0		R-0	

说明：R/W=读/写；R=只读；-n=复位后的值。

图 7.28　I2C 数据接收(I2CDRR)寄存器

表 7.19　I2C 数据接收(I2CDRR)寄存器位域定义

位	位域名称	数　值	说　明
15:8	Reserved		保留位，读总为 0，写无效
7:0	DATA		接收数据

7.5.12　I2C 数据发送寄存器(I2CDXR)

　　CPU 将数据传送到 I2CDXR 寄存器(见图 7.29 和表 7.20)。该 16 位寄存器接收 1~8 位的数据字节。写 I2CDXR 之前，通过给 I2CMDR 的位计数(BC)位加载适当的值，用以指定一个数据字节是多少位。当写一个数据字节少于 8 位时，要确保数值在 I2CDXR 寄存器中右对齐。

　　一个数据字节写入 I2CDXR 后，I2C 模块将数据字节复制到发送移位寄存器(I2CXSR)。CPU 不能直接访问 I2CXSR。I2C 模块通过 SDA 引脚移出数据字节，一次一位。在发送 FIFO 模式时，I2CDXR 寄存器可作为发送 FIFO 缓冲区。

15		8	7		0
	Reserved			DATA	
	R-0			R/W-0	

说明：R/W=读/写；R=只读；-n=复位后的值。

图 7.29　I2C 数据发送(I2CDXR)寄存器

表 7.20　I2C 数据发送(I2CDXR)寄存器位域定义

位	位域名称	值	说明
15:8	Reserved		保留位，读总为 0，写无效
7:0	DATA		发送数据

7.5.13　I2C 发送 FIFO 寄存器(I2CFFTX)

　　I2C 发送 FIFO 寄存器(I2CFFTX)是一个 16 位寄存器，包含 I2C FIFO 模式使能位和 I2C 外设发送 FIFO 操作模式的控制和状态位。位字段见图 7.30 和表 7.21 中说明。

15	14	13	12	11	10	9	8
Reserved	I2CFFEN	TXFFRST	TXFFST4	TXFFST3	TXFFST2	TXFFST1	TXFFST0
R-0	R/W-0	R/W-0	R-0	R-0	R-0	R-0	R-0
7	6	5	4	3	2	1	0
TXFFINT	TXFFINTCLR	TXFFIENA	TXFFIL4	TXFFIL3	TXFFIL2	TXFFIL1	TXFFIL0
R-0	R/W1C-0	R/W-0	R/W-0	R/W-0	R/W-0	R/W-0	R/W-0

说明：R/W=读/写；R=只读；-n=复位后的值。

图 7.30　I2C 发送 FIFO(I2CFFTX)寄存器

表 7.21 I2C 发送 FIFO(I2CFFTX)寄存器位域定义

位	位域名称	数值	说明
15	Reserved	0	保留位，读总为 0，写无效
14	I2CFFEN	0 1	I2C FIFO 模式使能位。若要发送或接收 FIFO 正常运行，必须使能此位 禁止 I2C FIFO 模式 使能 I2C FIFO 模式
13	TXFFRST	0 1	I2C 发送 FIFO 复位位 复位发送 FIFO 指针为 0000，并保持发送 FIFO 在复位状态 使能发送 FIFO 操作
12:8	TXFFST4-0	00xxx 00000	包含发送 FIFO 的状态 发送 FIFO 包含 xxx 字节 发送 FIFO 为空 注意：由于这些位复位为 0，当发送 FIFO 操作被使能并且 I2C 复位时，发送 FIFO 中断标志将被置位。如果使能，这将产生一个发送 FIFO 中断。为了避免由此造成的任何不利影响，一旦使能发送 FIFO 操作并且 I2C 产生复位时，可对 TXFFINTCLR 写 1
7	TXFFINT	0 1	发送 FIFO 中断标志。该位由 CPU 给 TXFFINTCLR 写 1 清零。如果 TXFFIENA 被置位，则该位置位时将产生中断 没有发生发送 FIFO 中断条件 发生了发送 FIFO 中断条件
6	TXFFINTCLR	0 1	发送 FIFO 中断标志清除位 写 0 无效，读返回 0 写 1 清除 TXFFINT 标志
5	TXFFIENA	0 1	发送 FIFO 中断使能位 禁止。设置时，TXFFINT 标志不产生中断请求 使能。设置时，TXFFINT 标志产生中断请求
4:0	TXFFIL4~0		发送 FIFO 中断等级位 状态等级位的设置将会置位发送中断标志。当 TXFFST4~0 达到的位值等于或少于这些位，TXFFINT 标志将被置位。如果 TXFFIENA 位被置位将产生一个中断请求。因为这些设备的 I2C 有一个 4 级的发送 FIFO，这些位不能被配置为中断超过 4 级 FIFO TXFFIL4 和 TXFFIL3 固定为零

7.5.14 I2C 接收 FIFO 寄存器(I2CFFRX)

I2C 接收 FIFO 寄存器(I2CFFRX)是一个 16 位寄存器，包含用于 I2C 外设接收 FIFO 操作模式的控制位和状态位。位字段定义如图 7.31 和表 7.22 中所述。

15	14	13	12	11	10	9	8
Reserved		RXFFRST	RXFFST4	TXFFST3	RXFFST2	RXFFST1	RXFFST0
R-0		R/W-0	R-0	R-0	R-0	R-0	R-0

7	6	5	4	3	2	1	0
RXFFINT	RXFFINTCLR	RXFFIENA	RXFFIL4	RXFFIL3	RXFFIL2	RXFFIL1	RXFFIL0
R-0	R/W1C-0	R/W-0	R/W-0	R/W-0	R/W-0	R/W-0	R/W-0

说明：R/W=读/写；R=只读；-n=复位后的值。

图 7.31　I2C 接收 FIFO(I2CFFRX)寄存器

表 7.22　I2C 接收 FIFO(I2CFFRX)寄存器位域定义

位	位域名称	数值	说明
15:14	Reserved	0	保留位，读总为 0，写无效
13	RXFFRST		I2C 接收 FIFO 复位位
		0	复位接收 FIFO 指针为 0000，并保持接收 FIFO 在复位状态
		1	使能接收 FIFO 操作
12:8	RXFFST4-0		包含接收 FIFO 的状态
		00xxx	接收 FIFO 包含 xxx 字节
		00000	接收 FIFO 为空
7	RXFFINT		接收 FIFO 中断标志。该位由 CPU 对 RXFFINTCLR 写 1 清零。如果 RXFFIENA 被置位，该位置位时将产生一个中断请求
		0	接收 FIFO 中断条件没有发生
		1	接收 FIFO 中断条件已经发生
6	RXFFINTCLR		接收 FIFO 中断标志清除位
		0	写 0 无效，读返回 0
		1	对该位写 1 清除 RXFFINT 标志
5	RXFFIENA		接收 FIFO 中断使能位
		0	禁止。设置时，RXFFINT 标志不产生中断请求
		1	使能。设置时，RXFFINT 标志产生中断请求
4:0	RXFFIL4~0		接收 FIFO 中断等级。 对状态级位的设置将会置位接收中断标志。当 RXFFST4~0 位达到的位值等于或少于这些位，RXFFINT 标志将被置位。如果 RXFFIENA 位被置位将产生一个中断请求 注意：由于这些位复位到 0，如果使能接收 FIFO 操作且 I2C 复位，则接收 FIFO 中断标志将被置位。如果使能，这将产生一个接收 FIFO 中断。为了避免这种情况，在设置 RXFFRST 位之前，在同一个指令处修改这些位。因为这些设备的 I2C 有一个 4 级接收 FIFO，这些位不能被配置为超过 4 个 FIFO 级位中断。RXFFIL4 和 RXFFIL3 固定为零

第7章 内部集成电路(I2C)

7.6 I2C软件模拟示例 zI2C_eepromMN

LaunchPad 28027 调试板无 EEPROM（24c256）芯片，笔者采用含 24c256 芯片的 eZdsp 28335 评估板，该板主控制器为 176 个引脚的浮点 28335。在 CCSv5 环境下可以采用与 28027 完全相同的方法建立或者导入 28335 项目。由于 28027 只有一个 4 级深度的 FIFO，而 28335 为 16 级深度，因此除了有关 FIFO 指令的设置不同之外，28335 的 Example_2833xI2C_eeprom.c 文件与 28027 的 Example_2802xI2C_eeprom.c 文件的指令及用到的寄存器完全相同。

有意思的是：尽管出品顺序 28335 先于 28027，但是 28335 的 i2c_eeprom 源码文档于 2010 年 6 月推出，而 28027 的同名文档于同年 2 月推出。即该同名文档 28027 较 28335 早 4 个月问世。比较 28027 v129 版本其他 38 个源码，原作者对 I2C 源码的注释更为详细。

尽管源码在 eZdsp 28335 评估板上调试通过，但遗憾的是：该文档读函数不能独立地读取 24c256 的数据，和写函数及中断服务函数纠结在一起，程序结构复杂，并且每次写入的字节数受 FIFO 的限制，28335 一次可写 14 个字节，而 28027 一次只有 2 个字节可写。

鉴于上述原因，不得不放弃 I2C 的硬件方法转而采用符合 I2C 通信规范的软件模拟方法。要了解本节 I2C 软件模拟方法的读者需要在 LaunchPad 28027 调试板上外接如图 7.32 的硬件。并进行以下连接，本例必须进行这种连接才能进行调试。

24C256.SDA 接入 GPIO32(LaunchPad.J2.6)；
24C256.SCL 接入 GPIO33(LaunchPad.J2.7)；
24C256.VCC 接入 +3.3V(LaunchPad.J3.3)；
24C256.VSS 接入 GND(LaunchPad.J3.2)。

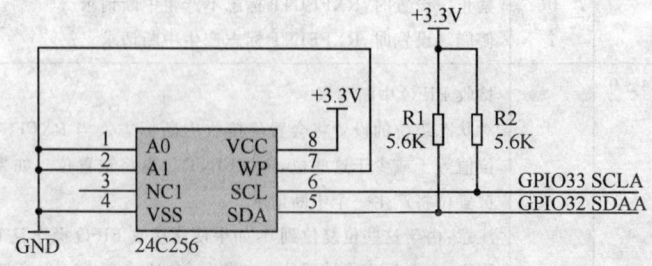

图 7.32 24C256 与 28027 的接口

7.6.1 I2C 接口模拟指令

表 7.23 为 I2C 接口模拟指令，GPIO32 及 GPIO33 第 1 外设功能为 SDA 及

SCL,不过这里直接采用了 GPIO 功能,将 GPIO32 及 GPIO33 分别模拟成 I2C 的 SDA 及 SCL。当然也可用其他的 GPIO 引脚模拟。

表 7.23 I2C 模拟指令

```
#define SDA       GpioDataRegs.GPBDAT.bit.GPIO32       //定义 GPIO32 为 SDA 用于发送/接收数据
#define SDA_In    GpioCtrlRegs.GPBDIR.bit.GPIO32 = 0   //定义 SDA_In 为 SDA 输入
#define SDA_Out   GpioCtrlRegs.GPBDIR.bit.GPIO32 = 1   //定义 SDA_Out 为 SDA 输出
#define Setb_SDA  GpioDataRegs.GPBSET.bit.GPIO32 = 1   //定义 Setb_SDA 为置 SDA 高电平
#define Clr_SDA   GpioDataRegs.GPBCLEAR.bit.GPIO32 = 1 //定义 Clr_SDA 为置 SDA 低电平

#define SCL_In    GpioCtrlRegs.GPBDIR.bit.GPIO33 = 0   //定义 SCL_In 为 SCL 输入
#define SCL_Out   GpioCtrlRegs.GPBDIR.bit.GPIO33 = 1   //定义 SCL_Out 为 SCL 输出
#define Setb_SCL  GpioDataRegs.GPBSET.bit.GPIO33 = 1   //定义 Setb_SCL 为置 SCL 高电平
#define Clr_SCL   GpioDataRegs.GPBCLEAR.bit.GPIO33 = 1 //定义 Clr_SCL 为置 SCL 低电平
```

7.6.2 EEPROM ATMEL 24C256 简介

为了焊接方便,这里采用双列直插 ATMEL 24C256,其引脚分布如图 7.32 所示,A0 及 A1:地址输入引脚,SDA:串行数据引脚,SCL:串行时钟输入引脚,WP:写保护引脚。

24C256 存储空间为 262 144 位,俗称 256 K bit,划分成 512 页(0x200),每页 512 位(0x40 个字节),共 32 768(0x8000)个字节。每页首地址为 0x40 的整数倍,比如第 1 页地址为 0x0000,第 512 页地址为 0x7FC0(0x1FF×0x40)。

24C256 允许页写,即一次写操作针对某一固定的页。如果访问的是页首址,则一次最多写入 64 个字节,当多于 64 个字节时,余下的写入从本页的首址开始覆盖写入。允许从页中某个地址写入,只是超过页底部时再从页首址顺序覆盖写入。因此,建议对 24C256 的写操作总是从页首址开始,并且每一次写入的字节数不要多于 64 个字节。

24C256 位传送速率受电压的控制:1 MKbit/s(5 V),400 Kbit/s(2.7 V)及 100 Kbit/s(1.8 V)。

7.6.3 24C256 读写时序

1. 时钟及数据传送

SDA 引脚通常由外部电阻拉成高电平。其数据仅在 SCL 时钟周期为低电平时发生变化,SDA 高电平为 1,低电平为 0。在 SCL 周期为高电平期间,SDA 电平的变化表示为一个启动或停止条件。

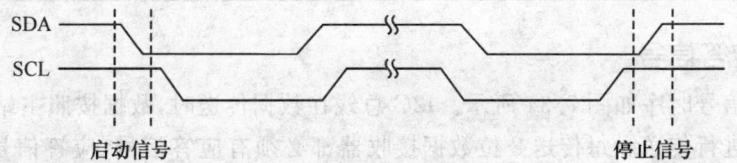

图 7.33 启动/停止时序

第7章 内部集成电路(I2C)

2. 启动/停止信号(如图7.33所示)

启动信号:当时钟线 SCL 为高电平时,数据线 SDA 电平从高到低的跳变为 I2C 总线的启动信号。

停止信号:当时钟线 SCL 为高电平时,数据线 SDA 电平从低到高的跳变为 I2C 总线的停止信号。表7.24为 I2C 启动函数,表7.25为 I2C 停止函数。

表7.24 I2C 启动函数 IIC_Start( )

```
void IIC_Start(void)        // 在时钟线保持高电平期间,数据线出现由高电平向低电平的变化时,启
                            // 动 IIC 总线
{
    EALLOW;                 // 允许访问受保护的空间
    SDA_Out;                // 设定数据线 SDA 为输出
    SCL_Out;                // 设定时钟线 SCL 为输出
    EDIS;                   // 禁止访问受保护的空间
    Setb_SDA;               // 发送 IIC 总线起始条件的数据信号,置 SDA 为高电平
    Setb_SCL;               // 设置时钟线为高电平
    Dlay(I2C_dlay);         // 在将 SDA 设置成低电平之前,两信号之间须有一个延时
    Clr_SDA;                // 发送 IIC 总线起始信号,置 SDA 为低电平
    Dlay(I2C_dlay);         // 延时
    Clr_SCL;                // 钳住时钟线为低电平,以发送启动信号
}
```

表7.25 I2C 停止函数 IIC_Stop( )

```
void IIC_Stop(void)         // 在时钟线保持高电平期间,数据线出现由低电平向高电平的变化时,停
                            // 止 IIC 总线
{
    EALLOW;                 // 允许访问受保护的空间
    SDA_Out;                // 设定数据线 SDA 为输出
    SCL_Out;                // 设定时钟线 SCL 为输出
    EDIS;                   // 禁止访问受保护的空间
    Clr_SDA;                // 发送 IIC 总线结束条件的数据信号,置 SDA 为低电平
    Setb_SCL;               // 设置时钟线为高电平
    Dlay(I2C_dlay);         // 在将 SDA 设置成高电平之前,两信号之间须有一个延时
    Setb_SDA;               // 发送 IIC 总线结束信号,置 SDA 为高电平
    Dlay(I2C_dlay);         // 延时
    Clr_SCL;                // 钳住时钟线为低电平,以发送停止信号
}
```

3. 应答信号

应答信号时序如图7.34所示。I2C 总线在数据传送时,数据按照主站 SCL 时钟线的节律进行传送。每传送8位数据接收器都必须有应答信号,应答信号在第9个

时钟位上出现,接收器输出低电平(0)为应答信号(ACK),输出高电平(1)为无应答信号(NO ACK)。当从站不产生应答时,主站通过产生一个停止信号来终止总线数据传送。

当主站作为接收器接收到最后一个数据字节后,必须给从站发送器发送一个无应答信号(NO ACK),使从站释放数据线 SDA,以便主站发送停止信号终止数据传送。

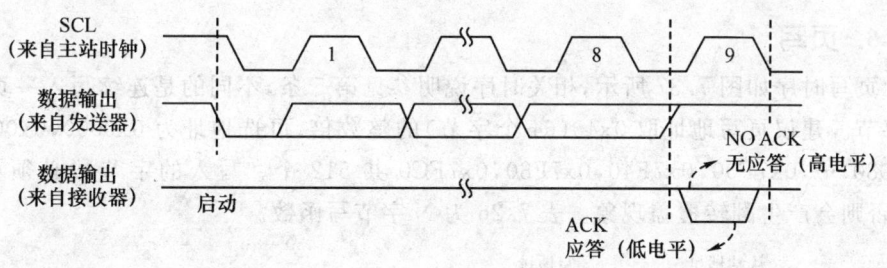

图 7.34　应答时序

4. 从站地址

从站地址的构成如图 7.35 所示。24C256 从站地址由前 4 位固定的 1010 及后 4 位组成。其中 A1,A0 为设备地址,允许在同一总线上选择 4 个相同设备。如图 7.32 所示,本例已将 A1,A0 接地。第 8 位为读/写选择位,当 R/$\overline{W}$=0 为写,而当 R/$\overline{W}$=1 为读。因此,本例 0xA0 为写,0xA1 为读。

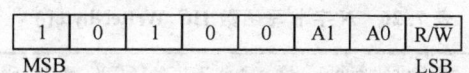

图 7.35　从站地址的构成

5. 写一个字节

写一个字节是指主站向 24C256 片内某一存储地址(写地址)写入一个字节 DATA 的操作。

图 7.36 中方波上部有横线的表示高电平 1,下部横线的表示低电平 0。长方形图中上下边有短竖线的表示电平不定。8 位从站地址中前面 5 位表示二进制 10100(高位在前),考虑到总线可能接入多片 24C256 故不定,第 8 位为 0 表示写。对 24C256 而言,访问地址不可能超过 0x8000,因此写地址的 * 位不必考虑。EEPROM 每接收到 8 位字节后(即在传送 8 位后的第 9 个 SCL 时钟周期),产生一个低电平作为应答。每一帧写以 SDA 启动信号开始,在主站写完一个字节数据后,以 SDA 停止信号结束。写一个字节可寻址 0x0000~0x7FFF 所有空间。

第7章 内部集成电路(I2C)

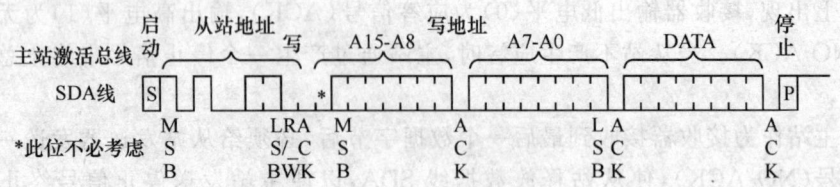

图 7.36 写一个字节时序

6. 页写

页写时序如图 7.37 所示,相关时序说明参见第 5 条,不同的是连续写入一页 64 个字节。建议页写地址取 0x40(64 个字节)的整数倍,可选地址为 0x0000,0x0040, 0x0080,…,0x7F00,0x7F40,0x7F80,0x7FC0 共 512 个。写入的字节数必须小于 64,否则会产生翻转覆盖现象。表 7.26 为 N 字节写函数。

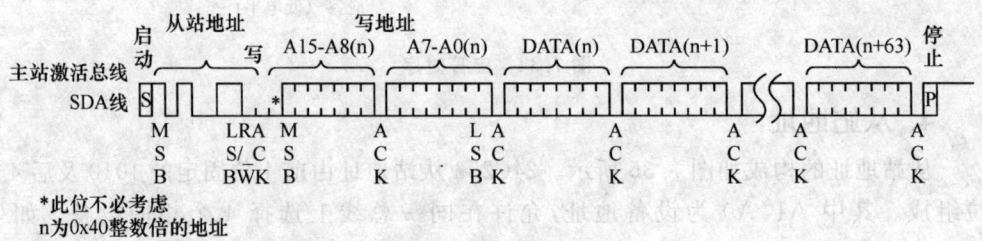

图 7.37 页写时序

表 7.26 N 字节写函数 IIC_WriteNbyte()

```
uchar IIC_WriteNbyte(uchar sla,uchar suba1,uchar suba2,Uint16 I2C_write[64],uchar k)(1)(2)
{   // 将 I2C_write[64] 中 2k 个字节数据,发送到 256 从地址为 (suba2,suba1) 的 2k 个单元, k<=32,
    // 否则覆盖。
    // 当 k=32 时,若起始地址不是 0x40 的整数倍,也会产生一页(64 个字节)内的覆盖。
    uchar i;
    Uint16 j;
    IIC_Start();                              // 启动 IIC。
    IIC_SendByte(sla);                        // 发送从站 24C256 地址。
        if(ack==0x55) return(0);(3)           // 这里的 return(0) 作用为:IIC 通信失败终止程序运行,
                                              // 把控制权返回给主流程。
    IIC_SendByte(suba1);                      // 发送从站 24C256 存储单元高 8 位地址。
        if(ack==0x55) return(0);
    IIC_SendByte(suba2);                      // 发送从站 24C256 存储单元低 8 位地址。
        if(ack==0x55) return(0);
    for(i=0;i<k;i++) {                        // 页写,不要超过 64 个字节,否则会数据覆盖。
        j=I2C_write[i];                       // 取出数组 I2C_write 中第 I 个数据
        IIC_SendByte((j&0xff00)>>8);          // 取高 8 位字节存入 256
        IIC_SendByte(j&0x00ff);               // 取低 8 位字节存入 256
    }
    IIC_Stop();                               // 停止 I2C
    return(1);                                // IIC 通信正常返回 1,把控制返回给主流程。
}
```

1) 函数有 5 个形参： 第一形参 uchar sla 为从站地址；第二形参 uchar suba1 为从站 24C256 高字节地址；第三形参 uchar suba2 为从站 24C256 低字节地址；第四形参 Uint16 I2C_write[64] 指向数组 I2C_write[64]，本函数将该数组中的数据取出存入 24c256；第五形参 uchar k 为待传送的字节个数
2) 根据 24c256 存储空间的大小，suba1,suba2 地址范围为 [0,0x7fff]，共 32 768 个字节。每页 512 位 64 个字节，总共有 512 页(64 * 512 = 32 768 个字节 = 262 144 位,俗称 256 k)。存储时以 0x40(64 个字节)的整数倍为起始地址进行存储。共有 512(0x200)个地址，最小起始地址为 0x40 * 0 = 0x000，最大有效地址是 0x40 * 0x1FF = 0x7FC0。
3) 输出参数：当通信正常时，返回 1，否则返回 0

表 7.27 N 字节写函数中一个字节发送函数 IIC_SendByte()

```
// 函数功能： 主站向 24C256 发送一个字节(地址或数据),发完后等待从站应答。若正常，从站将 SDA 线拉
// 成低电平(ACK),否则从站不予应答,SDA 线仍保持原来的高电平(NO ACK)。如果数据发送正常置 ack =
// 0xaa,否则置 ack = 0x55。
void IIC_SendByte (uchar send_byte)
{
    unsigned int bit_counter;
    EALLOW;                                 // 允许访问受保护的空间
    SCL_Out(1);                             // 设定时钟线 SCL 为输出
    SDA_Out;                                // 设定数据线 SDA 为输出
    EDIS;                                   // 禁止访问受保护的空间
    for(bit_counter = 0; bit_counter < 8; bit_counter++)     // 发送 8 位
    {
        if((send_byte<<bit_counter) & 0x80) // 判断左移到最高位的位是否为 1。位传送从最高位
                                            // (bit_counter = 0)开始。通过左移将第 bit_counter
                                            // 位移到最高位
                                            // 再同 1 相与,再判断是否为 1。
            Setb_SDA;                       // 位为 1,向 SDA(24C256.5)发送高电平；
        else Clr_SDA;                       // 位为 0,向 SDA(24C256.5)发送低电平。
        Setb_SCL;                           // 以下 4 条指令发出一个 SCL 脉冲以便传送一位数据
        Dlay(I2C_dlay);
        Clr_SCL;
        Dlay(I2C_dlay);
    }
    Setb_SDA;                               // 8 位发送完毕后,以下 4 行释放数据线
    Dlay(I2C_dlay);
    Setb_SCL;
    Dlay(I2C_dlay);
    EALLOW;                                 // 允许访问受保护的空间
    SDA_In;                                 // 设定数据线 SDA 为输入,准备接收 24C256 的应答信号
    EDIS;                                   // 禁止访问受保护的空间
    if(SDA == 1) ack = 0x55;                // 从器件无应答,接收不正常,置 ack = 0x55
    else ack = 0xaa;                        // 从器件有应答,发收正常,置 ack = 0xaa
    Clr_SCL;                                // 钳住 IIC 总线,准备下一次发送或接收数据
}
```

(1) 因为在函数中需要改变引脚的传送方向,用以数据的输入或输出,因此根据需要对引脚的传送方向重新定义。例如：SCL_Out；将 SCL 口作为输出口,又如：SDA_In；将 SDA 口作为输入口等。

7. 当前地址读

当前地址读时序如图7.38所示。所谓当前地址是指从站内部地址计数器所保持的最后读写访问操作地址的下一个地址,当前地址读就是读从站这个地址的数据。如果操作地址是该页的最后一个地址,则当前地址指向该页的首地址。从站地址的第8位为1(0xA1)表示读当前地址中的数据。当主站跟随启动信号发送完毕8位从站地址之后,被控从站必须发送一个应答(ACK)信号,将SDA拉成低电平,之后从站开始通过SDA线传送当前地址中的数据。当主站将这个8位字节读完、随之将SCL第9个时钟的数据线SDA拉成高电平(NO ACK)之后,发送停止信号,终止当前地址读操作。

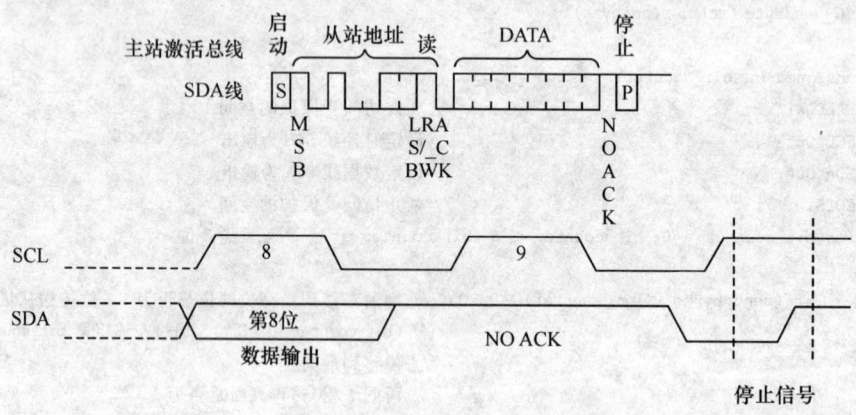

图 7.38 当前地址读时序

8. 选择读

选择读时序如图7.39所示。它由两部分组成,首先呼叫从站并写入要访问的地址,这一步骤与页写的写地址之前的过程完全一致,之后的步骤与当前地址读时序完全相同。整个过程有两次启动,简单说前面步骤是写地址而后面步骤则是读数据。在第2次写从站地址时,从站地址的第8位必须改为1(0xA1)表示读 EEPROM 数据。

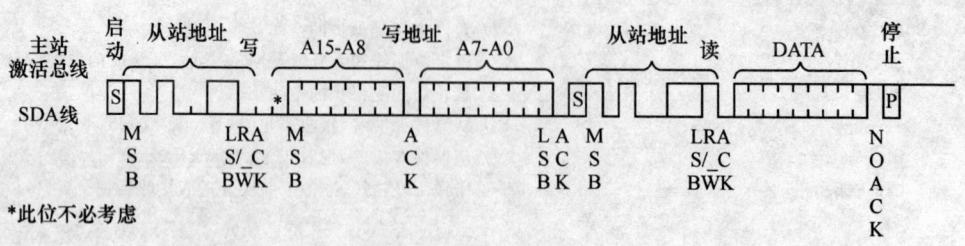

图 7.39 选择读时序

9. 顺序读

顺序读如图 7.40 所示，可采用两种方法进行。一种是本例采用的通过选择读的方法顺序读取 EEPROM 中的数据；另一种是根据当前地址单独地顺序读。

主站在读取最后一个字节前的每一个 8 位数据后，即第 9 个 SCL 时钟周期，必须将数据线 SDA 拉成低电平作为应答（ACK），而在读取最后一个字节后，主站将 SDA 线拉成高电平作为无应答（NO ACK），随之发送一个停止信号终止传送。表 7.28 为顺序读源码。

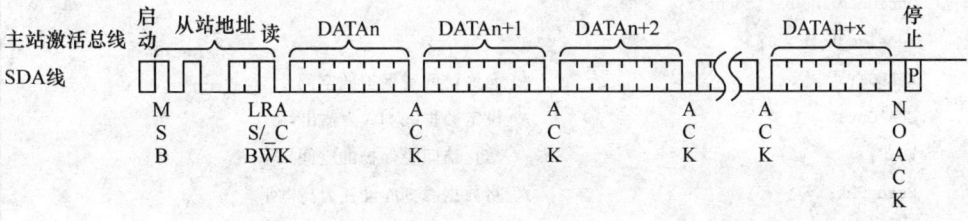

图 7.40 顺序读时序

表 7.28 顺序读函数 IIC_ReadNbyte( )

```
uchar IIC_ReadNbyte(uchar sla,uchar suba1,uchar suba2,Uint16 I2C_read[64],uchar k)(1)
{   // 读取 256 某子地址开始的 2k(k<=32) 个字节数据,并将其放入 I2C_read[64]数组中
    uchar i;
    Uint16 h,l;
    IIC_Start();                        // 第 1 次启动总线,写从站地址及待读取数据的 EEPROM
                                        // 存储地址
    IIC_SendByte(sla);                  // 发送从器件地址
        if(ack==0x55) return(0);(2)     // 这里的 return(0)作用为: IIC 通信失败终止程序运行,
                                        // 把控制权返回给主流程。
    IIC_SendByte(suba1);
        if(ack==0x55) return(0);        // 发送从器件高 8 位子地址
    IIC_SendByte(suba2);
        if(ack==0x55) return(0);        // 发送从器件低 8 位子地址
    IIC_Start();                        // 第二次启动总线,写第 8 位改为 1 的从站地址
    IIC_SendByte(sla+1);                // 发送从器件读指令
        if(ack==0x55) return(0);
    for(i=0;i<k;i++)                    // 读取 2k 个字节的数据
    {
        h = IIC_ReceiveByte ();         // 第 1 次接收的字节为高 8 位数据
        IIC_Ack(0);                     // 发送应答信号(ACK)
        l = IIC_ReceiveByte ();         // 第 2 次接收的字节为低 8 位数据
        I2C_read[i]=(h<<8)+l;           // 读取数据
        IIC_Ack(0);                     // 发送应答信号(ACK)
    }
    IIC_Ack(1);                         // 在数据读取完毕后,主站发送非应答信号(NO ACK)
    IIC_Stop();                         // 结束总线
    return(1);
}
```

(1) 输入参数：第一形参 uchar sla 为从器件 256 地址；第二形参 uchar suba1 为从器件 256 高 8 位子地址；第

三形参 uchar suba2 为从器件 256 低 8 位子地址；第四形参 Uint16 I2C_read[64]，存放从 24c256 一次读出的 2k 个字节。第五形参 uchar k，从 24c256 读出 2k 个字节（k<＝32）。
(2) 输出参数：在调用 IIC 传送函数时，若应答 ack = 0xAA，则 IIC 通信正常，返回值为 1；若应答 ack = 0x55，则 IIC 通信失败，返回值为 0。

表 7.29　选择读函数中的接收字节函数 IIC_ReceiveByte（）

```
uchar IIC_ReceiveByte()                    // 主器件 CPU 接收 24C256 发送的一个字节
{
    uchar receive_byte;
    unsigned int bit_counter;
    receive_byte = 0;
    EALLOW;                                // 允许访问受保护的空间
    SDA_Out;                               // 设定数据线 SDA 为输出
    EDIS;                                  // 禁止访问受保护的空间
    Setb_SDA;                              // 将数据线 SDA 设置为高电平
    EALLOW;
    SCL_Out;                               // 设定时钟线 SCL 为输出
    SDA_In;                                // 设定数据线 SDA 为输入,准备接收 24C256 发出的数据
    EDIS;
    for(bit_counter = 0; bit_counter < 8; bit_counter++)    //接收 8 位数据
    {
        Dlay(I2C_dlay);                    // 24C256 从站数据的发送通过主站一个脉冲完成。以下
                                           // 5 行产生
        Clr_SCL;                           // SCL 时钟一个脉冲。此时从站伴随 SCL 的节律根据输出
        Dlay(I2C_dlay);                    // 字节将数据线 SDA 拉成高电平或低电平
        Setb_SCL;
        Dlay(I2C_dlay);
        receive_byte = receive_byte<<1;    // 不必考虑 receive_byte 的初始值,左移 8 位后总是一个
                                           // 新值。
        if(SDA == 1) receive_byte = receive_byte + 1;   // 若是高电平最低位置1,否则保留通过移位
                                           // 移入的 0。
        Dlay(I2C_dlay);
    }
    Clr_SCL;                               // 主站一个字节接收完后,将时钟 SCL 拉成低电平作为应
                                           // 答(ACK)
    Dlay(I2C_dlay);                        // 延时
    return(receive_byte);                  // 返回接收值
}
```

第7章 内部集成电路(I2C)

表7.30 选择读函数中的接收字节函数 IIC_Ack()

```
void IIC_Ack(uchar j)           //主控器发出应答或非应答信号
{
    EALLOW;                     // 允许访问受保护的空间
    SCL_Out;                    // 设定时钟线 SCL 为输出
    SDA_Out;                    // 设定数据线 SDA 为输出
    EDIS;                       // 禁止访问受保护的空间
    if(j==0) SDA = 0;           // 当形参 j=0 时,将 SDA 置低电平,作为应答(ACK)
        else SDA = 1;           // 当形参 j=1 时,将 SDA 置高电平,作为非应答(NO ACK)
    Dlay(I2C_dlay);             // 以下 5 条指令发出一个 SCL 脉冲以便传送应答或非应答信号
    Setb_SCL;
    Dlay(I2C_dlay);
    Clr_SCL;
    Dlay(I2C_dlay);
}
```

10. 页写翻转覆盖示例

先将 32 个有序数 0x80~0x9F 存入 I2C_write[32]数组,通过下面指令:

IIC_WriteNbyte(0xA0,0x00,0x20,I2C_write,32);

将 I2C_write 数组的 32 个 16 位字(共 64 个字节)数据写入 24C256 的 0x0020 开始的存储空间,该地址位于第 1 页中部,写到 0x40 后会产生翻转覆盖。再通过下面指令:

IIC_ReadNbyte(0xA0,0x00,0x00,I2C_read,32);

将 24C256 第 1 页 0x0000~0x003F 共 32 个 16 位字读入 I2C_read 数组。读出的顺序即为上一条指令写入的顺序,参见图 7.41。

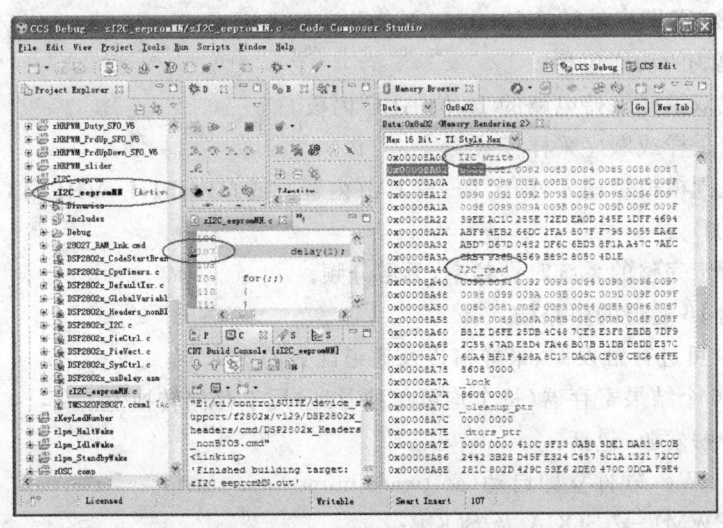

图 7.41 页写翻转覆盖示例

第 8 章

模/数转换器(ADC)

本章述及的 ADC 模块是一个 12 位的循环式 ADC,部分逐次逼近式(SAR),部分流水线式(Pipelined)。该 A/D 转换器的模拟电路,下文称之为"内核",包括前端模拟多路复用器(MUX),采样和保持(S/H)电路,转换内核,稳压器,以及其他模拟支持电路。数字电路,本章称之为"外包装",包括可编程转换器,结果寄存器,模拟电路接口,外设总线接口以及与其他片上模块的接口。

8.1 特征

ADC 的内核包含一个由两个采样保持电路构成的 12 位转换器。采样和保持电路可支持同步采样或顺序采样,多至 16 个模拟输入通道轮流提供采样数据,可用通道的具体数目参见设备手册。该转换器可参照一个内部带隙基准电压来建立基于实际电压的转换或者参照一对外部的参考电压 VREFHI/LO 来实现比例式的转换。

与 2812 器件的 ADC 不同,该 ADC 不是基于序列器(sequencer)的。用户很容易执行由单一触发源触发的一系列的转换。转换操作的基本原则以独立转换配置为中心,称为 SOC,即启动转换(Start-Of-Conversions)。

ADC 模块的功能包括:

- 内置双采样保持电路的 12 位 ADC 内核。
- 同步采样或顺序采样模式。
- 全范围模拟量输入:固定 0~3.3 V(内置),或 VREFHI/VREFLO 比例输入(外加)。
- 运行于完整的系统时钟频率,无需分频。
- 多达 16 通道的多路输入。
- 16 个可进行触发源、采样窗以及通道配置的 SOCx。
- 有 16 个结果寄存器(每个均可单独寻址)用于存储转换值。
- 多种触发源,包括:
  - S/W-软件立即启动(software immediate start);
  - EPWM1-7 SOCA 及 SOCB;
  - GPIO XINT2;

— CPU 定时器 0/1/2 中断；
— ADCINT1/2。
● 9 个灵活的 PIE 中断，可以配置任何转换后的中断请求。

8.2 ADC 内核总成（ADC 模块框图）

图 8.1 展示了 ADC 模块的框架图。本节将参照图 8.1 进行说明。

8.2.1 输入电路

(1) 16 个模数转换通道：ADCINA0～ADCINA7 及 ADCINB0～ADCINB7，其中，当电压基准低位转换控制 VREFLOCONV(ADCCTL1[1])=1 时，VREFLO 连到 ADC 上供采样时使用，当 VREFLOCONV(ADCCTL1[1])=0 时，ADCINB5 连到 ADC，不与 VREFLO 相连；而当温度传感器转换控制 TEMPCONV(ADCCTL1[0])=1 时，温度传感器在内部连到 ADC 上供采样，当 TEMPCONV=0 时，ADCINA5 连到 ADC，不与温度传感器相连。

(2) 两个采样保持电路(S/H-A 及 S/H-B)构成的 12 位转换器，采样和保持电路可支持同步采样或顺序采样，并总共包含至多 16 个模拟输入通道。

(3) 采样通道选择：在顺序采样模式(SIMULENx=0)下，当收到 ADC 的 SOCx 后，通道选择 CHSEL 用来决定要转换的通道。CHSEL(ADCSOCxCTL[9:6])的最高位 CHSEL[3]确定 A 或 B 通道及其相应的采样保持电路，而 CHSEL[2:0]确定 A 或 B 中的某个通道。

8.2.2 基准电压发生器

内部/外部参考选择控制 ADCREFSEL(ADCCTL1[3])用来选择参考电压。

当 ADCREFSEL=0 时，选择内部带隙电路作为参考，当 ADCREFSEL=1 时，外部 VREFHI/VREFLO 引脚的输入作为参考。在某些设备上，VREFHI 引脚和 ADCINA0 引脚复用，在这种情况下 ADCINA0 不可用；同样，有时 VREFLO 引脚和 VSSA 引脚复用，此时 VREFLO 电压不可变化。

8.2.3 ADC 采样发生器逻辑

(1) 对输入电路(Input Circuit)模块提供 CHSEL(通道选择)、ACQPS(SOCx 采集预定标，用来确定 ADC 采样/保持窗的大小)及 SOC(Start of conversion 启动转换)信号。

(2) 对转换器(Converter)模块提供 SOC 控制信号。

(3) 对结果寄存器(RESULT Registers)模块提供 EOCx(End of conversion 停止转换)信号，用以关闭进入结果寄存器的通道。

第8章 模/数转换器(ADC)

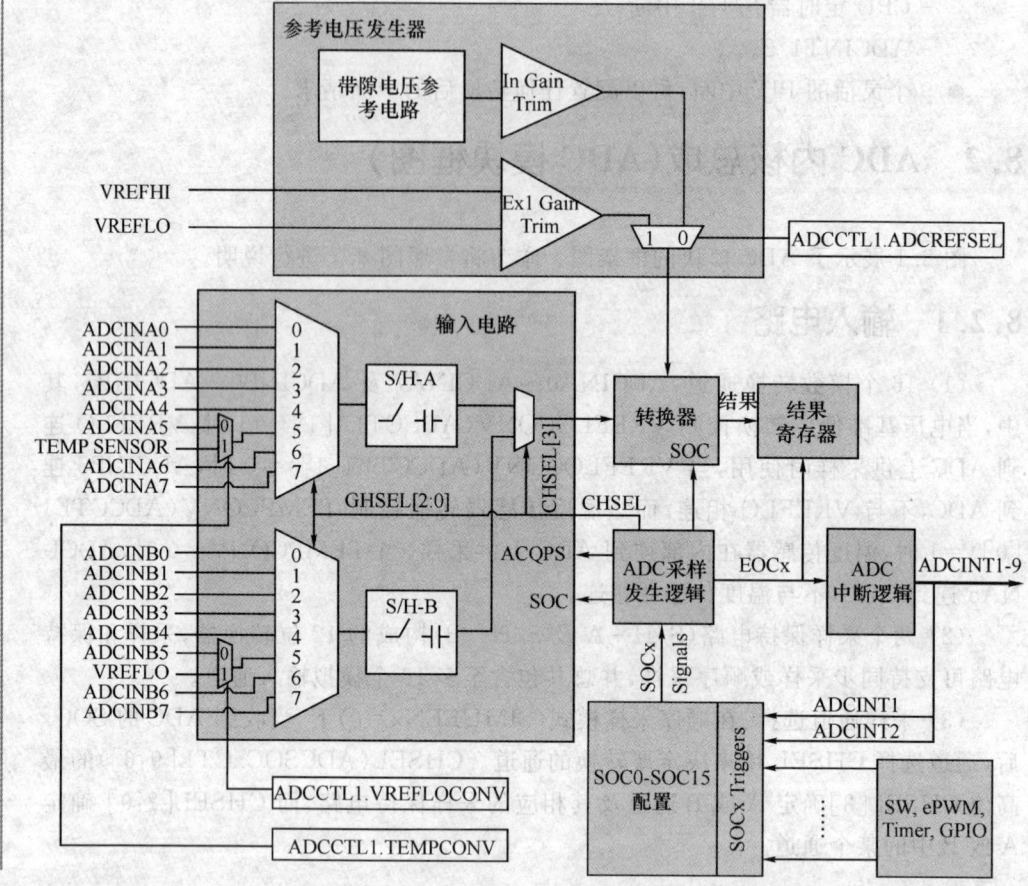

图8.1 ADC模块框图

(4) 对 ADC 中断逻辑(ADC Interrupt Logic)模块提供 EOCx 信号,用以触发中断。

(5) 接收 SOC0~SOC15 配置(SOC0~SOC15 Configurations)模块的 SOCx 信号,主要是 ADC SOCx 控制器(ADCSOCxCTL),如下 3 个控制字段:

- TRIGSEL(ADCSOCxCTL[15:11]):SOCx 触发源选择;
- CHSEL(ADCSOCxCTL[9:6]):SOCx 通道选择;
- ACQPS(ADCSOCxCTL[5:0]):用来确定 ADC 采样/保持窗的大小。

8.2.4 SOC0~SOC15 配置模块

(1) 接收 SW(软件)、ePWM、Timer 及 GPIO 的 SOCx 触发信号。

(2) 接收来自 ADC 中断逻辑(ADC Interrupt Logic)模块的 ADCINT1 及 ADCINT2 的 SOCx 触发信号。

8.2.5 结果寄存器模块

接收转换器模块的转换结果。

8.2.6 ADC 中端断逻辑模块

根据设置向 CPU 发出 ADCINT1~9 中断请求，或对 SOC0~SOC15 配置模块给出 SOCx 触发信号。

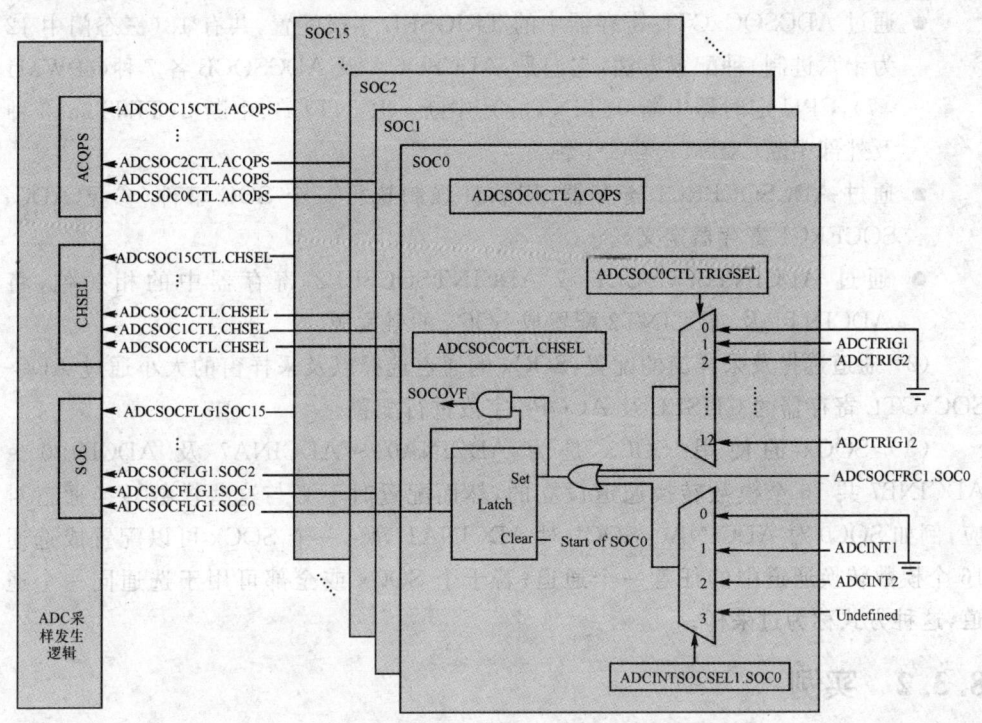

图 8.2 SOC 框架图

8.3 SOC 的操作原则

图 8.2 为 SOC 框架图。本节将参照该图进行说明。

8.3.1 SOCx 模块说明

图 8.2 是图 8.1 中的 ADC 采样发生器逻辑模块及 SOC0~SOC15 配置模块细化图。SOCx(0≤x≤15)对应 ADCSOC0CTL~ADCSOC15CTL，SOCx 用于触发源的配置、采样通道选择及采样窗的配置：

SOC 是一个定义单通道单次转换的配置集合。在集合中有 3 个配置：开始转换的触发源,要转换的通道以及采样窗的大小。每个 SOC 都独立配置,可以拥有任意可用的触发源、转换通道和采样窗大小的组合。多个 SOC 可配置为相同的触发源、通道和/或所需的采样窗大小。这提供了一个非常灵活的转换配置方式:可以从不同触发源不同的通道进行独立的采样,也可以由同一触发源触发对同一个通道的采样,还可以设计符合自身需求的由单一触发源触发的一系列不同通道的采样。下面介绍 SOCx 的基本用法。

(1) SOCx 触发源配置的 3 种方式(参见图 8.2 右边):

- 通过 ADCSOCxCTL 寄存器中的 TRIGSEL 字段配置,共有 18(三态门中 12 为十六进制)种配置方法,它们是:ADCSOCA 及 ADCSOCB 各 7 种(ePWM1-7),CPU 定时器中断 0(TINT0n)、中断 1(TINT1n)、中断 2(TINT2n) 3 种及外部中断(XINT2SOC) 1 种。
- 通过 ADCSOCFRC1 寄存器,用软件强制执行一个 SOC 事件(参见 ADC-SOCFRC1 寄存器定义)。
- 通过 ADCINTSOCSEL1 或 ADCINTSOCSEL2 寄存器中的相关位,将 ADCINT1 及 ADCINT2 配置成 SOCx 的触发源。

(2) 通道选择及采样窗的配置:SOCx 的通道选择以及采样窗的大小通过 ADC-SOCxCTL 寄存器的 CHSEL 及 ACQPS 字段进行配置。

(3) SOCx 的使用:SOCx 是为 ADCINA0 ~ ADCINA7 及 ADCINB0 ~ ADCINB7 共 16 个模数转换通道设立的,然而配置时不必与这些模数转换通道对应,例如 SOC0 对 ADCINA0,SOC1 对 ADCINA1 等。一个 SOCx 可以配置成选通 16 个模数转换通道中的任意一个通道;若干个 SOCx 或全部可用于选通同一个通道,这种方式称为过采样。

8.3.2 实例

1. 一个通道的单次转换

例如,要使 ePWM3 定时器发生周期匹配事件时触发 ADCINA1 通道的一个单次转换,首先必须先设定 ePWM3,使之在周期匹配时输出一个 SOCA 和一个 SOCB 信号。详细设定过程请参看增强型 PWM 模块(EPWM)的说明文档部分,此处选用 SOCA。由于具体使用哪个 SOCx 并没有本质区别,因此,选用 SOC0 即 ADC-SOC0CTL 寄存器完成一个 SOC 的配置,并采用最短的采样窗长(采样及保持窗的大小允许最小值为 6)使转换速度最快,对应指令为:

```
AdcRegs.ADCSOC0CTL.bit.CHSEL   = 1;    // 选择 ADCINA1 通道
AdcRegs.ADCSOC0CTL.bit.TRIGSEL = 9;    // 这里选用 ADCTRIG9 即 ePWM3 作为 ADCSOCA
                                       // 触发源。参见 ADCSOCxCTL 寄存器位域定义
AdcRegs.ADCSOC0CTL.bit.ACQPS   = 6;    // 最短的采样窗长,最快转换速度
```

通过图 8.3 ADCSOCxCTL 的字段分布，上面 3 条字段赋值指令可用下面一条对整个寄存器的赋值指令取代：

```
AdcRegs.ADCSOC0CTL.all = 0x4846;
```

这样，由 ePWM3 的 SOCA 事件触发的 ADCINA1 通道的单次转换就可以执行了，并且会将转换结果存在 ADCRESULT0 寄存器当中。

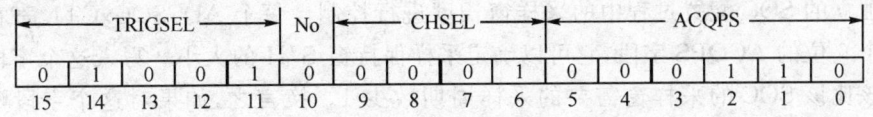

图 8.3　ADCSOCxCTL 寄存器的字段分布

2. 过采样（同一通道的多次转换）

如果 ADCINA1 需要进行 3 次过采样，那么 SOC1，SOC2 以及 SOC3 可以全部像配置 SOC0 一样进行配置。

```
AdcRegs.ADCSOC1CTL.all = 0x4846;        // (ACQPS = 6, CHSEL = 1, TRIGSEL = 9)
AdcRegs.ADCSOC2CTL.all = 0x4846;        // (ACQPS = 6, CHSEL = 1, TRIGSEL = 9)
AdcRegs.ADCSOC3CTL.all = 0x4846;        // (ACQPS = 6, CHSEL = 1, TRIGSEL = 9)
```

如此，由 ePWM3 的 SOCA 事件触发的 ADCINA1 通道的 4 次连续转换就可以执行了，并且会将转换结果存在 ADCRESULT0～ADCRESULT3 寄存器中。

3. 多个通道的单次转换

如果需要 3 个不同通道的信号由同一个触发源触发进行采样，可以很简单地通过改变 SOC0～SOC2 的 CHSEL 字段并且保持 TRIGSEL 字段不变的操作完成：

```
AdcRegs.ADCSOC0CTL.all = 0x4846;        // (ACQPS = 6, CHSEL = 1, TRIGSEL = 9)
AdcRegs.ADCSOC1CTL.all = 0x4886;        // (ACQPS = 6, CHSEL = 2, TRIGSEL = 9)
AdcRegs.ADCSOC2CTL.all = 0x48C6;        // (ACQPS = 6, CHSEL = 3, TRIGSEL = 9)
```

程序运行后，ePWM3 的 SOCA 事件将触发 3 个转换。ADCINA1 通道的结果会在 ADCRESULT0 里显示。同理，ADCINA2 通道的结果会在 ADCRESULT1 里显示，ADCINA3 通道的结果会在 ADCRESULT2 里显示。转换通道以及触发源对转换结果的存储没有影响。RESULT 寄存器只与 SOC 有关。

注意：这些示例是不全面的。时钟需要通过 PCLKCR0 寄存器进行使能，还需要对 ADC 正确上电。有关 PCLKCR0 寄存器的说明请参阅 *TMS320F2802x Piccolo System Control and Interrupts Reference Guide* 中的相关章节（文献号 SPRUFN3）。关于 ADC 模块的上电顺序，请参阅本章 8.7 节。

8.3.3 ADCSOCxCTL 的进一步说明

1. 采样窗 ACQPS

外围驱动设备驱动一个模拟信号的速度和效率有很大差异。有些电路需要更长的时间去将电荷填充到 ADC 的采样电容上。为了解决这个问题,ADC 模块支持对每个独立的 SOC 配置过程中的采样窗长度进行控制。每个 ADCSOCxCTL 寄存器有一个 6 位的 ACQPS 字段,它可以确定采样保持窗 S/H 的大小。写入这个字段的值应该比该 SOC 的采样窗需要的采样周期数少 1。换言之,如果对这个字段赋值 15,那么将会使得采样周期为 16 个时钟周期。允许的最小采样周期为 7 个时钟周期(ACQP=6)。总共的采样时间可以由 ADC 的转换时间——13 个 ADC 时钟周期加上采样窗的长度得到。不同的采样周期的例子参见表 8.1。从图 8.4 中可以看到,ADCIN 引脚可以被看做是一个 RC 电路。由于 VREFLO 被接地的缘故,ADCIN 上的 0~3.3 V 的电压波动将对应一个 2 ns 的典型 RC 电路时间常数。

表 8.1 ACQPS 字段值不同时的采样时间

ADC 时钟(MHz)	ACQPS	采样窗(ns)	转换时间(13 个周期)(ns)	模拟电压处理总时间[1](ns)
60[2]	6	116.67	216.67	333.34
60	8	150.00	216.67	366.67
60	10	183.33	216.67	400.00
60	14	250.00	216.67	466.67
60	25	433.33	216.67	650.00
40	6	175.00	325.00	500.00
40	25	625.00	325.00	950.00

(1) 总时间为单一信号转换的时间,不包括用于增加平均速率的流水线的影响。

(2) ADC 模块时钟直接采用系统时钟 SYSCLKOUT。

(3) 根据图 8.31 时序,此表最右面对应数字应理解为启动到转换的时间(尚需加上 2 个 ADC 周期),之后相邻两个转换数据锁存到结果寄存器的时间相差 13 个 ADC 时钟周期。

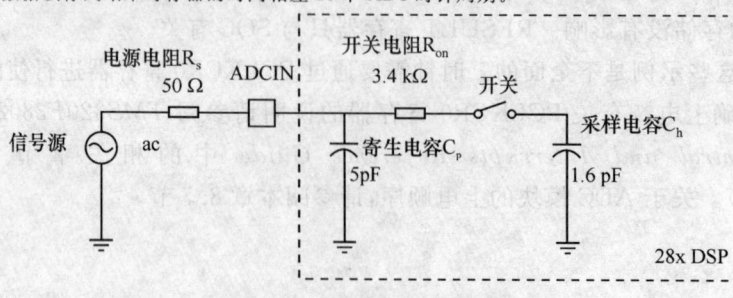

图 8.4 ADCINx 输入模型

2. 触发源 TRIGSEL

8.1 节已经述及,每个 SOC 可以配置由 18 个触发源中的一个来触发 A/D 转换。同时多个 SOC 也可以配置为指向同一个通道。如需获知这些触发源的配置详情,请参阅 ADCSOCxCTL 寄存器的位定义。另外,ADCINT1 和 ADCINT2 两个中断可以反馈触发另外的转换。这种配置方式是由 ADCINTSOCSEL1/2 寄存器控制。在需要连续的 A/D 转换流的情况下这种模式很有用。有关 ADC 中断相关内容,请参看 8.6 节。

3. 采样通道 CHSEL

每个 SOC 都可以配置为用来转换任意有效的 ADCIN 输入通道。当 SOC 配置为顺序采样模式(sequential sampling mode)时,ADCSOCxCTL 寄存器 4 位 CHSEL 字段定义转换通道。当 SOC 配置为同步采样模式时,CHSEL 字段的最高位被舍弃,较低的 3 位决定被转换的一对通道。

ADCINA0 共享 VREFHI,因此当采用外部参考电压模式时,不能被当作一个变量输入源。关于这种模式请参阅 8.9 节有关说明。

8.4 A/D 转换的优先级

当同时设置多个 SOC 的标志位时,其优先级方式将决定它们被转换的顺序。默认的优先级方式是罗宾环(round robin)。在这种模式下,没有一个 SOC 相对于其他 SOC 有更高的优先级。优先级只依赖于罗宾环指针(RRPOINTER)。ADC SOC 优先级控制寄存器(SOCPRICTL)里的罗宾环指针指向上一个被转换的 SOC。最高优先级将会被赋予比罗宾环指针值大的下一个值,并且在 SOC15 后又转回到 SOC0。复位时指针值为 32,因为 0 表示一个转换已经执行了。当罗宾环指针等于 32 时最高优先级将赋予 SOC0 当 ADCCTL1.RESET 位被设置或者 SOCPRICTL 寄存器被写入时,设备复位从而罗宾环指针也被复位。罗宾环优先级的例子展示在图 8.5 中。

SOCPRICTL 寄存器中的 SOC 优先级字段 SOCPRIORITY 可以用来给单个或所有的 SOC 进行高优先级设定。当被设置为高优先级时,SOC 会在任何当前转换完成后中断罗宾环的旋转,并将自身插入作为下一个转换。当它转换完毕后,罗宾环会从被中断的地方继续旋转。当两个高优先级的 SOC 被同时触发时,较小标号的 SOC 会享有优先权。

高优先级模式会首先分配给 SOC0,然后按照数字增大顺序。写入 SOCPRIORITY 字段的值决定了非高优先级的第一个 SOC。换句话说,如果数字 4 被写入了 SOCPRIORITY 字段,那么 SOC0,SOC1,SOC2 和 SOC3 会被设定为高优先级,并且 SOC0 拥有最高优先级,而 SOC4~SOC15 采用罗宾环模式。图 8.6 为使用高优先级模式的示例。

第 8 章 模/数转换器(ADC)

A 复位后, SOC 0 为最高优先级 SOC;
　SOC7 接收到触发源;
　SOC7 即刻被配置成转换通道。

B 罗宾环指针 (RRPOINTER) 改变指向 SOC7;
　SOC8 现在为最高优先级 SOC。

C SOC2 及 SOC 12 同时接收到触发源。
　罗宾环旋转首先到达 SOC12, SOC12 被配置成
　转换通道, 而 SOC2 停留待定。

D 罗宾环指针改变指向 SOC 12;
　SOC2 配置的通道现在进行转换。

E 罗宾环指针改变指向 SOC 2
　SOC3 现在是最高优先级 SOC。

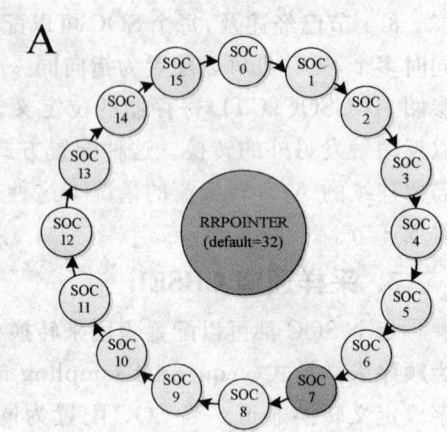

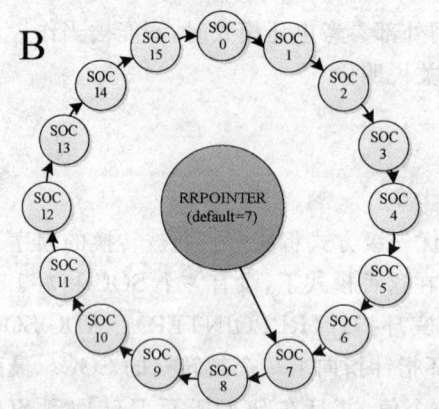

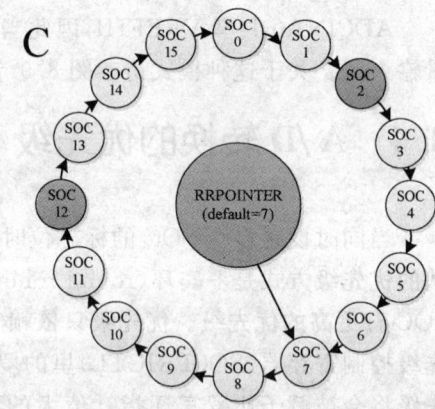

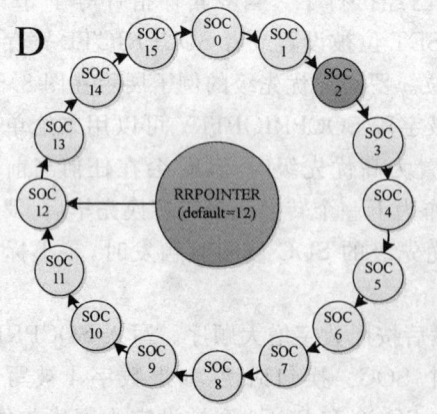

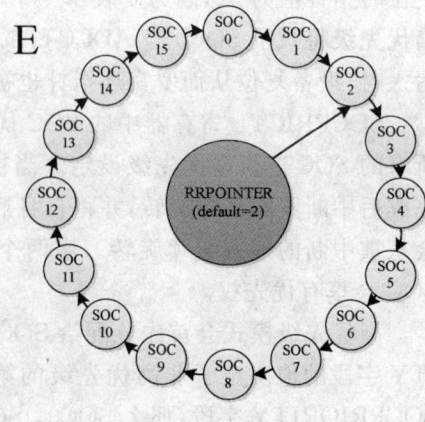

图 8.5　罗宾环优先级示例图

第8章 模/数转换器(ADC)

当SOC优先级 SOCPRIORITY = 4 时

A 复位后，罗宾环旋转首先到达SOC4，SOC7接收到触发源，SOC7即刻被配置成转换通道。

B 罗宾环指针改变指向SOC 7，当前，罗宾环旋转首先到达SOC8。

C SOC2及SOC12同时接收到触发源，罗宾环旋转到SOC2中断，并将SOC2配置成转换通道，而SOC12停留待定。

D 罗宾环指针停留在 7 处，SOC12配置成当前转换通道。

E 罗宾环指针改变指向SOC12，当前罗宾环旋转首先到达SOC13。

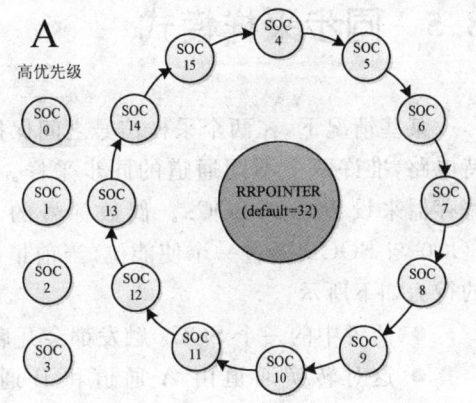

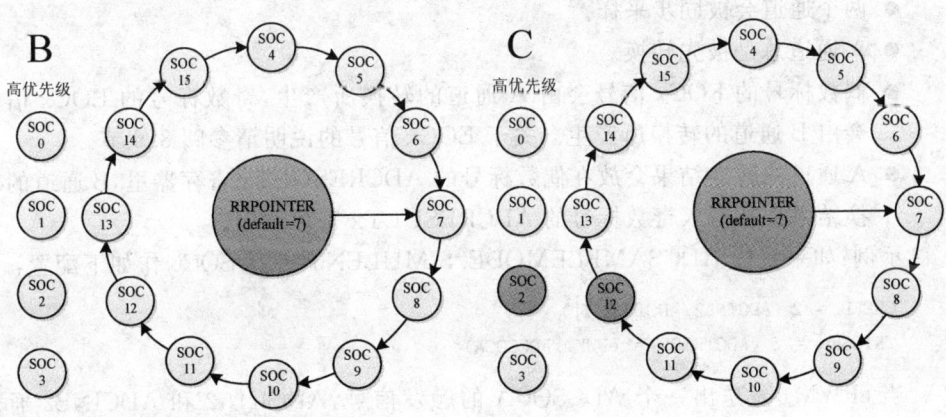

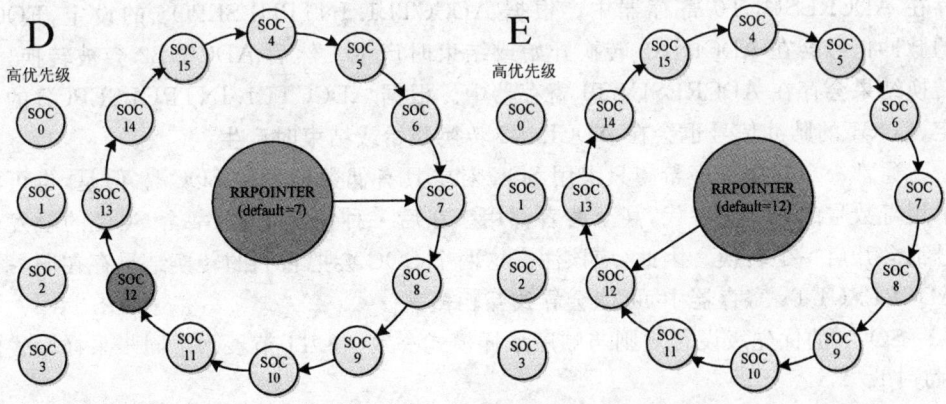

图 8.6 高优先级模式示例图

8.5 同步采样模式

某些情况下,在两个采样信号之间保持最小的延迟很重要。ADC 有两个采样保持电路,准许两个不同通道的同步采样。同步采样模式通过 ADCSAMPLEMODE 寄存器来设置一对 SOCx。偶数标号的 SOCx 以及随后奇数标号的 SOCx(例如 SOC0 与 SOC1)通过一个使能位(当前情况下为 SIMULEN0)被组合到一起。组合的行为如下所示:
- 两者中的一个 SOCx 触发都会开启一对转换。
- 这对转换通道由 A 通道和 B 通道组成,与触发 SOCx 的通道选择字段 CHSEL 的值对应。该模式的有效值为 0~7。
- 两个通道会被同步采样。
- A 通道总是被先转换。
- 偶数标号的 EOCx 信号会由 A 通道的转换所产生,奇数标号的 EOCx 信号会由 B 通道的转换所产生。关于 EOCx 信号的说明请参阅 8.6 节。
- A 通道的转换结果会放在偶数标号的 ADCRESULTx 寄存器里,B 通道的转换结果会被写入奇数标号的 ADCRESULTx 寄存器中。

示例:如果置位 ADCSAMPLEMODE.SIMULEN0,并且 SOC0 作如下配置:

CHSEL = 2 (ADCINA2/ADCINB2 对)
TRIGSEL = 5 (ADCTRIG5 = ePWM1.ADCSOCA)

当 ePWM1 发送出一个 ADCSOCA 的触发信号,ADCINA2 和 ADCINB2 通道会被同时采样(假设优先级)。在这之后,ADCINA2 通道会被转换,它的转换结果会存在 ADCRESULT0 寄存器中。根据 ADCCTL1.INTPULSEPOS 的设定,EOC0 的脉冲信号会在 ADCINA2 转换开始或结束时产生。然后 ADCINB2 会被转换,其转换结果会存在 ADCRESULT1 寄存器中。根据 ADCCTL1.INTPULSEPOS 的设定,EOC1 的脉冲信号也会在 ADCINB2 转换开始或结束时产生。

通常一个应用程序希望只采用 SOC 对中具有偶数标号的 SOCx。但是,也可能采用奇数号的 SOCx 替代,甚至两者都用。在后一种情况中,每一个 SOC 的触发信号都会开启一个转换。因此,应该注意这两个 SOC 会把它们的转换结果存在同一个 ADCRESULTx 寄存器中,可能会导致互相覆盖。

SOCx 的优先级设置规则与顺序采样模式一致。8.11 节展示了同步采样模式的时序图。

8.6 EOC 及中断操作

有 16 个独立的 SOCx 配置集合,故也有 16 个 EOCx 脉冲。在顺序采样模式中,

SOCx 直接与 EOCx 关联。在同步采样模式中,偶数标号以及随后奇数标号的 SOCx 对与偶数标号以及随后奇数标号的 EOCx 对相互关联,如 8.5 节所述。根据 ADC-CTL1. INTPULSEPOS 设定,EOCx 脉冲会在转换开始或结束的时候产生。8.11 节展示了同步采样模式的时序图。

ADC 包含了 9 个可以被标志并传送到 PIE 向量表的中断。这其中的每一个中断都可以被配置为可接收任意一个有效的 EOCx 信号作为中断触发源。配置哪一个 EOCx 信号作为中断源,是在 INTSELxNy 寄存器中完成的。另外,ADCINT1 和 ADCINT2 信号可以被设置为产生一个 SOCx 的触发信号。这有利于产生一个连续的转换流。

图 8.7 展示了 ADC 的中断结构框架图。

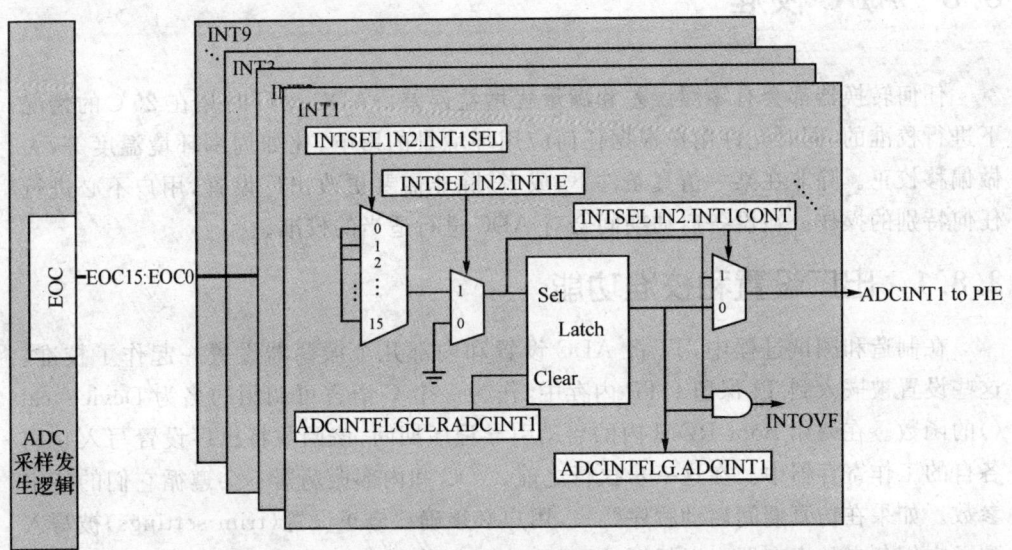

图 8.7　中断结构

8.7　上电序列

ADC 复位时处在关闭状态。在向 ADC 任意一个寄存器写入数据之前,必须将 ADC 时钟使能控制位 ADCENCLK(PCLKCR0[3])置位(参见表 3.2)。有关 PCLKCR0 寄存器的详细信息请参阅 *TMS320F2802x Piccolo System Control Reference Guide* 中的相关章节(文献编号 SPRUFN3)。ADC 上电时,采用以下顺序:

(1) 如果要使用外部参考电压,需将 ADC 参考源选择字段 ADCREFSEL(ADC-CTL1[3])置位,使能这种模式。

(2) ADC 电源控制 ADCPWDN(ADCCTL1[7]),ADC 带隙电路电源控制 AD-CBGPWD(ADCCTL1[6]),及参考缓冲器电路电源控制 ADCREFPWD(ADC-

CTL1[5])一起置位,从而分别开启 ADC 内核电源,带隙电路电源,及参考缓冲器电路电源。目前尚不支持中间状态。

(3) 将 ADCENABLE (ADCCTL1[14])置位,使能 ADC 模块。

(4) 在进行第 1 次转换之前,在步骤 2 后需要有 1 ms 的延时。

此外,步骤(1)～步骤(3)可以同时执行。当 ADC 断电时,步骤(2)中的 3 个位会被同时清零。ADC 的供电等级(power levels)必须通过软件控制,它们独立于设备供电模式的状态。

注意:这种类型的 ADC 在所有电路都启动之后需要有 1 ms 的延时。这和之前的 ADC 有所不同。

8.8 ADC 校准

任何转换器都会有零漂误差和满量程增益误差。ADC 出厂时是在 25℃的情况下进行校准的,同时允许用户根据任何应用环境景的影响,比如周围环境温度等,去做偏移校正。除非在某一仿真条件下,或者,除非需要更改出厂设置,用户不必进行任何特别的操作。在设备启动期间会对 ADC 进行适当的校准。

8.8.1 出厂设置和校准功能

在制造和测试过程中,TI 将 ADC 设置和内部几个振荡器设置一起作了校准。这些设置被嵌入到 TI 保留 OTP 内存中,作为一个 C 语言可调用的名为 Device_cal()的函数。在调用 Boot ROM 内的启动引导程序期间,该函数将出厂设置写入它们各自的工作寄存器中。在这一步执行之前,ADC 和内部振荡器不会遵循它们的特定参数。如果在仿真期间启动程序跳飞,用户必须确认修正设置(trim settings)被写入到了它们各自的寄存器中以保证 ADC 和内部振荡器满足手册中的具体要求。这可以由用户手动调用该函数或由某个应用程序自己完成,或者通过 CCS. A gel® 函数直接写入完成。CCS. A gel 函数由 *C2802x C/C++ Header Files and Peripheral Examples*(文献号:SPRC823)提供。

关于 Device_cal()函数的更详细的信息,请参阅 *TMS320x2802x Boot ROM Reference Guide*(文献号:SPRUFN6)。

如果在 TI 保留的 OTP 内存中含有不同于工厂的设置值被写入 ADC 修正寄存器中,则 TI 不能保证在用户手册中给出的具体参数的有效性。

8.8.2 ADC 零漂校准

零漂误差被定义为在 VREFLO 电压转换时产生的数字量。这种基础性的误差会影响到所有的 ADC 转换以及满量程增益和线性度,这决定了转换器 DC 的精度。零漂误差可以是正的,意味着当 VREFLO 电压被转换时,一个正的数字量被输出。

或者是负的,意味着比 VREFLO 高一个级别以上的电压仍然被读为数字 0 值。若要修正这种误差,可将误差的二进制补码写入 ADCOFFTRIM 寄存器中。在 ADC 结果寄存器中转换结果被读取之前,将会用到该寄存器中的值。这种操作完全包含在 ADC 内核中,因此不会影响转换结果的时间,并且对于任何修正值,ADC 整个动态范围将被保持。调用 Device_cal() 函数会将出厂校准偏移误差修正量写入 ADCOFFTRIM 寄存器,但是用户可以修正 ADCOFFTRIM 寄存器从而补偿由于应用环境引起的额外误差。这可以在不牺牲 ADC 通道的情况下,通过使用 ADCCTRL1 寄存器的 VREFLOCONV 位来实现。

使用以下过程重新校准 ADC 的偏移量:

(1) 将 ADCOFFTRIM 设置为 80(50h)。这是由于 ADC 内核中可能会存在负的偏移而增加的人工偏移量。

(2) 设置 ADCCTL1.VREFLOCONV 为 1。这会在内部将 VREFLO 连接到输入通道 B5。有关详情请参阅 ADCCTL1 寄存器的说明。

(3) 在 B5 上执行多个转换(即采样 VREFLO),并取平均值以消除主板噪声造成的误差。关于如何启动并初始化 ADC 来采样 B5,请参阅 8.3 节。

(4) 设置 ADCOFFTRIM 为 80(50h) 减去在步骤(3)中获得的平均值。这将消除步骤(1)的人工偏移量并建立偏移误差的二进制补码。

(5) 将 ADCCTL1.VREFLOCONV 清 0。这会将 B5 连接回外部的 ADCINB5 输入引脚。

注意: AdcOffsetSelfCal() 函数位于共享头文件的 DSP2802x(3x)_Adc.c 文件中,该函数会执行这些步骤。

8.8.3　ADC 满量程增益校准

增益误差随着输入电压的增大而增大。满量程增益误差在输入电压达到最大值时产生。由于是偏移误差,所以增益误差可正可负。正的满量程增益误差意味着在最大电压输入之前就达到了满量程的数字结果。一个负的满量程误差则意味着永远无法达到满量程数字结果。校准函数 Device_cal() 会向 ADCREFTRIM 寄存器中写入一个出厂修正值来修正 ADC 的满量程增益误差。这个寄存器在调用 Device_cal() 函数之后不能再更改。

8.8.4　ADC 偏置电流校准

为了进一步提高 ADC 的精确度,校准函数 Device_cal() 也向 ADC 寄存器中写入了一个出厂修正值,以校准 ADC 的偏置电流。这个寄存器在调用 Device_cal() 函数后不能再更改。

第 8 章 模/数转换器(ADC)

8.9 内/外部参考电压选择

8.9.1 内部参考电压

ADC 可以在两种不同的参考模式下进行转换,由 ADCCTL1.ADCREFSEL 位进行选择。默认情况下会选定内部的带隙电路去产生 ADC 参考电压,这将根据固定的 0~3.3 V 参考电压范围对当前的电压进行转换。这种模式下的转换公式为:

当输入≤0 V,转换结果 =0;

当 0<输入<3.3 V,

$$转换结果 = 4\,096 \times \frac{输入 - VREFLO}{3.3\,V};$$

当输入≥3.3 V,转换结果=4 095。

注意:(1)所有小数值舍弃。(2)此模式下 VREFLO 必须接地,有些设备内部已经接地。

8.9.2 外部参考电压

若要将一个当前电压以比例信号形式转换,就要选择外部 VREFHI/VREFLO 引脚用于产生参考电压。与固定 0~3.3 V 输入范围的内部带隙模式相比,比例模式的输入电压范围为 VREFLO~VREFHI。被转换的值也会在此范围之内。比如,如果 VREFLO 被设为 0.5 V,VREFHI 被设为 3.0 V,那么 1.75 V 的电压就会被转换为 2 048 的数字结果。参阅设备手册来获得可用的 VREFLO 和 VREFHI 的范围。在有些设备上 VREFLO 被内部接地,因此被限制为 0 V。该种模式下的转换公式为:

当输入≤VREFLO,转换结果=0;

当 VREFLO<输入<VREFHI,

$$转换结果 = 4\,096 \times \frac{输入 - VREFLO}{VREFHI - VREFLO};$$

当输入≥VREFHI,转换结果=4 095。

注意:所有小数值舍弃。

8.10 ADC 寄存器

本节包括 ADC 寄存器的概述以及位域描述,如表 8.2 所列。除了 ADCRESULTx 寄存器在外设帧 1 中以外,所有的 ADC 寄存器都在外设帧 2 中。

第 8 章 模/数转换器(ADC)

表 8.2 ADC 配置和控制寄存器列表(AdcRegs 和 AdcResult)

名称	偏移	大小(16 位)	描述
ADCCTL1	0x00	1	控制 1 寄存器[1]
ADCINTFLG	0x04	1	中断标志寄存器
ADCINTFLGCLR	0x05	1	中断标志清除寄存器
ADCINTOVF	0x06	1	中断溢出寄存器
ADCINTOVFCLR	0x07	1	中断溢出清除寄存器
INTSEL1N2	0x08	1	中断选择 1 和 2 寄存器[1]
INTSEL3N4	0x09	1	中断选择 3 和 4 寄存器[1]
INTSEL5N6	0x0A	1	中断选择 5 和 6 寄存器[1]
INTSEL7N8	0x0B	1	中断选择 7 和 8 寄存器[1]
INTSEL9N10	0x0C	1	中断选择 9 寄存器(保留中断选择 10)[1]
SOCPRICTL	0x10	1	SOC 优先级控制寄存器[1]
ADCSAMPLEMODE	0x12	1	采样模式寄存器[1]
ADCINTSOCSEL1	0x14	1	中断 SOC 选择 1 寄存器(8 通道)[1]
ADCINTSOCSEL2	0x15	1	中断 SOC 选择 2 寄存器(8 通道)[1]
ADCSOCFLG1	0x18	1	SOC 标志 1 寄存器(16 通道)
ADCSOCFRC1	0x1A	1	SOC 强制 1 寄存器(16 通道)
ADCSOCOVF1	0x1C	1	SOC 溢出 1 寄存器(16 通道)
ADCSOCOVFCLR1	0x1E	1	SOC 溢出清除 1 寄存器(16 通道)
ADCSOC0CTL - ADCSOC15CTL	0x20 - 0x2F	1	SOC0~SOC15 控制寄存器[1]
ADCREFTRIM	0x40	1	参考电压调准寄存器[1]
ADCOFFTRIM	0x41	1	偏移电压调准寄存器[1]
ADCREV - reserved	0x4F	1	保留寄存器
ADCRESULT0 - ADCRESULT15	0x00 - 0x0F[2]	1	ADC0 - ADC15 结果寄存器

(1) 该寄存器受 EALLOW 保护。
(2) ADCRESULT 寄存器的基址不同于其他 ADC 寄存器的基址。在头文件中,ADCRESULT 寄存器存在于 ADC 结果寄存器中,而非 ADC 寄存器。

8.10.1 ADC 控制 1 寄存器(ADCCTL1)

ADC 控制 1 寄存器位域及其功能介绍见图 8.8 和表 8.3。

15	14	13	12	8	7	6
RESET	ADCENABLE	ADCBSY	ADCBSYCHN		ADCPWN	ADCBGPWD
R-0/W-1	R/W-0	R-0	R-0		R/W-0	R/W-0

5	4	3	2	1	0
ADCREFPWD	Reserved	ADCREFSEL	INTPULSEPOS	VREFLOCONV	TEMPCONV
R/W-0	R-0	R/W-0	R/W-0	R/W-0	R/W-0

说明: R/W= Read/Write, 可读写; R = Read only, 只读; R-0/W-1 = 读到0, 写1置位; -n = 复位后的初始值。

图 8.8 ADC 控制 1(ADCCTL1)寄存器

表 8.3 ADC 控制 1(ADCCTL1)寄存器位域定义

位	位域名称	数值	说明
15	RESET		ADC 模块软件复位能导致整个 ADC 模块复位。当设备的复位引脚拉低时，所有寄存器位和状态机都复位到初始状态(或上电复位后)。此位是一个一次有效位，即当此位置 1 后, 会立即自身清 0。读取此位总是返回 0。另外, 完成复位需要两个时钟周期，注意在此周期内不要更改 ADC 其他的寄存器
		0	没有影响
		1	对 ADC 模块进行复位(然后通过 ADC 逻辑清 0)
			注意:在系统复位期间 ADC 模块也进行复位。如果希望在其他任意时间 ADC 模块复位,可以将此位置位。两个时钟周期后再将要求值写入 ADC-CTL1 寄存器。
			汇编码:
			MOV ADCCTL1, #1xxxxxxxxxxxxxxxb ; 复位 ADC (RESET = 1)
			NOP ; 延迟两个时钟周期
			NOP ;
			MOV ADCCTL1, #0xxxxxxxxxxxxxxxb ; 设置用户要求值
			注意:如果默认配置可以满足要求则不需要第 2 个 MOV
14	ADCENABLE		ADC 使能位
		0	禁止 ADC(不要对 ADC 断电)
		1	使能 ADC。必须在 ADC 转换前置位,推荐在 ADC 上电后将此位置位使能 ADC
13	ADCBSY		ADC 忙信号位
			当 ADC SOC 产生时置位,并在下列几种情况下清 0。ADC 状态机利用这一位来判断是否有空进行采样。
			顺序模式:在 S/H 脉冲下降沿 4 个 ADC 时钟周期后被清零
			同步模式:在 S/H 脉冲下降沿 14 个 ADC 时钟周期后被清零
		0	ADC 空闲,可以采样下一个通道
		1	ADC 忙,不能采样下一个通道

续表 8.3

位	位域名称	数值	说 明
12:8	ADCBSYCHN		当目前通道产生 SOC 时,此位有效 当 ADCBSY=0,保存上一个被转换的通道号 当 ADCBSY=1,保持当前正在转换的通道号
		00h	ADCINA0 是正在被转换或刚被转换完的通道
		...	...
		07h	ADCINA7 是正在被转换或刚被转换完的通道
		08h	ADCINB0 是正在被转换或刚被转换完的通道
		...	...
		0Fh	ADCINB7 是正在被转换或刚被转换完的通道
		1xh	无效数值
7	ADCPWDN		ADC 供电开关(低有效) 该位控制 ADC 内核所有模拟电路的供电与断电,除带隙电路和参考电路之外
		0	除了带隙和参考电路外,断开 ADC 内核所有模拟电路的电源
		1	打开 ADC 内核所有模拟电路的电源
6	ADCBGPWD		间隙电路电源关闭(低有效)
		0	间隙电路电源关闭
		1	间隙电路电源打开
5	ADCREFPWD		ADC 带隙电路供电开关(低有效)
		0	带隙电路断电
		1	ADC 内核中的带隙缓冲电路上电
4	Reserved	0	读总是返回 0,写无效
3	ADCREFSEL		内部/外部参考选择
		0	选择内部带隙电路作为参考源
		1	选择外部 VREFHI/VREFLO 引脚作为参考源。在有些设备上,ADCINA0 引脚共享 VREFHI 引脚,在这种情况下,ADCINA0 不可用于该模式下的转换;在有些设备上,VSSA 引脚共享 VREFLO 引脚,此时 VREFLO 电压不可变化
2	INTPULSEPOS		中断脉冲产生控制位
		0	中断脉冲在 ADC 开始转换时产生(采样脉冲的下降沿)
		1	中断脉冲在 ADC 转换结果锁存到结果寄存器前 1 个周期产生
1	VREFLOCONV		VREFLO 转换 使能状态下,VREFLO 从内部连接到 ADC 的 B5 通道,而 ADCINB5 引脚与 ADC 中断开。ADCINB5 引脚对 ADC 功能没有影响。ADCINB5 引脚上任何外部电路也不会受这种模式的影响
		0	ADCINB5 正常连接到 ADC 模块,禁止 VREFLO 与 ADCINB5 连接
		1	ADCINB5 内部连接到 ADC 用于采样

第8章 模/数转换器(ADC)

续表 8.3

位	位域名称	数值	说明
0	TEMPCONV		温度传感器转换控制位 使能状态下，温度传感器在内部连到 ADC 的 A5 通道，并将 ADCINA5 与 ADC 断开 无论设备上 ADCINA5 引脚是否与否，都不会影响这种功能。ADCINA5 引脚的任何外围电路也不会被这种模式所影响
		0	ADCINA5 正常连接到 ADC 模块，禁止内部温度传感器与 ADCINA5 连接
		1	温度传感器内部连接到 ADC 中予以采样

8.10.2 ADC 中断标志寄存器(ADCINTFLG)

ADC 中断标志寄存器位域及其功能介绍见图 8.9 和表 8.4。

15			9	8	7	6
	Reserved			ADCINT9	ADCINT8	ADCINT7
	R-0			R-0	R-0	R-0

5	4	3	2	1	0
ADCINT6	ADCINT5	ADCINT4	ADCINT3	ADCINT2	ADCINT1
R-0	R-0	R-0	R-0	R-0	R-0

说明：R/W= Read/Write，可读写；R = Read only，只读；-n = 复位后的初始值。

图 8.9 ADC 中断标志(ADCINTFLG)寄存器

表 8.4 ADC 中断标志(ADCINTFLG)寄存器位域定义

位	位域名称	数值	说明
15:9	Reserved	0	总是读取到 0，写操作没有影响
8:0	ADCINTx (x = 9 to 1)		ADC 中断标志位：读取这位表明是否有 ADCINT 脉冲产生
		0	没有 ADC 中断脉冲产生
		1	ADC 中断脉冲产生 如果 ADC 中断是处于连续模式(INTSELxNy 寄存器)，那么只要被选择的 EOC 事件发生，即使该标志位已被置 1，也会有更多的中断脉冲产生 如果禁止连续模式，那么用户在使用 ADCINTFLGCLR 寄存器清除这一位之前，不会有更多的中断脉冲产生。不过，ADC 中断溢出事件会出现在 ADCINTOVF 寄存器中

8.10.3 ADC 中断标志清除寄存器(ADCINTFLGCLR)

ADC 中断标志清除寄存器的位域及功能介绍见图 8.10 和表 8.5。

15		9	8	7	6
Reserved			ADCINT9	ADCINT8	ADCINT7
R-0			R/W-0	R/W-0	R/W-0

5	4	3	2	1	0
ADCINT6	ADCINT5	ADCINT4	ADCINT3	ADCINT2	ADCINT1
R/W-0	R/W-0	R/W-0	R/W-0	R/W-0	R/W-0

说明：R/W= Read/Write，可读写；R = Read only，只读；-n = 复位后的初始值。

图 8.10　ADC 中断标志清除（ADCINTFLGCLR）寄存器

表 8.5　ADC 中断标志清除（ADCINTFLGCLR）寄存器位域定义

位	位域名称	数值	说明
15：9	Reserved	0	总是读取到 0，写操作没有影响
8：0	ADCINTx （x = 9 to 1)	0 1	ADC 中断标志清零位 无操作 清除 ADCINTFLG 寄存器的相应位。如果软件试图将此位清 0 的同时，硬件通过 ADCINTFLG 寄存器试图将此位置位，则硬件享有优先权，标志位 ADCINTFLG 会被置 1。此时，不影响 ADCINTOVF 寄存器的溢出位，不管 ADCINTFLG 位先前设置与否

8.10.4　DC 中断溢出寄存器（ADCINTOVF）

DC 中断溢出寄存器的位域及功能介绍见图 8.11 和表 8.6。

15		9	8	7	6
Reserved			ADCINT9	ADCINT8	ADCINT7
R-0			R-0	R-0	R-0

5	4	3	2	1	0
ADCINT6	ADCINT5	ADCINT4	ADCINT3	ADCINT2	ADCINT1
R-0	R-0	R-0	R-0	R-0	R-0

说明：R/W= Read/Write，可读写；R = Read only，只读；-n = 复位后的初始值。

图 8.11　ADC 中断溢出（ADCINTOVF）寄存器

表 8.6　ADC 中断溢出（ADCINTOVF）寄存器位域定义

位	位域名称	数值	说明
15：9	Reserved	0	保留
8：0	ADCINTx （x = 9 to 1)	 0 1	ADC 中断溢出位。指示当产生 ADCINT 脉冲时是否产生溢出。如果一个选定的 EOC 产生了触发而相应的 ADCINTFLG 位已被置位，那么溢出就会发生 未检测到 ADC 中断溢出事件 检测到 ADC 中断溢出事件 溢出位不关心连续模式位的状态。溢出条件的产生与这个模式的选择无关

8.10.5　ADC 中断溢出清除寄存器（ADCINTOVFCLR）

ADC 中断溢出清除寄存器的位域及功能介绍见图 8.12 和表 8.7。

15				9	8	7	6
Reserved					ADCINT9	ADCINT8	ADCINT7
R-0					R-0/W-1	R-0/W-1	R-0/W-1

5	4	3	2	1	0
ADCINT6	ADCINT5	ADCINT4	ADCINT3	ADCINT2	ADCINT1
R-0/W-1	R-0/W-1	R-0/W-1	R-0/W-1	R-0/W-1	R-0/W-1

说明：R/W= Read/Write，可读写；R = Read only，只读；R-0/W-1 = 读到 0，写 1 置位；-n = 复位后的初始值。

图 8.12　ADC 中断溢出清除（ADCINTOVFCLR）寄存器

表 8.7　ADC 中断溢出清除（ADCINTOVFCLR）寄存器位域定义

位	位域名称	数值	说明
15：9	Reserved	0	总是读取到 0，写操作没有影响
8：0	ADCINTx (x = 9 to 1)	0	ADC 中断溢出清除位 无操作
		1	清除 ADCINTOVF 寄存器中各自的溢出位。如果软件试图将此位清除的同时，硬件试图通过 ADCINTOVF 寄存器将此位置位，则硬件享有优先权，ADCINTOVF 位会被置 1

8.10.6　ADC 中断选择寄存器（INTSELxNy）

注意：图 8.13～图 8.17 所示的中断选择寄存器受 EALLOW 保护，其位域定义见表 8.8。

15	14	13	12				8
Reserved	INT2CONT	INT2E	INT2SEL				
R-0	R/W-0	R/W-0	R/W-0				

7	6	5	4				0
Reserved	INT1CONT	INT1E	INT1SEL				
R-0	R/W-0	R/W-0	R/W-0				

说明：R/W= Read/Write，可读写；R = Read only，只读；-n = 复位后的初始值。

图 8.13　中断选择 1 和 2（INTSEL1N2）寄存器

15	14	13	12				8
Reserved	INT4CONT	INT4E	INT4SEL				
R-0	R/W-0	R/W-0	R/W-0				

7	6	5	4				0
Reserved	INT3CONT	INT3E	INT3SEL				
R-0	R/W-0	R/W-0	R/W-0				

说明：R/W= Read/Write，可读写；R = Read only，只读；-n = 复位后的初始值。

图 8.14　中断选择 3 和 4（INTSEL3N4）寄存器

15	14	13	12				8
Reserved	INT6CONT	INT6E	INT6SEL				
R-0	R/W-0	R/W-0	R/W-0				
7	6	5	4				0
Reserved	INT5CONT	INT5E	INT5SEL				
R-0	R/W-0	R/W-0	R/W-0				

说明：R/W= Read/Write，可读写；R = Read only，只读；-n = 复位后的初始值。

图 8.15　中断选择 5 和 6(INTSEL5N6)寄存器

15	14	13	12				8
Reserved	INT8CONT	INT8E	INT8SEL				
R-0	R/W-0	R/W-0	R/W-0				
7	6	5	4				0
Reserved	INT7CONT	INT7E	INT7SEL				
R-0	R/W-0	R/W-0	R/W-0				

说明：R/W= Read/Write，可读写；R = Read only，只读；-n = 复位后的初始值。

图 8.16　中断选择 7 和 8(INTSEL7N8)寄存器

15							8
Reserved							
R-0							
7	6	5	4				0
Reserved	INT9CONT	INT9E	INT9SEL				
R-0	R/W-0	R/W-0	R/W-0				

说明：R/W= Read/Write，可读写；R = Read only，只读；-n = 复位后的初始值。

图 8.17　中断选择 9 和 10(INTSEL9N10)寄存器

表 8.8　中断选择(INTSELxNy)寄存器位域定义

位	位域名称	数值	说明
15	Reserved	0	保留
14	INTyCONT		ADCINTy 连续模式使能控制位
		0	在 ADCINTFLG 寄存器中的标志位 ADCINTy 清除之前,不会产生新的 ADCINTy 中断脉冲；
		1	只要产生 EOC 脉冲,不管标志位清除与否,都会产生 ADCINTy 中断脉冲
13	INTyE		ADCINTy 中断使能位
		0	禁止 ADCINTy 中断
		1	使能 ADCINTy 中断

续表8.8

位	位域名称	数值	说明
12:8	INTySEL		ADCINTy EOC 信号源选择
		00h	EOC0 是 ADCINTy 的触发源
		01h	EOC1 是 ADCINTy 的触发源
		02h	EOC2 是 ADCINTy 的触发源
		03h	EOC3 是 ADCINTy 的触发源
		04h	EOC4 是 ADCINTy 的触发源
		05h	EOC5 是 ADCINTy 的触发源
		06h	EOC6 是 ADCINTy 的触发源
		07h	EOC7 是 ADCINTy 的触发源
		08h	EOC8 是 ADCINTy 的触发源
		09h	EOC9 是 ADCINTy 的触发源
		0Ah	EOC10 是 ADCINTy 的触发源
		0Bh	EOC11 是 ADCINTy 的触发源
		0Ch	EOC12 是 ADCINTy 的触发源
		0Dh	EOC13 是 ADCINTy 的触发源
		0Eh	EOC14 是 ADCINTy 的触发源
		0Fh	EOC15 是 ADCINTy 的触发源
		1xh	无效值
7	Reserved	0	保留
6	INTxCONT		ADCINTx 连续模式使能位
		0	在 ADCINTFLG 寄存器中的 ADCINTx 标志位清除以前,不会产生新的中断脉冲
		1	在产生 EOC 脉冲时,不管标志位清除与否,都会产生 ADCINTx 中断脉冲
5	INTxE		ADCINTx 中断使能位
		0	禁止 ADCINTx
		1	使能 ADCINTx
4:0	INTxSEL		ADCINTx EOC 信号源选择
		00h	EOC0 是 ADCINTx 的触发源
		01h	EOC1 是 ADCINTx 的触发源
		02h	EOC2 是 ADCINTx 的触发源
		03h	EOC3 是 ADCINTx 的触发源
		04h	EOC4 是 ADCINTx 的触发源
		05h	EOC5 是 ADCINTx 的触发源
		06h	EOC6 是 ADCINTx 的触发源
		07h	EOC7 是 ADCINTx 的触发源
		08h	EOC8 是 ADCINTx 的触发源
		09h	EOC9 是 ADCINTx 的触发源
		0Ah	EOC10 是 ADCINTx 的触发源

续表 8.8

位	位域名称	数值	说明
		0Bh	EOC11 是 ADCINTx 的触发源
		0Ch	EOC12 是 ADCINTx 的触发源
		0Dh	EOC13 是 ADCINTx 的触发源
		0Eh	EOC14 是 ADCINTx 的触发源
		0Fh	EOC15 是 ADCINTx 的触发源
		1xh	无效值

8.10.7 ADC 优先级控制寄存器(SOCPRICTL)

ADC 优先的控制寄存器受 EALLOW 保护，其位域及功能介绍见图 8.18 和表 8.9。

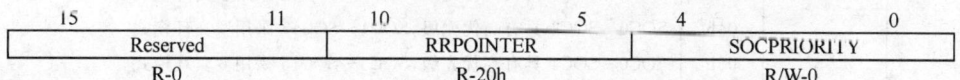

说明：R/W= Read/Write，可读写；R = Read only，只读；-n = 复位后的初始值

图 8.18 ADC(SOC)优先级控制(SOCPRICTL)寄存器

表 8.9 ADC(SOC)优先级控制(SOCPRICTL)寄存器位域定义

位	位域名称	数值	说明
15：11	Reserved	0	总是读取到 0，写操作没有影响
10：5	RR POINTER		罗宾环指针。保存罗宾环转换上一次的 SOCx 值，用于罗宾环确定转换顺序
		00h	SOC0 是上一次罗宾环转换的 SOC，SOC1 具有罗宾环最高优先级
		01h	SOC1 是上一次罗宾环转换的 SOC，SOC2 具有罗宾环最高优先级
		02h	SOC2 是上一次罗宾环转换的 SOC，SOC3 具有罗宾环最高优先级
		03h	SOC3 是上一次罗宾环转换的 SOC，SOC4 具有罗宾环最高优先级
		04h	SOC4 是上一次罗宾环转换的 SOC，SOC5 具有罗宾环最高优先级
		05h	SOC5 是上一次罗宾环转换的 SOC，SOC6 具有罗宾环最高优先级
		06h	SOC6 是上一次罗宾环转换的 SOC，SOC7 具有罗宾环最高优先级
		07h	SOC7 是上一次罗宾环转换的 SOC，SOC8 具有罗宾环最高优先级
		08h	SOC8 是上一次罗宾环转换的 SOC，SOC9 具有罗宾环最高优先级
		09h	SOC9 是上一次罗宾环转换的 SOC，SOC10 具有罗宾环最高优先级
		0Ah	SOC10 是上一次罗宾环转换的 SOC，SOC11 具有罗宾环最高优先级
		0Bh	SOC11 是上一次罗宾环转换的 SOC，SOC12 具有罗宾环最高优先级
		0Ch	SOC12 是上一次罗宾环转换的 SOC，SOC13 具有罗宾环最高优先级
		0Dh	SOC13 是上一次罗宾环转换的 SOC，SOC14 具有罗宾环最高优先级
		0Eh	SOC14 是上一次罗宾环转换的 SOC，SOC15 具有罗宾环最高优先级
		0Fh	SOC15 是上一次罗宾环转换的 SOC，SOC0 具有罗宾环最高优先级

续表 8.9

位	位域名称	数值	说明
		1xh	无效值
		20h	复位后的数值,指示没有 SOC 被转换。此时,SOC0 为罗宾环最高优先级 下列情况设置此值: (1) 当设备复位时;(2) 当置位 ADCCTL1. RESET 时;(3) 或者写 SOCPRICTL 寄存器时 在后者情形下,如果转换正在进行中,则该转换完成后新的优先权生效
		Others	无效选择
4:0	SOC PRIORITY		SOC 优先级。决定了罗宾环模式的分界点,并且罗宾环对 SOCx 进行仲裁
		00h	所有通道的 SOC 优先级设置都遵循罗宾环模式
		01h	SOC0 具有较高优先级,SOC1~SOC15 采用罗宾环模式
		02h	SOC0 - SOC1 具有高优先级,SOC2~SOC15 采用罗宾环模式
		03h	SOC0 - SOC2 具较高优先级,SOC3~SOC15 采用罗宾环模式
		04h	SOC0 - SOC3 具有高优先级,SOC4~SOC15 采用罗宾环模式
		05h	SOC0 - SOC4 具有高优先级,SOC5~SOC15 采用罗宾环模式
		06h	SOC0 - SOC5 具有高优先级,SOC6~SOC15 采用罗宾环模式
		07h	SOC0 - SOC6 具有高优先级,SOC7~SOC15 采用罗宾环模式
		08h	SOC0 - SOC7 具有高优先级,SOC8~SOC15 采用罗宾环模式
		09h	SOC0 - SOC8 具有高优先级,SOC9~SOC15 采用罗宾环模式
		0Ah	SOC0 - SOC9 具有高优先级,SOC10~SOC15 采用罗宾环模式
		0Bh	SOC0 - SOC10 具有高优先级,SOC11~SOC15 采用罗宾环模式
		0Ch	SOC0 - SOC11 具有高优先级,SOC12~SOC15 采用罗宾环模式
		0Dh	SOC0 - SOC12 具有高优先级,SOC13~SOC15 采用罗宾环模式
		0Eh	SOC0 - SOC13 具有高优先级,SOC14~SOC15 采用罗宾环模式
		0Fh	SOC0 - SOC14 具有高优先级,SOC15 采用罗宾环模式
		10h	所有的 SOCx 都在高优先级模式下,通过 SOC 数仲裁
		Others	无效值

8.10.8 ADC 采样模式寄存器(ADCSAMPLEMODE)

ADC 采样模式寄存器的位域及功能介绍见图 8.19 和表 8.10。

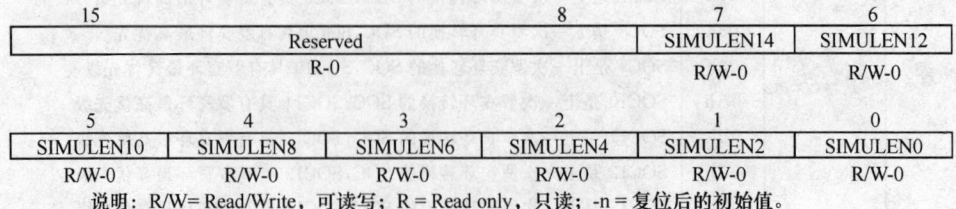

图 8.19 ADC 采样模式(ADCSAMPLEMODE)寄存器

表 8.10 ADC 采样模式(ADCSAMPLEMODE)寄存器位域定义

位	位域名称	数值	说明
15:8	Reserved	0	保留
7	SIMULEN14		SOC14/15 的同步采样使能。将 SOC14 和 SOC15 组合为同步采样对。详情请参阅 1.5 节。当 ADC 正在转换 SOC14 或 SOC15 时不可设置该位
		0	SOC14 和 SOC15 都设置为单独采样模式。CHSEL 字段的所有位决定了被转换的通道。EOC14 与 SOC14 关联,EOC15 与 SOC15 关联。SOC14 的转换结果存在 ADCRESULT14 寄存器中,SOC15 的转换结果存在 ADCRESULT15 寄存器中
		1	SOC14 和 SOC15 同步采样。CHSEL 字段的低 3 位决定了被转换的一对通道。EOC14 和 EOC15 与 SOC14,SOC15 对关联。SOC14 和 SOC15 的转换结果分别存放在 ADCRESULT14 和 ADCRESULT15 寄存器中
6	SIMULEN12		SOC12/13 的同步采样使能。将 SOC12 和 SOC13 组合为同步采样对。详情请参阅 1.5 节。当 ADC 正在转换 SOC12 或 SOC13 时不可设置该位
		0	SOC12 和 SOC13 都设置为单独采样模式。CHSEL 字段的所有位决定了被转换的通道。EOC12 与 SOC12 关联,EOC13 与 SOC13 关联。SOC12 的转换结果存在 ADCRESULT12 寄存器中,SOC13 的转换结果存在 ADCRESULT13 寄存器中
		1	SOC12 和 SOC13 同步采样。CHSEL 字段的低 3 位决定了被转换的一对通道。EOC12 和 EOC13 与 SOC12,SOC13 对关联。SOC12 和 SOC13 的转换结果分别存放在 ADCRESULT12 和 ADCRESULT13 寄存器中
5	SIMULEN10		SOC10/11 的同步采样使能。将 SOC10 和 SOC11 组合为同步采样对。详情请参阅 1.5 节。当 ADC 正在转换 SOC10 或 SOC11 时不可设置该位
		0	SOC10 和 SOC11 都设置为单独采样模式。CHSEL 字段的所有位决定了被转换的通道。EOC10 与 SOC10 关联,EOC11 与 SOC11 关联。SOC10 的转换结果存在 ADCRESULT10 寄存器中,SOC11 的转换结果存在 ADCRESULT11 寄存器中
		1	SOC10 和 SOC11 同步采样。CHSEL 字段的低 3 位决定了被转换的一对通道。EOC10 和 EOC11 与 SOC10,SOC11 对关联。SOC10 和 SOC11 的转换结果分别存放在 ADCRESULT10 和 ADCRESULT11 寄存器中
4	SIMULEN8		SOC8/9 的同步采样使能。将 SOC8 和 SOC9 组合为同步采样对。详情请参阅 1.5 节。当 ADC 正在转换 SOC8 或 SOC9 时不可设置该位
		0	SOC8 和 SOC9 都设置为单独采样模式。CHSEL 字段的所有位决定了被转换的通道。EOC8 与 SOC8 关联,EOC9 与 SOC9 关联。SOC8 的转换结果存在 ADCRESULT8 寄存器中,SOC9 的转换结果存在 ADCRESULT9 寄存器中
		1	SOC8 和 SOC9 同步采样。CHSEL 字段的低 3 位决定了被转换的一对通道。EOC8 和 EOC9 与 SOC8,SOC9 对关联。SOC8 和 SOC9 的转换结果分别存放在 ADCRESULT8 和 ADCRESULT9 寄存器中

续表 8.10

位	位域名称	数值	说明
3	SIMULEN6		SOC6/7 的同步采样使能。将 SOC6 和 SOC7 组合为同步采样对。详情请参阅 1.5 节。当 ADC 正在转换 SOC6 或 SOC7 时不可设置该位
		0	SOC6 和 SOC7 都设置为单独采样模式。CHSEL 字段的所有位决定了被转换的通道。EOC6 与 SOC6 关联,EOC7 与 SOC7 关联。SOC6 的转换结果存在 ADCRESULT6 寄存器中,SOC7 的转换结果存在 ADCRESULT7 寄存器中
		1	SOC6 和 SOC7 同步采样。CHSEL 字段的低 3 位决定了被转换的一对通道。EOC6 和 EOC7 与 SOC6,SOC7 对关联。SOC6 和 SOC7 的转换结果分别存放在 ADCRESULT6 和 ADCRESULT7 寄存器中
2	SIMULEN4		SOC4/5 的同步采样使能。将 SOC4 和 SOC5 组合为同步采样对。详情请参阅 1.5 节。当 ADC 正在转换 SOC4 或 SOC5 时不可设置该位
		0	SOC4 和 SOC5 都设置为单独采样模式。CHSEL 字段的所有位决定了被转换的通道。EOC4 与 SOC4 关联,EOC5 与 SOC5 关联。SOC4 的转换结果存在 ADCRESULT4 寄存器中,SOC5 的转换结果存在 ADCRESULT5 寄存器中
		1	SOC4 和 SOC5 同步采样。CHSEL 字段的低 3 位决定了被转换的一对通道。EOC4 和 EOC5 与 SOC4,SOC5 对关联。SOC4 和 SOC5 的转换结果分别存放在 ADCRESULT4 和 ADCRESULT5 寄存器中
1	SIMULEN2		SOC2/3 的同步采样使能。将 SOC2 和 SOC3 组合为同步采样对。详情请参阅 1.5 节。当 ADC 正在转换 SOC2 或 SOC3 时不可设置该位
		0	SOC2 和 SOC3 都设置为单独采样模式。CHSEL 字段的所有位决定了被转换的通道。EOC2 与 SOC2 关联,EOC3 与 SOC3 关联。SOC2 的转换结果存在 ADCRESULT2 寄存器中,SOC3 的转换结果存在 ADCRESULT3 寄存器中
		1	SOC2 和 SOC3 同步采样。CHSEL 字段的低 3 位决定了被转换的一对通道。EOC2 和 EOC3 与 SOC2,SOC3 对关联。SOC2 和 SOC3 的转换结果分别存放在 ADCRESULT2 和 ADCRESULT3 寄存器中
0	SIMULEN0		SOC0/1 的同步采样使能。将 SOC0 和 SOC1 组合为同步采样对。详情请参阅 1.5 节。当 ADC 正在转换 SOC0 或 SOC1 时不可设置该位
		0	SOC0 和 SOC1 都设置为单独采样模式。CHSEL 字段的所有位决定了被转换的通道。EOC0 与 SOC0 关联,EOC1 与 SOC1 关联。SOC0 的转换结果存在 ADCRESULT0 寄存器中,SOC1 的转换结果存在 ADCRESULT1 寄存器中
		1	SOC0 和 SOC1 同步采样。CHSEL 字段的低 3 位决定了被转换的一对通道。EOC0 和 EOC1 与 SOC0,SOC1 对关联。SOC0 和 SOC1 的转换结果分别存放在 ADCRESULT0 和 ADCRESULT1 寄存器中

8.10.9　ADC 中断 SOC 触发选择 1 寄存器(ADCINTSOCSEL1)

ADC 中断 SOC 触发选择 1 寄存器的位域及其定义见图 8.20 和表 8.11。

第 8 章 模/数转换器(ADC)

15	14	13	12	11	10	9	8
SOC7		SOC6		SOC5		SOC4	
R/W-0		R/W-0		R/W-0		R/W-0	
7	6	5	4	3	2	1	0
SOC3		SOC2		SOC1		SOC0	
R/W-0		R/W-0		R/W-0		R/W-0	

说明：R/W= Read/Write，可读写；R = Read only，只读；-n = 复位后的初始值。

图 8.20 中断 SOC 选择 1(ADCINTSOCSEL1)寄存器

表 8.11 中断 SOC 触发选择 1(ADCINTSOCSEL1)寄存器位域定义

位	位域名称	数值	说明
15：0	SOCx (x = 7 to 0)		ADC SOCx 的中断触发源选择。选择由哪个 ADCINT 中断来触发 SOCx。这个位域将覆盖 ADCSOCxCTL 寄存器的 TRIGSEL 字段
		00	没有 ADCINT 会触发 SOCx。由 TRIGSEL 字段决定 SOCx 的触发源
		01	ADCINT1 会触发 SOCx。TRIGSEL 字段被忽略
		10	ADCINT2 会触发 SOCx。TRIGSEL 字段被忽略
		11	无效的选择

8.10.10 ADC 中断 SOC 选择 2 寄存器(ADCINTSOCSEL2)

ADC 中断 SOC 选择 2 寄存器的位域及其定义见图 8.21 和表 8.12。

15	14	13	12	11	10	9	8
SOC15		SOC14		SOC13		SOC12	
R/W-0		R/W-0		R/W-0		R/W-0	
7	6	5	4	3	2	1	0
SOC11		SOC10		SOC9		SOC8	
R/W-0		R/W-0		R/W-0		R/W-0	

说明：R/W= Read/Write，可读写；R = Read only，只读；-n = 复位后的初始值。

图 8.21 中断 SOC 选择 2(ADCINTSOCSEL2)寄存器

表 8.12 ADC 中断 SOC 选择 2(ADCINTSOCSEL2)寄存器位域定义

位	位域名称	数值	说明
15：0	SOCx (x=15 to 8)		ADC SOCx 的中断触发源选择。选择由哪个 ADCINT 中断来触发 SOCx。这个位域将覆盖 ADCSOCxCTL 寄存器的 TRIGSEL 字段
		00	没有 ADCINT 会触发 SOCx。由 TRIGSEL 字段决定 SOCx 的触发源
		01	ADCINT1 会触发 SOCx。TRIGSEL 字段被忽略
		10	ADCINT2 会触发 SOCx。TRIGSEL 字段被忽略
		11	无效的选择

8.10.11 ADC SOC 标志 1 寄存器(ADCSOCFLG1)

ADC SOC 标志 1 寄存器的位域及其定义见图 8.22 和表 8.13。

15	14	13	12	11	10	9	8
SOC15	SOC14	SOC13	SOC12	SOC11	SOC10	SOC9	SOC8
R-0	R-0	R-0	R-0	R-0	R-0	R-0	R-0

7	6	5	4	3	2	1	0
SOC7	SOC6	SOC5	SOC4	SOC3	SOC2	SOC1	SOC0
R-0	R-0	R-0	R-0	R-0	R-0	R-0	R-0

说明：R/W= Read/Write，可读写；R = Read only，只读；-n = 复位后的初始值

图 8.22　SOC 标志 1(ADCSOCFLG1)寄存器

表 8.13　ADC SOC 标志 1(ADCSOCFLG1)寄存器位域定义

位	位域名称	数值	说明
15:0	SOCx (x=15 to 0)		SOCx 转换开始标志位。指明了单个 SOC 转换的状态
		0	没有待定的 SOCx 采样
		1	接收到触发，SOCx 采样等待处理
			当各自的 SOCx 转换开始时，该位会被自动清零。如果这一位在同一个周期内收到了置位和清零的两个请求，那么不管来自何种触发源，此位将被置位而清 0 请求将被忽略。在这种情况下，ADCSOCOVF1 寄存器中的溢出位不会被影响，无论这一位之前是否被置 1

8.10.12 ADC SOC 强制 1 寄存器(ADCSOCFRC1)

ADC SOC 强制 1 寄存器位域及其定义见图 8.23 和表 8.14。

15	14	13	12	11	10	9	8
SOC15	SOC14	SOC13	SOC12	SOC11	SOC10	SOC9	SOC8
R/W-0	R/W-0	R/W-0	R/W-0	R/W-0	R/W-0	R/W-0	R/W-0

7	6	5	4	3	2	1	0
SOC7	SOC6	SOC5	SOC4	SOC3	SOC2	SOC1	SOC0
R/W-0	R/W-0	R/W-0	R/W-0	R/W-0	R/W-0	R/W-0	R/W-0

说明：R/W= Read/Write，可读写；R = Read only，只读；-n = 复位后的初始值

图 8.23　SOC 强制 1(ADCSOCFRC1)寄存器

表 8.14　SOC 强制 1(ADCSOCFRC1)寄存器位域定义

位	位域名称	数值	说明
15:0	SOCx (x=15 to 0)		SOCx 强制启动转换标志位，写 1 将强制 ADCSOCFLG1 寄存器对应的 SOCx 标志位置 1(x = 15 到 0)，用于软件启动转换，写 0 忽略
		0	没有动作
		1	将 SOCx 的标志位强制置 1。当 SOCx 处于优先级时，立即启动转换。在同一时刻，如果软件试图将寄存器的 SOCx 标志位置 1，而硬件试图将其清 0，则软件具有优先权，此时，ADCSOCFLG1 寄存器的 SOCx 标志位会被置 1。在这种情况下，不会影响 ADCSOCOVF1 寄存器中的溢出位，无论 ADC-SOCFLG1 寄存器中的 SOCx 标志位之前是否被置 1

8.10.13 ADC SOC 溢出 1 寄存器(ADCSOCOVF1)

ADC SOC 溢出 1 寄存器的位域及定义见图 8.24 和表 8.15。

15	14	13	12	11	10	9	8
SOC15	SOC14	SOC13	SOC12	SOC11	SOC10	SOC9	SOC8
R-0	R-0	R-0	R-0	R-0	R-0	R-0	R-0
7	6	5	4	3	2	1	0
SOC7	SOC6	SOC5	SOC4	SOC3	SOC2	SOC1	SOC0
R-0	R-0	R-0	R-0	R-0	R-0	R-0	R-0

说明：R/W= Read/Write，可读写； R = Read only，只读；-n = 复位后的初始值。

图 8.24 SOC 溢出 1(ADCSOCOVF1)寄存器

表 8.15 SOC 溢出 1(ADCSOCOVF1)寄存器位域定义

位	位域名称	数值	说明
15：0	SOCx (x=15 to 0)		SOCx 开始转换溢出标志位 指示一个 SOCx 事件在现有事件未决时已经产生
		0	没有发生 SOCx 溢出事件
		1	发生了 SOCx 溢出事件 溢出事件不会停止执行 SOCx 事件。它只是简单地指明一个触发被错过

8.10.14 ADC SOC 溢出清除 1 寄存器(ADCSOCOVFCLR1)

ADC SOC 溢出清除 1 寄存器的位域及定义见图 8.25 和表 8.16。

15	14	13	12	11	10	9	8
SOC15	SOC14	SOC13	SOC12	SOC11	SOC10	SOC9	SOC8
R/W-0	R/W-0	R/W-0	R/W-0	R/W-0	R/W-0	R/W-0	R/W-0
7	6	5	4	3	2	1	0
SOC7	SOC6	SOC5	SOC4	SOC3	SOC2	SOC1	SOC0
R/W-0	R/W-0	R/W-0	R/W-0	R/W-0	R/W-0	R/W-0	R/W-0

说明：R/W= Read/Write，可读写； R = Read only，只读；-n = 复位后的初始值。

图 8.25 SOC 溢出清除 1(ADCSOCOVFCLR1)寄存器

表 8.16 SOC 溢出清除 1(ADCSOCOVFCLR1)寄存器位域定义

位	位域名称	数值	说明
15:0	SOCx (x=15 to 0)		SOCx 启动转换溢出标志位清零。写入 1 会将 ADCSOCOVF1 寄存器中各自的 SOCx 溢出标志位清零。写入 0 会被忽略
		0	无操作
		1	将 SOCx 的溢出标志位清零 如果在同一周期内,软件试图将此位置位(即把溢出标志位清 0),而硬件试图将 ADCSOCOVF1 寄存器中的溢出标志位置位,则硬件拥有优先权,ADCSOCOVF1 标志位被置位

8.10.15 ADC SOC0～SOC15 控制寄存器(ADCSOCxCTL)

ADC SOC0～SOC 15 控制寄存器位域及定义见图 8.26 和表 8.17。

15	11	9	8	6	5	0
TRIGSEL		Reserved	CHSEL		ACQPS	
R/W-0		R-0	R/W-0		R/W-0	

说明：R/W= Read/Write，可读写；R = Read only，只读；-n = 复位后的初始值。

图 8.26　ADC SOC0 - SOC15 控制(ADCSOCxCTL)寄存器

表 8.17　ADC SOC0～SOC15 控制(ADCSOCxCTL)寄存器位域定义

位	位域名称	数值	说明
15:11	TRIGSEL		SOCx 触发源选择
			对触发源的配置会将 ADCSOCFLG1 寄存器中各自的 SOCx 标志位置位，从而一旦 SOCx 获得优先级就开始转换。该设置会被 ADCINTSOCSEL1 或 ADCINTSOCSEL2 寄存器中对应的 SOCx 位覆盖
		00h	ADCTRIG0 - 仅软件
		01h	ADCTRIG1 - CPU 定时器 0，TINT0n
		02h	ADCTRIG2 - CPU 定时器 1，TINT1n
		03h	ADCTRIG3 - CPU 定时器 2，TINT2n
		04h	ADCTRIG4 - XINT2，XINT2SOC
		05h	ADCTRIG5 - ePWM1，ADCSOCA
		06h	ADCTRIG6 - ePWM1，ADCSOCB
		07h	ADCTRIG7 - ePWM2，ADCSOCA
		08h	ADCTRIG8 - ePWM2，ADCSOCB
		09h	ADCTRIG9 - ePWM3，ADCSOCA
		0Ah	ADCTRIG10 - ePWM3，ADCSOCB
		0Bh	ADCTRIG11 - ePWM4，ADCSOCA
		0Ch	ADCTRIG12 - ePWM4，ADCSOCB
		0Dh	ADCTRIG13 - ePWM5，ADCSOCA
		0Eh	ADCTRIG14 - ePWM5，ADCSOCB
		0Fh	ADCTRIG15 - ePWM6，ADCSOCA
		10h	ADCTRIG16 - ePWM6，ADCSOCB
		11h	ADCTRIG17 - ePWM7，ADCSOCA
		12h	ADCTRIG18 - ePWM7，ADCSOCB
		Others	无效的选择
10	Reserved		读总是返回 0，写无效
9:6	CHSEL		SOCx 通道选择，当 ADC 接收到 SOCx 时,选择对应通道进行转换
			当顺序采样模式时(SIMULENx = 0):
		0h	ADCINA0
		1h	ADCINA1
		2h	ADCINA2

续表 8.17

位	位域名称	数值	说明
9:6	CHSEL	3h	ADCINA3
		4h	ADCINA4
		5h	ADCINA5
		6h	ADCINA6
		7h	ADCINA7
		8h	ADCINB0
		9h	ADCINB1
		Ah	ADCINB2
		Bh	ADCINB3
		Ch	ADCINB4
		Dh	ADCINB5
		Eh	ADCINB6
		Fh	ADCINB7
			当同步采样模式时(SIMULENx = 1):
		0h	ADCINA0/ADCINB0 通道对
		1h	ADCINA1/ADCINB1 通道对
		2h	ADCINA2/ADCINB2 通道对
		3h	ADCINA3/ADCINB3 通道对
		4h	ADCINA4/ADCINB4 通道对
		5h	ADCINA5/ADCINB5 通道对
		6h	ADCINA6/ADCINB6 通道对
		7h	ADCINA7/ADCINB7 通道对
		8h	无效选项
		9h	无效选项
		Ah	无效选项
		Bh	无效选项
		Ch	无效选项
		Dh	无效选项
		Eh	无效选项
		Fh	无效选项
5:0	ACQPS		控制 SOCx 的采样和保持窗口大小,最小值为 6
		00h	无效选项
		01h	无效选项
		02h	无效选项
		03h	无效选项
		04h	无效选项
		05h	无效选项
		06h	采样窗口为 7 个周期(6+1)
		07h	采样窗口为 8 个周期(7+1)
		08h	采样窗口为 9 个周期(8+1)

续表 8.17

位	位域名称	数值	说明
5:0	ACQPS	09h	采样窗口为 10 个周期(9+1)
		…	……
		3Fh	采样窗口为 64 个周期(63+1)
			其余无效选项:10h、11h、12h、13h、14h、1Dh、1Eh、1Fh、20h、21h、2Ah、2Bh、2Ch、2Dh、2Eh、37h、38h、39h、3Ah、3Bh

8.10.16 ADC 调准寄存器(ADCREFTRIM)

注意:图 8.27 和图 8.28 所示的 ADC 校准寄存器受 EALLOW 保护。其对应的位域定义分别如表 8.18 和表 8.19 所列。ADC 修正寄存器的位域及定义见图 8.29 和表 8.20。

15　　　　　　13	12　　　　　　　8	7　　　　　　　4	3　　　　　　　0
Reserved	EXTREF_FINE_TRIM	BG_COARSE_TRIM	BG_FINE_TRIM
R-0	R/W-0	R/W-0	R/W-0

说明:R/W=Read/Write,可读写; R=Read only,只读; -n=复位后的初始值。

图 8.27 ADC 参考/增益 调准(ADCREFTRIM)寄存器(偏移地址 40h)

表 8.18 ADC 参考/增益 调准(ADCREFTRIM)寄存器位域定义

位	位域名称	数值	说明
15-13	Reserved		读返回 0,写无效
12-8	EXTREF_FINE_TRIM		ADC 外部参考细调。当设备启动引导代码将出厂设置加载到这些位后,就不能再修改了
7-4	BG_COARSE_TRIM		ADC 内部带隙电路细调。当设备启动引导代码将出厂设置加载到这些位后,就不能再修改了
3-0	BG_FINE_TRIM		ADC 内部带隙电路粗调。最大支持值为 30。当设备启动引导代码将出厂设置加载到这些位中后,就不能再修改了

15　　　　　　　　　　　9	8　　　　　　　　　　　0
Reserved	OFFTRIM
R-0	R/W-0

说明:R/W=Read/Write,可读写; R=Read only,只读; -n=复位后的初始值。

图 8.28 ADC 偏移 调准(ADCOFFTRIM)寄存器(偏移地址 41h)

表 8.19 ADC 偏移 调准(ADCOFFTRIM)寄存器位域定义

位	位域名称	数值	说明
15-9	Reserved		读返回 0,写无效
8-0	OFFTRIM		ADC 偏移量调整。是 ADC 偏移量 2 的补码,范围为 -256~+255。设备启动引导代码会将出厂设置加载到这些位中。修改这一默认设置可以调整板上任何感应偏差

15							8
			REV				
			R-x				

7							0
			TYPE				
			R-3h				

说明：R/W= Read/Write，可读写；R = Read only，只读；-n = 复位后的初始值。

图 8.29　ADC 修正（ADCREV）寄存器（偏移地址 4Fh）

表 8.20　ADC 修正（ADCREV）寄存器位域定义

位	位域名称	数值	说明
15－8	REV		ADC 修正。允许修改文件之间的差异。第一个版本标记为 00h
7－0	TYPE	3	ADC 类型。对于此类 ADC 总是设置为 3

8.10.17　ADC 结果寄存器（ADCRESULTx）

ADC 结果寄存器由外设帧 0 建立。在头文件中，ADC 结果寄存器（ADCRESULTx）位于 ADC 结果寄存器文件之中，而非 ADC 寄存器中，其位域及定义见图 8.30 和表 8.21。

15		12	11			0
	Reserved			RESULT		
	R-0			R-0		

说明：R/W= Read/Write，可读写；R = Read only，只读；-n = 复位后的初始值。

图 8.30　ADC 结果 0～结果 15（ADCRESULTx）寄存器（PF1 模块偏移地址 00h－0Fh）

表 8.21　ADC 结果 0～结果 15（ADCRESULTx）寄存器位域定义

位	位域名称	数值	说明
15:12	Reserved		总是读取到 0，写操作没有影响
11:0	RESULT		ADC 12 位右对齐的结果寄存器 当顺序采样模式时（SIMULENx=0）：在 ADC 一个 SOCx 的转换完成后，数字结果放在对应的结果寄存器（ADCRESULTx）中 例如，SOC4 配置为对 ADCINA1 进行采样，则转换完成后的结果存放在 ADCRESULT4 中 当同步采样模式时（SIMULENx=1）：在 ADC 一对通道转换结束后，数字结果存放在对应的 ADCRESULTx 和 ADCRESULTx＋1 寄存器中（如果 x 为一偶数）。例如对于 SOC4，则转换完成后的结果放在 ADCRESULT4 和 ADCRESULT5 中。有关这个寄存器的写入，请参阅 8.11 节时序图

8.11 ADC 时序图

8.11.1 顺序采样模式/延迟中断脉冲的时序分析

顺序采样模式/延迟中断脉冲的时序如图 8.31 所示。

(1) ADCCLK＝SYSCLKOUT：Piccolo 28027 器件直接采用系统时钟。

(2) ADCCTL1.INTPULSEPOS ＝1：中断脉冲在 ADC 转换结果锁存前 1 个周期产生。

(3) ADCSOCFLG1.SOC0＝0：无待定的采样。

(4) ADCSOCFLG1.SOC0＝1：收到触发，SOC0 采样即将发生；

ADCSOCFLG1.SOC1＝1：触发相对于 SOC0 延长 13 个周期，SOC1 采样在 SOC0 之后发生；

ADCSOCFLG1.SOC2＝1：触发相对于 SOC1 延长 13 个周期，SOC2 采样在 SOC1 之后发生；

SOC0 的转换(采样/保持)发生在 ADCSOCFLG1.SOC0 信号向上跳变(上升沿)两个 ADC 周期之后，采样窗的长度为 7 个周期，保持窗的长度为 6 个周期。SOC1 转换相对于 SOC0 延迟 13 个周期，而 SOC2 转换相对于 SOC1 也延迟 13 个周期。

(5) S/H Window Pulse to Core：采样/保持窗脉冲进入 ADC 核开始转换，每个采样/保持窗为 13 个 ADC 核时钟周期(保持窗固定为 6 个 ADC 核时钟周期)。SOC0 触发后的第 22 个 ADC 核时钟周期转换数据将锁存到 ADCRESULT0 寄存器，SOC1、SOC2 触发的转换数据以此类推。

(6) EOC0 Pulse：EOC0 信号与 SOC0 关联；

EOC1 Pulse：EOC1 信号与 SOC1 关联；

EOC0 脉冲上升沿在 ADC 转换结果锁存前 1 个周期产生；其下降沿发生在第 22 个 ADC 核时钟周期，用作 ADCINTx 中断的触发源。

(7) ADCINTFLG.ADCINTx：在 EOC0 信号的下降沿时，ADCINTFLG.ADCINTx 中断标志置 1，产生一个 ADCINTx 中断，在此期间，EOC1 的脉冲信号被忽略。

8.11.2 顺序采样模式/提前中断脉冲的时序分析

顺序采样模式/提前中断脉冲的时序如图 8.32 所示。

(1) ADCCLK＝SYSCLKOUT：Piccolo 28027 器件直接采用系统时钟。

(2) ADCCTL 1.INTPULSEPOS ＝0：中断脉冲在 ADC 开始转换时产生。

(3) ADCSOCFLG 1.SOC0＝0：无待定的采样。

第8章 模/数转换器(ADC)

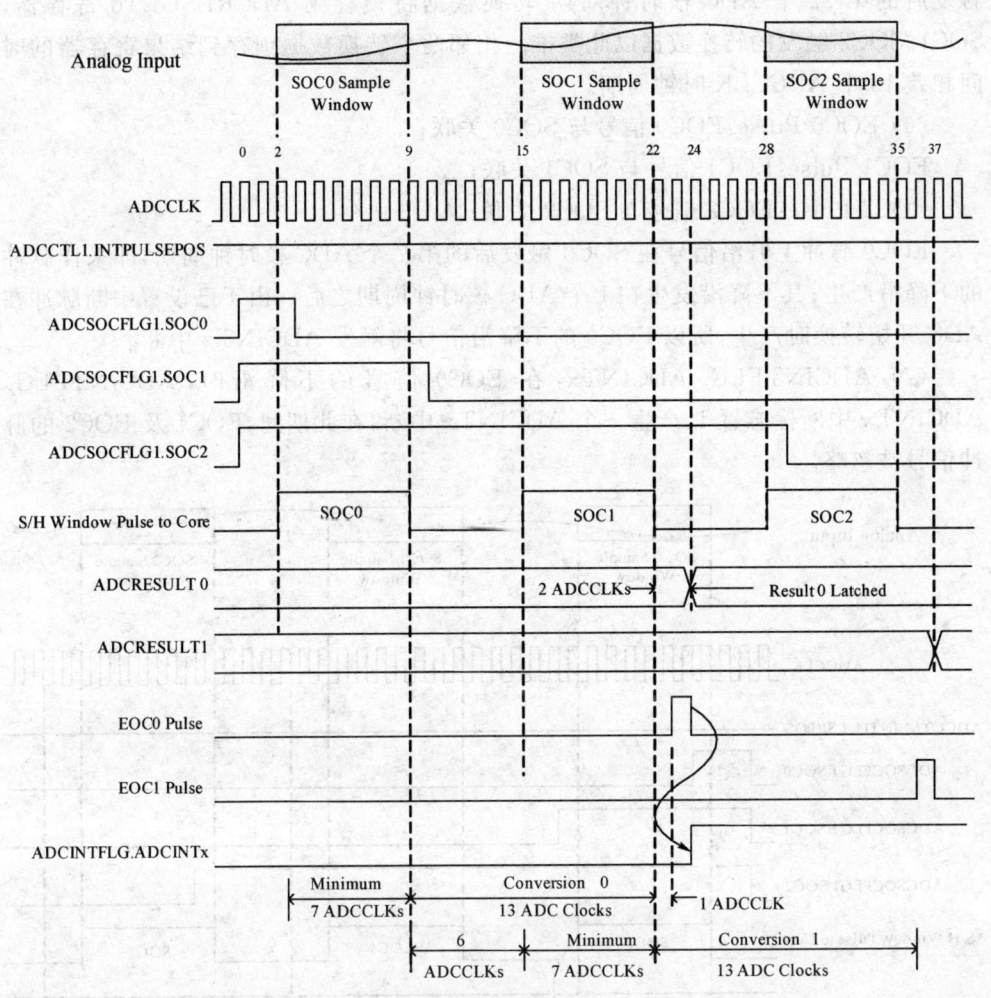

图 8.31 顺序采样模式/延迟中断脉冲的时序

(4) ADCSOCFLG 1.SOC0＝1,收到触发,SOCx 采样即将发生;

ADCSOCFLG 1.SOC1＝1:触发相对于 SOC0 延长 13 个周期,SOC1 采样在 SOC0 之后发生;

ADCSOCFLG 1.SOC2＝1:触发相对于 SOC1 延长 13 个周期,SOC2 采样在 SOC1 之后发生;

SOC0 的转换(采样保持)发生在 ADCSOCFLG 1.SOC0 信号向上跳变(上升沿)两个 ADC 周期之后,采样窗的长度为 7 个周期,保持窗的长度为 6 个周期。SOC1 转换相对于 SOC0 延迟 13 个周期,而 SOC2 转换相对于 SOC1 也延迟 13 个周期。

(5) S/H Window Pulse to Core:采样/保持窗脉冲进入 ADC 核开始转换,每个采样/保持窗为 13 个 ADC 核时钟周期(保持窗固定为 6 个 ADC 核时钟周期)SOC0

第8章 模/数转换器(ADC)

触发后的第 22 个 ADC 核时钟周期 转换数据将锁存到 ADCRESULT0 寄存器, SOC1、SOC2 触发的转换数据以此类推。相邻两个转换数据锁存到结果寄存器的时间相差 13 个 ADCCLK 时钟周期。

(6) EOC0 Pulse：EOC0 信号与 SOC0 关联；

EOC1 Pulse：EOC1 信号与 SOC1 关联；

EOC2 Pulse：EOC2 信号与 SOC2 关联；

EOC0 脉冲上升沿信号在 SOC0 触发后的第 7 个 ADC 核时钟周期，即采样脉冲的下降沿产生；其下降沿发生在 1 个 ADC 核时钟周期之后。由于已设置中断脉冲在 ADC 开始转换时产生，所以 EOC0 的下降沿信号将触发 ADCINTx 中断。

(7) ADCINTFLG.ADCINTx：在 EOC0 信号的下降沿时，ADCINTFLG.ADCINTx 中断标志置 1，产生一个 ADCINTx 中断，在此期间，EOC1 及 EOC2 的脉冲信号被忽略。

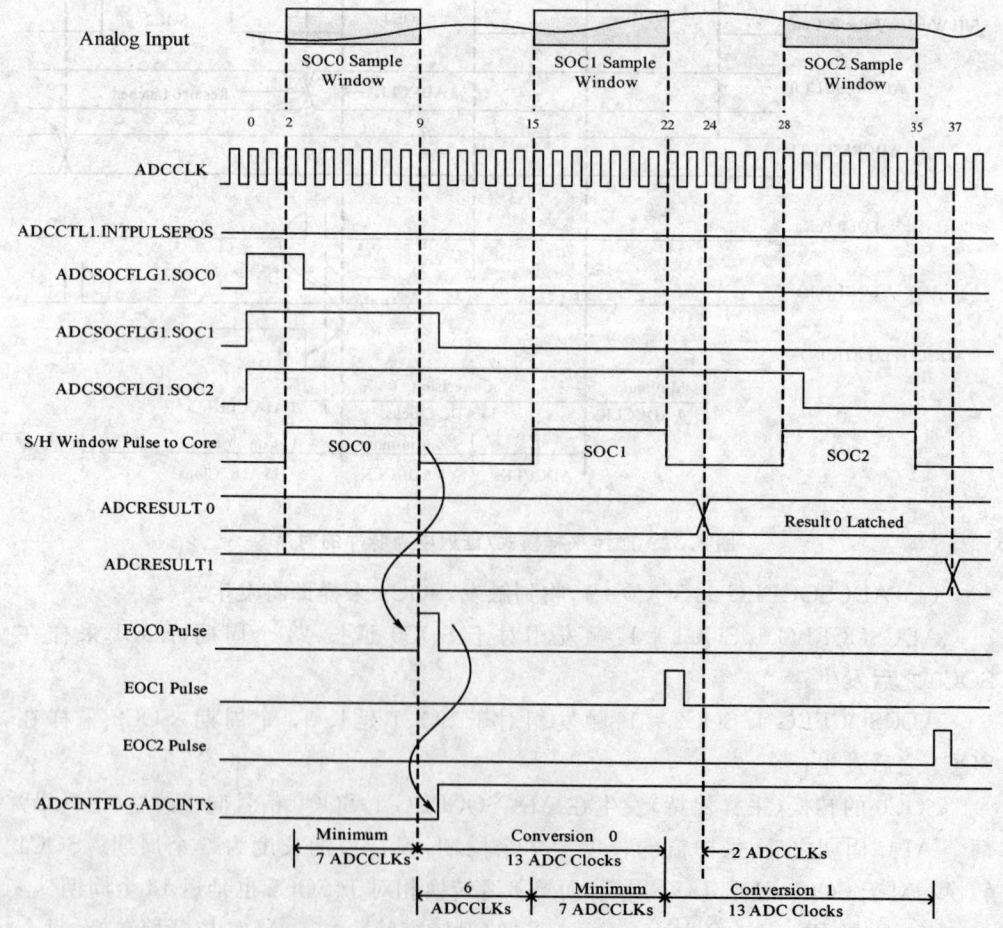

图 8.32 顺序采样模式/提前中断脉冲的时序

8.11.3 同步采样模式/延迟中断脉冲的时序分析

同步采样模式/延迟中断脉冲的时序如图8.33所示。

(1) ADCCLK=SYSCLKOUT:Piccolo 28027 器件直接采用系统时钟。

(2) ADCCTL 1.INTPULSEPOS=1:中断脉冲在 ADC 转换结果锁存前1个周期产生。

(3) ADCSOCFLG 1.SOC0=0:无待定的采样。

(4) ADCSOCFLG 1.SOC0=1,第1组采样已经接收到触发,SOCx 采样即将发生 ADCSOCFLG 1.SOC1=1:忽略;

ADCSOCFLG 1.SOC2=1:第2组采样触发相对于 SOC0 延长26个周期,SOC2 在 SOC1 之后发生;

SOC0 的转换(采样保持)发生在 ADCSOCFLG 1.SOC0 信号向上跳变(上升沿)两个 ADC 周期之后,采样窗的长度为7个周期,保持窗的长度为19个周期,SOC1 忽略;SOC2 转换相对于 SOC0 延迟26个周期。

(5) S/H Window Pulse to Core:SOC0(A/B)的转换(采样保持)发生在 ADC-SOCFLG 1.SOC0 信号向上跳变(上升沿)两个 ADC 周期之后,SOC2(A/B)转换相对于 SOC0(A/B)延迟26个周期。由于 ADC 模块转换核只有一个,所谓同步转换实际上是分时进行的,只是时间间隔很小而已。因此,A、B 两个通道转换仍然各占用13个周期。

SOC0(A/B)触发后的第22个 ADC 周期 A 通道转换数据将首先锁存到 RE-SULT0(A)寄存器中,在 A 通道转换数据锁存后的第13个周期,B 通道转换数据将随之锁存到 RESULT0(B)寄存器中。

(6) EOC0 Pulse:EOC0 信号与 SOC0 关联;

EOC1 Pulse:EOC1 信号与 SOC1 关联;

EOC2 Pulse:EOC2 信号与 SOC2 关联;

EOC0 脉冲上升沿在 SOC0(A/B) 触发后的第21个时钟周期产生,此时,正好是 ADC 转换结果锁存前1个周期。EOC0 的脉冲宽度为一个周期,其下降沿发生在第22个时钟周期。此时转换数刚锁存完毕,与此同时触发 ADCINTx 中断。

(7) ADCINTFLG.ADCINTx:在 EOC0 信号的下降沿时,ADCINTFLG.ADCINTx 中断标志置1,产生一个 ADCINTx 中断,在此期间,EOC1 及 EOC2 的脉冲信号被忽略。

8.11.4 同步采样模式/提前中断脉冲的时序分析

同步采样模式/提前中断脉冲的时序如图8.34所示。

(1) ADCCLK=SYSCLKOUT:Piccolo 28027 器件直接采用系统时钟。

(2) ADCCTL 1.INTPULSEPOS=0:中断脉冲在 ADC 开始转换时产生。

第 8 章 模/数转换器(ADC)

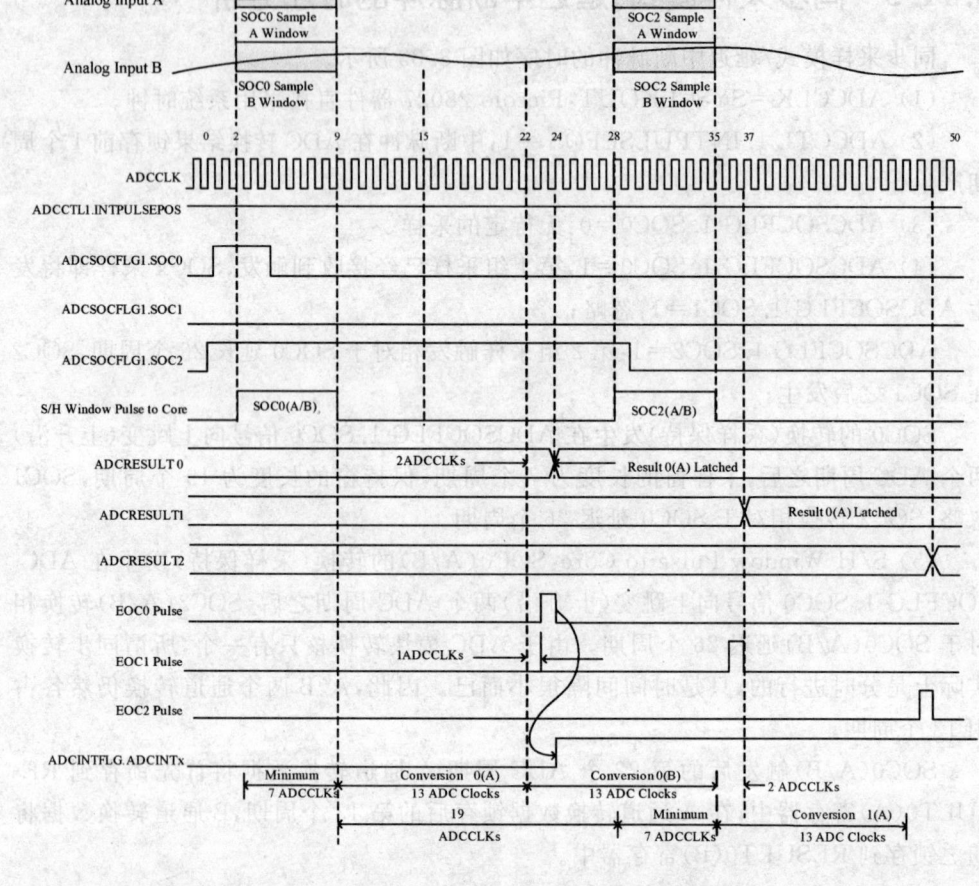

图 8.33　同步采样模式/延迟中断脉冲的时序

(3) ADCSOCFLG 1.SOC0=0：无待定的采样。

(4) ADCSOCFLG 1.SOC0=1，第 1 组采样已经接收到触发，SOCx 采样即将发生 ADCSOCFLG 1.SOC1=1：忽略；

ADCSOCFLG 1.SOC2=1：第 2 组采样触发相对于 SOC0 延长 26 个周期，SOC2 在 SOC1 之后发生；

SOC0 的转换(采样保持)发生在 ADCSOCFLG 1.SOC0 信号向上跳变(上升沿) 2 个 ADC 周期之后，采样窗的长度为 7 个周期，保持窗的长度为 19 个周期，SOC1 忽略；SOC2 转换相对于 SOC0 延迟 26 个周期。

(5) S/H Window Pulse to Core：

SOC0(A/B)的转换(采样保持)发生在 ADCSOCFLG 1.SOC0 信号向上跳变 (上升沿)2 个 ADC 周期之后，SOC2(A/B)转换相对于 SOC0(A/B)延迟 26 个周期。由于 ADC 模块转换核只有一个，所谓同步转换实际上是分时进行的，只是时间间隔

第 8 章 模/数转换器(ADC)

很小而已。因此,A、B 两个通道转换仍然各占用 13 个周期。

SOC0(A/B)触发后的第 22 个 ADC 周期 A 通道转换数据将首先锁存到 RESULT0(A)寄存器中,在 A 通道转换数据锁存后的第 13 个周期,B 通道转换数据将随之锁存到 RESULT0(B)寄存器中。

EOC0 脉冲上升沿在 SOC0(A/B)采样窗的下降沿产生,根据前面的设置"中断脉冲在 ADC 开始转换时产生",EOC0 脉冲已经产生了,但从图 8.34 的图形来看,是 EOC1 信号触发中断。因此不能算是"中断脉冲在 ADC 开始转换时产生"。将图 8.34 与图 8.31 比较,ADCINTFLG.ADCINTx=1 是否应提前呢?如是,请参照对图 8.31 的分析。

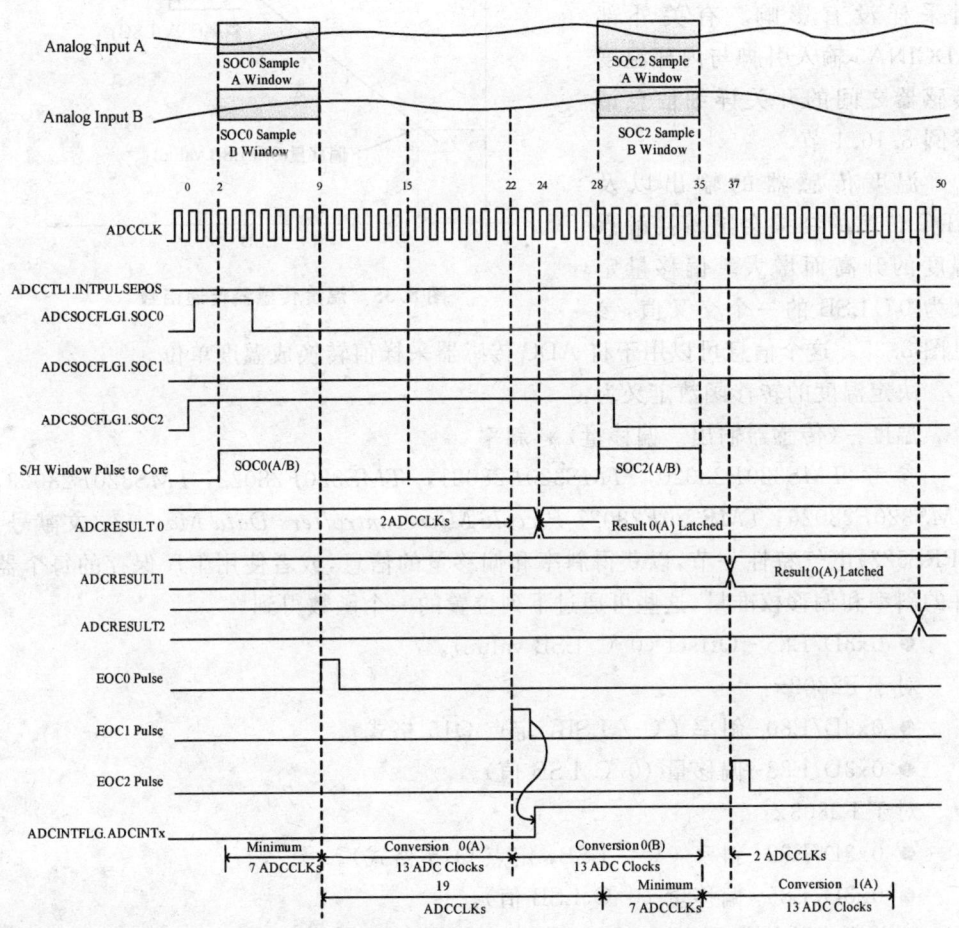

图 8.34　同步采样模式/提前中断脉冲的时序

第8章 模/数转换器(ADC)

8.12 内置温度传感器

内置温度传感器用于测量设备内部各接触点的温度。采用由 ADCCTL1.TEMPCONV 位控制的开关,通过 ADC 的 A5 通道可以对传感器的输出进行采样。该开关允许 A5 用作外部 ADC 输入引脚或作为温度传感器的采样点。当对温度传感器进行采样时,ADCINA5 的外部电路对采样没有影响。有关外部 ADCINA5 输入引脚与内部温度传感器之间的开关详细信息请参阅 8.10.1 节。

温度传感器的输出以及 ADC 转换的结果会随着接触点温度的升高而增大。偏移量定义为 0℃ LSB 的一个交叉值,参见图 8.35。这个信息可以用于将 ADC 传感器采样值转换成温度单位。

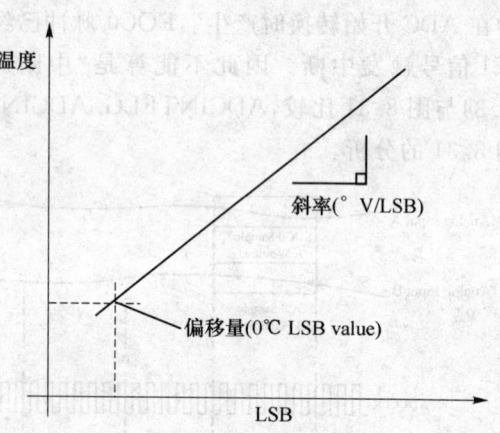

图 8.35 温度传感器传递函数

决定温度的转移函数定义为:

温度=(传感器输出-偏移量)* 斜率

参考 TMS320F28020,TMS320F28021,TMS320F28022,TMS320F28023,TMS320F28026,TMS320F28027 Piccolo Microcontrollers Data Manual(文献号:SPRS523)电气特性一节,以获得斜率和偏移量的信息,或者使用工厂保存的每个器件的斜率和偏移校准量,这些可通过下列位置的一个函数得到。

- 0x3D7E85-Offset(0 ℃ LSB value)。

对于 F2802x:

- 0x3D7E80-斜率(℃/LSB,定点 Q15 格式)。
- 0x3D7E83-偏移量(0 ℃ LSB 值)。

对于 F2803x:

- 0x3D7E82-斜率(℃/LSB,定点 Q15 格式)。
- 0x3D7E85-偏移量(0 ℃ LSB 值)。

这些列出的值都是假设 3.3 V 满量程为前提。如果使用内部参考电压模式将会自动满足这个量程范围,但是如果使用外部模式,那么温度传感器的值必须根据外部参考电压进行相应调整。

使用温度传感器有如下 3 个步骤:

(1)配置 ADC 以准备温度传感器进行采样;

(2) 采样温度传感器；

(3) 将结果转换为温度单位，比如摄氏度。

8.15.5 节提供了温度传感器转换示例（zAdc_TempSensorConv.c），用于简单地采样温度传感器并将结果转化为两个不同的温度单位。

8.13 比较器模块

本节描述的比较器模块是在 VDDA 域中的一个真正的模拟电压量比较器。模拟部分包括比较器，它的输入和输出以及它的内置 DAC 参考。数字电路部分，即在本节中被称为"外包装"的部分，包括 DAC 控制，与其他片上逻辑接口，输出限定模块（Output Qualification）以及控制信号。

8.13.1 特征

比较器模块可以容纳两个外部模拟输入，或者一个外部模拟输入以及将另外一个输入设定为内置 DAC 参考。比较器的输出可以异步传送或者与系统的时钟周期保持同步。比较器的输出会被连接到 ePWM 触发区（Trip Zone）模块和 GPIO 的输出多路复用器（output multiplexer）。

8.13.2 框图

比较器框图如图 8.36 所示。

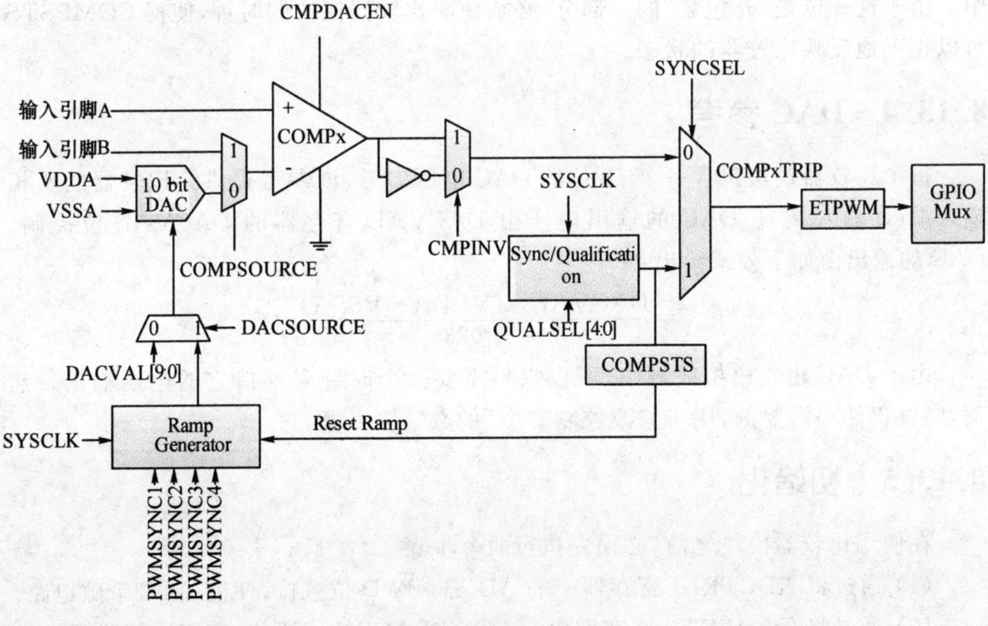

图 8.36 比较器框图

8.13.3 比较器功能

每个比较器(参见图8.37)模块中的比较器都是一个模拟比较器模块,因此它的输出是异步于系统时钟的。表8.22是比较器的真值表。

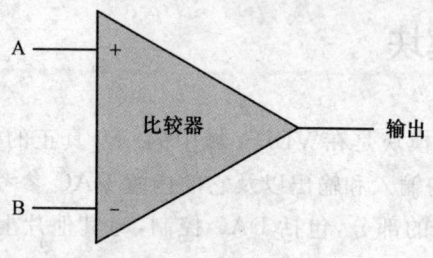

图 8.37 比较器

表 8.22 比较器真值表

电压	输出
电压 A > 电压 B	1
电压 B > 电压 A	0

在真值表中并没有给出电压 A=电压 B 的情况,因为比较器的输出响应有一定的滞后量。这一点也限制了比较器输出对于输入噪声的灵敏度。

在限定之后,比较器的输出状态会反映在 COMPSTS 寄存器的 COMPSTS 位中。由于这一位是"外包装"的一部分,必须使能比较器模块的时钟,使得 COMPSTS 可以正确地反映比较器的状态。

8.13.4 DAC 参考

每个比较器模块包含一个 10 位的 DAC 电压参考,该参考提供给比较器的反相输入端(B 输入端)。DAC 的输出电压由 DACVAL 寄存器的 DACVAL 位控制。DAC 的输出由如下公式给出:

$$V = \frac{DACVAL \times (VDDA - VSSA)}{1023}$$

由于 DAC 也在模拟区域中,所以它不需要一个时钟来维持它的电压输出。然而,时钟仍然是需要的,用于修改控制 DAC 的数字输入量。

8.13.5 初始化

在使用比较器模块之前,必须先执行两个步骤:
(1) 通过将 ADCTRL1 寄存器中的 ADCBGPWD 位置位,使能 ADC 带隙电路。
(2) 通过将 COMPCTL 寄存器中的 COMPDACEN 位置位,使能比较器模块。

8.13.6 数字域操作

在比较器的输出端,有两个额外的功能模块,用于改变比较器的输出特性。它们是:

(1) 反相电路:由 COMPCTL 寄存器的 CMPINV 位控制;将比较器的输出进行逻辑反相。这个功能是异步的,但是它的控制却需要一个时钟,以改变它的值。

(2) 限定模块(Qualification Block):由 COMPCTL 寄存器的 QUALSEL 位控制,并由 COMPCTL 寄存器的 SYNCSEL 位作为门信号。这个模块可以作为一个简单的滤波器,使得比较器的输出只在它与系统时钟同步的时候被通过,并由 QUALSEL 位定义的系统时钟的数量来进行限定。

8.14 比较器寄存器

F280x2x 设备有两个比较器模块,COMP1 和 COMP2。表 8.23 列出了每个模块的寄存器。比较器控制寄存器的位域及定义见图 8.38 和表 8.24。比较器输出状态寄存器的位域及其定义见图 8.39 和表 8.25。DAC 值寄存器的位域及定义见图 8.40 和表 8.26。

名字	地址范围	大小(x16)	说明
COMP1	6400h—641Fh	1	比较器
COMP2	6420h—642Fh	1	比较器

表 8.23 比较器模块寄存器

名字	地址范围(基地址)	大小(x16)	描述
COMPCTL	0x0000 0000	1	比较器控制[1]
保留	0x0000 0001	1	保留
COMPSTS	0x0000 0002	1	比较器输出状态
保留	0x0000 0003	1	保留
保留	0x0000 0004	1	保留
保留	0x0000 0005	1	保留
DACVAL	0x0000 0006	1	10 位 DAC 值
保留	0x0000 0007 0x0000 001F	25	保留

(1) 该寄存器被 EALLOW 保护。

第8章 模/数转换器(ADC)

15						9	8
保留							SYSNSEL
R-0							R/W-0
7			3	2	1		0
QUALSEL				CMPINV	COMPSOURCE		COMPDACE
R/W-0				R/W-0	R/W-0		R/W-0

说明：R/W=读/写，可读写；R=只读；-n=复位后的初始值。

图 8.38　比较器控制(COMPCTL)寄存器

表 8.24　比较器控制(COMPCTL)寄存器位域定义

位	位域名称	数值	说明
15:9	保留		
8	SYNCSEL		在传送给 ePWM/GPIO 模块前的比较器输出同步选择
		0	比较器输出异步传送
		1	比较器输出同步传送
7:3	QUALSEL		比较器同步输出的限定周期
		0h	比较器的同步值可通过
		1h	在限定模块输出变化之前，输入模块必须保持 2 个连续的时钟周期
		2h	在限定模块输出变化之前，输入模块必须保持 3 个连续的时钟周期
		...	
		Fh	在限定模块输出变化之前，输入模块必须保持 16 个连续的时钟周期
2	CMPINV		比较器的反相输出选择
		0	比较器输出不反相
		1	比较器输出反相
1	COMPSOURCE		比较器反相输入源选择
		0	比较器反相输入端连接到内部 DAC
		1	比较器反相输入端连接到外部引脚
0	COMPDACE		比较器/DAC 使能
		0	关闭比较器/DAC 逻辑
		1	打开比较器/DAC 逻辑

15		1	0
保留			COMPSTS
R-0			R-0

说明：R/W=读/写，可读写；R=只读；-n=复位后的初始值。

图 8.39　比较器输出状态(COMPSTS)寄存器

表 8.25　比较器输出状态(COMPSTS)寄存器位域定义

位	位域名称	数值	说明
15:1	保留		读返回 0，写入无效
0	COMPSTS		比较器的逻辑锁存值

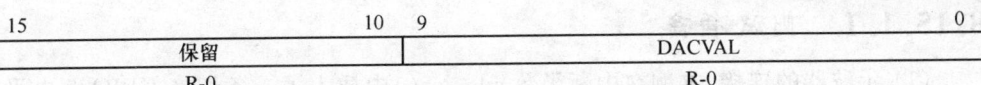

图 8.40 DAC 值(DACVAL)寄存器

表 8.26 DAC 值(DACVAL)寄存器位域定义

位	位域名称	数值	说明
15:10	保留		读返回 0,写入无效
9:0	DACVAL	0-3FFh	DAC 值位,DAC 输出尺度从 0~1023

说明: R/W= Read/Write, 可读写; R = Read only, 只读; -n = 复位后的初始值R-0。

8.15 示例源码

8.15.1 通过 EPWMx 触发 ADC 模块转换(zAdcSoc_TripEpwmx.c)

为了在 28027 的 LaunchPad 平台上测试所有 13 个模数转换通道,这里引入了一个可调节电压输出的电阻网络,旋动 7 个独立的电位器,每个均可输出 0~3 V 的可变电压。J8 的 A0,A1,A2,A3,A4,A6,A7 分别与 28027 的模数转换通道 ADCINA0~ADCINA7 相连;J9 的 B1,B2,B3,B4,B6,B7 分别与 28027 的模数转换通道 ADCINB1~ADCINB7 相连,J10 与 J8 及 J9 的引脚对应。通过跳线可与 13 个模数转换通道中的 7 个相连。本例使用跳线连接 A0,A1,A2,A3,A4,A6 及 A7 共 7 个通道,如图 8.41 所示。

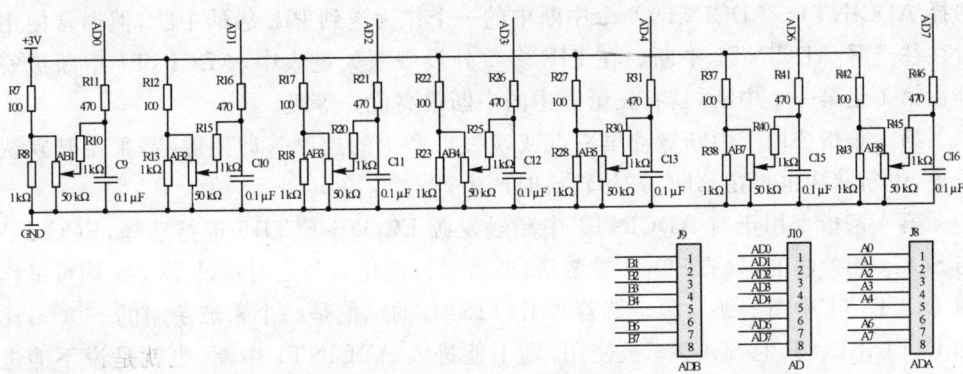

图 8.41 模拟电压输入网络

8.15.1.1 测试准备

(1) 示波器的连接:本例在中断函数 adc_isr() 中插入了一条切换 GPIO28 电平的指令,以便通过示波器观察 ADC 模块中断的周期。在程序运行之前将 GPIO28 (LaunchPad.J1.3) 及 GND(LaunchPad.J5.2) 接入示波器,量程:20 V 1 μs。

(2) 电阻网络的连接:用跳线将 J10 及 J8 对应连接,将 7 个测压网络接入 28027 的 ADCINA0~ADCINA7 通道。

(3) 程序运行时将下列变量先后加入变量视窗及存储浏览视窗,并设置为动态变量。

13 个转换结果的存储数组变量:Voltage 加入变量视窗。

ADC 转换结果起始地址: 0x0B00 加入内存浏览视窗

加入内存浏览视窗的方法:单击"View"菜单的"Memory Browser"命令,选择 Data 输入地址:0xb00。

8.15.1.2 模数转换的基本设置

模数转换的基本设置参见表 8.27 及表 8.28,它由 3 部分组成:

1. ADC 中断相关设置

下面 4 条指令:

```
AdcRegs.ADCCTL1.bit.INTPULSEPOS = 1;
AdcRegs.INTSEL1N2.bit.INT1E = 1;
AdcRegs.INTSEL1N2.bit.INT1CONT = 0;
AdcRegs.INTSEL1N2.bit.INT1SEL = 2;
```

主要用于对 ADC 模块中断的配置。尽管图 8.7 表示的 ADC 中断结构允许 EOCx 选择 ADCINT1~ADCINT9 9 个中断中的一个作为送到 PIE 级的中断,但通常使用时往往选择 ADCINT1 中断。在 PIE 多重外设中断矢量表中,ADCINT1 中断被安排在第 1 组第一个中断,具有矢量表中的中断最高优先等级。

第 1 条指令用于中断脉冲早一点或晚一点产生的控制。即使屏蔽,采用其默认设置,中断脉冲也将在 ADC 开始转换时产生。

第 4 条指令用于对 ADCINT1 中断触发源 ECO0~ECO15 进行选择,ECOx 是与 SOCx 相关联的,只要 SOCx 被激活(或者说被使用),与之对应的 ECOx 均可以作为 ADCINT1 中断的触发源。倘若对 INT1SEL 的赋值是一个未被使用的 SOCx,比如 INT1SEL=3,但 SOC3 未被使用,则不能进入 ADCINT1 中断,也就是说不能进行模数转换。

表 8.27　zAdcSoc_TripEpwmx.c 文件中的 ConfigAdc_1to1( )函数

```
void ConfigAdc_1to1(void)
{
    EALLOW;
    AdcRegs.ADCCTL1.bit.INTPULSEPOS  = 1;        // 中断脉冲在 ADC 转换结果锁存前 1 个周期产生
    AdcRegs.INTSEL1N2.bit.INT1E      = 1;        // 使能 ADCINT1 中断
    AdcRegs.INTSEL1N2.bit.INT1CONT   = 0;        // 禁止 ADCINT1 连续方式
    AdcRegs.INTSEL1N2.bit.INT1SEL    = 2;        // EOC2 为 ADCINT1 的触发源
// 下面采用 1 对 1 的方法进行通道选择
    AdcRegs.ADCSOC0CTL.all = 0x2806;    // 这条指令等同于下面 3 条指令
    //AdcRegs.ADCSOC0CTL.bit.CHSEL  = 0;   // 设置 SOC0 选择 ADCINA0。SOC0 结果存放在 ADCRESULT0 寄
                                          // 存器中
    //AdcRegs.ADCSOC0CTL.bit.TRIGSEL = 5;  // SOC0 的触发源为 EPWM1，根据罗宾环，SOC0 首先转换之后是
                                          // SOC1 等
    //AdcRegs.ADCSOC0CTL.bit.ACQPS  = 6;   // 设置 SOC0 采样窗为 7 个 ADCCLK 时钟(6 ACQPS plus 1)
    AdcRegs.ADCSOC1CTL.all = 0x2846;    // 设置 SOC1 选择 ADCINA1,SOC1 结果存放在 ADCRESULT1 寄存器中
    AdcRegs.ADCSOC2CTL.all = 0x2886;    // 设置 SOC2 选择 ADCINA2,SOC2 结果存放在 ADCRESULT2 寄存器中
    AdcRegs.ADCSOC3CTL.all = 0x28C6;    // 设置 SOC3 选择 ADCINA3,SOC3 结果存放在 ADCRESULT3 寄存器中
    AdcRegs.ADCSOC4CTL.all = 0x2906;    // 设置 SOC4 选择 ADCINA4,SOC4 结果存放在 ADCRESULT4 寄存器中
    AdcRegs.ADCSOC6CTL.all = 0x2986;    // 设置 SOC6 选择 ADCINA6,SOC6 结果存放在 ADCRESULT6 寄存器中
    AdcRegs.ADCSOC7CTL.all = 0x29C6;    // 设置 SOC7 选择 ADCINA7,SOC7 结果存放在 ADCRESULT7 寄存器中
    AdcRegs.ADCSOC9CTL.all = 0x2A46;    // 设置 SOC9 选择 ADCINB1,SOC9 结果存放在 ADCRESULT9 寄存器中
    AdcRegs.ADCSOC10CTL.all = 0x2A86;   // 设置 SOC10 选择 ADCINB2,SOC10 结果存放在 ADCRESULT10 寄存器中
    AdcRegs.ADCSOC11CTL.all = 0x2AC6;   // 设置 SOC11 选择 ADCINB3,SOC11 结果存放在 ADCRESULT11 寄存器中
    AdcRegs.ADCSOC12CTL.all = 0x2B06;   // 设置 SOC12 选择 ADCINB4,SOC12 结果存放在 ADCRESULT12 寄存器中
    AdcRegs.ADCSOC14CTL.all = 0x2B86;   // 设置 SOC14 选择 ADCINB6,SOC14 结果存放在 ADCRESULT14 寄存器
    AdcRegs.ADCSOC15CTL.all = 0x2BC6;   // 设置 SOC15 选择 ADCINB7,SOC15 结果存放在 ADCRESULT15 寄存器中
    EDIS;
}
```

　　第 3 条指令比较有意思。通常情况下，外设中断的常规步骤是：在中断服务函数中总有一条清除中断标志位的指令，即所谓"中断标志位由硬件置位必须通过软件清 0"，以保证下一个中断的到来。当这条指令设置为 0，即禁止 ADCINT1 中断连续方式时，它遵循中断的常规步骤；而当设置为 1，则不必考虑中断标志位。即使在中断函数中屏蔽中断标志位清 0 的指令，中断照常进行。

　　第 2 条指令使能 ADCINT1 中断是一条必须的指令。这里提到的中断是 ADC 模块一系列的响应机制，包括对设置的所有通道进行模数转换，也包括向系统发出中断完成的信号。中断服务函数则是对模块中断完成后的一种软件响应。

2. 转换通道及触发源设置

　　它由对 ADCSOCxCTL 寄存器的设置完成，对整个寄存器的设置可以分解成如下的 3 条指令：

```
AdcRegs.ADCSOC0CTL.bit.CHSEL    = 0;
AdcRegs.ADCSOC0CTL.bit.TRIGSEL  = 5;
AdcRegs.ADCSOC0CTL.bit.ACQPS    = 6;
```

第 1 条指令用于对转换通道进行选择。16 个 ADCSOCxCTL($0 \leqslant x \leqslant 15$)可选择 A0~A7 及 B0~B7 共 16 个通道中的任意通道,2807 器件只有以下:

| A0 | A1 | A2 | A3 | A4 | A6 | A7 |
| B1 | B2 | B3 | B4 | B6 | B7 |

13 个有效通道。ConfigAdc_1to1()函数采用 1 对 1 的方式选择 28027 的 13 个通道。这里选择 A0 通道,SOCx 对 A5,B0 及 B5 的选择均无效。

第 2 条指令用于选择 SOCx 的触发源,这里用到的 13 个 SOC 均选用 EPWM1 作为触发源,参见 8.10.15 小节。

第 3 条指令用于设置 SOC0 采样窗。实际采样窗的大小为:

$$采样窗 = (ACQPS+1) 个 ADCCLK 时钟$$

3. 触发源配置

触发源配置参见表 8.28。在这些指令中,EPWM 模块时钟(TBCLK)及周期(TBPRD)两个参数决定模数转换的快慢。

表 8.28　EPWM1 触发源初始化

```
void ePwm1_Init()
{
    // 假定在 InitSysCtrl();函数中已经使能 ePWM1 时钟
    EPwm1Regs.ETSEL.bit.SOCAEN    = 1;      // 使能 EPwm1 模块的 SOC(EPWMxSOCA)脉冲
    EPwm1Regs.ETSEL.bit.SOCASEL   = 4;      // 当 CTR = CMPA 且增计数时,产生 SOC(EPWMxSOCA) 脉冲
    EPwm1Regs.ETPS.bit.SOCAPRD    = 1;      // 当触发了第 1 个 ETSEL[SOCASEL]时,产生 SOC(EPWMxSOCA)
                                            // 脉冲
    EPwm1Regs.TBPRD               = 0x00A9; // 周期寄存器 TBPRD = 169
    EPwm1Regs.TBCTL.bit.CTRMODE   = 0;      // 增技术模式

    // 由 TB_DIV1 = 0,故 TBCLK = 60 MHz (16.67 ns),当 TBPRD = 169 时,ADC SOC 周期 = 169 * 16.67 = 2817 ns
    EPwm1Regs.TBCTL.bit.HSPCLKDIV = TB_DIV1;
    EPwm1Regs.TBCTL.bit.CLKDIV    = TB_DIV1;
}
```

8.15.1.3　模数转换的基本设置

1. ADC 核时钟 ADCCLK

28027 的时钟 ADCCLK 直接采用系统时钟 SYSCLKOUT,因此 ADCCLK 直接受 DIV(PLLCR[3:0])及 DIVSEL(PLLSTS[8:7])的控制,默认状态下:

ADCCLK = SYSCLKOUT = 60 MHz(16.67 ns)

2. ADC 模块转换周期：

一个 ADC 转换由采样窗及保持窗(S/H)组成,采样窗周期为：

(ACQPS + 1)ADCCLK,

ACQPS=6 是 ADC 转换的最快设置(不允许再小)而保持窗固定为 6 个 ADCCLK,故 ADC 完成一次转换周期为：

ADC 转换周期 = ACQPS +7 （个 ADCCLK 时钟周期）

因此,ADC 模块最快的转换时间是 13 个 ADCCLK 时钟周期。

其中,ADC 核时钟 ADCCLK 直接采用系统时钟 SYSCLKOUT,有

ADCCLK = SYSCLKOUT = 60 MHz(16.67 ns)

因此,当 ACQPS =6 时,一次转换的理论时间等于 13 * 16.6667 = 216.67 ns。

3. 触发源周期

在 INT1CONT = 0,即禁止 ADCINT1 连续方式的情况下,需要在中断服务函数中将中断标志位清零,以便进行下一次的模数转换。因此触发源的周期可以控制模数转换的节拍。当采用 EPWM 作为触发源时,触发源周期受 EPWM 模块时钟(TBCLK)及 EPWM 定时器周期 TBPRD 的控制,而定时器周期 TBPRD 就是触发源的周期。

8.15.1.4 模数转换的基本设置

在表 8.27 中,有意设置了 13 个通道的模数转换,其用意是计算 ADC 模块的转换时间。在 EPWM1 一个有效触发周期内,ADC 模块可完成 16 个通道的模数转换(28027 只有 13 个通道)。根据这一点,配置一个能够完成 13 个通道转换的最短的周期就可以算出单通道模数转换最快的时间。

28027 的 ADC 模块时钟与 2812 不同,其核时钟直接采用系统时钟 SYSCLKOUT。当采用 EPWM 作为中断触发源时,ADC 中断的节拍受 EPWM 定时器周期的控制。但这不意味着:对于 EPWM 很短的周期,28027 的 ADC 模块都能完成 13 个通道的模数转换。在实际操作中,当设置 TBPRD < 0x80 时,转换停止;并且 TBPRD 取值在 0x00A9～0x0080 之间时,周期维持在 0x00A9 的设置值。

当 TBPRD = 0x00A9 = 169 时,表 8.29 中断函数 GPIO281 电平切换的周期为 2 800 ns,在这个周期时间内,ADC 模块完成了 13 次转换,每一次转换时间为 215.38 ns,该值与图 8.31 所示的相邻两个转换之间的时差基本吻合。

第8章 模/数转换器(ADC)

表 8.29 中断服务函数 adc_isr(void)

```
interrupt void adc_isr(void)
{
    ConversionCount ++ ;
    GpioDataRegs.GPATOGGLE.bit.GPIO28 = 1;    // 切换 GPIO28 电平用以计算 ADC 转换需要的时间
    Voltage[0]  = AdcResult.ADCRESULT0;       // 模数转换结果由 ADCINA0 通道采样产生
    Voltage[1]  = AdcResult.ADCRESULT1;       // 模数转换结果由 ADCINA1 通道采样产生
    Voltage[2]  = AdcResult.ADCRESULT2;       // 模数转换结果由 ADCINA2 通道采样产生
    Voltage[3]  = AdcResult.ADCRESULT3;       // 模数转换结果由 ADCINA3 通道采样产生
    Voltage[4]  = AdcResult.ADCRESULT4;       // 模数转换结果由 ADCINA4 通道采样产生
    Voltage[5]  = AdcResult.ADCRESULT6;       // 模数转换结果由 ADCINA6 通道采样产生
    Voltage[6]  = AdcResult.ADCRESULT7;       // 模数转换结果由 ADCINA7 通道采样产生
    Voltage[7]  = AdcResult.ADCRESULT9;       // 模数转换结果由 ADCINB1 通道采样产生
    Voltage[8]  = AdcResult.ADCRESULT10;      // 模数转换结果由 ADCINB2 通道采样产生
    Voltage[9]  = AdcResult.ADCRESULT11;      // 模数转换结果由 ADCINB3 通道采样产生
    Voltage[10] = AdcResult.ADCRESULT12;      // 模数转换结果由 ADCINB4 通道采样产生
    Voltage[11] = AdcResult.ADCRESULT14;      // 模数转换结果由 ADCINB6 通道采样产生
    Voltage[12] = AdcResult.ADCRESULT15;      // 模数转换结果由 ADCINB7 通道采样产生
    AdcRegs.ADCINTFLGCLR.bit.ADCINT1 = 1;     // 清 ADCINT1 标志位以便接收下一个 SOC
    PieCtrlRegs.PIEACK.all = PIEACK_GROUP1;
    // PIE 响应寄存器 PIEACK 是中断从 PIE 级进入 CPU 级的门禁(参见图 10.3)。一个中断在进入
    // CPU 级之前,其对应的 PIEACK.x 必须通过软件清 0,打开 PIE 级到 CPU 的通道。而当这个中断
    // 进入 CPU 级 INTx 中断线时,硬件将 PIEACK.x 位置 1,关闭 PIE 级到 CPU 的通道。
}
```

在图 8.42 中,Voltage 显示的是 13 个模数转换结果的动态值,这些值是在表 8.29 中断服务函数中将 ADC 转换结果存入该数组中的;左面部分则是 ADC 转换结果存储区的动态值。只要启动转换,存储区 0x0B00 的值就会动态变化。

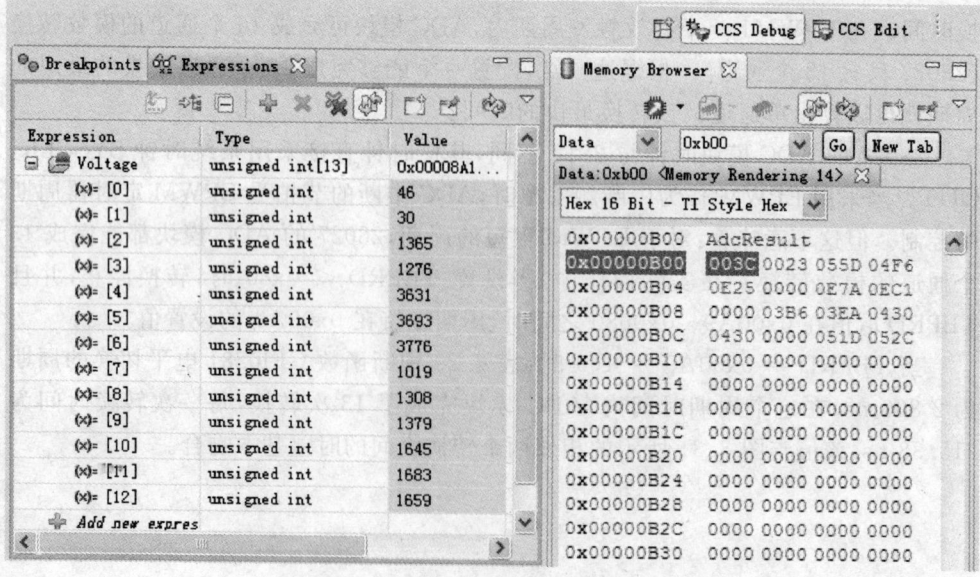

图 8.42 变量视窗及存储浏览视窗

8.15.1.5 过采样示例

表 8.30 为 13 个通道的过采样例程。只要在 zAdcSoc_TripEpwmx.c 文件中将调用函数 ConfigAdc_1to1() 改为 ConfigAdc_13to1() 即可。其他设置可仿照上面示例进行。

表 8.30 zAdcSoc_TripEpwmx.c 文件中的 ConfigAdc_13to1()函数

```c
void ConfigAdc_13to1(void)
{
    EALLOW;
    AdcRegs.ADCCTL1.bit.INTPULSEPOS   = 1;      // 中断脉冲在 ADC 转换结果锁存前 1 个周期产生
    AdcRegs.INTSEL1N2.bit.INT1E       = 1;      // 使能 ADCINT1 中断
    AdcRegs.INTSEL1N2.bit.INT1CONT    = 0;      // 禁止 ADCINT1 连续方式
    AdcRegs.INTSEL1N2.bit.INT1SEL     = 2;      // EOC2 为 ADCINT1 的触发源

// 下面 13 个 SOC 采用相同的触发源:PWM1A,另外,13 个 SOC 均针对 ADCINA0 通道,即采用过采样方式。
    AdcRegs.ADCSOC0CTL.all = 0x2806;    // 这条指令等同于下面 3 条指令
    //AdcRegs.ADCSOC0CTL.bit.CHSEL   = 0;  // 设置 SOC0 选择 ADCINA0。注意:SOC0 也可选择其他的
                                           // 通道
    //AdcRegs.ADCSOC0CTL.bit.TRIGSEL = 5;  // SOC0 的触发源为 EPWM1A,根据罗宾环,SOC0 首先转换之
                                           // 后是 SOC1 等
    //AdcRegs.ADCSOC0CTL.bit.ACQPS   = 6;  // 设置 SOC0 采样/保持窗为 7 个 ADCCLK 时钟(6 ACQPS plus 1)

    AdcRegs.ADCSOC1CTL.all  = 0x2806;   // 设置 SOC1 选择 ADCINA0,结果存放在 ADCRESULT1 寄存器中
    AdcRegs.ADCSOC2CTL.all  = 0x2806;   // 设置 SOC2 选择 ADCINA0,结果存放在 ADCRESULT2 寄存器中
    AdcRegs.ADCSOC3CTL.all  = 0x2806;   // 设置 SOC3 选择 ADCINA0,结果存放在 ADCRESULT3 寄存器中
    AdcRegs.ADCSOC4CTL.all  = 0x2806;   // 设置 SOC4 选择 ADCINA0,结果存放在 ADCRESULT4 寄存器中
    AdcRegs.ADCSOC6CTL.all  = 0x2806;   // 设置 SOC6 选择 ADCINA0,结果存放在 ADCRESULT6 寄存器中
    AdcRegs.ADCSOC7CTL.all  = 0x2806;   // 设置 SOC7 选择 ADCINA0,结果存放在 ADCRESULT7 寄存器中

    AdcRegs.ADCSOC9CTL.all  = 0x2806;   // 设置 SOC9 选择 ADCINA0,结果存放在 ADCRESULT9 寄存器中
    AdcRegs.ADCSOC10CTL.all = 0x2806;   // 设置 SOC10 选择 ADCINA0,结果存放在 ADCRESULT10 寄存器中
    AdcRegs.ADCSOC11CTL.all = 0x2806;   // 设置 SOC11 选择 ADCINA0,结果存放在 ADCRESULT11 寄存器中
    AdcRegs.ADCSOC12CTL.all = 0x2806;   // 设置 SOC12 选择 ADCINA0,结果存放在 ADCRESULT12 寄存器中
    AdcRegs.ADCSOC14CTL.all = 0x2806;   // 设置 SOC14 选择 ADCINA0,结果存放在 ADCRESULT14 寄存器中
    AdcRegs.ADCSOC15CTL.all = 0x2806;   // 设置 SOC15 选择 ADCINA0,结果存放在 ADCRESULT15 寄存器中
    EDIS;
}
```

8.15.2 通过定时器 0 中断触发模数转换(zAdcSoc_TripTINTx.c)

这里采用 zCpu_Timer.c 文件中的一个子集:定时器 0(TINT0)中断作为模数转换的触发源。表 8.31 的指令中,除了与 ADC 相关的两条指令外均取自 zCpu_Timer.c 文件中的指令。表 8.31 的指令框架也适用于设置 TINT1 及 TINT2 中断作为

第8章 模/数转换器(ADC)

模数转换的触发源。

8.15.2.1 程序调试运行前的硬件连接

本例在中断函数 cpu_timer0_isr() 中插入了一条切换 GPIO28 电平的指令,以便通过示波器 ADC 模块中断的周期。在程序运行之前将 GPIO28(LaunchPad. J1. 3)及 GND(LaunchPad. J5. 2)接入示波器,量程:20 V,25 μs

8.15.2.2 程序说明

(1) 程序通过 ConfigAdc() 函数设置 TINT0 为模数转换的触发源,如表 8.32 所列;

(2) 采样通道为 A0,A1,A2,A3,A4,A6,A7 共 7 个。尽管 SOCx 可以选取 28027 器件中 13 个模数转换通道的任意一个通道,但为了有序,这里采用对应的方法,比如 SOC0 对 A0,SOC1 对 A1 等,参见表 8.32。

8.15.2.3 操作步骤

主函数如表 8.31 所列,操作步骤如下:

(1) 确定对定时器 0 的实参设置为:ConfigCpuTimer(&CpuTimer0, 10, 100);

(2) 在程序运行中,将下列变量加入变量表达式视窗,并设置为动态变量;

  CpuTimer0.InterruptCount
  Voltage

(3) 在程序运行时,单击"View"菜单的"Memory Browser"命令,选择 Data 输入 AdcResult 地址:0xb00,并设置成实时动态变量;

(4) 程序运行时可观察到的现象:
- 可从示波器观察到周期为 10 * 100 * 16.67 ns=16.67 μs 的方波;
- 存储器浏览窗(Memory Browser)模数转换结果数据在动态变化,此时可调节电阻旋钮改变转换值;
- 两个加入变量视窗的变量数据动态变化。

表 8.31   zAdcSoc_TripTINTx.c 文件中的主函数

```
void main(void)
{   ...
    EALLOW;                                // 允许访问受保护的寄存器
    PieVectTable.TINT0 = &cpu_timer0_isr;  // cpu_timer0_isr 为 TINT0(定时器 0)中断的入口地址
    EDIS;                                  // 禁止访问受保护的寄存器
    ...
    InitAdc();                             // ADC 模块初始化
    ConfigAdc();
    InitCpuTimers();                       // 定时器初始化
```

续表 8.31

```
    ConfigCpuTimer(&CpuTimer0, 10, 100);    // CPU 定时器的周期为 16.67 * 1 000 = 16.67  us
    CpuTimer0Regs.TCR.all = 0x4000;         // 使能定时器中断、定时器以系统时钟作为时钟源
    PieCtrlRegs.PIEIER1.bit.INTx7 = 1;      // 使能 PIE 向量表第 1 组第 7 个 TINT0 中断
    IER |= M_INT1;                          // 使能连接到 CPU int1 的 CPU - Timer0 中断
    EINT;                                   // 使能全局中断,实时调试优先
    ERTM;                                   // 使能全局实时中断 DBGM
    ...
}
```

8.15.2.4 调用函数说明

由于在主文件中调用了 DSP2802x_Adc.c 文件中的 InitAdc()函数,因此必须在项目文件中加入 DSP2802x_Adc.c 文件。该文件位于 E:\ti\controlSUITE\device_support\f2802x \v129\DSP2802x_common\source 目录中。

表 8.32 zAdcSoc_TripTINTx.c 文件中的 ConfigAdc( )函数

```
void ConfigAdc(void)
{
    EALLOW;
    AdcRegs.ADCSOC0CTL.all = 0x0806;         // 这条指令与下面 3 条指令等价
    //AdcRegs.ADCSOC0CTL.bit.CHSEL    = 0;    // 设置 SOC0 选择 ADCINA0
    //AdcRegs.ADCSOC0CTL.bit.TRIGSEL  = 1;    // 触发源为 TINT0
    //AdcRegs.ADCSOC0CTL.bit.ACQPS    = 6;    // SOC0 的采样/保持窗为成 7 个 ADC 时钟周期
                                              // (7 = ACQPS + 1)

// 下面 6 条指令除选择的 ADCINAx 通道与 SOCx 对应外,TRIGSEL 及 ACQPS 设置与上面指令相同
    AdcRegs.ADCSOC1CTL.all = 0x0846;
    AdcRegs.ADCSOC2CTL.all = 0x0886;
    AdcRegs.ADCSOC3CTL.all = 0x08C6;
    AdcRegs.ADCSOC4CTL.all = 0x0906;
    AdcRegs.ADCSOC6CTL.all = 0x0986;
    AdcRegs.ADCSOC7CTL.all = 0x09C6;
    EDIS;
}
```

8.15.3 通过外部中断 2 触发模数转换(zAdcSOC_TripXINT.c)

这里采用 zExternalInterrupt.c 文件中的一个子集:外部中断 2(XINT2)作为模数转换的触发源。表 8.33 的指令中,除了与 ADC 相关的两条指令外均为 zExternalInterrupt.c 文件中的指令。表 8.33 的指令框架也适用于设置 XINT1 中断作为模数转换的触发源。

第 8 章 模/数转换器(ADC)

8.15.3.1 程序调试运行前的硬件连接

- 用杜邦线连接 GPIO1(LaunchPad.J6.2)及 GPIO29(LaunchPad.J1.4)两个引脚。
- 将 GPIO34(LaunchPad.J1.5)及 GND(LaunchPad.J5.2)接入示波器,量程 20 V,25 ms。

8.15.3.2 程序说明

(1) 程序将 GPIO1 引脚设置成 XINT2 中断源,当 GPIO1 从高电平变为低电平(下降沿跳变)时,产生一个 XINT2 中断请求。XINT2 输入与系统时钟 SYSCLKOUT 同步。

(2) 通过 GPIO29 提供 GPIO1 的电平变化。程序将 GPIO29 设置成高电平,并且设置 GPIO1 下降沿 产生一个中断请求。当产生一个下降沿跳变事件时,该事件将触发一个 XINT2 中断事件。

(3) 程序通过 ConfigAdc()函数设置 XINT2 为模数转换的触发源,采样通道为 A0,A1,A2,A3,A4,A6,A7。尽管 SOCx 可以选取 28027 器件中 13 个模数转换通道的任意一个通道,但为了有序,这里采用对应的方法,比如 SOC0 对 A0,SOC1 对 A1 等。

(4) 在程序运行中,当 GPIO29 电平被拉低时,将启动模数转换并且 GPIO34 引脚产生周期方波。

8.15.3.3 操作步骤

(1) 完成程序调试运行前的硬件连接,参见前面的硬件连接说明;

(2) 将变量

| Xint2Count: | XINT2 中断的次数; |
| Voltage: | ADC 转换结果存储数组。|

加入变量视窗并在程序运行时设置成实时动态变量;

(3) 在程序运行时,单击"View"菜单的"Memory Browser"命令,选择 Data 输入 AdcResult 地址:0xb00,并设置成实时动态变量;

(4) 当拔掉杜邦线连接 GPIO29 的一个头时,GPIO1 引脚变为低电平,即形成一个下降沿跳变事件,该事件将触发 XINT2 中断,此时发生下面 3 个现象:

- Xint2Count 变量从原来的停滞状态开始增计数;
- 存储器浏览窗(Memory Browser)ADC 转换结果数据在动态变化,变量视窗的数组 Voltage 中存储的 ADC 转换结果也在动态变化,此时可调节电阻旋钮改变转换值;
- 示波器产生周期为 20 ms 的周期方波。

(5) 还原 GPIO29 连接,XINT2 中断停止,上述 3 个现象终止,可重复。

表 8.33　zAdcSoc_TripTINTx.c 文件中的 main( )函数

```c
void main(void){  ...
// 设置 GPIO29 为输出,起始时 GPIO29 分别为低电平,将 GPIO29 的电平作为 GPIO1 的电平输入
    EALLOW;
    GpioCtrlRegs.GPAMUX2.bit.GPIO29 = 0;        // GPIO29 为 GPIO 功能
    GpioCtrlRegs.GPADIR.bit.GPIO29 = 1;         // GPIO29 为输出
    GpioDataRegs.GPASET.bit.GPIO29 = 1;         // 将 GPIO29 锁存为高电平
    EDIS;
// 用于 XINT2 中断服务函数中切换 GPIO34 电平,通过示波器观察波形
    EALLOW;
    GpioCtrlRegs.GPBMUX1.bit.GPIO34 = 0;        // GPIO34 为 GPIO 功能
    GpioCtrlRegs.GPBDIR.bit.GPIO34 = 1;         // GPIO34 为输出
    EDIS;
    ...
    EALLOW;                                      // 允许写受 EALLOW 保护的寄存器
    PieVectTable.XINT2 = &xint2_isr;
    EDIS;                                        // 禁止写受 EALLOW 保护的寄存器
    ...
    InitAdc();   // For this example, init the ADC
    ConfigAdc();
// 使能 PIE 级 PIE 向量表中第 1 组的第 5 个 XINT2 中断
    PieCtrlRegs.PIECTRL.bit.ENPIE = 1;          // 使能 PIE 模块
    PieCtrlRegs.PIEIER1.bit.INTx5 = 1;          // 使能 PIE 第 1 组第 5 个 INT5(XINT2  Ext. int. 2)中断
    IER |= M_INT1;                              // 使能 CPU 级  INT1 中断,即使能 PIE 向量表 第一组中断
    EINT;                                        // 使能全局中断
// 设置 GPIO1 为输入,GPIO1 的电平受 GPIO29 电平的控制。开始时,GPIO1 与 GPIO29 通过杜邦线连接,为高
// 电平。
    EALLOW;
    GpioCtrlRegs.GPAMUX1.bit.GPIO1 = 0;         // GPIO1 为 GPIO 功能
    GpioCtrlRegs.GPADIR.bit.GPIO1 = 0;          // GPIO1 为输入,其电平高低由 GPIO29 控制
    GpioCtrlRegs.GPAQSEL1.bit.GPIO1 = 0;        // 本指令由  GPIO1(GPAQSEL1[3:2]) = 0,同步于 SYSCLKOUT
                                                 // 时钟
    GpioCtrlRegs.GPACTRL.bit.QUALPRD0 = 0xFF;   // 由 QUALPRD0 = 0xFF:每个采样窗为 510 × SYSCLKOUT
    EDIS;
// GPIO1 作为外部中断 2(XINT2)的输入引脚,
    EALLOW;
    GpioIntRegs.GPIOXINT2SEL.bit.GPIOSEL = 1;   // 由 GPIOSEL = 1,选择 GPIO1 引脚作为 XINT2 中
                                                 // 断源
    EDIS;
// 配置 XINT2
    XIntruptRegs.XINT2CR.bit.POLARITY = 2;      // 由 POLARITY = 2,下降沿产生 XINT2 中断(GPIO1
                                                 // 初始信号为高电平)
    XIntruptRegs.XINT2CR.bit.ENABLE = 1;        // 由 ENABLE(XINT2CR[0]) = 1,使能 XINT2 中断
...}
```

8.15.3.4 XINT2 中断触发模数转换的程序架构

1. 选择中断源

Picollo C2000 系列支持 3 个外部中断 XINT1～XINT3。每个外部中断 XINTx 都可以通过对 GPIO 外部中断源选择寄存器(GPIOXINT1SEL)的设置,选择 GPIO0～GPIO31 共 32 个引脚作为外部中断 XINTx 的触发源。指令:

```
GpioIntRegs.GPIOXINT2SEL.bit.GPIOSEL = 1;
```

就是选择 GPIO1 引脚作为外部中断 XINT2 的触发源。

2. 触发源的边沿选择

当触发源确定之后,还要选定触发源是在上升沿触发还是在下降沿触发,指令:

```
XIntruptRegs.XINT2CR.bit.POLARITY = 2;
```

设置 GPIO1 的电平由高变低(下降沿)时,触发 XINT2 中断。

3. 触发源 GPIO1 的设置

根据前面两条指令的设定,要对 GPIO1 作相应的配置:将 GPIO1 设置为 GPIO 型输入,为配合下降沿触发,其本身电平应设置为高电平,相关指令见表 8.33。

4. XINT2 的中断设置

XINT2 的中断设置参见表 8.33,它与一般外设的中断设置类似,详细的说明可参考 9.12.10 节"EPWM 模块的定时器中断"相关叙述,这里不再赘述。

5. GPIO1 模拟下降沿的产生

在实际应用中,GPIO1 可接收来自外部的下降沿信号触发 XINT2 中断。这里用 GPIO29 引脚模拟 GPIO1 的电平变化。将 GPIO29 引脚设置为 GPIO 型输出高电平,并通过杜邦线与 GPIO1 相连,参见表 8.33。

6. ADC 设置

在主程序中调用的 ADC 函数两个,一个是调用 ADC 初始化函数 InitAdc(),该函数来自 DSP2802x_Adc.c 文件,因此必须在项目文件中加入 DSP2802x_Adc.c 文件。该文件位于 E:\ti\controlSUITE\device_support\f2802x \v129\DSP2802x_common\source 目录中。另一个为在主文件中定义的原型函数 ConfigAdc(),参见表 8.34。该函数的触发源设置为:TRIGSEL = 4,即选择 XINT2 为触发源。

8.15.3.5 关于 XINT2 中断周期 20 ms 的说明

本例在调试阶段曾经对控制运行时钟的各个参数进行设置,目的在于改变 XINT2 中断周期,但 XINT2 中断周期始终固定在 20 ms。

表 8.34　zAdcSoc_TripTINTx.c 文件中的 ConfigAdc( )函数

```
void ConfigAdc(void){
    EALLOW;
    AdcRegs.ADCSOC0CTL.all = 0x2006;           // 这条指令与下面 3 条指令等价
    //AdcRegs.ADCSOC0CTL.bit.CHSEL   = 0;      // 设置 SOC0 选择 ADCINA0
    //AdcRegs.ADCSOC0CTL.bit.TRIGSEL = 4;      // 触发源为 XINT2
    //AdcRegs.ADCSOC0CTL.bit.ACQPS   = 6;      // 设置 SOC0 的采样/保持窗为 7 个 ADC 时钟周期
                                               // (7 = ACQPS + 1)
    AdcRegs.ADCSOC1CTL.all = 0x2046;           // SOC1 选择 ADCINA1,触发源为 XINT2,ACQPS = 6
    AdcRegs.ADCSOC2CTL.all = 0x2086;           // SOC2 选择 ADCINA2,触发源为 XINT2,ACQPS = 6
    AdcRegs.ADCSOC3CTL.all = 0x20C6;           // SOC3 选择 ADCINA3,触发源为 XINT2,ACQPS = 6
    AdcRegs.ADCSOC4CTL.all = 0x2106;           // SOC4 选择 ADCINA4,触发源为 XINT2,ACQPS = 6
    AdcRegs.ADCSOC6CTL.all = 0x2186;           // SOC6 选择 ADCINA6,触发源为 XINT2,ACQPS = 6
    AdcRegs.ADCSOC7CTL.all = 0x21C6;           // SOC7 选择 ADCINA7,触发源为 XINT2,ACQPS = 6
    EDIS;
}
```

8.15.4　温度传感器示例(zAdc_TempSensor.c)

本文件原型是 TI 提供的 Adc_TempSensor.c 文件。

8.15.4.1　程序说明

主函数如表 8.35 所列。

(1) 激活片内温度传感器,将温度传感器从内部连接到 ADCINA5 通道:

```
AdcRegs.ADCCTL1.bit.TEMPCONV = 1;
```

(2) 设置 SOC0 选择 ADCINA5 通道:

```
AdcRegs.ADCSOC0CTL.bit.CHSEL = 5;
```

(3) 设置 SOC0 选择 ePWM1ASOCA 触发源:

```
AdcRegs.ADCSOC0CTL.bit.TRIGSEL = 5;
```

ePWM1ASOCA 触发源是启动 ADC 模块模数转换的信号。

(4) 采用与 SOC0 关联的 EOC0 作为 ADCINT1 中断的中断触发源:

```
AdcRegs.INTSEL1N2.bit.INT1SEL = 0;
```

当 SOC0 的模数转完成后,与之关联的 EOC0 将作为触发一个中断的触发源,本例采用 ADCINT1 中断。

注意:ADC 模块被触发进入中断后,一系列的运行,包括模数转换及发出中断请求等并不是在一个中断函数中完成的,这些全部是 ADC 模块的硬件功能。由于在进入 ADC 模块中断时,硬件将中断标志位置 1,并且将 PIECK.0 也置 1,用于屏蔽后续中断进入。若要继续再进入 ADC 模块中断,必须在中断服务函数中将两个标志位清 0。ADCINT1 中断提供了建立这样一个中断服务函数的机制。

(5) 为了建立中断服务函数 adc_isr(),本例用了不少指令。有关这方面更详细的说明请参见相关文档,此处不再赘述。

表 8.35　zAdc_TempSensor.c 文件中的 main( )函数

```
void main()
{   ...
    EALLOW;
    AdcRegs.ADCCTL1.bit.TEMPCONV    = 1;        // 温度传感器从内部连接到 ADCINA5 通道
    EDIS;
    ...
    EALLOW;
    AdcRegs.ADCCTL1.bit.INTPULSEPOS = 1;        // 在 ADC 结果锁存前一个周期产生 ADCCTL1 中断脉冲
    AdcRegs.INTSEL1N2.bit.INT1E     = 1;        // 使能 ADCINT1 中断
    AdcRegs.INTSEL1N2.bit.INT1CONT  = 0;        // 禁止 ADCINT1 中断连续模式
    AdcRegs.INTSEL1N2.bit.INT1SEL   = 0;        // 设置 EOC0 触发 ADCINT1

    AdcRegs.ADCSOC0CTL.all = 0x2946;            // 这条指令与下面 3 条指令等价
    //AdcRegs.ADCSOC0CTL.bit.CHSEL   = 5;       // SOC0 选择 ADCINA5 通道(从内部连接到温度传感器)
    //AdcRegs.ADCSOC0CTL.bit.TRIGSEL = 5;       // 选择 EPWMxSOCA 为 SOC0 触发源,
    //AdcRegs.ADCSOC0CTL.bit.ACQPS   = 6;       // 设置 SOC0 采样/保持窗为 7 个 ADC 时钟周期
                                                // (7 = ACQPS + 1)
    EDIS;
    ...
    // 假定 ePWM1 时钟在 InitSysCtrl()函数中已被使能
    EPwm1Regs.ETSEL.bit.SOCAEN   = 1;           // 使能 EPWMxSOCA 脉冲
    EPwm1Regs.ETSEL.bit.SOCASEL  = 4;           // 当计数器 CTR = CMPA 且增计数时,产生一个
                                                // EPWMxSOCA 脉冲
    EPwm1Regs.ETPS.bit.SOCAPRD   = 1;           // 在第 1 个 CTR = CMPA 事件时,产生 EPWMxSOCA 脉冲
    EPwm1Regs.CMPA.half.CMPA = 0x0100;          // 设置比较值 CMPA = 0x0100
    EPwm1Regs.TBPRD = 0x0200;                   // 设置 ePWM1 周期:TBPRD = 0x0200,用以设置 PWM 的
                                                // 频率
    EPwm1Regs.TBCTL.bit.CTRMODE  = 0;           // 计数器计数采用增计数模式
    ...
    for(;;)                                     // 等待 ADC 中断
    {   LoopCount ++ ;
        temp = AdcResult.ADCRESULT0;
        degC = GetTemperatureC(temp);
    }
}
```

8.15.4.2 实验步骤

1. 示波器的连接

本例在中断函数 adc_isr() 中插入了一条切换 GPIO28 电平的指令，以便通过示波器观察 ADC 模块中断的周期。在程序运行之前将 GPIO28(LaunchPad.J1.3)及 GND(LaunchPad.J5.2)接入示波器，量程：20 V　1 μs。

2. 触发源 EPWM1SOCA 周期的计算

28027 与 2812 的 ADC 时钟不同，28027 的 ADC 时钟直接采用系统时钟，不分频，即 ADCCLK＝SYSCLKOUT。EPWM 时基时钟(频率) TBCLK ＝ SYSCLKOUT/(HSPCLKDIV * CLKDIV)，CLKDIV＝1(默认值)，HSPCLKDIV＝2(默认值)，因此有：

时基时钟(频率) TBCLK ＝ 60 /(2 * 1)＝ 30 MHz (TBCLK 周期 33.33333 ns)

由 TBPRD＝0x0200，则 TBCLK 周期＝33.33 * (512＋1)＝17 μs，与示波器值相符。

8.15.4.3 观察变量

将下面两个变量加入变量视窗，并在运行时设置为动态变量

```
TempSensorVoltage[10]:        10 个 ADCRESULT0 模数转换值；
ConversionCount:              当前结果的编号；
LoopCount:                    无限循环次数；
```

8.15.5 软件强制温度传感器转换示例(zAdc_TempSensorConv.c)

这个程序不长，但是有多处可供借鉴。表 8.36 为 zAdc_TempSensorConv.c 文件中相关指令摘录。

8.15.5.1 程序说明：

(1) 激活片内温度传感器，将温度传感器从内部连接到 ADCINA5 通道：

```
AdcRegs.ADCCTL1.bit.TEMPCONV = 1;
```

(2) 设置 SOC0 及 SOC1 均选择 ADCINA5 通道：

```
AdcRegs.ADCSOC0CTL.bit.CHSEL = 5;
AdcRegs.ADCSOC1CTL.bit.CHSEL = 5;
```

这里 SOC0 及 SOC1 同时选择 ADCINA5 通道，属过采样，但只读取 SOC1 产生的转换结果 ADCRESULT1，其目的是取得一个相对稳定的值。

(3) 设置最小采样/保持窗

```
AdcRegs.ADCSOC0CTL.bit.ACQPS = 6;
```

```
AdcRegs.ADCSOC1CTL.bit.ACQPS    = 6;
```

ACQPS = 6,是最小采样/保持窗,以求最快的模数转换速度。实际采样/保持窗等于 7(ACQPS + 1) 个 ADCCLK 周期,由于 ADC 模块直接采用系统时钟 SYSCLKOUT,因此,ADCCLK = SYSCLKOUT。

(4) 设置 EOC1 触发 ADCINT1

```
AdcRegs.INTSEL1N2.bit.INT1SEL = 1;
```

这条指令的选择必须与工作状态的 SOCx 对应,前面用到 SOC0 与 SOC1,这里的 INT1SEL 只能选择 0 或 1,否则就不能进入中断。

表 8.36   zAdc_TempSensorConv.c 文件中的 main() 函数

```
void main()
{   …
    EALLOW;
    GpioCtrlRegs.GPAMUX2.bit.GPIO18 = 3;    // 通过 GPIO 端口 A 多路器将 GPIO18 配置为外部时钟输出
                                            // XCLOCKOUT
    SysCtrlRegs.XCLK.bit.XCLKOUTDIV = 0;    // 外部输出时钟;XCLOCKOUT = SYSCLK
    EDIS;
    …
    InitAdc();
    EALLOW;
    AdcRegs.ADCCTL1.bit.TEMPCONV   = 1;     // 温度传感器从内部连接到 ADCINA5 通道
    AdcRegs.ADCSOC0CTL.bit.CHSEL   = 5;     // 设置 SOC0 选择 ADCINA5 通道
    AdcRegs.ADCSOC1CTL.bit.CHSEL   = 5;     // 设置 SOC1 选择 ADCINA5 通道
    AdcRegs.ADCSOC0CTL.bit.ACQPS   = 6;     // 设置 SOC0 采样/保持窗为 7 个 ADC 时钟周期 (7 = ACQPS + 1)
    AdcRegs.ADCSOC1CTL.bit.ACQPS   = 6;     // 设置 SOC0 采样/保持窗为 7 个 ADC 时钟周期 (7 = ACQPS + 1)
    AdcRegs.INTSEL1N2.bit.INT1SEL  = 1;     // 设置 EOC1 触发 ADCINT1
    AdcRegs.INTSEL1N2.bit.INT1E    = 1;     // 使能 ADCINT1 中断
    EDIS;
// 设置 flash OTP 等待状态得时钟数,这在执行温度转换功能时很重要。
    FlashRegs.FOTPWAIT.bit.OTPWAIT = 1;     // 读 OTP 时,等待 1 个 CPU 时钟;SYSCLKOUT
    for(;;){                                // 主程序循环-不停地对温度传感器进行采样
        AdcRegs.ADCSOCFRC1.all = 0x03;      // 软件强制 SOC0 及 SOC1 转换
        while(AdcRegs.ADCINTFLG.bit.ADCINT1 == 0){}  // 等待 ADCINT1 中断结束
        AdcRegs.ADCINTFLGCLR.bit.ADCINT1 = 1;   // 清 ADCINT1 中断标志位
        temp = AdcResult.ADCRESULT1;        // 从 SOC1 获得温度传感器采样结果
        degC = GetTemperatureC(temp);       // 将原始的温度传感器的(电压)测量值转化成摄氏温度
                                            // 及开氏温度
        degK = GetTemperatureK(temp);    }
}
```

(5) 使能 ADCINT1 中断:

```
AdcRegs.INTSEL1N2.bit.INT1E    =    1;
```

(6) 采用软件强制模数转换

```
AdcRegs.ADCSOCFRC1.all = 0x03;
```

该指令将 ADCSOCFLG1 寄存器对应的 SOC0 及 SOC1 标志位强制置 1，以便软件启动转换。即使在同一时刻硬件试图将标志位清 0，软件仍有优先权。

(7) 等待 ADCINT1 中断结束：

```
while(AdcRegs.ADCINTFLG.bit.ADCINT1 == 0){}
```

根据以上的设置，采用软件强制模数转换这一事件，将导致 ADC 模块的 ADCINT1 中断。上面一条指令就是等待 ADC 模块中断结束。

(8) 清 ADCINT1 中断标志位

```
AdcRegs.ADCINTFLGCLR.bit.ADCINT1 = 1;
```

这是紧跟在等待 ADCINT1 中断结束后的一条指令，在 ADCINT1 中断服务函数中也有这条指令。ADC 模块进入 ADCINT1 中断时，硬件将标志位置 1，用以关闭后续中断，必须通过软件清 0 才能再进入中断。

(9) 采样值的转换：

```
degC = GetTemperatureC(temp);
degK = GetTemperatureK(temp);
```

将原始的温度传感器的(电压)测量值转化成摄氏温度及开氏温度。这两个函数不是主文件中定义的函数，它们取自 DSP2802x_TempSensorConv.c 文件。

(10) 系统时钟的输出：

```
GpioCtrlRegs.GPAMUX2.bit.GPIO18 = 3;
SysCtrlRegs.XCLK.bit.XCLKOUTDIV = 2;
```

这两条指令用以系统时钟 SYSCLKOUT 的输出，其中第 1 条指令设置 GPIO18 作为外部时钟 XCLOCKOUT 的输出引脚，而第 2 条指令确定 XCLOCKOUT 相对 SYSCLKOUT 的比例，这里 XCLOCKOUT = SYSCLKOUT = 60 MHz(16.67 ns)

操作步骤如下：

(1) 将 GPIO18(LaunchPad.J1.7)及 GND(LaunchPad.J5.2)接入示波器，量程：5 V 10 ns 编译运行程序，可观察到与预期值相当的周期为 16 ns 的正弦波。

(2) 将以下变量加入观察窗，设置为动态方式，可观察到 28027 芯片温度的变化：

  temp：模数转换结果；
  degC：摄氏温度；
  degK：开氏温度。

第 9 章

Piccolo 增强型脉宽调制器 (ePWM)模块

具有增强脉宽调制(ePWM)的外设是许多商业和工业设备中的电力电子系统的关键要素。例如,数字电机的控制,开关电源的控制,不间断电源(UPS),及其他形式的电源转换等。这些设备中的 ePWM 模块主要提供了数模转换(DAC)的功能,占空比由 DAC 的数值所决定,有时也作为 DAC 电源的参考。

Piccolo 增强脉宽调制(ePWM)模块与 2812 事件管理器(EV)框架下的 PWM 模块相比,不仅仅功能增强,其操作也相对便利了。本章将对以下内容展开叙述。

- 时基模块(Time-Base Module,TB);
- 计数比较器模块(Counter Compare Module,CC);
- 动作限定器模块(Action Qualifier Module,AQ);
- 死区发生器模块(Dead-Band Generator Module,DB);
- PWM 斩波模块(PWM Chopper Module,PC);
- 触发区模块(Trip Zone Module,TZ);
- 事件触发模块(Event Trigger Module,ET)。

ePWM 模块有以下的增强功能:

- 死区的分辨率得到提高:死区的时钟控制得到了增强,允许采用半周期的时钟以获得双倍分辨率。
- 中断和 SOC 信号产生的功能得以加强:无论时基计数器 TBCTR=0 还是 TBCTR=周期,现在都可以产生中断和 ADC 的启动转换信号,此功能将允许双边沿 PWM 控制。此外,ADC 启动转换信号可以由数字比较子模块中定义的事件产生。
- 周期的分辨率得到提高:这在 HRPWM 章节中有更详细地讨论。
- 数字比较子模块:数字比较子模块为数字信号提供了过滤、消除和改进故障的功能,从而加强了事件触发和故障捕获子模块。这些功能对于脉冲电流控制模式和模拟比较器都是十分重要的。

第 9 章 Piccolo 增强型脉宽调制器(ePWM)模块

9.1 概 述

一个高效的 PWM 设备必须能够用最小的 CPU 开销产生复杂的脉冲宽度波形。它既需要比较简单而灵活的编程,又要容易理解和使用。这里所描述的 ePWM 单元把计时和控制功能分配到各个 PWM 通道上,从而达到了上述要求。它包含了多个较小但独立的通道模块,共同协作形成了一个整体可用的系统,避免了模块之间的相互交叉与干扰。这种模块化的方法提供了一个更加透明的对外接口,能帮助用户迅速了解其运作方式。

9.1.1 子模块概述

本章节中信号或模块名称中的字母 x 用来表示设备上一个通用的 ePWM 实例。例如,输出信号 EPWMxA 和 EPWMxB 指输出信号来自 ePWMx 实例。因此,EPWM1A 和 EPWM1B 来自 ePWM1,而 EPWM4A 和 EPWM4B 来自 ePWM4。

一个 ePWM 模块指的是由两路 PWM 输出组成的 PWM 通道,一般用 EPWMxA 和 EPWMxB 表示。图 9.1 展示了一个拥有多个 ePWM 模块的设备。一般情况下每个 ePWM 结构都是相同的,但也有例外。某些情况下,有些 ePWM 模块通过硬件扩展以获得更加精确控制的 PWM 输出。这种扩展在 HRPWM 章节中有具体描述,也可参考 *High-Resolution Pulse Width Modulator Reference*。这里,在 ePWM 后面加上数字以分辨设备中不同的 ePWM 模块,例如 EPWM1 和 EPWM3 等,或者用 EPWMx 代表。

ePWM 模块通过某种时钟同步方案连接在一起,有需要的时候各个模块可以独立使用。设备中模块的数目可以根据应用环境而灵活更改。

每个 ePWM 模块都支持以下功能:
- 专用 16 位时基计数器,可以进行周期和频率控制;
- 两路 PWM 输出(EPWMxA 和 EPWMxB),可以使用以下配置:
  - 两个独立的 PWM 输出进行单边控制;
  - 两个独立的 PWM 输出进行双边对称控制;
  - 一个独立的 PWM 输出进行双边非对称控制。
- 异步的 PWM 信号覆盖,可以通过软件控制;
- 与其他 ePWM 模块有关的可编程超前和滞后相控;
- 每个周期硬件锁定相位;
- 独立的上升沿和下降沿死区延时控制;
- 可编程触发区控制(Trip Zone),用于故障时的周期循环控制(cycle-by-cycle trip)和单次(one-shot)控制;
- 一个触发事件可以使 PWM 输出强制为高电平、低电平,或高阻状态;

第9章 Piccolo 增强型脉宽调制器(ePWM)模块

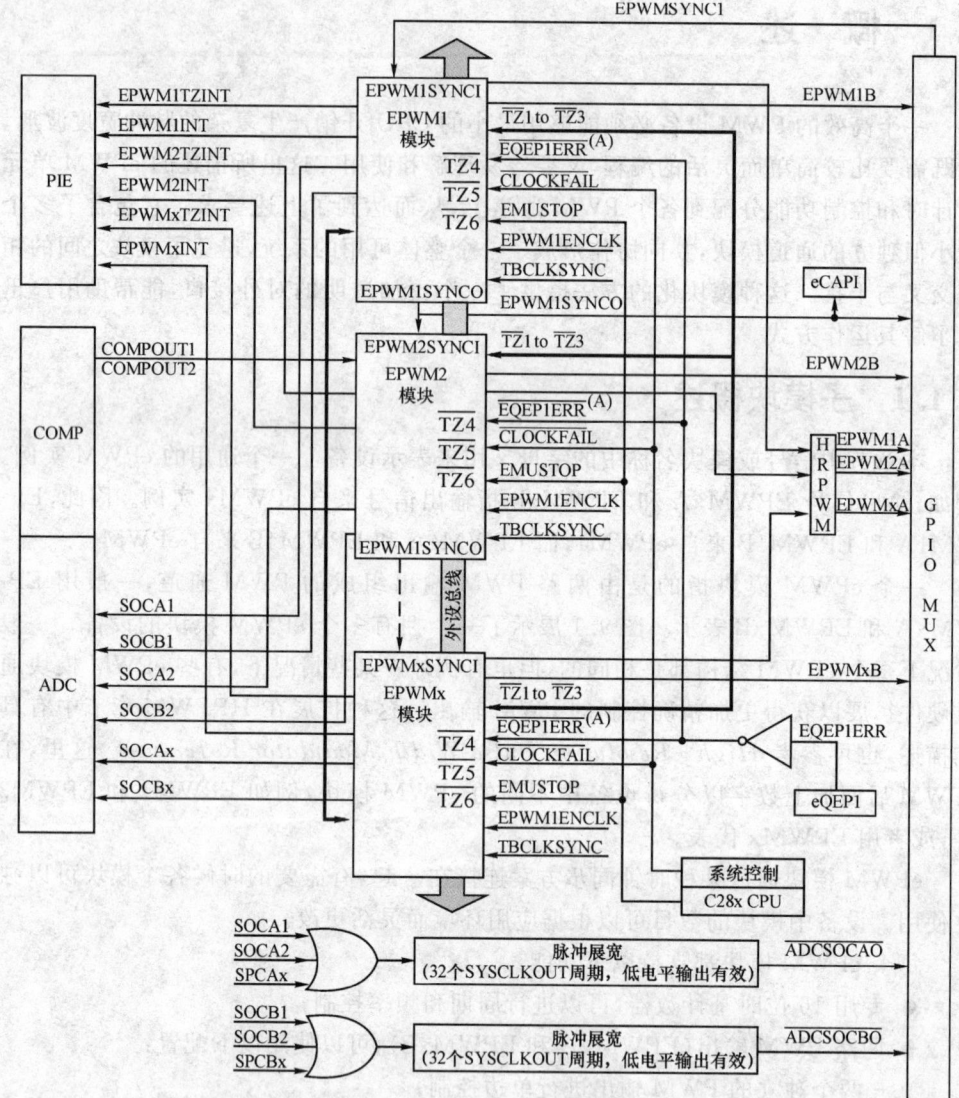

A. 具有 eQEPI 模块的设备才有该信号。

图 9.1 多个 ePWM 模块结构框图

- 比较器模块输出与触发区输入可产生诸如滤波事件或触发事件;
- 所有事件都可以触发 CPU 中断,启动 ADC 开始转换;
- 可编程事件有效降低了在中断时 CPU 的负担;
- PWM 高频斩波可用于脉冲变换器门极驱动。

每个 ePWM 模块都连接到了输入/输出信号上,如图 9.1 所示。信号的意义在随后的章节中有详细介绍。

ePWM 模块连接的顺序可能会跟图 9.1 有所不同。每个 ePWM 模块由 8 个子模块组成,通过如图 9.2 所示的信号连接在一个系统内。

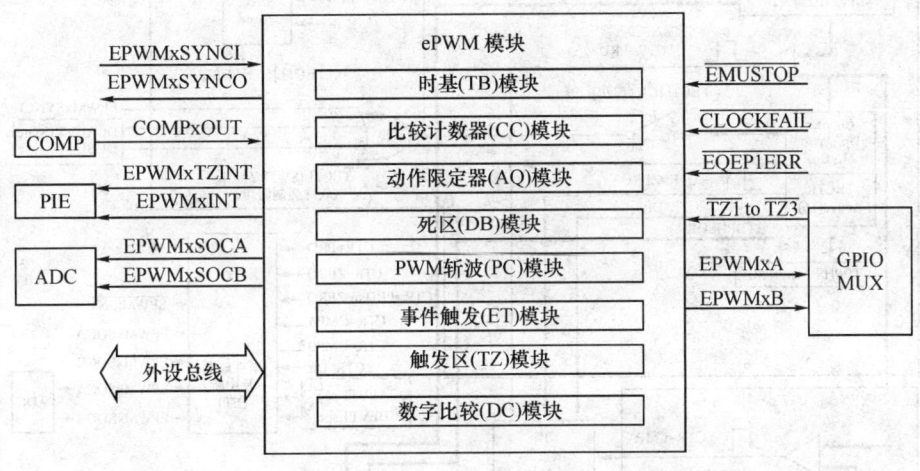

图 9.2　ePWM 子模块和信号的连接

图 9.3 显示了单个 ePWM 模块更多的内部细节。其中,主要的信号包括:

- PWM 输出信号(EPWMxA 和 EPWMxB)通过 GPIO 引脚输出 PWM 信号。
- 触发区(Trip-Zone)信号($\overline{TZ1}$到$\overline{TZ6}$):当被控单元产生故障时,通过这些输入信号为 ePWM 模块提供触发标识。设备的每个模块都可以配置成使用或者忽略任何外部触发区信号。$\overline{TZ1}\sim\overline{TZ3}$的触发区信号可以通过 GPIO 外设被配置为异步输入。对于具有正交编码 1(EQEP1)模块的设备,$\overline{TZ4}$与来自 EQEP1 的反向 EQEP1ERR 信号相连。$\overline{TZ5}$被连接到系统时钟故障逻辑(参见图 9.1);而$\overline{TZ6}$被连接到 CPU 的仿真停止输出$\overline{EMUSTOP}$,当时钟触发或 CPU 暂停时,允许用户设置一个触发处理。
- 时基同步输入信号(EPWMxSYNCI)和输出(EPWMxSYNCO)信号:同步信号通过链式结构将 ePWM 模块连接在一起。每个模块可以配置成使用或忽略其同步输入信号。只能通过 ePWM1(ePWM 模块 1)引脚产生时钟同步输入和输出信号。ePWM1 的同步输出信号 EPWM1SYNCO 也可以连接到第一个增强捕获模块(eCAP1)的 SYNCI。
- ADC 启动转换(ADC SOC)信号(EPWMxSOCA and EPWMxSOCB):每个 eP-WM 模块有两个 ADC 启动转换信号(每个 ADC 转换序列一个)。任何 ePWM 模块都可触发启动转换,这些触发事件可以在事件触发子模块中配置。
- 比较器输出信号(COMPxOUT):比较模块输出的信号连同触发区信号可以产生数字比较事件。
- 外设总线:外设总线是 32 位宽,允许以 16 位和 32 位方式写入 ePWM 寄存器文件。

第9章 Piccolo 增强型脉宽调制器(ePWM)模块

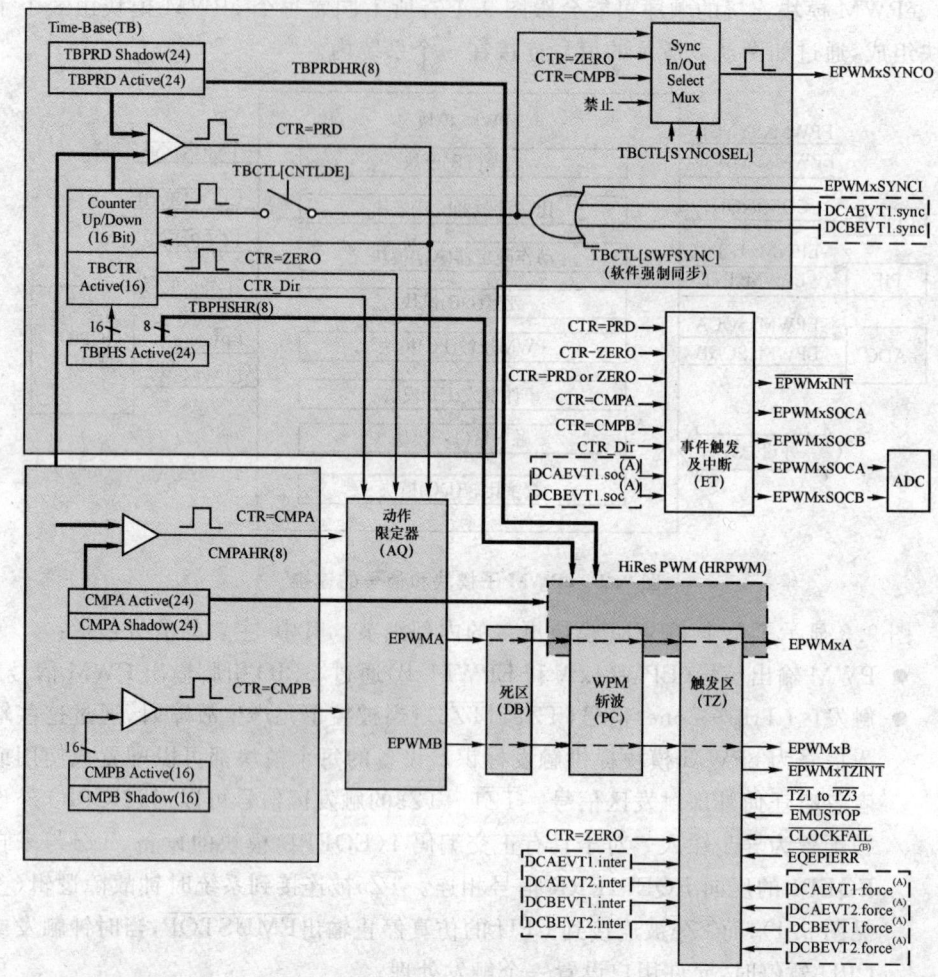

A：这些事件由基于 COMPXOUT 和 $\overline{TZ}$ 信号电平的 EPWM 类型 1 数字比较器子模块(DC)产生。
B：具有 eQEP1 模块的设备才有该信号。

图 9.3 ePWM 子模块和内部关键信号的连接

图 9.3 也显示了内部关键的子模块与信号之间的连接。每个子模块将在其各自的章节内讨论。

9.1.2 寄存器映射

完整的 ePWM 模块的控制和状态寄存器按子模块进行分组归类，如表 9.1 所示。每个寄存器组与每个 ePWM 模块相同。每个 ePWM 寄存器文件的首地址由设备数据手册确定。

第9章 Piccolo 增强型脉宽调制器(ePWM)模块

表 9.1 ePWM 模块控制和状态寄存器按子模块分组归类

名称	偏移量[1]	有无映像	受保护	描述
时基子模块寄存器组成				
TBCTL	0x0000	No		时基控制寄存器
TBSTS	0x0001	No		时基状态寄存器
TBPHSHR	0x0002	No		时基相位高分辨率寄存器[2]
TBPHS	0x0003	No		时基相位寄存器
TBCTR	0x0004	No		时基计数寄存器
TBPRD	0x0005	Yes		时基周期寄存器
TBPRDHR	0x0006	Yes		时基周期高分辨率寄存器[3]
比较计数器子模块寄存器组成				
CMPCTL	0x0007	No		比较计数器控制寄存器
CMPAHR	0x0008	Yes		比较计数器 A 高分辨率寄存器[2]
CMPA	0x0009	Yes		比较计数器 A 寄存器
CMPB	0x000A	Yes		比较计数器 B 寄存器
动作限定器子模块寄存器组成				
AQCTLA	0x000B	No		动作限定器控制输出 A 寄存器(EPWMxA)
AQCTLB	0x000C	No		动作限定器控制输出 B 寄存器(EPWMxA)
AQSFRC	0x000D	No		动作限定器软件强制寄存器
AQCSFRC	0x000E	Yes		动作限定器连续 S/W 强制寄存器
死区发生器子模块寄存器组成				
DBCTL	0x000F	No		死区发生器控制寄存器
DBRED	0x0010	No		死区发生器上升沿延时计数寄存器
DBFED	0x0011	No		死区发生器下降沿延时计数寄存器
触发区子模块寄存器组成				
TZSEL	0x0012		Yes	触发区选择寄存器
TZDCSEL	0x0013		Yes	触发区数字比较选择寄存器
TZCTL	0x0014		Yes	触发区控制寄存器[3]
TZEINT	0x0015		Yes	触发区中断使能寄存器[3]
TZFLG	0x0016			触发区标志寄存器[3]
TZCLR	0x0017		Yes	触发区清除寄存器[3]
TZFRC	0x0018		Yes	触发区强制寄存器[3]
事件触发子模块寄存器组成				
ETSEL	0x0019			事件触发选择寄存器

续表 9.1

名称	偏移量[1]	有无映像	受保护	描述
ETPS	0x001A			事件触发预分频寄存器
ETFLG	0x001B			事件触发标志寄存器
ETCLR	0x001C			事件触发清除寄存器
ETFRC	0x001D			事件触发强制寄存器
PWM 斩波子模块寄存器				
PCCTL	0x001E			PWM 斩波控制寄存器
High-Resolution Pulse Width Modulator(HRPWM)扩展寄存器组成				
HRCNFG	0x0020		Yes	HRPWM 配置寄存器[2][3]
HRPWR	0x0021		Yes	HRPWM 电源寄存器[3][4]
HRMSTEP	0x0026			HRPWM MEP Step 寄存器[3][4]
High-Resolution Pulse Width Modulator(HRPWM)扩展寄存器组成				
HRPCTL	0x0028			高分辨率周期控制寄存器[3]
TBPRDHRM	0x002A	Writes		时基周期高分辨率映像寄存器[3]
TBPRDM	0x002B	Writes		时基周期映像寄存器
CMPAHRM	0x002C	Writes		比较器 A 高分辨率映像寄存器[3]
CMPAM	0x002D	Writes		比较器 A 映像寄存器
数字比较器事件寄存器组成				
DCTRIPSEL	0x0030		Yes	数字比较器故障选择寄存器
DCACTL	0x0031		Yes	数字比较器 A 控制寄存器
DCBCTL	0x0032		Yes	数字比较器 B 控制寄存器
DCFCTL	0x0033		Yes	数字比较器过滤控制寄存器
DCCAPCTL	0x0034		Yes	数字比较器捕获控制寄存器
DCCOFFSET	0x0035	Writes		数字比较器滤波偏移寄存器
DCCOFFSETCNT	0x0036			数字比较器滤波偏移计数寄存器
DCFWINDOW	0x0037			数字比较器滤波窗口寄存器
DCFWINDOWCNT	0x0038			数字比较器滤波窗口计数寄存器
DCCAP	0x0039		Yes	数字比较器计数捕获寄存器

(1) 基址不显示,保留。

(2) 这些寄存器只能用于包括了 HRPWM 的 ePWM 情形,否则这些地址保留。有关寄存器的说明,参阅设备特性手册 High-Resolution Pulse Width Modulator (HRPWM) Reference Guide。

(3) 被 EALLOW 保护的寄存器。

(4) 这些寄存器仅存在于 ePWM1 模块中。不接受任何其他 ePWM 模块的访问。MEP Step:微边沿定位步长。

CMPA,CMPAHR,TBPRD,以及 TBPRDHR 寄存器有寄存器映射的映像(映像寄存器包括一个"M"后缀,如:CMPAM、CMPAHRM、TBPRDM、TBPRDHRM)其直接方式和映像模式如表 9.2 所列。注意:在表 9.2 的直接模式和映像模式中,可从映像寄存器读出有效值或 TI 内部测试值。

表 9.2 直接方式和映像模式

直接方式							
寄存器	偏移量	写	读	寄存器	偏移量	写	读
TBPRDHR	0x06	有效	有效	TBPRDHRM	0x2A	有效	TI_Internal
TBPRD	0x05	有效	有效	TBPRDM	0x2B	有效	有效
CMPAHR	0x08	有效	有效	CMPAHRM	0x2C	有效	TI_Internal
CMPA	0x09	有效	有效	CMPAM	0x2D	有效	有效
映像模式							
寄存器	偏移量	写	读	寄存器	偏移量	写	读
TBPRDHR	0x06	映像	映像	TBPRDHRM	0x2A	映像	TI_Internal
TBPRD	0x05	映像	映像	TBPRDM	0x2B	映像	有效
CMPAHR	0x08	映像	映像	CMPAHRM	0x2C	映像	TI_Internal
CMPA	0x09	映像	映像	CMPAM	0x2D	映像	有效

9.1.3 子模块总体概览

每个 ePWM 外设含 8 个子模块。每个子模块有其特定的任务,都可以通过软件进行配置。表 9.3 列出了 8 个关键子模块及它们的主要配置参数列表。比如,若需要调整或控制一个 PWM 波形的占空比,可参阅比较计数器子模块。

表 9.3 子模块配置参数列表

子模块	配置参数或选项
时基模块(TB)	● 标定与系统时钟(SYSCLKOUT)有关的时基时钟(TBCLK) ● 配置 PWM 时基计数器(TBCTR)的频率或周期 ● 设置时基计数器的下列参数: 　- 增计数模式:用于非对称 PWM 　- 减计数模式:用于非对称 PWM 　- 增/减计数模式:用于对称 PWM ● 配置与另一个 ePWM 模块有关的时基相位 ● 通过硬件或软件同步不同模块之间的时基 ● 在同步事件之后配置时基计数器的方向(增或减) ● 当设备仿真暂停时,配置时基计数器的行为 ● 指定 ePWM 模块同步输出源: 　- 同步输入信号 　- 时基计数器等于零 　- 时基计数器等于比较计数器 B(CMPB) 　- 不产生输出同步信号

续表 9.3

子模块	配置参数或选项
比较计数器模块(CC)	● 指定输出 EPWMxA 和/或 EPWMxB 的 PWM 占空比 ● 指定 EPWMxA 或 EPWMxB 输出何时开关动作
动作限定器模块(AQ)	● 当时基或比较计数器子模块事件发生时,指定动作类型: 　- 无任何动作 　- 输出 EPWMxA 和/或 EPWMxB 开关为高 　- 输出 EPWMxA 和/或 EPWMxB 开关为低 　- 输出 EPWMxA 和/或 EPWMxB 切换 ● 通过软件控制强制 PWM 输出状态 ● 通过软件配置和控制 PWM 的死区
死区(DB)	● 与上下转换关联的传统的互补死区控制 ● 指定输出上升沿延时值 ● 指定输出下降沿延时值 ● 完全旁路死区模块情况下,PWM 波形无任何改变通过 ● 使能双精度半周期操作
PWM 斩波(PC)	● 建立斩波频率 ● 斩波脉冲序列内第一个脉冲的脉宽 ● 第二个和后续脉冲的占空比 ● 完全旁路 PWM 斩波模块情况下,PWM 波形无任何改变通过
触发区模块(TZ)	● 配置 ePWM 模块对触发区信号或数字比较事件中的一个、所有或没有作出响应。 ● 当触发发生时,指定采取的触发动作: 　- 强制 EPWMxA 和/或 EPWMxB 为高 　- 强制 EPWMxA 和/或 EPWMxB 为低 　- 强制 EPWMxA 和/或 EPWMxB 为高阻态 　- 配置 EPWMxA 和/或 EPWMxB 不做改变 ● 配置 ePWM 如何响应每个触发区信号: 　- 单次 　- 周期循环 ● 使能触发区,启动中断 ● 完全旁路触发区模块
事件触发模块(ET)	● 使能 ePWM 事件,触发中断 ● 使能 ePWM 事件,启动模数转换 ● 指定事件触发的速率(每次发生,或每第 2 次发生,或每第 3 次发生) ● 查询、设置、清除标志
数字比较器模块(DC)	● 使能比较器模块(COMP)输出和触发区信号,以发生滤波事件及其他事件。 ● 指定滤波事件选项以捕获 TBCTR 计数器或产生空白窗

第9章 Piccolo 增强型脉宽调制器(ePWM)模块

本章的代码示例将说明对 EPWM 模块变量如何进行配置。

9.2 时基模块(TB)

每个 ePWM 模块都有自己的时基模块,以确定 ePWM 模块所有事件的时序。内置的同步逻辑允许多个 ePWM 模块作为一个独立的系统共同协作。图 9.4 说明了 ePWM 内时基模块所在的位置。

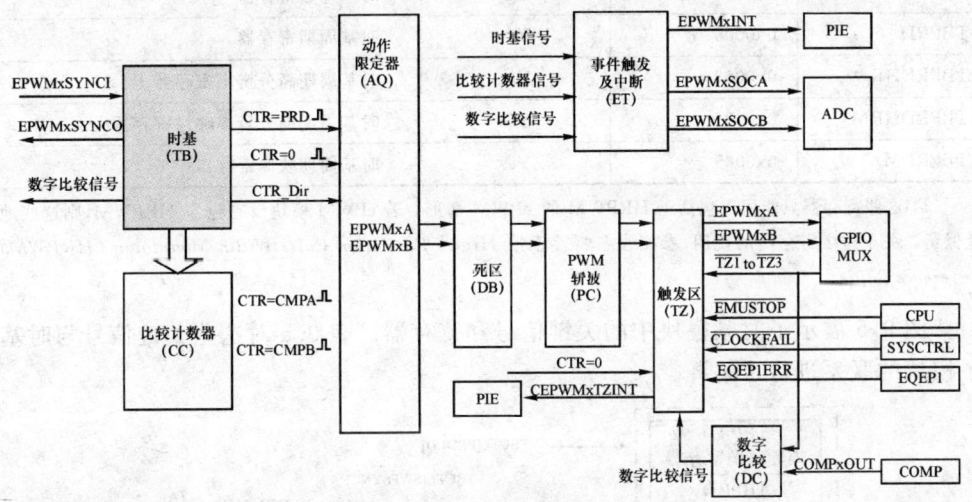

图 9.4 时基子模块框图

9.2.1 时基模块的作用

用户可按以下步骤配置时基子模块:
- 确定 ePWM 时基计数器(TBCTR)的频率或周期以控制事件发生的方式;
- 管理与其他时基模块的时基同步;
- 维持与其他时基模块的相位关系;
- 选择时基计数器计数的方向:增模式、减模式、增-减模式;
- 产生以下的事件:
  - CTR = PRD:时基计数器等于特定的周期(TBCTR = TBPRD);
  - CTR = Zero:时基计数器等于零(TBCTR = 0x0000);
- 配置时基时钟的速率,对 CPU 系统时钟(SYSCLKOUT)的预分频。这允许时基以慢速率进行增/减计数。

9.2.2 时基模块的控制与观察

表 9.4 罗列了对时基模块进行控制与观察的寄存器。

第9章 Piccolo 增强型脉宽调制器(ePWM)模块

表 9.4 时基模块相关寄存器

寄存器名称	地址偏移量	有无映像	描述
TBCTL	0x0000	No	时基控制寄存器
TBSTS	0x0001	No	时基状态寄存器
TBPHSHR	0x0002	No	时基相位高分辨率寄存器[1]
TBPHS	0x0003	No	时基相位寄存器
TBCTR	0x0004	No	时基计数寄存器
TBPRD	0x0005	Yes	时基周期寄存器
TBPRDHR	0x0006	Yes	时基周期高分辨率寄存器[1]
TBPRDHRM	0x002A	Yes	时基周期高分辨率映像寄存器[1]
TBPRDM	0x0005	Yes	时基周期映像寄存器[1]

(1) 这些寄存器只能用于包括了 HRPWM 的 ePWM 情形。若 ePWM 模块没有包含 HRPWM，则这些地址保留。关于这个寄存器的说明，参阅设备特性手册 *High-Resolution Pulse Width Modulator* (HRPWM) *Reference Guide*。

图 9.5 展示了时基模块中的关键信号和寄存器。表 9.5 对这些关键信号与时基子模块的联系进行了解释。

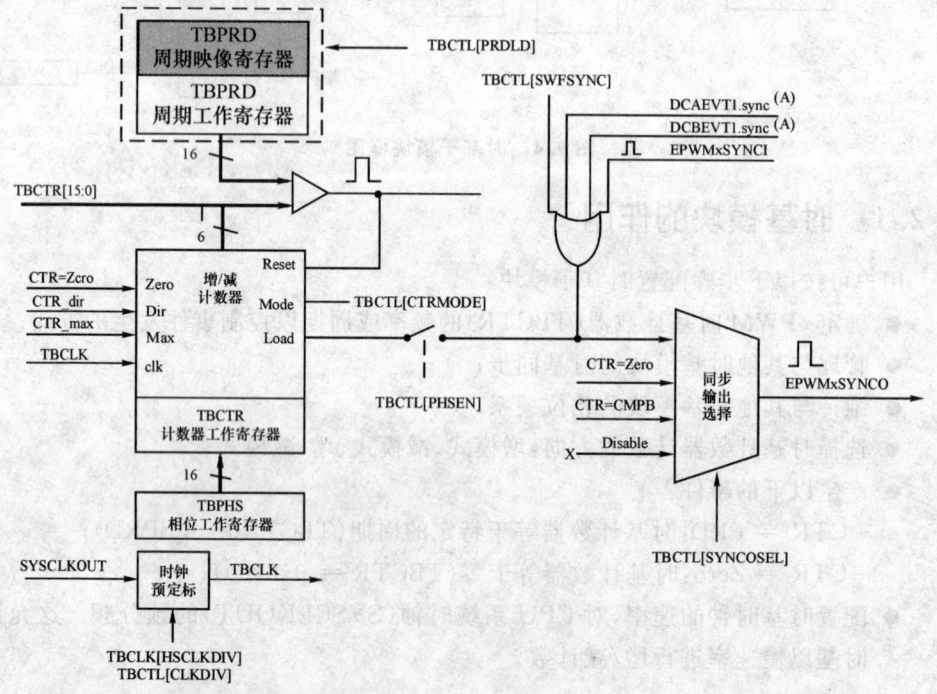

A: 这些信号由数字比较器(DC)子模块产生。

图 9.5 时基子模块中的关键信号和寄存器

表 9.5 关键的时基信号

信号	描述
EPWMxSYNCI	时基同步输入:输入脉冲用来同步时基计数器。ePWM 模块可以选择采用或忽略这个信号。对于第一个 ePWM 模块(EPWM1),这个信号来自设备的引脚;而对于随后的 ePWM 模块,这个信号来自另一个 ePWM 模块。比如:EPWM2SYNCI 由 ePWM1 模块产生,而 EPWM3SYNCI 由 ePWM2 模块产生,诸如此类
EPWMxSYNCO	时基同步输出:这个输出脉冲用来同步随后的 ePWM 模块计数器。模块通过以下 3 种方式之一产生脉冲: (1) 同步输入信号 EPWMxSYNCI (2) CTR = Zero:时基计数器等于 0(TBCTR = 0x0000) (3) CTR = CMPB:时基计数器等于比较计数器 B(TBCTR = CMPB)寄存器
CTR = PRD	时基计数器等于特定的周期:当计数器数值等于活动的周期寄存器数值时(TBCTR = TBPRD),这个信号就会产生
CTR = Zero	时基计数器等于零:当计数器数值等于零时(TBCTR = 0x0000),这个信号就会产生
CTR = CMPB	时基计数器等于活动的比较计数器 B 寄存器(TBCTR = CMPB),这个事件由比较计数器模块产生,用于输出逻辑的同步
CTR_dir	时基计数器方向:指示当前 ePWM 时基计数器的方向。信号为高时,说明采用的是增模式;反之则为减模式
CTR_max	时基计数器等于最大值(TBCTR = 0xFFFF):当 TBCTR 数值达到最大值时产生此信号,它仅用来作为一个状态位
TBCLK	时基时钟:这是系统时钟(SYSCLKOUT)一个预分频信号,用于 ePWM 内的所有子模块。这个时钟信号决定了时基计数器增减的速度

9.2.3 PWM 周期和频率的计算

PWM 事件频率由时基周期寄存器 TBPRD 和时基计数器模式决定。图 9.6 给出在时基计数器增计数、减计数和增-减计数模式下与 PWM 周期 T_{pwm} 和频率 F_{pwm} 的关系。这里周期设置为 4(TBPRD = 4)。每一步增加的时间由时基时钟 TBCLK 决定,时基时钟由系统时钟 SYSCLKOUT 标定。

根据时基控制寄存器(TBCTL),时基计数器可以有 3 种不同的运行模式:

- 增-减计数模式:在增-减计数模式下,时基计数器从零开始,增计数直到周期值(TBPRD);当达到周期值时,然后开始减计数直到零。当到达 0 值时,计数器又开始增加,周而复始。
- 增计数模式:在增计数模式下,时基计数器从零开始增计数,直到周期寄存器值(TBPRD)。当达到周期值时,时基计数器复位到零,再次开始增计数。
- 减计数模式:在减计数模式下,时基计数器从周期值(TBPRD)开始减计数,直到零。当达到零时,时基计数器复位到周期值,再次开始减计数。

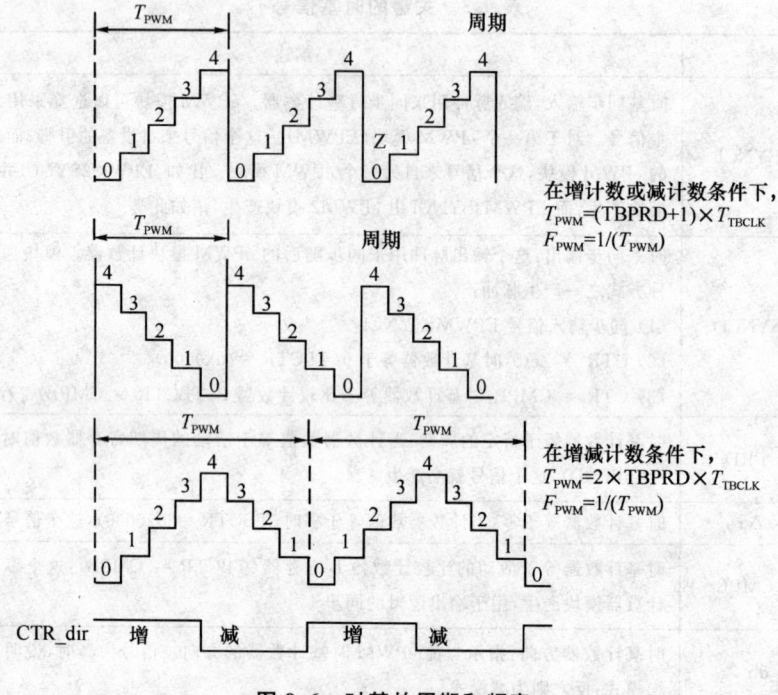

图 9.6 时基的周期和频率

9.2.3.1 时基周期映像寄存器

时基周期寄存器 TBPRD 有一个映像寄存器。映像寄存器可以由硬件进行同步地更新。以下的定义可以用于 ePWM 模块中的所有映像寄存器。

1. 工作寄存器(Active Register)

工作寄存器控制硬件,负责硬件造成或引起的动作。

2. 映像寄存器(Shadow Register)

映像寄存器作为工作寄存器的缓冲器,或提供临时存储位置。它不能对硬件直接地控制。在特定时刻映像寄存器内容转移到工作寄存器。这样可以阻止由于寄存器被软件异步修改造成的冲突或错误。

映像周期寄存器的物理地址跟工作寄存器是一样的。由 TBCTL[PRDLD] 决定究竟读写哪个寄存器,具体如下。

3. 时基周期映像寄存器模式:

当 TBCTL[PRDLD] = 0 时,TBPRD 映像寄存器使能,当读和写 TBPRD 寄存器时为映像寄存器地址。当时基计数器为零时(TBCTR = 0x0000),映像寄存器内容转移到工作寄存器(TBPRD (Active) ← TBPRD (shadow))。默认使能 TBPRD 映像寄存器。

4. 时基周期立即装入模式:

当 TBCTL[PRDLD] = 1 时为立即装入模式,则读写 TBPRD 寄存器直接操作工作寄存器。

9.2.3.2 时基时钟同步

外设时钟使能寄存器的 TBCLKSYNC 位允许用户将所有使用中的 ePWM 模块同步到时基时钟(TBCLK)。当置位时,所有使能的 ePWM 模块时钟将由 TBCLK 的第一个上升沿启动。为了能够精确同步各个 TBCLK,各个 ePWM 模块的预分频应该设置为一样。

启动 ePWM 时钟的正确步骤如下:
(1) 通过 PCLKCRx 寄存器使能 ePWM 模块时钟;
(2) 设置 TBCLKSYNC = 0;
(3) 配置 ePWM 模块;
(4) 设置 TBCLKSYNC = 1。

9.2.3.3 时基计数器同步

时基同步方案将设备上所有的 ePWM 模块连接起来。每个 ePWM 模块都有一个同步输入(EPWMxSYNCI)和一个同步输出(EPWMxSYNCO),第一个 ePWM1 的同步输入来自外部引脚。图 9.7 展示了其中的一种同步方案。

图 9.7 所示的方案 1 适用于 280x,2801x,2802x 和 2803x。当 2804x 的 ePWM 引脚配置为 280x 兼容模式时(GPAMCFG[EPWMMODE] = 0),也可采用此方案。

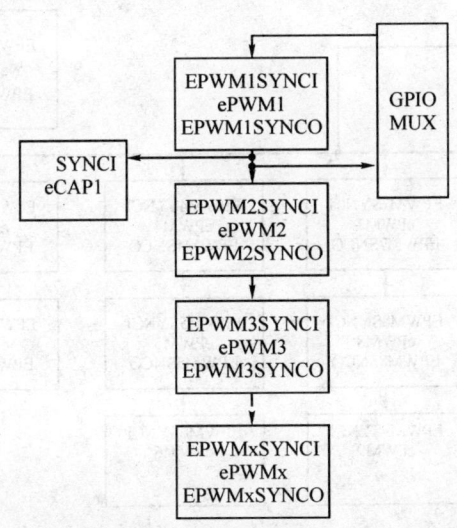

图 9.7 时基计数器同步方案 1

方案 2 如图 9.8 所示,当设置 GPAMCFG[EPWMMODE] = 3,即把 ePWM 引

第9章 Piccolo 增强型脉宽调制器(ePWM)模块

脚输出配置成只采用 A 通道模式时,可用于 2804x 器件。如果将 2804x 的 ePWM 引脚输出配置成 280x 兼容模式(GPAMCFG[EPWMMODE] = 0),则采用方案 1。

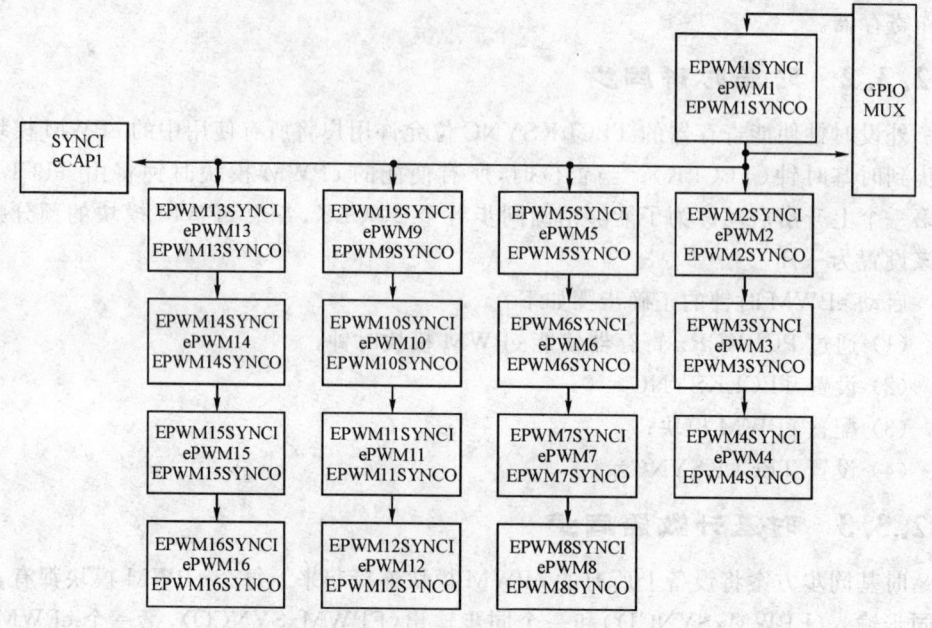

图 9.8 时基计数器同步方案 2

方案 3 如图 9.9 所示,适用于其他所有设备。

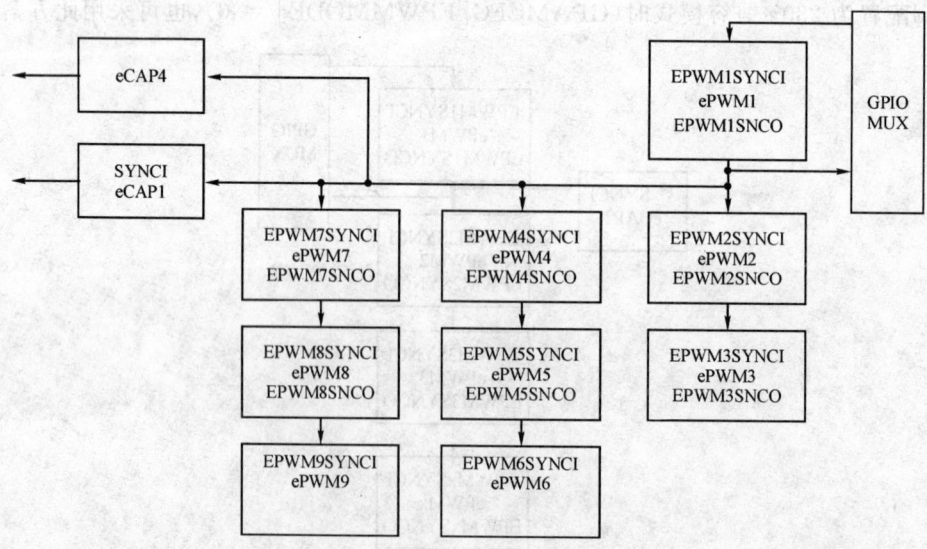

备注: 同步图表里显示的所有模块不一定在所有设备上都可用。请参考设备具体数据手册来决定哪个模块在特定设备上是可用的。

图 9.9 时基计数器同步方案 3

每个 ePWM 模块可以设置成使用或忽略同步脉冲输入。如果 TBCTL[PHSEN] 位置位,则当具备下列条件之一时,ePWM 模块的时基计数器将自动装入相位寄存器(TBPHS)的内容。

1. EPWMxSYNCI:同步输入脉冲:

当检测到输入同步脉冲时,相位寄存器的值装入计数寄存器(TBPHS → TBCTR),这种操作发生在下一个有效时基时钟沿。此方式下,从内部主模块到从模块的延迟分为以下两种情况:

- 当(TBCLK = SYSCLKOUT):2 * SYSCLKOUT。
- 当(TBCLK ! = SYSCLKOUT):1 TBCLK。

2. 软件强制同步脉冲:

向 TBCTL[SWFSYNC] 控制位写 1 会产生一个软件强制同步。该脉冲与同步输入信号是或逻辑,因此与在 EPWMxSYNCI 上的脉冲具有同样的效果。

3. 数字比较器事件同步脉冲:

DCAEVT1 和 DCBEVT1 数字比较器可以配置为产生与 EPWMxSYNCI 作用相同的同步脉冲。此功能将使 ePWM 模块能与另一个 ePWM 模块的时基自动同步,对于不同的 ePWM 模块产生的波形,可以通过加入超前或滞后的相位控制达到同步。在增-减计数模式下,在同步事件之后应立即配置时基计数器的方向位 TBCTL[PSHDIR]。新的方向与先前同步事件的方向无关。在增计数或减计数模式下,PHSDIR 位被忽略。参见图 9.10~图 9.13 的示例。

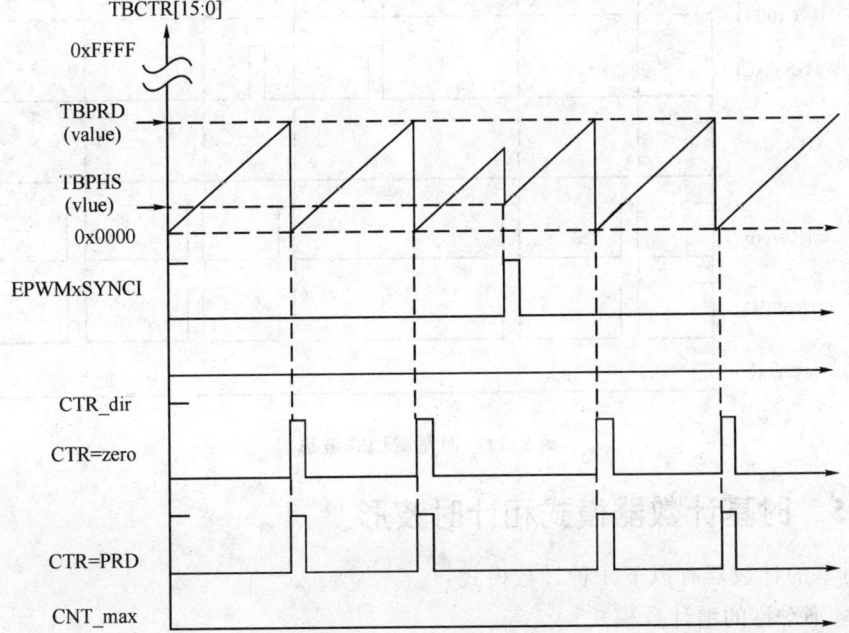

图 9.10　时基增模式波形

第9章 Piccolo 增强型脉宽调制器(ePWM)模块

清除 TBCTL[PHSEN]位,ePWM 模块将忽略同步输入脉冲,此时,同步脉冲仍然允许通过 EPWMxSYNCO 并用来同步其他的 ePWM 模块。用这种方法,用户可以设置一个主时基(例如 ePWM1)和后面顺序模块(ePWM2 - ePWMx)从时基,从时基模块先与主时基模块同步运行。详细的同步策略参见 9.10 节的应用电源拓扑。

9.2.4 多个 ePWM 模块时的时钟锁相

TBCLKSYNC 位可以用于全局同步所有已使能的 ePWM 模块的时基时钟。当 TBCLKSYNC = 0 时,所有的 ePWM 模块时基时钟停止(默认状态)。当 TBCLKSYNC = 1 时,在 TBCLK 信号的上升沿,所有的 ePWM 模块时基时钟开始。

为了精确同步 TBCLK,TBCTL 的预分频必须设置相同。正确的 ePWM 时钟使能步骤如下:

(1) 分别使能各个 ePWM 模块时钟;
(2) 设置 TBCLKSYNC = 0,停止所有的 ePWM 模块的时基;
(3) 配置预分频和期望同步的 ePWM 模块;
(4) 设置 TBCLKSYNC = 1。

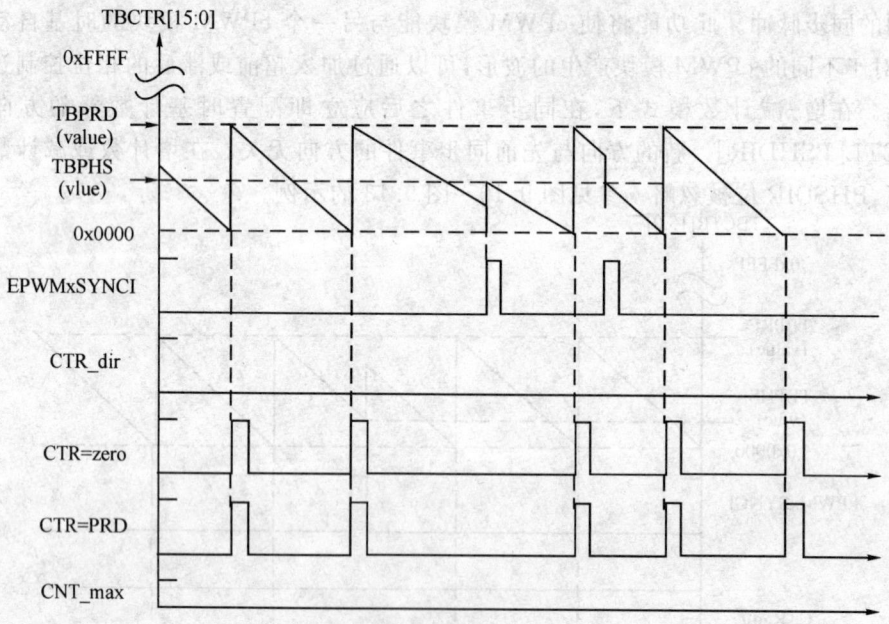

图 9.11 时基减模式波形

9.2.5 时基计数器模式和计时波形

时基的计数器有以下 4 种计数模式:
● 不对称的增计数模式;

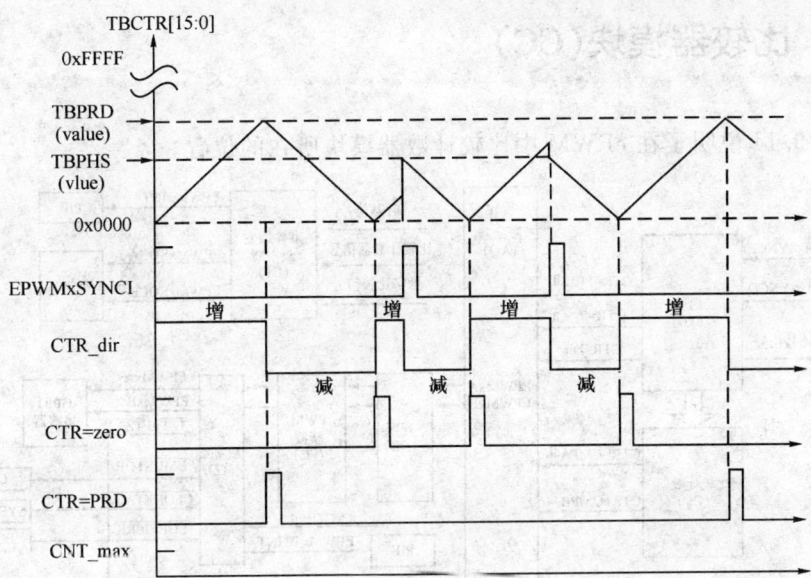

(TBCTL[PHSDIR=0])检测到同步脉冲马上开始减计数。

图 9.12 时基增-减模式波形

- 不对称的减计数模式;
- 对称的增-减计数模式;
- 保持现有的计数值不变。

图 9.10～图 9.12 演示了前 3 种模式,图 9.13 的时序图显示当事件产生时,时基如何对 EPWMXSYNCI 信号进行响应。

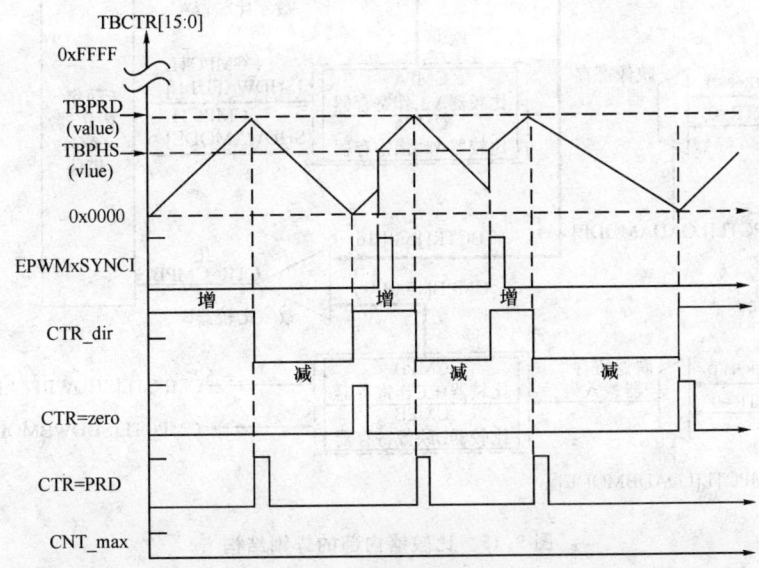

(TBCTL[PHSDIR=1])检测到同步脉冲马上开始增计数。

图 9.13 时基增-减模式波形

9.3 比较器模块(CC)

图 9.14 说明了在 ePWM 中比较计数器模块所在的位置。

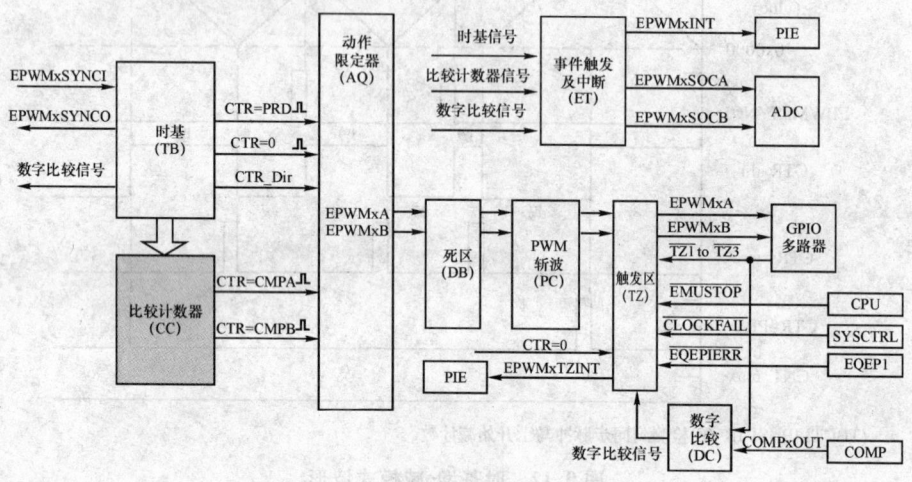

图 9.14　比较计数器子模块框图

图 9.15 给出了比较计数器模块的基本结构。

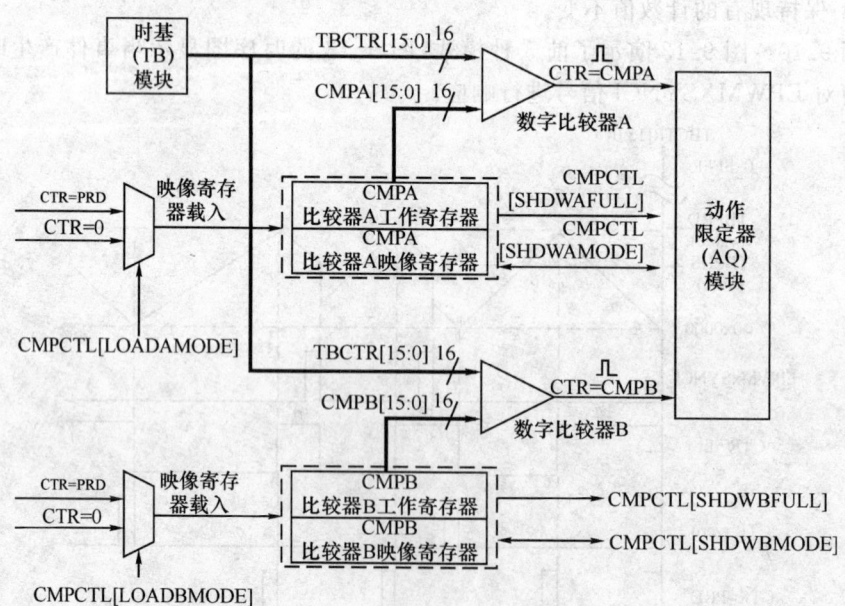

图 9.15　比较器内部的详细结构

9.3.1 比较计数器模块的作用

比较计数器模块将时基计数器的数值作为输入,连续地与比较计数器 A(CMPA)和比较计数器 B(CMPB)寄存器进行比较。当计数器的数值等于二者之一时,将会触发相应的事件。

比较计数器有以下的功能:
- 根据用 CMPA 和 CMPB 寄存器编程的时戳,触发事件:
  - CTR=CMPA:时基计数器等于比较计数器 A 寄存器(TBCTR=CMPA);
  - CTR=CMPB:时基计数器等于比较计数器 B 寄存器(TBCTR=CMPB)
- 当动作限定器子模块正确配置时,控制 PWM 信号的占空比;
- 在 PWM 有效期间,映像寄存器中更新的比较值可以用来防止故障。

9.3.2 比较计数器模块的控制和观察

比较计数器子模块的操作由表 9.6 列示的寄存器进行控制和观察。

表 9.6 比较器模块相关寄存器

寄存器名称	偏移地址	有无映像	描述
CMPCTL	0x0007	No	比较器控制寄存器
CMPAHR	0x0008	Yes	HRPWM 比较器 A 寄存器扩展[1]
CMPA	0x0009	Yes	比较器 A 寄存器
CMPB	0x000A	Yes	比较器 B 寄存器
CMPAHRM	0x002C	Writes	比较器 A 高分辨率寄存器映像[1]
CMPAM	0x002D	Writes	比较器 A 寄存器映像

(1) 该寄存器只对具有高分辨率扩展(HRPWM)的 ePWM 模块有效。若 ePWM 模块没有包含 HRPWM,则这些地址保留。关于这个寄存器的说明,参阅设备特性手册 *High-Resolution Pulse Width Modulator (HRPWM) Reference Guide*。

关键信号与比较计数器子模块的关系如表 9.7 所示。

表 9.7 关键的比较器信号

信号	事件描述	寄存器比较
CTR = CMPA	时基计数器等于工作比较计数器 A 数值	TBCTR = CMPA
CTR = CMPB	时基计数器等于工作比较计数器 B 数值	TBCTR = CMPB
CTR = PRD	时基计数器等于工作周期:用来从映像寄存器载入工作比较计数器 A 和 B 寄存器	TBCTR = TBPRD
CTR = Zero	时基计数器等于零:用来从映像寄存器载入工作比较计数器 A 和 B 寄存器	TBCTR = 0x0000

9.3.3 比较计数器子模块的操作要点

比较计数器子模块负责产生基于两个比较器寄存器的两个独立的比较事件：
- CTR = CMPA：时基计数器等于比较计数器 A 寄存器(TBCTR = CMPA)；
- CTR = CMPB：时基计数器等于比较计数器 B 寄存器(TBCTR = CMPB)。

对于增计数模式或减计数模式，每个周期仅触发一次事件；对于增-减计数模式，当比较值在 0x0000～TBPRD 之间时，每两个周期触发一次事件；当比较值刚好等于 0x0000 或 TBPRD 时，则每个周期触发一次事件。这些事件被提供给动作限定器子模块进行限定，若被使能的话则转化成动作。9.4.1 节有更详细的说明。

比较计数器寄存器 CMPA 和 CMPB 均有一个映像寄存器。映像寄存器提供了一种方法来保持更新的寄存器和硬件同步。当使用映像寄存器时，仅在某些特殊的时刻会更新工作寄存器。这防止了由于寄存器被软件同步修改而产生的不可预测的错误。工作寄存器和映像寄存器的内存地址相同。数值究竟从工作寄存器还是映像寄存器进行读/写操作取决于 CMPCTL[SHDWAMODE]和 CMPCTL[SHDWBMODE]两个位。这些位能够分别使能或禁止 CMPA 和 CMPB 映像寄存器。两种载入方式说明如下：

1. 映像寄存器模式

将 CMPCTL[SHDWAMODE]和 CMPCTL[SHDWBMODE]清 0 时，使能 CMPA 和 CMPB 的寄存器映像模式，默认状态下二者都是使能的。在使能状态下，映像寄存器中的内容在以下事件之一发生时，将会载入到工作寄存器中：
- CTR = PRD：时基寄存器等于周期(TBCTR = TBPRD)；
- CTR = Zero：时基寄存器等于零(TBCTR = 0x0000)；
- 上述二者同时满足。

只有工作寄存器中的内容会被比较计数器使用，从而触发相应的事件送入动作限定器。

2. 立即载入模式

当 TBCTL[SHADWAMODE] = 1 或 TBCTL[SHADWBMODE] = 1 时，选择立即装入模式，则读写寄存器直接操作工作寄存器。

9.3.4 计数模式的波形

比较计数器模块能够在以下 3 种计数模式下产生比较事件：
- 增计数模式：用于产生不对称的 PWM 波形；
- 减计数模式：用于产生不对称的 PWM 波形；
- 增-减计数模式：用于产生对称的 PWM 波形。

为了深入说明 3 种操作模式，图 9.16～图 9.19 展示了事件产生时的时序图，以

第9章 Piccolo 增强型脉宽调制器(ePWM)模块

及 EPWMxSYNCI 信号如何相互作用。

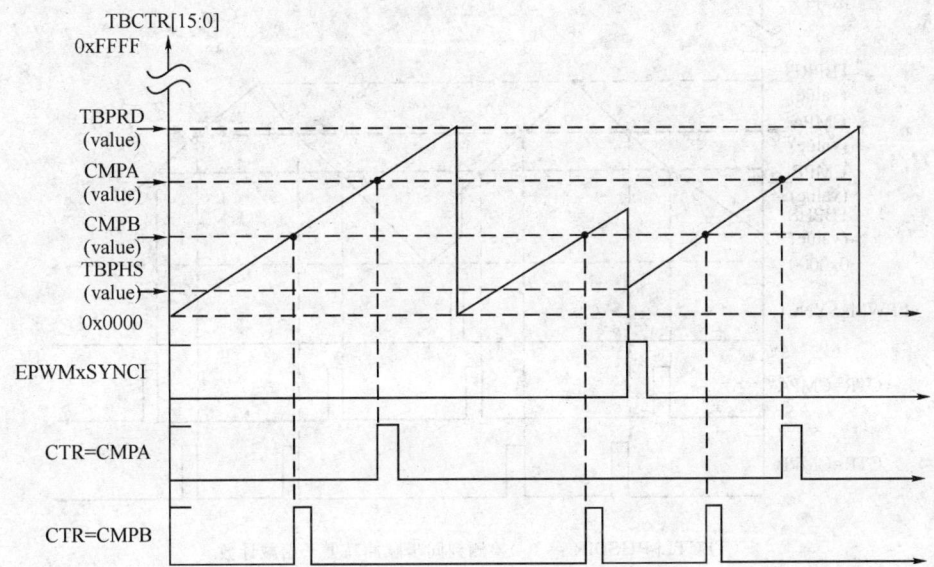

备注：(1) 一个 EPWMxSYNCI 外部同步事件可能引起 TBCTR 计数序列的一个不连续点，这可能导致一个比较事件被跳过，这种跳过被认为是正常操作并且必须被考虑到。
(2) 在增计数模式下，当发生 EPWMx 同步信号时，TBCTR 立即重装 TBPHS 的值重新增计数

图 9.16　增计数模式下比较器事件波形

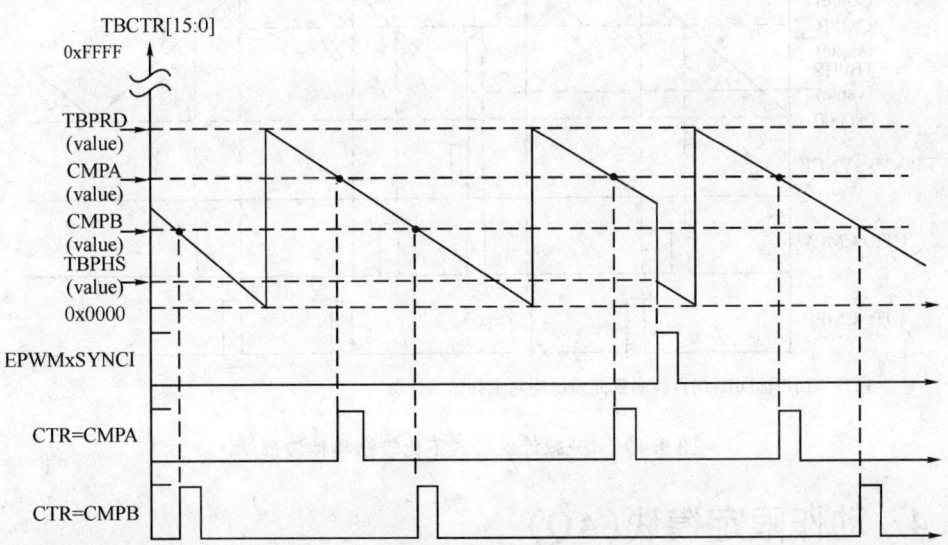

图 9.17　减计数模式下比较器事件波形

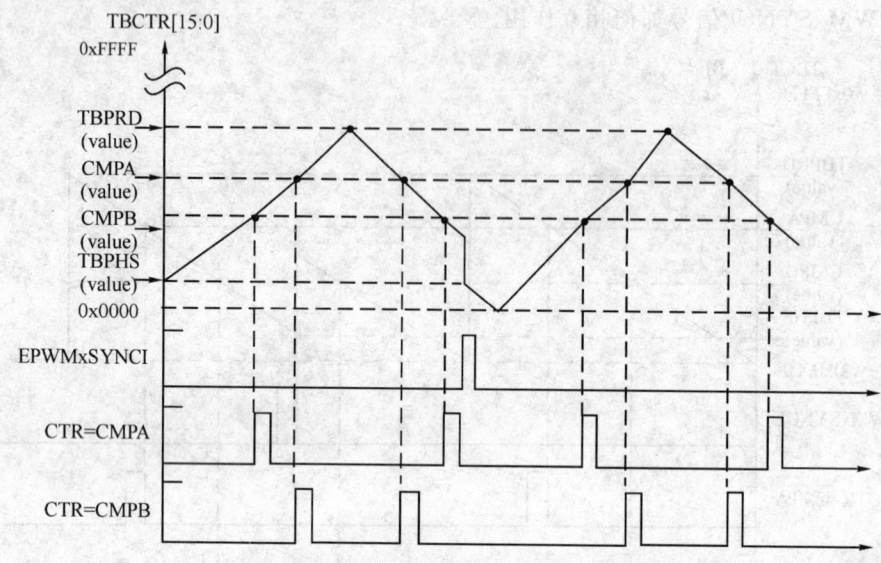

(TBCTL[PHSDIR = 0])检测到同步脉冲马上开始减计数

图 9.18 增-减计数模式下比较器事件波形

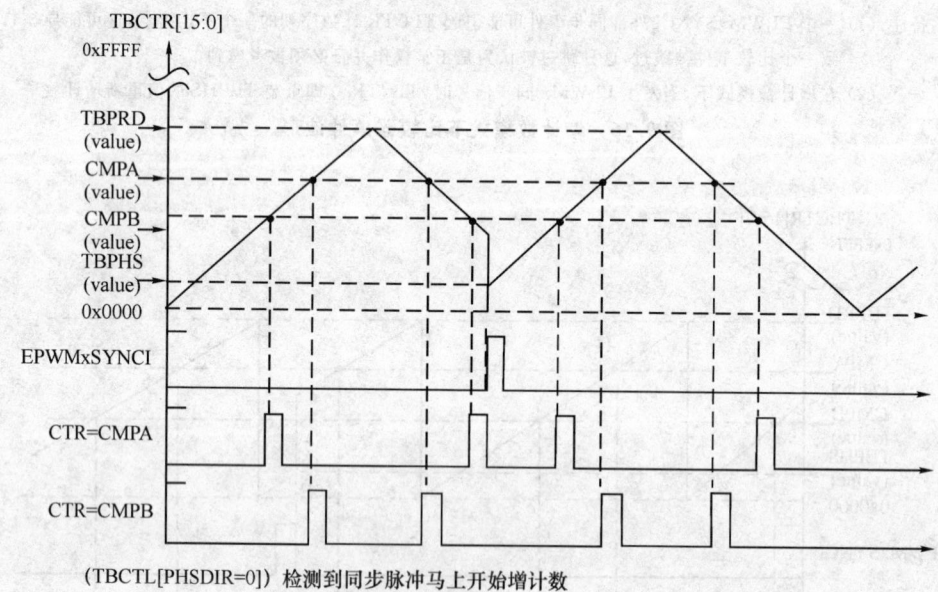

(TBCTL[PHSDIR=0])检测到同步脉冲马上开始增计数

图 9.19 增-减计数模式下比较器事件波形

9.4 动作限定模块(AQ)

图 9.20 说明了在 ePWM 系统中动作限定器子模块所在的位置。

第 9 章 Piccolo 增强型脉宽调制器(ePWM)模块

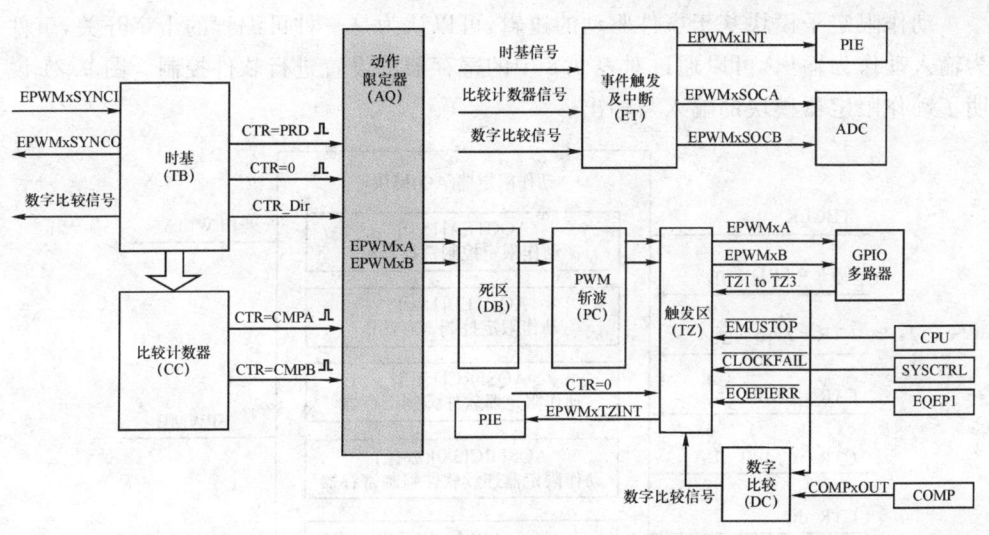

图 9.20 动作限定器模块框图

动作限定器在波形构造和 PWM 产生过程中起着重要作用,它决定了在 EPWMxA 和 EPWMxB 引脚上输出何种波形。

9.4.1 动作限定模块的作用

动作限定器有以下几个功能:
- 限定和产生动作(置位、清零、切换):
  - CTR = PRD:时基计数器等于周期(TBCTR = TBPRD);
  - CTR = Zero:时基计数器等于零(TBCTR = 0x0000);
  - CTR = CMPA:时基计数器等于比较计数器 A(TBCTR = CMPA);
  - CTR = CMPB:时基计数器等于比较计数器 B(TBCTR = CMPB)。
- 当这些事件同时发生时,管理优先级。
- 当时基计数器增计数和减计数时提供独立的事件控制。

9.4.2 动作限定子模块的控制和观察

动作限定器子模块寄存器的操作控制及观察如表 9.8 所列。

表 9.8 动作限定器定子模块寄存器

寄存器名称	偏移地址	有无映像	描述
AQCTLA	0x000B	No	动作限定控制器输出 A 寄存器(EPWMxA)
AQCTLB	0x000C	No	动作限定控制器输出 B 寄存器(EPWMxA)
AQSFRC	0x000D	No	动作限定器软件强制寄存器
AQCSFRC	0x000E	Yes	动作限定器连续软件强制寄存器

动作限定子模块基于事件驱动的逻辑,可以认为是一种可编程的十字开关,事件为输入动作为输出,可以通过对表9.8中的寄存器的设置进行软件控制。图9.21说明了动作限定器模块的输入与输出。

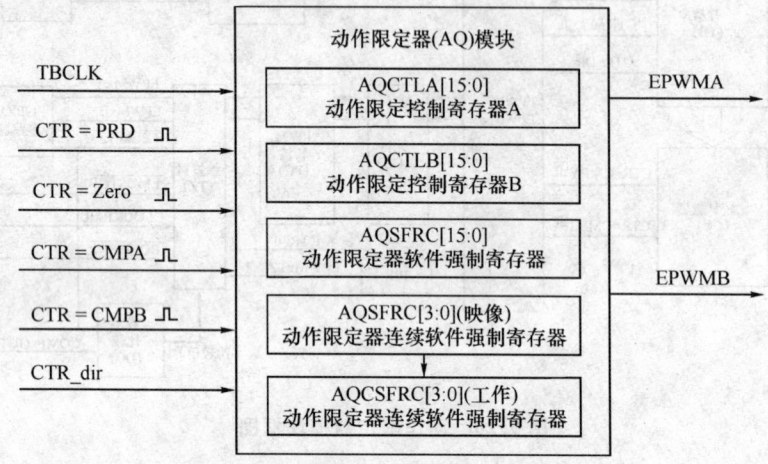

图 9.21　动作限定模块的输入与输出

为了方便起见,表9.9罗列了动作限定器模块可能的信号。

表 9.9　动作限定期器可能的输入信号

信号	描述	寄存器比较
CTR = PRD	时基计数器等于周期值	TBCTR = TBPRD
CTR = Zero	时基计数器等于零	TBCTR = 0x0000
CTR = CMPA	时基计数器等于比较计数器 A 的值	TBCTR = CMPA
CTR = CMPB	时基计数器等于比较计数器 B 的值	TBCTR = CMPB
软件强制事件	软件启动异步事件	

软件强制触发用于异步事件,由寄存器 AQSFRC 和 AQCSFRC 进行控制。当特定的事件发生时,动作限定模块控制 EPWMxA 和 EPWMxB 两个输出行为。此外,输入到动作限定子模块的事件可进一步被增/减计数器的方向限定,允许根据增/减计数方向输出独立的动作。

输出引脚 EPWMxA 及 EPWMxB 可能的动作包括:
- 拉高(Set High):EPWMxA 及 EPWMxB 输出设置为高电平。
- 拉低(Clear Low):EPWMxA 及 EPWMxB 输出设置为为电平。
- 切换(Toggle):设置 EPWMxA 及 EPWMxB 的电平为原来相反的电平;即原来为高电平,则变为低电平;反之亦然。
- 不动作(Do Nothing):保持 EPWMxA 及 EPWMxB 输出电平为当前状态。

虽然这个"不动作"能保持引脚的输出状态,但依然能够触发中断和启动ADC转换。详情请参见9.8节。

输出的EPWMxA和EPWMxB是相互独立的,可以选择其中之一和两个进行配置。例如,CTR = CMPA和CTR = CMPB都能够对EPWMxA的输出产生作用。关于通过控制寄存器来配置限定器的动作,请参见在本节末尾的描述。

为了清晰起见,本节中采用了一些符号来表示动作,图9.22总结了这些符号。每个符号都代表了一个特定的动作,有些动作的触发时间是固定的(零和周期),而CMPA和CMPB的动作是不固定的,通过对比较计数器A和B的寄存器编程,可以改变它们触发的时刻。为了关闭或者禁用一个动作,可以选择"不动作"选项,这是系统复位后的默认状态。

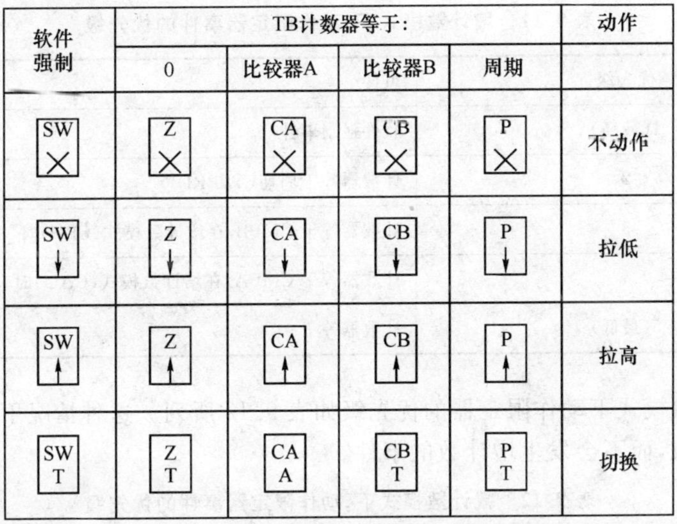

软件强制	TB计数器等于:				动作
	0	比较器A	比较器B	周期	
SW ×	Z ×	CA ×	CB ×	P ×	不动作
SW ↓	Z ↓	CA ↓	CB ↓	P ↓	拉低
SW ↑	Z ↑	CA ↑	CB ↑	P ↑	拉高
SWT	ZT	CAA	CBT	PT	切换

图 9.22 输出 EPWMxA 和 EPWMxB 可能的限定器动作

9.4.3 动作限定器事件优先级

ePWM动作限定器可能同时接收到多个事件。在这种情况下,每个事件都被硬件赋予了一定的优先级。一般来说,较后发生的事件拥有较高的优先级、软件强制事件拥有最高优先级。在增-减计数模式下动作限定器的优先级如表9.10所列。优先级1代表最高优先级,优先级7代表最低优先级。而优先级的变化与TBCTR的方向也有一定的关系。

表 9.10 增-减计数模式下,动作限定器事件的优先级

优先级	TBCTR = Zero 增计数到 TBCTR = TBPRD	TBCTR = PRD 减计数到 TBCTR = 1
1(最高)	软件强制事件	软件强制事件
2	计数器等于CMPB,在增计数模式(CBU)时	计数器等于CMPB,在减计数模式(CBD)时

续表 9.10

优先级	TBCTR = Zero 增计数到 TBCTR = TBPRD	TBCTR = PRD 减计数到 TBCTR = 1
3	计数器等于 CMPA，在增计数模式(CAU)时	计数器等于 CMPA，在减计数模式(CAD)时
4	计数器等于 0	计数器等于周期(TBPRD)
5	计数器等于 CMPB，在减计数模式(CBD)时	计数器等于 CMPB，在增计数模式(CBU)时
6(最低)	计数器等于 CMPA，在减计数模式(CAD)时	计数器等于 CMPA，在增计数模式(CAU)时

在增计数模式下动作限定器的优先级参见表 9.11。这种情况下，计数器的方向只有增计数，而不会发生减计数的事件。

表 9.11 增计数模式下，动作限定器事件的优先级

优先级	事件
1(最高)	软件强制事件
2	计数器等于周期(TBPRD)
3	计数器等于 CMPB，在增计数模式(CBU)时
4	计数器等于 CMPA，在增计数模式(CAU)时
5(最低)	计数器等于 0

在减计数模式下动作限定器的优先级如表 9.12 所列。这种情况下，计数器的方向只有减计数，而不会发生增计数的事件。

表 9.12 减计数模式下，动作限定器事件的优先级

优先级	事件
1(最高)	软件强制事件
2	计数器等于 0
3	计数器等于 CMPB，在减计数模式(CBD)时
4	计数器等于 CMPA，在减计数模式(CAD)时
5(最低)	计数器等于周期(TBPRD)

在某些情况下，也可以把比较值设置为大于周期值。这种情况会产生如表 9.13 的动作。

表 9.13 比较值 CMPA/CMPB 大于周期值的动作

计数模式	增计数事件的比较(CAU/CBU)	减计数事件的比较(CAD/CBD)
增计数模式	若 CMPA/CMPB≤TBPRD,则事件在比较值匹配时(TBCTR=CMPA 或 CMPB)触发 若 CMPA/CMPB>TBPRD,则事件不可能触发	不可能发生
减计数模式	不可能发生	若 CMPA/CMPB<TBPRD,则事件在比较值匹配时(TBCTR=CMPA 或 CMPB)触发 若 CMPA/CMPB≥TBPRD,则事件在周期匹配(TBCTR=TBPRD)时触发
增-减计数模式	若 CMPA/CMPB<TBPRD 且为增计数模式时,事件在比较值匹配时(TBCTR=CMPA 或 CMPB)触发 若 CMPA/CMPB≥TBPRD,则事件在周期匹配(TBCTR=TBPRD)时触发	若 CMPA/CMPB<TBPRD 且为减计数时,则事件在比较值匹配时(TBCTR=CMPA 或 CMPB)触发 若 CMPA/CMPB≥BPRD,则事件在周期匹配(TBCTR=TBPRD)时触发

9.4.4 一般配置下的波形

注意:本章提供的波形显示了静态比较寄存器的 ePWM 状态。在一个运行的系统中,工作比较寄存器(CMPA 和 CMPB)通常是从各自的映像寄存器每周期更新的。更新将发生在用户指定的时候:时基计数器等于零或者时基计数器等于周期值时。在某些情况下,基于新值的动作可以延迟一个周期,基于旧值的动作可以在一个附加的周期生效。一些 PWM 配置避免了这种情况。这些措施包括但不限于,如下:

1. 采用增-减计数模式产生对称 PWM 波形:

- 如果用户载入 CMPA/CMPB 为 0 值,之后采用 CMPA/CMPB 的值大于或等于 1。
- 如果用户载入 CMPA/CMPB 为周期值,之后采用 CMPA/CMPB 的值小于或等于 TBPRD-1。这意味着在一个 PWM 周期内至少总有一个很短的、易被系统忽视的 TBCLK 脉冲信号。

2. 采用增-减计数模式产生不对称 PWM 波形:

要实现 50%~0% 的不对称 PWM 波形,可使用以下配置:将周期值载入比较器 CMPA/CMPB,用周期事件将 PWM 清 0 并用一个增计数比较事件将 PWM 置位,从 0~TBPRD 范围内调整比较值,以实现 50%~0% 的 PWM 占空比。

3. 采用增计数模式产生不对称 PWM 波形:

要实现 0%~100% 的不对称 PWM 波形,可使用以下配置:将周期值(TBPRD)

第9章 Piccolo 增强型脉宽调制器(ePWM)模块

载入比较器 CMPA/CMPB,用 0 事件将 PWM 置位并用一个增计数比较事件将 PWM 清 0,从 0～TBPRD+1 范围内调整比较值以实现 0-100% 的 PWM 占空比。

参见 *Using Enhanced Pulse Width Modulator (ePWM) Module for 0-100% Duty Cycle Control* Application Report (文献号:SPRAAI1)

图 9.23 演示了如何使用 TBCTR 的增-减模式产生对称的 PWM 波形。在此模式下,通过对增/减计数采用相同的比较匹配,实现占空比为 0%-100% 的直流(DC)调制波形。在示例中,采用 CMPA 来进行比较。当计数器增计数到与 CMPA 相等时,会把 PWM 的输出置高。同样地,当计数器减计数到与 CMPA 相等时,PWM 的输出会被拉低。当 CMPA = 0 时,PWM 输出一直为低,整个波形的占空比为 0%;当 CMPA = TBPRD 时,PWM 输出一直为高,整个波形的占空比为 100%。

实际配置中,如果将 0 载入 CMPA 及 CMPB,则 CMPA/CMPB 的实际使用值大于等于 1。如果将周期值载入 CMPA 及 CMPB,则 CMPA/CMPB 的实际使用值小于等于 TBPRD-1。这意味着在一个 PWM 周期内至少总有一个很短的,易被系统忽视的 TBCLK 脉冲信号。

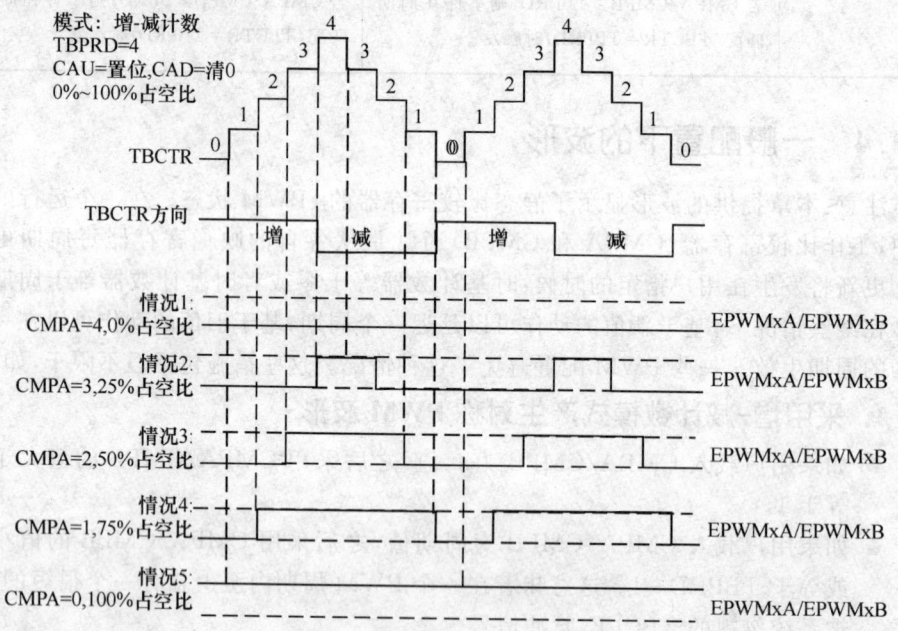

图 9.23 增-减模式下对称的波形

一些通常的动作限定器的配置如图 9.24～图 9.29 所示。示例 9.1～示例 9.6 的 C 源代码范例说明了如何配置每种状况下的 ePWM 模块。在以下的图形及示例中采用了如下一些约定:

- TBPRD、CMPA 和 CMPB 分别代表它们寄存器的数值,硬件使用的是工作寄存器,而不是映像寄存器;

- CMPx,通用的表示 CMPA 或 CMPB;
- EPWMxA 和 EPWMxB 代表从 ePWMx 出来的信号;
- Up-Down 代表的是增-减模式,Up 代表增模式,Dwn 代表减模式;
- Sym 表示对称,Asym 代表不对称。

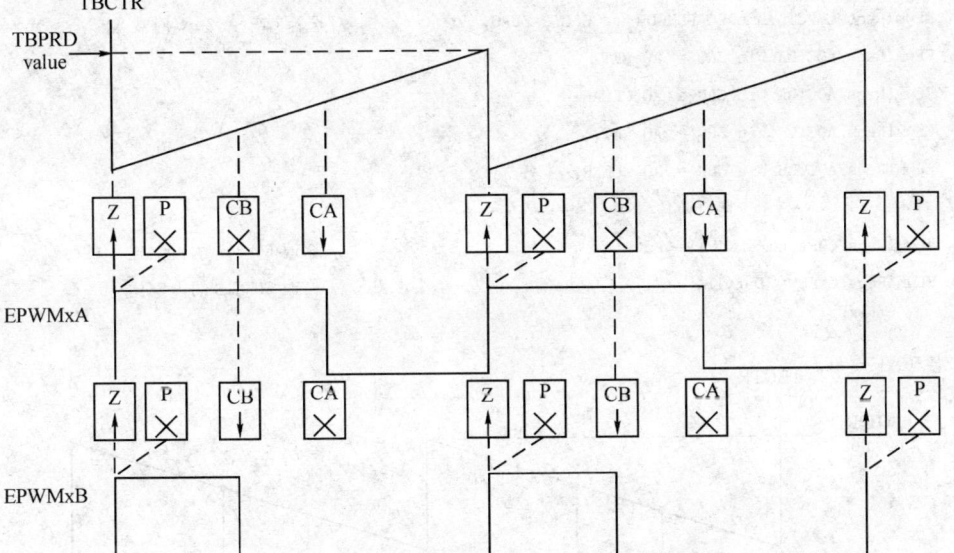

图 9.24　增模式,单边非对称波形,PWMxA 和 EPWMxA 独立调制,高电平有效

注:A. PWM 周期=(TBPRD + 1)×T_{TBCLK};
　　B. EPWMxA 占空比调制由 CMPA 设置,高电平有效(指占空比为高电平相对于 CMPA 的比例);
　　C. EPWMxB 的占空比调制由 CMPB 设置,高电平有效(指占空比为高电平相对于 CMPB 的比例);
　　D. "不动作"(X)在这里完整地表示出来了,但随后的图表中不再表示;
　　E. 在计数器等于 0 和周期值时的动作,尽管看上去是同时发生,实际上被一个 TBCLK 周期隔开了。

图 9.24 的初始化及运行期的波形包含在示例 9.1 的代码中。

示例 9.1　图 9.24 的 C 源代码

```
// ************   初始化阶段   ************//
EPwm1Regs.TBPRD = 600;                          // 周期 = 601 TBCLK
EPwm1Regs.CMPA.half.CMPA = 350;                 // 比较器 A = 350 TBCLK
EPwm1Regs.CMPB = 200;                           // 比较器 B = 200 TBCLK
EPwm1Regs.TBPHS = 0;                            // 设置相位寄存器为 0
EPwm1Regs.TBCTR = 0;                            // 清空 TB 计数器
EPwm1Regs.TBCTL.bit.CTRMODE = TB_COUNT_UP;      // 选择增计数模式
EPwm1Regs.TBCTL.bit.PHSEN = TB_DISABLE;         // 禁止相位载入
EPwm1Regs.TBCTL.bit.PRDLD = TB_SHADOW;
EPwm1Regs.TBCTL.bit.SYNCOSEL = TB_SYNC_DISABLE;
EPwm1Regs.TBCTL.bit.HSPCLKDIV = TB_DIV1;        // 令 TBCLK = SYSCLK
```

示例9.1(续) 图9.24的C源代码

```
EPwm1Regs.TBCTL.bit.CLKDIV = TB_DIV1;
EPwm1Regs.CMPCTL.bit.SHDWAMODE = CC_SHADOW;
EPwm1Regs.CMPCTL.bit.SHDWBMODE = CC_SHADOW;
EPwm1Regs.CMPCTL.bit.LOADAMODE = CC_CTR_ZERO;      //选择 CTR = Zero 时载入
EPwm1Regs.CMPCTL.bit.LOADBMODE = CC_CTR_ZERO;      //选择 CTR = Zero 时载入
EPwm1Regs.AQCTLA.bit.ZRO = AQ_SET;
EPwm1Regs.AQCTLA.bit.CAU = AQ_CLEAR;
EPwm1Regs.AQCTLB.bit.ZRO = AQ_SET;
EPwm1Regs.AQCTLB.bit.CBU = AQ_CLEAR;
// ************   运行阶段   ************ //
EPwm1Regs.CMPA.half.CMPA = Duty1A;                 // 修改 EPWM1A 的占空比
EPwm1Regs.CMPB = Duty1B;                           // 修改 EPWM1B 的占空比
```

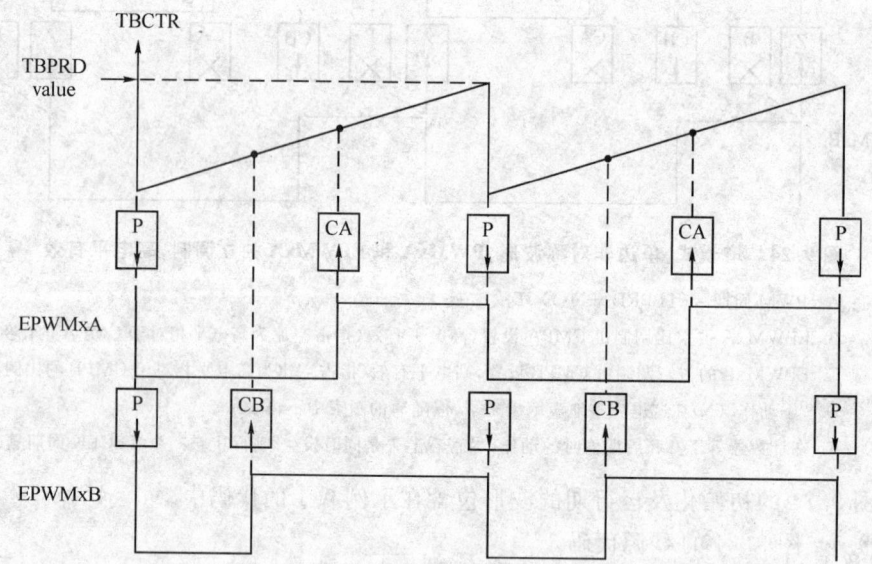

图 9.25 增模式,单边非对称波形,PWMxA 和 EPWMxA 独立调制,低电平有效

注:A. PWM 周期 = (TBPRD + 1) × T_{TBCLK};

B. EPWMxA 占空比调制由 CMPA 设置,低电平有效(指占空比为低电平相对于 CMPA 的比例);

C. EPWMxB 的占空比调制由 CMPB 设置,低电平有效(指占空比为低电平相对于 CMPB 的比例);

D. 在计数器等于 0 和周期值时的动作,尽管看上去是同时发生,实际上被一个 TBCLK 周期隔开了。

图9.25的初始化及运行期的波形包含在示例9.2的代码中。

示例9.2 图9.25的C源代码

```
// ************ 初始化阶段 ************//
EPwm1Regs.TBPRD = 600;                          //周期 = 601 TBCLK
EPwm1Regs.CMPA.half.CMPA = 350;                 //比较器 A = 350 TBCLK
EPwm1Regs.CMPB = 200;                           //比较器 B = 200 TBCLK
EPwm1Regs.TBPHS = 0;                            //设置相位寄存器为0
EPwm1Regs.TBCTR = 0;                            //清空 TB 计数器
EPwm1Regs.TBCTL.bit.CTRMODE = TB_COUNT_UP;
EPwm1Regs.TBCTL.bit.PHSEN = TB_DISABLE;         //禁用相位载入
EPwm1Regs.TBCTL.bit.PRDLD = TB_SHADOW;
EPwm1Regs.TBCTL.bit.SYNCOSEL = TB_SYNC_DISABLE;
EPwm1Regs.TBCTL.bit.HSPCLKDIV = TB_DIV1;        //令 TBCLK = SYSCLKOUT
EPwm1Regs.TBCTL.bit.CLKDIV = TB_DIV1;
EPwm1Regs.CMPCTL.bit.SHDWAMODE = CC_SHADOW;
EPwm1Regs.CMPCTL.bit.SHDWBMODE = CC_SHADOW;
EPwm1Regs.CMPCTL.bit.LOADAMODE = CC_CTR_ZERO;   // 选择 CTR = Zero 时载入
EPwm1Regs.CMPCTL.bit.LOADBMODE = CC_CTR_ZERO;   // 选择 CTR = Zero 时载入
EPwm1Regs.AQCTLA.bit.PRD = AQ_CLEAR;
EPwm1Regs.AQCTLA.bit.CAU = AQ_SET;
EPwm1Regs.AQCTLB.bit.PRD = AQ_CLEAR;
EPwm1Regs.AQCTLB.bit.CBU = AQ_SET;
// ************ 运行阶段 ************//
EPwm1Regs.CMPA.half.CMPA = Duty1A;              // 修改 EPWM1A 的占空比
EPwm1Regs.CMPB = Duty1B;                        // 修改 EPWM1B 的占空比
```

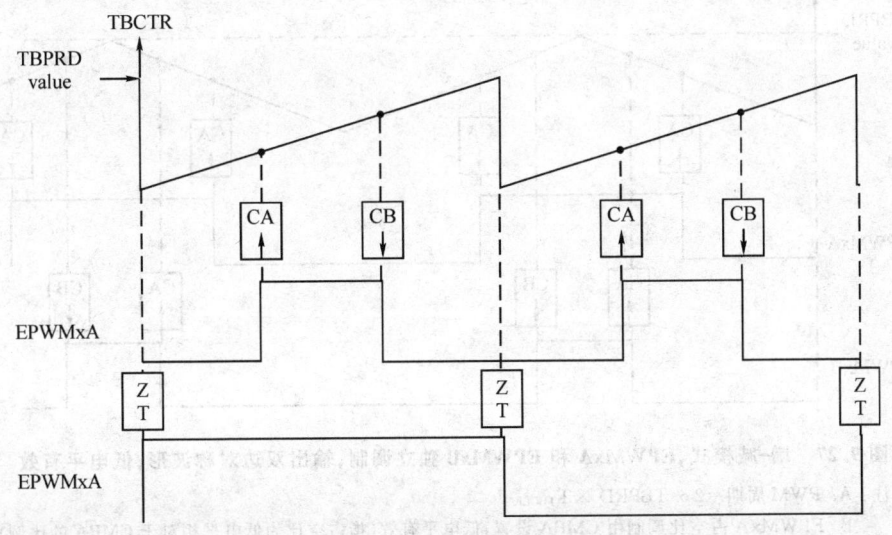

图9.26 增模式,EPWMxA 独立输出不对称脉冲

第9章 Piccolo 增强型脉宽调制器(ePWM)模块

注:A. PWM 频率 = $1/((TBPRD+1) \times T_{TBCLK})$;
B. 在 PWM 循环内(0000 - TBPRD),脉冲可以发生在任意位置;
C. 高电平的占空比正比于(CMPB - CMPA);
D. EPWMxB 可用于产生 50% 占空比方波。

图 9.26 的初始化及运行期的波形包含在示例 9.3 的代码中。

示例 9.3　图 9.26 的 C 源代码

```
// *********** 初始化阶段 ************//
EPwm1Regs.TBPRD = 600;                              // 周期 = 601 TBCLK
EPwm1Regs.CMPA.half.CMPA = 200;                     // 比较器 A = 200 TBCLK
EPwm1Regs.CMPB = 400;                               // 比较器 B = 400 TBCLK
EPwm1Regs.TBPHS = 0;                                // 设置相位寄存器为 0
EPwm1Regs.TBCTR = 0;                                // 清空 TB 计数器
EPwm1Regs.TBCTL.bit.CTRMODE = TB_COUNT_UP;
EPwm1Regs.TBCTL.bit.PHSEN = TB_DISABLE;             // 禁用相位载入
EPwm1Regs.TBCTL.bit.PRDLD = TB_SHADOW;
EPwm1Regs.TBCTL.bit.SYNCOSEL = TB_SYNC_DISABLE;
EPwm1Regs.TBCTL.bit.HSPCLKDIV = TB_DIV1;            // TBCLK = SYSCLKOUT
EPwm1Regs.TBCTL.bit.CLKDIV = TB_DIV1;
EPwm1Regs.CMPCTL.bit.SHDWAMODE = CC_SHADOW;
EPwm1Regs.CMPCTL.bit.SHDWBMODE = CC_SHADOW;
EPwm1Regs.CMPCTL.bit.LOADAMODE = CC_CTR_ZERO;       // 选择 CTR = Zero 时载入
EPwm1Regs.CMPCTL.bit.LOADBMODE = CC_CTR_ZERO;       // 选择 CTR = Zero 时载入
EPwm1Regs.AQCTLA.bit.CAU = AQ_SET;
EPwm1Regs.AQCTLA.bit.CBU = AQ_CLEAR;
EPwm1Regs.AQCTLB.bit.ZRO = AQ_TOGGLE;
// *********** 运行阶段 ************//
EPwm1Regs.CMPA.half.CMPA = EdgePosA;                // 仅修改 EPWM1A 的占空比
EPwm1Regs.CMPB = EdgePosB;
```

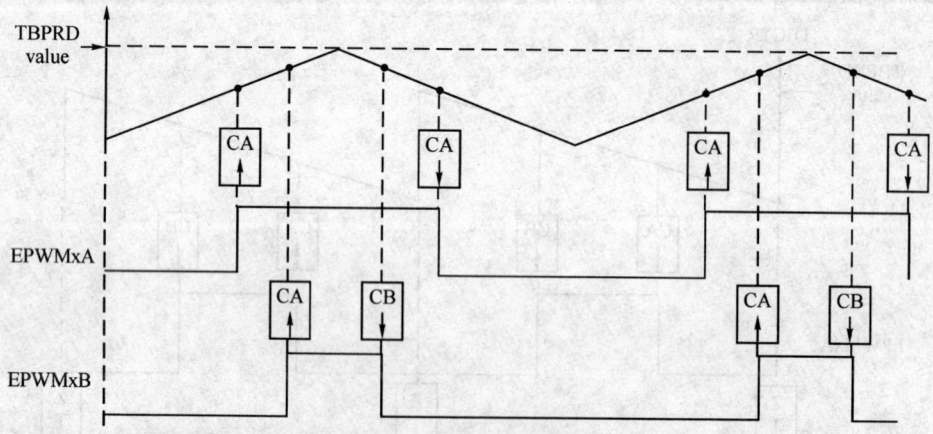

图 9.27　增-减模式,EPWMxA 和 EPWMxB 独立调制,输出双边对称波形,低电平有效

注:A. PWM 周期 = $2 \times TBPRD \times T_{TBCLK}$;
B. EPWMxA 占空比调制由 CMPA 设置,低电平有效(指占空比为低电平相对于 CMPA 的比例);
C. EPWMxB 占空比调制由 CMPB 设置,低电平有效(指占空比为低电平相对于 CMPB 的比例);
D. EPWMxA 和 EPWMxB 输出能独立地驱动电力开关

图 9.27 的初始化及运行期的波形包含在示例 9.4 的代码中。

示例 9.4　图 9.27 的 C 源代码

```
// ************ 初始化阶段 ************ //
    EPwm1Regs.TBPRD = 600;                          //周期 = 600 TBCLK
    EPwm1Regs.CMPA.half.CMPA = 400;                 //比较器 A = 400 TBCLK
    EPwm1Regs.CMPB = 500;                           //比较器 B = 500 TBCLK
    EPwm1Regs.TBPHS = 0;                            //设置相位寄存器为 0
    EPwm1Regs.TBCTR = 0;                            //清空 TB 计数器
    EPwm1Regs.TBCTL.bit.CTRMODE = TB_COUNT_UPDOWN;  //增-减对称模式
    xEPwm1Regs.TBCTL.bit.PHSEN = TB_DISABLE;        //禁用相位载入
    xEPwm1Regs.TBCTL.bit.PRDLD = TB_SHADOW;
    EPwm1Regs.TBCTL.bit.SYNCOSEL = TB_SYNC_DISABLE;
    EPwm1Regs.TBCTL.bit.HSPCLKDIV = TB_DIV1;        //令 TBCLK = SYSCLKOUT
    EPwm1Regs.TBCTL.bit.CLKDIV = TB_DIV1;
    EPwm1Regs.CMPCTL.bit.SHDWAMODE = CC_SHADOW;
    EPwm1Regs.CMPCTL.bit.SHDWBMODE = CC_SHADOW;
    EPwm1Regs.CMPCTL.bit.LOADAMODE = CC_CTR_ZERO;   //选择 CTR = Zero 时载入
    EPwm1Regs.CMPCTL.bit.LOADBMODE = CC_CTR_ZERO;   //选择 CTR = Zero 时载入
    EPwm1Regs.AQCTLA.bit.CAU = AQ_SET;
    EPwm1Regs.AQCTLA.bit.CAD = AQ_CLEAR;
    EPwm1Regs.AQCTLB.bit.CBU = AQ_SET;
    EPwm1Regs.AQCTLB.bit.CBD = AQ_CLEAR;
// ************ 运行阶段 ************ //
    EPwm1Regs.CMPA.half.CMPA = Duty1A;              //修改 EPWM1A 的占空比
    EPwm1Regs.CMPB = Duty1B;                        //修改 EPWM1B 的占空比
```

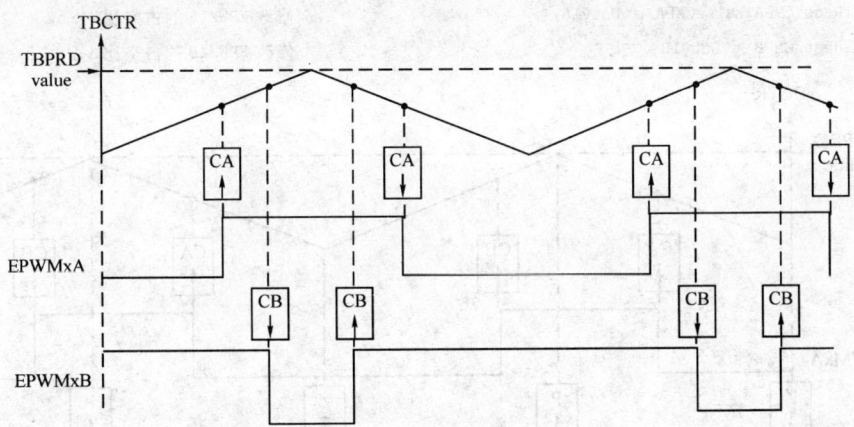

图 9.28　增-减模式,EPWMxA 和 EPWMxB 独立调制,输出双边对称互补波形

注: A. PWM 周期 = 2 × TBPRD × T_{TBCLK}。
　　B. EPWMxA 占空比调制由 CMPA 设置,低电平有效,即低占空比时间相对于 CMPA 的比例;
　　C. EPWMxB 占空比调制由 CMPB 设置,高电平有效,即高占空比时间相对于 CMPB 的比例;
　　D. EPWMxA 输出可以驱动上/下(互补)的电源开关;
　　E. 死区 = CMPB - CMPA(完全由软件编程的边沿定位)。注意:如果需要典型的边沿延迟方法。也可用死区模块。

图 9.28 的初始化及运行期的波形包含在示例 9.5 的代码中。

第 9 章 Piccolo 增强型脉宽调制器(ePWM)模块

示例 9.5 图 9.28 的 C 源代码

```
// ************* 初始化阶段 ************* //
    EPwm1Regs.TBPRD = 600;                          // 周期 = 600 TBCLK
    EPwm1Regs.CMPA.half.CMPA = 350;                 // 比较器 A = 350 TBCLK
    EPwm1Regs.CMPB = 400;                           // 比较器 B = 400 TBCLK
    EPwm1Regs.TBPHS = 0;                            //设置相位寄存器为 0
    EPwm1Regs.TBCTR = 0;                            //清空 TB 计数器
    EPwm1Regs.TBCTL.bit.CTRMODE = TB_COUNT_UPDOWN;  //增-减对称模式
    EPwm1Regs.TBCTL.bit.PHSEN = TB_DISABLE;         //禁用相位载入
    EPwm1Regs.TBCTL.bit.PRDLD = TB_SHADOW;
    EPwm1Regs.TBCTL.bit.SYNCOSEL = TB_SYNC_DISABLE;
    EPwm1Regs.TBCTL.bit.HSPCLKDIV = TB_DIV1;        // 令 TBCLK = SYSCLKOUT
    EPwm1Regs.TBCTL.bit.CLKDIV = TB_DIV1;
    EPwm1Regs.CMPCTL.bit.SHDWAMODE = CC_SHADOW;
    EPwm1Regs.CMPCTL.bit.SHDWBMODE = CC_SHADOW;
    EPwm1Regs.CMPCTL.bit.LOADAMODE = CC_CTR_ZERO;   //选择 CTR = Zero 时载入
    EPwm1Regs.CMPCTL.bit.LOADBMODE = CC_CTR_ZERO;   //选择 CTR = Zero 时载入
    EPwm1Regs.AQCTLA.bit.CAU = AQ_SET;
    EPwm1Regs.AQCTLA.bit.CAD = AQ_CLEAR;
    EPwm1Regs.AQCTLB.bit.CBU = AQ_CLEAR;
    EPwm1Regs.AQCTLB.bit.CBD = AQ_SET;
// ************* 运行阶段 ************* //
    EPwm1Regs.CMPA.half.CMPA = Duty1A;              //修改 EPWM1A 的占空比
    EPwm1Regs.CMPB = Duty1B;                        //修改 EPWM1B 的占空比
```

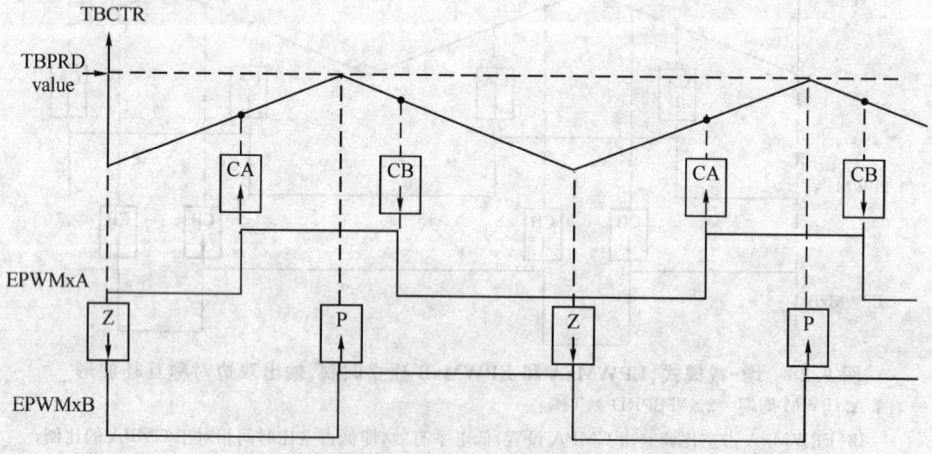

图 9.29 增-减模式,双边不对称波形,在 EPWMxA 独立调制,低电平有效

注:A. PWM 周期 = 2 × TBPRD × TTBCLK;
 B. 在同一个 PWM 周期内,上升沿和下降沿可以是不对称的;
 C. EPWMxA 的占空比可由 CMPA 和 CMPB 进行设置;

D. EPWMxA 低电平的占空比与(CMPB+CMPA)成比例；
E. 若想把此例子改为高电平有效，CMPA 和 CMPB 应取反(clear 改为 set，反之亦然)；
F. EPWMxB 的占空比固定为 50%。
上升沿和下降沿可不对称放置在一个 PWM 周期。这允许脉冲配置技术。

图 9.29 的初始化及运行期的波形包含在示例 9.6 的代码中。

示例 9.6 图 9.29 的 C 源代码

```
// ************* 初始化阶段   ************** //
  EPwm1Regs.TBPRD = 600;                        // 周期 = 600 TBCLK
  EPwm1Regs.CMPA.half.CMPA = 250;               // 比较器 A = 250 TBCLK
  EPwm1Regs.CMPB = 450;                         // 比较器 B = 450 TBCLK
  EPwm1Regs.TBPHS = 0;                          //设置相位寄存器为 0
  EPwm1Regs.TBCTR = 0;                          //清空 TB 计数器
  EPwm1Regs.TBCTL.bit.CTRMODE = TB_COUNT_UPDOWN; //增-减对称模式
  EPwm1Regs.TBCTL.bit.PHSEN = TB_DISABLE;       //禁用相位载入
  EPwm1Regs.TBCTL.bit.PRDLD = TB_SHADOW;
  EPwm1Regs.TBCTL.bit.SYNCOSEL = TB_SYNC_DISABLE;
  EPwm1Regs.TBCTL.bit.HSPCLKDIV = TB_DIV1;      // 令 TBCLK = SYSCLKOUT
  EPwm1Regs.TBCTL.bit.CLKDIV = TB_DIV1;
  EPwm1Regs.CMPCTL.bit.SHDWAMODE = CC_SHADOW;
  EPwm1Regs.CMPCTL.bit.SHDWBMODE = CC_SHADOW;
  EPwm1Regs.CMPCTL.bit.LOADAMODE = CC_CTR_ZERO; //选择 CTR = Zero 时载入
  EPwm1Regs.CMPCTL.bit.LOADBMODE = CC_CTR_ZERO; //选择 CTR = Zero 时载入
  EPwm1Regs.AQCTLA.bit.CAU = AQ_SET;
  EPwm1Regs.AQCTLA.bit.CBD = AQ_CLEAR;
  EPwm1Regs.AQCTLB.bit.ZRO = AQ_CLEAR;
  EPwm1Regs.AQCTLB.bit.PRD = AQ_SET;
// ************* 运行阶段   ************** //
  EPwm1Regs.CMPA.half.CMPA = EdgePosA;          //仅修改 EPWM1A 的占空比
  EPwm1Regs.CMPB = EdgePosB;
```

9.5 死区子模块(DB)

图 9.30 表明了死区子模块在 ePWM 模块内的位置。

9.5.1 死区子模块的作用

动作限定器子模块(AQ)讨论了如何使用 ePWM 模块中的 CMPA 和 CMPB 资源，通过控制信号的边沿产生所需要的死区。然而，如果需要带有极性控制要求的、更典型的基于死区的边沿延迟，那么就要使用这里所描述的死区子模块。

死区模块的主要作用有：

- 从单一的 EPWMxA 输入，产生带有死区的信号对(EPWMxA 和 EPWMxB)；
- 可编程的信号对：

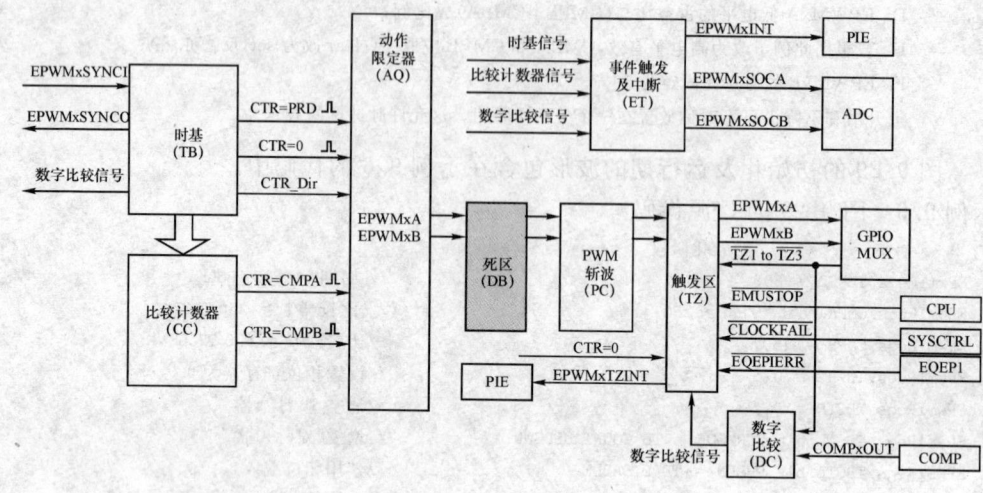

图 9.30　死区模块框图

- 高电平有效(AH);
- 低电平有效(AL);
- 高电平有效,互补(AHC);
- 低电平有效,互补(ALC)。
- 为上升沿加入可编程的延迟(RED);
- 为下降沿加入可编程的延迟(FED);
- 可以从信号的路径中完全地旁路(注意图中加点的线)。

9.5.2　死区子模块的控制和观察

对死区子模块操作进行控制与观察的寄存器罗列在表 9.14 中。

表 9.14　死区发生器子模块寄存器

寄存器名称	偏移地址	有无映像	描述
DBCTL	0x000F	No	死区控制寄存器
DBRED	0x0010	No	死区上升沿延迟寄存器
DBFED	0x0011	No	死区下降沿延迟寄存器

9.5.3　死区子模块操作要点

本小节给出操作要点。死区子模块有两组独立的选项设置,如图 9.31 所示。
- 输入源选择:死区模块的输入信号来自动作限定器的输出 EPWMxA 和 EP-WMxB。在这部分,它们将作为 EPWMxA 输入和 EPWMxB 输入。使用 DBCTL[IN_MODE]控制位可以选择延迟信号源,下降沿,以及上升沿:

- 上升沿和下降沿延迟均以 EPWMxA 为输入源,这种模式是默认模式;
- 下降沿延迟以 EPWMxA 为输入源,上升沿延迟以 EPWMxB 为输入源;
- 上升沿延迟以 EPWMxA 为输入源,下降沿延迟以 EPWMxB 为输入源;
- 上升沿和下降沿延迟均以 EPWMxB 为输入源。

- 半周期计时:死区子模块可以使用系统半周期时钟计时,从而使精度加倍(即计数器时钟为:2× TBCLK)。
- 输出模式控制:输出模式由 DBCTL[OUT_MODE]位确定,这些位确定是否进行上升沿延迟,下降沿延迟,或者都不,或者都用于输入信号。
- 极性控制:极性控制(DBCTL[POLSEL])允许用户指定是上升沿延迟信号和/或 下降沿延迟信号在送出死区子模块之前是否取反。

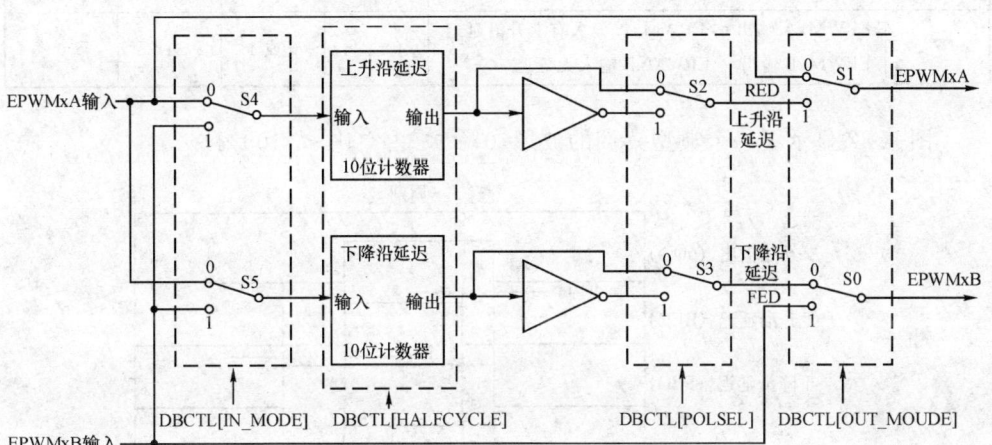

图 9.31 死区模块选项设置

尽管支持很多的组合,但并未包括全部典型的使用方式。表 9.15 列举了一些典型的死区设置。这些模式都假设 DBCTL[IN_MODE]配置为上升沿和下降沿延迟,都以 EPWMxA 为输入源。增强或者非传统方式可以通过改变输入源来获得。表 9.15 的模式有以下几种分类:

- 模式 1:具有下降沿延迟(FED)和上升沿延迟(RED)的旁路:允许使用者在 PWM 的信号路径中完全禁止死区子模块。
- 模式 2~5:典型死区极性设置:这些典型的极性配置需要解决工业电源开关门极驱动对所有动态高/低模式的要求。

典型案例的波形参见图 9.32。请注意,若要产生图 9.32 等效波形,可以配置动作限定器子模块产生一个如 EPWMxA 的信号。

- 模式 6:上升沿延迟旁路和模式 7:下降沿延迟旁路。

表 9.15 中最后两个条目显示的组合,其中的下降沿延迟(FED)或上升沿延迟(RED)被旁路。

表 9.15 典型的死区操作设置

模式	模式说明	DBCTL[POLSEL]		DBCTL[OUT_MODE]	
		S3	S2	S1	S0
1	EPWMxA 和 EPWMxB 均被旁路(无延迟)	X	X	0	0
2	高电平有效,互补(AHC)	1	0	1	1
3	低电平有效,互补(ALC)	0	1	1	1
4	高电平有效(AH)	0	0	1	1
5	低电平有效(AL)	1	1	1	1
6	EPWMxA 输出 = EPWMxA 输入(无延迟) EPWMxB 输出 = EPWMxA 输入有下降沿延迟	0 或 1	0 或 1	0	1
7	EPWMxA 输出 = EPWMxA 输入有上升沿延迟 EPWMxB 输出 = EPWMxB 输入无延迟	0 或 1	0 或 1	1	0

图 9.32 显示了一个典型案例的波形,0% < 占空比 < 100%。

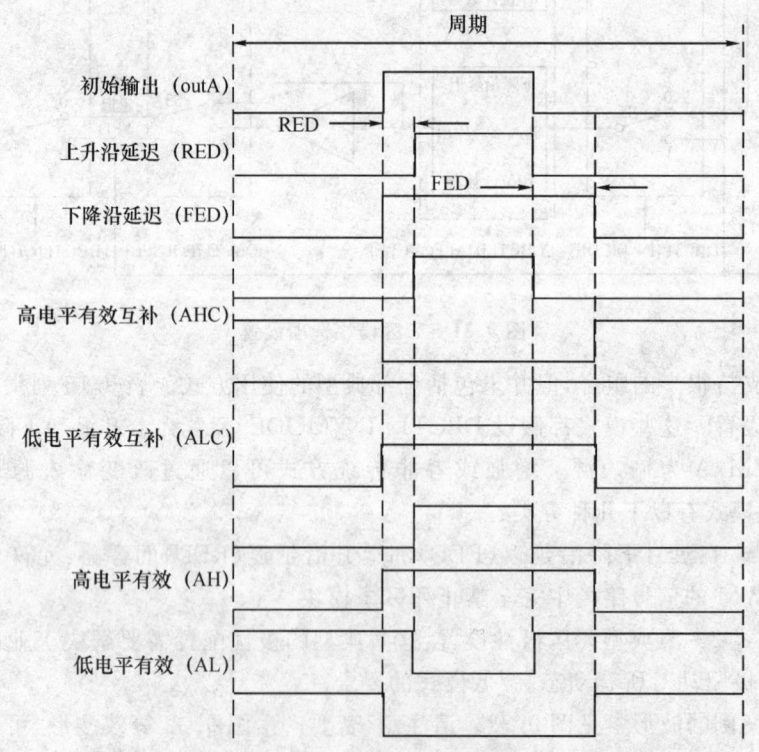

图 9.32 死区典型案例波形

死区子模块支持独立的值用作上升沿(RED)和下降沿(FED)延迟,延迟量通过对 DBRED 和 DBFED 寄存器编程获得。这是 10 位的寄存器,代表了时基的时钟数

TBCLK。例如,以下公式可以计算下降沿延迟和上升沿延迟:
$$FED = DBFED \times T_{TBCLK}$$
$$RED = DBRED \times T_{TBCLK}$$

这里,T_{TBCLK} 是 TBCKL 的周期,是 SYSCLKOUT 分频后的结果。

为了方便起见,表 9.16 列出了不同的 TBCLK 选项对应的延迟值。

表 9.16 死区延迟时值

死区值	死区延迟(单位:μs)		
DBFED,DBRED	TBCLK = SYSCLKOUT/1	TBCLK = SYSCLKOUT/2	TBCLK = SYSCLKOUT/4
1	0.01	0.02	0.04
5	0.05	0.1	0.2
10	0.1	0.2	0.4
100	1	2	4
200	2	4	8
300	3	6	12
400	4	8	16
500	5	10	20
600	6	12	24
700	7	14	28
800	8	16	32
900	9	18	36
1 000	10	20	40

如果半周期计时使能时,下降沿延迟和上升沿延迟的公式便为:
$$FED = DBFED \times T_{TBCLK}/2$$
$$RED = DBRED \times T_{TBCLK}/2$$

9.6 PWM 斩波子模块(PC)

图 9.33 表明了在 ePWM 模块内 PWM 斩波子模块所在的位置。

PWM 斩波子模块允许使用一个高频载波信号经过动作限定器和死区子模块去调制产生 PWM 波形。需要基于脉冲变换器的门极驱动器去控制功率开关元件,这种能力是非常重要的。

第 9 章　Piccolo 增强型脉宽调制器(ePWM)模块

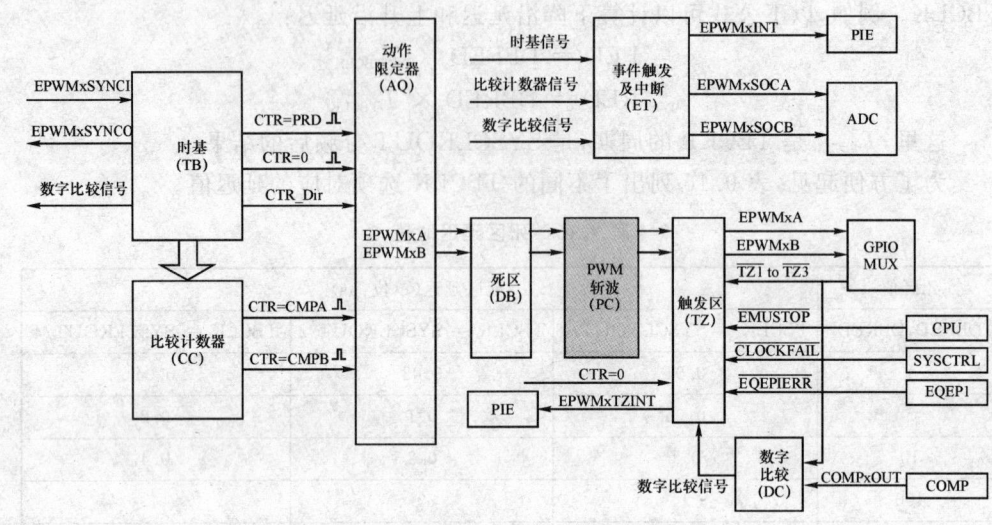

图 9.33　PWM 斩波模块框图

9.6.1　PWM 斩波子模块的作用

PWM 斩波子模块的关键作用包括：
- 可编程斩波(载波)频率；
- 可编程第一个脉冲宽度；
- 可编程第二个和后续脉冲的占空比；
- 如不需要,可以不使用该功能。

9.6.2　PWM 斩波模块的控制和观察

PWM 斩波子模块的操作由表 9.17 列出的寄存器控制。

表 9.17　PWM 斩波模块相关寄存器

寄存器名称	偏移地址	有无映像	描述
PCCTL	0x001E	No	PWM 斩波控制寄存器

9.6.3　PWM 斩波子模块操作要点

图 9.34 展示了 PWM 斩波子模块的操作细节。载波时钟来源于系统时钟 SYSCLKOU。其频率和占空比受 PCCTL 寄存器中的 CHPFREQ 和 CHPDUTY 位控制。图中的单次模块(One-shot)提供了高能首个脉冲,确保打开电力开关；而后续脉冲为维持脉冲,保证电力开关导通。可通过 OSHTWTH 编程单次脉冲宽度；通过 CHPEN 位可以使 PWM 斩波子模块旁路。

第 9 章 Piccolo 增强型脉宽调制器(ePWM)模块

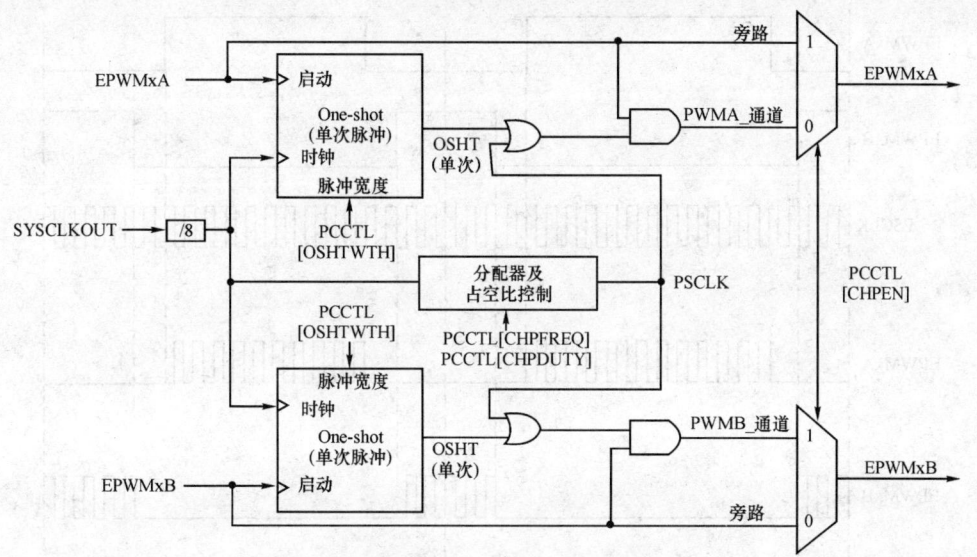

图 9.34 PWM 斩波模块操作细节

9.6.4 PWM 斩波子模块波形

图 9.35 显示了斩波动作的简化波形,在这里单次脉冲和占空比并没有显示出来,有关单次脉冲和占空比的详细内容将在后续的章节讨论。

9.4.6.1 单次脉冲

第一个脉冲的宽度可以编程为任意 16 个可能值之一,第一个脉冲宽或周期由下式给出:

$$T_{1stpulse} = T_{SYSCLKOUT} \times 8 \times OSHTWTH$$

其中,$T_{SYSCLKOUT}$ 是系统时钟(SYSCLKOUT)周期;OSHTWTH 是 4 个控制位,取值范围为 1~16。

图 9.36 显示了第一个和后续的多个脉冲,表 9.18 列举了在 SYSCLKOUT = 100 MHz 时,可能的脉冲宽度取值。

表 9.18 可能的脉冲宽度取值(SYSCLKOUT=100 MHz)

OSHTWTHz(十六进制)	0	1	2	3	4	5	6	7
脉冲宽度(ns)	80	160	240	320	400	480	560	640
OSHTWTHz(十六进制)	8	9	A	B	C	D	E	F
脉冲宽度(ns)	720	800	880	960	1 040	1 120	1 200	1 280

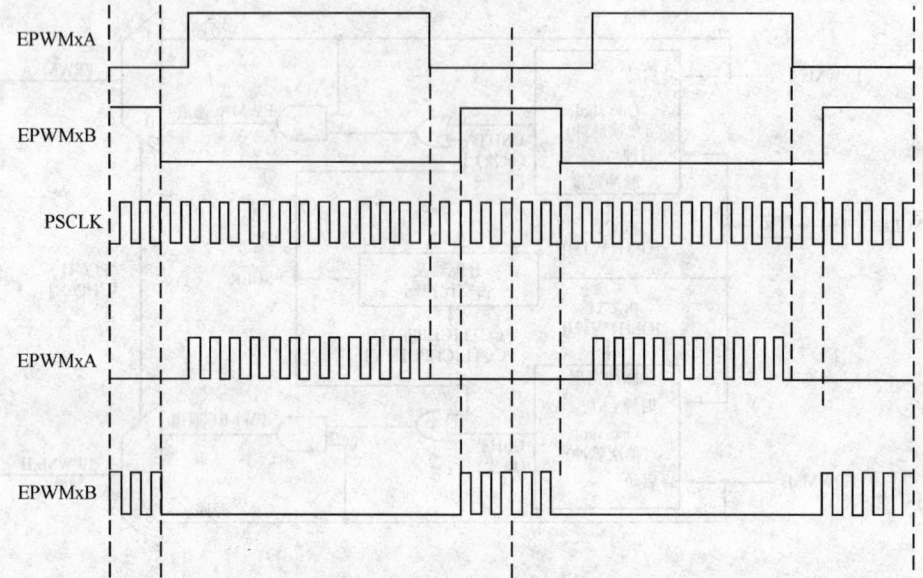

图 9.35 PWM 斩波子模块第一个脉冲与后续脉冲的波形

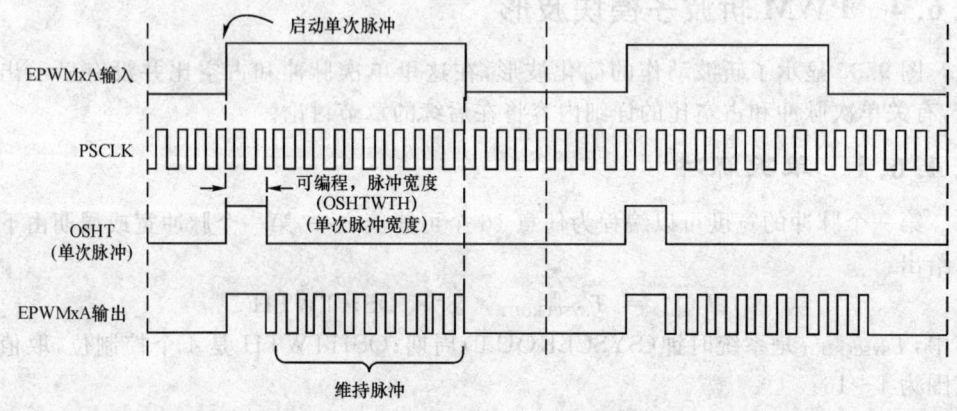

图 9.36 PWM 斩波子模块第一个脉冲及后续多个脉冲波形

9.6.4.2 占空比控制

基于脉冲变换器的门极驱动设计需要掌握磁特性、变换器特性和有关的电路。饱和问题也必须考虑。为了有助于门极驱动设计者,第二个和后续的脉冲占空比被设计为可编程,这些持续的脉冲在整个周期内确保合适的驱动强度和施加在功率开关门极的正确极性,进而可通过软件控制进行调整和优化。

图 9.37 给出通过 CHPDUTY 位编程得到的可能占空比,可以选择 7 个可能的占空比(12.5%-87.5%)中的一个。

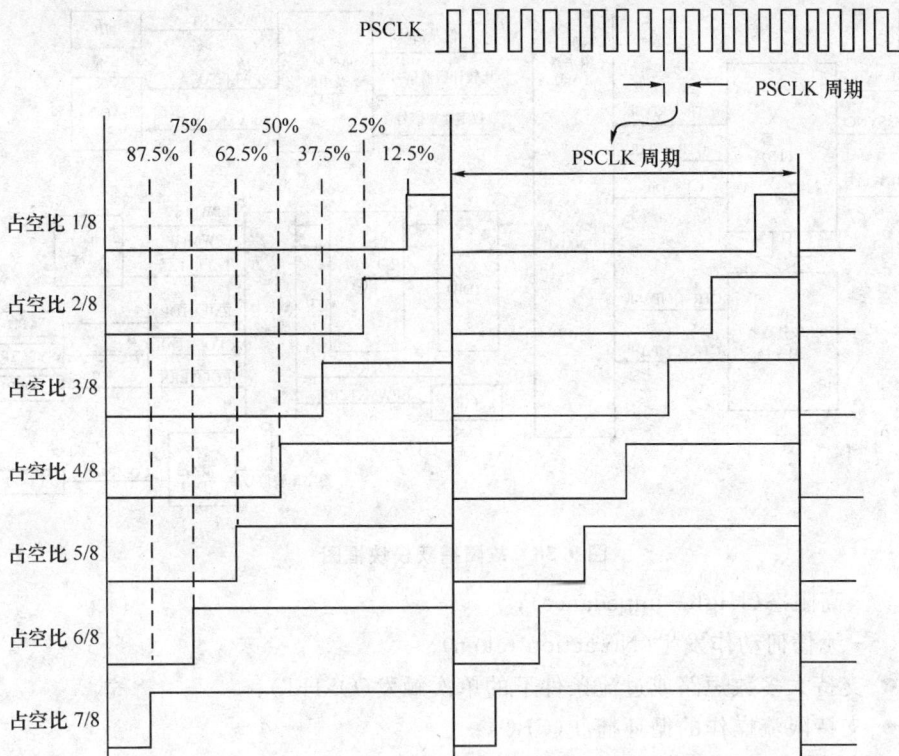

图 9.37　PWM 斩波模块波形,脉冲宽度(占空比)受控的脉冲

9.7　触发区子模块(TZ)

图 9.38 说明了在 ePWM 模块内 PWM 触发区模块所在的位置。

6 个 $\overline{TZx}$($\overline{TZ1}$~$\overline{TZ6}$)信号可以连接到每个 ePWM 模块。其中 $\overline{TZ1}$~$\overline{TZ3}$ 来源于 GPIO 多路复用器,$\overline{TZ4}$ 来源于外部设备,具有 EQEP1 模块的反向 EQEP1ERR 信号,$\overline{TZ5}$ 连接到系统时钟触发逻辑电路,$\overline{TZ6}$ 来源于 CPU 的 EMUSTOP 输出。这些信号指示了外部触发,当发生触发时,ePWM 输出可以被编程去响应这些触发。

9.7.1　触发区子模块的作用

触发区模块的关键作用包括:
- 触发输入 $\overline{TZ1}$~$\overline{TZ6}$ 可以灵活编程映射到任意的 ePWM 模块;
- 一旦遇到故障条件,输出 EPWMxA 和 EPWMxB 可被强制为如下情况之一:
  - 高电平(High);
  - 低电平(Low);

第9章 Piccolo 增强型脉宽调制器(ePWM)模块

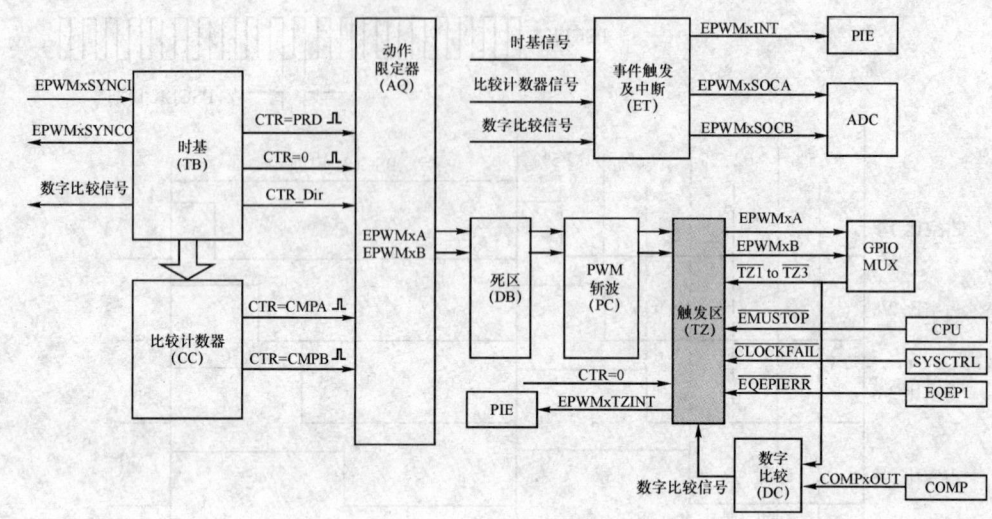

图 9.38 故障捕获模块框图

- 高阻态(High-impedance);
- 无任何动作发生(No action taken)。
- 支持大多数短路或过流条件下的单次触发(OSHT);
- 支持限流操作的循环捕获(CBC);
- 支持数字比较捕获(DC),该捕获基于片上模拟比较器输出的状态和/或$\overline{TZ1}$ ~ $\overline{TZ3}$的信号;
- 每个触发区输入及数字比较(DC)子模块的 DCAEVT1/2 或 DCBEVT1/2 强制事件都可分配为单次或循环操作;
- 任何触发区输入引脚上都可以产生中断;
- 支持软件强制捕获;
- 如果不需要,触发区子模块可以彻底旁路。

9.7.2 故障捕获模块的控制和观察

对故障捕获子模块操作进行控制和观察的寄存器罗列于表 9.19 中:

表 9.19 触发区模块相关寄存器

寄存器名称	地址偏移量	有无映像	描述[1]
TZSEL	0x0012	No	触发区选择寄存器
TZDCSEL	0x0013	No	触发区数字比较选择寄存器[2]
TZCTL	0x0014	No	触发区控制寄存器
TZEINT	0x0015	No	触发区中断使能寄存器
TZFLG	0x0016	No	触发区标志寄存器

续表 9.19

寄存器名称	地址偏移量	有无映像	描述[1]
TZCLR	0x0017	No	触发区标志清除寄存器
TZFRC	0x0018	No	触发区强制寄存器

(1) 所有触发区寄存器受 EALLOW 保护，并且只有在执行 EALLOW 指令后才能被修改。详细资料请参阅设备特性手册 *System Control and Interrupts Reference Guide* 中的相关章节。

(2) 有关这个寄存器的详情请参阅 9.9 节数值比较子模块。

9.7.3 触发区子模块的操作要点

以下内容对触发区子模块的操作要点和配置选项进行说明。

触发区信号 $\overline{TZ1}$～$\overline{TZ6}$（下面用 $\overline{TZn}$ 代表）低电平有效。当其中一个信号变低时，或者当基于 TZDCSEL 寄存器的 DCAEVT1/2 位或 DCBEVT1/2 位被强制触发时，它表示发生了一个触发事件。每个 ePWM 模块可以配置为忽略或者使用每个触发区信号或者 DC 事件。ePWM 模块使用哪个触发区信号或者 DC 事件由 TZSEL 寄存器决定。触发区信号可以与系统时钟同步也可以不同步，而且可以通过 GPIO MUX 模块进行数字滤波处理。$\overline{TZn}$ 至少保持 3 个 TBCLK 时间的低脉冲宽度才能触发 ePWM 模块的故障捕获，如果少于 3 个 TBCLK，则触发条件可能不会被 CBC 或 OST 锁存器锁存。异步触发确保由于其他原因导致时钟丢失时，输出仍旧可以在 $\overline{TZn}$ 输入引脚上出现的有效事件进行触发。必须对 GPIO 或外设进行适当的配置。详情参阅设备特性手册 *System Control and Interrupts Reference Guide* 中的相关章节。

每个 ePWM 模块的 $\overline{TZn}$ 输入可以单独配置为提供单次捕获或周期循环捕获。数字比较事件 DCAEVT1 和 DCBEVT1 可以将 ePWM 模块配置为直接捕获，或者为模块提供一个单次的捕获事件。同样地，DCAVET2 和 DCBEVT2 可以将 ePWM 模块配置为直接捕获，或者为模块提供一个循环的捕获事件。这个配置由 TZSEL[DCAEVT1/2]，TZSEL[DCBEVT1/2]，TZSEL[CBCn] 和 TZSEL[OSHTn] 控制位分别决定。

9.7.3.1 周期循环捕获(CBC)：

当周期循环故障捕获事件发生时，由 TZCTL[TZA] 和 TZCTL[TZB] 位指定的动作立刻在 EPWMxA 和/或 EPWMxB 输出端执行。表 9.20 列举了一些可能的事件。另外，周期循环捕获标志(TZFLG[CBC])被置位，如果已经使能 TZEINT 寄存器和 PIE 外设，则会产生一个 EPWMx_TZINT 中断请求。

如果通过 TZEINT 寄存器 CBC 使能中断，且通过 TZSEL 寄存器选择 DCAEVT2 或 DCBEVT2 作为 CBC 的触发源，则不需要在 TZEINT 寄存器中使能 DCAEVT2 或 DCBEVT2 中断，尽管数字比较事件(DC)会通过 CBC 机制来触发中断。

当ePWM时基计数器达到零时(TBCTR = 0x0000),如果触发事件不再出现,则在输入引脚上指定的条件将自动清除。因此在该模式下,触发事件会在每个PWM周期自动清除或复位。而TZFLG[CBC]标志位保持置位,直到对TZCLR[CBC]位置位手动清除。如果在TZFLG[CBC]位被清除时周期循环触发事件仍然出现,它将再次立即被置位。

9.7.3.2　单次捕获(OSHT):

当单次捕获事件发生时,由TZCTL[TZA]和TZCTL[TZB]位指定的动作立刻在EPWMxA和/或EPWMxB输出端执行。表9.20列举了一些可能的事件。另外,单次捕获事件标志(TZFLG[OST])被置位,如果已经使能TZEINT寄存器和PIE外设,则会产生一个EPWMx_TZINT中断请求。单次捕获条件必须通过写TZCLR[OST]位手动清除。

如果通过TZEINT寄存器使能单次中断,且通过TZSEL寄存器选择DCAEVT2或DCBEVT2作为故障源,则不需要在TZEINT寄存器中使能DCAEVT2或DCBEVT2中断,尽管数字比较事件(DC)会通过OSHT机制来触发中断。

9.7.3.3　数字比较器事件(DCAEVT1/2和DCBEVT1/2):

数字比较器DCAEVT1/2或DCBEVT1/2事件的产生基于一个组合,该组合由TZDCSEL寄存器选择的DCAH/DCAL和DCBH/DCBL信号产生。该信号源的DCAH/DCAL和DCBH/DCBL信号由DCTRIPSEL寄存器选择,可以是触发区输入引脚或者模拟比较器COMPxOUT信号。有关数字比较器子模块的细节请参阅9.9节。

当数字比较事件发生时,由TZCTL[DCAEVT1/2]及TZCTL[DCBEVT1/2]位指定的动作立即在EPWMxA和/或EPWMxB输出端执行。表9.20列举了一些可能的事件。另外,有关的DC捕获事件标志(TZFLG[DCAEVT1/2]或TZFLG[DCBEVT1/2])位被置位,如果TZEINT寄存器和PIE外设被使能,则会产生一个EPWMx_TZINT中断。

如果DC捕获事件不再出现,则在引脚上指定的条件将自动清除。TZFLG[DCAEVT1/2]或TZFLG[DCBEVT1/2]标志位保持置位,直到通过手动向TZCLR[DCAEVT1/2]位或TZCLR[DCBEVT1/2]位写1清除为止。当TZFLG[DCAEVT1/2]或TZFLG[DCBEVT1/2]标志位被清除时,如果DC故障捕获事件依然出现,则它将再次立即被置位。

可以通过TZCTL寄存器的位域,对捕获事件发生时的动作进行分别配置,用于每个ePWM输出引脚。表9.20列示了在一个故障事件中4种可能的动作。

表 9.20 触发事件中 4 种可能的动作

TZCTL 寄存器的位域取值	EPWMxA 和/或 EPWMxB	备注
0,0	高阻态	触发
0,1	强迫拉高	触发
1,0	强迫拉低	触发
1,1	不改变	不动作,输出不变化

示例 9.6 触发区配置

方案 A：

一个在 $\overline{TZ1}$ 上的单次捕获事件把 EPWM1A 和 EPWM1B 拉低,同时把 EPWM2A 和 EPWM2B 拉高。

- 按如下步骤配置 ePWM1 寄存器:
  - TZSEL[OSHT1] = 1:使 $\overline{TZ1}$ 作为 ePWM1 的一个单次捕获信号源;
  - TZCTL[TZA] = 2:在捕获事件时,EPWM1A 会被强制拉低;
  - TZCTL[TZB] = 2:在捕获事件时,EPWM1B 会被强制拉低;
- 按如下步骤配置 ePWM2 寄存器:
  - TZSEL[OSHT1] = 1:使 $\overline{TZ1}$ 作为 ePWM2 的一个单次捕获信号源;
  - TZCTL[TZA] = 1:在捕获事件时,EPWM2A 会被强制拉高;
  - TZCTL[TZB] = 1:在捕获事件时,EPWM2B 会被强制拉高。

方案 B：

一个在 $\overline{TZ5}$ 上的周期循环捕获事件把 EPWM1A 和 EPWM1B 拉低;一个在 $\overline{TZ1}$ 或 $\overline{TZ6}$ 上的单次捕获事件将 EPWM2A 置成高阻态。

- 按如下步骤配置 ePWM1 寄存器:
  - TZSEL[CBC5] = 1:使 $\overline{TZ5}$ 成为 ePWM1 的一个单次捕获事件信号源;
  - TZCTL[TZA] = 2:在捕获事件时,EPWM1A 会被强制拉低;
  - TZCTL[TZB] = 2:在捕获事件时,EPWM1B 会被强制拉低;
- 按如下步骤配置 ePWM2 寄存器:
  - TZSEL[OSHT1] = 1;使 $\overline{TZ1}$ 成为 ePWM2 的一个单次捕获事件信号源;
  - TZSEL[OSHT6] = 1;使 $\overline{TZ6}$ 成为 ePWM2 的一个单次捕获事件信号源;
  - TZCTL[TZA] = 0:在捕获事件时,EPWM2A 会被置成高阻态;
  - TZCTL[TZB] = 3:EPWM2B 将忽略捕获事件。

9.7.4 产生捕获事件中断

图 9.39 和图 9.40 分别显示了触发区模块的控制和中断逻辑。DCAEVT1/2 和 DCBEVT1/2 信号在 9.9 节中有更详细说明。

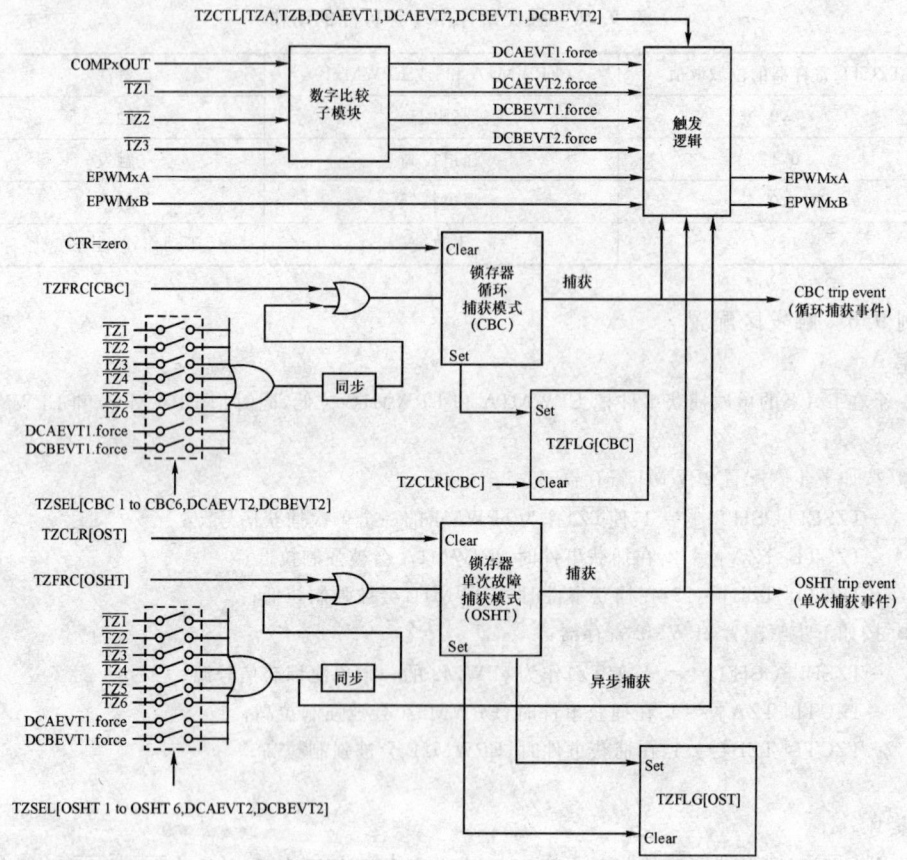

图 9.39 触发区模块的控制逻辑

9.8 事件触发子模块(ET)

事件触发模块的关键作用包括：
- 接收事件输入由时基,比较计数器,以及数字比较子模块产生。
- 使用时基方向信息,确定增/减计数事件。
- 使用预分频逻辑产生中断请求并且用以下方法启动 ADC 转换:
  - 每次事件(Every event);
  - 每两次事件(Every second event);
  - 每 3 次事件(Every third event)。
- 通过事件计数器和标志提供事件产生的能见度。
- 允许软件强制中断和启动 ADC 转换。

第 9 章　Piccolo 增强型脉宽调制器(ePWM)模块

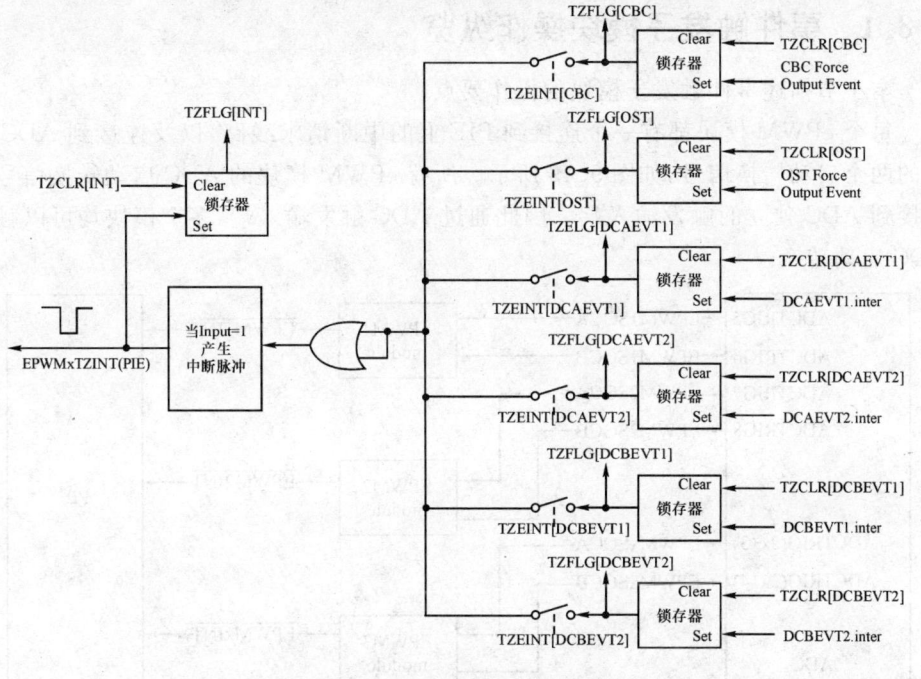

图 9.40　触发区模块的中断逻辑

事件触发子模块可以管理由时基子模块件、比较计数器子模块、以及数字比较子模块所产生的事件，用以对 CPU 产生一个中断请求；当所选择的事件发生时，向 ADC 发出启动转换的信号。图 9.41 说明了在 ePWM 系统内事件触发子模块所在的位置。

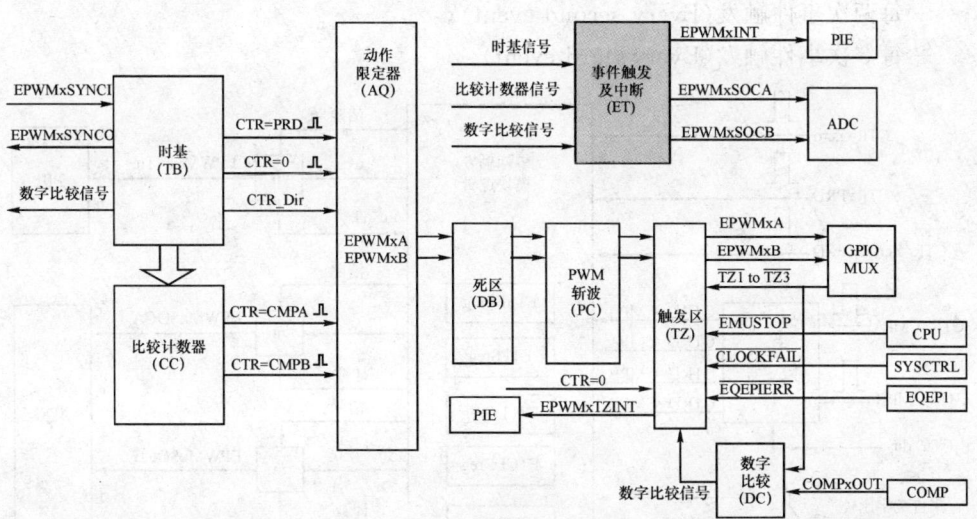

图 9.41　事件触发模块框图

9.8.1 事件触发子模块操作纵览

本小节描述事件触发子模块的操作要点。

每个 ePWM 模块都有一个连接到 PIE 上的中断请求线路,以及连接到 ADC 模块的两个启动转换信号,如图 9.42 所示。所有 ePWM 模块的 ADC 启动转换信号都连接到 ADC 独立的触发输入端。因此通过 ADC 触发输入端,多个模块均可以触发 ADC 启动转换。

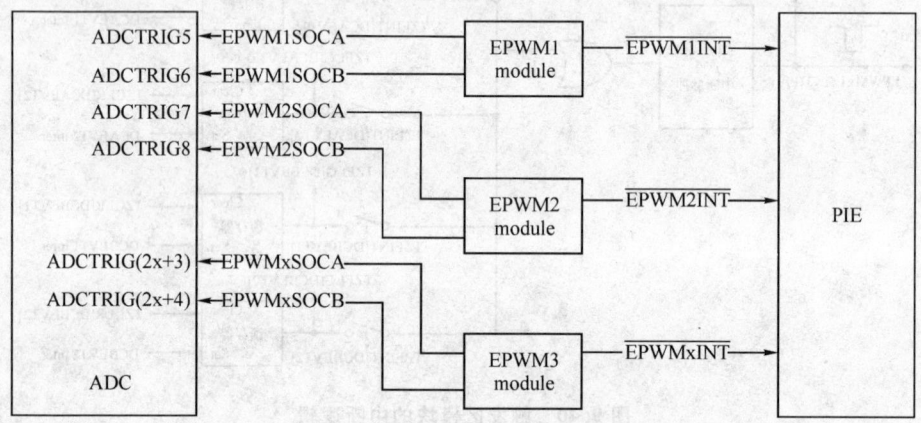

图 9.42 事件触发模块与 ADC 模块的连接

事件触发子模块监视多种事件的触发条件(如图 9.43 中所示的左边的输入信号),在产生中断请求或启动 ADC 转换之前,可对这些事件进行预分频处理:

- 每次事件触发(Every event);
- 每两次事件触发(Every second event);
- 每 3 次事件触发(Every third event)。

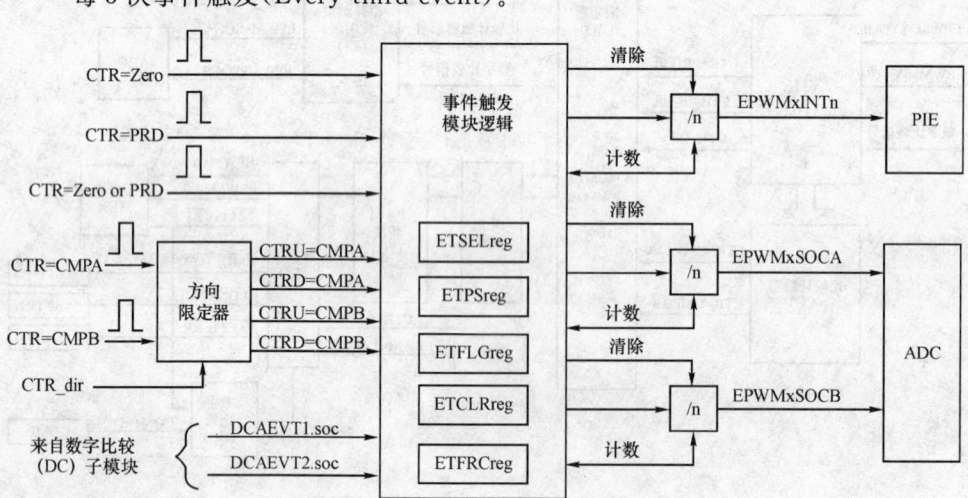

图 9.43 事件触发模块的事件输入和分频输出

用于配置事件触发子模块的关键寄存器如表 9.21 所示。

表 9.21 事件触发子模块寄存器

寄存器名称	地址偏移量	有无映像	描述
ETSEL	0x0019	No	事件触发选择寄存器
ETPS	0x001A	No	事件触发预分频寄存器
ETFLG	0x001B	No	事件触发标志寄存器
ETCLR	0x001C	No	事件触发清除寄存器
ETFRC	0x001D	No	事件触发强制寄存器

- ETSEL:用来选择哪个事件触发中断请求,或启动 ADC 转换;
- ETPS:如上所述,该寄存器用来对事件的预分频进行编程;
- ETFLG:这些标志位指示所选择的预分频事件的状态;
- ETCLR:这些位允许用户可以通过软件清除 ETFLG 寄存器中的标志位;
- ETFRC:这些位允许通过软件强制触发一个事件,用于调试或软件干预。

在图 9.44~图 9.46 中,可以更仔细地查看寄存器的各个位怎样和中断及 ADC 的 SOC 逻辑相联系的。

图 9.44 显示了事件触发中断产生的逻辑。中断周期位(ETPS[INTPRD])指示了导致一个中断信号产生所需的事件请求次数。可用的选择有:

- 不产生中断;
- 每次事件产生一个中断请求;
- 每两次事件产生一个中断请求;
- 每 3 次事件产生一个中断请求。

究竟哪个事件可导致一个中断,则由中断选择位(ETSEL[INTSEL])控制。以下事件之一可导致中断请求:

- 时基计数器等于零(TBCTR = 0x0000);
- 时基计数器等于周期(TBCTR = TBPRD);
- 时基计数器等于零或周期(TBCTR = 0x0000 或 TBCTR = TBPRD);
- 时基计数器等于比较器 A 寄存器(CMPA),当计数器为增计数时;
- 时基计数器等于比较器 A 寄存器(CMPA),当计数器为减计数时;
- 时基计数器等于比较器 B 寄存器(CMPB),当计数器为增计数时;
- 时基计数器等于比较器 B 寄存器(CMPB),当计数器为减计数时。

事件已经发生的次数可以从中断事件计数寄存器位(ETPS[INTCNT])读取。也就是说,当指定的事件发生时,ETPS[INTCNT]增计数到由 ETPS[INTPRD]指点的值。当 ETPS[INTCNT] = ETPS[INTPRD]时,计数器停止计数并且输出置位。当中断请求发送到 PIE 后,计数器才会被清空。当中断请求送到 PIE 时只有计数器被清0。

当ETPS[INTCNT]增加到等于ETPS[INTPRD]时,会发生以下的事件:

- 若使能中断(ETSEL[INTEN] = 1)且中断标志位被清0(ETFLG[INT] = 0),则会产生一个中断脉冲,中断标志位被置位(ETFLG[INT] = 1),事件计数器被清空(ETPS[INTCNT] = 0)。然后计数器会重新对事件发生的次数进行计数。
- 若禁止中断(ETSEL[INTEN] = 0),或中断标志被置位(ETFLG[INT] = 1),当ETPS[INTCNT]增加到等于ETPS[INTPRD]时,计数器会停止计数。
- 若使能中断(ETSEL[INTEN] = 1),但是中断标志位已经置位,则计数器将其输出保持为高,直到标志位(ENTFLG[INT])被清0。这将导致CPU将该中断挂起而服务前一个中断。

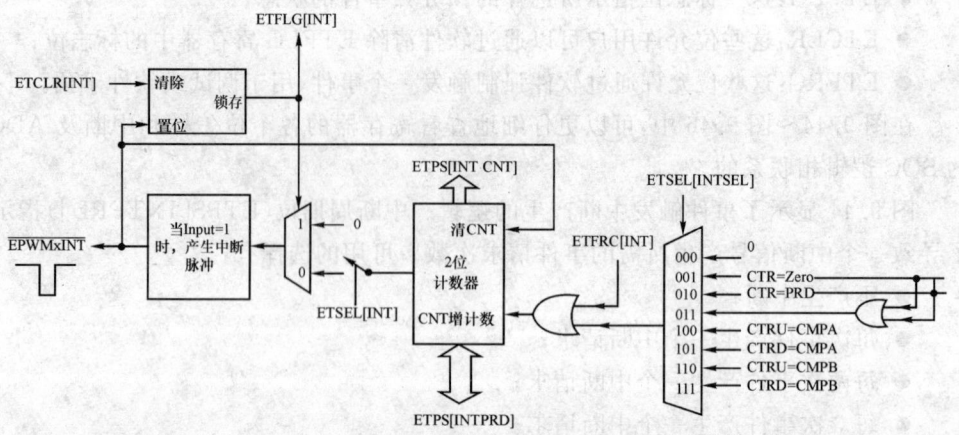

图9.44 事件触发模块的中断发生逻辑

当对INTPRD写操作时,会自动地清除计数器(INTCNT = 0),计数器的输出会被复位(因此不会产生中断)。对ETFRC[INT]位写1会使事件计数器INTCNT增计数,当INTCNT = INTPRD时,计数器会有上面的动作。当INTPRD = 0时,禁止计数器计数,因此不会检测到事件的输入,同时ETFRC[INT]位也会被忽略。

以上的定义表明用户可以每次、每两次或每3次事件触发一个中断请求,但不支持4次或更多的事件触发一个中断请求。

图9.45显示了事件触发启动转换A(SOCA)信号发生器的操作。(ETPS[SOCACNT])计数器和(ETPS[SOCAPRD])周期值的行为类似于中断发生器,不同的地方在于,脉冲是连续产生的。也就是说,当一个脉冲产生时,标志位(ETFLG[SOCA])会锁存,从而不停地产生脉冲。使能/禁止位(ETSEL[SOCAEN])可停止产生脉冲,但是输入事件依旧被计数直到等于周期值,像中断产生逻辑一样。通过ETSEL[SOCASEL]和ETSEL[SOCBSEL]位可以对触发SOCA和SOCB信号的事件

进行分别配置。可能的输入事件与下述的事件一致：这个事件通过来自数字比较(DC)子模块外加的 DCAEVT1.soc 和 DCBEVT1.soc 事件信号可以确定中断产生逻辑。

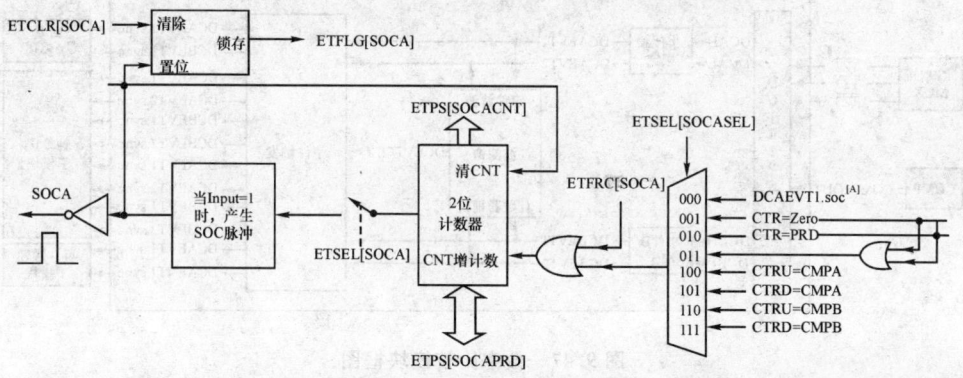

A. DCAEVT1.soc 信号由数字比较器(DC)子模块产生，在稍后的 9.9 节将对该信号进行说明。

图 9.45　事件触发 SOCA 信号发生器

图 9.46 显示了事件触发启动转换 B(SOCB)信号发生器的操作，与图 9.45 类似。

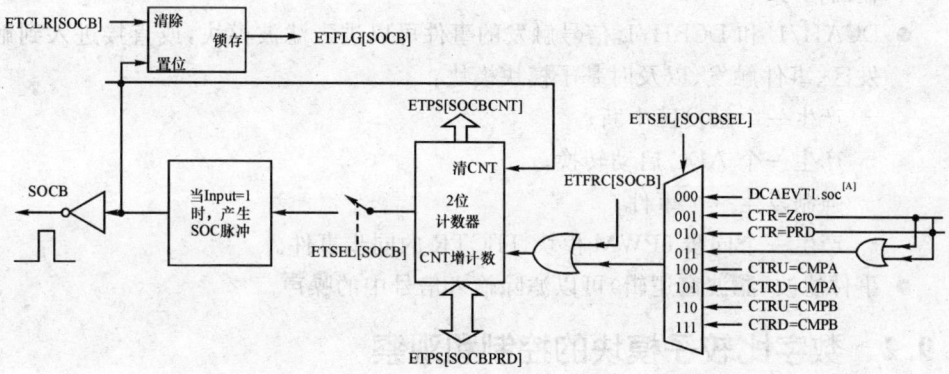

A. DCBEVT1.soc 信号由数字比较器(DC)子模块产生，在稍后的 9.9 节将对该信号进行说明。

图 9.46　事件触发 SOCB 信号发生器

9.9　数字比较器子模块(DC)

图 9.47 说明了数字比较器(DC)子模块与 ePWM 系统其他子模块的信号接口。数字比较子模块与 ePWM 模块外部的信号(如来自模拟比较器的 COMPxOUT

信号)进行比较,直接产生 PWM 事件/动作,随后送到事件触发、故障捕获或时基子模块。此外,框图中的滤波窗支持滤除噪声或来自数字比较(DC)的不想要的脉冲。

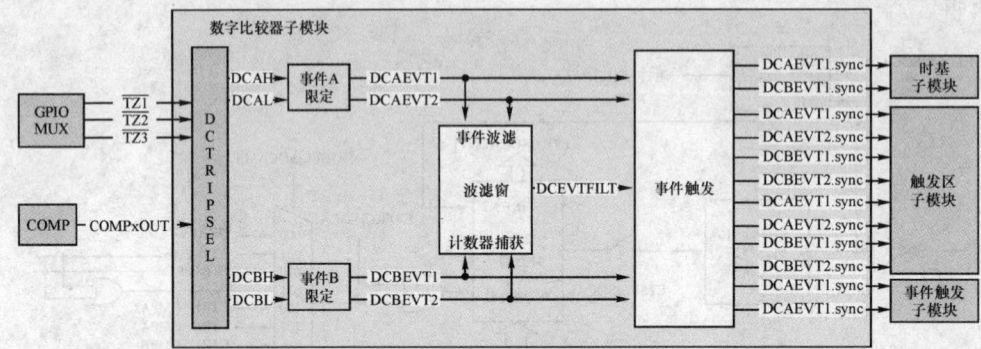

图 9.47 数字比较模块框图

9.9.1 数字比较器子模块的作用

数字比较器子模块的关键作用包括:

- 模拟比较器(COMP)模块输出和 $\overline{TZ1}$、$\overline{TZ2}$ 和 $\overline{TZ3}$ 输入通过 DCTRIPSEL 位的选择产生诸如 DCAH,DCAL 及 DCBH,DCBL 数字 A 或 B 的高/低电平输出信号;
- DCAH/L 和 DCBH/L 信号触发的事件可以进入滤波模块,或直接进入到触发区、事件触发、以及时基子模块模块:
  — 产生一个触发区中断;
  — 产生一个 ADC 启动转换;
  — 强制发生一个事件;
  — 产生一个同步 ePWM 模块 TBCTR 的同步事件。
- 事件滤波(滤波窗逻辑)可以滤除输入信号中的噪声。

9.9.2 数字比较子模块的控制和观察

对数字比较子模块操作进行控制与观察的寄存器如表 9.22 所示。

表 9.22 数字比较子模块相关寄存器

寄存器名称	偏移地址	有无映像	描述
TZDCSEL[1][2]	0x0013	No	触发区数字比较器选择寄存器
DCTRIPSEL[1]	0x0030	No	数字比较器捕获选择寄存器
DCACTL[1]	0x0031	No	数字比较器 A 控制寄存器
DCBCTL[1]	0x0032	No	数字比较器 B 控制寄存器
DCFCTL[1]	0x0033	No	数字比较器滤波器控制寄存器

续表 9.22

寄存器名称	偏移地址	有无映像	描述
DCCAPCTL	0x0034	No	数字比较器捕获控制寄存器
DCFOFFSET	0x0035	Writes	数字比较器滤波偏移寄存器
DCFOFFSETCNT	0x0036	No	数字比较器滤波偏移计数寄存器
DCFWINDOW	0x0037	No	数字比较器滤波窗口寄存器
DCFWINDOWCNT	0x0038	No	数字比较器滤波窗口计数寄存器
DCCAP	0x0039	Yes	数字比较器捕获寄存器

(1) 这些寄存器受 EALLOW 保护，并且只有在执行 EALLOW 指令后才可以修改。详情请参阅设备特性手册 System Control and Interrupts Reference Guide，中的相关章节。

(2) TZDCSEL 寄存器属于触发区子模块，这里再次列出。这是因为它对数字比较模块功有重要意义。

9.9.3 数字比较器子模块的操作要点

以下内容描述了数字比较器子模块的操作要点和配置选项。

9.9.3.1 数字比较事件：

正如前面一节图 9.47 中的说明，触发区输入($\overline{TZ1}$、$\overline{TZ2}$ 和 $\overline{TZ3}$)和来自模拟比较器(COMP)模块的(COMPxOUT)信号，可以通过 DCTRIPSEL 位进行选择，用于产生数字比较器 A 或 B 的高/低电平输出信号：DCAH，DCAL 以及 DCBH，DCBL。然后，通过对 TZDCSEL 寄存器的配置来限定被选择的 DCAH/L 和 DCBH/L 信号的动作，用以产生 DCAEVT1/2 和 DCBEVT1/2 事件(事件限定 A 和 B)。

注意：当 $\overline{TZn}$ 信号用于 DCEVT 捕获功能时，可作为常规输入信号，并且可以被定义为高电平或低电平输入。当 $\overline{TZn}$、DCAEVTx.force、或 DCBEVTx.force 信号有效时，EPWM 输出与捕获信号异步。为保持锁定状态，需要最小 3 * TBCLK 同步脉冲宽度。如果脉冲宽度小于 3 * TBCLK 同步脉冲宽度，则捕获条件不能确定被 CBC 或 OST 锁存。

然后，可以对 DCAEVT1/2 和 DCBEVT1/2 事件进行滤波，用以提供一个经过滤波的 DCEVTFILT 事件信号，或者将滤波旁路。有关滤波的讨论参见 9.9.3.2 节。无论是 DCAEVT1/2 和 DCBEVT1/2 事件信号，或者是已经滤波的 DCEVTFILT 事件信号，均可以产生一个对触发区模块、触发区中断、ADC SOC 以及 PWM 同步信号的强制触发。

1. 强制信号

DCAEVT1/2.force 信号会强制故障捕获条件去直接影响 EPWMxA 引脚的输出(通过对 TZCTL[DCAEVT1 或 DCAEVT2] 的配置)。如果 DCAEVT1/2 被选为单次或周期故障捕获源时(通过 TZSEL 寄存器)，则 DCAEVT1/2.force 信号也能够(通过 TZCTL[TZA]的配置)影响捕获的运转。DCBEVT1/2.force 信号与此类似，只不过 EPWMxB 输出引脚代替 EPWMxA 输出引脚。

TZCTL 寄存器在操作冲突时的优先级如下（最高优先覆盖低优先级）：

输出信号 EPWMxA：TZA（最高）→ DCAEVT1 → DCAEVT2（最低）。

输出信号 EPWMxB：TZB（最高）→ DCBEVT1 → DCBEVT2（最低）。

2. 中断信号

DCAEVT1/2. interrupt 信号可以对 PIE 产生一个中断请求。为了使能中断，用户必须在 TZEINT 寄存器中置位 DCAEVT1，DCAEVT2，DCBEVT1 或 DCBEVT2 位。如果其中有一个事件发生，就会触发一个 EPWMxTZINT 中断请求。必须将 TZCLR 寄存器中的相应位置位以清除中断标志位。

3. SOC 信号

DCAEVT1. soc 与事件触发子模块可以结合在一起被选择为一个事件，该事件通过 ETSEL[SOCASEL]位产生一个 ADC 的 SOCA 信号。同样地，DCBEVT1. soc 信号与事件触发子模块也可以结合在一起被选择为一个事件，该事件通过 ETSEL[SOCBSEL]位产生一个 ADC 的 SOCB 信号。

4. 同步信号

DCAEVT1. sync 及 DCBEVT1. sync 事件和 EPWMxSYNCI 输入信号进行"或"逻辑，并且 TBCTL[SWFSYNC]信号产生同步脉冲用于同步时基计数器。

图 9.48 及图 9.49 显示了 DCAEVT1、DCAEVT2 或 DCEVTFLT 信号如何产生数字比较器 A 强制事件，中断信号，SOC 信号以及同步信号的过程。

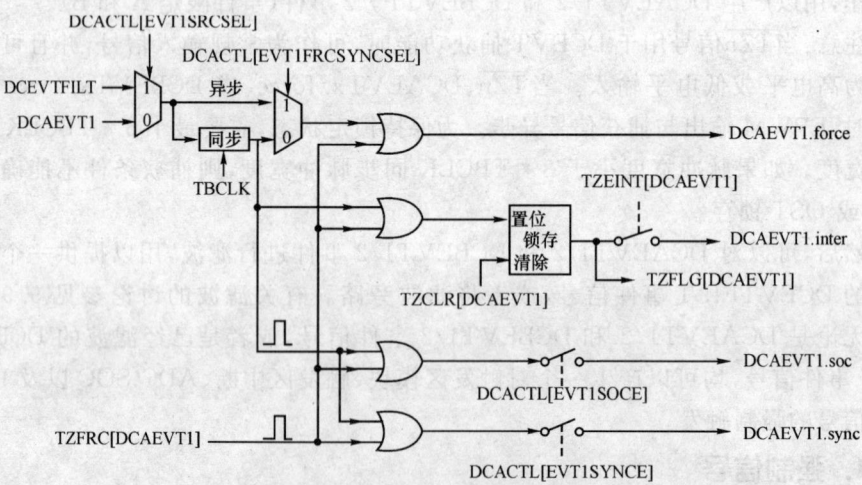

图 9.48　DCAEVT1 事件触发

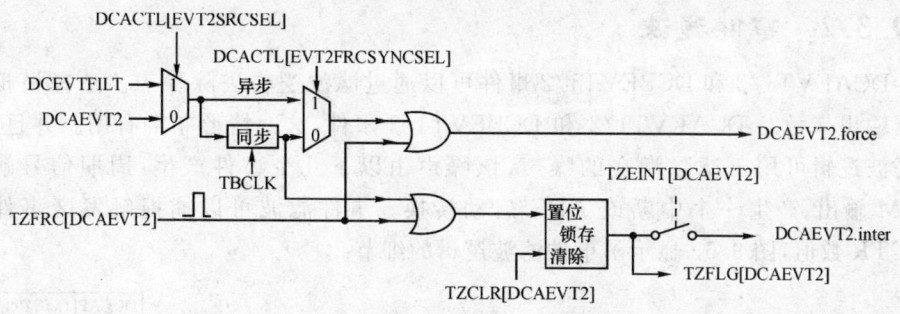

图 9.49 DCAEVT2 事件触发

图 9.50 和图 9.51 显示了 DCBEVT1、DCBEVT2 或 DCEVTFLT 信号如何产生数字比较器 B 强制事件、中断信号，SOC 信号以及同步信号的过程。

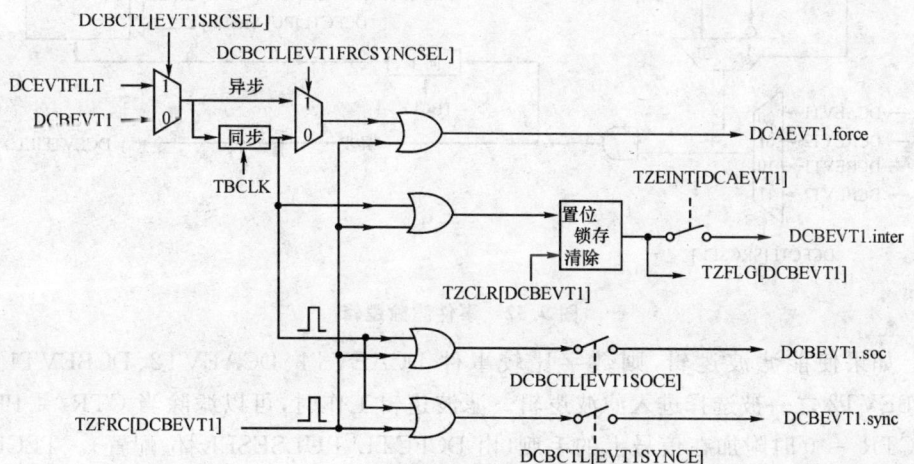

图 9.50 DCBEVT1 事件触发

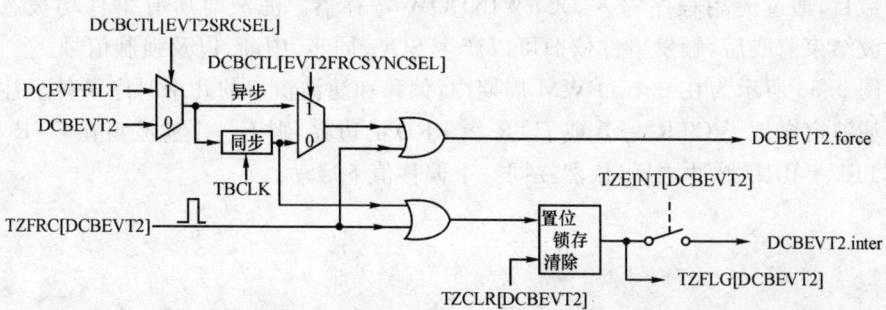

图 9.51 DCBEVT2 事件触发

9.9.3.2 事件滤波

DCAEVT1/2 和 DCBEVT1/2 事件可以通过滤波逻辑去除噪声。选择模拟比较器输出来触发 DCAEVT1/2 和 DCBEVT1/2 事件,这一情形非常有用。并且,这个滤波逻辑可用于滤除潜在的噪声,该噪声由以下几个事件产生:周期信号触发 PWM 输出、产生一个中断或 ADC 启动转换。事件滤波可以捕捉触发区事件的 TBCTR 数值,图 9.53 显示了事件滤波逻辑的细节。

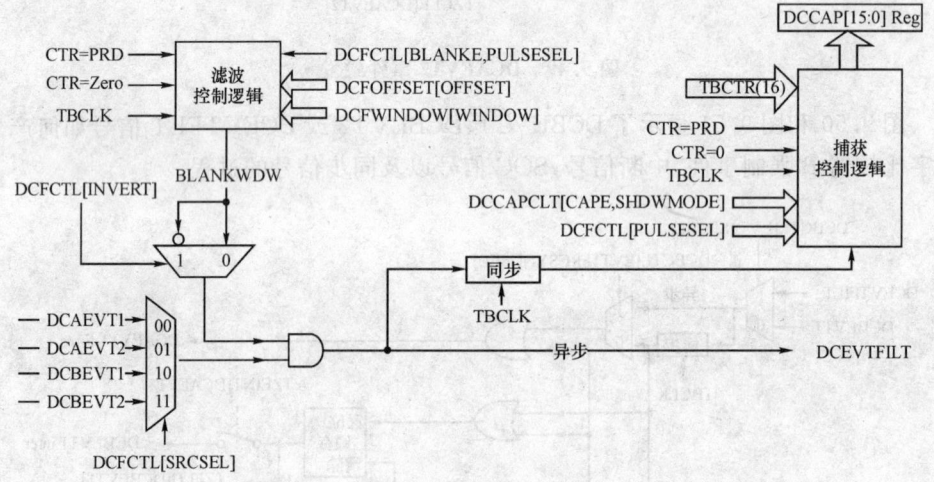

图 9.52 事件滤除逻辑

如果使能滤波逻辑,则数字比较事件 DCAEVT1、DCAEVT2、DCBEVT1 和 DCBEVT2 之一被选择进入滤波逻辑。滤波逻辑工作时,可以滤除当 CTR = PRD 或 CTR = 0 时附加在信号上的毛刺(由 DCFCTL[PULSESEL]位配置)。TBCLK 计数器中的偏移值可编程到 DCFOFFSET 寄存器,决定在 CTR = PRD 或 CTR = 0 脉冲后哪个时刻开始滤波。滤波的持续时间采用偏移计数器满额时 TBCLK 计数器的数目,通过应用程序写入 DCFWINDOW 寄存器。滤波时所有事件均被忽略。在滤波结束前或后,触发事件依旧可以产生 SOC、同步、中断、以及强制信号。

图 9.53 所示为在一个 ePWM 周期内,偏移和滤波窗口的几个时序条件。注意:如果滤波窗穿越了 CTR = 0 或 CTR = PRD 的边界,则下一个滤波窗在 CTR = 0 或 CTR = PRD 脉冲之后,依然在同一个偏移值下启动。

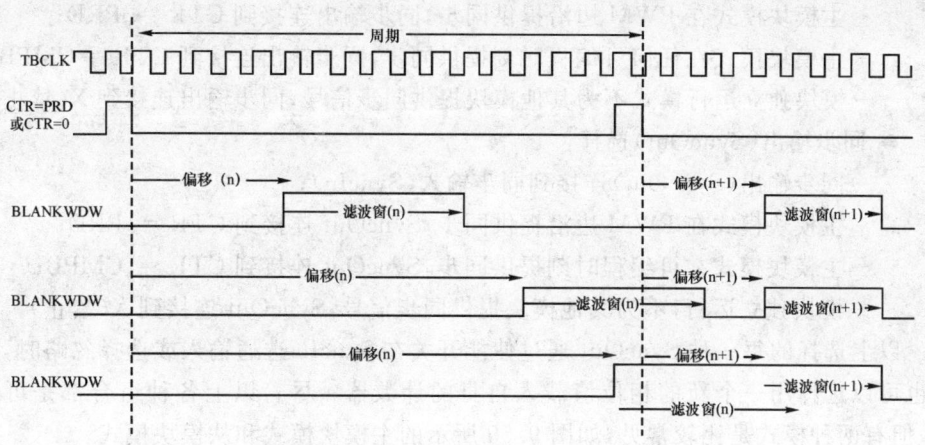

图 9.53　滤波模块波形

9.10　应用电源拓扑

一个 ePWM 模块就拥有足够的资源独立运行特定的功能。当然，它也可以与其他相同的 ePWM 模块同步运行。

9.10.1　多模块概览

本章前几节讨论的基本上都是单个模块。为了便于理解系统内多个模块的协同工作，这里将 ePWM 模块作为示范，并将其简化为如图 9.54 所示的框图。这个简单的框图仅仅显示一些关键资源，用于解释受多路 ePWM 模块控制的一个多路开关电源拓扑结构是如何协同工作的。

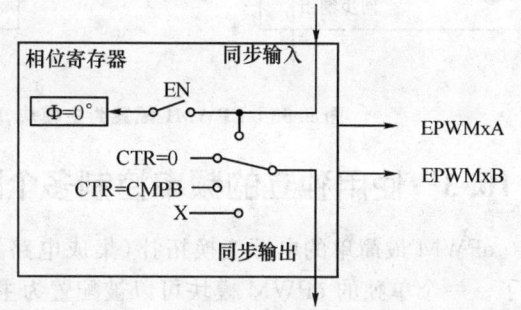

图 9.54　ePWM 模块简化框图

9.10.2　关键的配置

每个模块可选择的关键配置如下：
- 同步输入(SyncIn)选择：
  - 在一个输入同步选通时，用相位寄存器载入自身的计数器，关闭开关；
  - 不动作或忽略输入同步选通，打开开关；
  - 同步流通过同步输出(Sync flow - through - SyncOut)连同步输入，即同步输出(SyncOut)连接到同步输入(SyncIn)；

第9章　Piccolo 增强型脉宽调制器(ePWM)模块

- 主模块模式在 PWM 边沿提供同步,同步输出连接到 CTR = PRD;
- 主模块模式在任何可编程时刻提供同步,同步输出连接到 CTR = CMPB;
- 模块独立运行模式不为其他模块提供同步信号,同步输出连接到 X(禁止)。
- 同步输出(SyncOut)选择:
  - 同步输出(SyncOut)连接到同步输入(SyncIn);
  - 主模块模式在 PWM 边沿提供同步,SyncOut 连接到 CTR = PRD;
  - 主模块模式在可编程时刻提供同步,SyncOut 连接到 CTR = CMPB;
  - 模块独立运行,不为其他模块提供同步信号,SyncOut 连接到 X(禁止)。

以上选择的每一种 SyncOut 通过使能开关在 SyncIn 选通输入或选择忽略时,模块也可以选择用一个新的相位值载入自身的计数器。尽管以上各种组合都是可能的,但有两种模式是比较常见,如图 9.55 所示的主模块模式和从模块模式。

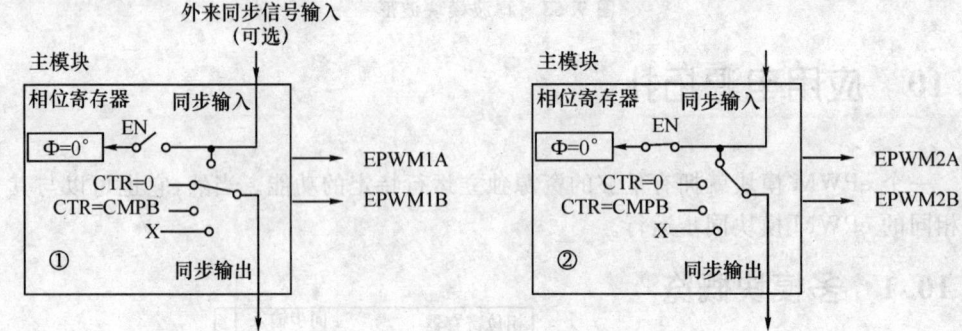

图 9.55　EPWM1 配置为主模块,EPWM2 配置为从模块

9.10.3　使用独立的频率控制多个降压变换器

ePWM 最简单的电源变换拓扑(集成电路元件的布局技术)之一就是降压变换器了。一个单独的 ePWM 模块可以被配置为主模块,使用同样的 PWM 频率控制两个变换器。如果需要对每个降压变换器使用不同的频率,则对于每个变换器需要配备一个 ePWM 模块。图 9.56 演示了 4 个运行在不同频率的降压变换器。在这个例子中,4 个 ePWM 模块都作为主模块配置,它们之间没有进行同步。图 9.57 显示了图 9.56 产生的其中 3 个波形。

示例 9.7　图 9.57 的 C 源代码

```
// ********** 初始化阶段　注意仅显示了其中3个模块 ********** //
// EPWM 模块 1 配置
EPwm1Regs.TBPRD = 1200;                          // 周期 = 1 201 TBCLK
EPwm1Regs.TBPHS.half.TBPHS = 0;                  // 设置相位寄存器为 0
EPwm1Regs.TBCTL.bit.CTRMODE = TB_COUNT_UP;       // 增计数不对称模式
EPwm1Regs.TBCTL.bit.PHSEN = TB_DISABLE;          // 禁止相位载入
EPwm1Regs.TBCTL.bit.PRDLD = TB_SHADOW;
```

示例 9.7(续)　图 9.57 的 C 源代码

```c
    EPwm1Regs.TBCTL.bit.SYNCOSEL = TB_SYNC_DISABLE;      // 禁止同步
    EPwm1Regs.CMPCTL.bit.SHDWAMODE = CC_SHADOW;
    EPwm1Regs.CMPCTL.bit.SHDWBMODE = CC_SHADOW;
    EPwm1Regs.CMPCTL.bit.LOADAMODE = CC_CTR_ZERO;        // 选择 CTR = Zero 时载入
    EPwm1Regs.CMPCTL.bit.LOADBMODE = CC_CTR_ZERO;        // 选择 CTR = Zero 时载入
    EPwm1Regs.AQCTLA.bit.PRD = AQ_CLEAR;
    EPwm1Regs.AQCTLA.bit.CAU = AQ_SET;
// EPWM 模块 2 配置
    EPwm2Regs.TBPRD = 1400;                              // 周期 = 1 401 TBCLK
    EPwm2Regs.TBPHS.half.TBPHS = 0;                      // 设置相位寄存器为 0
    EPwm2Regs.TBCTL.bit.CTRMODE = TB_COUNT_UP;           // 增计数不对称模式
    EPwm2Regs.TBCTL.bit.PHSEN = TB_DISABLE;              // 禁止相位载入
    EPwm2Regs.TBCTL.bit.PRDLD = TB_SHADOW;
    EPwm2Regs.TBCTL.bit.SYNCOSEL = TB_SYNC_DISABLE;
    EPwm2Regs.CMPCTL.bit.SHDWAMODE = CC_SHADOW;
    EPwm2Regs.CMPCTL.bit.SHDWBMODE = CC_SHADOW;
    EPwm2Regs.CMPCTL.bit.LOADAMODE = CC_CTR_ZERO;        // 选择 CTR = Zero 时载入
    EPwm2Regs.CMPCTL.bit.LOADBMODE = CC_CTR_ZERO;        // 选择 CTR = Zero 时载入
    EPwm2Regs.AQCTLA.bit.PRD = AQ_CLEAR;
    EPwm2Regs.AQCTLA.bit.CAU = AQ_SET;
// EPWM 模块 3 配置
    EPwm3Regs.TBPRD = 800;                               // 周期 = 801 TBCLK
    EPwm3Regs.TBPHS.half.TBPHS = 0;                      // 设置相位寄存器为 0
    EPwm3Regs.TBCTL.bit.CTRMODE = TB_COUNT_UP;           // 增计数不对称模式
    EPwm3Regs.TBCTL.bit.PHSEN = TB_DISABLE;              // 禁止相位载入
    EPwm3Regs.TBCTL.bit.PRDLD = TB_SHADOW;
    EPwm3Regs.TBCTL.bit.SYNCOSEL = TB_SYNC_DISABLE;
    EPwm3Regs.CMPCTL.bit.SHDWAMODE = CC_SHADOW;
    EPwm3Regs.CMPCTL.bit.SHDWBMODE = CC_SHADOW;
    EPwm3Regs.CMPCTL.bit.LOADAMODE = CC_CTR_ZERO;        // 选择 CTR = Zero 时载入
    EPwm3Regs.CMPCTL.bit.LOADBMODE = CC_CTR_ZERO;        // 选择 CTR = Zero 时载入
    EPwm3Regs.AQCTLA.bit.PRD = AQ_CLEAR;
    EPwm3Regs.AQCTLA.bit.CAU = AQ_SET;
// 运行阶段
    EPwm1Regs.CMPA.half.CMPA = 700;                      // 修改 EPWM1A 的占空比
    EPwm2Regs.CMPA.half.CMPA = 700;                      // 修改 EPWM2A 的占空比
    EPwm3Regs.CMPA.half.CMPA = 500;                      // 修改 EPWM3A 的占空比
```

第 9 章 Piccolo 增强型脉宽调制器(ePWM)模块

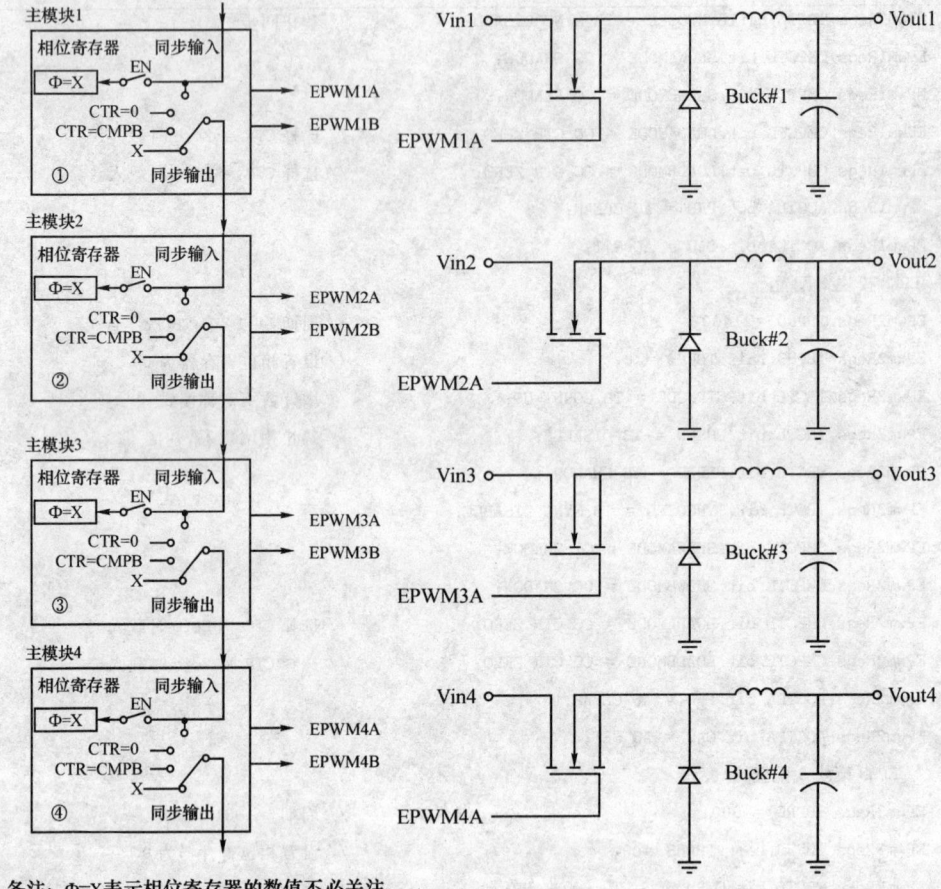

备注：Φ=X表示相位寄存器的数值不必关注。

图 9.56　控制 4 个不同频率的降压变换器

9.10.4　使用相同的频率控制多个降压变换器

如果需要同步，可以将 ePWM 模块 2 配置为从模块，并且运行频率为模块 1 的整数倍。来自主模块的同步信号能够保持相互之间的同步。图 9.58 显示了这样一个配置，图 9.59 为相应的波形。

第 9 章 Piccolo 增强型脉宽调制器(ePWM)模块

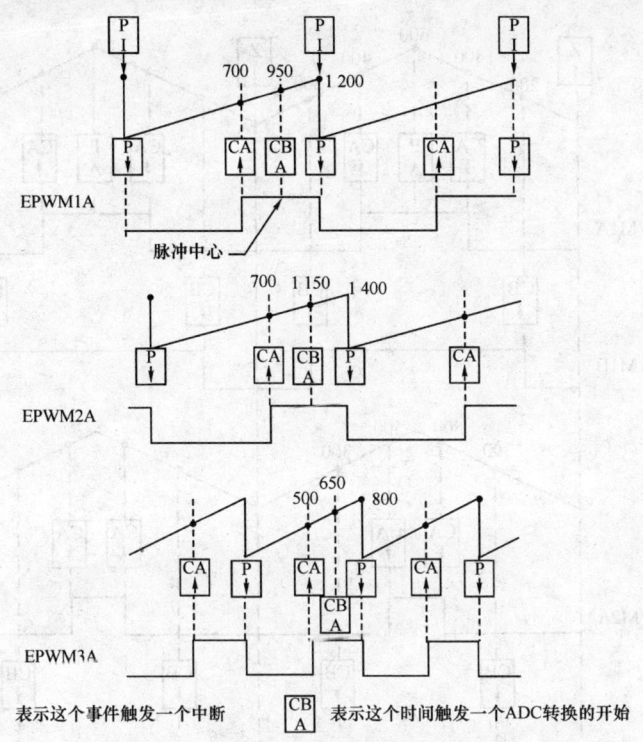

图 9.57 图 9.56 的波形(其中 3 个)

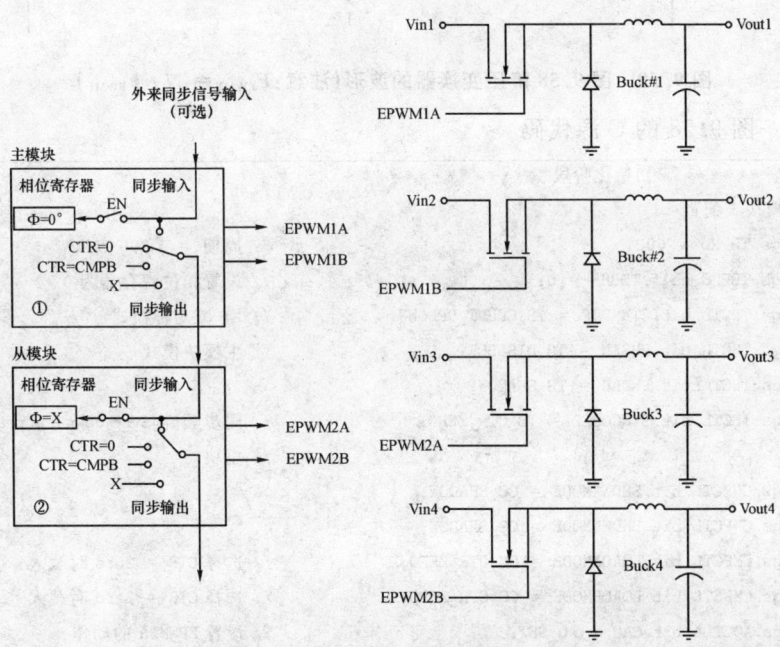

图 9.58 控制 4 个降压变换器(注意:$F_{PWM2} = N * F_{PWM1}$)

第 9 章 Piccolo 增强型脉宽调制器(ePWM)模块

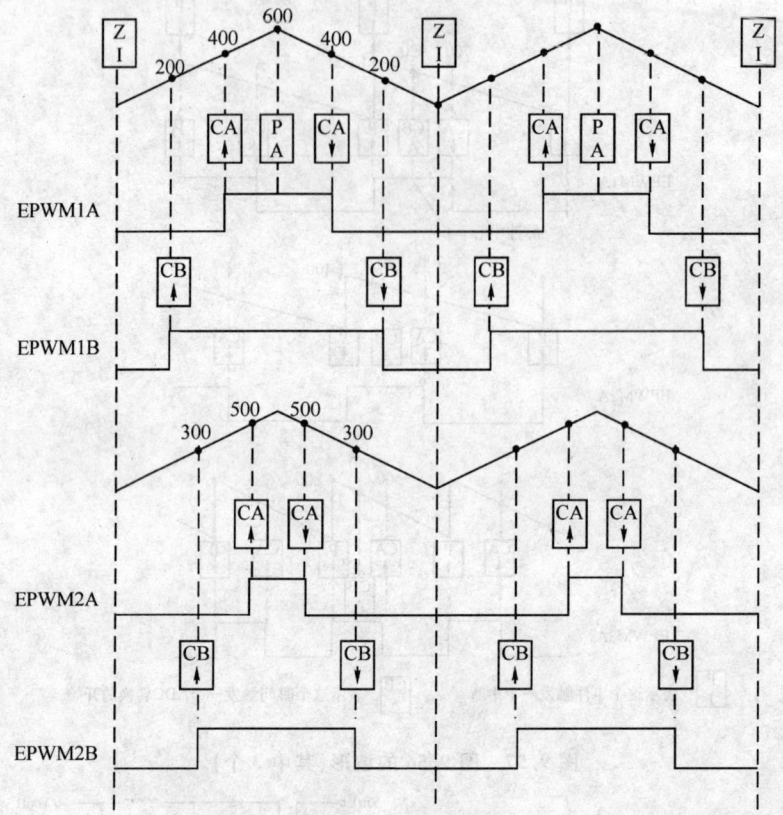

图 9.59　图 9.58 降压变换器的波形(注意：$F_{PWM2} = N * F_{PWM1}$)

示例 9.8　图 9.58 的 C 源代码

```
//************ 初始化阶段 ************//
//EPWM 模块 1 配置
EPwm1Regs.TBPRD = 600;                           // 周期 = 1 200 TBCLK
EPwm1Regs.TBPHS.half.TBPHS = 0;                  // 设置相位寄存器为 0
EPwm1Regs.TBCTL.bit.CTRMODE = TB_COUNT_UPDOWN;   // 增-减对称模式
EPwm1Regs.TBCTL.bit.PHSEN = TB_DISABLE;          // 主模块模式
EPwm1Regs.TBCTL.bit.PRDLD = TB_SHADOW;
EPwm1Regs.TBCTL.bit.SYNCOSEL = TB_CTR_ZERO;      // 同步顺流(Sync down-stream)
                                                 // 模块
EPwm1Regs.CMPCTL.bit.SHDWAMODE = CC_SHADOW;
EPwm1Regs.CMPCTL.bit.SHDWBMODE = CC_SHADOW;
EPwm1Regs.CMPCTL.bit.LOADAMODE = CC_CTR_ZERO;    // 选择 CTR = Zero 时载入
EPwm1Regs.CMPCTL.bit.LOADBMODE = CC_CTR_ZERO;    // 选择 CTR = Zero 时载入
EPwm1Regs.AQCTLA.bit.CAU = AQ_SET;               // 设置 EPWM1A 的动作
EPwm1Regs.AQCTLA.bit.CAD = AQ_CLEAR;
```

示例9.8(续) 图9.58的C源代码

```
    EPwm1Regs.AQCTLB.bit.CBU = AQ_SET;              // 设置 EPWM1B 的动作
    EPwm1Regs.AQCTLB.bit.CBD = AQ_CLEAR;
//EPWM 模块 2 配置
    EPwm2Regs.TBPRD = 600;                          // 周期 = 1 200 TBCLK
    EPwm2Regs.TBPHS.half.TBPHS = 0;                 // 设置相位寄存器为 0
    EPwm2Regs.TBCTL.bit.CTRMODE = TB_COUNT_UPDOWN;  // 增-减对称模式
    EPwm2Regs.TBCTL.bit.PHSEN = TB_ENABLE;          // 从模块模式
    EPwm2Regs.TBCTL.bit.PRDLD = TB_SHADOW;
    EPwm2Regs.TBCTL.bit.SYNCOSEL = TB_SYNC_IN;
    EPwm2Regs.CMPCTL.bit.SHDWAMODE = CC_SHADOW;
    EPwm2Regs.CMPCTL.bit.SHDWBMODE = CC_SHADOW;
    EPwm2Regs.CMPCTL.bit.LOADAMODE = CC_CTR_ZERO;   // 选择 CTR = Zero 时载入
    EPwm2Regs.CMPCTL.bit.LOADBMODE = CC_CTR_ZERO;   // 选择 CTR = Zero 时载入
    EPwm2Regs.AQCTLA.bit.CAU = AQ_SET;              // 设置 EPWM2A 的动作
    EPwm2Regs.AQCTLA.bit.CAD = AQ_CLEAR;
    EPwm2Regs.AQCTLB.bit.CBU = AQ_SET;              // 设置 EPWM2B 的动作
    EPwm2Regs.AQCTLB.bit.CBD = AQ_CLEAR;
//************** 运行阶段 **************//
    EPwm1Regs.CMPA.half.CMPA = 400;                 // 修改 EPWM1A 占空比
    EPwm1Regs.CMPB = 200;                           // 修改 EPWM1B 占空比
    EPwm2Regs.CMPA.half.CMPA = 500;                 // 修改 EPWM2A 占空比
    EPwm2Regs.CMPB = 300;                           // 修改 EPWM2B 占空比
```

9.10.5 控制多个半H桥变换器

使用这些 ePWM 模块也可以控制多种开关元件。单个 ePWM 模块可以控制一个半 H 桥,也可以扩展到控制多个半 H 桥。图 9.60 显示了控制两个同步运行的半 H 桥,其中变换器 2 运行频率为变换器 1 的整数倍。图 9.61 为对应的波形。

模块 2(从模式)配置为自身同步(Sync flow-through);如有必要,其同步输出信号可以输出到由 PWM 模块控制的第 3 个半 H 桥等。更重要的是,可以和主模块 1 保持同步。

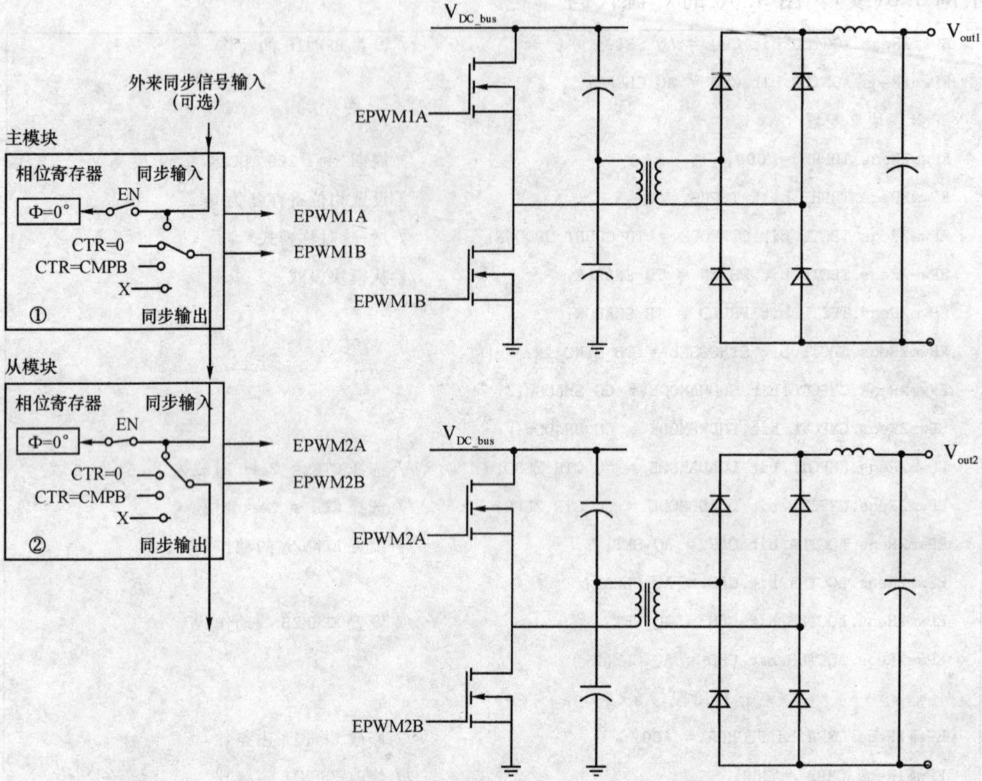

第 9 章 Piccolo 增强型脉宽调制器(ePWM)模块

图 9.60 控制两个半 H 桥 ($F_{PWM2} = N * F_{PWM1}$)

示例 9.9   图 9.60 的 C 源代码

```
// ********** 初始化阶段 ********** //
//EPWM 模块 1 配置
    EPwm1Regs.TBPRD = 600;                              // 周期 = 1 200 TBCLK
    EPwm1Regs.TBPHS.half.TBPHS = 0;                     // 设置相位寄存器为 0
    EPwm1Regs.TBCTL.bit.CTRMODE = TB_COUNT_UPDOWN;      // 增-减对称模式
    EPwm1Regs.TBCTL.bit.PHSEN = TB_DISABLE;             // 主模块模式
    EPwm1Regs.TBCTL.bit.PRDLD = TB_SHADOW;
    EPwm1Regs.TBCTL.bit.SYNCOSEL = TB_CTR_ZERO;         // 同步顺流(Sync down-stream)模块
    EPwm1Regs.CMPCTL.bit.SHDWAMODE = CC_SHADOW;
    EPwm1Regs.CMPCTL.bit.SHDWBMODE = CC_SHADOW;
    EPwm1Regs.CMPCTL.bit.LOADAMODE = CC_CTR_ZERO;       // 选择 CTR = Zero 时载入
    EPwm1Regs.CMPCTL.bit.LOADBMODE = CC_CTR_ZERO;       // 选择 CTR = Zero 时载入
    EPwm1Regs.AQCTLA.bit.ZRO = AQ_SET;                  // 设置 EPWM1A 的动作
    EPwm1Regs.AQCTLA.bit.CAU = AQ_CLEAR;
```

示例 9.9（续） 图 9.60 的 C 源代码

```
    EPwm1Regs.AQCTLB.bit.ZRO = AQ_CLEAR;            // 设置 EPWM1B 的动作
    EPwm1Regs.AQCTLB.bit.CAD = AQ_SET;
//EPWM 模块 2 配置
    EPwm2Regs.TBPRD = 600;                           // 周期 = 1200 TBCLK
    EPwm2Regs.TBPHS.half.TBPHS = 0;                  // 设置相位寄存器为 0
    EPwm2Regs.TBCTL.bit.CTRMODE = TB_COUNT_UPDOWN;   // 增-减对称模式
    EPwm2Regs.TBCTL.bit.PHSEN = TB_ENABLE;           // 从模块模式
    EPwm2Regs.TBCTL.bit.PRDLD = TB_SHADOW;
    EPwm2Regs.TBCTL.bit.SYNCOSEL = TB_SYNC_IN;
    EPwm2Regs.CMPCTL.bit.SHDWAMODE = CC_SHADOW;
    EPwm2Regs.CMPCTL.bit.SHDWBMODE = CC_SHADOW;
    EPwm2Regs.CMPCTL.bit.LOADAMODE = CC_CTR_ZERO;    // 选择 CTR = Zero 时载入
    EPwm2Regs.CMPCTL.bit.LOADBMODE = CC_CTR_ZERO;    // 选择 CTR = Zero 时载入
    EPwm2Regs.AQCTLA.bit.ZRO = AQ_SET;               // 设置 EPWM2A 的动作
    EPwm2Regs.AQCTLA.bit.CAU = AQ_CLEAR;
    EPwm2Regs.AQCTLB.bit.ZRO = AQ_CLEAR;             // 设置 EPWM2B 的动作
    EPwm2Regs.AQCTLB.bit.CAD = AQ_SET;
//************   运行阶段   **************//
    EPwm1Regs.CMPA.half.CMPA = 400;                  // 修改 EPWM1A 占空比
    EPwm1Regs.CMPB = 200;                            // 修改 EPWM1B 占空比
    EPwm2Regs.CMPA.half.CMPA = 500;                  // 修改 EPWM2A 占空比
    EPwm2Regs.CMPB = 250;                            // 修改 EPWM2B 占空比
```

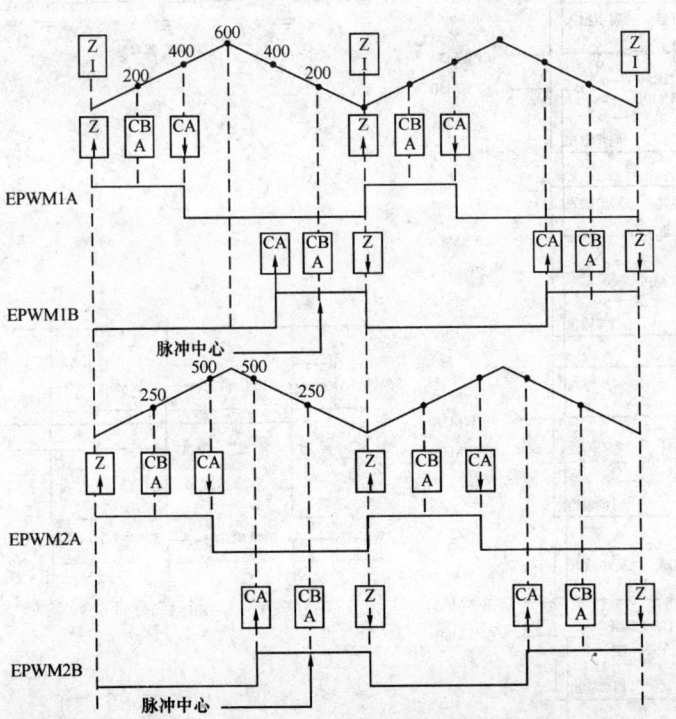

图 9.61　图 9.60 的半 H 桥的波形（这里 $F_{PWM2} = F_{PWM1}$）

9.10.6 控制电机(ACI 和 PMSM)的两个三相逆变器

多个模块控制单功率变换器的思想可以推广到三相逆变器的场合。在这个案例中,3 个 ePWM 模块控制 6 个开关元件,每个开关元件对应逆变器每个桥臂的一个节点。每个桥臂必须在同一频率下开关,所有的桥臂必须同步运行。一个主模块+两个从模块的配置可以很容易满足这一要求。图 9.62 显示了 6 个 ePWM 模块可以控制两个独立的三相逆变器,每个逆变器驱动一个电机的原理图。

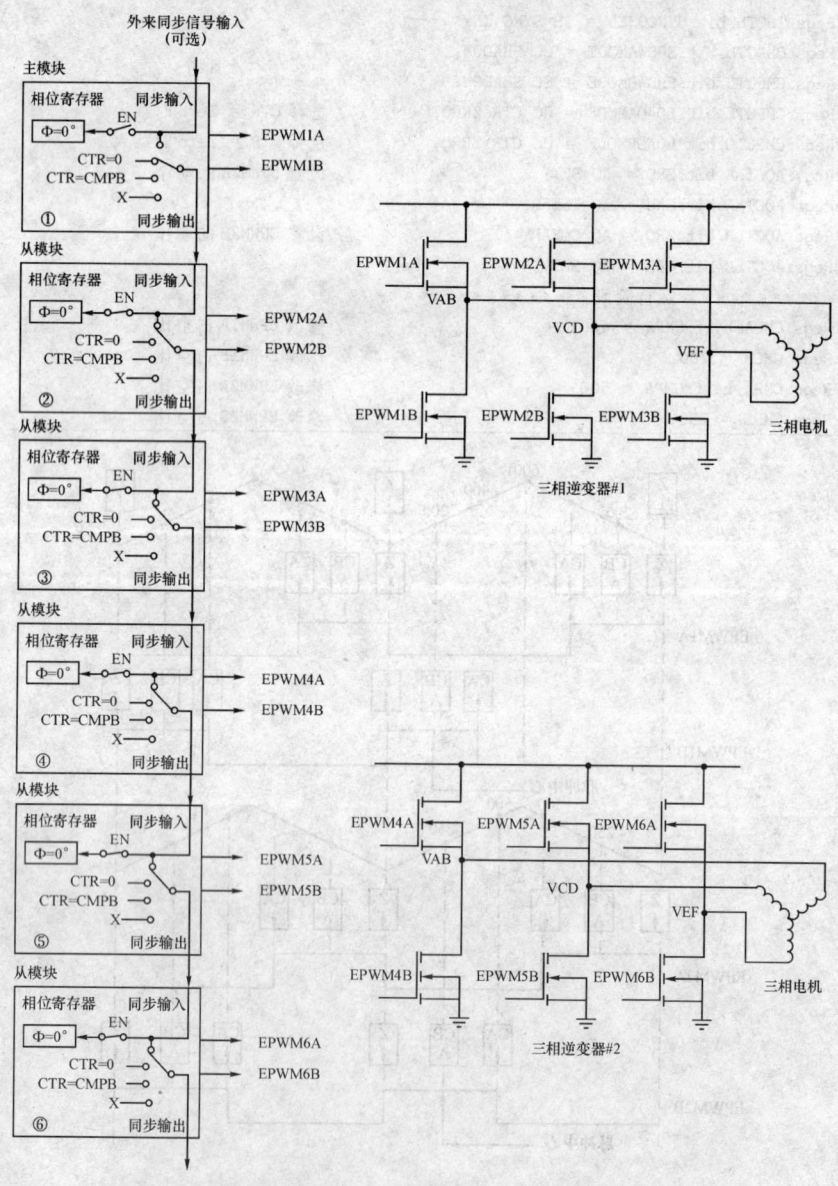

图 9.62 控制双三相逆变器的转换器-电机控制的常规应用

正如之前章节所述可以让两个逆变器在不同的频率下运行(在图 9.62 中模块 1 和模块 4 为主模块),或者两个逆变器同步运行,只有模块 1 为主模块其他 5 个为从模块。在这种情况下,模块 4、5、6 的运行频率为模块 1、2、3 的整数倍。

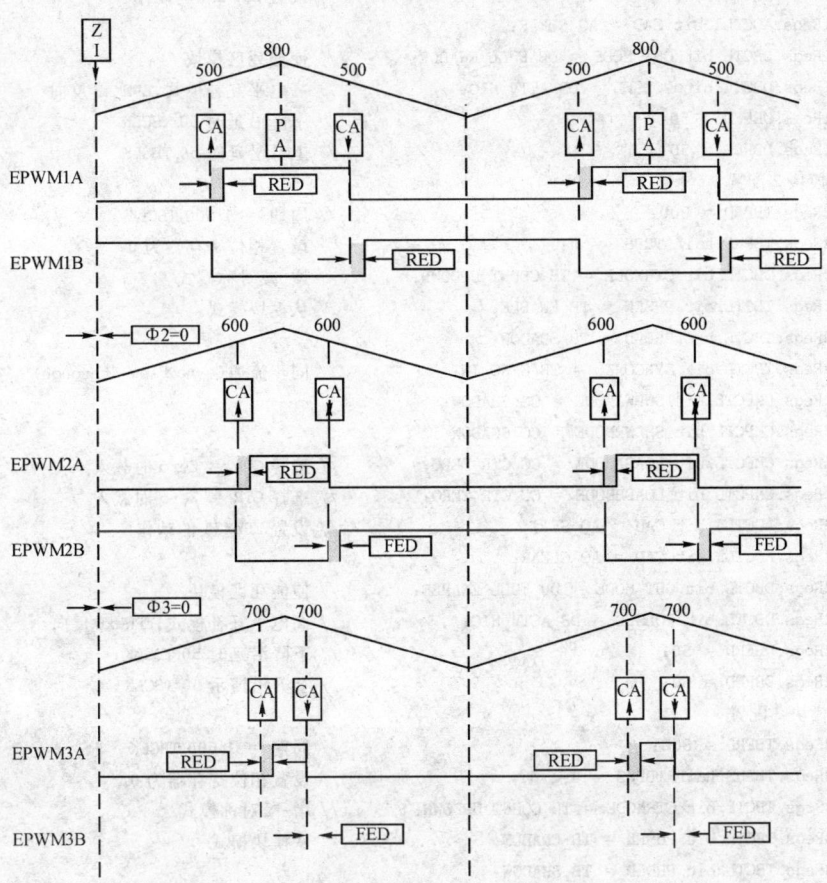

图 9.63　图 9.62 三相逆变器的波形(仅显示其中一个逆变器)

示例 9.10　图 9.62 的 C 源代码

```
//************* 初始化阶段 *************//
//EPWM 模块 1 配置
    EPwm1Regs.TBPRD = 800;                          // 周期 = 1 600 TBCLK
    EPwm1Regs.TBPHS.half.TBPHS = 0;                 // 设置相位寄存器为 0
    EPwm1Regs.TBCTL.bit.CTRMODE = TB_COUNT_UPDOWN;  // 增-减对称模式
    EPwm1Regs.TBCTL.bit.PHSEN = TB_DISABLE;         // 主模块模式
    EPwm1Regs.TBCTL.bit.PRDLD = TB_SHADOW;
    EPwm1Regs.TBCTL.bit.SYNCOSEL = TB_CTR_ZERO;     // 同步顺流模式(Sync down-
                                                    // stream module)

    EPwm1Regs.CMPCTL.bit.SHDWAMODE = CC_SHADOW;
    EPwm1Regs.CMPCTL.bit.SHDWBMODE = CC_SHADOW;
```

示例 9.10（续） 图 9.62 的 C 源代码

```c
EPwm1Regs.CMPCTL.bit.LOADAMODE = CC_CTR_ZERO;       // 选择 CTR = Zero 时载入
EPwm1Regs.CMPCTL.bit.LOADBMODE = CC_CTR_ZERO;       // 选择 CTR = Zero 时载入
EPwm1Regs.AQCTLA.bit.CAU = AQ_SET;                  // 设置 EPWM1A 的动作
EPwm1Regs.AQCTLA.bit.CAD = AQ_CLEAR;
EPwm1Regs.DBCTL.bit.OUT_MODE = DB_FULL_ENABLE;      // 使能死区模块
EPwm1Regs.DBCTL.bit.POLSEL = DB_ACTV_HIC;           // 高电平互补模式，EPWMxB 反向
EPwm1Regs.DBFED = 50;                               // 下降沿延时 50 TBCLK
EPwm1Regs.DBRED = 50;                               // 上升沿延时 50 TBCLK
//EPWM 模块 2 配置
EPwm2Regs.TBPRD = 800;                              // 周期 = 1 600 TBCLK
EPwm2Regs.TBPHS.half.TBPHS = 0;                     // 设置相位寄存器为 0
EPwm2Regs.TBCTL.bit.CTRMODE = TB_COUNT_UPDOWN;      // 增-减对称模式
EPwm2Regs.TBCTL.bit.PHSEN = TB_ENABLE;              // 从模块模式
EPwm2Regs.TBCTL.bit.PRDLD = TB_SHADOW;
EPwm2Regs.TBCTL.bit.SYNCOSEL = TB_SYNC_IN;          // 同步流通(sync flow-through)
EPwm2Regs.CMPCTL.bit.SHDWAMODE = CC_SHADOW;
EPwm2Regs.CMPCTL.bit.SHDWBMODE = CC_SHADOW;
EPwm2Regs.CMPCTL.bit.LOADAMODE = CC_CTR_ZERO;       // 选择 CTR = Zero 时载入
EPwm2Regs.CMPCTL.bit.LOADBMODE = CC_CTR_ZERO;       // 选择 CTR = Zero 时载入
EPwm2Regs.AQCTLA.bit.CAU = AQ_SET;                  // 设置 EPWM2A 的动作
EPwm2Regs.AQCTLA.bit.CAD = AQ_CLEAR;
EPwm2Regs.DBCTL.bit.OUT_MODE = DB_FULL_ENABLE;      // 使能死区模块
EPwm2Regs.DBCTL.bit.POLSEL = DB_ACTV_HIC;           // 高电平互补模式，EPWMxB 反向
EPwm2Regs.DBFED = 50;                               // 下降沿延时 50 TBCLK
EPwm2Regs.DBRED = 50;                               // 上升沿演示 50 TBCLK
//EPWM 模块 3 配置
EPwm3Regs.TBPRD = 800;                              // 周期 = 1 600 TBCLK
EPwm3Regs.TBPHS.half.TBPHS = 0;                     // 设置相位寄存器为 0
EPwm3Regs.TBCTL.bit.CTRMODE = TB_COUNT_UPDOWN;      // 增-减对称模式
EPwm3Regs.TBCTL.bit.PHSEN = TB_ENABLE;              // 从模块模式
EPwm3Regs.TBCTL.bit.PRDLD = TB_SHADOW;
EPwm3Regs.TBCTL.bit.SYNCOSEL = TB_SYNC_IN;          // 同步流通(sync flow-through)
EPwm3Regs.CMPCTL.bit.SHDWAMODE = CC_SHADOW;
EPwm3Regs.CMPCTL.bit.SHDWBMODE = CC_SHADOW;
EPwm3Regs.CMPCTL.bit.LOADAMODE = CC_CTR_ZERO;       // 选择 CTR = Zero 时载入
EPwm3Regs.CMPCTL.bit.LOADBMODE = CC_CTR_ZERO;       // 选择 CTR = Zero 时载入
EPwm3Regs.AQCTLA.bit.CAU = AQ_SET;                  // 设置 EPWM3A 的动作
EPwm3Regs.AQCTLA.bit.CAD = AQ_CLEAR;
EPwm3Regs.DBCTL.bit.OUT_MODE = DB_FULL_ENABLE;      // 使能死区模块
EPwm3Regs.DBCTL.bit.POLSEL = DB_ACTV_HIC;           // 高电平互补模式，EPWMxB 反向
EPwm3Regs.DBFED = 50;                               // 下降沿延时 50 TBCLK
EPwm3Regs.DBRED = 50;                               // 上升沿延时 50 TBCLK
//********** 运行阶段 **********//
EPwm1Regs.CMPA.half.CMPA = 500;                     // 修改 EPWM1A 占空比
EPwm2Regs.CMPA.half.CMPA = 600;                     // 修改 EPWM2A 占空比
EPwm3Regs.CMPA.half.CMPA = 700;                     // 修改 EPWM3A 占空比
```

9.10.7 在 ePWM 之间相位控制的应用

到目前为止,例子中都没有用到相位寄存器 TBPHS。它或者被设置为 0,或者被忽略。然而,通过对 TBPHS 寄存器适当的编程,多个 PWM 模块可以解决另一类电源拓扑结构,依靠桥臂(或变换器)之间的相位关系进行正确操作。正如在时基模块一章所述的,一个 PWM 模块可以配置为当同步输入脉冲(SyncIn)发生时,TBPHS 寄存器的数值被加载到 TBCTR 寄存器中。为了说明这个概念,图 9.64 显示了主模块和从模块之间的相位关系,即从模块超前主模块 120°。

图 9.65 为这一配置对应的波形。这里,主模块和从模块的 TBPRD 都为 600。对于从模块,TBPHS = 200(即 200/600×360° = 120°)。当主模块产生一个同步(CTR = PRD)输入时,从

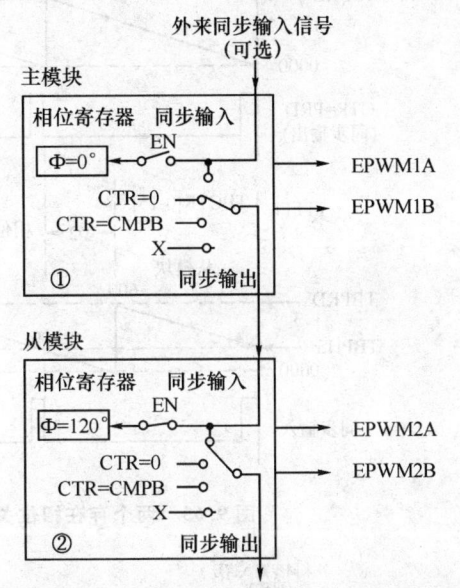

图 9.64 配置两个 ePWM 模块的相位控制

模块中 TBPHS = 200 的值就会载入从模块 TBCTR 定时器/计数器中,因此,从模块时基总是超前主模块时基 120°。

9.10.8 控制三相交错的 DC/DC 变换器

图 9.66 所示为一种利用模块之间相位偏移量的流行的电源拓扑结构。这个系统使用了 3 个 ePWM 模块,其中模块 1 为主模块。为了能够正常工作,相邻模块之间的相位差为 120°。这可以通过把从模块 TBPHS 寄存器 2 和 3 的数值设置为周期的 1/3 和 2/3 获得。例如,如果周期寄存器的载入值为 600,则 TBPHS(slave 2) = 200 以及 TBPHS(slave 3) = 400。从模块均和主模块 1 同步运行。

类似地,通过合理设置 TBPHS 的数值,可以扩展为四相甚至更多的相。TBPHS 的相位值按下面表达式进行计算,其中 N 为相数,M 为 ePWM 模块的序号:

$$TBPHS(N,M) = (TBPRD/N) \times (M-1)$$

例如,对于三相来说(N=3),TBPRD=600,则:

$$TBPHS(3,2) = (600/3) \times (2-1) = 200(即从模块 2 相位值)$$

$$TBPHS(3,3) = 400(即从模块 3 相位值)$$

图 9.67 显示了图 9.66 的波形。

第9章 Piccolo 增强型脉宽调制器(ePWM)模块

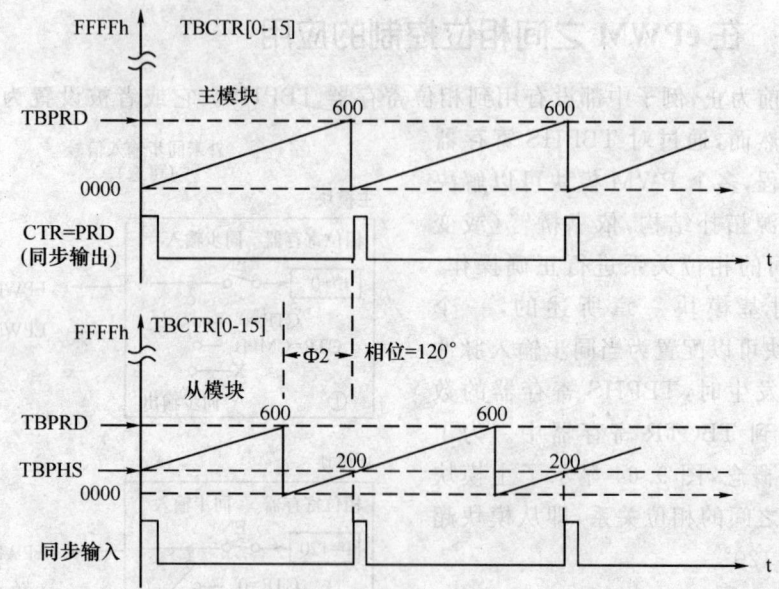

图 9.65 两个存在相位关系的 ePWM 模块的波形

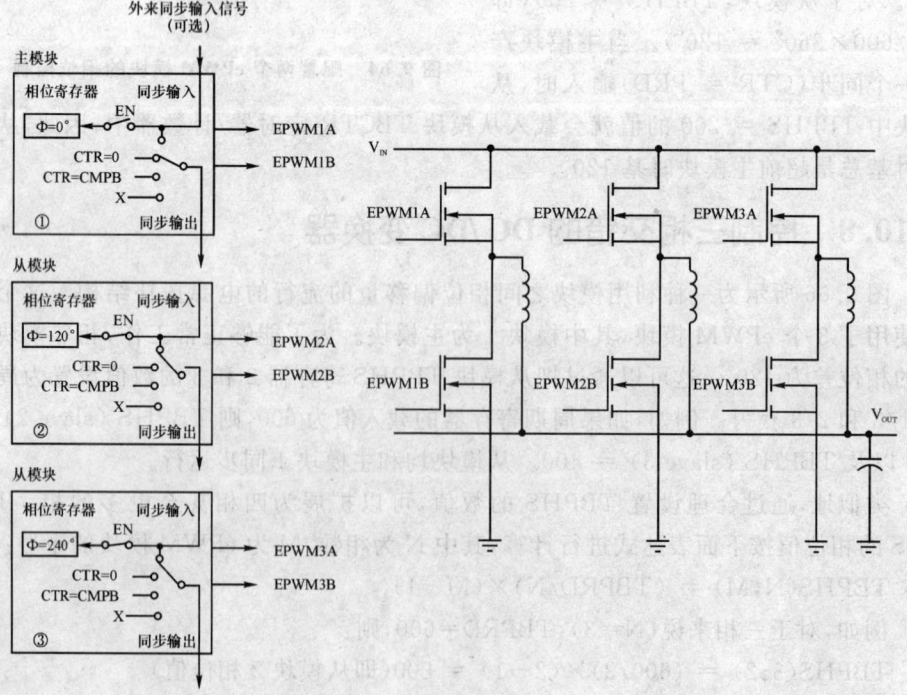

图 9.66 一个三相交错的 DC/DC 转换器的控制

第 9 章　Piccolo 增强型脉宽调制器(ePWM)模块

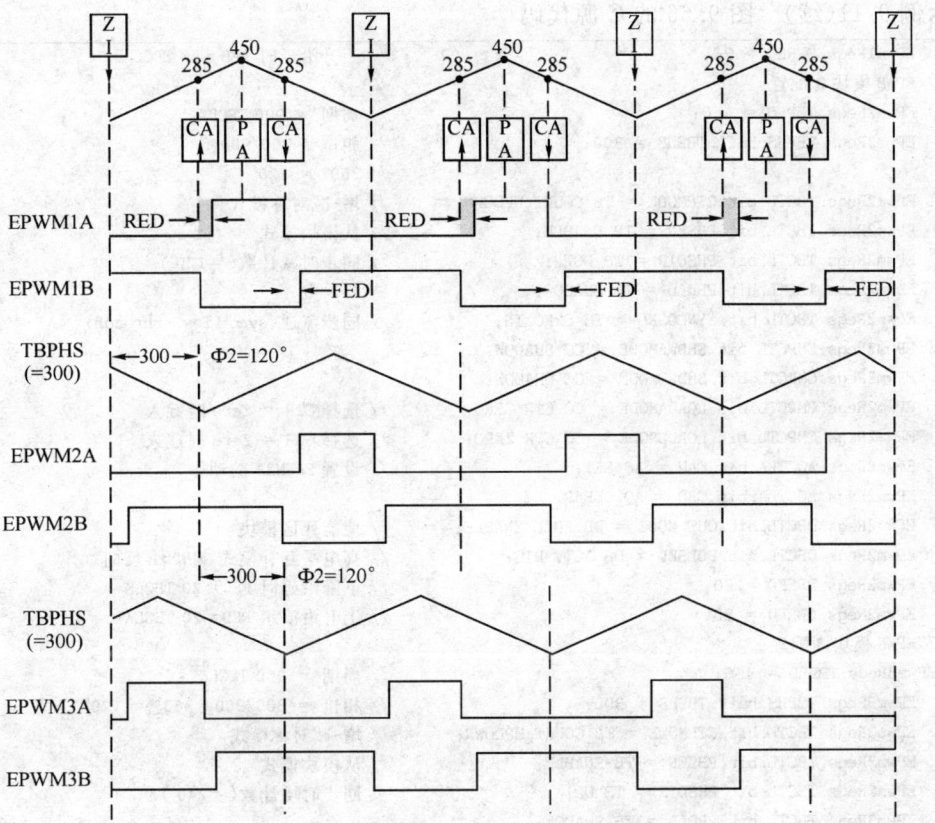

图 9.67　图 9.66 三相交错的 DC/DC 转换器的波形

示例 9.11　图 9.66 的 C 源代码

```
//************** 初始化阶段 **************//
//EPWM 模块 1 配置
  EPwm1Regs.TBPRD = 450;                              // 周期 = 900 TBCLK
  EPwm1Regs.TBPHS.half.TBPHS = 0;                     // 设置相位寄存器为 0
  EPwm1Regs.TBCTL.bit.CTRMODE = TB_COUNT_UPDOWN;      // 增-减对称模式
  EPwm1Regs.TBCTL.bit.PHSEN = TB_DISABLE;             // 主模块模式
  EPwm1Regs.TBCTL.bit.PRDLD = TB_SHADOW;
  EPwm1Regs.TBCTL.bit.SYNCOSEL = TB_CTR_ZERO;         // 同步顺流模式(Sync down-stream
                                                      // module)

  EPwm1Regs.CMPCTL.bit.SHDWAMODE = CC_SHADOW;
  EPwm1Regs.CMPCTL.bit.SHDWBMODE = CC_SHADOW;
  EPwm1Regs.CMPCTL.bit.LOADAMODE = CC_CTR_ZERO;       // 选择 CTR = Zero 时载入
  EPwm1Regs.CMPCTL.bit.LOADBMODE = CC_CTR_ZERO;       // 选择 CTR = Zero 时载入
  EPwm1Regs.AQCTLA.bit.CAU = AQ_SET;                  // 设置 EPWM1A 的动作
  EPwm1Regs.AQCTLA.bit.CAD = AQ_CLEAR;
  EPwm1Regs.DBCTL.bit.OUT_MODE = DB_FULL_ENABLE;      // 使能死区模块
  EPwm1Regs.DBCTL.bit.POLSEL = DB_ACTV_HIC;           // 高电平互补模式,EPWMxB 反向
  EPwm1Regs.DBFED = 20;                               // 下降沿延时 FED = 20 TBCLK
```

示例 9.11(续)　图 9.66 的 C 源代码

```
    EPwm1Regs.DBRED = 20;                           // 上升沿延时 RED = 20 TBCLK
//EPWM 模块 2 配置
    EPwm2Regs.TBPRD = 450;                          // 周期 = 900 TBCLK
    EPwm2Regs.TBPHS.half.TBPHS = 300;               // 相位: 300/900 *
                                                    // 360° = 120°
    EPwm2Regs.TBCTL.bit.CTRMODE = TB_COUNT_UPDOWN;  // 增-减对称模式
    EPwm2Regs.TBCTL.bit.PHSEN = TB_ENABLE;          // 从模块模式
    EPwm2Regs.TBCTL.bit.PHSDIR = TB_DOWN;           // 同步时减计数( = 120°)
    EPwm2Regs.TBCTL.bit.PRDLD = TB_SHADOW;
    EPwm2Regs.TBCTL.bit.SYNCOSEL = TB_SYNC_IN;      // 同步流通(sync flow-through)
    EPwm2Regs.CMPCTL.bit.SHDWAMODE = CC_SHADOW;
    EPwm2Regs.CMPCTL.bit.SHDWBMODE = CC_SHADOW;
    EPwm2Regs.CMPCTL.bit.LOADAMODE = CC_CTR_ZERO;   // 选择 CTR = Zero 时载入
    EPwm2Regs.CMPCTL.bit.LOADBMODE = CC_CTR_ZERO;   // 选择 CTR = Zero 时载入
    EPwm2Regs.AQCTLA.bit.CAU = AQ_SET;              // 设置 EPWM2A 的动作
    EPwm2Regs.AQCTLA.bit.CAD = AQ_CLEAR;
    EPwm2Regs.DBCTL.bit.OUT_MODE = DB_FULL_ENABLE;  // 使能死区模块
    EPwm2Regs.DBCTL.bit.POLSEL = DB_ACTV_HIC;       // 高电平互补模式,EPWMxB 反向
    EPwm2Regs.DBFED = 20;                           // 下降沿延时 FED = 20 TBCLK
    EPwm2Regs.DBRED = 20;                           // 上升沿演示 RED = 20 TBCLK
//EPWM 模块 3 配置
    EPwm3Regs.TBPRD = 450;                          // 周期 = 900 TBCLK
    EPwm3Regs.TBPHS.half.TBPHS = 300;               // 相位 = 300/900 * 360° = 120°
    EPwm3Regs.TBCTL.bit.CTRMODE = TB_COUNT_UPDOWN;  // 增-减对称模式
    EPwm3Regs.TBCTL.bit.PHSEN = TB_ENABLE;          // 从模块模式
    EPwm3Regs.TBCTL.bit.PHSDIR = TB_UP;             // 同步时增计数( = 240°)
    EPwm3Regs.TBCTL.bit.PRDLD = TB_SHADOW;
    EPwm3Regs.TBCTL.bit.SYNCOSEL = TB_SYNC_IN;      // 同步流通(sync flow-through)
    EPwm3Regs.CMPCTL.bit.SHDWAMODE = CC_SHADOW;
    EPwm3Regs.CMPCTL.bit.SHDWBMODE = CC_SHADOW;
    EPwm3Regs.CMPCTL.bit.LOADAMODE = CC_CTR_ZERO;   // 选择 CTR = Zero 时载入
    EPwm3Regs.CMPCTL.bit.LOADBMODE = CC_CTR_ZERO;   // 选择 CTR = Zero 时载入
    EPwm3Regs.AQCTLA.bit.CAU = AQ_SET;              // 设置 EPWM3A 的动作
    EPwm3Regs.AQCTLA.bit.CAD = AQ_CLEAR;
    EPwm3Regs.DBCTL.bit.OUT_MODE = DB_FULL_ENABLE;  // 使能死区模块
    EPwm3Regs.DBCTL.bit.POLSEL = DB_ACTV_HIC;       // 高电平互补模式,EPWMxB 反向
    EPwm3Regs.DBFED = 20;                           // 下降沿延时 FED = 20 TBCLK
    EPwm3Regs.DBRED = 20;                           // 上升沿延时 RED = 20 TBCLK
//************  运行阶段  **************//
    EPwm1Regs.CMPA.half.CMPA = 285;                 // 修改 EPWM1A 输出占空比
    EPwm2Regs.CMPA.half.CMPA = 285;                 // 修改 EPWM2A 输出占空比
    EPwm3Regs.CMPA.half.CMPA = 285;                 // 修改 EPWM3A 输出占空比
```

9.10.9　控制零电压开关全桥(ZVSFB)变换器

在图 9.66 的例子中假定了各桥臂(模块)之间的相位关系保持固定。在这种条件下,控制通过调制占空比实现,也可以通过循环控制的方式动态改变相位值。这个特征适合于控制一类电源拓扑结构,被称为移相全桥,或零电压开关全桥。这里,控

制的参数不是占空比(这里保持常量,约为 50%),而是桥臂之间的相位关系。这样的系统可以通过分配两个 PWM 模块的资源来控制单个功率变换器,它需要对 4 个开关元件轮流控制。可以通过控制两个 ePWM 模块的 4 个输出来实现这个功能。图 9.68 显示了一个主从模块组合在一起同步控制全 H 桥。这个例子中,主从模块要求运行在同样的 PWM 频率,通过采用从模块的 TBPHS 寄存器来实现相位的控制,而主模块的 TBPHS 不必使用,可以置为 0。图 9.69 为对应的波形。

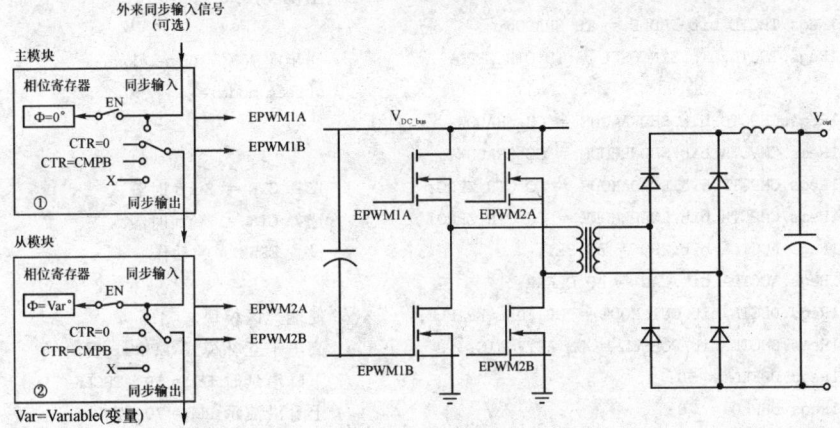

图 9.68　一个全 H 桥变换器的控制($F_{PWM2} = F_{PWM1}$)

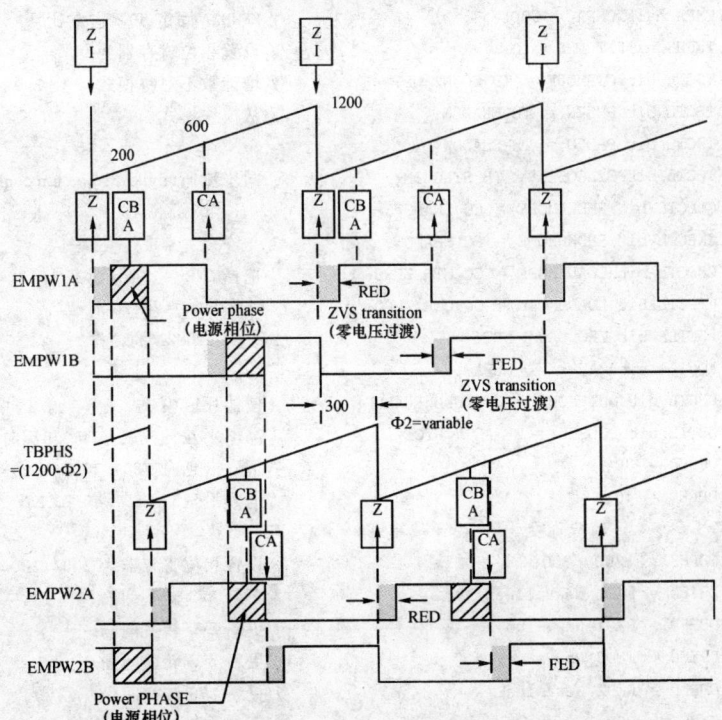

图 9.69　ZVS 全 H 桥波形

示例 9.12　图 9.68 的 C 源代码

```c
//************  初始化阶段  ************//
//EPWM 模块 1 配置
    EPwm1Regs.TBPRD = 1200;                          // 周期 = 1 201 TBCLK
    EPwm1Regs.CMPA = 600;                            // EPWM1A 固定 50% 占空比
    EPwm1Regs.TBPHS.half.TBPHS = 0;                  // 设置相位寄存器为 0
    EPwm1Regs.TBCTL.bit.CTRMODE = TB_COUNT_UP;       // 增计数不对称模式
    EPwm1Regs.TBCTL.bit.PHSEN = TB_DISABLE;          // 主模块模式
    EPwm1Regs.TBCTL.bit.PRDLD = TB_SHADOW;
    EPwm1Regs.TBCTL.bit.SYNCOSEL = TB_CTR_ZERO;      // 同步顺流模式(Sync down-
                                                     // stream module)
    EPwm1Regs.CMPCTL.bit.SHDWAMODE = CC_SHADOW;
    EPwm1Regs.CMPCTL.bit.SHDWBMODE = CC_SHADOW;
    EPwm1Regs.CMPCTL.bit.LOADAMODE = CC_CTR_ZERO;    // 选择 CTR = Zero 时载入
    EPwm1Regs.CMPCTL.bit.LOADBMODE = CC_CTR_ZERO;    // 选择 CTR = Zero 时载入
    EPwm1Regs.AQCTLA.bit.ZRO = AQ_SET;               // 设置 EPWM1A 的动作
    EPwm1Regs.AQCTLA.bit.CAU = AQ_CLEAR;
    EPwm1Regs.DBCTL.bit.OUT_MODE = DB_FULL_ENABLE;   // 使能死区模块
    EPwm1Regs.DBCTL.bit.POLSEL = DB_ACTV_HIC;        // 高电平互补模式,EPWMxB 反向
    EPwm1Regs.DBFED = 50;                            // 下降沿延时 FED = 50 TBCLK
    EPwm1Regs.DBRED = 70;                            // 上升沿演示 RED = 70 TBCLK
//EPWM 模块 2 配置
    EPwm2Regs.TBPRD = 1200;                          // 周期 = 1 201 TBCLK
    EPwm2Regs.CMPA.half.CMPA = 600;                  // EPWM2A 固定 50% 占空比
    EPwm2Regs.TBPHS.half.TBPHS = 0;                  // 设置相位寄存器为 0
    EPwm2Regs.TBCTL.bit.CTRMODE = TB_COUNT_UP;       // 增计数不对称模式
    EPwm2Regs.TBCTL.bit.PHSEN = TB_ENABLE;           // 从模块模式
    EPwm2Regs.TBCTL.bit.PRDLD = TB_SHADOW;
    EPwm2Regs.TBCTL.bit.SYNCOSEL = TB_SYNC_IN;       // 同步流通(sync flow-through)
    EPwm2Regs.CMPCTL.bit.SHDWAMODE = CC_SHADOW;
    EPwm2Regs.CMPCTL.bit.SHDWBMODE = CC_SHADOW;
    EPwm2Regs.CMPCTL.bit.LOADAMODE = CC_CTR_ZERO;    // 选择 CTR = Zero 时载入
    EPwm2Regs.CMPCTL.bit.LOADBMODE = CC_CTR_ZERO;    // 选择 CTR = Zero 时载入
    EPwm2Regs.AQCTLA.bit.ZRO = AQ_SET;               // 设置 EPWM2A 的动作
    EPwm2Regs.AQCTLA.bit.CAU = AQ_CLEAR;
    EPwm2Regs.DBCTL.bit.OUT_MODE = DB_FULL_ENABLE;   // 使能死区模块
    EPwm2Regs.DBCTL.bit.POLSEL = DB_ACTV_HIC;        // 高电平互补模式,EPWMxB 反向
    EPwm2Regs.DBFED = 30;                            // 下降沿延时 FED = 30 TBCLK
    EPwm2Regs.DBRED = 40;                            // 上升沿延时 RED = 40 TBCLK
//************  运行阶段  ************//
    EPwm2Regs.TBPHS = 1200 - 300;                    // 设置相位寄存器为 300/1200 * 360° = 90°
    EPwm1Regs.DBFED = FED1_NewValue;                 // 更新 ZVS 转变间隔
    EPwm1Regs.DBRED = RED1_NewValue;                 // 更新 ZVS 转变间隔
    EPwm2Regs.DBFED = FED2_NewValue;                 // 更新 ZVS 转变间隔
    EPwm2Regs.DBRED = RED2_NewValue;                 // 更新 ZVS 转变间隔
    EPwm1Regs.CMPB = 200;                            // 更新 ADC SOC 触发的时刻
```

9.10.10　通过控制一个峰值电流模式来控制降压模块

峰值电流控制技术有诸多好处，例如能够自动地过电流限制，对输入电压扰动的快速纠正，以及减少磁饱和等。图 9.70 显示了 ePWM1A 和片上(on-chip)模拟比较器在降压变换器拓扑结构中的使用。输出电流通过一个电流感测电阻进行检测，反馈到片上比较器的正端。而内部的可编程 10 位 DAC 将在比较器的负端提供一个参考的峰值电流，或者是在这个输入端接入一个外部参考信号。比较器输出为数字比较子模块的输入。以这样的方式对 ePWM 模块进行配置，以便当感测电流达到参考峰值时触发 ePWM1A 输出。图 9.71 用到了周期循环捕获功能，显示了通过这一配置产生的波形。

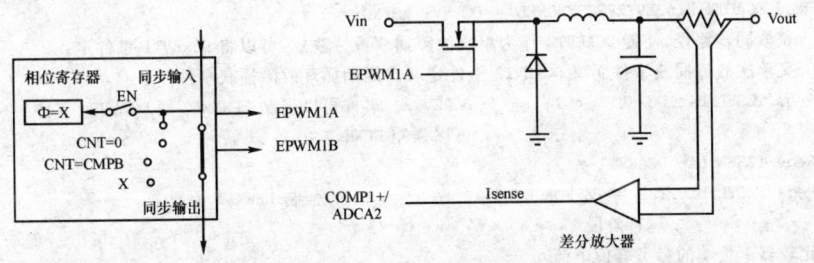

图 9.70　降压变换器峰值电流模式的控制

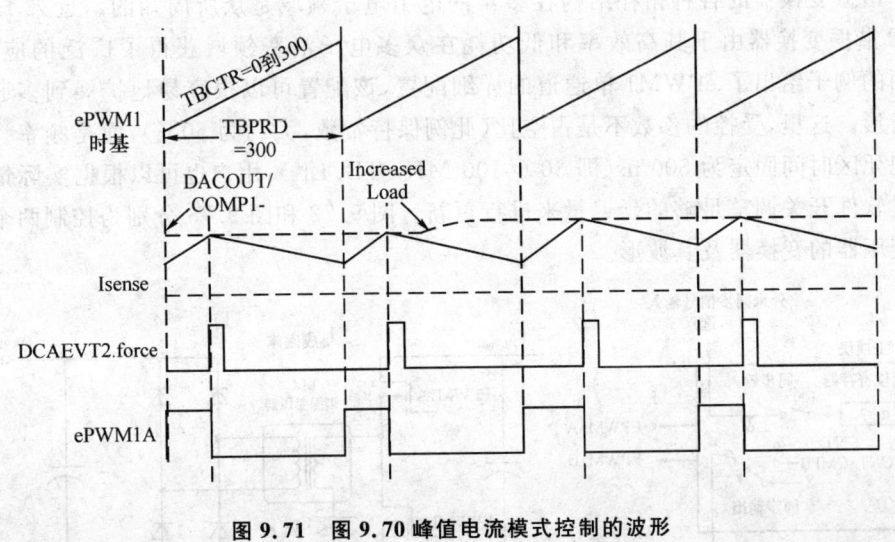

图 9.71　图 9.70 峰值电流模式控制的波形

示例9.13　图9.70的C源代码

```
//*************  初始化阶段  *************//
EPwm1Regs.TBPRD = 300;                          // 周期 = 300 TBCLK(200 kHz  60MHz)
EPwm1Regs.TBPHS.half.TBPHS = 0;                 // 设置相位寄存器为 0
EPwm1Regs.TBCTL.bit.CTRMODE = TB_COUNT_UP;      // 增计数不对称模式
EPwm1Regs.TBCTL.bit.PHSEN = TB_DISABLE;         // 禁止相位载入
EPwm1Regs.TBCTL.bit.HSPCLKDIV = TB_DIV1;        // 相对于系统时钟 SYSCLKOUT 的比率
EPwm1Regs.TBCTL.bit.CLKDIV = TB_DIV1;
EPwm1Regs.TBCTL.bit.PRDLD = TB_SHADOW;
Pwm1Regs.AQCTLA.bit.ZRO = AQ_SET;               // 设置 PWM1A
// 根据比较器 1 的输出定义一个 DCAEVT2 事件
EPwm1Regs.DCTRIPSEL.bit.DCAHCOMPSEL = DC_COMP1OUT; // DCAH = 比较器 1 输出
EPwm1Regs.TZDCSEL.bit.DCAEVT2 = TZ_DCAH_HI;     // DCAEVT2 = DCAH 高(当比较输
                                                // 出为高时,也为高)
EPwm1Regs.DCACTL.bit.EVT2SRCSEL = DC_EVT2;      // DCAEVT2 = DCAEVT2(无滤波)
EPwm1Regs.DCACTL.bit.EVT2FRCSYNCSEL = DC_EVT_ASYNC;
    // 获取同步路径,使能 DCAEVT2 作为单次故障捕获源。注意:可以将 DCxEVT1 事件定
    // 义单次故障捕获事件而将 DCxEVT2 事件定义为周期循环故障捕获事件
EPwm1Regs.TZSEL.bit.DCAEVT2 = 1;                // DCAEVTx 事件可以强制 EPWMxA,而 DCBEVTx 事件
                                                // 可以强制 EPWMxB
EPwm1Regs.TZSEL.bit.DCAEVT2 = 1;
EPwm1Regs.TZCTL.bit.TZA = TZ_FORCE_LO;          // 强制 EPWM1A 为低
//************  运行阶段  *************//
// 修改比较器 1 负端的参考峰值电流
```

9.10.11　控制 H 桥 LLC 谐振变换器

谐振变换器的各种拓扑结构在多年的电力电子领域是众所周知的。近来 H 桥 LLC 谐振变换器由于其高效率和低功耗在众多电子消费领域获得了广泛的应用。下面的例子给出了 ePWM1 单通道的详细配置,该配置可以很容易地扩展到多通道的情形。这里,受控的参数不是占空比(此例保持常数,大约为 50%),而是频率。这里把死区时间固定为 300 ns(即 30 @100 MHz TBCLK),用户也可以根据实际情况通过软件开关调整足够的延迟量来进行更新。图 9.72 和图 9.73 分别为控制两个谐振变压器的变换器及其波形。

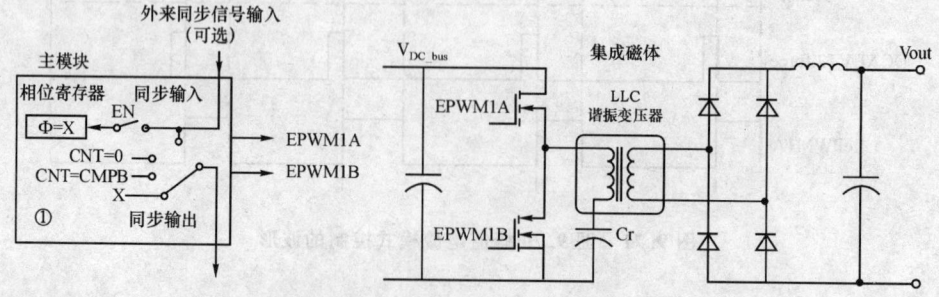

图 9.72　控制两个谐振变压器的变换器

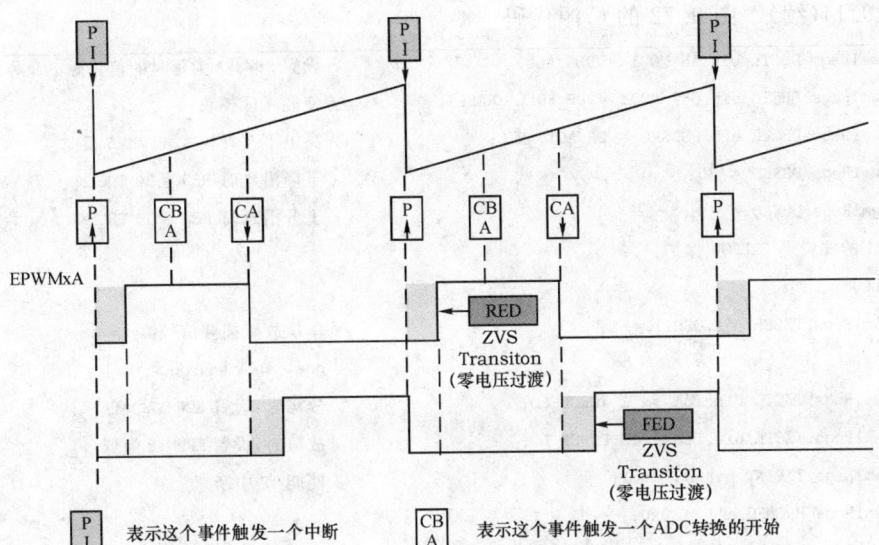

图 9.73 H 桥 LLC 谐振变换器的波形

示例 9.14　图 9.72 的 C 源代码

```c
// ********** 初始化阶段 ********** //
//EPWMxA & EPWMxB 配置
    EPwm1Regs.TBCTL.bit.PRDLD = TB_IMMEDIATE;      // 设置为立即载入
    EPwm1Regs.TBPRD = period;                       // PWM 频率 = 1/period
    EPwm1Regs.CMPA.half.CMPA = period/2;            // 设置占空比为 50%
    EPwm1Regs.CMPB = period/4;                      // 设置占空比为 25%
    EPwm1Regs.TBPHS.half.TBPHS = 0;                 // 设置主模块相位为 0
    EPwm1Regs.TBCTR = 0;                            // 定时器计数器初始化为 0
    EPwm1Regs.TBCTL.bit.CTRMODE = TB_COUNT_UP;      // 增计数不对称模式
    EPwm1Regs.TBCTL.bit.PHSEN = TB_DISABLE;         // 禁用相位载入
    EPwm1Regs.CMPB = period_new value/4;            // 更新 CPMB
    EPwm1Regs.TBCTL.bit.SYNCOSEL = TB_CTR_ZERO;     // 采用同步 EPWM(n+1) "顺流"
                                                    // (down stream)
    EPwm1Regs.TBCTL.bit.HSPCLKDIV = TB_DIV1;        // 设置时钟比率
    EPwm1Regs.TBCTL.bit.CLKDIV = TB_DIV1;           // 设置时钟比率
    EPwm1Regs.CMPCTL.bit.LOADAMODE = CC_CTR_PRD;    // 选择 CTR = PRD 时载入
    EPwm1Regs.CMPCTL.bit.LOADBMODE = CC_CTR_PRD;    // 选择 CTR = PRD 时载入
    EPwm1Regs.CMPCTL.bit.SHDWAMODE = CC_SHADOW;     // 影像模式,作为双缓冲器操作
    EPwm1Regs.CMPCTL.bit.SHDWBMODE = CC_SHADOW;     // 影像模式,作为双缓冲器操作
    EPwm1Regs.AQCTLA.bit.ZRO = AQ_SET;              // 在 0 时设置 PWM1A
    EPwm1Regs.AQCTLA.bit.CAU = AQ_CLEAR;            // 在增计数、事件 A 时,清除 PWM1A
    EPwm1Regs.AQCTLB.bit.CAU = AQ_SET;              // 在增计数、事件 A 时,设置 PWM1B
    EPwm1Regs.AQCTLB.bit.PRD = AQ_CLEAR;            // 在 PRD 时,清除 PWM1B
```

示例 9.14(续)　图 9.72 的 C 源代码

```
EPwm1Regs.DBCTL.bit.IN_MODE = DBA_ALL;        // 设置 EPWMxA 为延时的信号源
EPwm1Regs.DBCTL.bit.OUT_MODE = DB_FULL_ENABLE; // 使能死区模块
EPwm1Regs.DBCTL.bit.POLSEL = DB_ACTV_HIC;     // 高电平互补模式,EPWMxB 反向
EPwm1Regs.DBRED = 30;                          // 下降沿延时 RED = 30 TBCLK
EPwm1Regs.DBFED = 30;                          // 上升沿延时 FED = 30 TBCLK
// TZ1 的配置受 EALLOW 保护
EALLOW;
EPwm1Regs.TZSEL.bit.OSHT1 = 1;                 // 单次故障捕获信号源
                                               // one-shot source
EPwm1Regs.TZCTL.bit.TZA = TZ_FORCE_LO;         // 故障时,设置 EPWM1A 为低
EPwm1Regs.TZCTL.bit.TZB = TZ_FORCE_LO;         // 故障时,设置 EPWM1B 为低
EPwm1Regs.TZEINT.bit.OST = 1;                  // 使能 TZ 中断
EPwm1Regs.HRCNFG.all = 0x0;
EPwm1Regs.HRCNFG.bit.EDGMODE = HR_FEP;
EPwm1Regs.HRCNFG.bit.CTLMODE = HR_CMP;
EPwm1Regs.HRCNFG.bit.HRLOAD = HR_CTR_PRD;
EDIS;
//************  运行阶段  *************//
EPwm1Regs.TBPRD = period_new value;            // 更新新的周期
EPwm1Regs.CMPA.half.CMPA = period_new value/2; // 更新 CPMA
```

9.11　ePWM 模块寄存器

本节包含寄存器的布局以及位域定义。

9.11.1　时基子模块寄存器

图 9.74～图 9.83、表 9.23～表 9.32 提供了时基寄存器的说明。

15	0
TBPRD	
R/W-0	

说明: R/W = Read/Write, 可读写; R = Read only, 只读; -n = 复位后的初始值

图 9.74　时基周期(TBPRD)寄存器

表 9.23 时基周期(TBPRD)寄存器位域定义

位	位域名称	数值	说明
15:0	TBPRD	0000-FFFFh	这些位决定了时基计数器的周期,从而确定了 PWM 的频率 通过 TBCTL[PRDLD]位可以使能/禁止该寄存器的映像寄存器,默认状态下使能 ● 如果 TBCTL[PRDLD]=0,则使能映像寄存器。任何读写操作都自动地针对映像寄存器。这种情况下,当时基计数器等于 0 时,映像寄存器中的数值会载入到工作寄存器中 ● 如果 TBCTL[PRDLD]=1,则禁止映像寄存器。任何读写操作都直接针对工作寄存器,此时寄存器能主动地控制到硬件 ● 工作和映像寄存器共享同一个内存映射地址

15		8	7		0
	TBPRDHR			Reserved	
	R/W-0			R-0	

说明:R/W= Read/Write,可读写;R = Read only,只读;-n = 复位后的初始值。

图 9.75 时基周期高分辨率(TBPRDHR)寄存器

表 9.24 时基周期高分辨率(TBPRDHR)寄存器位域定义

位	位域名称	数值	说明
15:8	TBPRDHR	00-FFh	高分辨率周期位 这 8 位是高分辨率周期值的高位部分 TBPRDHR 寄存器不受 TBCTL[PRDLD]位的影响。对这个寄存器的读写操作都会操作于映像寄存器。TBPRDHR 寄存器只能在使能高分辨率周期特性时使用 此外,TBPRD 寄存器只能用于支持高分辨率周期控制的 ePWM 模块中
7:0	Reserved	0	保留

15		0
	TBPRD	
	R/W-0	

说明:R/W= Read/Write,可读写;R = Read only,只读;-n = 复位后的初始值。

图 9.76 时基周期映像(TBPRDM)寄存器

第9章 Piccolo 增强型脉宽调制器(ePWM)模块

表 9.25 时基周期映像(TBPRDM)寄存器位域定义

位	位域名称	数值	说明
15:0	TBPRD	0000 - FFFFh	TBPRDM 和 TBPRD 均可用来访问时基周期寄存器 TBPRD 提供了向下兼容能力,可用于早期的 ePWM 模块。而映像寄存器(TBPRDM 和 TBPRDHRM)允许对 TBPRDHR 一次访问写 32位。由于 TBPRD 寄存器的内存地址是奇数的,因此不能一次写 32位 默认状态,写操作都针对映像寄存器,与 TBPRD 寄存器不同,对 TB-PRDM 的读操作返回的是工作寄存器的值。通过 TBCTL[PRDLD]位可以使能/禁用映像功能 ● 如果 TBCTL[PRDLD]=0,则使能映像寄存器,并且任意写操作都针对映像寄存器。在这种情况下,当时基计数器等于 0 时,映像寄存器中的数值会载入到工作寄存器中。读操作则返回工作寄存器的数值 ● 如果 TBCTL[PRDLD]=1,则禁止映像寄存器,并且任意写操作都直接针对工作寄存器,控制到硬件。同样地,读操作则返回工作寄存器的数值

15		8	7		0
	TBPRDHR			Reserved	
	R/W-0			R-0	

说明:R/W= Read/Write, 可读写; R = Read only, 只读; -n = 复位后的初始值。

图 9.77 时基周期高分辨率映像(TBPRDHRM)寄存器

表 9.26 时基周期高分辨率映像(TBPRDHRM)寄存器位域定义

位	位域名称	数值	说明
15:8	TBPRDHR	00 - FFh	高分辨率周期位 这 8 位是高分辨率周期值的高位部分 TBPRD 提供了向下兼容能力,可用于早期的 ePWM 模块,而映像寄存器(TBPRDM 和 TBPRDHRM)允许一次直接对 TBPRDHR 写 32 位。由于 TBPRD 寄存器的内存地址为奇数,因此对于 TBPRD 和 TB-PRDHR 都不能一次写 32 位 TBPRDHR 寄存器不受 TBCTL[PRDLD]位的影响 对 TBPRDHR 和 TBPRDHRM 写操作均接触到高分辨率周期的数值,与 TBPRDHR 不同之处在于,从映像寄存器 TBPRDHRM 的读操作是不确定的(保留用于 TI 测试) 此外,TBPRDHRM 寄存器只能用于支持高分辨率周期控制的 ePWM 模块中,且高分辨率功能被启用时才能使用
7:0	Reserved	00 - FFh	保留用于 TI 测试

15															1
						TBPRD									
						R/W-0									

说明：R/W= Read/Write，可读写；R = Read only，只读；-n = 复位后的初始值。

图 9.78　时基相位(TBPHS)寄存器

表 9.27　时基相位(TBPHS)寄存器位域定义

位	位域名称	数值	说明
15：0	TBPHS	0000 - FFFF	这些位用来设置 ePWM 模块中与时基相关的时基计数器的相位，用以提供同步输入信号 ● 如果 TBCTL[PHSEN]=0，则同步事件被忽略，时基计数器不会从相位寄存器中载入数值 ● 如果 TBCTL[PHSEN]=1，则同步事件发生时，计数器(TBCTR)会从相位寄存器(TBPHS)中载入数值。同步事件可由输入的同步信号(EPWMxSYNCI)启动，或者由软件强制同步 在 DSP2802x_EPWM.h 头文件中，构建了一个 32 位的结构体变量 half，低 16 分配给 TBPHSHR 而高 16 位分配给 TBPHS，它们分别与两个 16 位寄存器同名，用 EPwm1Regs.TBPHS.half.TBPHS 及 EPwm1Regs.TBPHS.half.TBPHSHR 可分别访问这两个寄存器

15								8	7						0
			TBPRDHR								Reserved				
			R/W-0								R-0				

说明：R/W= Read/Write，可读写；R = Read only，只读；-n = 复位后的初始值。

图 9.79　时基相位高分辨率(TBPHSHR)寄存器

表 9.28　时基相位高分辨率(TBPHSHR)寄存器位域定义

位	位域名称	数值	说明
15：8	TBPHSHR	00 - FFh	时基相位高分辨率位
7：0	Reserved		保留

15															0
						TBCTR									
						R/W-0									

说明：R/W= Read/Write，可读写；R = Read only，只读；-n = 复位后的初始值。

图 9.80　时基计数器(TBCTR)寄存器

表 9.29 时基计数器(TBCTR)寄存器位域定义

位	位域名称	数值	说明
15:0	TBCTR	0000 - FFFF	读取这些位,能够获得当前时基计数器的数值 通过写这些位可设置当前 TBCTR 的值,一有更新事件发生,写 TBCTR 就发生 TBCTR 的写入不与时基时钟(TBCLK)同步,该寄存器无映像寄存器

15	14	13	12			10	9	8
FREE, SOFT		PHSDIR	CLKDIV				HSPCLKDIV	
R/W-0		R/W-0	R/W-0				R/W-0,0,1	

7	6	5	4	3	2	1	0
HSPCLKDIV	SWFSYNC	SYNCOSEL		PRDLD	PHSEN	CTRMODE	
R/W-0,0,1	R/W-0	R/W-0		R/W-0	R/W-0	R/W-1 1	

说明: R/W=读/写; R=只读; -n=复位后的值。

图 9.81 时基控制(TBCTL)寄存器

表 9.30 时基控制(TBCTL)寄存器位域定义

位	位域名称	值	说明
15:14	FREE, SOFT		仿真模式位。确定仿真时 ePWM 模块时基计数器的行为
		00	在下一次计数器增或减时,停止仿真
		01	计数器完成一个周期后停止: ● 增计数模式:当时基计数器等于周期值时,(TBCTR = TBPRD)停止 ● 减计数模式:当时基计数器等于 0 时,(TBCTR = 0x0000)停止 ● 增-减计数模式:当时基计数器等于 0 时,(TBCTR = 0x0000)停止
		1X	自由运行
13	PHSDIR		相位方向控制位 这个位仅用于时基计数器被配置成增-减计数模式。PHSDIR 位指示了时基计数器(TBCTR)在同步事件发生后并且新的相位值从相位寄存器(TBPHS)装入的计数方向,在事件同步之前不考虑计数器的方向 在增模式或减模式下,此位会被忽略
		0	同步事件后减计数
		1	同步事件后增计数

续表 9.30

位	位域名称	值	说明
12:10	CLKDIV		时基时钟预分频位 这些位决定部分时基时钟预分频值 TBCLK=SYSCLKOUT/(HSPCLKDIV×CLKDIV)
		000	/1(复位默认值)
		001	/2
		010	/4
		011	/8
		100	/16
		101	/32
		110	/64
		111	/128
9:7	HSPCLKDIV		高速时基时钟预分频位 这些位确定部分时基时钟预分频值 TBCLK = SYSCLKOUT / (HSPCLKDIV × CLKDIV) 这个除数仿照：在 TMS320x281x 系统中用于事件管理器(EV)的高速外设时钟 HSPCLK
		000	/1
		001	/2(复位默认值)
		010	/4
		011	/6
		100	/8
		101	/10
		110	/12
		111	/14
6	SWFSYNC		软件强制同步脉冲
		0	写 0 无影响，读总为 0
		1	写 1 强制发生一个同步脉冲 此事件与 ePWM 模块的 EPWMxSYNCI 输入进行"或"操作 只有通过 SYNCOSEL = 00 选择 EPWMxSYNCI 时，对 SWFSYNC 的操作才有效
5:4	SYNCOSEL		同步输出选择。这些位选择 EPWMxSYNCO 的信号来源
		00	EPWMxSYNC
		01	CTR=0：时基计数器等于 0(TBCTR=0x0000)
		10	CTR = CMPB：时基计数器等于计数比较器 B(TBCTR = CMPB)
		11	禁止 EPWMxSYNCO 信号

续表 9.30

位	位域名称	值	说明
3	PRDLD		选择是否从映像寄存器中载入到周期寄存器
		0	当计数器(TBCTR)等于 0 时,周期寄存器(TBPRD)从映像寄存器中载入 对 TBPRD 的读写操作,都通过访问映像寄存器完成
		1	不使用映像寄存器,直接载入到 TBPRD 寄存器中 对 TBPRD 的读写操作,直接访问工作寄存器
2	PHSEN		计数器从相位寄存器加载使能控制位
		0	不从相位寄存器(TBPHS)中载入数值到计数器(TBCTR)中
		1	当产生 EPWMxSYNCI 输入信号或通过 SWFSYNC 位强制软件同步或数字比较同步事件发生时通过相位寄存器加载时基计数器
1:0	CTRMODE		这些位确定了计数器的计数模式 通常来说,一旦配置了时基计数模式,在运行中就不再更改。但如果更改了计数模式,则此更改会在下一个 TBCLK 的边沿时生效,并且当前的计数值从模式改变前的值开始增加或减少。该字段可设置如下操作模式:
		00	增计数模式
		01	减计数模式
		10	增-减计数模式
		11	停止计数(复位后默认值)

15							8
Reserved							
R-0							

7			3	2	1	0
Reserved				CTRMAX	SYNCI	CTRDIR
R-0				R/W1C-0	R/W1C-0	R-1

说明: R/W=读/写; R=只读; R/W1C=读/写1清除; -n=复位后的值。

图 9.82 时基状态(TBSTS)寄存器

表 9.31 时基状态(TBSTS)寄存器位域定义

位	位域名称	值	说明
15:3	Reserved		保留
2	CTRMAX		时基计数器最大锁存状态位
		0	读 0 表示时基计数器从来没有达到它的最大值,写 0 无效
		1	读 1 表示时基计数器达到最大值 0xFFFF,写 1 将清除锁存的事件
1	SYNCI		输入同步锁存状态位
		0	写 0 无效。读 0 表明没有外部同步事件发生
		1	读 1 表明发生了外部同步事件(EPWMxSYNCI)。写 1 将清除锁存事件
0	CTRDIR		时基计数器方向状态位。复位时计数器被锁存;因此该位没有意义。为使该位有效,必须首先通过 TBCTL[CTRMODE]设置适当的模式
		0	时基计数器当前减计数
		1	时基计数器当前增计数

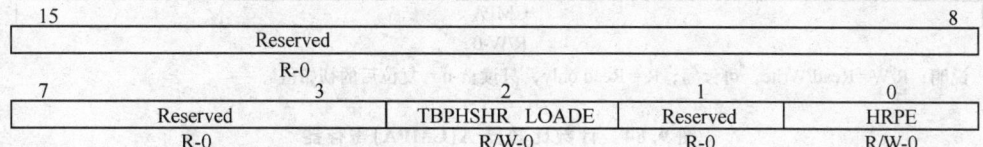

图 9.83 高分辨率周期控制(HRPCTL)寄存器

表 9.32 高分辨率周期控制(HRPCTL)寄存器位域定义

位	位域名称	值	说明
15:3	Reserved		保留
2	TBPHSHRLOADE		TBPHSHR 加载使能 该位允许在 SYNCIN、TBCTL[SWFSYNC]、或数字比较事件上采用高分辨率相位同步 ePWM 模块。允许多个 ePWM 模块在高分辨率相位一致的相同频率下工作
		0	禁止在 SYNCIN、TBCTL[SWFSYNC]或数字比较事件上的高分辨率相位同步
		1	使能在 SYNCIN、TBCTL[SWFSYNC]或数字比较事件上的高分辨率相位同步。通过高分辨率相位寄存器 TBPHSHR 使相位同步 TBCTL[PHSEN]位允许采用 TBPHS 寄存器的值在 SYNCIN 或 TBCTL[SWFSYNC]事件上加载 TBCTR 寄存器且独立工作。但用户如果想把高分辨率周期功能与控制相位结合起来,仍需要使能该位 注意:当使能高分辨率周期控制用于增-减计数模式时,即使 TBPHSHR = 0x0000,该位与 TBCTL[PHSEN]位必须置 1
1	Reserved		保留
0	HRPE		高分辨率周期使能位
		0	禁止高分辨率周期功能。该模式下 ePWM 表现为 0 型 ePWM
		1	使能高分辨率周期功能。该模式下 HRPWM 模块可以控制占空比和频率的高分辨率 当使能高分辨率周期时,不支持 TBCTL[CTRMODE] = 0,1(减计数模式)

9.11.2 计数器-比较器子模块寄存器

图 9.33～图 9.38、表 9.84～表 9.89 描述了比较器模块的控制和状态寄存器。

第9章 Piccolo 增强型脉宽调制器(ePWM)模块

15			0
		CMPA	
		R/W-0	

说明：R/W= Read/Write，可读写；R = Read only，只读；-n = 复位后的初始值。

图 9.84　计数比较器 A(CMPA)寄存器

表 9.33　计数比较器 A(CMPA)寄存器位域定义

位	位域名称	说明
15：0	CMPA	CMPA 的值连续地与时基计数器（TBCTR)进行比较，当相等时，计数比较器模块将产生一个"时基计数器等于计数比较器 A"事件。这个事件被送到 动作限定器，转换成一个或多个动作。这些动作根据 AQCTLA 及 AQCTLB 寄存器的配置，或用于 EPWMxA 输出，或用于 EPWMxB 输出 AQCTLA 及 AQCTLB 寄存器定义的动作包括： ● 不动作：事件被忽略 ● 清除：将 EPWMxA 和/或 EPWMxB 信号拉成低电平 ● 置位：将 EPWMxA 和/或 EPWMxB 信号拉成高电平 ● 切换 EPWMxA 和/或 EPWMxB 电平，即高低电平互换 通过 SHDWAMODE(CMPCTL[4])位，可使能或禁止映像寄存器，默认状态下，该寄存器为映像寄存器。 ● 如果 SHDWAMODE(CMPCTL[4])=0，则使能映像，任何读或写将自动地指向映像寄存器，在这种情况下，SHDWAMODE(CMPCTL[4])位域确定从映像寄存器将事件加载到工作寄存器 ● 写之前，可读 SHDWAFULL(CMPCTL[8])位，用来确定映像寄存器当前是否已满 ● 如果 SHDWAFULL(CMPCTL[8])=1，则禁止映像寄存器，并且任何读或写都直接指向工作寄存器，也就是说由工作寄存器控制硬件 ● 在这两种模式中，工作寄存器或映像寄存器均共享同一个内存映射地址

15			0
		CMPB	
		R/W-0	

说明：R/W= Read/Write，可读写；R = Read only，只读；-n = 复位后的初始值。

图 9.85　计数比较器 B(CMPB)寄存器

表 9.34　计数比较器 B(CMPB)寄存器位域定义

位	位域名称	说明
15：0	CMPB	CMPB 工作寄存器中的数值不断地与时基计数器（TBCTR)进行比较。当二者数值相等时，比较器模块产生一个"计数器等于比较器 B"的事件。这个事件被送到动作限定器，转换为一个或多个动作。这些动作根据 AQCTLA 和 AQCTLB 寄存器的配置，送到 EPWMxA 或 EPWMxB 输出引脚，动作类型包括： ●不动作：事件被忽略 ●清除：把 EPWMxA 和/或 EPWMxB 引脚信号拉成低电平

续表 9.34

位	位域名称	说明
15:0	CMPB	● 置位：把 EPWMxA 和/或 EPWMxB 引脚信号拉成高电平 ● 切换 EPWMxA 和/或 EPWMxB 电平，即高低电平互换 通过 CMPCTL[SHDWBMODE] 位可以使能或禁止映像寄存器，默认状态下，该寄存器为映像寄存器 ● 如果 CMPCTL[SHDWBMODE]=0，则使能映像，对 CMPB 的读写操作都会操作于映像寄存器 此时，CMPCTL[LOADBMODE] 位域决定哪个事件会从映像寄存器载入工作寄存器 ● 在写操作以前，可以读取 CMPCTL[SHDWBFULL] 位判断映像寄存器是否已满 ● 如果 CMPCTL[SHDWBMODE]=1，则禁止映像寄存器，读写操作会直接针对工作寄存器，也即工作寄存器可以控制硬件 ● 在两种模式下，工作寄存器和映像寄存器共享同一个内存映射地址

15		10	9	8	7		
Reserved			SHDWBFULL	SHDWAFULL	Reserved		
R-0			R-0	R-0	R-0		

6	5	4	3	2	1	0
SHDWBMODE	Reserved	SHDWAMODE	LOADBMODE		LOADAMODE	
R/W-0	R-0	R/W-0	R/W-0		R/W-0	

说明：R/W=读/写；R=只读；-n=复位后的值。

图 9.86 计数比较器控制(CMPCTL)寄存器

表 9.35 计数比较器控制(CMPCTL)寄存器位域定义

位	位域名称	值	说明
15:10	Reserved		保留
9	SHDWBFULL		比较器 B(CMPB)映像寄存器满状态标志位，当加载事件发生时，此位自动清除
		0	CMPB 映像 FIFO 未满
		1	CMPB 映像 FIFO 已满，CPU 的写操作会覆盖当前的映像值
8	SHDWAFULL		比较器 A(CMPA)映像寄存器满状态标志位 当一个 32 位数值写入到 CMPA:CMPAHR 寄存器时，或者一个 16 位数据写入 CMPA 寄存器时，此标记位置位。但一个 16 位的数据写入到 CMPAHR 寄存器则不会影响此标记位 当加载事件发生时，此位自动清除
		0	CMPA 映像 FIFO 未满
		1	CMPA 映像 FIFO 已满，CPU 的写操作会覆盖当前的映像数值
7	Reserved		保留

续表 9.35

位	位域名称	值	说明
6	SHDWB MODE	0 1	比较器 B(CMPB)寄存器运行模式 映像模式,双缓冲运行,所有写操作通过 CPU 访问映像寄存器 直接模式,只有工作比较器 B 寄存器使用。所有读写操作都直接访问工作寄存器,用于直接比较操作
5	Reserved		保留
4	SHDWA MODE	0 1	比较器 A(CMPA)寄存器运行模式 映像模式,双缓冲运行,所有写操作通过 CPU 访问映像寄存器 直接模式,只有工作比较器寄存器使用。所有读写操作都直接访问工作寄存器,用于直接比较操作
3:2	LOADBMODE	00 01 10 11	工作的比较器 B 寄存器从映像寄存器加载模式选择 在直接模式下(CMPCTL[SHDWBMODE]=1),此位无效 当 CTR=Zero 时加载:计数器等于 0(TBCTR=0x0000) 当 CTR=PRD 时加载:计数器等于周期(TBCTR=TBPRD) 当 CTR=0 或者 CTR=PRD 时加载 锁存(不可能加载)
1:0	LOADA MODE	00 01 10 11	工作的比较器 A 寄存器从映像寄存器加载模式选择 在直接模式下(CMPCTL[SHDWAMODE]=1),此位无效 当 CTR=Zero 时加载:计数器等于 0(TBCTR=0x0000) 当 CTR=PRD 时加载:计数器等于周期(TBCTR=TBPRD) 当 CTR=0 或者 CTR=PRD 时加载 锁存(不可能加载)

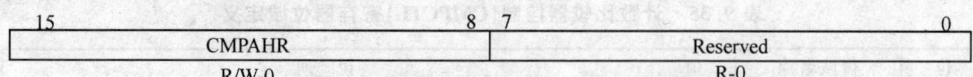

```
15                              8 7                              0
|           CMPAHR              |          Reserved              |
|            R/W-0              |            R-0                 |
```

说明:R/W= Read/Write,可读写;R = Read only,只读;-n = 复位后的初始值。

图 9.87 比较器 A 高分辨率(CMPAHR)寄存器

表 9.36 比较器 A 高分辨率(CMPAHR)寄存器位域定义

位	位域名称	数值	说明
15:8	CMPAHR	00-FFh	这 8 位包含计数比较器 A 数值的高分辨率部分(最低的有意义的 8 位),可以把 CMPA:CMPAHR 作为一个 32 位进行读写访问 通过 CMPCTL[SHDWAMODE] 位可以使能或禁止比较器 A(CMPA)的映像功能
7:0	Reserved		保留

15	0
CMPA	
R/W-0	

说明：R/W= Read/Write，可读写；R = Read only，只读；-n = 复位后的初始值。

图 9.88　计数比较器 A 映像(CMPAM)寄存器

表 9.37　计数比较器 A 映像(CMPAM)寄存器位域定义

位	位域名称	数值	说　明
15：0	CMPA	0000 - FFFFh	CMPA 和 CPMAM 都可以用于访问计数比较器 A 的数值；不同之处在于读取映像寄存器时，总会返回工作寄存器的数值 默认状态下，写入这个寄存器是映像寄存器。与 CMPA 寄存器不同，读 CMPAM 寄存器总是返回工作寄存器的值。通过 CMPCTL[SHDWAMODE] 位可以使能或禁用映像功能 ● 如果 CMPCTL[SHDWAMODE]=0，则使能映像功能，任何写操作将自动针对映像寄存器。所有读操作则返回工作寄存器数值。此时，CMPCTL[LOADAMODE] 位域决定哪一个事件从映像寄存器载入到工作寄存器 ● 在写操作以前，可以读取 CMPCTL[SHDWAFULL] 来判断映像寄存器是否已满 ● 如果 CMPCTL[SHDWAMODE]=1，则禁止映像寄存器，并且任何写操作将直接针对工作寄存器，也即寄存器可以直接控制硬件

15		8	7	0
CMPAHR			Reserved	
R/W-0			R-0	

说明：R/W= Read/Write，可读写；R = Read only，只读；-n = 复位后的初始值。

图 9.89　比较器 A 高分辨率映像(CMPAHRM)寄存器

表 9.38　比较器 A 高分辨率映像(CMPAHRM)寄存器位域定义

位	位域名称	数值	说　明
15：8	CMPAHR	00 - FFh	比较器 A 高分辨率位 对 CMPAHR 和 CMPAHRM 进行写操作都能访问到计数比较器 A 的高分辨率部分（最低的有意义的 8 位）。跟 CHPAHR 不同之处在于，从映像寄存器 CMPAHRM 中读取数值是不确定的(保留给 TI 测试用) 默认状态下，写这个寄存器是针对其映像寄存器的。通过 CMPCTL[SHDWAMODE] 位可以使能或禁止映像功能，正如对 CMPAM 寄存器的描述一样
7：0	Reserved		保留用作 TI 测试

9.11.3 动作限定器子模块寄存器

图 9.90～图 9.93、表 9.39～表 9.42 描述了动作限定器子模块寄存器。

15			12	11		10	9		8
	Reserved				CBD			CBU	
	R-0				R/W-0			R/W-0	
7		6	5		4	3	2	1	0
	CAD			CAU		PRD		ZRO	
	R/W-0			R/W-0		R/W-0		R/W-0	

说明：R/W=读/写；R=只读； -n=复位后的值。

图 9.90 动作限定器输出 A 控制(AQCTLA)寄存器

表 9.39 动作限定器输出 A 控制(AQCTLA)寄存器位域定义

位	位域名称	值	说 明
15：12	Reserved		保 留
11：10	CBD		当时基计数器 CTR 等于工作的 CMPB 寄存器(CTR=CMPB)且计数器 CTR 减计数时,动作
		00	无动作(默认值)
		01	清除:强制 EPWMxA 输出低电平
		10	置 1:强制 EPWMxA 输出高电平
		11	切换 EPWMxA 输出:低电平输出信号强制为高电平,而高电平信号强制为低电平
9：8	CBU		当计数器 CTR 等于工作的 CMPB 寄存器(CTR=CMPB)且计数器 CTR 增计数时,动作
		00	无动作(默认值)
		01	清除:强制 EPWMxA 输出低电平
		10	置 1:强制 EPWMxA 输出高电平
		11	切换 EPWMxA 输出:低电平输出信号强制为高电平,而高电平信号强制为低电平
7：6	CAD		当计数器 CTR 等于工作的 CMPA 寄存器(CTR=CMPA)且计数器 CTR 减计数时,动作
		00	无动作(默认值)
		01	清除:强制 EPWMxA 输出低电平
		10	置 1:强制 EPWMxA 输出高电平
		11	切换 EPWMxA 输出:低电平输出信号强制为高电平,而高电平信号强制为低电平

续表 9.39

位	位域名称	值	说明
5:4	CAU		当计数器 CTR 等于工作的 CMPA 寄存器(CTR=CMPA)且计数器 CTR 增计数时,动作
		00	无动作(默认值)
		01	清除:强制 EPWMxA 输出低电平
		10	置 1:强制 EPWMxA 输出高电平
		11	切换 EPWMxA 输出:低电平输出信号强制为高电平,而高电平信号强制为低电平
3:2	PRD		当计数器 CTR 等于周期寄存器(CTR=PRD)时,动作 注意:根据定义,在增-减计数模式中当计数器等于周期值时,计数方向定义为 0 或减计数
		00	无动作(默认值)
		01	清除:强制 EPWMxA 输出低电平
		10	置 1:强制 EPWMxA 输出高电平
		11	切换 EPWMxA 输出:低电平输出信号强制为高电平,而高电平信号强制为低电平
1:0	ZRO		当计数器 CTR 等于(CTR=0)0 时,动作 注意:根据定义,在增-减计数模式中当计数器等于 0 时,计数方向定义为 1 或增计数
		00	无动作(默认值)
		01	清除:强制 EPWMxA 输出低电平
		10	置 1:强制 EPWMxA 输出高电平
		11	切换 EPWMxA 输出:低电平输出信号强制为高电平,而高电平信号强制为低电平

15			12	11		10	9		8
	Reserved			CBD			CBU		
	R-0			R/W-0			R/W-0		
7		6	5	4	3	2	1		0
	CAD			CAU		PRD		ZRO	
	R/W-0			R/W-0		R/W-0		R/W-0	

说明:R/W=读/写;R=只读; -n=复位后的值。

图 9.91　动作限定器输出 B 控制(AQCTLB)寄存器

表 9.40 动作限定器输出 B 控制(AQCTLB)寄存器位域定义

位	位域名称	值	说　明
15:12	Reserved		保留
11:10	CBD		当计数器 CTR 等于工作的 CMPB 寄存器(CTR=CMPB)且计数器减计数时,动作
		00	无动作(默认值)
		01	清除:强制 EPWMxB 输出低电平
		10	置 1:强制 EPWMxB 输出高电平
		11	切换 EPWMxB 输出:低电平输出信号强制为高电平,而高电平信号强制为低电平
9:8	CBU		当计数器 CTR 等于工作的 CMPB 寄存器(CTR=CMPB)且计数器增计数时,动作
		00	无动作(默认值)
		01	清除:强制 EPWMxB 输出低电平
		10	置 1:强制 EPWMxB 输出高电平
		11	切换 EPWMxB 输出:低电平输出信号强制为高电平,而高电平信号强制为低电平
7:6	CAD		当计数器 CTR 等于工作的 CMPA 寄存器(CTR=CMPA)且计数器减计数时,动作
		00	无动作(默认值)
		01	清除:强制 EPWMxB 输出低电平
		10	置 1:强制 EPWMxB 输出高电平
		11	切换 EPWMxB 输出:低电平输出信号强制为高电平,而高电平信号强制为低电平
5:4	CAU		当计数器 CTR 等于工作的 CMPA 寄存器(CTR=CMPA)且计数器增计数时,动作
		00	无动作(默认值)
		01	清除:强制 EPWMxB 输出低电平
		10	置 1:强制 EPWMxB 输出高电平
		11	切换 EPWMxB 输出:低电平输出信号强制为高电平,而高电平信号强制为低电平
3:2	PRD		当计数器等于周期(CTR=PRD)时,动作 注意:根据定义,在增-减计数模式中当计数器等于周期值时,计数方向定义为 0 或减计数
		00	无动作(默认值)
		01	清除:强制 EPWMxB 输出低电平
		10	置 1:强制 EPWMxB 输出高电平
		11	切换 EPWMxB 输出:低电平输出信号强制为高电平,而高电平信号强制为低电平

续表 9.40

位	位域名称	值	说明
1:0	ZRO		当计数器等于 0(CTR=0)时,动作 注意:根据定义,在增-减计数模式中当计数器等于 0 时,计数方向定义为 1 或增计数
		00	无动作(默认值)
		01	清除:强制 EPWMxB 输出低电平
		10	置 1:强制 EPWMxB 输出高电平
		11	切换 EPWMxB 输出:低电平输出信号强制为高电平,而高电平信号强制为低电平

15							8
			Reserved R-0				

7	6	5	4	3	2	1	0
RLDCSF R/W-0		OTSFB R/W-0		ACTSFB R/W-0		OTSFA R/W-0	

说明:R/W= Read/Write,可读写; R = Read only,只读; -n = 复位后的初始值。

图 9.92 动作限定器软件强制(AQSFRC)寄存器

表 9.41 动作限定器软件强制(AQSFRC)寄存器位域定义

位	位域名称	数值	说明
15:8	Reserved		保留
7:6	RLDCSF		AQCFRC 工作寄存器从映像寄存器重载的时机选择
		00	当事件计数器等于 0 时载入
		01	当事件计数器等于周期时载入
		10	当事件计数器等于 0 或者计数器等于周期时载入
		11	直接载入(CPU 直接访问工作寄存器,不从映像寄存器载入)
5	OTSFB		输出 B 上的单次软件强制事件 写 0 没有影响,读取总是读到 0 当对此寄存器写操作完成以后(例如用一个强制事件进行启动),此位自动清除 这是一个单次强制事件,可以在输出 B 上被另一个后续事件覆盖
		0	
		1	启动单次的 S/W(软件)强制事件
4:3	ACTSFB		当单次软件强制事件 B 发起时,动作
		00	不动作(默认状态)
		01	清除(拉低)
		10	置位(置高)
		11	切换(低变高,高变低)。注意:此动作不受计数器方向(CNT_dir)的限制

续表 9.41

位	位域名称	数值	说明
2	OTSFA		输出 A 上的单次软件强制事件
		0	写 0 没有影响,读总是返回 0
			当对此寄存器写操作完成以后(例如用一个强制事件进行启动),此位自动清除
		1	启动单次的软件强制事件
1:0	ACTSFA		当单次软件强制事件 A 发起时,动作
		00	不动作(默认状态)
		01	清除(拉低)
		10	置位(置高)
		11	切换(低变高,高变低)。注意:此动作不受计数器方向(CNT_dir)的限制

15			4	3		2	1		0
	Reserved				CSFB			CSFA	
	R-0				R/W-0			R/W-0	

说明:R/W= Read/Write,可读写;R = Read only,只读; -n =复位后的初始值。

图 9.93 动作限定器连续软件强制(AQCSFRC)寄存器

表 9.42 动作限定器连续软件强制(AQCSFRC)寄存器位域定义

位	位域名称	数值	说明
15:4	Reserved		保留
3:2	CSFB		输出 B 上的连续软件强制事件
			直接模式下,在下一个 TBCLK 边沿时产生一个连续的强制事件
			映像模式下,在映像寄存器载入工作寄存器后的下一个 TBCLK 边沿,产生一个连续的强制事件。需要用 AQSFRC[RLDCSF] 位配置映像模式
		00	禁止强制事件,无影响
		01	在输出 B 产生连续的低信号事件
		10	在输出 B 产生连续的高信号事件
		11	禁止软件强制,无影响
1:0	CSFA		输出 A 上的连续软件强制事件
			直接模式下,在下一个 TBCLK 边沿时产生一个连续的强制事件
			映像模式下,在映像寄存器载入工作寄存器后的下一个 TBCLK 边沿产生一个连续的强制事件
		00	禁止强制事件,即无影响
		01	在输出 A 产生连续的低信号事件
		10	在输出 A 产生连续的高信号事件
		11	禁止软件强制,无影响

9.11.4 死区子模块寄存器

图 9.94~图 9.56,表 9.43~表 9.45 描述了死区模块寄存器。

15	14 6	5 4	3 2	1 0
HALFCYCLE	Reserved	IN_MODE	POLSEL	OUT_MODE
R/W-0	R-0	R/W-0	R/W-0	R/W-0

说明:R/W= Read/Write,可读写; R = Read only,只读; -n = 复位后的初始值。

图 9.94 死区发生器控制(DBCTL)寄存器

表 9.43 死区发生器控制(DBCTL)寄存器位域定义

位	位域名称	数值	说明
15	HALFCYCLE		半周期时钟使能位
		0	使能全周期时钟,死区计数器以 TBCLK 速率计时
		1	使能半周期时钟,死区计数器以 2 倍 TBCLK 速率计时
14:6	Reserved		保留
5:4	IN_MODE		死区输入模式控制
			如图 9.31 所示,位 5 控制 S5 开关,位 4 控制 S4 开关。允许用户选择输入源作为下降沿和上升沿延迟。为了产生传统的死区波形,默认 EPWMxA 作为下降沿和上升沿延迟的输入源
		00	EPWMxA 输入(来自动作限定器)作为下降沿和上升沿延迟信号的输入源
		01	EPWMxB 输入(来自动作限定器)作为上升沿延迟信号的输入源, EPWMxA 输入(来自动作限定器)作为下降沿延迟信号的输入源
		10	EPWMxA 输入(来自动作限定器)作为上升沿延迟信号的输入源, EPWMxB 输入(来自动作限定器)作为下降沿延迟信号的输入源
		11	EPWMxB 输入(来自动作限定器)作为上升沿和下降沿延迟信号的输入源
3:2	POLSEL		极性选择控制
			如图 9.31 所示,位 3 控制 S3 开关,位 2 控制 S2 开关
			在延迟信号送出死区模块之前,允许用户将其反向
			下面的说明与典型的上/下开关控制符合,类似于数字电机控制逆变器的一个桥臂
			假设 DBCTL[OUT_MODE]=1,1 并且 DBCTL[IN_MODE]=0,0,其他增强模式也有可能,但不是典型的使用模式
		00	高电平有效(AH)模式:EPWMxA 和 EPWMxB 都不反向(复位默认状态)
		01	低电平互补(ALC)模式:EPWMxA 反向
		10	高电平互补(AHC)模式:EPWMxB 反向
		11	低电平有效(AL)模式:EPWMxA 和 EPWMxB 都反向

续表 9.43

位	位域名称	数值	说 明
1:0	OUT_MODE		死区输出模式控制 如图 9.31 所示,位 1 控制 S1 开关,位 0 控制 S0 开关。允许用户使能或旁路下降沿和上升沿延迟的死区信号
		00	死区两路输出信号都被旁路。此时,来自动作限定器的 EPWMxA 和 EPWMxB 输出信号直接送到 PWM 斩波模块;此模式下,POLSEL 和 IN_MODE 控制字段无效
		01	禁止上升沿延迟,来自动作限定器的 EPWMxA 信号直接送到 PWM 斩波子模块的 EPWMxA 输入。EPWMxB 输出是一个下降沿延迟信号,通过 DBCTL[IN_MODE] 字段决定输入信号的延迟
		10	EPWMxA 输出是一个上升沿延迟信号,延迟输入信号由 DBCTL[IN_MODE] 字段决定 禁止下降沿延迟,来自动作限定器的 EPWMxB 信号直接送到 PWM 斩波模块的 EPWMxB 输入
		11	用于 EPWMxA 输出上升沿延迟及 EPWMxB 输出下降沿延迟的死区均被使能,延迟输入信号由 DBCTL[IN_MODE] 字段决定

15	14		6	5	4	3	2	1	0
HALFCYCLE		Reserved		IN_MODE		POLSEL		OUT_MODE	
R/W-0		R-0		R/W-0		R/W-0		R/W-0	

说明:R/W= Read/Write,可读写;R = Read only,只读;-n = 复位后的初始值。

图 9.95 死区发生器上升沿延迟(DBRED)寄存器

表 9.44 死区发生器上升沿延迟(DBRED)寄存器位域定义

位	位域名称	数值	说 明
15:10	Reserved		保 留
9:0	DEL		上升沿延迟计数器。这是一个 10 位的计数器

15	10	9	0
Reserved		DEL	
R-0		R/W-0	

说明:R/W= Read/Write,可读写;R = Read only,只读;-n = 复位后的初始值。

图 9.96 死区发生器下降沿延迟(DBFED)寄存器

表 9.45 死区发生器下降沿延迟(DBFED)寄存器位域定义

位	位域名称	数值	说 明
15:10	Reserved		保 留
9:0	DEL		下降沿延迟计数器。这是一个 10 位的计数器

9.11.5 PWM-斩波子模块寄存器

图 9.97,表 9.46 描述了死区模块寄存器。

15	11	10	8	7	5	4	1	0
Reserved		CHPDUTY		CHPFREQ		OSHTWTH		CHPEN
R-0		R/W-0		R/W-0		R/W-0		R/W-0

说明:R/W=Read/Write,可读写;R=Read only,只读;-n=复位后的初始值。

图 9.97 PWM 斩波控制(PCCTL)寄存器

表 9.46 PWM 斩波控制(PCCTL)寄存器位域定义

位	位域名称	数值	说 明
15:11	Reserved		保留
10:8	CHPDUTY		斩波占空比
		000	占空比 = 1/8 (12.5%)
		001	占空比 = 2/8 (25.0%)
		010	占空比 = 3/8 (37.5%)
		011	占空比 = 4/8 (50.0%)
		100	占空比 = 5/8 (62.5%)
		101	占空比 = 6/8 (75.0%)
		110	占空比 = 7/8 (87.5%)
		111	保留
7:5	CHPFREQ		斩波时钟频率。 ePWM 模块时钟为传统的 12.5 MHz,该时钟引自 28335
		000	不分频(=12.5 MHz at 100 MHz SYSCLKOUT)
		001	2 分频(=6.25 MHz at 100 MHz SYSCLKOUT)
		010	3 分频 3(=4.16 MHz at 100 MHz SYSCLKOUT)
		011	4 分频(=3.12 MHz at 100 MHz SYSCLKOUT)
		100	5 分频(=2.50 MHz at 100 MHz SYSCLKOUT)
		101	6 分频(=2.08 MHz at 100 MHz SYSCLKOUT)
		110	7 分频(=1.78 MHz at 100 MHz SYSCLKOUT)
		111	8 分频(=1.56 MHz at 100 MHz SYSCLKOUT)
4:1	OSHTWTH		单次脉宽
		0000	1×SYSCLKOUT / 8 脉宽(= 80 ns at 100 MHz SYSCLKOUT)[1][2]
		0001	2×SYSCLKOUT / 8 脉宽(= 160 ns at 100 MHz SYSCLKOUT)
		0010	3×SYSCLKOUT / 8 脉宽(= 240 ns at 100 MHz SYSCLKOUT)
		0011	4×SYSCLKOUT / 8 脉宽(= 320 ns at 100 MHz SYSCLKOUT)
		0100	5×SYSCLKOUT / 8 脉宽(= 400 ns at 100 MHz SYSCLKOUT)
		0101	6×SYSCLKOUT / 8 脉宽(= 480 ns at 100 MHz SYSCLKOUT)
		0110	7×SYSCLKOUT / 8 脉宽(= 560 ns at 100 MHz SYSCLKOUT)
		0111	8×SYSCLKOUT / 8 脉宽(= 640 ns at 100 MHz SYSCLKOUT)

续表 9.46

位	位域名称	数值	说明
		1000	9×SYSCLKOUT / 8　脉宽(= 720 ns　at 100 MHz SYSCLKOUT)
		1001	10×SYSCLKOUT / 8　脉宽(= 800 ns　at 100 MHz SYSCLKOUT)
		1010	11×SYSCLKOUT / 8　脉宽(= 880 ns　at 100 MHz SYSCLKOUT)
		1011	12×SYSCLKOUT / 8　脉宽(= 960 ns　at 100 MHz SYSCLKOUT)
		1100	13×SYSCLKOUT / 8　脉宽(= 1 040 ns　at 100 MHz SYSCLKOUT)
		1101	14×SYSCLKOUT / 8　脉宽(= 1 120 ns　at 100 MHz SYSCLKOUT)
		1110	15×SYSCLKOUT / 8　脉宽(= 1 200 ns　at 100 MHz SYSCLKOUT)
		1111	16×SYSCLKOUT / 8　脉宽(= 1 280 ns　at 100 MHz SYSCLKOUT)
0	CHPEN		PWM 斩波使能
		0	禁用(旁路)PWM 斩波功能
		1	使能 PWM 斩波功能

(1) 此处假设 ePWM 模块时钟频率等于 12.5 MHz (SYSCLKOUT / 8),其周期为 80 ns,其中系统时钟 SYSCLKOUT= 100 MHz。Piccolo 系列的 2802x 及 2803x 其系统时钟 SYSCLKOUT= 60MHz,即使同属 Piccolo 系列的高端浮点芯片 2806x 其系统时钟也只有 80 MHz。这里采用系统时钟 100 MHz 是针对 28335 的。Piccolo 系列 2802x 在 C2000 家族的排序如下:2407→2812→28335→Piccolo 2802x (含浮点 2806x)→Concerto 28M35x (双核)。2812 之前(含 2812)没有 PWM 斩波控制(PCCTL)寄存器,28335 之后(含 28335)才开始增加这个寄存器。从 28335 到 Concerto 28M35x 所有系列文档的 PCCTL 寄存器定义相同,无一例外地采用 100 MHz 系统时钟。

(2) 实际上,Piccolo 2802x 在 28335 的基础上作了改进和增强。尽管 28027 的系统时钟只有 60 MHz,但 ePWM 模块时钟 TBCLK 的设置却非常灵活。在 9.12.1 节中,分别作了 TBCLK=15 MHz (周期 66.67 ns)及 TBCLK=60 MHz 两种设置。

9.11.6　触发区子模块控制和状态寄存器

图 9.98～图 9.104 和表 9.47～表 9.53 描述了触发区子模块寄存器。

15	14	13	12	11	10	9	8
DCBEVT1	DCAEVT1	OSHT6	OSHT5	OSHT4	OSHT3	OSHT2	OSHT1
R-0	R-0	R/W-0	R/W-0	R/W-0	R/W-0	R/W-0	R/W-0
7	6	5	4	3	2	1	0
DCBEVT2	DCAEVT2	CBC6	CBC5	CBC4	CBC3	CBC2	CBC1
R-0	R-0	R/W-0	R/W-0	R/W-0	R/W-0	R/W-0	R/W-0

说明：R/W = Read/Write，可读写；R = Read only，只读；-n = 复位后的初始值。

图 9.98　触发区选择(TZSEL)寄存器

表 9.47 触发区选择(TZSEL)寄存器位域定义

位	位域名称	数值	说 明
使能/禁止单次(OSHT One-Shot)捕获。当其中任意的使能引脚变低,该 ePWM 模块将产生单次捕获事件。当事件发生时,TZCTL 寄存器所定义的事件会呈现在 EPWMxA 和 EPWMxB 输出中。单次捕获事件一直锁存到用户通过 TZCLR 寄存器清除			
15	DCBEVT1		数字比较器输出 B 事件 1 选择位
		0	禁止 DCBEVT1 作为 ePWM 模块的单次捕获源
		1	使能 DCBEVT1 作为 ePWM 模块的单次捕获源
14	DCAEVT1		数字比较器输出 A 器事件 1 选择位
		0	禁止 DCAEVT1 作为 ePWM 模块的单次捕获源
		1	使能 DCAEVT1 作为 ePWM 模块的单次捕获源
13	OSHT6		触发区 6($\overline{TZ6}$)选择位
		0	禁止 $\overline{TZ6}$ 作为 ePWM 模块的单次捕获源
		1	使能 $\overline{TZ6}$ 作为 ePWM 模块的单次捕获源
12	OSHT5		触发区 5($\overline{TZ5}$)选择位
		0	禁止 $\overline{TZ5}$ 作为 ePWM 模块的单次捕获源
		1	使能 $\overline{TZ5}$ 作为 ePWM 模块的单次捕获源
11	OSHT4		触发区 4($\overline{TZ4}$)选择位
		0	禁止 $\overline{TZ4}$ 作为 ePWM 模块的单次捕获源
		1	使能 $\overline{TZ4}$ 作为 ePWM 模块的单次捕获
10	OSHT3		触发区 3($\overline{TZ3}$)选择位
		0	禁止 $\overline{TZ3}$ 作为 ePWM 模块的单次捕获源
		1	使能 $\overline{TZ3}$ 作为 ePWM 模块的单次捕获源
9	OSHT2		触发区 2 引脚($\overline{TZ2}$)选择位
		0	禁止 $\overline{TZ2}$ 作为 ePWM 模块的单次捕获源
		1	使能 $\overline{TZ2}$ 作为 ePWM 模块的单次捕获源
8	OSHT1		触发区 1 引脚($\overline{TZ1}$)选择位
		0	禁止 $\overline{TZ1}$ 作为 ePWM 模块的单次捕获源
		1	使能 $\overline{TZ1}$ 作为 ePWM 模块的单次捕获源
使能/禁止循环(CBC Cycle-by-Cycle)捕获。当其中任意的使能引脚变低,该 ePWM 模块产生一个循环的捕获事件。当事件发生时,TZCTL 寄存器所定义的事件会呈现在 EPWMxA 和 EPWMxB 输出中。当定时器/计数器等于 0 时,此捕获条件将被自动清除			
7	DCBEVT2		数字比较输出 B 事件 2 选择位
		0	禁止 DCBEVT2 作为 ePWM 模块的循环(CBC)捕获源
		1	使能 DCBEVT2 作为 ePWM 模块的循环(CBC)捕获源

续表 9.47

位	位域名称	数值	说 明
6	DCAEVT2		数字比较输出 A 事件 2 选择位
		0	禁止 DCAEVT2 作为 ePWM 模块的循环(CBC)捕获源
		1	使能 DCAEVT2 作为 ePWM 模块的循环(CBC)捕获源
5	CBC6		触发区 6($\overline{TZ6}$)选择位
		0	禁止 $\overline{TZ6}$ 作为 ePWM 模块的循环(CBC)捕获源
		1	使能 $\overline{TZ6}$ 作为 ePWM 模块的循环(CBC)捕获源
4	CBC5		触发区 5($\overline{TZ5}$)选择位
		0	禁止 $\overline{TZ5}$ 作为 ePWM 模块的循环(CBC)捕获源
		1	使能 $\overline{TZ5}$ 作为 ePWM 模块的循环(CBC)捕获源
3	CBC4		触发区 4($\overline{TZ4}$)选择位
		0	禁止 $\overline{TZ4}$ 作为 ePWM 模块的循环(CBC)捕获源
		1	使能 $\overline{TZ4}$ 作为 ePWM 模块的循环(CBC)捕获源
2	CBC3		触发区 3($\overline{TZ3}$)选择位
		0	禁止 $\overline{TZ3}$ 作为 PWM 模块的循环(CBC)捕获源
		1	使能 $\overline{TZ3}$ 作为 ePWM 模块的循环(CBC)捕获源
1	CBC2		触发区 2($\overline{TZ2}$)选择位
		0	禁止 $\overline{TZ2}$ 作为 ePWM 模块的循环(CBC)捕获源
		1	使能 $\overline{TZ2}$ 作为 ePWM 模块的循环(CBC)捕获源
0	CBC1		触发区 1($\overline{TZ1}$)选择位
		0	禁止 $\overline{TZ1}$ 作为 ePWM 模块的循环(CBC)捕获源
		1	使能 $\overline{TZ1}$ 作为 ePWM 模块的循环(CBC)捕获源

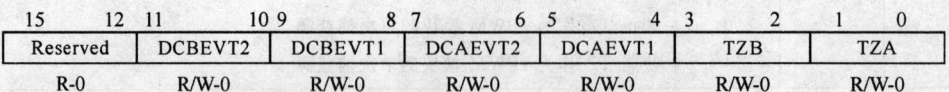

15 12	11 10	9 8	7 6	5 4	3 2	1 0
Reserved	DCBEVT2	DCBEVT1	DCAEVT2	DCAEVT1	TZB	TZA
R-0	R/W-0	R/W-0	R/W-0	R/W-0	R/W-0	R/W-0

说明：R/W= Read/Write，可读写；R = Read only，只读；-n = 复位后的初始值。

图 9.99 触发区控制(TZCTL)寄存器

表 9.48 触发区控制(TZCTL)寄存器位域定义

位	位域名称	数值	说 明
15:12	Reserved		保 留
11:10	DCBEVT2		数字比较器输出 B 事件 2 在 EPWMxB 上的动作控制
		00	高阻抗(EPWMxB 处于高阻态)
		01	强制 EPWMxB 为高电平状态
		10	强制 EPWMxB 为低电平状态
		11	不动作,禁止捕获
9:8	DCBEVT1		数字比较器输出 B 事件 1 在 EPWMxB 上的动作
		00	高阻抗(EPWMxB 处于高阻态)
		01	强制 EPWMxB 为高电平状态
		10	强制 EPWMxB 为低电平状态
		11	无动作,禁止捕获
7:6	DCAEVT2		数字比较器输出 A 事件 2 在 EPWMxA 上的动作
		00	高阻抗(EPWMxA 处于高阻态)
		01	强制 EPWMxA 为高电平状态
		10	强制 EPWMxA 为低电平状态
		11	无动作,禁止捕获
5:4	DCAEVT1		数字比较器输出 A 事件 1 在 EPWMxA 上的动作
		00	高阻抗(EPWMxA 处于高阻状态)
		01	强制 EPWMxA 为高电平状态
		10	强制 EPWMxA 为低电平状态
		11	无动作,禁止捕获
3:2	TZB		当故障捕获事件发生时,将会在 EPWMxB 输出上产生以下动作之一,通过 TZSEL 寄存器确定导致哪一个触发区事件
		00	高阻抗(EPWMxB 处于高阻状态)
		01	强制 EPWMxB 为高电平状态
		10	强制 EPWMxB 为低电平状态
		11	无动作,禁止捕获
1:0	TZA		当故障捕获事件发生时,将会在 EPWMxA 输出上产生以下动作之一,通过 TZSEL 寄存器确定导致哪一个触发区事件
		00	高阻抗(EPWMxA 或处于高阻状态)
		01	强制 EPWMxA 为高电平状态
		10	强制 EPWMxA 为低电平状态
		11	无动作,禁止捕获

15	12	11	10	9	8	7	6	5	4	3	2	1	0
Reserved		DCBEVT2		DCBEVT1		DCAEVT2		DCAEVT1		TZB		TZA	
R-0		R/W-0		R/W-0		R/W-0		R/W-0		R/W-0		R/W-0	

说明：R/W= Read/Write，可读写；R = Read only，只读；-n = 复位后的初始值。

图 9.100 触发区中断使能(TZEINT)寄存器

表 9.49 触发区中断使能(TZEINT)寄存器位域定义

位	位域名称	数值	说明
15:7	Reserved		保留
6	DCBEVT2		数字比较器输出 B 事件 2 中断使能
		0	禁止
		1	使能
5	DCBEVT1		数字比较器输出 B 事件 1 中断使能
		0	禁止
		1	使能
4	DCAEVT2		数字比较器输出 A 事件 2 中断使能
		0	禁止
		1	使能
3	DCAEVT1		数字比较器输出 A 事件 1 中断使能
		0	禁止
		1	使能
2	OST		单次捕获中断使能
		0	禁止单次中断
		1	使能单次中断,单次中断事件会导致 EPWMx_TZINT 的 PIE 中断
1	CBC		循环捕获中断使能
		0	禁止循环中断
		1	使能循环中断,循环中断事件会导致 EPWMx_TZINT 的 PIE 中断
0	Reserved		保留

15							8
Reserved							
R-0							

7	6	5	4	3	2	1	0
Reserved	DCBEVT2	DCBEVT1	DCAEVT2	DCAEVT1	OST	CBC	INT
R-0	R-0	R-0	R-0	R-0	R-0	R-0	R-0

说明：R/W= Read/Write，可读写；R = Read only，只读；-n = 复位后的初始值。

图 9.101 触发区标志(TZFLG)寄存器

表 9.50 触发区标志(TZFLG)寄存器位域定义

位	位域名称	数值	说 明
15:7	Reserved		保 留
6	DCBEVT2		数字比较器输出 B 事件 2 锁存状态标志
		0	在 DCBEVT2 上没有发生捕获事件
		1	由 DCBEVT2 定义的捕获事件已经发生
5	DCBEVT1		数字比较器输出 B 事件 1 锁存状态标志
		0	在 DCBEVT1 上没有发生捕获事件
		1	由 DCBEVT1 定义的捕获事件已经发生
4	DCAEVT2		数字比较器输出 A 事件 2 锁存状态标志
		0	在 DCAEVT2 上没有发生捕获事件
		1	由 DCAEVT2 定义的捕获事件已经发生
3	DCAEVT1		数字比较器输出 A 事件 1 锁存状态标志
		0	在 DCAEVT1 上没有发生捕获事件
		1	由 DCAEVT1 定义的捕获事件已经发生
2	OST		单次故障捕获事件锁存状态标志
		0	没有发生单次捕获事件
		1	在选择作为单次捕获信号源的引脚上已经发生了故障捕获事件 此位通过对 TZCLR 寄存器写入合适的值后清除
1	CBC		循环捕获事件锁存状态标志
		0	没有发生循环捕获事件
		1	在一个信号被选择作为循环捕获源时,发生了捕获事件。TZFLG[CBC] 位会保持置位,除非用户手动清除。当清除 CBC 之后,如果循环捕获事件 依然存在,则 CBC 位立即重新被置位。此位通过对 TZCLR 寄存器写入合 适的值后清除。当 ePWM 时基计数器达到 0 (TBCTR = 0x0000)时,如 果捕获条件不再出现,则信号的特定条件会被自动清除。当 TBCTR = 0x0000 时,不管 CBC 标志清除与否,信号条件都将被清除 这一清除通过写一个适当的值到 TZCLR 寄存器完成
0	INT		锁存故障捕获中断状态标志
		0	没有发生中断
		1	由于发生故障捕获条件,故产生了一个 EPWMx_TZINT PIE 中断请求 在此标志位清除之前,不再发生新的 EPWMx_TZINT PIE 中断请求。当 CBC 或 OST 被置位时如果该中断标志位已被清 0,则马上产生另外的中 断。清除所有的中断标志可防止进一步的中断 此位通过对 TZCLR 寄存器写入合适的值后清除

15							8
Reserved							
R-0							

7	6	5	4	3	2	1	0
Reserved	DCBEVT2	DCBEVT1	DCAEVT2	DCAEVT1	OST	CBC	INT
R-0	R-0	R-0	R-0	R-0	R-0	R-0	R-0

说明：R/W= Read/Write，可读写；R = Read only，只读；-n = 复位后的初始值。

图 9.102 触发区清除(TZCLR)寄存器

表 9.51 触发区清除(TZCLR)寄存器位域定义

位	位域名称	数值	说明
15:7	Reserved		保留
6	DCBEVT2		数字比较器输出 B 事件 2 清除标志
		0	写 0 没有影响，读总为 0
		1	写 1 清除 DCBEVT2 事件捕获标志位
5	DCBEVT1		数字比较器输出 B 事件 1 清除标志
		0	写 0 没有影响，读总为 0
		1	写 1 清除 DCBEVT1 事件捕获标志位
4	DCAEVT2		数字比较器输出 A 事件 2 清除标志
		0	写 0 没有影响，读总为 0
		1	写 1 清除 DCAEVT2 事件捕获标志位
3	DCAEVT1		数字比较器输出 A 事件 1 清除标志
		0	写 0 没有影响，读总为 0
		1	写 1 清除 DCAEVT1 事件捕获标志位
2	OST		单次捕获(OST)锁存清除标志
		0	写 0 没有影响，读总为 0
		1	写 1 清除单次捕获标志位
1	CBC		循环捕获(CBC)锁存清除标志
		0	写 0 没有影响，读总为 0
		1	写 1 清除循环捕获标志位
0	INT		全局中断清除标志
		0	写 0 没有影响，读总为 0
		1	写 1 清除 ePWM 模块的中断标志位(TZFLG[INT])
			注意：在此标志位清除之前，不再发生新的 EPWMx_TZINT PIE 中断请求。如果 TZFLG[INT]被清除，但其他任一标志位处于置位状态，则马上产生一个中断。清除所有的标志位可防止进一步的中断

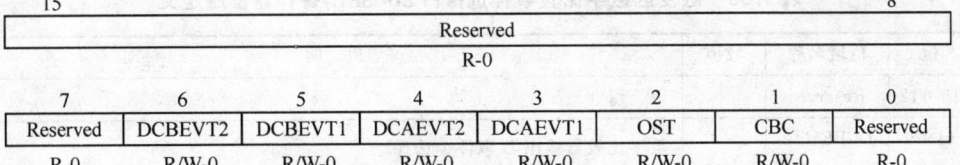

图 9.103 触发区强制(TZFRC)寄存器

表 9.52 触发区强制(TZFRC)寄存器位域定义

位	位域名称	数值	说明
15：7	Reserved		保留
6	DCBEVT2		数字比较器输出 B 事件 2 强制标志
		0	写 0 没有影响，读总为 0
		1	写 1 强制发生 DCBEVT2 捕获事件，同时将 TZFLG[DCBEVT2]置位
5	DCBEVT1		数字比较器输出 B 事件 1 强制标志
		0	写 0 没有影响，读总为 0
		1	写 1 强制发生 DCBEVT1 捕获事件，同时将 TZFLG[DCBEVT1] 置位
4	DCAEVT2		数字比较器输出 A 事件 2 强制标志
		0	写 0 没有影响，读总为 0
		1	写 1 强制发生 DCAEVT2 捕获事件，同时将 TZFLG[DCAEVT2] 置位
3	DCAEVT1		数字比较器输出 A 事件 1 强制标志
		0	写 0 没有影响，读总为 0
		1	写 1 强制发生 DCAEVT1 捕获事件，同时将 TZFLG[DCAEVT1] 置位
2	OST		软件强制单次捕获事件标志
		0	写 0 忽略，读总为 0
		1	写 1 强制发生单次捕获事件，同时将 TZFLG[OST] 置位
1	CBC		软件强制循环捕获事件标志
		0	写 0 忽略，读总为 0
		1	写 1 强制发生循环捕获事件，同时将 TZFLG[CBC] 置位
0	Reserved		保留

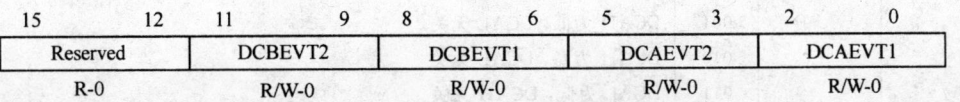

说明：R/W= Read/Write, 可读写; R = Read only, 只读; -n = 复位后的初始值。

图 9.104 触发区数字比较事件选择(TZDCSEL)寄存器

表 9.53 触发区数字比较事件选择(TZDCSEL)寄存器位域定义

位	位域名称	数值	说 明
15:12	Reserved		保留
11:9	DCBEVT2		数字比较器输出 B 事件 2 选择
		000	禁止事件
		001	DCBH 为低, DCBL 无关
		010	DCBH 为高, DCBL 无关
		011	DCBL 为低, DCBH 无关
		100	DCBL 为高, DCBH 无关
		101	DCBL 为高, DCBH 为低
		110	保留
		111	保留
8:6	DCBEVT1		数字比较器输出 B 事件 1 选择
		000	禁止事件
		001	DCBH 为低, DCBL 无关
		010	DCBH 为高, DCBL 无关
		011	DCBL 为低, DCBH 无关
		100	DCBL 为高, DCBH 无关
		101	DCBL 为高, DCBH 为低
		110	保留
		111	保留
5:3	DCAEVT2		数字比较器输出 A 事件 2 选择
		000	禁止事件
		001	DCAH 为低, DCAL 无关
		010	DCAH 为高, DCAL 无关
		011	DCAL 为低, DCAH 无关
		100	DCAL 为高, DCAH 无关
		101	DCAL 为高, DCAH 为低
		110	保留
		111	保留
2:0	DCAEVT1		数字比较器输出 A 事件 1 选择
		000	禁止事件
		001	DCAH 为低, DCAL 无关
		010	DCAH 为高, DCAL 无关
		011	DCAL 为低, DCAH 无关
		100	DCAL 为高, DCAH 无关
		101	DCAL 为高, DCAH 为低
		110	保留
		111	保留

9.11.7 数字比较子模块寄存器

图 9.105~图 9.114 和表 9.54~表 9.63 描述了数字比较子模块寄存器。

15 12	11 8	7 4	3 0
DCBLCOMPSEL	DCBHCOMPSEL	DCALCOMPSEL	DCAHCOMPSEL
R/W-0	R/W-0	R/W-0	R/W-0

说明: R/W= Read/Write,可读写; R = Read only,只读; -n = 复位后的初始值。

图 9.105 数字比较器捕获选择(DCTRIPSEL)寄存器

表 9.54 数字比较器捕获选择(DCTRIPSEL)寄存器位域定义

位	位域名称	数值	说 明
15:12	DCBLCOMPSEL		数字比较器 B 低电平输入选择
			定义 DCBL 输入信号源,当 TZ 信号用作捕获信号时,可当作常规输入,并且可定义为高有效或低有效
		0000	$\overline{TZ1}$ 输入
		0001	$\overline{TZ2}$ 输入
		0010	$\overline{TZ3}$ 输入
		1000	COMP1OUT 输入
		1001	COMP2OUT 输入
		1010	COMP3OUT 输入(在 2802x 中不可用)
			没有列示的数值均保留,如果芯片无比较器则对应操作保留
11:8	DCBHCOMPSEL		数字比较器 B 高电平输入选择
			定义 DCBH 输入信号源,当 TZ 信号用作捕获信号时,可当作常规输入,并且可定义为高有效或低有效
		0000	$\overline{TZ1}$ 输入
		0001	$\overline{TZ2}$ 输入
		0010	$\overline{TZ3}$ 输入
		1000	COMP1OUT 输入
		1001	COMP2OUT 输入
		1010	COMP3OUT 输入(在 2802x 中不可用)
			没有列示的数值均保留,如果芯片无比较器则对应操作保留
7:4	DCALCOMPSEL		数字比较器 A 低电平输入选择
			定义 DCAL 输入信号源,当 TZ 信号用作捕获信号时,可当作常规输入,并且可定义为高有效或低有效
		0000	$\overline{TZ1}$ 输入
		0001	$\overline{TZ2}$ 输入
		0010	$\overline{TZ3}$ 输入
		1000	COMP1OUT 输入
		1001	COMP2OUT 输入
		1010	COMP3OUT 输入(在 2802x 中不可用)
			没有列示的数值均保留,如果芯片无比较器则对应操作保留

续表 9.54

位	位域名称	数值	说明
3:0	DCAHCOMPSEL		数字比较器 A 高电平输入选择
			定义 DCAH 输入信号源,当 TZ 信号用作捕获信号时,可当作常规输入,并且可定义为高有效或低有效
		0000	$\overline{TZ1}$ 输入
		0001	$\overline{TZ2}$ 输入
		0010	$\overline{TZ3}$ 输入
		1000	COMP1OUT 输入
		1001	COMP2OUT 输入
		1010	COMP3OUT 输入(在 2802x 中不可用)
			没有列示的数值均保留,如果芯片无比较器则对应操作保留

15						10	9		8
		Reserved					EVT2FRC SYNCSEL		EVT2SRCSEL
		R-0					R/W-0		R/W-0

7		4	3	2	1	0
	Reserved		EVT1SYNCE	EVT1SOCE	EVT1FRC SYNCSEL	EVT1SRCSEL
	R-0		R/W-0	R/W-0	R/W-0	R/W-0

说明:R/W= Read/Write,可读写; R = Read only,只读; -n = 复位后的初始值。

图 9.106 数字比较器 A 控(DCACTL)制寄存器

表 9.55 数字比较器 A 控制(DCACTL)寄存器位域定义

位	位域名称	数值	说明
15:10	Reserved		保留
9	EVT2FRC SYNCSEL		DCAEVT2 强制同步信号选择
		0	信号源为同步信号
		1	信号源为异步信号
8	EVT2SRCSEL		DCAEVT2 信号源选择
		0	信号源为 DCAEVT2 信号
		1	信号源为 DCEVTFILT 信号
7:4	Reserved		保留
3	EVT1SYNCE		使能或禁止 DCAEVT1 同步
		0	禁止 DCAEVT1 同步
		1	使能 DCAEVT1 同步
2	EVT1SOCE		使能或禁止 DCAEVT1 启动转换(SOC)
		0	禁止启动转换
		1	使能启动转换

续表 9.55

位	位域名称	数值	说明
1	EVT1FRC SYNCSEL		DCAEVT1 强制选择同步信号
		0	信号源为同步信号
		1	信号源为异步信号
0	EVT1 SRCSEL		DCAEVT1 信号源选择
		0	信号源为 DCAEVT1 信号
		1	信号源为 DCEVTFILT 信号

15			10	9		8
	Reserved			EVT2FRC SYNCSEL		EVT2SRCSEL
	R-0			R/W-0		R/W-0

7	4	3	2	1	0
Reserved		EVT1SYNCE	EVT1SOCE	EVT1FRC SYNCSEL	SYNCSEL
R-0		R/W-0	R/W-0	R/W-0	R/W-0

说明：R/W= Read/Write，可读写；R = Read only，只读；-n = 复位后的初始值。

图 9.107　数字比较器 B 控制(DCBCTL)寄存器

表 9.56　数字比较器 B 控制(DCBCTL)寄存器位域定义

位	位域名称	数值	说明
15:10	Reserved		保留
9	EVT2FRC SYNCSEL		DCBEVT2 强制同步信号选择
		0	信号源是同步信号
		1	信号源是异步信号
8	EVT2 SRCSEL		DCBEVT2 信号源选择
		0	信号源来自 DCBEVT2
		1	信号源来自 DCEVTFILT
7:4	Reserved		保留
3	EVT1SYNCE		使能/禁止 DCBEVT1 同步
		0	禁止 DCBEVT1 同步
		1	使能 DCBEVT1 同步
2	EVT1SOCE		使能/禁止 DCBEVT1 启动转换(SOC)
		0	禁止启动转换
		1	使能启动转换
1	EVT1FRC SYNCSEL		DCBEVT1 强制同步信号选择
		0	信号源是同步信号
		1	信号源是异步信号
0	EVT1SRCSEL		DCBEVT1 信号源选择
		0	信号源来自 DCBEVT1
		1	信号源来自 DCEVTFILT

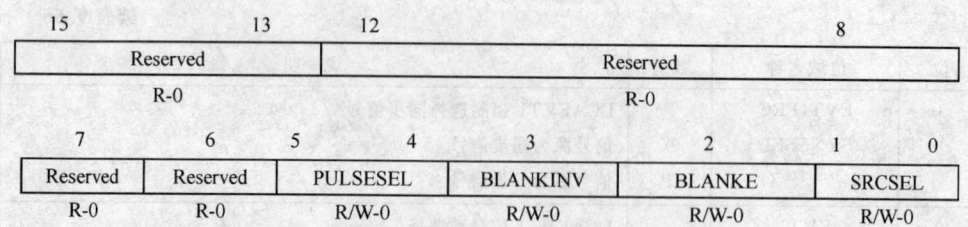

图 9.108 数字比较器滤波控制(DCFCTL)寄存器

表 9.57 数字比较器滤波控制(DCFCTL)寄存器位域定义

位	位域名称	数值	说明
15:13	Reserved		保留
12:8	Reserved		保留用作 TI 测试
7	Reserved		保留
6	Reserved		保留用作 TI 测试
5:4	PULSESEL		滤波和捕获的时机选择
		00	时基计数器等于周期时(TBCTR = TBPRD)
		01	时基计数器等于 0 时(TBCTR = 0x0000)
		10	保留
		11	保留
3	BLANKINV		滤波窗口反向选择
		0	禁止滤波窗口反向
		1	使能滤波窗口反向
2	BLANKE		使能/禁止滤波窗口
		0	禁止滤波窗口
		1	使能滤波窗口
1:0	SRCSEL		滤波模块信号源选择
		00	信号源来自 DCAEVT1
		01	信号源来自 DCAEVT2
		10	信号源来自 DCBEVT1
		11	信号源来自 DCBEVT2

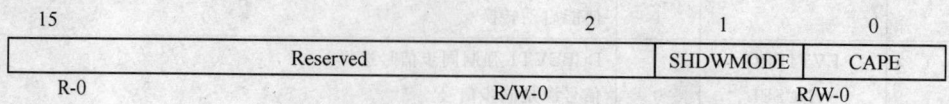

说明:R/W= Read/Write,可读写;R = Read only,只读;-n = 复位后的初始值。

图 9.109 数字比较器捕获控制(DCCAPCTL)寄存器

表 9.58　数字比较器捕获控制(DCCAPCTL)寄存器位域定义

位	位域名称	数值	说明
15:2	Reserved		保留
1	SHDWMODE		TBCTR 计数器捕获映像选择模式
		0	使能映像模式。由 DCFCTL[PULSESEL] 定义的当 TBCTR＝TBPRD 或 TBCTR＝0 事件发生时,DCCAP 工作寄存器复制到映像寄存器中。CPU 读取 DCCAP 寄存器时,将返回映像寄存器中内容
		1	禁止映像模式。CPU 读取 DCCAP 寄存器,将返回工作寄存器中内容
0	CAPE		使能/禁止 TBCTR 计数器捕获功能
		0	禁止时基计数器捕获
		1	使能时基计数器捕获

15	2	1	0
Reserved		SHDWMODE	CAPE
R-0		R/W-0	R/W-0

说明：R/W＝Read/Write，可读写； R＝Read only，只读； -n＝复位后的初始值。

图 9.110　数字比较器计数捕获(DCCAP)寄存器

表 9.59　数字比较器计数捕获(DCCAP)寄存器位域定义

位	位域名称	数值	说明
15:0	DCCAP	0000 - FFFFh	数字比较时基计数器捕获 为了使能时基计数器捕获,将 DCCAPCLT[CAPE] 位置 1 在使能状态下,当滤波事件(DCEVTFLT)发生由低过渡高的边沿时,返回时基计数器(TBCTR)的数值。随后的捕获事件都会被忽略,直到由 DCFCTL[PULSESEL] 字段决定的计数器或者等于周期,或者等于 0 事件的发生 通过 DCCAPCTL[SHDWMODE] 可以使能或禁止映像模式,默认为映像模式 ● 如果 DCCAPCTL[SHDWMODE]＝0,则使能映像寄存器。在这种模式下,当由 DCFCTL[PULSESEL] 位定义的 TBCTR＝TBPRD 或 TBCTR＝0 时,工作寄存器复制到映像寄存器,CPU 读取该寄存器将返回映像寄存器值 ● 如果 DCCAPCTL[SHDWMODE]＝1,禁止映像寄存器。在这种模式下,CPU 读取将返回工作寄存器的值 工作寄存器和映像寄存器共享同一个内存映射地址

第 9 章 Piccolo 增强型脉宽调制器(ePWM)模块

15		0
	DCFOFFSET	
	R-0	

说明:R/W= Read/Write,可读写;R = Read only,只读;-n =复位后的初始值。

图 9.111　数字比较器滤波偏移(DCFOFFSET)寄存器

表 9.60　数字比较器滤波偏移(DCFOFFSET)寄存器位域定义

位	位域名称	数值	说　明
15:0	DCFOFFSET	0000 - FFFFh	滤波窗偏移 这是以时基时钟周期 TBCLK 指定的一个 16 位数,在使用滤波窗时作为滤波窗参考点。滤波窗通过 DCFCTL[PULSESEL] 位定义,以计数器等于周期或者等于 0 作为参考。此寄存器可以使用映像模式,并且在 DCFCTL[PULSESEL] 字段定义的参考点工作寄存器从映像寄存器加载。当工作寄存器被加载后开始减计数,同时偏移计数器也被初始化。当减计数溢出时,滤波窗开启。如果当前滤波窗处于工作状态,则滤波窗计数器重新计数

15		0
	OFFSETCNT	
	R-0	

说明:R/W= Read/Write,可读写;R = Read only,只读;-n =复位后的初始值。

图 9.112　数字比较器滤波偏移计数(DCFOFFSETCNT)寄存器

表 9.61　数字比较器滤波偏移计数(DCFOFFSETCNT)寄存器位域定义

位	位域名称	数值	说　明
15:0	OFFSETCNT	0000 - FFFFh	滤波偏移计数器 这 16 位只读,表示当前偏移计数器的读取值。计数器指向 0 减计数,直到 DCFCTL[PULSESEL] 字段定义的 下一个周期事件或者 0 事件进行重载时停止 FREE/SOFT 仿真位不会影响到偏移计数器。也就是说,即使设备由仿真停止造成暂停,偏移计数器会继续减计数

15	8	7	0
Reserved		WINDOW	
R-0		R/W-0	

说明:R/W= Read/Write,可读写;R = Read only,只读;-n =复位后的初始值。

图 9.113　数字比较器滤波窗(DCFWINDOW)寄存器

表 9.62 数字比较器滤波窗(DCFWINDOW)寄存器位域定义

位	位域名称	数值	说明
15:8	Reserved		保留
7:0	WINDOW		滤波窗口宽度
		00h	不产生滤波窗
		1-FFh	以 TBCLK 周期计量的滤波窗口宽度。当偏移计数器溢出时,开始滤波窗。此时,滤波窗计数器被载入并且减计数。如果滤波窗为当前工作窗并且偏移计数器溢出,则滤波窗计数器重载 滤波窗口可以超过一个 PWM 周期的边界

15		8	7		0
	Reserved			WINDOWCNT	
	R-0			R-0	

说明:R/W= Read/Write,可读写; R = Read only,只读; -n = 复位后的初始值。

图 9.114 数字比较器滤波窗计数器(DCFWINDOWCNT)寄存器

表 9.63 数字比较器滤波窗计数器(DCFWINDOWCNT)寄存器位域定义

位	位域名称	数值	说明
15:8	Reserved		保留。如果要进行写操作,必须数值为 0
7:0	WINDOWCNT	00-FFh	滤波窗计数器 这 8 位只读,表示当前滤波窗计数器的读取值。计数器指向 0 减计数,直到偏移计数器再次等于 0,重载时停止

9.11.8 事件触发器子模块寄存器

图 9.115~图 9.118,表 9.64~表 9.68 描述了事件触发器子模块寄存器。

15		8	7		0
	Reserved			WINDOWCNT	
	R-0			R-0	

说明:R/W= Read/Write,可读写; R = Read only,只读; -n = 复位后的初始值。

图 9.115 事件触发器选择(ETSEL)寄存器

表 9.64 事件触发器选择(ETSEL)寄存器位域定义

位	位域名称	值	说明
15	SOCBEN		使能 ADC 启动转换(SOC:Start of Conversion)B (EPWMxSOCB)脉冲
		0	禁止 EPWMxSOCB 脉冲
		1	使能 EPWMxSOCB 脉冲

续表 9.64

位	位域名称	值	说 明
14:12	SOCBSEL		EPWMxSOCB 选择选项，这些位决定了何时产生 EPWMxSOCB 脉冲
		000	使能 DCBEVT1.soc 事件触发 SOC
		001	使能 CTR=0 (TBCTR=0x0000)事件触发 SOC
		010	使能 CTR=PRD (TBCTR=TBPRD)事件触发 SOC
		011	使能 CTR=0 或 CTR=PRD 事件触发 SOC,此选项在增-减计数模式下使用
		100	使能 CTR = CMPA 事件且定时器增计数时,触发 SOC
		101	使能 CTR = CMPA 事件且定时器减计数时,触发 SOC
		110	使能 CTR = CMPB 事件且定时器增计数时,触发 SOC
		111	使能 CTR = CMPB 事件且定时器减计数时,触发 SOC
11	SOCAEN		使能 ADC SOCA(EPWMxSOCA)脉冲
		0	禁止 EPWMxSOCA 脉冲
		1	使能 EPWMxSOCA 脉冲
10:8	SOCASEL		EPWMxSOCA 选择选项，这些位决定了何时产生 EPWMxSOCA 脉冲
		000	使能 DCAEVT1.soc 事件触发 SOC
		001	使能 CTR=0 事件触发 SOC
		010	使能 CTR=PRD 事件触发 SOC
		011	使能 CTR=0 或 CTR=PRD 事件触发 SOC,此选项在增-减计数模式下使用
		100	使能 CTR = CMPA 事件且定时器增计数时,触发 SOC
		101	使能 CTR = CMPA 事件且定时器减计数时,触发 SOC
		110	使能 CTR = CMPB 事件且定时器增计数时,触发 SOC
		111	使能 CTR = CMPB 事件且定时器减计数时,触发 SOC
7:4	Reserved		保留
3	INTEN		使能 ePWM 中断(EPWMx_INT)产生
		0	禁止产生 EPWMx_INT 中断
		1	使能产生 EPWMx_INT 中断
2:0	INTSEL		ePWM 中断(EPWMx_INT)选择选项
		000	保留
		001	使能 CTR=0 事件触发中断
		010	使能 CTR=PRD 事件触发中断
		011	使能 CTR=0 或 CTR=PRD 事件触发中断,此选项在增-减计数模式下使用
		100	使能 CTR = CMPA 事件且定时器增计数时,触发中断
		101	使能 CTR = CMPA 事件且定时器减计数时,触发中断
		110	使能 CTR = CMPB 事件且定时器增计数时,触发中断
		111	使能 CTR = CMPB 事件且定时器减计数时,触发中断

15	14	13	12	11	10	9	8
SOCBCNT		SOCBPRD		SOCACNT		SOCAPRD	
R/W-0		R/W-0		R/W-0		R/W-0	

7			4	3	2		0
Reserved				INTCNT		INTPRD	
R-0				R-0		R/W-0	

说明：R/W=读/写； R=只读； -n=复位后的值。

图 9.116 事件触发预分频(ETPS)寄存器

表 9.65 事件触发预分频(ETPS)寄存器位域定义

位	位域名称	值	说明
15:14	SOCBCNT		ePWM 模块 ADC 启动转换（SOC：Start of Conversion）B 事件（EPWMx-SOCB）计数器
			这些位表示：选定的 ETSEL[SOCBSEL] 事件已经进行了多少次触发
		00	没有触发事件发生
		01	已经发生 1 次触发事件
		10	已经发生 2 次触发事件
		11	已经发生 3 次触发事件
13:12	SOCBPRD		ePWM 模块 ADC SOCB 事件（EPWMxSOCB）周期选择
			这些位确定：选定的 ETSEL[SOCBSEL] 事件需要触发多少次才产生一个 EPWMxSOCB 脉冲。若要产生脉冲，须使能 EPWMxSOCB 脉冲（ETSEL[SOCBEN]=1）。即使先前的 SOC 状态标志已经置位（ETFLG[SOCB]=1），SOCB 的脉冲依旧能够产生。一旦 SOCB 脉冲产生，则 ETPS[SOCBCNT] 位将被自动清除
		00	禁止 SOCB 事件计数器，因此不会产生 EPWMxSOCB 脉冲
		01	当发生第 1 个事件 ETPS[SOCBCNT] = 0,1 时,产生 EPWMxSOCB 脉冲
		10	当发生第 2 个事件 ETPS[SOCBCNT] = 1,0 时,产生 EPWMxSOCB 脉冲
		11	当发生第 3 个事件 ETPS[SOCBCNT] = 1,1 时,产生 EPWMxSOCB 脉冲
11:10	SOCACNT		ePWM 模块 ADC SOCA 事件（EPWMxSOCA）计数器
			这些位表示：选定的 ETSEL[SOCASEL] 事件已经进行了多少次触发
		00	没有触发事件发生
		01	已经发生 1 次触发事件
		10	已经发生 2 次触发事件
		11	已经发生 3 次触发事件
9:8	SOCAPRD		ePWM 模块 ADC SOCA 事件（EPWMxSOCA）周期选择
			这些位确定：选定的 ETSEL[SOCASEL] 事件需要触发多少次才产生一个 EPWMxSOCA 脉冲。若要产生脉冲，须使能 EPWMxSOCA 脉冲（ETSEL[SOCAEN]=1）。即使先前的 SOC 状态标志已经置位（ETFLG[SOCA]=1），SOCA 脉冲依旧能够产生。一旦 SOCA 脉冲产生，ETPS[SOCACNT]位将被自动清除
		00	禁止 SOCA 事件计数器,不会产生 EPWMxSOCA 脉冲
		01	当发生第 1 个事件 ETPS[SOCACNT] = 0,1 时,产生 EPWMxSOCA 脉冲
		10	当发生第 2 个事件 ETPS[SOCACNT] = 1,0 时,产生 EPWMxSOCA 脉冲
		11	当发生第 3 个事件 ETPS[SOCACNT] = 1,1 时,产生 EPWMxSOCA 脉冲

续表 9.65

位	位域名称	值	说明
7:4	Reserved		保留
3:2	INTCNT		ePWM 中断事件（EPWMx_INT）计数器 这些位表示：选定的 ETSEL[INTSEL] 事件需要触发多少次。当一个中断脉冲产生时，这些位将被自动清除。如果禁止中断即 ETSEL[INT]=0，或者中断标志位置位 ETFLG[INT]=1，则当计数器达到周期值（ETPS[INTCNT]=ETPS[INTPRD]）时，停止计数
		00	没有事件发生
		01	1 次事件发生
		10	2 次事件发生
		11	3 次事件发生
1:0	INTPRD		ePWM 中断（EPWMx_INT）周期选择 这些位确定：选定的 ETSEL[INTSEL] 事件需要触发多少次才产生一个中断。若要产生中断，必须使能中断（ETSEL[INT]=1）。如果上一次的中断状态标志已经置位（ETFLG[INT] = 1），则不会产生新的中断，除非通过 ETCLR[INT] 位清除标志位。当另一个中断正在处理时，允许一个未决中断存在。一旦产生中断，则 ETPS[INTCNT]位将被自动清除。如果已经使能中断且状态位已被清除，写入 INTPRD 的值若与当前计数器的值相等的话将触发一个中断；若写入 INTPRD 的值小于当前计数器的值，将导致未定义的状况。如果一个计数器事件发生在一个新 0 或非 0 写入 INTPRD 的同一瞬间，则计数器增计数
		00	禁止中断事件计数器，从而不会产生中断，且 ETFRC[INT]被忽略
		01	当 ETPS[INTCNT] = 0,1 时，产生中断（首次事件）
		10	当 ETPS[INTCNT] = 1,0 时，产生中断（第 2 次事件）
		11	当 ETPS[INTCNT] = 1,1 时，产生中断（第 3 次事件）

Reserved	SOCB	SOCA	Reserved	INT
R-0	R-0	R-0	R-0	R-0

说明：R/W= Read/Write，可读写；R = Read only，只读；-n = 复位后的初始值。

图 9.117 事件触发标志（ETFLG）寄存器

表 9.66 事件触发标志（ETFLG）寄存器位域定义

位	位域名称	数值	说明
15:4	Reserved		保留
3	SOCB		ePWM 的 ADC SOCB（EPWMxSOCB）锁存状态标志
		0	表示没有 EPWMxSOCB 事件发生
		1	表示在 EPWMxSOCB 上已经产生了转换启动事件。即使此标志位已被置位，EPWMxSOCB 输出依旧继续产生

续表 9.66

位	位域名称	数值	说明
2	SOCA		ePWM 的 ADC SOCA(EPWMxSOCA)锁存状态标志 不同于 ETFLG[INT] 标志位,即使该标志位已经置位,EPWMxSOCA 仍将输出连续脉冲
		0	表示没有事件发生
		1	表示一个 SOC 脉冲已经在 EPWMxSOCA 上产生。即使此标记位已经被置位,EPWMxSOCA 输出仍将继续产生
1	Reserved		保留
0	INT		ePWM 中断(EPWMx_INT)锁存状态标志
		0	表示没有事件发生
		1	表示 ePWMx 中断(EPWMx_INT)已经产生。在标志位未被清除之前,不会产生更多的中断。当 ETFLG[INT] 位仍旧为 1 时,可能多于一个的未决中断。如果要不产生未决的中断,除非在 ETFLG[INT] 被清除之后。请查阅图 9.44

Reserved	SOCB	SOCA	Reserved	INT
R-0	R-0	R-0	R-0	R-0

说明: R/W= Read/Write, 可读写; R = Read only, 只读; -n = 复位后的初始值。

图 9.118 事件触发器清除(ETCLR)寄存器

表 9.67 事件触发器清除(ETCLR)寄存器位域定义

位	位域名称	数值	说明
15:4	Reserved		保留
3	SOCB		ePWM 的 ADC SOCB(EPWMxSOCB)标志清除位
		0	写 0 没有影响,读总为 0
		1	写 1 清除 ETFLG[SOCB] 标志位
2	SOCA		ePWM 的 ADC SOCA(EPWMxSOCA)标志清除位
		0	写 0 没有影响,读总为 0
		1	写 1 清除 ETFLG[SOCA] 标志位
1	Reserved		保留
0	INT		ePWM 中断(EPWMx_INT)标志清除位
		0	写 0 没有影响,读总为 0
		1	写 1 清除 ETFLG[INT] 标志位,并使能更多的中断脉冲产生

15		4	3	2	1	0
Reserved			SOCB	SOCA	Reserved	INT
R-0			R/W-0	R/W-0	R-0	R/W-0

说明：R/W= Read/Write，可读写；R = Read only，只读；-n =复位后的初始值。

图 9.119 事件触发器强制(ETFRC)寄存器

表 9.68 事件触发器强制(ETFRC)寄存器位域定义

位	位域名称	数值	说明
15：4	Reserved		保留
3	SOCB		SOCB 强制位。只有在 ETSEL 寄存器处于使能状态下，才能产生 SOCB 脉冲。不需要考虑标志位 ETFLG[SOCB] 置位与否
		0	写 0 没有影响，读总为 0
		1	写 1 强制在 EPWMxSOCB 上产生一个脉冲，并且将 SOCBFLG 置位。该位用于测试
2	SOCA		SOCA 强制位。只有在 ETSEL 寄存器处于使能状态下，才能产生 SOCB 脉冲。不需要考虑标志位 ETFLG[SOCA] 置位与否
		0	写 0 没有影响，读总为 0
		1	写 1 强制在 EPWMxSOCA 上产生一个脉冲，并且将 SOCAFLG 置位。该位用于测试
1	Reserved		保留
0	INT		中断强制位。只有在 ETSEL 寄存器处于使能状态下，才能产生中断。不需要考虑标志位 INT 置位与否
		0	写 0 没有影响，读总为 0
		1	写 1 强制在 $\overline{\text{EPWMxINT}}$ 上产生一个中断，并且将标志位 INT 置位。该位用于测试

9.11.9 正常的中断启动步骤

当使能 ePWM 外设时钟时，由于没有对 ePWM 寄存器正确初始化可能将中断标志位置位从而造成虚假事件。初始化 ePWM 正确步骤如下：

(1) 禁止全局中断(CPU INTM 标志)；
(2) 禁止 ePWM 中断；
(3) 设置 TBCLKSYNC=0；
(4) 初始化外设寄存器；
(5) 设置 TBCLKSYNC=1；
(6) 清除任何虚假的 ePWM 标志(包括 PIEIFR)；
(7) 使能 ePWM 中断；
(8) 使能全局中断。

9.12 ePWM 示例源码

9.12.1 ePWM 时基时钟的计算

ePWM 时基时钟 TBCLK 由时基控制寄存器 TBCTL 的高速时钟预分频器 HSPCLKDIV 及时钟预定标器 CLKDIV 决定。

根据 TBCTL 寄存器位域定义，下面给出 ePWM 时基时钟 TBCLK 的计算公式：

$$TBCLK = \begin{cases} \dfrac{SYSCLKOUT}{2^{CLKDIV}} & \text{当 } HSPCLKDIV=0, 0 \leqslant CLKDIV \leqslant 7 \\ \dfrac{SYSCLKOUT}{2 \times HSPCLKDIV \times 2^{CLKDIV}} & \text{当 } 1 \leqslant HSPCLKDIV \leqslant 6, 0 \leqslant CLKDIV \leqslant 7 \end{cases}$$

(9.1)

例如：在第 10 章的 zHRPWM_Duty_SFO_V6 项目中：

系统时钟 SYSCLKOUT=60 MHz, HSPCLKDIV=0, CLKDIV=0, 则

$$TBCLK = \frac{SYSCLKOUT}{2^{CLKDIV}} = 60 \text{ MHz};$$

在本章的 zEPwm_UpAQ 项目中：

系统时钟 SYSCLKOUT=60 MHz, HSPCLKDIV=1, CLKDIV=1, 则

$$TBCLK = \frac{SYSCLKOUT}{2 \times HSPCLKDIV \times 2^{CLKDIV}} = \frac{60}{2 \times 1 \times 2} = 15 \text{ MHz}$$

9.12.2 ePWM 初始化指令顺序

ePWM 模块初始化指令分以下 4 个步骤完成。

(1) 使能 PCLKCR1 寄存器中的 ePWM 模块时钟：通过在主函数中调用 InitSysCtrl() 函数完成，这个函数又包含了对初始化外设时钟函数 InitPeripheralClocks() 的调用，从而将系统时钟 SYSCLKOUT 接入所有 ePWM 模块，其指令为：

```
SysCtrlRegs.PCLKCR1.bit.EPWM1ENCLK = 1;     // 使能 EPWM1 模块时钟
SysCtrlRegs.PCLKCR1.bit.EPWM2ENCLK = 1;     // 使能 EPWM2 模块时钟
SysCtrlRegs.PCLKCR1.bit.EPWM3ENCLK = 1;     // 使能 EPWM3 模块时钟
SysCtrlRegs.PCLKCR1.bit.EPWM4ENCLK = 1;     // 使能 EPWM4 模块时钟
```

(2) 置 TBCLKSYNC = 0，禁止 ePWM 所有模块与时基时钟 TBCLK 同步：TBCLKSYNC(PCLKCR0[2]) 是 ePWM 模块时基 (TBCLK) 同步控制位，通过置 1 使能 ePWM 所有模块与时基 TBCLK 同步。在将系统时钟接入所有 ePWM 模块之后，并且在使能 ePWM 所有模块与时基 TBCLK 同步之前，必须先将 TBCLKSYNC 位清 0，禁止与时基时钟 TBCLK 同步。主程序第 4 步中的前 3 条指令完成这个

操作。

```
EALLOW;
SysCtrlRegs.PCLKCR0.bit.TBCLKSYNC = 0;      // PCLKCR0:外设时钟控制器 0
EDIS;
```

(3) 置预定标值及 ePWM 模式：在将 TBCLKSYNC 清 0 之后，调用函数用于配置预定标值及 ePWM 模式。

```
InitEPwm1Example();
InitEPwm2Example();
InitEPwm3Example();
```

表 9.69 列出了 InitEPwm1Example() 整个函数。

(4) 置 TBCLKSYNC = 1，使能 ePWM 所有模块与时基时钟 TBCLK 同步，在函数调用完毕之后，再使能 ePWM 所有模块与时基 TBCLK 同步：

```
EALLOW;
SysCtrlRegs.PCLKCR0.bit.TBCLKSYNC = 1;
EDIS;
```

上述后 3 个步骤就是主程序对系统初始化的第 4 步，之后，主程序才进入用户程序。

9.12.3　ePWM_增模式下的动作控制(zEPwm_UpAQ)

表 9.69 为 zEPwm_UpAq.c 文件中的 InitEPwm1Example() 函数。下面为调试要领。

1. 测试连接

将 EPWM1A(GPIO0　LaunchPad.J6.1)引脚，EPWM1B(GPIO1　LaunchPad.J6.2)引脚，GND(LaunchPad.J5.2)接入示波器，量程：20 V，100 μs。

2. 测试 PWM 周期

PWM 周期计算过程如下：

先求时基时钟：

TBCLK = SYSCLKOUT / (HSPCLKDIV × CLKDIV) = 60/4 = 15 MHz (66.68 ns)，

再计算 PWM 周期：

Period(PWM) = TBPRD * TBCLK(周期) = 2 000 * 66.68 = 133 μs

3. 从示波器观察 EPWM1 的波形：

可从示波器观察到占空比不断变化的 PWM 波形。这是在中断程序中连续改变 CMPA 及 CMPB 比较值的结果。在屏蔽全局中断 EINT 和 ERTM 的情况下，示波器观察值：Period(PWM) = 133 μs，该值与上面计算值吻合，其中占空比：Duty = CMPA/TBPRD = 50/2000 = 0.025。理论波形图参见图 9.120。

表 9.69　示例 zEPwm_UpAq.c 中的 InitEPwm1Example() 函数

```
Void InitEPwm1Example()        zEPwm_UpAQ.c
{
// 设置时基控制寄存器(TBCLK)
    EPwm1Regs.TBCTL.bit.CTRMODE = TB_COUNT_UP;      // 采用增计数模式
    EPwm1Regs.TBPRD = EPWM1_TIMER_TBPRD;            // 周期(TBPRD) = 2 000
    EPwm1Regs.TBCTL.bit.PHSEN = TB_DISABLE;         // 禁止 相位(phase)加载
    EPwm1Regs.TBPHS.half.TBPHS = 0x0000;            // 相位设置为 0
    EPwm1Regs.TBCTR = 0x0000;                       // TBCTR = 0x0000,清计数器。
    EPwm1Regs.TBCTL.bit.HSPCLKDIV = TB_DIV2;
    EPwm1Regs.TBCTL.bit.CLKDIV = TB_DIV2;
    // 由 TB_DIV2 = 1,
    // 故时基时钟:TBCLK = SYSCLKOUT / (HSPCLKDIV × CLKDIV) = 60/4 = 15 MHz,时基时钟 TBCLK
    // 一个周期为 66.67 ns,若屏蔽 EINT；及 ERTM；指令,即屏蔽中断,则一个 ePWM 的周期为:66.68
    // * 2 000 = 133 μs
// 设置映像寄存器:对比较器控制寄存器(CMPCTL)设置
    EPwm1Regs.CMPCTL.bit.SHDWAMODE = CC_SHADOW;     // CMPA 采用映像寄存器模式
    EPwm1Regs.CMPCTL.bit.SHDWBMODE = CC_SHADOW;     // CMPB 采用映像寄存器模式
    EPwm1Regs.CMPCTL.bit.LOADAMODE = CC_CTR_ZERO;   // 当 CTR = 0 时,CMPA 从映像寄存器中加载
    EPwm1Regs.CMPCTL.bit.LOADBMODE = CC_CTR_ZERO;   // 当 CTR = 0 时,CMPB 从映像寄存器中加载
// 设置比较器的值
    EPwm1Regs.CMPA.half.CMPA = EPWM1_MIN_CMPA;      // CMPA 比较值设置为 50
    EPwm1Regs.CMPB = EPWM1_MIN_CMPB;                // CMPB 比较值设置为 50
// 设置动作:对动作(AQCTLA 及 AQCTLB)寄存器的设置
    EPwm1Regs.AQCTLA.bit.ZRO = AQ_SET;              // 当 CTR = 0 时,强制 EPWM1A 输出高电平
    EPwm1Regs.AQCTLA.bit.CAU = AQ_CLEAR;            // 当 CTR = CMPA 且计数器增计数时,强制
                                                    // EPWMxA 输出低电平
    EPwm1Regs.AQCTLB.bit.ZRO = AQ_SET;              // 当 CTR = 0 时,强制 EPWM1B 输出高电平
    EPwm1Regs.AQCTLB.bit.CBU = AQ_CLEAR;            // 当 CTR = CMPB 且计数器增计数时,强制
                                                    // EPWM1B 输出低电平
// 设置中断:对中断寄存器(ETSEL)的设置。中断时将改变比较器的值
    EPwm1Regs.ETSEL.bit.INTSEL = ET_CTR_ZERO;       // 当 CTR = 0 时触发一个中断请求
    EPwm1Regs.ETSEL.bit.INTEN = 1;                  // 使能 ePWM 中断(EPWMx_INT)产生
// 设置事件触发预分频寄存器(ETPS)
    EPwm1Regs.ETPS.bit.INTPRD = ET_3RD;   //当第 3 次发生 CTR = 0 周期事件时,产生一个中断,中断周
    // 期 = 3 * 133 = 400 μs。以下数据用于跟踪动态 CMPA/CMPB 值的方向,最小值和最大值可作为校正
    // ePWM 寄存器的指针用于动态改变脉冲宽度
    epwm1_info.EPwm_CMPA_Direction = EPWM_CMP_UP;   // 开始时 CMPA 及 CMPB 递增
    epwm1_info.EPwm_CMPB_Direction = EPWM_CMP_UP;
    epwm1_info.EPwmTimerIntCount = 0;               // 中断计数器设置为 0
    epwm1_info.EPwmRegHandle = &EPwm1Regs;          // 将 ePWM 模块的地址赋值给指针变量
                                                    // EPwmRegHandle,这条指令必须有
```

续表 9.69

```
    epwm1_info.EPwmMaxCMPA = EPWM1_MAX_CMPA;      // 设置 CMPA 及 CMPB 的最小、最大值
    epwm1_info.EPwmMinCMPA = EPWM1_MIN_CMPA;
    epwm1_info.EPwmMaxCMPB = EPWM1_MAX_CMPB;
    epwm1_info.EPwmMinCMPB = EPWM1_MIN_CMPB;
}
// 注意:CAU、CBU 及 CAD、CBD,其中 CA、CB 分别为 CMPA、CMPB 的缩写,U 为增计数,而 D 为减计数。
//       CTR 为 TBCTR(时基计数寄存器),PRD 为 TBPRD(时基周期寄存器)的缩写
```

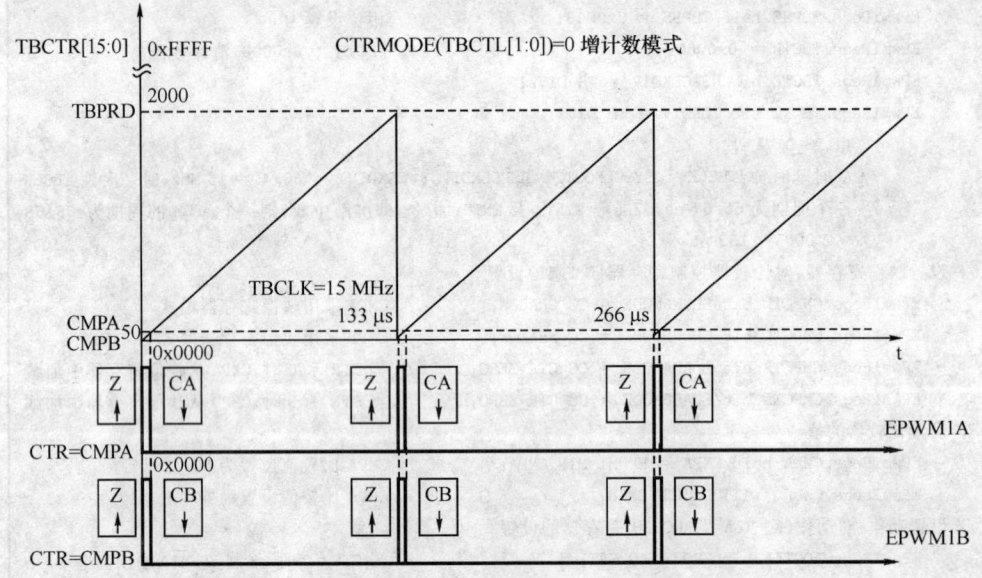

参数设置:时基周期 TBPRD=2 000,计数比较器 CMPA=50,计数比较器 CMPB=50
注意:以上是将 EINT 及 ERTM 屏蔽后的基本波形。否则会产生空比变化的调波

图 9.120　zEpwm_UpAQ 的基本波形

4. 关于嵌套结构体指针变量的结构体

下面对项目主文件中用到的结构体类型 EPWM_INFO 进行讨论。

在 zEPwmUpAQ.c 文件的头部定义了一个结构体变量类型 EPWM_INFO,用于访问 ePWM 各个子模块的寄存器并且动态改变脉宽调制波形。在这个结构体中嵌套了一个 EPWM_REGS 结构体类型的指针变量:EPwmRegHandle。EPWM_REGS 结构体在 DSP2802x_EPWM.h 文件中定义,它把 ePWM 模块所有寄存器按地址从小到大的顺序归纳到这个结构中。因此,EPWM_INFO 包含了 EPWM_REGS 的结构。另外在主文件头部用 EPWM_INFO 定义了指向 ePWM 中 3 个子模块的 3 个同类型结构体变量,参见表 9.70。

第 9 章　Piccolo 增强型脉宽调制器(ePWM)模块

表 9.70　EPWM_INFO 结构体及变量定义

```
typedef struct
{
    // 在 EPWM_INFO 结构体中嵌套一个 EPWM_REGS 结构体类型的结构体指针变量,用以访问 ePWM 各个模
    // 块的寄存器
    volatile struct EPWM_REGS * EPwmRegHandle;
    // 以下 7 个变量用来动态改变脉宽调制波形
    Uint16 EPwm_CMPA_Direction;         // ePWM 比较器 CMPA 的计数方向
    Uint16 EPwm_CMPB_Direction;         // ePWM 比较器 CMPB 的计数方向
    Uint16 EPwmTimerIntCount;           // ePWM 定时器中断计数器
    Uint16 EPwmMaxCMPA;                 // ePWM CMPA 的最大值
    Uint16 EPwmMinCMPA;                 // ePWM CMPA 的最小值
    Uint16 EPwmMaxCMPB;                 // ePWM CMPB 的最大值
    Uint16 EPwmMinCMPB;                 // ePWM CMPB 的最小值
}EPWM_INFO;
EPWM_INFO epwm1_info;                   // 定义具有 EPWM_INFO 类型结构体变量,这里定义了
                                        // 28027 ePWM 中的 3 个子模块
EPWM_INFO epwm2_info;
EPWM_INFO epwm3_info;
```

程序运行后,在 CCSv5.2 平台上将 epwm1_info 加载到 Expression 窗口并设置成动态方式,可观察到 epwm1_info 即 EPWM_INFO 结构的所有成员。表 9.71 列出了 EPWM_INFO 的结构(结构的后面部分未列出)。表 9.70 中的 EPWM_INFO 结构体还定义了 7 个 16 位的变量,它们用于动态改变调制波形。需要说明的是:为了 EPwmRegHandle 指针指向程序所关注的某个 ePWM 子模块,必须使用:

表 9.71　EPWM_INFO 结构体成员列表

Expression	Type	Value	Address
epwm1_info	struct EPWM_INFO	{...}	0x00008A14@Data
EPwmRegHandle	struct EPWM_REGS *	0x00006800	0x00008A14@Data
*(EPwmRegHandle)	struct EPWM_REGS	{...}	0x006800@Data
TBCTL	union TBCTL_REG	{...}	0x006800@Data
TBSTS	union TBSTS_REG	{...}	0x006801@Data
TBPHS	union TBPHS_HRPWM...	{...}	0x006802@Data
TBCTR	unsigned int	1984	0x006804@Data
TBPRD	unsigned int	2000	0x006805@Data
TBPRDHR	unsigned int	0	0x006806@Data
CMPCTL	union CMPCTL_REG	{...}	0x006807@Data
CMPA	union CMPA_HRPWM...	{...}	0x006808@Data
CMPB	unsigned int	909	0x00680A@Data
AQCTLA	union AQCTL_REG	{...}	0x00680B@Data
AQCTLB	union AQCTL_REG	{...}	0x00680C@Data
AQSFRC	union AQSFRC_REG	{...}	0x00680D@Data
AQCSFRC	union AQCSFRC_REG	{...}	0x00680E@Data
DBCTL	union DBCTL_REG	{...}	0x00680F@Data
DBRED	unsigned int	0	0x006810@Data
DBFED	unsigned int	0	0x006811@Data
TZSEL	union TZSEL_REG	{...}	0x006812@Data
TZDCSEL	union TZDCSEL_REG	{...}	0x006813@Data
TZCTL	union TZCTL_REG	{...}	0x006814@Data
TZEINT	union TZEINT_REG	{...}	0x006815@Data
TZFLG	union TZFLG_REG	{...}	0x006816@Data
TZCLR	union TZCLR_REG	{...}	0x006817@Data
TZFRC	union TZFRC_REG	{...}	0x006818@Data
ETSEL	union ETSEL_REG	{...}	0x006819@Data
ETPS	union ETPS_REG	{...}	0x00681A@Data
ETFLG	union ETFLG_REG	{...}	0x00681B@Data
ETCLR	union ETCLR_REG	{...}	0x00681C@Data
ETFRC	union ETFRC_REG	{...}	0x00681D@Data
PCCTL	union PCCTL_REG	{...}	0x00681F@Data
rsvd3	unsigned int	0	0x006820@Data
HRCNFG	union HRCNFG_REG	{...}	0x006820@Data
HRPWR	union HRPWR_REG	{...}	0x006821@Data
rsvd4	unsigned int[4]	0x006822@...	0x006822@Data

```
        epwm1_info.EPwmRegHandle = &EPwm1Regs;
```

指令将 ePWM 子模块 1 的地址赋值给这个指针变量(参见表 9.69)。EPwm1Regs 的地址为 0x6800,请注意:编译器不采纳不通过取址指令 & 的直接赋值。

5. 关于比较值更新函数

update_compare() 函数(参见表 9.72)用于在中断程序中更新比较器 CMPA/B 的值,从而动态改变脉宽调制波形的占空比。这个函数的形参为一个 EPWM_INFO 结构体类型的指针,以便指向这个结构体。需要注意的是,实参必须通过取址运算符 & 给出对应模块的起始地址。下面是中断程序中实际使用的一条指令:

```
        update_compare(&epwm1_info); //实参取 epwm1_info 地址,因此该函数的运算将基于这个地址
```

表 9.72　比较器 CMPA/B 数值更新函数

```
void update_compare(EPWM_INFO * epwm_info)(1)
{
    // 每 10 次中断就改变 CMPA/CMPB 的值
    if(epwm_info->EPwmTimerIntCount == 10)
    {
        epwm_info->EPwmTimerIntCount = 0;   // 测试 EPwmTimerIntCount 是否等于 10,若等于 10 则归 0

        // 递增 CMPA 并检查是否达到最大值,如果没有,继续逐一递增,否则改变计数方向逐一递减
        if(epwm_info->EPwm_CMPA_Direction == EPWM_CMP_UP)     // 检查增量方向,若为 1 继续
                                                              //增加
        {
            // 判断 CMPA 的值是否小于 EPWM1_MAX_CMPA,若是继续逐一递增;否则改变计数方向取逐
            // 一递减
            if(epwm_info->EPwmRegHandle->CMPA.half.CMPA < epwm_info->EPwmMaxCMPA)
            {   epwm_info->EPwmRegHandle->CMPA.half.CMPA++; }   // CMPA 逐一递增
            else
            {
                epwm_info->EPwm_CMPA_Direction = EPWM_CMP_DOWN;  // 若达到最大值则改变计数
                                                                 // 方向
                epwm_info->EPwmRegHandle->CMPA.half.CMPA--;      // CMPA 逐一递减
            }
        }
        // 递减 CMPA 并检查是否达到最小值,如果没有继续逐一递减,否则改变计数方向逐一递增
        else
        {
            if(epwm_info->EPwmRegHandle->CMPA.half.CMPA == epwm_info->EPwmMinCMPA)
                // 判断 CMPA 的值是否达到最小值,若是则改变计数方向逐一递增
            {
                epwm_info->EPwm_CMPA_Direction = EPWM_CMP_UP;
                epwm_info->EPwmRegHandle->CMPA.half.CMPA++;
```

续表 9.72

```
        else
        { epwm_info->EPwmRegHandle->CMPA.half.CMPA--; }   // CMPA 逐一递减
    }

    // 递增 CMPB 并检查是否达到最大值,如果没有继续逐一递增,否则改变计数方向逐一递减
    if(epwm_info->EPwm_CMPB_Direction == EPWM_CMP_UP)
        // 检查增量方向,若为 1 继续逐一递减,否则逐一递减
    {
        if(epwm_info->EPwmRegHandle->CMPB < epwm_info->EPwmMaxCMPB)  // 检查 CMPB 是否达到
                                                                      // 最大值
        { epwm_info->EPwmRegHandle->CMPB++; }    // 若 CMPB 没有达到最大值则逐一递增
        else
        {
            epwm_info->EPwm_CMPB_Direction = EPWM_CMP_DOWN;  // 若达到最大值则改变计数
                                                             // 方向
            epwm_info->EPwmRegHandle->CMPB--;                // CMPB 逐一递减
        }
    }
    // 递减 CMPB 并检查是否达到最小值,如果没有继续逐一递减,否则改变计数方向逐一递增
    else
    {
        if(epwm_info->EPwmRegHandle->CMPB == epwm_info->EPwmMinCMPB)  // 检查 CMPB 是否达
                                                                       // 到最小值
        {
            epwm_info->EPwm_CMPB_Direction = EPWM_CMP_UP;   // 若达到最小值则改变计数
                                                            // 方向
            epwm_info->EPwmRegHandle->CMPB++;               // CMPB 逐一递增
        }
        else
        { epwm_info->EPwmRegHandle->CMPB--; }               // CMPB 逐一递减
    }
}
else
{ epwm_info->EPwmTimerIntCount++; }                         // EPwmTimerIntCount 递增
return;
}
```

(1) 请参见 3.6.1.2 节 "DSP2802x_CpuTimers.c 文件中的关键函数" 中类似的用法,以及关于成员选择(指针) "->" 的注解。

9.12.4　ePWM_增减模式下的动作控制(zEPwmUpDownAQ)

表 9.73 为 zEPwmUpDownAQ.c 文件中的 InitEPwm1Example() 函数。

第9章 Piccolo 增强型脉宽调制器(ePWM)模块

表 9.73　示例 zEPwm_UpDownAq.c 中的 InitEPwm1Example() 函数

```c
void InitEPwm1Example()
{
// 设置时基时钟 TBCLK
    EPwm1Regs.TBPRD = EPWM1_TIMER_TBPRD;            // 设置时基周期 TBPRD = 2 000
    EPwm1Regs.TBPHS.half.TBPHS = 0x0000;            // 将 TBPHS 相位设置为 0
    EPwm1Regs.TBCTR = 0x0000;                       // 清计数器 TBCTR
    EPwm1Regs.TBCTL.bit.CTRMODE = TB_COUNT_UPDOWN;  // 采用增减计数模式
    EPwm1Regs.TBCTL.bit.PHSEN = TB_DISABLE;         // 禁止相位加载
    EPwm1Regs.TBCTL.bit.HSPCLKDIV = TB_DIV1;
    EPwm1Regs.TBCTL.bit.CLKDIV = TB_DIV1;
        // 由 TB_DIV1 = 0,
        // 则 TBCLK = SYSCLKOUT / (HSPCLKDIV × CLKDIV) = 60 MHz(16.67 ns),
        // 注意:ePWM 周期 = 2 * 16.67 * 2 000 = 66.67 μs,在增减模式下须加上倍乘系数 2。此例如
        //      果将增减模式改为增模式,预期 ePWM 周期等于 33.33 μs,但是看不到调制波! 问题
        //      出在动作设置指令上,将指令中的字段 CAD 及 CBD 均改成 PRD,并将减模式改成周期
        //      模式即可。这是因为 CAD 及 CBD 方式在增模式下无效
// 设置映像寄存器
    EPwm1Regs.CMPCTL.bit.SHDWAMODE = CC_SHADOW;     // 采用映像寄存器模式
    EPwm1Regs.CMPCTL.bit.SHDWBMODE = CC_SHADOW;     // 采用映像寄存器模式
    EPwm1Regs.CMPCTL.bit.LOADAMODE = CC_CTR_ZERO;   // 当 CTR = 0 时加载
    EPwm1Regs.CMPCTL.bit.LOADBMODE = CC_CTR_ZERO;   // 当 CTR = 0 时加载
// 设置比较值
    EPwm1Regs.CMPA.half.CMPA = EPWM1_MIN_CMPA;      // 设置 CMPA 的最小值为 50
    EPwm1Regs.CMPB = EPWM1_MAX_CMPB;                // 设置 CMPB 最大值 为 1 950
// 设置动作
    EPwm1Regs.AQCTLA.bit.CAU = AQ_SET;              // 当 CTR = CMPA 且计数器增计数时,强制 EPWM1A 输出高
                                                    // 电平
    EPwm1Regs.AQCTLA.bit.CAD = AQ_CLEAR;            // 当 CTR = CMPA 且计数器减计数时,强制 EPWM1A 输出低
                                                    // 电平
    EPwm1Regs.AQCTLB.bit.CBU = AQ_SET;              // 当 CTR = CMPB 且计数器增计数时,强制 EPWM1B 输出
                                                    // 高电平
    EPwm1Regs.AQCTLB.bit.CBD = AQ_CLEAR;            // 当 CTR = CMPB 且计数器减计数时,强制 EPWM1B 输出低
                                                    // 电平
// 中断时将改变比较值
    EPwm1Regs.ETSEL.bit.INTSEL = ET_CTR_ZERO;       // 当时基计数器等于 0 时(CTR = 0)触发中断
    EPwm1Regs.ETSEL.bit.INTEN = 1;                  // 使能 EPWM1_INT 中断
    EPwm1Regs.ETPS.bit.INTPRD = ET_3RD;             // 当第 3 次发生 CTR = 0 周期事件时,产生一个
                                                    // 中断,中断周期 = 3 * 3 66.67 = 200 μs。
// 以下数据用于跟踪动态 CMPA/CMPB 值的方向,最小值和最大值可作为校正 ePWM 寄存器的指针用于动态改
// 变脉冲宽度
    epwm1_info.EPwm_CMPA_Direction = EPWM_CMP_UP;   // 开始时 对 CMPA 递增
    epwm1_info.EPwm_CMPB_Direction = EPWM_CMP_DOWN; // CMPB 递减
    epwm1_info.EPwmTimerIntCount = 0;               // 中断计数器设置为 0
    epwm1_info.EPwmRegHandle = &EPwm1Regs;          // 将 ePWM 模块的地址赋值给指针变量
                                                    // EPwmRegHandle,必须有这条指令
    epwm1_info.EPwmMaxCMPA = EPWM1_MAX_CMPA;        // 设置 CMPA 及 CMPB 的最小、最大值
    epwm1_info.EPwmMinCMPA = EPWM1_MIN_CMPA;
    epwm1_info.EPwmMaxCMPB = EPWM1_MAX_CMPB;
    epwm1_info.EPwmMinCMPB = EPWM1_MIN_CMPB;
}
```

下面为 zEPwmUpDownAQ 项目的调试要领。

1. 测试连接

将 EPWM1A（GPIO0 LaunchPad.J6.1）引脚，EPWM1B（GPIO1 LaunchPad.J6.2）引脚，GND（LaunchPad.J5.2）接入示波器，量程：20 V，100 μs。

2. 测试 PWM 周期

先求时基时钟：TBCLK = SYSCLKOUT / (HSPCLKDIV × CLKDIV)
= 60/(1*1) = 60 MHz(16.67 ns)，

再计算 PWM 周期：Period(PWM) = 2 * TBPRD * TBCLK（周期）
= 2 * 2 000 * 16.67 = 66.7 μs，

注意：ePWM 周期 = 2 * 16.67 * 2 000 = 66.67 μs，在增减模式下须加上倍乘系数 2。

此例如果将增减模式改为增模式，预期 ePWM 周期等于 33.33 μs，但此时看不到调制波。问题出在动作设置指令上，将指令中的字段 CAD 及 CBD 均改成 PRD，并将减模式改成周期模式即可。

3. 从示波器观察波形

可从示波器观察到两个占空比反向增减的 PWM 波形。这是因为在中断程序中不断改变 CMPA 及 CMPB 比较值的结果。

Period(PWM) = 66.67 μs，该值与上面计算值吻合：

占空比 Duty(CMPA) = (2 000－CMPA)/TBPRD = 1 950/2 000 = 0.975，

占空比 Duty(CMPB) = (2 000－CMPB)/TBPRD = 50/2 000 = 0.025，

理论波形图参见图 9.121。

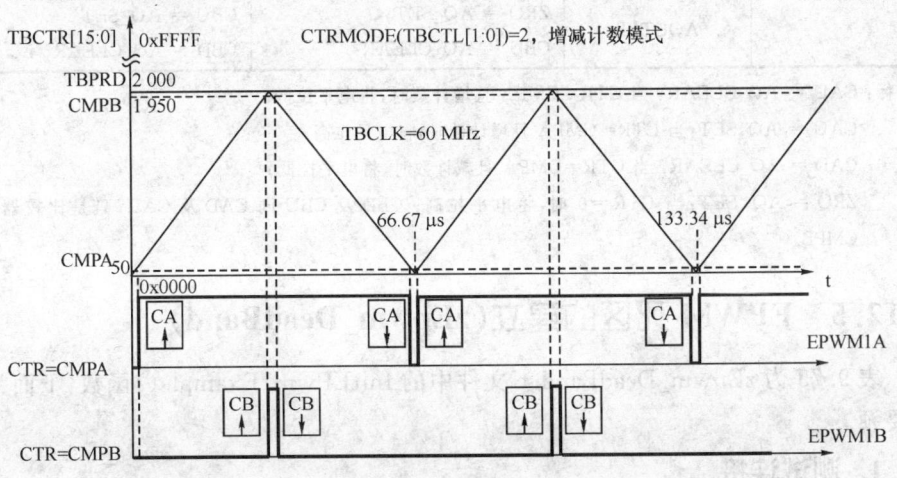

注意：以上是将 EINT 及 ERTM 屏蔽后的基本波形。否则会产生占比变化的调制波

图 9.121　zEpwm_UpDownAQ 的基本波形图

4. 关于嵌套结构体指针变量的结构体

本程序用到嵌套结构体指针变量的结构体类型 EPWM_INFO,参见 9.12.3 小节。

5. 关于比较值更新函数

比较值更新函数 update_compare() 用于在中断程序中更新比较器 CMPA/B 的值,从而动态改变脉宽调制波形的占空比。这个函数的形参为一个 EPWM_INFO 结构体类型的指针,因此调用该函数时,实参必须通过取址运算符 & 给出对应模块的起始地址。下面是中断程序中实际使用的一条指令:

update_compare(&epwm1_info);

6. 测定程序中断周期

采用 GPIO28(LaunchPad.J1.3)在每次中断时的电平切换来测定程序中断周期。将 GPIO28(LaunchPad.J1.3)接入示波器,量程不变,可测得中断周期为 200 μs (3 * Period PWM))。这个 3 * Period(PWM)为模块中断的设置值,参见表 9.73。

7. zEPwm_UpAQ 与 zEPwm_UpDownAQ 的根本区别参见表 9.74

表 9.74　zEPwm_UpAQ 与 zEPwm_UpDownAQ 的根本区别

区别	文件名称	zEPwm_UpAQ	zEPwm_UpDownAQ
计数方式		增计数模式	增-减计数模式
动作设置	AQCTLA	ZRO = AQ_SET CAU = AQ_CLEAR	CAU = AQ_SET CAD = AQ_CLEAR
	AQCTLB	ZRO = AQ_SET CBU = AQ_CLEAR	CBU = AQ_SET CBD = AQ_CLEAR

注释: CAU = AQ_CLEAR,当 CTR=CMPA 且增计数时,将电平拉低;
CAU = AQ_SET,当 CTR=CMPA 且增计数时,将电平拉高;
CAD = AQ_CLEAR,当 CTR=CMPA 且减计数时,将电平拉低;
ZRO = AQ_SET,当 CTR=0 时,将电平拉高;CBD 及 CBU 同 CAD 及 CAU,只是比较器换成 CMPB。

9.12.5　EPWM 死区的建立(zEpwm_DeadBand)

表 9.75 为 zEpwm_DeadBand.c 文件中的 InitEPwm1Example()函数,下面为调试要领。

1. 测试连接

将 EPWM1A(GPIO0　LaunchPad.J6.1)引脚,EPWM1B(GPIO1　Launch-Pad.J6.2)引脚,GND(LaunchPad.J5.2)接入示波器,量程:20 V,100 μs。

2. 从示波器观察波形

Period(PWM)=3.2 ms,理论计算值与示波器显示值吻合,未设置死区的理论波形图参见图 9.122。在使能中断的情况下,由于死区值在 $0 \leqslant DB \leqslant DB\_MAX$ 范围内不断地被修改,因此在示波器中可观察到死区的伸缩。

表 9.75 示例 zEpwm_DeadBand.c 中的 InitEPwm1Example( )函数

```
void InitEPwm1Example()
{
// 设置时基时钟 TBCLK
    EPwm1Regs.TBPRD = 6000;                         // 设置时基周期等于 6 000
    EPwm1Regs.TBPHS.half.TBPHS = 0x0000;            // 相位为 0
    EPwm1Regs.TBCTR = 0x0000;                       // 计数器清 0
    EPwm1Regs.TBCTL.bit.CTRMODE = TB_COUNT_UPDOWN;  // 增减计数模式
    EPwm1Regs.TBCTL.bit.PHSEN = TB_DISABLE;         // 禁止相位加载
    EPwm1Regs.TBCTL.bit.HSPCLKDIV = TB_DIV4;
        // 由 TB_DIV4 = 2,则 EPwm1Regs.TBCTL.bit.CLKDIV = TB_DIV4;
        // TBCLK = SYSCLKOUT / (HSPCLKDIV × CLKDIV) = 3.75 MHz (266.67 ns)。
        // 注意:ePWM 周期 = 2 * 266.67 * 6 000 = 3 200 us,在增减模式下须加上倍乘系数 2,理论计
        // 算值与示波器显示值吻合。
// 设置比较器 CMPA 及 CMPB 的映像寄存器,当 CTR = 0 时加载
    //EPwm1Regs.CMPCTL.bit.SHDWAMODE = CC_SHADOW;   // CMPA 采用映像寄存器模式
    //EPwm1Regs.CMPCTL.bit.SHDWBMODE = CC_SHADOW;   // CMPB 采用映像寄存器模式
    //EPwm1Regs.CMPCTL.bit.LOADAMODE = CC_CTR_ZERO; // 当 CTR = 0 时,CBPA 加载
    //EPwm1Regs.CMPCTL.bit.LOADBMODE = CC_CTR_ZERO; // 当 CTR = 0 时,CMPB 加载
// 设置比较值
    EPwm1Regs.CMPA.half.CMPA = 3 000;               // CMPA = 3000
        // 注意:这里仅对 CMPA 进行设置忽略 CMPB,在设置动作指令中可以看到,所有动作都是针对 CMPA 发生的。
// 设置动作
    EPwm1Regs.AQCTLA.bit.CAU = AQ_SET;     //当 CTR = CMPA 且增计数时,则强制 EPWM1A 输出高电平
    EPwm1Regs.AQCTLA.bit.CAD = AQ_CLEAR;   //当 CTR = CMPA 且减计数时,则强制 EPWM1A 输出低电平
    EPwm1Regs.AQCTLB.bit.CAU = AQ_CLEAR;   //当 CTR = CMPA 且增计数时,则强制 EPWM1B 输出低电平
    EPwm1Regs.AQCTLB.bit.CAD = AQ_SET;     //当 CTR = CMPA 且减计数时,则强制 EPWM1B 输出高电平
        // 均采用 CAD,CAU 时,不需要 CMPB 比较器,且 EPWM1B 与 EPWM1A 波形互补
// 设置死区
    EPwm1Regs.DBCTL.bit.OUT_MODE = DB_FULL_ENABLE;
        // 用于对 EPWMxA 输出上升沿延时及 EPWMxB 输出下降沿延时
        // 的死区均被使能,延迟输入信号由 DBCTL[IN_MODE]决定
    EPwm1Regs.DBCTL.bit.POLSEL = DB_ACTV_LOC;  //采用低电平互补(ALC)模式:EPWMxA 反向
    EPwm1Regs.DBCTL.bit.IN_MODE = DBA_ALL;
        // 由 DBA_ALL = 0,则 EPWMxA 输入(来自动作限定器)作为下降沿和上升沿延时的输入源。
    EPwm1Regs.DBRED = EPWM1_MIN_DB;        //上升沿延时为 0
    EPwm1Regs.DBFED = EPWM1_MIN_DB;        //下降沿延时为 0
    EPwm1_DB_Direction = DB_UP;            // EPwm1_DB_Direction 是一个在主文件头部定义的变量
// 中断时将改变死区
    EPwm1Regs.ETSEL.bit.INTSEL = ET_CTR_ZERO;  //当时基计数器等于 0 时(CTR = 0)触发中断
    EPwm1Regs.ETSEL.bit.INTEN = 1;             //使能 EPWMx_INT 中断
    EPwm1Regs.ETPS.bit.INTPRD = ET_3RD;        //当第 3 次发生 CTR = 0 周期事件时,产生一个中断,
                                               //中断周期 = 3 * 133 = 400 μs。
}
```

9.12.5.1 zEpwm_DeadBand 项目的基本波形

在屏蔽中断的情况下,设置 DBRED=0 及 DBFED=0,即将死区上升延时和死区下降沿延时配置为 0,其他相关设置参见表 9.75,可产生图 9.122 所示的对称无死区互补波形。

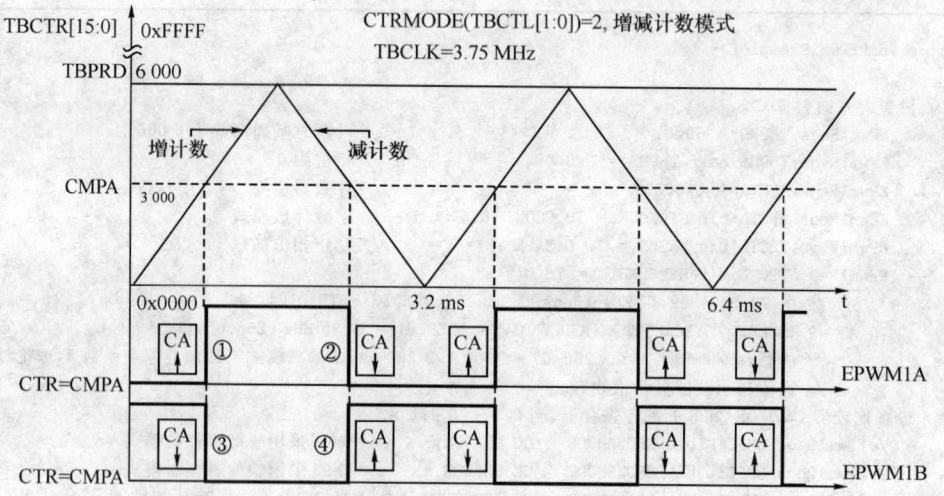

图 9.122 zEpwm_DeadBand 项目的基本波形(无死区)

下面对图 9.122 中 CTR=CMPA 的上升沿和下降沿进行说明。

(1) 上升沿根据设置动作指令:EPwm1Regs.AQCTLA.bit.CAU = AQ_SET;实现。其作用为:当 CTR = CMPA 且增计数时,EPWM1A 输出高电平;

(2) 下降沿根据设置动作指令:EPwm1Regs.AQCTLA.bit.CAD = AQ_CLEAR;实现。其作用为:当 CTR = CMPA 且减计数时,EPWM1A 输出低电平;

(3) 下降沿根据设置动作指令:EPwm1Regs.AQCTLB.bit.CAU = AQ_CLEAR;实现。其作用为:当 CTR = CMPA 且增计数时,EPWM1B 输出低电平;

(4) 上升沿根据设置动作指令:EPwm1Regs.AQCTLB.bit.CAD = AQ_SET;实现。其作用为:当 CTR = CMPA 且减计数时,EPWM1B 输出高电平。

9.12.5.2 PWM 死区设置

这里以低电平互补的 PWM 死区波形的产生来说明 PWM 死区的配置要点。死区的配置是通过配置死区产生控制寄存器 DBCTL 完成的,下面列举的前 4 点就是针对 DBCTL 寄存器的。

1. 输入模式的配置

根据表 9.75 中的死区输入模式配置指令:

```
EPwm1Regs.DBCTL.bit.IN_MODE = DBA_ALL;        // DBA_ALL = 0
```

在解读 DBCTL 字段配置指令时，必须参阅图 9.31，该图概括了 DBCTL 的配置要领。死区输入模式控制字段 IN_MODE(DBCTL[5∶4])有两位，如图 9.31 所示，位 5 控制 S5 开关，位 4 控制 S4 开关。由 IN_MODE＝0，该指令选通图 9.31 的 S4.0 及 S5.0，此时来自动作限定器的 EPWM1A 作为下降沿和上升沿延时的输入源。

2. 输出模式配置

```
EPwm1Regs.DBCTL.bit.OUT_MODE = DB_FULL_ENABLE;    // DB_FULL_ENABLE = 3
```

死区输出模式控制字段 OUT_MODE(DBCTL[1∶0]) 有两位，位 1 控制 S1 开关，位 0 控制 S0 开关。由 OUT_MODE＝3，该指令选通图 9.31 的 S0.1 及 S1.1，使能 EPWM1A 输出的上升沿延时及 EPWM1B 输出的下降沿延时，即使能两个死区。注意：这里的 EPWM1B 并不来自动作限定器，它产生于死区模块，是与 EPWM1A 配对互补的信号。图 9.123 列出了 EPWM1A 的上升沿延时、EPWM1A 的下降沿延时和 EPWM1A 的原始波形。

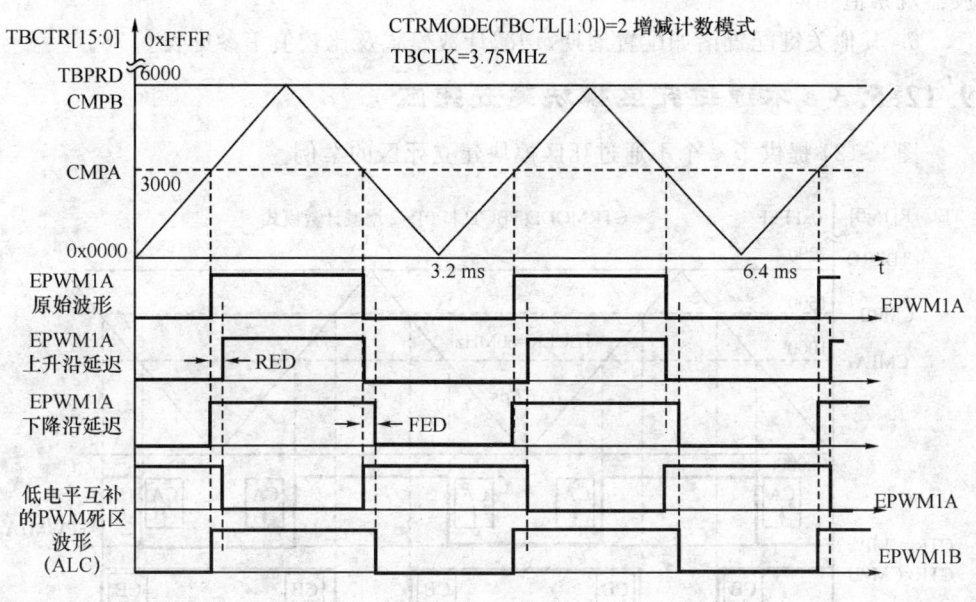

图 9.123　低电平互补的 PWM 死区波形

3. 死区极性配置

```
EPwm1Regs.DBCTL.bit.POLSEL = DB_ACTV_LOC;    // DB_ACTV_LOC = 1
```

极性选择控制字段 POLSEL(DBCTL[3∶2])也有两位，位 3 控制了 S3 开关，位 2 控制了 S2 开关。由 POLSEL＝1 选通 S2.1 及 S3.0，则采用低电平互补（ALC Active low complementary）模式，EPWMxA 反向。电平互补对上下桥功率器件而言是一个必须的配置。由此得到如图 9.123 所示的低电平互补的且 EPWM1A 反向的 PWM 死区波形。

4. 半周期计时配置

半周期时钟使能位 HALFCYCLE(DBCTL[15])决定死区计数器是以 TBCLK 速率计时(全周期时钟,复位默认状态),还是以 2 倍 TBCLK 速率计时(半周期时钟)。死区计数器速率的改变并不影响 PWM 周期。

5. 上升沿延时及下降沿延时配置

这里的上升沿延时及下降沿延时分别决定两个边沿死区的宽度,它们分别通过死区发生器上升沿延时寄存器 DBRED 及下降沿延时寄存器 DBFED 来确定,它们均为 10 位的计数器,最高延时不得超过 1 023(0x3FF),此时死区延时为:

$$死区上升浴延时 = DBRED \times TBCLK \quad (9.2)$$

$$死区下降浴延时 = DBFED \times TBCLK \quad (9.3)$$

当 DBRED=1 023 时,死区上升沿延时 = 1 023 * 266.67 ns = 273 μs。这个值与示波器观察值相同。

6. 其他关键配置诸如配置周期、增减计数模式及比较值等参见表 9.73。

9.12.5.3 不通过死区模块建立死区

图 9.124 提供了一个不通过死区模块建立死区的案例。

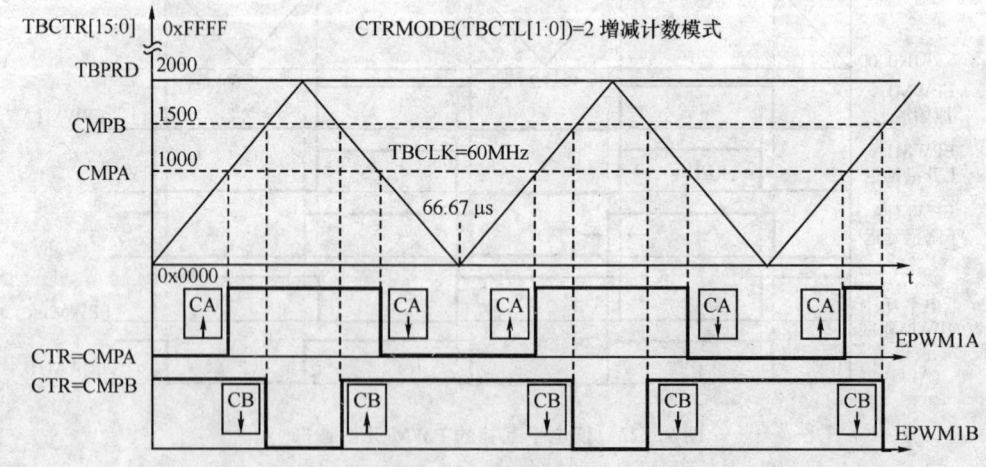

图 9.124 通过动作设置建立死区的示意图

9.12.6 PWM 故障捕获(zEpwm_TripZone.c)

表 9.76 为 zEpwm_TripZone.c 文件中的 InitEPwm1Example()函数。该函数将 TZ1(GPIO12)及 TZ2(GPIO16)设置成 ePWM1 的单次捕获源;而将 TZ1 及 TZ2 设置成 ePWM2 的循环捕获源。通过示波器观察 EPWM1A/B 及 EPWM2A/B

的波形,检测 TZ1 及 TZ2 的作用。

表 9.76 示例 zEpwm_TripZone.c 中的 InitEPwm1Example() 函数

```
void InitEPwm1Example()         zEpwm_TripZone.c
{
// 使能 TZ1 及 TZ2 作为 ePWM 模块的单次捕获源
    EALLOW;
    EPwm1Regs.TZSEL.bit.OSHT1 = 1;      // 由 OSHT1 = 1,使能 TZ1 作为 ePWM 模块的单次捕获
                                        // (Trip-Zone)源
    EPwm1Regs.TZSEL.bit.OSHT2 = 1;      // 由 OSHT2 = 1,使能 TZ2 作为此 ePWM 模块的单次捕获源
// 设置 TZ1 及 TZ2 要做的动作
    EPwm1Regs.TZCTL.bit.TZA = TZ_FORCE_HI;   // 由 TZ_FORCE_HI = 1,TZA = 1,将 EPWMxA 强制为高电平
    EPwm1Regs.TZCTL.bit.TZB = TZ_FORCE_LO;   // 由 TZ_FORCE_LO = 2,TZB = 2,将 EPWMxB 强制为低电平
// 使能 TZ 中断
    EPwm1Regs.TZEINT.bit.OST = 1;            // 当 OST = 1 时,使能单次中断,单次中断事件会触发
                                             // EPWMx_TZINT 的 PIE 中断
    EPwm1Regs.TBPRD = 6000;                  // 设置时基周期 TBPRD = 6 000
    EPwm1Regs.TBPHS.half.TBPHS = 0x0000;     // 将 TBPHS 相位设置为 0
    EPwm1Regs.TBCTR = 0x0000;                // 清计数器,计数值从 0x0000~0xFFFF
// 设置时基时钟 TBCLK
    EPwm1Regs.TBCTL.bit.CTRMODE = TB_COUNT_UPDOWN;   // 由 TB_COUNT_UPDOWN = 2,设置增减计数模式
    EPwm1Regs.TBCTL.bit.PHSEN = TB_DISABLE;          // 由 TB_DISABLE = 0,禁止相位(phase)加载
    EPwm1Regs.TBCTL.bit.HSPCLKDIV = TB_DIV4;
    EPwm1Regs.TBCTL.bit.CLKDIV = TB_DIV4;
        // TBCLK = SYSCLKOUT / (HSPCLKDIV × CLKDIV)
        // 由 TB_DIV4,则 HSPCLKDIV = 4,CLKDIV = 4,故 TBCLK = 60/16 = 3.75 MHz,TBCLK 一个周期为
        // 266.72 ns,ePWM 一个周期为:2 * 6000 * 266.72 = 3.2 ms,使用杜邦线把 LaunchPad.
        // J2.3(GPIO12)与 J1.1(+3.3V)连接起来,将触发周期为 3.2ms 的 PWM 波形。
// 设置比较器 CMPA 及 CMPB 的映像寄存器,当 CTR = 0 时加载
    EPwm1Regs.CMPCTL.bit.SHDWAMODE = CC_SHADOW;   // 由 CC_SHADOW = 0,CMPA 采用映像寄存器模式
    EPwm1Regs.CMPCTL.bit.SHDWBMODE = CC_SHADOW;   // 由 CC_SHADOW = 0,CMPB 采用映像寄存器模式
    EPwm1Regs.CMPCTL.bit.LOADAMODE = CC_CTR_ZERO; // 由 CC_CTR_ZERO = 0,则当 CTR = 0 时加载 CMPA
    EPwm1Regs.CMPCTL.bit.LOADBMODE = CC_CTR_ZERO; // 由 CC_CTR_ZERO = 0,则当 CTR = 0 时加载 CMPB
// 设置比较值
    EPwm1Regs.CMPA.half.CMPA = 3000;         // 设置 CMPA = 3 000
// 设置动作
    // 以下 4 条指令构成一对互补的 PWM 波形,EPWM1A 高电平
    EPwm1Regs.AQCTLA.bit.CAU = AQ_SET;       // 当 CTR = CMPA 且增计数时,强制 EPWM1A 输出高电平
    EPwm1Regs.AQCTLA.bit.CAD = AQ_CLEAR;     // 当 CTR = CMPA 且减计数时,强制 EPWM1A 输出低电平
    EPwm1Regs.AQCTLB.bit.CAU = AQ_CLEAR;     // 当 CTR = CMPA 且增计数时,强制 EPWM1A 输出低电平
    EPwm1Regs.AQCTLB.bit.CAD = AQ_SET;       // 当 CTR = CMPA 且减计数时,强制 EPWM1A 输出低电平
}
```

下面为调试要领。

第9章 Piccolo 增强型脉宽调制器(ePWM)模块

1. 测试过程

- 将以下 ePWM1A/B 或 ePWM2A/B 及 GND 接入示波器。

  ```
  EPWM1A(GPIO0   LaunchPad.J6.1)
  EPWM1B(GPIO1   LaunchPad.J6.2)   或
  EPWM2A(GPIO2   LaunchPad.J6.3)
  EPWM2B(GPIO3   LaunchPad.J6.4)   及
  GND(LaunchPad.J2.1)
  ```

- 将杜邦线的一个头连接 IO12(LaunchPad.J2.3),另一个头接+3.3 V (LaunchPad.J1.1)编译运行后观察波形变化,此时 EPWM1A/B 为周期性方波。

- 当拔出接入+3.3 V 的一个头后,此时 EPWM1A 呈高电平,PWM 无波形变化(注意:是拔出接入+3.3 V 的一个头,有时拔出接入 GPIO12 的一个头会没有反应)。即 ePWM1 在发生单次(即拔出接入+3.3 V 的一个头)捕获时停止运行。该实验可重复,但必须激活 epwm1_tzint_isr()中的 4 条被屏蔽的指令才能达到预期结果。

2. 设置步骤

- 设置 TZ1 引脚(以 TZ1 单次捕获为例):本例的捕获事件是通过捕获 1 引脚 TZ1(GPIO12)从高电平到低电平的变化产生的,因此,首先要将 GPIO12 引脚设置成 TZ1 功能。这通过调用 InitTzGpio() 函数完成,该函数通过 3 条指令将 GPIO12 配置成 TZ1 引脚:

  ```
  GpioCtrlRegs.GPAPUD.bit.GPIO12 = 0;        // 使能 GPIO12(TZ1)上拉
  GpioCtrlRegs.GPAQSEL1.bit.GPIO12 = 3;      // 同步输入 GPIO12(TZ1)
  GpioCtrlRegs.GPAMUX1.bit.GPIO12 = 1;       // 配置 GPIO12 为 TZ1
  ```

- 激活 TZ1 的捕获功能:它通过对捕获选择寄存器(TZSEL)的配置完成,指令:

  ```
  EPwm1Regs.TZSEL.bit.OSHT1 = 1;
  ```

  的作用为:使能 TZ1 作为 ePWM 模块的单次故障捕获源。

- TZ1 引发 EPWMxA/B 的动作:当 TZ1 引脚产生高低电平的跳变时,该 ePWM 模块将产生单次故障捕获事件。此时,TZCTL 寄存器所定义的事件会呈现在 EPWMxA 和 EPWMxB 输出中。指令:

  ```
  EPwm1Regs.TZCTL.bit.TZA = TZ_FORCE_HI;     // TZCTL:触发区控制寄存器
  ```

  将 EPWMxA 强制为高电平,PWM 波形被终止。

- 使能 TZ 中断,由下面指令完成:

```
EPwm1Regs.TZEINT.bit.OST = 1;          // TZEINT:触发区中断使能寄存器
```
使能单次捕获中断,该事件会触发 EPWMx_TZINT 的 PIE 中断。
- 再次进入的条件:在中断函数中除了将相应的 PIEACK.x 位清 0 外,还需要清除单次捕获触发标志位及清除 ePWM 模块的中断标志位,以便故障排除后程序正常运行。
- PWM 的常规配置参见表 9.76。

9.12.7 PWM 数字比较器故障捕获事件(zEpwm_DCEventTrip.c)

表 9.77 为 zEpwm_DCEventTrip.c 文件中的 InitEPwm1Example() 函数。9.12.6 节讨论的 zEpwm_TripZone.c 文件将 TZ1 或 TZ2 作为 PWM 运行时的单个捕获源;本节要讨论的 zEpwm_DCEventTrip.c 文件则是将 TZ1 和 TZ2 组成一个 DCAEVT1 事件作为 PWM 运行时的捕获源。

表 9.77 示例 zEpwm_DCEventTrip.c 中的 InitEPwm1Example() 函数

```
void InitEPwm1Example()          zEpwm_DCEventTrip.c
{
    EALLOW;
    EPwm1Regs.TBPRD = 6000;                        // 设置时基周期 TBPRD = 6000
    EPwm1Regs.TBPHS.half.TBPHS = 0x0000;           // 将 TBPHS 相位设置为 0
    EPwm1Regs.TBCTR = 0x0000;                      // 清计数器,计数值从 0x0000 - 0xFFFF
// 设置时基时钟  TBCLK
    EPwm1Regs.TBCTL.bit.CTRMODE = TB_COUNT_UPDOWN; // 由 TB_COUNT_UPDOWN = 2,设置增减计数模式
    EPwm1Regs.TBCTL.bit.PHSEN = TB_DISABLE;        // 由 TB_DISABLE = 0,禁止 相位(phase)加载
    EPwm1Regs.TBCTL.bit.HSPCLKDIV = TB_DIV4;
    EPwm1Regs.TBCTL.bit.CLKDIV = TB_DIV4;
         // 由 TB_DIV4 = 2,则 TBCLK 时钟频率  TBCLK = SYSCLKOUT / (HSPCLKDIV × CLKDIV) = 60/4 * 4
         // = 3.75 MHz (266.67 ns), EPWM 周期 = 266.67 * 6000 * 2 = 3.2 ms,该计算值与从示波器
         // 中观察值相同。
         // 注意:增减模式下 EPWM 周期必须倍乘
// 设置比较器 CMPA 及 CMPB 的映像寄存器,当 CTR = 0 时加载
    EPwm1Regs.CMPCTL.bit.SHDWAMODE = CC_SHADOW;    // 由 CC_SHADOW = 0,CMPA 采用映像寄存器模式
    EPwm1Regs.CMPCTL.bit.SHDWBMODE = CC_SHADOW;    // 由 CC_SHADOW = 0,CMPB 采用映像寄存器模式
    EPwm1Regs.CMPCTL.bit.LOADAMODE = CC_CTR_ZERO;  // 由 CC_CTR_ZERO = 0,则当 CTR = 0 时加载 CMPA
    EPwm1Regs.CMPCTL.bit.LOADBMODE = CC_CTR_ZERO;  // 由 CC_CTR_ZERO = 0,则当 CTR = 0 时加载 CMPB
// 设置比较器的值 CMPA
    EPwm1Regs.CMPA.half.CMPA = 3000;
// 设置动作
    // 以下 4 条指令构成一对互补的 PWM 波形,EPWM1A 高电平
    EPwm1Regs.AQCTLA.bit.CAU = AQ_SET;             // 当 CTR = CMPA 且增计数时,强制 EPWM1A 输出高电平
    EPwm1Regs.AQCTLA.bit.CAD = AQ_CLEAR;           // 当 CTR = CMPA 且减计数时,强制 EPWM1A 输出低电平
    EPwm1Regs.AQCTLB.bit.CAU = AQ_CLEAR;           // 当 CTR = CMPA 且增计数时,强制 EPWM1A 输出低电平
    EPwm1Regs.AQCTLB.bit.CAD = AQ_SET;             // 当 CTR = CMPA 且减计数时,强制 EPWM1A 输出低电平
// 定义一个基于 TZ1 和  TZ2 的 DCAEVT1 事件
    // 选择捕获信号 TZ1 及 TZ2,并确定其在组信号中的高低位
```

续表 9.77

```
    EPwm1Regs.DCTRIPSEL.bit.DCAHCOMPSEL = DC_TZ1;    // TZ1 输入到数字比较器 A 高位(DCAH),即 DCAH = TZ1。
    EPwm1Regs.DCTRIPSEL.bit.DCALCOMPSEL = DC_TZ2;    // TZ2 输入到数字比较器 A 低位(DCAL),即 DCAL = TZ2
// 建立数字比较器 A 事件 1(DCAEVT1)捕获(TZ1,TZ2)序组,并确定捕获电平的高低
    EPwm1Regs.TZDCSEL.bit.DCAEVT1 = TZ_DCAL_HI_DCAH_LOW;
                   // 由 TZ_DCAL_HI_DCAH_LOW = 5,有 DCAEVT1 = 5,则  DCAEVT1 = (DCAH 低电平,DCAL 高电平),
                   // 根据前面的配置,DCAH = TZ1,DCAL = TZ2,有 DCAEVT1 = (TZ1,TZ2),因此
                   // DCAEVT1 事件由 TZ1 的低电平及 TZ2 的高电平构成
// 选择数字比较器 A 事件 1(DCAEVT1)为信号源
    EPwm1Regs.DCACTL.bit.EVT1SRCSEL = DC_EVT1;    // 由 EVT1SRCSEL = 0,则信号源为 DCAEVT1 信号
    EPwm1Regs.DCACTL.bit.EVT1FRCSYNCSEL = DC_EVT_ASYNC;    // DCAEVT1 信号源为异步信号
// 使能 DCAEVT1 作为单次捕获源 注意:可以将 DCxEVT1 事件定义为单次(OSHT One-Shot)
// 捕获事件,而把 DCxEVT2 事件定义为循环(cycle-by-cycle)捕获事件
    EPwm1Regs.TZSEL.bit.DCAEVT1 = 1;    // 由 DCAEVT1 = 1,使能 DCAEVT1 作为 ePWM 模块的单次捕获源
// ePWM1 对 DCAEVT1 事件的响应。由于在单次捕获中,DCAEVT1 将导致一个捕获事件,因此需要采
// 用 TZA 和 TZB 事件强制 EPWM1A 和 EPWM1B 电平变化。
    EPwm1Regs.TZCTL.bit.TZA = TZ_FORCE_HI;    // 由 TZ_FORCE_HI = 1,有 TZA = 1,则强制 EPWM1A 为高电平
    EPwm1Regs.TZCTL.bit.TZB = TZ_FORCE_LO;    // 由 TZ_FORCE_LO = 2,有 TZB = 2,则强制 EPWM1B 为低电平
// 使能 TZ 中断
    EPwm1Regs.TZEINT.bit.OST = 1;    // 由 OST = 1,使能单次捕获中断
    EDIS;
}
```

下面为调试要领。

1. 测试过程

- 将以下 ePWM1A/B 或 ePWM2A/B 及 GND 接入示波器,量程:20V,5 ms

    EPWM1A(GPIO0 LaunchPad.J6.1)
    EPWM1B(GPIO1 LaunchPad.J6.2) 或
    EPWM2A(GPIO2 LaunchPad.J6.3)
    EPWM2B(GPIO3 LaunchPad.J6.4) 或
    EPWM3A(GPIO4 LaunchPad.J6.5)
    EPWM3B(GPIO5 LaunchPad.J6.6) 及
    GND(LaunchPad.J2.1)

- 将第一根杜邦线的一个头连接 TZ1(GPIO12 LaunchPad.J2.3),另一个头接+3.3 V(LaunchPad.J1.1);再将第二根杜邦线的一个头连接 TZ2(GPIO16 LaunchPad.J2.6),另一个头接+3.3 V(LaunchPad.J3.3),即开始时将 TZ1(GPIO12)和 TZ2(GPIO16)设置成高电平。编译运行后观察波形变化,此时 EPWM1A/B 为周期性方波。

- 当仅拔出第一根杜邦线接入+3.3 V 的一个头(保留第二根杜邦线的连接),

设置 TZ1 为低电平而 TZ2 为高电平时,即产生一个 DCAEVT1 事件,此时,示波器停止波形的周期变化,EPWM1A 呈高电平而 EPWM1B 呈低电平。这就意味着,ePWM1 模块在检测到发生 DCAEVT1 事件时停止运行。该实验可重复。

- 将以下变量加入 CCSv5 变量视窗并设置成动态变量:

```
EPwm1TZIntCount;
EPwm2TZIntCount;
EPwm3TZIntCount;
```

在未拔出第一根杜邦线时,3 变量的值均为 0,拔出后,EPwm1TZIntCount 快速递增,EPwm2TZIntCount=0,EPwm3TZIntCount=0;再插入,EPwm1TZIntCount 停止不变,EPwm2TZIntCount=1, EPwm3TZIntCount=1;再拔出,EPwm1TZIntCount 快速递增,EPwm2TZIntCount=1,EPwm3TZIntCount=1;再插入,EPwm1TZIntCount 停止不变,EPwm2TZIntCount=2, EPwm3TZIntCount=2
……

这是因为每一次 DCAEVT1 事件引发一次中断造成的。

2. 设置步骤(以 ePWM1 模块的 DCAEVT1 事件为例)

(1) 选择构成 DCAEVT1(数字比较器 A 事件 1)事件的一组捕获信号:ePWM 模块有 6 个捕获源 TZ1、TZ2、TZ3、COMP1OUT、COMP2OUT 及 COMP3OUT(在 2802x 中不可用)。它们中的一组分别输入数字比较器 A 高位(DCAH)和数字比较器 A 低位(DCAL)。通过以下指令进行配组:

```
EPwm1Regs.DCTRIPSEL.bit.DCAHCOMPSEL = DC_TZ1;
    // TZ1 输入到数字比较器 A 高位(DCAH),即 DCAH = TZ1。
EPwm1Regs.DCTRIPSEL.bit.DCALCOMPSEL = DC_TZ2;
    // TZ2 输入到数字比较器 A 低位(DCAL),即 DCAL = TZ2
```

(2) 建立 DCAEVT1 捕获(TZ1,TZ2)序组,并确定捕获电平的高低:前面一个步骤选择 TZ1 及 TZ2 组成 DCAEVT1 事件,接下来要将这两个捕获源结合成一个序组并确定捕获电平的高低,指令:

```
EPwm1Regs.TZDCSEL.bit.DCAEVT1 = TZ_DCAL_HI_DCAH_LOW;
```

完成了这样的配置:DCAEVT1 =(DCAH 低电平,DCAL 高电平)。根据第(1)步的配置,有:DCAEVT1 =(TZ1,TZ2),即 DCAEVT1 事件由 TZ1 的低电平及 TZ2 的高电平构成。

(3) 选择 DCAEVT1 信号源:上面两个步骤建立了基于 TZ1 及 TZ2 的 DCAEVT1 事件。ePWM 外设有 4 个类似于 DCAEVT1 的事件:DCAEVT1,DCAEVT2,DCBEVT1 及 DCBEVT2。ePWM 外设中的每一个 ePWMx 模块都可以设定其中的

一个事件。比如本例的 ePWM1 模块设定 DCAEVT1 作为捕获事件,因此必须对信号源进行选择:

```
EPwm1Regs.DCACTL.bit.EVT1SRCSEL = DC_EVT1;
EPwm1Regs.DCACTL.bit.EVT1FRCSYNCSEL = DC_EVT_ASYNC;    // DCAEVT1 信号源为异步信号
```

第 1 条指令为:ePWM1 模块选择 DCAEVT1 作为信号源;而第 2 条指令为:DCAEVT1 信号为一个异步信号,这是不言自明的。

(4) DCAEVT1 捕获方式的配置:信号的捕获有两种方式单次(OSHT One-Shot)捕获及循环(cycle-by-cycle)捕获。这里选择 DCAEVT1 事件采用单次捕获方式,由下面指令完成。

```
EPwm1Regs.TZSEL.bit.DCAEVT1 = 1;
```

(5) ePWM1 对 DCAEVT1 事件的相应

为了响应 DCAEVT1 捕获事件,这里采用 TZA 和 TZB 事件强制 EPWM1A 和 EPWM1B 电平变化,

```
EPwm1Regs.TZCTL.bit.TZA = TZ_FORCE_HI;
EPwm1Regs.TZCTL.bit.TZB = TZ_FORCE_LO;
```

上面两条指令分别将 EPWM1A 和 EPWM1B 拉成高低电平。

(6) 使能 TZ 中断

本例每发生一次单次(OSHT One-Shot)捕获的 DCAEVT1 事件就触发一次中断。

```
EPwm1Regs.TZEINT.bit.OST = 1;            // 由 OST = 1,使能单次捕获中断
```

(7) PWM 常规设置请参考表 9.77。到目前为止讨论的 3 个文件:zEpwm_DeadBand.c、zEpwm_TripZone.c 及 zEpwm_DCEventTrip.c 它们的 PWM 常规设置是完全相同的。

9.12.8 PWM 滤波(zEPwm_Blanking.c)

表 9.78 为 zEPwm_Blanking.c 文件中的 InitEPwm1Example() 函数。该函数将 TZ1 和 TZ2 组成一个 DCAEVT1 事件作为触发滤波事件的捕获源。当一个 DCAEVT1 事件发生时,滤波子模块以原波形 EPWM1A 的上升沿为基点在偏移一个设定的时长(由 DCFOFFSET 确定)后,打开滤波窗口。由于原波形的上升沿已被新的波形覆盖,因此采用 EPWM1B 作为参考。

表 9.78 示例 zEPwm_Blanking.c 中的 InitEPwm1Example( ) 函数

```c
void InitEPwm1Example()       zEPwm_Blanking.c
{
//基本设置
    EPwm1Regs.TBPRD = 1000;                      // 设置时基周期,主频 60 MHz 时,周期 16.67 μs
    EPwm1Regs.TBPHS.half.TBPHS = 0x0000;         // 相位设置为 0
    EPwm1Regs.TBCTR = 0x0000;                    // 清计数器,计数值从 0x0000 - 0xFFFF
//设置时基时钟 TBCLK
    EPwm1Regs.TBCTL.bit.CTRMODE = TB_COUNT_UP;   // 设置增计数模式
    EPwm1Regs.TBCTL.bit.PHSEN = TB_DISABLE;      // 禁止 相位(phase)加载
    EPwm1Regs.TBCTL.bit.HSPCLKDIV = TB_DIV1;
    EPwm1Regs.TBCTL.bit.CLKDIV = TB_DIV1;
        // 由 TB_DIV1 = 0,故时基时钟: TBCLK = SYSCLKOUT / (HSPCLKDIV × CLKDIV) = 60/(1*1) =
        // 60 MHz (16.67 n), EPWM 周期 = 16.67 * 1000 = 16.67 μs 与从示波器观察的周期相同
// 设置映像寄存器
    EPwm1Regs.CMPCTL.bit.SHDWAMODE = CC_SHADOW;    // CMPA 采用映像寄存器模式
    EPwm1Regs.CMPCTL.bit.SHDWBMODE = CC_SHADOW;    // CMPB 采用映像寄存器模式
    EPwm1Regs.CMPCTL.bit.LOADAMODE = CC_CTR_ZERO;  // 当 CTR = 0 时加载 CMPA
    EPwm1Regs.CMPCTL.bit.LOADBMODE = CC_CTR_ZERO;  // 当 CTR = 0 时 CMPB 加载
//设置比较器
    EPwm1Regs.CMPA.half.CMPA = 500;              // CMPA:计数器比较寄存器(CMPA)
//设置动作,EPWM1A 周期 = 16.67 * 1000 = 16.67 us 与从示波器观察的周期相同
    EPwm1Regs.AQCTLA.bit.ZRO = AQ_SET;           // 当 CTR = CMPA 时,强制 EPWM1A 输出高电平
    EPwm1Regs.AQCTLA.bit.CAU = AQ_CLEAR;         // 当 CTR = CMPA 且为增计数时,强制 EPWM1A 输出低电平
//采用 EPWM1B 作为对 EPWM1A 滤波的参考。 EPWM1B 周期 = 2 * 16.67 * 1000 = 33.33 μs 与观察值相同
    EPwm1Regs.AQCTLB.bit.ZRO = AQ_TOGGLE;        // AQCTLB:动作限定输出控制寄存器 B
    // 由 AQ_TOGGLE = 3,当 CTR = 0 时,切换 EPWM1B 输出,低电平变高电平,高电平变低电平。周期增长一倍。
    EALLOW;
// 定义一个基于 TZ1 和 TZ2 的 DCAEVT1 事件
    // DCTRIPSEL:数字比较捕获选择寄存器。用来确定数字比较器 DCAH/L 及 DCAH/L
    //            接收 5 种输入(TZ1、TZ2、TZ3、COMP1OUT 及 COMP2OUT)中的一个
    EPwm1Regs.DCTRIPSEL.bit.DCAHCOMPSEL = DC_TZ1;  // TZ1 输入到数字比较器 A 高位(DCAH),即 DCAH = TZ1
    EPwm1Regs.DCTRIPSEL.bit.DCALCOMPSEL = DC_TZ2;  // TZ2 输入到数字比较器 A 低位(DCAL),即 DCAL = TZ2
    // TZDCSEL: 故障捕获数字比较器事件选择寄存器。用来确定构成 DCAEVT1、DCAEVT2、(或 DCBEVT1、
    // DCBEVT2)事件的数字比较器 DCAH/L 及 DCAH/L 电平的高低。由于在上面一条指令中,已经确定
    // DCAH/L 及 DCAH/L 与相关引脚对应,因此,通过这条指令 DCAEVT1 等 4 个事件就直接变成与之对应
    // 的引脚事件。
    EPwm1Regs.TZDCSEL.bit.DCAEVT1 = TZ_DCAL_HI_DCAH_LOW;// 确定数字比较滤波器的信号源
    EPwm1Regs.DCFCTL.bit.SRCSEL = DC_SRC_DCAEVT1;   // 由 SRCSEL = 0,则信号源来自 DCAEVT1
    EPwm1Regs.DCACTL.bit.EVT1SRCSEL = DC_EVT_FLT;   // 由 EVT1SRCSEL = 1,则 DCEVTFILT 事件为信号源
// 这条指令用来确定已选定的信号源与时基时钟 TBCLK 是同步还是异步
    EPwm1Regs.DCACTL.bit.EVT1FRCSYNCSEL = DC_EVT_ASYNC; // DCAEVT1 信号源为异步
    // 使能 DCAEVT1 及 DCBEVT1 事件为单次故障捕获源。
    EPwm1Regs.TZCTL.bit.DCAEVT1 = TZ_FORCE_HI;     // 强制 EPWM1A 为高电平
                                                   // 滤波参数设置
    EPwm1Regs.DCFCTL.bit.PULSESEL = DC_PULSESEL_ZERO;  // 时基计数器等于 0 (CTR = 0)时,进行
                                                       // 滤波和捕获。
```

```
        EPwm1Regs.DCFOFFSET = 750;        //确定滤波窗口相对于 CTR = 0 或 CTR = PRD 的偏移量
        EPwm1Regs.DCFWINDOW = 150;        //滤波窗口宽度设置
        EPwm1Regs.DCFCTL.bit.BLANKE = DC_BLANK_ENABLE;        //使能滤波窗
//      EPwm1Regs.DCFCTL.bit.BLANKINV = DC_BLANK_NOTINV;      //禁止滤波窗口反向
        EPwm1Regs.DCFCTL.bit.BLANKINV = DC_BLANK_INV;         //使能滤波窗口反向
                //由 DC_BLANK_NOTINV = 0,有 BLANKINV = 0,则禁止滤波窗口反向
//使能 DCAEVT1 中断
        EPwm1Regs.TZEINT.bit.DCAEVT1 = 1;  //由 DCAEVT1 = 1,使能 DCAEVT1 中断
        EDIS;
}
```

下面说明调试要领。

1. 操作步骤

(1) 将 EPWM1A(GPIO0 LaunchPad.J6.1),EPWM1B(GPIO1 LaunchPad.J6.2)及 GND(LaunchPad.J2.1)接入示波器,量程:20V,5 μs。

(2) 将第一根杜邦线的一个头连接 TZ1(GPIO12 LaunchPad.J2.3),另一个头接+3.3 V(LaunchPad.J1.1);再将第二根杜邦线的一个头连接 TZ2(GPIO16 LaunchPad.J2.6),另一个头接+3.3 V(LaunchPad.J3.3),即开始时将 TZ1(GPIO12)和 TZ2(GPIO16)设置成高电平。编译运行程序,可从示波器观察到 EPWM1A 周期为 16.67 μs,EPWM1B 周期为 33.33 μs,参见图 9.125 下方的两个波形。这两个值与理论计算相符。

(3) 仅将第一根杜邦线从+3 V 处拔出,此时 TZ1 变为低电平而 TZ2 仍保留高电平,即产生了一个 DCAEVT1 事件,它将触发滤波子模块进入工作状态。在这种情况下,EPWM1B 参考波形不变,EPWM1A 波形发生变化,参见图 9.125 上面部分波形图。撤销 DCAEVT1 事件,将刚才拔出的再插入,波形恢复。

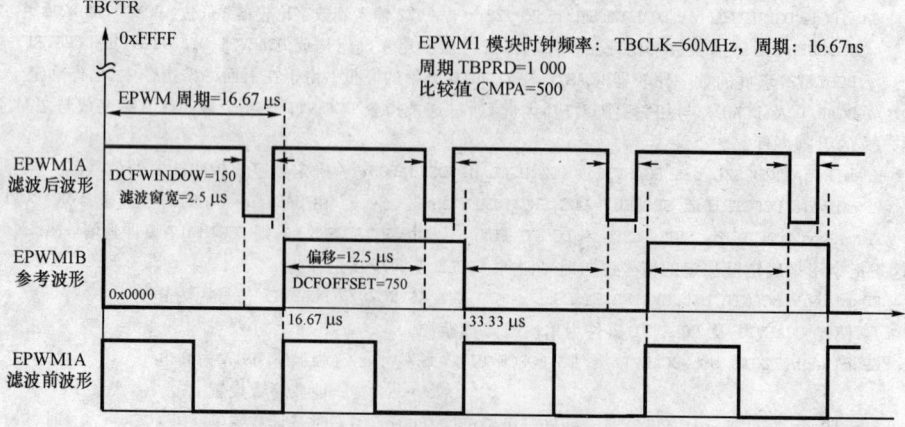

图 9.125 滤波窗口及偏移量示意图

2. DCAEVT1 事件的构成

(1) 通过 InitTzGpio() 函数设置捕获引脚 TZ1、TZ2 及 TZ3：TZ1 与 GPIO12，TZ2 与 GPIO16，TZ3 与 GPIO17 各共用一个引脚，可通过 InitTzGpio() 函数将 GPIO12、GPIO16 及 GPIO17 分别设置成捕获 TZ1、TZ2 及 TZ3 引脚。

(2) 选择构成 DCAEVT1（数字比较器 A 事件 1）事件的一组捕获信号：ePWM 模块有 6 个捕获源：TZ1、TZ2、TZ3、COMP1OUT、COMP2OUT 及 COMP3OUT（在 2802x 中不可用）。它们中的一组分别输入数字比较器 A 高位（DCAH）和数字比较器 A 低位（DCAL）。通过以下指令进行配置：

```
EPwm1Regs.DCTRIPSEL.bit.DCAHCOMPSEL = DC_TZ1;
    // TZ1 输入到数字比较器 A 高位(DCAH)，即 DCAH = TZ1。
EPwm1Regs.DCTRIPSEL.bit.DCALCOMPSEL = DC_TZ2;
    // TZ2 输入到数字比较器 A 低位(DCAL)，即 DCAL = TZ2
```

(3) DCAEVT1 等事件的构成，并确定捕获电平的高低：前面用 TZ1 及 TZ2 组成了 DCAEVT1 事件，接下来要将这两个捕获源结合成一个序组并确定捕获电平的高低，指令：

```
EPwm1Regs.TZDCSEL.bit.DCAEVT1 = TZ_DCAL_HI_DCAH_LOW;
```

完成了这样的配置：DCAEVT1 =（DCAH 低电平，DCAL 高电平）。由于在上面两条指令中，已经确定 DCAH/L 及 DCAH/L 与相关引脚对应，因此有：DCAEVT1 =（TZ1，TZ2），即 DCAEVT1 事件由 TZ1 的低电平及 TZ2 的高电平构成。这与常量 TZ_DCAL_HI_DCAH_LOW 的字面含义故障捕获 DCAL(TZ2) 为高电平，DCAH(TZ1) 为低电平是相同的。

(4) 滤波和捕获的事件选择，程序中有两条事件选择的指令：

```
EPwm1Regs.DCFCTL.bit.SRCSEL = DC_SRC_DCAEVT1;    // 信号源来自 DCAEVT1
EPwm1Regs.DCACTL.bit.EVT1SRCSEL = DC_EVT_FLT;    // DCEVTFILT 为信号源
```

前面一条用来选择 DCAEVT1 信号源，后面一条则是通过滤波逻辑去除 DCAEVT1 事件噪声后的 DCEVTFILT 信号源，如果屏蔽第 2 条指令，即使 DCAEVT1 事件发生也不能触发滤波。

3. 滤波的设置步骤

(1) 滤波和捕获的时机选择：什么时候进行滤波和捕获可通过下面指令完成。

```
EPwm1Regs.DCFCTL.bit.PULSESEL = DC_PULSESEL_ZERO;    // 当 CTR = 0 时，滤波捕获。
```

这条指令的用意为在时基计数器等于 0 时（CTR = 0）进行滤波和捕获。由于在 CTR=0 时采用上升沿跳变，因此将上升沿作为一个参考点。

(2) 确定滤波窗口相对于 CTR=0 或 CTR=PRD 的偏移量。

下面一条指令设置滤波窗口偏移量。

```
EPwm1Regs.DCFOFFSET = 750;        // DCFOFFSET: 数字比较器滤波偏移寄存器
```

DCFOFFSET 寄存器的 16 位用以确定从滤波窗基准点(原波形上升沿)到滤波窗作用点的 TBCLK 的周期数。滤波窗基准点为周期值或为 0 值(均为原波形上升沿)，它由 PULSESEL(DCFCTL[5:4])定义。该寄存器为映像工作寄存器，在 PULSESEL (DCFCTL[5:4])定义的基准点加载。当该寄存器被加载时，要对偏移计数器进行初始化并且开始减计数，当 DCFOFFSET 减计数到 0 时，则开启滤波窗使之处于工作状态。

注意：偏移量的值不能大于周期值

滤波窗在 TBCLK = 750 开始，750 是 EPWM1A 相对于上升沿的偏移量。当滤波事件发生时，产生的新波形 EPWM1A 中原上升沿消失，因此采用 EPWM1B 波形作为上升沿参考量。750 相对于上升沿延时为：12.5 μs(750 * 16.67)，滤波窗宽为 150 TBCLK 周期(2.5 μs)，它们分别是示波器 2.5 μs 测度的整数倍，以便观察，参见图 9.125。

(3) 确定滤波窗的宽度。

下面一条指令设置滤波窗口的宽度。

```
EPwm1Regs.DCFWINDOW = 150;        // DCFWINDOW: 数字比较器滤波窗寄存器
```

DCFWINDOW 为数字比较器滤波窗寄存器，其设置范围为：

$$1 \leqslant DCFWINDOW \leqslant 255,$$

指定以 TBCLK 周期计量的滤波窗口宽度。当偏移计数器 DCFOFFSET 减到 0 时，开始滤波。此时，滤波窗计数器 DCFWINDOW 载入并开始减计数。如果当前滤波窗口为工作窗，并且偏移计数器计数到 0 时，则滤波窗计数器会重新开始计数。滤波窗口可以超过一个 PWM 周期的边界。当 DCFWINDOW = 0 时，不产生滤波窗口。

(4) 使能滤波窗。

下面一条指令使能滤波窗：

```
EPwm1Regs.DCFCTL.bit.BLANKE = DC_BLANK_ENABLE;
```

(5) 确定滤波窗的正向或反向。

通过下面一条指令设置滤波窗的正向或反向：

```
EPwm1Regs.DCFCTL.bit.BLANKINV = DC_BLANK_NOTINV;   // 禁止滤波窗口反向
```

(6) 使能 DCAEVT1 中断：

```
EPwm1Regs.TZEINT.bit.DCAEVT1 = 1;    // TZEINT:故障捕获中断使能寄存器
```

9.12.9 通过动作限定器建立步进电机的 4 拍方式控制

表 9.79 为步进电机 4 拍方式控制程序,图 9.126 为波形图。

表 9.79 步进电机的 4 拍方式控制程序——图 9.126 的 C 源代码

```c
void InitEPwm1Example()
{
// 设置 TBCLK
    EPwm1Regs.TBCTL.bit.CTRMODE = TB_COUNT_UPDOWN;   // 增减计数模式
    EPwm1Regs.TBPRD = 2000;                           // 设置定时器周期 TBPRD = 2 000
    EPwm1Regs.TBCTL.bit.PHSEN = TB_DISABLE;           // 禁止相位加载
    EPwm1Regs.TBCTR = 0x0000;                         // 清计数器,计数值从 0x0000 - 0xFFFF
    EPwm1Regs.TBCTL.bit.HSPCLKDIV = 4;
    EPwm1Regs.TBCTL.bit.CLKDIV = 4;
        // 故定时器时钟: TBCLK = SYSCLKOUT / (HSPCLKDIV × CLKDIV) = 60 /(8 * 16) = 469 KHz,
// 设置映像寄存器在 0 时加载
    EPwm1Regs.CMPCTL.bit.SHDWAMODE = CC_SHADOW;       // CMPA 采用映像寄存器模式
    EPwm1Regs.CMPCTL.bit.SHDWBMODE = CC_SHADOW;       // CMPB 采用映像寄存器模式
    EPwm1Regs.CMPCTL.bit.LOADAMODE = CC_CTR_ZERO;     // 则当 CTR = 0 时, CMPA 从映像加载
    EPwm1Regs.CMPCTL.bit.LOADBMODE = CC_CTR_ZERO;     // 则当 CTR = 0 时, CMPB 从映像加载
// 设置比较器的值
    EPwm1Regs.CMPA.half.CMPA = 1000;                  // 设置比较值 CMPA = 1 000
    EPwm1Regs.CMPB = 1000;                            // 设置比较值 CMPB = 1 000
// 设置动作
    EPwm1Regs.AQCTLA.bit.ZRO = AQ_SET;                // 当 CTR = 0 时, 强制 EPWMxA 输出高电平
    EPwm1Regs.AQCTLA.bit.CAU = AQ_CLEAR;              // 当 CTR = CMPA 且增计数时, 强制 EPWMxA 输出低电平
    EPwm1Regs.AQCTLB.bit.CAU = AQ_SET;                // 当 CTR = CMPA 且增计数时, 强制 EPWMxB 输出高电平
    EPwm1Regs.AQCTLB.bit.PRD = AQ_CLEAR;              // 当 CTR = PRD 时, EPWMxB 输出低电平
}
void InitEPwm2Example()
{
// 设置定时器时钟(TBCLK)
    EPwm2Regs.TBCTL.bit.CTRMODE = TB_COUNT_UPDOWN;   // 增减计数模式
    EPwm2Regs.TBPRD = 2000;                           // 设置定时器周期 TBPRD = 2 000
    EPwm2Regs.TBCTL.bit.PHSEN = TB_DISABLE;           // 禁止相位加载
    EPwm2Regs.TBCTR = 0x0000;                         // 清计数器,计数值从 0x0000~0xFFFF
    EPwm2Regs.TBCTL.bit.HSPCLKDIV = 4;//TB_DIV1;
    EPwm2Regs.TBCTL.bit.CLKDIV = 4;//TB_DIV1;
        // 故定时器时钟: TBCLK = SYSCLKOUT / (HSPCLKDIV × CLKDIV) = 60 /(8 * 16) = 469 kHz,
// 设置映像寄存器在 0 时加载
    EPwm2Regs.CMPCTL.bit.SHDWAMODE = CC_SHADOW;       // CMPA 采用映像寄存器模式
    EPwm2Regs.CMPCTL.bit.SHDWBMODE = CC_SHADOW;       // CMPB 采用映像寄存器模式
    EPwm2Regs.CMPCTL.bit.LOADAMODE = CC_CTR_ZERO;     // 则当 CTR = 0 时, CMPA 从映像加载
    EPwm2Regs.CMPCTL.bit.LOADBMODE = CC_CTR_ZERO;     // 则当 CTR = 0 时, CMPB 从映像加载
// 设置比较器的值
    EPwm2Regs.CMPA.half.CMPA = 1000;                  // 设置比较值 CMPA = 1 000
    EPwm2Regs.CMPB = 1000;                            // 设置比较值 CMPB = 1 000
// 设置动作
    EPwm2Regs.AQCTLA.bit.PRD = AQ_SET;                // 当 CTR = PRD 时, 强制 EPWMxA 输出高电平
    EPwm2Regs.AQCTLA.bit.CAD = AQ_CLEAR;              // 当 CTR = CMPA 且减计数时, 强制 EPWMxA 输出低电平
    EPwm2Regs.AQCTLB.bit.CAD = AQ_SET;                // 当 CTR = CMPA 且减计数时, 强制 EPWMxB 输出高电平
    EPwm2Regs.AQCTLB.bit.ZRO = AQ_CLEAR;              // ,当 CTR = 0 时, 强制 EPWMxB 输出低电平
}
```

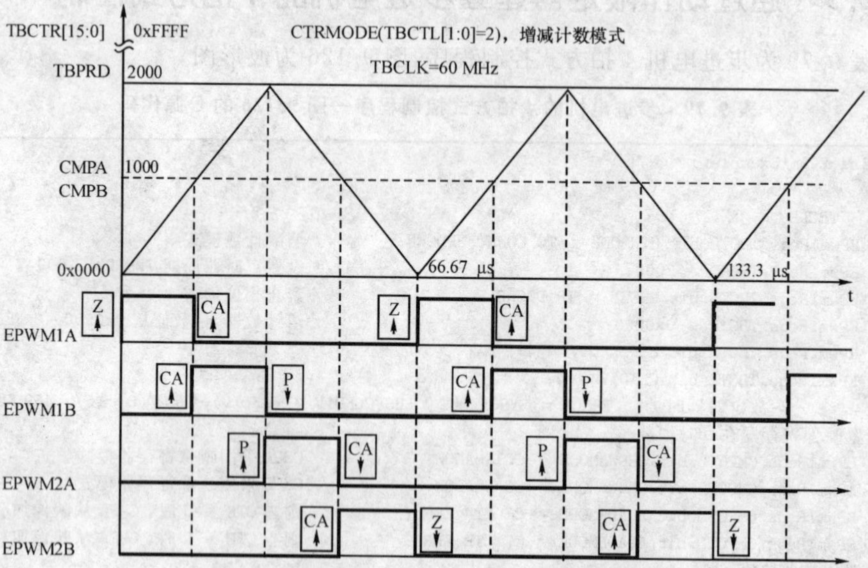

图 9.126　步进电机的 4 拍方式控制波形图

9.12.10　EPWM 模块的定时器中断(zEPwm_TimerInt.c)

表 9.80 为示例 zEPwm_TimerInt.c 中的 InitEPwm1Example() 函数。

在 zEPwm_UpAQ、zEPwm_UpDownAQ 及 zEpwm_DeadBand 等项目中已经针对某一个 zEPwm 模块设置了中断,这些项目的中断设置步骤与本例的中断设置完全相同。只是本例增加了冗余指令并对 ePWM 所有模块进行了中断设置,另外通

表 9.80　示例 zEPwm_TimerInt.c 中的 InitEPwm1Example() 函数

```
void InitEPwmTimer()      zEPwm_TimerInt.c
{
    EALLOW;
    SysCtrlRegs.PCLKCR0.bit.TBCLKSYNC = 0;         // 禁止 ePWM 所有模块与时基时钟 (TBCLK) 同步
    EDIS;
//  设置同步
    EPwm1Regs.TBCTL.bit.SYNCOSEL = TB_SYNC_IN;     // 同步输出选择时基 1 同步信号    EPWMxSYNC
    EPwm2Regs.TBCTL.bit.SYNCOSEL = TB_SYNC_IN;     // 同步输出选择时基 2 同步信号    EPWMxSYNC
    EPwm3Regs.TBCTL.bit.SYNCOSEL = TB_SYNC_IN;     // 同步输出选择时基 3 同步信号    EPWMxSYNC
    EPwm4Regs.TBCTL.bit.SYNCOSEL = TB_SYNC_IN;     // 同步输出选择时基 4 同步信号    EPWMxSYNC
//  允许每个时基同步
    EPwm1Regs.TBCTL.bit.PHSEN = TB_ENABLE;
        // 由 PHSEN = 1,则当产生时基同步输入( EPWMxSYNCI )信号时,通过相位寄存器加载时基计数器
    EPwm2Regs.TBCTL.bit.PHSEN = TB_ENABLE;
    EPwm3Regs.TBCTL.bit.PHSEN = TB_ENABLE;
    EPwm4Regs.TBCTL.bit.PHSEN = TB_ENABLE;
```

续表 9.80

```c
// 设置各时基的相位
    EPwm1Regs.TBPHS.half.TBPHS = 100;         // EPwm1 模块相位设置
    EPwm2Regs.TBPHS.half.TBPHS = 200;
    EPwm3Regs.TBPHS.half.TBPHS = 300;
    EPwm4Regs.TBPHS.half.TBPHS = 400;         // 屏蔽以上指令中断照常运行
// 设置时 ePWM1-ePWM4 模块时基周期,使能中断等
    EPwm1Regs.TBPRD = PWM1_TIMER_TBPRD;       // 设置时基 1 周期寄存器 TBPRD = 0x1FFF = 8191
    EPwm1Regs.TBCTL.bit.CTRMODE = TB_COUNT_UP; // 设置时基 1 控制寄存器的计数模式为 增计数
                                              // 模式

    EPwm1Regs.ETSEL.bit.INTSEL = ET_CTR_ZERO; // 当 CTR = 0 时,使能中断。
    EPwm1Regs.ETSEL.bit.INTEN = PWM1_INT_ENABLE; // 使能 EPWMx_INT 中断产生
    EPwm1Regs.ETPS.bit.INTPRD = ET_1ST;       // 在第一个事件( ETPS[INTCNT] = 1 )产生一个
                                              // 中断

    EPwm2Regs.TBPRD = PWM2_TIMER_TBPRD;       // 设置 PWM2 模块的 TBPRD = 8192
    EPwm2Regs.TBCTL.bit.CTRMODE = TB_COUNT_UP; // 增计数模式
    EPwm2Regs.ETSEL.bit.INTSEL = ET_CTR_ZERO; // 当 CTR = 0 时,触发中断
    EPwm2Regs.ETSEL.bit.INTEN = PWM2_INT_ENABLE; // 使能 PWM3 模块中断
    EPwm2Regs.ETPS.bit.INTPRD = ET_2ND;       // 在第 3 次计数器过 0 时产生中断
    EPwm3Regs.TBPRD = PWM3_TIMER_TBPRD;       // 设置 PWM3 模块的 TBPRD = 8192
    EPwm3Regs.TBCTL.bit.CTRMODE = TB_COUNT_UP; // 增计数模式
    EPwm3Regs.ETSEL.bit.INTSEL = ET_CTR_ZERO; // 当 CTR = 0 时,触发中断
    EPwm3Regs.ETSEL.bit.INTEN = PWM3_INT_ENABLE; // 使能 PWM3 模块中断
    EPwm3Regs.ETPS.bit.INTPRD = ET_3RD;       // 在第 3 次计数器过 0 时产生中断
    EPwm4Regs.TBPRD = PWM4_TIMER_TBPRD;       // 设置 PWM4 模块 TBPRD = 8192
    EPwm4Regs.TBCTL.bit.CTRMODE = TB_COUNT_UP; // 增计数模式
    EPwm4Regs.ETSEL.bit.INTSEL = ET_CTR_ZERO; // 当 CTR = 0 时,触发中断
    EPwm4Regs.ETSEL.bit.INTEN = PWM4_INT_ENABLE; // 使能 PWM4 模块中断
    EPwm4Regs.ETPS.bit.INTPRD = ET_1ST;       // 在第 1 次计数器过 0 时产生中断
    EALLOW;
    SysCtrlRegs.PCLKCR0.bit.TBCLKSYNC = 1;    // 启动所有时基同步
    EDIS;
}
```

过对不同模块定时计数器第几次等于 0 时产生中断的设置(例如:ePWM1 定时计数器每次等于 0 时产生中断,而 ePWM2 定时计数器第 2 次等于 0 时产生中断等),可以通过变量视窗观察各个模块的中断计数变量的比例关系,从而可以进一步体会相关的概念。

该文件仅用于测试 EPWM 模块的定时器中断,不产生 PWM 波形。

1. 操作步骤

(1) 将 GPIO0(LaunchPad.J6.1)及 GND(LaunchPad.J5.2)接入示波器,量

第9章 Piccolo 增强型脉宽调制器(ePWM)模块

程 20 V，250 μs。主文件已将 GPIO0 设置为输出端口，其作用是在中断函数中通过切换 GPIO0 电平来观察中断周期。

本例在 epwm1_timer_isr()及 epwm2_timer_isr()中断服务函数中均放置了一条 GPIO0 电平切换的指令，用以通过示波器观察中断的周期。使用时注销一条激活另一条。

编译运行程序，从示波器观察 GPIO0 的波形的实时变化。此时 GPIO0 波形周期为 270 μs，理论计算为 273 μs(33.33 * 8 192)，两者吻合。当设置 INTPRD = ET_1ST=1 即计数器每次到 0 产生一个中断时，中断周期为 273 μs。

(2) 将以下变量加入 CCSv5 变量视窗，运行时设置为实时模式：

　　EPwm1TimerIntCount
　　EPwm2TimerIntCount
　　EPwm3TimerIntCount
　　EPwm4TimerIntCount

图 9.127 阴影部分为定时器中断计数器的实时动态值。由于程序对各个 EPwm 模块定时器中断作了如下配置：

```
EPwm1Regs.ETPS.bit.INTPRD = ET_1ST;      // 计数器每次到 0 时产生一个中断
EPwm2Regs.ETPS.bit.INTPRD = ET_2ND;      // 计数器第 2 次到 0 时产生一个中断
EPwm3Regs.ETPS.bit.INTPRD = ET_3RD;      // 计数器第 3 次到 0 时产生一个中断
EPwm4Regs.ETPS.bit.INTPRD = ET_1ST;      // 计数器每次到 0 时产生一个中断
```

因此，ePWM1 和 ePWM4 的中断次数相等，ePWM2 的中断次数是 ePWM 中断次数的一半，而 ePWM3 的中断次数是 ePWM1 中断次数的三分之一。

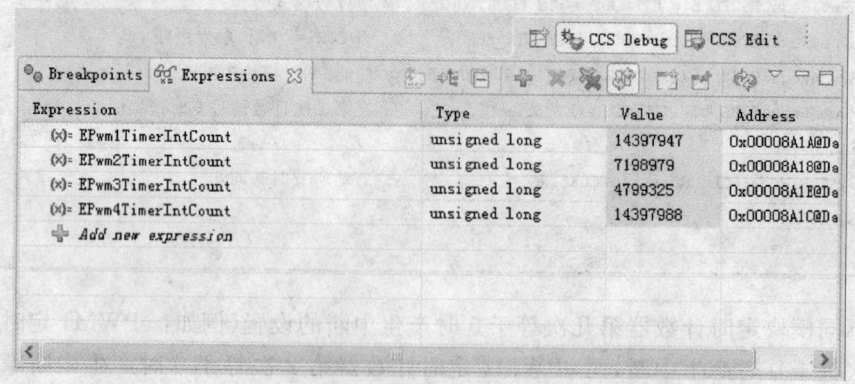

图 9.127　EPwm 定时器中断计数器在 CCSv5 视窗的实时变化

2. 中断设置的常规步骤

(1) 确定中断向量的入口地址：

```
EALLOW;
```

```
PieVectTable.EPWM1_INT = &epwm1_timer_isr;
EDIS;
```

为便于说明其他几条类似的取址指令没有列出。

在上面指令中,epwm1_timer_isr 函数是针对 EPWM1_INT 中断向量的一个中断服务函数,&epwm1_isr()是该函数的入口地址。

(2) 使能 PIE 级及 CPU 级中断向量:

这个步骤由下面 4 类指令完成:

① 先找出 EPWM1_INT 中断向量在 PIE 向量表中所在的组,及在这组中所处的优先级。在 PIE 中断优先级向量表中,查得该向量位于 PIE 向量表第 3 组第 1 个中断,EPWM 另外 3 个模块中断向量都列在这一组中,参见表 9.81。因此先通过 PIE 级指令:

```
PieCtrlRegs.PIEIER3.bit.INTx1 = 1;  // PIEIER3 为 PIE 向量表第 3 组,INTx1 表示组中第 1 个
```

使能位于 PIE 向量表第 3 组中的第 1 个 EPWM 模块时基中断向量 EPWM1_INT。

表 9.81 PIE 多路外设中断向量表摘录

INT3.y	保留	保留	保留	保留	EPWM4_INT (ePWM4)	EPWM3_INT (ePWM3)	EPWM2_INT (ePWM2)	EPWM1_INT (ePWM1)
	0xD6E	0xD6C	0xD6A	0xD68	0xD66	0xD64	0xD62	0xD60

② 通过 CPU 级的赋值指令使能第 3 组中断向量

```
IER |= M_INT3;
```

M_INT3 在 DSP2802x_Device.h 头文件中,定义为 100 b(4),指向第 3 组,该指令的含义在 CPU 级使能第 3 组中断向量,即把 EPWM1_INT 中断汇集到 CPU 级的 INT3 中断线上。注意:这里用了按位或复合运算符"|="而不是直接赋值,其用意是不破坏 IER 寄存器的原有结构。

③ 通过以下指令

```
EINT;     // 使能全局中断 INTM
ERTM;     // 使能全局实时中断 DBGM
```

使能全局中断。在一个源码程序中,可以通过注销这两条指令来屏蔽中断,检查代码最初运行的情况。本书累次采用这种方法对源码进行最初的分析。

④ 使能 PIE 向量表,由下面一条指令完成。

```
PieCtrlRegs.PIECRTL.bit.ENPIE = 1;
```

实际上这条指令包含在初始化 PIE 向量表 InitPieVectTable()函数中,主程序对这个函数已经调用。因此可省略。

第 9 章 Piccolo 增强型脉宽调制器(ePWM)模块

(3) 中断服务函数中的必须指令。

中断服务函数是以关键字 interrupt 开头的一个函数。通常在中断服务函数中有两条必须的指令：一条是中断应答，另一条是将中断标志位清 0。EPWM1_INT 中断应答指令为：

```
PieCtrlRegs.PIEACK.all = PIEACK_GROUP3;
```

PIEACK_GROUP3 在 DSP2802x_PieCtrl.h 头文件中定义为 100b(4)，指向 INT3 第 3 组。PIE 应答寄存器 PIEACK 是中断从 PIE 级进入 CPU 级的门禁。一个中断在进入 CPU 级之前，其对应的 PIEACK.x 必须通过软件清 0，打开 PIE 级到 CPU 的通道。而当这个中断进入 CPU 级 INTx 中断线时，硬件将 PIEACK.x 位置 1，关闭 PIE 级到 CPU 的通道。这条指令通过向 PIEACK.2(位域定义从 PIEACK.0 开始)写 1，将 PIEACK.2 位清 0。从而打开后续的 PIE 级到 CPU 级的中断。在中断服务函数中还有一条指令：

```
EPwm1Regs.ETCLR.bit.INT = 1;
```

这条指令通过向 INT(ETCLR[0]) 写 1，将中断标志位 INT 清 0。这是一条必须执行的指令。当 EPWM1 产生一个中断事件时，INT(ETCLR[0]) 中断标志位被置 1，如果中断已被使能，则 EPWM1 模块向 PIE 控制器发出一个中断请求。INT 位必须通过软件清除，否则不能再进入中断。

(4) 中断服务函数及中断初始化函数声明。

如果中断服务函数及中断初始化函数放在主函数的下面，则在主函数头部要对中断服务函数及中断初始化函数进行声明：

```
interrupt void epwm1_timer_isr(void);
```

如果中断服务函数放在在主函数的上面，则可忽略。以上 4 步中断设置适用于 C2000 所有外设，属于主程序中设置中断的常规步骤。除这些步骤之外还必须对需要中断服务的外设进行初始化设置，而这些设置通常放在一个外设初始化函数中。下面针对 EPWM 外设列出相关的设置指令。

(5) 外设级中断设置。

对 EPWM1 模块时基中断的设置包含 5 条指令：

```
EPwm1Regs.TBPRD = PWM3_TIMER_TBPRD;          // 设置 PWM1 模块的 TBPRD = 8191
EPwm1Regs.TBCTL.bit.CTRMODE = TB_COUNT_UP;   // 增计数模式
EPwm1Regs.ETSEL.bit.INTSEL = ET_CTR_ZERO;    // 当 CTR = 0 时，触发中断
EPwm1Regs.ETSEL.bit.INTEN = PWM3_INT_ENABLE; // 使能 PWM1 模块中断
EPwm1Regs.ETPS.bit.INTPRD = ET_3RD;           // 在第 3 次计数器过 0 时产生中断
```

● 其中第 1 条设置中断的周期，实际中断周期受第 5 条指令的控制。如果在第 5 条指令中设置 INTPRD=2(最大可设置为 3)，则实际中断周期是 TBPRD

周期的两倍。
- 第 2 条指令设置计数模式。由于默认值为 3 即停止锁存计数器操作,因此注销这条指令将不会产生中断。
- 第 3 条指令是在计数器计数过程中处于什麼状态时触发中断,这里选择当 CTR = 0 时触发中断。
- 第 4 条指令为使能模块中断,即使能外设级中断。
- 第 5 条指令则用来确定多少个模块周期产生一个中断。

不同的外设中断设置不尽相同,但有一条相同,这就是必须使能相应的外设级中断。

(6) 本例中断设置指令的冗余问题。

上面中断设置步骤适用于 EPWM 所有模块,例如 zEPwm_UpAQ、zEPwm_UpDownAQ 及 zEpwm_DeadBand 等。本例的中断设置显得指令冗余,若注销 InitEPwmTimer()函数中外设中断设置 5 条指令上面的所有代码,程序仍然正常运行。

第 10 章

高分辨率脉宽调制(HRPWM)

本章需与第 9 章的"Piccolo 增强型脉宽调制器(ePWM)模块"结合起来使用。

HRPWM 模块拓展了传统的数字脉宽调制(PWM)时间分辨率的性能,用于 PWM 分辨率低于 9~10 位的场合。主要特点如下:

- 拓展的时间分辨率性能;
- 可应用于占空比控制法和相移控制法;
- 通过使用扩展的比较器 A 及相位寄存器进行精细的时间分割控制或边缘定位;
- 通过使用 PWM 的 A 信道来实现,也就是基于 EPWMxA 输出。EPWMxB 输出具有传统的 PWM 性能;
- 使用自检诊断软件模式来检查边缘定位器(MEP)逻辑是否处于最佳运行状态;
- 通过交换 PWM 通道和反向来使能 PWM 的 B 信道高分辨率输出;
- 在具有 ePWM1 型模块的设备上,通过使用 ePWMxA 输出来使能高分辨率周期控制。详情请参见设备特性数据手册,以确定设备是否具有支持高分辨率周期的 ePWM1 型模块。ePWMxB 输出在本模式下不能工作。

10.1 概　述

ePWM 外设在数学上等效地实现数模转换器(DAC)的功能。如图 10.1 所示,通常产生的 PWM 的有效分辨率是 PWM 频率(或周期)和系统时钟频率的函数。

如果所要求的 PWM 工作频率在 PWM 模式下无法提供足够的分辨率,可使用高分辨率脉宽调制(HRPWM)。表 10.1 是一个由 HRPWM 改善性能的例子,展示了不同频率的 PWM 波的位分辨率。这些值假设 MEP 步长为 180 ps。关于 MEP 典型的和最高性能的说明请参见设备特性手册。

尽管每个应用情况可能不同,典型的低频 PWM 波操作(低于 250 kHz)无需使用 HRPWM。HRPWM 的功能最常使用在需要高频的 PWM 来进行功率转换的拓扑结构中,比如:

- 单相的升压变换器、降压变换器以及反激变换器;

第10章 高分辨率脉宽调制(HRPWM)

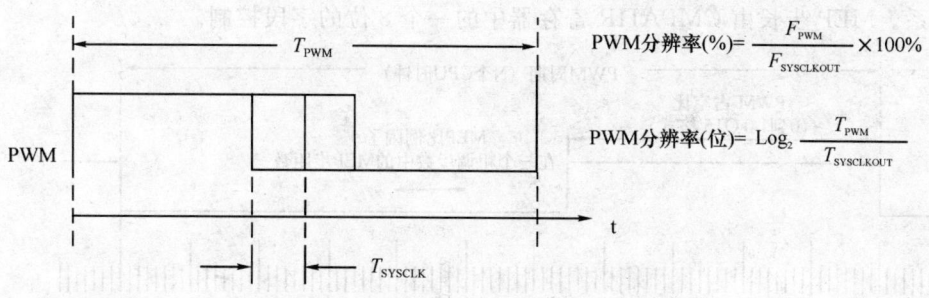

图 10.1 传统型 PWM 波的分辨率计算

- 多相的升压变换器、降压变换器以及反激变换器；
- 相移全桥变换器；
- D 类功率放大器的直接调制。

表 10.1 PWM 和 HRPWM 的分辨率对比

PWM 频率 /kHz	常规分辨率 PWM				高分辨率 HRPWM	
	系统频率 60 MHz		系统频率 50 MHz			
	位	%	位	%	位	%
20	11.6	0	11.3	0	18.1	0
50	10.2	0.1	10	0.1	16.8	0.001
100	9.2	0.2	9	0.2	15.8	0.002
150	8.6	0.3	8.4	0.3	15.2	0.003
200	8.2	0.3	8	0.4	14.8	0.004
250	7.9	0.4	7.6	0.5	14.4	0.005
500	6.9	0.8	6.6	1	13.4	0.009
1 000	5.9	1.7	5.6	2	12.4	0.018
1 500	5.3	2.5	5.1	3	11.9	0.027
2 000	4.9	3.3	4.6	4	11.4	0.036

10.2 HRPWM 的操作说明

HRPWM 基于微边沿定位器(MEP)技术。MEP 逻辑通过将一个 PWM 产生的精度不高的系统时钟进行细分，可以非常精确地定位一个边沿。时间步长的精度大约为 150 ps 级。有关特定设备典型的 MEP 步长的大小，请参见设备特性手册。HRPWM 还有一个软件自检诊断模式来检查 MEP 逻辑是否在所有操作条件下运行良好。10.6 节将会详细介绍软件诊断的细节及功能。

图 10.2 展示了一个粗调的系统时钟和以 MEP 步长为单位的边沿定位之间的

第10章 高分辨率脉宽调制(HRPWM)

关系。MEP 步长由 CMPAHR 寄存器中的一个 8 位的字段控制。

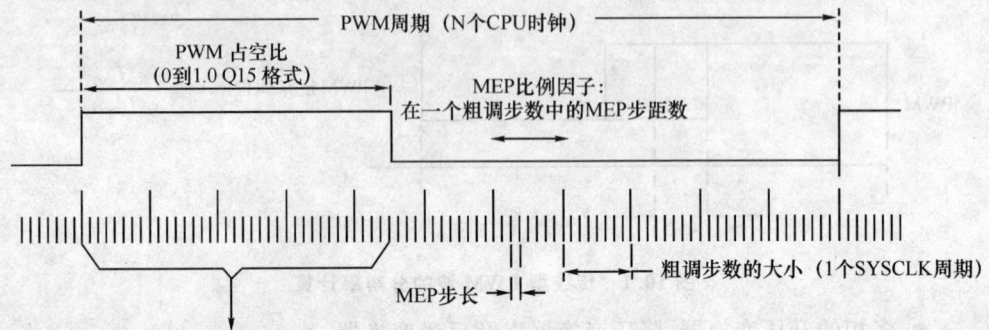

粗调步数 = 取整数(PWM占空比*PWM周期)
微边沿定位步数(MEP) = 取小数(PWM占空比*PWM周期)*(MEP比例因子) + 0.5(舍入调整)#

| 16位 CMPA 寄存器值 | = 粗调步数 |
| 16位 CMPAHR 寄存器值 | = (MEP 步数)<<8(右移8位) |

用于MEP值域及舍入调整(Q8格式为0x0080)。

图 10.2 使用 MEP 的操作逻辑图

要产生一个 HRPWM 波,首先通过配置 TBM、CCM 和 AQM 寄存器产生一个给定频率和极性的通常的 PWM 波。之后,HRPWM 与 TBM、CCM 以及 AQM 寄存器配合,扩展边沿分辨率,并进行相应的配置。尽管有多种编程组合,但是只有少部分是需要且可行的。10.7 节将会介绍这些方法。

本文档述及但并未建立的寄存器,可参见第 9 章的"Piccolo 增强型脉宽调制器(ePWM)模块"。HRPWM 模块的操作由表 10.2 所列的寄存器进行控制和观察。

表 10.2 HRPWM 寄存器

寄存器名称	地址偏移量	有无映像	描述
TBPHSHR	0x0002	无	HRPWM 相位扩展寄存器(8 位)
TBPRDHR	0x0006	有	HRPWM 周期扩展寄存器(8 位)
CMPAHR	0x0008	有	HRPWM 占空比扩展寄存器(8 位)
HRCNFG	0x0020	无	HRPWM 配置寄存器
HRPWR	0x0021	无	HRPWM 电源寄存器
HRMSTEP	0x0026	无	HRPWM MEP 步长寄存器
TBPRDHRM	0x002A	有	HRPWM 周期扩展映像寄存器(8 位)
CMPAHRM	0x002C	有	HRPWM 占空比扩展映像寄存器(8 位)

10.3　HRPWM 的功能控制

HRPWM 的 MEP 被 3 个扩展寄存器控制,每一个都是 8 位的宽度,如图 10.3 所示。这些 HRPWM 寄存器与控制 PWM 操作的 16 位的 TBPHS,TBPRD 和 CMPA 寄存器联系在一起:

- TBPHSHR——时基相位高分辨率寄存器;
- CMPAHR——计数比较器 A 高分辨率寄存器;
- TBPRDHR——时基周期高分辨率寄存器(在某些设备上有效)。

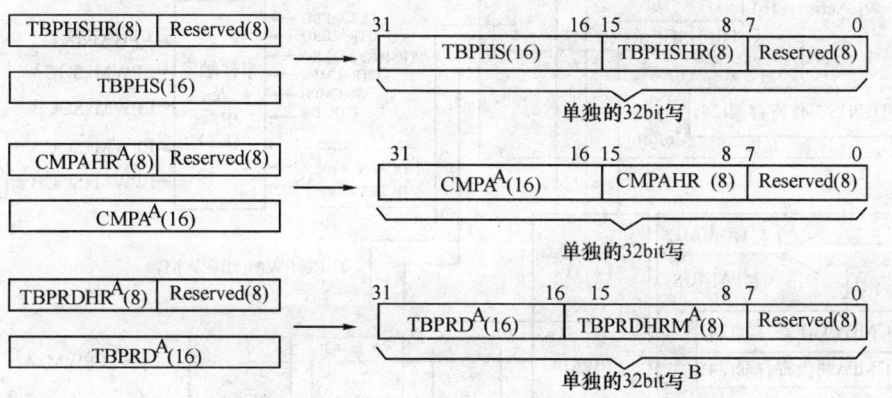

A. 这些寄存器为映像寄存器,可写入两个不同的存储区。映像寄存器有一个 M 后缀(例如:CMPA 映像为 CMPAM)。读取高分辨率映像寄存器会导致不确定的值。

B. 只有在使用映像区域时,可将 TBPRD 和 TBPRDHR 当作 32 位寄存器值写入。不是所有的设备都有 TBPRD 和 TBPRDHR 寄存器。详情请查看设备特性数据手册。

图 10.3　HRPWM 扩展寄存器及存储分配

HRPWM 用于通道 A 的 PWM 信号控制,通过对 HRCNFG 寄存器进行适当配置,HRPWM 可以有效地控制通道 B 的 PWM 信号。图 10.4 显示了具有 8 位扩展寄存器接口的 HRPWM。图 10.5 是 HRPWM 框图。

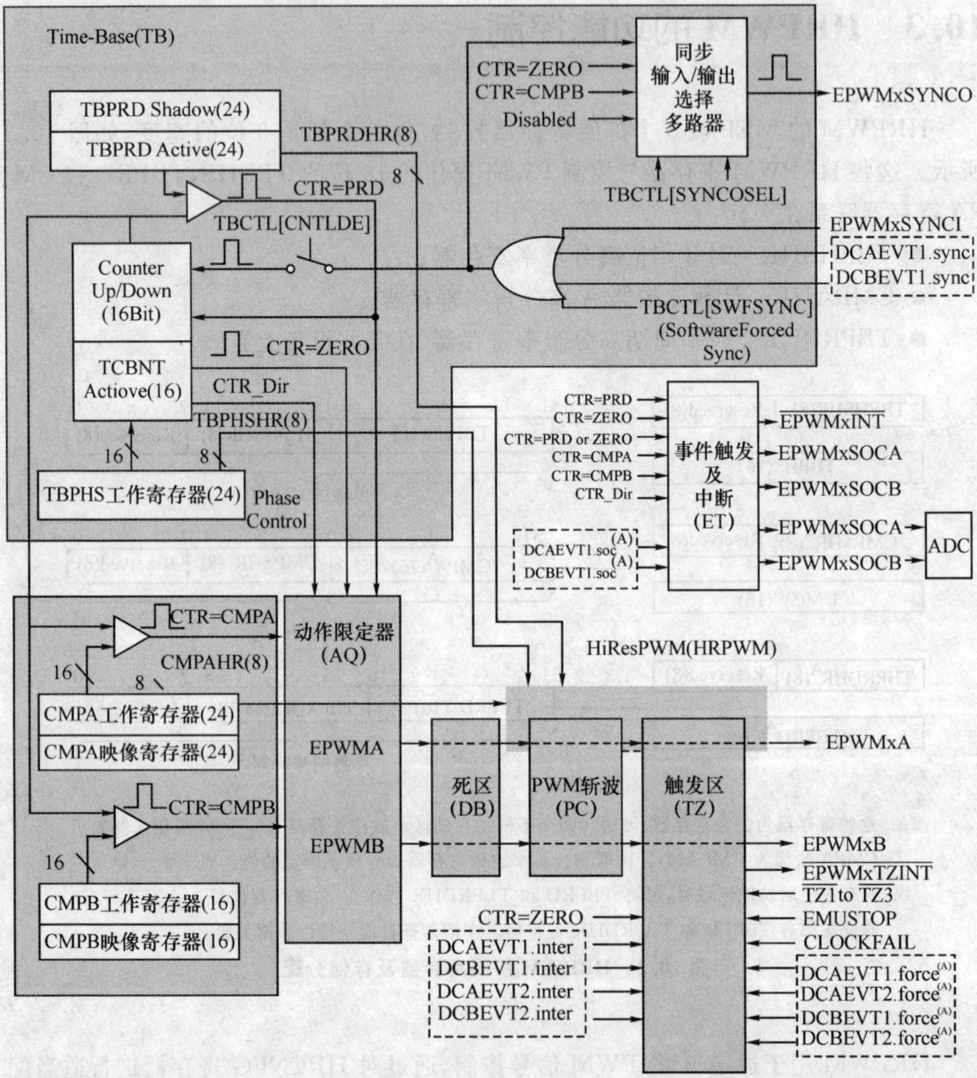

注：这些事件是通过ePWM数字比较器(DC)类型1子模块产生的，该模块用于COMPxOUT及$\overline{TZ}$信号校准。

图 10.4 HRPWM 系统接口

第10章 高分辨率脉宽调制(HRPWM)

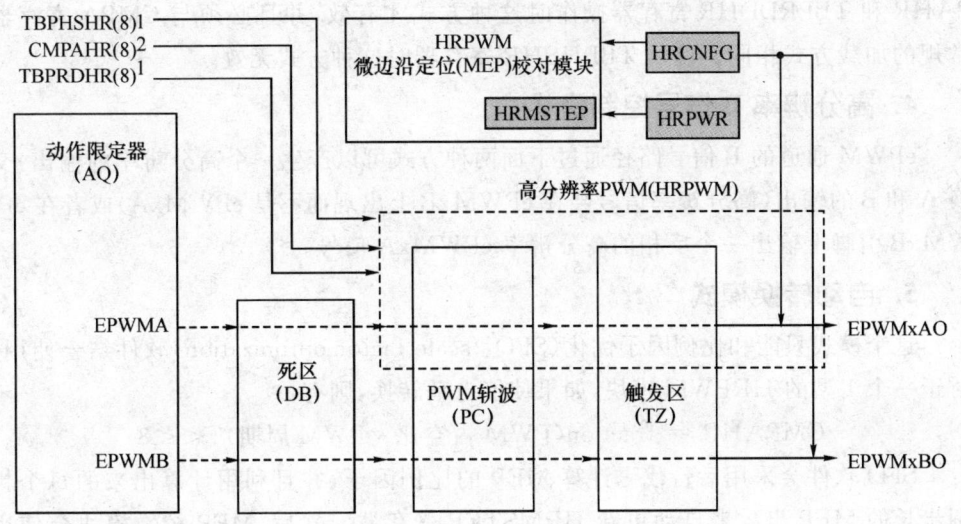

(1) 来自 ePWM TB 子模块。
(2) 来自 ePWM CC 子模块。

图 10.5 HRPWM 框图

10.4 HRPWM 的配置

一旦将 ePWM 配置为提供一个给定频率和极性的通常的 PWM，则 HRPWM 可通过对 HRCNFG 寄存器的编程来实现，HRCNFG 寄存器的偏移地址为 20h。该寄存器提供如下几种配置的选择：

1．边沿模式

可对 MEP 编程以提供上升沿(RE)、下降沿(FE)或者双边沿(BE)在同一时刻的精确定位。FE 和 RE 用于需要占空比控制(CMPA 高分辨率控制)的电源拓扑结构，而 BE 用于需要相位移动的拓扑结构，比如相移全桥(TBPHS 或 TBPRD 高分辨率控制)。

2．控制模式

MEP 可编程为由 CMPAHR 寄存器(占空比控制)或 TBPHSHR 寄存器(相位控制)控制。RE 或 FE 控制模式必须和 CMPAHR 寄存器一起使用。BE 控制模式必须和 TBPHSHR 寄存器一起使用。当 MEP 被 TBPRDHR 寄存器(周期控制)控制时，占空比和相位依然可以由它们各自的高分辨率寄存器分别控制。

3．映射模式

这种模式提供了与常规的 PWM 模式一样的映射(双缓冲)方式。只有当 CM-

PAHR 和 TBPRDDHR 寄存器操作时这种方式才有效,并且必须与 CMPA 寄存器常规的加载方式相同。使用 TBPHSHR 寄存器时这种方式无效。

4. 高分辨率 B 信号控制模式

ePWM 通道的 B 信号路径通过下面两种方式可以产生一个高分辨率的输出:交换 A 和 B 的输出(高分辨率信号会在 ePWMxB 上出现而不是 ePWMxA)或者在 ePWMxB 引脚上输出一个反相的高分辨率 ePWMxA 信号。

5. 自动转换模式

这个模式只能和比例因子优化(SFO:scale factor optimization)软件结合使用。对于一个 1 型的 HRPWM 模块,如果使能自动转换,则有:

$$CMPAHR = fraction(PWM 占空比 * PWM 周期)^{注} << 8$$

SFO 软件会采用后台代码计算 MEP 的比例因子,并且利用计算出来的每个粗调步长的 MEP 步数来自动更新 HRMSTEP 寄存器。然后,MEP 校准模块会使用 HRMSTEP 和 CMPAHR 寄存器中的值来自动计算合适的 MEP 步数,该 MEP 步数由小数部分占空比及相应的移动高分辨率 ePWM 边沿信号表示。如果禁止自动转换,CMPAHR 寄存器的表现会像一个 0 型号 HRPWM 模块,并且

$$CMPAHR = (fraction(PWM 占空比 * PWM 周期) * MEP 比例因子 + 0.5) << 8$$

在这种模式下,所有的计算必须由用户代码来执行,并且 HRMSTEP 寄存器被忽略。高分辨率周期的自动转换和高分辨率占空比的自动转换类似。必须使能高分辨率周期模式下的自动转换。

注意:"fraction(PWM 占空比 * PWM 周期)"意为对(PWM 占空比 * PWM 周期)的乘积结果取小数部分。

10.5 工作原理

MEP 逻辑可以将一个边沿定位在 255(8 位)个离散时间步数中的一个(参见设备特性手册关于典型的 MEP 步长大小的论述)。MEP 必须和 TBM 以及 CCM 寄存器一起工作,以确定对时间步数最佳使用及边沿定位精度,该边沿定位有很宽的 PWM 频率、系统时钟频率以及其他的操作条件。表 10.3 列出了 HRPWM 支持的典型频率范围。

第10章 高分辨率脉宽调制(HRPWM)

表 10.3 MEP 步数，PWM 频率以及分辨率之间的关系

系统频率/MHz	MEP 步数/$SYSCLKOUT^{(1)(2)(3)}$	PWM 最小值[4]/Hz	PWM 最大值/MHz	最高分辨率[5]/位
50.0	111	763	2.50	11.1
60.0	93	916	3.00	10.9
70.0	79	1 068	3.50	10.6
80.0	69	1 221	4.00	10.4
90.0	62	1 373	4.50	10.3
100.0	56	1 526	5.00	10.1

(1) SYSCLKOUT = 系统 CPU 时钟频率，TBCLK = SYSCLKOUT。
(2) 表中的数据基于一个 180 ps 的 MEP 时间分辨率。这是一个示例值，详情查阅设备特性数据手册中有关 MEP 部分。
(3) 本例，MEP 步数 = $T_{SYSCLKOUT}/180$ ps。
(4) PWM 最小频率与最大周期值有关，即 TBPRD = 65535。PWM 采用不同步的增计数模式。
(5) 位分辨率为最大 PWM 频率状态。

10.5.1 边沿定位

在一个典型的供电控制系统中(例如开关电源、数字电机控制 DMC、不间断电源 UPS、数字控制器(PID,2 极点/2 零点，迟后/超前等)需要一个占空比命令，经常是通过一个每单位量或百分比来表达。假设一个特殊的操作情况：要求占空比是 0.405 或者 40.5%，PWM 转换器频率为 1.25 MHz。在一个系统时钟频率为 60 MHz 的传统 PWM 发生器中，占空比的选择在 40.5% 附近。在图 10.6 中，一个计数为 19 的比较值(即 39.6% 的占空比)是可以获得的离 40.5% 的最近的值。这和用一个边沿定位 316.7 ns 替代要求的 324 ns 是等价的。数据列于表 10.4 中。

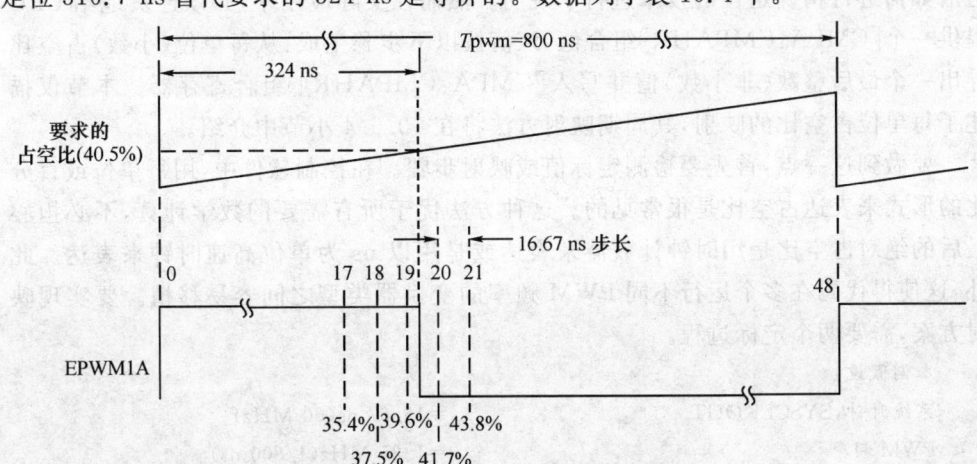

图 10.6 占空比为 40.5% 时需要的 PWM 波形

第 10 章 高分辨率脉宽调制（HRPWM）

当使用 MEP 时，可以获得更接近 324 ns 期望值的边沿定位。在表 10.4 中，除了 CMPA 值之外，MEP（CMPAHR 寄存器）的 44 个步长数将边沿定位在 323.9 ns，几乎是零误差。此例假设 MEP 具有 180 ps 步分辨率。

表 10.4　CMPA 与占空比（左），[CMPA:CMPAHR]与占空比（右）

CMPA（计数值）(1)(2)(3)	占空比/%	高电平/ns	CMPA/计数值	CMPAHR/计数值	占空比	高电平/ns
15	31.25%	250	19	40	40.40%	323.2
16	33.33%	267	19	41	40.42%	323.38
17	35.42%	283	19	42	40.45%	323.56
18	37.50%	300	19	43	40.47%	323.74
19	39.58%	316	19	44	40.49%	323.92
20	41.67%	333	19	45	40.51%	324.1
21	43.75%	350	19	46	40.54%	324.28
			19	47	40.56%	324.46
要求的			19	48	40.58%	324.64
19.4	40.50%	324	19	49	40.60%	324.82

(1) 系统时钟 SYSCLKOUT，TBCLK=60MHz，16.67 ns。
(2) 若 PWM 周期寄存器值：TBPRD=48，则 PWM 周期=48×16.67 ns=800 ns，PWM 频率=1/800 ns=1.25 MHz。
(3) 假定 MEP 步长大小采用上例的 180 ps，详情查阅设备特性数据手册有关 MEP 最大值部分。

10.5.2　CMPA:CMPAHR 的计算

前面通过使用标准 CMPA 寄存器及 MEP（CMPAHR）寄存器的资源，对一个边沿如何进行精确定位的技术进行了说明。然而在实际应用中，必须连贯地给 CPU 提供一个[CMPA:CMPAHR]组合值，该值按以下步骤生成：从每单位（小数）占空比导出一个最后整数（非小数）值并写入[CMPA:CMPAHR] 组合寄存器。本节仅描述了每单位占空比的映射，其周期映射方法将在 10.5.4 小节中介绍。

要做到这一点，首先要检测定标值或映射步骤。在控制软件中，用每单位或百分比的形式来表达占空比是很常见的。这种方法优于所有需要的数学计算，不必担心最后的绝对占空比是用时钟计数器来表达或是用以 ns 为单位高速时钟来表达。此外，这使得代码在多个运行不同 PWM 频率的变换器类型之间容易移植。要实现映射方案，需要两个定标过程。

本例假设：
系统时钟，SYSCLKOUT　　　　　　　　　=16.67 ns(60 MHz)
PWM 频率　　　　　　　　　　　　　　=1.25 MHz(1/800 ns)
要求的 PWM 占空比，PWMDuty　　　　　=0.405(40.5%)

第 10 章 高分辨率脉宽调制（HRPWM）

粗调的 PWM 周期，PWMperiod(800 ns/16.67 ns) = 48

粗调的 MEP 步数 = 16.67 ns/180 ps，MEP_SF = 93（其中每步步长为 180 ps）

MEP_SF(MEP_ScaleFactor)——MEP 比例因子值保存在 CMPAHR 之内，范围为 1~255 和小数舍入常数。在 frac(PWMDuty * PWMperiod) * MEP_SF 小数部分的结果 ≥ 0.5 的情况下，这个舍弃常数会比 CMPAHR 的值大一个 MEP 步长：

$$= 0.5 （Q8 格式为 0x0080）$$

步骤 1：CMPA 寄存器占空比的百分比整数值转换

$$\text{CMPA 值} = \text{int}(PWMDuty * PWMperiod) = \text{int}(0.405 * 48)$$
$$= \text{int}(19.44) = 19 （\text{int 表示取整}）$$

步骤 2：CMPAHR 寄存器的小数值转换

CMPAHR 值 = (frac(PWMDuty * PWMperiod) * MEP_SF + 0.5) << 8; frac 表示小数部分
$$= (\text{frac}(19.4) * 93 + 0.5) << 8; \quad 移位是为了将值变成 CMPAHR 的高字节$$
$$= ((0.4 * 93 + 0.5) << 8)$$
$$= (37.2 + 0.5) << 8$$
$$= 37.7 * 256; \quad 左移 8 位相当于乘以 256$$
$$= 9651$$

CMPAHR 值 = 25B3h； 低 8 位将被硬件忽略

注意：上面的 19.4 为原始文档的值，实际计算 PWMDuty * PWMperiod = 0.405 * 48 = 19.44。

注意：如果将 AUTOCONV 位（HRCNFG.6）置 1 并且 MEP_SF 已存入 HRM-STEP 寄存器中，那么 CMPAHR 寄存器的值 = frac(PWMDuty * PWMperiod << 8)。余下的转换计算由硬件自动完成，正确的 MEP 信号边沿将会在 ePWM 通道的输出上出现。如果没有将 AUTOCONV 位置位，那么上述的计算步骤必须由软件完成。

MEP 比例因子（MEP_SF）会随着系统时钟以及 DSP 的操作环境改变。TI 提供了一个 MEP 比例因子优化 C 函数软件。它利用 HRPWM 内部的自诊断功能，返回特定情况下的最优比例因子。比例因子在一个有限范围内变化缓慢，因此该优化 C 函数在后台循环中可以很缓慢地运行。

CMPA 和 CMPAHR 寄存器是在内存中配置的，因此 28x CPU 的 32 位数据处理能力可以将该值串在一起写，即[CMPA:CMPAHR]。TBPRDM 和 TBPRDHRM（映像）寄存器在内存中也类似配置。

映射方案采用由 C 和汇编完成，如 10.7 节所示。实际的实现方式利用了 28xx 的 32 位 CPU 结构，因此和 10.5.2 小节中展示的步骤可能会有些不同。

第 10 章　高分辨率脉宽调制(HRPWM)

对于每个周期都要计算的时间临界控制回路,推荐使用汇编语言的版本。这是一个周期优化函数(11 个系统时钟周期),采用 Q15 格式的值作为输入,然后写入一个[CMPA:CMPAHR] 值。

10.5.3　占空比的范围限制

在高分辨率模式下,MEP 并非对 100% 的 PWM 周期都有效果。以下情况可以使用:

- 在周期开始的 3 个系统时钟周期之后,尚未使能高分辨率周期(TBPRDHR)控制;
- 在通过 HRPCTL 寄存器使能高分辨率周期(TBPRDHR)控制的情况下:
  - 在增计数模式中:周期开始的 3 个系统时钟周期之后直到周期结束的 3 个系统时钟周期之前。
  - 在增-减计数模式中:增计数时,在 CTR=0 的 3 个周期之后直到 CTR=PRD 的 3 个周期之前;减计数时,在 CTR=PRD 的 3 个周期之后直到 CTR=0 的 3 个周期之前。

图 10.7～图 10.10 说明了占空比的范围。这种限制给 MEP 的占空比施加了一个极限。比如,精确的边沿控制并不是采用所有的方式将占空比降到 0% 都有效的。当禁止高分辨率周期控制时,在前 3 个周期 HRPWM 功能无效,而常规的 PWM 占空比控制即使到占空比降到 0% 时都在有效地运行。在大多数应用中,这不是一个问题,因为控制器的限制点通常不会设计成接近 0% 的占空比。若要更好地理解占空比的可用范围,请参看表 10.5。当使能高分辨率周期控制(HRPCTL[HRPE]=1)器时,不允许将占空比降到限制范围之内,否则在 ePWMxA 输出会出现不可预知的状态。

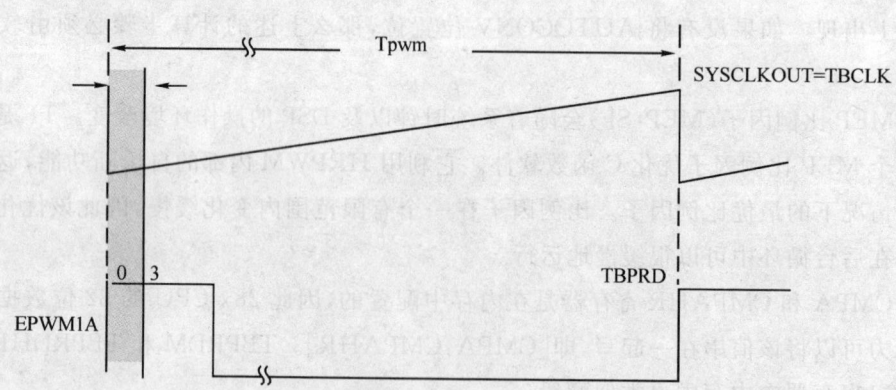

图 10.7　低占空比限制范围示例(HRPCTL[HRPE]=0)

表 10.5 3 个 SYSCLK/TBCLK 周期的占空比范围限制

PWM 频率[1]/kHz	3 周期最小占空比	3 周期最大占空比[2]
200	1.00%	99.00%
400	2.00%	98.00%
600	3.00%	97.00%
800	4.00%	96.00%
1 000	5.00%	95.00%
1 200	6.00%	94.00%
1 400	7.00%	93.00%
1 600	8.00%	92.00%
1 800	9.00%	91.00%
2 000	10.00%	90.00%

(1) 系统时钟：$T_{\text{SYSCLKOUT}}$ = 16.67 ns，TBCLK=SYSCLKOUT=60 MHz。
(2) 只能在使能高分辨率周期控制寄存器的情况下使用。

如果应用程序需要 HRPWM 工作在较低占空比区域内，则可以将 HRPWM 配置为具有上升沿定位(REP)的减计数工作模式，当禁止高分辨率周期(HRPCTL[HRPE]=0)时，该上升沿位定位受 MEP 控制。相关说明参见图 10.8，在这种情况下，低占空比限制不再是一个问题。然而，会有一个最大占空比的限制，正如表 10.5 中给出的百分数一样。

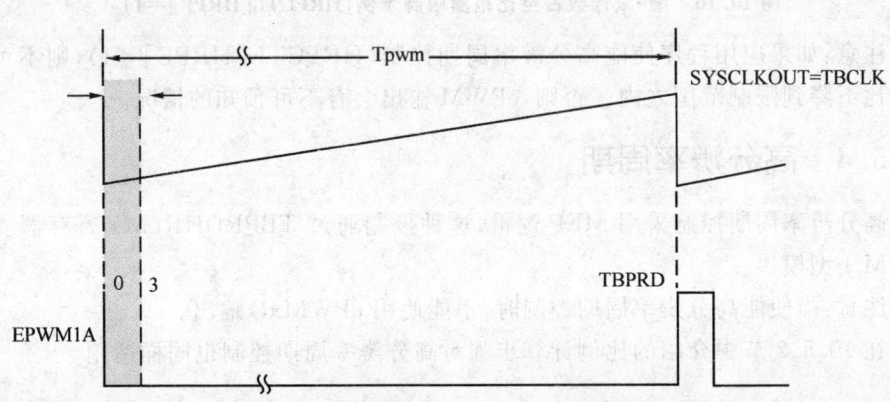

图 10.8 高占空比范围限制示例(HRPCTL[HRPE]=0)

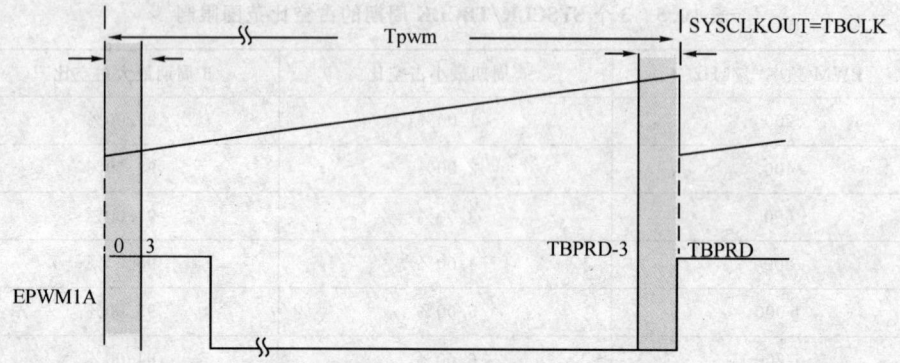

图 10.9 增计数占空比范围限制示例(HRPCTL[HRPE]＝1)

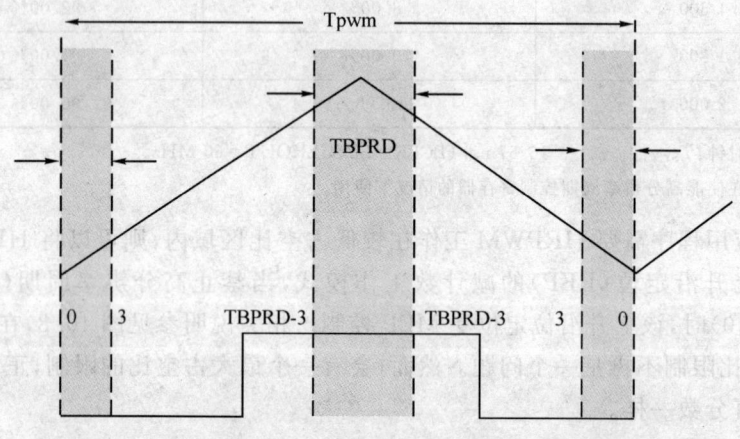

图 10.10 增-减计数占空比范围限制示例(HRPCTL[HRPE]＝1)

注意：如果应用程序使能高分辨率周期控制(HRPCTL[HRPE]＝1)，则不可将占空比下降到限制范围之内。否则，ePWM 输出会有不可预知的情况。

10.5.4 高分辨率周期

高分辨率周期控制采用 MEP 逻辑，这种控制通过 TBPRDHR(M)寄存器支持 ePWM 1 型模块。

注意：当使能高分辨率周期控制时，不能使用 ePWMxB 输出。

在 10.5.2 节中介绍的比例计算步骤对高分辨率周期控制也同样适用。

本例假设：

系统时钟，SYSCLKOUT ＝16.67 ns(60 MHz)

需要的 PWM 频率 ＝175 kHz(周期 342.857)

粗调的 MEP 步数＝(16.67 ns/180 ps) ＝93(其中每步步长为 180 ps)

MEP_SF(MEP_ScaleFactor)—MEP 比例因子值保存在 TBPRDHR 之内,范围为 1~255,由于在运算时舍弃了小数,因此加入一个小数舍入常数 0.5

$$= 0.5 \text{ (Q8 格式 为 0x0080)}$$

问题:
采用增计数模式:
如果 TBPRD=342,则 PWM 频率=174.93 kHz(周期=(342+1)* T_{TBCLK});
  TBPRD=341,则 PWM 频率=175.44 kHz(周期=(341+1)* T_{TBCLK});
采用增-减计数模式:
如果 TBPRD=172,则 PWM 频率=174.42 kHz(周期=(172*2)* T_{TBCLK});
如果 TBPRD=171,则 PWM 频率=175.44 kHz(周期=(171*2)* T_{TBCLK});
解答:
以 180 ps 为单位将粗调步长(16.67 ns)划分为 93 个 MEP 步数(MEP steps)。
步骤 1:TBPRD 寄存器的百分比整数周期值转换

整数周期值   = int (PWMperiod) * T_{TBCLK}
               = int (342.857) * T_{TBCLK}
               = 342 * T_{TBCLK}

采用增计数模式:
 TBPRD 寄存器值   =341(TBPRD=周期值-1)
               =0155h
采用增-减计数模式: =171(TBPRD=周期值/2)
 TBPRD 寄存器值   =00ABh
步骤 2:TBPRDHR 寄存器的小数值转换

TBPRDHR 寄存器值   = (frac(PWMperiod) * MEP_SF + 0.5)
            (移位是为了将值变成 TBPRDHR 的高字节)

如果使能自动转换,
并且 HRMSTEP= MEP_SF value (93):   = frac (PWMperiod)<<8
TBPRDHR 寄存器值   = frac (342.857)<<8
               = 0.857 × 256
               = 00DBh

然后自动转换会自动执行计算,硬件计算 TBPRDHR 的 MEP 延时如下:
 =((TBPRDHR(15:0) >> 8) × HRMSTEP + 80h)>>8
 = (00DBh × 93 + 80h) >> 8
 = (500Fh) >> 8
周期 MEP 延时   =0050h MEP 步数 (MEP Steps)

10.5.5 高分辨率周期配置

要使用高分辨率周期,必须对 ePWMx 模块按下列步骤初始化:

(1) 使能 ePWMx 时钟
(2) 禁止 TBCLKSYNC
(3) 配置 ePWMx 寄存器- AQ, TBPRD, CC 等。
- 只能将 ePWMx 配置为增计数模式或者双增-减计数模式。高分辨率周期不兼容减计数模式。
- TBCLK 必须与 SYSCLKOUT 相等。
- 必须将 TBPRD 和 CC 寄存器配置为映像装载模式(Shadow Loads)。
- CMPCTL[LOADAMODE]:
  - 在增计数模式中：CMPCTL[LOADAMODE] = 1(CTR = PRD 时装载);
  - 在增-减计数模式中：CMPCTL[LOADAMODE] = 2 (CTR＝0 或 CTR ＝PRD 时装载)。
(4) 配置 HRPWM 寄存器从而使得：
- HRCNFG[HRLOAD] = 2 (在 CTR = 0 或 CTR = PRD 时装载);
- HRCNFG[AUTOCONV] = 1 (使能自动转换);
- HRCNFG[EDGMODE] = 3 (MEP 的多边沿控制)。
(5) TBPHS：TBPHSHR 和高分辨率周期同步。设置 HRPCTL[TBPSHR-LOADE] = 1 和 TBCTL[PHSEN] = 1。在增-减计数模式中，必须将这些位置 1，无论 TBPHSHR 的内容是什么。
(6) 使能高分辨率周期控制(HRPCTL[HRPE]=1)。
(7) 使能 TBCLKSYNC。
(8) TBCTL[SWFSYNC]=1。
(9) HRMSTEP 必须包含一个准确的 MEP 比例因子(即每个 SYSCLKOUT 粗调步长中的 MEP 步数)，因为使能自动转换。MEP 比例因子可以由附录 A 中的 SFO()函数获得。
(10) 要控制高分辨率周期，可向 TBPRDHR(M)寄存器进行写入操作。

10.6 比例因子优化软件(SFO)

微边沿定位器(MEP)逻辑能够将一个边沿定位在 255 个离散时间步数中的一个。正如之前提到的，这些步数的大小为 150 ps 级(有关设备通常的 MEP 步长的大小请参见设备特性数据手册)。MEP 步长的变化受到最坏情况下处理参数、运行温度以及电压的影响。MEP 步长随着电压下降和温度升高而增加，也会随着电压上升和温度下降而减少。采用 HRPWM 特性的应用程序必须使用 TI 提供的 MEP 比例因子优化软件(SFO)函数。当使用 HRPWM 时，SFO 函数可以动态地确定每个系统时钟周期中 MEP 的步数。

要想有效地将 MEP 功能使用到 Q15 格式占空比的[CMPA：CMPAHR] 或

[TBPRD(M);TBPRDHR(M)]的映射函数中(参看 10.5.2 小节),软件必须知道 MEP 比例因子(MEP_SF)的正确值。要做到这一点,HRPWM 模块本身要有自我检测和诊断的功能,用来确定在任何操作条件下的最优 MEP_SF 值。TI 提供了一个 C 调用函数库,包含了一个 SFO 函数,它使用硬件并确定了最优的 MEP_SF。MEP 控制和诊断寄存器保留给 TI 使用。

SFO 库的详细描述"SFO_TI_Build_V6.lib 软件"参见 10.9 节。

10.7 使用优化汇编代码的 HRPWM 示例

下面两个实例是理解如何使用 HRPWM 功能的最好方法。
(1) 采用高电平有效 PWM 非对称(即增计数)的简单降压变换器。
(2) 采用简单 R+C 重构滤波器的 DAC 功能。

以下示例均为 C 版本的初始化/配置代码。为了使得这些代码更容易理解,使用了很多 #defines。注意,这里介绍的 #defines,在第 9 章"Piccolo 增强型脉宽调制器(ePWM)模块"也可以使用。

示例 10.1: 本例假设 MEP 步长为 150 ps,并且不使用 SFO 库。

示例 10.1:HRPWM 头文件的 #Defines

```
// ************** HRPWM (高分辨率 PWM) *************** //
// HRCNFG
#define HR_Disable 0x0
#define HR_REP 0x1                  // 上升沿定位
#define HR_FEP 0x2                  // 下降沿定位
#define HR_BEP 0x3                  // 上/下降沿定位  #define HR_CMP 0x0     // CMPAHR 被控
#define HR_PHS 0x1                  // TBPHSHR 被控  #define HR_CTR_ZERO 0x0 0x0  // CTR = 0 事件
#define HR_CTR_PRD 0x1              // CTR = PRD 周期事件
#define HR_CTR_ZERO_PRD 0x2         // CTR = 0 或周期事件
#define HR_NORM_B 0x0               // 通常 ePWMxB 输出
#define HR_INVERT_B 0x1             // 将 ePWMxB 反向作为 ePWMxA 输出
```

10.7.1 实现一个简单的降压变换器

在本例中,假设系统时钟 SYSCLKOUT=60 MHz,PWM 要求的:
- PWM 频率 = 600 kHz (即 TBPRD = 100);
- PWM 模式 = 非对称,增计数;
- 分辨率为 12.7 位 (MEP 步长为 150 ps)。

图 10.11 和图 10.12 展示了需要的 PWM 波形。如前所述,ePWM1 模块的配置与正常情况下几乎相同,除了需要使能/选择适当的 MEP 选项之外。

示例的代码由两个主要部分组成:

第 10 章 高分辨率脉宽调制(HRPWM)

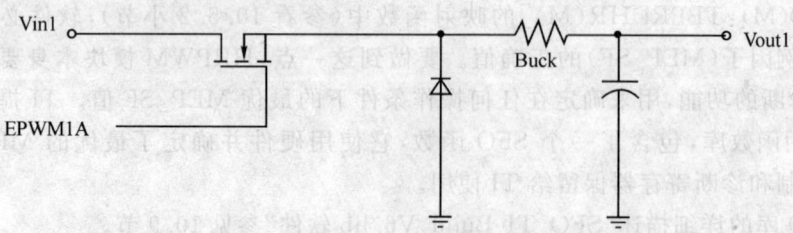

图 10.11 由单个 PWM 控制的简单降压变换器

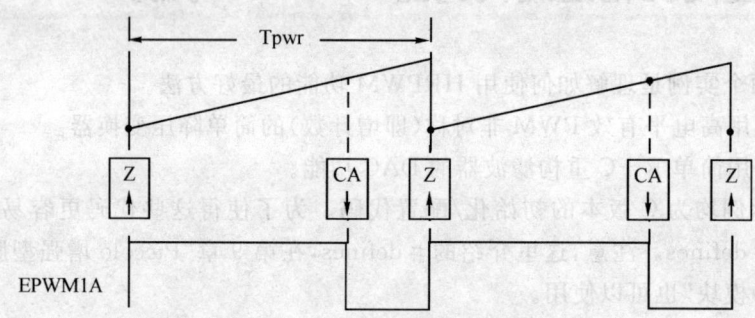

图 10.12 简单降压变换器使用的 PWM 波

- 初始化代码(只执行一遍)。
- 执行代码(一般是在 ISR 中执行)。

示例 10.2 显示了初始化代码。第一部分为传统的 PWM 配置。第二部分设置 HRPWM 的资源。本例假设 MEP 步长为 150 ps,并且不使用 SFO 库。

示例 10.2:HRPWM 降压变换器初始化代码

```
void HrBuckDrvCnf(void)
{
// 首先配置传统 PWM
    EPwm1Regs.TBCTL.bit.PRDLD = TB_IMMEDIATE;        // 设置立即加载
    EPwm1Regs.TBPRD = 100;                            // 设置 PWM 周期为 600 kHz
    hrbuck_period = 200;                              // 2 x Period,用于 Q15~Q0 的计算
    EPwm1Regs.TBCTL.bit.CTRMODE = TB_COUNT_UP;        // 时基计数器增计数
    EPwm1Regs.TBCTL.bit.PHSEN = TB_DISABLE;           // 禁止从相位寄存器载入,EPWM1 作为主模块
                                                      //(Master)
    EPwm1Regs.TBCTL.bit.SYNCOSEL = TB_SYNC_DISABLE;
    EPwm1Regs.TBCTL.bit.HSPCLKDIV = TB_DIV1;          // PWM 时基时钟 TBCLK = SYSCLKOUT = 60MHz
    EPwm1Regs.TBCTL.bit.CLKDIV = TB_DIV1;
// 下面代码对通道 B 初始化只用于比较,不是必须的
    EPwm1Regs.CMPCTL.bit.LOADAMODE = CC_CTR_ZERO;
    EPwm1Regs.CMPCTL.bit.SHDWAMODE = CC_SHADOW;
    EPwm1Regs.CMPCTL.bit.LOADBMODE = CC_CTR_ZERO;    // 可选
    EPwm1Regs.CMPCTL.bit.SHDWBMODE = CC_SHADOW;      // 可选
```

示例 10.2(续):HRPWM 降压变换器初始化代码

```
    EPwm1Regs.AQCTLA.bit.ZRO = AQ_SET;
    EPwm1Regs.AQCTLA.bit.CAU = AQ_CLEAR;
    EPwm1Regs.AQCTLB.bit.ZRO = AQ_SET;          // 可选
    EPwm1Regs.AQCTLB.bit.CBU = AQ_CLEAR;        // 可选
// 配置 HRPWM 资源。注意以下寄存器受 EALLOW 保护,只激活通道 A
    EALLOW;
    EPwm1Regs.HRCNFG.all = 0x0;                 // 首先清空所有位
    EPwm1Regs.HRCNFG.bit.EDGMODE = HR_FEP;      // 控制下降沿定位
    EPwm1Regs.HRCNFG.bit.CTLMODE = HR_CMP;      // CMPAHR 控制 MEP
    EPwm1Regs.HRCNFG.bit.HRLOAD = HR_CTR_ZERO;  // CTR = 0 时,加载映像寄存器
    EDIS;
// 开始时采用时基时钟等于 60MHz 时的典型的比例因子值。程序运行时,使用 SFO 函数动态更新 MEP_SF
    MEP_SF = 111 * 256;
}
```

示例 10.3 显示了 HRPWM 降压变换器的汇编执行代码。

示例 10.3:HRPWM 降压变换器执行代码

```
EPWM1_BASE .set 0x6800
CMPAHR1 .set EPWM1_BASE + 0x8
;==================================
HRBUCK_DRV                          ; 可在一个 ISR 或循环中执行
;==================================
    MOVW DP, #_HRBUCK_In
    MOVL XAR2,@_HRBUCK_In           ; 输入 Q15 占空比(XAR2)的指针
    MOVL XAR3, #CMPAHR1             ; HRPWM CMPA 寄存器的指针(XAR3)
; EPWM1A(HRPWM)的输出
    MOV T, *XAR2                    ; T <= Duty
    MPYU ACC,T,@_hrbuck_period      ; 基于周期的 Q15~Q0 计算
    MOV T,@_MEP_SF                  ; MEP 比例因子(来自优化软件)
    MPYU P,T,@AL                    ; P <= T * AL,优化计算
    MOVH @AL,P                      ; AL <= P,将结果返回到 ACC 中
    ADD ACC, #0x080                 ; MEP 范围和舍入调整
    MOVL *XAR3,ACC                  ; CMPA;CMPAHR(31:8) <= ACC
; EPWM1B(常规寄存器)的输出,用于比较,可选用
    MOV *+XAR3[2],AH                ; 将 ACCH 存储到常规寄存器 CMPB 中
```

10.7.2 利用 R+C 滤波器实现简单 DAC 功能

在本例中,PWM 要求:

- PWM 频率 = 400 kHz(即 TBPRD = 150)
- PWM 模式 = 非对称,增计数
- 分辨率 = 14 位(MEP 步长为 150 ps)

图 10.13 和图 10.14 显示了 DAC 功能以及要求的 PWM 波形。如前所述,eP-

WM1 模块的配置与正常情况下几乎相同,除了需要使能/选择适当的 MEP 选项之外。

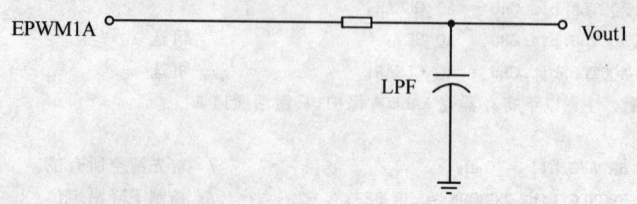

图 10.13 基于 PWM DAC 的简单重构滤波器

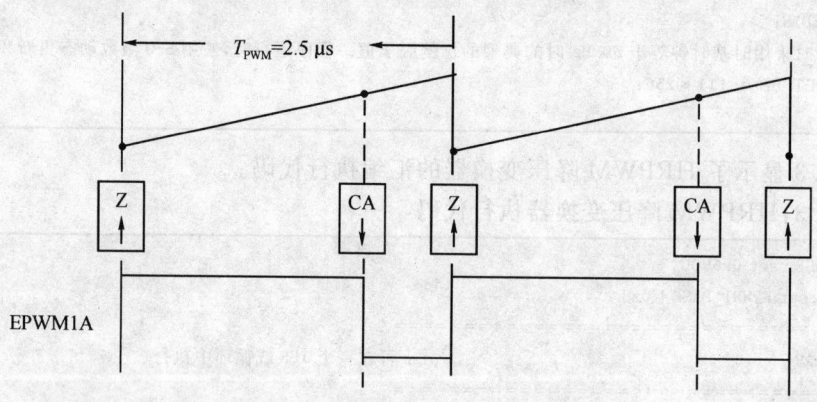

图 10.14 由 PWM DAC 功能产生的 PWM 波形

示例的代码由两个主要部分组成:
- 初始化代码(只执行一遍)。
- 执行代码(一般是在 ISR 中执行)。

本例假设了一个典型的 MEP_SF,并且不使用 SFO 库。

示例 10.4 显示了初始化代码。第一部分为传统的 PWM 配置。第二部分设置 HRPWM 的资源。

示例 4:PWM DAC 功能初始化代码

```
void HrPwmDacDrvCnf(void)
{
// 首先配置传统 PWM
    EPwm1Regs.TBCTL.bit.PRLD = TB_IMMEDIATE;        // 设置立即加载
    EPwm1Regs.TBPRD = 150;                           // 设置 PWM 周期为 400 kHz
    hrDAC_period = 150;                              // 用于 Q15~Q0 计算
    EPwm1Regs.TBCTL.bit.CTRMODE = TB_COUNT_UP;
    EPwm1Regs.TBCTL.bit.PHSEN = TB_DISABLE;         // EPWM1 作为主模块(Master)
    EPwm1Regs.TBCTL.bit.SYNCOSEL = TB_SYNC_DISABLE;
    EPwm1Regs.TBCTL.bit.HSPCLKDIV = TB_DIV1;        // PWM 时基时钟 TBCLK = SYSCLKOUT = 60MHz
    EPwm1Regs.TBCTL.bit.CLKDIV = TB_DIV1;
```

示例 4(续):PWM DAC 功能初始化代码

```
// 下面代码对通道 B 初始化只用于比较,不是必须的
    EPwm1Regs.CMPCTL.bit.LOADAMODE = CC_CTR_ZERO;
    EPwm1Regs.CMPCTL.bit.SHDWAMODE = CC_SHADOW;
    EPwm1Regs.CMPCTL.bit.LOADBMODE = CC_CTR_ZERO;         // 可选
    EPwm1Regs.CMPCTL.bit.SHDWBMODE = CC_SHADOW;           // 可选
    EPwm1Regs.AQCTLA.bit.ZRO = AQ_SET;
    EPwm1Regs.AQCTLA.bit.CAU = AQ_CLEAR;
    EPwm1Regs.AQCTLB.bit.ZRO = AQ_SET;                    // 可选
    EPwm1Regs.AQCTLB.bit.CBU = AQ_CLEAR;                  // 可选
// 配置 HRPWM 资源。注意以下寄存器受 EALLOW 保护,只激活通道 A
    EPwm1Regs.HRCNFG.all = 0x0;                           // 首先清空所有位
    EPwm1Regs.HRCNFG.bit.EDGMODE = HR_FEP;                // 控制下降沿定位
    EPwm1Regs.HRCNFG.bit.CTLMODE = HR_CMP;                // CMPAHR 控制 MEP
    EPwm1Regs.HRCNFG.bit.HRLOAD = HR_CTR_ZERO;            // CTR = 0 时,加载映像寄存器
    EDIS;
// 开始时采用时基时钟等于 60 MHz 时的典型的比例因子值。程序运行时,使用 SFO 函数动态更新 MEP_SF
    MEP_SF = 111 * 256;
}
```

示例 10.5 展示了高速 ISR 循环中使用的汇编执行代码示例。

示例 10.5:PWM DAC 功能执行代码

```
EPWM1_BASE  .set 0x6800
CMPAHR1  .set EPWM1_BASE + 0x8
;===================================================
HRPWM_DAC_DRV                          ;可在 ISR 或循环中执行
;===================================================
    MOVW DP, # _HRDAC_In
    MOVL XAR2,@_HRDAC_In               ;输入 Q15 占空比(XAR2)的指针
    MOVL XAR3, # CMPAHR1               ;HRPWM CMPA 寄存器(XAR3)的指针
; EPWM1A(HRPWM)的输出
    MOV T, * XAR2                      ;T <= duty
    MPY ACC,T,@_hrDAC_period           ;基于周期的 Q15~Q0 计算
    ADD ACC,@_HrDAC_period<<15         ;双极性操作的偏移量
    MOV T,@_MEP_SF                     ;MEP 比例因子
    MPYU P,T,@AL                       ;P <= T * AL,比例因子优化
    MOVH @AL,P                         ;AL <= P,将结果存入 ACC
    ADD ACC, # 0x080                   ;MEP 范围和舍入调整
    MOVL * XAR3,ACC                    ;CMPA:CMPAHR(31:8) <= ACC
; EPWM1B(常规寄存器)输出,用于比较,可选用
    MOV * + XAR3[2],AH                 ;将 ACCH 存入常规的 CMPB 寄存器
```

10.8 HRPWM 寄存器

本节部分描述 HRPWM 模块可用的寄存器。表 10.6 为 HRPWM 模块寄存器概览。

表 10.6 HRPWM 寄存器列表

寄存器名称	地址偏移	大小(x16)	有无映像	说明
时基寄存器				
TBCTL	0x0000	1	无	时基控制寄存器
TBSTS	0x0001	1	无	时基状态寄存器
时基寄存器				
TBPHSHR	0x0002	1	无	时基相位高分辨率寄存器
TBPHS	0x0003	1	无	时基相位寄存器
TBCNT	0x0004	1	无	时基计数寄存器
TBPRD	0x0005	1	有	时基周期寄存器集
TBPRDHR	0x0006	1	有	时基周期高分辨率寄存器集
比较寄存器				
CMPCTL	0x0007	1	无	计数比较器控制寄存器
CMPAHR	0x0008	1	有	计数比较器 A 高分辨率寄存器集
CMPA	0x0009	1	有	计数比较器 A 寄存器集
CMPB	0x000A	1	有	计数比较器 B 寄存器集
HRPWM 寄存器				
HRCNFG	0x0020	1	无	HRPWM 配置寄存器
HRPWR	0x0021	1	无	HRPWM 电源寄存器
HRMSTEP	0x0026	1	无	HRPWM MEP 步长寄存器
高分辨率周期和映像寄存器				
HRPCTL	0x0028	1	无	高分辨率周期控制寄存器
TBPRDHRM	0x002A	1	有	时基周期高分辨率映像寄存器集
TBPRDM	0x002B	1	有	时基周期映像寄存器集
CMPAHRM	0x002C	1	有	计数比较器 A 高分辨率映像寄存器集
CMPAM	0x002D	1	有	计数比较器 A 映像寄存器集

图 10.15 和表 10.7 是 HRPWM 配置寄存器的位域及定义。

15							8
Reserved							
R-0							

7	6	5	4	3	2	1	0
SWAPAB	AUTOCONV	SELOUTB	HRLOAD	HRLOAD	CTLMODE	EDGMODE	EDGMODE
R/W-0	R/W-0	R/W-0	R/W-0	R/W-0	R/W-0	R/W-0	R/W-0

说明：R/W = 读/写；R = 只读；-n = 复位后的值。

图 10.15 HRPWM 配置(HRCNFG)寄存器

表 10.7 HRPWM 配置(HRCNFG)寄存器位域定义

位	位域名称	值	说 明[1]
15：8	Reserved		保 留
7	SWAPAB		交换 ePWMA 和 B 的输出信号 这一位使能 A 和 B 输出信号的交换。选择如下：
		0	ePWMxA 和 ePWMxB 的输出不变
		1	ePWMxA 的信号出现在 ePWMxB 的输出上，ePWMxB 的信号出现在 ePWMxA 的输出上
6	AUTOCONV		自动转换延迟线值 选择 CMPAHR/TBPRDHR/TBPHSHR 寄存器中的小数占空比/周期/相位是由 HRMSTEP 寄存器中的 MEP 比例因子来自动定标还是由应用软件手动计算。SFO 库函数会自动用最合适的 MEP 比例因子更新 HRMSTEP 寄存器
		0	禁止自动 HRMSTEP 定标
		1	使能自动 HRMSTEP 定标 如果应用软件手动定标小数占空比或相位(即软件设置了 CMPAHR =(fraction(PWMduty * PWMperiod) * MEP Scale Factor)<<8 + 0x080)，则必须禁止这个模式
5	SELOUTB		ePWMxB 输出选择位。这一位决定了 ePWMxB 输出通道上要输出的信号
		0	ePWMxB 正常输出
		1	ePWMxA 输出 ePWMxA 的反相信号
4：3	HRLOAD		映像模式位。选择将 CMPAHR 的映像值加载到工作寄存器的触发事件
		00	CTR=0 时加载；时基计数器等于 0(TBCTR=0x0000)
		01	CTR=PRD 时加载；时基计数器等于周期值(TBCTR=TBPRD)
		10	CTR=0 或 CTR=PRD 时加载
		11	保留
2	CTLMODE		控制模式位。选择控制 MEP 的寄存器(CMP/TBPRD 或 TBPHS)
		0	CMPAHR(8) 或 TBPRDHR(8) 寄存器控制边沿定位(即，占空比或周期控制模式)(复位时默认)
		1	TBPHSHR(8) 寄存器控制了边沿定位(即，相位控制模式)

续表 10.7

位	位域名称	值	说明[1]
1:0	EDGMODE		边沿模式位。选择由 MEP(micro – edge position)控制的 PWM 边沿
		00	禁止 HRPWM 功能(复位时默认)
		01	MEP 控制上升沿(CMPAHR)
		10	MEP 控制下降沿(CMPAHR)
		11	MEP 控制上升和下降沿(TBPHSHR 或 TBPRDHR)

(1) 该寄存器受 EALLOW 保护。

计数比较器 A 高分辨率寄存器的位域及定义见图 10.16 和表 10.8。

15		8	7		0
	CMPAHR			保留	
	R/W-0			R-0	

说明：R/W = 读/写；R = 只读；-n = 复位后的值。

图 10.16　计数比较器 A 高分辨率(CMPAHR)寄存器

表 10.8　计数比较器 A 高分辨率(CMPAHR)寄存器位域定义

位	位域名称	值	说明
15:8	CMPAHR	00~FEh	计数比较器高分辨率寄存器 MEP 步长控制位。这 8 位包含了计数比较器 A 值的高分辨率部分(最低有效的 8 位)。可以用一个 32 位的读/写操作对 CMPA:CMPAHR 进行访问。通过 CMPCTL[SHDWAMODE] 位可以使能或禁映像寄存器
7:0	保留	00~FFh	任何向这些位写入的值都必须为 0

时基相位高分辨率寄存器的位域及定义见图 10.17 和表 10.9。

15		8	7		0
	TBPHSH			保留	
	R/W-0			R-0	

说明：R/W = 读/写；R = 只读；-n = 复位后的值。

图 10.17　时基相位高分辨率(TBPHSHR)寄存器

表 10.9　时基相位高分辨率(TBPHSHR)寄存器位域定义

位	位域名称	值	说明
15:8	TBPHSH	00~FEh	时基相位高分辨率位
7:0	保留	00~FFh	任何向这些位写入的值都必须为 0

第10章 高分辨率脉宽调制(HRPWM)

15		8	7		0
	TBPRDHR			保留	
	R/W-0			R-0	

说明：R/W = 读/写；R = 只读；-n = 复位后的值。

图10.18 时基周期高分辨率(TBPRDHR)寄存器

表10.10 时基周期高分辨率(TBPRDHR)寄存器位域定义

位	位域名称	值	说明
15:8	PRDHR	00~FFh	周期高分辨位。这8位包含了周期值的高分辨率部分 TBPRDHR 寄存器不受 TBCTL[PRDLD] 位影响。读这个寄存器总是映射到其映像寄存器上。同样的，写入操作也指向映像寄存器。只有使能高分辨率周期特性时，才可使用 TBPRDHR 寄存器
7:0	保留		保留给TI测试

计数比较器A高分辨率映像寄存器见图10.19和表10.11。

15		8	7		0
	TBPRDHR			保留	
	R/W-0			R-0	

说明：R/W = 读/写；R = 只读；-n = 复位后的值。

图10.19 计数比较器A高分辨率映像(CMPAHRM)寄存器

表10.11 计数比较器A高分辨率映像(CMPAHRM)寄存器位域定义

位	位域名称	值	说明
15:8	CMPAHR	00~FFh	计数比较器A高分辨率寄存器位 向 CMPAHR 和 CMPAHRM 的地址写入可以访问计数比较器A寄存器的高分辨率部分(最低8位有效位)。与 CMPAHR 唯一不同的是：从映像寄存器 CMPAHRM 中读取是不明确的(保留给TI测试) 默认状态下，写入该寄存器总是针对映像寄存器。通过 CMPCTL[SHDWAMODE] 位可以使能或禁止映像模式
7:0	保留	00~FFh	保留给TI测试

时基周期高分辨率映像(TBPRDHRM)寄存器的位域及定义见图10.20和表10.12。

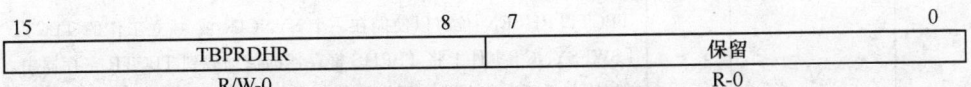

15		8	7		0
	TBPRDHR			保留	
	R/W-0			R-0	

说明：R/W = 读/写；R = 只读；-n = 复位后的值。

图10.20 时基周期高分辨率映像(TBPRDHRM)寄存器

第10章 高分辨率脉宽调制(HRPWM)

表 10.12 时基周期高分辨率映像(TBPRDHRM)寄存器位域定义

位	位域名称	值	说明
15:8	TBPRDHR	00~FFh	周期高分辨率位。这8位包含了周期值的高分辨率部分 TBPRD 提供了与较早的 ePWM 模块的后向兼容。映像寄存器(TBPRDM 和 TBPRDHRM)允许对 TBPRDHR 进行一次 32 位的写访问。由于 TBPRD 寄存器保留了奇数标号的内存地址,不可以对 TBPRD 和 TBPRDHR 进行 32 位写操作 TBPRDHRM 寄存器不受 TBCTL[PRDLD]位的影响 写入 TBPRDHR 和 TBPRDM 可以访问时基周期值的高分辨率部分(最低8位是有效位)。与 TBPRDHR 唯一不同是:读映像寄存器 TBPRDHRM 是不确定的(保留给 TI 测试) TBPRDHRM 寄存器可用于支持高分辨率周期控制的 ePWM 模块,且只有在使能高分辨率特性时才能使用
7:0	保留		保留

高分辨率周期控制寄存器的位域及定义见图 10.21 和表 10.13。

15		3	2	1	0
	TBPRDHR		TBPHSHR LOADE	保留	HRPE
	R-0		R/W-0	R-0	R/W-0

说明:R/W = 读/写;R = 只读;-n = 复位后的值。

图 10.21 高分辨率周期控制(HRPCTL)寄存器

表 10.13 高分辨率周期控制(HRPCTL)寄存器位域定义

位	位域名称	值	说明(1)(2)
15:3	保留		保留
2	TBPHSHR LOADE		TBPHSHR 加载使能 这一位允许 ePWM 模块与 SYNCIN,TBCTL[SWFSYNC]或数字比较事件上的高分辨率相位同步。允许多个 ePWM 模块在同一个频率下运行,并且高分辨率相位一致
		0	禁止 SYNCIN,TBCTL[SWFSYNC]或数字比较事件上的高分辨率相位同步
		1	使能 SYNCIN,TBCTL[SWFSYNC]或数字比较器同步事件上的高分辨率相位同步。相位是通过高分辨率相位寄存器 TBPHSHR 的内容进行同步的 TBCTL[PHSEN]位可以使能在一个 SYNCIN 或独立工作的 TBCTL[SWFSYNC]事件上将 TBPHS 寄存器的值加载到 TBCTR 寄存器中。但是,如果要和高分辨率周期特性合在一起进行控制则必须使能此位 当使能高分辨率周期用于增-减计数模式时,即便 TBPHSHR=0,此位和 TBCTL[PHSEN]位都必须置位。而当仅使能高分辨率占空比时,不需要将其置位

续表 10.13

位	位域名称	值	说明[1][2]
1	保留		保留
0	HRPE	0 1	高分辨率周期使能位 禁止高分辨率周期特性。在这种模式下 ePWM 表现为 ePWM 0 型 使能高分辨率周期特性。在这种模式下 HRPWM 可同时控制占空比和频率的高分辨率 当使能高分辨率周期时,不支持 TBCTL[CTRMODE] = 0,1 的减计数模式

(1) 该寄存器受 EALLOW 保护。
(2) 该寄存器是只用于 ePWM 1 型模块(支持高分辨率周期)。

高分辨率微步寄存器的位域及定义见图 10.22 和表 10.14。

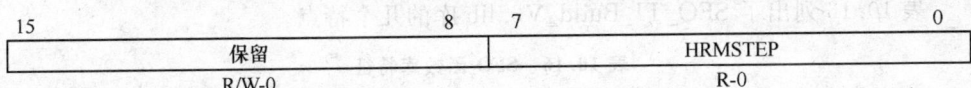

说明: R/W = 读/写; R = 只读; -n = 复位后的值。

图 10.22　高分辨率微步(HRMSTEP)寄存器

表 10.14　高分辨率微步(HRMSTEP)寄存器位域定义

位	位域名称	值	说明[1]
15:8	保留		保留
7:0	HRMSTEP	00~FFh	高分辨率 MEP 步长 当使能自转换(HRCNFG[AUTOCONV]=1)。这 8 位字段包含了 MEP 比例因子(每个粗调步长即一个时钟周期的 MEP 步数),硬件将用它自动转换 CMPAHR、TBPHSHR 或 TBPRDHR 寄存器中的值,形成一个高分辨率 ePWM 输出的按比例的微边沿延迟。 在每次校准运行结束时,通过 SFO 校准软件该值会写到这个寄存器中。

(1) 该寄存器受 EALLOW 保护。

高分辨率电源寄存器的位域及定义见图 10.23 和表 10.15。

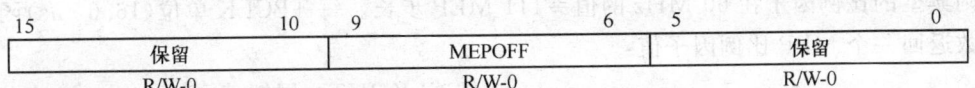

说明: R/W = 读/写; R = 只读; -n = 复位后的值。

图 10.23　高分辨率电源(HRPWR)寄存器

表 10.15　高分辨率电源(HRPWR)寄存器位域定义

位	位域名称	值	说明[1]
15:10	保留		保留给 TI 测试
9:6	MEPOFF	0~Fh	MEP 校准关闭位 当不使用 MEP 校准时,将这些位全部置 1,禁止 HRPWM 的 MEP 校准逻辑以便减少能耗
5:0	保留		保留给 TI 测试

(1) 该寄存器受 EALLOW 保护。

10.9　SFO 函数库软件——SFO_TI_Build_V6.lib

表 10.16 列出了 SFO_TI_Build_V6.lib 库的几个特点。

表 10.16　SFO 函数库特征

	SYSCLK 频率	SFO_TI_Build_V6.lib	单位
最大 HRPWM 通道支持	—	8	通道
全静态变量存储器大小	—	11	字
完成检测情况	—	Yes	—
在不使用中断重复调用的情况下,SFO()更新 MEP 比例因子需要的时间	60 MHz	2.23	ms(毫秒)
	40 MHz	3.36	ms(毫秒)

下面为 SFO 库程序功能描述。

10.9.1　比例因子优化函数- int SFO()

该程序驱动微边沿定位器(micro-edge positioner,MEP)校准模块,在任意给定的时间内对设备进行 SFO 诊断并确定适当的 MEP 比例因子。

假如 SYSCLKOUT = TBCLK = 60 MHz 并且假定 MEP 步长大小为 150 ps,则典型的比例因子在 60 MHz 的值=111 MEP 步长。每 TBCLK 单位(16.67 ns)函数返回一个 MEP 比例因子值:

$$MEP\_ScaleFactor = \frac{SYSCLKOUT \text{ 周期}}{MEP \text{ 步长}}$$

其中,MEP 步长是对系统时钟周期等分的一个时间尺度,SFO 函数取 150 ps 精度,若 SYSCLKOUT 周期 = 16.67 ns,MEP 步长=150 ps,则

$$MEP\_ScaleFactor = \frac{16\ 666}{150} = 111$$

1. 使用函数时的限制

- SFO()最低使用频率为 SYSCLKOUT = TBCLK = 50 MHz。MEP 诊断逻辑只能采用系统时钟 SYSCLKOUT 而非 TBCLK 时钟,因此,对 SYSCLKOUT 的限制很重要。低于 50 MHz 时,随着设备过程的变化,MEP 步长的大小在低温和内核高电压的条件下可能减少,导致 255 个 MEP 步长不能跨越一个完整的 SYSCLKOUT 周期。
- 任意时刻均可调用 SFO()运行 SFO 以诊断 MEP 校准模块。

2. 用法

- 在 ePWM 通道以 HRPWM 模式运行的任意时刻,后台均可调用 SFO()函数。由于 SFO()函数在 MEP 校准模块(这个模块可独立运行于 ePWM 通道)中使用了诊断逻辑,因此,从该函数中获得的 MEP 比例因子可应用于所有的以 HRPWM 模式运行的 ePWM 通道。
- 当校准完成后该函数返回 1,如果校准仍然在运行的话,则计算出新的比例因子是一个 0。如果出现错误并且在每个 SYSCLKOUT 时钟周期内 MEP 比例因子大于最大值 255 个步数则返回 2。此时,HRMSTEP 寄存器将保持用于自动转换并小于 256 的最后的 MEP 比例因子值。
- 在不采用高分辨率周期控制的条件下,所有 ePWM 模块在 HRPWM 模式下的操作只能引起 3-SYSCLKOUT 周期的最小占空比限度。如果使能高分辨率周期控制,则在 PWM 周期结束之前,追加 3-SYSCLKOUT 周期的占空比限度(参见 10.5.3 节)
- 在 SFO_TI_Build_V6b.lib 库文件中,SFO()函数也可以用比例因子的结果更新 HRMSTEP 寄存器。如果将 HRCNFG[AUTOCONV]置 1,则 SFO()函数在后台运行期间,应用软件只能作如下设置:

    CMPAHR = fraction(PWMduty * PWMperiod)<<8 或 TBPRDHR = fraction (PWMperiod)

  然后,MEP 校准模块将采用 HRMSTEP 及 CMPAHR/TBPRDHR 寄存器的值自动计算适当的 MEP 步数,该值会通过占空比的小数部分或周期体现出来,并且造成高分辨率 ePWM 信号边沿相应移动。在 SFO_TI_Build_V6.lib 库文件中,SFO()函数不会自动更新 HRMSTEP 寄存器,所以,在 SFO 函数完成后,应用软件必须将 MEP 比例因子写到 HRMSTEP (EALLOW-保护)寄存器中。

- 如果将 HRCNFG[AUTOCONV]位清 0,则 HRMSTEP 寄存器将被忽略。此时,需要应用软件完成必要的手工计算:

    - CMPAHR = (fraction(PWMduty * PWMperiod) * MEP Scale Factor)<<8 + 0x080。

    - 类似的方法适用于 TBPHSHR。当使用 TBPRDHR 时,必须使能自动转换。

程序可以作为一个后台任务在一个要求忽略 CPU 周期的慢速回路中运行。SFO 函数需要的重复率随应用软件的操作环境而定。与所有数字 CMOS 器件温度和电源电压的变化一样,MEP 工作有一个有效范围。但是在大多数应用中,这些参数缓慢地变化,因此,足让 SFO 函数 5~10 s 左右执行一次。如果期望更快速的变化,那么就必须应用软件更频繁地配合。注意,SFO 函数的重复率没有上限的限制,因此它可以后台循环能够达到的速度快速执行。

在使用 HRPWM 功能期间,HRPWM 逻辑在 PWM 周期的最初 3 个 SYSCLK-OUT 周期(若采用 TBPRDHR,则在 PWM 周期的最后 3 个 SYSCLKOUT 周期)无效。在运行这种配置的应用程序期间,如果禁止高分辨率周期控制(HRPCTL[HRPE=0])并且 CMPA 寄存器值小于 3 个时钟周期,那么它的 CMPAHR 寄存器必须清 0。如果使能高分辨率周期控制(HRPCTL[HRPE=1]),则 CMPA 寄存器的值不应降到 3 以下或者高于 TBPRD-3。这将避免 PWM 信号任何意想不到的变化。

10.9.2 软件的使用

软件库函数 SFO()用于计算获得 ePWM 模块支持的 HRPWM 的 MEP 比例因子。比例因子是一个 1~255 范围的整数值,代表系统时钟周期用到的微边沿定位。比例因子值返回到一个称为 MEP_ScaleFactor 的整数变量之中。参见表 10.17。

表 10.17 比例因子值

软件函数调用	功能描述	更新变量
SFO()	通过 MEP_ScaleFactor 变量 返回 MEP 比例因子 通过 SFO_TI_Build_V6bt.lib 库文件中的 HRMSTEP 寄存器 返回 MEP 比例因子	MEP 比例因子和 HRMSTEP 寄存器

推荐使用 ePWM 的 HRPWM 特征,按照下述步骤调用 SFO 函数。

1. 步骤 1:添加 Include 文件

需要包含 SFO_V6.h 头文件,在使用 SFO 库函数期间必需引用这个文件。对于 2802x 器件,需要包含 DSP2802x_Device.h 及 DSP2802x_Epwm_defines.h 头文件。对于其他系列的器件,在头文件中还要使用器件特性等效文件以及外设示例软件包。如果在应用程序的末尾自定义头文件,则可以对这些包含文件进行选择。

例 10.9.1 如何加入 Include 文件的示例

```
# include "DSP2802x_Device.h"         // DSP2802x 头文件
# include "DSP2802x_EPwm_defines.h"   // 初始化定义
# include "SFO_V6.h"                  // SFO 库函数(HRPWM 需要)
```

2. 步骤 2：变量声明

如下所示为比例因子值声明的一个整型变量。第一个 &EPwm1Regs 仅仅是一个虚拟的占位符，可忽略。

例 10.9.2　声明一个元素

```
int MEP_ScaleFactor = 0;                    //比例因子值
volatile struct EPWM_REGS * ePWM[] = {&EPwm1Regs, &EPwm1Regs, &EPwm2Regs, &EPwm3Regs,&EPwm4Regs};
```

3. 步骤 3：MEP_ScaleFactor 初始化

SFO() 函数不需要采用 MEP_ScaleFactor 变量去启动比例因子值。在应用软件代码中用到的变量 MEP_ScaleFactor 是通过调用 SFO() 函数驱动 MEP 校准模块计算出来的一个 MEP_ScaleFactor 值。

下面所示代码为使用 MEP_ScaleFactor 之前的一次初始化代码。

例 10.9.3　利用一个比例因子值初始化

```
MEP_ScaleFactor initialized using function SFO()
while (SFO() == 0) {}                       //由 MEP 计算模块计算得到的 MEP_ScaleFactor
```

4. 步骤 4：应用软件代码

在应用软件运行期间，设备温度和电源电压都会产生波动，要保证使一个最佳的比例因子用于每一个 ePWM 模块，SFO 函数必须作为后台慢循环部分周期性地重复运行。

注意：可从 TI 网站上查阅设备特性 C/C++ 头文件夹和外设例子中的 HRPWM_SFO 示例。

例 10.9.4　SFO 函数调用

```
main ()
{   int status;             // status 为一个状态变量,用于接收 SFO() 函数的返回值
    ...
    // 用户代码
    // ePWM1,2,3,4 在 HRPWM 模式下运行,通过 MEP 校准模块 SFO 诊断逻辑的运行,计算得到 MEP 比例因
    // 子值,SFO() 函数将这个值自动存入 MEP_ScaleFactor 变量及 HRMSTEP 寄存器中,当一个新的 MEP_
    // ScaleFactor 产生, status 变量返回 1
    status = SFO();
    if(status == 2) {ESTOP0;}    // 如果 MEP_ScaleFactor 大于最大值 255,则函数返回值为 2,表示
                                 // 出错,停止仿真。
}
```

10.9.3　SFO 库软件各版本的不同之处

SFO 库有两个不同的版本——SFO_TI_Build_V6.lib 和 SFO_TI_Build_V6b.lib。SFO_TI_Build_V6.lib 没有用 MEP_ScaleFactor 的值更新 HRMSTEP 寄存器，而 SFO_TI_Build_V6b.lib 更新了 HRMSTEP 寄存器。因此，如果使用 SFO_TI_Build_V6.lib，并且使能自动转换的话，应用程序必须把 MEP_Scalefactor 因子写到 HRMSTEP 寄存器中，如下所示。

例 10.9.5　手动更新 HRMSTEP 寄存器

```
main ()
{　...
    int status;
    status = SFO_INCOMPLETE;
    while (status = = SFO_INCOMPLETE)
    {
        status = SFO();
    }
    if(status! = SFO_ERROR)              // 如果 SFO 函数运行过程中没有出错
    {
        EALLOW;
        EPwm1Regs.HRMSTEP = MEP_ScaleFactor;
        EDIS;
    }
    ...
}
```

10.10　HRPWM 示例源码

10.10.1　微边沿定位(MEP)概念的进一步说明

通常 PWM 的占空比可根据式(10.1)进行计算：

$$\text{PWM 占空比}\quad Duty=\frac{CMPA}{PRD} \tag{10.1}$$

假设模块时钟：TBCLK = SYSCLKOUT=16.67 ns(60 MHz)，系统周期 TBPRD=10。

由此可计算得到：

PWM 周期 = 16.67×10 = 167 ns，PWM 频率=6 MHz(1/167 ns)。

表 10.18 的左边是根据式(10.1)对不同的 CMPA 值计算出来的占空比及高电平持续的时间。

表 10.18　CMPA 与占空比(左面)以及[CMPA_int:CMPA_frac]与占空比(右面)

CMPA（计数值）	占空比（%）	高电平（ns）	CMPA_int（整数值）	CMPA_frac（小数值）	占空比（%）	高电平（ns）
3	30	50.0	4	48	44.8	73.66
4	40	66.67	4	49	44.9	74.83
5	50	83.33	4	50	45.0	75.00
6	60	100.0	4	51	45.1	75.17
7	70	116.67	4	52	45.2	75.33
需要的						
4.5	4.5	75.0				

图 10.24 为占空比为 45% 的图示。

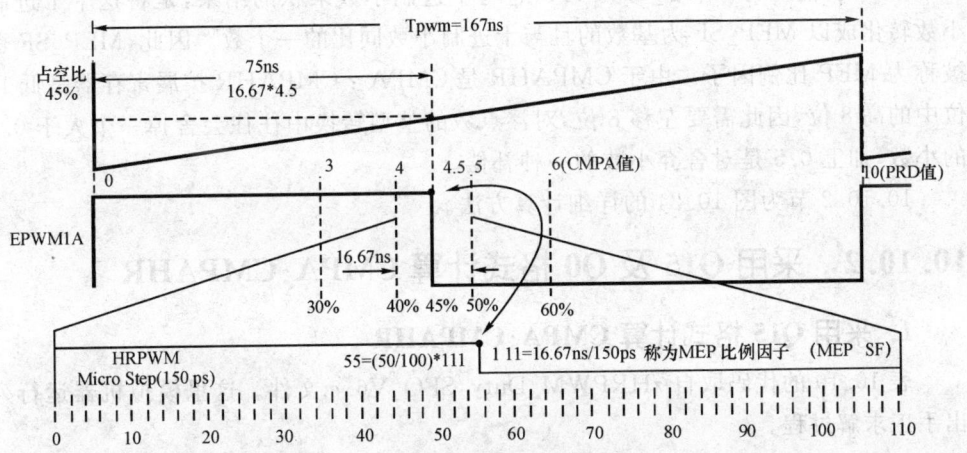

图 10.24　占空比为 45% 的图示

现在如果需要 PWM 占空比：PWM Duty＝0.45(45%)，即要获得较高分辨率的 PWM 占空比。显然，从表 10.18 左面的列表中找不到一个 CMPA 的整数值，使得 PWM 占空比等于 0.45。HRPWM 组合的 32 位比较寄存器 CMPA：CMPAHR 提供了这种方法，为了说明概念，这里假设：CMPA_int 存放整数 4，而 CMPA_frac 存放前后边沿一百等分中的 50(见表 10.18 右面的列表)，则有 Duty＝4.50/10＝0.45。但是，CMPAHR 是组合寄存器 CMPA：CMPAHR 中低 16 位中的高 8 位，其最低位的权值为十进制的 256；并且 HRPWM 模块在将占空比转化成 CMPAHR 之前还要进行一次按不同精度要求对前后边沿间隔的划分。具体方法如下：

首先，HRPWM 模块通过一把称之为步长的时间尺度将这个周期(16.67 ns)等分，构成小数部分。这就是所谓 HRPWM 微边沿定位(MEP：micro edge positioner)法，而时间尺度称之为 MEP 步长，等分的数量称为步数或称为 MEP 比例因子，步数

第10章 高分辨率脉宽调制(HRPWM)

的大小取决于时间尺度即步长精度的大小。这里用 150 ps 步长精度将 16.67 ns 划分成 111 个步数。根据等比关系：$\dfrac{X}{111}=\dfrac{50}{100}$，容易算出十进制点位 0.50 与 MEP(111 分割)点位 X=55 对应，即 111 等分中的 55 点位所占的百分比也是 0.50(参见图 10.24 下面部分)，或者 X=0.5*111。注意：这部运算有取整误差。

然后，将 X 转化为组合寄存器的 CMPA：CMPAHR 中的 CMPAHR，这只要将 X 乘以 256 或者左移 8 位就行了。

CMPA：CMPAHR 扩展寄存器的计算公式

下面给出扩展寄存器中 CMPA 及 CMPAHR 的计算公式：

CMPA = int(PWMDuty × PWM period)   (10.2)

CMPAHR = (frac (PWMDuty × PWM period) × MEP_SF + 0.5)<<8   (10.3)

在式(10.3)中，frac 是对括号中的十进制数乘积取小数，本例小数为 0.5，当采用 150 ps 级精度时，MEP_SF=111，它与十进制小数乘积的结果，是将这个十进制小数转化成以 MEP_SF 为基数的且与十进制小数同比的一个数。因此，MEP_SF 也被称为 MEP 比例因子。由于 CMPAHR 是 CMPA：CMPAHR 扩展寄存器是低 16 位中的高 8 位，因此需要左移 8 位，对浮点数的整型转换中往往会舍掉一个大于 0.5 的小数，加上 0.5 是对舍弃小数的一种补偿。

10.10.2 节为图 10.24 的详细计算方法。

10.10.2 采用 Q15 及 Q0 格式计算 CMPA:CMPAHR

1. 采用 Q15 格式计算 CMPA:CMPAHR

表 10.19 的代码取自 zHRPWM_Duty_SFO_V6.c 文件。这里模拟机器运行列出手工求解过程。

表 10.19 采用 Q15 格式计算 CMPA:CMPAHR

```
//************   条件:定时器时钟周期 TBPRT = period = 10   ************//
SYSCLKOUT = 60 MHz(16.67 ns)
Uint16   CMPA_reg_val,CMPAHR_reg_val,DutyFine;    // 无符号 16 位整型变量定义
Uint32   temp;                                     // 无符号 32 位整型变量定义
DutyFine = 0.45;                                   // 其 Q15 格式数为 14746(0x399A)
MEP_SF = 111;                                      // 精度为 150 ps 级,将一个时钟周期 16.67 ns
分成 111 个步数
//************       以下的运算过程采用了 Q15 格式      ************//
    // 计算 CMPA
    CMPA_reg_val (1) = ((long)DutyFine * (*ePWM[i]).TBPRD)>>15;    // CMPA_reg_val = 4  (Q0 格式)
// 计算小数
    temp = ((long)DutyFine * (*ePWM[i]).TBPRD);  // temp = 147460  (Q0 格式为 4.50)
    temp (2) = temp - ((long)CMPA_reg_val<<15);   // temp = 16388  (Q15 格式小数,即 Q0 格式 0.5)
```

第 10 章 高分辨率脉宽调制(HRPWM)

续表 10.19

```
// 计算 CMPAHR
    CMPAHR_reg_val⁽³⁾ = ((temp * MEP_ScaleFactor)+(0x0080<<7))>>15;   // CMPAHR_reg_val = 56
    CMPAHR_reg_val⁽⁴⁾ = CMPAHR_reg_val << 8;                          // CMPAHR_reg_val = 14336 = 0x3800
// 将 CMPA 及 CMPAHR 写入 32 位扩展寄存器 CMPA:CMPAHR
    (*ePWM[i]).CMPA.all⁽⁵⁾ = ((long)CMPA_reg_val)<<16 | CMPAHR_reg_val;  // CMPA:CMPAHR
                                                                          //  = 0x00043800
```

(1) 关于 CMPA_reg_val⁽¹⁾ = ((long)DutyFine * (*ePWM[i]).TBPRD)>>15 的解读

DutyFine = 0.45 * 2^15 = 0x399A = 14746,(*ePWM[i]).TBPRD = 10,
(long)DutyFine * (*ePWM[i]).TBPRD = 14746 * 10 = 147460
147460>>15 = 147460/2^15 = 4.50   (Q0 格式)
CMPA_reg_val = 4 (Q0 格式)

CMPA_reg_val 是一个 16 位的无符号整型变量,DutyFine 与周期值的乘积是一个浮点数,舍弃小数后强制转换成整型。另外,CMPA_reg_val 可看作 Q0 格式数。由于 DutyFine 是 Q15 格式,TBPRD 周期为 Q0 格式,其乘积为 Q15 格式,所以 CMPA_reg_val 要作为 Q0 格式保存需向右移 15 位。这里的右移是以小数点作为参考点整个数向右移(不要当作小数点右移或左移),每右移一位缩小 2 倍,左移一位则扩大 2 倍。

使用 HRPWM 的注意事项:

① HRPWM 适用于周期短频率高的场合,低于 250 kHz 的 PWM 操作一般不需要 HRPWM。原因是:当 PWM 频率为 250 kHz 时,PWM 周期为 4000 ns,假设系统时钟周期为 16.67 ns(60 MHz),则可计算出定时器时钟周期 PRD = 4000/16.67 = 240,这个值接近 256 了,因此,可在一个较宽的范围内选取 CMPA 值获得预期的或误差较小占空比。

② HRPWM 方法是针对 ePWMxA 一个通道展开的,但是可通过交换 A 通道和 B 通道的输出,或者使 B 通道输出 A 通道的反向信号,使 ePWMxB 取代 ePWMxA 输出高分辨率的信号。

③ 重要! 如果定时器时钟周期 PRD 的预期值为 period,则在周期赋值时需(period+1)比如,本例按 TBPRD = 10 计算,但调用 HRPWM_Config(period)函数时,形参 period 赋值应该为 11,参见 HRPWM_Config() 函数。

(2) 关于 temp⁽²⁾ = temp - ((long)CMPA_reg_val<<15); 的解读

((long)CMPA_reg_val<<15) = 4<<15 = 4 * 2^15 = 131072(Q0 格式为 4.0,131072 是 4 的 Q15 格式数)
temp = 147460 - 131072 = 16388   (即 Q0 格式为 0.5,16388 为 0.5 的 Q15 格式数)

边沿定位计算中重要的步骤,上面指令为构成 32 位寄存器 CMPA:CMPAHR 中的高 16 位(31-16)CMPA 做准备,这一步则为构成低 16 位(15-8)中的高 8 位

CMPAHR 做准备。

(3) 关于 CMPAHR_reg_val[(3)] =((temp * MEP_ScaleFactor)+(0x0080<<7))>>15；的解读

先讨论 temp * MEP_ScaleFactor，其中 temp 是 DutyFine * TBPRD 的小数，MEP 比例因子 MEP_ScaleFactor 是一个 SFO 库生成的全局变量，可加入视窗其值为 111，由此可知步长精度为 150 ps 级。将 0x0080(Q8 格式的 0.5)左移 7 位转化成 Q15 格式的 0.5，再把这个数加到 duty * MEP_SF 乘积的小数之中，其作用是：用于补偿舍弃误差。

temp * MEP_ScaleFactor=16388 * 111=1819068
0x0080<<7=128 * 2^7=16384
((temp * MEP_ScaleFactor)+(0x0080<<7))>>15=1835452>>15=56.01
CMPAHR_reg_val=56

(4) 关于 CMPAHR_reg_val [(4)] = CMPAHR_reg_val << 8；的解读

CMPAHR 为 32 位组合寄存器 CMPA：CMPAHR 低 16 位中的高 8 位，其最低位的权值为 256，故需左移 8 位或乘以 2^8：

CMPAHR_reg_val=56<<8=56 * 2^8=14336=0x3800

(5) 关于 (*ePWM[i]).CMPA.all[(5)] = ((long)CMPA_reg_val)<<16 | CMPAHR_reg_val；的解读

(long)CMPA_reg_val)<<16 = 4 * 2^16=262144=0x00040000
(*ePWM[i]).CMPA.all=0x00040000+0x3800=0x00043800

CMPA_reg_val 左移 16 位构成 32 位 CMPA：CMPAHR 寄存器的高 16 位(31-16)，CMPAHR_reg_val 构成 CMPA：CMPAHR 寄存器中低 16 位的高 8 位(15~8)，最低 8 位忽略。假设 MEP_ScaleFactor=111 为固定值，手工计算与机器计算结果一致。随着环境温度和内部电压的变化，比例因子值会有波动。盛夏室内不开空调时，测得 MEP_ScaleFactor=108 左右，此时

(*ePWM[i]).CMPA.all=0x00040000+0x0600=0x00043700

2. 采用 Q0 格式计算 CMPA：CMPAHR

这里通过式(10.1)及式(10.3)采用 Q0 格式计算 CMPA：CMPAHR。条件见表 10.19。

根据式(10.2)：CMPA = int (PWMDuty ×PWM period)，有
CMPA=int(0.45 * 10) = int(4.50) = 4

根据式(10.10.3)：CMPAHR = (frac (PWMDuty ×PWM period) ×MEP_SF+0.5)<<8，有

CMPAHR =((frac(0.45 x 10) * 111 + 0.5)<< 8)
       =((0.5 * 111 + 0.5)<< 8) = (56<< 8)=14336
CMPA：CMPAHR =(CMPA<<16)：CMPAHR=(4 * 2^16)：CMPAHR
            =(262144)：(14336) = 0x00043800 最低 8 位忽略

在上面等式中，262144 = 0x00040000，14336 = 0x3800。

在 C 程序中有时会出现这样一种情况，当用一条指令表达一个复杂的运算表达式时，往往出现错误，这意味着编译器面对一个复杂的表达式时产生歧义。此时只有将这个表达式分成若干步骤，一步一步计算。表 10.19 中的指令就是将式(10.2)及式(10.3)进行这样的化解，以便让机器逐步运行。

10.10.3 zHRPWM_Duty_SFO_V6 项目

在 6 个 HRPWM 源码中，这是唯一一个提供微边沿定位法软件操作着的项目，占空比基本上在可控的范围内。本章仅对这个项目进行解读。

1. 项目说明

(1) 测试接口

将 GPIO0(LaunchPad.J6.1) 及 GND (LaunchPad.J3.1) 接入示波器，量程：50 ns，20V。GPIO1~GPIO7 均可作为信号输入引脚，其中 J6.2~J6.6 对应 GPIO1~GPIO5，J2.8 对应 GPIO6，J2.9 对应 GPIO7。

这里，GPIO0 = EPWM1A，GPIO1 = EPWM1B，⋯ GPIO6 = EPWM4A，GPIO7 = EPWM4B。

(2) 本程序需要 DSP2802x 头文件支持，它包括示例需要的以下文件：

SFO_V6.h 及 SFO_TI_Build_V6.lib；

头文件 SFO_V6.h 位于 ...\v129/DSP2802x_common/include；

库文件 SFO_TI_Build_V6.lib 位于 E:...\2802x\v129\ DSP2802x_common\lib 该文件可在超级编辑器平台上以二进制形式打开。

(3) SFO() 函数

用于在后台动态更新 MEP 比例因子(MEP_ScaleFactor)。通过调用 SFO() 函数将 MEP_ScaleFactor 复制到 HRMSTEP 寄存器。调用时：

- 如错返回 2：当 MEP 比例因子大于最大值 255。在这种情况下，自动转换可能无法正常使用；
- 指定的通道已完成，返回 1；
- 指定的通道未完成，返回 0。

(4) CMPA:CMPAHR 的手工计算：该项目根据以下 3 个变量：

- 微边沿定位比例因子(MEP_ScaleFactor)；
- PWM 周期：由系统时钟 SYSCLKOUT 给定，TBCLK = SYSCLKOUT = 60 MHz；
- 要求分辨率较高的占空比。

用基于式(10.2)及式(10.3)的应用软件手工计算出 CMPA:CMPAHR 值，以便获得接近要求的占空比。

第 10 章　高分辨率脉宽调制(HRPWM)

(5) 高频率下如何观察示波器的波形:

当周期为 10(本项目周期设定值),且定时器时钟 TBCLK 周期为 16.67ns (60MHz)时,一个 PWM 周期为 167 ns(6 MHz)。在这样一个频率下,普通示波器看不出脉冲陡峭的上升沿或下降沿。此时,一个周期的波形类似于三角波,由 2 个低电平点和一个高电平点组成,根据参数和波形的对应关系,从低电平到高电平的间隔为高电平的持续时间,而从高电平到低电平的间隔为低电平的持续时间。占空比=高电平持续时间/周期。当占空比调整值 DutyFine=0.5(Q15 格式 16384),即预期占空比为 0.5 时,示波器量程:50 ns,测得从 0 电平到高电平的持续时间略大于 80 ns,该值与 0.5 的占空比基本吻合。

(6) 将以下变量加入视窗并设置成动态变量,可单步运行观察变量值:

DutyFine	占空比 Q15 格式数
UpdateFine	软件计算 32 位扩展寄存器 CMPA:CMPAHR 指针
MEP_ScaleFactor	MEP 比例因子
(*ePWM[i]).CMPA.all	(*ePWM[i]).CMPA.all= CMPA:CMPAHR
(*ePWM[i]).CMPA.half.CMPA	组合寄存器 CMPA:CMPAHR 的高 16 位
(*ePWM[i]).CMPA.half.CMPAHA	组合寄存器 CMPA:CMPAHR 的低 16 位的高 8 位

2. 项目的关键指令及函数

(1) 主文件头部变量及结构体定义

表 10.20 为主文件头部变量及结构体定义

表 10.20　主文件头部变量及结构体定义

```
#define AUTOCONVERT 1          // 1 = 开制动转换, 0 = 关制动转换
Uint16 UpdateFine;             // 一个变量,用来选择计算 CMPA:CMPAHR 的方式,为 1 时采用规范的 MEP 方
法计算
volatile struct EPWM_REGS * ePWM[PWM_CH] = { &EPwm1Regs, &EPwm1Regs, &EPwm2Regs, &EPwm3Regs,
&EPwm4Regs}(1)
```

(1) 在 DSP2802x_EPWM.h 头文件中定义了一个 EPWM_REGS 结构体,该结构体把 ePWM 模块及 HRPWM 模块中的所有寄存器以共用体或独立寄存器的形式包罗其中。*ePWM[PWM_CH]是具有这一类型的指针变量,用"(*eP-WM[j]).”可以访问 EPWM_REGS 结构体中所有成员。

(2) 等式右边大括号内的 5 个取地址构成一个数组,它与指针变量对应,即 *ePWM[1] 指向 EPwm1Regs, *ePWM[2] 指向 EPwm2Regs 等等。结构体指针数组中的成员例如 &EPwm2Regs 等也必须为定义过的 EPWM_REGS 结构体类型,不可随便命名,也不可用其它结构类型的名字例如 &CpuTimer0,用法严格。

(3) *ePWM[0] 是一个本例用不到的虚拟值,以便适应数组结构。使用时,必须是实际使用通道 PWM_CH 加 1,比如 PWM_CH=5 时,指向 EPWM4A,EPWM4B 即第 4 通道。头文件 SFO_V6.H 定义 PWM_CH=5,本例 for 循环中采用 (*ePWM[j])。指令对 EPWM 的 4 个通道进行了相同设置,因此它们输出的波形是相同的。

(2) 主文件中的主要指令

这里将 zHRPWM_Duty_SFO_V6.c 文件的主要指令列在表 10.21 中。

表 10.21 zHRPWM_Duty_SFO_V6.c 文件摘录

```
...
UpdateFine = 1;              // 当 UpdateFine = 1 且 AUTOCONVERT 0 时,用软件计算 CMPA:CMPAHR 的值
HRPWM_Config(11);            // 设置时钟周期 TBPRD = 10
for(;;)
{
    for(DutyFine = 0x199A; DutyFine < 0x7FDF; DutyFine ++)⁽¹⁾
    {
        DutyFine = 0x399A⁽²⁾;    // Q15 格式 DutyFine = 14746,Q0 格式 Duty = 0.45
        if(UpdateFine)⁽³⁾
        {
            for(i = 1; i < PWM_CH; i ++)
            {
                CMPA_reg_val = ((long)DutyFine * (*ePWM[i]).TBPRD)⁽⁴⁾ >> 15;
                                                    // CMPA_reg_val = 4
                temp = ((long)DutyFine * (*ePWM[i]).TBPRD)⁽⁵⁾;
                                                    // temp = 147460
                temp = temp - ((long)CMPA_reg_val << 15)⁽⁵⁾;
                                                    // temp = 147460 - 131072 = 16388
                #if (AUTOCONVERT)
                CMPAHR_reg_val = temp << 1⁽⁶⁾;      // Q16 格式转换,求出 CMPAHR = 32776。
                #else
                CMPAHR_reg_val = ((temp * MEP_ScaleFactor) + (0x0080 << 7))⁽⁷⁾ >> 15;
                                                    // CMPAHR_reg_val = 56
                CMPAHR_reg_val = CMPAHR_reg_val⁽⁸⁾ << 8;
                                                    // CMPAHR_reg_val = 14336 = 0x3800
                #endif
                (*ePWM[i]).CMPA.all = ((long)CMPA_reg_val) << 16 | CMPAHR_reg_val;
                                                    // CMPA:CMPAHR = 0x0004 3800。
            }
        }
        else
        {
            for(i = 1; i < PWM_CH; i ++)             // PWM_CH = 5,由 SFO_V6.H 文件定义
            { (*ePWM[i]).CMPA.half.CMPA = ((long)DutyFine * (*ePWM[i]).TBPRD >> 15)⁽⁹⁾; }
        }
        status = SFO()⁽¹⁰⁾;                          // 在后台,MEP 校准模块连续地更新 MEP 比例因子
        if (status == SFO_ERROR)  { error(); }
                                                    // 如果发生 MEP 步长超过 255 的错误,SFO 函数
                                                    // 返回 2
    }                                               // 终止占空比调准循环
}                                                   // 终止无限循环
}                                                   // 终止主程序
```

(1) 原始文档设置一个 Q15 格式,占空比 DutyFine 从 0.2 到 0.999 的扫描循环,但示波器不易捕获,不便观察。

第10章 高分辨率脉宽调制(HRPWM)

(2) 为便于观察占空比扫描值,在循环中固定 DutyFine 值。例如 Q15 格式 DutyFine=0x399A,Q0 格式占空比 Duty=0.45。该值与图 10.24 的假设对应,以便从实际操作得到验证。

(3) 当 UpdateFine=1,通过软件计算 32 位扩展寄存器 CMPA:CMPAHR,表 10.22 列出对应计算结果。

(4) CMPA_reg_val 作为 Q0 格式进行计算。由于 DutyFine 是 Q15 格式,周期 TBPRD=10 为 Q0 格式,乘积为 Q15 格式,所以 CMPA_reg_val 要作为 Q0 格式保存需向右移 15 位。这里所谓 Q0 实际上就是通常意义上的十进制数,没有经过放大 2^n 即 Qn 格式化处理。比如,十进制的 0.5 转化为 Q8 格式的数为 $0.5*2^8=128=0x0080$,注意!这里的 128 或 0x0080 是 Q8 格式下的一个数。这里,(long)DutyFine * (*ePWM[i]).TBPRD=147460,CMPA_reg_val=147460/2^{15}=4 (4.50 取整)。

(5) 接下来的步骤就是取小数:计算全部值,然后减去 CMPA_reg_val 左移 15 位的值,Q15 格式小数值为 16388,实际上就是 Q0 格式的 0.50。

(6) 如果 AUTOCONVERT=1 使能自动转换,则执行下面此条指令。HRPWM 的自动转换需要软件提供 CMPAHR 的值,这个数实际上就是上一步求出的 Q0 格式的小数再转化为 Q16 格式数(因为 CMPAHR 为 CMPA:CMPAHR 中的低 16 位的高 8 位)。可用两种方式进行 Q16 格式转换:

方法一:HRPWM=$0.5*2^{16}$=32768;方法二:在上一步小数左移 15 位的情况下再左移 1 位,HRPWM=$16388*2$=32776,前后两个数不相等是舍入误差造成的。这里用了后一种方法。

(7) 如果 AUTOCONVERT=0 禁止自动转换,则以下两条指令,对小数进行处理。此处 temp=16388,0x0080<<7==$128*2^7$=16384,((temp * MEP_ScaleFactor)+(0x0080<<7))>>15=(16388*111+16384)>>15=1835452>>15=56.01,则 CMPAHR_reg_val=56。其中的 0x0080(Q8 格式的 0.5)左移 7 位转化成 Q15 格式的 0.5,再把这个数加到 duty * MEP_SF 乘积的小数之中,用于补偿舍弃误差。

(8) CMPAHR 为组合寄存器 CMPA:CMPAHR 中的低 16 位的高 8 位,故需左移 8 位,CMPAHR=14336。

(9) (*ePWM[i]).CMPA.half.CMPA(i=1,2,3,4)的值均为(14746 * 10)>>15=4,取整后的值。

(10) 调用比例因子优化库函数 SFO(),周期性地跟踪由于温度/电压造成的任何变化。这个函数通过运行 HRPWM 逻辑中的 MEP 校准模块将产生 MEP 比例因子,该比例因子适用所有 HRPWM 通道。SFO()函数也可以用比例因子值更新 HRMSTEP 寄存器。

表 10.22 AUTOCONVERT 及 UpdateFine 各种组合下的运行情况

条件	时基时钟 F_{TBCLK}=60 MHz,T_{TBCLK}=16.67 ns;PWM 周期 TBPRD=10;			
自动转换控制	AUTOCONVERT=1(开自动转换)		AUTOCONVERT=0(关自动转换)	
软件计算控制	UpdateFine = 1[(1)] (软件计算)	UpdateFine = 0 (非软件计算)	UpdateFine = 1[(2)] (软件计算)	UpdateFine = 0 (非软件计算)
DutyFine=0x399A =14746 (Q15 格式))预期占空比 Duty:	0.45			
占空比(DuTy) (示波器观察值)	0.45	0.42	0.45	0.42
CMPA:CMPAHR (理论计算值)	0x0004 3700			
CMPA:CMPAHR (CCS5.2 视窗观察值)	0x0004 8000 无变化	0x0004 0100 无变化	0x0004 3700 有变化	0x0004 0100 无变化

(1) 当 UpdateFine = 1 且 AUTOCONVERT=1 时,开软件条件下的自动转换,在这种状态下软件只进行了前期计算,因为 HRPWM 模块在自动转换前必须通过软件对组合寄存器 CMPA:CMPAHR 中的低 16 位中的高 8 位赋值。参考表 10.21 中的第 6 条注释。此时,占空比的示波器观察置与设置值相等,但 CMPA:CM-

PAHR 无变化,显示值偏离软件计算值较大。

(2) 当 UpdateFine = 1 且 AUTOCONVERT=0 时,开软件计算,此时,占空比的示波器观察置与设置值相等,CMPA :CMPAHR 有变化,等于手工计算值。验证了本章阐述的理论,其他两种情况有较大误差。

(3) 主文件中的 HRPWM 配置函数(见表 10.23)

表 10.23　主文件中的 HRPWM 配置函数

```
void HRPWM_Config(period) // 1、配置所有 ePWM 通道并且对 ePWMxA 通道设置 HRPWM;2、采用 HRPWM 方式配
{                        // 置 ePWM 通道寄存器;3、采用 MEP 控制上升沿来触发 ePWMxA 的低/高电平。
  Uint16 j;
  for(j=1;j<PWM_CH;j++)
  {
// ePWM 常规设置)
    (*ePWM[j]).TBCTL.bit.PRDLD = TB_SHADOW;              // 直接加载
    (*ePWM[j]).TBPRD (1) = period-1;                     // PWM 频率 = 1 / period
    (*ePWM[j]).CMPA.half.CMPA = period / 2;              // 初始化占空比为 50%
    (*ePWM[j]).CMPA.half.CMPAHR = (1 << 8);              // 初始化 HRPWM 扩展寄存器
    (*ePWM[j]).CMPB = period / 2;                        // 初始化 *ePWM[1]模块 占空比为 50%
    (*ePWM[j]).TBPHS.all = 0;
    (*ePWM[j]).TBCTR = 0;
    (*ePWM[j]).TBCTL.bit.CTRMODE = TB_COUNT_UP;          // 增计数模式
    (*ePWM[j]).TBCTL.bit.PHSEN = TB_DISABLE;             // 禁止 相位(phase)加载
    (*ePWM[j]).TBCTL.bit.SYNCOSEL = TB_SYNC_DISABLE;     // 禁止 EPWMxSYNCO 信号同步输出
    (*ePWM[j]).TBCTL.bit.HSPCLKDIV (2) = TB_DIV1;        // 系统时钟频率 60MHz(16.67 ns),该值
    (*ePWM[j]).TBCTL.bit.CLKDIV = TB_DIV1;               // 与从示波器的观察值吻合
    (*ePWM[j]).TBCTL.bit.FREE_SOFT = 11;                 // 仿真自由运行不受限制
// 设置映像寄存器
    (*ePWM[j]).CMPCTL.bit.LOADAMODE = CC_CTR_ZERO;       // 当 CTR = 0 时加载
    (*ePWM[j]).CMPCTL.bit.LOADBMODE = CC_CTR_ZERO;
    (*ePWM[j]).CMPCTL.bit.SHDWAMODE = CC_SHADOW;         // CMPA 采用映像寄存器模式
    (*ePWM[j]).CMPCTL.bit.SHDWBMODE = CC_SHADOW;         // CMPB 采用映像寄存器模式
// 设置动作
    (*ePWM[j]).AQCTLA.bit.ZRO = AQ_SET;                  // 当 CTR = 0 时,强制 EPWMxA 输出高电平
    (*ePWM[j]).AQCTLA.bit.CAU = AQ_CLEAR;                // 当 CTR = CMPA 且增计数时,强制 EPWMxA
                                                         // 输出低电平
    (*ePWM[j]).AQCTLB.bit.ZRO = AQ_SET;                  // 当 CTR = 0 时,强制 EPWMxB 输出高电平
    (*ePWM[j]).AQCTLB.bit.CBU = AQ_CLEAR;                // 当 CTR = CMPB 且增计数时,强制 EPWMxB
                                                         // 输出低电平
// 设置 HRPWM
    EALLOW;
    (*ePWM[j]).HRCNFG.all = 0x0;                         // HRCNFG:HRPWM 配置寄存
    (*ePWM[j]).HRCNFG.bit.EDGMODE = HR_FEP;              // MEP 控制 CMPAHR 下降沿
    (*ePWM[j]).HRCNFG.bit.CTLMODE = HR_CMP;              // CMPAHR(8)或 TBPRDHR(8)控制边沿位置
    (*ePWM[j]).HRCNFG.bit.HRLOAD = HR_CTR_ZERO;          // 当定时器计数器等于 0 时载入;
    # if (AUTOCONVERT)
    (*ePWM[j]).HRCNFG.bit.AUTOCONV (3) = 1;              // 使能自动转换逻辑
```

第 10 章　高分辨率脉宽调制(HRPWM)

续表 10.23

```
#endif
    (*ePWM[j]).HRPCTL.bit.HRPE = 0;        // 关闭高分辨率周期功能
    EDIS;
  }
}
```

(1) 在调用这个函数时,实参周期值要比实际周期值大 1。

(2) 由 TB_DIV1 = 0,故定时器时钟: TBCLK = SYSCLKOUT/(HSPCLKDIV × CLKDIV) = 60/(1x1) = 60 MHz,核时钟 TBCLK 一个周期为 16.67 ns,EPWM 周期 = 16.66 * 10 = 166.6 ns,该值与从示波器的观察值吻合。

(3) 当 AUTOCONVERT = 1 时,使能自动转换。

第11章 增强型捕获模块(eCAP)

增强型捕获模块在注重外部事件精确时钟的系统中是必不可少的。

本章适用于TMS320x2802x和2803x Piccolo™系列处理器上的eCAP模块,包括2834x系列所有的Flash-based,ROM-based和RAM-based设备。

11.1 概 述

11.1.1 eCAP的使用和特性

1. eCAP模块使用
- 对旋转机器的速度测量(例如通过霍尔传感器测量齿链轮速度);
- 位置传感器脉冲间隔时间测量;
- 脉冲串的周期和占空比测量;
- 通过使用占空比编码的电流/电压传感器对电流或电压振幅进行解码。

2. 本指南介绍的eCAP模块具有以下特性:
- 4个事件时戳(time-stamp)寄存器(每个寄存器32位);
- 边沿极性选择可用于多达4个捕获事件时戳的排序;
- 每个事件都支持中断;
- 多至4个时戳事件的单次捕获;
- 4级深度循环缓冲器下的连续模式时戳捕获;
- 绝对时戳捕获;
- 分时(Delta)模式下时戳捕获;
- 以上所有共用一个输入引脚。
- 当不用于捕获模式时,可将ECAP模块配置为单通道的PWM输出

3. eCAP模块的资源:

eCAP模块代表了一个完整的捕获通道,可根据目标设备进行多次例示。每个eCAP通道拥有以下独立的关键资源:
- 专用的输入捕获引脚;
- 32位时基(计数器);
- 4个32位时戳捕获寄存器(CAP1-CAP4);

第 11 章 增强型捕获模块(eCAP)

- 与外部事件同步的四级序列发生器(模 4 计数器),ECAP 引脚的上升/下降沿;
- 所有 4 个事件的独立的边缘极性选择;
- 输入捕获信号的预分频(从 2 到 62);
- 在 1 到 4 个时戳事件之后锁存单次比较寄存器(2 位)捕获;
- 具有 4 级深度循环缓冲器(CAP1 - CAP4)方案的连续时戳捕获控制;
- 4 个捕获事件中的每一个都具有中断能力。

11.1.2 运行机制框图说明

eCAP 包含捕获(Capture)及辅助脉宽调制(Auxiliary pulse - width modulator, APWM)两个子模块,其结构如图 11.1 所示。APWM 模式用于单通道输出 PWM 波形,而捕获模式用于单通道接收外部信号,前者可作为脉冲信号发生器而后者作为信号接收器。对 28027 而言,这两者共用一个 GPIO19 引脚。主程序通过调用 InitECap1Gpio()函数将 GPIO19 引脚配置成 CAP1 功能。这个函数对 GPIO5 也作了相同配置(已屏蔽),目前这是一个无效的配置,即 GPIO5 不具备 CAP1 功能。

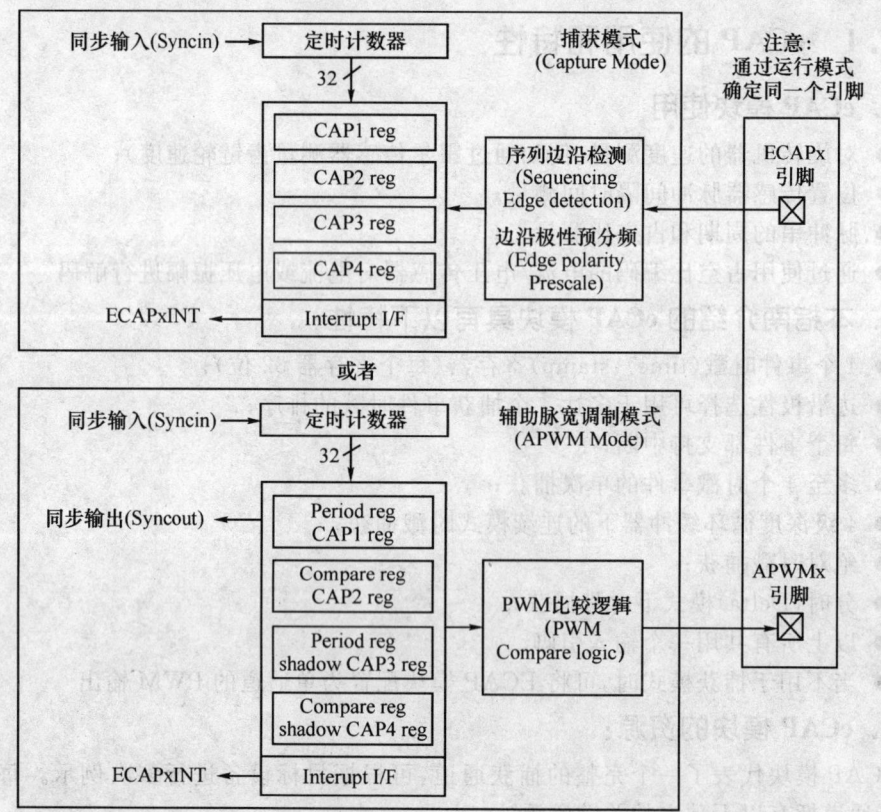

A:CAP 功能和 APWM 功能共用一个引脚。捕获模式下此引脚为输入引脚,APWM 模式下为输出引脚。
B:在 APWM 模式下,对 CAP1/CAP2 寄存器的更改也会同步更新 CAP3/CAP4 的值,这就是直接模式。对 CAP3/CAP4 的值的修改会触发映像模式。

图 11.1 捕获(Capture)和辅助脉宽调制(APWM)运行模式框图

11.2 捕获和 APWM 工作模式

当 eCAP 模块没有被配置为输入捕获工作模式时,用户可以使用此模块实现一个单通道的 PWM 信号发生器(32 位)。计数器工作于增计数模式,为非对称的 PWM 波形提供时间基准。CAP1 和 CAP2 寄存器成为工作的周期寄存器和比较寄存器,CAP3 和 CAP4 成为映像寄存器,分别对应于周期寄存器和比较寄存器。

11.2.1 捕获模式的描述

图 11.2 描述了实现捕获功能的所有组件。

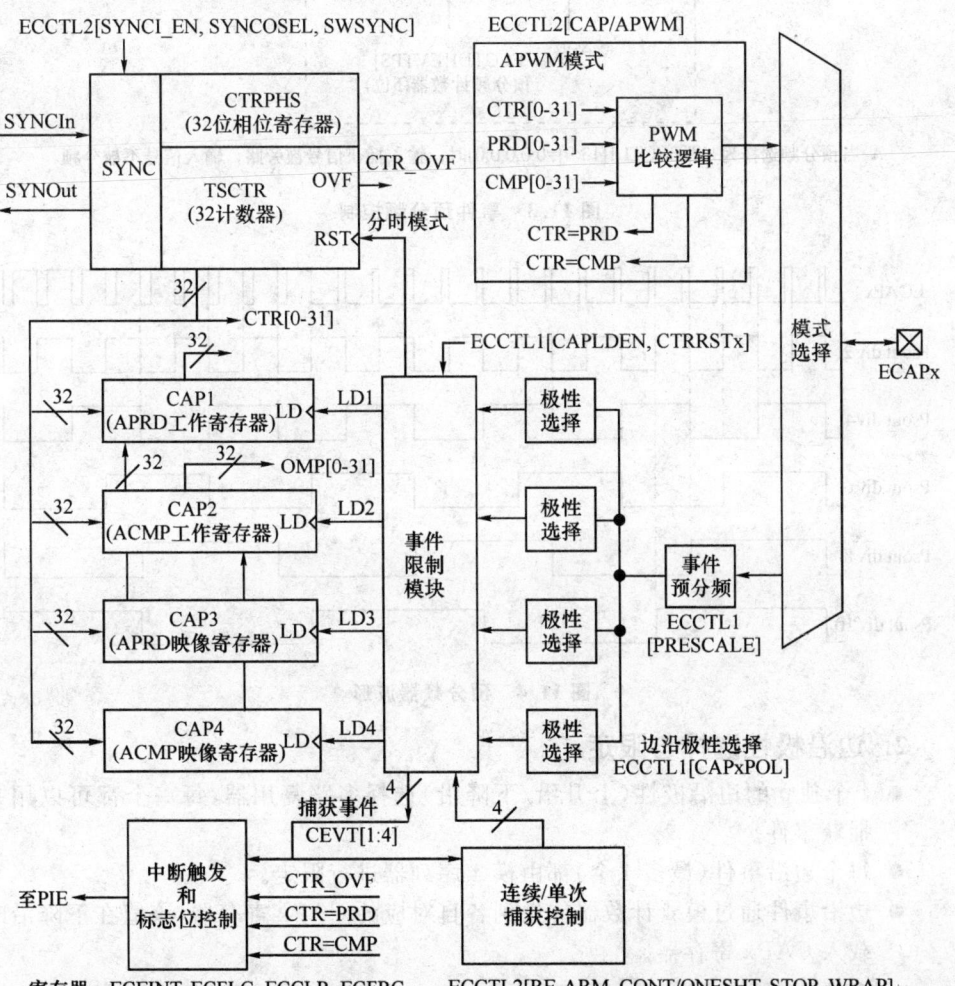

图 11.2 捕获及 APWM 运行机制框图

1. 事件预分频器

输入信号可以被 N 次预分频（N=2～62），预分频器也可以被旁路。当输入信号的频率非常高时，预分频就显得非常重要。图 11.3 描述了预分频器的功能框图，图 11.4 为预分频器的工作时序图。

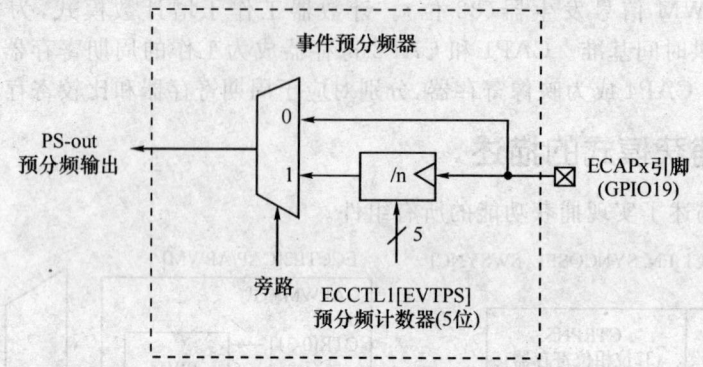

▲ 当预分频选择为 1（即 ECCTL1[13:9]=0,0,0,0,0）时，输入捕获信号被旁路，输入信号不被分频。

图 11.3　事件预分频控制

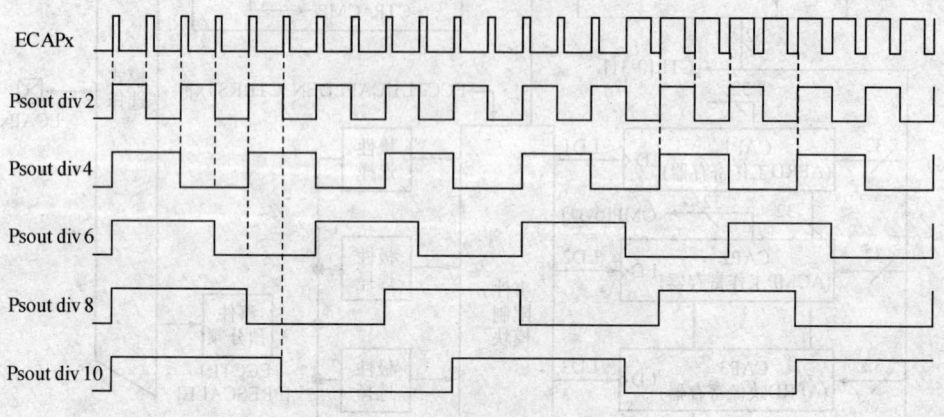

图 11.4　预分频器波形

2. 边沿极性选择与限定

- 4 个独立的边沿极性（上升沿/下降沿）选择多路复用器，每一个都可以用来捕获事件。
- 每个边沿事件（最多 4 个）都由模 4 序列器进行限定。
- 边沿事件通过模 4 计数器传送到各自对应的 CAPx 寄存器，该值在下降沿时载入 CAPx 寄存器。

3. 连续/单次控制

图 11.5 为连续/单次模块逻辑框图。

- 模 4（两位）计数器通过边沿限定事件（CEVT1－CEVT4）进行增计数。

第 11 章　增强型捕获模块（eCAP）

- 模 4 计数器持续的循环计数（0→1→2→3→0），除非被停止。
- 一个两位的停止寄存器用来和模 4 计数器的输出作比较。当两者值相等时，停止模 4 计数器并禁止 CAP1～CAP4 寄存器进一步加载，这只发生于单次工作模式。

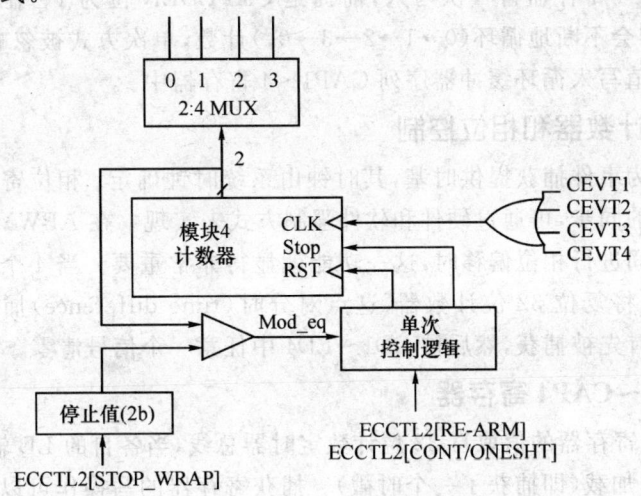

图 11.5　连续/单次模块逻辑框图

连续/单次模块通过单次（mono-shot）工作方式控制模 4 计数器的启动/停止及复位（zero）功能，该模块由比较器触发并且通过控制软件重装，计数器及同步模块逻辑框图如图 11.6 所示。

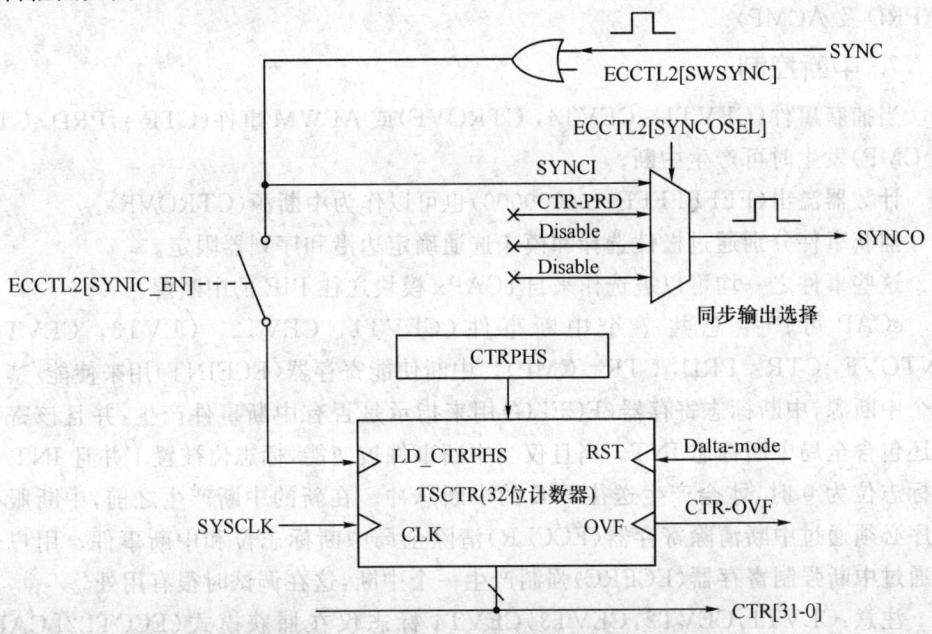

图 11.6　计数器及同步模块逻辑框图

第 11 章 增强型捕获模块(eCAP)

一旦重装,在模 4 计数器和 CAP1~4 寄存器被锁存之前,eCAP 模块将等待 1~4 个捕获事件(通过停止值定义)。

重装可以使 eCAP 模块准备下一个捕获序列。重装会清除(置 0)模 4 计数器,并开放 CAP1~4 寄存器再一次写入,前提是 CAPLDEN 位为 1。在连续工作模式下,模 4 计数器会不断地循环(0→1→2→3→0,)计数,单次方式被忽略,并且会持续不断地将捕获值写入循环缓冲器序列 CAP1~4 寄存器中。

5. 32 位计数器和相位控制

此计数器为事件捕获提供时基,其时钟由系统时钟确定。相位寄存器用于实现和其他计数器的同步,可通过硬件和软件强制方式来实现。在 APWM 工作模式下,当需要在模块间进行相位偏移时,这一功能就显得非常重要。当 4 个载入事件中任意一个发生时,将复位 32 位计数器,这点对分时(time difference)捕获很有用。32 位计数器的值首先被捕获,然后被 LD1~LD4 中任意一个信号清零。

6. CAP1~CAP4 寄存器

这些 32 位寄存器的值取自 32 位计数定时器总线,当各自的 LD 输入被选通时,CTR[0—31]被加载(即捕获了一个时戳)。捕获寄存器的写操作可以被 CAPLDEN 控制位禁止。在单次操作模式中,当停止条件(停止值= Mod4)发生时,此位会自动清零。

在 APWM 模式下,CAP1 和 CAP2 寄存器分别成为工作周期寄存器和比较寄存器。在 APWM 运行期间,CAP3 和 CAP4 分别成为 CAP1 及 CAP2 的映像寄存器(APRD 及 ACMP)。

7. 中断控制

当捕获事件(CEVT1~CEVT4,CTROVF)或 APWM 事件(CTR=PRD,CTR= CMP)发生时可产生中断。

计数器溢出(FFFFFFFF→00000000)也可以作为中断源(CTROVF)。

捕获事件分别通过极性选择和模 4 选通确定边沿和序列器限定。

这些事件之一均可以被选作来自 eCAPx 模块送往 PIE 的中断源。

eCAP 可产生总共 7 个中断事件(CEVT1,CEVT2,CEVT3,CEVT4,CNTOVF,CTR=PRD,CTR=CMP)。中断使能寄存器(ECEINT)用来使能/禁止单个中断源,中断标志寄存器(ECFLG)用来指示是否有中断事件产生,并且该寄存器还包含全局中断标志 INT。当且仅当中断事件被使能,标志位被置 1 并且 INT 中断标志位为 0 时,才会产生送往 PIE 的中断脉冲。在新的中断产生之前,中断服务程序必须通过中断清除寄存器(ECCLR)清除全局中断标志位和中断事件。用户也可通过中断强制寄存器(ECFRC)强制产生一个中断,这在调试时很有用处。

注意:CEVT1,CEVT2,CEVT3,CEVT4 标志仅在捕获模式(ECCTL2[CAP/APWM==0])时有效。而 CTR=PRD,CTR=CMP 标志仅在 APWM 模式(EC-

CTL2[CAP/APWM == 1])有效。CNTOVF 标志在两种模式下均有效。

如图 11.7 所示,eCAP 模块在外设级层面上有 7 个中断源,但是在 PIE 级层面只为 eCAP 安排了一个中断向量:ECAP1_INT。这就意味着 eCAP 的 7 个中断源均汇集到 ECAP1_INT 中断向量上,因此,7 个中断源在 PIE 级的设置是相同的(具体设置参见主文件相关部分),这就避免了若干中断向量的不同设置,即主文件中一次 PIE 级设置将适用于 7 个中断源。此时,若要使能某一个中断只要类似于下面一条指令即可。

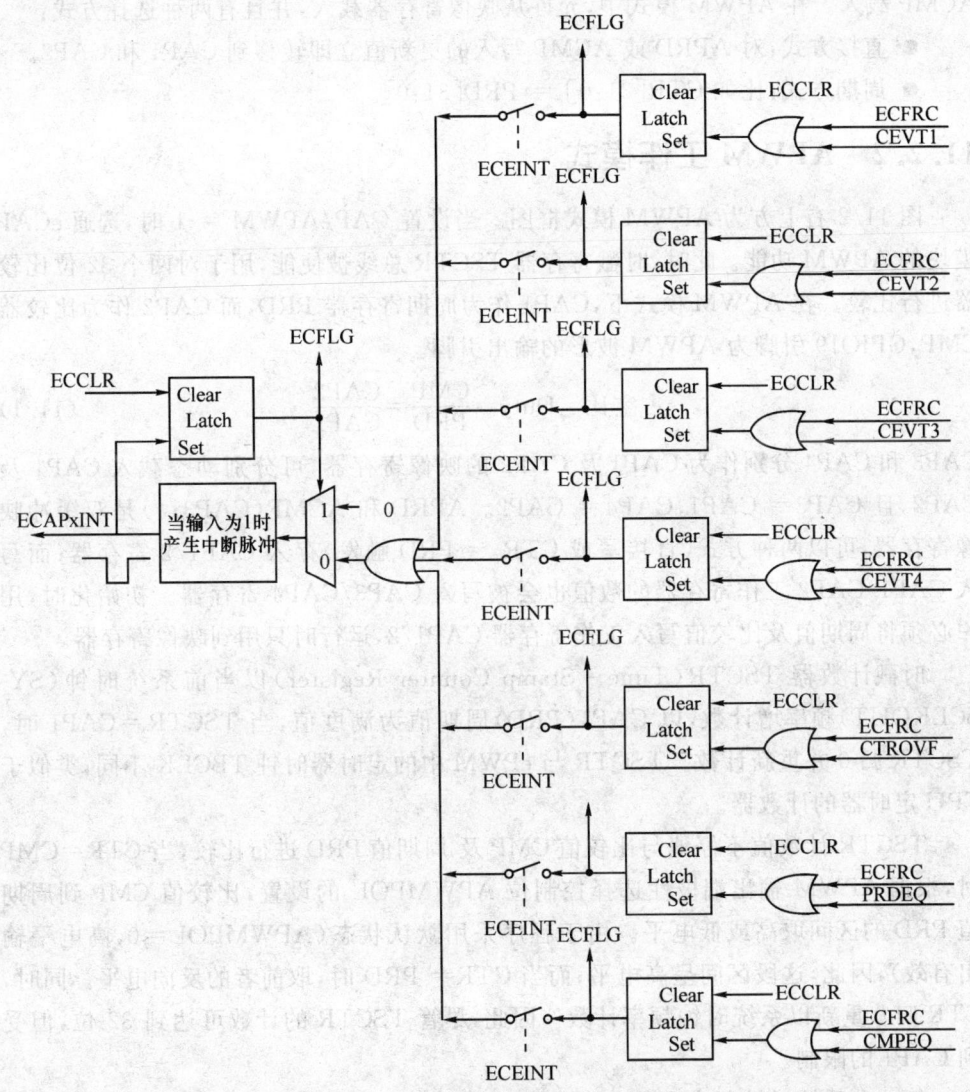

图 11.7 eCAP 模块中断

```
ECap1Regs.ECEINT.bit.CEVT4 = 1;    // 使能 CEVT4 作为一个中断源。
```

这是进入中断的一条重要指令。系统复位时，所有中断标志位均被清 0。当一个中断事件发生时，对应的标志位被置 1。CPU 响应中断后，必须在中断服务程序中通过软件清 0，以便后续中断的产生。否则，即使发生中断请求事件也不能进入中断。

8. 映像寄存器载入和锁存控制

在捕获模式中，禁止任何 CAP1 或 CAP2 寄存器分别从映像寄存器 APRD 或 ACMP 载入。在 APWM 模式中，允许从映像寄存器载入，并且有两种选择方式：

- 直接方式：对 APRD 或 ACMP 写入的更新值立即转移到 CAP1 和 CAP2。
- 周期方式：比如 CTR[31:0] = PRD[31:0]。

11.2.2 APWM 工作模式

图 11.2 右上方为 APWM 模式框图。当设置 CAP/APWM = 1 时，选通 eCAP 模块的 APWM 功能。此时，时戳寄存器 TSCTR 总线被使能，用于对两个 32 位比较器进行比较。在 APWM 模式下，CAP1 作为周期寄存器 PRD，而 CAP2 作为比较器 CMP，GPIO19 引脚为 APWM 波形的输出引脚。

$$占空比 \quad Duty = \frac{CMP}{PRD} = \frac{CAP2}{CAP1} \tag{11.1}$$

CAP3 和 CAP4 分别作为 CAP1 及 CAP2 的映像寄存器，可分别动态载入 CAP1 及 CAP2，且 CAP3 = CAP1，CAP4 = CAP2。APRD 和 ACMP(CAP3/4) 是双缓冲映像寄存器，可以两种方式（直接写或 CTR = PRD 触发）存入 CAP1/2 寄存器；而写入 CAP1/CAP2 工作寄存器的数值也会被写入 CAP3/CAP4 寄存器。初始化时，用户必须将周期值及比较值写入工作寄存器 CAP1/2，运行时只用到映像寄存器。

时戳计数器 TSCTR(Time-Stamp Counter Register) 以当前系统时钟 (SYSCLKOUT) 频率增计数，以 CAP1(PRD) 周期值为满度值，当 TSCTR = CAP1 时，TSCTR 归 0 并重新计数。TSCTR 与 ePWM 中的定时器时钟 TBCLK 不同，类似于 CPU 定时器的计数器。

TSCTR 计数值不停地与比较值 CMP 及 周期值 PRD 进行比较，当 CTR = CMP 时，根据 APWM 输出端极性选择控制位 APWMPOL 的设置，比较值 CMP 到周期值 PRD 的区间取高或低电平。由于程序采用默认状态 (APWMPOL = 0，高电平输出有效)，因此，这段区间呈高电平；而当 CTR = PRD 时，取前者的反向电平。同时，CTR 归 0 重新以系统时钟频率计数。因此，尽管 TSCTR 的计数可达到 32 位，但受到 CAP1 的限制。

每一个系统时钟频率 TSCTR 计数一次，从这个意义来讲它有点像时戳。

注意：eCAP 模块采用系统时钟 SYSCLKOUT，时戳计数器 TSCTR 以系统时钟计数。

11.3 寄存器

表 11.1 列示了 eCAP 模块控制和状态寄存器。

表 11.1　eCAP 控制和状态寄存器

寄存器名称	偏移地址	大小(16 位)	描述
TSCTR	0x0000	2	时戳计数器寄存器
CTRPHS	0x0002	2	计数器相位控制寄存器
CAP1	0x0004	2	捕获通道 1 寄存器
CAP2	0x0006	2	捕获通道 2 寄存器
CAP3	0x0008	2	捕获通道 3 寄存器
CAP4	0x000A	2	捕获通道 4 寄存器
Reserved	0x000C～0x0013	8	保留
ECCTL1	0x0014	1	eCAP 控制寄存器 1
ECCTL2	0x0015	1	eCAP 控制寄存器 2
ECEINT	0x0016	1	eCAP 中断使能寄存器
ECFLG	0x0017	1	eCAP 中断标志寄存器
ECCLR	0x0018	1	eCAP 中断清除寄存器
ECFRC	0x0019	1	eCAP 中断强制寄存器
Reserved	0x001A～0x001F	6	保留

31	0
TSCTR	
R/W-0	

说明：R/W= Read/Write，可读写；R = Read only，只读；-n = 复位后的初始值。

图 11.8　时戳计数器(TSCTR)寄存器

表 11.2　时戳计数器(TSCTR)寄存器位域定义

位	位域名称	数值	说　明
31：0	TSCTR		用于捕获时基的 32 位计数器寄存器

计数器相位控制寄存器的位域及定义见图 11.9 和表 11.3。

31	0
CTRPHS	
R/W-0	

说明：R/W= Read/Write，可读写；R = Read only，只读；-n = 复位后的初始值。

图 11.9　计数器相位控制(CTRPHS)寄存器

表 11.3　计数器相位控制(CTRPHS)寄存器位域定义

位	位域名称	数值	说　明
31:0	CTRPHS		可编程相位超前/滞后的计数器相位寄存器。此寄存器为 TSCTR 的映像寄存器，当通过控制位产生同步(SYNCI)事件，或软件(S/W)触发时，可以载入 TSCTR。用于控制与其它 eCAP 模块和 ePWM 时基的相位同步

捕获 1 寄存器的位域及定义见图 11.10 和表 11.4。捕获 2 寄存器的位域及定义见图 11.11 和表 11.5。捕获 3 寄存器的位域及定义见图 11.12 和表 11.6。捕获 4 寄存器的位域及定义见图 11.13 和表 11.7。

31	0
CAP1	
R/W-0	

说明：R/W= Read/Write，可读写；R = Read only，只读；-n = 复位后的初始值。

图 11.10　捕获 1(CAP1)寄存器

表 11.4　捕获 1(CAP1)寄存器位域定义

位	位域名称	数值	说　明
31:0	CAP1		此寄存器可以通过以下方式进行载入(写)操作： • 在捕获事件期间的时戳(即 TSCTR 计数器的值) • 用来做测试或初始化的软件 • 在 APWM 模式下其映像寄存器为 APRD(即 CAP3)

31	0
CAP2	
R/W-0	

说明：R/W= Read/Write，可读写；R = Read only，只读；-n = 复位后的初始值。

图 11.11　捕获 2(CAP2)寄存器

表 11.5　捕获 2(CAP2)寄存器位域定义

位	位域名称	数值	说　明
31:0	CAP2		此寄存器可以通过以下方式进行载入(写)操作： • 在捕获事件期间的时戳（即 TSCTR 计数器的值） • 用于测试的软件 • 在 APWM 模式下其映像寄存器为 ACMP(即 CAP4)

注意：在 APWM 模式下，当写入 CAP1/CAP2 工作寄存器的同时，也将同一个值写入对应的映像寄存器 CAP3/CAP。直接仿真模式也如此。映像模式支持写入映像寄存器 CAP3/CAP4 的操作。

31	0
CAP3	
R/W-0	

说明：R/W= Read/Write，可读写；R = Read only，只读；-n = 复位后的初始值。

图 11.12　捕获 3(CAP3)寄存器

表 11.6　捕获 3(CAP3)寄存器位域定义

位	位域名称	数值	说明
31：0	CAP3		在 CMP 模式下，此寄存器为时戳捕获寄存器。在 APWM 模式下，这是周期映像寄存器(APRD)。可以通过此寄存器更新 PWM 周期的数值。在此模式下，CAP3(APRD)是 CAP1 的映像寄存器

31	0
CAP4	
R/W-0	

说明：R/W= Read/Write，可读写；R = Read only，只读；-n = 复位后的初始值。

图 11.13　捕获 4(CAP4)寄存器

表 11.7　捕获 4(CAP4)寄存器位域定义

位	位域名称	数值	说明
31：0	CAP4		在 CMP 模式下，此寄存器为时戳捕获寄存器。在 APWM 模式下，这是比较映像寄存器(ACMP)。可以通过此寄存器更新 PWM 比较器的数值。在此模式下，CAP4(ACMP)是 CAP2 的映像寄存器

eCAP 控制寄存器 1 和控制寄存器 2 见图 11.14 和图 11.15，其位域定义分别如表 11.8 和表 11.9 所列。

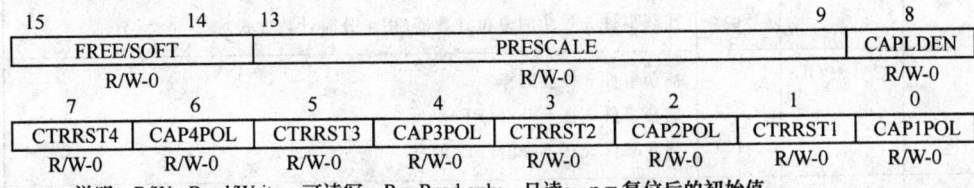

15	14	13					9	8
FREE/SOFT		PRESCALE						CAPLDEN
R/W-0		R/W-0						R/W-0
7	6	5	4	3	2	1		0
CTRRST4	CAP4POL	CTRRST3	CAP3POL	CTRRST2	CAP2POL	CTRRST1		CAP1POL
R/W-0	R/W-0	R/W-0	R/W-0	R/W-0	R/W-0	R/W-0		R/W-0

说明：R/W= Read/Write，可读写；R = Read only，只读；-n = 复位后的初始值。

图 11.14　eCAP 控制 1(ECCTL1)寄存器

第 11 章 增强型捕获模块(eCAP)

表 11.8 eCAP 控制 1(ECCTL1)寄存器位域定义

位	位域名称	数值	说明
15:14	FREE/SOFT		仿真控制
		00	仿真挂起时,TSCTR 计数器立即停止
		01	TSCTR 计数器计到 0 停止
		1x	仿真挂起时,TSCTR 不受影响(自由运行)
13:9	PRESCALE		事件过滤器预分频选择:
		00000	1 分频(即不分频,预分频旁路)(默认状态)
		00001	2 分频(除以 2,下同)
		00010	4 分频
		00011	6 分频
		00100	8 分频
		00101	10 分频
		…	…
		11110	60 分频
		11111	62 分频
8	CAPLDEN		捕获事件发生时,CAP1~4 寄存器载入使能控制位
		0	捕获事件发生时,禁止 CAP1~4 寄存器载入
		1	捕获事件发生时,使能 CAP1~4 寄存器载入
7	CTRRST4		捕获事件 4 发生时,计数器复位控制
		0	捕获事件 4 发生时,不复位计数器(绝对时戳,即计数到 0xFFFFFFFF)
		1	捕获事件 4 发生时复位计数器(用于分时计数方式,不计数到 0xFFFFFFFF)
6	CAP4POL		捕获事件 4 极性选择
		0	捕获事件 4 在上升沿(RE)触发
		1	捕获事件 4 在下降沿(FE)触发
5	CTRRST3		捕获事件 3 发生时,计数器复位控制
		0	捕获事件 3 发生时,不复位计数器(绝对时戳)
		1	捕获事件 3 发生时复位计数器(用于分时计数方式)
4	CAP3POL		捕获事件 3 极性选择
		0	捕获事件 3 在上升沿(RE)触发
		1	捕获事件 3 在下降沿(FE)触发
3	CTRRST2		捕获事件 2 发生时,计数器复位控制
		0	捕获事件 2 发生时,不复位计数器(绝对时戳)
		1	捕获事件 2 发生时复位计数器(用于分时计数方式)

续表 11.8

位	位域名称	数值	说 明
2	CAP2POL		捕获事件 2 极性选择
		0	捕获事件 2 在上升沿(RE)触发
		1	捕获事件 2 在下降沿(FE)触发
1	CTRRST1		捕获事件 1 发生时,计数器复位控制
		0	捕获事件 1 发生时,不复位计数器(绝对时戳)
		1	捕获事件 1 发生时复位计数器(用于分时计数方式)
0	CAP1POL		捕获事件 1 极性选择
		0	捕获事件 1 在上升沿(RE)触发
		1	捕获事件 1 在下降沿(FE)触发

15				11	10	9	8
Reserved					APWMPOL	CAP/APWM	SWSYNC
R-0					R/W-0	R/W-0	R/W-0

7	6	5	4	3	2	1	0
SYNCO_SEL		SYNCI_EN	TSCTRSTOP	REARM	STOP_WRAP		CONT/ONESHT
R/W-0		R/W-0	R/W-0	R/W-0	R/W-11		R/W-0

说明: R/W = Read/Write, 可读写; R = Read only, 只读; -n = 复位后的初始值。

图 11.15 eCAP 控制 2(ECCTL2)寄存器

表 11.9 eCAP 控制 2(ECCTL2)寄存器位域定义

位	位域名称	数值	说 明
15:11	Reserved		保留
10	APWMPOL		APWM 输出端极性选择,仅在 APWM 模式下有效
		0	高电平输出有效(即比较值(CAP2)定义为高电平的时段,默认状态)
		1	低电平输是有效(即比较值(CAP2)定义为低电平的时段)
9	CAP/APWM		CAP/APWM 运行模式选择
		0	eCAP 模块在捕获模式下操作,此时配置如下: • 在 CTR = PRD 事件时,禁止 TSCTR 复位 • 禁止 CAP1 和 CPA2 从映像寄存器中载入 • 允许用户使能 CAP1-4 寄存器载入 • CAPx/APWMx 引脚作为捕获输入
		1	eCAP 模块在 APWM 模式下的操作,此时配置如下: • 在 CTR = PRD 事件时,复位 TSCTR(周期分界线) • 允许 CAP1 和 CPA2 从映像寄存器中载入 • 禁止对 CAP1-4 寄存器加载时戳(time-stamps) • CAPx/APWMx 引脚作为 APWM 输出

续表 11.9

位	位域名称	数值	说明
8	SWSYNC		软件强制计数器(TSCTR)同步。这使部分或全部 eCAP 模块能够方便地利用软件进行同步。在 APWM 模式下,也可以通过 CTR=PRD 事件进行同步写 0 没有影响,读总为 0
		0	写 1 将强制 TSCTR 映像寄存器加载当前的 ECAP 模块,并且在 SYNCO_SEL=0,0 的条件下,所有 ECAP 模块都如此。在写 1 之后,此位归 0
		1	注意:只有在 APWM 模式选择 CTR = PRD 才有意义,如果在 CAP 模式下有用,也可以作这种选择
7:6	SYNCO_SEL		同步输出选择
		00	选择同步输入事件作为同步输出信号(通过)
		01	选择 CTR=PRD 事件作为同步输出信号
		1x	禁止同步输出信号
5	SYNCI_EN		计数器(TSCTR)同步输入选择模式
		0	禁止同步输入
		1	当同步信号或软件强制事件发生时,使能计数器 TSCTR 从 CTRPHS 寄存器中载入
4	TSCTRSTOP		时戳(TSCTR)计数器停止(锁存)控制
		0	TSCTR 停止
		1	TSCTR 自由运行
3	RE-ARM		单次模式下重新载入控制,即等待停止触发 注意:在单次或连续模式下重新载入功能有效
		0	没有影响,读总为 0
		1	单次模式下重新载入按以下顺序 (1) 把 Mod4 计数器复位到 0 (2) 使 Mod4 计数器重新运行 (3) 使能捕获寄存器载入
2:1	STOP_WRAP		单次模式下的停止数值。这是捕获寄存器 1~4 之间的一个数,允许发生在 CAP(1~4) 寄存器被锁存即捕获序列停止之前 连续模式下的循环数值。这是捕获寄存器 1~4 之间的一个数,通过它循环缓冲器重新开始
		00	单次模式下捕获事件 1 后停止,连续模式下捕获事件 1 后重启
		01	单次模式下捕获事件 2 后停止,连续模式下捕获事件 2 后重启
		10	单次模式下捕获事件 3 后停止,连续模式下捕获事件 3 后重启
		11	单次模式下捕获事件 4 后停止,连续模式下捕获事件 4 后重启。(默认状态) 注意:STOP_WRAP 与 Mod4 计数器比较,当相等时将发生两事件: • Mod4 计数器被停止(锁存) • 禁止捕获寄存器载入 在单次模式下,在重新载入之前禁止新的中断事件

第 11 章 增强型捕获模块(eCAP)

续表 11.9

位	位域名称	数值	说明
0	CONT /ONESHT		连续模式或单次模式控制(只在捕获模式下有效)
		0	在连续模式运行
		1	在单次模式运行
			由 CAP_APWM = 1,eCAP 模块在 APWM 模式下运行

中断使能寄存器的位域及其定义如图 11.16 和表 11.10 所示。

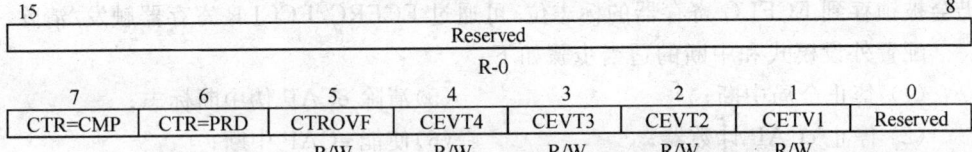

图 11.16 eCAP 中断使能(ECEINT)寄存器

表 11.10 eCAP 中断使能(ECEINT)寄存器位域定义

位	位域名称	数值	说明
15:8	Reserved		保留
7	CTR=CMP		计数器等于比较值的中断使能
		0	禁止 CTR=CMP 作为一个中断源
		1	使能 CTR=CMP 作为一个中断源
6	CTR=PRD		计数器等于周期的中断使能
		0	禁止 CTR=PRD 作为一个中断源
		1	使能 CTR=PRD 作为一个中断源
5	CTROVF		计数器溢出中断使能
		0	禁止计数器溢出 CTROVF 作为一个中断源
		1	使能计数器溢出 CTROVF 作为一个中断源
4	CEVT4		捕获事件 4 中断使能
		0	禁止捕获事件 4 CEVT4 作为一个中断源
		1	使能捕获事件 4 CEVT4 作为一个中断源
3	CEVT3		捕获事件 3 中断使能
		0	禁止捕获事件 3 CEVT3 作为一个中断源
		1	使能捕获事件 3 CEVT3 作为一个中断源
2	CEVT2		捕获事件 2 中断使能
		0	禁止捕获事件 2 CEVT2 作为一个中断源
		1	使能捕获事件 2 CEVT2 作为一个中断源

第 11 章 增强型捕获模块(eCAP)

续表 11.10

位	位域名称	数值	说明
1	CEVT1		捕获事件 1 中断使能
		0	禁止捕获事件 1 CEVT1 作为一个中断源
		1	使能捕获事件 1 CEVT1 作为一个中断源
0	Reserved		保 留

中断使能位(CEVT1,……)可以阻止任何选定的事件产生一个中断,但是,事件仍会被锁存到 ECFLG 寄存器的标志位,可通过 ECFRC/ECCLR 寄存器触发/清除。

配置外设模式和中断的适当步骤如下:

(1) 禁止全局中断;　　　　　　　(5)清除 eCAP 伪中断标志;
(2) 停止 eCAP 计数器;　　　　　 (6)使能 eCAP 中断;
(3) 禁止 eCAP 中断;　　　　　　 (7)启动 eCAP 计数器;
(4) 配置外设寄存器;　　　　　　 (8)使能全局中断。

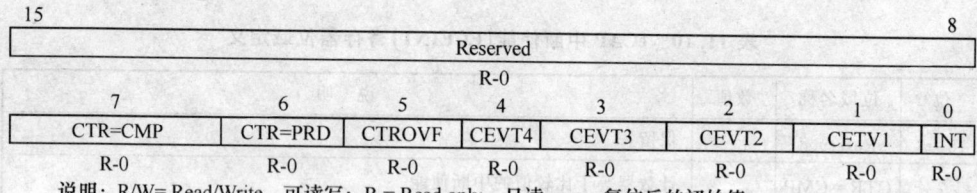

图 11.17　eCAP 中断标志(ECFLG)寄存器

表 11.11　eCAP 中断标志(ECFLG)寄存器位域定义

位	位域名称	数值	说明
15∶8	Reserved		保 留
7	CTR=CMP		计数器等于比较值的状态标志位,仅在 APWM 模式下有效
		0	指示"计数器等于比较值"事件没有发生
		1	指示"计数器等于比较值"(TSCTR 到达 ACMP 数值)
6	CTR=PRD		计数器等于周期的状态标志位,仅在 APWM 模式下有效
		0	指示"计数器等于周期"事件没有发生
		1	指示"计数器等于周期"(TSCTR 到达 APRD 数值),且复位
5	CTROVF		计数器溢出状态标志位,在 CAP 和 APWM 模式均有效
		0	指示"计数器溢出"事件没有发生
		1	指示"计数器溢出",TSCTR 完成了从 FFFFFFFF 到 0 的翻转
4	CEVT4		捕获事件 4 状态标志位,仅在 CAP 模式下有效
		0	指示没有发生捕获事件 4
		1	指示在 eCAPx 引脚发生了事件 4

续表 11.11

位	位域名称	数值	说明
3	CEVT3		捕获事件 3 状态标志位,仅在 CAP 模式下有效
		0	指示没有发生捕获事件 3
		1	指示在 eCAPx 引脚发生了事件 3
2	CEVT2		捕获事件 2 状态标志位,仅在 CAP 模式下有效
		0	指示没有发生捕获事件 2
		1	指示在 eCAPx 引脚发生了事件 2
1	CEVT1		捕获事件 1 状态标志位,仅在 CAP 模式下有效
		0	指示没有发生捕获事件 1
		1	指示在 eCAPx 引脚发生了事件 1
0	INT		全局中断状态标志位
		0	指示没有产生任何中断
		1	指示产生了一个中断

eCAP 中断清除寄存器的位域及定义如图 11.18 和表 11.12 所示。

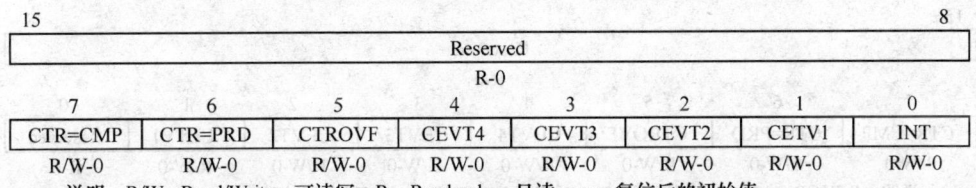

说明: R/W= Read/Write,可读写; R = Read only,只读; -n = 复位后的初始值。

图 11.18 eCAP 中断清除(ECCLR)寄存器

表 11.12 eCAP 中断清除(ECCLR)寄存器位域定义

位	位域名称	数值	说明
15:8	Reserved		保留
7	CTR=CMP		计数器等于比较值的状态标志
		0	写 0 没有影响,读总为 0
		1	写 1 清除 CTR=CMP 标志位
6	CTR=PRD		计数器等于周期的状态标志位
		0	写 0 没有影响,读总为 0
		1	写 1 清除 CTR=PRD 标志位
5	CTROVF		计数器溢出状态标志位
		0	写 0 没有影响,读总为 0
		1	写 1 清除 CTROVF 标志位
4	CEVT4		捕获事件 4 状态标志位
		0	写 0 没有影响,读总为 0
		1	写 1 清除 CEVT4 标志位

第 11 章 增强型捕获模块(eCAP)

续表 11.12

位	位域名称	数值	说 明
3	CEVT3		捕获事件 3 状态标志位
		0	写 0 没有影响,读总为 0
		1	写 1 清除 CEVT3 标志位
2	CEVT2		捕获事件 2 状态标志位
		0	写 0 没有影响,读总为 0
		1	写 1 清除 CEVT2 标志位
1	CEVT1		捕获事件 1 状态标志位
		0	写 0 没有影响,读总为 0
		1	写 1 清除 CEVT1 标志位
0	INT		全局中断清除标志位
		0	写 0 没有影响,读总为 0
		1	写 1 清除 INT 标志位。如果所有事件标志已经置 1,则使能后续中断产生

eCAP 中断强制寄存器的位域及定义见图 11.19 和表 11.13。

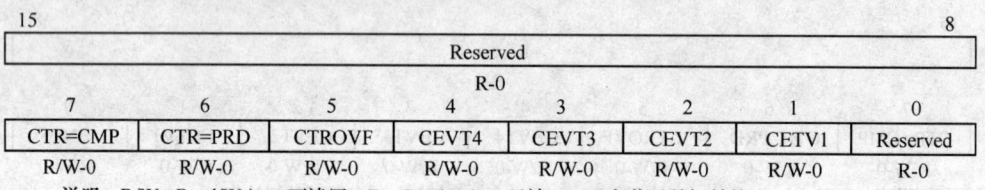

图 11.19 eCAP 中断强制(ECFRC)寄存器

表 11.13 eCAP 中断强制(ECFRC)寄存器位域定义

位	位域名称	数值	说 明
15:8	Reserved		保 留
7	CTR=CMP		强制"计数器等于比较值"中断
		0	写 0 没有影响,读总为 0
		1	写 1 设置 CTR=CMP 中断标志位,从而强制"计数器等于比较值"中断
6	CTR=PRD		强制"计数器等于周期"中断
		0	写 0 没有影响,读总为 0
		1	写 1 设置 CTR=PRD 中断标志位,从而强制"计数器等于周期"中断
5	CTROVF		强制"计数器溢出"中断
		0	写 0 没有影响,读总为 0
		1	写 1 设置中断溢出(CTROVF)标志位,从而强制"计数器溢出"中断
4	CEVT4		强制"捕获事件 4"中断
		0	写 0 没有影响,读总为 0
		1	写 1 设置捕获事件 4(CEVT4)标志位,从而强制"捕获事件 4"中断

续表 11.13

位	位域名称	数值	说 明
3	CEVT3		强制"捕获事件 3"位置状态标志位
		0	写 0 没有影响,读总为 0
		1	写 1 设置捕获事件 3(CEVT3)标志位,从而强制"捕获事件 3"中断
2	CEVT2		强制"捕获事件 2"中断
		0	写 0 没有影响,读总为 0
		1	写 1 设置捕获事件 2(CEVT2)标志位,从而强制"捕获事件 2"中断
1	CEVT1		强制"捕获事件 1"位置状态标志位
		0	写 0 没有影响,读总为 0
		1	写 1 设置捕获事件 1(CEVT1)标志位,从而强制"捕获事件 1"中断
0	Reserved		保 留

11.4 eCAP 示例源码

11.4.1 APWM 测试(zECap_apwm.c)

以下测试使用的文件为 zECap_apwm.c,表 11.15 为该文件中的 eCAP_APWM_Init()函数。

1. zECap_apwm.c 文件的关键指令

● eCAP 端口 GPIO19 的初始化

在使用 eCAP 模块时,主程序通过调用 InitECapGpio()函数对 GPIO19 进行初始化,将 GPIO19 引脚配置成 eCAP 端口。表 11.14 为 InitECapGpio()函数中调用的 InitECap1Gpio()函数。

表 11.14 InitECapGpio()函数中调用的 InitECap1Gpio()函数

```
void InitECap1Gpio(void)                      // 注意:GPIO5 对 28027 无效。
{
    EALLOW;
    /*对所选引脚使能内部上拉*/
    // 用户可以通过以下指令使能或禁止上拉;使能指定引脚的上拉,屏蔽不需要的指令。
    //GpioCtrlRegs.GPAPUD.bit.GPIO5 = 0;       // 使能 GPIO5 (CAP1)上拉,对 28027 无效
    GpioCtrlRegs.GPAPUD.bit.GPIO19 = 0;       // 使能 GPIO19 (CAP1)上拉
    // 输入与系统时钟同步,即 eCAP 采用系统时钟(默认状态);屏蔽不需要的指令。
    //GpioCtrlRegs.GPAQSEL1.bit.GPIO5 = 0;     // GPIO5 (CAP1)与系统时钟同步
    GpioCtrlRegs.GPAQSEL2.bit.GPIO19 = 0;     // GPIO19 (CAP1)与系统时钟同步
    // 通过 GPIO 端口 A 多路复用器(.GPAMUX1)配置 eCAP-1 引脚,指定 GPIO19 引脚为 eCAP1 功能引脚。
    // GpioCtrlRegs.GPAMUX1.bit.GPIO5 = 3;    // 配置 GPIO5 为 CAP1
    GpioCtrlRegs.GPAMUX2.bit.GPIO19 = 3;     // 配置 GPIO19 为 CAP1
    EDIS;
}
```

第11章 增强型捕获模块(eCAP)

● 表11.15为zECap_apwm.c文件中的eCAP_APWM_Init()函数,该函数对eCAP模块进行辅助脉宽调制(APWM)初始化。

表11.15 zECap_apwm.c文件中的APWM初始化函数

```
void eCAP_APWM_Init()
{
    // eCAP1的APWM模式、连续运行模式、高电平输出有效、连续模式下捕获事件4后重启;
    ECap1Regs.ECCTL2.bit.CAP_APWM = 1;      // eCAP模块在APWM模式下运行
//  ECap1Regs.ECCTL2.bit.APWMPOL = 1;       // 0/1:高电平输出有效(默认状态)/低电平输是有效。
    ECap1Regs.CAP1 = 1000;                  // 设置周期值:CAP1 = 1000
    ECap1Regs.CAP2 = 500;                   // 设置比较值:CAP2 = 500
    ECap1Regs.ECCLR.all = 0x0FF;            // 清除所有未决中断
    ECap1Regs.ECEINT.all = 0x0000;          // 禁止所有中断
    ECap1Regs.ECCTL2.bit.TSCTRSTOP = 1;     // 启动计数器
}
```

2. 接口的连接

将GPIO19(LaunchPad.J2.2)接入示波器,量程:10 μs(根据CAP1的值确定),20V。

3. 加入视窗的变量(参见图11.20)

将以下寄存器变量加入视窗,运行时设置为实时动态方式。

ECap1Regs.CAP1: 捕获1寄存器,在APWM模式中为周期寄存器(PRD);
ECap1Regs.CAP3: 捕获3寄存器,在APWM模式中为CAP1的映像寄存器APRD
ECap1Regs.CAP2: 捕获2寄存器,在APWM模式中为比较寄存器(CMP);
ECap1Regs.CAP4   捕获4寄存器,在APWM模式中为CAP2的映像寄存器ACMP;
ECap1Regs.TSCTR 时戳计数寄存器,以系统时钟频率SYSCLKOUT进行计数,并且当时戳计数器TSCTR = CAP1时,归0重新计数。

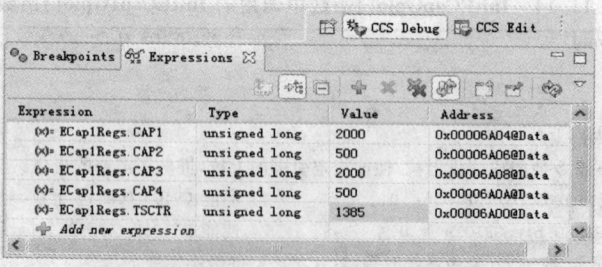

图11.20 分时计数方式下变量的动态值

4. APWM最高频率的测试

当CAP_APWM = 1时(参见表11.15),为辅助脉宽调制模式(APWM)。此时,eCAP直接采用系统时钟SYSCLKOUT,GPIO19为信号输出引脚。CAP1的值决定周期,而 CAP2 的值决定占空比。在系统时钟 SYSCLKOUT=60 MHz(16.66 ns)的情况下,表 11.16 为最高频率实际测试记录。

表 11.16 APWM 最高频率测定表

CAP1	CAP2	PWM 周期(计算值)	PWM 周期(测量值)	Duty(计算)	Duty(测量)
2	1	33.33 ns	50 ns	0.5	0.4
5	3	83.33 ns	100 ns	0.6	0.6
10	5	166.66 ns	189 ns	0.5	0.44
20	10	333.33 ns	350 ns	0.5	0.46
50	25	833.33 ns	830 ns	基本吻合	
100	50	1.6 μs	1.6 μs	基本吻合	
1000	500	16.6 μs	16.6 μs	基本吻合	

- CAP1(PRD)=2,CAP2(CTR)=1 是产生波形的最小整数。
- 当 CAP1 周期值大于等于 50 时,理论值与实际测量值基本吻合。否则有较大误差。因此,在 APWM 模式下,PWM 最高(小误差)频率可达 1.2 MHz。

5. 修改系统时钟

在 APWM 模式下,eCAP 时钟直接采用系统时钟 SYSCLKOUT,相关参数在 DSP2802x_Examples.h 头文件中设置。只是要注意:在更改头文件参数后需要保存否则更改无效。

6. APWM 波形图解

图 11.21 为 APWM 波形图解,注意几点:

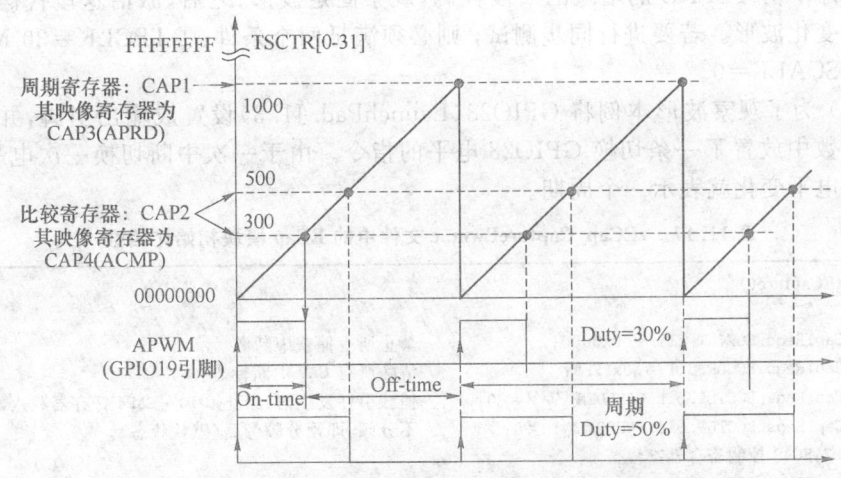

图 11.21 捕获及 APWM 运行机制框图

- 计数器 TSCTR 采用当前系统时钟(SYSCLKOUT)频率,增计数;
- PWM 的极性为高有效;
- 当 CAP2=300 时,占空比 Duty=0.3;当 CAP2=500 时,占空比 Duty=0.5;

- APWMPOL = 0(默认状态)为高有效模式,此时比较值代表了一个周期内高电平的持续值。当 CMP ≥ PERIOD+1, 全周期输出高电平。
- 当设置 APWMPOL = 1 时,比较值代表了一个周期内低电平的持续值,此时,若 CMP ≥ PERIOD+1, 全周期输出低电平。

注意:

在运行过程中,映像寄存器 CAP3 及 CAP4 的值可分别载入到周期寄存器 CAP1 及比较寄存器 CAP2 中,这就允许动态改变占空比。这一特性将在 zECap_Capture_Pwm.c 文件中讨论。

11.4.2 捕获模式测试(zECap_CapturePwm.c)

1. 程序说明

(1) 通过表 11.17 列示的"InitECapture()"函数,eCAP 模块使用 CAP1(GPIO19 LaunchPad.J2.2)引脚捕获 EPwm2A(GPIO2)模块的 PWM 信号。这是一个闭环测试文档,信号发生器由 EPwm2 完成,而信号接收器则由 eCAP 的捕获功能完成。

(2) 通过表 11.18 列示的"InitEPwmTimer()"函数在 EPwm2A(GPIO2)引脚产生 PWM 信号。注意:TI 的原始文档采用 EPwm3A(GPIO4 LaunchPad.J6.5),这里改用 EPwm2A(GPIO2 LaunchPad.J6.3),以便多种选择和对比。直接用原文档时请注意信号源。

(3) 通过表 11.19 列示的 ecap1_isr() 中断函数不断改变 EPwm2 周期值(TBPRD),使 eCAP 捕获的信号也在不断地改变。程序可分成两部分运行:开始时屏蔽中断程序中对 TBPRD 的增减的一段代码,观察固定波形;之后,激活这段代码可观察周期变化波形。若要进行同步测试,则必须满足两个条件:①TBCLK=30 MHz; ②PRESCALE=0。

(4) 为了观察波形本例将 GPIO28(LaunchPad.J1.3)设置成输出引脚,并且在中断函数中放置了一条切换 GPIO28 电平的指令。由于一次中断切换一次电平,因此一次电平变化就表示一个周期。

表 11.17 zECap_CapturePwm.c 文件中的 ECap 模块初始化函数

```
void InitECapture()
{
    ECap1Regs.ECEINT.all = 0x0000;          // 禁止所有捕获中断源
    ECap1Regs.ECCLR.all = 0xFFFF;           // 清除所有 CAP 中断标志
    ECap1Regs.ECCTL1.bit.CAPLDEN(2)(5) = 0; // 捕获事件发生时,禁止 CAP1-CAP4 寄存器载入。
    ECap1Regs.ECCTL1.bit.PRESCALE(1) = 0;   // 不分频,即预分频旁路(默认状态)
// ECCTL2:ECAP 控制寄存器 2
    ECap1Regs.ECCTL2.bit.TSCTRSTOP(3) = 0;  // 停止时戳(TSCTR)计数器
    ECap1Regs.ECCTL2.bit.CONT_ONESHT = 1;   // 在单次模式下运行
    ECap1Regs.ECCTL2.bit.STOP_WRAP = 3;     // 单次模式下捕获事件 4 后停止。

    ECap1Regs.ECCTL1.bit.CAP1POL(2) = 1;    // 捕获事件 1 在下降沿(FE)触发。
    ECap1Regs.ECCTL1.bit.CAP2POL(2) = 0;    // 捕获事件 2 在上升沿(RE)触发。
```

续表 11.17

```
ECap1Regs.ECCTL1.bit.CAP3POL (2) = 1;        // 捕获事件 3 在下降沿(FE)触发
ECap1Regs.ECCTL1.bit.CAP4POL (2) = 0;        // 捕获事件 4 在上升沿(RE)触发
ECap1Regs.ECCTL1.bit.CTRRST1(4) = 1;         // 捕获事件 1 到达时复位计数器(用于分时方式)。
ECap1Regs.ECCTL1.bit.CTRRST2(4) = 1;         // 捕获事件 2 到达时复位计数器(用于分时方式)。
ECap1Regs.ECCTL1.bit.CTRRST3(4) = 1;         // 捕获事件 3 到达时复位计数器(用于分时方式)。
ECap1Regs.ECCTL1.bit.CTRRST4(4) = 1;         // 捕获事件 4 到达时复位计数器(用于分时方式)。
ECap1Regs.ECCTL2.bit.SYNCI_EN = 1;           // 当 SYNCI 信号或软件强制事件发生时,使能计数
                                             // 器 TSCTR 从 CTRPHS 寄存器中载入(使能同步
                                             // 输入(sync-in)操作)。
ECap1Regs.ECCTL2.bit.SYNCO_SEL = 0;          // 选择同步输入事件作为同步输出信号;
ECap1Regs.ECCTL1.bit.CAPLDEN (2)(5) = 1;     // 捕获事件发生时,使能 CAP1-4 寄存器载入。

ECap1Regs.ECCTL2.bit.TSCTRSTOP(3) = 1;       // 启动计数器。
ECap1Regs.ECCTL2.bit.REARM = 1;              // 单次模式下重新载入按以下顺序:
                                             // (1)把 Mod4 计数器(0→1→2→3→0)复位到 0;
                                             // (2)使 Mod4 计数器重新运行;
                                             // (3)使能捕获寄存器载入。
ECap1Regs.ECCTL1.bit.CAPLDEN(2)(5) = 1;      // 捕获事件发生时,使能 CAP1-4 寄存器载入。
ECap1Regs.ECEINT.bit.CEVT4 = 1;              // 使能 CEVT4 为一个中断源,与该函数中的第 1 条
                                             // 指令前后呼应。
}
```

(1) PRESCALE(ECCTL1[13:9]):事件过滤器预分频控制。这里添加了一条检测预分频的指令,以便对高频进行分频,最高可 62 分频。检测时,必须屏蔽表 11.19 中断服务函数中检测 eCAP 与外部时钟同步的一段指令。

(2) 根据图 11.2,该指令用于 4 个极性选择子模块的事件时戳寄存器在外部输入信号何种边沿时开始捕获信号并进行计数。若将 0 和 1 分别定义为上升沿触发(RE)和下降沿触发(FE),当四个子模块的触发排序方式设置为 0,1,0,1 或者 1,0,1,0 时,则来自事件预分频模块的信号被两分频。其捕获顺序由连续/单次捕获控制模块(参见图 11.2)的模 4 计数器(0→1→2→3→0)控制。在单次工作模式下,模 4 计数器轮番开通 4 个极性选择子模块中的一个捕获外部信号,并在捕获载入使能控制位使能时(CAPLDEN=1),该子模块时戳寄存器当前的计数值将载入到对应的 CAPx 缓冲器中。注意:在检测同步的情况下(条件:信号时钟频率为 30 MHz(33.34 ns),预分频值 PRESCALE=0),边沿极性必须交叉,否则捕获信号不能与信号源信号同步。

(3) 该函数中有两条这样的指令,但赋值不同。在对 eCAP 模块设置之前须通过前面的清零指令停止时戳计数器 TSCTR,而当对 eCAP 模块设置完毕后再通过置位指令启动时戳计数器开始工作。

(4) 在检测同步的情况下(条件:信号时钟频率为 30 MHz(33.34 ns),预分频值 PRESCALE=0),若将前 3 条中任一条指令设置为 0,即不复位时戳寄存器,则捕获信号不能与信号源信号同步,但 CTRRST4 例外。

(5) 本函数有 3 条设置 CAPLDEN 的指令,屏蔽中间一条不影响程序运行。3 条中最前面的一条用于禁止载入 CAP1-CAP4,该指令用在对 eCAP 设置之前;而第 2,3 两条用在对 eCAP 设置完成后,即当捕获事件发生时,允许将时戳计数器的计数值载入 CAP1-4 寄存器。

表 11.18   zECap_CapturePwm.c 文件中的 EPwm 模块初始化函数

```
void InitEPwmTimer()
{    EALLOW;
     SysCtrlRegs.PCLKCR0.bit.TBCLKSYNC (3) = 0;   // 禁止每个已经使能的 ePWM 模块
                                                 // 的定时器时钟(默认状态)同步。
     EDIS;
     EPwm2Regs.TBCTL.bit.CTRMODE = TB_COUNT_UP;   // 由 TB_COUNT_UP = 0,采用增
                                                 // 计数模式
```

第 11 章 增强型捕获模块(eCAP)

续表 11.8

```
    EPwm2Regs.TBPRD = PWM2_TIMER_MIN;           // 周期 TBPRD = PWM2_TIMER_MIN = 100
    EPwm2Regs.TBPHS.all = 0x00000000;           // 设置相位 TBPHS = 0
    EPwm2Regs.AQCTLA.bit.PRD = AQ_TOGGLE;       // 当 CTR = PRD,且增计数时,切换 EPWM2A 输出
// TBCLK = SYSCLKOUT
    EPwm2Regs.TBCTL.bit.HSPCLKDIV(1)(2) = 0;
    EPwm2Regs.TBCTL.bit.CLKDIV(1)(2)    = 0;
    EPwm2TimerDirection = EPwm_TIMER_UP;        // 本文件定义的 EPwm2 定时器计数方向变量。
                                                // 由 EPwm_TIMER_UP = 1,表示增计数。
    EALLOW;
    SysCtrlRegs.PCLKCR0.bit.TBCLKSYNC(3) = 1;   //所有使能的 ePWM 模块时钟以 TBCLK 的第 1 个上升
                                                // 沿开始同步。
    EDIS;
}
```

(1) ePWM 时基时钟 TBCLK = SYSCLKOUT / (HSPCLKDIV × CLKDIV) = 60/(1 ∗ 1) = 60 MHz (16.67 ns)。

(2) 当 TBPRD = 100 时,ePWM 周期为 2 ∗ 16.67 ∗ 100 = 3.33 μs,与示波器波形吻合。屏蔽中断函数中 if 指令程序,可以从示波器中观察到周期为 3.33 μs 的 PWM 波形。注意:上面增加因子 2,是因为 ePWM 一个周期切换一次电平的缘故,参见本函数第 7 条指令。

(3) 在对 ePWM 模块时钟设置前,必须禁止 ePWM 模块时钟同步,对 ePWM 模块设置完毕后再使能 ePWM 模块与时钟同步。

表 11.19 zECap_CapturePwm.c 文件中的 ecap1_isr 中断服务函数

```
interrupt void ecap1_isr(void)
{
// 执行下面一段指令必须满足两个条件:信号时钟频率为 30 MHz(33.34 ns),预分频值 PRESCALE = 0。
// 检测预分频值 PRESCALE (0 ≤ PRESCALE ≤ 31)对外部时钟信号分频作用时,需屏蔽下面一段指令。
/*
    // 当周期变化在 +/- 1 之间时,视作捕获到的信号与输入信号同步。
    if(ECap1Regs.CAP2 > EPwm2Regs.TBPRD * 2 + 1 || ECap1Regs.CAP2 < EPwm2Regs.TBPRD * 2 - 1)
        { Fail(); }
    if(ECap1Regs.CAP3 > EPwm2Regs.TBPRD * 2 + 1 || ECap1Regs.CAP3 < EPwm2Regs.TBPRD * 2 - 1)
        { Fail(); }
    if(ECap1Regs.CAP4 > EPwm2Regs.TBPRD * 2 + 1 || ECap1Regs.CAP4 < EPwm2Regs.TBPRD * 2 - 1)
        { Fail(); }
*/
// 以上 if 指令用来判断 eCAP 模块捕获到的信号是否与 EPWM2 发出的信号同步,在 +/-  1 之间视为同
// 步。否则终止运行。
// 上面一段代码的正常运行必须满足两个条件:(1) 信号时钟频率为 30 MHz(33.34 ns),
// (2) PRESCALE = 0。其他状态下
//     eCAP 都不能与 EPWM 同步。若要采用 30 MHz 以外的时钟,并观察到波形的变化可屏蔽以上 if 指令
    ECap1IntCount + + ;
```

6. 信号分频测试

由 PRESCALE 确定,可按照表 11.20 参数修改 InitECapture() 函数中的 PRESCALE 值。条件:SYSCLKOUT = 60 MHz(16.67 ns),TBPRD = 100,EPwm2A 频率= 300 kHz (1/3.33 μs)。

表 11.20　在捕获频率为 100Hz 时的预分频值

PRESCALE	0	1	2	…	n	…	28	30	31
CAP1	100	201	403	…	2n(100+1)−1	…	5655	6059	6261

注意:PRESCALE 取值范围:0 < PRESCALE <= 31,当 PRESCAL>31 时,归 0。

在 PRESCALE=0 时(复位默认状态),CAP1=100。以上的 CAP1 值是从变量视窗得到的,与标定值比较存在尾数误差。

这些值转化成频率还要经过如下运算,预分频值:f=1/(2 * CAP1 * 16.67)ns
例如:CAP1=100,则 f=1/3.33 μs=300 kHz
　　　CAP1=201,则 f=1/6.66 μs=150 kHz 等。

7. EPwm 周期测试

屏蔽主程序中的"InitECapture()"指令(即关闭 ecap1_isr() 中断),将 GPIO2 接入示波器,可测得 EPwm 周期。当 TBCLK=60MHz(16.67 ns),TBPRD = 100 时,ePWM 周期为 2 * 16.67 * 100= 3.33 μs,与示波器波形吻合。注意:此时上下脉冲构成一个周期。

8. eCAP 采样周期测试

激活"InitECapture()"这条指令(开放 ecap1_isr() 中断,但屏蔽中断函数中改变 TBPRD 周期值的一段指令,以观察周期固定的 PWM 波形),设置 CEVT4 = 1,使能 CEVT4 作为一个中断源。将 GPIO28 接入示波器,并且用杜邦线将 EPwm2A (GPIO2)与 CAP1(GPIO19) 连接起来,GPIO2 作为 EPwm2A 的信号输出引脚,而 GPIO19 作为 CAP1 的信号捕获引脚。在 InitECapture() 函数保持原始文档设置的情况下,GPIO28 周期为 6.66 μs。注意:此时 GPIO28 的一个单脉冲表示一个周期。从 CAP1 的采样周期较 ePWM 周期增加一倍可以看出,eCAP 模块每采样到两个脉冲信号触发一次中断。这是因为 eCAP 的一次采样是 CAP1POL,CAP2POL,CAP3POL 及 CAP4POL 对信号边沿一个完整的触发决定的。当 CAP1POL 设置为下降沿(FE)触发时,CAP2POL~CAP4POL 依次是上升沿,再下降沿,再上升沿,正好为 EPwm2A 信号的两个周期。也可以设置为:上升沿,下降沿,上升沿,下降沿这样一个序列。其它设置均不能获得预期结果。

9. eCAP 对 ePWM 动态信号的采样

eCAP 模块可以捕获动态信号的周期变化。本例通过中断服务函数 ecap1_isr() 不断地改变 EPwm2 的周期值,用以产生动态变化的脉宽调制信号供 eCAP 采样并

第11章 增强型捕获模块(eCAP)

进行同步检测。

调试前须更改两处设置：

（1）将 TBCLK 时钟设置成 30 MHz，将 InitEPwmTimer()函数中的一条指令作如下更改：EPwm2Regs.TBCTL.bit.HSPCLKDIV = 1；

（2）释放 void ecap1_isr()函数中被屏蔽的指令。编译运行程序，从示波器可观察到 EPwm2 发送波形及 eCAP 的捕获波形周期性地延伸压缩变化。

11.4.3 绝对时戳上升沿触发示例(zECap_CaptureRePwm.c)

表 11.22 列示的 InitECapture()函数的主要内容来自 spruge9e 文档。本文件参照上面一个项目的格式，另外增加了 InitEPwmTimer()函数及表 11.23 列示的中断服务函数构成一个 zECap_CaptureRePwm 项目。InitEPwmTimer()函数参见表 11.18，不再重复。spruge9e 文档对寄存器的位赋值作了一个明晰的定义，InitECapture()函数用到了这些定义，这里通过表 11.21 列出。图 11.23 为绝对时戳上升沿触发 CAP 序列示图。

1. 程序完成的功能

（1）通过 InitEPwmTimer()函数在 EPwm2A(GPIO2 LaunchPad.J6.3)引脚产生 PWM 信号。

（2）通过 InitECapture()函数，eCAP 模块采用 ECAP1(GPIO19 LaunchPad.J2.2)引脚捕获 EPwm2A (GPIO2)引脚的 PWM 信号。

（3）中断函数 ecap1_isr()有两个作用：

- 通过在中断函数中切换 GPIO28(LaunchPad.J1.3)引脚电平，观察 ecap1 中断周期。
- 获得 CAP1 的绝对时戳及周期值。

表 11.21　eCAP 模块寄存器变量赋值定义

// ECCTL1（增强捕获控制寄存器 1 全局变量位赋值定义）	// STOPVALUE 位赋值
//============================	#define EC_EVENT1 0x0
// CAPxPOL 位赋值	#define EC_EVENT2 0x1
#define EC_RISING 0x0	#define EC_EVENT3 0x2
#define EC_FALLING 0x1	#define EC_EVENT4 0x3
// CTRRSTx 位赋值	// RE-ARM 位赋值
#define EC_ABS_MODE 0x0	#define EC_ARM 0x1
#define EC_DELTA_MODE 0x1	// TSCTRSTOP 位赋值
//PRESCALE 位赋值	#define EC_FREEZE 0x0
#define EC_BYPASS 0x0	#define EC_RUN 0x1
#define EC_DIV1 0x0	// SYNCO_SEL 位赋值
#define EC_DIV2 0x1	#define EC_SYNCIN 0x0

续表 11.21

```
#define  EC_DIV4     0x2              #define  EC_CTR_PRD    0x1
#define  EC_DIV6     0x3              #define  EC_SYNCO_DIS  0x2
#define  EC_DIV8     0x4              // CAP/APWM 方式位赋值
#define  EC_DIV10    0x5              #define  EC_CAP_MODE   0x0
// ECCTL2（增强捕获控制寄存器 2 全局变量位赋值  #define  EC_APWM_MODE  0x1
// 定义）
//=========================             // APWMPOL 位赋值
// CONT/ONESHOT 位赋值                 #define  EC_ACTV_HI    0x0
#define  EC_CONTINUOUS  0x0            #define  EC_ACTV_LO    0x1
#define  EC_ONESHOT     0x1            // 通用
                                       #define  EC_DISABLE    0x0
                                       #define  EC_ENABLE     0x1
                                       #define  EC_FORCE      0x1
```

表 11.22 绝对时戳上升沿触发 InitECapture( )函数

```
void InitECapture()
{
/******ECAP 模块 1 配置：CAP 模式绝对时钟、上升沿触发******/
// 捕获事件的极性配置
    ECap1Regs.ECCTL1.bit.CAP1POL = EC_RISING;      // 捕获事件 1 在上升沿(RE)触发。
    ECap1Regs.ECCTL1.bit.CAP2POL = EC_RISING;      // 捕获事件 2 在上升沿(RE)触发。
    ECap1Regs.ECCTL1.bit.CAP3POL = EC_RISING;      // 捕获事件 3 在上升沿(RE)触发。
    ECap1Regs.ECCTL1.bit.CAP4POL = EC_RISING;      // 捕获事件 4 在上升沿(RE)触发。
// 捕获事件发生时,计数器复位控制
    ECap1Regs.ECCTL1.bit.CTRRST1 = EC_ABS_MODE;   // 捕获事件 1 发生时不复位计数器,计数到 0xFFFFFFFF。
    ECap1Regs.ECCTL1.bit.CTRRST2 = EC_ABS_MODE;   // 捕获事件 2 发生时不复位计数器,计数到 0xFFFFFFFF。
    ECap1Regs.ECCTL1.bit.CTRRST3 = EC_ABS_MODE;   // 捕获事件 3 发生时不复位计数器,计数到 0xFFFFFFFF。
    ECap1Regs.ECCTL1.bit.CTRRST4 = EC_ABS_MODE;   // 捕获事件 4 发生时不复位计数器,计数到 0xFFFFFFFF。
    ECap1Regs.ECCTL1.bit.CAPLDEN = EC_ENABLE;     // 捕获事件发生时,使能 CAP1-CAP4 寄存器载入。
    ECap1Regs.ECCTL1.bit.PRESCALE = EC_DIV1;      // 预分频旁路,直接采用捕获信号,不分频。
    ECap1Regs.ECCTL2.bit.CAP_APWM = EC_CAP_MODE;  // eCAP 模块在捕获模式下运行。
    ECap1Regs.ECCTL2.bit.CONT_ONESHT = EC_CONTINUOUS; // 在连续模式下运行,即 TSCTR 可计数到
                                                      // 0xFFFFFFFF。
    ECap1Regs.ECCTL2.bit.SYNCO_SEL = EC_SYNCO_DIS;   // 禁止同步输出信号。
    ECap1Regs.ECCTL2.bit.SYNCI_EN = EC_DISABLE;      // 禁止同步输入
    ECap1Regs.ECCTL2.bit.TSCTRSTOP = EC_RUN;         // TSCTR 自由运行
    ECap1Regs.ECEINT.bit.CEVT4 = 1;                  // 使能 CEVT4 作为一个中断源。
//      ECap1Regs.ECEINT.bit.CTROVF = 1;
    // 上面这条指令可以用来验证 TSCTR 计数溢出。当 TSCTR 计数过 0xFFFFFFFF 时,eCAP 模块就会
    // 产生一个计数溢出中断请求,若 CTROVF 已经置 1 并且 PIE 级和 CPU 级也作了相应的中断设
    // 置,则程序将跳转到中断服务函数。
    // 经测试可进入溢出中断,但这是一个间隔很长的中断,即使采用 60 MHz 的系统时钟,其中断一
    // 次的时间将到达 72 s。
}
```

第 11 章 增强型捕获模块(eCAP)

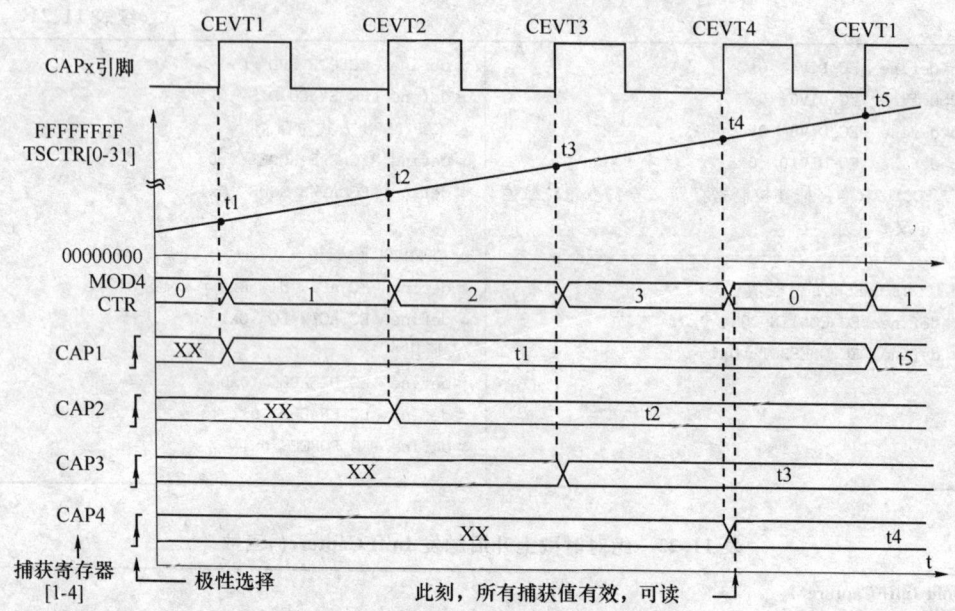

图 11.23 绝对时戳上升沿触发 CAP 序列示图

表 11.23 ECAP1 中断服务函数

```
interrupt void ecap1_isr(void)
{    // eCAP1 中断服务函数    捕获事件 4 时触发中断
    TSt1 = ECap1Regs.CAP1;              // CAP1 为捕获事件 1 时获取的计数值(时戳)
    TSt2 = ECap1Regs.CAP2;              // CAP2 为捕获事件 1 时获取的计数值(时戳)
    TSt3 = ECap1Regs.CAP3;              // CAP3 为捕获事件 1 时获取的计数值(时戳)
    TSt4 = ECap1Regs.CAP4;              // CAP4 为捕获事件 1 时获取的计数值(时戳)
    Period1 = TSt2 - TSt1;              // 计算第 1 个周期
    Period2 = TSt3 - TSt2;              // 计算第 2 个周期
    Period3 = TSt4 - TSt3;              // 计算第 3 个周期
    GpioDataRegs.GPATOGGLE.bit.GPIO28 = 1;  // 切换 GPIO28 电平用以观察 ecap1 中断需要的时间
    ECap1Regs.ECCLR.bit.CEVT4 = 1;      // 清除捕获事件 4 状态标志,该标志在进入中断时由
                                        // 硬件置位,必须由软件清除
    ECap1Regs.ECCLR.bit.INT = 1;        // 清除 INT 标志位,在 CEVT4 置 1 情况下,使能后续捕获
    PieCtrlRegs.PIEACK.all = PIEACK_GROUP4;  // 打开 PIE 进入 CPU 中断的门禁,以便接收后续
                                        // ECAP1_INT 中断
}
```

2. 确定引脚的外部连接

用杜邦线将 EPwm2(GPIO2 LaunchPad.J6.3)连接到 ECAP1(GPIO19 LaunchPad.J2.2),并将该连线接入示波器。测得周期为 3.33 μs(上下脉冲构成一个周期)。

将 GPIO28(LaunchPad.J1.3),GND(LaunchPad.J5.2)接入示波器,量程:5 μs 20 V。测得周期为 13.33 μs(单脉冲为一个周期)。

3. InitECapture()程序说明

- eCAP 模块在捕获模式下运行。
- 捕获事件 1-4 均在上升沿(RE)触发。
- 时戳计时器在事件发生时不复位计数器(绝对时戳,即计数到 0xFFFFFFFF)。
- 禁止同步输入、输出信号。
- 使能 CEVT4 作为一个中断源。

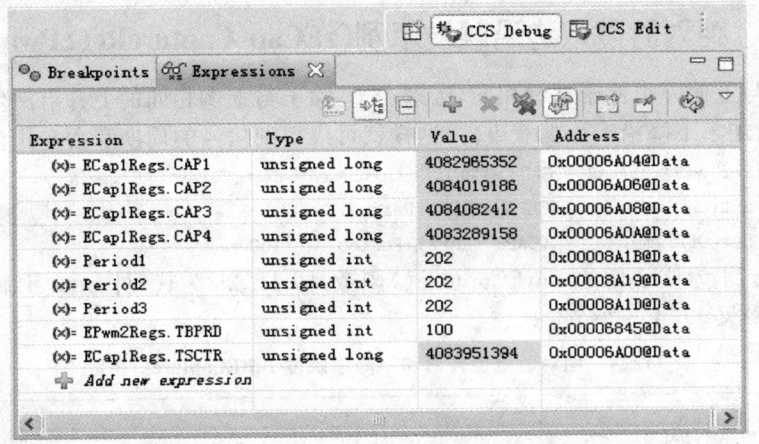

图 11.24 绝对时戳下变量的动态值

4. 操作步骤

将以下变量:

TSt1 = ECap1Regs.CAP1	CAP1 为捕获事件 1 时获取的计数值(时戳)
TSt2 = ECap1Regs.CAP2	CAP2 为捕获事件 1 时获取的计数值(时戳)
TSt3 = ECap1Regs.CAP3	CAP3 为捕获事件 1 时获取的计数值(时戳)
TSt4 = ECap1Regs.CAP4	CAP4 为捕获事件 1 时获取的计数值(时戳)
Period1 = TSt2 − TSt1	第 1 个周期值
Period2 = TSt3 − TSt2	第 2 个周期值
Period3 = TSt4 − TSt3	第 3 个周期值
EPwm2Regs.TBPRD	EPwm2 周期值
ECap1Regs.TSCTR	eCAP 模块时戳计数器值

加入表达式视窗并设置为实时动态变量,可观察到以下变化(参见图 11.24):

- TSCTR 的计数值在 0x00000000 − 0xFFFFFFFF 之间变化(绝对时戳), TSCTR 对捕获到的信号累加计数直到 0xFFFFFFFF 归 0 重新计数,并且置位 CTROVF 产生一个计数器溢出中断请求。
- ECap1Regs.CAP1,...,ECap1Regs.CAP4 随 TSCTR 变化而变化。
- Period1＝Period2＝Period3＝202,说明:Period3＝202 与预期 200 比较存在一个尾数误差,参见表 11.20。

- 中断后在视窗中观察到的随机参数：

```
ECap1Regs.CAP1 = 2357208176
ECap1Regs.CAP2 = 2357208378
ECap1Regs.CAP3 = 2357208580
ECap1Regs.CAP4 = 2357208782,    从中可计算出：
Period1 = ECap1Regs.CAP2 - ECap1Regs.CAP1 = 202
Period2 = ECap3Regs.CAP2 - ECap2Regs.CAP1 = 202
Period3 = ECap4Regs.CAP2 - ECap3Regs.CAP1 = 202
```

11.4.4 绝对时戳双边沿触发示例(zECap_CaptureReFePwm.c)

此例与上面一个例子基本相同，区别在于：除了与上例相同的上升沿产生捕获事件之外，增加了下降沿产生捕获事件，这样就可以得到信号的周期和占空比信息。

```
例如：Period1 = t3 - t1 = CAP3 - CAP1, Period2 = t4 - t2 = CAP4 - CAP2, ⋯等等
      DutyOnTime1  = (CAP2 - CAP1)/Period1 * 100 %
      DutyOffTime1 = (CAP3 - CAP2)/Period  * 100 %
```

表 11.24 为该示例的 InitECapture() 函数，图 11.25 为代码图示。引脚连接及详细说明参见 11.4.3 小节。

表 11.24　绝对时戳上升沿和下降沿触发 InitECapture() 函数

```c
void InitECapture()
{
// ************  ECAP 模块 1 配置:CAP 模式绝对时钟  ************ //
// 捕获事件的极性配置
    ECap1Regs.ECCTL1.bit.CAP1POL  = EC_RISING;     // 捕获事件 1 在上升沿(RE)触发。
    ECap1Regs.ECCTL1.bit.CAP2POL  = EC_FALLING;    // 捕获事件 2 在下降沿(FE)触发。
    ECap1Regs.ECCTL1.bit.CAP3POL  = EC_RISING;     // 捕获事件 3 在上升沿(RE)触发。
    ECap1Regs.ECCTL1.bit.CAP4POL  = EC_FALLING;    // 捕获事件 4 在下降沿(FE)触发。
// 捕获事件发生时,计数器复位控制
    ECap1Regs.ECCTL1.bit.CTRRST1  = EC_ABS_MODE;   // 捕获事件 1 发生时不复位计数器,计数到
                                                   // 0xFFFFFFFF。
    ECap1Regs.ECCTL1.bit.CTRRST2  = EC_ABS_MODE;   // 捕获事件 2 发生时不复位计数器,计数到
                                                   // 0xFFFFFFFF。
    ECap1Regs.ECCTL1.bit.CTRRST3  = EC_ABS_MODE;   // 捕获事件 3 发生时不复位计数器,计数到
                                                   // 0xFFFFFFFF。
    ECap1Regs.ECCTL1.bit.CTRRST4  = EC_ABS_MODE;   // 捕获事件 4 发生时不复位计数器,计数到
                                                   // 0xFFFFFFFF。
    ECap1Regs.ECCTL1.bit.CAPLDEN  = EC_ENABLE;     // 捕获事件发生时,使能 CAP1 - CAP4 寄存器载入。
    ECap1Regs.ECCTL1.bit.PRESCALE = EC_DIV1;       // 预分频旁路,直接采用捕获信号,不分频。
    ECap1Regs.ECCTL2.bit.CAP_APWM = EC_CAP_MODE;   // eCAP 模块在捕获模式下运行。
    ECap1Regs.ECCTL2.bit.CONT_ONESHT = EC_CONTINUOUS; // 在连续模式下运行,TSCTR 计数到
                                                   // 0xFFFFFFFF。
    ECap1Regs.ECCTL2.bit.SYNCO_SEL = EC_SYNCO_DIS; // 禁止同步输出信号。
    ECap1Regs.ECCTL2.bit.SYNCI_EN  = EC_DISABLE;   // 禁止同步输入
    ECap1Regs.ECCTL2.bit.TSCTRSTOP = EC_RUN;       // TSCTR 自由运行
    ECap1Regs.ECEINT.bit.CEVT4 = 1;                // 使能 CEVT4 作为一个中断源。
}
```

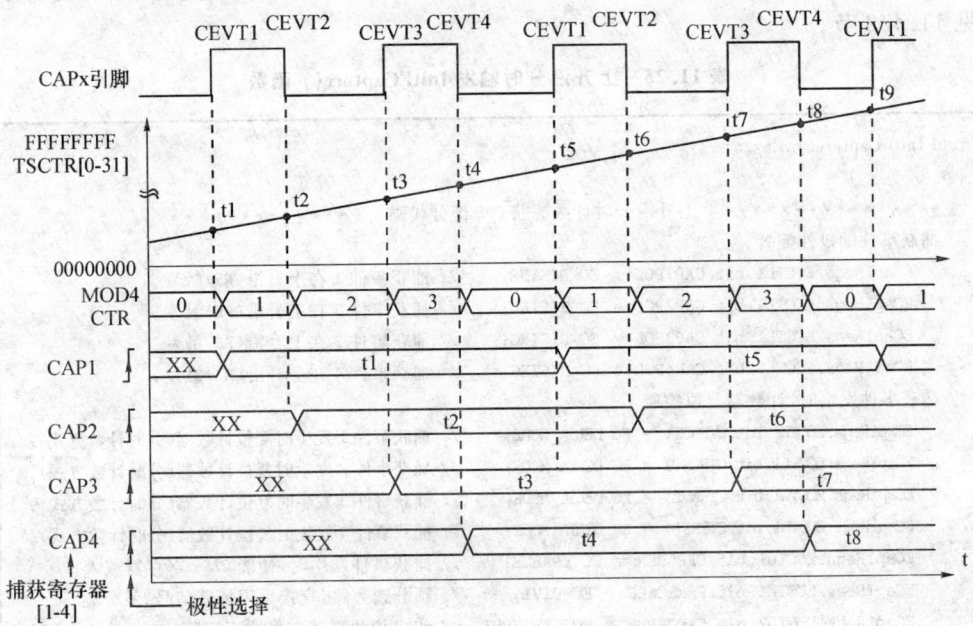

图 11.25 绝对时戳上升沿和下降沿触发 CAP 序列示图

11.4.5 上升沿分时触发示例(zECap_CaptureReDifPwm.c)

表 11.25 为该示例的 InitECapture()函数,图 11.26 为代码图示。

分时计数是与绝对时戳不同的一种计数方法。在捕获模式下,当系统开始运行时,TSCTR 计数器从 0 开始以捕获到的外部信号的频率开始计数。在计数过程中当上升沿捕获事件或下降沿捕获事件发生且 REARM = 1 时,TSCTR 的记录值被载入到捕获寄存器 CAPx,并在清 0 后继续计数。TSCTR 计数的最大值为捕获到的外部信号源的频率值。因此一般情况下,TSCTR 的值不可能到达 0xFFFFFFFF。这可以从设置计数溢出中断得到验证。

下面是通过中断从变量视窗获得的参数:

```
ECap1Regs.CAP1   =   201
ECap1Regs.CAP2   =   201
ECap1Regs.CAP3   =   201
ECap1Regs.CAP4   =   201
ECap1Regs.TSCTR  =   166
```

只要外部信号源频率稳定,则 CAP1 到 CAP4 的值就等于信号源 EPWM1 的周期值。而 TSCTR 的值在 0 到外部信号周期值之间变化。

从图 11.26 中可以看出:T1 = Period1 = CAP1,T2 = Period2 = CAP2,等等。此

第 11 章 增强型捕获模块(eCAP)

模式无需 CPU 计算,可直接从 CAPx 寄存器获得周期值。引脚连接及详细说明参见 11.4.3 节。

表 11.25 上升沿分时触发 InitECapture( ) 函数

```
void InitECapture()
{
// *************** 上升沿分时计数捕获 CAP 部分代码 *************** //
// 捕获事件的极性配置
    ECap1Regs.ECCTL1.bit.CAP1POL = EC_RISING;   // 捕获事件 1 在上升沿(RE)触发。
    ECap1Regs.ECCTL1.bit.CAP2POL = EC_RISING;   // 捕获事件 2 在上升沿(RE)触发。
    ECap1Regs.ECCTL1.bit.CAP3POL = EC_RISING;   // 捕获事件 3 在上升沿(RE)触发。
    ECap1Regs.ECCTL1.bit.CAP4POL = EC_RISING;   // 捕获事件 4 在上升沿(RE)触发。
// 捕获事件发生时,计数器复位控制
    ECap1Regs.ECCTL1.bit.CTRRST1 = EC_DELTA_MODE;   // 捕获事件 1 发生时复位计数器(分时计数方式)。
    ECap1Regs.ECCTL1.bit.CTRRST2 = EC_DELTA_MODE;   // 捕获事件 2 发生时复位计数器(分时计数方式)。
    ECap1Regs.ECCTL1.bit.CTRRST3 = EC_DELTA_MODE;   // 捕获事件 3 发生时复位计数器(分时计数方式)。
    ECap1Regs.ECCTL1.bit.CTRRST4 = EC_DELTA_MODE;   // 捕获事件 4 发生时复位计数器(分时计数方式)。
    ECap1Regs.ECCTL1.bit.CAPLDEN = EC_ENABLE;       // 捕获事件发生时,使能 CAPx 寄存器载入。
    ECap1Regs.ECCTL1.bit.PRESCALE = EC_DIV1;        // 预分频旁路,直接采用捕获信号,不分频。
    ECap1Regs.ECCTL2.bit.CAP_APWM = EC_CAP_MODE;    // eCAP 模块在捕获模式下运行。
    ECap1Regs.ECCTL2.bit.CONT_ONESHT = EC_CONTINUOUS;  // 连续模式运行
    ECap1Regs.ECCTL2.bit.SYNCO_SEL = EC_SYNCO_DIS;  // 禁止同步输出信号。
    ECap1Regs.ECCTL2.bit.SYNCI_EN = EC_DISABLE;     // 禁止同步输入
    ECap1Regs.ECCTL2.bit.TSCTRSTOP = EC_RUN;        // TSCTR 自由运行
    ECap1Regs.ECEINT.bit.CEVT4 = 1;                 // 使能 CEVT4 作为一个中断源。
// 在 PIE 向量表中属于 eCAP 模块的中断向量只有一个,位于第 4 组的 ECAP1_INT 向量。而 eCAP 模块
// 的中断使能寄存器 ECEINT 可管理模块内的 7 个中断,因此这 7 个中断都要汇集到 ECAP1_INT 向量。
// 由于均指向一个向量,故 PIE 级的中断设置完全一致(参见主程序中断设置)。外设级的设置只要
// 使能相应的中断就可以了。例如上面的一条指令,使能 CEVT1 作为一个中断源。用设置中断的方
// 法可以帮助理清一些概念。例如,时戳计数器 TSCTR 能否计数到 0xFFFFFFFF? 只要设置一个计数
// 溢出中断(如下),若不能进入中断,则不能计数到 0xFFFFFFFF。
//    ECap1Regs.ECEINT.bit.CTROVF = 1;
}
```

11.4.6 上升沿和下降沿分时触发示例 （zECap_CaptureReFeDifPwm.c）

该示例与上面一个例子基本相同。稍有不同的是:上例只用到信号的上升沿产生捕获事件,本例除上升沿之外还采用下降沿产生捕获事件。表 11.26 为该文件的 InitECapture()函数,图 11.27 为代码图示。引脚连接及详细说明参见 11.4.3 节。

下面是中断后在视窗中观察到的随机参数:

Period1 = ECap1Regs.CAP1 = 100   该值与外部信号周期相等
Period2 = ECap1Regs.CAP2 = 100

第 11 章 增强型捕获模块(eCAP)

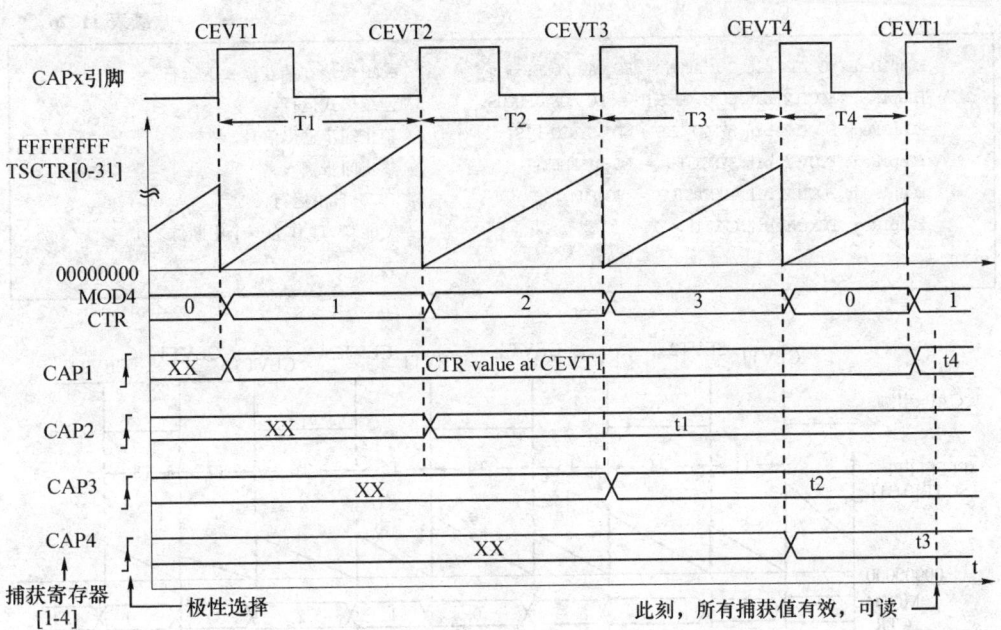

图 11.26 分时时戳上升沿触发 CAP 序列示图

```
Period3 = ECap1Regs.CAP3   = 100
Period4 = ECap1Regs.CAP4   = 100
ECap1Regs.TSCTR            = 66
```

CAP1 到 CAP4 的值等于信号源的周期。而 TSCTR 的值在 0 到外部信号周期值之间变化。与前面的示例"分时上升沿触发方式"相比,由于多了一个下降沿边沿捕获,因此捕获到的信号周期与外部信号周期相等。

表 11.26 上升沿和下降沿分时触发 CAP 部分代码

```
void InitECapture()
{   // ***** 在分时(Time Difference)计数情况下,采用上升沿和下降沿捕获 EPwm2A 信号 ***** //
// ECAP 模块 1 配置
    ECap1Regs.ECCTL1.bit.CAP1POL = EC_RISING;     // 捕获事件 1 在上升沿(RE)触发。
    ECap1Regs.ECCTL1.bit.CAP2POL = EC_FALLING;    // 捕获事件 2 在下降沿(FE)触发。
    ECap1Regs.ECCTL1.bit.CAP3POL = EC_RISING;     // 捕获事件 3 在上升沿(RE)触发。
    ECap1Regs.ECCTL1.bit.CAP4POL = EC_FALLING;    // 捕获事件 4 在下降沿(FE)触发。
// 捕获事件发生时,计数器复位控制
    ECap1Regs.ECCTL1.bit.CTRRST1 = EC_DELTA_MODE; // 捕获事件 1 发生时复位计数器(分时计数方式)。
    ECap1Regs.ECCTL1.bit.CTRRST2 = EC_DELTA_MODE; // 捕获事件 1 发生时复位计数器(分时计数方式)。
    ECap1Regs.ECCTL1.bit.CTRRST3 = EC_DELTA_MODE; // 捕获事件 1 发生时复位计数器(分时计数方式)。
    ECap1Regs.ECCTL1.bit.CTRRST4 = EC_DELTA_MODE; // 捕获事件 1 发生时复位计数器(分时计数方式)。
    ECap1Regs.ECCTL1.bit.CAPLDEN = EC_ENABLE;     // 捕获事件发生时,使能 CAP1 - CAP4 寄存器载入。
    ECap1Regs.ECCTL1.bit.PRESCALE = EC_DIV1;      // 预分频旁路,直接采用捕获信号,不分频。
```

第 11 章　增强型捕获模块(eCAP)

续表 11.26

```
ECap1Regs.ECCTL2.bit.CAP_APWM = EC_CAP_MODE;        // eCAP 模块在捕获模式下运行。
ECap1Regs.ECCTL2.bit.CONT_ONESHT = EC_CONTINUOUS;   // 连续模式运行,
ECap1Regs.ECCTL2.bit.SYNCO_SEL = EC_SYNCO_DIS;      // 禁止同步输出信号。
ECap1Regs.ECCTL2.bit.SYNCI_EN = EC_DISABLE;         // 禁止同步输入
ECap1Regs.ECCTL2.bit.TSCTRSTOP = EC_RUN;            // TSCTR 自由运行
ECap1Regs.ECEINT.bit.CEVT1 = 1;                     // 使能 CEVT1 作为一个中断源。
}
```

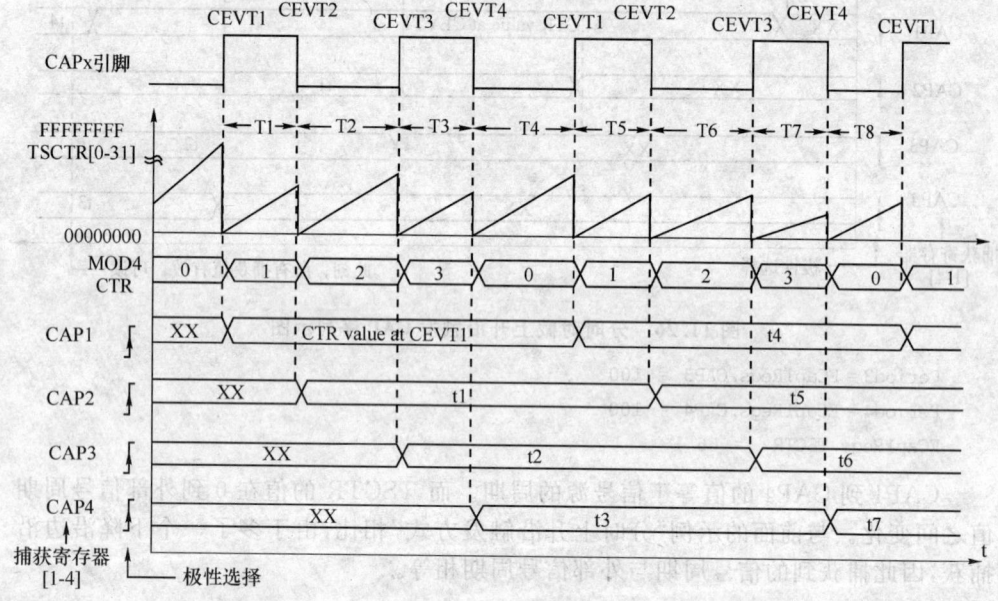

图 11.27　分时时戳上升沿和下降沿触发 CAP 序列示图

第12章

外设中断扩展

外设中断扩展(PIE)模块是把众多中断源复用到一个较小的中断输入集。PIE可以支持96个不同的中断,这些中断分成了12个组,每组有8个中断,每组都被反馈到CPU内核的12条中断线中的某一条上(INT1~INT12)。96个中断的每个都得到自身向量的支持,这些向量被存储在可以修改的专用RAM中。CPU在处理中断时,会自动获取相应的中断向量,这个过程只占用9个CPU时钟周期。因此,CPU可以快速响应中断事件。通过硬件和软件可以控制中断的优先级,在PIE模块中可以使能/禁止每个单独的中断。

12.1 PIE控制器概述

28x设备支持CPU级的一个不可屏蔽中断(NMI)和16个可屏蔽中断(INT1~INT14,RTOSINT和DLOGINT)。28x设备有多个外设,每个外设对于外设级的若干事件可以产生一个或者多个中断。因为CPU没有足够的能力在CPU级去处理这么多的外设中断,因此需要一个集中的外设中断扩展(PIE)控制器,用来对中断请求进行仲裁,它们来自诸如外设和其它外部引脚不同的中断源。

PIE中断向量表用来存储系统内每个中断服务程序(ISR)的地址(向量)。每个中断源都有一个对应向量,包含所有可复用和不可复用的中断。可以在设备初始化时组装中断向量表,也可以在操作过程中更新向量表。

图12.1显示了整个PIE多路复用中断运行序列的概况。不复用的中断源直接送入CPU。

1. 外设级

外设产生了一个中断事件,则某个外设寄存器中与该中断事件相关的中断标志位(IF)被置1。此时,如果相应的中断使能位(IE)也被置位,则外设就会向PIE控制器发出一个中断请求;如果该中断在外设级未被使能,则IF标志位保留置位直到被软件清除。倘若稍后中断被使能,并且中断标志位仍然处在置位状态,则外设还会向PIE发出中断请求。必须用手工清除外设寄存器中的中断标志。详情请参阅:The peripheral reference guide for a specific peripheral。

第 12 章 外设中断扩展

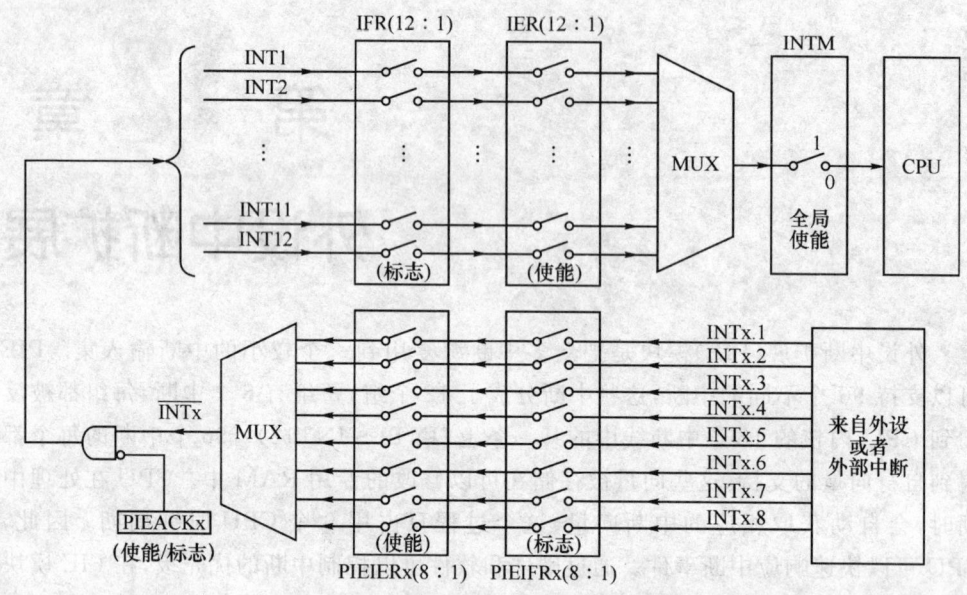

图 12.1 使用 PIE 模块中断多路复用

2. PIE 级

PIE 模块把 8 个外设及外部引脚中断复用成 1 个 CPU 中断。这些中断分成了 12 组：PIE 1 组~PIE12 组，每组中断被多路复用成 1 个 CPU 中断。例如：PIE1 组被复用成 CPU 中断 1(INT1)，而 PIE12 组被复用成 CPU 中断 12(INT12)。接入到 CPU 剩余中断的中断源不被复用。对于那些不被复用的中断，PIE 直接把请求传到 CPU。

对于那些复用的中断源，PIE 模块中的每个组都有一个对应的标志寄存器(PIE-IFRx)和使能寄存器(PIEIERx)(x=PIE1~PIE12)。针对 y 的每一位，相当于 PIE 组中 8 个复用中断中的一个。所以 PIEIFRx.y 和 PIEIERx.y 相当于 PIE 组 x(x=1~12)中的中断 y(y=1~8)。另外，每个 PIE 中断组还有一个应答位(PIEACK)，它们是 PIEACKx(x=1~12)。图 12.2 说明了在不同 PIEIFR 和 PIEIER 寄存器条件下的 PIE 硬件行为。

一旦请求进入了 PIE 控制器，对应的 PIE 中断标志(PIEIFRx.y)位被置位，如果 PIE 对应中断使能(PIEIERx.y)位也被置位，则 PIE 就会检查对应的 PIEACKx 位来判断 CPU 是否准备执行来自那组的一个中断。如果那组的 PIEACKx 位已被清 0，则 PIE 向 CPU 发送一个中断请求；如果 PIEACKx 位为 1，那么 PIE 将等到此位被清 0 后再向 INTx 发送请求。详情请参阅 12.3 节。

3. CPU 级

当中断请求发送到 CPU 时，CPU 级与 INTx 相关的中断标志(IFR)位就会被置

第 12 章 外设中断扩展

位。在该标志被锁存在 IFR 之后,并不马上执行相应的中断,除非 CPU 中断使能寄存器(IER)或者调试中断使能寄存器(DBGIER)和全局中断屏蔽位(INTM)的相关位被使能。

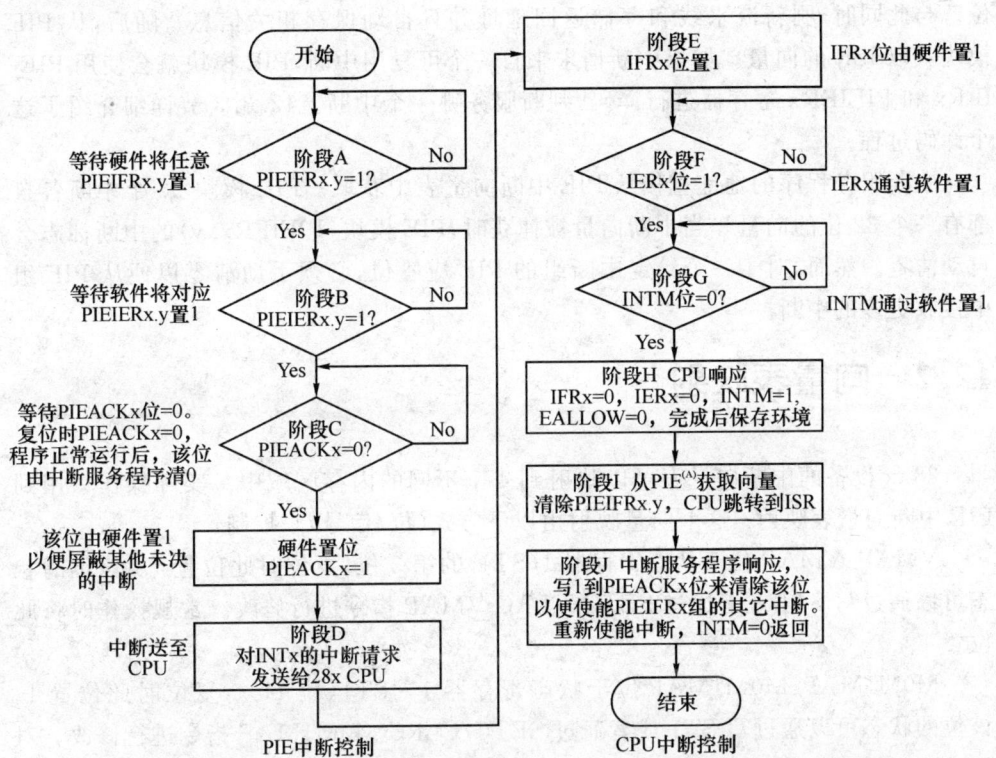

A 对于多路中断,PIE 响应已经使能且标志位置 1 的最高优先权的中断,如果该中断未被使能且标志位没有置 1,则在 PIE 的 INTx.1 组内具有最高优先权的中断有效,详情请参见 12.3.3 节

图 12.2 典型的 PIE/CPU 中断响应(INTx.y)

如表 12.1 所示,CPU 级使能可屏蔽中断请求取决于被使用的中断处理过程。在标准过程中(绝大部分情况下都是标准过程),不使用 DBGIER 寄存器。当 28x 设备处于实时仿真模式并且 CPU 被暂停时,会使用一个不同的过程。在这种特殊情况下才会使用 DBGIER,而 INTM 位会被忽略。如果 DSP 处于实时仿真模式并且 CPU 正在运行时,则会使用标准的中断处理过程。

表 12.1 使能中断

中断处理过程	中断使能的条件
标准	INTM=0 且 IER 相应位为 1
DSP 处在实时模式,并被暂停	IER 相应位为 1 且 DBGIER 为 1

接着,CPU 准备中断服务。有关这个准备过程详细描述参见 TMS320x28x DSP CPU and Instruction Set Reference Guide(文献号 SPRU430)。准备过程中 CPU 的 IFR 位、IER 位会被清零,EALLOW 和 LOOP 也被清零,而 INTM 和 DBGM 被置位。与此同时,刷新流水线和存储返回地址并且自动保存相关信息。随后,从 PIE 模块获取 ISR 的向量。如果中断请求来自一个可复用中断,PIE 模块就会使用 PIEIFRx 和 PIEIERx 寄存器进行译码,判断服务哪一个中断。12.3.3 节详细介绍了这个译码过程。

中断服务程序的地址直接从 PIE 中断向量表中获取。PIE 模块 96 个中断各自都有一个 32 位的向量。当中断向量被捕获时,PIE 模块(PIEIFRx.y)的中断标志会自动清零。然而,对于一个给定中断组的 PIE 应答位,必须手动清零以便从 PIE 组中接收更多的中断。

12.2 向量表映射

28xx 设备的中断向量表可以映射到 4 个不同的内存区域中。实际操作只用到 PIE 中断向量表映射。这个向量映射由以下方式(位/信号)来控制:

VMAP:VMAP 位于状态寄存器 1(ST1)的第 3 位,复位时此位置 1。该位的状态可以通过写 ST1 或者通过 SETC/CLRC VMAP 指令进行修改。常规操作时将此位置 1。

M0M1MAP:M0M1MAP 位于状态寄存器 1 ST1(位 11),复位时此位置 1。该位的状态可以通过写 ST1 或者通过 SETC/CLRC M0M1MAP 指令进行修改。对于 28x 常规操作,必须将此位置位,M0M1MAP = 0 仅保留给 TI 测试用。

ENPIE:ENPIE 位于 PIECTRL 寄存器第 0 位,此位复位默认值为零(禁止 PIE)。复位后,可以通过写 PIECTRL 寄存器(地址 0x0000 0CE0)修改此位的状态。

通过使用这些位和信号,可能的向量映射表如表 12.2 所列。

表 12.2 中断向量表映射

向量映射	从以下模块获取向量	地址范围	VMAP	M0M1MAP	ENPIE
M1 向量(1)	M1 SARAM 模块	0x000000—0x00003F	0	0	X
M0 向量(1)	M0 SARAM 模块	0x000000—0x00003F	0	1	X
BROM 向量	Boot ROM 模块	0x3FFFC0—0x3FFFFF	1	X	0
PIE 向量	PIE 模块	0x000D00—0x000DFF	1	X	1

(1) M0 向量表映射和 M1 向量仅作为保留模式,在 28x 器件中它们用作 SARAM。

M0 和 M1 的向量表映射仅保留给 TI 测试用。当采用其它的向量映射时,M0 和 M1 存储模块视为 SARAM 模块,并且可被无限制地自由使用。

设备在复位操作之后,向量表映射如表 12.3 所示。

表 12.3 复位操作后的向量表映射

向量映射	从下面模块获取复位向量	地址范围	VMAP[1]	M0M1MAP[1]	ENPIE[1]
BROM 向量[2]	Boot ROM 模块	0x3FFFC0～0x3FFFFF	1	1	0

(1) 28x 设备复位时，VMAP 和 M0M1MAP 模式被置位，ENPIE 模式复位时强制为 0。
(2) 复位向量总是从引导 ROM（Boot ROM）中获取

在复位和引导完成后，用户代码应当对 PIE 向量表进行初始化。然后，由应用程序使能 PIE 向量表。完成这些之后，中断向量便可从 PIE 向量表中获取。注意：当发生复位时，复位向量总是从表 12.3 所示的向量表中获取的。复位后，PIE 向量表总是被禁止。图 12.3 描述了选择向量表映射的过程。

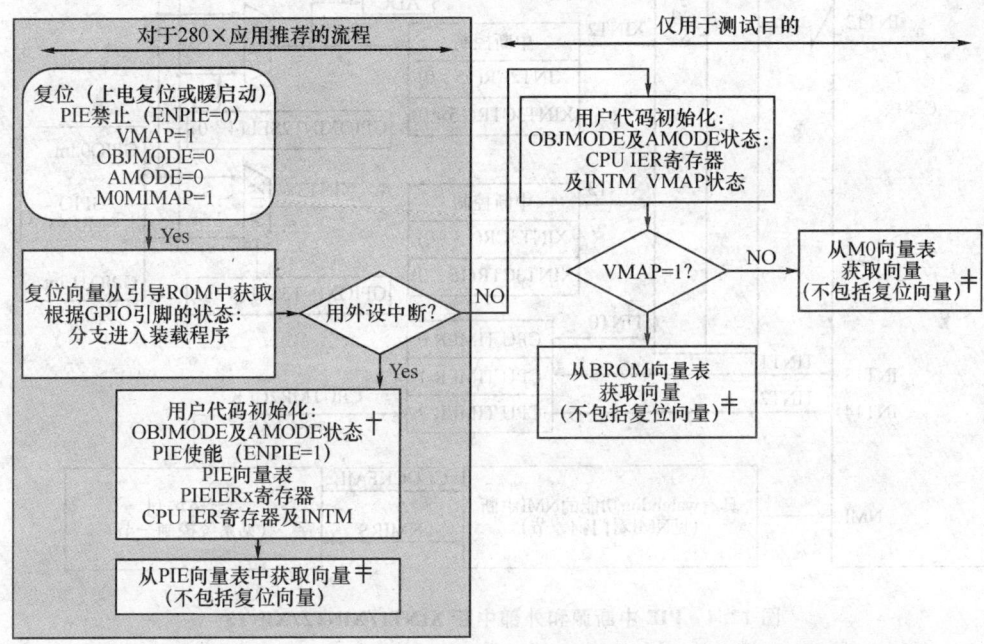

† 28x CPU 的兼容运行模式取决于状态寄存器1（ST1）中的OBJMODE位和AMODE位的组合：

运行模式	OBJMODE	AMODE	
C28x Mode	1	0	
24x/240xA Source-Compatible	1	1	
C27x Object-Compatible	0	0	(复位时的默认值)

‡ 复位向量总是从引导ROM中取得

图 12.3 复位流程图

12.3 中断源

图 12.4 表明了不同的中断源如何在设备中被复用的。这个复用(MUX)图也许

会跟实际的 28x 设备有所出入,详情可参阅相关的设备特性数据手册。

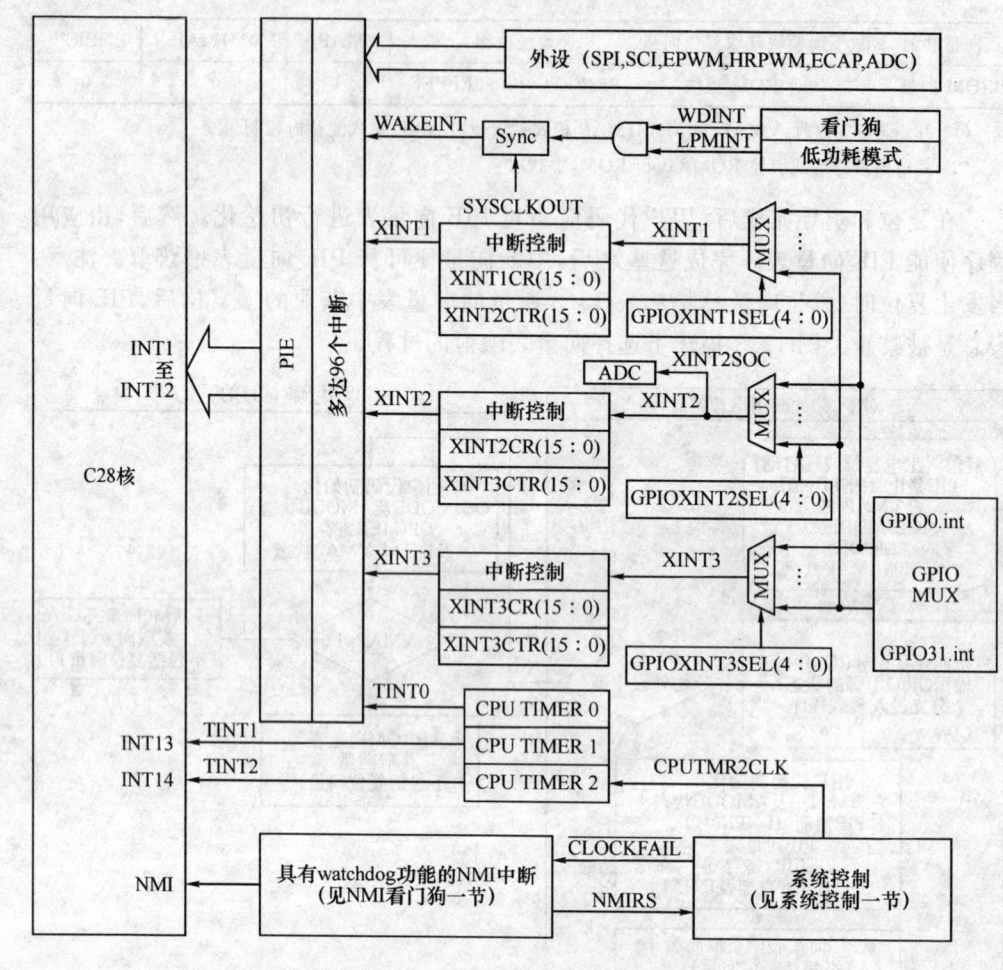

图 12.4　PIE 中断源和外部中断 XINT1/XINT2/XINT3

12.3.1　处理复用中断的流程

PIE 模块将 8 个外设和外部引脚中断复用成一个 CPU 中断。这些中断被分成了 12 组:PIE 1 组~PIE 12 组,每组都有一个相关的使能寄存器 PIEIER 和标志寄存器 PIEIFR。这些寄存器被用来控制进入 CPU 的中断流。同时,PIE 模块也使用 PIEIER 和 PIEIFR 寄存器进行译码,以确定 CPU 分支的中断服务子程序。

对 PIEIER 和 PIEIFR 寄存器中的位进行清零时应遵守以下 3 条主要规则:

规则 1:不要使用软件将 PIEIFR 位清零。

当对 PIEIFR 寄存器执行一个写,或者是"读-修改-写"操作时,可能会丢失一个正在进入的中断。将 PIEIFR 位清零必须在未决中断被服务之后。如果需要在不执行常规服务子程序的情况下清除 PIEIFR 位,则需要遵循下列步骤:

(1) 设置 EALLOW 位以允许修改 PIE 向量表。
(2) 修改 PIE 向量表以便外设服务程序向量指向临时的 ISR。此时 ISR 只执行从中断(IRET)操作返回。
(3) 使能中断以便临时 ISR 提供中断服务。
(4) 在临时中断程序提供服务之后,将 PIEIFR 位清零。
(5) 修改 PIE 向量表重新将外设服务程序映射到适当的中断服务程序中。
(6) 清除 EALLOW 位。

规则 2:软件优先级中断流程。

使用方法参见 C2833x C/C++ Header Files and Peripheral Examples in C(文档 SPRC530)。

(1) 使用 CPU IER 寄存器作为全局优先级,各个 PIEIER 寄存器作为组内优先级。在这种情况下,PIEIER 寄存器仅用于中断内的修改;另外,PIEIER 只有在同一个组且正在接受中断服务时,可以进行修改。修改发生在另外的中断已从 CPU 返回而 PIEACK 位尚未变化期间。

(2) 对来自非相关组的中断提供服务时,切勿禁止组内 PIEIER 位。

规则 3:使用 PIEIER 禁止中断

如果 PIEIER 寄存器处于使能状态,而后又禁止中断,则必须遵循第 12.3.2 节中所述的步骤。

12.3.2 使能和禁止多路复用外设中断的步骤

使用外设中断使能/禁止标志是使能或禁止一个中断的正确步骤。PIEIER 和 CPU IER 寄存器的主要用途是通过软件划分同一 PIE 中断组内的中断优先级。软件包 C280x C/C++Header Files and Peripheral Examples in C(文档号 SPRC191)包含了一个用软件方法区分中断优先权的示例。

如果需要在此情况之外将 PIEIER 寄存器内的位清零,则应遵循以下两个步骤。第一种方法保留相关的 PIE 标志寄存器以便不丢失中断;第二种方法清除相关的 PIE 标志寄存器。

方法 1:使用 PIEIERx 寄存器禁止中断并保留相关的 PIEIFRx 标志

要将 PIEIERx 寄存器内的位清零而同时保留 PIEIFRx 寄存器中的相关标志,应遵循以下步骤:

(1) 禁止全局中断(INTM = 1)。
(2) 清除 PIEIERx.y 位以禁止指定的外设中断。可以为同一组内的一个或多个外设执行此操作。
(3) 等待 5 个周期。此延迟是必需的,它确保进入 CPU 的任意一个中断都具有 CPU IFR 寄存器内的标志。即中断相应的 CPU IFR 标志位置位是一个硬件特征。
(4) 将外设组相关的 CPU IFRx 位清零。这是 CPU IFR 寄存器上的一个安全操作。

(5) 将外设组的 PIEACKx 位清零。

(6) 使能全局中断(INTM=0)。

方法 2:使用 PIEIERx 寄存器以禁止中断并将相关的 PIEIFRx 标志清零

要执行外设中断的软件复位并清除 PIEIFRx 和 CPU IFR 寄存器中的相关标志,应遵循以下步骤:

(1) 禁止全局中断(INTM=1)。

(2) 将 EALLOW 置位。

(3) 修改 PIE 向量表以便将指定的外设中断向量临时映射到一个空的中断服务程序(ISR)。这个空的 ISR 只执行来自中断(IRET)指令的返回操作。将单一 PIE-IFRx.y 位清零而不丢失任何来自组内其他外设中断是个安全的方法。

(4) 在外设寄存器上禁止外设中断。

(5) 使能全局中断(INTM=0)。

(6) 等待来自外设的任何未决中断,该中断由空的 ISR 程序进行服务。

(7) 禁止全局中断(INTM=1)。

(8) 修改 PIE 向量表将外设向量表映射回其原始的 ISR。

(9) 清除 EALLOW 位。

(10) 禁止指定外设的 PIEIER 位。

(11) 清除指定外设组的 IFR 位,这是 CPU IFR 寄存器上的安全操作。

(12) 清除 PIE 组的 PIEACK 位。

(13) 使能全局中断(INTM=0)。

12.3.3 从外设到 CPU 的多路复用中断请求流程

图 12.5 中用圆圈内列示的数显示了中断的流程。以下图解按圈内步骤进行说明。

步骤 1:PIE 组内的任何外设或外部中断发出中断请求。如果使能外设模块内的中断,则向 PIE 模块发送中断请求。

步骤 2:PIE 模块识别 PIE 组 x 内的中断 y(INTx.y)已发出中断请求并且已锁定适当的 PIE 中断标志位:PIEIFRx.y=1。

步骤 3:要将中断请求从 PIE 发送到 CPU,以下两个条件必须同时为真:

步骤 3a:必须将适当的使能位置位(PIEIERx.y=1)。

步骤 3b:该组的 PIEACKx 位必须清零。

步骤 4:如果步骤 3a 和 3b 中的两个条件同时为真,则中断请求被发送到 CPU 且置位应答位(PIEACKx=1)。PIEACKx 位将保持设置,直到手动清除此位以便将组内后续中断从 PIE 发送到 CPU。

步骤 5:硬件将 CPU 中断标志位置位(CPU IFRx=1)以指示 CPU 级一个未决的中

第12章 外设中断扩展

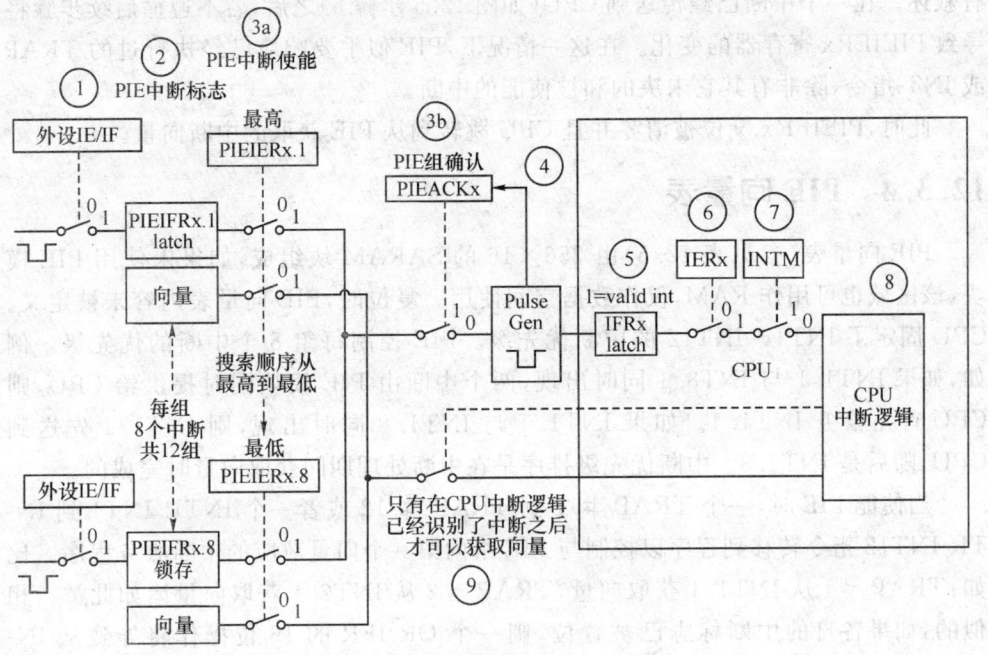

图12.5 复用的中断请求流程图

断 x。

步骤6: 如果已经使能该 CPU 中断(CPU IER 位 x=1 或 DBGIER 位 x=1)且全局中断屏蔽位已被清零(INTM=0),则 CPU 将为 INTx 提供服务。

步骤7: CPU 对中断进行确认,然后执行自动环境保存、清除 IER 位、置位 INTM 并清除 EALLOW 位。有关 CPU 中断服务执行的所有步骤请参阅 TMS320C28x DSP CPU and Instruction Set Reference Guide(文档号 SPRU430)。

步骤8: 之后,CPU 将从 PIE 索取适当的向量。

步骤9: 对于多路复用中断,PIE 模块使用 PIEIERx 和 PIEIFRx 寄存器中的当前值来解码以获得要使用的向量地址。可能有以下两种情况:

- 已经获取组内最高优先级中断向量并且用作转移地址,该获取的向量已由 PIEIERx 寄存器使能并且 PIEIFRx 寄存器对应标志位已被硬件置位。在这种情况下,如果在步骤7之后,出现更高优先级被使能的中断其标志也被硬件置位,则仍旧服务先前的中断。
- 如果组内已被使能的中断其中断标志未被置位,则 PIE 用组内最高优先级的中断向量响应,即转移地址采用 INTx.1。此行为相当于28x的 TRAP 或 INT 指令。

注意:因为 PIEIERx 寄存器用来确定哪一个向量作为转移地址,因此对 PIEIERx 寄存器进行位清除时需要小心。清除 PIEIERx 位的正确步骤在12.3.2节已有叙述。在一个中断已经传送到CPU(如图12.5步骤5)之后,若不遵循后续步骤将导致PIEIERx寄存器的变化。在这一情况下,PIE似乎要响应已经执行过的TRAP或INT指令,除非有其它未决的和被使能的中断。

此时,PIEIFRx.y位被清零并且CPU跳转到从PIE获取的中断向量。

12.3.4 PIE向量表

PIE向量表(参见表12.5)由256×16的SARAM块组成,如果未使用PIE模块,该区域也可用作RAM,仅作数据空间使用。复位时,PIE向量表内容未被定义。CPU固定了INT1~INT12的中断优先级。PIE控制每组8个中断的优先级。例如,如果INT1.1与INT8.1同时出现,两个中断由PIE模块同时提供给CPU,则CPU首先服务INT1.1。如果INT1.1与INT1.8同时出现,则INT1.1先送到CPU,随后是INT1.8。中断优先级排序是在中断处理期间获取向量时完成的。

当使能PIE时,一个TRAP#1到TRAP#12或者一个INTR INT1到INTR INT12指令转移到程序以控制与PIE组内第一个向量对应的中断服务程序。比如:TRAP#1从INT1.1获取向量,TRAP#2从INT2.1获取向量诸如此类。相似的,如果各自的中断标志已被置位,则一个OR IFR的16位操作将导致从INTR1.1到INTR12.1的位置获取向量。所有其它的TRAP,INTR,OR IFR,16位操作都从各自的向量表位置获取向量。向量表受EALLOW保护。

表12.4列示的96个可能的多路复用中断中,当前用到31[1]个中断。剩余中断保留供未来器件使用。如果在PIEIFRx级使能了这些保留中断,则可将它们作为软件中断使用,前提是组内没有任何中断被外设使用。否则,如果在修改PIEIFR时意外清除了这些标志,则可能丢失这些来自外设的中断。

(1) 原文为43。该文档可追索到2812同名PIE模块。之后,浮点28335,Piccolo系列定点28027和浮点28069,以及Concerto双核系列F28M35x等都用到这个模块(包括文档)。根据C2000内核所配置的外设,2812用到其中的45个中断,28335为58个,28027为31个而28069为71个,F28M35x为66个。有意思的是28069完全采用28027同一段文字,将28069可采用的71个中断写成43个中断,而28027实际只用到31个中断。

总的来说,在以下两种安全的情况下,保留的中断可用作软件中断:
(1) 组内没有生效的外设中断。
(2) 未给该组指定外设中断。例如,PIE 11组和12组没有连接任何外设。

外设中断编组以及以及连接到PIE模块的外部中断如表12.4所示。表中的每一行显示了8个中断,它们多路复用到一个特别的CPU中断。整个PIE向量表包含了多路复用和非多路服用中断,参见表12.5。

第 12 章 外设中断扩展

表 12.4 PIE 多路外设中断向量表

	INTx.8	INTx.7	INTx.6	INTx.5	INTx.4	INTx.3	INTx.2	INTx.1
INT1.y	WAKEINT (LPM/WD) 0xD4E	TINT0 (TIMER 0) 0xD4C	ADCINT9 (ADC) 0xD4A	XINT2 Ext. int. 2 0xD48	XINT1 Ext. int. 1 0xD46	Reserved — 0xD44	ADCINT2 (ADC) 0xD42	ADCINT1 (ADC) 0xD40
INT2.y	Reserved — 0xD5E	Reserved — 0xD5C	Reserved — 0xD5A	Reserved — 0xD58	EPWM4_TZINT (ePWM4) 0xD56	EPWM3_TZINT (ePWM3) 0xD54	EPWM2_TZINT (ePWM2) 0xD52	EPWM1_TZINT (ePWM1) 0xD50
INT3.y	Reserved — 0xD6E	Reserved — 0xD6C	Reserved — 0xD6A	Reserved — 0xD68	EPWM4_INT (ePWM4) 0xD66	EPWM3_INT (ePWM3) 0xD64	EPWM2_INT (ePWM2) 0xD62	EPWM1_INT (ePWM1) 0xD60
INT4.y	Reserved — 0xD7E	Reserved — 0xD7C	Reserved — 0xD7A	Reserved — 0xD78	Reserved — 0xD76	Reserved — 0xD74	Reserved — 0xD72	ECAP1_INT (eCAP1) 0xD70
INT5.y	Reserved — 0xD8E	Reserved — 0xD8C	Reserved — 0xD8A	Reserved — 0xD88	Reserved — 0xD86	Reserved — 0xD84	Reserved — 0xD82	Reserved — 0xD80
INT6.y	Reserved — 0xD9E	Reserved — 0xD9C	Reserved — 0xD9A	Reserved — 0xD98	Reserved — 0xD96	Reserved — 0xD94	SPITXINTA (SPI—A) 0xD92	SPIRXINTA (SPI—A) 0xD90
INT7.y	Reserved — 0xDAE	Reserved — 0xDAC	Reserved — 0xDAA	Reserved — 0xDA8	Reserved — 0xDA6	Reserved — 0xDA4	Reserved — 0xDA2	Reserved — 0xDA0
INT8.y	Reserved — 0xDBE	Reserved — 0xDBC	Reserved — 0xDBA	Reserved — 0xDB8	Reserved — 0xDB6	Reserved — 0xDB4	I2CINT2A (I2C—A) 0xDB2	I2CINT1A (I2C—A) 0xDB0
INT9.y	Reserved — 0xDCE	Reserved — 0xDCC	Reserved — 0xDCA	Reserved — 0xDC8	Reserved — 0xDC6	Reserved — 0xDC4	SCITXINTA (SCI—A) 0xDC2	SCIRXINTA (SCI—A) 0xDC0
INT10.y	ADCINT8 (ADC) 0xDDE	ADCINT7 (ADC) 0xDDC	ADCINT6 (ADC) 0xDDA	ADCINT5 (ADC) 0xDD8	ADCINT4 (ADC) 0xDD6	ADCINT3 (ADC) 0xDD4	ADCINT2 (ADC) 0xDD2	ADCINT1 (ADC) 0xDD0
INT11.y	Reserved — 0xDEE	Reserved — 0xDEC	Reserved — 0xDEA	Reserved — 0xDE8	Reserved — 0xDE6	Reserved — 0xDE4	Reserved — 0xDE2	Reserved — 0xDE0
INT12.y	Reserved — 0xDFE	Reserved — 0xDFC	Reserved — 0xDFA	Reserved — 0xDF8	Reserved — 0xDF6	Reserved — 0xDF4	Reserved — 0xDF2	XINT3 Ext. Int. 3 0xDF0

第12章 外设中断扩展

表 12.5 PIE 向量表

名称	向量标识	地址[1]	大小(x16)	说明[2]	CPU优先级	PIE组优先级
Reset	0	0x0000 0D00	2	复位向量总是从引导 ROM 中的 0x003F FFC0 地址处获取	1(最高)	—
INT1	1	0x0000 0D02	2	未用,参见 PIE 第 1 组	5	—
INT2	2	0x0000 0D04	2	未用,参见 PIE 第 2 组	6	—
INT3	3	0x0000 0D06	2	未用,参见 PIE 第 3 组	7	—
INT4	4	0x0000 0D08	2	未用,参见 PIE 第 4 组	8	—
INT5	5	0x0000 0D0A	2	未用,参见 PIE 第 5 组	9	—
INT6	6	0x0000 0D0C	2	未用,参见 PIE 第 6 组	10	—
INT7	7	0x0000 0D0E	2	未用,参见 PIE 第 7 组	11	—
INT8	8	0x0000 0D10	2	未用,参见 PIE 第 8 组	12	—
INT9	9	0x0000 0D12	2	未用,参见 PIE 第 9 组	13	—
INT10	10	0x0000 0D14	2	未用,参见 PIE 第 10 组	14	—
INT11	11	0x0000 0D16	2	未用,参见 PIE 第 11 组	15	—
INT12	12	0x0000 0D18	2	未用,参见 PIE 第 12 组	16	—
INT13	13	0x0000 0D1A	2	外部中断 13 (XINT13)或者 CPU—定时器 1	17	—
INT14	14	0x0000 0D1C	2	CPU—定时器 2, TI/RTOS 使用	18	—
DATALOG	15	0x0000 0D1E	2	CPU 数据采集中断	19(最低)	—
RTOSINT	16	0x0000 0D20	2	CPU 实时操作系统(RTOS)中断	4	—
EMUINT	17	0x0000 0D22	2	CPU 仿真中断	2	—
NMI	18	0x0000 0D24	2	外部非屏蔽中断	3	—
ILLEGAL	19	0x0000 0D26	2	非法操作	—	—
USER1	20	0x0000 0D28	2	用户定义捕获(Trap)	—	—
USER2	21	0x0000 0D2A	2	用户定义捕获(Trap)	—	—
USER3	22	0x0000 0D2C	2	用户定义捕获(Trap)	—	—
USER4	23	0x0000 0D2E	2	用户定义捕获(Trap)	—	—
USER5	24	0x0000 0D30	2	用户定义捕获(Trap)	—	—
USER6	25	0x0000 0D32	2	用户定义捕获(Trap)	—	—
USER7	26	0x0000 0D34	2	用户定义捕获(Trap)	—	—
USER8	27	0x0000 0D36	2	用户定义捕获(Trap)	—	—
USER9	28	0x0000 0D38	2	用户定义捕获(Trap)	—	—
USER10	29	0x0000 0D3A	2	用户定义捕获(Trap)	—	—
USER11	30	0x0000 0D3C	2	用户定义捕获(Trap)	—	—
USER12	31	0x0000 0D3E	2	用户定义捕获(Trap)	—	—

(1) 复位向量总是从引导 ROM 中的 0x003F FFC0 地址处获取。
(2) PIE 向量表中所有存储域向量均受 EALLOW 保护。

续表 12.5

名称	向量标识	地址[1]	大小(x16)	说明[2]	CPU优先级	PIE组优先级
PIE 第 1 组向量—多路向量复用 CPU INT1						
INT1.1	32	0x0000 0D40	2	ADCINT1 (ADC)	5	1 (最高)
INT1.2	33	0x0000 0D42	2	ADCINT2 (ADC)	5	2
INT1.3	34	0x0000 0D44	2	Reserved	5	3
INT1.4	35	0x0000 0D46	2	XINT1	5	4
INT1.5	36	0x0000 0D48	2	XINT2	5	5
INT1.6	37	0x0000 0D4A	2	ADCINT9 (ADC)	5	6
INT1.7	38	0x0000 0D4C	2	TINT0 (CPU-57Timer0)	5	7
INT1.8	39	0x0000 0D4E	2	WAKEINT (LPM/WD)	5	8 (最低)
PIE 第 2 组向量—多路向量复用 CPU INT2						
INT2.1	40	0x0000 0D50	2	EPWM1_TZINT (EPWM1)	6	1 (最高)
INT2.2	41	0x0000 0D52	2	EPWM2_TZINT (EPWM2)	6	2
INT2.3	42	0x0000 0D54	2	EPWM3_TZINT (EPWM3)	6	3
INT2.4	43	0x0000 0D56	2	EPWM4_TZINT (EPWM4)	6	4
INT2.5	44	0x0000 0D58	2	Reserved	6	5
INT2.6	45	0x0000 0D5A	2	Reserved	6	6
INT2.7	46	0x0000 0D5C	2	Reserved	6	7
INT2.8	47	0x0000 0D5E	2	Reserved	6	8 (最低)
PIE 第 3 组向量—多路向量复用 CPU INT3						
INT3.1	48	0x0000 0D60	2	EPWM1_INT (EPWM1)	7	1 (最高)
INT3.2	49	0x0000 0D62	2	EPWM2_INT (EPWM2)	7	2
INT3.3	50	0x0000 0D64	2	EPWM3_INT (EPWM3)	7	3
INT3.4	51	0x0000 0D66	2	EPWM4_INT (EPWM4)	7	4
INT3.5	52	0x0000 0D68	2	Reserved	7	5
INT3.6	53	0x0000 0D6A	2	Reserved	7	6
INT3.7	54	0x0000 0D6C	2	Reserved	7	7
INT3.8	55	0x0000 0D6E	2	Reserved	7	8 (最低)
PIE 第 4 组向量—多路向量复用 CPU INT4						
INT4.1	56	0x0000 0D70	2	ECAP1_INT (ECAP1)	8	1 (最高)
INT4.2	57	0x0000 0D72	2	Reserved	8	2
INT4.3	58	0x0000 0D74	2	Reserved	8	3
INT4.4	59	0x0000 0D76	2	Reserved	8	4
INT4.5	60	0x0000 0D78	2	Reserved	8	5

续表 12.5

名称	向量标识	地址[1]	大小(x16)	说明[2]	CPU优先级	PIE组优先级
INT4.6	61	0x0000 0D7A	2	Reserved	8	6
INT4.7	62	0x0000 0D7C	2	Reserved	8	7
INT4.8	63	0x0000 0D7E	2	Reserved	8	8（最低）
PIE 第 5 组向量—多路向量复用 CPU INT5						
INT5.1	64	0x0000 0D80	2	EQEP1_INT(EQEP1)	9	1（最高）
INT5.2	65	0x0000 0D82	2	Reserved （EQEP2）	9	2
INT5.3	66	0x0000 0D84	2	Reserved	9	3
INT5.4	67	0x0000 0D86	2	Reserved	9	4
INT5.5	68	0x0000 0D88	2	Reserved	9	5
INT5.6	69	0x0000 0D8A	2	Reserved	9	6
INT5.7	70	0x0000 0D8C	2	Reserved	9	7
INT5.8	71	0x0000 0D8E	2	Reserved	9	8（最低）
PIE 第 6 组向量—多路向量复用 CPU INT6						
INT6.1	72	0x0000 0D90	2	SPIRXINTA (SPI—A)	10	1（最高）
INT6.2	73	0x0000 0D92	2	SPITXINTA (SPI—A)	10	2
INT6.3	74	0x0000 0D94	2	Reserved	10	3
INT6.4	75	0x0000 0D96	2	Reserved	10	4
INT6.5	76	0x0000 0D98	2	Reserved	10	5
INT6.6	77	0x0000 0D9A	2	Reserved	10	6
INT6.7	78	0x0000 0D9C	2	Reserved	10	7
INT6.8	79	0x0000 0D9E	2	Reserved	10	8（最低）
PIE 第 7 组向量—多路向量复用 CPU INT7						
INT7.1	80	0x0000 0DA0	2	Reserved	11	1（最高）
INT7.2	81	0x0000 0DA2	2	Reserved	11	2
INT7.3	82	0x0000 0DA4	2	Reserved	11	3
INT7.4	83	0x0000 0DA6	2	Reserved	11	4
INT7.5	84	0x0000 0DA8	2	Reserved	11	5
INT7.6	85	0x0000 0DAA	2	Reserved	11	6
INT7.7	86	0x0000 0DAC	2	Reserved	11	7
INT7.8	87	0x0000 0DAE	2	Reserved	11	8（最低）
PIE 第 8 组向量—多路向量复用 CPU INT8						
INT8.1	88	0x0000 0DB0	2	I2CINT1A (I2C—A)	12	1（最高）
INT8.2	89	0x0000 0DB2	2	I2CINT2A (I2C—A)	12	2

续表 12.5

名称	向量标识	地址[1]	大小(x16)	说明[2]	CPU 优先级	PIE 组优先级
INT8.3	90	0x0000 0DB4	2	Reserved	12	3
INT8.4	91	0x0000 0DB6	2	Reserved	12	4
INT8.5	92	0x0000 0DB8	2	Reserved	12	5
INT8.6	93	0x0000 0DBA	2	Reserved	12	6
INT8.7	94	0x0000 0DBC	2	Reserved	12	7
INT8.8	95	0x0000 0DBE	2	Reserved	12	8(最低)
PIE 第 9 组向量—多路向量复用 CPU INT9						
INT9.1	96	0x0000 0DC0	2	SCIRXINTA (SCI—A)	13	1(最高)
INT9.2	97	0x0000 0DC2	2	SCIRXINTA (SCI—A)	13	2
INT9.3	98	0x0000 0DC4	2	Reserved	13	3
INT9.4	99	0x0000 0DC6	2	Reserved	13	4
INT9.5	100	0x0000 0DC8	2	Reserved	13	5
INT9.6	101	0x0000 0DCA	2	Reserved	13	6
INT9.7	102	0x0000 0DCC	2	Reserved	13	7
INT9.8	103	0x0000 0DCE	2	Reserved	13	8(最低)
PIE 第 10 组向量—多路向量复用 CPU INT10						
INT10.1	104	0x0000 0DD0	2	ADCINT1 (ADC)	14	1(最高)
INT10.2	105	0x0000 0DD2	2	ADCINT2 (ADC)	14	2
INT10.3	106	0x0000 0DD4	2	ADCINT3 (ADC)	14	3
INT10.4	107	0x0000 0DD6	2	ADCINT4 (ADC)	14	4
INT10.5	108	0x0000 0DD8	2	ADCINT5 (ADC)	14	5
INT10.6	109	0x0000 0DDA	2	ADCINT6 (ADC)	14	6
INT10.7	110	0x0000 0DDC	2	ADCINT7 (ADC)	14	7
INT10.8	111	0x0000 0DDE	2	ADCINT8 (ADC)	14	8(最低)
PIE 第 11 组向量—多路向量复用 CPU INT11						
INT11.1	112	0x0000 0DE0	2	Reserved	15	1(最高)
INT11.2	113	0x0000 0DE2	2	Reserved	15	2
INT11.3	114	0x0000 0DE4	2	Reserved	15	3
INT11.4	115	0x0000 0DE6	2	Reserved	15	4
INT11.5	116	0x0000 0DE8	2	Reserved	15	5
INT11.6	117	0x0000 0DEA	2	Reserved	15	6
INT11.7	118	0x0000 0DEC	2	Reserved	15	7
INT11.8	119	0x0000 0DEE	2	Reserved	15	8(最低)

续表 12.5

名称	向量标识	地址(1)	大小(×16)	说明(2)	CPU 优先级	PIE 组优先级
PIE 第 12 组向量—多路向量复用 CPU INT12						
INT12.1	120	0x0000 0DF0	2	XINT3	16	1（最高）
INT12.2	121	0x0000 0DF2	2	Reserved	16	2
INT12.3	122	0x0000 0DF4	2	Reserved	16	3
INT12.4	123	0x0000 0DF6	2	Reserved	16	4
INT12.5	124	0x0000 0DF8	2	Reserved	16	5
INT12.6	125	0x0000 0DFA	2	Reserved	16	6
INT12.7	126	0x0000 0DFC	2	Reserved	16	7
INT12.8	127	0x0000 0DFE	2	Reserved	16	8（最低）

12.4 PIE 寄存器

控制 PIE 模块的寄存器如表 12.6 所列。

表 12.6 PIE 配置和控制寄存器

名称	地址	大小(16 位)	说明
PIECTRL	0x0000—0CE0	1	PIE,控制寄存器
PIEACK	0x0000—0CE1	1	PIE,应答寄存器
PIEIER1	0x0000—0CE2	1	PIE,INT1 组使能寄存器
PIEIFR1	0x0000—0CE3	1	PIE,INT1 组标志寄存器
PIEIER2	0x0000—0CE4	1	PIE,INT2 组使能寄存器
PIEIFR2	0x0000—0CE5	1	PIE,INT2 组标志寄存器
PIEIER3	0x0000—0CE6	1	PIE,INT3 组使能寄存器
PIEIFR3	0x0000—0CE7	1	PIE,INT3 组标志寄存器
PIEIER4	0x0000—0CE8	1	PIE,INT4 组使能寄存器
PIEIFR4	0x0000—0CE9	1	PIE,INT4 组标志寄存器
PIEIER5	0x0000—0CEA	1	PIE,INT5 组使能寄存器
PIEIFR5	0x0000—0CEB	1	PIE,INT5 组标志寄存器
PIEIER6	0x0000—0CEC	1	PIE,INT6 组使能寄存器
PIEIFR6	0x0000—0CED	1	PIE,INT6 组标志寄存器
PIEIER7	0x0000—0CEE	1	PIE,INT7 组使能寄存器
PIEIFR7	0x0000—0CEF	1	PIE,INT7 组标志寄存器
PIEIER8	0x0000—0CF0	1	PIE,INT8 组使能寄存器

续表 12.6

名称	地址	大小(16 位)	说明
PIEIFR8	0x0000-0CF1	1	PIE,INT8 组标志寄存器
PIEIER9	0x0000-0CF2	1	PIE,INT9 组使能寄存器
PIEIFR9	0x0000-0CF3	1	PIE,INT9 组标志寄存器
PIEIER10	0x0000-0CF4	1	PIE,INT10 组使能寄存器
PIEIFR10	0x0000-0CF5	1	PIE,INT10 组标志寄存器
PIEIER11	0x0000-0CF6	1	PIE,INT11 组使能寄存器
PIEIFR11	0x0000-0CF7	1	PIE,INT11 组标志寄存器
PIEIER12	0x0000-0CF8	1	PIE,INT12 组使能寄存器
PIEIFR12	0x0000-0CF9	1	PIE,INT12 组标志寄存器

12.4.1 PIE 中断寄存器

图 12.6 和图 12.7 为 PIE 中断及中断应答寄存器,其位域定义分别如表 12.7 和表 12.8 所列。

15		1	0
	PIEVECT		ENPIE
	R-0		R/W-0

说明：R/W=读/写；R=只读；-n=复位后的初始值。

图 12.6　PIE 控制(PIECTRL)寄存器(地址 0xCE0)

表 12.7　PIE 控制(PIECTRL)寄存器位域定义

位	位域名称	数值	说明
15:1	PIEVECT		这些位指示从 PIE 向量表中获取向量的地址。忽略地址的最低位且仅显示地址的 1~15 位。用以读向量值,以确定获取向量所产生中断 例如：如果 PIECTRL = 0x0D27,则获取的向量地址为 0x0D26(即发生一个非法操作)
0	ENPIE		使能从 PIE 向量表获取向量 注意：即便使能此位,也不会从 PIE 中获取复位(reset)向量,该向量总是从引导 ROM 中(boot ROM)获取
		0	如果将此位设置为 0,则禁止 PIE 模块并从引导 ROM 中的 CPU 向量表获取向量。即使禁止 PIE 模块,仍可访问所有 PIE 模块寄存器(PIEACK、PIEIFR 和 PIEIER)
		1	当 ENPIE 被置位时,除 reset 之外的所有向量均可以从 PIE 向量表获取。reset 向量总是从引导 ROM (boot ROM)中获取

15		12	11		0
	Reserved			PIEACK	
	R-0			R/W1C-1	

说明：R/W1C=读/写1清0；R=只读；-n=复位后的初始值。

图 12.7　PIE 中断应答(PIEACK)寄存器　(地址 0xCE1)

第 12 章 外设中断扩展

表 12.8 PIE 中断应答(PIEACK)寄存器位域定义

位	位域名称	数值	说明
15:12	Reserved		保留
11:0	PIEACK		PIEACK 中的每位对应指定的 PIE 组。位 0 对应 PIE 1 组中的中断,它多路复用到 CPU $\overline{INT1}$,直到位 11 对应 PIE 12 组中的中断,它多路复用到 CPU $\overline{INT12}$
		位 x=0⁽¹⁾	读此位为 0,则表示 PIE 可以将一个中断从相应的组送到 CPU。写 0 忽略
		位 x=1	读此位为 1,则表示来自相应组的中断已送到 CPU,且该组的所有其他中断均被阻止
			对此位写 1,各自的中断位将此位清零,并能使 PIE 模块驱动向量组中一个未决的中断脉冲进入 CPU 中断输入

(1) 位 x = PIEACK 0 位-PIEACK 11 位,位 0 对应 CPU $\overline{INT1}$直到 位 11 对应 CPU $\overline{INT12}$。

1. PIE 中断标志寄存器

有 12 个 PIEIFR 寄存器,PIE 模块(INT1~INT12)可用于 CPU 每一个中断,其位域及定义见图 12.8 和表 12.9。

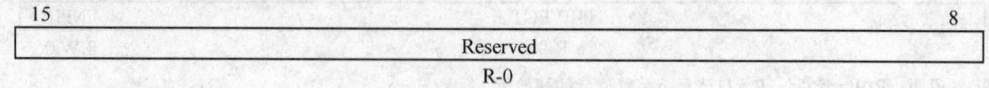

15							8
			Reserved				
			R-0				
7	6	5	4	3	2	1	0
INTx.8	INTx.7	INTx.6	INTx.5	INTx.4	INTx.3	INTx.2	INTx.1
R/W-0	R/W-0	R/W-0	R/W-0	R/W-0	R/W-0	R/W-0	R/W-0

说明:R/W= 读/写; R =只读; -n = 复位后的初始值。

图 12.8 PIE 中断标志寄存器(PIEIFRx x=1~12)

表 12.9 PIE 中断标志寄存器(PIEIFRx)位域定义

位	位域名称	说明
15:8	保留	保留
7	INTx.8	这些寄存器位表示一个中断当前是否处于活动状态。其工作方式类似于 CPU 中断标志寄存器。当一个中断在运行中或者通过写零到寄存器位时,将该位清零。也可以读取此寄存器以确定哪些中断正在运行或未决。x=1~12。INTx 表示 CPU INT1~CPU INT12 在中断向量获取中断处理的分配期间,PIEIFR 寄存器位被清零 硬件对 PIEIFR 寄存器存取的优先级高于 CPU
6	INTx.7	
5	INTx.6	
4	INTx.5	
3	INTx.4	
2	INTx.3	
1	INTx.2	
0	INTx.1	

注意：切勿清除 PIEIFR 位。在读－修改－写操作期间，可能丢失中断。有关详情请参阅 12.3.1 节。

2. PIE 中断使能寄存器

有 12 个 PIEIER 寄存器，PIE 模块（INT1～INT12）可用于 CPU 每一个中断，其位域及定义见图 12.9 和表 12.10。

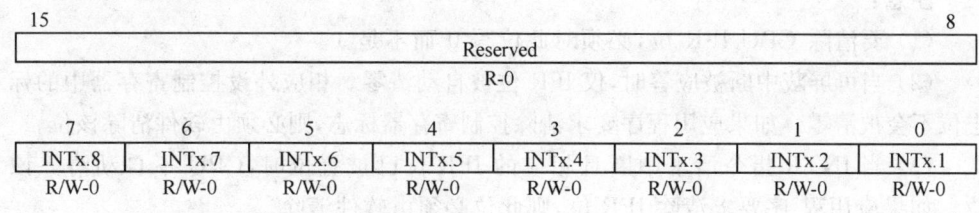

说明：R/W＝读/写；R＝只读；-n＝复位后的初始值。

图 12.9 PIE 中断使能寄存器（PIEIERx x＝1 到 12）

表 12.10 PIE 中断使能寄存器（PIEIERx）位域定义

位	位域名称	说明
15:8	保留	保留
7	INTx.8	这些寄存器位单独使能组内的一个中断，并且工作方式类似于核中断使能寄存器
6	INTx.7	将此位置 1，使能相应中断服务；
5	INTx.6	
4	INTx.5	
3	INTx.4	将此位置 0，禁止中断服务。x=1～12。INTx 表示 CPU INT1～CPU INT12
2	INTx.3	
1	INTx.2	
0	INTx.1	

注意：在正常操作期间清除 PIEIER 位须格外小心。请参阅第 12.3.2 节以了解处理这些位的正确步骤。

3. CPU 中断标志寄存器（IFR）

CPU 中断标志寄存器（IFR）是 16 位 CPU 寄存器，用于标识和清除未决的中断。IFR 包含 CPU 级（INT1～INT14、DLOGINT 和 RTOSINT）所有可屏蔽中断的标志位。当使能 PIE 时，PIE 模块多路复用 INT1～INT12 的中断源。

当一个可屏蔽中断发生时，相应的外设控制寄存器的标志位被置位。如果相应的屏蔽位也为 1，则向 CPU 发出中断请求，并将 IFR 中相应的标志位置位。这表示该中断未决或等待应答。

使用 PUSH IFR 指令来标识未决的中断，然后测试堆栈上的值。使用 OR IFR

第 12 章 外设中断扩展

指令设置 IFR 位并使用 AND IFR 指令手动清除未决的中断。使用 AND IFR #0 指令或通过硬件复位清除所有未决的中断。

以下事件也可以清除 IFR 标志:
- CPU 对中断作了应答。
- 28x 设备复位。

注意:

(1) 要清除 CPU IFR 位,必须对此位写 0 而不是 1。

(2) 当可屏蔽中断被应答时,仅 IFR 位被自动清零。相应外设控制寄存器中的标志位不会被清零。如果应用程序要求清除控制寄存器标志,则必须由软件清除该位。

(3) 当 INTR 指令请求中断且相应的 IFR 位已被置位时,CPU 不自动清除该位。如果应用程序要求清除 IFR 位,则此位必须由软件清除。

IMR 和 IFR 寄存器属于内核级中断。所有外设在各自的控制/配置寄存器中均有自己的中断屏蔽和标志位。请注意,可以把若干外设中断归入一个内核级中断。IFR 寄存器的位域及定义如图 12.10 和表 12.11。

15	14	13	12	11	10	9	8
RTOSINT	DLOGINT	INT14	INT13	INT12	INT11	INT10	INT9
R/W-0	R/W-0	R/W-0	R/W-0	R/W-0	R/W-0	R/W-0	R/W-0

7	6	5	4	3	2	1	0
INT8	INT7	INT6	INT5	INT4	INT3	INT2	INT1
R/W-0	R/W-0	R/W-0	R/W-0	R/W-0	R/W-0	R/W-0	R/W-0

说明: R/W=读/写; R=只读; -n=复位后的初始值。

图 12.10 中断标志寄存器(IFR)-CPU 寄存器

表 12.11 中断标志寄存器(IFR)-CPU 寄存器位域定义

位	位域名称	数值	说明
15	RTOSINT		实时操作系统标志位。RTOSINT 为 RTOS 中断标志位
		0	无 RTOS 中断未决
		1	至少一个操作系统中断(RTOSINT)未决。写一个 0 到此位将该位清 0,并清除中断请求
14	DLOGINT		数据记录中断标志位。DLOGINT 为数据记录中断标志
		0	无 DLOGINT 中断未决
		1	至少一个 DLOGINT 中断未决。写一个 0 到此位将该位清 0,并清除中断请求
13	INT14		中断 14 标志位。INT14 是一个连接到 CPU 级 INT14 中断的中断标志位
		0	无 INT14 中断未决
		1	至少一个 INT14 中断未决。写一个 0 到此位将此位清 0,并清除中断请求

续表 12.11

位	位域名称	数值	说明
12	INT13		中断 13 标志位。INT13 是一个连接到 CPU 级 INT13 中断的中断标志位
		0	无 INT13 中断未决
		1	至少一个 INT13 中断未决。写一个 0 到此位将此位清 0，并清除中断请求
11	INT12		中断 12 标志位。INT12 是一个连接到 CPU 级 INT12 中断的中断标志位
		0	无 INT12 中断未决
		1	至少一个 INT12 中断未决。写一个 0 到此位将此位清 0，并清除中断请求
10	INT11		中断 11 标志位。INT11 是一个连接到 CPU 级 INT11 中断的中断标志位
		0	无 INT12 中断未决
		1	至少一个 INT11 中断未决。写一个 0 到此位将此位清 0，并清除中断请求
9	INT10		中断 10 标志位。INT10 是一个连接到 CPU 级 INT10 中断的中断标志位
		0	无 INT10 中断未决
		1	至少一个 INT10 中断未决。写一个 0 到此位将此位清 0，并清除中断请求
8	INT9		中断 9 标志位。INT9 是一个连接到 CPU 级 INT9 中断的中断标志位
		0	无 INT9 中断未决
		1	至少一个 INT9 中断未决。写一个 0 到此位将此位清 0，并清除中断请求
7	INT8		中断 8 标志位。INT8 是一个连接到 CPU 级 INT8 中断的中断标志位
		0	无 INT8 中断未决
		1	至少一个 INT8 中断未决。写一个 0 到此位将此位清 0，并清除中断请求
6	INT7		中断 7 标志位。INT7 是一个连接到 CPU 级 INT7 中断的中断标志位
		0	无 INT7 中断未决
		1	至少一个 INT7 中断未决。写一个 0 到此位将此位清 0，并清除中断请求
5	INT6		中断 6 标志位。INT6 是一个连接到 CPU 级 INT6 中断的中断标志位
		0	无 INT6 中断未决
		1	至少一个 INT6 中断未决。写一个 0 到此位将此位清 0 并清除中断请求
4	INT5		中断 5 标志位。INT5 是一个连接到 CPU 级 INT5 中断的中断标志位
		0	无 INT5 中断未决
		1	至少一个 INT5 中断未决。写一个 0 到此位将此位清 0，并清除中断请求
3	INT4		中断 4 标志位。INT4 是一个连接到 CPU 级 INT4 中断的中断标志位
		0	无 INT4 中断未决
		1	至少一个 INT4 中断未决。写一个 0 到此位将此位清 0，并清除中断请求
2	INT3		中断 3 标志位。INT3 是一个连接到 CPU 级 INT3 中断的中断标志位
		0	无 INT3 中断未决
		1	至少一个 INT3 中断未决。写一个 0 到此位将此位清 0，并清除中断请求

第12章 外设中断扩展

续表 12.6

位	位域名称	数值	说明
1	INT2		中断 2 标志位。INT2 是一个连接到 CPU 级 INT2 中断的中断标志位
		0	无 INT2 中断未决
		1	至少一个 INT2 中断未决。写一个 0 到此位将此位清 0,并清除中断请求
0	INT1		中断 1 标志位。INT1 是一个连接到 CPU 级 INT1 中断的中断标志位
		0	无 INT1 中断未决
		1	至少一个 INT1 中断未决。写一个 0 到此位将此位清 0,并清除中断请求

4. 中断使能寄存器(IER)和调试中断使能寄存器(DBGIER)

IER 是 16 位 CPU 寄存器。IER 包含所有可屏蔽 CPU 级中断(INT1～INT14、RTOSINT 和 DLOGINT)的使能位。IER 中不包括 NMI 和 XRS,因此,IER 对这些中断无效。

用户可以读取 IER 来识别已使能或禁止的中断级别,并且可以写入 IER 以使能或禁止中断级别。要使能中断级别,可使用一条 OR IER 指令将对应的 IER 位置位。要禁止中断级别,可用 AND IER 指令将对应的 IER 位清零。当禁止一个中断时,无论 INTM 位的值是什么,都不会有应答。当使能一个中断时,如果对应的 IFR 位为 1 且 INTM 位为 0,则会有应答。

当使用 OR IER 和 AND IER 指令修改 IER 位时,要确保它们不会修改 RTOSINT 第 15 位的状态,除非使用的是实时操作系统。

当一个硬件中断在运行或者一个 INTR 指令在执行时,将自动清除对应的 IE 位。当通过 TRAP 指令请求一个中断时,不会自动清除对应的 IER 位。在使用 TRAP 指令的情况下,如果需要清除该位,则必须通过中断服务程序来完成。

复位时,所有 IER 位清零,以禁止所有可屏蔽 CPU 级别中断。IER 寄存器如图 12.11 所示,表 12.11 为 IER 寄存器的位域定义。

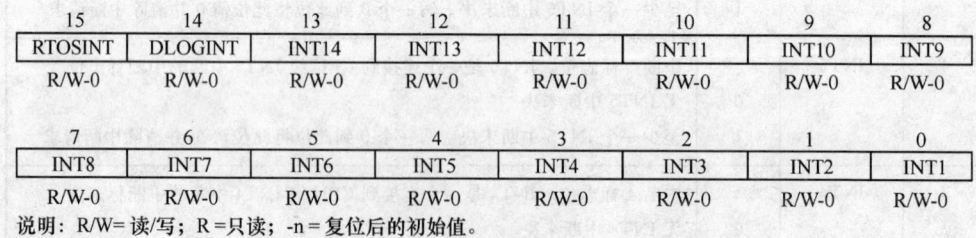

15	14	13	12	11	10	9	8
RTOSINT	DLOGINT	INT14	INT13	INT12	INT11	INT10	INT9
R/W-0	R/W-0	R/W-0	R/W-0	R/W-0	R/W-0	R/W-0	R/W-0

7	6	5	4	3	2	1	0
INT8	INT7	INT6	INT5	INT4	INT3	INT2	INT1
R/W-0	R/W-0	R/W-0	R/W-0	R/W-0	R/W-0	R/W-0	R/W-0

说明:R/W=读/写;R=只读;-n=复位后的初始值。

图 12.11 中断使能寄存器(IER)-CPU 寄存器

表 12.12 中断使能寄存器(IER)-CPU 寄存器位域定义

位	位域名称	数值	说明
15	RTOSINT		实时操作系统中断使能。RTOSINT 使能或禁止 CPU 实时操作系统中断 RTOSINT
		0	禁止 RTOSINT 中断
		1	使能 RTOSINT 中断
14	DLOGINT		数据记录中断使能。DLOGINT 使能或禁止 CPU 数据记录中断 DLOGINT
		0	禁止 DLOGINT 中断
		1	使能 DLOGINT 中断
13	INT14		INT14 中断使能。INT14 使能或禁止 CPU 级 INT14 中断
		0	禁止 CPU 级 INT14 中断
		1	使能 CPU 级 INT14 中断
12	INT13		INT13 中断使能。INT13 使能或禁止 CPU 级 INT13 中断
		0	禁止 CPU 级 INT13 中断
		1	使能 CPU 级 INT13 中断
11	INT12		INT12 中断使能。INT12 使能或禁止 CPU 级 INT12 中断
		0	禁止 CPU 级 INT12 中断
		1	使能 CPU 级 INT12 中断
10	INT11		INT11 中断使能。INT11 使能或禁止 CPU 级 INT11 中断
		0	禁止 CPU 级 INT11 中断
		1	使能 CPU 级 INT11 中断
9	INT10		INT10 中断使能。INT10 使能或禁止 CPU 级 INT10 中断
		0	禁止 CPU 级 INT10 中断
		1	使能 CPU 级 INT10 中断
8	INT9		INT9 中断使能。INT9 使能或禁止 CPU 级 INT9 中断
		0	禁止 CPU 级 INT9 中断
		1	使能 CPU 级 INT9 中断
7	INT8		INT8 中断使能。INT8 使能或禁止 CPU 级 INT8 中断
		0	禁止 CPU 级 INT8 中断
		1	使能 CPU 级 INT8 中断
6	INT7		INT7 中断使能。INT7 使能或禁止 CPU 级 INT7 中断
		0	禁止 CPU 级 INT7 中断
		1	使能 CPU 级 INT7 中断
5	INT6		INT6 中断使能。INT6 使能或禁止 CPU 级 INT6 中断
		0	禁止 CPU 级 INT6 中断
		1	使能 CPU 级 INT6 中断

续表 12.12

位	位域名称	数值	说明
4	INT5		INT5 中断使能。INT5 使能或禁止 CPU 级 INT5 中断
		0	禁止 CPU 级 INT5 中断
		1	使能 CPU 级 INT5 中断
3	INT4		INT4 中断使能。INT4 使能或禁止 CPU 级 INT4 中断
		0	禁止 CPU 级 INT4 中断
		1	使能 CPU 级 INT4 中断
2	INT3		INT3 中断使能。INT3 使能或禁止 CPU 级 INT3 中断
		0	禁止 CPU 级 INT3 中断
		1	使能 CPU 级 INT3 中断
1	INT2		INT2 中断使能。INT2 使能或禁止 CPU 级 INT2 中断
		0	禁止 CPU 级 INT2 中断
		1	使能 CPU 级 INT2 中断
0	INT1		INT1 中断使能。INT1 使能或禁止 CPU 级 INT1 中断
		0	禁止 CPU 级 INT1 中断
		1	使能 CPU 级 INT1 中断

仅当 CPU 在实时仿真模式下暂停时才使用调试中断使能寄存器(DBGIER)。DBGIER 中使能的中断可用来定义时间敏感的中断。当 CPU 在实时模式下暂停时,服务的中断仅为时间敏感的中断,它也可由 IER 寄存器使能。如果 CPU 在实时仿真模式下运行,则使用标准的中断处理进程且忽略 DBGIER。

与 IER 相似,可以读取 DBGIER 以标识使能或禁止的中断,并且可以写入 DBGIER 来使能或禁止中断。要使能中断,将其对应位设置为 1;要禁止中断,将其对应位设置为 0。使用 PUSH DBGIER 指令读取 DBGIER 寄存器;使用 POP DBGIER 指令写入 DBGIER 寄存器。复位时,所有 DBGIER 位均被清 0。DBGIER 寄存器及其位说明如图 12.12 和表 12.13 所示。

15	14	13	12	11	10	9	8
RTOSINT	DLOGINT	INT14	INT13	INT12	INT11	INT10	INT9
R/W-0	R/W-0	R/W-0	R/W-0	R/W-0	R/W-0	R/W-0	R/W-0

7	6	5	4	3	2	1	0
INT8	INT7	INT6	INT5	INT4	INT3	INT2	INT1
R/W-0	R/W-0	R/W-0	R/W-0	R/W-0	R/W-0	R/W-0	R/W-0

说明: R/W = 读/写; R = 只读; -n = 复位后的初始值。

图 12.12 调试中断使能寄存器(DBGIER) - CPU 寄存器

表 12.13　调试中断使能寄存器(DBGIER)-CPU 寄存器位域定义

位	位域名称	数值	说明
15	RTOSINT		实时操作系统中断使能。RTOSINT 使能或禁止 CPU 实时操作系统中断(RTOSINT)
		0	禁止 RTOSINT 中断
		1	使能 RTOSINT 中断
14	DLOGINT		数据记录中断使能。DLOGINT 使能或禁止 CPU 数据记录中断(DLOGINT)
		0	禁止 DLOGINT 中断
		1	使能 DLOGINT 中断
13	INT14		INT14 中断使能。INT14 使能或禁止 CPU 级 INT14 中断
		0	禁止 CPU 级 INT14 中断
		1	使能 CPU 级 INT14 中断
12	INT13		INT13 中断使能。INT13 使能或禁止 CPU 级 INT13 中断
		0	禁止 CPU 级 INT13 中断
		1	使能 CPU 级 INT13 中断
11	INT12		INT12 中断使能。INT12 使能或禁止 CPU 级 INT12 中断
		0	禁止 CPU 级 INT12 中断
		1	使能 CPU 级 INT12 中断
10	INT11		INT11 中断使能。INT11 使能或禁止 CPU 级 INT11 中断
		0	禁止 CPU 级 INT11 中断
		1	使能 CPU 级 INT11 中断
9	INT10		INT10 中断使能。INT10 使能或禁止 CPU 级 INT10 中断
		0	禁止 CPU 级 INT10 中断
		1	使能 CPU 级 INT10 中断
8	INT9		INT9 中断使能。INT9 使能或禁止 CPU 级 INT9 中断
		0	禁止 CPU 级 INT9 中断
		1	使能 CPU 级 INT9 中断
7	INT8		INT8 中断使能。INT8 使能或禁止 CPU 级 INT8 中断
		0	禁止 CPU 级 INT8 中断
		1	使能 CPU 级 INT8 中断
6	INT7		INT7 中断使能。INT7 使能或禁止 CPU 级 INT7 中断
		0	禁止 CPU 级 INT7 中断
		1	使能 CPU 级 INT7 中断
5	INT6		INT6 中断使能。INT6 使能或禁止 CPU 级 INT6 中断
		0	禁止 CPU 级 INT6 中断
		1	使能 CPU 级 INT6 中断

第 12 章 外设中断扩展

续表 12.13

位	位域名称	数值	说明
4	INT5		INT5 中断使能。INT5 使能或禁止 CPU 级 INT5 中断
		0	禁止 CPU 级 INT5 中断
		1	使能 CPU 级 INT5 中断
3	INT4		INT4 中断使能。INT4 使能或禁止 CPU 级 INT4 中断
		0	禁止 CPU 级 INT4 中断
		1	使能 CPU 级 INT4 中断
2	INT3		INT3 中断使能。INT3 使能或禁止 CPU 级 INT3 中断
		0	禁止 CPU 级 INT3 中断
		1	使能 CPU 级 INT3 中断
1	INT2		INT2 中断使能。INT2 使能或禁止 CPU 级 INT2 中断
		0	禁止 CPU 级 INT2 中断
		1	使能 CPU 级 INT2 中断
0	INT1		INT1 中断使能。INT1 使能或禁止 CPU 级 INT1 中断
		0	禁止 CPU 级 INT1 中断
		1	使能 CPU 级 INT1 中断

12.5 外部中断控制寄存器

28027 支持 3 个外部中断 XINT1～XINT3。每个外部中断可以选择为负边沿或正边沿触发，也可以使能或禁止。屏蔽的中断还包含一个 16 位自由运行增计数器，当检测到有效的中断沿时，该计数器复位为 0。此计数器可用作中断的准确时戳。中断控制和计数寄存器如表 12.14 所列。

表 12.14 中断控制和计数寄存器（不受 EALLOW 保护）

名称	地址范围	大小(x16)	说明
XINT1CR	0x0000 7070	1	XINT1 控制寄存器
XINT2CR	0x0000 7071	1	XINT2 控制寄存器
XINT3CR	0x0000 7072	1	XINT3 控制寄存器
reserved	0x0000 7073 – 0x0000 7077	5	
XINT1CTR	0x0000 7078	1	XINT1 计数寄存器
XINT2CTR	0x0000 7079	1	XINT2 计数寄存器
XINT3CTR	0x0000 707A	1	XINT3 计数寄存器
reserved	0x0000 707B – 0x0000 707E	5	

第 12 章　外设中断扩展

XINT1CR 到 XINT3CR 除了中断数目之外均相同；因此，图 12.13 和表 12.15 代表了外部中断 1 到外部中断 3 相对应的寄存器，如 XINTnCR，n＝中断数目。

15		4	3		2	1	0
	Reserved			Polarity		Reserved	Enable
	R-0			R/W-0		R-0	R/W-0

说明：R/W＝读/写；R＝只读；-n＝复位后的初始值。

图 12.13　外部中断 n 控制寄存器（XINTnCR）

表 12.15　外部中断 n 控制寄存器（XINTnCR）位域定义

位	位域名称	数值	说明
15-4	Reserved		读返回 0，写无效
3-2	Polarity		此读/写位决定：在引脚信号的上升沿还是下降沿产生中断
		00	在下降沿（高向低转换）产生中断
		01	在上升沿（低向高转换）产生中断
		10	在下降沿（高向低转换）产生中断
		11	在下降沿和上升沿（高向低转换和低向高转换）都产生中断
1	Reserved		读返回 0，写无效
0	Enable		此读/写位使能或禁止外部中断 XINTn
		0	禁止中断
		1	使能中断

对于每个外部中断（XINT1/ XINT2/ XINT3），还有一个 16 位的计数器，每当检测到中断沿时，该计数器复位为 0x000。这些计数器可用作中断发生的准确时戳。XINT1CTR～XINT3CTR 除了中断数目之外均相同；因此，图 12.14 和表 12.16 代表了 XINT1～XINT3 相对应的寄存器，如 XINTnCTR，n＝中断数。

15	0
INTCTR[15-0]	
R-0	

说明：R/W＝读/写；R＝只读；-n＝复位后的初始值。

图 12.14　外部中断 n 计数器 XINTnCTR （地址 7078h）

表 12.16　外部中断 n 计数器（XINTnCTR）位域定义

位	位域名称	说明
15:0	INTCTR	INTCTR 是一个以 SYSCLKOUT 时钟速率自由运行的 16 位增计数器。当检测到一个有效的中断边沿时，计数值复位为 0，然后继续计数，直到检测到下一个有效的中断边沿。当禁止中断时，计数器停止计数。该计数器为自由运行的计数器，当达到最大值时将返回到 0。该计数器为只读寄存器，只能通过有效的中断沿或通过复位来复位到 0

12.6 用软件区分中断优先权示例（zSWPrioritizedInterrupts）

对于大多数应用程序而言，通过 PIE 模块硬件来区分中断优先级已经足够了。对于需要自定义中断优先级的应用程序，本例提供了一个如何通过软件区分中断优先级的示例。

DSP2802x/doc 目录中的 Example_2802xISRPriorities.pdf 文件介绍了 F2802x 中断优先级更多的信息，可供查阅。

本例通过写 PIEIFR 寄存器模拟中断冲突，在同一时刻，它可模拟多个中断进入 PIE 模块。用软件区分中断优先级的例行程序可通过 DSP2802x_SWPrioritizedIsr-Levels.h 文件建立。

12.6.1 测试步骤

1. 全局和组优先级设置

开始时，建议直接采用"DSP2802x_SWPrioritizedIsrLevels.h"文件中对全局（Global）和组（Group）中断优先级的设置，不作任何改动。该头文件位于：

Project Explorer/zSWPrioritizedInterrupts /Include / …/f2802x /v129/ DSP2802x_common 之中。

全局优先级有 16 个成员可供设置（表 12.19 左面），这 16 个成员对应 CPU 级中断使能寄存器 IER 的 16 个控制位，成员 INTxPL（1≤x≤16）表示 INTx 优先级别，其中 INT1~INT12 可控制 PIE 级进入 CPU 级某条中断线 INTx(x=1~12)。INTxPL 可按优先级从高到低的顺序设置 1~16 中的一个数，以确定进入 CPU 的优先级，0 表示该成员不用。

组优先级有 8 个成员可供设置（表 12.19 右面），成员 GxyPL 表示第 x 组中第 y 个中断的优先级别，其中：1≤x≤12，1≤y≤8。8 个成员对应 PIE 级向量表中每组的 8 个中断（包括保留中断），GxyPL 可按优先级从高到低的顺序设置 1~8 中的一个数，以确定组内优先级，0 表示该成员不用。

从表 12.19 可以看出，全局中断与组中断是有联系的，例如 INT1PL 与 第一组中断（PIEIER1）对应，INT2PL 与 第二组中断（PIEIER2）对应等。

2. 运行状况（CASE）的设置

设置主文件头部的 CASE 指令用以确定运行测试状况。CASE 可以选择 1,2,3,4,6,7,8,9 中的一个数字：当 CASE=1 或(2,3,4,6)时，对该组中的所有中断优先级进行排序。

第 12 章 外设中断扩展

表 12.19 全局及组中断优先级的原始设置

全局"Global"（IER 寄存器）中断优先级的原始设置	寄存器组内"Group"中断优先级原始设置（仅前面两组）
#define INT1PL 2 // Group1 Interrupts (PIEIER1)	#define G11PL 7 // ADCINT1 (ADC)
#define INT2PL 1 // Group2 Interrupts (PIEIER2)	#define G12PL 6 // ADCINT2 (ADC)
#define INT3PL 4 // Group3 Interrupts (PIEIER3)	#define G13PL 0 // reserved
#define INT4PL 2 // Group4 Interrupts (PIEIER4)	#define G14PL 1 // XINT1 (External)
#define INT5PL 2 // Group5 Interrupts (PIEIER5)	#define G15PL 3 // XINT2 (External)
#define INT6PL 3 // Group6 Interrupts (PIEIER6)	#define G16PL 2 // ADCINT9 (ADC)
#define INT7PL 0 // reserved	#define G17PL 1 // TINT0 (CPU Timer 0)
#define INT8PL 0 // reserved	#define G18PL 5 // WAKEINT (WD/LPM)
#define INT9PL 3 // Group9 Interrupts (PIEIER9)	#define G21PL 4 // EPWM1_TZINT (EPwm1 Trip)
#define INT10PL 0 // reserved	#define G22PL 3 // EPWM2_TZINT (EPwm2 Trip)
#define INT11PL 0 // reserved	#define G23PL 2 // EPWM3_TZINT (EPwm3 Trip)
#define INT12PL 0 // reserved	#define G24PL 1 // EPWM4_TZINT (EPwm4 Trip)
#define INT13PL 4 // TINT1	#define G25PL 0 // reserved
#define INT14PL 4 // INT14 (TINT2)	#define G26PL 0 // reserved
#define INT15PL 4 // DATALOG	#define G27PL 0 // reserved
#define INT16PL 4 // RTOSINT	#define G28PL 0 // reserved

当 CASE=7 时,对第 1,2 共两组所有中断优先级进行排序。

当 CASE=8 时,对第 1,2,3 共 3 组所有中断优先级进行排序。

当 CASE=9 时,对第 1,2,3,6,8,9,10,12 共 9 组所有中断优先级进行排序,对 28027 而言,PIE 向量表第 5、第 7 及第 11 组目前没有安排中断向量。

3. 编译代码,加载并运行

4. 观察变量 ISRTrace[50]

将这个数组加入 CCSv5 变量视窗,它用来跟踪每一个测试完成后中断优先级的排序。

主文件在每个测试段的末尾都有一个硬编码断点(ESTOP0)。当代码在断点处停止时,可通过 CCSv5 变量视窗的 ISRTrace 数组检查中断服务程序完成后的优先级排序,被 CASE 选定的各组中所有中断都将添加到 ISRTrace 数组中。ISRTrace 每个成员在数组中的先后顺序对应表示其中断优先级的顺序,数组采用十六进制列表组成,其含义如下:

0x00yz:y 表示第几组中断,z 表示该组中的第几个中断;

例如:当 CASE=1 时,程序中断后,ISRTrace 数组中顺序的 8 个十六进制数据分别为:

0x0014:表示第一组第 4 个中断(XINT1   (External))为最高优先级;

0x0017:表示第一组第 7 个中断(TINT0   (CPU Timer 0))为第 2 个优先级;

0x0016:表示第一组第 6 个中断(ADCINT (ADC))为第 3 个优先级；
0x0015:...

当设置 CASE=8 时,将对第 1,第 2 及第 3 组所有中断进行优先级排序,如图 12.15 所示。在 3 组中,第 2 组优先级最高,第 1 组其次,而第 3 组优先级最低。在第 2 组中,组内第 4 个中断优先级最高,组内第 1 个中断优先级最低。这些都与原始设置吻合。

5. 改变优先级

以上测试均采用该项目的原始设置。

若需要的话,可在 DSP2802x_SWPrioritizedIsrLevels.h 文件中重新设置全局中断优先级及组内中断的优先级别。编译运行后检查 ISRTrace 数组,判断中断优先级是否符合软件的设置。本文件的中断服务函数全部放在 Example_2802xSWPrioritizedDefaultIsr.c 文件中。

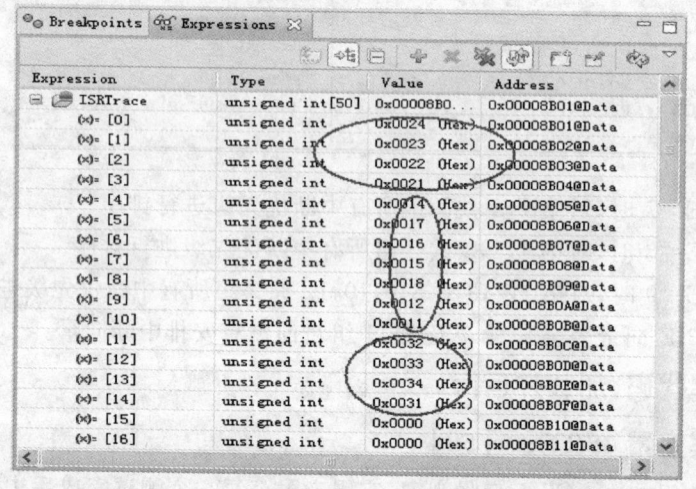

图 12.15 当 CASE=8 时,第 1,2,3 共 3 组所有中断优先级的排序

12.6.2 运行状况分析

1. 建立全局及组优先级

在 DSP2802x_SWPrioritizedIsrLevels.h 头文件起始处,可以对全局"Global" (IER 寄存器)中断优先级进行设置,见表 12.19 左面部分。该文件根据这一设置,将会产生与全局优先级对应的 IER 中断掩码 MINTx($1 \leqslant x \leqslant 16$),这里的'M'表示掩码。

表 12.19 右面部分为全局"Global"之后的寄存器组内 "Group" 中断优先级原始设置,共有 12 组这里仅列出前面两组。头文件根据这一设置将会产生与各组优先

级对应的 MGxy 掩码,其中:'M'表示掩码,'G'表示组。

本例在主文件开始处,设置 i = MG11; 及 i = MINT1; 等指令获取 MG11 及 MINT1 的值,以便分析时使用。

2. 主文件中断的设置

表 12.20 列出在 CASE=1 时的程序代码。

表 12.20 主文件中断的设置

```
#if (CASE==1)  // ##### 情形 1: ##### //
    // 通过写 PIEIFR1 寄存器激活 1 组所有有效中断。
// 以上指令与常规中断设置指令基本相同,即在中断设置之前,禁止 CPU 中断,初始化 PIE 控制寄存器为
// 默认状态,以及应用程// 序所需的初始化,诸如 ISR 跟踪数组清 0,ISR 跟踪数组索引指针清 0。
DINT;                                        // 禁止中断
for(i = 0; i < 50; i++) ISRTrace[i] = 0x00;  // ISR 跟踪数组清 0
ISRTraceIndex = 0;                           // ISR 跟踪数组索引指针清 0
InitPieCtrl();                               // 初始化 PIE 控制寄存器为默认状态
IER = 0;                                     // 关 CPU 中断
IFR &= 0;                                    // 清除所有 CPU 中断标志

// 以下开始设置与应用程序有关的指令
PieCtrlRegs.PIECTRL.bit.ENPIE = 1;           // 当 ENPIE=1,所有向量取自 PIE 向量表,使能 PIE 模块。
PieCtrlRegs.PIEIER1.all = 0x00FF[1];         // PIEIER1 = 0x00FF,使能 PIE 1 组所有 1-8 中断
PieCtrlRegs.PIEACK.all = M_INT1[2];

IER |= M_INT1[3];                            // (M_INT1=0x0001)
PieCtrlRegs.PIEIFR1.all = ISRS_GROUP1[4];    // ISRS_GROUP1=0x00FB
EINT;                                        // 使能全局 INTM 中断
while(PieCtrlRegs.PIEIFR1.all != 0x0000){}[5]// 等待 1 组所有中断的中断服务
asm("      ESTOP0");                         // 插入汇编指令: ESTOP0(仿真停止 0)
```

① PIE 中断使能寄存器 PIEIER1,高 8 位保留,低 8 位为:INTx.8~INTx.1,当 INTx.y=1(1≤x≤12),使能 x 组第 y 个中断;当 INTx.y=0,禁止 x 组第 y 个中断。这里,设置 PIEIER1 = 0x00FF,使能 PIE 1 组所有 1~8 中断,以便进行对组内中断优先级排序。

② PIEACK.x 为 PIE 级各组中断进入 INTx(1≤x≤12)的门禁。当 PIEACK.1 = M_INT1=0x0001 时,PIEACK.1 被清 0,根据图 12.1 可知:此时打开 PIE 1 组进入 INT1 中断线的通道。

③ CPU 中断使能寄存器: IER[0]=INT1=1,使能 CPU INT1(第 1 组)中断。使第 1 组所有有效中断归入 CPU INT1 中断线。这条指令与上面一条指令对应

④ PIE 中断标志寄存器 PIEIFRx(1≤x≤12),高 8 位保留,低 8 位依次为:INTx.8~INTx.1。当外设产生一个中断请求时,对应标志位由硬件置 1,产生一个 PIE 级中断的条件。此时,若对应的 PIE 中断使能位已经置 1,则 PIE 级向 CPU 级发出一个中断请求。当一个中断处理完毕或向该位写 0 时,该位清 0。这条指令以软件方式激活 1 组 PIE 级所有有效中断,以便优先级排序

⑤ 当中断标志位 PIEIFR1 未被全部清 0,即 1 组所有中断未服务完毕,等待;当中断标志位已被清 0,则所有中断服务完毕,执行下面程序。中断服务函数在 SWPrioritizedDefaultIsr.c 文件中。对第 1 组中断而言,中断服务函数将按照该组在头文件 DSP2802x_SWPrioritizedIsrLevels.h 设定的中断优先次序进行服务,并将中断的顺序号以 0x00xy(PIE 第 x 组中第 y 个中断)存入 ISRTrace[]数组。

第 12 章 外设中断扩展

用软件区分中断优先级示例牵涉的文件比较多。主程序调用的 InitPieVectTable()函数取自共享源文件 DSP2802x_SWPiroritizedPieVect.c,其作用是构建软件优先级全部中断向量表,定义中断向量名。这种定名在 Example_2802xSWPrioritizedDefaultIsr.c 文件中作为中断服务函数名使用。由于程序框架庞大,例如头文件 DSP2802x_SWPrioritizedIsrLevels.h 就有 5 000 多条指令,建议除优先级设置外,不要轻易对这些文件进行改动。

3. 在 CASE=1 时,软件中断的响应状况(参见表 12.20)

从第 1 个步骤可知主程序使能第 1 组中所有中断,而中断服务函数则根据中断优先级别进行响应。这里以 PIE 1 组设置的中断优先级为例(参见表 12.19 右上部)说明软件区分中断优先级的运行状况。图 12.16 及图 12.17 列出 Example_2802xSWPrioritizedDefaultIsr.c 文件中 PIE 1 组 ADCINT1_ISR( )及 XINT1_ISR( )两个中断服务函数,对应的两个中断分别被设置为最低优先级和最高优先级(参见表 12.19)。

ADCINT1_ISR( )最低优先级运行状况:

根据图 12.16 在程序中分别设置两个断点。编译运行程序,当程序在第 1 个断点停住时,变量视窗中 ISRTrace 数组的数据全为 0;继续运行程序后在第 2 个断点停住,此时变量视窗更新数据的排序与表 12.19 PIE 1 组中断优先级排序相同。在两个断点的时间间隔内,系统按照软件排序方案完成了优先级高于 ADCINT1(标号为 G11PL)中断的排序。从表 12.19 可知,ADCINT1 被设置为 PIE 1 组的最低优先级,这一设置与图 12.16 右上角变量视窗优先级排序吻合。

XINT1_ISR( )最高优先级运行状况:

现在用测试 ADCINT1(最低优先级)同样的方法,来测试该组中软件设置最高优先级 XINT1 的运行情况。图 12.17 为 XINT1(标号为 G14PL)中断被设置成最高优先级中断服务函数。也设置前后两个断点,程序运行到第 1 个断点时,变量视窗 ISRTrace 数组的数据全为 0;当运行到第 2 个断点时,变量视窗的数据只有 0x0014,意为仅发生了第 1 组第 4 个 XINT1 中断。原因是 XINT1 中断被设置为最高优先级,在这个中断函数没有完成之前不会响应较低优先级的中断,故变量视窗只有一个 0x0014,即 CPU 正在服务第 1 组中的第 4 个中断。

12.7 外部中断示例(zExternalInterrupt)

28027 支持三个外部中断 XINT1,XINT2 及 XINT3。通过对 GPIO 外部中断 n 选择寄存器(GPIOXINTnSEL)的设置,GPIOA 端口的 GPIO0 到 GPIO31 共 32 个引脚中的每一个引脚都可以设置成 XINTn 的中断源。其中,GPIOXINT1SEL 控制 XINT1 中断源的设置,GPIOXINT2SEL 控制 XINT2 中断源的设置,而 GPIOXINT3SEL 控制 XINT3 中断源的设置。

第 12 章 外设中断扩展

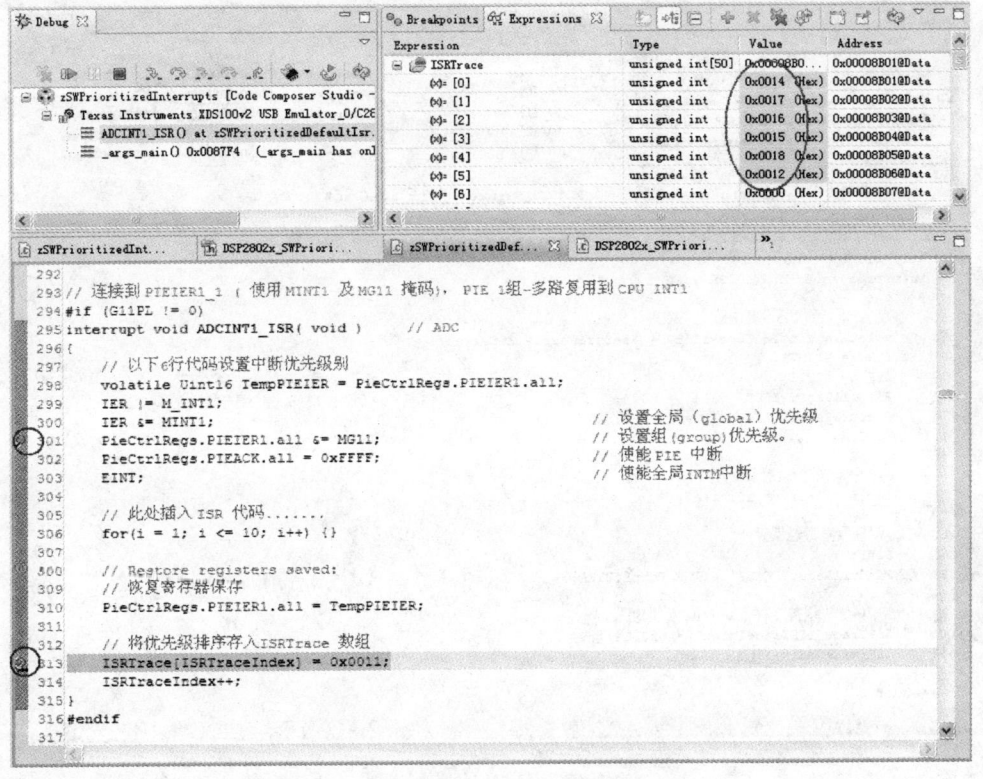

图 12.16　PIE 1 组第 1 个 ADCINT1 中断响应函数

12.7.1　项目说明

外部中断项目 zExternalInterrupt 分别将 GPIO0 和 GPIO1 对应设置为 XINT1 和 XINT2 的中断源，GPIO0 采用下降沿同步触发 XINT1 中断，而 GPIO1 采用 6 个采样限定周期，每个周期为 510 个系统时钟（SYSCLKOUT）的上升沿信号来触发 XINT2 中断。其中 GPIO0、GPIO1 通过外部连线分别与 GPIO28、GPIO29 连接，即由 GPIO28、GPIO29 引脚分别提供 GPIO0、GPIO1 的电平信号。

为了进一步说明外部中断设置的步骤，在原有项目的基础上增加了 XINT3 中断。采用 GPIO2 作为中断源，用 +3.3V 到 0 的下降沿电平跳变来同步触发 XINT3 中断。

12.7.2　硬件连接

1. GPIO0 作为 XINT1 的中断源，下降沿触发中断。

用杜邦线将 GPIO28(LaunchPad.J1.3) 连接到 GPIO0(LaunchPad.J6.1)，由软件提供 GPIO28 下降沿信号来触发 XINT1 中断。

第 12 章 外设中断扩展

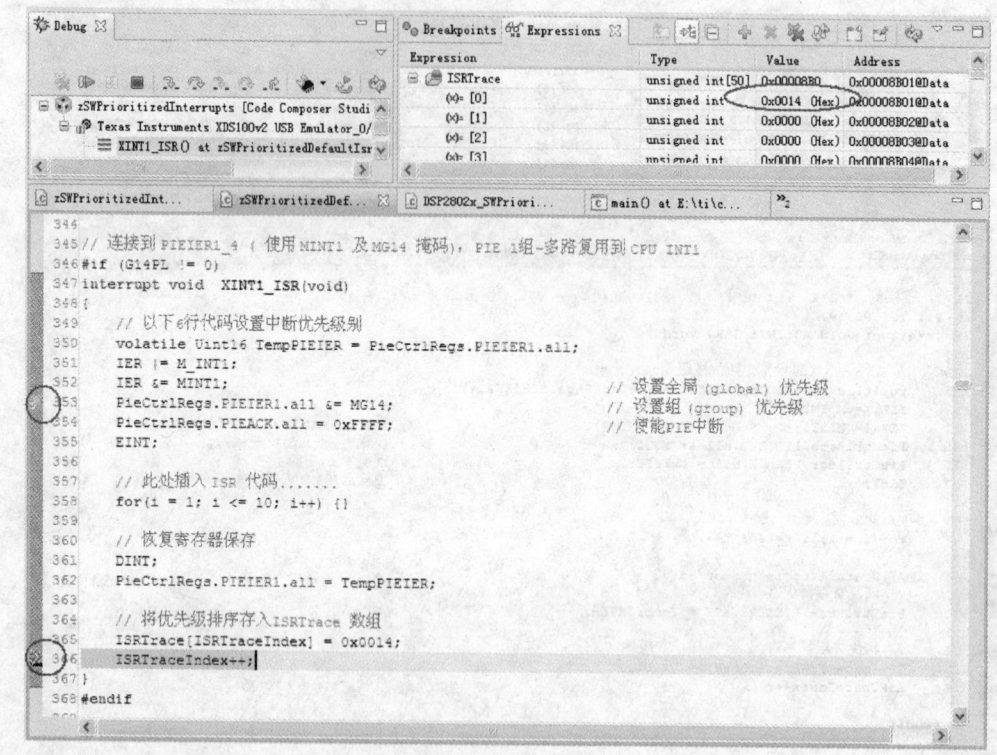

图 12.17 PIE 1 组第 4 个 XINT1 中断响应函数

注意：这里电平采样与时钟同步，软件将 GPIO28 电平拉低时不需要延时

2. GPIO1 作为 XINT2 的中断源，上升沿触发中断。

用杜邦线将 GPIO29（LaunchPad. J1. 4）连接到 GPIO1（LaunchPad. J6. 2），由软件提供 GPIO29 上升沿信号来触发 XINT2 中断。

注意：由于 GPIO29 上升沿信号电平采用了 6 个采样限定周期，每个周期为 510 个系统时钟（SYSCLKOUT），因此，在用指令将 GPIO29 拉高之前，必须有 6 个采样限定周期（51 us）的延时。

3. GPIO2 作为 XINT3 的中断源，下降沿触发中断。

用杜邦线将＋3.3V（LaunchPad. J1. 1）连接到 GPIO2（LaunchPad. J6. 3），由硬件件提供 GPIO2 下降沿信号。运行时，将＋3.3V（LaunchPad. J1. 1）拔掉构成 GPIO2 一个下降沿事件来触发 XINT3 中断。

1. 将 GPIO18（LaunchPad. J1. 5）接入示波器，用以观察 XINT1 软件中断的波形，量程：20V, 10 ms

2. 将 GPIO34 （LaunchPad. J1. 7）及 GND（LaunchPad. J5. 2）接入示波器，用以观察 XINT3 硬件中断的波形

6. 将以下变量
   Xint1Count   XINT1 中断的次数
   Xint2Count   XINT2 中断的次数
   LoopCount   无限循环的次数
加入表达式视窗并设置成实时动态变量
7. 编译运行程序,表达式视窗 显示 3 个变量快速递增

12.7.3 用软件触发外部中断测试

条件:不要断开 GPIO28 与 GPIO0,GPIO29 与 GPIO1 的连接

1. 程序将 GPIO0 引脚设置成 XINT1 中断源,将 GPIO1 引脚设置成 XINT2 中断源。

XINT1 中断输入源与系统时钟 SYSCLKOUT 同步,XINT2 中断输入源有 6 个采样限定周期,每个采样周期 510 * SYSCLKOUT。

2. 通过软件分别用 GPIO28 及 GPIO29 引脚触发 XINT1 及 XINT2 中断,GPIO28 触发 XINT1 中断,GPIO29 触发 XINT2 中断。

3. 用 GPIO34 引脚观察变化,该引脚在中断服务函数(ISRs)之外将被拉高,而在中断服务函数之内被拉低。

12.7.4 硬件触发 XINT3 外部中断测试

拔掉 +3.3V(LaunchPad.J1.1)接头,可观察到 GPIO34 的脉冲信号,插上后 GPIO34 脉冲信号消失,可重复。

12.7.5 软件触发 XINT1 及 XINT2 中断的关键指令

1. 表 12.21 为主文件中的关键指令

表 12.21 主文件中的关键指令

```
// 6 个采样限定周期,每个周期为 510 个系统时钟(SYSCLKOUT)的延时。CPU_RATE=16.67L
// (60MHz),此处"L"可理解为 ns 单位,紧跟数字之后不可空格。CPU_RATE/1000 * 6 * 510 = (CPU_
// RATE/1000) * 6 * 510 = CPU_RATE * 3.06 = 16.67 * 3.06 = 51.00L。由于 DELAY 将作为 DELAY_
// US(DELAY) 实参,进行 us 级的延时,故除以 1000。
#define DELAY (CPU_RATE/1000 * 6 * 510)
void  main (void)
{ …
// 设置 GPIO28 及 GPIO29 为输出,起始时 GPIO28 及 GPIO29 分别为高、低电平以便提供下降沿和上升沿
// 中断触发电平
    EALLOW;
    GpioCtrlRegs.GPAMUX2.bit.GPIO28 = 0;    // GPIO28 为 GPIO 功能
    GpioCtrlRegs.GPADIR.bit.GPIO28 = 1;     // GPIO28 为输出
    GpioDataRegs.GPASET.bit.GPIO28 = 1;     // 将 GPIO28 锁存为高电平
```

续表 12.21

```c
        GpioCtrlRegs.GPAMUX2.bit.GPIO29 = 0;    // GPIO29 为 GPIO 功能
        GpioCtrlRegs.GPADIR.bit.GPIO29 = 1;     // GPIO29 为输出
        GpioDataRegs.GPACLEAR.bit.GPIO29 = 1;   // 将 GPIO29 锁存为低电平
        EDIS;
// 用于在 XINT1 及 XINT3 中断内,分别切换 GPIO18 及 GPIO34 电平,以便观察中断波形
        EALLOW;
        GpioCtrlRegs.GPBMUX1.bit.GPIO34 = 0;    // GPIO34 为 GPIO 功能
        GpioCtrlRegs.GPBDIR.bit.GPIO34 = 1;     // GPIO34 为输出
        GpioCtrlRegs.GPAMUX2.bit.GPIO18 = 0;    // GPIO18 为 GPIO 功能
        GpioCtrlRegs.GPADIR.bit.GPIO18 = 1;     // GPIO18 为输出
        EDIS;
// 设置 GPIO0 为 GPIO 输入并同步于 SYSCLKOUT 时钟;设置 GPIO1 为 GPIO 输入,6 个采样限定周期,
// 其中每个限定周期
//(或采样窗的宽度)为 510 * SYSCLKOUT 系统周期
        EALLOW;
        GpioCtrlRegs.GPAMUX1.bit.GPIO0 = 0;     // GPIO0 为 GPIO 功能
        GpioCtrlRegs.GPADIR.bit.GPIO0 = 0;      // GPIO0 为输入
        GpioCtrlRegs.GPAQSEL1.bit.GPIO0 = 0;    // GPIO0 采样与系统时钟 SYSCLKOUT 同步
        GpioCtrlRegs.GPAMUX1.bit.GPIO1 = 0;     // GPIO1 为 GPIO 功能
        GpioCtrlRegs.GPADIR.bit.GPIO1 = 0;      // GPIO1 为输入
        GpioCtrlRegs.GPAQSEL1.bit.GPIO1 = 2;    // GPIO1 采样为 6 个采样限定周期,
        GpioCtrlRegs.GPACTRL.bit.QUALPRD0 = 0xFF; // 每个限定周期(采样窗宽度)为
                                                // 510 * SYSCLKOUT 系统周期
        EDIS;
// 设置 GPIO0 作为外部中断 1(XINT1)的中断源,GPIO1 作为外部中断 2(XINT2)的中断源
        EALLOW;
        GpioIntRegs.GPIOXINT1SEL.bit.GPIOSEL = 0;  // 选择 GPIO0 引脚作为 XINT1 中断源(defaul)
        GpioIntRegs.GPIOXINT2SEL.bit.GPIOSEL = 1;  // 选择 GPIO1 引脚作为 XINT2 中断源
        EDIS;
// 设置 XINTn 的边沿触发
        XIntruptRegs.XINT1CR.bit.POLARITY = 0;  // XINT1 中断发生在一个下降沿(信号从
                                                // 高一到一低 的转变)
        XIntruptRegs.XINT2CR.bit.POLARITY = 1;  // 由 POLARITY(XINT2CR[3:2]) = 1,上升沿
                                                // 产生 XINT2 中断
// 使能 XINT1 及 XINT2 中断
        XIntruptRegs.XINT1CR.bit.ENABLE = 1;    // 由 ENABLE(XINT1CR[0]) = 1,使能 XINT1
                                                // 中断
        XIntruptRegs.XINT2CR.bit.ENABLE = 1;    // 由 ENABLE(XINT2CR[0]) = 1,使能 XINT2
                                                // 中断…
}
```

2. 表 12.22 为主文件中的无限循环程序

表 12.22　主文件中的无限循环程序,用软件触发外部中断

```
for(;;)
{
    TempX1Count = Xint1Count;    // TempX1Count 跟踪外部中断 1 计数器 Xint1Coun,并用于进入当型循环
    TempX2Count = Xint2Count;    // TempX2Count 跟踪外部中断 2 计数器 Xint2Coun,并用于进入当型循环
// 拉高 GPIO34 及触发 XINT1 中断
    GpioDataRegs.GPBSET.bit.GPIO34 = 1;         // 拉高 GPIO34
    GpioDataRegs.GPACLEAR.bit.GPIO28 = 1;       // 软件拉低 GPIO28,用以同步触发 XINT1 中断,
                                                // 不需延时
    while(Xint1Count == TempX1Count){}(1)
// 拉高 GPIO34 及触发 XINT2 中断
    GpioDataRegs.GPBSET.bit.GPIO34 = 1;         // 拉高 GPIO34
    DELAY_US(DELAY);                            // 系统延时,限制周期
    GpioDataRegs.GPASET.bit.GPIO29 = 1(2)       // 拉高 GPIO29,触发 XINT2 中断
    while(Xint2Count == TempX2Count){}(3)
// 检查计数器正确与否以便重新开始
    if(Xint1Count == TempX1Count+1 && Xint2Count == TempX2Count+1)
    {
        LoopCount++;
        GpioDataRegs.GPASET.bit.GPIO28 = 1(4);  // 拉高 GPIO28
        GpioDataRegs.GPACLEAR.bit.GPIO29 = 1;   // 拉低 GPIO29
    }
    else
    { asm("     ESTOP0"); }                     // 出错停止仿真
}
```

(1) 由于在无限循环的头部已设置 Xint1Count=TempX1Count,因此程序总能进入当型循环。能否跳出当型循环决定于 Xint1Count 的值是否改变。这里将 GPIO0 引脚的下降沿作为 XINT1 中断源,而 GPIO0 通过杜邦线与 GPIO28 相连,因此,GPIO28 引脚电平每次从高到低的跳变(下降沿)都将触发 XINT1 中断,在 XINT1 中断程序中,Xint1Count 增计数。这里通过软件将 GPIO28 引脚拉低,形成一个触发 XINT1 中断的条件,每进入 XINT1 中断 Xint1Count 加 1,因此跳出循环。

(2) 由于对 GPIO29 定义了 6 个采样窗限定周期,每个采样窗为 510 * SYSCLKOUT 系统时钟周期,因此 GPIO29 总共需要 6 * 510 个系统时钟周期完成一次采样,这必须有一个延时,上面的系统延时指令就是提供 GPIO29 采样需要的延时。一旦设置了采样限定,则对采样前的延时要求较为苛刻,采样延时的计算值为 51us,若改成 48us 就不能正常工作。

(3) 这条当型循环指令类似于上面一条当型循环指令,只是采用 GPIO29 引脚的上升沿作为 XINT2 中断源。

(4) 这以下两条指令用于恢复 GPIO28 及 GPIO29 触发中断前的状态,以便再次形成触发中断的条件。

12.7.6 外部中断的设置步骤

下面以外部中断 3(XINT3)为例说明设置步骤。

1. 建立 XINT3 中断服务函数

仿照现有的 XINT1 中断服务函数 interrupt void xint1_isr(void) 建立 XINT3 中断服务函数,如表 12.7.3 所示。

表 12.23　XINT3 中断服务函数

```
interrupt void xint3_isr(void)
{
    GpioDataRegs.GPATOGGLE.bit.GPIO18 = 1;        // 切换 GPIO18 电平用以观察中断效果
    PieCtrlRegs.PIEACK.all = PIEACK_GROUP12;  (1)
}
```

(1) XINT1 中断服务函数的掩码(或称屏蔽码)PIEACK_GROUP1=0x0001,意即应答位指向 PIE 向量表的第 1 组(屏蔽其它组),而 XINT3 的 PIEACK_GROUP12=0x0800 指向第 12 组,因为 XINT3 位于 PIE 向量表第 12 组第一个中断(参见表 12.4)。当一个中断请求从 PIE 级进入 CPU 级时,硬件将相应的中断应答位 PIEACK 置 1 以关闭后续中断进入 CPU 的通道(参见图 12.1)。该位必须通过软件即在中断服务函数中置 1 清零,从而打开 PIE 级后续中断进入 CPU 级的通道。因此可把应答位 PIEACK 称为 PIE 级中断进入 CPU 级的门禁。

2. 确定中断向量的入口地址

```
EALLOW;                              // 允许写受 EALLOW 保护的寄存器
PieVectTable.XINT3 = &xint3_isr;
EDIS;                                // 禁止写受 EALLOW 保护的寄存器
```

在上面指令中,xint3_isr 是针对 XINT3 中断向量的一个中断服务函数,&xint3_isr() 是该函数的入口地址。

3. 使能 PIE 级及 CPU 级中断向量

这个步骤由下面 4 类指令完成:

(1) 先找出 XINT3 中断向量在 PIE 向量表中所在的组,及在这组中所处的优先级。在 PIE 中断向量表中,查得该向量位于 PIE 向量表第 12 组第 1 个中断向量。因此先通过 PIE 级指令:

```
PieCtrlRegs.PIEIER12.bit.INTx1 = 1;
```

使能位于 PIE 向量表第 12 组中的第 1 个 XINT3 中断向量
(2) 通过 CPU 级的赋值指令使能第 12 组中断向量

```
IER |= M_INT12;
```

M_INT12 是一个掩码,在 DSP2802x_Device.h 头文件中定义为 0x0800,指向第 12 组,该指令的含义在 CPU 级使能第 12 组中断向量,即把 XINT3 中断汇集到 CPU 级的 INT12 中断线上。注意:这里用了按位或复合运算符"|="而不是直接赋值,其用意是不破坏 IER 寄存器的原有结构。

(3) 通过以下指令

```
EINT;      // 使能全局中断 INTM
ERTM;      // 使能全局实时中断 DBGM
```

使能全局中断。

(4) 使能 PIE 向量表,由下面一条指令完成。

```
PieCtrlRegs.PIECRTL.bit.ENPIE = 1;
```

实际上这条指令包含在初始化 PIE 向量表 InitPieVectTable()函数中,主程序对这个函数已经调用。因此可省略。

4. XINT3 中断的相关指令

下面特意将 XINT3 设置的相关指令从主文件中分离出来在这里分步骤说明。
(1) 设置 GPIO2 为输入,采样与系统时钟(SYSCLKOUT)同步,指令为:

```
EALLOW;                                  // 允许写受 EALLOW 保护的寄存器
GpioCtrlRegs.GPAMUX1.bit.GPIO2 = 0;      // GPIO2 为 GPIO 功能
GpioCtrlRegs.GPADIR.bit.GPIO2 = 0;       // GPIO2 为输入
GpioCtrlRegs.GPAQSEL1.bit.GPIO2 = 0;     // GPIO2 采样与系统时钟 SYSCLKOUT 同步
EDIS;                                    // 禁止写受 EALLOW 保护的寄存器
```

(2) 设置 GPIO2 为外部中断 3(XINT3)的中断源

```
EALLOW;
GpioIntRegs.GPIOXINT3SEL.bit.GPIOSEL = 2;  // 选择 GPIO2 引脚作为 XINT3 中断源
EDIS;
```

(3) 设置 XINT3 的边沿触发

```
XIntruptRegs.XINT3CR.bit.POLARITY = 0;   // 中断发生在一个下降沿
```

(4) 使能 XINT3 中断

```
XIntruptRegs.XINT3CR.bit.ENABLE = 1;     // 使能 XINT3 中断
```

12.7.7 28027 LaunchPad 接口

图 12.18 按照 28027 LaunchPad 实物自左到右的顺序列出了 J1,J5,J6,及 J2 各引脚的常规及复用信号,以便调试使用。例如使用 QPIO28 引脚采用 LaunchPad. J1.3 表示,以区分其它调试板。

第 12 章 外设中断扩展

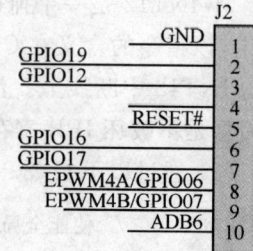

复用引脚：
GPIO12/TZ1/SCITXDA
GPIO16/SPISIMOA/TZ3
GIPO17/SPISOMIA/TZ3
GPIO18/SPICLKA/SCITXDA/XCLKOUT
GPIO19/XCLKIN/SPISTEA/SCIRXDA/ECAP1
GPIO28/SCIRXDA/SDAA/TZ2
GPIO29/SCITXDA/SCLA/TZ3
GPIO32/SDAA/EPWMSYNCI/ADCSCCAO
GPIO33/SCLA/EPWMSYNCO/ADCSOCBO
GPIO34/COMP2OUT

图 12.18 28027 LaunchPad 接口

附表 1 28027 与 28335 同名或同类项目主文件的异同

同名项目	主文件	异 同
adc_soc ADC 触发转换测试	Example_2833xAdc.c Example_2802xAdcSoc.c	不可比。自 28027（含）以后，C2000 内核摒弃了老式 adc 模块（含 28335）采用了软件更易控制和理解 adc 模块。新 adc 模块摒除结果寄存器与老式模块同名外，其余均无同名寄存器
cpu_timer Cpu 定时器测试程序	Example_2802xCpuTimer.c Example_2833xCpuTimer.c	28027 的系统时钟为 60MHz，28335 为 150MHz，除涉及到时钟设置的指令不同外，其余指令（包括中断指令）全部相同
ecap_apwm eCap 辅助脉宽调制测试程序	Example_2802xECap_apwm.c Example_2833xECap_apwm.c	28335 用了 4 个 eCap 模块（eCap1 – eCap4）。28335 总共有 6 个 eCAP 模块，这里未用 eCAP5 及 eCAP6。28027 只有 eCap1 一个模块。两个系统对 eCap1 的设置指令完全相同
ecap_capture_pwm eCap 捕获 pwm 信号测试程序	Example_2802xECap_Capture_Pwm.c Example_2833xECap_Capture_Pwm.c	指令完全相同
epwm_deadband. Epwm 死区测试程序	Example_2802xEpwmDeadBand.c Example_2833xEpwmDeadBand.c	指令完全相同
epwm_timer_interrupts Epwm 定时器中断测试程序	Example_2802xEPwmTimerInt.c Example_2833xEPwmTimerInt.c	28027 用了 4 个中断：PWM1_INT – PWM4_INT；28335 用了 6 个中断 PWM1_INT – PWM6_INT。两个系统对 PWM1_INT – PWM4_INT 的设置完全相同
epwm_trip_zone Epwm 故障捕获测试程序	Example_2802xEpwmTripZone.c Example_2833xEpwmTripZone.c	指令完全相同。但是 28335 可控制 ePWM1 – ePWM6 总共六个增强 PWM 模块，而 28027 只能控制 ePWM1 – ePWM4 四个
epwm_up_aq Epwm 增计数动作限定测试程序	Example_2802xEPwm3UpAQ.c Example_2833xEPwm3UpAQ.c	指令完全相同
epwm_updown_aq Epwm 增减计数动作限定测试程序	Example_2802xEPwmUpDownAQ.c Example_2833xEPwmUpDownAQ.c	指令完全相同
external_interrupt 外部中断测试程序	Example_2802xExternalInterrupt.c Example_2833xExternalInterrupt.c	由于 28027 系统时钟为 60MHz 而 28335 系统时钟为 150MHz，因此设定的系统延时因子不同；该项目是一个测试程序，自身引脚的输出信号为自身引脚的输入信号，28027 采用 GPIO28 及 GPIO29 提供输出信号，而 28335 采用 GPIO30 及 GPIO31 提供输出信号。除了以上两点不同之外，其余指令完全相同

附表 1（续） 28027 与 28335 同名或同类项目主文件的异同

同名项目	主文件	异同
gpio_toggle GPIO 设置测试程序	Example_2802xGpioSetup.c DSP2833x Device GPIO Setup	由于 28027 只提供了 22 个可编程外部引脚（其中 4 个用作 JTAG）而 28335 多达 88 个可编程外部引脚，因此 28335 可供设置的引脚较多，但两者对引脚设置的基本方法是完全相同的
gpio_toggle GPIO 电平切换测试程序	Example_2802xGpioToggle.c Example_2833xGpioToggle.c	指令完全相同 28027 程序中没有的引脚也作了像 28335 一样的定义和应用
hrpwm	DSP2802x Device HRPWM example DSP2833x Device HRPWM example	指令完全相同
hrpwm_slider 高分辨率脉宽调制（HRPWM）测试	Example_2802xHRPWM_slider.c Example_2833xHRPWM_slider.c	指令完全相同
hrpwm_duty_sfo_v6(28027)： 采用 sfo_v6 函数获得高分辨率占空比 hrpwm_sfo_v5(28335)： 采用 sfo_v5 优化软件获得高分辨率占空比	Example_2802xHRPWM_Duty_SFO_V6.c Example_2833xHRPWM_SFO_V5.c	同类项目，高分辨率脉宽调制究其实质是获得高分辨率的占空比，由 32 位寄存器 CMPA:CMPAHR 的高 16 位 CMPA 控制占空比的粗调值，两者完全相同，低 16 位的高 8 位 CMPAHR 控制占空比的细调值。28027 和 28335 分别使用 sfo_v6 和 sfo_v5 优化软件获得 MEP 比例因子计算 CMPAHR。另外，28027 在计算 CM-PAHR 时加入 0.5 进行含去误差补偿，而 28335 采用 1.5 进行含去误差补偿。两者使用的方法一致，初始化基本指令相同
i2c_eeprom I2C_EEPROM 测试程序	Example_2802xI2c_eeprom.c Example_2833xI2c_eeprom.c	28027 的 FIFO 为 4 级深度（用了 2 个）而 28335 为 16 级深度（用了 8 个），两者除了涉及到 FIFO 设置的指令不同之外，其它指令完全相同
lpm_haltwake 低功耗暂停唤醒测试程序	Example_2802xHaltWake.c Example_2833xHaltWake.c	指令完全相同
lpm_idlewake 低功耗空闲唤醒测试程序	Example_2802xIdleWake.c Example_2833xIdleWake.c	在全部程序指令中，只有外部中断 1 服务程序（XINT_1_ISR）以下两条指令不同： 28027 采用 GpioDataRegs.GPATOGGLE.bit.GPIO1 = 1；其作用为切换 GPIO1 电平 28335 采用 GpioDataRegs.GPASET.bit.GPIO1 = 1；其作用为将 GPIO1 置为高电平 这两条指令用来改变当前 GPIO1 电平的状态，与程序设置指令无关，故设置指令完全相同

附表1（续） 28027 与 28335 同名或同类项目主文件的异同

同名项目	主文件	异同
lpm_standbywake 低功耗待机唤醒测试程序	Example_2802xStandbyWake.c Example_2833xStandbyWake.c	指令完全相同
sci_echoback 系统与PC机的双向通信测试	Example_2802xSci_Echoback.c Example_2833xSci_Echoback.c	28027的系统时钟为60MHz而28335为150MHz，因此波特率设置不同；另外前者的FIFO为4级深度而后者为16级深度，因此涉及到FIFO设置的指令也不同，除这两项之外，其余指令完全相同
scia_loopback Scia回送测试程序	Example_2802xSci_FFDLB.c Example_2833xSci_FFDLB.c	仅一条涉及到FIFO设置的指令不同外，其余指令完全相同。由于两者系统时钟相差较大，波特率设置应该采用了28335的版本
scia_loopback_interrupts Scia通过中断回送测试程序	Example_2802xSci_FFDLB_int.c Example_2833xSci_FFDLB_int.c	由于28027和28335系统时钟的差异，因此波特率设置不同；再者28335的FIFO设置（用了2个）而28335为16级深度（用了8个），因此涉及到3个串行通信端口SciA、SciB及SciC，此处设置中断的为SciA及SciB。除这些指令完全相同
spi_loopback Spi回送测试程序	Example_2802xSpi_FFDLB.c Example_2833xSpi_FFDLB.c	仅一条涉及到FIFO设置的指令不同外，其余指令完全相同
spi_loopback_interrupts Spi通过中断回送测试程序	Example_2802xSpi_FFDLB_int.c Example_2833xSpi_FFDLB_int.c	28027的FIFO设置为4级深度（用了2个）而28335为16级深度（用了8个），两者除了涉及FIFO设置的指令不同之外，其它指令完全相同
sw_prioritized_interrupts 用软件区分中断优先权测试程序	Example_2802xSWPrioritizedInterrupts.c Example_2802xSWPrioritizedInterrupts.c	两者均可设置9种状态进行测试，前4种设置完全相同。由于28027总共只有31个中断向量，对应PIE第1组等等，而28335有58个中断向量，对应PIE序列有32个中断向量，因此只能针对PIE第6组，第5,7及第11组没有安排第5种状态之后。第5种状态共有58个中断，第10及第11组设有第5种状态中断向量。但两者程序架构是完全相同的
timed_led_blink LED定时闪烁测试程序	Example_2802xLedBlink.c Example_2833xLedBlink.c	28027和28335分别对GPIO34和GPIO32的电平进行控制，用以LED定时闪烁。另外由于系统时钟的差异，定时器时钟的设置也不同，但程序框架及设置指令完全一致
watchdog 看门狗测试程序	Example_2802xWatchdog.c Example_2833xWatchdog.c	指令完全相同

注：28335 v132版本所有主文件发布日期为：2010年6月28日。28027 v129版本所有主文件发布日期为：2011年1月11号。

参考文献

以下出自 Texas Instruments Incorporated 的文档均用 TI 表示

[1] TI. TMS320F28027，TMS320F28026，TMS320F28023，TMS320F28022，TMS320F28021，TMS320F28020，TMS320F280200 Piccolo Microcontrollers 文档名：SPRS523F NOVEMBER 2008 - REVISED DECEMBER 2010

[2] TI. C2000™ Piccolo™ LaunchPad Evaluation Kit 文档名：SPRT626

[3] TI. LAUNCHXL - F28027 C2000 Piccolo LaunchPad Experimenter Kit User's Guide 文档名：SPRUHH2 July 2012

[4] TI. TMS320F2802x/TMS320F2802xx Piccolo System Control and Interrupts Reference Guide 文档名：SPRUFN3C January 2009 - Revised October 2009

[5] TI. TMS320x2802x，2803x Piccolo Serial Communications Interface（SCI）Reference Guide 文档名：SPRUGH1C December 2008 - Revised October 2009

[6] TI. TMS320x2802x，2803x Piccolo Serial Peripheral Interface（SPI）Reference Guide 文档名：SPRUG71B February 2009 - Revised October 2009

[7] TI. TMS320x2802x，2803x Piccolo Inter - Integrated Circuit（I2C）Module Reference Guide 文档名：SPRUFZ9D December 2008 - Revised June 2011

[8] TI. TMS320x2802x，2803x Piccolo Analog - to - Digital Converter（ADC）and Comparator Reference Guide 文档名：SPRUGE5B December 2008 - Revised December 2009

[9] TI. TMS320x2802x，2803x Piccolo Enhanced Pulse Width Modulator（ePWM）Module Reference Guide 文档名：SPRUGE9E December 2008 - Revised March 2011

[10] TI. TMS320x2802x，2803x Piccolo High Resolution Pulse Width Modulator（HRPWM）Reference Guide 文档名：SPRUGE8D February 2009 - Revised October 2009

[11] TI. TMS320F2802x，2803x Piccolo Enhanced Capture（eCAP）Module Reference Guide 文档名：SPRUFZ8A May 2009 - Revised October 2009

[12] TI. C2000? MCU 1 - Day Workshop - Workshop Guide and Lab Manual 文档名：F28xMCUodw Revision 4.0 February 2012

[13] TI. C2000? Microcontroller Workshop - *Workshop Guide and Lab Manual* 文档名：F28xMcuMdw Revision 3.1 September 2011

[14] TI. TMS320x2802x Piccolo Boot ROM Reference Guide 文档名：SPRUFN6A

December 2008 – Revised October 2009

[15] TI. C2000™ Real–Time Microcontrollers 文档名:SPRB176P 2013

[16] TI. TMS320C28x Optimizing C/C++ Compiler v6.2 User's Guide 文档名:SPRU514F June 2013

[17] TI. TMS320C28x Assembly Language Tools v6.2 User's Guide 文档名:SPRU513F June 2013

[18] TI. TMS320C28x CPU and Instruction Set Reference Guide 文档名:SPRU430E August 2001 – Revised January 2009

[19] TI. White Goods Solutions Guide 文档名:SLYY035 2013

[20] TI. Code Composer Studio Workshop（CCSv5 使用教程）

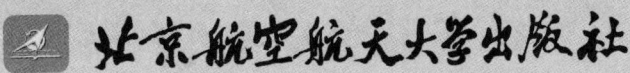

● 博客藏经阁丛书

ARM Cortex-A8硬件设计DIY
程昌南 69.00元 2012.10

汽车电子硬件设计
朱玉龙 49.00元 2011.10

C语言深度解剖——解开程序员面试笔试的秘密（第2版）
陈正冲 29.00元 2012.07

嵌入式系统可靠性设计技术及案例解析
武晔卿 36.00元 2012.07

深入浅出嵌入式底层软件开发
杨铸 79.00元 2011.06

深入浅出玩转FPGA（第2版）
吴厚航 49.00元 2013.07

Windows CE大排档
莫雨 49.00元 2011.04

圈圈教你玩USB（第2版）
刘荣 59.00元 2013.04

● 嵌入式系统译丛

ZigBee无线网络与收发器
沈建华 译 45.00元 2013.08

电源与供电
郭利文 译 49.00元 2013.10

嵌入式实时系统的DSP软件开发技术
郑红 译 69.00元 2011.01

ARM Cortex-M3权威指南
宋岩 译 49.00元 2009.04

链接器和加载器
李勇 译 32.00元 2009.09

● 全国大学生电子设计竞赛"十二五"规划教材

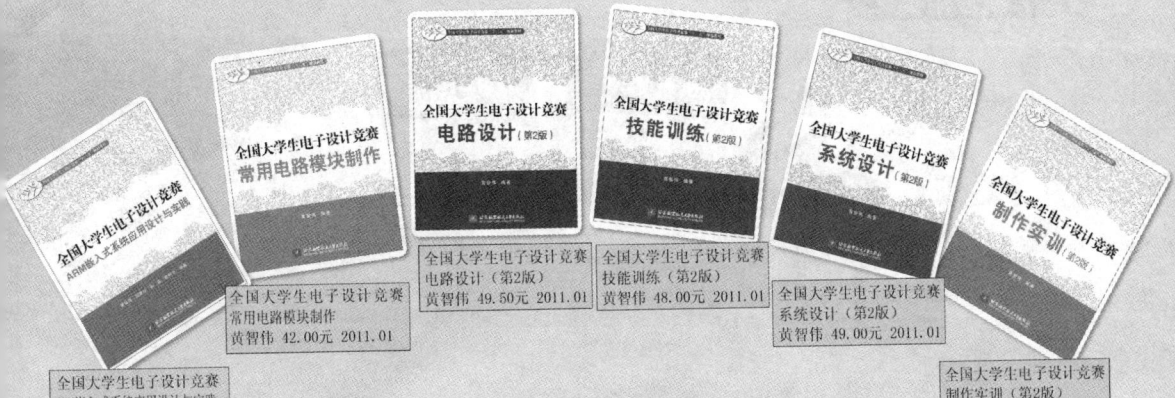

全国大学生电子设计竞赛 ARM嵌入式系统应用设计与实践
黄智伟 39.00元 2011.01

全国大学生电子设计竞赛 常用电路模块制作
黄智伟 42.00元 2011.01

全国大学生电子设计竞赛 电路设计（第2版）
黄智伟 49.50元 2011.01

全国大学生电子设计竞赛 技能训练（第2版）
黄智伟 48.00元 2011.01

全国大学生电子设计竞赛 系统设计（第2版）
黄智伟 49.00元 2011.01

全国大学生电子设计竞赛 制作实训（第2版）
黄智伟 49.00元 2011.01

以上图书可在各地书店选购，或直接向北航出版社书店邮购（另加3元挂号费）
地　　址：北京市海淀区学院路37号北航出版社书店5分箱邮购部收（邮编：100191）
邮购电话：010-82316936　　邮购Email：bhcbssd@126.com
投稿电话：010-82317035　　传　真：010-82317022　　投稿Email：emsbook@gmail.com

北京航空航天大学出版社

● 嵌入式系统综合类

ARM嵌入式应用程序架构设计实例精讲——基于LPC1700
赵俊 54.00元 2013.07

嵌入式协议栈uC/TCP-IP——基于STM32微控制器
邵贝贝 118.00元 2013.01

嵌入式实时操作系统 uC/OS-III
邵贝贝 79.00元 2012.11

嵌入式实时操作系统uC/OS-III应用开发——基于STM32微控制器
何小庆 29.00元 2012.12

构建嵌入式Linux核心软件系统实战
杨 铸 49.00元 2013.04

ARM Cortex-M4自学笔记——基于Kinetis K60
杨东轩 64.00元 2013.04

● DSP类

手把手教你学DSP——基于TMS320X281x
顾卫钢 49.00元 2011.04

基于固件的DSP开发及虚拟实现
刘杰 79.00元 2013.11

深入浅出数字信号处理
江志红 42.00元 2012.01

TMS320F2802x DSC原理及源码解读——基于TI Piccolo系列
任润柏 89.00元 2013.11

TMS320X281xDSP原理及C程序开发（第2版）（含光盘）
苏奎峰 59.00元 2011.09

嵌入式DSP应用系统设计及实例剖析（含光盘）
郑红 49.00元 2012.01

● 单片机应用类

单片机的C语言应用程序设计（第5版）
马忠梅 39.00元 2013.01

51单片机原理及应用——基于Keil C与Proteus（第2版）
陈海宴 49.00元 2013.03

单片机项目教程——C语言版
周坚 25.00元 2013.03

51单片机自学笔记（第2版）
范红刚 59.00元 2013.08

单片机原理及接口技术（第4版）
李朝青 36.00元 2013.07

AVR单片机嵌入式系统原理与应用实践（第2版）
马潮 56.00元 2011.08

以上图书可在各地书店选购，或直接向北航出版社书店邮购（另加3元挂号费）
地 址：北京市海淀区学院路37号北航出版社书店5分箱邮购部收（邮编：100191）
邮购电话：010-82316936 邮购Email：bhcbssd@126.com
投稿电话：010-82317035 传真：010-82317022 投稿Email：emsbook@gmail.com